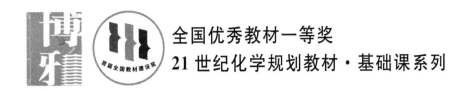

全国优秀教材一等奖

21世纪化学规划教材·基础课系列

基础有机化学

(第 **4** 版) 下册

邢其毅　裴伟伟

徐瑞秋　裴　坚　编著

北京大学出版社

PEKING UNIVERSITY PRESS

图书在版编目(CIP)数据

基础有机化学：第 4 版 . 下册/邢其毅等编著. —北京：北京大学出版社，2017. 1
（21 世纪化学规划教材·基础课系列）
ISBN 978-7-301-27943-4

Ⅰ. ①基…　Ⅱ. ①邢…　Ⅲ. ①有机化学 – 高等学校 – 教材　Ⅳ. ①O62

中国版本图书馆 CIP 数据核字（2016）第 323042 号

书　　　　名	基础有机化学（第 4 版）下册
	JICHU YOUJI HUAXUE (DI-SI BAN) XIA CE
著作责任者	邢其毅　裴伟伟　徐瑞秋　裴　坚　编著
责 任 编 辑	郑月娥
标 准 书 号	ISBN 978-7-301-27943-4
出 版 发 行	北京大学出版社
地　　　　址	北京市海淀区成府路 205 号　100871
网　　　　址	http://www.pup.cn　新浪微博：@北京大学出版社
编辑部邮箱	lk2@pup.cn
总编室邮箱	zpup@pup.cn
电　　　　话	邮购部 010-62752015　发行部 010-62750672　编辑部 010-62767347
印 刷 者	三河市北燕印装有限公司
经 销 者	新华书店
	889 毫米×1194 毫米　16 开本　38.25 印张　1000 千字
	2017 年 1 月第 4 版　2023 年 9 月第 19 次印刷
定　　　　价	82.00 元

目　　录

第 16 章　芳环上的取代反应　　　/ 753

第 17 章　烷基苯衍生物　酚　醌　　　/ 804

第 18 章　含氮芳香化合物　芳炔　/ 848

第 19 章　杂环化合物　/ 889

第 20 章　糖类化合物 / 943

第 25 章　过渡金属催化的有机反应　　　/ 1120

第 26 章　有机合成与逆合成分析　　　/ 1157

第 27 章　化学文献与网络检索　　　　　　　　　　　　　　　　　　　/ 1196

第14章
脂　肪　胺

＊　　　＊　　　＊　　　＊　　　＊

　　生物碱奎宁(quinine)，俗称金鸡纳霜或金鸡纳碱，曾经是抗疟疾的主要药物。其分子式为$C_{20}H_{24}N_2O_2$，是一种环状三级胺。它属于可可碱和4-甲氧基喹啉衍生物，主要存在于茜草科植物金鸡纳树及其同属植物的树皮中。1737年，C. M. de La Condamine发现奎宁是治疗疟疾最有效的药物。1820年，P. J. Pelletier和J. B. Caventou首先分离得到奎宁纯品，并正式命名为quinine。1944年，R. B. Woodward和W. E. Doering首次完成了奎宁的全合成工作。实际上，最早染料工业的发展也起源于W. E. Pekin在1856年尝试合成奎宁时的偶然发现，并在此基础上发展成一个庞大的染料产业。第二次世界大战期间美国的Sterling Winthrop公司合成了氯奎宁(chloroquine)，在第二次世界大战后成为最重要的抗疟药，挽救了无数人的生命。但是，由于奎宁的治疗剂量和中毒剂量的差异很小，加之新合成药物如氯奎宁和青蒿素等问世，世界卫生组织一度不再推荐使用奎宁为治疗疟疾的主要药物。然而，随着对多种药物具有很强耐药性的疟原虫出现，奎宁又成为了抗疟药物的首选之一。

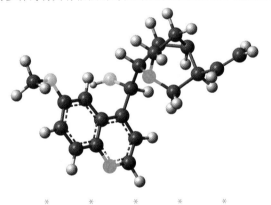

＊　　　＊　　　＊　　　＊　　　＊

　　在我们以前的学习过程中，已经认识到了氧气和氮气的基本性质。氧对自然界具有非常重要的作用，是生物氧化过程的主要参与者，水、醇、脂肪、蛋白质等均含有丰富的氧元素。与氧气相比，氮气比较惰性，但它的还原形式氨(NH_3)及其衍生物胺，是生物圈的重要组成部分。在氨基酸、多肽、蛋白质及各类生物碱中，氮是必不可少的。自然界中存在的含氮化合物大多以胺的形式存在。许多具有麻醉、镇静、兴奋及消炎等生理活性的天然产物也都含有氨基官能团，它们大多属于生物碱类化合物。

　　胺常作为亲核试剂，具碱性，也可形成氢键。但由于氮的电负性比氧小，与醇和醚中氧原子相比,胺中氮原子的亲核能力相对较强。此外,伯胺与仲胺的碱性更强,酸性更弱,其形成的氢键更弱。因此,在学习胺的过程中,需要复习醇和醚的基本性质,并与其进行对比。胺通常分为脂肪胺和芳香胺,由于两者的某些化学性质具有明显的差别,因此本章将主要介绍脂肪胺的基本性质、反应以及合成方法。

本章按照胺中氮原子的反应性进行编写:首先考虑氮原子上孤对电子本身的性质——碱性和亲核性;其次考虑氮原子与碳骨架之间的联系;再次,按氮原子价态逐渐升高的次序逐步介绍富电子的氨基向缺电子的铵盐、重氮盐及卡宾的转化。

14.1 胺 的 分 类

尽管随后会介绍胺的很多人工合成方法,实际上自然界才是合成氨的高手。例如,大豆根瘤菌中成熟的类菌体具有固氮功能,可将分子氮还原成氨,并合成酰胺类或酰脲类化合物。据科学家估算,每年生物固氮的总量占地球上固氮总量的70%左右。

氨(NH$_3$)上的氢被烃基取代后的物质称为胺(amine),因此胺是氨的衍生物。正如醇和醚的性质与水相关一样,胺的基本化学性质也与氨紧密相关。氨基(—NH$_2$、—NHR、—NR$_2$,amino)属于胺的官能团。

根据分子中取代烃基 R 的种类不同,胺可分为脂肪胺(aliphatic amine)和芳香胺(aromatic amine)。例如

$$CH_3CH_2CH_2CH_2NH_2 \qquad H_3C-\!\!\!\bigcirc\!\!\!-NH_2$$

1-丁胺(脂肪胺)　　　　　　4-甲基苯胺(芳香胺)

氨、胺、铵三个字的用法常易混淆。在本书中,作为取代基时称为"氨基",如—NH$_2$ 称为氨基,—NHCH$_3$ 称为甲氨基;作为一类化合物时,称为"胺",如CH$_3$NH$_2$ 称为甲胺,(CH$_3$)$_3$N 称为三甲胺;氮原子上带正电荷时称为"铵",如 CH$_3$N$^+$H$_3$Cl$^-$ 称为甲基氯化铵。硫和磷类化合物也有类似的情况。

与醇一样,胺也可根据在氮上取代烃基 R 的个数进行分类和命名。按照氮原子上 R 基团的数目,胺可分为一级(伯)胺(primary amine)、二级(仲)胺(secondary amine)、三级(叔)胺(tertiary amine)和四级(季)铵盐(quaternary ammonium salt):

一级胺　　　　二级胺　　　　三级胺　　　　四级铵盐

与醇不同的是,一级、二级和三级胺是指与氮相连的烃基 R 的数目,而不是烃基本身的结构。如

多胺可作为真核生物与原核生物细胞的生长因子。多胺在细胞中的合成过程会受到复杂调控,其详细作用机制目前尚未明了。详细介绍见本章末的拓展阅读。

三级丁醇 (三级醇)　　　　　三级丁胺 (一级胺)

此外,还可根据氨基官能团的个数进行分类。含有两个或多个氨基的有机化合物,可称为多胺(polyamine,又称聚胺),如 1,4-丁二胺(腐胺)、1,5-戊二胺(尸胺)、N-(3-氨丙基)-1,4-丁二胺(亚精胺)、N,N'-双(3-氨丙基)-1,4-丁二胺(精胺)等等:

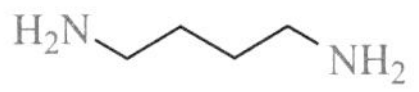

1,4-丁二胺(腐胺，putrescine)

1,5-戊二胺(尸胺，cadaverine)

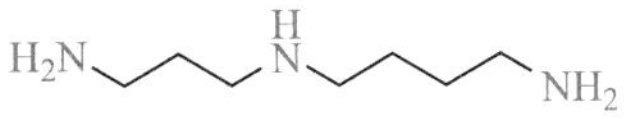

N-(3-氨丙基)-1,4-丁二胺
(亚精胺，spermidine)

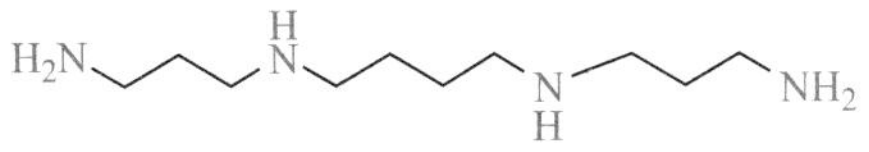

N,N'-双(3-氨丙基)-1,4-丁二胺
(精胺，spermine)

14.2 胺 的 命 名

胺通常有几种命名方式，例如烷基胺的命名方式可将氨基作为官能团，也可作为取代基。建议要分别熟悉几种命名的方式。

对比含氧或硫等杂原子的饱和环状化合物的命名方式。

由于胺类化合物被发现得较早，因此胺通常有许多俗名，使得胺的命名方法相对比较混乱，存在多种命名方式。

14.2.1 胺的普通命名法

在中文命名系统中，脂肪胺的命名方式与烷烃的基本类似，常称为某烷胺（alkanamine），如甲胺、乙胺（ethanamine）等。芳香胺的命名方式通常将芳基作为取代基，如苯胺、萘胺等。

氮原子上连有两个或三个相同的烃基时，需表示出烃基的数目，如 $(CH_3)_3N$ 三甲胺；如果所连烃基不同，按顺序规则依次列出。

CH_3NH_2

甲胺
methanamine

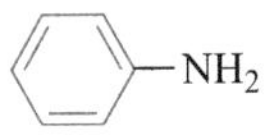

苯胺
aniline (俗名)

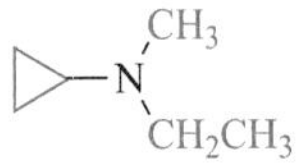

甲基乙基环丙基胺
N-ethyl-N-methylcyclopropanamine

在英文命名中，采用的方式是将烷烃英文名称的词干保留，去掉词尾的"e"加上 amine 即可。

14.2.2 胺的系统命名法

与醇的命名一样，常以与氨基相连的最长碳链为主链，前缀的数字表示官能团氨基在碳链中的具体位置，氮上的其他取代基用斜体 N-后加上取代基的名称命名此类化合物。例如

N 的上标 1 表示取代基连接的氮原子的位号。

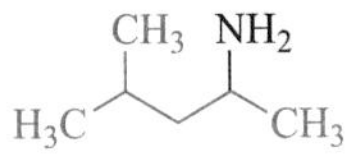

$CH_3CH_2NH_2$

乙胺
ethanamine

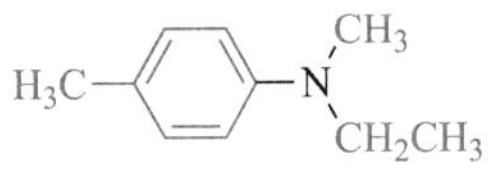

N,4-二甲基-N-乙基苯胺
N-ethyl-N,4-dimethylaniline

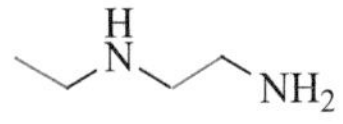

N-乙基乙二胺
N^1-ethylethane-1,2-diamine

4-甲基-2-戊胺
4-methylpentan-2-amine

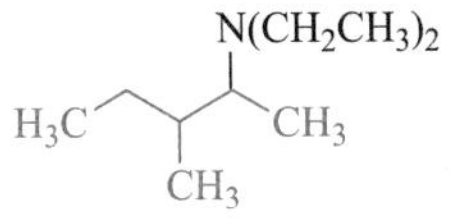

N,N-二乙基-3-甲基-2-戊胺
N,N-diethyl-3-methylpentan-2-amine

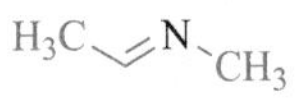

亚乙基甲胺
(E)-N-methylethanimine

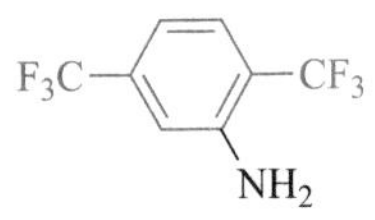

2,5-双(三氟甲基)苯胺
2,5-bis(trifluoromethyl)aniline

两个相同的大基团都是经过两次或两次以上取代时,中文命名时不用"二"而用"双",英文命名用"bis"。所谓两次取代,在此例中,三氟甲基作为取代基取代了苯环上的氢原子,而氟原子又取代了甲基上的氢原子。

在含氮饱和杂环的命名中,通常也以环烷烃的方式来命名,一般将杂环中氮原子的位置定义为 1 位,如 2-甲基环己胺等;英文命名在环烷烃名称前加前缀 aza。

氮杂环丙烷
azacyclopropane
aziridine

氮杂环丁烷
azacyclobutane
azetidine

四氢吡咯
azacyclopentane
pyrrolidine

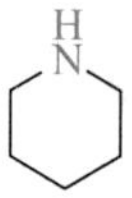

六氢吡啶
azacylcohexane
piperidine

1-氮杂二环[2.2.2]辛烷
1-azabicyclo[2.2.2]octane
quinuclidine

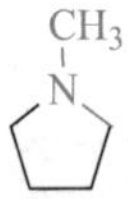

N-甲基四氢吡咯
N-methylazacyclopentane
N-methylpyrrolidine

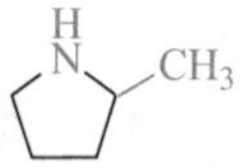

2-甲基四氢吡咯
2-methylazacyclopentane
2-methylpyrrolidine

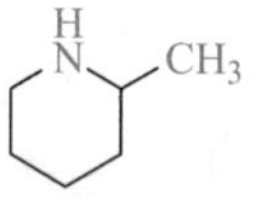

2-甲基六氢吡啶
2-methylazacyclohexane
2-methylpiperidine

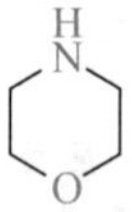

吗啉
1,4-oxazinane
morpholine

铵盐及四级铵类化合物的命名方式如下:

在英文命名中,二胺、三胺可用 diamine、triamine 做词尾,在前面用数字代表氮原子在脂肪链中的具体位号;亚胺的英文名称为 imine,去掉烷烃的词尾"e"加上 imine 即可。

氨基做词头用 amino;
亚氨基做词头用 imino。

如果环中还有其他杂原子,如氧等,则以氧原子为 1 号位,如 1,4-氧氮杂环己烷。

$CH_3NH_2 \cdot HCl$

甲胺盐酸盐
methanamine hydrochloride

$(C_6H_5NH_2)_2 \cdot H_2SO_4$

苯胺硫酸盐
aniline sulfate

$CH_3CH_2NH_2 \cdot HOOCCH_3$

乙胺醋酸盐
ethanamine acetate

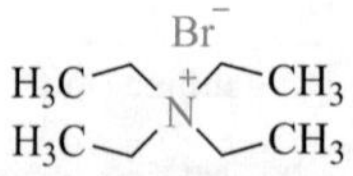

溴化四乙铵
tetraethylammonium bromide
N,N,N-triethylethanaminium bromide

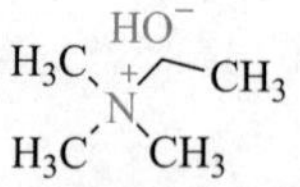

氢氧化乙基三甲基铵
N,N,N-trimethylethanaminium hydroxide

在铵作为母体时,若带正电的氮原子上有不同烃基取代基,通常不用 N 标明其具体的取代位号,这些烃基取代基在命名时按取代基从大到小的方式(中文习惯)先后列出顺序,英文名按取代基的首字母排序列出。

习题 14-1 网络检索各类胺的生理活性,了解它们对生命的影响和作用。

习题 14-2 根据中文名称写出下列化合物的结构式:
(i) N-乙基-2,2-二甲基丙胺 (ii) 3-丁炔胺 (iii) 1,5-戊二胺 (iv)(R)-反-4-辛烯-2-胺

习题 14-3 写出以下分子的中英文名称:

(i) $(C_6H_5CH_2)_2NH$　　(ii) $(CH_3CH_2CH_2CH_2)_3N$　　(iii) $(CH_3CH_2)_3N \cdot HCl$

(iv) $CH_3(CH_2)_4NH_2 \cdot HBr$　(v) $C_6H_5CH_2\overset{+}{N}(CH_3)_3Br^-$　(vi) $CH_2CHCH_2NHCH_2CH_2CH_3$

(vii) $\left(\boxed{}\right)_3\!\!-N$　(viii) ⬡—CH_2NH—⬡　(ix) H_3C—⬡—$NH_2 \cdot HBr$

(x) $H_3C\overset{O}{-}\overset{}{C}H_2\overset{NH}{\underset{}{C}}CH_3$

(xi) ⬡$=N$—$CH_2CH_2CH_3$（带 CH_3）

14.3　胺 的 结 构

胺（氨）中的氮原子采用接近于 sp^3 杂化轨道与其他原子形成共价键。在氨分子中，氮原子的三个杂化轨道与三个氢原子的 s 轨道重叠，形成三根 sp^3-s σ 键。如果只考虑氮原子及三个氢原子的空间关系，氨具有棱锥形的结构，成棱锥体构型。但氮原子上还有一对孤对电子，占据另一个 sp^3 杂化轨道，处于棱锥体的顶端，类似第四个"基团"。因此，氨的空间排布基本上近似甲烷的四面体构型，氮原子在四面体的中心。实际上，这对孤对电子正是氨或胺具有碱性和亲核性的本源。

胺与氨的结构相似。在胺中，氮原子的三个 sp^3 杂化轨道与氢原子的 s 轨道或别的基团的碳原子的杂化轨道重叠，因此从空间排布而言，胺与氨一样亦具有棱锥形的结构；若考虑到孤对电子，胺仍然是四面体构型，如图 14-1 所示。

思考：如果氮原子上的孤对电子可被看做第四个"取代基"的话，为何胺的四面体构型要比碳的四面体构型不稳定，容易发生构型翻转？

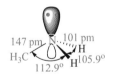

图 14-1　氨及甲胺的四面体结构示意图

芳香胺中氮原子的孤对电子占据的 sp^3 杂化轨道比氨中氮原子的孤对电子占据的 sp^3 杂化轨道有更多的 p 轨道性质，因此芳香胺的结构和性质会与脂肪胺（氨）不同。具体的讨论参见第 18 章。

由于胺具有四面体构型，当氮原子上连接的三个基团不同时，以孤对电子作为最小取代基，此类胺应该是手性的，和以碳为手性中心的化合物一样，应该存在两个具有光活性的对映体，它们之间互为镜像，如图 14-2 所示。

但这种胺的对映体却不能分离得到。因此，胺大多被认为没有光学活性。其原因在于：在以碳原子为手性中心的化合物中，其对映体之间互相转化的能量很高，需要打开旧键并形成新键，一般情况下不易进行。而以氮原子为手性中心的胺的构象不稳定,对映体之间可互相快速转化,如图 14-3 所示,(R)-和(S)-N-甲基乙胺实现了构型的转换。其结果本质是氮上的孤对电子从一边转向了另一边。在其过渡态中,氮原子的杂化方式为 sp²,非成键电子占据了一个 p 轨道。对小分子的胺而言,通常只需活化能 21～30 kJ·mol⁻¹,在室温就可很快地互相转化。因此不能分离得到其中某一个对映体,就像烷烃的碳碳单键可快速自由旋转(能垒约为 12～15 kJ·mol⁻¹),不能分离得到它们的构象异构体一样。实际上,氮原子上的孤对电子不能起到四面体构型中第四个"基团"的作用,这也是通常胺被认为是三角锥形构型的原因。

对于烷基取代的二级或三级胺而言,当氮原子为唯一手性时,由于它很容易发生消旋,因此在室温下不可能得到其对映体纯的化合物。但是,环状的胺有手性,个别的杂环三级胺可析解成稳定的对映体。这是由于环的刚性及环状构型翻转的能量较高。如 Tröger 碱:

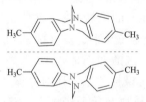

由于桥环的作用和刚性,使得氮原子上孤对电子的翻转变得非常不容易。

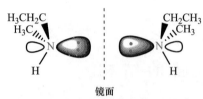

图 14-2　N-甲基乙胺与其镜像的结构示意图

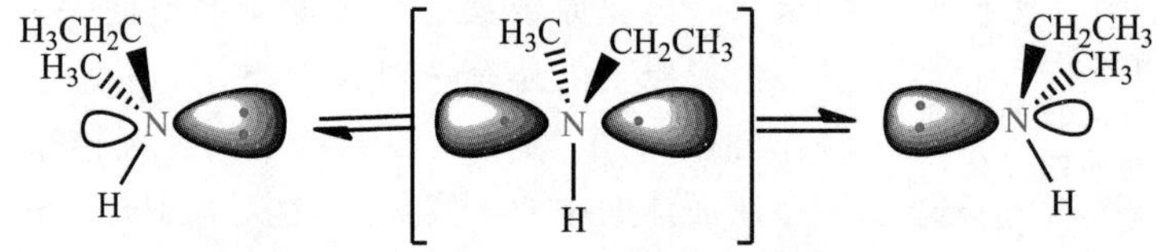

图 14-3　N-甲基乙胺的对映体间相互转化图

在四级铵盐中,氮原子的四个 sp³ 杂化轨道都用于成键,其构型翻转不易发生。如果氮连接的四个基团不同,四级铵盐应该具有旋光异构体,事实上也确实分离得到了这种旋光相反的对映体,例如图 14-4 所示的化合物可拆分为(＋)及(－)的一对旋光异构体:

胺中以氮原子为手性的命名规则采用了以碳原子为手性的 Cahn-Ingold-Prelog 规则。

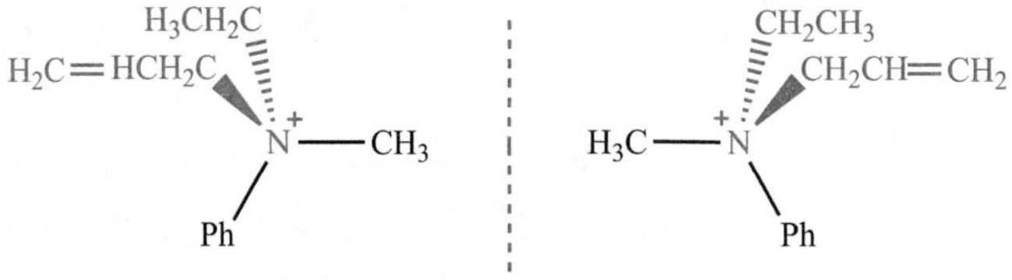

图 14-4　四级铵盐的对映体

> 习题 14-4　根据从氨到甲胺的键角和键长的变化推测二甲胺、三甲胺以及四甲基铵基的键角和键长。
>
> 习题 14-5　通常胺中的碳氮键要比醇中的碳氧键略长一些,说明其原因。

习题 14-6　判断下列化合物是否有光活性：

(i) H_2N—◇◇—NH_2　　(ii) H_3C—N(CH_3)—CH_2CH_3　　(iii) H_3C、H_3CH_2C—N$^+$—(CH_3、CH_2CH_3) Br^-

(iv) H_3C—N$^+$(CH_3)(...)—CH_3，H_3C，Br^-　　(v) H_3C、H_3CH_2C—N$^+$—N$^+$—(CH_3、CH_2CH_3) Br^- Br^-

习题 14-7　当氮原子为分子中唯一的手性中心时,此分子在室温下为何不可能保持对映体纯的光活性而不发生消旋?

14.4　胺的物理性质

随着烷基的增加,胺会变得易燃。

我们通常所说的鱼腥味就是胺味。

芳香胺在空气中易被氧化,因此在空气中放置会导致颜色加深。

叔胺氮原子上不含氢原子,不能作为氢键质子给体,因此叔胺自身不能形成分子间氢键。

　　胺与氨的性质很相像,低级胺是气体或易挥发的液体,气味与氨相似,高级胺为固体。芳香胺为高沸点的液体或低熔点的固体,具特殊气味。

　　低级胺较易溶于水;而高级胺在水中溶解度均不大,但在酸性水溶液(如稀盐酸水溶液)中,胺可形成铵盐,就变得易溶。胺大多能溶于醇、醚、苯等有机溶剂。一级、二级和三级胺与水能形成氢键,一级和二级胺本身分子间亦能形成氢键,它们在形成氢键过程中既是质子给体,也是质子受体;而三级胺只是氢键的质子受体。由于氮原子的电负性比氧原子小,胺的氢键不如醇的氢键强,因此,胺的沸点比具有相同相对分子质量的非极性化合物高,而比相对分子质量相同的醇的沸点低。也正因为氢键较弱的原因,胺的水溶性介于烷烃和醇之间。表 14-1 给出了常见胺类化合物的物理性质。

表 14-1　一些常见胺的物理性质

化合物	熔点/℃	沸点/℃	溶解度/[g·(100 g H_2O)$^{-1}$]
甲胺	−92	−7.5	易溶
二甲胺	−96	7.5	易溶
三甲胺	−117	3	91
乙胺	−80	17	∞
二乙胺	−39	55	易溶
三乙胺	−115	89	14
正丙胺	−83	49	∞
正丁胺	−50	78	易溶
环己胺	−18	134	微溶
乙二胺	8	117	溶

习题 14-8 根据所给化合物的分子式、红外光谱和核磁共振氢谱的基本数据,判断此化合物的可能的结构简式,并标明各峰的归属:

分子式:$C_9H_{13}N$;FT-IR:波数/cm^{-1} 3300,3010,1120,730,700;^1H NMR(CDCl$_3$,ppm):δ 1.1 (t,3H),2.65 (q,2H),3.7 (s,3H),7.3 (s,5H)。

14.5 胺的酸、碱性

> 实际上,大多数含杂原子的有机化合物均具有一定的碱性,因此,在学习过程中需要区分碱性和亲核性。

与醇一样,氨或胺既有酸性又有碱性。胺的酸性来源于 N—H 键中氮原子的吸电子诱导效应。但是,相对于胺的酸性,胺的碱性和亲核性更为重要。胺的化学性质本质上来源于氮原子的孤对电子,它既决定胺的碱性,也决定胺的亲核能力。

14.5.1 胺的酸性

由于氮原子的电负性比氧原子小,因此胺的酸性要比相应的醇小近 20 个数量级。与之相反,氮原子上的孤对电子比氧的更容易质子化,使得胺成为很好的有机碱。

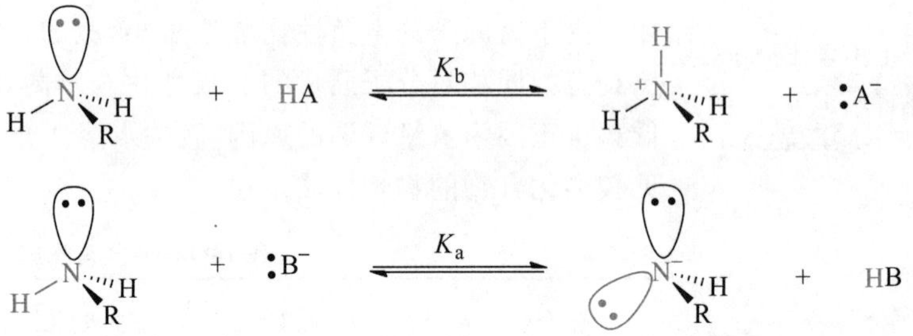

由于胺的酸性比醇弱得多,因此氨或胺的负离子 R_2N^- 常被用于脱除醇(这种质子转移的过程强烈趋向于形成烷氧基负离子,平衡常数约为 10^{20})或部分酸性较强的 C—H 中的质子,如羰基 α-H。这也说明 R_2N^- 具有很强的碱性,与胺的弱酸性是一致的。氨和脂肪胺自身的 pK_a 大约在 35 左右。

> LDA 是在定向缩合反应中常用的试剂。

胺的去质子化过程需要非常强的碱。如前面提过的大空阻强碱二异丙基氨基锂(LDA),就是用二异丙胺与正丁基锂反应制备的。

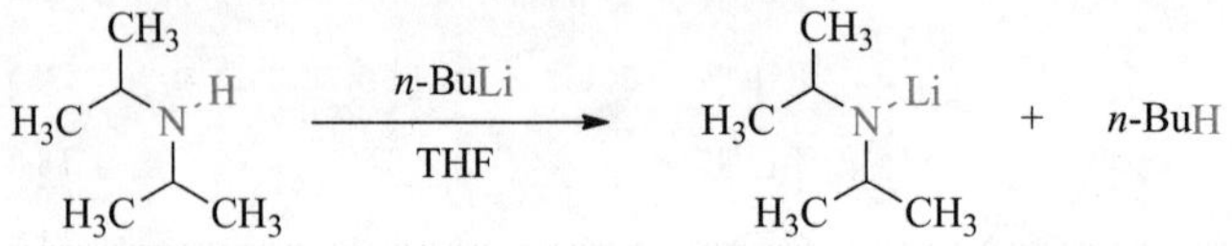

此反应即利用了胺(氨)的酸性可以制备 R_2N^- 的方法。通常采用的方法是由氨或

胺直接与碱金属反应。例如,氨基钠就是由液氨和金属钠在催化量的 Fe^{3+} 作用下制备的。Fe^{3+} 能加速电子的转移过程;没有 Fe^{3+},金属钠仅溶于液氨中形成具有很强还原性的钠/液氨体系(参照 15.7.3 Birch 还原反应的条件)。

14.5.2　胺的碱性

胺的碱性为胺的提纯提供了很大的便利。在酸性条件下可将胺转化为铵盐,使其与其他有机化合物分开,中和后再回到胺。

当胺溶于水中时,可与水分子作用获得一个质子,发生下列解离反应:

$$RNH_2 \ + \ H_2O \ \Longrightarrow \ R\overset{+}{N}H_3 \ + \ HO^-$$

碱 ……………………………… 共轭酸

质子化的过程发生在孤对电子上,形成稳定的铵离子和氢氧根负离子,因此胺的碱性比醇强。胺的水溶液的解离程度,可反映胺与质子的结合能力,即胺的碱性强弱,因此可用胺的水溶液的碱解离常数 K_b 或其对数的负值 pK_b 来表示胺的碱性强度。由于使用稀的水溶液,水的浓度在此反应过程中可视为常数,所以胺的水溶液的碱解离常数可用铵离子浓度与氢氧离子浓度的乘积除以未解离胺的总浓度来表示:

$$K_b = \frac{[R\overset{+}{N}H_3][HO^-]}{[RNH_2]} \qquad pK_b = -\lg K_b$$

RNH_2 的碱解离常数 K_b 与 R^+NH_3 的酸解离常数 K_a 之间的关系为

$$K_a \times K_b = K_w$$

K_w 为水的离子积,在 25℃ 时为 1×10^{-14}。如用 pK_a 和 pK_b 表示,则

$$pK_a + pK_b = 14$$

碱的强度亦可用其共轭酸 R^+NH_3 的酸解离常数 K_a 或其对数的负值 pK_a 来表示:

$$R-\overset{+}{N}H_3 \ + \ H_2O \ \Longrightarrow \ R-NH_2 \ + \ H_3O^+$$

$$K_a = \frac{[RNH_2][H_3O^+]}{[R\overset{+}{N}H_3]} \qquad pK_a = -\lg K_a$$

K_b 越大或 pK_b 越小,说明氮与质子结合能力越强,也就是胺的碱性越强;反之,胺的共轭酸的 K_a 越大或 pK_a 越小,则表明胺的碱性越弱。

在脂肪胺中,由于烷基属于给电子基团,使氮原子的电荷密度增加,此外与酸反应后形成的铵离子也会因正电荷容易分散而稳定。铵离子越稳定,胺的碱性越强,因此脂肪胺的碱性比氨强;胺中烷基越多,碱性也应该越强,但从表 14-2 所列出的 pK_b 中可看出,三级胺的碱性与二级胺相比却又下降。

表 14-2　胺与其共轭酸的 pK_a 对比

胺	pK_b(25℃)	共轭酸	pK_a(25℃)
NH_3	4.76	NH_4^+	9.24
CH_3NH_2	3.38	$CH_3NH_3^+$	10.62
$(CH_3)_2NH$	3.27	$(CH_3)_2NH_2^+$	10.73
$(CH_3)_3N$	4.21	$(CH_3)_3NH^+$	9.79
$CH_3CH_2NH_2$	3.36	$CH_3CH_2NH_3^+$	10.64
$(CH_3CH_2)_2NH$	3.06	$(CH_3CH_2)_2NH_2^+$	10.94
$(CH_3CH_2)_3N$	3.25	$(CH_3CH_2)_3NH^+$	10.75

从电子诱导效应来看,胺的氮原子上烷基取代逐渐增多,碱性也就逐渐增强;而从溶剂化效应来看,烷基取代越多,则胺的氮原子上的氢就越少,溶剂化程度亦逐渐减少,碱性也就减弱。脂肪族一级、二级和三级胺碱性的强弱,是电子诱导效应与溶剂化效应二者综合的结果。这是因为脂肪胺在水中的碱性强度,不只取决于氮原子的负电性,同时还取决于与质子结合后的铵离子是否容易溶剂化,胺的氮上氢越多,则与水形成氢键的机会就越多,溶剂化的程度也就越大,那么铵离子就越稳定,胺的碱性也就越强。

此外,空间位阻也有影响,如果取代烷基逐渐增大,占据的空间也大,使质子不易与氨基接近,就会导致胺的碱性降低。在不同溶剂中,三类胺的碱性强弱次序也可能不同,如:

在水中的碱性:$(n\text{-Bu})_2NH > n\text{-BuNH}_2 > (n\text{-Bu})_3N$

在氯苯中的碱性:$(n\text{-Bu})_3N > (n\text{-Bu})_2NH > n\text{-BuNH}_2$

在苯中的碱性:$(n\text{-Bu})_2NH > (n\text{-Bu})_3N > n\text{-BuNH}_2$

这是因为胺能与水有形成氢键的溶剂化作用,而与氯苯和苯则不能形成氢键。

氮杂五元环、六元环或更大环状化合物具有与脂肪胺类似的物理和化学性质。例如,四氢吡咯、六氢吡啶、吗啉具有典型的二级胺的性质。

习题 14-9 将下列化合物按碱性从强到弱的顺序编号:

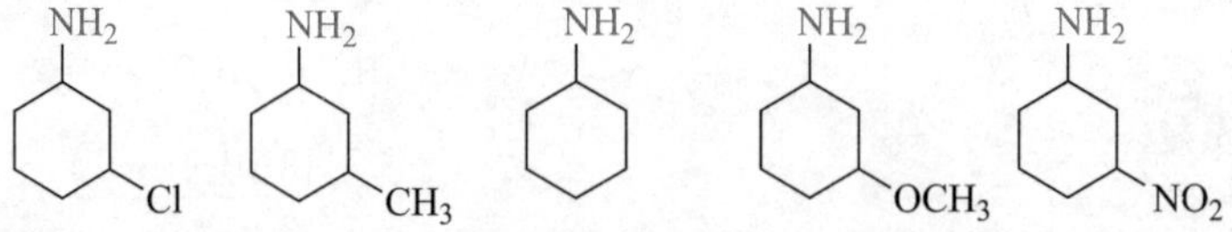

习题 14-10 将下列各组化合物按酸性从强到弱的顺序编号:

(i)

(ii)

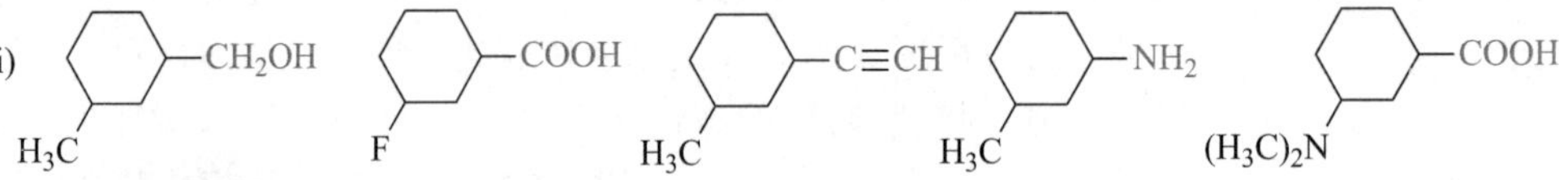

习题 14-11 为什么胺的碱性要强于醇或醚?

习题 14-12 解释以下实验事实:

(i) 吗啉盐酸盐的酸性比六氢吡啶盐酸盐的强;

(ii) 3-溴-1-氮杂二环[2.2.2]辛烷共轭酸的酸性比3-氯-1-氮杂二环[2.2.2]辛烷共轭酸的弱;

(iii) 氮丙啶与 H^+ 反应后形成的正离子的 pK_a 小于六氢吡啶正离子的 pK_a。

14.6 胺的成盐反应及其应用

14.6.1 胺的成盐反应

在酸性条件下,醇羟基可转化为易离去基团 H_2O^+ ;胺也可以转化为铵盐。但由于胺或氨不是好的离去基团,因此胺不易发生亲核取代反应。

胺可与盐酸、硫酸、硝酸、醋酸和草酸等酸反应生成铵盐。铵盐是离子化合物,有机酸的铵盐在水中溶解度较小,通常不溶于非极性有机溶剂。由于铵盐是弱碱形成的盐,一遇强碱即游离出胺来,因此常利用此性质将胺与其他化合物分离。若欲将胺从一个中性化合物中分离出来,可用稀盐酸处理,胺与盐酸成盐并溶于稀盐酸中,而中性化合物不溶,将二者分开后,铵盐溶液用碱中和即可回收胺。

盐酸铵盐或其他一些铵盐具有一定的熔点或分解点,可用于鉴定胺。一些有光学活性的天然有机碱,常用于拆分一对消旋的有机酸。

许多药物和具有生理活性的胺通常以盐的方式保存和使用。铵盐很难被氧化或发生其他副反应。另外,铵盐也没有像胺那样的鱼腥味。铵盐易溶于水,很容易以水溶液的方式口服或注射。中草药麻黄的主要成分麻黄碱[ephedrine,(1R,2S)-2-甲氨基-苯丙烷-1-醇],在临床上主要用于治疗习惯性支气管哮喘、预防哮喘发作以及过敏等。它的熔点只有 79℃,能发出令人恶心的鱼腥味,很容易被氧化;而它的盐酸盐熔点为 217℃,不容易被氧化,也没有难闻的味道。因此,通常买到的药物是麻黄碱盐酸盐。

14.6.2 四级铵盐及其相转移催化作用

离子液体也是四级铵盐的一种。

很多具有实际用途的四级铵盐,其四个烃基中有一个是长链的,它可作为“肥皂”使用,称为“翻转的肥皂”。普通肥皂的油溶部分是负离子,而四级铵盐肥皂的油溶部分是正离子。四级铵盐的主要用途是做表面活性剂(surface active agent)。

三级胺与卤代烷加热反应生成四级铵盐,也称季铵盐。具有离子性的四级铵盐与无机盐有类似的性质,如易溶于水、不溶于乙醚等特点,常常会在熔点前分解。四级铵盐与一级、二级、三级胺的盐的不同之处是与碱的反应性,一级、二级、三级胺的盐与碱发生中和作用,能将胺游离出来;而四级铵盐与氢氧化钠或氢氧化钾作用,产生四级铵碱(quaternary ammonium hydroxide),形成下列平衡体系:

$$R_4NI + KOH \rightleftharpoons R_4NOH + KI$$
$$\text{四级铵碱}$$

四级铵碱在制备烯烃上有重要的应用(参见 14.11 的 Hofmann 消除反应)。

四级铵盐在有机反应中常作为相转移催化剂。能把反应实体从一相转移到另一相的催化剂称为相转移催化剂(phase transfer catalyst)。在非均相的有机反应中,由于两种反应物处在互不相溶的不同的液相体系中,反应物只能在两相交界处当两种反应物分别处于互不相溶的两相时,彼此不能反应。加入分别在两相均可溶的第三种物质后,由于它的作用,反应得以迅速进行。这种作用称为相转移催化作用。

相转移催化技术是 20 世纪 70 年代初发展起来的用于有机合成反应的一门技术,多应用于非均相反应体系。其中一相是盐、酸、碱的水溶液或固体,另一相是溶有反应物质的有机介质溶液。通常这种两相反应由于互不相溶,水相(或固相)中的负离子与有机相中的反应物之间的反应速度甚低,甚至不起反应,而利用相转移催化剂,可将反应物从一相转移到另一相中。随着碰撞概率的增加,反应加速,从而使离子化合物与不溶于水的有机物质在低极性溶剂中顺利地发生反应,可在温和的反应条件下加快反应速率,简化操作过程,提高产品收率。

铵盐在水相及有机相中均有一定的溶解度,按照溶解性不同分为以下两种循环模型:

一种模型为相转移催化剂在两相中分配,此时相转移是铵盐把 Y^- 从水相输送到有机相,然后铵盐正离子又把 X^- 输送到水相。

另一种模型为相转移催化剂正离子交换发生在界面上,相转移催化剂的作用是以离子对的形式反复萃取负离子 Y^- 进入有机相,不需要催化剂正离子在两相中的转移。

接触,反应速率很慢,甚至难以发生。例如

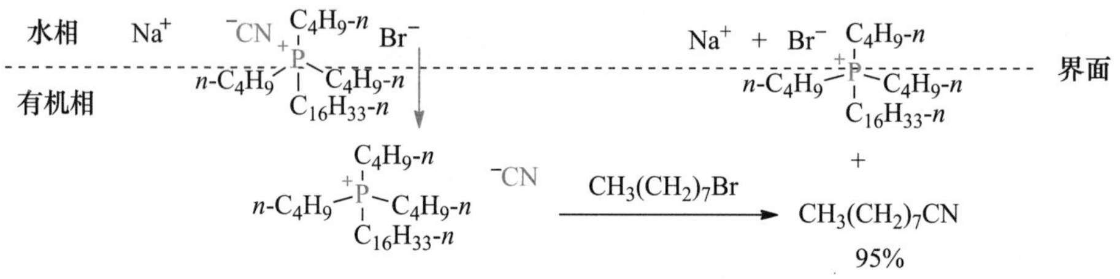

$$水相 \quad Na^+ \quad ^-CN \quad \underset{\underset{C_{16}H_{33}\text{-}n}{\overset{C_4H_9\text{-}n}{\underset{|}{\overset{|}{n\text{-}C_4H_9\text{-}P^+\text{-}C_4H_9\text{-}n}}}}{} \quad Br^- \qquad Na^+ + Br^- \quad \underset{\underset{C_{16}H_{33}\text{-}n}{\overset{C_4H_9\text{-}n}{\underset{|}{\overset{|}{n\text{-}C_4H_9\text{-}P^+\text{-}C_4H_9\text{-}n}}}}{} \quad 界面$$

有机相

$$\underset{\underset{C_{16}H_{33}\text{-}n}{\overset{C_4H_9\text{-}n}{\underset{|}{\overset{|}{n\text{-}C_4H_9\text{-}P^+\text{-}C_4H_9\text{-}n}}}}{} \quad ^-CN \quad \xrightarrow{CH_3(CH_2)_7Br} \quad CH_3(CH_2)_7CN$$
$$95\%$$

由于 NaCN 溶于水相,而溴代正辛烷溶于有机相,因此二者分别处在相互不兼容的两相中,反应速率很慢、产率很低。若在上述反应体系中加入相转移催化剂 $n\text{-}C_{16}H_{33}P^+(n\text{-}C_4H_9)_3Br^-$(与四级铵盐具有类似的性质),此盐分子在有机相和水相中都能溶解,它能不断地将 CN^- 从水相运送到有机相。在有机相中,CN^- 的溶剂化程度很小,故活性很高,很容易与正溴辛烷发生反应,几乎可以定量地生成 1-壬腈。然后,在反应中产生的 Br^- 被相转移催化剂运送到水相。在上述过程中,相转移催化剂并没有损耗,只是重复地起"转送"负离子的作用。

可用做相转移催化剂且催化效果好、应用范围广的铵盐有:氯化三正辛基甲基铵、氯化四正丁基铵等。一般含 $15\sim25$ 个碳原子的四级铵盐都可产生较好的催化作用。催化剂的负离子对催化效果也有影响,其中含硫酸氢根负离子和氯离子的四级铵盐催化效果最好。因为氯离子亲水性较强,硫酸氢根负离子经碱中和成硫酸根负离子,能完全留在水溶液中,从而使正离子容易把反应所需的负离子带入有机相中。但四级铵盐在碱液中遇高温时,容易发生随后将讨论的 Hofmann 消除反应,宜改用高温(大于 200 ℃)时仍很稳定的鏻盐(四级鏻盐也可用做相转移催化剂,如溴化三正辛基乙基鏻和溴化正十六烷基三正丁基鏻),或采用稳定性更高的冠醚。

相转移催化反应还有很多,它们在提高产率、降低温度或缩短反应时间等方面比传统方法有明显优越性,因而很受人们重视。目前相转移催化剂已广泛应用于许多有机反应,如卡宾反应、取代反应、氧化反应、还原反应、重氮化反应、置换反应、烷基化反应、酰基化反应、聚合反应,甚至高聚物修饰等。例如,癸烯的苯溶液和高锰酸钾水溶液在不加催化剂时不发生反应,但在 0.05 mol% 氯化三正辛基甲基铵的作用下,能顺利发生反应形成正壬酸;通过控制滴加烯烃的速度,保持反应温度在 $40\sim45$ ℃,约需 1 h 即可完成反应,产率 91%,产品纯度高达 98%。

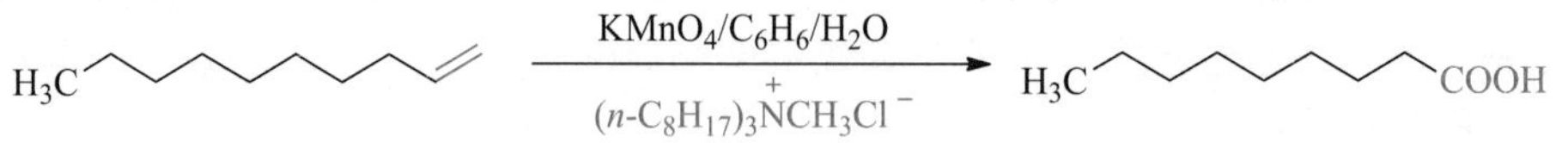

$$H_3C\diagdown\diagup\diagdown\diagup\diagdown\diagup=CH_2 \xrightarrow[\overset{}{(n\text{-}C_8H_{17})_3\overset{+}{N}CH_3Cl^-}]{KMnO_4/C_6H_6/H_2O} H_3C\diagdown\diagup\diagdown\diagup\diagdown\diagup COOH$$

用高锰酸钾氧化烯烃成邻二醇的反应,因烯烃在高锰酸钾水溶液中不易溶解,若不加相转移催化剂,产率仅 7%;如果加少量相转移催化剂,反应很快进行,产率提高到 50%:

$$\text{(环辛烯)} \xrightarrow[\overset{}{(CH_3)_3\overset{+}{N}CH_2PhCl^-, \ 0\ ℃}]{KMnO_4/CH_2Cl_2/NaOH/H_2O} \text{(环辛二醇)}\begin{smallmatrix}OH\\OH\end{smallmatrix}$$

至今为止发展了多种不同的催化反应机理，主要有以下四种：

（1）萃取机理：1971 年，C. M. Starks 就液-液相 S_N2 亲核取代反应提出了著名的催化循环原理，奠定了相转移催化反应的理论基础。

（2）界面机理：反应中两个底物之间在两相的界面处进行反应。

（3）三相相转移催化：高聚物负载相转移催化剂，无机物负载相转移催化剂一般统称为三相相转移催化剂。

（4）杂多酸相转移催化及离子液体相转移催化。

又如，用 10％次氯酸钠的水溶液做氧化剂，再加 $(n\text{-}Bu)_4N^+\ HSO_4^-$ 做相转移催化剂，可在室温下将芳香醇氧化为醛或酮：

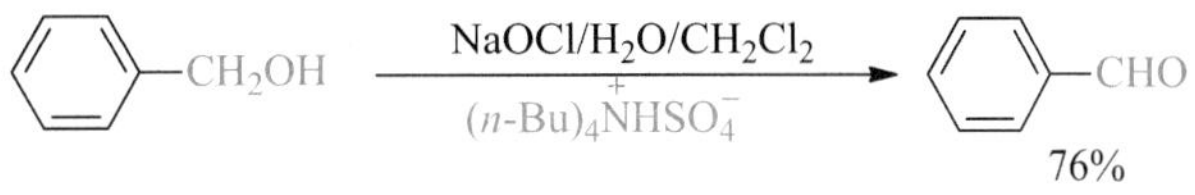

如将相转移催化剂氯化四正丁基铵在搅拌下加入铬酐的水溶液中，立刻产生橘黄色沉淀物 $(n\text{-}Bu)_4N^+\ HCrO_4^-$。这种盐可溶于氯仿或二氯甲烷中与醇反应，将醇氧化成酮：

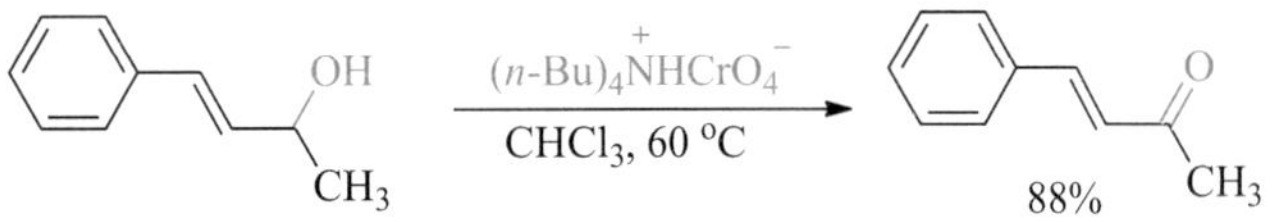

这相当于把两相反应分两步进行，使之成为均相。该氧化剂的特点是选择性高，含有碳碳重键的醇进行反应时，碳碳双键和叁键可不受影响。

在相转移催化剂作用下，氯仿和氢氧化钠在界面处作用，生成犹如固定在界面处的双离子层，然后，在有机相中的负离子被催化剂（如四级铵盐）正离子解脱，并在有机相中分解成二氯卡宾（dichlorocarbene）和氯化四级铵。生成的二氯卡宾可在有机相与反应底物立即进行反应，例如与烯烃加成：

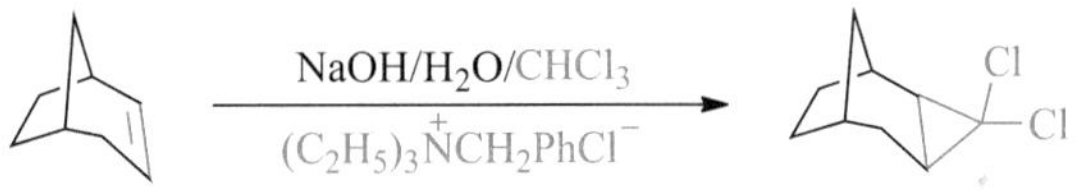

相转移催化反应在工业上也广泛应用于医药、农药、香料、造纸、制革等行业，带来了令人瞩目的经济效益和社会效益。

习题 14-13　在学习过程中，你会发现四级铵盐相对比较稳定，而稳定的氧鎓盐却相对较少。你能通过网络检索列举一些稳定的氧鎓盐吗？尝试总结一下这些稳定的氧鎓盐的结构特点。

14.7　胺的制备方法一：含氮化合物的还原

胺或氨的许多反应本身就是胺类化合物的制备方法。本节涉及的内容不是氨基的反应，而是讨论如何将一些非胺型含氮官能团转化为氨基，因此将其作为胺或氨的制备方法之一。

硝基化合物、腈、酰胺和肟均可通过还原的方法转化为胺。一级、二级和三级酰胺可用氢化铝锂还原为相应的一级、二级和三级胺。将硝基化合物还原成一级胺的方法有：

(1) 在酸性条件下，常用的还原试剂是铁、锌或锡等金属，酸可用盐酸、硫酸或醋酸等。工业上大量应用铁屑、盐酸。但此法需要处理在反应中产生的大量废液、废渣，否则会造成环境污染。实验室常用锡或 $SnCl_2$ 和盐酸来还原。也可在酸性介质中，用铁粉和硫酸亚铁还原脂肪族硝基化合物：

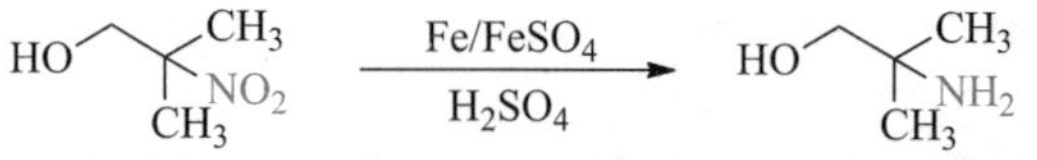

(2) 在碱性条件下，常用的试剂包括硫化铵（$H_2S/NH_3 \cdot H_2O$）、硫氢化钠（NaHS）、硫化钠（Na_2S）等。它们的特点是用化学计量的试剂可将二硝基化合物选择性部分还原，但目前无法预测哪一个硝基先还原（参见 18.4 芳香硝基化合物的还原）。

(3) 在中性条件下，可使用催化氢化法还原硝基。常用的催化剂为 Ni、Pt、Pd等，其中工业上常用兰尼镍或铜在加压下氢化，反应在中性条件下进行。因此，对酸性或碱性条件敏感的化合物，可用此法还原（参见 18.4 芳香硝基化合物的还原）。

肟可用催化氢化法还原，也可用钠和乙醇或氢化铝锂来还原：

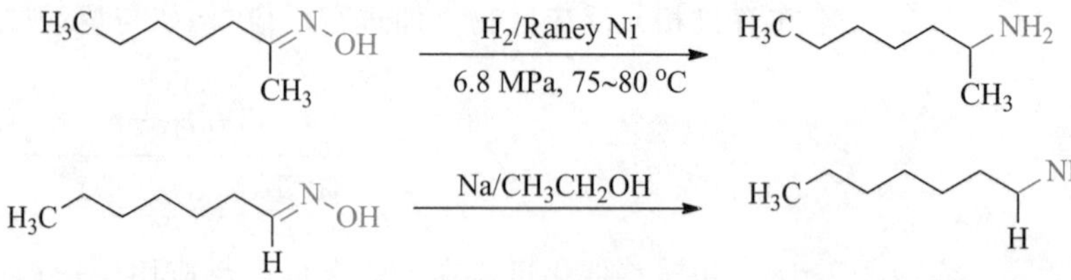

习题 14-14 用环己醇、不超过四个碳的有机物和适当的无机试剂为原料合成下列化合物：

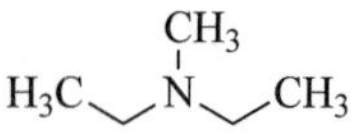

14.8 胺的制备方法二：氨或胺的烷基化和 Gabriel 合成法

由于氨或胺的氮原子上孤对电子具有较强的亲核能力，因此容易与卤代烷发生 S_N2 反应。以 NH_3 与 CH_3I 反应为例，首先生成铵盐。弱酸性的铵盐会与弱碱

可通过卤代烷或醛酮与 ^-CN 反应，再还原 CN 转换成氨基。

用氯化亚锡做还原剂，可避免醛的还原；但用锌和酸做还原剂，醛也被还原为甲基。硝基化合物在酸性条件下反应，经过多步还原反应转化为一级胺，但不能将中间体分离出来。在中性介质中很容易停留在羟胺一步。

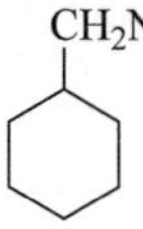

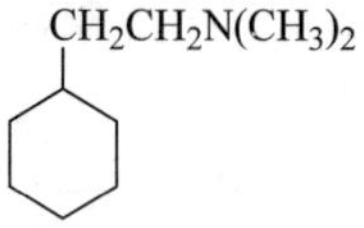

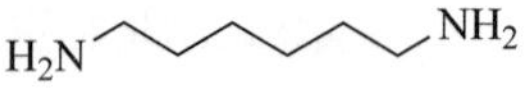

氰基硼氢化钠在酸性条件下比较稳定。

腈和酰胺的还原参见 12.7。结合后续的芳香硝基化合物的还原反应一起学习。

解决这个问题的方法有两种：

（1）加入过量的卤代烷，彻底烷基化成四级铵盐。

（2）加入大大过量的 NH_3。NH_3 很便宜，且相对分子质量小，沸点低，易溶于水，因此可大量使用。

在此 S_N2 反应中，NH_3 与一级胺的反应活性差不多。实验结果表明，1-溴辛烷与2倍量的氨反应会得到混合物，其中1-辛胺占45%，二辛胺占43%，三辛胺和四级铵盐均为痕量。因此，可加入更大量的 NH_3。

三级卤代烷的空阻大，在碱的作用下，易发生消除反应，不易发生取代反应；二级卤代烷的产率比较低。

烷基叠氮化合物的亲核能力很弱，不会再发生第二次烷基化反应。但需要注意的是，低相对分子质量的叠氮化合物容易爆炸。

NaN_3 也可与环氧反应，经还原后生成2-氨基醇。

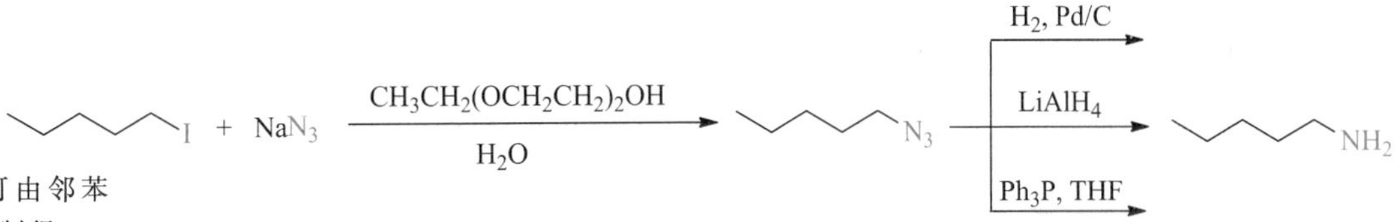

邻苯二甲酰亚胺可由邻苯二甲酸酐与氨反应制得。

邻苯二甲酰亚胺钾盐与卤代烷反应是 S_N2 机理，若与卤原子连接的碳为手性碳原子，反应时反应中心的碳原子构型发生翻转。

性的胺或氨发生可逆的质子转移，生成甲胺。甲胺的氮原子上仍有孤对电子，其亲核性通常较氨的氮原子略强，接着会与氨竞争与 CH_3I 的反应，生成铵盐，再次与氨或甲胺进行质子转移，生成二甲胺；二级胺的亲核性较一级胺更强（但此时需要考虑空阻效应），进一步反应可生成三级胺；三级胺很快与卤代烷反应，生成四级铵盐。最后得到的是多种产物和原料的混合物。卤代烷与氨或胺的反应，称为 Hofmann 烷基化反应（alkylation）。

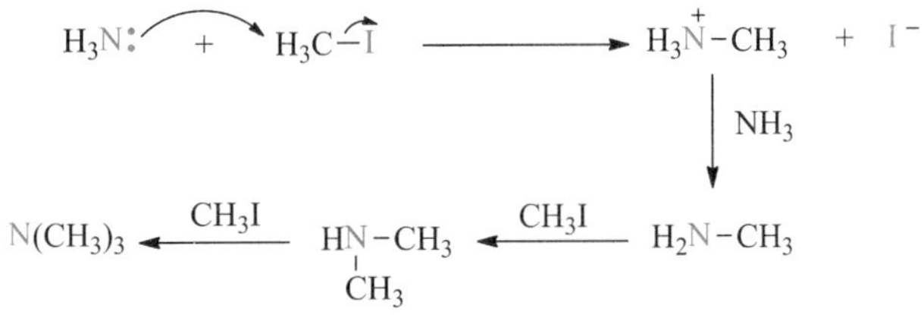

混合物各组分的沸点如果有一定的差距，可用分馏的方法将它们一一分离，这适用于工业上大规模的生产。也可利用原料的摩尔比不同，以及控制反应温度、时间和其他条件，使其中某一个胺为主要产品。小分子的卤代烷可用水做溶剂，大分子的则用醇或液氨做溶剂。此反应属 S_N2 反应，因此卤代烷的反应活性为 $RI>RBr>RCl$，一级卤代烷最好，二级卤代烷次之，三级卤代烷易发生消除反应。卤代苯化合物的卤素不活泼，在高温高压及催化剂作用下才能发生反应。总之，这类反应产物的纯度和产率都不高，因此在实验室制备中用处不大。

醇与氨在催化剂作用下加热、加压可转化为胺，但通常得到的是一级、二级、三级胺的混合物。工业上常用此法生产甲胺、二甲胺、三甲胺及其他较低级的胺，然后通过蒸馏，加以分离。

由于卤代烷与氨或胺的反应常生成混合物，这就限制了此类烷基化反应的应用。因此，为了提高反应的效率和产率，在不改变卤代烷的条件下，需要选用不同的亲核试剂：

（1）制备一级胺的最好方法之一是利用叠氮化合物代替氨：叠氮离子 N_3^- 是一个亲核基团，在 S_N2 反应中，它的亲核能力强于氨，因此可与一级和二级卤代烷反应生成烷基取代的叠氮化合物，接着还原成一级胺。还原方法包括：催化氢化、氢化锂铝及三苯基膦还原。

（2）利用邻苯二甲酰亚胺代替胺：由于受两个羰基的吸电子效应影响，亚胺氮上的氢具有较强的酸性（$pK_a = 8.3$），能与碱反应生成盐，使得氮具有较强的亲核能力，可与卤代烷发生 S_N2 反应。由于此时的氮上已有三个取代基，氮上孤对电子受两个羰基的共轭效应的影响，导致其亲核能力很弱，不会继续与卤代烷反应，水

解后转化为一级胺。此反应称为 Gabriel 合成法,是制备一级胺的一种好方法。反应式如下:

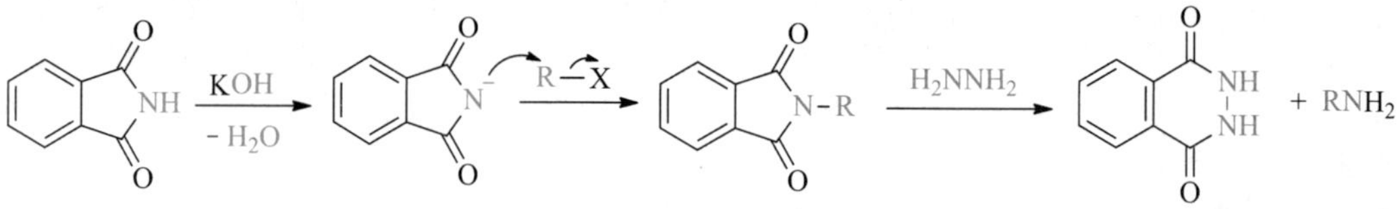

此反应通常使用二甲基甲酰胺为溶剂,可在稍低的温度下进行。反应结束后,可用肼解代替碱性条件下的水解反应。

α-卤代酸、酯或酰胺与邻苯二甲酰亚胺的钾盐发生反应,生成 α-氨基取代的羧酸盐、酯或酰胺,水解后即得 α-氨基酸:

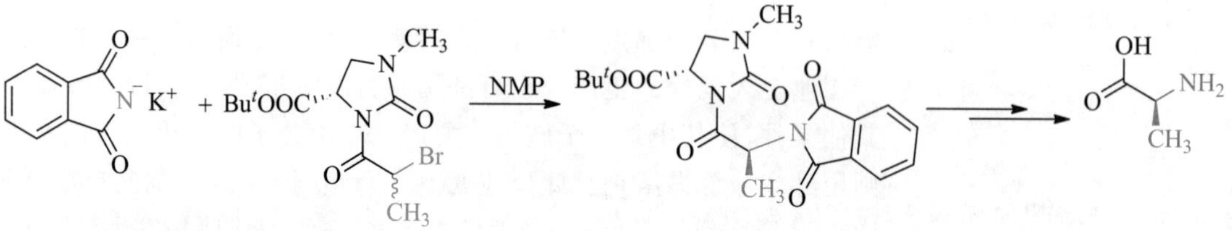

此方法可高产率、高纯度地制备氨基酸。磺酸酯与邻苯二甲酰亚胺钾盐反应,然后肼解生成一级胺。

习题 14-15 以相应的卤代烷为原料,用直接烷基化的方法合成以下化合物:
(i) 1-己胺 (ii) 三甲基正丙基碘化铵 (iii) 六氢吡啶

习题 14-16 利用 NaN$_3$ 和 Gabriel 合成法合成下列胺:
(i) 1-戊胺 (ii) 环己胺 (iii) 甘氨酸 (iv) 3-乙基己胺

习题 14-17 画出在 PPh$_3$ 的作用下,正丁基叠氮转化为正丁胺的反应机理。

习题 14-18 多巴胺(dopamine)属于神经递质的脑内分泌物,可帮助细胞传送脉冲,具有传递快乐、兴奋情绪的功能,又被称做快乐物质,因此医学上被用来治疗抑郁症。此外,吸烟和吸毒都可增加多巴胺的分泌,使吸食者感到兴奋。多巴胺的化学名称为 4-(2-乙氨基)苯-1,2-二酚。画出其结构式,并设计两条以邻苯二酚为原料合成多巴胺的路线。

14.9 胺的制备方法三:醛、酮的还原胺化

氨或胺可与醛或酮缩合,生成亚胺。亚胺中的碳氮双键类似于醛、酮中的碳氧

在还原胺化反应中：

氨→一级胺；

一级胺→二级胺；

二级胺→三级胺。

利用还原胺化反应制备一级胺，还可用羟胺代替氨。这是因为肟比亚胺稳定。

二级胺与酮基反应生成亚胺正离子，此化合物很不稳定，不能分离，直接被还原成三级胺。

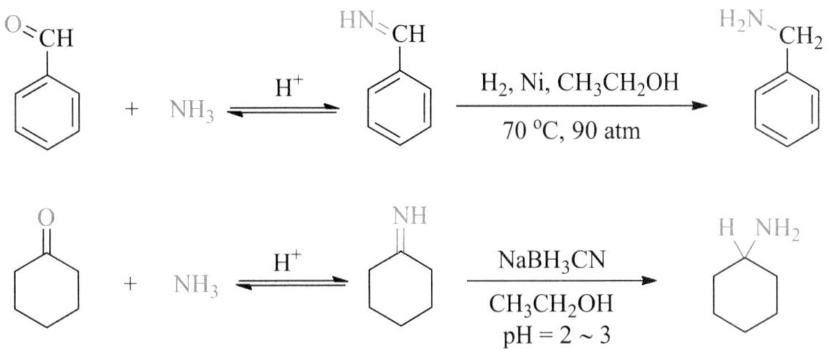

在生物体系中，存在着大量还原胺化反应，如脯氨酸的生物合成，以 2-氨基-5-氧代戊酸为原料：

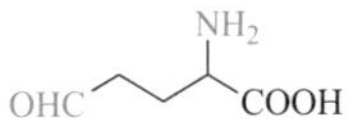

经分子内亲核加成后消除生成五元环亚胺，再经 NADH 还原成脯氨酸。

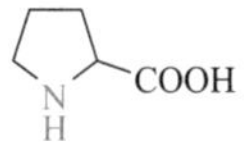

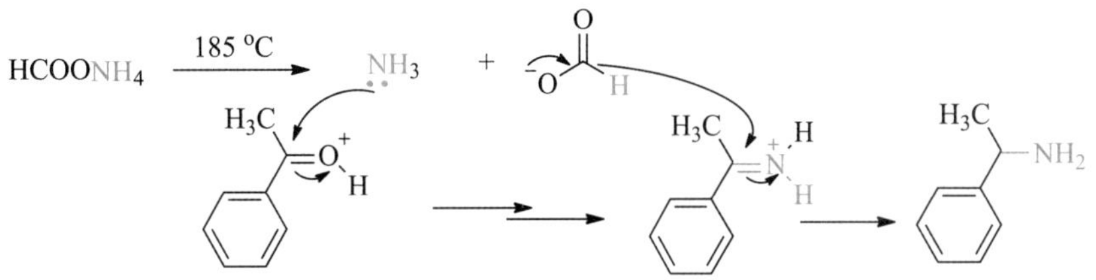

其他可代替甲酸的还原试剂还有：甲酸衍生物、$NaBH_4$、$NaBH(OAc)_3$、$NaBH_3CN$ 等等。

双键,可在催化氢化或氢化试剂作用下被还原为相应的一级、二级或三级胺,这个反应称为还原胺化反应。这个反应通常采用一锅煮的方式,因此反应成功的关键在于还原试剂的选择性：催化活化的氢或氰基硼氢化钠($NaBH_3CN$)与亚胺双键的反应速率比相应的碳氧双键的快。例如,在使用氰基硼氢化钠还原时,反应可在酸性条件下(pH＝2～3)进行,氨被质子化后,进一步活化了亚胺双键。

由于氨通常以水溶液的形式存在,但羰基化合物在氨水溶液中生成亚胺的产率较低；此外,许多还原试剂在水溶液中也不稳定,1885 年 R. A. Leuckart 首先发展了胺的还原烷基化反应。几年后,O. A. Wallach 进一步拓展了此反应的应用范围。现在,将利用甲酸铵代替氨和还原试剂将醛或酮在高温下转化为胺的反应称为 Leuckart-Wallach 反应。具体反应过程如下：

在此过程中,甲酸根离子作为还原剂提供一个氢负离子将亚胺还原成胺。如果用甲酸与氨或胺共混,反应同样能发生：

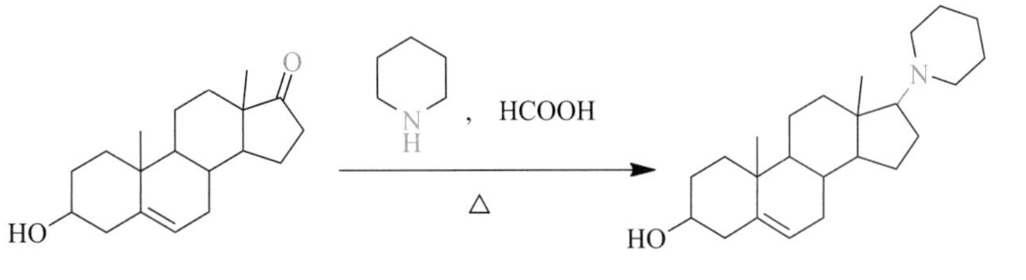

W. Eschweiler 在 1905 年,随后 H. T. Clarke 在 1933 年发现,甲醛在甲酸共同作用下可将一级胺或二级胺甲基化,最终生成三级胺,此反应称为 Eschweiler-Clarke 甲基化反应。这是改进型的 Leuckart 反应。其条件比较温和,甲醛在反应中作为甲基化试剂；甲酸作为还原试剂,在反应中既提供氢负离子又提供氢正离子。

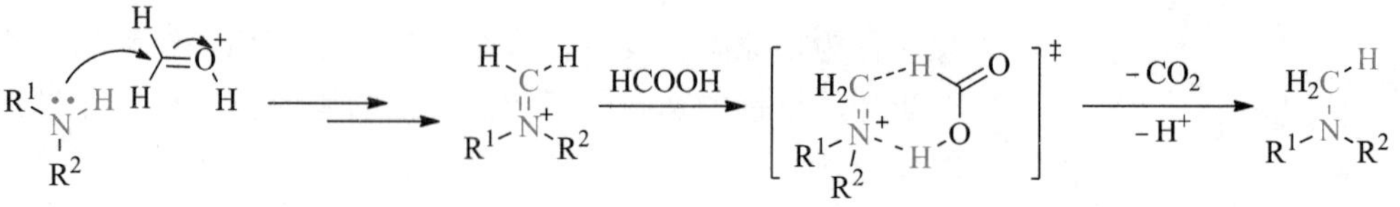

习题 14-19 以不超过五个碳的有机物及其他必要试剂通过还原胺化反应合成：

(i)

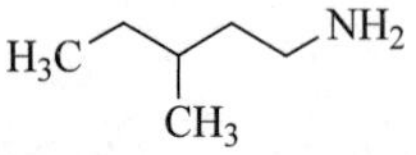

(ii)

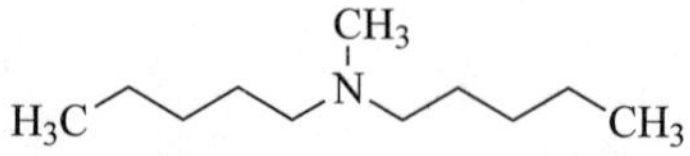

(iii)

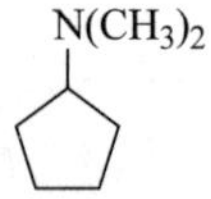

习题 14-20 利用还原胺化反应合成下列化合物：

(i) 以六氢吡啶为原料合成 N-环戊基六氢吡啶

(ii) 以四氢吡咯为原料合成 N-乙基四氢吡咯

(iii) 以环己酮为原料合成环己胺

(iv) 以环戊醇为原料合成环戊胺

习题 14-21 完成以下反应式：

(i) 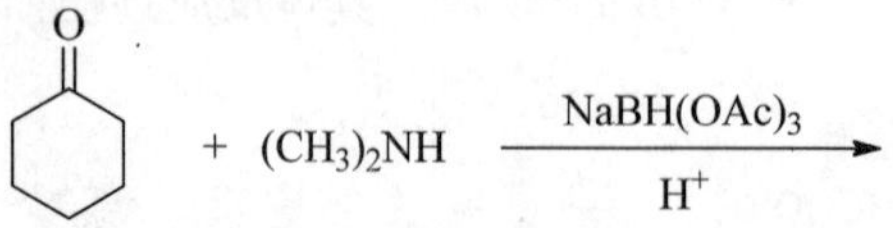
+ $(CH_3)_2NH$ $\xrightarrow[\quad H^+ \quad]{\quad NaBH(OAc)_3 \quad}$

(ii) 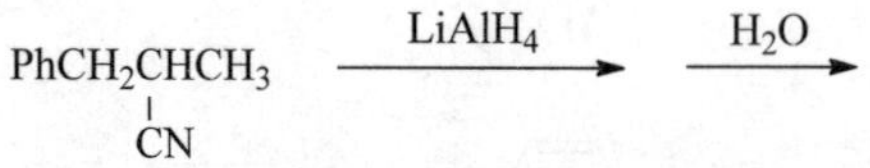 $PhCH_2CHCH_3$ $\xrightarrow{\quad LiAlH_4 \quad}$ $\xrightarrow{\quad H_2O \quad}$
      |
     CN

(iii) 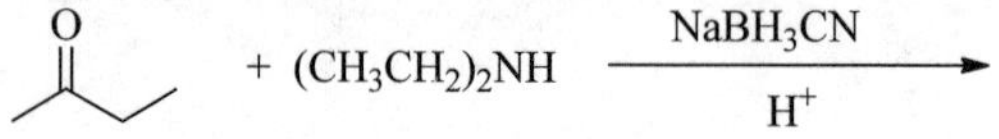
+ $(CH_3CH_2)_2NH$ $\xrightarrow[\quad H^+ \quad]{\quad NaBH_3CN \quad}$

14.10 胺的酰基化与 Hinsberg 反应

磺酰氯与酰氯的化学性质基本一致，是一个很强的亲电试剂和酰基化试剂。酰胺又可通过水解成为原来的胺，但磺酰胺的水解速率比酰胺慢得多。

　　前面的章节描述了一级和二级胺可被酰氯或酸酐酰化生成酰胺，它们也可与磺酰氯反应生成磺酰胺。一级胺、二级胺、三级胺与磺酰氯的反应统称为 Hinsberg 反应。此反应通常在碱性条件下进行。

　　由于三级胺的氮原子上没有氢可离去，三级胺与磺酰氯反应只能生成盐。此磺酸盐很容易被水解回到原来的三级胺，因此三级胺与磺酰氯不能发生酰基化反应：

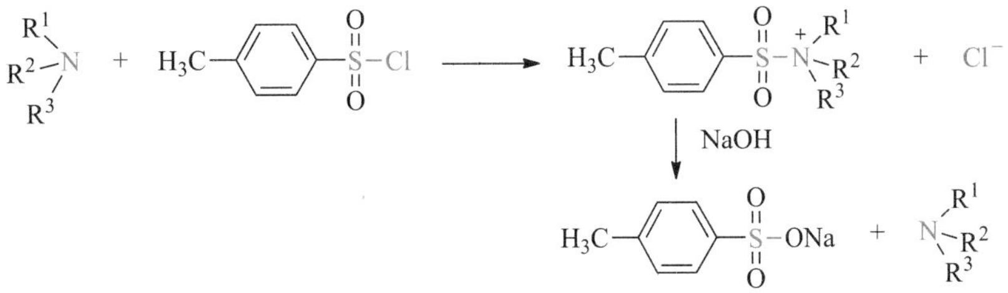

Hinsberg 反应可用来鉴别
二级胺。

二级胺由于氮上还有氢,因此在氮原子对磺酰基进行亲核加成和消除后,形成的铵盐可以通过失去 H⁺ 转化为磺酰胺:

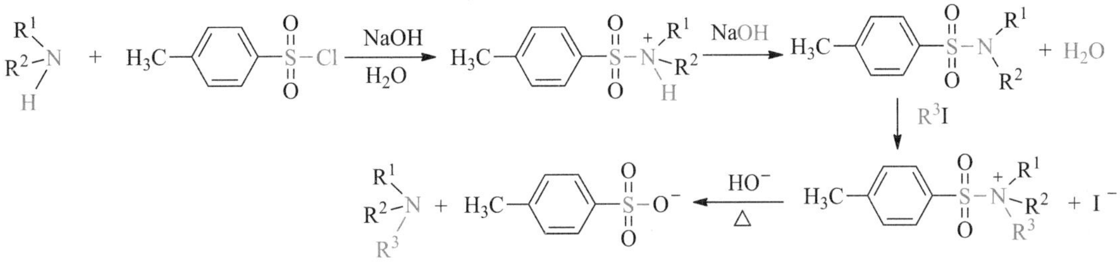

磺酰胺类药物(sulfa drugs)是一类非常重要的抗生素。1936 年,科学家发现对氨基苯磺酰胺可有效治疗链球菌感染。在第二次世界大战中,此类药物挽救了无数生命。

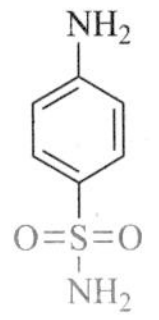

可通过网络检索尝试了解磺酰胺的生理活性。

若从结构上观测,对氨基甲酸与对氨基苯磺酸区别不大,但链球菌可利用对氨基苯甲酸合成叶酸,而对氨基苯磺酸却不行,因为酶无法区分这二者。因此,如果叶酸的生成被抑制,细菌即便不能被杀死,也无法生长和繁殖。

此磺酰胺不能与碱反应,因此不能溶于碱性水溶液;但可与碘代烷反应,水解后生成三级胺。

一级胺与磺酰氯反应生成的磺酰胺,其氮原子上还有一个氢,因受磺酰基的吸电子效应影响,此氢原子具有弱酸性,可与碱反应转化为盐,使得此磺酰胺可溶于碱性水溶液。此盐也可与碘代烷反应,水解后生成二级胺。

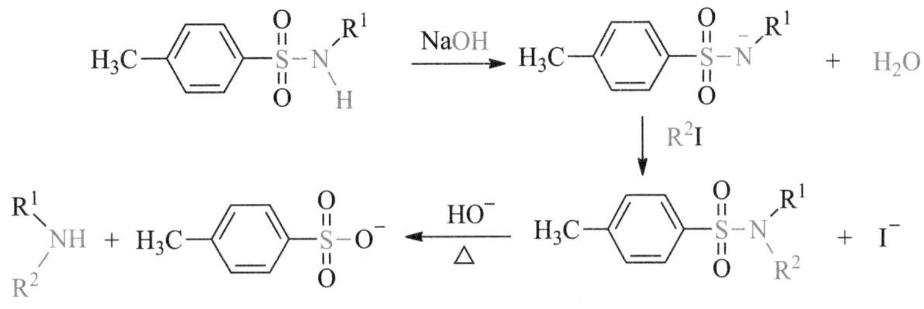

因此,常用这个反应及其后续的与碱的水溶液反应性能的不同来区分和鉴别一级胺、二级胺和三级胺;也可利用生成的磺酰胺性质上的不同,来分离与鉴定这三类胺。

习题 14-22 结合第 18 章中苯胺的知识,以苯胺为原料合成对氨基苯磺酰胺。

习题 14-23 完成下列反应式:

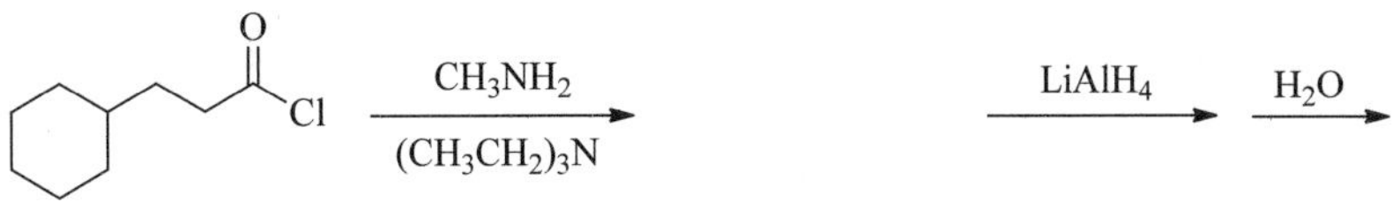

(ii) H_3C—⬡—SO_2Cl $\xrightarrow[\text{(CH}_3\text{CH}_2)_3\text{N}]{\text{CH}_3\text{NH}_2}$ $\xrightarrow{\text{NaOH}}$ $\xrightarrow{\text{CH}_3\text{I}}$

(iii) H_3C—⬡—SO_2Cl $\xrightarrow[\text{(CH}_3\text{CH}_2)_3\text{N}]{\text{(CH}_3)_2\text{NH}}$ $\xrightarrow{\text{NaOH}}$ $\xrightarrow{\text{CH}_3\text{I}}$

习题 14-24 Sildenafil 是磷酸二酯酶 5（PDE5）的一种选择性抑制剂,并且是第一例具有治疗男性勃起功能障碍作用的药物。Pfizer 公司以 VIAGRA 为商标生产这种药物,在 1998 年通过美国食品和药品监督管理局（FDA）批准后的第一年,全球销售额就达到 7.88 亿美元。它就是一种磺酰胺类药物,其合成中的一步就是磺酰胺的构建。完成以下反应式:

$$\text{（结构式）} \xrightarrow[\text{H}_2\text{O, 10 }^{\circ}\text{C, 2 h, 86\%}]{\text{Me-N⬡NH}}$$

14.11 四级铵碱和 Hofmann 消除反应

14.11.1 四级铵碱

四级铵盐在强碱（KOH 或 NaOH）作用下可转化为四级铵碱,并与四级铵盐达成平衡。四级铵碱是与氢氧化钾、氢氧化钠碱性相当的强碱。因此,这是一个平衡反应。若欲制取四级铵碱,常用湿的氧化银与四级铵盐反应,卤化银沉淀下来就移动了平衡:

> **氧化银在此处通过与四级铵盐中的 I⁻ 进行交换,为消除反应提供必要的碱。氧化银部分水解成氢氧化银,而碘化银溶解度更小,因此 HO⁻ 与 I⁻ 交换。**

$$R_4\overset{+}{N}\,I^- + Ag_2O \xrightarrow{H_2O} R_4\overset{+}{N}\,\overset{-}{O}H + AgI$$

卤化银沉淀后过滤,滤液蒸干,得四级铵碱固体,它是易吸湿性物质,类似于氢氧化钾、氢氧化钠。

14.11.2 Hofmann 消除反应

与醇和卤代烷一样,胺也能通过消除反应转化成烯烃;但中性胺不能进行这种转换,因为⁻NH₂ 或⁻NHR 是一个强碱,不是好的离去基团。1851 年, A. W. Hofmann 发现,三甲基丙基氢氧化铵在加热下分解生成三级胺、烯烃和水。三十年后, A. W. Hofmann 将此方法用于哌啶和天然含氮化合物的结构测定。从此,将四级铵碱加热分解成烯烃、三级胺以及水的反应称为 Hofmann 消除反应。

> **思考:注意这些反应条件的不同,并考虑其原因。考虑将胺转化为好的离去基团的方法。将离去基团从⁻NH₂ 或⁻NHR 转化为 RN(CH₃)₂。**

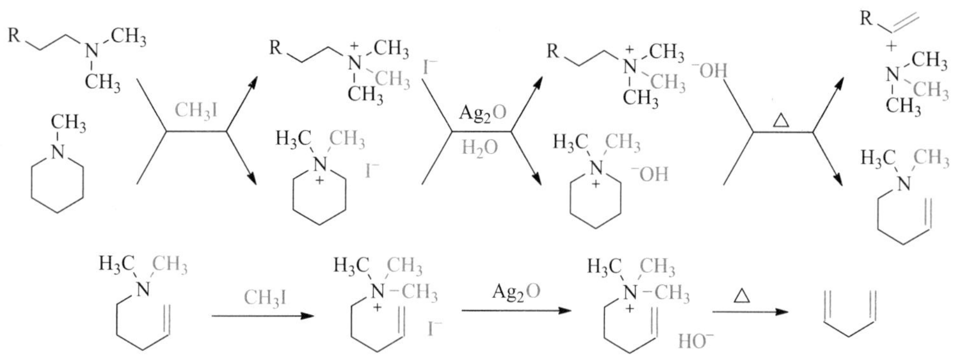

1. Hofmann 消除反应用于胺类化合物的结构测定

早期,Hofmann 消除反应主要用于含氮有机化合物的结构测定。其过程主要可分为以下三个步骤:

(1)氮原子的彻底甲基化反应:一级、二级或三级胺与过量 CH_3I 反应,生成相应的碘化四级铵盐。

(2)四级铵盐与湿的氧化银反应,生成四级铵碱。

(3)四级铵碱的醇溶液或水溶液在减压条件下浓缩,接着在 $100 \sim 200℃$ 加热生成烯烃、水和三级胺。在减压下,此反应可在较低温度下高产率生成烯烃。

思考:比较四级铵碱的 Hofmann 消除反应与醇在酸性条件下失水的异同。

在环状胺的结构测定中,以上步骤需要多次重复,直到氮原子从底物中完全消除。

19 世纪,Hofmann 消除反应在胺类化合物的结构测定中起到了非常重要的作用。反应重复的次数表明了氮原子在起始物中的位置,并给出了鉴定未知物结构的有效信息。此外,由于不同级胺的氮原子上氢的数目不一样,因此,氮原子上引入甲基的数目也不一样,一级胺上三个,二级胺上两个,三级胺上一个,从引入的甲基数即可判断原料是哪一级的胺。甲基化后的胺,用湿的氧化银处理,得四级铵碱;将干燥的四级铵碱加热分解,发生 Hofmann 消除,得到三级胺及烯。如果需要测定的胺具有环状结构,因此首先产生有碳碳双键的三级胺,再重复这些步骤,得三级胺及一个二烯化合物。根据所得烯烃的结构,可推测原来胺的分子结构。

这是早期在测定含氮杂环分子结构时经常使用的一种方法。

2. Hofmann 规则

随着对此反应研究的深入,实验结果表明,Hofmann 反应属于 E2 型的 β-消除反应。在反应过程中,底物四级铵碱被碱攫取的氢原子必须位于 β 位碳上。反应的立体化学应符合反式消除,离去基团三级胺和 β 氢原子必须反式共平面:

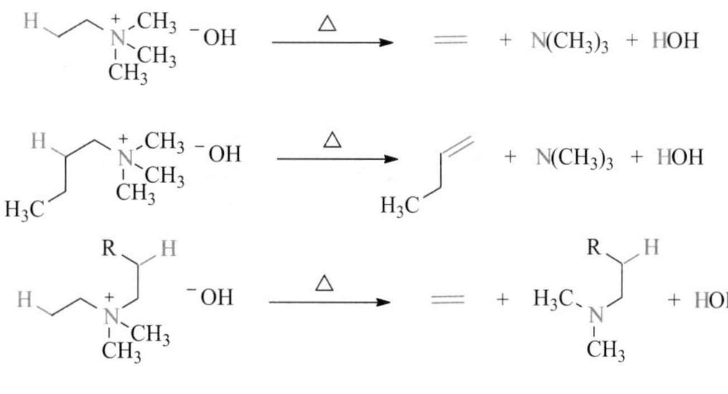

上述第一个例子说明,如果四级铵碱中三个取代基为甲基,还有一个是乙基,加热分解时,主要是乙基的 C—N 键及乙基的 β 位氢断裂,生成三甲胺及乙烯;第二个例子说明,如果没有乙基而有其他长链,则主要是长链的 C—N 键及 β 位氢断裂;最后一个例子说明,如果 N 上既有乙基又有长链,则主要是乙基的 C—N 键及乙基的 β 位氢断裂。下面再来看一个实例:

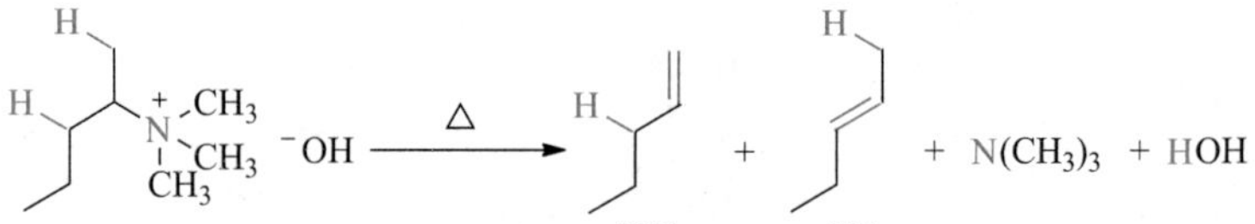

实验数据表明,当四级铵碱的一个基团上有两个 β 位的氢时,消除就有两种可能,主要被消除的是酸性较强的氢,也就是 β 碳上取代基较少的 β 氢。A. W. Hofmann 在总结了大量实验结果后,得出 Hofmann 规则:在四级铵碱的消除反应中,较少烷基取代的 β 碳上氢原子优先被消除,即 β 碳上氢原子的反应性为 $CH_3 > RCH_2 > R_2CH$。例如

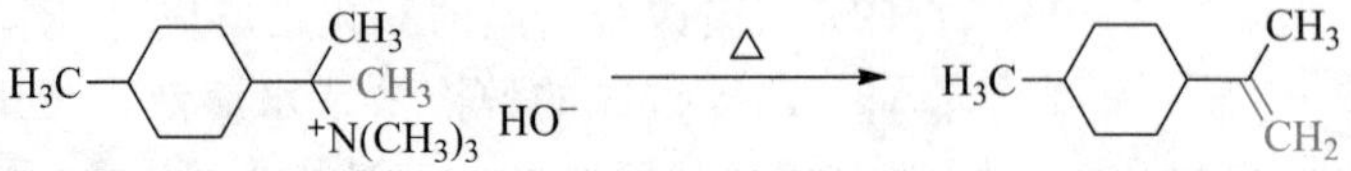

当四级铵碱中同时有多个 β 氢原子存在时,则需要考虑 β 氢原子的酸性和空间位阻:

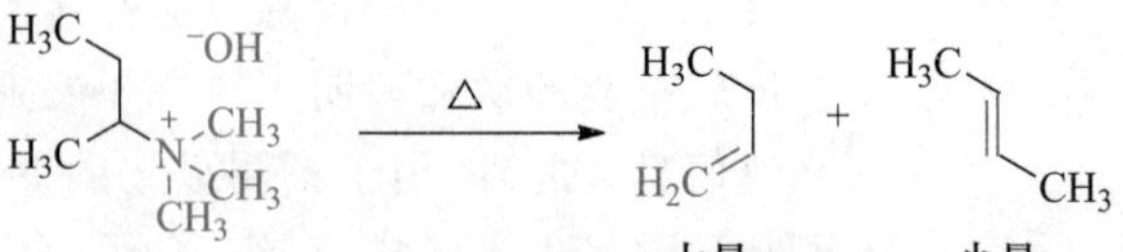

简单定义消除反应产生的烯烃:
Zaitsev 消除产物:最多取代的烯烃;
Hofmann 消除产物:最少取代的烯烃。

Hofmann 消除与 Zaitsev 消除的情况正好相反。其原因是,Hofmann 消除受反应物的诱导效应制约,即碱进攻的 β 碳上取代基(给电子基团)较少,电子云密度较小,因而是酸性较强的氢,这个氢原子空阻也小,易于被碱夺取而生成 Hofmann 消除产物,即形成双键碳上取代基较少的烯烃,这是由动力学控制的产物;而 Zaitsev 消除受产物的共轭效应制约,即产生双键碳上取代基较多的稳定的烯烃,这是由热力学控制的产物。

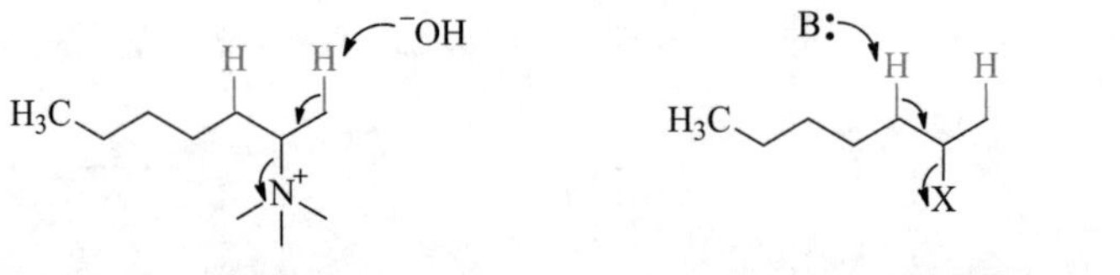

四级铵碱的E2消除
碱进攻β碳上烷基取代基较少的氢
酸性强
反应速率快

卤代烷的E2消除
碱进攻β碳上烷基取代基较多的氢
酸性弱
产物稳定

随着卤原子吸电子诱导效应的增强,主要产物由 Zaitsev 消除产物逐步变为 Hofmann 消除产物。

因此,同在碱性条件下,四级铵碱与卤代烷的消除反应不同之处如下:
(1)在四级铵碱中,带正电荷的 R_3N^+ 是强的吸电子基团,使 β 碳原子上的氢

原子具有较强的酸性。在强碱性条件下,β氢原子易被攫取,而 R_3N 不是一个好的离去基团,因此 β 氢原子的离去概率更高一些。

（2）在卤代烷中,与 R_3N^+ 相比,卤原子是个较弱的吸电子基团,β 碳上氢原子的酸性较弱,较不易被碱攫取,此时与 H^+ 相比,卤素负离子是一个好的离去基团,其优先离去形成碳正离子。因此,当有两个 β 碳并且均有氢时,碳正离子上能形成较稳定过渡态的 β 氢优先被消除,生成 Zaitsev 消除产物,即得到热力学控制的双键碳上取代基较多的烯烃。

由此可见,产生这两种产物的不同之处在于离去基团的吸电子效应及其离去能力。强的吸电子基团使 β 氢具有较强的酸性,易被碱夺取,反应就符合 Hofmann 规则。例如,氟原子的吸电子能力与 R_3N^+ 接近,因此氟代烷主要发生 Hofmann 消除反应。

至此,可以对消除反应作简单的小结:β-消除反应有 E1、E2、E1cb 三种机理,其对比如表 14-3 所示。

表 14-3　β-消除反应的 E1、E2、E1cb 机理对比

分类	反应机理		实例
E1 单分子消除			醇失水,三级卤代烷在强极性溶剂中失卤化氢
E2 双分子消除	似 E1 L 是好的离去基团,L 比 H 易离去,如卤素		热力学控制的产物。卤代烷的 E2 消除（符合 Zaitsev 规则）
	E2 		
	似 E1cb L 不是好的离去基团,H 比 L 易离去,如 NR₃		动力学控制的产物。四级铵碱的 E2 消除（符合 Hofmann 规则）
E1cb 单分子共轭消除			碳负离子很不稳定。按这种机理进行的情况较少

当反应物中离去基团离去的趋势强时,反应在弱碱性下和极性较强的溶剂中按似 E1 机理进行。与之相反,当离去基团离去的趋势弱时,反应只能在强碱性下按似 E1cb 机理进行〔在相应机理中,用键的长短不同（见虚线）来表示基团离去的情况,其中虚线长的表示离去趋势强〕。实际上,在 E2 与似 E1、E2 与似 E1cb 之间没有一个严格的界线。

因此,四级铵碱的消除反应虽是 E2 反应,实际上是以似 E1cb 过渡态完成的。

似 E1:介于 E1 与 E2 之间,仍属于 E2 机理;
似 E1cb:介于 E2 与 E1cb 之间,仍属于 E2 机理。

Hofmann 消除反应是在碱作用下的消除反应,优先被攫取的是酸性较强的氢原子,生成双键碳上取代基较少的烯烃。因此,经过几十年的研究,Hofmann 规则应该修正为:

（1）由于此反应在强碱性条件下进行,酸性强的氢原子优先离去;若 β 位有苯

基、乙烯基、羰基等取代基,这些取代基由于共轭效应及吸电子效应等原因,使这个 β 碳原子上氢原子的酸性比未取代的强:

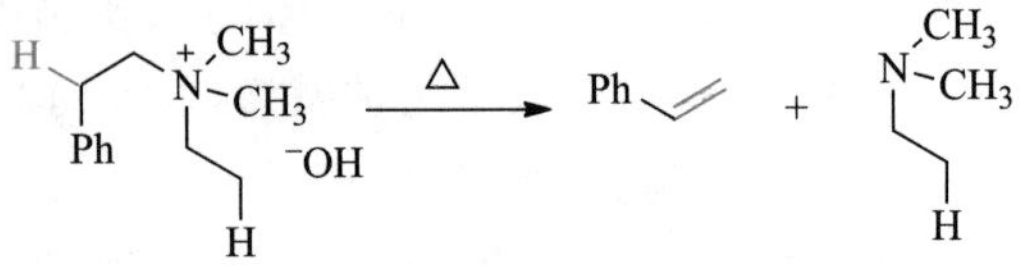

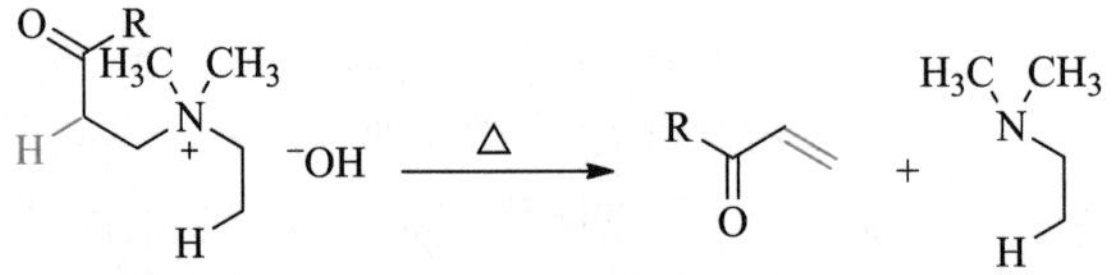

（2）在氢原子的酸性近似的情况下,空阻小的氢原子优先被碱进攻:

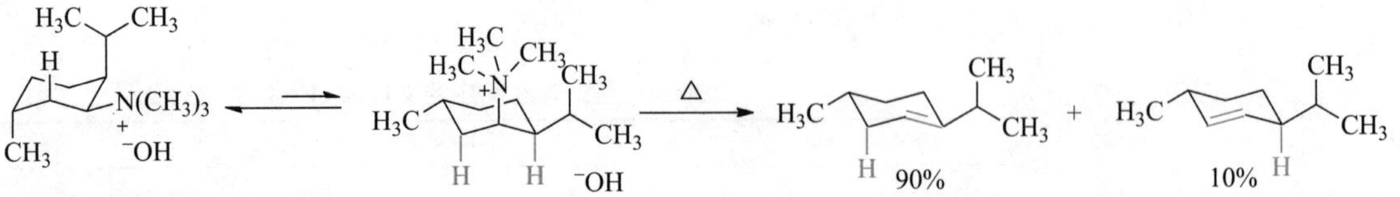

E2 消除的基本条件是离去基团和 β 氢原子反式共平面。但在 Hofmann 消除中,三级氨基作为空阻极大的离去基团,常常会干扰这个反式共平面。

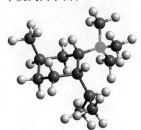

当 β 氢原子空阻太大时,Hofmann 消除反应不能正常进行:

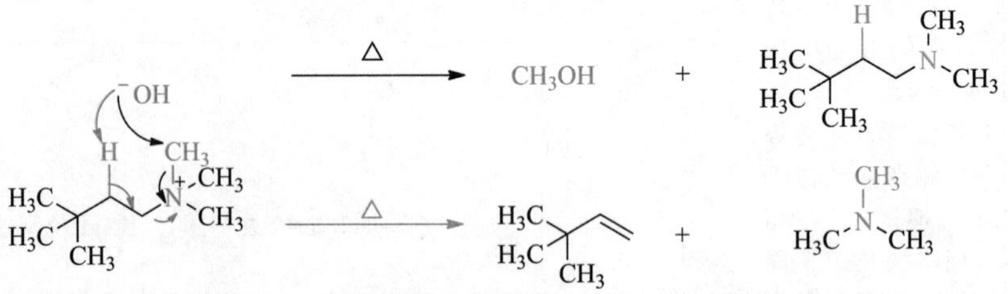

（3）处于反式位置的氢原子优先消除:

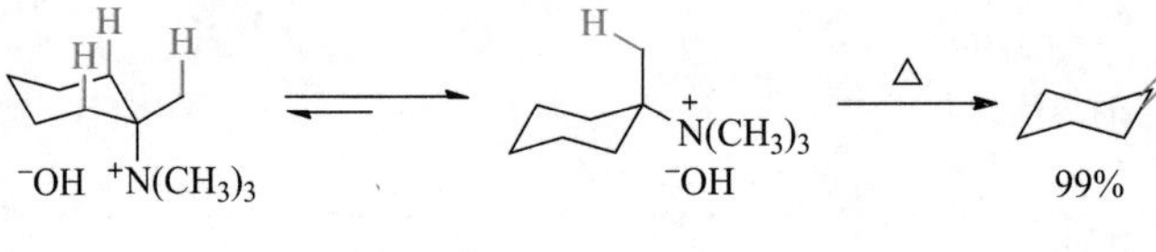

（4）从构象分析中也可看出,反应更倾向于生成遵从 Hofmann 规则的消除产物。

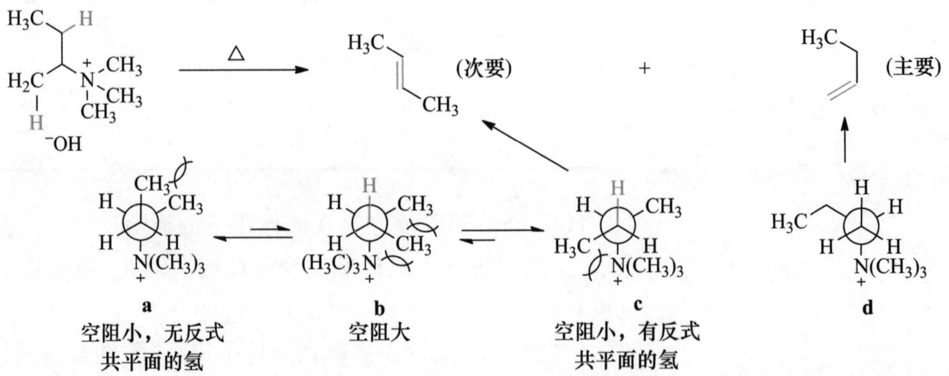

a
空阻小,无反式
共平面的氢

b
空阻大

c
空阻小,有反式
共平面的氢

d

Hofmann 消除反应在当前实验室的有机合成中已经不是很实用了,但在生物体系中,类似于 Hofmann 消除的生物反应却每天都在发生。

构象 **a**:没有与 $^+N(CH_3)_3$ 处于对交叉(反式)的氢原子,不能发生消除反应;且两个甲基之间处在邻交叉的位置,不稳定。

构象 **b**:有与 $^+N(CH_3)_3$ 处于对交叉(反式)的氢原子,可发生消除反应;但两个甲基之间和甲基与 $^+N(CH_3)_3$ 均处在邻交叉的位置,很不稳定。

构象 **c**:有与 $^+N(CH_3)_3$ 处于对交叉(反式)的氢原子,可发生消除反应;但甲基与 $^+N(CH_3)_3$ 处在邻交叉的位置,不稳定。

构象 **d**:三个氢原子均可与 $^+N(CH_3)_3$ 处于对交叉(反式),反式消除后得 Hofmann 消除的产物 1-丁烯。

因此,此消除反应的主产物为 1-丁烯;(E)-2-丁烯为次要产物。

Hofmann 消除反应除了上述在含氮化合物的结构测定方面发挥了重要的作用外,还可合成一般方法不易合成的烯烃。如在天然产物黄苦木素的合成中,其中一个中间体的环外双键的构建:

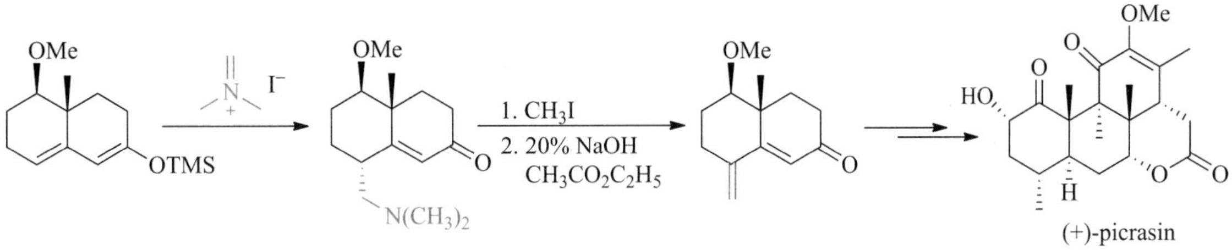

(+)-picrasin

习题 **14-25**　根据 Hofmann 消除反应的机理推测以下列底物为原料经彻底甲基化、Ag₂O 处理后加热的主要产物:

(ⅰ) 环己胺　(ⅱ) 2,4-二甲基四氢吡咯　(ⅲ) N-乙基六氢吡啶

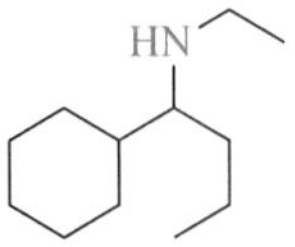

习题 **14-26**　完成以下反应式:

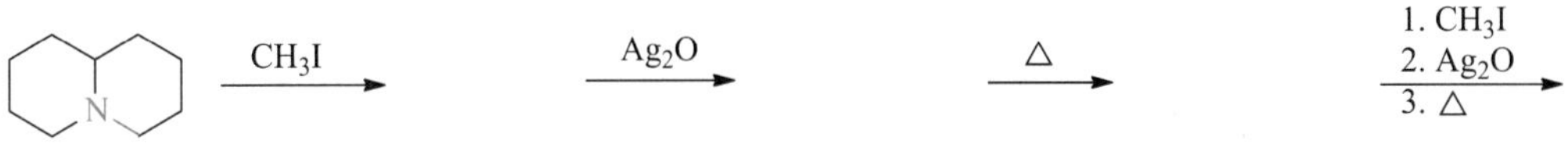

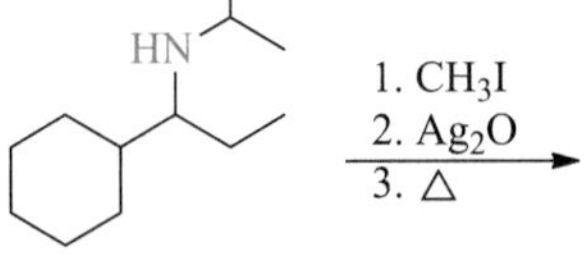

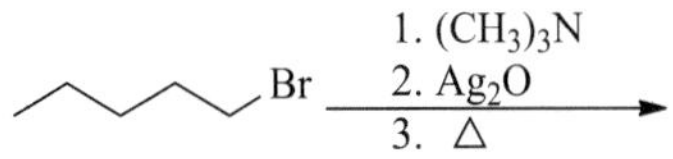

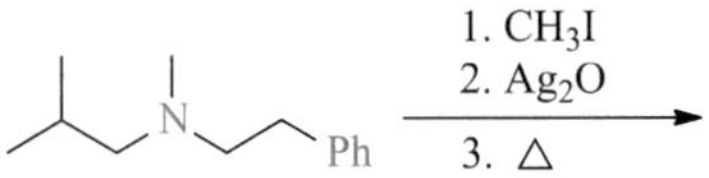

习题 14-27 完成以下反应式(注意产物的立体化学):

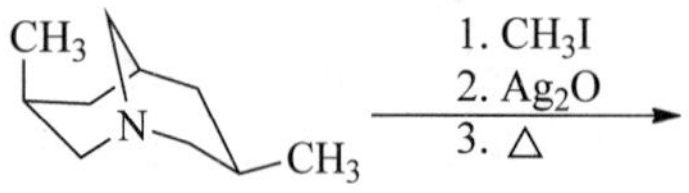

14.12 胺的氧化和 Cope 消除

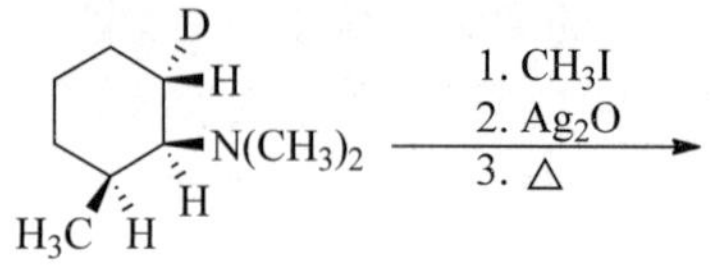

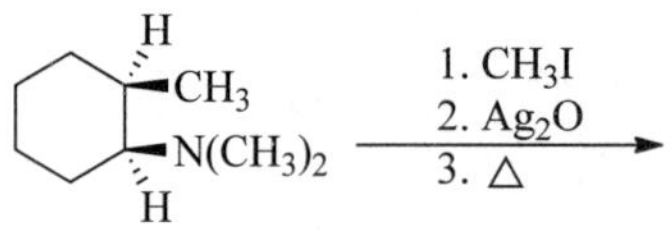

在胺的合成中,常常伴随着胺被氧化的副反应。胺在储存过程中就会被氧气氧化。防止胺被氧化的最简单方法就是将胺转化成盐。脂肪族一级胺还可能被过氧化氢氧化成肟,一级和二级芳香胺亦能氧化成羟胺或亚硝基物,但这些反应均非常复杂,产率低。在此氧化过程中,一定要注意氨基上氢的作用。

在人体中,一级胺被单胺氧化酶(MAO)氧化成亚胺,亚胺再水解成醛和胺。通过上网查阅可了解 MAO 的作用机理和功能。

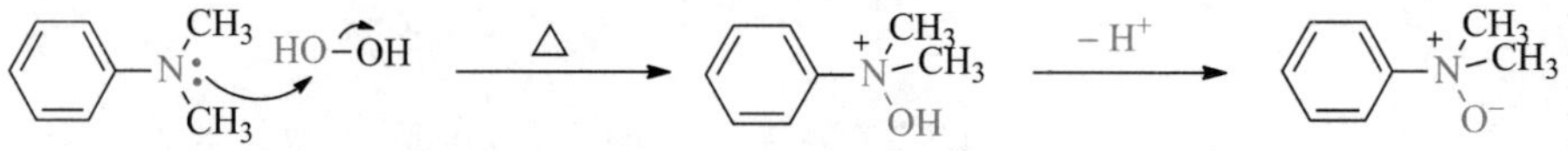

三级胺的氧化反应通常先得到氧化胺的水合物,在真空中慢慢加热,此水合物脱水生成氧化胺。三级胺的氧化和氧化胺的热消除可在同一体系中完成,如以二甲亚砜或四氢呋喃为溶剂就可进行反应。

由于胺(特别是芳香胺)很容易被氧化,因此大多数氧化剂易将胺过度氧化,生成焦油状的复杂物质。一级胺很容易被氧化,通常生成一系列化合物:

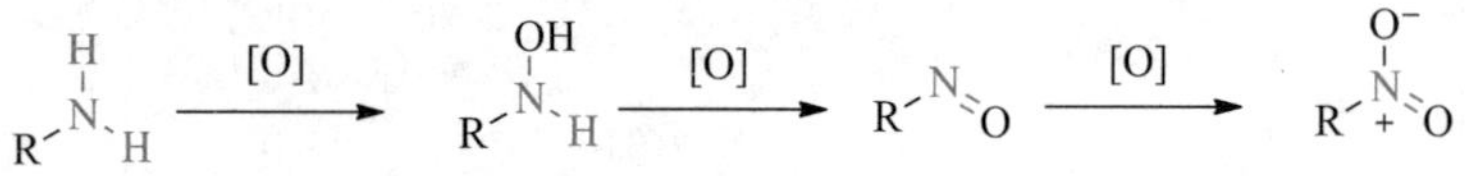

二级胺也很容易被氧化成羟胺,常常也会有较多副产物:

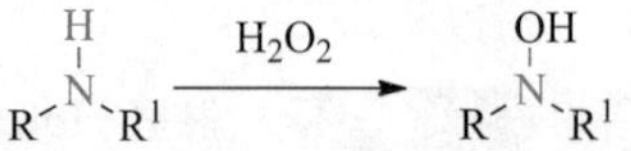

一级和二级胺的氧化机理目前尚不清楚,常会有自由基参与其中。

但过氧化氢或过酸可将三级胺高产率地氧化为氧化胺(amine oxide)。例如 N,N'-二甲苯胺与过氧化氢反应,生成无水氧化胺:

当氮原子上有四个不同取代基时,氧化胺具有一对对映体。例如,下面这一对对映体已经拆分分别得到相应的对映体:

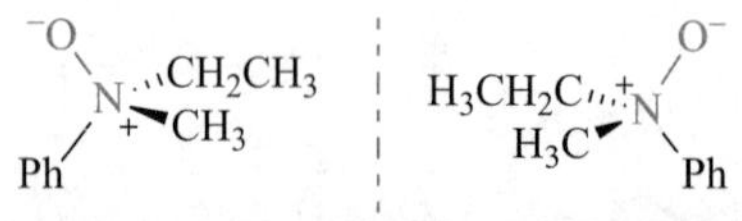

氧化胺的偶极矩很大,因此这类化合物极性大,熔点高,不溶于乙醚、苯,易溶于水。氧化胺具有碱性,与 Hofmann 消除反应一样,可与 β 氢原子发生反应。1949 年,A. C. Cope 发现,当氧化胺有 β 氢原子时,加热下会发生热分解,生成烯烃及羟胺衍生物:

三级胺的氧化物上氮原子带正电性，相当于四级铵盐，而氧带负电性，相当于碱，因此三级胺的氧化物正好类似于 Hofmann 消除反应的原料四级铵碱。

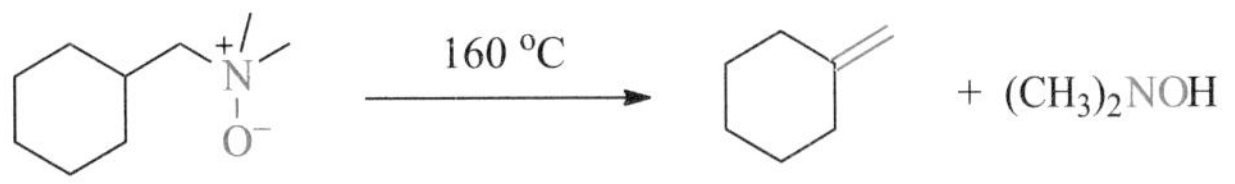

这个反应被称为 Cope 消除反应。此反应为 E2 顺式消除，形成一个平面的五元环的过渡态，氧化胺的氧负离子作为进攻的碱：

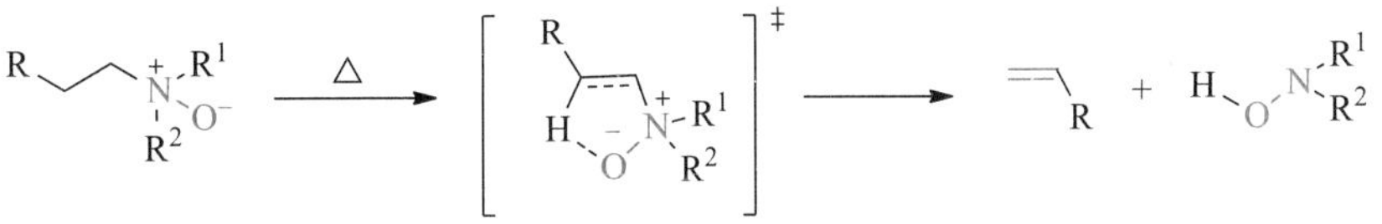

在此环状过渡态中，氧化胺 N—O 基和 β 氢原子必须在同一侧，因此，α 和 β 位碳原子上取代的原子或基团呈重叠型。这样的过渡态需要较高的活化能，很不稳定，很快发生了消除反应。环状的氧化胺则需要形成稠环的过渡态：

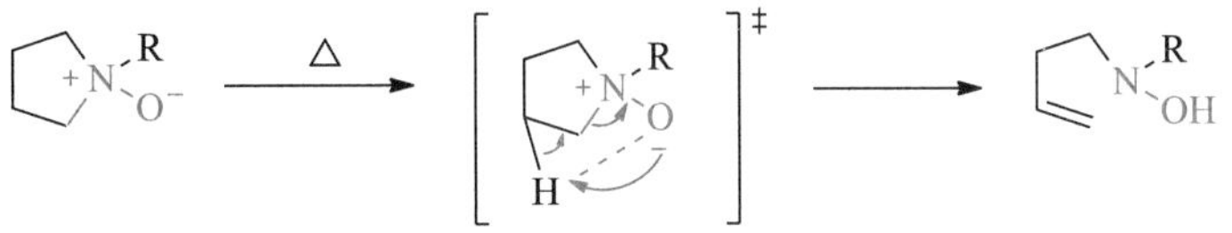

当氧化胺有两个 β 氢原子存在时，得到 Hofmann 规则产物为主的混合物。生成的烯烃有顺反异构体，一般以反式异构体为主。反应过程中没有重排反应发生，因此可用于制备很多烯烃。例如在天然产物合成的重要中间体(1S)-10-亚甲基樟脑中双键的构筑中也采用了 Cope 消除：

由于 Cope 消除是分子内反应，因此与 Hofmann 消除相比，其反应条件相对比较温和，温度较低，副反应少。

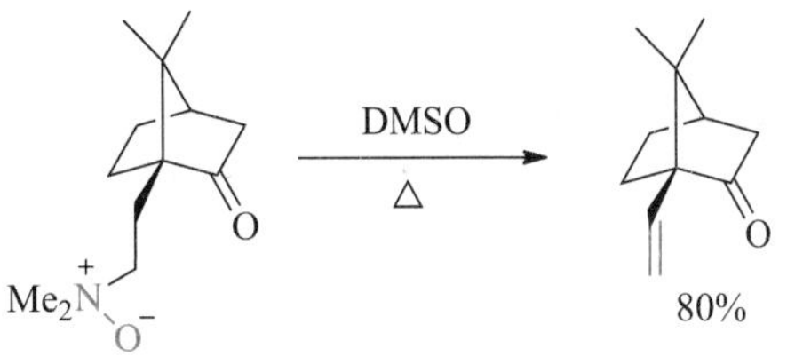

此外，Cope 消除也是制备二级羟胺的方法：

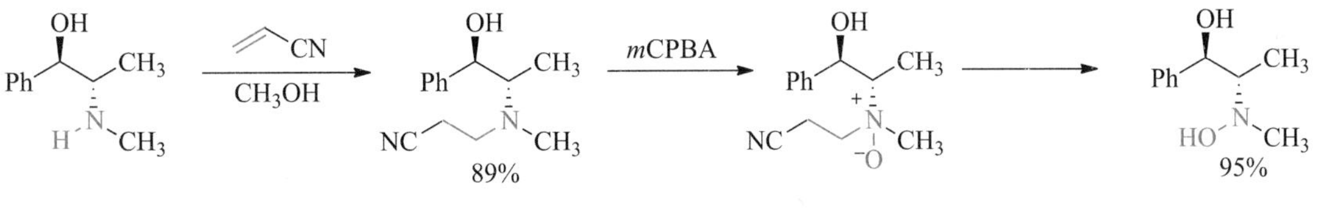

习题 **14-28** 写出以下三级胺经双氧水处理并加热后的主要产物：
(i) *N*,*N*-二甲基环己胺 　(ii) *N*,*N*-二乙基环己胺 　(iii) *N*-乙基六氢吡啶
(iv) *N*,*N*-二甲基-1-甲基环己胺
习题 **14-29** 完成下列反应式（注意产物的立体化学）：

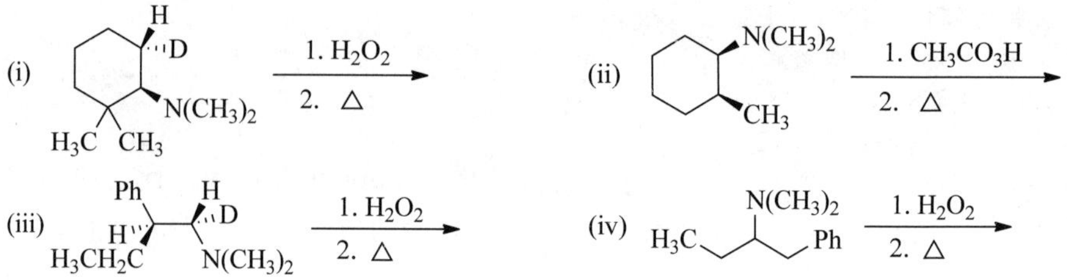

14.13　胺与亚硝酸的反应

胺与亚硝酸(nitrous acid)的反应是通过氮原子上孤对电子对亚硝酰正离子(NO^+)的亲核进攻而发生的,最终的产物取决于胺的类别以及产物的稳定性。本节主要讨论脂肪胺与亚硝酸的反应。芳香胺与亚硝酸的反应将在 18.8 中介绍。

通常可将亚硝酸钠与盐酸反应制备不稳定的亚硝酸,此时溶液中会有 NO^+:

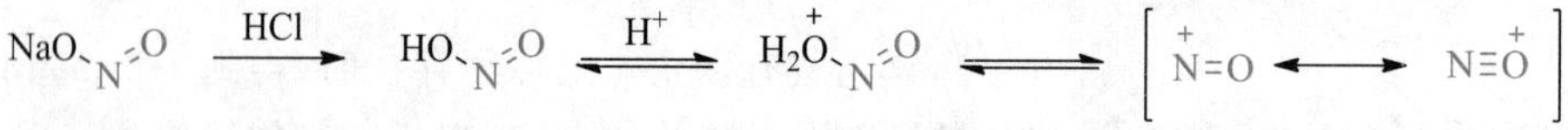

N-亚硝基胺在此反应条件下非常稳定。由于氮原子上没有氢原子,因此不会再互变异构转换成重氮盐。动物实验表明 N-亚硝基胺致癌,参见本章末拓展阅读。

接着,NO^+ 受到胺中氮原子上孤对电子的亲核进攻,生成 N-亚硝铵盐:

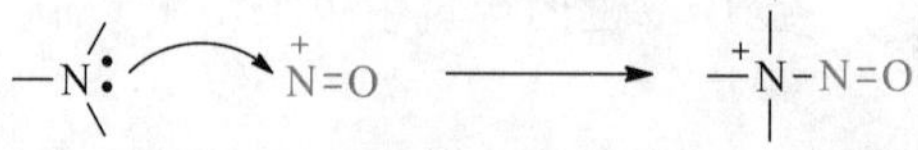

接下来的反应取决于胺中氮原子上氢原子的个数。三级脂肪胺的氮原子上没有氢原子,其生成的 N-亚硝铵盐在低温下可稳定存在,但加热会分解。

二级脂肪胺中氮原子上有一个氢原子,其生成的 N-亚硝铵盐失去一个质子后转化为稳定的黄色油状或固体的 N-亚硝基胺。

N-亚硝基胺,可用还原方法(如 $SnCl_2$ + HCl 等)将亚硝基还原除掉,仍得二级胺,因此可提纯二级胺。

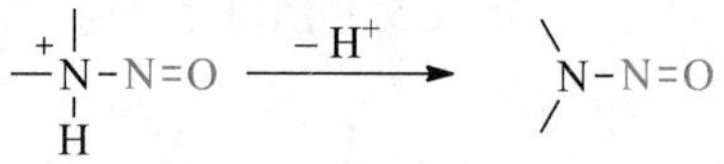

而当 N-亚硝基胺中氮原子还有氢原子时,即为一级脂肪胺与亚硝酸反应的结果,此产物不稳定,进而会互变异构转化成羟基偶氮化物,接着在酸性条件下失水生成重氮盐(diazonium salt):

芳香重氮盐相对比较稳定,参见 18.8。

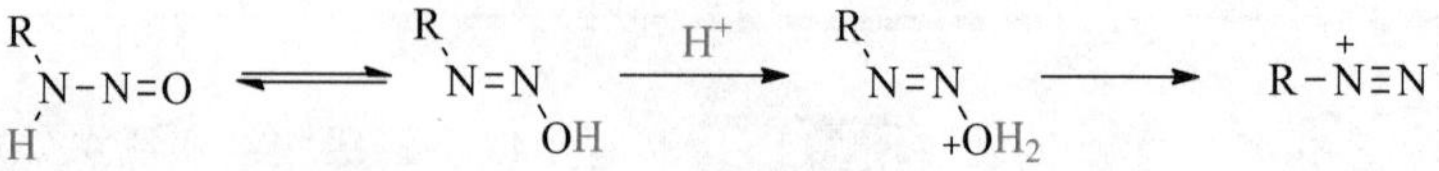

烷基重氮盐非常不稳定,会分解生成 N_2 和碳正离子,接着碳正离子会发生取代、重排、消除等一系列反应,最后转化为醇、烯等复杂产物。其不稳定的驱动力在于生

成了一个非常稳定的分子，N_2。此碳正离子若被亲核试剂进攻，就发生取代反应；若失去氢离子发生消除反应，则生成烯烃；或重排生成更稳定的碳正离子。

一级脂肪胺与亚硝酸反应释放的氮气是定量的，因此该反应可用来测定一级胺的含量。

1903 年，N. J. Demjanov 发现，胺甲基取代的环烷烃与亚硝酸反应生成了环烷基醇，此反应称为 Demjanov 反应。

$$(CH_2)_n \quad CHCH_2NH_2 \xrightarrow[H_2O]{HNO_2} (CH_2)_{n+1} \quad CH_2—OH \qquad n = 2, 3, 4$$

此碳正离子重排与 pinacol（频哪醇）重排有些相似。

此反应比较适合于制备五元、六元以及七元环的醇等。而更大的环系化合物扩环的产率会大幅度降低；三元环化合物除了生成相应的醇外，还有其他包括重排的反应产物。因此，此重排反应在合成上意义不大，但可用于了解一些环的重排反应。

1937 年，M. Tiffeneau 等发现，1-氨甲基环戊醇用亚硝酸处理时会很快重排为环己酮。此扩环反应称为 Tiffeneau-Demjanov 重排，机理如下：

M. Tiffeneau 的改进方法在于为碳正离子找到了一个更为稳定的形式：与羟基相连的碳正离子。

氨基与亚硝酸作用发生重氮化，接着放出氮气生成一级碳正离子，然后烃基迁移生成更加稳定的氧鎓离子，最后去质子化生成酮。此反应适用于制 $C_5 \sim C_9$ 环酮，尤其是 $C_5 \sim C_7$ 的环酮。反应底物可由相应的环酮与氰化氢加成后再还原得到，也可通过在碱性条件下硝基甲烷负离子对环酮亲核加成后，再将硝基还原为氨基即可。因此，此反应是从低级环酮合成多一个碳的高级环酮的一种方法。

习题 14-30 设计一个鉴别以下胺类化合物的实验方案：
己胺、六氢吡啶、N-甲基六氢吡啶

习题 14-31 完成下列反应式：

(i) $H_3C—\overset{\underset{\displaystyle |}{CH_3}}{CH}—CH_2—NH_2 \xrightarrow[HCl]{NaNO_2}$

(ii) $H_3C—\overset{\underset{\displaystyle NH_2}{\overset{\displaystyle CH_3}{|}}}{C}—CH_3 \xrightarrow[HCl]{NaNO_2}$

(iii) 环辛烷 $\overset{OH}{\underset{NH_2}{}} \xrightarrow[HCl]{NaNO_2}$

(iv) $\underset{Ph}{\overset{HO}{}}C—\overset{CH_3}{\underset{NH_2}{}}C—Ph \xrightarrow[HCl]{NaNO_2}$

习题 14-32 分别写出以下 pinacol 重排和 Tiffeneau-Demjanov 重排反应的反应

机理,从中对比其异同点:

(i) $\overset{HO}{\underset{Ph}{H_3CH_2C}}\overset{Ph}{\underset{OH}{CH_2CH_3}}$ $\xrightarrow[\triangle]{H^+}$

(ii) $\overset{HO}{\underset{Ph}{H_3CH_2C}}\overset{Ph}{\underset{NH_2}{CH_2CH_3}}$ $\xrightarrow[\triangle]{NaNO_2/H^+}$

14.14 重氮甲烷与烷基重氮化合物

重氮甲烷:熔点:$-145℃$
沸点:$-23℃$

重氮甲烷(diazomethane),CH_2N_2,黄色有毒的气体,在气态或浓溶液中很容易爆炸,能溶于乙醚。在稀的乙醚溶液中会立刻与酸进行甲基化反应。

1. 重氮甲烷的结构

根据物理方法测量,它是一个线形分子,其结构如下:

$$H_2\overset{-}{C}-\overset{+}{N}\equiv N \longleftrightarrow H_2C=\overset{+}{N}=\overset{-}{N} \longleftrightarrow H_2\overset{+}{C}-\overset{-}{N}=N$$

实际测量的结果表明,重氮甲烷的偶极矩不太大,这可能是因为其分子内一个碳原子和两个氮原子上的 p 电子互相重叠形成了三原子四电子的大 π 键,因此引起了键的平均化。

2. 重氮甲烷的反应

重氮甲烷非常活泼,能够发生多种类型的反应,是有机合成的重要试剂。

(1) 与酸性化合物反应:重氮甲烷是一个很重要的甲基化试剂,可与酸反应形成甲酯,与酚、β-二酮和 β-酮酯的烯醇等反应能形成甲醚。

具有酸性的氢均能发生此反应。重氮甲烷首先与质子发生亲电加成反应,将具有亲核能力的亚甲基转化成亲电的甲基:

$$H_2\overset{-}{C}-\overset{+}{N}\equiv N$$
$$\downarrow H^+$$
$$H_2C\overset{+}{=}\overset{+}{N}\equiv N$$
$$\overset{|}{H}$$
$$\downarrow \overset{..}{Nu}$$
$$H_2C-Nu$$
$$\overset{|}{H}$$

(2) 形成卡宾的反应:在光照或暴露在催化量的铜下,重氮甲烷会释放 N_2,生成亚甲基卡宾(methylene carbene)。

(3) Wolff 重排:1902 年,L. Wolff 发现,α-重氮酮在 Ag_2O 和水的作用下会重排生成乙酸衍生物:

关于卡宾的结构、制备和反应参见 8.8。

Wolff 重排也可在光照下进行。

如果反应中有胺,产物则为酰胺:

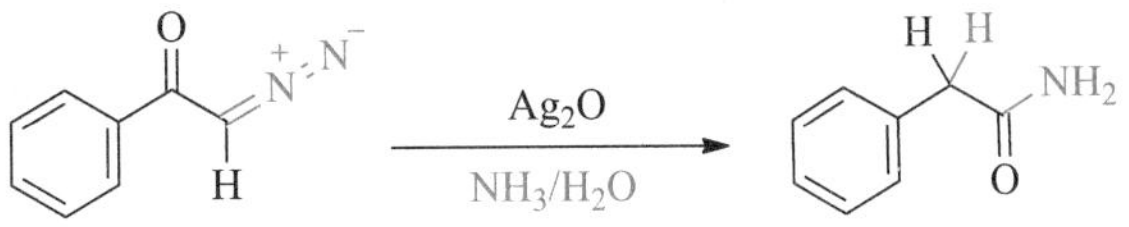

几年后,G. Schröter 也独立报道了类似的反应。因此,α-重氮酮转化为乙烯酮,接着与亲核试剂反应生成相应产物的反应称为 Wolff 重排。但由于 α-重氮酮在当时条件下很难制备,因此此反应在随后的三十年中一直没有引起大家的注意。

Arndt-Eistert 反应也是非常实用的将 α-氨基酸转化为 β-氨基酸的合成方法。

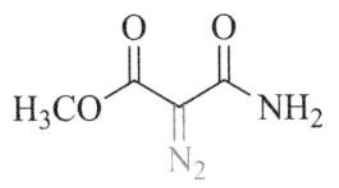

1935 年,F. Arndt 和 B. Eistert 利用羧酸与二氯亚砜反应生成酰氯,接着与重氮甲烷反应制备了 α-重氮酮;随后,α-重氮酮在氧化银催化下与水共热,得到酰基卡宾(acyl carbene);随后发生重排得乙烯酮衍生物,再与水反应生成比原料多一个碳原子的羧酸同系物。

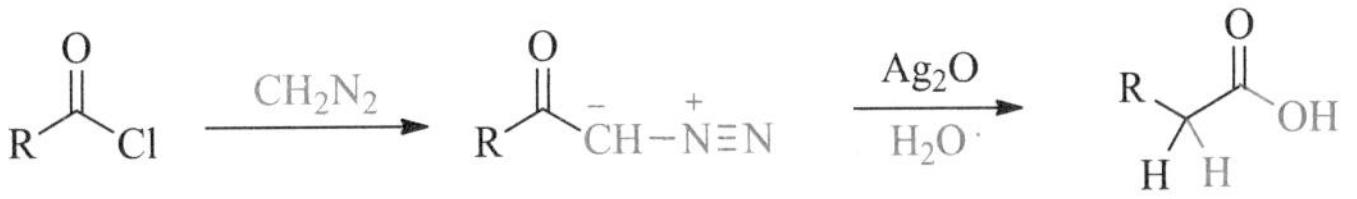

O. Dimroth 在 1910 年利用 3-氨基-3-氧代丙酸甲酯

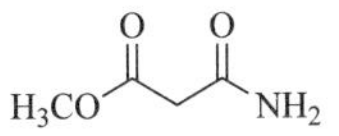

与苯基叠氮反应,生成 2-重氮基-3-氨基-3-氧代丙酸甲酯:

注意,Regitz 制备 α-重氮酮的条件是在碱性条件下。

因此,利用羧酸或酰氯与重氮甲烷反应后再经过 Wolff 重排生成多一个碳原子的羧酸的反应称为 Arndt-Eistert 反应。

1964 年,M. Regitz 在原先 O. Dimroth 方法的基础上发展了非常简便实用的制备 α-重氮酮的方法:

Wolff 重排机理可能有协同和分步两种。

注意,Wolff 重排的重氮化合物异构化生成重氮取代的烯醇时,有双键顺反两个异构体。思考:哪个异构体适合后续的重排?

这种制备 α-重氮酮的方法使得 Wolff 重排变得更加实用。

Wolff 重排的机理可能如下:

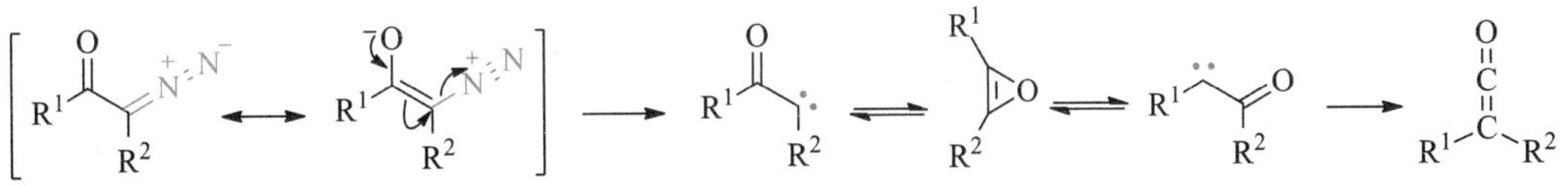

Wolff 重排的机理可结合 Hofmann 重排一起学习,发现它们之间的异同点。

烯酮除了与水反应生成羧酸外,还可与不同的亲核试剂反应。例如,与醇或胺生成酯或酰胺等:

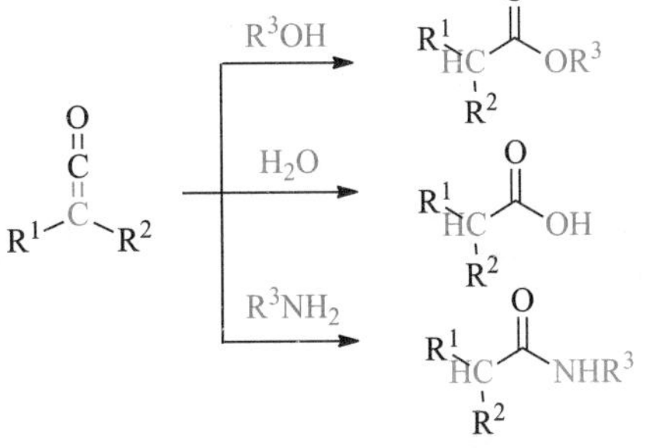

N-甲基-N-亚硝基酰胺可以通过将 N-甲基酰胺与亚硝酸反应即可。

3. 烷基重氮化合物的合成

前面已经讨论了重氮甲烷的衍生物 α-重氮酮的制备方法,而最常用且又非常方便的制备重氮甲烷的方法是将 N-甲基-N-亚硝基对甲苯磺酰胺在碱作用下分解:

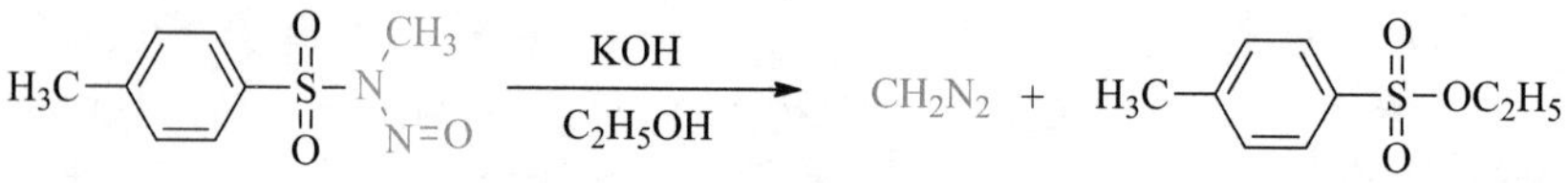

思考:这两者的机理的不同点在何处?

若上式中氮上的甲基换成其他烃基,则得到其他重氮化合物;对甲苯磺酰部分也可由—COOR 等代替,即磺酰胺由碳酰胺代替:

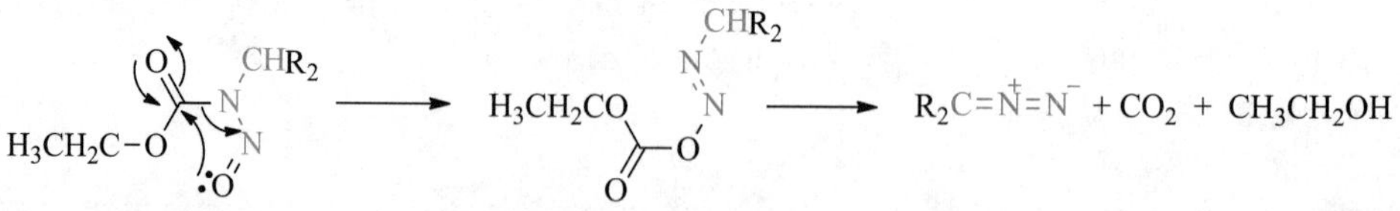

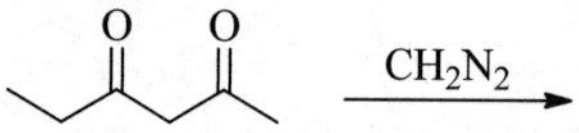

习题 14-33 完成下列反应式:

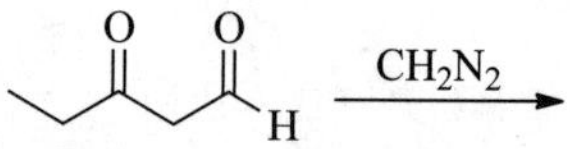

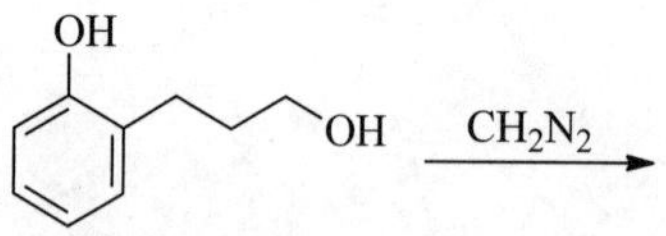

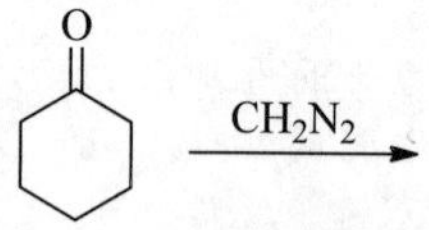

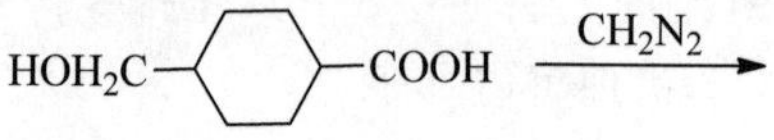

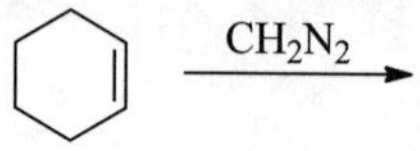

习题 14-34 完成下列反应式:

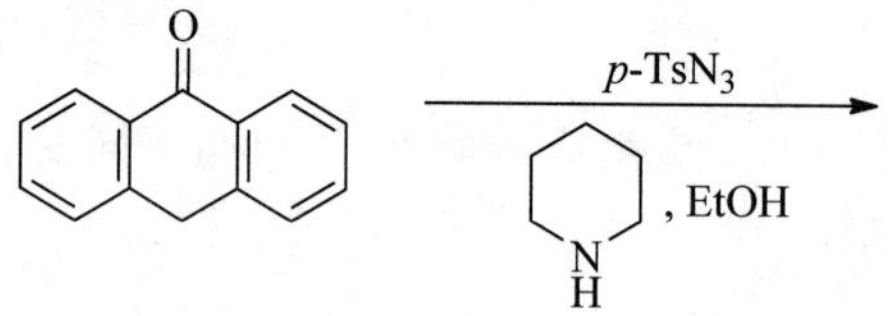

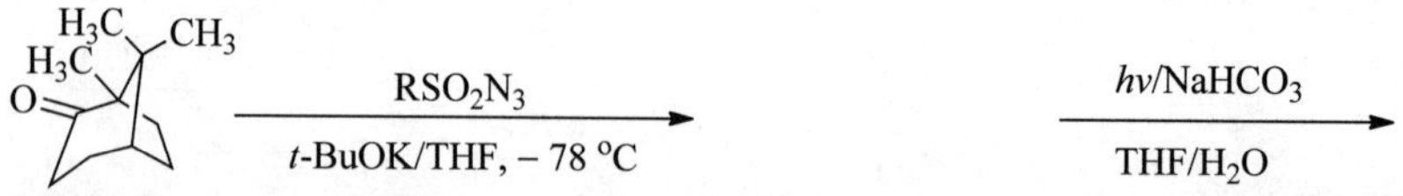

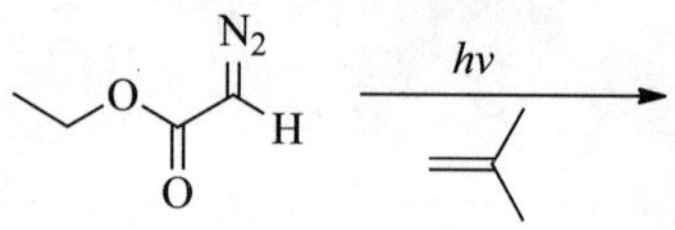

习题 14-35 以下反应均为扩环反应。根据所给反应物及试剂,画出以下反应的

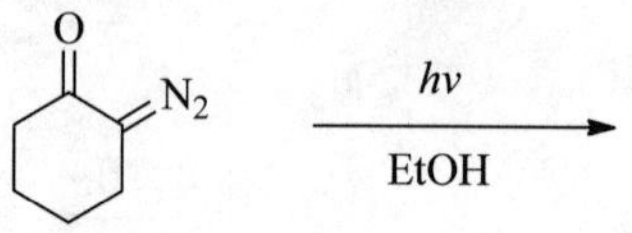

中间体和产物的结构简式，并画出合理、分步的反应机理：

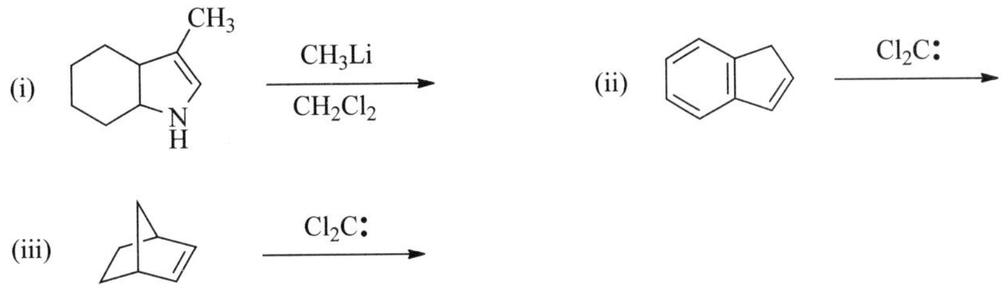

(i) 结构 —CH₃Li / CH₂Cl₂→   (ii) 结构 —Cl₂C:→

(iii) 结构 —Cl₂C:→

习题 14-36 根据指定的原料和必要的试剂合成目标化合物：
(i) 从戊二酸合成己二酸二乙酯　(ii) 从 2-甲基-2-苯基丁酸合成 3-甲基-3-苯基戊酸

14.15　胺的制备方法四：酰胺重排

　　酰胺是胺或氨与酰卤或酸酐反应的产物。前面已经讨论过酰胺可被还原成胺，酰胺衍生物也可通过重排反应转化成少一个碳的一级胺。

14.15.1　Lossen、Hofmann、Curtius 和 Schmidt 重排反应

　　1872 年，W. Lossen 发现，苯甲酰氧肟苯甲酰会热解成苯基异氰酸酯（isocyanate）和苯甲酸。经过几年的研究，他进一步发现，对甲氧基苯甲酰苯甲酰氧肟钾盐在热水中会迅速转化为二苯基脲、对甲氧基苯甲酸钾和二氧化碳。他的实验结果证明，生成最终产物的关键中间体还是苯基异氰酸酯。苯基异氰酸酯的一部分与水反应生成苯胺和二氧化碳，另一半与苯胺反应生成了二苯基脲。此后，将由苯甲酰氧肟苯甲酰为原料的此类转换称为 Lossen 重排。

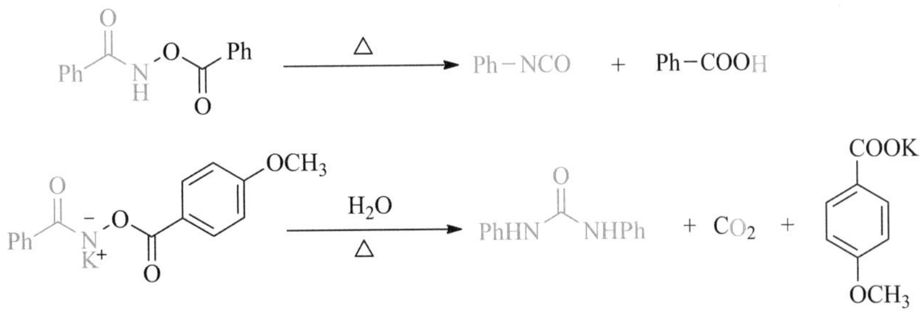

此重排反应的速率强烈依赖于取代基的电子效应：R^3 越吸电子，R^1 和 R^2 越给电子，反应速率越快。

　　实验表明，在碱性条件下先将苯甲酰氧肟苯甲酰转化为氮负离子后，接下来的反应可直接在热水中进行。此外，在任何条件下氧肟酸都不会发生 Lossen 重排，当将苯甲酸酯转换为磺酸酯或磷酸酯时，重排反应可自发进行，这说明氮原子上离去基

团的离去能力对此重排反应很重要。其可能的过程如下：

$$R^1\text{-CH}(R^2)\text{-C(=O)-NH-O-C(=O)-}R^3 \xrightarrow{HO^-} \cdots \longrightarrow \left[\cdots \right]^{\ddagger} \longrightarrow R^1\text{-CH}(R^2)\text{-N=C=O}$$

N-溴代酰胺的氮原子上有两个吸电子基团溴和酰基，因此氢具有更强酸性，很容易被碱攫取。

从反应机理看，在碱性条件下，酰胺上氮原子必须失去两个氢才能形成酰基氮宾，因此只有一级酰胺才能发生 Hofmann 重排。如果酰胺的 α 碳是手性碳，反应后手性碳的构型保持不变。

对 Hofmann 重排的机理还有一种说法是，碱与氨基先反应，生成氨基负离子后，氨基负离子进攻 Br_2 而不是 NaOBr，这个过程相当于在碱催化下羰基 α 位的卤化反应。

$$R\text{-C(=O)-N}_2^+ \longrightarrow R\text{-C(=O)-N:}$$

对比烷基迁移重排与碳正离子重排的异同。
在 Hofmann 重排反应中，另一种 Br^+ 的提供源为 NBS。

在光化学条件下的 Curtius 重排也称为 Harger 反应。$(PhO)_2PON_3$：dipheny-lphosphoryl azide（DPPA），此化合物可直接与羧酸反应生成酰基叠氮。

1881 年，A. W. Hofmann 发现，将乙酰胺在 NaOH 或 KOH 作用下与 1 倍量的溴反应，生成 N-溴代乙酰胺。在加热和无水条件下，进一步去质子化，N-溴代乙酰胺会转化成一个不稳定的盐，接着迅速重排生成甲基异氰酸酯。然而，在水和过量碱的作用下，产物为甲胺。因此，一级酰胺转化为比酰胺少一个碳原子的一级胺，此反应称为 Hofmann 重排或降解反应。具体的反应过程如下：

$$R^1\text{-CH}(R^2)\text{-C(=O)-NH}_2 \xrightarrow{HO^-} \cdots \xrightarrow{Br\text{-ONa}} \cdots \xrightarrow{HO^-} \cdots \longrightarrow \left[\cdots \right]^{\ddagger} \longrightarrow R^1\text{-CH}(R^2)\text{-N=C=O}$$

Hofmann 重排反应产率较高，产物较纯。天然存在较多的偶数碳羧酸，可通过此反应转化成少一个碳原子的单数碳的胺。

1885 年，T. Curtius 发现，酰基叠氮热解时可转化成异氰酸酯，称为 Curtius 重排。实验结果表明，在质子酸或 Lewis 酸催化下，此反应的温度可大幅度降低。在无水或无亲核试剂的情况下，可分离得到产物异氰酸酯。此反应可兼容含各种官能团的羧酸。

$$R^1\text{-COOH} \begin{cases} \xrightarrow{ClCOOCH_2CH_3} R^1\text{-C(=O)-O-C(=O)-OCH}_2\text{CH}_3 \xrightarrow{NaN_3} \\ \xrightarrow{(PhO)_2PN_3} \\ \xrightarrow{SO_2Cl} R^1\text{-COCl} \xrightarrow[NaN_3]{TMSN_3} \end{cases} R^1\text{-C(=O)-N}_3 \xrightarrow{\Delta} R^1\text{-N=C=O}$$

1923 年，K. F. Schmidt 发现，在硫酸作用下将叠氮酸与二苯甲酮的混合物加热，可定量生成苯甲酰替苯胺：

$$Ph\text{-C(=O)-Ph} \xrightarrow[\Delta]{HN_3/H_2SO_4} Ph\text{-C(=O)-NH-Ph}$$

后来深入的研究发现，其他酮、醛以及羧酸均可与叠氮酸在类似的条件下反应，分别生成酰胺、腈以及胺。

醛：

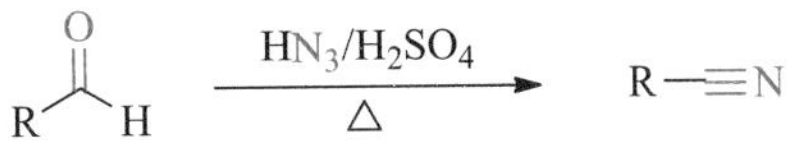

$$R-CHO \xrightarrow[\triangle]{HN_3/H_2SO_4} R-C\equiv N$$

羧酸：

$$R-COOH \xrightarrow[\triangle]{HN_3/H_2SO_4} R-NH_2$$

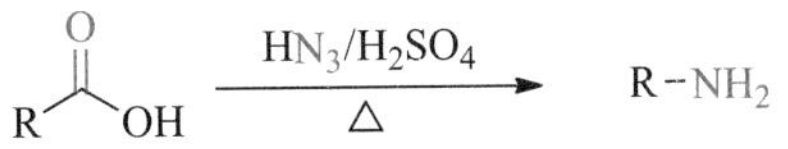

　　羰基衍生物与叠氮酸或烷基叠氮在酸催化下的转换反应统称为 Schmidt 重排反应。具体的反应过程如下：

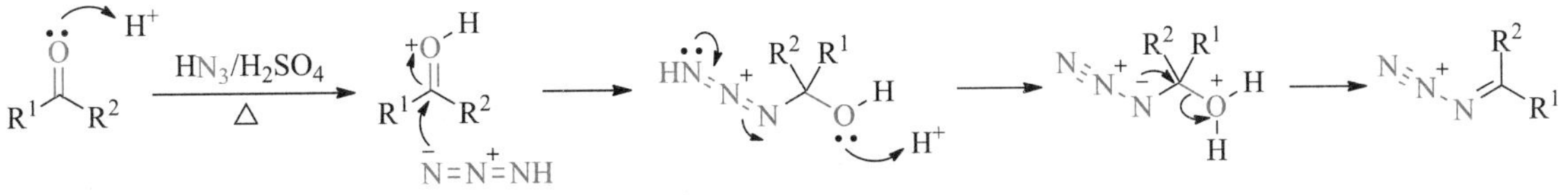

R$\ddot{\text{N}}$: 称为氮宾，或称乃春，由英文名 nitrene 音译而来。氮宾中烷基换成酰基，称酰基氮宾（acyl nitrene）。氮宾与酰基氮宾的氮原子上只有六个电子，两者均是反应过程中的活性中间体，只能瞬时存在，与卡宾类似，有高度的反应性。

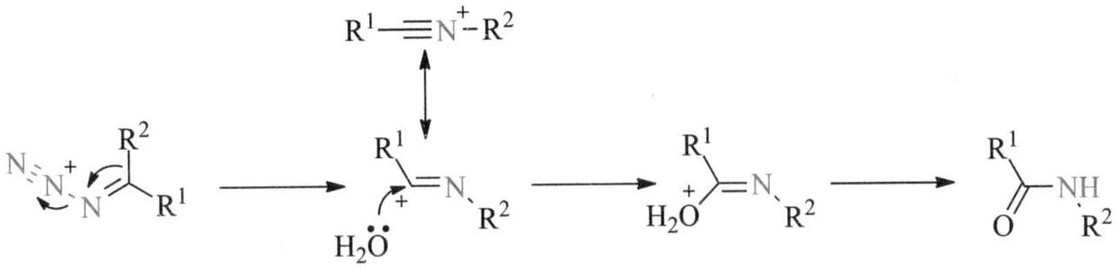

当 R^2 为烷基时，比较其与 Beckmann 重排的异同点。而当 R^2＝Cl 时，就是 Curtius 重排反应。

因此，当 R^2＝H 时：

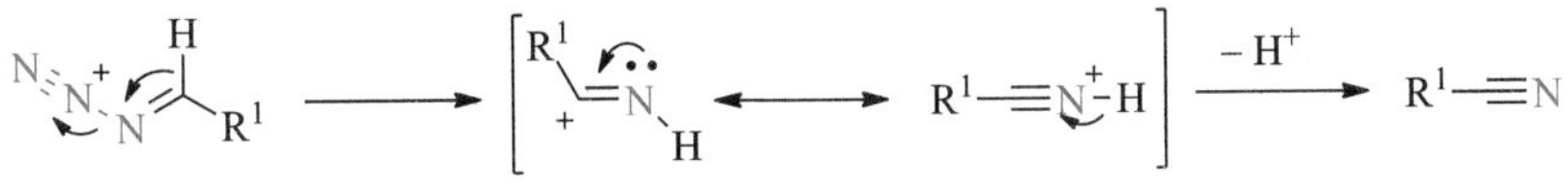

当 R^2 为烷基时：

当 R^2＝OH 时：

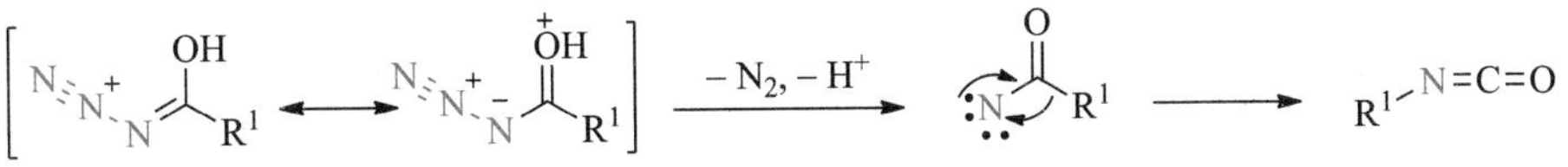

14.15.2　重排反应分析

　　以上这四个重排反应，除了醛和酮的 Schmidt 重排外，这些重排反应均生成了更不稳定的酰基氮宾。从重排反应的机理可看出，此类反应的重点在酰基氮宾的形成，而要形成酰基氮宾，必须要满足两个条件：形成氮负离子；氮负离子上要有好的离去基团。因此可将这四个重排简化为：

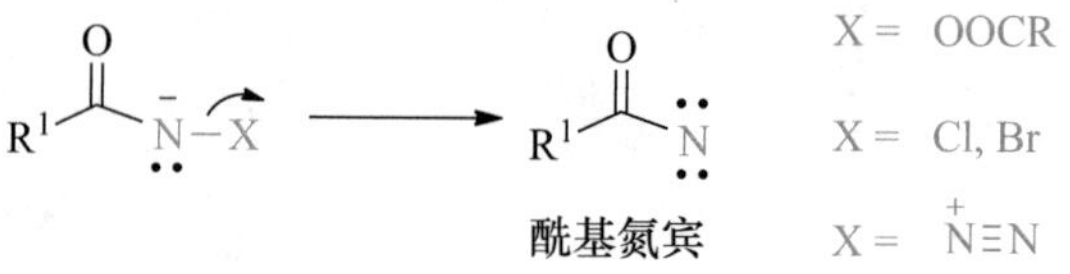

X = OOCR

X = Cl, Br

X = $\overset{+}{N}\equiv N$

酰基氮宾

接着迅速重排，烷基转移到氮上生成异氰酸酯。通常认为，离去基团的离去和烷基的重排是协同的过程，R^1 提供了邻基参与效应。

以上这些重排反应需要和 Wolff 重排对照着学习。

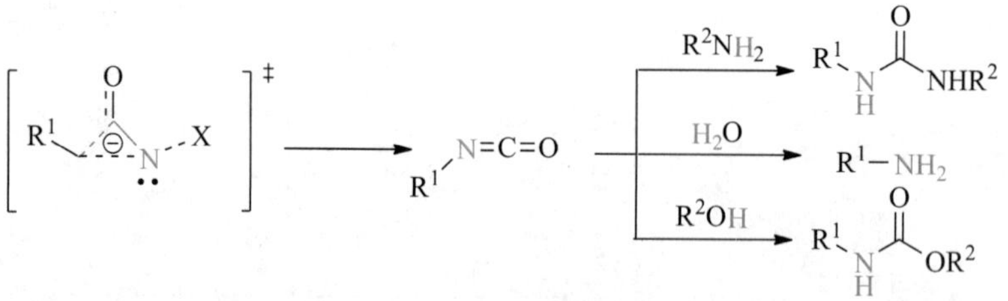

异氰酸酯很易水解，在碱性条件下，可通过对羰基的亲核加成、质子转移、互变异构、分子内成盐和脱羧转化为一级胺；也可与如胺和醇等其他亲核试剂反应，分别生成脲和碳酰胺。

14.15.3 重排反应的应用

以上这些重排反应在芳香胺以及烷基胺的制备中均有较高的产率。例如，节食药物 2-甲基-4-苯基丁-2-胺就是通过 Hofmann 重排反应制备的：

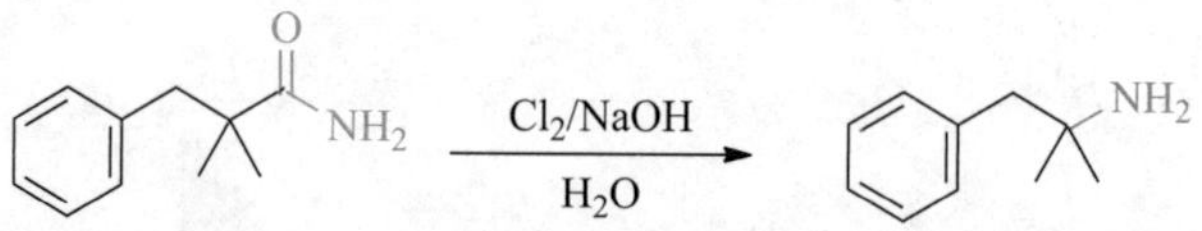

在人体中性白细胞弹性蛋白酶抑制剂 ONO-6818 的改进型全合成中，最大的变化就在于将原来的 Curtius 重排改为了 Lossen 重排反应：

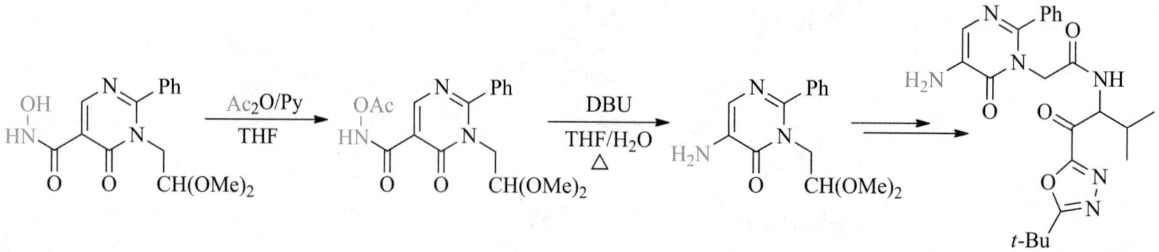

ONO-6818

20 世纪 70 年代改进的 Curtius 重排反应可利用羧酸直接在 DPPA 作用下转化为异氰酸酯，这在合成上体现了很大的优势。如在细胞激素调节剂（－)-cytoxazone 的对映性合成中，关键中间体就是利用羧酸与 DPPA 反应生成异氰酸酯，接着与邻位的羟基原位成环：

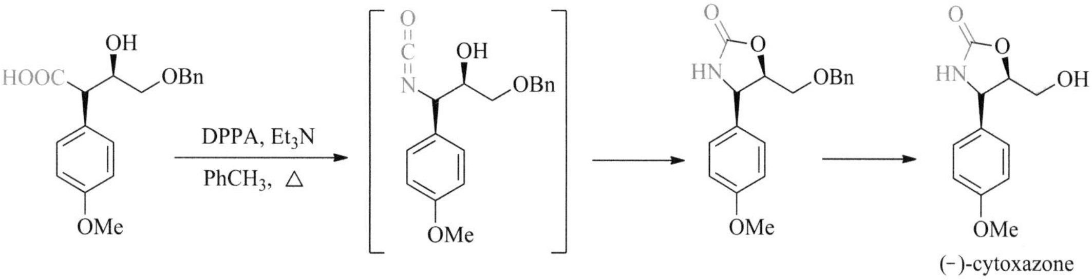

(−)-cytoxazone

1991 年，分子内的 Schmidt 重排反应在双环内酰胺的合成上体现了此反应的实用性：

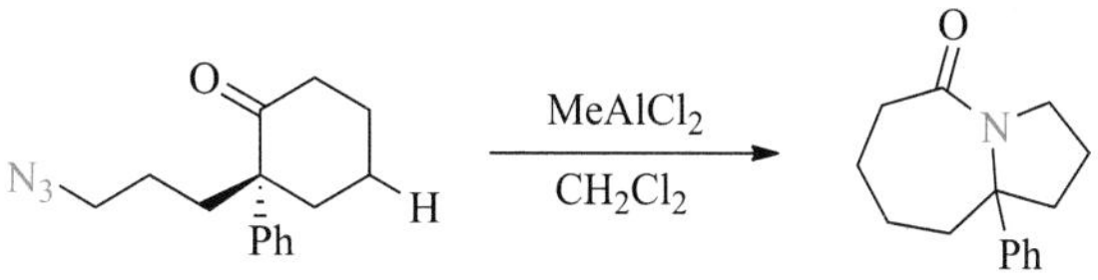

习题 14-37 画出上述双环内酰胺合成中分子内的 Schmidt 重排反应分步的、合理的机理。

习题 14-38 从所给的原料出发，分别利用以上四个重排反应制备以下化合物：
（i）正己酸合成正戊胺 （ii）软脂酸合成 n-$C_{15}H_{31}NHCOOC_2H_5$ （iii）(R)-2-甲基丁酰胺合成(R)-2-丁胺 （iv）溴代环己烷合成环己胺

习题 14-39 $(CH_3CH_2)_3CBr$ 以及$(CH_3)_3CBr$ 由于空阻大，不能与氨通过 S_N2 反应直接得到相应的胺。根据以上重排反应合成胺类目标化合物。

习题 14-40 完成下列反应式：

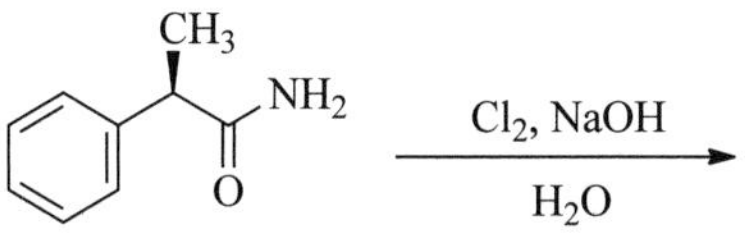

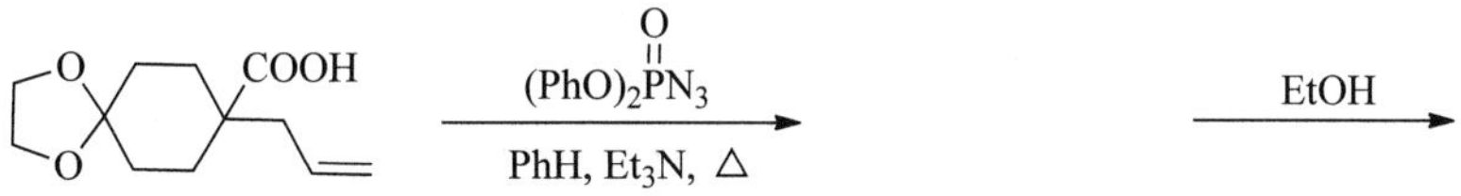

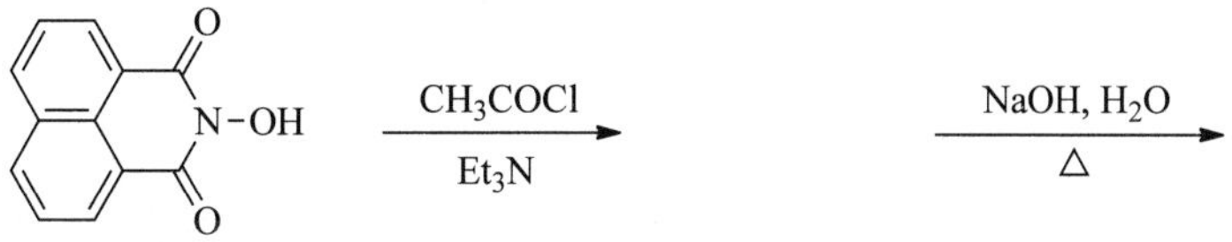

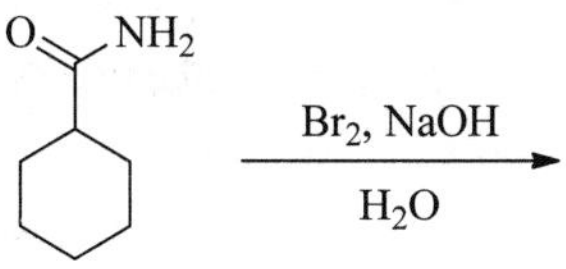

 拓 展 阅 读

胺与人类生活

1. 胺的生理活性

生物活体或尸体中蛋白质的氨基酸降解过程会产生各种胺类化合物,其中包括腐胺与尸胺。这两种化合物是腐败物质散发恶臭气味的主要成分,是口臭、细菌性阴道炎等疾病病变部位产生气味的原因。腐胺、尸胺及其他一些如精胺、亚精胺分子也被在精液和一些微生物如微藻中发现。德国柏林的 L. Brieger 医师于 1885 年第一次记录下腐胺和尸胺。尸胺是赖氨酸在脱羧酶的作用下脱羧的产物。其实,尸胺并不是只与腐败作用有关,生物活体在生命代谢中也会产生少量的尸胺。它是造成尿液与精液特殊气味的部分原因。患有赖氨酸代谢缺陷(lysine metabolism)的病人尿液中可发现高出正常水平的尸胺。腐胺与己二酸的反应用于生产锦纶——尼龙-46。另外,腐胺也是制备尼龙-6 及尼龙-66 的原料。

亚精胺为聚阳离子脂肪胺,对细胞的存活有重要的影响。亚精胺会同步一些生物的过程(像是 Ca^{2+}、Na^+、K^+-ATPase),也可保持膜电位并控制细胞间的 pH 和体积。亚精胺寿命很长,它在基因表达的染色质介导调控上有很大的影响,然而其机理尚未完全了解。亚精胺也是多胺的前驱物,像是精胺和热精胺,这些多胺都有助于调节植物对于干燥气候以及盐度的适应性。

精胺是存在于所有真核细胞中的一种多胺类物质,在生理 pH 下以多质子化的形式存在。1678 年从人的精液中得到了磷酸精胺结晶。1888 年德国化学家 A. Ladenburg 等人首次将其称为“精胺”(德文 spermin)。1926 年英国的 H. W. Dudley 等与德国的 F. Wrede 等同时提出了精胺的正确化学结构。

2. 胺与减肥药

西布曲明(Sibutramine),中文化学名(±)-N-(1-(1-(4-氯苯基)环丁基)-3-甲基丁基)-N,N-二甲胺,化学式 $C_{17}H_{26}ClN$,是一种作用于中枢神经系统的食欲抑制剂,其化学结构与安非他命有些类似,但作用机理不同。它在医学上曾经作为一种口服减肥药。其商品通常使用盐酸西布曲明(sibutramine hydrochloride,$C_{17}H_{26}ClN \cdot HCl \cdot H_2O$)。其结构简式如下,其中有一个手性中心:

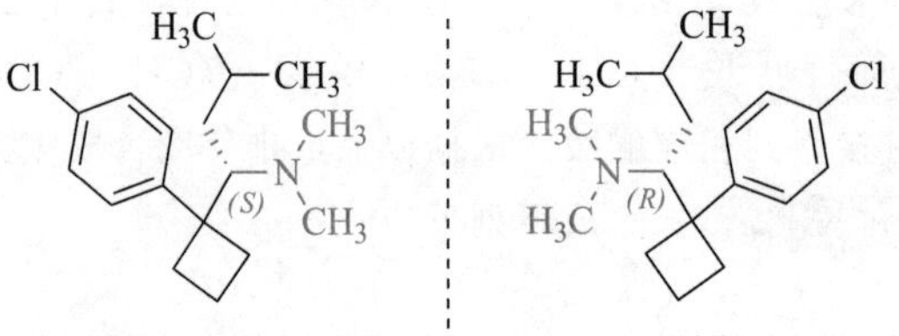

该药由美国雅培制药公司研发,商品名 Reductil(诺美婷)、Meridia。西布曲明在 1997 年获美国食品与药品监督管理局(FDA)批准推出市场,与低卡食品结合使用来减肥和维持体重,用于初始体重指数至少 30 的人,或体重指数大于等于 27,但有其他风险因素(如高血压、糖尿病)的人。西布曲明抑制中枢神经末梢对去甲肾上腺素、5-羟色胺和多巴胺的再摄取,从而增加这些神经传导物质的数量,使服用者的食欲减低。

由于有增加心脏病的风险,2010 年 10 月,雅培制药公司同意在美国停售含西布曲明的药品 Meridia。2010 年 10 月 30 日,我国宣布国内停止生产、销售和使用西布曲明制剂和原料药,撤销其批准证明文件,已上市销售的药品由生产企业负责召回销毁。

3. N-亚硝基二甲胺与癌症

N-亚硝基二甲胺(N-nitrosodimethylamine, NDMA)又称为二甲基亚硝胺,是一种半挥发性有机化学品,气味很弱,易溶于水及醇、醚等有机溶剂,极易光解。NDMA 具有强肝脏毒性,为致癌物质。它主要用于火箭燃料、抗氧剂等的制造。NDMA 由二甲胺与亚硝酸盐在酸性条件下反应而生成,微量存在于多种消费品中,例如腌制食品、鱼、啤酒和烟草燃烧物等,但它不会在生物体中富集。NDMA 还是以氯或二氧化氯消毒自来水时的可能副产物,而用臭氧做消毒剂则不会生成。NDMA 不易降解或挥发,且不能被活性炭吸附,因此不容易从饮用水中去除。美国环保署已规定饮用水中的 NDMA 最大容许浓度为每升中 7 ng($1 \text{ ng} = 10^{-9}$ g),尚未设置饮用水监管的最大污染物水平(MCL)。

4. 胺与工业生产

1926 年,美国杜邦公司出于对基础科学的兴趣,建议公司的科研人员开展有关发现新科学问题的基础研究。1927 年,杜邦公司决定每年支付 25 万美元作为研究费用,并开始聘请化学研究人员。1928 年,杜邦公司成立了基础化学研究所,并聘请年仅 32 岁的 W. H. Carothers 博士担任有机化学部的负责人。W. H. Carothers 主要从事聚合反应方面的研究。他首先研究双官能团分子的缩聚反应,通过二元醇和二元羧酸的酯化缩合,合成长链的、相对分子质量高的聚酯。在不到两年的时间内,W. H. Carothers 在制备线形聚合物特别是聚酯方面,取得了重要的进展,将聚合物的相对分子质量提高到 10 000～25 000。他把相对分子质量高于 10 000 的聚合物称为高聚物(superpolymer)。1930 年,他的助手发现,二元醇和二元羧酸通过缩聚反应制取的高聚酯,其熔融物能像制棉花糖那样抽出丝来,而且这种纤维状的细丝即使冷却后还能继续拉伸,拉伸长度可达到原来的几倍,经过冷却拉伸后纤维的强度、弹性、透明度和光泽度都大大增加。这种聚酯的奇特性质使他们预感到可能具有重大的商业价值,有可能用熔融的聚合物来纺织纤维。但深入研究结果表明,高聚酯在 100℃ 以下即熔化,并且特别易溶于各种有机溶剂,只是在水中还稍稳定些,因此不适合用于纺织工业的需求。

随后,W. H. Carothers 又对一系列聚酯和聚酰胺类化合物进行了深入的对比研究。1935 年,他首次由己二胺和己二酸合成出聚酰胺-66。这种聚酰胺不溶于普通溶剂,熔点为 263℃,高于通常使用的熨烫温度,拉制的纤维具有丝的外观和光泽,在结构和性质上也接近天然丝,其耐磨性和强度超过当时任何一种纤维。此后,杜邦公司的科研人员解决了生产聚酰胺-66 原料的工业来源问题。

1938 年 10 月 27 日,杜邦公司正式宣布世界上第一种合成纤维诞生,并将聚酰胺-66 这种合成纤维命名为 Nylon(尼龙)。尼龙后来在英语中成了“从煤、空气、水或其他物质合成的,具有耐磨性和柔韧性,类似蛋白质化学结构的所有聚酰胺的总称”。1939 年,实现了工业化生产,是最早实现工业化的合成纤维品种。尼龙的合成奠定了合成纤维工业的基础,使纺织品的面貌焕然一新。用这种纤维织成的尼龙丝袜既透明又耐穿。

1939 年,杜邦公司在其总部所在地公开销售尼龙丝袜时引起轰动,被视为珍奇之物争相抢购。很多底层女人因为买不到丝袜,只好用笔在腿上绘出纹路,冒充丝袜。人们曾用“像蛛丝一样细,像钢丝一样强,像绢丝一样美”的词句来赞誉这种纤维,到 1940 年 5 月,尼龙纤维织品的销售遍及美国各地。

从第二次世界大战爆发直到 1945 年,尼龙工业被转向制造降落伞、飞机轮胎帘子布、军服等军工产品。由于尼龙的特性和广泛的用途,第二次世界大战后发展非常迅速,尼龙的各种产品从丝袜、衣服到地毯、绳索、渔网等,以难以计数的方式出现。尼龙成为了三大合成纤维之一。

1958 年 4 月,第一批中国国产己内酰胺试验样品在辽宁省锦州化工厂试制成功,并在北京纤维厂抽丝成功,从此奠定了中国合成纤维工业。由于它诞生在锦州化工厂,所以就被命名为“锦纶”。

章 末 习 题

习题 14-41 下列哪些胺类化合物有对映体?并解释其原因。

(i) 顺-2-乙基环己胺　(ii) N-乙基-N-正丙基环己胺　(iii) N-乙基吖啶　(iv) N-甲基-N-乙基-N-苯基碘化铵

习题 14-42 画出下列化合物的结构式,并指出它们是一级、二级、三级胺还是四级铵盐。

(i) 乙基异丙基胺　(ii) 四异丙基碘化铵　(iii) 六氢吡啶　(iv) 乙胺　(v) 二甲胺

习题 14-43 按碱性从强到弱给下列化合物排序,并解释其原因。

习题 14-44 给出从下列化合物中提纯目标化合物的方法。

(i) 从混有少量乙胺和二乙胺的混合物中提纯三乙胺 (ii) 从混有少量乙胺和三乙胺的混合物中提纯二乙胺
(iii) 从混有少量二乙胺和三乙胺的混合物中提纯乙胺

习题 14-45 给出下列官能团的中英文名称。如果这些官能团均有可能被氧化的话,尝试从易到难进行排序。

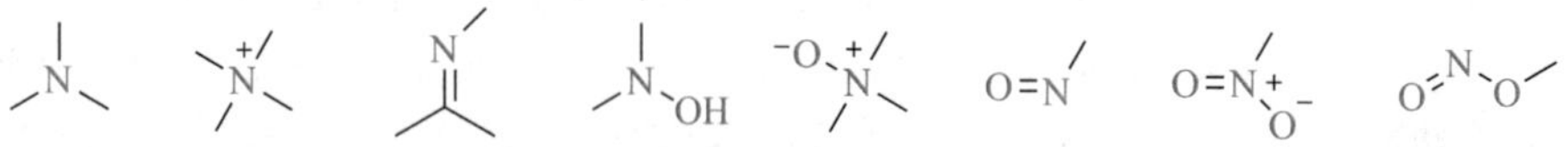

习题 14-46 画出下列胺类化合物的结构式,判断哪些胺类化合物会有对映异构体,并给出解释。

(i) 顺-2-乙基环己胺 (ii) N-甲基-N-乙基环己胺 (iii) 甲基乙基正丁基碘化铵 (iv) N-乙基吖啶 (v) 甲基乙基丙基异丁基碘化铵

习题 14-47 分别对下列各组化合物按碱性从强到弱排序。

(i) $NaOH$,$CH_3CH_2NH_2$,$PhNH_2$,NH_3 (ii) 苯胺,对甲苯胺,对硝基苯胺 (iii) 乙酰胺,乙胺,二乙酰亚胺

习题 14-48 用化学方法鉴别下列化合物。

(i) 乙胺和乙酰胺 (ii) 环己胺和六氢吡啶 (iii) 烯丙基胺和丙胺 (iv) 四正丙基氯化铵和三正丙基氯化铵

习题 14-49 许多胺类化合物中含有多个氮原子,它们通常在有机反应中作为碱性试剂使用。通常将以下官能团称为脒基(imidine),此官能团常显出比普通脂肪胺更强的碱性(对比羧基,两个氧原子被两个氮原子替换):

请问这两个氮原子哪一个亲核能力强?

习题 14-50 写出 1,5-二氮杂二环[4.3.0]-5-壬烯(DBN)和 1,8-二氮杂二环[5.4.0]-7-十一烯(DBU)的结构式。判断其结构中哪个氮原子的碱性强,并给出理由。

习题 14-51 画出过量碘乙烷与 1-丙胺反应的转换机理。

习题 14-52 完成以下反应式:

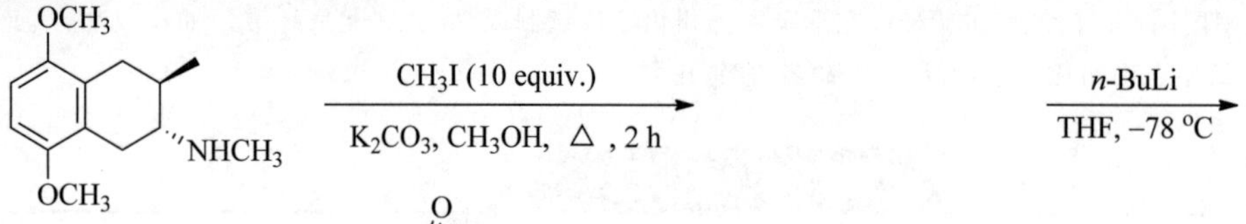

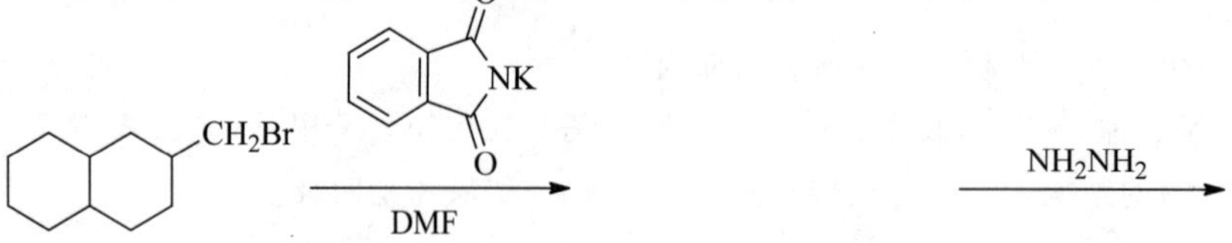

(v) Br → NaN₃ → 1. PPh₃/THF 2. H₂O

(vi) 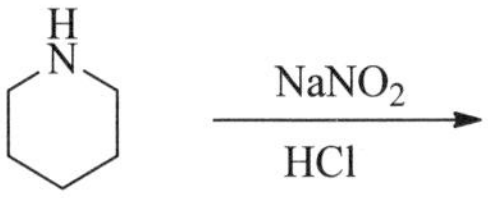 → NaNO₂ / HCl

(vii) → NaCN/HCl → LiAlH₄/THF

(viii) (H₃C)₂N CH₃ → H₂O₂ → △

习题 14-53 苯丙醇胺(phenylpropanolamine,PPA)是一种人工合成的拟交感神经兴奋性胺类物质,它与肾上腺素、去氧肾上腺素、麻黄碱和苯丙胺的结构类似,很多治疗感冒和抑制食欲药品中含有这种成分。后来研究发现,服用该药可能引起血压升高、心脏不适、颅内出血、痉挛甚至中风。2000 年,含有这种成分的感冒药已经被我国医药部门通告停用。如果 PPA 中氮原子被甲基化,则生成二级胺假麻黄碱,也是一类重要的药物。画出 PPA 和假麻黄碱的结构式,并设计以 PPA 为原料合成假麻黄碱的路线(三条以上)。

习题 14-54 画出以下转化分步的、合理的反应机理:

(i)

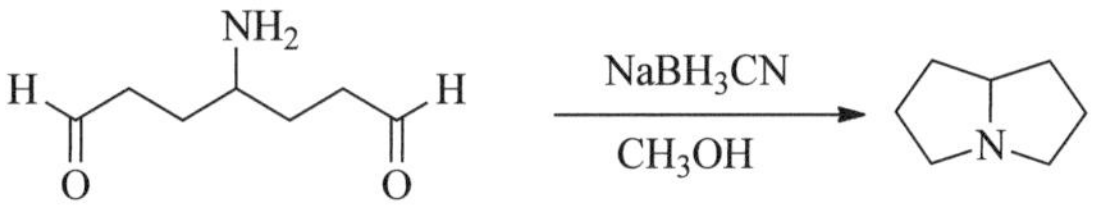

(ii)

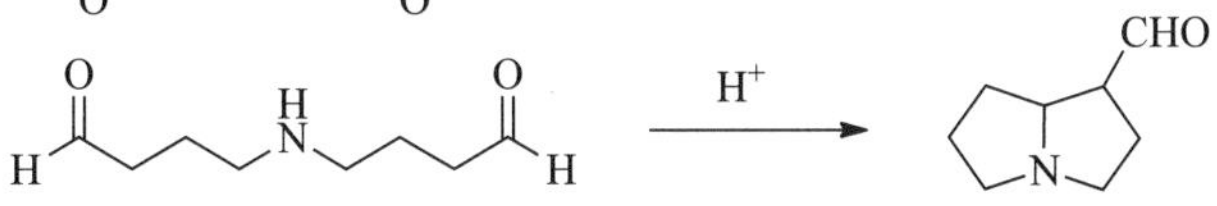

(iii)

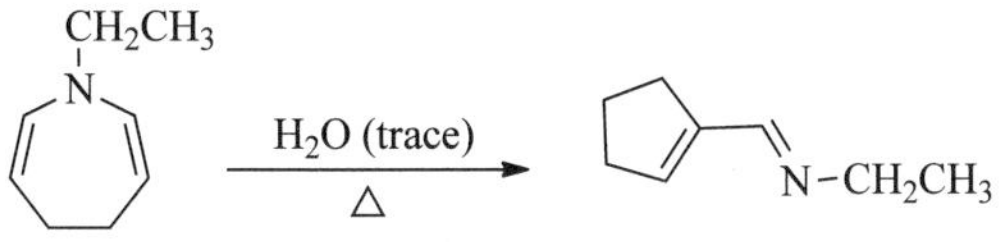

(iv)

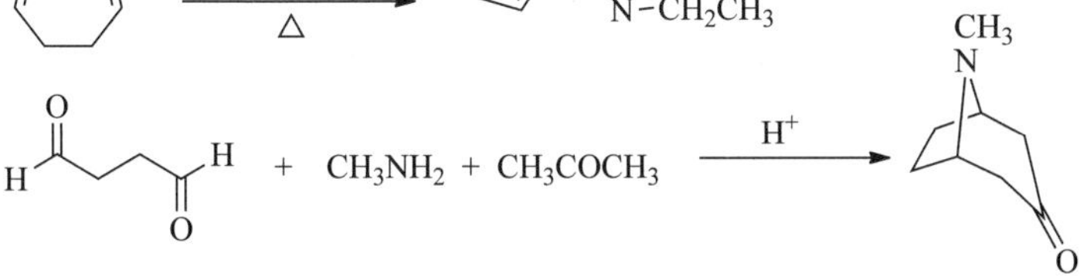

习题 14-55 在 Hofmann 消除反应中,如果 β 位有羟基存在,通常不发生消除反应。你认为会发生何类反应?根据你的判断,完成下列反应式:

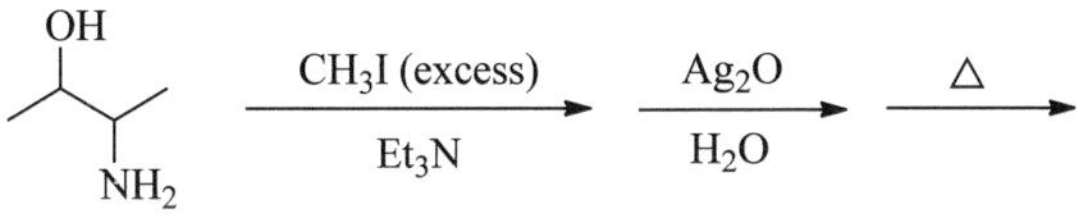

为你所提供的转换写出分步的、合理的反应机理。通过文献查阅,画出麻黄碱和假麻黄碱的立体结构式,并根据以上转换方式画出这两个反应的产物,对比它们的产物的立体结构式的异同点。

习题 14-56 根据以下转换画出化合物 **A**～**H** 的结构式:

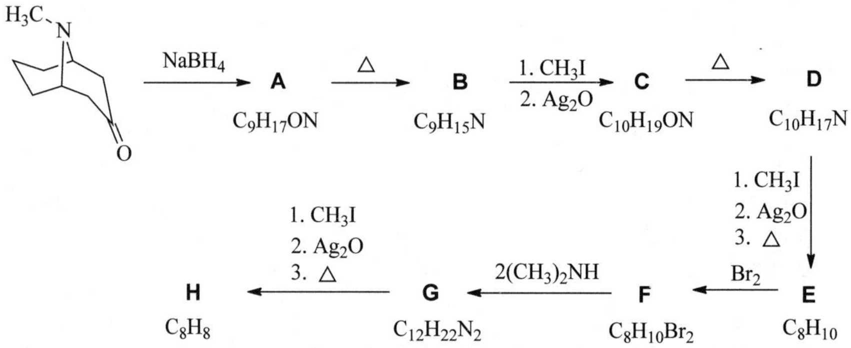

习题 14-57 胆碱的分子式为 $C_5H_{15}O_2N$，易溶于水，形成强碱性溶液。它可以利用环氧乙烷和三甲胺的水溶液反应制备。画出胆碱和乙酰胆碱的结构式。

习题 14-58 根据以下转换和一些相关表征，画出化合物 **A**～**D** 的结构式：

$$\underset{C_9H_{17}N}{\mathbf{A}} \xrightarrow[\text{2. }Ag_2O\text{ 3. }\triangle]{\text{1. }CH_3I} \underset{C_{10}H_{19}N}{\mathbf{B}} \xrightarrow[\text{2. }Ag_2O\text{ 3. }\triangle]{\text{1. }CH_3I} \underset{C_{11}H_{21}N}{\mathbf{C}} \xrightarrow[\text{2. }Ag_2O\text{ 3. }\triangle]{\text{1. }CH_3I} \underset{C_9H_{14}}{\mathbf{D}}$$

化合物 **A** 在铂催化下不吸收氢气。化合物 **D** 不含甲基；紫外吸收表征证明，其结构中没有共轭双键；核磁共振氢谱表明，其结构中一共有 8 个氢原子与碳碳双键相连。

习题 14-59 托品酮(tropinone)是一个莨菪烷类生物碱，是合成阿托品硫酸盐的中间体。它的合成在有机合成史上具有里程碑式的意义。托品酮的许多衍生物具有很好的生理活性。在进行以下衍生化的过程中发现，产物为两个互为立体异构体的 **A** 和 **B**：

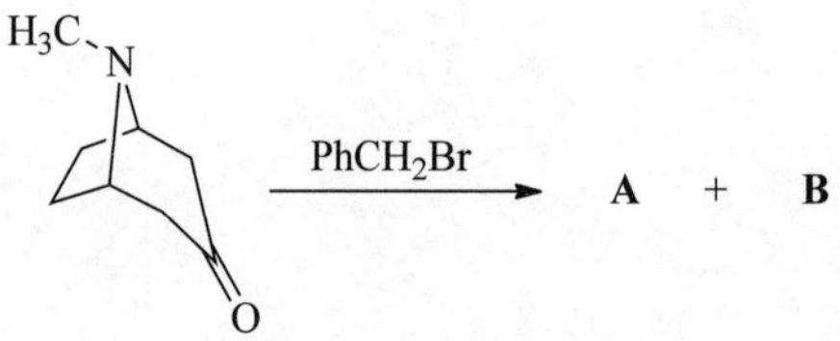

在碱性条件下，**A** 和 **B** 可相互转换，因此，任何一个纯净的 **A** 或 **B** 在碱性条件下均会变成一混合物。画出 **A** 和 **B** 的立体结构式，以及在碱性条件下 **A** 和 **B** 相互转换的反应机理。

习题 14-60 对比以下转换，请解释：

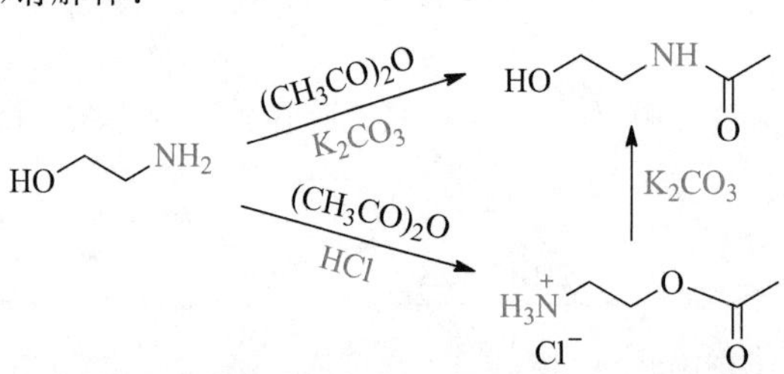

(i) 为什么在 K_2CO_3 作用下，氨基乙醇与等物质的量的乙酸酐反应时，氨基被酰化；而在 HCl 作用下，羟基被酰化？

(ii) 为什么羟基乙酰化的产物可以在 K_2CO_3 作用下转化为氨基乙酰化产物？

习题 14-61 Labetalol(盐酸拉贝洛尔) 是一种甲型肾上腺受体阻断剂和乙型肾上腺受体阻滞剂，用于治疗高血压。其作用机理是，通过阻断肾上腺素受体，放缓窦性心律，减少外周血管阻力。Labetalol 的结构式如下：

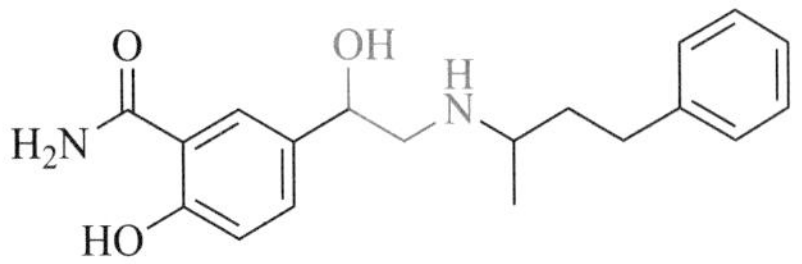

它可通过 S_N2 反应合成。写出参与 S_N2 反应的原料的结构式,并推测可能的反应条件。

习题 14-62 在自然界中,有很多类似于 Hofmann 消除的生化反应。在这些反应中,氨基在酸性环境中成盐而无需彻底甲基化。例如,Adenylosuccinate 在氨基被质子化后可发生消除反应。完成下列反应式:

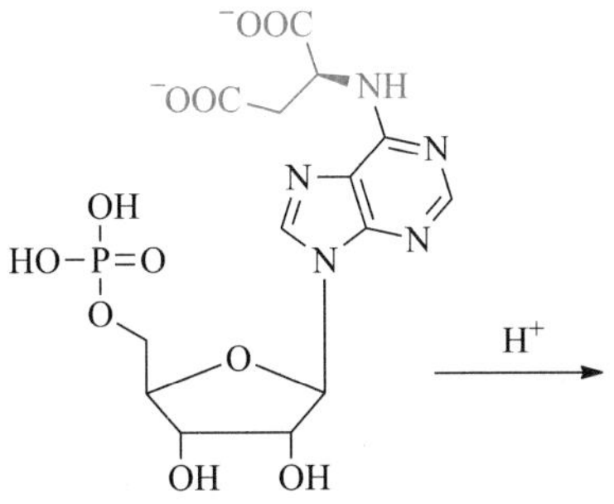

习题 14-63 1,3,5,7-环辛四烯[(1Z,3Z,5Z,7Z)-cycloocta-1,3,5,7-tetraene,COT]是一类非常重要的配体,可与金属形成配合物,比如夹心型的双(环辛四烯基)铀 U(COT)$_2$、双(环辛四烯基)铁 Fe(COT)$_2$,以及一维结构的 Eu-COT。1911 年,R. M. Willstätter 首次报道了环辛四烯的合成工作。1939—1943 年,许多化学家均未成功制备环辛四烯,因此他们对 Willstätter 的合成产生了质疑,认为 Willstätter 并未合成得到环辛四烯,而是制出了它的同分异构体苯乙烯。1947 年,C. Overberger 在 Arthur Cope 的指导下,终于重复了 R. M. Willstätter 的实验,成功获得环辛四烯。他以伪石榴碱为起始原料,通过 Hofmann 消除反应合成环辛四烯:

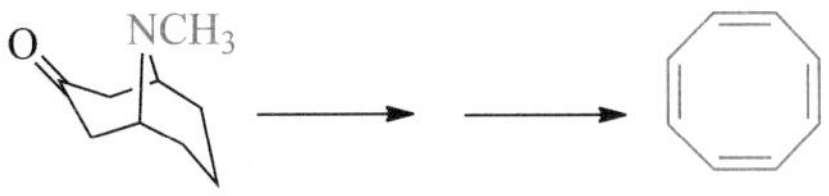

画出以上转换合理的、分步的反应机理。

习题 14-64 利用所提供的试剂为原料合成目标化合物:

(i)

(ii)

(iii)

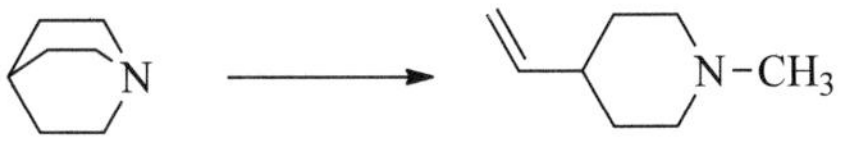

(iv)

(v)

(vi)

习题 14-65 在还原胺化的反应中,如果以氨为原料,产物为一级胺;以一级胺为原料,产物为二级胺;以二级胺为原料,产物为三级胺。分别画出苯乙酮与以上胺类化合物经还原胺(氨)化反应的所有中间体和产物的结构式。

习题 14-66 下列三级胺可通过 Hofmann 消除和 Cope 消除反应制备烯烃,它具有两个手性中心。

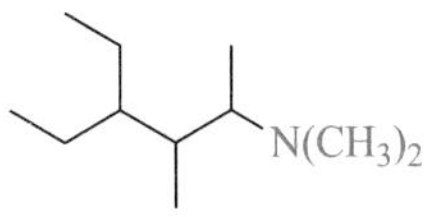

（i）画出此三级胺的(R,R)和(R,S)的立体构型。

（ii）分别画出以(R,R)和(R,S)为原料的 Hofmann 消除和 Cope 消除反应的主要产物。

（iii）在 Hofmann 消除和 Cope 消除反应过程中，常会有 Zaitsev 产物生成。在 Hofmann 消除反应中，(R,R)-异构体的副产物 Zaitsev 产物的双键构型为 E 型；而用间氯过氧苯甲酸处理，(R,R)-异构体的 Zaitsev 产物的双键构型为 Z 型。分别画出两种 Zaitsev 产物的结构式，并解释其不同的原因。

习题 14-67 β-氨基酸作为 α-氨基酸的参照物，在多肽化合物的二级结构研究中起着非常重要的作用。Arndt-Eistert 反应可以 α-氨基酸为原料合成 β-氨基酸。完成以下反应式，并尝试写出羧酸转换成 α-重氮酮的反应机理。

$$\text{（结构式）} \xrightarrow[\text{Et}_3\text{N}]{\text{ClCOOEt}} \quad \xrightarrow[\text{Et}_2\text{O}]{\text{CH}_2\text{N}_2} \quad \xrightarrow[\text{Et}_3\text{N/H}_2\text{O}]{\text{CF}_3\text{COOAg}}$$

复习本章的指导提纲

基本概念和基本知识点

胺的定义、分类、结构特点和表示方式；由于氮原子的电负性小，胺的孤对电子不如醇和醚稳定，导致其形成氢键的能力下降（氢键对胺物理性质的影响），由此也导致与醇和醚相比，胺具有较高的碱性和亲核性、较低的酸性；胺碱性强弱的表示和影响其碱性强弱的因素；相转移催化剂的定义和结构特点；四级铵碱的定义、结构和性质；氧化胺的定义和特点；重氮甲烷的定义、结构和表达。

基本反应和重要反应机理

胺的成盐反应；相转移催化的原理；Hofmann 消除反应的定义、反应机理、反应的区域选择性和立体选择性；胺的氧化和 Cope 消除反应的定义、反应机理、反应的区域选择性和立体选择性；重氮甲烷与酸性物质、醛、酮和羧酸衍生物的反应；Hofmann、Curtius、Lossen 和 Schmidt 重排及其反应机理和规律。

重要合成方法

制备烯烃的重要方法：Hofmann 消除反应、Cope 消除反应。

制备重氮甲烷的重要方法：N-烷基-N-亚硝基对甲苯磺酰胺在碱作用下分解。

制备胺的重要方法：Gabriel 合成法、Hofmann 烷基化、醇和胺的反应、含氮化合物的还原、醛或酮的还原胺化，以及 Hofmann、Lossen、Curtius 和 Schmidt 重排。

英汉对照词汇

acyl carbene　酰基卡宾	aniline　苯胺
acyl nitrene　酰基氮宾	aniline sulfate　苯胺硫酸盐
aliphatic amine　脂肪胺	Arndt-Eistert reaction　阿恩特-艾司特反应
alkanamine　烷基胺	aromatic amine　芳香胺
amine　胺	2,5-bis(trifluoromethyl)aniline　2,5-双（三氟甲基）苯胺
amino　氨基	
amine oxide　氧化胺	cadaverine　1,5-戊二胺；尸胺

chloroquine　氯奎宁

Cope elimination　柯普消除反应

Curtius reaction　克提斯反应

diazomethane　重氮甲烷

diazonium salt　重氮盐

dichlorocarbene　二氯卡宾

N,*N*-diethyl-3-methylpentan-2-amine　*N*,*N*-二乙基-3-甲基-2-戊胺

dopamine　多巴胺

ephedrine　麻黄碱

ethanamine　乙胺

ethanamine acetate　乙胺醋酸盐

N-ethyl-*N*,4-dimethylaniline　*N*,4-二甲基-*N*-乙基苯胺

*N*¹-ethylethane-1,2-diamine　*N*-乙基乙二胺

N-ethyl-*N*-methylcyclopropanamine　甲基乙基环丙基胺

Eschweiler-Clarke methylation　埃斯韦勒-克拉克甲基化反应

Gabriel synthesis　盖布瑞尔合成法

Hinsberg reaction　兴斯堡反应

Hofmann alkylation　霍夫曼烷基化反应

Hofmann elimination　霍夫曼消除

Hofmann rearrangement　霍夫曼重排

Hofmann rule　霍夫曼规则

imidine　脒基

isocyanate　异氰酸酯

Leuckart-Wallach reaction　刘卡特反应

Lossen rearrangement　劳森重排反应

methanamine　甲胺

methanamine hydrochloride　甲胺盐酸盐

2-methylazacyclohexane　2-甲基六氢吡啶

2-methylazacyclopentane　2-甲基四氢吡咯

N-methylazacyclopentane　*N*-甲基四氢吡咯

(*E*)-*N*-methylethanimine　(*E*)-亚乙基甲胺

methylene carbene　亚甲基卡宾

4-methylpentan-2-amine　4-甲基-2-戊胺

2-methylpiperidine　2-甲基六氢吡啶

2-methylpyrrolidine　2-甲基四氢吡咯

N-methylpyrrolidine　*N*-甲基四氢吡咯

morpholine　吗啉

nitrous acid　亚硝酸

nitrene　氮宾

1,4-oxazinane　吗啉

phase transfer catalysis　相转移催化作用

phase transfer catalyst　相转移催化剂

phenylpropanolamine　苯丙醇胺

piperidine　六氢吡啶

polyamine　多胺, 聚胺

primary amine　一级(伯)胺

putrescine　1,4-丁二胺; 腐胺

pyrrolidine　四氢吡咯

quaternary ammonium hydroxide　四级铵碱

quaternary ammonium salt　四级(季)铵盐

quinine　奎宁

quinuclidine　1-氮杂二环[2.2.2]辛烷

secondary amine　二级(仲)胺

Schmidt reaction　施密特反应

spermidine　*N*-(3-氨丙基)-1,4-丁二胺; 亚精胺

spermine　*N*,*N*′-双(3-氨丙基)-1,4-丁二胺; 精胺

sulfa drugs　磺酰胺类药物

surface active agent　表面活性剂

tertiary amine　三级(叔)胺

tetraethylammonium bromide　溴化四乙铵

Tiffeneau-Demjanov rearrangement　蒂芬欧-捷姆扬诺夫重排; 扩环重排反应

N,*N*,*N*-triethylethanaminium bromide　溴化四乙铵

N,*N*,*N*-trimethylethanaminium hydroxide　氢氧化乙基三甲基铵

tropinone　托品酮

Wolff rearrangement　沃尔夫重排

15

第15章

苯　芳烃　芳香性

＊　　　＊　　　＊　　　＊　　　＊

　　螺苯也称螺烯或螺旋芳烃(helicene)，是多个芳环彼此以其邻边稠合(ortho-condensed)而成的非平面型多环芳烃(polycyclic aromatic hydrocarbons, PAH)。由于每一个芳环在稠合的过程中均是以邻边并接，芳环上氢原子之间存在明显的空阻，从而导致螺苯分子呈现了螺旋形的结构。由于其独特的结构、谱学和光学物理性质，螺苯一直吸引着科学家们广泛的研究兴趣。螺苯的代表分子为六螺苯([6]helicene)，其六个苯环以邻边稠合后正好接近于旋转了360°。此分子中的两个末端苯环无法处在一个平面上，这两个苯环的二面角为58°。螺苯是由于分子中原子之间空阻导致分子扭曲从而呈现手性的经典代表。尽管螺苯分子没有不对称碳原子和手性中心，没有对称面和对称中心，但它们通常有一对光活性对映体[这种手性称为螺旋手性(helical chirality)]。1903年，J. Meisenheimer在研究硝基萘的还原产物时首次报道了螺苯结构。1918年，R. Weitzenböck和A. Klingler首次合成了[5]helicene。1956年，M. S. Newman与D. Lednicer首次合成了[6]helicene。此后发展了很多种螺苯的合成方法，并合成了一系列各类取代螺苯。1975年，最长的螺苯——[15]helicene被合成。螺苯最大的特点在于其有惊人的旋光度，比如六螺苯在氯仿中的旋光度达3700°。此结果也说明了旋光性与分子结构具有密切的关系。除了简单的螺苯以外，还合成了很多拥有各种独特分子骨架的螺苯衍生物，如分子内有两个螺旋(若同时拥有等长的右、左螺旋，最终使得分子成为内消旋体)的双[5]螺苯。

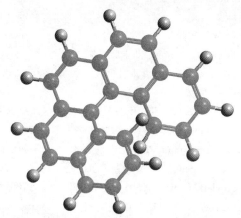

　　这类分子所呈现的独特性质表明，在有机化学的发展过程中，许多概念在随之发生变化。手性分子不一定来源于中心手性；具有芳香性的分子，其结构也不一定是平面的。

＊　　　＊　　　＊　　　＊　　　＊

　　在有机化学发展的初期，有机化合物被简单分为脂肪族和芳香族两大类。芳香化合物(aromatic compound)是指一类从植物胶里提取的具有芳香气味的物质。在研究过程中发现,这些化合物往往都含有一个 $C_6H_n(n<6)$ 的结构单元,后来把它统称为"苯环"。因此,人们就将苯(C_6H_6)及含有苯环结构的化合物统称为芳香化合物。随着研究的深入,芳香化合物名称的含义又有了新的发展,现在人们将具有特殊稳定性的不饱和环状化合物统称为芳香化合物。

苯(benzene)是芳香化合物最典型的代表。在 18 世纪初期,鲸鱼脂肪主要作为照明用煤气的原料,大家对其组成很有兴趣。鲸鱼脂肪热裂分解成煤气之后,剩下一种油状的液体长期无人问津。M. Faraday 是第一位对这种油状液体感兴趣的科学家。他用蒸馏的方法将这种油状液体进行分离,得到了具有较高纯度的另一种液体(也就是苯),并称之为"氢的重碳化物"(bicarburet of hydrogen)。他测定了苯的一些物理性质和化学组成,认为苯分子的碳氢比为 1:1,实验式为 CH。1833 年,德国科学家 E. Mitscherlich 通过蒸馏苯甲酸和石灰的混合物,得到了与 M. Faraday 所谓的"氢的重碳化物"一样的液体,并命名为 benzin。1836 年,法国化学家 A. Laurent 将此化合物命名为 phène(这也是后来苯酚 phenol、苯基 phenyl 等词的词根)。法国化学家 C. F. Gerhardt 等人又确定了苯的相对分子质量为 78,确定了苯分子含六个碳和六个氢原子的经验式(C_6H_6)。苯分子中碳的相对含量如此之高,碳、氢比值如此之大,表明苯是高度不饱和的化合物。作为典型的不饱和化合物,苯应该具有易发生加成反应等基本性质。但是,在现实中,苯却具有特殊的稳定性和对化学反应的惰性。

1845 年,德国化学家 A. W. von Hoffman 的学生 C. Mansfield 从煤焦油的轻馏分中得到了苯,并进行了加工提纯。后来他又发明了结晶法精制苯,并进行工业应用的研究,开创了苯的工业生产和利用。随后很多科学家发现了以苯为核心的一大类具有鲜明特点的类似化合物,并建立了其分子库。1855 年,A. W. von Hoffman 首次使用了 aromatic(芳香)一词来描述这类化合物家族的特点。大约从 1865 年起开始了苯的工业生产,最初是从煤焦油中回收。随着苯的用途的扩大,产量不断上升,到 1930 年已经成为世界十大重要化工产品之一。1997 年,在深太空中探测到了苯。

在本章中,我们将主要讨论苯的结构、关于苯结构的理论解释、芳香性结构类型的分类、芳香化合物的基本化学性质。从这些知识的学习中,希望了解这些化合物与不饱和脂肪族化合物对于化学反应的相同点和不同点,从而使大家建立对芳香化合物的新的认识,为后续的学习建立一个良好的平台。

1858 年 6 月,A. S. Couper 也独立提出了碳的四价学说,认为碳碳可以相互连接并提出碳碳双键的概念。他所提出的有机分子环状结构对 F. A. Kekulé 后来提出苯环的结构应该有很大的影响。

15.1　苯结构的假说和确定

自 1825 年分离得到苯后,科学家们一直在探索如何能准确表达出苯的结构。根据现在的知识就可以确定苯的不饱和度为 4,满足了 F. A. Kekulé(凯库勒)和 J. J. Loschmidt 最早假设的 1,3,5-环己三烯结构的要求。当时的科学家根据环己烯和 1,3-环己二烯的反应活性推断了所谓的环己三烯的反应性质,认为其应该与环己二烯基本类似,如可以发生加成和氧化等反应。然而,当时的实验结果表明苯分子具有很高的稳定性,与预期的环己三烯的反应活性完全不同,很难进行加成和氧化等反应。因此,从 1,3-环己二烯转化为苯时,分子结构已发生了根本的变化,并且可能导致一个稳定体系的形成。

1858 年 5 月,德国化学家 F. A. Kekulé 提出了碳四价学说,并认为碳原子可以相互连接,从而可以确定分子中原子连接的次序。第二年,他又提出了一个天才的设想:苯分子应该是环状结构。他假定,苯分子的六碳链头尾相接连成一个环,每个碳原子上连有一个氢原子,六个氢原子所占的地位相等。1865 年,他进一步完善了他的理论,正式提出了苯环单、双键交替排列的结构,即现在众所周知的"凯库勒式"。但这和当时已知的化学经验或"感觉"不相符合。它主要涉及两个问题:

（1）它不能解释苯分子内既然有双键,为什么在一般情况下不能和那些能与不饱和烃发生加成反应的试剂发生类似的反应。

（2）按照这样的结构模式,苯的邻位二元取代产物应有两种异构体存在。

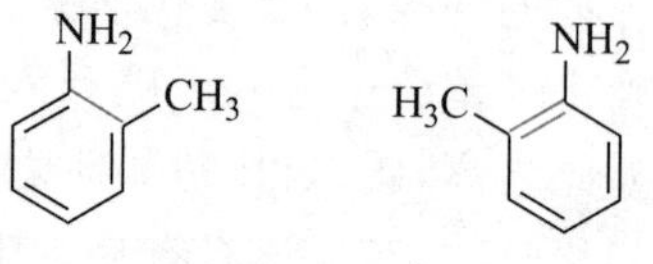

当时的科学家们就已发现,苯根本不能发生加成反应,但是它可以在 Lewis 酸(LA)的催化下发生取代反应:

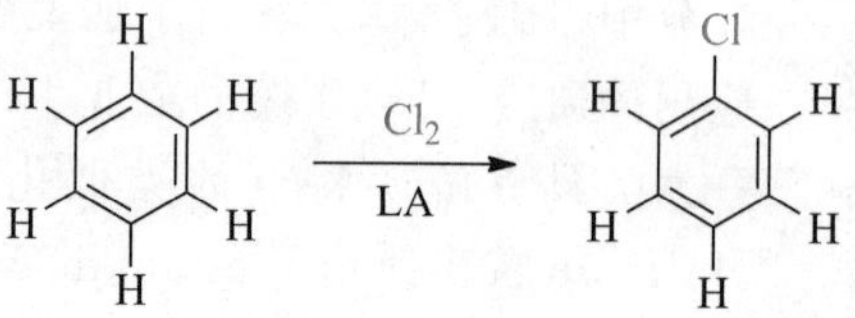

研究结果表明,只生成了一种单取代化合物,这与 F. A. Kekulé 提出的每个碳上连有一个氢,六个氢所占的地位相等和苯的六重对称性结构很相符。而对于当时发现的甲基苯胺有三个异构体,F. A. Kekulé 提出了两个取代基之间间隔着不同个数的碳原子的说法。1867 年,德国科学家 W. Körner 首次提出了邻、间、对位取代的概念,并以此命名二取代的苯衍生物;1869 年,德国科学家 K. Gräbe 正式提出了邻(ortho)、间(meta)、对(para)取代的前缀词,以定义二取代苯中取代基的相对位置。

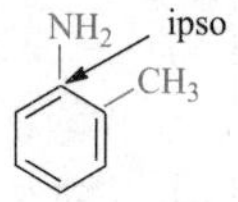

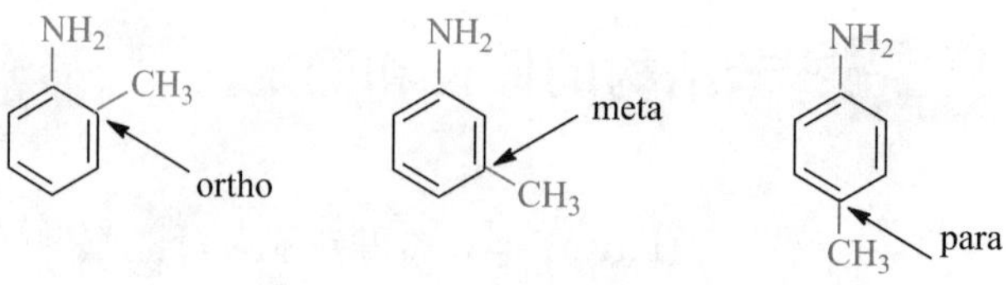

但是进一步实验的结果却带来了更大的困惑:

1861 年,J. J. Loschmidt 在他的《化学研究》小册子里画了 300 多个分子的二维结构,这些结构与现代化学家所用的极其相似,其中包括苯和三嗪。他比 F. A. Kekulé 早四年提出了苯是一个大圆圈结构的说法。他对科学最重要的贡献之一就是 Loschmidt 常数。这些实验式已经对当时认为的碳原子必须以四根键与其他原子相连接的理论提出了质疑。

1870 年,德国科学家 V. Meyer 首次采用了 K. Gräbe 的方法对苯衍生物进行了命名。

注意 1,2-取代和 1,6-取代的不同点：两个氯原子连接的两个碳原子之间分别为单键或双键。

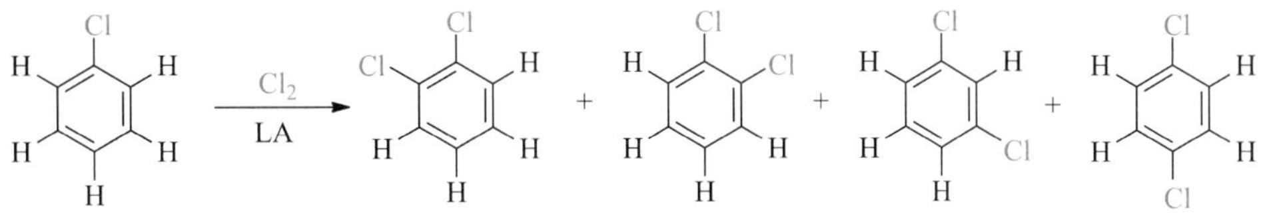

当氯苯进一步氯化时，按照以上理论应该得到四个双取代的二氯苯产物。而实验结果表明，没有 1,2-取代和 1,6-取代两种异构体，却只有一种 1,2-取代的产物。因此，F. A. Kekulé 苯环异构体的假说被他的学生 A. Ladenburg 所质疑。他认为，按照 F. A. Kekulé 的说法，邻位的异构体应该有两种，而不应该是一种，应该会有 1,2-和 1,6-取代的两种产物。

杜瓦苯的立体结构：

现在已知 Dewar 苯实际上是一个十分活泼的环烯烃，即二环[2.2.0]-2,5-己二烯。Dewar 苯的结构是 Dewar 提出的七个所谓苯结构的其中一种，本质上他也并没有认为该结构能准确代表苯，没想到的是后来真的合成出来了。Dewar 苯由于很大的环张力，很容易转化为苯，其半衰期为 2 天。

J. Dewar 的研究范围很宽，其中之一是研究气体的液化，目前实验室使用的低温装置之一杜瓦瓶就是他发明的。

A. C. L. Claus 在有机化学上的杰出贡献还有生物碱、芳香取代以及肟等实验和理论研究。

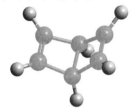

1867 年，J. Dewar（杜瓦）提出了以其名字命名的杜瓦苯（Dewar benzene）结构，也就是双环结构式（杜瓦苯现已被证实是与苯不同的另外一种物质，可由苯经光照得到）。1867 年，A. C. L. Claus（克劳斯）提出了克劳斯苯（Claus′ benzene）结构。他认为，苯中六个碳原子在一个正六边形的角上，每个角又连接了一个氢原子，为了保证碳的四价，分别位于对位的两个碳原子相互以单键形式连接。1869 年，A. Ladenburg（拉登伯格）认为苯分子是棱形的，并提出了拉登伯格棱烷状结构，也称为棱晶烷（prismane）。现在我们都已清楚，从 Kekulé 结构式出发，通过改变价键的位置，可以得到 Dewar 苯和棱晶烷。在有机化学中，将这种由价键转移导致的异构体称为价键异构体，因此 Dewar 苯和棱晶烷都是苯的价键异构体，它们并不能代表苯的结构。

1872 年，为了回答 A. Ladenburg 对苯环状结构的质疑，F. A. Kekulé 对邻位取代为何只有一个异构体作出了解释。他认为，环中双键位置应该不是固定的，可以迅速移动，所以使得六个碳原子等价，这样苯可以看成是两个环己三烯异构体构成的快速平衡的结果[平衡的英文应该是 equilibrate，F. A. Kekulé 则使用了 oscillate（摆动）一词]，这就是所谓的摆动双键学说：

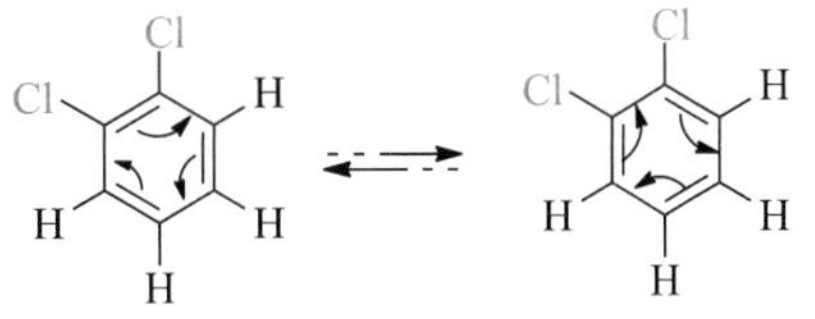

于是，环内的单键和双键可以快速转换。按此说法，此时的苯环中每一根键好像一半时间为单键，另一半时间为双键，这使得苯的邻位二元取代产物不是一个，而是以上两个异构体互变很快的一个平衡体系。F. A. Kekulé 认为，由于它们转变得很快，在单位时间内，这个快速平衡的结果使得 1,2-和 1,6-取代的两种产物不可区分。有些实验似乎给 F. A. Kekulé 的摆动双键学说提供了一定的支持。在强烈的条件下，双键的易位不是不可能的。例如，苯和臭氧在合适的反应条件下反应，水解后生成和原先设想一致的三分子乙二醛：

A. Ladenburg 首次分离得到了 hyoscine 和 scopolamine（东莨菪碱）。

直到 1973 年，T. J. Katz 和 N. Acton 才首次合成了棱晶烷。棱晶烷中的碳碳键角为 60°～109°，因此有很大的环张力。其结构和环张力看上去非常像环丙烷，但实际上其分子内环张力比环丙烷还大，因此其性质也十分活泼，容易爆炸，完全不像普通的碳氢化合物。R. B. Woodward 和 R. Hoffmann 认为棱晶烷重排成苯在热力学上是对称禁阻的，他们曾经将这比喻为永远不可能将一只老虎关在纸笼子里。D. M. Lemal 和 J. P. Lokensgard 在 1966 年首次合成了六个甲基取代的棱晶烷。

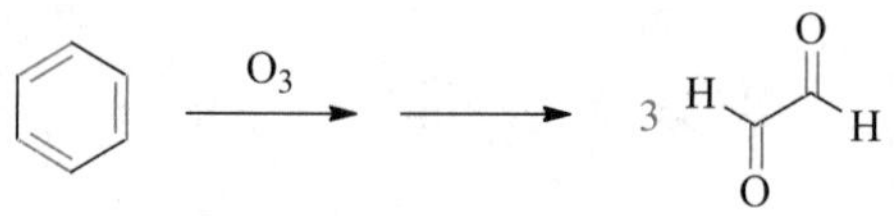

1928 年，L. Pauling 提出了共振论，替代了此摆动双键学说。

若用邻二甲苯代替苯和臭氧发生作用，如果苯环中的双键不能"自由摆动"的话，无论哪种都应该只生成两种化合物，那么最终的结果是得到两种化合物，丁二酮和乙二醛：

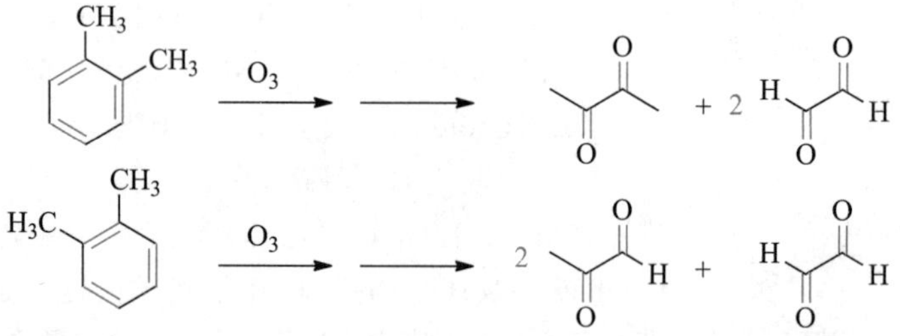

但是，实验结果表明，生成了三种化合物：

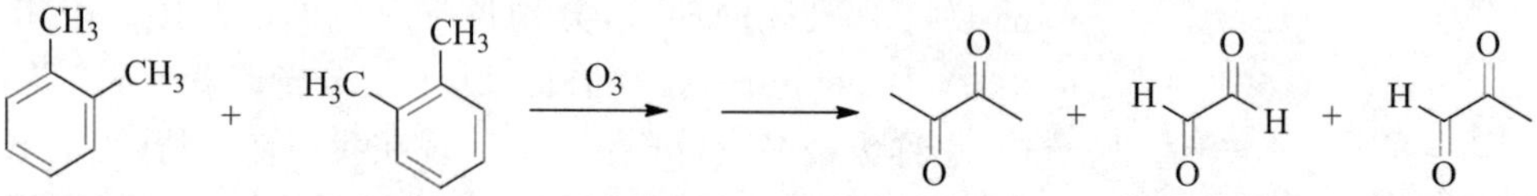

这说明，苯和苯的衍生物可能正如 F. A. Kekulé 所建议的那样，有两种双键排列不同的结构。当然，我们现在知道，所谓的苯是两个环己三烯异构体构成的快速平衡结果的理论并不准确。

1887 年，H. E. Armstrong 提出了向心结构式，认为在苯分子中，每个碳原子的第四价都指向环的中心，并不和其他原子相连，这叫做中心键，六个中心键之间互相平衡，使每一根键的化合能变为一种潜在的力量。中心键在脂肪族化合物中是不存在的，因此他认为芳香化合物的特性就可以看做碳原子的第四价在环中的特殊对称排列引起的。

1899 年，F. K. J. Thiele 提出了苯的余价结构式。F. K. J. Thiele 认为余价结构式中的双键结合不能用去全部的一价，因此剩下的一部分未用去的价叫做余价，余价彼此结合成为一种新的键。按照这种构想，苯环中碳碳键大致是均等的，没有单双键的区别，六个碳原子中每两个相邻的碳原子的余价都彼此结合，成为一种新的体系。

余价或中心键学说为苯的结构式假设提出了新的解决办法，从本质上看，它们与苯结构式的近代描述方法大体是一致的，但在那时，由于不可能阐明"中心键"和"余价"的本质，也没有合适的实验方法去做进一步的证实工作，因此这两种违背经典价键理论的结构未能被化学家普遍接受。

20 世纪前，科学家们提出了各种有关苯结构式的假设，其中比较有代表性的苯的结构式总结如下：

凯库勒式 | 杜瓦苯 | 棱晶烷 | 盆苯
Kekulé | Dewar | Ladenburg
1865年提出 | 1866—1867年提出 | 1869年提出

向心结构式 | 对位价键结构式 | 余价结构式
Armstrong, Baeyer | Claus | Thiele
1887—1888年提出 | 1888年提出 | 1899年提出

H. E. Armstrong 是萘及其衍生物化学的开拓者。他和他的合作者 W. P. Wynne 合成了 263 个萘类化合物，现在这些样品被保留在伦敦帝国学院的 Armstrong-Wynne 收藏室。其中萘-1,5-二磺酸被命名为 Armstrong 酸。

实际上，除了克劳斯苯以外，杜瓦苯、拉登佰格棱晶烷以及盆苯均已被合成出来。实验结果表明，这些化合物均不稳定，可在剧烈放热后转化成苯；而苯在光的激发下，可以变为杜瓦苯和棱晶烷。

经过多次研究，取代产物的异构体数目总是毫无例外地和 F. A. Kekulé 的环状结构相符合。所以苯采用一个六元碳环，每个碳原子上带有一个氢原子的结构式来表示，这已是毫无疑义的了。按照这种结构，每个碳原子只用去三价，剩下的一价应当如何安排？F. A. Kekulé 主张每个碳原子未用去的一价，彼此结合，成为三个双键，每隔一个单键有一个双键，也就是说，苯分子中具有一个连续不断的共轭体系，或一个没有头尾的共轭体系，这样才使得每个碳原子就都成为四价：

苯六边形的环状结构，解决了取代异构体的数目问题。

1929 年，爱尔兰女科学家 D. K. Lonsdale 首次利用 X 射线衍射法证明了苯是平面的。1931 年，她又首次利用 Fourier 变换光谱分析法解析了六氯苯的结构。X 射线衍射法证明，苯分子的六个碳原子和六个氢原子都在一个平面内，六个碳和六个氢是均等的，C—H 键长为 108 pm，C—C 键长为 140 pm，此数值介于单双键键长之间，这样的碳碳键键长也说明了每一根碳碳键都有相同的电子分布。碳氢键键长为 108 pm，分子中所有键角均为 120°，说明每个碳原子都采取 sp^2 杂化。这样每个碳原子还剩余一个 p 轨道垂直于分子平面，每个轨道上有一个电子。因此苯是一个平面分子，六个碳原子组成一个正六边形。从结构上看，苯具有平面的环状结构，键长完全平均化，碳氢比为 1。1,3-环己二烯失去两个氢变成苯时，不但不吸热，反而放出少量的热量。

D. K. Lonsdale 创造了很多女科学家的"第一个"，她是英国皇家化学会首次选入的两个女会士之一、伦敦学院大学的首位终身女教授、国际晶体学会第一位女主席、英国科学促进学会首位女主席。

近几十年来，化学家们对苯的结构进行了更深入的研究，根据价键法和分子轨道理论的计算结果对"苯的 π 电子离域"和"苯中 π 电子的离域使苯稳定"等观点提出了疑问，并认为苯的对称六边形结构只取决于电子。从本质上看，苯的 π 体系不倾向于一个离域的"芳香六隅体"，而是倾向于具有三个定域的 π 键结构。D. L. Copper（柯柏）等在 1986 年发表的"苯分子的电子结构"一文中提出了自旋耦合价键理论。该理论认为，两种定域的 Kekulé 结构是一对"电子互变异构体"，电子互变异构体代表化合物分子的微观结构，不可析离。苯实际上是两种微观结构（Kekulé 结构）混合的平衡结构。按电子自旋价键理论，苯可以用下面的式子来表示：

符号 ◁---▷ 表示一个化合物分子的两个电子分布不同的微观结构之间的互变，既不同于 ⇌，也不同于 ←→。

　　关于苯的结构及它的表达方式已经讨论了 170 多年了。在这期间，许多科学家提出了各种各样的看法，但至今为止关于苯的结构还没有得到满意的结论，仍然是科学家研究的热点。文献和书刊中常见的苯的表达式有下面三种：

在苯环中用圆圈代表离域双键是由英国科学家 Sir R. Robinson（罗宾逊爵士）提出的，并称之为芳香六隅体。Sir R. Robinson 由于在天然产物研究方面的贡献获得了 1947 年诺贝尔化学奖，他也是第一个使用弯曲的箭头表示电子转移方向的科学家。

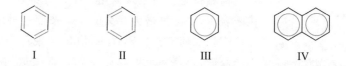

Ⅰ　　　　　Ⅱ　　　　　Ⅲ　　　　　Ⅳ

从微观角度看，化合物可以是多结构的，即一种化合物可能有几种微观结构，如烷烃中的单键旋转会有很多构象。我们通常说的分子结构是分子的宏观结构，一种分子只能有一种宏观结构，因此，宏观结构是多种微观结构混合的平衡结构。

　　Ⅰ、Ⅱ 是 Kekulé 结构式，目前它是书籍和文献中应用最多的苯表达式。Ⅲ 用内部带有一个圆圈的正六边形来表示苯，圆圈强调了 6 个 π 电子的离域作用和电子云的均匀分布，它很好地说明了碳碳键键长的均等性和苯环的完全对称性。但是这种方式用来表示其他芳香体系时就不合适了，如用 Ⅳ 表示两个稠合的苯环——萘时很容易造成误解，因为萘不是完全对称的分子，萘分子的碳碳键键长也不是完全均等的。此外，圆圈没有说明 π 电子的数目，萘分子的 10 个 π 电子用两个圆圈表示易误解成每个环有 6 个 π 电子而造成混淆。因此，通常情况下书写的方式仍然是以 Kekulé 结构式表达苯环及芳香化合物，也是目前通用的一种方式。

15.2　共振论对苯的结构和芳香性的描述

　　苯与烯烃相比特别不活泼。在室温下，基本上不呈现任何化学反应性质，因此苯在有机反应中可以作为溶剂使用，对酸、碱、氧化剂等具有较强的惰性。共振论认为，苯共振于两个 Kekulé 结构 Ⅰ 和 Ⅱ 之间，是这两种结构的混合体。以下这两个结构是能量很低、稳定性等同的极限结构：

根据现代电子理论，苯为单一化合物，不是两个化合物的混合体。

环己三烯实际上是不存在的。

那么看上去像是两个环己三烯的混合体，但是现代物理方法已经证明苯环中碳碳键键长是等长的，是一个正六边形，而不是像环己三烯那样以单双键交替分布的。因此，苯环中所有碳原子均为 sp² 杂化，每个碳原子上没有杂化的 p 轨道与其相邻杂化体苯的正六边形结构及 π 电子云的均匀分布是环电流产生的原因。加成反应会破坏极限结构的共振，使稳定的苯转变为不稳定的 1,3-环己二烯，因此难以进行；π 电子云有利于苯与亲电试剂的反应，取代反应最终不会破坏极限结构的共振而易于进行。

两个碳原子上的 p 轨道相互重叠，而且程度相同，由此在环平面上下形成了环状的离域 π 电子：

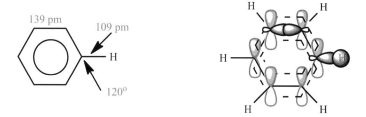

因此，苯环的对称结构是分子中 σ 键和 π 键共同作用的结果。由六根碳碳 σ 键组成的六边形在其上下共轭离域的 π 电子云共同作用下，使得这六边形变得更加规整，每一根碳碳键的键长都是等长的，碳碳键的键角和碳氢键的键角均为 120°。

实际上，它们之间的共振引起的稳定作用是很大的，因此杂化体苯的能量比极限结构低得多。共振论将极限结构的能量与杂化体的能量之差称为共振能，计算公式如下：

$$共振能＝极限结构的能量－杂化体的能量$$

苯的共振能可以借助氢化热测量实验来估算（图 15-1）。首先，实验测得环己烯的氢化热为 $-119.6 \ \text{kJ} \cdot \text{mol}^{-1}$，这和顺-2-丁烯的氢化热基本相当。同时测得 1,4-环己二烯的氢化热为 $-119.6 \ \text{kJ} \cdot \text{mol}^{-1} \times 2 = -239.2 \ \text{kJ} \cdot \text{mol}^{-1}$。按此推理，1,3-环己二烯的氢化热也应该为两个顺式碳碳双键的氢化热，$-239.2 \ \text{kJ} \cdot \text{mol}^{-1}$；但是实际测得的 1,3-环己二烯的氢化热为 $-229.7 \ \text{kJ} \cdot \text{mol}^{-1}$。二者的差别来源于 1,3-环己二烯中两个双键共轭后所产生的共振稳定化作用。那么，在 1,3-环己二烯中，这个稳定化的能量为 $9.5 \ \text{kJ} \cdot \text{mol}^{-1}$。环己三烯的氢化热可以用环己烯氢化热的三倍代替，其三个碳碳双键的氢化热为 $-119.6 \ \text{kJ} \cdot \text{mol}^{-1} \times 3 = -358.8 \ \text{kJ} \cdot \text{mol}^{-1}$，再加上三个共轭双键的稳定化能为 $9.5 \ \text{kJ} \cdot \text{mol}^{-1} \times 3 = 28.5 \ \text{kJ} \cdot \text{mol}^{-1}$，因此环己三烯的氢化热可能是 $-330.3 \ \text{kJ} \cdot \text{mol}^{-1}$。而实验测

氢化热的测定可以作为判断某些芳香化合物中的苯环体系是否具有相应共振能的基本手段。

图中的"环己三烯"为设想中的结构。

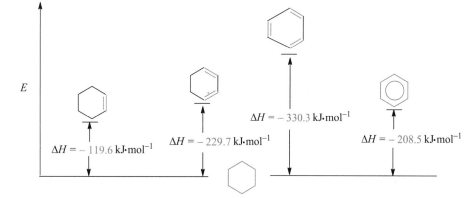

图 15-1　苯的共振能计算

定,苯在催化氢化下的氢化热大约是208.5 kJ·mol^{-1}。这个能量要比计算所得的环己三烯的氢化热低很多。两者的能量差约为 121.8 kJ·mol^{-1},这就是苯的共振能,也可以称为苯的离域能。

苯环的稳定性以及不能发生亲电加成而只能发生亲电取代反应的根源就在于这共振能,这也是芳香化合物的芳香性的本源。原本芳香指的是这类化合物的气味,现在已经成为这类化合物热力学性质的代名词了。

15.3 分子轨道理论对苯的结构和芳香性的描述

本质上,两个 Kekulé 结构式的共振并不能完全解释芳香体系独特的稳定性。分子轨道理论认为,苯分子的六个碳原子均为 sp^2 杂化的碳原子,相邻碳原子之间以 sp^2 杂化轨道互相重叠,形成六个均等的碳碳 σ 键,每个碳原子又各用一个 sp^2 杂化轨道与氢原子的1s 轨道重叠,形成六根碳氢 σ 键。所有轨道之间的键角都为 120°。由于 sp^2 杂化轨道必须都处在同一平面内,所以苯的六个氢原子和六个碳原子共平面。每个碳原子还剩下一个未参与杂化的垂直于分子平面的 p 轨道,六个 p 原子轨道彼此作用形成六个 π 分子轨道。这六个重叠的 p 原子轨道形成了一个环状的分子轨道体系。因此苯为一种离域的结构。这个环状的分子轨道体系不同于线性共轭烯烃。这是一个二维的环状体系,必定会有二维的分子轨道。

分子轨道理论对苯结构解释的基本要点为:

(1) 由于有六个 p 电子组成苯环的 π 体系,因此有六个分子轨道。

(2) 能量最低的分子轨道应该是六个 p 电子相互通过相邻的 p 电子重叠成全离域成键的,在此分子轨道中没有节面。

(3) 随着分子轨道的能量增加,节面就增加。

(4) 分子轨道必须分成成键轨道和反键轨道两种。

(5) 一个稳定的体系应该是全满的成键轨道和全空的反键轨道。

那么,根据以上解释,我们来对比具有环状体系的苯与其类似物——非环体系的、开链的己三烯的原子轨道和分子轨道(图 15-2 和图 15-3)。

苯的六个 π 分子轨道中,Ψ_1、Ψ_2、Ψ_3 是能量较低的成键轨道,Ψ_4、Ψ_5、Ψ_6 是能量较高的反键轨道。在三个成键轨道中,Ψ_1 没有节面,能量最低,Ψ_2 和 Ψ_3 各有一个节面,它们的能量相等,但都比 Ψ_1 高。分子轨道理论将两个能量相等的轨道称为简并轨道,Ψ_2 和 Ψ_3 是一对简并轨道。同样,反键的 Ψ_4 和 Ψ_5 也是一对简并轨道,它们各有两个节面,能量比 Ψ_2 和 Ψ_3 高。反键的 Ψ_6 能量最高,它有三个节面。基态时,六个 π 电子占据三个成键轨道,所以苯的 π 电子云是由三个成键轨道叠加而成的,叠加的最后结果是 π 电子云在苯环上下对称均匀分布,又由于碳碳 σ 键也是均等的,所以碳碳键键长完全相等,形成一个正六边形的碳架。闭合的电子云是苯分子在磁场中产生环电流的根源,环电流可以看做是没有尽头的,因此离域范围很广。相反,在 1,3,5-己三烯的分子轨道中,所有六个分子轨道均具有不同的能

此结果也同样可以说明在有机反应中,特别是对那些有六个电子参与的周环反应,为何需要形成环状过渡态。有些文献中称此类过渡态为芳香过渡态。这些反应包括 Diels-Alder 反应、1,3-偶极环加成反应等等。

1911 年, R. M. Willstätter 合成了环辛四烯,[8]-annulene,并发现它的反应性与多烯基本一致,能与溴发生加成反应,能被 KMnO$_4$ 氧化,这说明环辛四烯的稳定性与苯相比差得很远。

量,且从 Ψ_1 到 Ψ_6 节点不断增加。实验表明:苯的 E_π 为 $6\alpha+8\beta$,与六个 π 电子处在三个孤立的 π 轨道中的己三烯的能量 $6\alpha+6\beta$ 相比,离域能是 2β,所以苯很稳定。加成反应会导致苯封闭共轭体系的破坏,所以难以发生。取代反应最终不会破坏这种稳定结构,又由于环形离域 π 电子的流动性较大,能够向亲电试剂提供电子,因此苯易发生亲电取代反应。

从分子轨道图看,1,3,5-己三烯三个成键轨道中,Ψ_1 和 Ψ_3 中 C1 和 C6 的相位相同,而 Ψ_2 中 C1 和 C6 的相位相反。当这两个位点相连成六元环时,同相位相连,能量降低,反映在分子轨道能级图中为苯环中两个成键轨道的能量降低;而反相位相连,能量升高,因此其中一个成键轨道的能量升高。

苯分子轨道中的 Ψ_2 和 Ψ_3 简并轨道能量相同,但节点完全不同。

比较苯和 1,3,5-己三烯的分子轨道能级可以发现,三个双键的环状共轭体系比非环状共轭体系稳定。

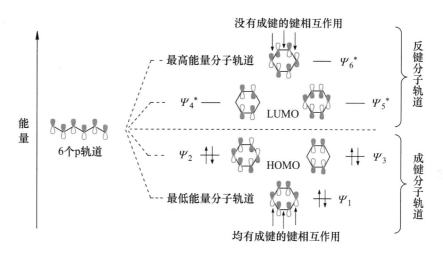

图 15-2 苯的分子轨道示意图

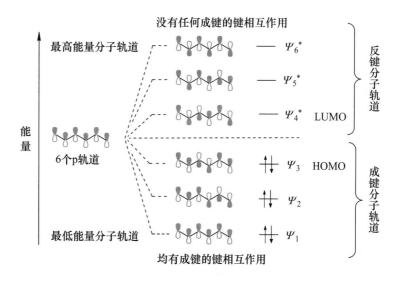

图 15-3 1,3,5-己三烯的分子轨道示意图

对比苯和 1,3,5-己三烯的分子轨道能级图(图 15-4)可看出,与 1,3,5-己三烯相比,苯的两个成键轨道(Ψ_1 和 Ψ_3)能量降低,一个成键轨道(Ψ_2)能量升高,其结果使总的能量降低。

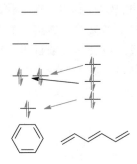

图15-4 苯和1,3,5-己三烯的分子轨道能级图

习题 15-1 为什么苯的六根碳碳键键长是等长的？

习题 15-2 从分子式来看,苯是一个高度不饱和的化合物,应该很容易进行加成反应。但是,实验结果表明,苯很难进行加成反应。为什么？

习题 15-3 从苯被发现后很多年,化学家一致认为,只要是单双键交替的环状共轭体系,均应该具有和苯环类似的稳定性。这些化合物被命名为 annulenes(轮烯)。画出环丁二烯、苯、环辛四烯以及环癸五烯的所有共振式。假定这些分子都是平面的,画出这些分子中碳原子的 p 轨道以及可能形成的离域 p 轨道,通过这些结果解释环辛四烯不能形成平面体系的原因。

习题 15-4 环丁二烯不能分离得到,此化合物很容易发生二聚。写出此反应式。

习题 15-5 利用上述给出的环己烯、1,4-和1,3-环己二烯氢化热、稳定能数据,计算苯被还原成1,4-环己二烯和环己烯的氢化热。

15.4 多苯芳烃和稠环芳烃

芳香烃简称芳烃。

由于苯环的吸电子诱导效应以及超共轭效应,使得其苄位上氢原子的酸性与烷烃相比大幅度增加。

以苯环为基本构筑单元,可以构筑出一系列苯的衍生物。下面分别介绍这些化合物的基本结构特点。

15.4.1 多苯代烷烃

二苯甲烷、三苯甲烷、四苯甲烷以及 1,2-二苯乙烷都是比较简单的多苯代脂烃:

苯环受取代基的影响变得更为活泼，比苯更易发生各种亲电取代反应（例如第 16 章的芳香亲电取代反应）。

由于苯环的吸电子效应的影响，与苯基相连的甲基、亚甲基或次甲基上氢原子的酸性明显比普通烷烃强得多。

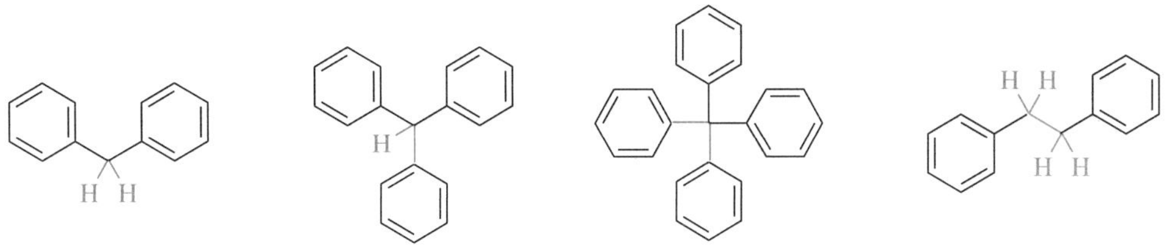

| 二苯甲烷 | 三苯甲烷 | 四苯甲烷 | 1,2-二苯乙烷 |

　　二苯甲烷、三苯甲烷、四苯甲烷以及 1,2-二苯乙烷为代表的多苯代烷烃基本保持了苯环的结构特性。与苯基相连的甲基、亚甲基和次甲基受苯环的影响也有很好的反应活性，这些基团通常会比普通烷烃更加容易参与各类反应，例如氧化、取代和酸碱反应。

15.4.2　联苯

此类轴手性分子的代表就是在催化氢化中最著名的配体分子(R)-和(S)-BINAP：

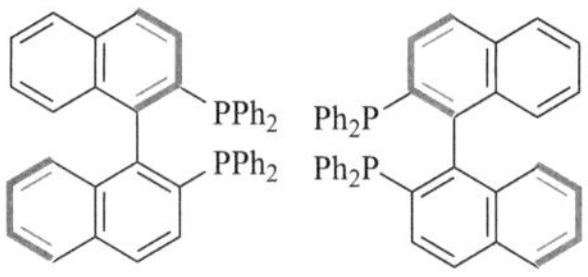

(R)-BINAP　　(S)-BINAP

　　最简单的联苯是二联苯（biphenyl）。在二联苯中，每个苯环都保持了苯的结构特性；但是由于邻位两个氢原子的相互作用，两个苯环不出现在同一平面上。连接两个苯环之间的单键可以自由旋转，但当二联苯的四个邻位氢原子都被大的基团取代时，单键的旋转将会受到阻碍，并产生出一对旋光异构体，这种手性也称为轴手性（axial chirality）。

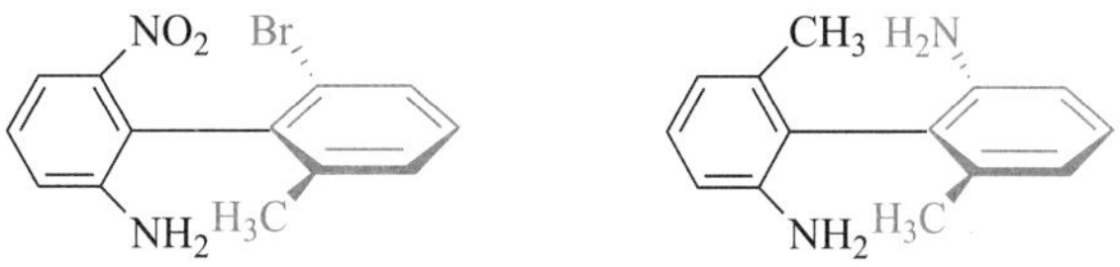

三联苯（terphenyl）有三个异构体：

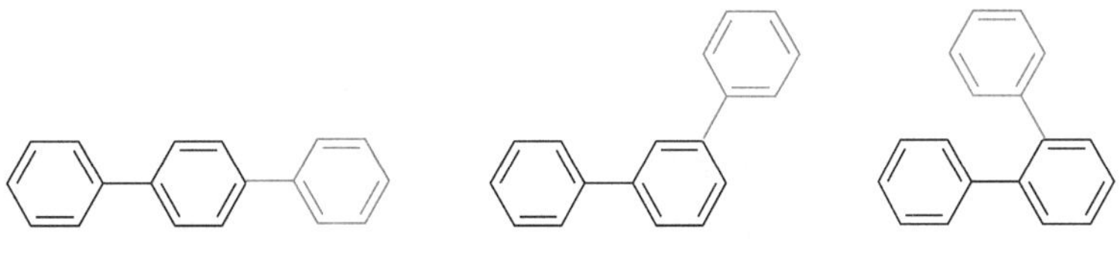

15.4.3　稠环芳烃

　　稠环芳烃是指由两个或多个苯环并接在一起的芳香化合物。稠环（fused ring）是指两个环共享两个碳原子或一根键。在稠环芳烃结构中，多个苯环共享了两个或多个碳原子。这些化合物大多还具有芳香性。

　　1. 萘

萘是一个白色闪光的晶体，它的分子式是 $C_{10}H_8$。

　　最简单的稠环芳烃就是萘，它是由 10 个碳原子构成的两个苯环并联形成的双环，可以用以下三个 Kekulé 共振式来表示：

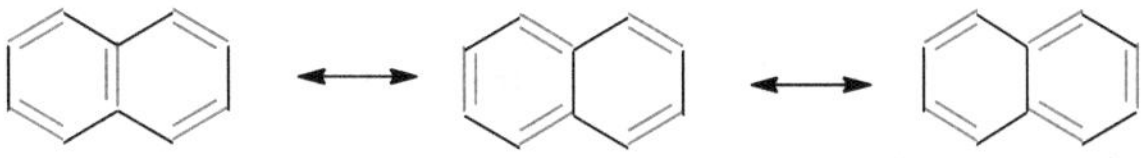

在紫外光谱中,与苯相比,萘的吸收起始位点以及吸收峰都明显红移,这说明萘具有更加拓展的 π 共轭体系,两个苯环的并接过程中,新增加的四个 π 电子与相连的苯环存在有效的重叠。

共振论认为,如用经典结构式表示,萘可写成多种极限式的杂化体,主要的极限式应该是上述的三个。上面三个式子,最左边的极限式实测数据及计算数据比右边两式的符合得更好,因此能较好地代表萘。在这个极限式中,每个环都有一个完整的苯的结构,分子是对称的。而右边两式都有如下所示的醌式结构:

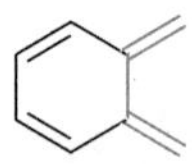

这个醌式结构是不稳定的。

萘的分子轨道示意图如下:

只有中间那根双键的键长与苯环的键长一致,其他键均比普通单键的(154 pm)短,比普通双键的(133 pm)长。

从分子轨道图中可以看到,萘分子中的碳原子都以 sp^2 杂化轨道形成 σ 键,各碳原子上还剩一个 p 轨道彼此平行重叠,因此不仅每个六元环都有一个完整的六电子体系,而且整个 π 电子体系可以贯穿到 10 个碳原子的环系,形成了基本分布均匀的电荷密度。因此萘环应该是平面对称的,其有两个互相垂直的镜面,这两个镜面将萘环切成对称的两个部分。X 射线衍射实验进一步证实了萘是一个平面分子,分子骨架及键长如下:

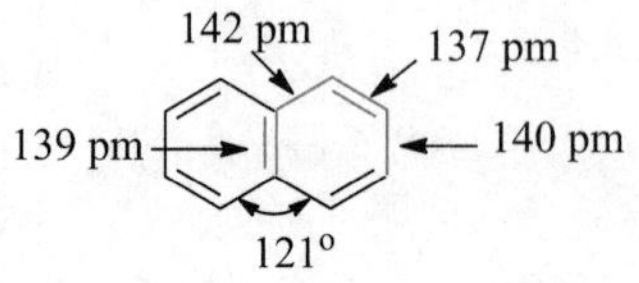

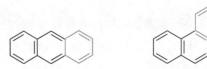

键长和键角的数据说明萘的键长并不是等长的,也即萘的 π 电子云和键长不像苯那样完全平均化,但它的键长与标准的单双键键长仍有较大的区别,因此很难找到一个十分完美的式子来表示萘的结构。

2. 蒽和菲

萘的分子轨道分析结果表明,在苯环上并接苯环并不会对苯环的离域有明显的影响。那么,在萘环上继续并接苯环将会得到新的芳环体系。但是将新的苯环并接到萘环上时,会有两种方式:一种为线性并接,即为蒽;另一种为角边并接,并接方式是在萘环的角边上(即前一个苯环的邻边),称为菲。

蒽和菲的分子式都为 $C_{14}H_{10}$。蒽是无色的单斜片状晶体,有蓝紫色的荧光;菲是无色有荧光的单斜片状晶体。蒽的常用极限式:

常用的表示菲的极限式:

蒽和菲互为异构体,由于并接的方式不同,导致它们具有不同的热力学稳定性,菲

比蒽略显稳定,其能量差为 25.2 kJ·mol^{-1}。这可以通过它们二者之间共振式的不同来解释:

蒽有四个共振式,其中只有两个共振式中包含两个完整的苯环;而菲有五个共振式,其中有三个共振式含有完整的苯环,甚至其中一个含有三个苯环:

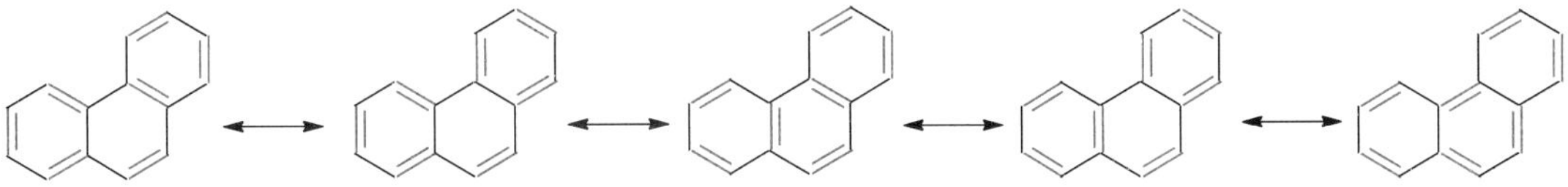

线性并接的称为并苯(acenes)、并四苯(tetracene)、并五苯(pentacene)、并六苯(hexacene)等等。

一直以角边并接的称为螺苯。菲也可以认为是螺苯体系中最小的一个。

螺苯的命名方式也可以采用以下方式:benzo[c]phenanthrene, dibenzo[c, g]phenanthrene。

X 射线衍射的测定表明,蒽和菲都是平面分子,但分子中的键长是不等的。它们的骨架分别如下:

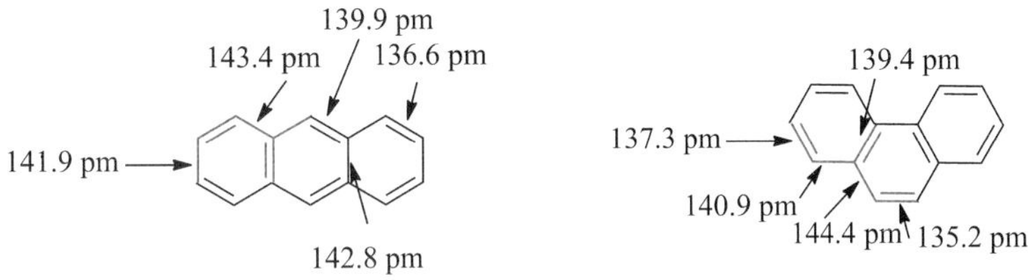

随着并环数目的增加,每个环的共振能继续减少,使得化合物变得活泼,因此蒽和菲的稳定性比苯差,它们可以发生类似于其他双键的亲电加成反应。蒽可以在 C9 和 C10 位进行 1,4-加成反应,从而形成两个独立的苯环体系;菲则可以在 C9 和 C10 位进行 1,2-加成反应,同样形成两个独立的苯环体系,形成类似联苯的衍生物。

3. 其他简单稠环芳烃

四个以上苯环稠合在一起的芳烃目前已经有很多了。它们大多数是在实验室合成的,也有些是在燃烧过程中产生的。它们的连接方式有很多种,如线性的:

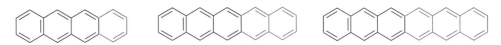

线性的并苯可以认为是蒽的 b 边继续并接苯环的衍生物。

还有像在本章开头提到的螺旋连接的方式:

这些螺苯实际上也是在菲环的基础上继续以相同的方式并接苯环而构筑的。但是,与线性并苯不同的是,以这种螺旋方式并接苯环时,首尾两个苯环上的氢原子在空间上有排斥作用,使得分子不能保证一个平面的体系,于是这些分子就具有手性。

其他连接方式还有很多种,典型的有:

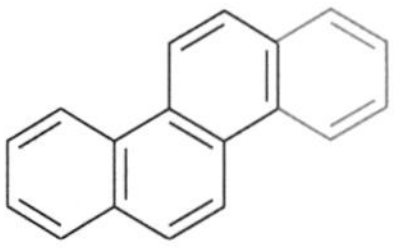

䓛
chrysene

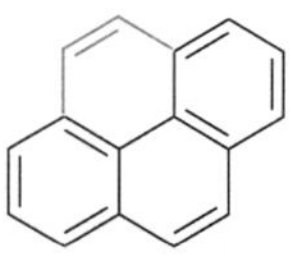

芘
pyrene

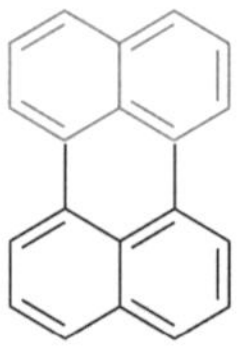

苝
perylene

此类化合物性质更像多烯化合物的性质。

此环氧二醇会诱导一些突变或变异,使得某些细胞不可控地繁殖。

这些稠环化合物由于并环的增加,其共振能将会继续减少,从而使其更加活泼。例如,在烟草燃烧、肉类烧烤以及煤烟中产生的苯并[a]芘是一类致癌物。此化合物在肝脏中会被转化成环氧二醇:

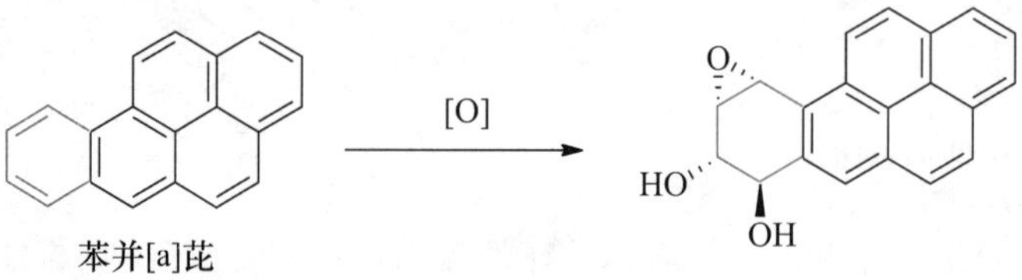

苯并[a]芘   [O]

A. Geim 研究团队偶然地发现了一种简单易行的制备石墨烯的新方法。他们将石墨片放置在塑料胶带中,折叠胶带粘住石墨薄片的两侧,撕开胶带,薄片也随之一分为二。不断重复这一过程,就可以得到越来越薄的石墨薄片,而其中部分样品仅由一层碳原子构成——他们制得了石墨烯。2010 年诺贝尔物理学奖授予了英国曼彻斯特大学科学家 A. Geim 和 K. Novoselov,以表彰他们在石墨烯材料方面的卓越研究。

4. 石墨烯

石墨(graphite)是一类常用的材料。简单而言,石墨就是由很多层石墨烯(graphene)堆积而成的。石墨烯的命名来自英文的 graphite(石墨)＋-ene(烯类词尾),也称为"单层石墨"。石墨烯被认为是平面多环芳香烃原子晶体。石墨烯的碳原子排列与石墨的单原子层近似,是碳原子以 sp^2 杂化成键后呈蜂巢晶格(honey-comb crystal lattice)排列构成的单层二维晶体:

石墨烯在原子尺度上结构非常特殊,必须用相对论量子物理学才能描绘。碳原子中的四个绕核电子轨道分布在一个平面上。碳分子是几个碳原子在平面上的连接和展开,所以,其分子的厚度与碳原子的相似,只是平面更大了一些而已。碳原子或碳分子中的绕核电子只是在碳原子核的径向面上存在着和运动着,碳原子核两极的轴向上是没有绕核电子的。单层石墨由交替的单双键构成,类似于有机化学中的多烯烃。

石墨烯一直被认为是假设性的结构,无法单独稳定存在。1918 年,V. Kohlschütter 和 P. Haenni 详细地描述了石墨氧化(graphite oxide)后具有类似于纸张的性质。1948 年,G. Ruess 和 F. Vogt 发表了最早用穿透式电子显微镜拍摄的少层石墨(层数在 3 层至 10 层之间的石墨烯)。2004 年,曼彻斯特大学和切尔诺戈洛夫卡微电子理工学院的两组物理团队共同合作,首先分离出单层石墨烯。

石墨烯是一种二维碳材料,是单层石墨烯、双层石墨烯和少层石墨烯的统称。石墨烯是已知的世上最薄、最坚硬的材料,几乎是完全透明的,只吸收 2.3% 的光;导热系数高达 5300 $W \cdot m^{-1} \cdot K^{-1}$,高于碳纳米管和金刚石;常温下其电子迁移率超过 15 000 $cm^2 \cdot V^{-1} \cdot s^{-1}$,比碳纳米管或硅晶体高,而电阻率只约 10^{-8} $\Omega \cdot m$,比铜或银更低,为世上电阻率最小的材料。作为单质,它在室温下传递电子的速度比已知导体都快。因其电阻率极低,电子迁移的速度极快,因此被期待可用来发展更薄、导电速度更快的新一代电子元件或晶体管。由于石墨烯实质上是一种透明、良好的导体,也适合用来制造透明触控屏幕、光板,甚至是太阳能电池。

5. 富勒烯

直到 1984 年,化学家们一直认为碳只有两种同素异形体:金刚石和石墨。1984 年,美国科学家 E. A. Rohlfing、D. M. Cox 和 A. Kaldor 利用激光气化蒸发石墨,并利用飞行时间质谱手段表征所获得的混合物,在图谱中观察到了一系列 C_n($n=3$、4、5 和 6)以及 C_{2n}($n \geqslant 10$)的峰,而相距较近的 C_{60} 和 C_{70} 峰的丰度是最强的。不过他们没有继续去研究这些峰所代表的真实意义,错过了非常重要的科学发现。1986 年,H. W. Kroto、R. F. Curl 和 R. E. Smalley 等人在氦气流中以激光气化蒸发石墨的实验中首次分离得到了由 60 个碳组成的碳原子簇分子 C_{60}。他们推测 C_{60} 可能具有类似球体的结构,因此受建筑学家 Buckminster Fullerene 设计的加拿大蒙特利尔世界博览会球形圆顶薄壳建筑的启发,将其命名为 buckminster-fullerene,简称 fullerene(富勒烯)。1991 年,J. Hawkins 得到了富勒烯衍生物的第一个晶体结构,从此 C_{60} 的准确结构被测定。此分子具有 60 个顶点和 32 个面,60 个顶点均被碳原子占据。在这 32 个面中,12 个面为正五边形,另外 20 个面为正六边形,在分子中处于顶点的碳原子与相邻顶点的碳原子各用 sp^2 杂化轨道重叠形成 σ 键,每个碳原子的三根 σ 键分别为一个五边形的边和两个六边形的边。碳原子的三根 σ 键不是共平面的,键角约为 108° 或 120°。每个碳原子用剩下的一个 p 轨道互相重叠形成一个含 60 个 π 电子的闭壳层电子结构,因此在近似球形的笼内和笼外都围绕着 π 电子云。C_{60} 是高度的 I_h 对称,整个分子非常形似足球,因此俗称足球烯。分子轨道计算表明,足球烯具有高度离域的大 π 共轭体系,具有较大的

早在 1965 年,就有科学家开始研究非平面的芳香结构,并认为可能存在二十面体 $C_{60}H_{60}$ 的拓扑结构。1966 年,W. E. Barth 和 R. G. Lawton 首次在多步合成过程中分离得到了碗烯(corannulene)。从此,科学家就提出了球面芳香性的概念。当时,日本科学家大泽映二认为,会有一种完全由 sp^2 杂化的碳原子组成的分子,就类似于将几个 corannulene 拼起来的共轭球状结构。他从理论上得出这种结构可以由截去一个二十面体的顶角得到,并称之为截角二十面体。1970 年,他预言了 C_nH_n 和 C_{60} 分子的存在。但由于语言障碍,他的研究工作并没有引起国际上其他同行的普遍重视。

理论计算表明,C_{60} 的最低未占据轨道(LUMO)是一个三重简并轨道,因此它可以得到至少六个电子。

离域能。足球烯的共振结构数高达 12 500 个,有 1812 个异构体。按每个碳原子的平均共振能比较,其共振稳定性约为苯的两倍。因此,C_{60} 是一个具有芳香性的稳定体系。

从数学分析的角度可以认为,富勒烯的结构都是以五边形和六边形面组成的凸多面体。最小的富勒烯是 C_{20},有正十二面体的构造;还有 $C_{2n}(n=12、13、15\cdots)$ 的富勒烯。所有富勒烯结构中的五边形个数均为 12 个,六边形个数为 $n-10$。因此,目前常见的富勒烯有 C_{70}、C_{72}、C_{76} 以及 C_{84} 等等。有些富勒烯是 D_2 对称性的,因此它们具有手性,如 C_{76}、C_{78}、C_{80} 和 C_{84}。

6. 碳纳米管

对富勒烯的研究直接导致了单壁碳纳米管的分离和发现。1991 年 1 月,日本筑波 NEC 实验室的物理学家 I. Sumio 在使用高分辨透射电子显微镜研究电弧法生产的碳纤维时发现了碳纳米管。碳纳米管(carbon nanotube,CNT)是一种管状的碳分子,管上每个碳原子均采取 sp^2 杂化,相互之间以碳碳 σ 键结合起来,形成由六边形组成的蜂窝状结构作为碳纳米管的骨架。每个碳原子上未参与杂化的一对 p 电子相互之间形成跨越整个碳纳米管的共轭 π 电子云。碳纳米管的半径方向非常细,只有纳米尺度,几万根碳纳米管并起来也只有一根头发丝宽,碳纳米管的名称也因此而来。而在轴向,则可长达数十到数百微米。碳纳米管不总是笔直的,局部可能出现凹凸的现象,这是由于在六边形结构中混杂了五边形和七边形。出现五边形的地方,由于张力的关系导致碳纳米管向外凸出。如果五边形恰好出现在碳纳米管的顶端,就形成碳纳米管的封口。出现七边形的地方,碳纳米管则向内凹进。

碳纳米管可以看做由石墨烯片层卷曲而成,因此按照石墨烯片的层数可分为:单壁碳纳米管(或称单层碳纳米管,single-walled carbon nanotubes,SWCNTs)和多壁碳纳米管(或多层碳纳米管,multi-walled carbon nanotubes,MWCNTs)。多壁管在开始形成的时候,层与层之间很容易成为陷阱中心而捕获各种缺陷,因而多壁管的管壁上通常布满小洞样的缺陷。与多壁管相比,单壁管直径大小的分布范围小,缺陷少,具有更高的均匀一致性。单壁管典型直径在 0.6~2 nm;多壁管最内层可达 0.4 nm,最粗可达数百纳米,但典型管径为 2~100 nm。

碳纳米管依其结构特征可以分为三种类型:扶手椅形纳米管(armchair form)、锯齿形纳米管(zigzag form)和手性纳米管(chiral form)。根据碳纳米管的导电性质,可以将其分为金属型碳纳米管和半导体型碳纳米管。按照外形的均匀性和整体形态,则可分为直管形、碳纳米管束、Y 形以及蛇形等。

六角形网格结构存在一定程度的弯曲,形成空间拓扑结构,其中形成了同时具有 sp^2 和 sp^3 混合杂化状态的杂化键,即形成的化学键同时具有 sp^2 和 sp^3 混合杂化状态。碳纳米管上碳原子的 p 电子形成大范围的离域 π 键,由于共轭效应显著,使得碳纳米管具有一些特殊的电学性质。

碳纳米管也具有手性。其手性指数 (n,m) 与其螺旋度和电学性能等有直接关系。

(5,5) Armchair

(6,6) Armchair

(9,0) Zigzag

(13,0) Zigzag

习题 15-6 蒽有多少个一取代的衍生物？画出其结构式，并命名这些化合物。

习题 15-7 萘的共振能为 252 kJ·mol⁻¹，不是苯的共振能（151 kJ·mol⁻¹）的二倍。解释其原因。

习题 15-8 画出并四苯所有可能的共振极限式，并仔细观测具有最多完整苯环的共振极限式有多少个？

习题 15-9 科学研究表明，宇宙中超过 20% 的碳与稠环芳烃有关，它也可能是生命体形成的起始物。稠环芳烃可能在大爆炸后不久就形成了，并广泛地存在于宇宙中。菲主要存在于煤焦油中，但现在证明也存在于宇宙中。画出菲的 Lewis 结构式，以及所有的共振式。

15.5 芳烃的物理性质

芳烃通常为非极性，不溶于水，但溶于有机溶剂，如乙醚、四氯化碳、石油醚等非极性溶剂。一般芳烃均比水轻；沸点随相对分子质量升高而升高；熔点除与相对分子质量有关外，还与其结构有关，通常对位异构体由于分子对称，熔点较高。表 15-1 列出了部分芳烃的物理常数。

表 15-1　一些常见的芳香化合物的物理性质

化合物	熔点/℃	沸点/℃	相对密度 d_{20}^4	化合物	熔点/℃	沸点/℃	相对密度 d_{20}^4
苯	5.5	80	0.87	异丙苯	−96	152	0.864
甲苯	−95	111	0.866	联苯	70	255	1.041
邻二甲苯	−25	144	0.881	二苯甲烷	26	263	$1.3421(d_{10})$
间二甲苯	−48	139	0.864	三苯甲烷	93	360	$1.014(d_{90})$
对二甲苯	13	138	0.861	萘	80	218	1.162
六甲基苯	165	264		四氢合萘	−30	208	0.971
乙苯	−95	136	0.8669	蒽	217	354	1.147
正丙苯	−99	159	0.8621	菲	101	340	$1.179(d_{25})$

15.6 芳 香 性

1930年，E. Hückel 提出了一种 σ/π 分离理论，来解释烯烃的碳碳双键无法自由旋转。1931年，他通过价键理论和分子轨道理论系统地描述了苯和其他环状共轭烯烃。但是他的理论在二十年内都没有得到广泛承认。判断平面环状烯烃是否具有芳香性的休克尔 $4n+2$ 规则尽管十分有名，却是由 W. von E. Doering 在 1951 年提出的。1936年，Hückel 还发展了 π 共轭双自由基（非凯库勒分子）的理论。

"芳香"一词最早是用于形容一些化合物所特有的气味的，后来随着对这些化合物的化学反应性质的深入研究，发现这些具有高度不饱和度的环系化合物基本上都具有特殊的稳定性，不能进行通常不饱和化合物所特有的加成反应，也很难被氧化等等，此后将这些特殊的性质定义为芳香性。因此从本质上而言，芳香性（aromaticity）与化学反应的特殊性质紧密相关，其概念非常明确。但是，如何从理论上定义芳香性还是很难的。在有机化学中，很少会有一个概念会像芳香性一样有如此高的引用频率，也很少有类似的概念能引起如此多的争议。随着有机化学的发展，科学家们发现，不仅仅只有苯环具有芳香性，稠环芳烃、不同大小的杂环、反应中间体、中性化合物、离子，甚至无机化合物都可能具有芳香性。但是，不可能再采用通过研究每一个化合物是否可以进行取代而不是加成反应来证明它是否具有芳香性了，应该有一套明确的理论体系来定义芳香性。

在准确判断一个化合物是否具有芳香性前，应该先清楚芳香性、反芳香性（antiaromaticity）以及无芳香性（nonaromaticity）等基本概念。在研究一个化合物是否具有芳香性时，此化合物首先应该具有以下三个特点：

（1）应该含有共轭双键的环系结构（后续提到的 Y-芳香性除外）。

（2）在环上的每一个原子均有未杂化的 p 轨道（通常这些原子为 sp^2 或 sp 杂化）。

（3）这些未杂化的 p 轨道必须形成一个连续的、重叠的、平行轨道的环系。在多数情况下，其结构应该为平面的。

因此，可以依据以上特点和化合物的自身结构对芳香性、反芳香性和无芳香性进行定义：

芳香性：具有以上三个特点的同时，π 电子可以在整个环状体系中离域，并使得体系的电子能大幅度降低，化合物明显变得比其非环系、开链的共轭烯烃更加稳定。典型代表分子为苯。

反芳香性：具有以上三个特点的同时，π 电子在这个环状体系中离域，但是体系的电子能大幅度抬升，其结果使得此类化合物的稳定性比非环状、开链多烯的要差得多。反芳香性的典型代表分子：环丁二烯（cyclobuta-1,3-diene），它是含有 4 个 π 电子的平面分子。

无芳香性：一个环状多烯化合物不具有一个连续共轭、重叠的环状 p 轨道，其结果是此类化合物的稳定性与开链多烯相近。无芳香性的典型代表分子：环辛四烯[(1Z,3Z,5Z,7Z)-cycloocta-1,3,5,7-tetraene]，它是有 8 个 π 电子的非平面分子。它不是反芳香性的，因为其中的碳原子不在同一平面内，π 电子不能离域。

苯   环丁二烯   环辛四烯

1925 年,J. W. Armit 和 R. Robinson 认为苯环的芳香性归结于其离域的环电流,但是对于非苯环体系是否具有如此环电流很难判断。随着核磁共振技术的发展,很容易通过核磁共振图谱来判断一个化合物是否具有离域的环电流。因此,芳香性也可以定义为保持这种环电流存在的能力。随着理论化学的发展,芳香性也可以通过分子轨道理论来描述。分子轨道理论认为,那些具有特殊稳定性、π分子轨道又被 p 电子所占据的环状化合物均具有芳香性。1931 年,E. Hückel 认为苯是一个单双键更迭的闭环体系,并提出了判断芳香性的一个基本规则,现在称之为Hückel 规则。

15.6.1   Hückel 规则

轮烯的化学通式可以表示为 C_nH_n(当 n 为偶数时)或 C_nH_{n+1}(当 n 为奇数时)。轮烯的系统命名方式是以轮烯作为母体名,把环内碳原子总数(也就是环的大小)用带方括号的阿拉伯数字标志在母体名称前。如环丁二烯中有四个碳原子,则中文系统名为[4]-轮烯。

芘

蔻

Hückel 规则是判断轮烯(annulene)以及类似化合物是否具有芳香性或反芳香性的捷径。Hückel 规则是一种经验规则,因此在使用它时,必须先确定所判断的化合物是否达到了判别芳香性或反芳香性的基本标准。这个基本标准是,一个环状化合物必须具有一个 p 轨道连续重叠的环系,且这个环系是平面的。一旦这个基本要求能达到,那么就可以利用 Hückel 规则进行判断:如果这个闭合环状平面型共轭多烯(轮烯)的 π 电子数为 $4n+2$,该环系就具有芳香性;如果电子数为 $4n$,则为反芳香性(n 为 0、1、2、3)。

因此,对于简单有机轮烯分子而言,判断芳香性的基本标准如下:

(1) 符合 Hückel 规则,离域的 p 轨道电子云中有 $4n+2$ 个电子。

(2) 碳环骨架在同一平面内。

(3) 环上每一个原子都有 p 轨道,或孤对电子都参与电子云的离域。

但是,随着有机化学的发展,越来越多的有机分子被合成,进一步证明了Hückel 规则并不适用于许多含三个以上环的稠环芳烃体系。例如,芘看上去含有16 个 π 电子(8 个键),蔻含有 24 个 π 电子(12 个键)。尽管这些稠环化合物不符合 $4n+2$ 规则,但它们都具有芳香性。因此,需要对芳香性以及关于芳香性的新的发展进行详细的分析。

15.6.2   轮烯的芳香性、反芳香性以及无芳香性

具有完全共轭的单环多烯为轮烯。环丁二烯、苯和环辛四烯是最简单的三个轮烯化合物,虽然都为闭环的共轭体系,但是它们的化学性质差别很大。苯具有芳香性在这里就无需再讨论。

1. 环丁二烯(或[4]-轮烯)

环丁二烯是最简单的轮烯。直到 1965 年,R. Pettit 及其同事终于首次合成了

二酯基取代的杜瓦苯很容易在加热下转换成邻苯二甲酸酯。

环丁二烯。但是他们并没有得到纯净的环丁二烯,而是首先合成了环丁二烯三羰基铁的配合物,并发现该配合物在适当的条件下可以释放出环丁二烯。但是游离的环丁二烯十分活泼,可以立刻二聚,也可以与丁炔二酸二甲酯反应生成二酯基取代的杜瓦苯:

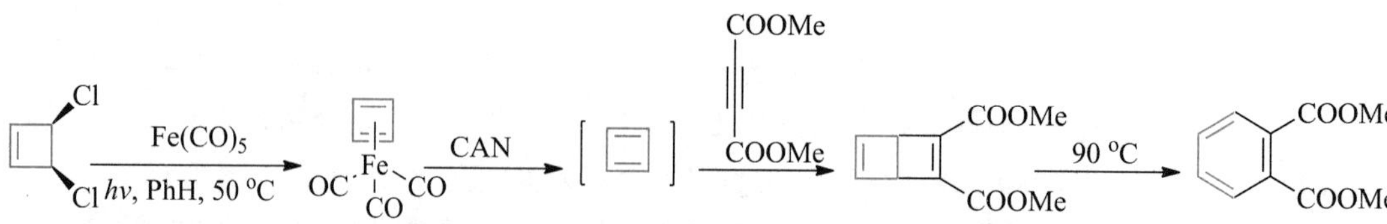

实际上,深入的研究表明,环丁二烯的 π 电子具有部分定域性质,因此环丁二烯也不完全是反芳香性的。它的非正方形结构可能归结于 Jahn-Teller 效应。

这些实验结果说明,环丁二烯比开链的 1,3-丁二烯活泼得多。环丁二烯的寿命为 5 秒钟,极不稳定。环丁二烯有 4 个 π 电子,按 Hückel 规则符合 $4n$ 的反芳香性要求,此外,环丁二烯的 π 电子总能量要高于 1,3-丁二烯,因此它被认为具有反芳香性。红外光谱数据表明,环丁二烯并非为正方形结构,而是长方形的。

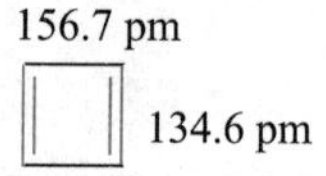

2. 环辛四烯(或[8]-轮烯)

由于对环辛四烯的合成以及对它的反应性质的深入研究,使得科学家对芳香性的理解得以进一步深入,因此环辛四烯在合成和理论研究方面具有很大的重要性。1905 年,著名的有机化学家 R. M. Willstätter 以当时非常稀有的石榴皮碱为原料,经过 13 步反应,合成了 1,3,5,7-环辛四烯。它与 1,3,5,7-辛四烯的反应活性非常类似,能发生典型的烯烃反应。它不但可以和亲双烯试剂反应,还可以发生分子中的周环反应,形成一个二环体系。环辛四烯可与其双环异构体存在以下平衡(在此平衡体系中,双环异构体的含量少于 0.05%,但它可以通过 Diels-Alder 反应被亲双烯体捕捉):

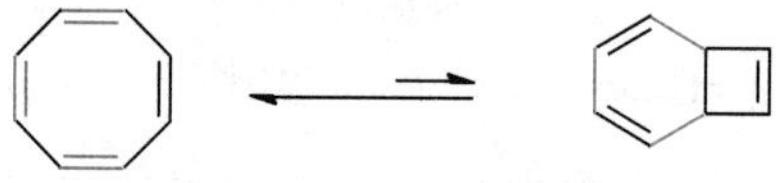

从 R. M. Willstätter 的合成路线可以看到,20 世纪初环辛四烯是很难合成的,对它性质的研究也很不充分。R. M. Willstätter 的合成方法当时被认为是有机合成中新颖的合成法之一。当时很多人曾质疑他的合成,认为 R. M. Willstätter 并未制出环辛四烯,而是制出了它的同分异构体苯乙烯。这使 R. M. Willstätter 感到十分苦恼。1947 年,C. Overberger 重复了 R. M. Willstätter 的合成路线,得到了环辛四烯,并证实了 R. M. Willstätter 的研究结果。

目前可以利用乙炔四聚反应十分简捷地合成环辛四烯。

1948 年,H. S. Kaufman 的 X 射线衍射结果表明,环辛四烯中的碳碳键存在两种不同的键长,碳碳双键的键长为 134 pm,碳碳单键的键长为 148 pm,环辛四烯最稳定的结构为澡盆型:

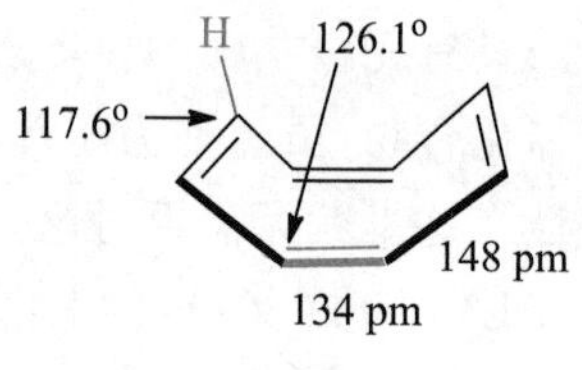

因此,环辛四烯为非平面结构,不符合 Hückel 规则中对芳香性和反芳香性的基本标准。环辛四烯虽然也是轮烯之一,但它不属于芳香烃,环辛四烯无芳香性。

理论计算表明,如果将环辛四烯浴盆型构象(D_{2d})的能量看做 0,那么理论计算得出其双键定域的平面结构(D_{4d})的能量为 44.35 $kJ \cdot mol^{-1}$,其双键电子离域的平面结构(D_{8d})的能量则为 61.50 $kJ \cdot mol^{-1}$(HF/6-31G* 结果)。因此,环辛四烯最稳定的构象是澡盆型。

3. [10]-轮烯

在十元环以下的环状体系中,碳碳双键通常是顺式的;但是随着环进一步变大,环内的双键可以反式的方式存在,这势必会增加大环多烯的异构体。如果简单地以 Hückel 规则判断,[10]-轮烯有 10 个 π 电子,符合 $4n+2$ 的要求,好像应该具有芳香性。但实验结果表明,[10]-轮烯的所有异构体中没有一个能形成平面的共轭体系,因此[10]-轮烯没有芳香性。以下为两种比较具有代表性的[10]-轮烯异构体——全顺式双键的[10]-轮烯和含有两个反式双键的[10]-轮烯:

[10]-轮烯的 C1 和 C6 位直接相连,就是萘,它就具有芳香性,这时没有这两个氢原子的空阻效应,使得分子变成了平面。

全顺式双键的[10]-轮烯是船式结构(类似于环辛四烯的立体结构),就无芳香性;而含有两个反式双键的[10]-轮烯看似平面结构,实际上由于 C1 和 C6 两个碳原子上的"内氢"的重叠,使碳原子不能共处在一个平面上,因此这个化合物很不稳定,没有芳香性。

4. [12]-轮烯以及其他更大环的[4n]-轮烯

[12]-轮烯非常不稳定,很容易环化。实际上,[12]-轮烯以及其他更大环的[4n]-轮烯与环辛四烯一样,并不具有反芳香性,因为它们的刚性减弱,很容易形成非平面体系。它们的反应性就与普通的共轭多烯一样。

科学家一直想合成并研究比苯更大的芳香体系,但长期以来,除环辛四烯外,在自然界或用合成的方法一直不能得到比环辛四烯具有更大环的共轭体系。1962 年,F. Sondheimer 首次利用 1,5-己二炔为原料在乙酸铜催化下三聚为环状多炔(Eglinton 反应),然后此多炔在 Lindlar 催化剂作用下还原为烯烃。此后,更大环的轮烯均被合成。

[12]-轮烯

[16]-轮烯

[20]-轮烯

5. [14]-轮烯以及其他更大环的[4n+2]-轮烯

正如以上所讨论的,[4n+2]-轮烯是否具有芳香性取决于其分子能否具有平面结构,以便其双键更容易离域,形成更大的共轭体系,获取更大的共轭能,使其分子变得更加稳定。[10]-轮烯由于环内两个氢的空阻导致其不能形成平面结构,因此无芳香性;而随着环增大,这些空阻会变得越来越小。[14]-和[18]-轮烯均具有芳香性:

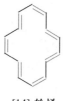
[14]-轮烯

[18]-轮烯

以[18]-轮烯为例,实验结果证明[18]-轮烯是一个稳定的晶体。X 射线衍射数据表明,[18]-轮烯具有一个对称中心,基本上是一个平面分子。[18]-轮烯分子中的碳碳键键长并不相等,因此不具有交替的双键、单键结构;两个氢在双键同一面的顺式键的键长(142 pm)和两个氢在双键两面的反式键的键长(138 pm)只相差约 4 pm,接近于等长。其共振能约为 155 kJ·mol^{-1},与苯的非常接近。此外,具有芳香性的化合物的一个重要特点是分子内存在环电流,存在环电流的化合物,其环外质子在低场有核磁共振吸收,环内质子在高场有核磁共振吸收(参见 5.10)。[18]-轮烯的核磁共振谱恰好符合此特征。

习题 15-10   1,2-二氘代-1,3-环丁二烯存在两个立体异构体。画出这两个异构体的结构式,并解释其不同的原因。

习题 15-11   通过文献查阅了解 R. Willstätter 合成环辛四烯的方法。有人曾质疑他的结果。在不考虑现代表征技术下,提出几种验证其产物为环辛四烯的方法。

习题 15-12   在 70℃和约 300 nm 光源照射下,环辛四烯气体几乎可以定量地异构为半瞬烯(semibullvalene)——三环[3.3.0.0^{2,8}]辛-3,6-二烯。写出其反应方程式。

习题 15-13   由于环辛四烯具有非平面结构且双键定域,因此取代的环辛四烯可能有两类异构体:环翻转异构体和双键易位异构体。画出单取代环辛四烯所有异构体的结构式。

习题 15-14   [10]-轮烯无芳香性。请考虑通过何种方法使得[10]-轮烯的衍生物具有芳香性。

15.6.3 周边共轭体系化合物的芳香性

在共轭轮烯的环内引入一个或若干个原子,使环内原子与若干个成环的碳原子以单键相连,这样的化合物称为周边共轭体系化合物。Hückel 规则同样可以适用于判断这些周边共轭体系化合物的芳香性。前面已经提到,有些轮烯分子由于分子内自身原子间的空阻效应使得其无法保持平面结构,从而成为了无芳香性分子。如[10]-轮烯,由于分子内氢原子之间的空阻效应,使得其无法成为一个平面的结构,因此[10]-轮烯没有芳香性,但它很容易发生电环化反应形成六元环并六元环的体系。至今为止,科学家们发展了一些类似[10]-轮烯结构的衍生物,研究如何使其具有芳香性。如 1,6-亚甲基[10]-轮烯(1,6-methano[10]-annulene)：

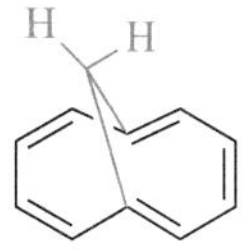

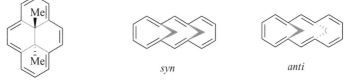

实验结果表明，这三个[14]-轮烯均具有芳香性，特别是左边的那个分子可以进行经典的芳香亲电取代反应。

X 射线衍射结果表明，在[10]-轮烯的 C1 和 C6 位采用亚甲基连接，避免了氢原子之间的空阻效应，使得此分子中的所有双键处在了一个平面内，这使得此分子具有了芳香性，分子中处于平面内的单双键键长均与萘基本一致。核磁共振谱也表明，此分子具有类似芳香分子的反磁性环电流。利用类似的方法，也可以得到更多具有[14]-轮烯骨架的芳香性化合物：

计算结果表明，[14]-轮烯的两个 *syn* 和 *anti* 衍生物均由于 π 电子的离域使其更稳定。

类似的方法同样适用于与菲骨架类似的芳香分子：

思考：计算结果表明，*syn* 要比 *anti* 分子更为稳定。为什么？

这些化合物由于中间碳桥的影响，使所有的碳碳双键处在了一个平面体系内，因此可以应用 4*n*+2 规则来判断此类化合物的芳香性。类似的例子还有很多，甚至还可以通过引入杂原子使得轮烯分子转变为一个平面的结构。

习题 15-15 判断以下化合物为芳香性、反芳香性或无芳香性，并说明理由。

习题 15-16 至今为止，科学家们还合成了[20]-轮烯、[22]-轮烯以及[24]-轮烯等化合物，请判断这些分子哪些具有芳香性？哪些无芳香性？

15.6.4 离子化合物的芳香性

对于轮烯的讨论均是基于由偶数个碳原子组成的单双键交替的环系。但是，环戊二烯负离子可以与过渡金属形成一类非常重要的化合物,在理论及结构上都具有很大的意义。最简单的就是二环戊二烯亚铁,也称二茂铁(ferrocene)。

它具有一个夹心面包的结构,环平面的间距为 340 pm,碳碳键键长为 154 pm,Fe—C 键的键长均相等。从电子结构来看,两个环都有 6 个 π 电子,符合 4n+2 规则,具有芳香性。两个环的 π 电子和中心铁原子结合,铁离子本身有 6 个电子,又共享两个环戊二烯负离子的 12 个 π 电子,形成一个惰性气体氪的电子结构。由于铁和环戊二烯环都具有闭壳结构,因此二茂铁非常稳定,具有芳香性。它可以发生磺化、烷基化、酰基化等亲电取代反应。

对于有奇数个碳原子组成的轮烯环系而言,不可能出现单双键交替的情况,那么这些环系是否具有芳香性?是否可以利用 Hückel 规则来判断?通常情况下,有奇数个碳原子组成的轮烯环系很容易形成带电荷的共轭体系。Hückel 规则同样可以判断这些带电荷的共轭轮烯体系是否具有芳香性。下面将分别讨论这些带电荷的环系。

1. 环戊二烯负离子和正离子

环戊二烯是一个很活泼的化合物,表现出一切烯烃的性质,极易二聚,无芳香性。它的饱和碳上的氢具有酸性,$pK_a \approx 16$,酸性与水、醇相当。环戊二烯很容易和苯基锂反应,很容易形成锂盐:

$$\text{环戊二烯} \xrightarrow{n\text{-BuLi}} \text{环戊二烯负离子}$$

由于环戊二烯负离子(cyclopentadienyl anion)中有 6 个 π 电子,按 Hückel 规则判断环戊二烯负离子应具有芳香性,这也就说明了为何环戊二烯中 α 位氢原子的酸性明显要比普通共轭烯烃的强得多。环戊二烯负离子具有芳香性,因此它比其他碳负离子要稳定得多,是环状负离子体系中最稳定的一个。核磁共振谱显示,环戊二烯负离子只有一个单峰,化学位移 $\delta = 5.84$ ppm,这说明负离子具有很好的对称性,五个氢原子等同,环外氢向低场移动,证明了这个负离子具有芳香性。但是需要清楚的是,当讨论到环戊二烯负离子具有芳香性时,并不是说它可能与苯一样稳定。作为负离子,它可以与亲电试剂迅速发生反应。

环戊二烯正离子(cyclopenta-2,4-dien-1-ylium)则有 4 个 π 电子,按 Hückel 规则判断它应该是反芳香性的,那么它应该是很难形成的。实验结果表明,2,4-环戊二烯-1-醇在酸性条件下不会失水生成正离子:

$$\text{环戊二烯-1-醇} \xrightarrow{H_2SO_4} \text{质子化} \xrightarrow{-H_2O}\!\!\!\!/\!\!\!\! \text{ 正离子}$$

很少能有碳正离子在水相中稳定存在。

这也进一步说明了此正离子的不稳定性。

对比这两个离子的稳定性以及芳香性时,不能简单地利用共振式来判断。这两个离子均有五个共振式,负电荷和正电荷均可以分别在五个碳原子上:

因此,在这些环状体系的芳香性和稳定性的判断上,共振式显得有些束手无策。具有分子轨道理论的 Hückel 规则则可以比较好地判断这些轮烯类化合物是否具有芳香性以及是否稳定。

2. 环庚三烯负离子和正离子

与环戊二烯一样,环庚三烯同样可以形成正离子与负离子。环庚三烯正离子(cyclohepta-2,4,6-trien-1-ylium)具有 6 个 π 电子,具有闭壳结构,按照 Hückel 规则可以认为其具有芳香性;而环庚三烯负离子(cyclohepta-2,4,6-trien-1-ide)有 8 个 π 电子,具有双自由基结构,是不稳定的,如果其结构为平面的,则是反芳香性的。

将 2,4,6-环庚三烯-1-醇在 0.01 mol·L^{-1} 的稀硫酸水溶液中处理,就会形成环庚三烯正离子:

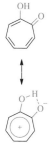

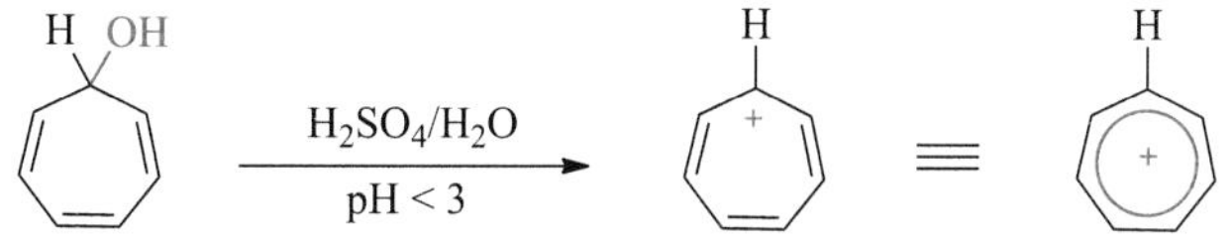

另一个重要化合物叫做䓬酚酮,它具有下列结构:

该化合物在化学性能上,有许多和苯酚相似之处,也可以发生多种亲电取代反应,如溴化、羟甲基化等,取代基团主要进入 3、5、7 位。

此正离子也称为䓬正离子(tropylium ion)。经各种物理方法证明,此正离子是对称的,其反应性比一般碳正离子要差得多。有些环庚三烯正离子的衍生物可以分离提纯,数月内不会分解。

环庚三烯正离子具有芳香性,很容易形成;相反,环庚三烯负离子则由于其为反芳香性,非常活泼,就很难形成。环庚三烯的酸性($pK_a = 43$)只比丙烯略强一些。

3. 环丙烯正离子和负离子

根据以上推断,环丙烯也可以通过形成稳定的正离子获得芳香性。环丙烯正离子(cycloprop-2-en-1-ylium)是最小的具有芳香性的环系,已为实验所证实。现在已经合成了很多环丙烯正离子类型的化合物:

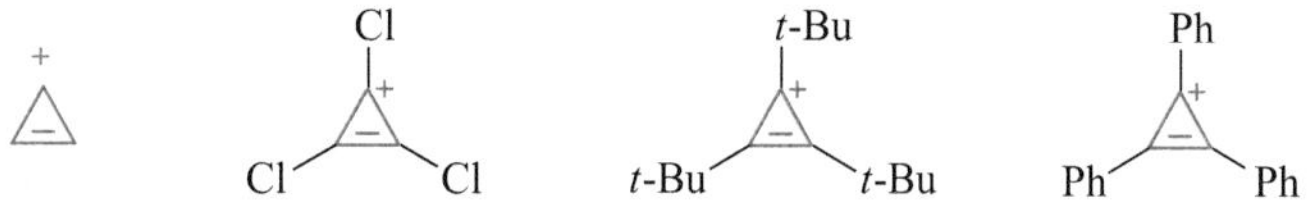

1,2,3-三叔丁基环丙烯正离子高氯酸盐可以在水中重结晶。三苯环丙烯正离子是一个对称的分子,三元环的碳碳键是等长的,具有一定的稳定性。

由此也可以推断,和环丙烯正离子相反,环丙烯负离子及自由基都是不稳定的。环丙烯负离子(cycloprop-2-en-1-ide)为反芳香性的。

4. 其他离子化合物

在金属钾的作用下,环辛四烯可转变成二价负离子,分子的形状也由澡盆型转变成平面型,体系的电子数变为 10,符合 Hückel 规则,变成了芳香体系。

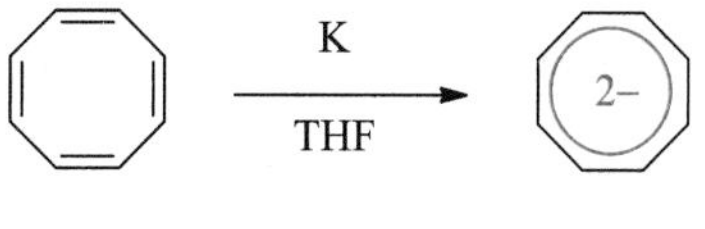

思考：推测一下[16]-轮烯双负离子和双正离子的构型。

环丁烯可以通过形成双正离子转化为芳香体系。一些无芳香性的轮烯也可以通过类似的方式转化为芳香体系。如[16]-轮烯也可以通过形成双负离子或双正离子成为芳香体系；[12]-轮烯被还原为双负离子，也成为了芳香体系。

习题 15-17 对比以下离子的稳定性，并说明你的理由：

(i) 　(ii) 　(iii)

习题 15-18 判断以下化合物或离子为芳香性、反芳香性或无芳香性：

习题 15-19 解释为何环丙烯酮和环庚三烯酮非常稳定；而环戊二烯酮却不太稳定，很容易发生 Diels-Alder 反应。

习题 15-20 实验结果表明，室温下以下两个化合物在 2,2,2-三氟乙醇溶液中会发生溶剂解，其中化合物 **A** 的溶剂解速率是 **B** 的 10^4 倍。

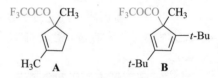

完成其溶剂解的反应式，并解释其速率相差巨大的原因。

Hückel 规则要求环状化合物中所有碳原子的 p 电子能够连续重叠。

3-二环[3.1.0]环己基正离子：

这种效应可以归结于空间因素。

同芳香性体系中跳跃一次插入基团称为单同芳，依次有两个或三个的同共轭的称为双同芳或三同芳。一般，同共轭次数越多，中间插入的饱和碳原子（或其他基团）越多，同共轭的效果就越差，最终降低到不能形成同芳香体系。

15.6.5　同芳香性

在对芳香性研究的过程中，有机化学家们发现，有些环状化合物虽然其共轭体系被一个 sp³ 杂化的碳原子打断，但是仍然具有很高的热力学稳定性以及与芳香性相关的谱学特征、磁性和化学性质。此现象说明，这种 π 共轭体系的正常中断显然通过 p 轨道重叠的方式使得 π 电子的环电流得以延续，从而使得此类体系保持了很高的稳定性和与芳香性类似的化学性质。

1959 年，S. Winstein 在研究 3-二环[3.1.0]环己基正离子时提出了同芳香性（homoaromaticity）的概念，并以此来解释此现象。此后，同芳香性得到了快速的发展。现在，同芳香性成为了芳香性的一种特例，主要描述结构中共轭体系被一个 sp³ 杂化的碳原子间隔后仍能体现芳香性的有机化合物。同芳香性必须基于同共轭（homoconjugation）效应。同共轭是指 p 轨道之间的交叠或共轭（或者是 π 电子的离域）可以"跨越"一个或几个饱和碳原子而产生。这种共轭方式不同于一般的 π 键和 σ 键，而介乎于这两者之间。因此，当体系由于不相邻的碳原子上 p 轨道部分重

叠且具有 $4n+2$ 电子的环状结构排列时,就会呈现出芳香特性,称为同芳香性。相反,当体系的电子数为 $4n$ 时,就会产生同反芳香性。以下为具有同芳香性的体系:

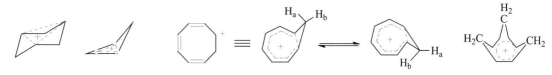

同芳香性的命名方式:

草离子:

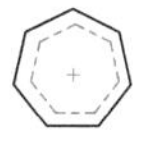

同草离子:

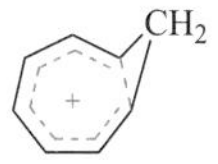

1,3-二同草离子:

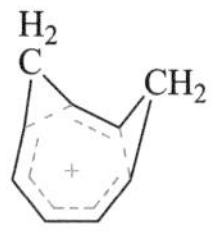

1995 年,R. F. Childs 等人提出了同芳香性的基本标准:

(1) 体系必须有一个或一个以上的同共轭作用。

(2) 同共轭的作用应当比较显著,对于有 σ 键的同芳香性应具有部分键级,对于空间作用而言,同芳香性则必须有明显的空间相关作用。

(3) 体系中电子的离域应当使化合物产生类似芳香性的特征,如键长平均化、π 轨道的有效重合、正电荷或负电荷的分散以及键级的变化等。

(4) 符合 $4n+2$ 规则。

(5) 由同芳香性产生的稳定化能应不小于 8.4 kJ·mol^{-1}。

(6) 具有类似于芳香化合物的磁学性质,如^{13}C NMR 谱中碳原子化学位移的平均化、抗磁环流,以及环内环外氢原子化学位移有明显的差别等。

目前,这些标准得到普遍的认可。随着同芳香性概念的发展和研究的深入,具有同芳香性的物种已经从最初研究的正离子体系逐渐推广到中性分子、负离子体系甚至到无机化合物体系,也就产生了相应的同反芳香性(homoantiaromaticity)以及同富勒烯芳香性(homofullerenes)等新概念。

下图就是具有同反芳香性的体系:

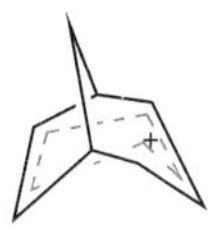

习题 15-21 判断以下反应能否进行,并说明理由。

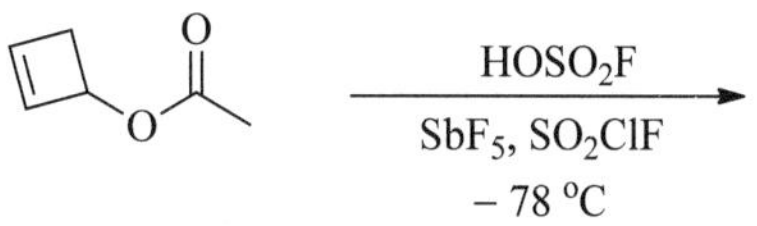

习题 15-22 判断以下具有类似结构的中性化合物哪些具有同芳香性,哪些具有同反芳香性,哪些无同芳香性。

15.6.6 多环(稠环)分子的芳香性

许多完全共轭的(多环)稠环分子通常是由轮烯(含苯环)以及相关环状结构并接而成的。Hückel 规则只能判断单环体系的芳香性,不适用于判断这类化合物的芳香性。下面分别对这些环系进行讨论。

1. 六元环并接的多环(稠环)分子

从前面的分析可以确定由苯环构筑的线性和角状稠环体系是否具有芳香性。线性并苯指的是由苯环完全通过对边稠合而成的一类稠环芳烃,如前面所提到的萘、蒽、并四苯、并五苯等等。这些化合物肯定具有芳香性。但是它们并不是每一个环都符合 $4n+2$ 个 π 电子的要求,不能利用 Hückel 规则按照判断轮烯是否具有芳香性的方式来判断。它们的反应活性随着苯环的增加变得更加活泼。以萘为例,萘有三个共振式:

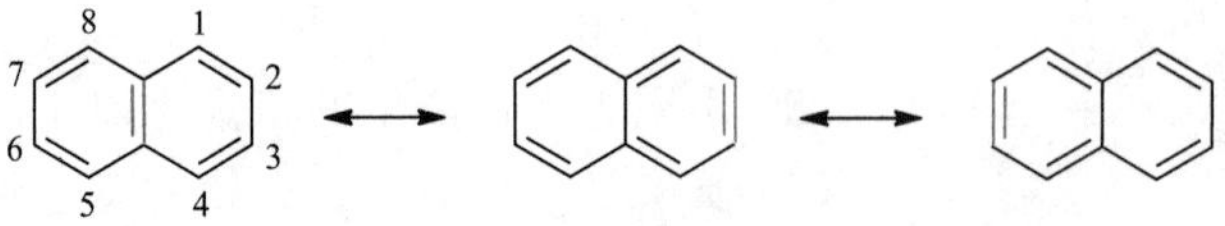

从以上共振式可以发现,1,2 位比 2,3 位具有更为明显的碳碳双键特性。分子轨道计算表明,它们的键级分别为 1.724 和 1.603(苯的为 1.667)。这也与这两根键的键长基本一致,也就说明了萘环的 C1 位要比 C2 位更容易进行亲电反应。蒽也具有类似的性质,它也是一个芳香环系。总的来说,对于线性的并苯体系而言,随着并接六元环个数的增加,其中心环的芳香性也在增加。

对于以苯环构筑的角状稠环化合物而言,其芳香性可以根据其每一个六元环是否具有芳香性来判断,如前文讨论过的菲、菧以及茋等。但是,有些体系则相对比较复杂,如三亚苯,它可以有很多种共振式,主要有以下几种:

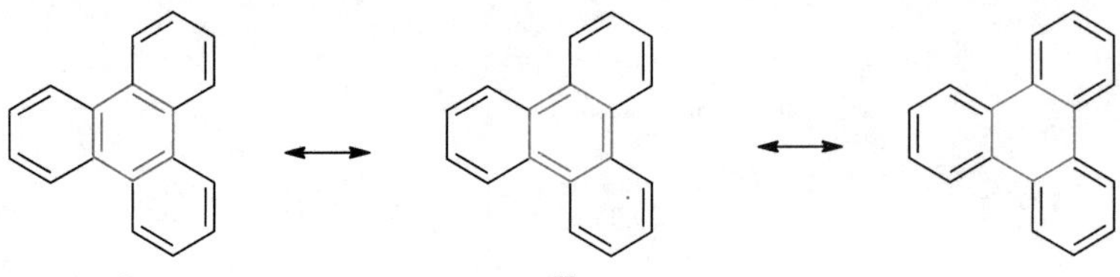

I ⟷ II ⟷

在 I 中,外围的苯环以单键方式相连,以这种方式相连的可以有 8 个共振式;在 II 中,外围的苯环以双键方式相连,只有一个共振式。因此,与其他稠环芳烃不一样的是,三亚苯的化学性质基本上类似于苯,中间的那个苯环类似于"不存在"。

因此,这些以六元环并接的全共轭多环(稠环)分子通常都为芳香化合物。

2. 六元环并接其他环系的多环(稠环)分子

苯环也可以与非六元环体系稠合成多环分子。如与反芳香性的环丁二烯体系稠合:

(旁注)

这种在稠环芳烃体系中常见的键的非等价化称为部分键固定化(partial bond fixation)。因此,苯可以用圆圈代表 π 电子的离域,而萘环中不可以用两个圆圈来代表,会被误解为 12 个 π 电子,实际上萘只有 10 个。

其 HOMO 和 LUMO 之间的能隙随着并接的六元环个数增多而减少。

在 II 中,18 个 p 电子形成了一个类似于轮烯的共轭的大环体系。而在 I 中,外围的三个苯环均成为 6π 体系,不需要与另一个苯环分享电子。

三亚苯不溶于浓硫酸,反应活性很低。

理论计算和实验研究结果表明,苯并环丁二烯分子具有多烯化合物的基本性质。环丁烯与苯环并接后大大削弱了苯并环的芳香性,使得此化合物为非芳香化合物。为了进一步研究此类化合物,科学家们合成了更多苯环并接在环丁二烯环上的衍生物:

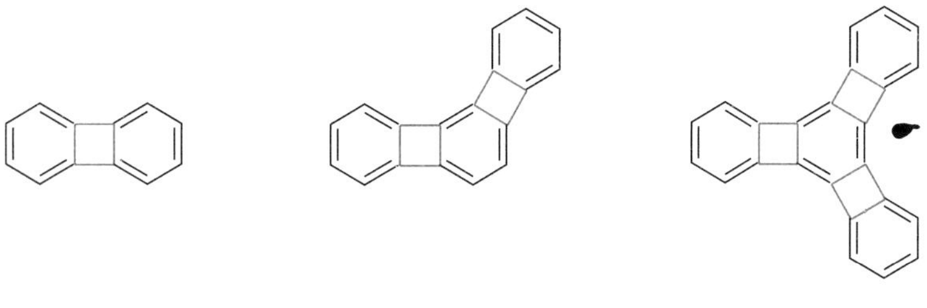

在以上体系中,更多苯环的稠合可以调整环丁二烯的反芳香性,在共振式中尽量减少四元环中环内双键的共振结构,以提高整个环系的稳定性,其结果使得中间的苯环体系类似于环己三烯,其三个双键仅有很小的相互作用,而不是 π 电子完全离域的方式。

苯环还可以与无芳香性的环系进行稠合,如茚(indene)是由一个苯环和环戊二烯并合而成的分子,因此也可称为苯并环戊二烯。茚分子中环戊二烯单元基本上体现了环戊二烯的化学性质,如在空气中放置就会变黑;其双键在 Lewis 酸和质子酸的作用下,可以聚合;也可以被加成;而活泼亚甲基,也可以发生各种反应。在碱性条件下,亚甲基中的氢可以被碱攫取而形成稳定的负离子——环戊二烯负离子,形成了更大的芳香体系。

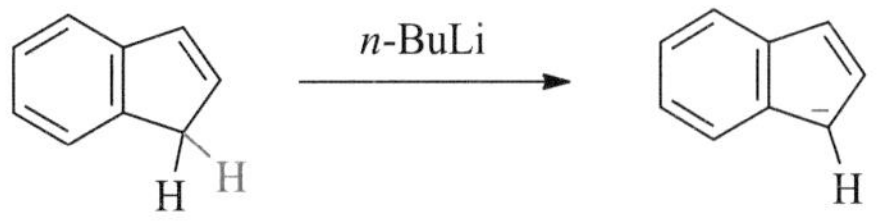

茚是煤焦油的产物,沸点 182℃。主要用于生产古马隆——茚树脂(coumatone resin)。

茚负离子有 10 个 π 电子,其中一个双键为两个环共有,因此每个环都有 6 个 π 电子,符合 4n+2 规则,两个环系均具有芳香性。

在茚分子的基础上继续并接,可以分别得到芴和三聚茚:

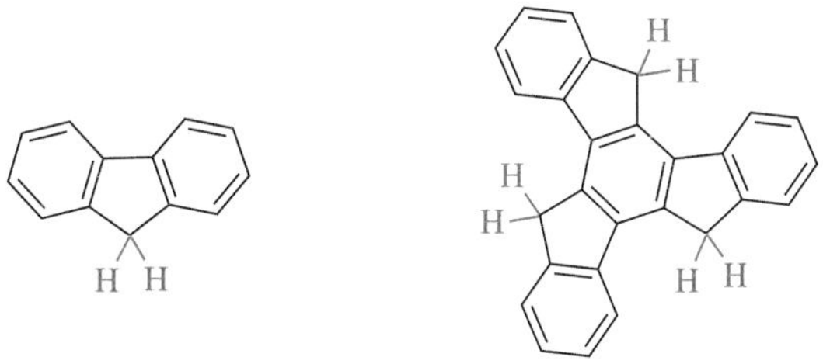

这两个分子中的亚甲基上氢原子也具有很强的酸性,很容易形成具有芳香性的环戊二烯负离子。

3. 分子内没有六元环的多环体系

对于非六元环稠合的多环体系而言,薁(azulene)是其中的一个代表分子。研究结果表明,它具有类似芳香化合物的稳定性。它是由一个七元环的环庚三烯和五元环的环戊二烯并合而成的。如果不考虑桥键,它有 10 个 π 电子,与轮烯一样,

薁为青蓝色的片状物质,熔点 90℃。

符合 $4n+2$ 规则,且分子为平面的,因此可以预料它是芳香性的。分子轨道计算表明,此分子具有 C_{2v} 对称,π 电子可以完全离域。它是少数非苯环稠合体系而仍具有芳香性的代表分子之一。实际上,此分子为一类双极性分子,具有 3.335×10^{-30} C·m 的偶极矩,七元环有把电子给五元环的趋势,这使得七元环带有一个正电荷,而五元环带一个负电荷,每一个环都有一个 $4n+2$ 的 π 电子体系。薁的核磁共振数据表明,它具有五元芳环和七元芳环的特征。因此在基态时,可用下式表达其结构:

并环戊二烯一经制备,马上会二聚;并环庚三烯也很容易聚合,并对氧气非常敏感。

与薁成鲜明对比的是并环戊二烯(pentalene)和并环庚三烯(heptalene),这两个分子的化学性质非常活泼,远没有类似的多烯分子稳定:

习题 15-23 环辛四烯为无芳香性化合物,它很容易与酸反应生成一个正离子。判断此正离子是否稳定,并解释你的理由。

习题 15-24 判断以下化合物是否具有芳香性:

习题 15-25 并环戊二烯非常不稳定,很容易二聚,完成其二聚的反应式。

习题 15-26 并环庚三烯的共轭酸非常稳定,画出并环庚三烯共轭酸的最稳定共振式,并解释其稳定的原因。

15.6.7 富瓦烯类化合物的芳香性

在有些体系中,分子的稳定性来源于其环外碳碳双键。在这些体系中,在环外的碳碳双键与环内双键交叉共轭:

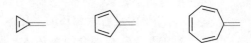

尽管这些环外双键看上去可以转化为双极性的形式,从而形成环丙烯正离子、环戊二烯负离子以及环庚三烯正离子等具有芳香性的骨架,但是研究表明,这些分子的

这两个例子表明，不能为了凑成芳香体系，随意将碳碳双键写成一端为正、另一端为负的双极性体系。

结构中具有明显的单双键交替的特性，基本上不具备芳香性，类似于多烯。不过，由于亚甲基环戊二烯具有较强的双极化性，因此在某些条件下，如果环外有稳定的正离子取代基时，可以形成环戊二烯负离子：

这可以大大增加体系的稳定性。如多苯基取代的杯烯（calicene）就具有很大的偶极矩（$\mu = 6.3$ D）：

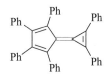

然而，一些烷基取代的杯烯分子的性质还是类似于多烯。

需要注意的是，这种双极性分子的稳定性取决于在电荷分离所需要获得的能量和 $4n+2$ 芳香体系所提供的稳定能之间的平衡。

习题 15-27 判断以下化合物是否具有芳香性：

   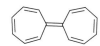

15.6.8 杂环的芳香性

在具有芳香性的环状分子中，可以将碳原子置换为杂原子形成新的杂环体系。这些分子的芳香性将在第 19 章中讨论。

15.6.9 球面芳香性

1966 年，W. E. Barth 和 R. G. Lawton 首次合成了一类碗状化合物，将其命名为 corannulene，中文名称为碗烯或心环烯。由一个环戊烷周围同时稠合五个苯环组成，它具有碗状的空间结构，可看做是 C_{60} 的一个片段：

Corannulene：core ＋ annulene，就是带有核心的轮烯，因此中文名称翻译为心环烯非常贴切。
在 -64℃时，碗状结构翻转的能垒是 42.84 kJ·mol^{-1}。

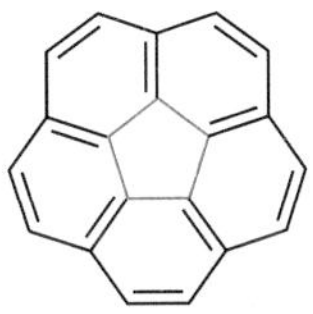

但是在解释其具有芳香性时遇到了困难。实际上，Hückel 规则只能用于解释那些具有平面结构的单环共轭体系，对于这种非平面分子的芳香性很难简单地利用 Hückel 规则来说明。W. E. Barth 和 R. G. Lawton 认为，碗烯的芳香性可以归结于碗烯中间的 6 电子的五元环和外围 14 电子的轮烯共同构筑了具有芳香性的两个共轭体系：

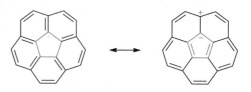

但是，从本质上而言，这种人为地将碗烯分成两个芳香体系的方法并不符合此分子的本质。在随后的二十年中，科学家一直为这种曲面分子的芳香性而争论。1985年，C_{60} 被合成分离后，H. W. Kroto 认为 C_{60} 是球芳香性分子。此后，科学家从富勒烯衍生物入手，开始从三维角度研究分子的芳香性。富勒烯中存在一个"分隔五边形规则"(isolated pentagon rule，IPR)。IPR 预言，所有五边形都被六边形分隔的富勒烯比由五边形直接连接的富勒烯更为稳定。这类分子所具有的芳香性称为球面芳香性(spherical aromaticity)。

富勒烯的分子轨道表明，每个碳原子有四个价电子，其中三个构成 σ 键，剩余一个形成离域 π 键。因此，可以近似认为十二面体对称的 C_{60} 的 π 键体系构成了一个球形电子气(spherical electron gas)。2000 年，A. Hirsch 提出了如何判定富勒烯芳香性的理论。他认为，当一个富勒烯分子含有 $2(n+1)^2$ 个 π 电子(n 为≥0 的整数)的时候，这个分子就具有芳香性。这个理论本质上基于原子轨道主量子数 n 的轨道共可容纳 $2n^2$ 个电子的基本概念。根据这个排布规则，π 电子数为 2、8、18 ……时，分子在外电子壳层全充满时就体现了芳香性。此规则推测 C_{20}^{2+}、C_{32}、C_{50} 以及 C_{60}^{10+} 具有芳香性。但是，按照此规则判定有着 60 个 π 电子的 C_{60}（足球烯）不具有芳香性，是否存在这种例外？

目前，发展了各种理论体系来分析球状分子的芳香性，可以总结如下：

(1) 富勒烯大多具有芳香性，但强弱相差很远，而且也有具有反芳香性的(如 C_{70}^{6-})。

(2) 电子数为 $2(n+1)^2$ 的富勒烯分子或离子具有很强的芳香性。

(3) 由于每一个富勒烯分子含有大量的同分异构体，它们的芳香性各不相同。

(4) C_{60} 的芳香性较弱。这是因为芳香性只是一种稳定因素，还存在其他因素使得 C_{60} 成为稳定的富勒烯分子。

15.6.10 Möbius 芳香性

莫比乌斯芳香性(Möbius aromaticity)的概念来源于拓扑学中的 Möbius 环，属于一类存在于有机分子中特殊的芳香性。1964 年，E. Heilbronner 利用 Hückel 的分子轨道理论证明了具有这种 Möbius 环的 π 体系在填充有 $4n$ 个电子时就会具有芳香性。他认为，大环[$4n$]-轮烯中的 p 轨道如果能以 Möbius 环的方式旋转，大环轮烯很可能变得很稳定。这是与 Hückel 规则完全相反的判断芳香性的一种理论。后来，将这种具有 Möbius 环的稳定的轮烯体系称为 Möbius 芳香性体系。二

Spherical aromaticity（球面芳香性）也称为 3D aromaticity（三维芳香性）。

欧拉公式证明，富勒烯单球分子有且仅有 12 个五边形，每增加一个六边形，增加 2 个顶点（碳原子），所以单球富勒烯系列的分子式通式可写成 C_{20+2n}，$n \in N$（$n \neq 1$）。

不遵守 IPR 的分子不稳定的原因是存在较大的角张力，而 C_{60} 是遵守 IPR 的小富勒烯分子。

A. Hirsch 的理论是由芳香性的富勒烯必须有二十面体的结构特征，且电子轨道必须填满的事实而推定的。这个事实当且仅当这个分子有 $2(n+1)^2$ 个 π 电子的时候才成立。

分子轨道计算表明，假设将石墨卷成富勒烯，每个碳原子约需要 $8.4 \text{ kJ} \cdot \text{mol}^{-1}$ 的能量。这就是富勒烯的芳香性与石墨的差别。

者的对比如下图所示:

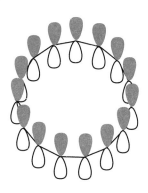 

1959 年,D. P. Craig 提出了一个 p 轨道和 d 轨道交互出现的模型:

E. Heilbronner 将此模型中的 d 轨道换成了 p 轨道。

有机反应的过渡态也存在 Möbius 芳香性体系。决定一个过渡态是 Möbius 体系还是 Hückel 体系的方法取决于 4n 或 4n+2 个电子的反应是允许还是禁阻的。

E. Heilbronner 还从理论上预测了一些环状共轭碳环化合物具有 Möbius 芳香性且非常稳定。1966 年,H. E. Zimmerman 运用 Möbius 芳香体系巧妙地解释了反 Hückel 环的环加成反应的动力学和立体化学,并将此理论称为 Hückel-Möbius 理论。1993 年,H. Jiao 和 P. von R. Schleyer 证明了符合 Möbius 拓扑学的过渡态确实具有芳香性。2003 年,第一个具有 Möbius 芳香性体系的化合物被合成了:

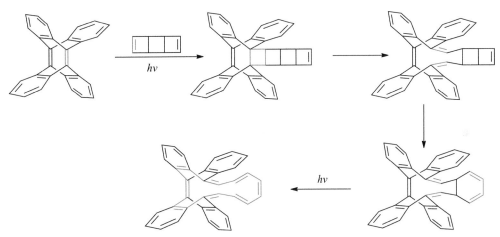

实际上,Möbius 芳香性从提出的那一天起,始终是一个争论的焦点,也值得继续探讨。

习题 15-28 判断以下化合物是否具有芳香性:

     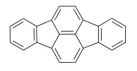

习题 15-29 通过网络检索,画出两个 Möbius 芳香性体系的结构式。

15.6.11 Y-芳香性

前面讨论的芳香性均是基于环状共轭体系而言的,那么非环状化合物是否具有芳香性呢? 1972 年,P. Gund 在研究胍正离子,三亚甲基甲烷的二价正、负离子时发现,这些离子具有非常特殊的稳定性,其化学性质与苯也有相似性,倾向于进行取代反应。这些化合物的结构简式如下:

胍的正离子比胍更为稳定。其特殊稳定性导致胍具有很强的碱性(相当于氢氧化钠,$pK_a=16$)。

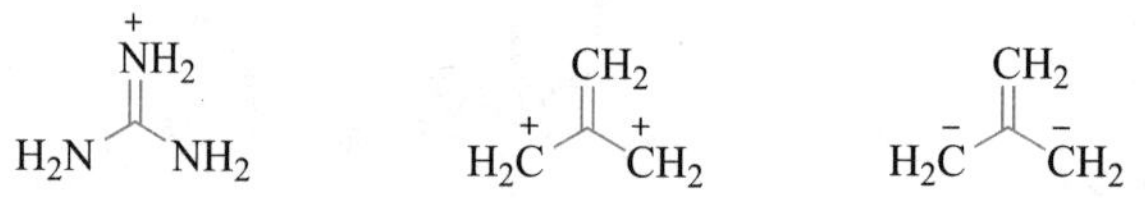

P. Gund 首次突破了芳香体系环状结构的界限,提出了 Y-芳香性的概念。在过去的 40 年中,关于 Y-芳香性的概念一直存在着较大的争议。其争论焦点主要涉及两个问题:

(1) Y 形离域能否导致其稳定性?

(2) 其稳定性能否被称为芳香性?

首先,胍是最强的有机碱,这说明胍质子化形成的正离子非常稳定,甚至在沸水中也能稳定存在。L. Pauling 在估算胍及其正离子的共振能时发现,它们的共振能比苯还大。P. Gund 利用 HMO 方法研究了胍、胍正离子以及三亚甲基甲烷,并计算了它们的离域能,对这些化合物的稳定性给予了理论上的解释。P. Gund 认为,胍正离子像苯一样,三个成键 π 轨道填充了 6 个 π 电子,形成了一个封闭的结构,正是此 Y 形封闭的电子构型以及 π 电子离域导致了胍正离子特殊的稳定性,这种 π 电子的离域不是通过周边而是通过中心实现的。

1973 年,J. Klein 和 A. Medlik 在研究丁基锂与异丁烯反应时发现,同时生成了甲基烯丙基负离子和三亚甲基甲烷双负离子:

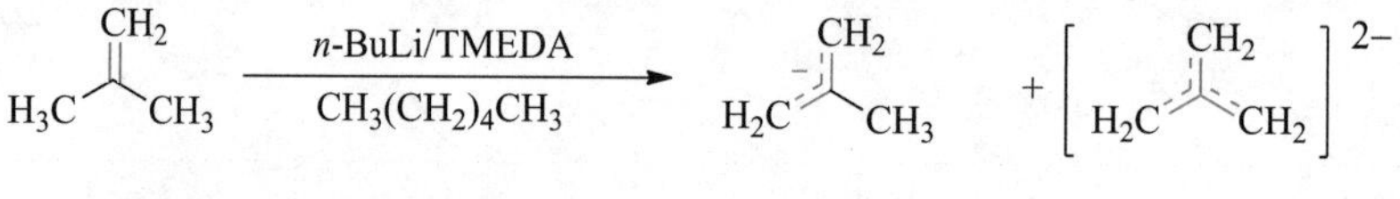

同时,实验结果表明异丁烯双锂化的过程比单锂化要快得多,证明了三亚甲基甲烷双负离子远比甲基烯丙基负离子稳定。理论计算表明,三亚甲基甲烷双负离子也具有 6π 封闭型电子构型,而分子中的三个亚甲基相距较远,其 p 电子不能发生直接交叠,这也就说明了 π 电子的离域是通过中心实现的。

1981 年,N. S. Mills 将 2-甲基-2-丁烯与 2 倍量的正丁基锂在室温下长时间反应,发现反应首先生成了线性的双负离子,接着再慢慢转化为热力学更为稳定的三亚甲基甲烷双负离子衍生物:

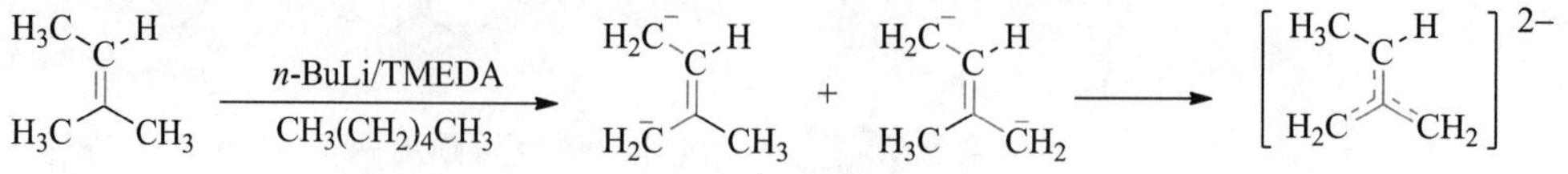

以上这些结果证明了 Y 形离域会使得分子更加稳定。而对于此类稳定性是否可以归结于芳香性的争论仍然会继续下去。但是有一个实验结果表明,在核磁共振谱的测定过程中这些化合物体现了与其他环状芳香体系类似的现象,理论计算也支持了此类 Y 形化合物具有芳香性的结论。

总的来说,芳香性在科学界始终是一个争论的话题。但是,对于芳香性的理解也在逐步深入。以下列举了自 Hückel 规则提出以来芳香性的发展过程:

1938 年	Evans,Warhurst	提出芳香过渡态
1945 年	Calvin,Wilson	提出金属化合物的芳香性
1959 年	Winstein	同芳香性概念的提出
1964 年	Heilbronner	预言了 Möbius 体系的芳香性
1965 年	Breslow	反芳香性的发现
1970 年	Osawa	"超芳香性"对于 C_{60} 体系芳香性的预言
1972 年	Baird	三线态的芳香性
1978 年	Aihara	三维芳香性
1979 年	Dewar	σ 芳香性
1979 年	Schleyer	提出双芳香性以及平面内(in-plane)芳香性
1982 年	Jemmis,Schleyer	建立 $4n+2$ 间隙电子规则(interstitial electron rule)
1985 年	Shaik,Hiberty	发现苯中 π 电子的键长交替效应
1985 年	Kroto,Heath,O'Brien,Curl,Smalley	C_{60} 的发现
1991 年	Iijima	碳纳米管的发现
1998 年	Schleyer	类环轮烯(trannulenes)
2005 年	Schleyer,Tsipis	d 轨道的芳香性

P. von R. Schleyer 提出 diamagnetic susceptibility exaltation(抗磁系数上升)作为唯一可量化的芳香性的标准。1996 年,P. von R. Schleyer 又提出将 NICS(nucleus-independent chemical shifts,与核无关的化学位移)作为芳香性的标准。关于 NICS 的讨论也正在不断深入中,仍然有一些问题有待解决。

到目前为止,对于"什么是芳香性"的科学问题仍没有一个完美的回答。目前对于芳香性的定义可以分为四个方面:

(1)从分子的几何形状角度考虑:传统的芳香性总是与键长的平均化以及分子的平面结构联系在一起,然而在许多新发现的芳香化合物中芳香性对于平面扭曲的容忍度似乎相当大。而且,键长趋于平均化并非芳香化合物特有的性质,新研究表明,在许多非芳香性分子中碳碳键键长几乎相等,而在芳香化合物中键长变化的范围有时反而会很大。

(2)从能量上考虑:芳香体系的化合物具有额外的由电子离域产生的稳定化作用。但参比物质的选取是一个非常难以解决的问题,要想排除普通共轭产生的稳定化作用以及分子几何构型上的差别产生的能量差异对计算结果的影响是十分困难的。

(3)从化学性质角度考虑:这是原始也是直观的表现形式,但是化学反应需要涉及许多动力学性质,即与分子的非基态有关,则情况变得更为复杂。而且新合成的或理论上推出的许多芳香化合物,很多都不能进行经典的芳香族化合物的反应,许多甚至化学性质非常不稳定。

（4）从分子的磁学形式上考虑：这也是现在应用比较普遍、被认为有前景的一个方法。传统芳香化合物由于 π 电子的环形离域会产生抗磁环流，并且可以很方便地从^{1}H 及^{13}C NMR 谱上得出结论。相似的抗磁环流也被证明存在于其他芳香化合物中。

芳香性是一个多维度（multidimensional）的概念，是具有极强生命力的、非常有用的概念。对于它的争论产生了更多的新化合物和体系、新的计算方法和新的理论。尽管芳香性目前还没有一个准确的定义，也许很长时间内都不会有一个统一的、完美的解决方案，然而在这个探索的过程中所产生的对于化学的新贡献恐怕才是芳香性的真正价值。

15.7 芳烃的基本化学反应

15.7.1 加成反应

芳烃一般很难发生加成反应，只有在某些特殊情况下，芳烃才能发生加成反应。当一个双键被加成后，形成的 1,3-环己二烯的体系更加活泼，因此很快会继续进行加成反应，从而使得三个双键同时发生加成反应，形成一个取代的环己烷体系。如苯和氯气在加热、加压或光照下反应，生成 1,2,3,4,5,6-六氯环己烷：

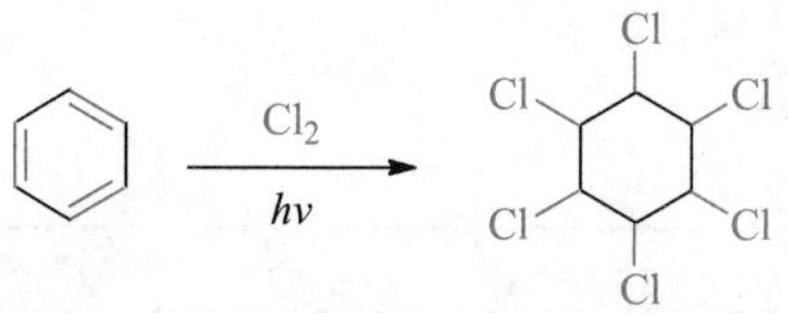

萘比苯容易发生加成反应。即使没有光照作用，萘和一分子氯气加成生成 1,4-二氯-1,4-二氢合萘，后者可继续加氯气得 1,2,3,4-四氯-1,2,3,4-四氢合萘，反应在这一步可以停止，因为四氯化后的分子剩下一个完整的苯环，须在催化剂或光照作用下才能进一步和氯气反应：

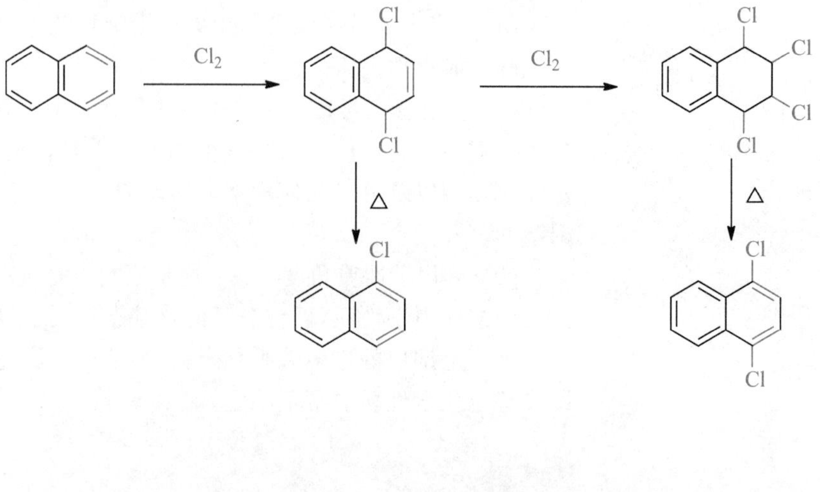

γ-六氯环己烷俗称 Lindane（林丹），是农药六氯环己烷（六六六）的一种异构体，也是该杀虫剂的有效成分。

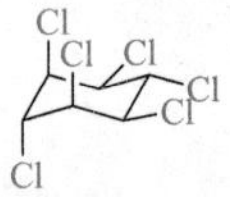

1825 年，英国科学家 M. Faraday 发现，苯和氯在日光照射下反应生成一种固体化合物。1912 年，荷兰化学家 T. van der Linden 认为首次分离得到了 γ-六氯环己烷。但直到 1935 年，才发现六六六具有杀虫活性。后续的研究表明，六六六的生物活性几乎完全是由其 γ-异构体的存在引起的。由于林丹是一种持久性有机污染物，并对人体具有一定的毒性，2009 年的《斯德哥尔摩公约》会议，明确禁止了林丹的生产和在农业上的应用。

此反应不能停留在中间烯烃的阶段。

1,4-二氯-1,4-二氢合萘和 1,2,3,4-四氯-1,2,3,4-四氢合萘加热后,可以失去氯化氢而分别得 1-氯代萘和 1,4-二氯代萘。

其他稠环化合物的环也比较活泼,如蒽和菲的 C9 和 C10 位化学活性较高,与卤素的加成反应优先在 C9 和 C10 位发生:

蒽经过 1,4-加成、菲经过 1,2-加成反应后形成了两个独立的苯环体系。

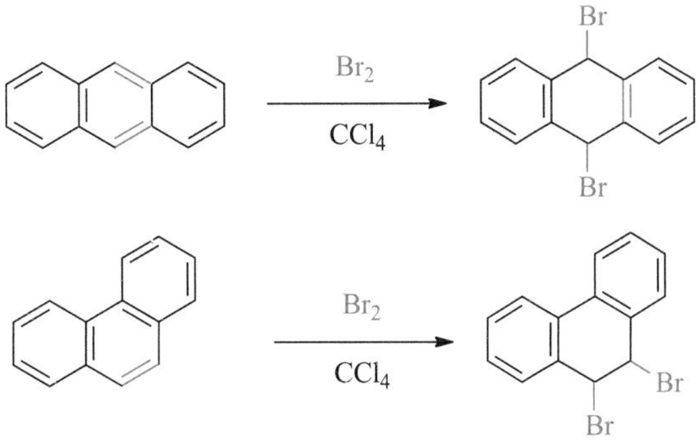

习题 15-30 苯和氯气在加热、加压或阳光下反应生成 1,2,3,4,5,6-六氯环己烷被认为属于自由基反应,画出此反应的转换机理。(提示:第一步反应首先破坏了苯环的芳香性,第二分子氯气的反应就会很快。)

习题 15-31 1,2,3,4,5,6-六氯环己烷一共有八个异构体,画出这八个异构体的立体构象,并指出哪一些异构体最稳定。

习题 15-32 在动物体内,γ-六氯环己烷首先转化为 1,2,4-三氯苯,接着生成三氯酚的各种异构体,并经与葡糖醛酸结合而排出体外。在昆虫体内,γ-六氯环己烷主要降解为五氯环己烯,再与谷胱甘肽形成加成产物。假定动物体内具有一定的碱性环境,画出 γ-六氯环己烷转化为 1,2,4-三氯苯的反应机理。

15.7.2 氧化反应

烯烃和炔烃在室温下可迅速地被高锰酸钾氧化,但苯即使在高温下与高锰酸钾、铬酸等强氧化剂同煮,也很难被氧化。只有在五氧化二钒的催化作用下,苯才能在高温下被氧化成顺丁烯二酸酐。

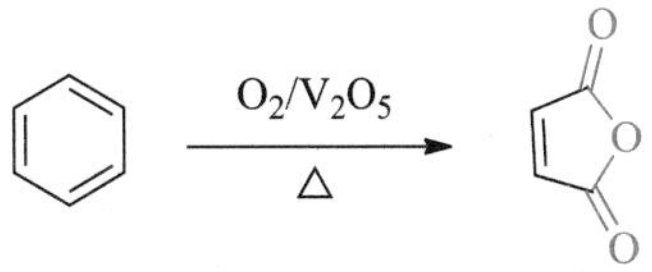

此反应体系可以与苯环很快发生反应,而不影响苯环上的各类烷基取代基。

利用 $RuCl_3$ 和 $NaIO_4$ 氧化体系,可以将烷基取代的苯环氧化成脂肪酸:

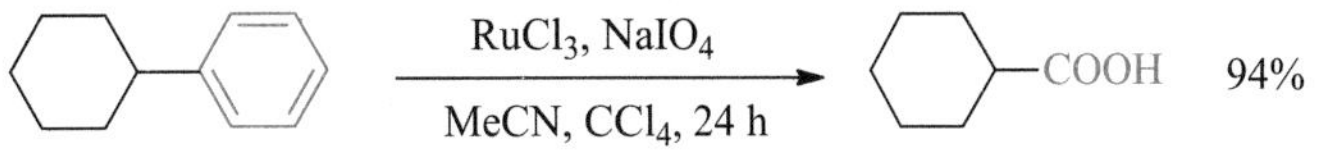

萘比苯容易被氧化,在室温用三氧化铬的醋酸溶液处理得 1,4-萘醌:

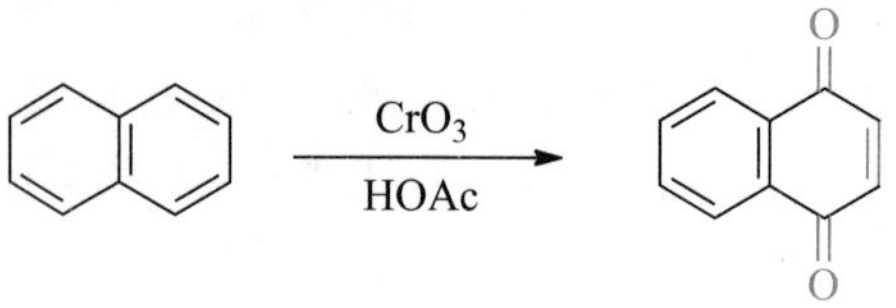

若在高温和五氧化二钒的催化下被空气氧化,转化为重要的有机化工原料邻苯二甲酸酐:

如果用双氧水处理,则可以得到邻苯二甲酸。

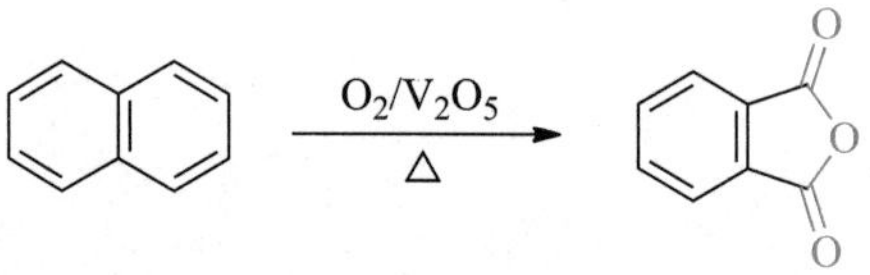

与苯环相比,萘环还可以与臭氧发生反应:

稠环芳烃的臭氧化开环,可以利用不同的后处理方式得到不同的产物。

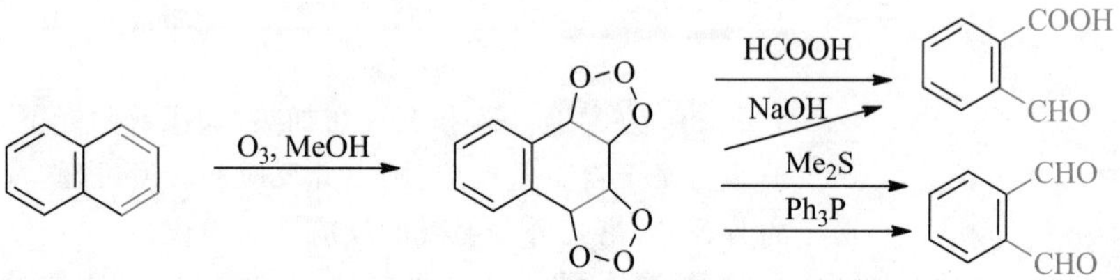

蒽和菲的氧化反应首先在 C9 和 C10 位发生。蒽用硝酸或三氧化铬的醋酸溶液或重铬酸钾的硫酸溶液氧化生成 9,10-蒽醌,9,10-蒽醌是合成蒽醌染料的重要中间体。菲用上述氧化剂氧化生成 9,10-菲醌。

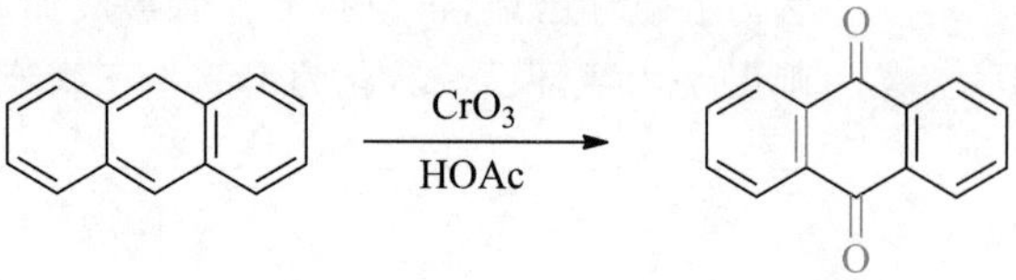

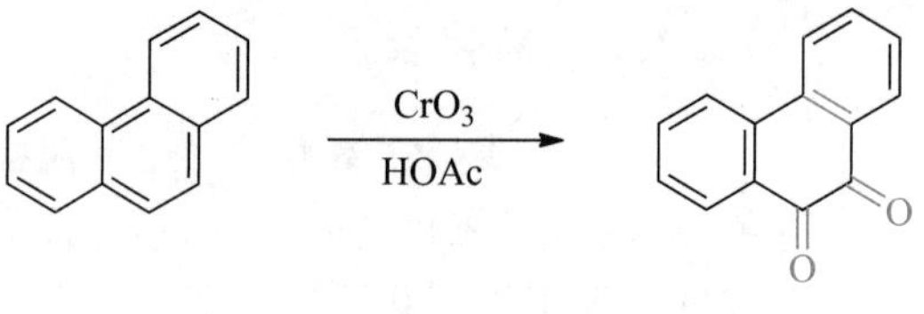

习题 15-33 完成下列反应式:

(i) 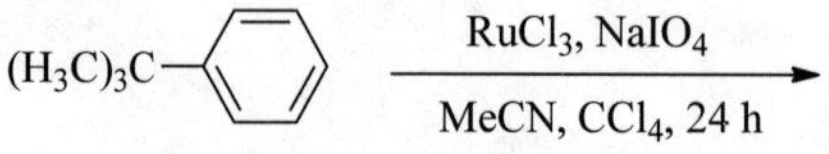
$\xrightarrow[\text{MeCN, CCl}_4\text{, 24 h}]{\text{RuCl}_3\text{, NaIO}_4}$

(ii) 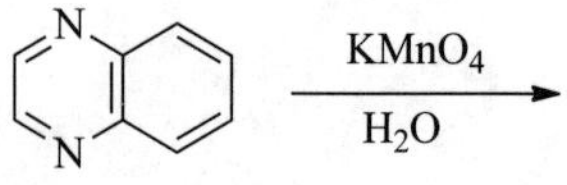
$\xrightarrow[\text{H}_2\text{O}]{\text{KMnO}_4}$

(iii) 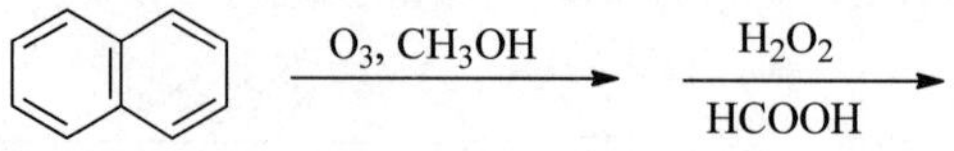
$\xrightarrow{\text{O}_3\text{, CH}_3\text{OH}} \xrightarrow[\text{HCOOH}]{\text{H}_2\text{O}_2}$

15.7.3　芳烃的还原反应

1. Birch 还原反应

1944 年,澳大利亚化学家 A. J. Birch 在 C. B. Wooster 和 K. L. Godfrey 1937 年的工作基础上报道了苯环可以被金属还原为 1,4-环己二烯:

从结果看,两个氢原子分别加在了苯环的两端。使用的金属可以是 Na、K 或 Li;醇可以是乙醇或叔丁醇。碱金属(钠、钾或锂)在液氨与醇(乙醇、异丙醇或二级丁醇)的混合液中,与芳香化合物反应,苯环可被还原成 1,4-环己二烯类化合物,这种反应叫做 Birch 还原。

Birch 还原的反应机理如下:

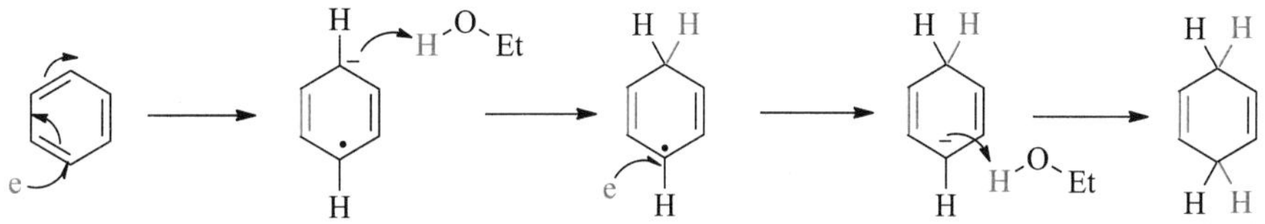

首先是钠和液氨作用生成溶剂化电子,此时体系为一蓝色溶液。然后,电子对苯环中的 1,3-双烯体进行共轭加成,生成自由基负离子。此自由基负离子仍是环状共轭体系,但有一个单电子处在反键轨道上;此自由基负离子从乙醇中攫取一个质子生成自由基,接着再获取一个溶剂化电子转变成负离子。此负离子是一个强碱,可以再从乙醇中攫取一个质子生成 1,4-环己二烯。Birch 还原反应与苯环的催化氢化不同,它可使芳环部分还原生成环己二烯类化合物,因此 Birch 还原有它的独到之处,在合成上十分有用。

萘同样可以进行 Birch 还原。萘发生 Birch 还原时,可以得到 1,4-二氢化萘和 1,4,5,8-四氢化萘:

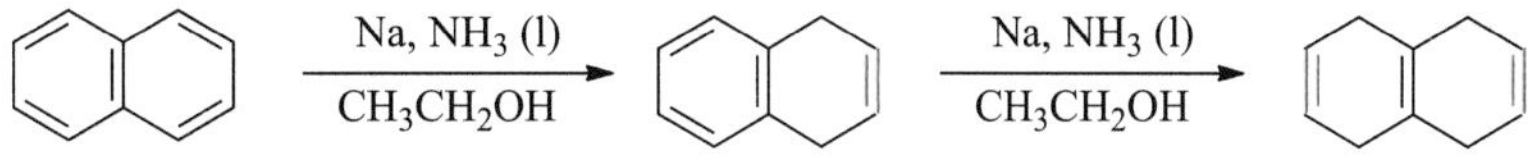

苯的同系物也能发生 Birch 还原。但是,带有不同取代基的苯环被还原的方式是不一样的。例如,带有给电子基团的苯环:

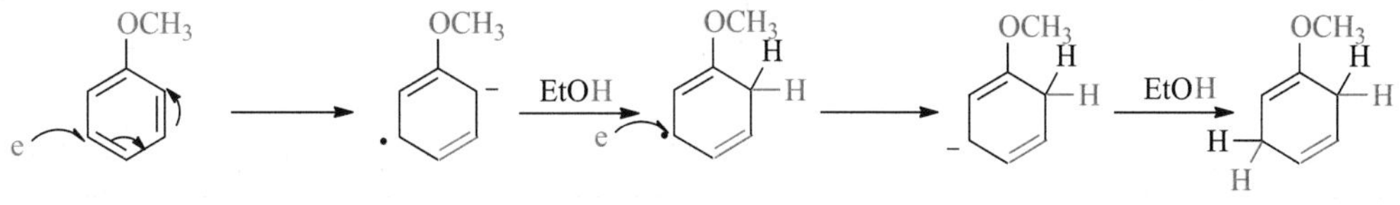

（左侧边注）

此反应不同于催化氢化,苯环催化氢化的结果为环己烷。

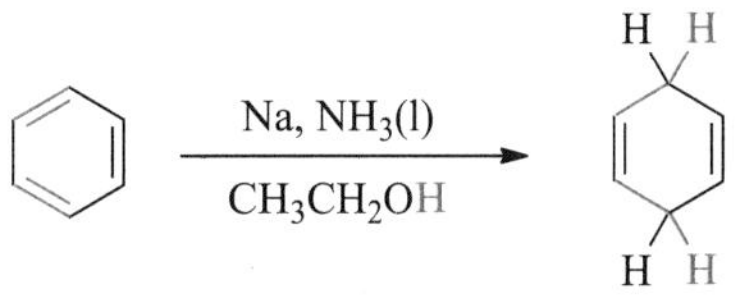

A. J. Birch 在 1944 年使用的为 Na 和乙醇体系;后来 A. L. Wilds 发现 Li 可以提高反应产率。

钠的液氨溶液应该是 $[Na(NH_3)_n]^+ e^-$。

苯环对此自由电子的接受过程为一次一个。
此反应的决速步为自由基负离子得到质子转化为自由基。

对于此还原反应,A. J. Birch 的经验规则是,当有给电子基团(含烷基)取代时,最终产物中的双键必带有更多的取代基;当有吸电子基团取代时,最终产物中的双键避免与此取代基形成共轭体系。

带有吸电子基团的苯环：

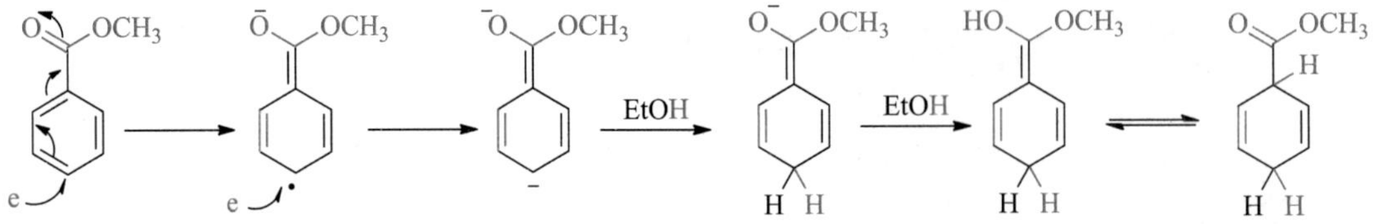

对于 Birch 还原反应的机理，有很多种解释。根据反应的结果，本书作者认为，其机理相当于单电子对一个共轭体系的加成反应，即相当于 Michael 加成。因此，缺电子体系的苯环的反应速率远快于带有给电子基团的苯环。当在苯环上有吸电子基团和给电子基团同时存在时，主导反应的应该是吸电子基团：

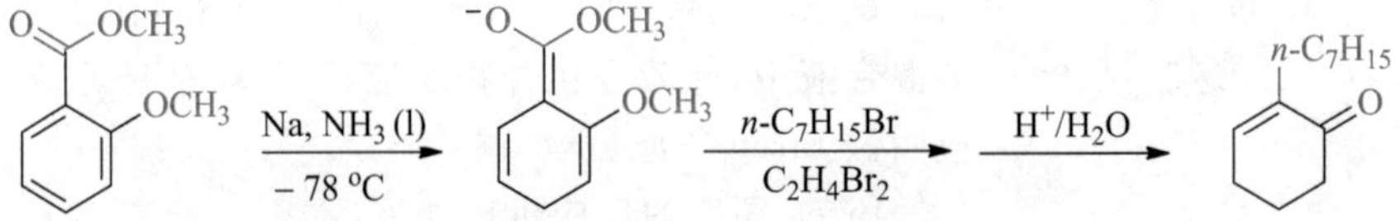

若取代基上有与苯环共轭的碳碳双键，Birch 还原首先在共轭双键处发生：

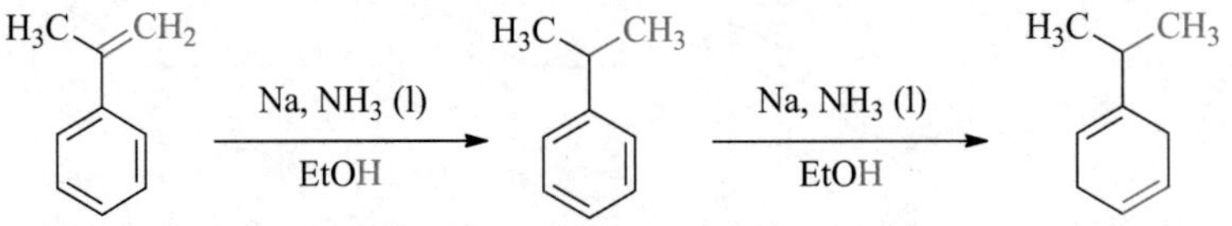

不与苯环共轭的双键不能发生 Birch 还原。

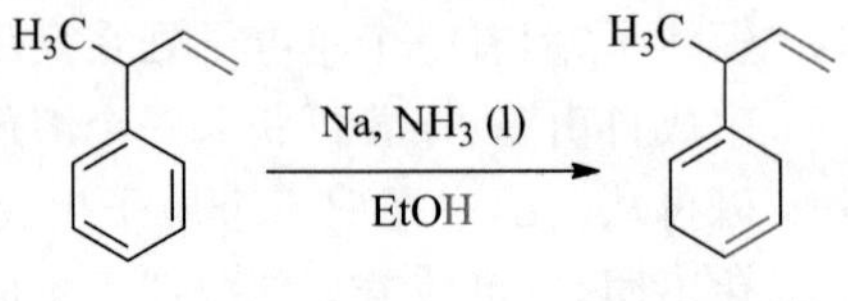

孤立烯烃不能在此条件下被还原。炔烃的还原参见 8.25。
无吸电子基团取代的富电子体系杂环，如呋喃、噻吩以及吡咯也不能被还原。

这也是制备特殊烯醇负离子的有效方法。当此反应体系中，质子给体只有一当量时，由于氨的酸性比脂肪酮的弱，它不能将烯醇负离子转化为烯醇。
此反应的立体化学主要受烯醇负离子质子化过程中的空间电子效应影响。

也正是由于 Birch 还原反应的机理类似于共轭加成，因此共轭烯烃，α,β-不饱和酮、醛、酯，双取代炔烃，苯乙烯衍生物等化合物均可在此条件下被还原：

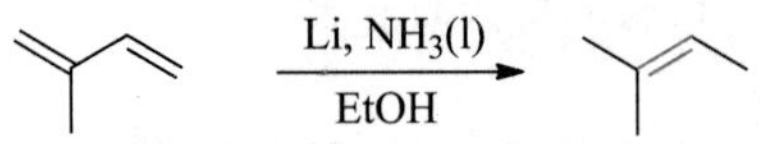

此反应常用于 Birch 还原反应中过量碱金属的后处理。

α,β-不饱和酮、醛以及酯在 Birch 还原条件下可以非常高效地转化为烯醇负离子：

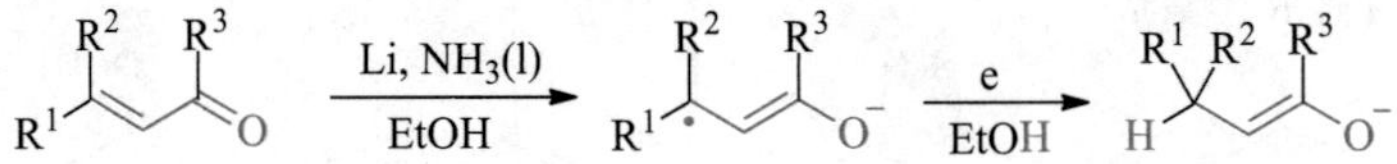

此烯醇负离子接着可以进行后续的反应，如烷基化或共轭加成反应：

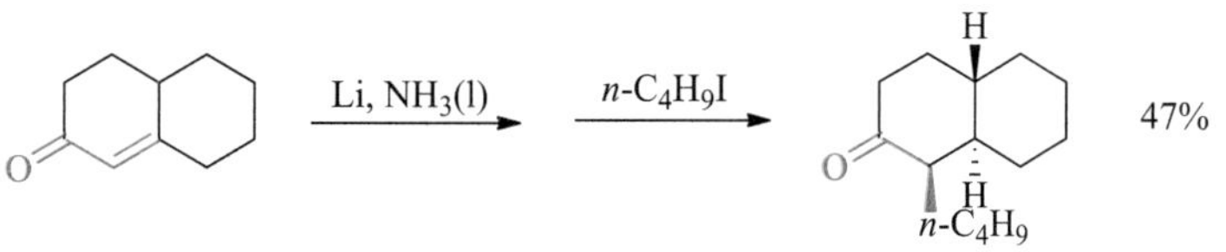

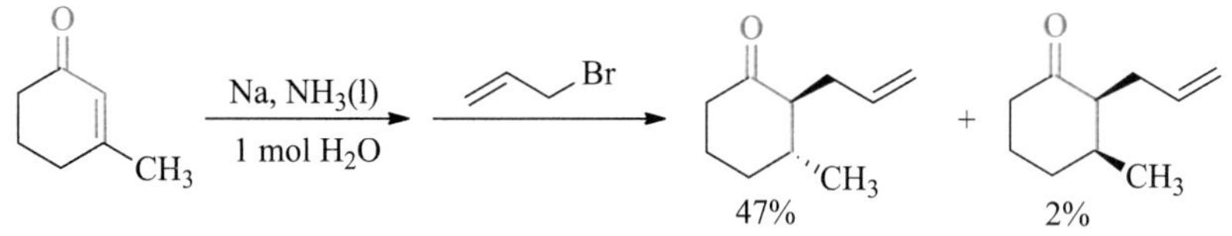

2. 催化氢化反应

苯在催化氢化(catalytic hydrogenation)反应中一步生成环己烷体系:

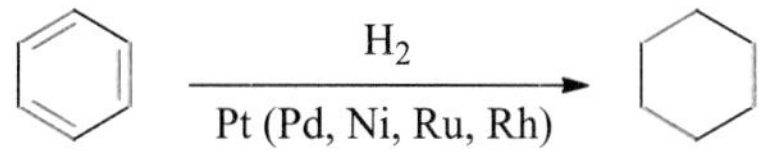

当苯环上有取代基时,其催化氢化反应常会有副反应的发生,导致产物变得非常复杂。例如,苯二酚衍生物的还原首先会给出烯醇,接着转化为环己酮或环己二醇:

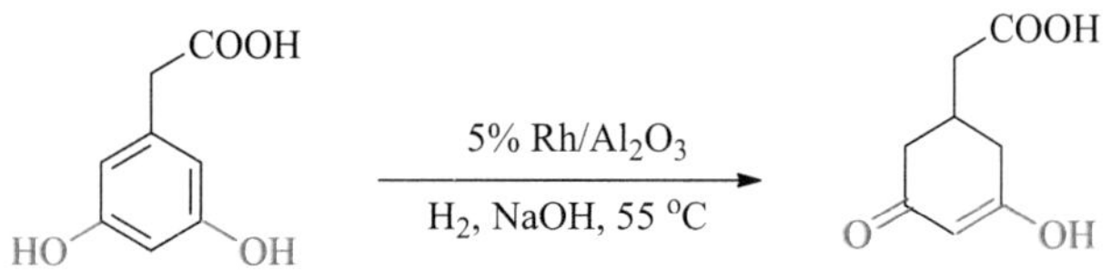

萘在发生催化氢化反应时,使用不同的催化剂和不同的反应条件,可分别得到不同的加氢产物。例如,Rh 催化剂首先将萘还原为四氢合萘,接着很快还原为十氢合萘:

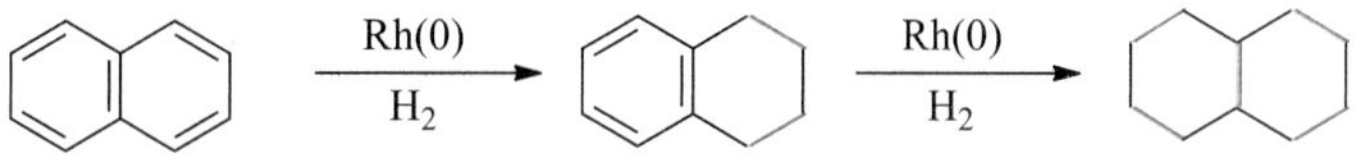

通常,Pd 和 Pt 催化剂对催化氢化反应的区域选择性均很差。但是,富电子体系的苯环通常优先于缺电子体系的苯环被还原:

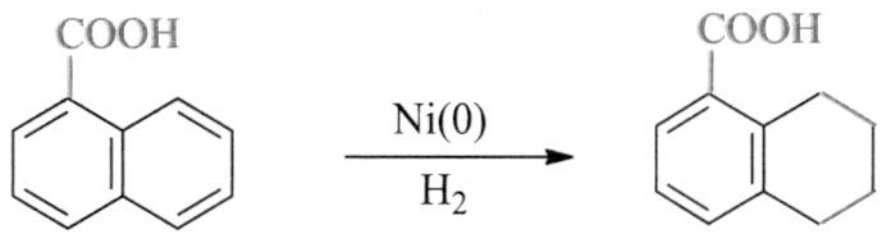

蒽和菲的 C9 和 C10 位化学活性较高,与氢气加成反应优先在 C9 和 C10 位发生。

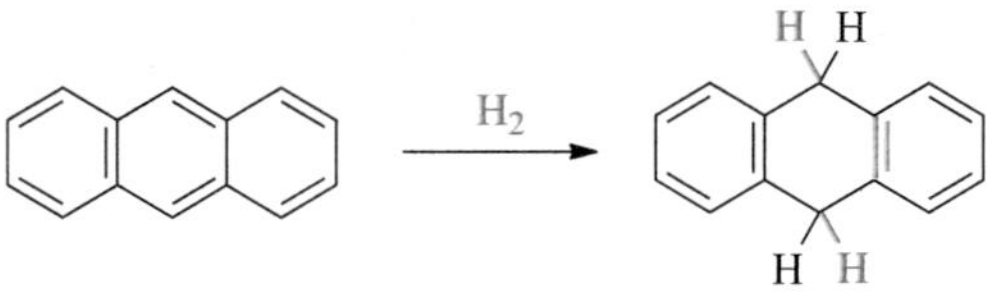

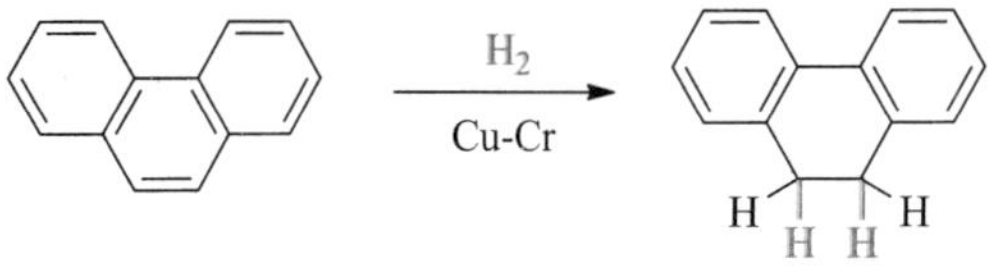

苯催化氢化中不同金属催化剂的效率为
Rh>Ru≫Pt>Pd≫Ni>Co
因此,Rh 和 Ru 会容易引起氢解反应。

当在催化氢化条件下,将萘还原为四氢合萘时,金属催化剂的反应效率为
Pd>Pt>Rh>Ir>Ru
但 Pd 进一步还原四氢合萘为十氢合萘的速率很慢。

3. 用金属还原

R. A. Benkeser 在 20 世纪 70 年代利用锂和二甲胺/乙胺的混合体系将萘还原为 Δ^9-八氢合萘和 $\Delta^{1(9)}$-八氢合萘，二者的比例为 80/20：

如有 Ca，总产率为 92%，二者比例为 77/23。

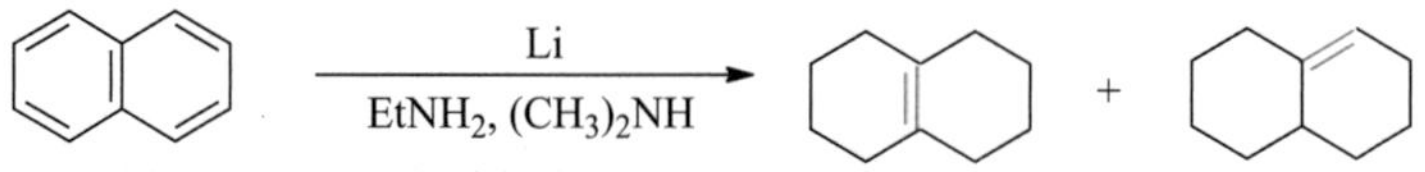

与 Birch 还原类似。

这种方法后来被称为 Benkeser 还原。与 Birch 还原在放大量制备反应中需要使用较大量 Na 相比，这个反应由于使用 Li 就具有较大的优势。

加入一定量的叔丁醇作为质子源，此反应可以将苯环还原为二烯：

在此转换过程中，醇作为了质子源以及控制反应温度的溶剂。

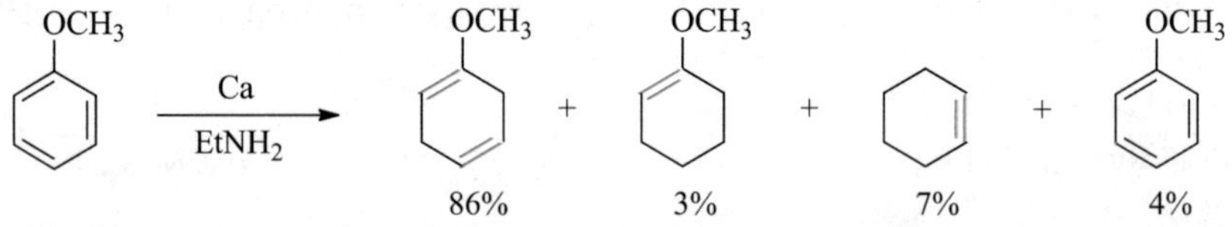

用醇和钠也可以还原萘，温度稍低时得 1,4-二氢化萘，温度高时得 1,2,3,4-四氢化萘：

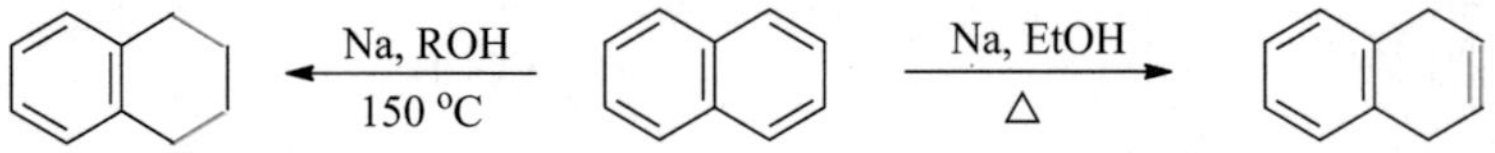

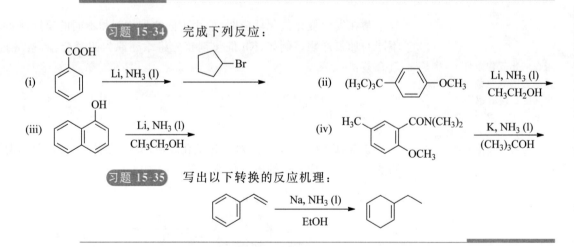

习题 15·34 完成下列反应：

习题 15·35 写出以下转换的反应机理：

章末习题

习题 15·36 苯乙烯和下列试剂是否会反应？如果能，写出其产物；如果不能，说明其原因。

(i) Br_2 的 CCl_4 溶液 (ii) 室温低压催化氢化 (iii) 高温高压催化氢化 (iv) 冷的 $KMnO_4$ 溶液 (v) 热的 $KMnO_4$ 溶液

习题 15·37 根据 Hückel 规则，判别以下化合物哪些具有芳香性：

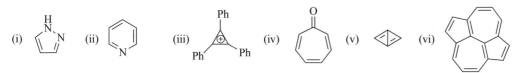

(i) (ii) (iii) (iv) (v) (vi)

习题 15-38 1964 年,Woodward 提出了利用化合物 **A**($C_{10}H_{10}$)作为前体合成一种特殊的化合物 **B**($C_{10}H_6$)。化合物 **A** 有三种不同化学环境的氢,其数目比为 6∶3∶1;化合物 **B** 分子中所有氢的化学环境相同,**B** 在质谱仪的自由区场中寿命约为 1 微秒,在常温下不能分离得到。30 年后化学家们终于由 **A** 合成了第一个碗形芳香二价负离子 **C**,$[C_{10}H_6]^{2-}$。化合物 **C** 中六个氢的化学环境相同,在一定条件下可以转化为 **B**。化合物 **A** 转化为 **C** 的过程如下:

$$C_{10}H_{10} \xrightarrow[\substack{(CH_3)_2NCH_2CH_2N(CH_3)_2}]{\substack{n\text{-BuLi, }t\text{-BuOK, }n\text{-}C_6H_{14}}} [C_{10}H_6]^{2-} \cdot 2K^+ \xrightarrow[\substack{C_2H_5OC_2H_5 \\ n\text{-}C_6H_{14}}]{Me_3SnX} \xrightarrow[\substack{CH_3OCH_2CH_2OCH_3 \\ -78\ ^\circ C}]{MeLi} [C_{10}H_6]^{2-} \cdot 2Li^+$$

$$\underset{\mathbf{A}}{\phantom{C_{10}H_{10}}} \qquad\qquad\qquad\qquad\qquad\qquad\qquad\qquad\qquad\qquad\qquad \mathbf{C} \cdot 2Li^+$$

根据以上条件,分别画出 **A**、**B** 以及 **C** 的结构式。

习题 15-39 如果将无数个苯环稠合在一起,你会得到什么样的化合物?你认为此化合物是否稳定?

习题 15-40 以下化合物中哪个化合物的酸性最强?为什么?

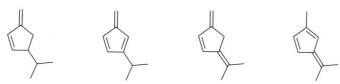

习题 15-41 以下化合物是否具有芳香性?如果没有,如何将其转化成具有芳香性的化合物?

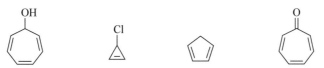

习题 15-42 实验结果表明以下化合物具有很强的分子双极性,解释其原因。

习题 15-43 当 3-氯环丙烯用 $AgBF_4$ 处理时,除生成 AgCl 沉淀外,其产物 BF_4^- 盐能形成晶体,也可以溶解在如硝基甲烷等极性溶剂中,但不溶于己烷等非极性溶剂。当用含 KCl 的硝基甲烷溶解此产物时,又会得到 3-氯环丙烯。写出以上所有转换的反应式,并判断产物 BF_4^- 盐是否具有芳香性。

习题 15-44 判断以下化合物哪些有芳香性、哪些有反芳香性以及哪些无芳香性:

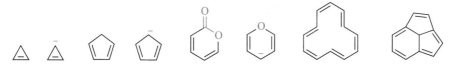

习题 15-45 碳氢化合物的负离子很难制备,其双负离子更难得到。而下面这个化合物很容易在 2 倍量的 n-BuLi 作用下生成稳定的双负离子,与此双负离子相应的中性类似物却极不稳定。写出此双负离子和其中性类似物的结构式。

习题 15-46　前文已经讨论过由于苯环 π 电子的离域,苯的 1,2-取代衍生物就只有一个,没有 1,2-取代和 1,6-取代之分。那么,环辛四烯的 1,2-取代和 1,8-取代是否也是一样的? 画出它们的结构式,并解释之。

习题 15-47　本章章首列出了六螺苯的结构式。由于螺苯中的每一个碳原子均是 sp² 杂化的,因此很难想象其具有光活性。实际上,六螺苯由一对对映异构体组成,其旋光度 $[\alpha]_D = 3700$。画出六螺苯的对映异构体的结构式,并说明其旋光度如此大的原因。

习题 15-48　环丙烯酮和环庚三烯酮均非常稳定,而环戊二烯酮的稳定性比前两者差了很多,且很容易通过 Diels-Alder 反应发生二聚。画出以上三个化合物的结构式和环戊二烯酮二聚的反应式,并解释其稳定性差别的原因。

习题 15-49　苯的紫外-可见吸收光谱的最大吸收峰 λ_{max} 为 261 nm,己三烯为 268 nm,1,3-己二烯为 259 nm,因此苯接近于 1,3-己二烯。常用的防晒霜中含有 4-氨基苯甲酸:

其最大吸收峰处有很大的摩尔吸光系数,因此可以吸收太阳光中对人体有害的紫外光。请估算对氨基苯甲酸的最大紫外-可见吸收峰值。

习题 15-50　请解释萘与氯气的加成产物为 1,4-二氯-1,4-二氢合萘,而不是 1,2-二氯-1,2-二氢合萘,并画出其转换的反应机理。

习题 15-51　请解释 1,4-二氯-1,4-二氢合萘加热后失去氯化氢的产物为 1-氯代萘,而不是 2-氯代萘;1,2,3,4-四氯-1,2,3,4-四氢合萘加热后失去氯化氢的产物为 1,4-二氯代萘,并画出其转换的反应机理。

习题 15-52　蒽与菲在 CCl₄ 中可以与溴发生加成反应。写出这两个转化的反应机理,并说明反应为何发生在中间的环上。

习题 15-53　环丁烯加热开环转化为 1,3-丁二烯,释放出约 $41.8 \text{ kJ} \cdot \text{mol}^{-1}$ 的热量。但是,苯并环丁烯开环生成 5,6-二亚甲基-环己-1,3-二烯则需要吸收相同的热量,解释其原因。

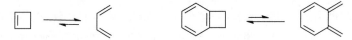

习题 15-54　2,3-二苯基环丙烯酮可以与 HBr 反应生成一种离子盐。完成其反应式,判断此离子盐是否稳定,并给出你的理由。

复习本章的指导提纲

基本概念和基本知识点

芳香化合物,芳香性,反芳香性,无芳香性,同芳香性,球面芳香性,Möbius 芳香性,Y-芳香性,芳香体系和非苯芳香体系;苯、联苯和稠环芳烃的结构和表示方式;苯的稳定性的原因以及芳香性的定义;共振论和分子轨道理论对苯、萘、蒽和菲的芳香性的解释。

基本反应和重要反应机理

苯、萘、蒽和菲及其衍生物的加成反应;芳香烃的氧化反应;芳香烃的催化氢化反应;Birch 还原。

基本理论

Hückel 规则。

英汉对照词汇

acenes　多并苯

activating group　活化基团

annulene　轮烯

anthracence　蒽

antiaromaticity　反芳香性

armchair form　扶手椅形纳米管

aromatic　芳香

aromatic compound　芳香化合物

aromatic hydrocarbon　芳香烃;芳烃

aromaticity　芳香性

axial chirality　轴手性

azulene　薁

benzene　苯

benzo[c]phenanthrene　苯并[c]菲

biphenyl　二联苯

calicene　杯烯

carbon nanotube　碳纳米管

catalytic hydrogenation　催化氢化

chiral form　手性纳米管

Claus' benzene　克劳斯苯

coumatone resin　茚树脂;古马隆

cyclic structure　闭壳结构

cyclobuta-1,3-diene　环丁二烯

cyclohepta-2,4,6-trien-1-ylium　环庚三烯正
离子

cyclohepta-2,4,6-trien-1-ide; cycloheptatrienyl
anion　环庚三烯负离子

cyclopenta-2,4-dien-1-ylium; cycloheptatrienyl
cation　环庚三烯正离子

cyclopentadienyl anion　环戊二烯负离子

cyclopropenyl cation　环丙烯正离子

cycloprop-2-en-1-ide　环丙烯负离子

(1Z,3Z,5Z,7Z)-cycloocta-1,3,5,7-tetraene;
cyclooctatetraene　环辛四烯

Dewar benzene　杜瓦苯

dibenzo[c,g]phenanthrene　二苯并[c,g]菲

equilibrate　平衡

ferrocene　二茂铁

footballene　足球烯

fullerene　富勒烯

fused ring　稠环

graphite　石墨

graphene　石墨烯

graphite oxide　石墨氧化

helicene　螺旋芳烃

[6]helicene　六螺苯

helical chirality　螺旋手性

heptacene　并六苯

heptalene　并环庚二烯

hexabenzocoronene　六苯并蔻

homoantiaromaticity　同反芳香性

homoaromaticity　同芳香性

homoconjugation　同共轭

homofullerenes　同富勒烯

Hückel rule　休克尔规则

indene　茚

interstitial electron rule　间隙电子规则

isolated pentagon rule;IPR　分隔五边形规则

meta　间

1,6-methano[10]-annulene　1,6-亚甲基[10]-
轮烯

Möbius aromaticity　莫比乌斯芳香性

multidimensional　多维度

multi-walled carbon nanotubes;MWCNTs　多

壁碳纳米管

naphthalene 萘

nonaromaticity 无芳香性

ortho 邻

ortho-condensed 邻边稠合

oscillate 摆动

para 对

partial bond fixation 部分键固定化

pentacene 并五苯

pentalene 并环戊二烯

phenanthrene 菲

polycyclic aromatic hydrocarbons；PAH 稠环

芳烃

prismane 棱晶烷

semibullvalene 半瞬烯

single-walled carbon nanotubes；SWCNTs 单

壁碳纳米管

spherical aromaticity 球面芳香性

spherical electron gas 球形电子气

terphenyl 三联苯

tetracene 并四苯

trannulenes 类环轮烯

tropylium ion 䓬正离子

zigzag form 锯齿形纳米管

第16章
芳环上的取代反应

*　　*　　*　　*　　*

2,4,6-三硝基苯酚(2,4,6-trinitrophenol,TNP),由于味道很苦,因此借用希腊语的 πικροζ(苦味)将其称为苦味酸(picric acid)。苦味酸是重要的化工原料、酸碱指示剂和医用收敛药。1742 年,J. R. Glauber 首次在其书中提到了苦味酸。最初,它是动物角、丝绸、靛蓝以及天然树脂在硝化反应中的产物。1771 年,P. Woulfe 在合成靛蓝(indigo)时首次分离得到了苦味酸。1841 年,通过以苯酚为原料合成并鉴定了其结构。在这期间,苦味酸一直用做黄色染料(dye)。1871 年,德国化学家 H. Sprengel 发现它可以引爆,从而发现了其具有爆炸的性质,由此成为了世界上最早的合成炸药。此后,大多数军事强国用苦味酸作为其主要的高爆炸性军用炸药。基于它用做黄色染料的历史和极强的染色能力,又被称为黄色炸药。1885 年,法国化学家 F. E. Turpin 申请了专利,把苦味酸作为炸药与炮弹发射装药。此后,全世界发达国家迅速发生了一场军事技术革命。但是由于苦味酸容易与弹体金属反应,产生敏感度很高的苦味酸盐,因此时常发生弹药的意外爆炸,造成士兵非战争性伤亡。1902 年,德国开始用更稳定、安全的 2,4,6-三硝基甲苯(2,4,6-trinitrotoluene,TNT)替代苦味酸作为炮弹装药。第一次世界大战中世界其他各国陆续完成了替换苦味酸军用炸药的工作。20 世纪下半叶,苦味酸在炸药行业中基本上被淘汰。

苦味酸既可以通过芳香亲电取代反应制备,也可以通过芳香亲核取代反应制备。

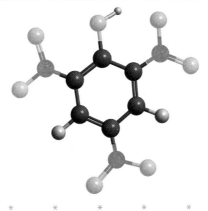

*　　*　　*　　*　　*

利用苯环上的各类反应可以制备品种繁多的芳香衍生物,这些芳香衍生物极大地影响着我们的生活。从我们日常使用的药物到各类日常生活用品,如阿司匹林、聚苯乙烯等化合物,其结构均含有单取代、双取代或多取代的苯环。而这些取代苯均可以通过苯环上的取代反应进行制备。前面已经讨论了各类脂肪碳上的取代反应,这些反应大多是亲核取代反应。在芳香体系中,这类取代反应常常是可逆的,这是因为芳香体系具有较高的电子云密度,这使得它具有类似于 Lewis 碱或 Brønsted-Lowry 碱的化学性质。芳环的反应性依赖于参与反应的其他物种的活性。目前,芳香族化合物芳环上的取代反应从机理上分类,主要包括亲电取代、亲核取代以及自由基取代三种类型。

在亲电取代反应中,正离子或极性分子 $\delta+$ 端被芳环进攻,离去基团绝对不能带着其与碳原子成键的那对电子离去(其最终的离去方式是以正离子形式离去)。而在亲核取代反应中,正离子或极性分子 $\delta+$ 端被亲核试剂或负离子进攻,离去基团通常带着孤对电子离去(其最终的离去方式必须是以负离子形式离去)。本章主要介绍芳香亲电取代和芳香亲核取代反应,通过这两种取代反应的对比,能对苯环上的取代反应有更好的理解。

16.1 芳香亲电取代反应的定义

苯环结构与性质的介绍参见第 15 章。

苯与亲电试剂的取代反应称为苯的一元亲电取代(mono electrophile substitution)。在一元取代苯的苯环上再次发生亲电取代反应,称为苯的二元亲电取代。

在本章学习中,还得清楚单取代苯环上各个位置的名称:

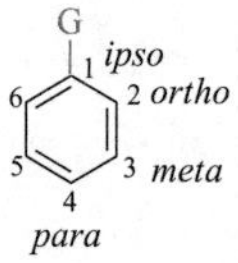

芳香亲电取代反应(electrophilic aromatic substitution)是指芳环(aromatic ring)上的氢原子被亲电试剂(electrophile)所取代的反应。典型的芳香亲电取代有苯环的硝化(nitration)、卤化(halogenation)、磺化(sulfonation)、烷基化(alkylation)和酰基化(acylation)等等。这些反应大体是相似的,如下所示:

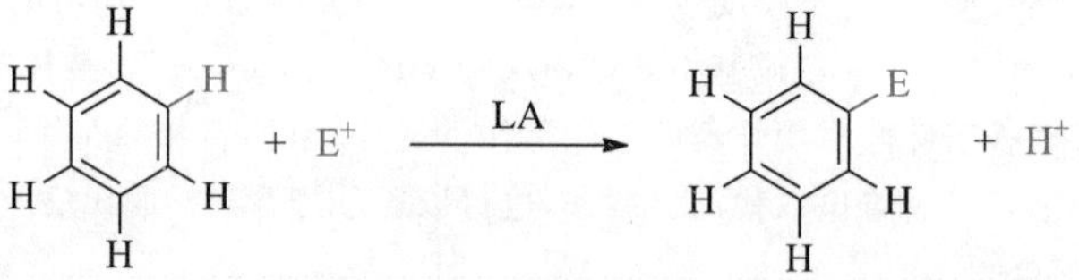

这里 E^+ 代表亲电试剂,反应的结果均是将苯环上的氢原子取代,而不发生常见的烯烃亲电加成反应。实际上,芳香亲电取代反应是在质子酸或 Lewis 酸的作用下进行的,在此条件下,非芳香性的烯烃(共轭或非共轭烯烃)会迅速发生聚合反应。但是,苯环的稳定性使其不会发生聚合反应,而是失去质子后,再次形成苯环体系。

16.2 芳香亲电取代反应的机理

芳香亲电取代反应对于芳香底物通常只有一种机理,即正离子中间体(intermediate cation)机理。苯环上的 π 电子尽管受六个碳原子核的吸引,与一般碳碳双键的 π 电子相比,它们与碳原子结合较为紧密,但与定域的 σ 键相比,它们与碳原子的结合仍然是松弛的,容易与亲电试剂进行反应。芳香亲电取代反应主要分为二步历程,即亲电试剂对芳环的亲电加成和 E1 消除。

第一步:亲电加成。与烯烃在酸性条件下会发生亲电加成反应一样,苯环上的 π 电子先进攻亲电试剂 E^+,生成苯环正离子中间体:

芳环的 π 电子只与高活性的亲电试剂（常常是正离子）反应。此正离子可以与双键上 π 电子离域。

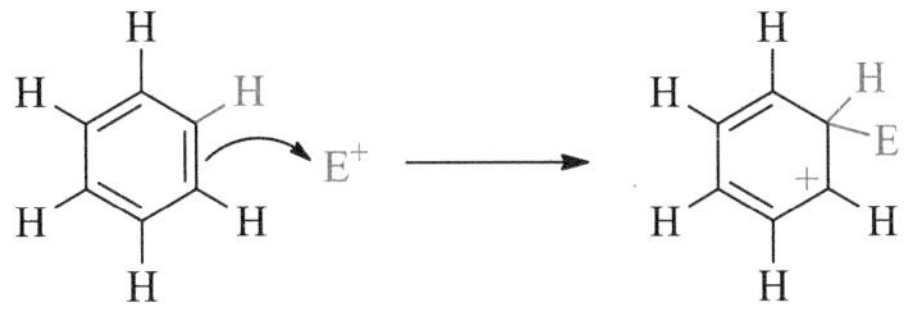

此正离子中间体也称为 σ 配合物或 σ 正离子。与原料苯或产物取代苯相比，此正离子肯定是不稳定的，但是双键上的 π 电子云可以通过离域的方式使得正离子变得相对稳定：

正离子在新进入基团的两个邻位和一个对位之间离域，看上去很像正电荷被三个原子分享了：

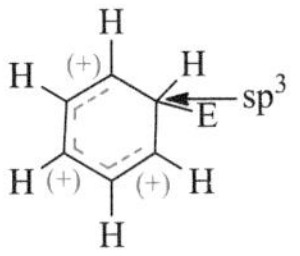

此正离子也叫 Wheland 中间体或配合物。

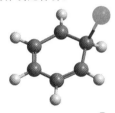

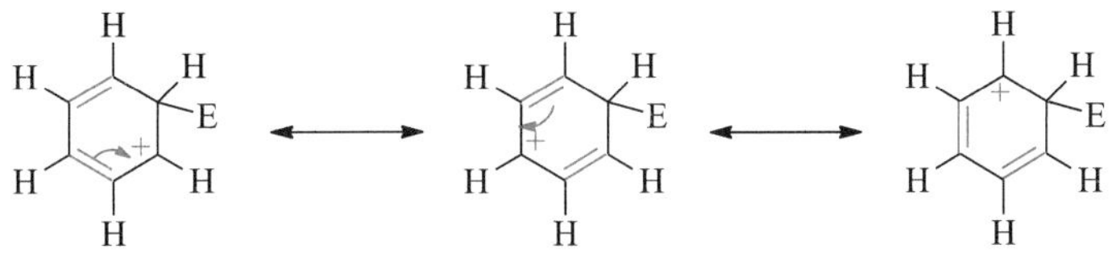

苯环 σ 正离子是一个活泼中间体。它的形成必须经过一个势能很高的过渡态，在热力学上是不利的。尽管电荷在正离子中间体上离域，但是 C—E 键的形成在苯环上产生了一个 sp^3 杂化的碳原子，它破坏了整个苯环的共轭性，此中间体不是芳香性的。

第二步：失去质子，E1 消除。此 σ 正离子中间体中的 sp^3 杂化碳原子可以通过失去质子或 E^+ 重新形成芳香环（此过程类似于 E1 消除）。此过程比碳正离子中间体被负离子 X^- 捕获形成一个中性化合物有利得多。整个取代过程是放热的，因为形成的键比断裂的键更强。这个过程也是整个反应过程的驱动力。

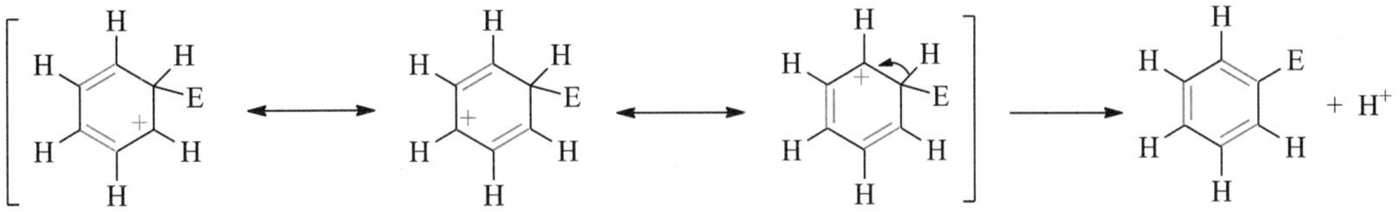

图 16-1 描述了反应过程的势能变化过程，整个反应的反应速率主要取决于第一步，这个热力学结果适用于我们所见到的大多数亲电加成过程。第二步脱去质子的速率比第一步亲电进攻的要快得多，由于重新形成芳香体系，因此是个放热的过程。它也是整个反应过程的驱动力。

习题 16-1 随着研究的深入，科学家们发现，大量的亲电试剂或基团可以参与芳香亲电取代反应。根据你所具有的知识，写出能够参与芳香亲电取代反应的正离子或分子。

习题 16-2 芳香亲电取代反应机理表明，第一步反应是亲电试剂与苯环 π 电子的反应。为什么这一步反应是决速步？

习题 16-3 在苯的亲电取代反应中，苯可以与亲电试剂或基团形成 π 配合物（通

过苯环的 π 电子与亲电试剂或基团作用)或 σ 配合物(苯与亲电试剂或基团直接形成 σ 键)。请分别画出苯与亲电试剂或基团形成的 π 配合物和 σ 配合物的结构示意图。

习题 16-4 G. A. Olah 教授及其合作者在研究中将苯与强酸体系 HF/SbF$_5$ 混合,并通过核磁共振谱研究其混合体系。其核磁共振氢谱和碳谱的表征结果如下(提示:SbF$_6^-$ 是一个无亲核能力、无碱性的对离子):

^{1}H NMR:δ 5.69 (2H),8.61 (2H),9.38 (1H),9.71 (2H) ppm;

^{13}C NMR:δ 52.2,136.9,178.1 ppm。

推断此物种可能的结构式,并归属这些谱学数据。

失质子芳构化的过程通常要比第一步的亲电加成快得多,因此亲电加成为决速步。反应是二级的。因此,如果亲电加成的速率过慢,芳香亲电取代反应就不会进行。如果亲电试剂不是正离子,而是极化的分子,产物中必定有一个负离子。后面章节中会进一步讲述。实际上,芳香亲电取代反应的势能变化过程随亲电试剂的不同有四种可能的方式。图 16-1 只是其中一个代表。

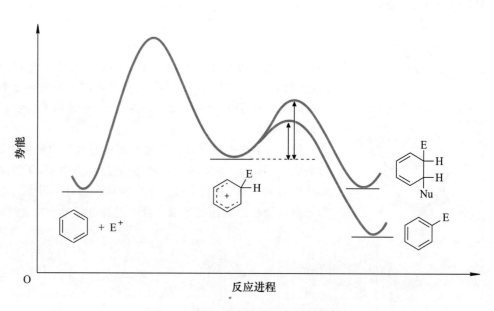

图 16-1 芳香亲电取代反应的势能图

16.3 硝 化 反 应

硝基可以被还原成氨基,接着可以被转化为重氮盐,然后可以通过各类反应转化为所需的官能团。

思考:苯与硝酸不能直接进行硝化反应,必须加入浓硫酸才可以。为什么?

有机化合物分子中的氢被硝基(—NO$_2$,nitro)取代的反应称为硝化反应。硝化反应是最重要的向芳环引入硝基的方法。苯在浓硝酸和浓硫酸的混合酸作用下发生硝化反应,反应的结果是苯环上的氢原子被硝基取代。

硝化反应机理首先是硝基正离子的生成过程:

硝化反应的决速步是硝基正离子的形成。

硝化反应的几种体系：
(1) 硝酸/浓硫酸；
(2) 硝酸/ CH_3NO_2 /乙酸；
(3) 硝酸/乙酸酐；
(4) $NO_2^+ BF_4^-$ / CH_2Cl_2 。

硝基正离子的存在已经被硝酸和硫酸混合溶液的冰点降低实验及该溶液的拉曼光谱所证实，同时还可以制得并分离出含有硝基正离子的盐，如 $NO_2^+ BF_4^-$ 。

NO_2^+ 是线性的，是 CO_2 的等电子体。其中，氮原子为 sp 杂化。

(1) 硝酸(作为 Lewis 碱)在强酸(浓硫酸)作用下，先被质子化，然后失水产生硝基正离子(nitronium ion)：

$$HONO_2 + H_2SO_4 \rightleftharpoons HSO_4^- + H_2\overset{+}{O}NO_2$$

$$H_2\overset{+}{O}NO_2 \rightleftharpoons H_2O + {}^+NO_2$$

(2) 硝基正离子与苯的反应过程：苯环上的 π 电子进攻硝基正离子，生成碳正离子中间体。硝基正离子 $^+NO_2$ 的结构是直线形的，它是一个很强的亲电试剂。首先，亲电试剂 $^+NO_2$ 与苯接近，然后与苯环上的一个碳原子相连，该碳原子由原来的 sp^2 杂化转变为 sp^3 杂化，形成环状的碳正离子中间体：

上述离域式表明，碳正离子中间体的正电荷分散在五个碳原子上。显然，这比正电荷定域在一个碳原子上更为稳定。然而，此碳正离子的形成还是破坏了苯环原有的封闭的环状共轭体系，使其失去了芳香性，能量升高。因此，此碳正离子势能很高，由苯转变成它必须跨越一个较高的能垒。此碳正离子中间体已被实验证实，有些比较稳定的碳正离子中间体可以制备，并能在低温条件下分离出来。

已分离得到的两个碳正离子中间体：

负离子(这里是 $^-OSO_3H$)从碳正离子的 sp^3 杂化的碳原子上夺取一个质子，使其生成硝基苯。此时产物恢复了苯环的封闭共轭体系结构。显然，此步反应只需要较少的能量。如果负离子不去夺取质子，而去进攻环上的正电荷，则发生与碳碳双键的加成反应，应得到加成产物。而实际上发生取代反应的过渡态势能较低，且产物的能量比原料的低；如果生成加成物，过渡态势能较高，且产物的能量比苯的能量高，整个反应是吸热的，因此无论从动力学还是从热力学的观点考虑，进行加成反应都是不利的。

芳香族化合物的硝化反应是一个十分有用的取代反应。例如，苯甲醛的硝化产物间硝基苯甲醛是生产强心急救药阿拉明(Aramine,亦名间羟胺,metaraminol)的重要原料。

操作时，先在浓硫酸中加入少量发烟硝酸，冷却至 0℃，然后慢慢滴加苯甲醛和发烟硝酸，反应完成后，立即将产物倾倒在冰中。

由于芳香醛容易被氧化,因此反应必须在低温(0℃)下进行。

许多硝基化合物是炸药。广泛使用的强烈炸药 TNT(2,4,6-trinitrotoluene,2,4,6-三硝基甲苯),是甲苯经分阶段硝化制备的,即三个硝基是在多次硝化反应中逐步引入的。

在生产中为节约成本,可把第三阶段硝化后的混合酸(发烟 HNO₃ 和浓 H₂SO₄)用于第二阶段的硝化,第二阶段硝化后的混合酸用于第一阶段的硝化。

因此,从这里可以发现在芳香环上单硝化非常容易控制。如果想多硝化,反应条件需要更加强烈。

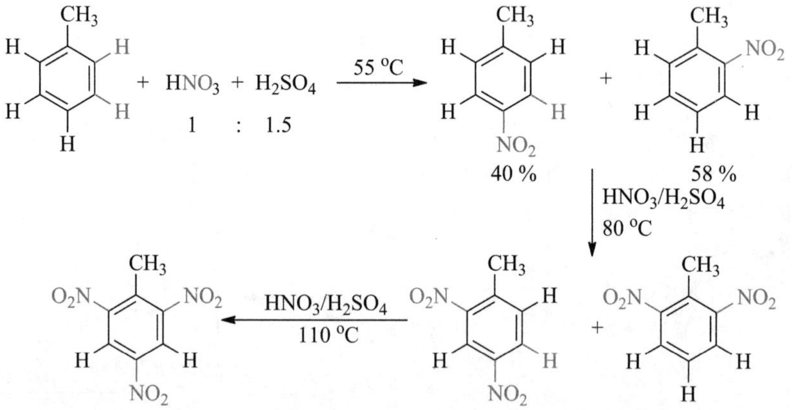

三次硝化的硝化试剂(即混合酸)浓度逐渐增高。如果需要得到中间产物,反应可以在第一阶段或第二阶段中止,邻硝基甲苯和对硝基甲苯可以通过减压蒸馏或重结晶分离提纯而分别获得,2,4-二硝基甲苯也能通过重结晶提纯得到。

习题 16-5 硝化反应的体系主要有硝酸/浓硫酸、硝酸/乙酸/CH_3NO_2、硝酸/乙酸酐、硝酸盐/三氟乙酸酐/$CHCl_3$、硝酸/$Yb(SO_3CF_3)_3$、NO_2BF_4 以及 NO_2/O_3。请分别写出以上反应体系中生成亲电基团 $^+NO_2$ 的转换机理。

习题 16-6 为何硝酸中的氮原子亲电能力很弱,而硝基正离子中氮原子的亲电能力却很强?

习题 16-7 为什么苯的多元硝化的条件越来越强烈?

16.4 卤 化 反 应

苯通常不会和卤素分子直接反应。

铁粉与氯气或溴反应,可生成三氯化铁或三溴化铁,因此也可以用铁粉代替三氯化铁、三溴化铁做催化剂。

有机化合物分子中的氢被卤素(—X)取代的反应称为卤化反应。卤化反应也是芳环上引入官能团的重要方法,特别是近些年来金属催化的偶联反应的发展为芳环的卤化方法提供了更加广阔的应用前景。苯在 Lewis 酸,如三氯化铁、三氯化铝等的催化作用下能与氯或溴发生苯环上的卤化反应,生成氯苯或溴苯。

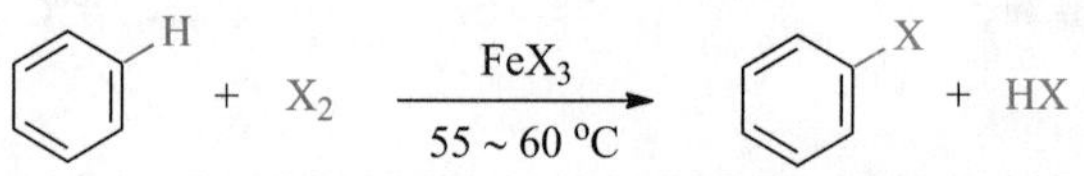

另一种机理可能是无需形成 π 配合物，可以按以下方式进行：

Br—Br⁺—MXₙ

光谱和 X 射线衍射法都已证明了 π 配合物的存在。

使用 Lewis 酸催化时，卤素分子的极化、异裂是在 Lewis 酸的作用下发生的。

首先是卤素分子与苯可能会形成 π 配合物。例如，在苯与氯气的反应中，在形成 π 配合物时，氯分子的键没有异裂，然后在缺电子的 Lewis 酸的作用下，氯分子键极化，进而发生键的异裂，生成活性碳正离子中间体，最后失去 H^+ 生成氯苯。由于溴溴键比较容易极化，因此苯的溴化可直接进行，但速率很慢。苯在乙酸中发生溴化反应时，同样首先是溴分子与苯形成 π 配合物，此时溴分子的键没有断裂，然后在另一分子溴的作用下发生键的异裂，生成活性碳正离子中间体，最后失去氢离子生成溴苯。若在反应液中加入碘，可增加反应速率，因为 I_2Br^- 比 Br_3^- 更容易形成。这两个反应机理大体是一致的，差别仅在于直接卤化时，是由一分子卤素使另一分子卤素极化，进而异裂。

是否使用催化剂取决于苯环的活性和反应条件。活性强的苯环可直接反应，亲电性比较弱的苯环则需用 Lewis 酸催化剂。显然，能直接产生卤正离子的化合物不需要催化剂就能反应。

ICl, H_3C—C(=O)—O—I, F_3C—C(=O)—O—I, HOBr, H_3C—C(=O)—O—Br, HOCl, H_3C—C(=O)—O—Cl

卤化反应的势能变化情况如图 16-2 所示。

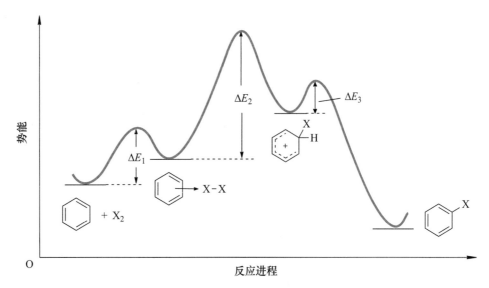

图 16-2 芳香亲电取代反应中卤化反应的势能图

大量的苯在四氯化碳溶液中,与含有催化量氟化氢的二氟化氙反应,可制得产率为68%的氟苯。但反应机理不是亲电取代反应,而是自由基型取代反应。氙的氟化物是 H. H. Claasen 等人于 1962 年制成的,首先否定了惰性气体不能发生化学反应的看法。氙的氟化物共有三种:二氟化氙(XeF$_2$)、四氟化氙(XeF$_4$)、六氟化氙(XeF$_6$),室温时皆为无色晶体,都是很好的氟化试剂。与有机物反应,三者的反应活性随着它们所含氟原子数的增多而增强。二氟化氙需要在氟化氢催化下才能与苯作用生成氟苯,而四氟化氙可直接与苯反应生成氟苯。但四氟化氙与湿气易生成有爆炸性的(对碰撞极敏感)氧化氙(XeO$_3$),故使用二氟化氙比较安全,但其中也常混有少量四氟化氙,用时仍需有安全措施。

图 16-2 表明,π 配合物的生成和解离都很快,因此对反应和产物都没有多大影响。形成活性碳正离子中间体的过渡态势能较高,是决速步。碳正离子在碱或负离子的作用下,很快失去质子,重新形成环状共轭体系,这只需要较少的能量,是快的一步。

卤素由于活泼性不同,发生卤化反应时,反应性也不同。最大的差别是氟太活泼,不宜与苯直接反应,因直接反应时,只生成非芳香性的氟化物与焦油的混合物。碘很不活泼,只有在 HNO$_3$ 等氧化剂的作用下才能与苯发生碘化反应。将过量的苯、碘和硝酸一起加热回流,碘苯的产率才可达 87%。但易被氧化和硝化的活泼芳香化合物不宜用此法碘化。

将理论用量的氯气通入固体碘中得到氯化碘(ICl),这是常用的碘化试剂。碘化时,碘正离子进攻苯环,氯负离子与取代下来的氢正离子结合生成氯化氢。

习题 16-8 在芳香亲电取代反应中,下列物质哪些不需要 Lewis 酸催化,直接就可以与苯发生卤化反应?

Br$_2$、HOCl、Cl$_2$、ICl、HCl、NaBr、CH$_3$COOCl、CH$_3$CH$_2$Br

习题 16-9 如果利用碘单质进行碘化反应,只能与比较活泼的苯环才能进行,因此为了进一步拓展底物的范围,发展了许多 I$_2$ 和氧化剂混合的碘化试剂。这些氧化剂包括高碘酸、I$_2$O$_5$、NO$_2$ 和 Ce(NH$_3$)$_2$(NO$_3$)$_6$;其他还有 CuI/CuCl$_2$ 和 I$_2$/Ag$^+$ 或 Hg^{2+}。写出由以上这些体系形成的亲电基团的结构式及其与苯反应的机理。

习题 16-10 画出苯的氯化反应在光照情况下主要产物的结构式。解释其与芳香亲电取代中氯化反应的不同。

16.5 磺 化 反 应

有机化合物分子中的氢原子被磺酰基或磺酸基(—SO$_3$H)取代的反应称为磺化反应。苯及其衍生物几乎都可以进行磺化反应,生成苯磺酸或取代苯磺酸。苯磺化反应的机理也属于芳香亲电取代反应的一类。在磺化反应中可以认为亲电试磺化反应在不同的条件下进行时,进攻苯环的亲电试剂是不同的,其反应机理有微小差别。实验证明,苯在硝基苯、硝基甲烷、二氧六环、四氯化碳、二氧化硫等非质子溶剂中与三氧化硫反应,进攻试剂是三氧化硫;而在含水硫酸中进行磺化,反应试剂为 $H_3SO_4^+$($H_3O^+ + SO_3$);在发烟硫酸(oleum)中反应,反应试剂为 $H_3S_2O_7^+$(质子化的焦硫酸)和 $H_2S_4O_{13}$($H_2SO_4 + 3SO_3$),其亲电物种可能是 HSO_3^+。

剂为 SO_3。反应机理通常可以表示如下:

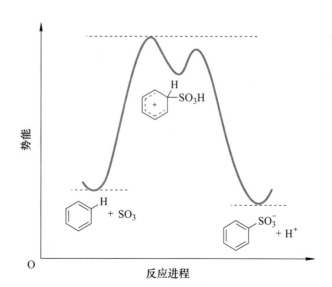

反应机理表明,磺化反应是可逆的。苯磺酸在加热下与稀硫酸或盐酸反应,可失去磺基,生成苯,这是苯磺化反应的逆反应。芳烃磺酸在稀硫酸中之所以能发生逆向的磺化反应,是因为在高温或大量水存在下,—SO_3H 能解离成—$SO_3^- + H^+$,—SO_3^- 取代的芳环电子云密度增大,所以可以与 H^+ 反应,最后失去 SO_3 生成苯。

制备苯磺酸时,常使用过量的苯,反应时不断蒸出苯-水共沸物,以利于正反应的进行。苯环上带有活化基团时,逆反应较易进行;带有钝化基团时,逆反应较难进行。正逆磺化反应在反应进程中的能量变化情况如图 16-3 所示。

磺化反应的可逆性在有机合成中十分有用,在合成时可通过磺化反应保护芳核上的某一位置,待进一步发生某一反应后,再通过稀硫酸或盐酸将磺基除去,即可得到所需的化合物。例如,用甲苯制邻氯甲苯时,利用磺化反应来保护对位:

从图示可知,活性碳正离子中间体向正逆方向反应时,活化能十分接近。

图 16-3 芳香亲电取代反应中正逆磺化反应的势能图

习题 16-11 写出苯磺酸在稀硫酸作用下转化成苯的反应机理。

习题 16-12 为何硝化和卤化的亲电取代反应均是不可逆的,而磺化反应在稀酸条件下是可逆的?

习题 16-13 将苯磺酸与过量的 NaCl 混合后可以得到一种晶体。画出此晶体的结构式,并解释其原因。

16.6 Friedel-Crafts 反应

前面的亲电中心均为杂原子,构筑了碳杂原子键,但是在有机反应中,碳碳键的构筑是永恒的主题。

有机化合物分子中的氢原子被烷基取代的反应称为烷基化反应,被酰基取代的反应称为酰基化反应。1877 年,C. Friedel 和 J. M. Crafts 将戊基氯和铝条在苯中反应,发现生成了戊苯。后续的研究发现,这种苯环的烷基化反应是很普遍的,它的催化剂为 $AlCl_3$。苯环上的烷基化反应和酰基化反应统称为 Friedel-Crafts 反应,简称傅-克反应。20 世纪 40 年代,芳香化合物的烷基化反应在碳碳键的形成反应中占主导地位。在此基础上,科学家才逐渐发现烷基化合物的烷基化反应,如烷烃的异构化、烯烃的聚合以及汽油的重构化。

16.6.1 傅-克烷基化反应

傅-克烷基化反应的机理是,首先在催化剂的作用下产生的烷基碳正离子作为亲电试剂被苯环进攻,形成新的碳正离子,然后失去一个质子生成烷基苯。

在此可以参考在 S_N1 反应中容易形成碳正离子的那些物种,这些物种必定能发生傅-克烷基化反应。

卤代烷、烯烃、醇、环氧乙烷是常用的烷基化试剂,在适当催化剂的作用下都能产生烷基碳正离子。最初用的催化剂是三氯化铝,后经证明,许多 Lewis 酸和质子酸都可以起催化作用。现在常用的 Lewis 酸催化剂的催化活性顺序大致如下:

$$AlCl_3 > FeCl_3 > SbCl_5 > SnCl_4 > BF_3 > TiCl_4 > ZnCl_2$$

其中三氯化铝是效力最强、也是最常用的。但催化剂的活性常因反应物和反应条件的改变而发生变化,效力最强的催化剂并不一定在所有情况下都是最合适的催化剂,应根据被取代氢的活性、烷基化试剂的类别和反应条件来选择合适的催化剂。

有的烷基化反应不是碳正离子,而是解离以前的配合物被苯环进攻。究竟是烷基正离子被苯环进攻还是配合物被苯环进攻,要取决于卤代烷的极化程度和 Lewis 酸的催化活性,但这两种情况的实质是相同的。

卤代烷产生碳正离子的过程如下:催化剂如三氯化铝先和卤代烷形成配合物,使卤原子和烷基之间的键变弱,然后成为 R^+ 及 $AlCl_4^-$。这种 Lewis 酸和卤代烷的配合物在一定的条件下是可以分离出来的。

$$R-Cl: + AlCl_3 \longrightarrow R\text{---}Cl\text{---}AlCl_3 \longrightarrow R^+ + AlCl_4^-$$

例如,三氟化硼和氟乙烷在低温下可以形成稳定的配合物 $C_2H_5F \rightarrow BF_3$。以卤代烷为烷基化试剂时,卤代烷的结构直接影响烷基化的难易,通常三级卤代烷最活泼,一级卤代烷最不活泼。若烷基相同,以氟化物最活泼,碘化物最不活泼;与卤代烷一般反应性能恰恰相反。芳烃还可以和多元卤代烷进行烷基化反应,得到多核的取代烷烃。例如

四氯化碳进行傅-克烷基化反应通常只能进行三次,生成三苯氯甲烷。

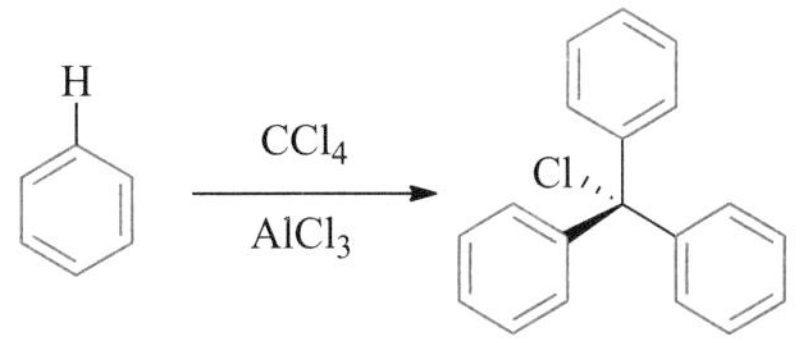

四氯化碳与苯反应,只有三个氯被芳基取代,第四个氯未能被芳基取代。

思考:为何不能进行第四次,即为何被三个芳环取代的碳正离子亲电能力大幅度下降?

当卤代烷或烯烃为烷基化试剂时,只需要催化量的 Lewis 酸即可;若用醇、环氧乙烷为烷基化试剂,至少要用等量的 Lewis 酸催化剂才行。质子酸也能使烯烃、环氧乙烷和醇产生烷基碳正离子,因此也能做催化剂。用质子酸做催化剂时,加入催化量即可。下面是几个烷基化反应的实例:

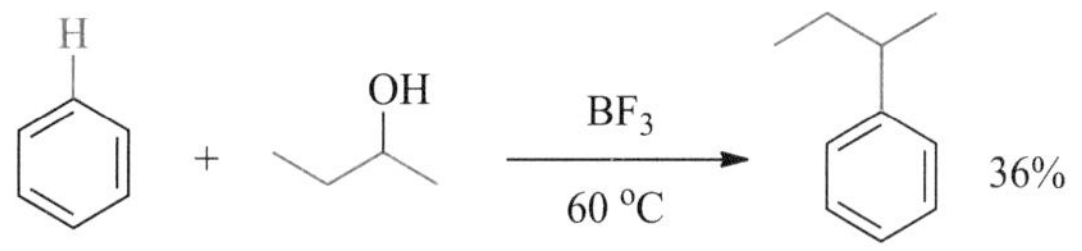

常用的质子酸有 HF、H_2SO_4 以及 H_3PO_4 等。

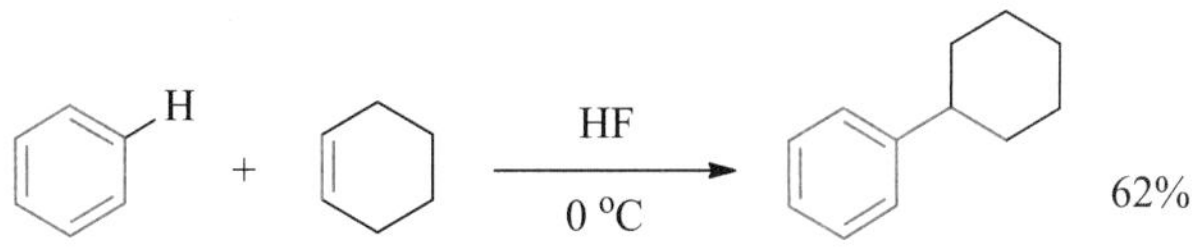

傅-克烷基化反应通常会伴随着两个重要的副反应:

(1)此反应的亲电试剂通常为碳正离子,因此会发生碳正离子的重排,生成不同烷基取代的芳香混合物。

(2)芳环的多烷基化反应。

先看碳正离子的重排。烷基化反应中的重排现象是十分普遍的:

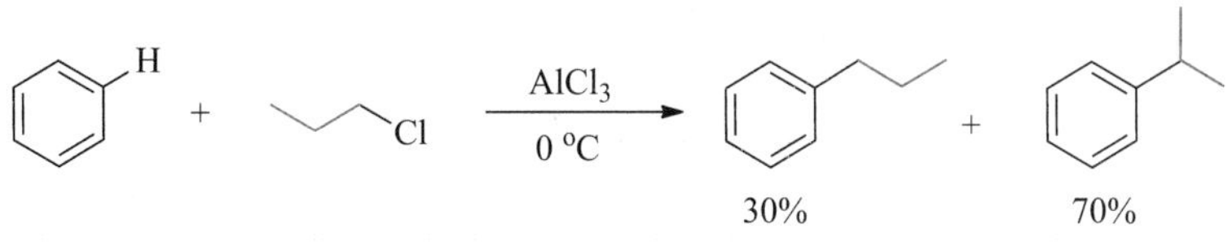

除烷基的结构外,催化剂的种类及反应温度,也会影响重排产物的多少。反应温度越低,重排产物越少。

得到混合物的原因就在于碳正离子的重排:

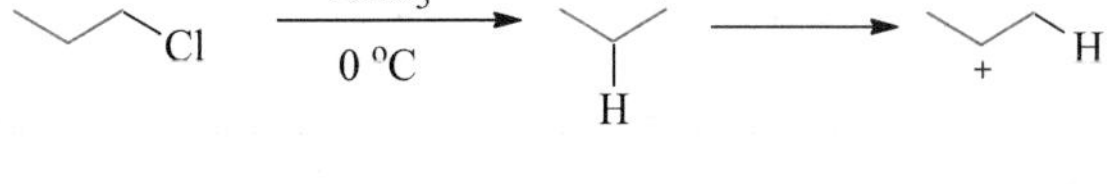

第二个副反应为芳环的多烷基化。傅-克烷基化往往不能停留在一元取代的阶段上,反应产物常常是一元、二元、多元取代苯的混合物,因此,此反应一般不适

用于合成。

25%　　　　15%

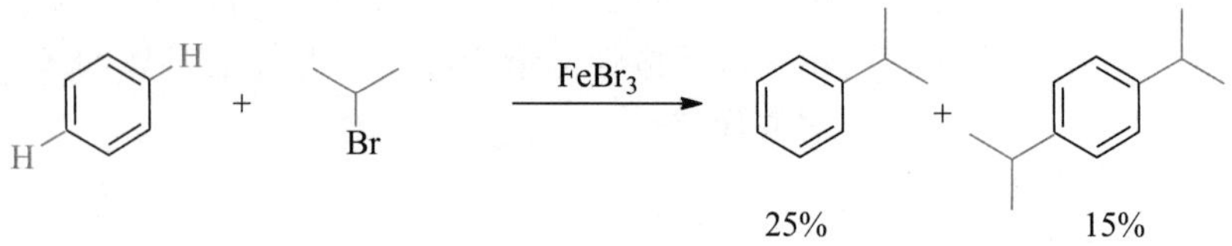

由 1,2,4-三甲苯转变为 1,3,5-三甲苯的反应过程如下：

进行多元取代反应时,反应温度、溶剂及催化剂的选择等都对产物的结构有影响。

这是因为烷基是一个邻/对位定位基团,它能提高邻、对位的电子云密度,从而使邻、对位的烷基更易发生去烷基化反应。但是,互为间位的烷基则相对较稳定。

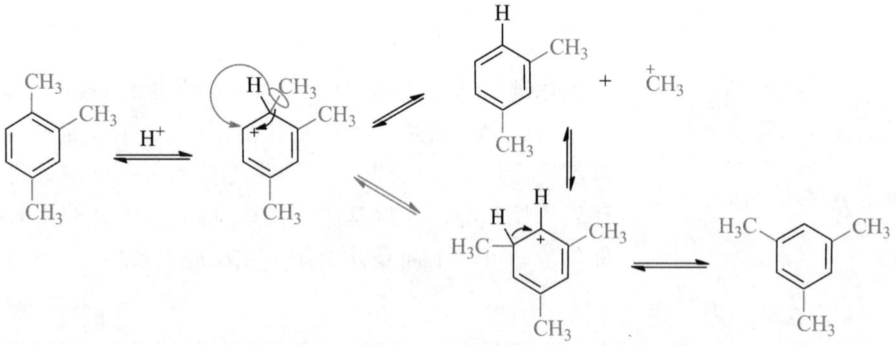

反应表明,处于邻、对位的多烷基苯在高活性催化剂或高温下能转化为间位的多烷基苯。

总之,傅-克烷基化反应是可逆的,在强活性催化剂的作用下,烷基苯既可以发生失烷基化反应,也可以发生再烷基化反应。

习题 16-14　写出在 Lewis 酸或质子酸作用下能形成傅-克烷基化反应的亲电物种的反应底物种类,并写出其转化成亲电物种的反应机理。

习题 16-15　将对二甲苯和甲苯在 $AlCl_3$ 的作用下在苯中回流 24 h,最后此反应的主要产物为 1,3,5-三甲苯。画出此转换的反应机理。

习题 16-16　通过网络检索了解对二甲苯的基本性质以及用途,画出工业合成的方法,并说明在工业生产中如何提高对二甲苯的产率。

习题 16-17　傅-克烷基化反应的主要亲电物种为碳正离子。通常碳正离子很容易重排,因此傅-克烷基化反应通常得到的是混合物。写出以下反应的所有一元取代的产物：

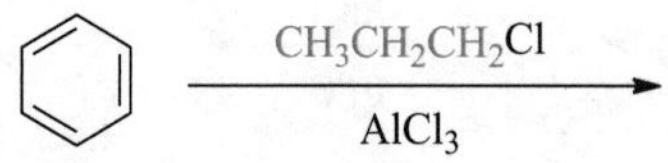

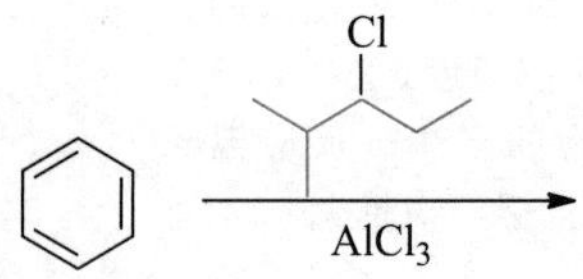

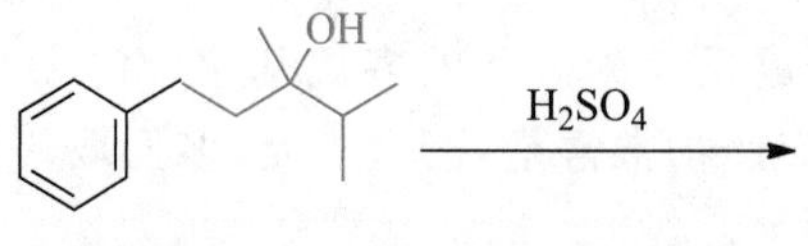

习题 16-18　结合傅-克烷基化反应对苯环的电性要求,预测下列哪些化合物不能发生傅-克烷基化反应。

C_6H_5CN、$C_6H_5CH_3$、$C_6H_5CCl_3$、C_6H_5CHO、C_6H_5OH、$C_6H_5COCH_3$

16.6.2　傅-克酰基化反应

使用酸酐时,也可以使用三氟乙酸共混体系。

傅-克酰基化反应的反应机理和烷基化是类似的,也是在催化剂的作用下,首先生成酰基正离子,然后和芳环发生亲电取代。常用的酰基化试剂是酰卤(主要是酰氯和酰溴)和酸酐。酰卤的反应活性顺序为

$$RCOI > RCOBr > RCOCl > RCOF$$

常用的催化剂是三氯化铝。由于 $AlCl_3$ 能与羰基配位,因此酰基化反应的催化剂用量比烷基化反应多。1 mol 含一个羰基的酰卤为酰化试剂时,催化剂用量要多于 1 mol,反应时酰卤先与催化剂生成配合物,少许过量的催化剂再发生催化作用使反应进行。若用 1 mol 含两个羰基的酸酐为酰化试剂,因同样原因,催化剂用量要多于 2 mol:

目前机理研究表明,在苯或稍不活泼的芳环反应中,作用的酰化物种为质子化的酰基正离子:

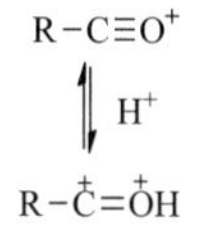

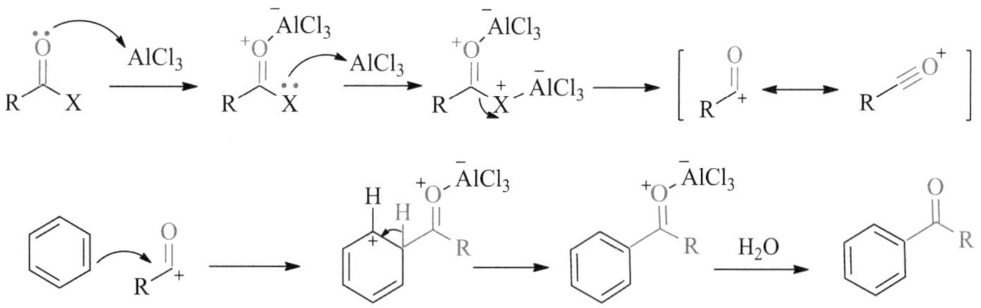

$$R-C≡O^+$$
$$\updownarrow H^+$$
$$R-\overset{+}{C}=\overset{\cdot\cdot}{O}H$$

酰基化反应不会有重排现象。

酰基是一个吸电子基团,当一个酰基取代苯环的氢后,苯环的活性就降低了;催化剂 $AlCl_3$ 和产物中的酮羰基的强配位作用使得苯环更加缺电子;此外,由于酰基正离子的反应活性不高,因此控制合适的反应条件,反应就可以停止在这一步,不会生成多元取代物的混合物。

反应结束后用水后处理,就能将酮羰基从其与 $AlCl_3$ 的配合物中释放出来。

傅-克酰基化反应是不可逆的,不会发生取代基的转移反应。鉴于以上两个特点,傅-克酰基化反应在制备上很有价值,工业生产及实验室常用它来制备芳香酮。这不但是合成芳香酮的重要方法之一,同时也是芳环烷基化的一个重要方法,因为生成的酮可以用 Clemmensen 还原法将羰基还原成亚甲基,而得到烷基化的芳烃。

酰基化反应结合后续的 Fries 重排学习。

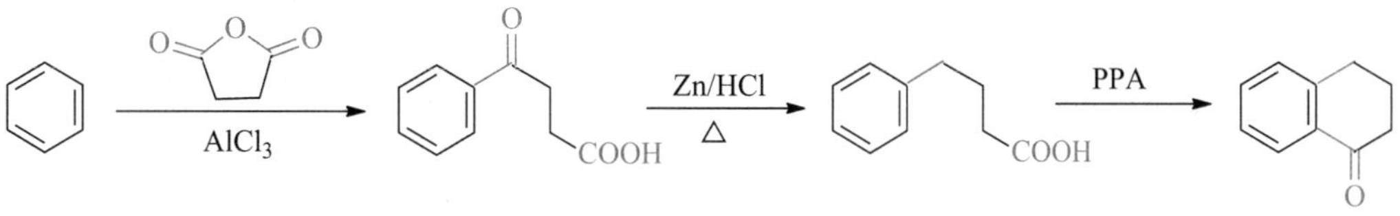

傅-克烷基化和酰基化反应的对比列于表 16-1。

表 16-1　傅-克烷基化和傅-克酰基化反应的对比

烷基化	酰基化
活性不强的苯类衍生物不能发生	只有苯、卤苯以及带有给电子基团的苯类衍生物才能发生
碳正离子易重排	酰基正离子不易重排
易发生多取代反应	通常只发生一次芳香亲电取代反应

习题 16-19　写出下列转换的合理的、分步的反应机理：

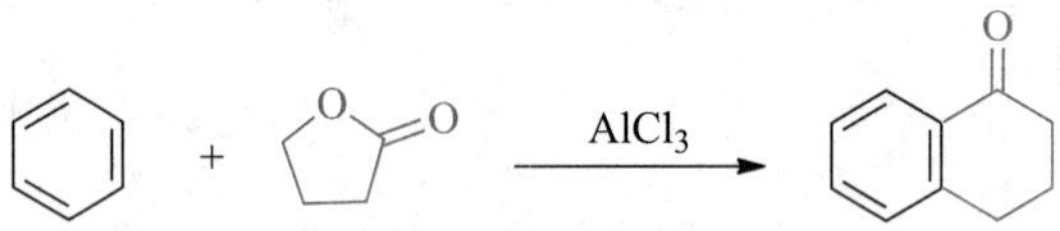

习题 16-20　完成以下反应式：

(i)

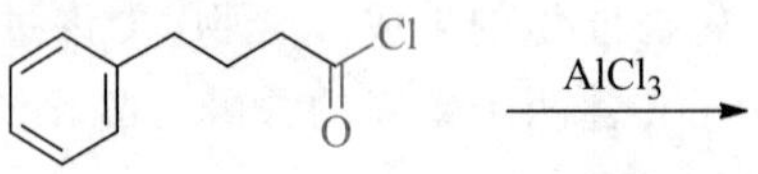

(ii)

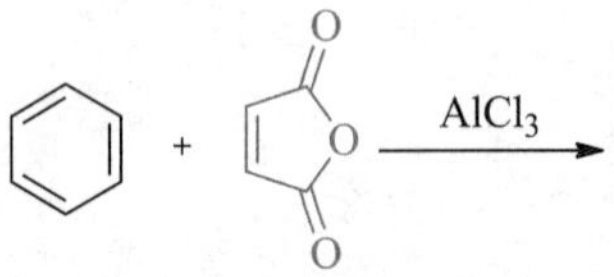

(iii)

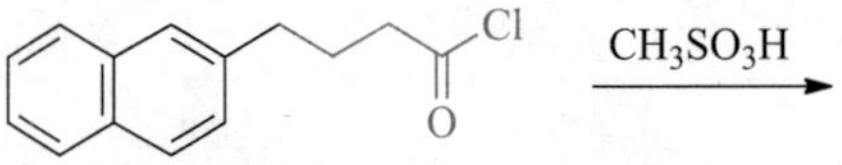

习题 16-21　利用傅-克酰基化反应、Clemmensen 还原合成以下化合物：

(i) 3-甲基-1-苯基丁烷　(ii) 二苯酮　(iii) 1-苯基-2,2-甲基丙烷　(iv) 正丁苯

16.7 Blanc 氯甲基化反应与 Gattermann-Koch 反应

常用的氯甲基化体系为：甲醛、浓 HCl 和氯化锌。

由于此中间体的活性不强，因此此反应只能在苯或给电子基团取代的苯环上进行。

氯甲基苯也称为苄氯（benzyl chloride），可通过苯与甲醛、氯化氢在无水氯化锌作用下反应制得，此反应称为 Blanc 氯甲基化（chloromethylation）反应。氯甲基化反应是在芳环上引入取代基的重要方法，氯甲基可以通过后续的各种反应引入更多的官能团。首先，甲醛与氯化氢作用，形成极限式如下的中间体：

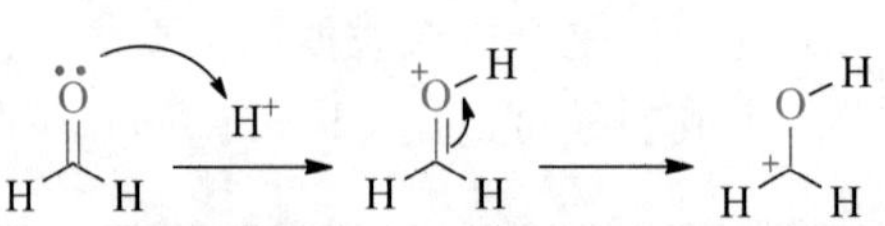

有的文献认为，反应的亲电物种不是羟甲基正离子 H_2C^+OH，而是氯甲基正离子 H_2C^+Cl。

中间体与苯发生亲电取代，生成苯甲醇；它与体系中的氯化氢作用很快形成氯化苄：

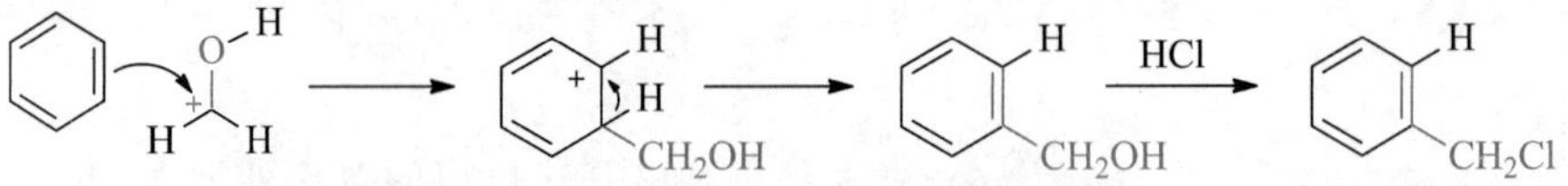

除了 CO 外，还可以有 HCN 和 RCN。

取代苯也可以进行氯甲基化反应。

由于甲酰氯（最简单的酰氯）是不稳定的，很容易分解生成 CO 和 HCl，因此，在苯环上利用甲酰氯进行傅-克甲酰基化反应是不可能的。然而，在 Lewis 酸及加压情况下，芳香化合物与等物质的量的一氧化碳和氯化氢的混合气体发生作用，可以生成相应的芳香醛。此反应叫 Gattermann-Koch 反应。在实验室中则用加入氯化亚铜来代替工业生产的加压方法。因氯化亚铜可与一氧化碳配位，使之活性增高而易于发生反应，其反应过程如下：

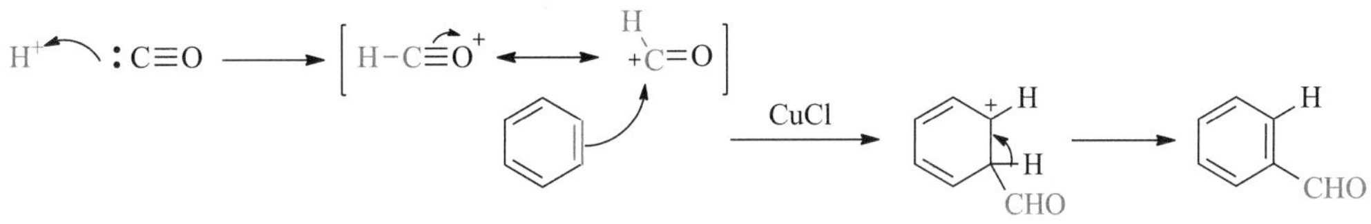

在学习此反应过程中，结合 Vilsmeier 反应和 Houben-Hoesch 反应。

1997 年，首次通过在高压下，利用 HF/SbF₅ 与 CO 反应，观测到了此亲电试剂 HCO^+。甲苯也能发生此反应，甲酰基进入甲基的对位。其他的烷基苯、酚、酚醚等易发生副反应，不宜进行此反应；含有强钝化基的化合物也不发生此反应。上述化合物另有其他在芳核上引入甲酰基的方法。

习题 16-22 除了 CO 可以用于在苯环上引入酰基外，HCN 和 RCN 也具有同样的作用。写出 HCN 和 RCN 在酸性条件下形成亲电物种的转化机理。

习题 16-23 二氯甲基甲基醚是在苯环上引入甲酰基的一种特殊试剂。写出二氯甲基甲基醚与苯在 $SnCl_4$ 作用下生成苯甲醛的反应机理，并分析与甲醛相比，其反应条件应该如何改变。

16.8 取代基的定位效应

前面介绍了苯的亲电取代反应，可以生成一元取代的苯衍生物。然而，一元取代苯进行亲电取代反应时，已有的基团将对后进入基团进入苯环的位置产生制约作用，这种制约作用即为取代基的定位效应（directing effect）。取代基的定位效应是与取代基的诱导效应、共轭效应、超共轭效应等电子效应紧密相关的。下面将针对这些电子效应对芳香亲电取代反应的影响进行讨论。

16.8.1 取代基的诱导效应和共轭效应

任何取代基的电子影响均是通过取代基结构的两种相互关联的效应决定的。这两种效应就是诱导效应和共轭效应。这两种效应有时相互矛盾，有时会同时发挥作用。在苯体系中，如果苯环上连接的原子电负性比碳大，那么它或它所连接诱导效应(参见 6.5.1)是通过骨架中的 σ 键起作用的,随距离的增加而迅速减弱。它与原子的电负性有关,受原子的电负性和由此诱导的 σ 键的极化所控制。

共轭效应的强弱取决于取代基上的 p(或 π)电子与苯环的 π 体系重叠程度的大小。

绝大多数取代基既可与苯环发生诱导效应,也可发生共轭效应,最终的表现是两者综合的结果。

的基团能使苯环上的 π 电子以及与此取代基相连的 σ 键上的电子通过 σ 键向取代基偏移,即具有吸电子诱导效应。共轭效应(参见 6.5.1)是使取代基的 p 电子(也就是孤对电子)或 π 轨道上的电子云与苯环的 π 体系互相重叠,从而使 p(或 π)电子发生较大范围的离域引起的。离域的结果若使取代基的 p 电子向苯环偏移,则发生了给电子共轭效应;若使苯环上的 π 电子向取代基偏移,则发生了吸电子共轭效应。以苯甲醚为例,由于氧的电负性比碳大,因此甲氧基通过它所连接的 σ 键对苯环有吸电子诱导效应;但是由于氧的孤对电子可以与苯环的 π 体系互相重叠,因此具有给电子共轭效应。

吸电子诱导效应　　　　　　给电子共轭效应

大部分取代基的诱导效应与共轭效应方向是一致的,只有少数原子或基团的诱导效应与共轭效应方向不一致。从最简单的连接方式开始分析,首先通过碳碳键与苯环连接的烷基,如甲基属于给电子基团,这是因为甲基上的 C—H 中 σ 电子与苯的 π 电子体系能发生 σ-π 超共轭作用。相反,三氟甲基由于氟原子的电负性,使之为吸电子基团。而那些通过杂原子如 N、O 和卤素原子与苯环相连的基团,或羰基、氰基、硝基和磺酸基(这些基团中的连接原子已经被极化为带正电的原子)等基团,均具有吸电子诱导效应。但是它们中的有些基团通常带有孤对电子或有 π 键,这使得它们成为了一种矛盾体,它们可能既具有吸电子诱导效应,同时又有给电子共轭效应。那么究竟哪一种效应占主导?这就依赖于杂原子的电负性相对大小和它们的 p 电子(也就是孤对电子)或 π 轨道上的电子云与苯环的 π 体系重叠的程度。如卤素的电负性比较大,它具有吸电子诱导效应;卤苯的卤原子的 p 轨道与苯环碳上的 p 轨道平行重叠,卤原子的孤对电子可以离域到苯环上,产生给电子共轭效应,但总的结果是吸电子诱导效应大于给电子共轭效应,因此卤素是弱的吸电子基团,它使苯环的电子云密度降低。而对氨基和烷氧基而言,给电子共轭效应大于吸电子诱导效应,使之为强的给电子基团。

与苯环相连的碳碳双键和叁键则具有给电子共轭效应。

而对于那些带有已被极化的双键或叁键的基团,羰基、氰基、硝基和磺酸基等,它们既具有吸电子诱导效应,又具有吸电子共轭效应,因此总的结果使得它们为吸电子基团:

在实际研究过程中,如何判别一个取代基是吸电子基团还是给电子基团? 在芳香亲电取代反应中,亲电试剂通常为缺电子体系。与苯相比,如果连接在苯环上的一个基团能使芳香亲电取代反应进行得更快,那么,此基团就是给电子基团(它使苯环的 π 体系富电子),它使苯环的亲电取代反应更易进行,活化了苯环,称为活化基团;如果连接在苯环上的基团使得芳香亲电取代反应变慢,此基团就是吸电子基团(它使苯环的 π 体系缺电子),它使苯环的亲电取代反应更难进行,就钝化了苯环,称为钝化基团。例如,通过带有不同取代基的苯衍生物进行硝化反应的速率对比,就可以看出取代基的电子效应对芳香亲电取代反应的影响:

OH	CH$_3$	H	Cl	CO$_2$C$_2$H$_5$	CF$_3$	NO$_2$
1000	25	1	0.033	0.0037	2.6×10^{-3}	6×10^{-8}

16.8.2　给电子诱导效应为主的取代基的定位效应

以烷基为代表讨论具有给电子诱导效应的基团的定位效应。以甲苯的硝化反应为例:

$$\text{(甲苯)} \xrightarrow[30\ ^\circ\text{C}]{\text{HNO}_3/\text{H}_2\text{SO}_4} \text{(邻)} 58\% + \text{(间)} 4\% + \text{(对)} 38\%$$

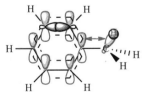

甲基的给电子能力是很弱的,因此它对苯环的活泼性影响也较弱。由此思考:为何傅-克烷基化反应时会得到间位的产物?

给电子诱导效应:电负性;
δ^{+I}: $\chi_{sp^3} < \chi_{sp^2}$。

实验结果表明,甲苯比苯容易硝化,大约快 4000 倍,且主要得到邻位和对位产物。甲苯比苯容易硝化的原因是,甲基具有微弱的给电子超共轭效应,这种超共轭效应使苯环上的电子云密度有所增加,而且主要受影响的位置为苯环的邻、对位,因此既使硝基正离子更容易被苯环的 π 电子体系进攻,同时也使反应过程中产生的碳正离子中间体的正电荷得到分散而稳定。所以甲苯比苯更易硝化。甲苯硝化主要得邻、对位产物,这同样可以从反应中间体碳正离子的极限式来分析:

邻位进攻:

碳正离子被烷基取代基所稳定
三级碳正离子

具有给电子共轭效应的羟基是通过其孤对电子与苯环的 π 体系共轭,而甲基没有孤对电子,是通过 C—H 的 σ 键起作用的。这种超共轭效应也称为 σ-共轭。这种 σ-共轭效应使得甲苯的 π 电子体系,或称为它的 HOMO 能级要比苯的稍高一些。这也是烷基苯比苯更容易进行芳香亲电取代反应的原因。

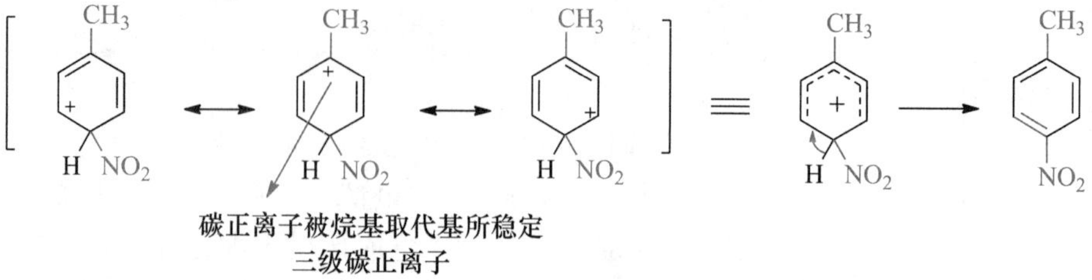

由于 σ-共轭效应比较弱,因此烷基苯硝化时会有少量的间位产物。

甲苯硝化时为何邻、对位的产物并不是等量的?烷基连接的苯环 HOMO 上的 π 电子云密度分布如下:

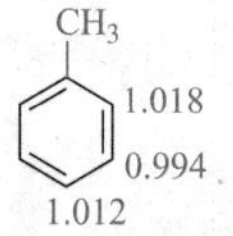

在邻、对位上也略有差别,对位的略小于邻位的。因此,硬的亲电试剂或基团如 NO_2^+ 与邻位结合更稳定。此外,由于这些取代基对芳环邻、对位的空阻不同,也会导致甲基对芳环邻、对位的电子效应略有差别。如果具有较大体积的亲电试剂参与反应,对位的产物常多于邻位的;如果取代基本身的空阻大,对位的产物也会多于邻位的。在叔丁苯的卤化反应中,对位产物与邻位产物的比例为 10∶1。综上所述,取代产物同时受电子效应和空间效应控制。

对位进攻:

碳正离子被烷基取代基所稳定
三级碳正离子

间位进攻:

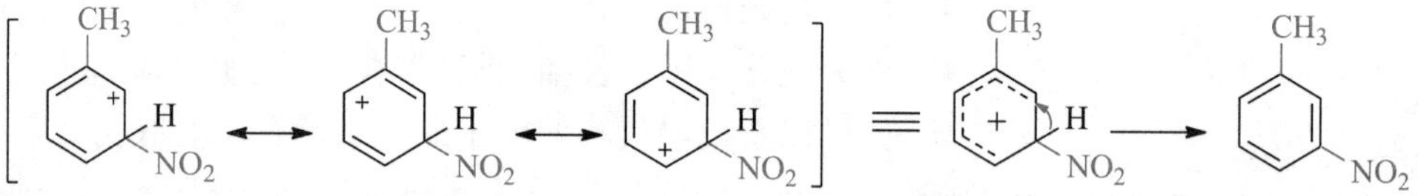

硝基正离子从甲基的邻、对位进攻苯环时,参与形成中间体碳正离子的极限结构中,正电荷可以位于与甲基相连的碳原子上(类似于一个三级碳正离子),甲基的给电子能力可使正电荷分散,因此该极限结构能量相对较低,形成相应的碳正离子杂化体所需的过渡态势能也较低。而间位进攻时,没有类似的极限结构参与形成中间体碳正离子的共振,也就是甲基没有起到任何的稳定作用。因此,在甲基邻、对位上的亲电进攻产生的正离子中间体要比在间位进攻产生的正离子中间体稳定,稳定中间体产生所需的活化能相对较低。所以甲苯硝化时优先生成邻、对位取代产物。

与甲基一样,具有给电子诱导效应的基团在芳环的硝化反应中均起邻、对位定位效应。这样的效应同样也适用于其他芳香亲电取代反应,如卤化、磺化、烷基化和酰基化等等。

习题 16-24 根据甲苯硝化时的反应中间体碳正离子的极限式,画出甲苯发生芳香亲电取代反应(此时亲电基团为 E^+)的中间体碳正离子的极限式。

习题 16-25 对甲基苯磺酸在有机合成中是具有非常重要作用的固体强酸。在甲苯的磺化反应中其产率约为 40%。与邻甲基苯磺酸的分离方法为磺化反应后加入 NaCl,即可得到固化的对甲基苯磺酸钠,分析其中原因。

习题 16-26 带有各种取代基的苯磺酰氯是非常重要的原料,若和醇反应,可以生成磺酸酯,为 S_N2 反应提供合适的离去基团;若与氨基反应,可以生成磺酰胺,是非常重要的药物。其常用的制备方法为取代苯与磺酰氯反应,如甲苯与氯磺酸反应,生成邻甲基苯磺酰氯(40%)和对甲基苯磺酰氯(15%)。完成反应式,说明产物为磺酰氯的原因。

16.8.3　吸电子诱导效应为主的取代基的定位效应

以三氟甲基为代表讨论吸电子诱导效应为主的取代基的定位效应。氟原子强的电负性使得三氟甲基具有吸电子诱导效应。在三氟甲基苯的硝化反应中,间位硝化的产物成为了唯一的产物(产率为96%):

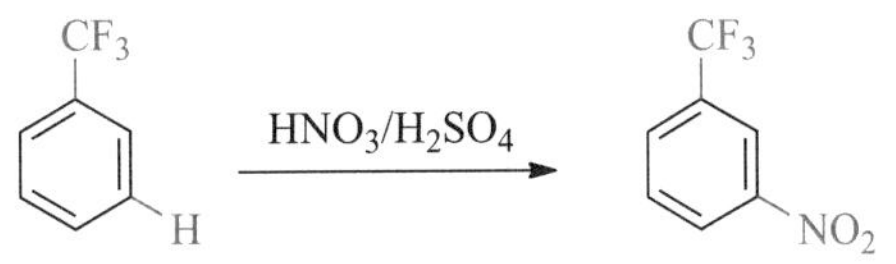

三氟甲基的吸电子诱导效应使苯环上的电子云密度降低,因此三氟甲基苯比苯更难硝化。从反应中间体碳正离子的极限式来分析:

邻位进攻:

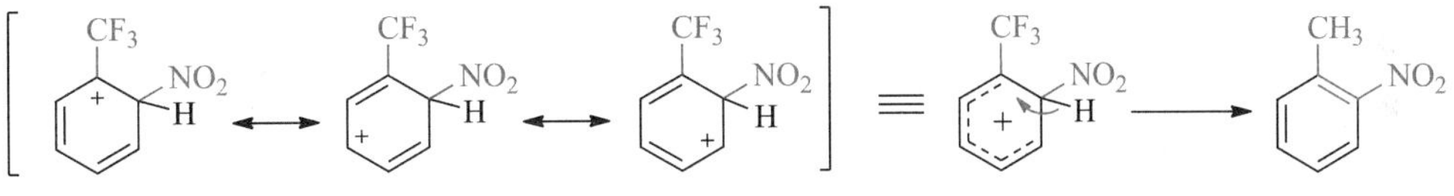

三个具有非常强电负性的氟原子强烈极化了 C—F 键,从而也极化了与芳环连接的 C—Ar 键。

极不稳定的碳正离子

对位进攻:

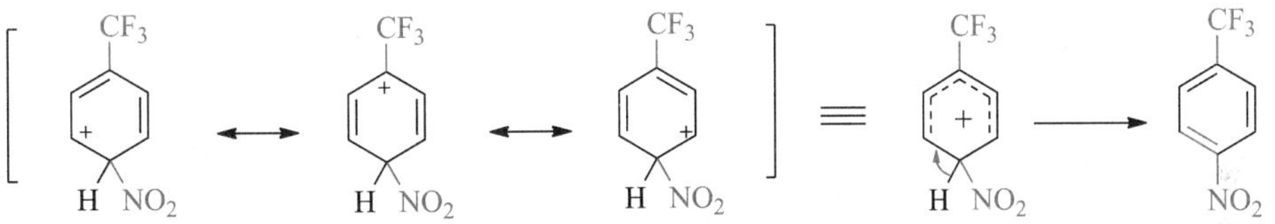

极不稳定的碳正离子

间位进攻:

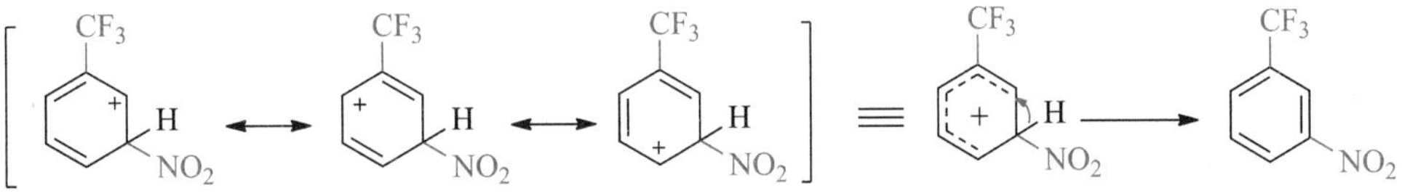

此三个共振式中的碳正离子没有一个与三氟甲基相连。

碳正离子相对以上而言均较稳定

这些缺电子体系的芳环与亲电试剂或基团的反应速率很慢,因此反应后必定要使正电荷远离芳环上原有的吸电子基团,即间位。

从以上的碳正离子中间体共振式分析可以发现,尽管三氟甲基的存在使得反应生成的正离子均不稳定,但是在邻、对位反应生成的中间体共振式均会有碳正离子与三氟甲基相连,吸电子诱导效应使得这个碳正离子更不稳定。因此,在此情况下,尽管反应不易进行,但当反应发生时,亲电基团优先在间位反应。吸电子诱导效应为主的取代基在芳香亲电取代反应中是钝化基团,起间位定位效应,为间位定位基团。

习题 16-27　根据三氟甲基苯硝化时的反应中间体碳正离子的极限式,画出三氟甲基苯发生芳香亲电取代反应(此时亲电基团为 E^+)的中间体碳正离子的极限式。

习题 16-28 铵离子也是一个具有较强吸电子诱导效应的取代基,三甲基苯基铵正离子的芳香亲电取代反应速率要比苯慢 10^7 倍。完成三甲基苯基铵正离子在浓硝酸和浓硫酸混合体系中的反应式。

16.8.4 给电子共轭效应为主的取代基的定位效应

氨基、羟基(或烷氧基)既具有给电子共轭效应,也具有吸电子诱导效应。那么在芳香亲电取代反应中,究竟是哪一种效应起主导作用?实验结果表明,氨基、羟基(或烷氧基)取代苯极易发生芳香亲电取代反应。如果没有 Lewis 酸作为催化剂,苯与溴不会反应。但是,苯酚和苯胺无需 Lewis 酸催化,在室温下就可以很快发生溴化反应,且很难控制在单取代产物,常生成 2,4,6-三取代的产物:

在苯酚的醇溶液中滴加 Br_2,起先,溴的黄色很快消失;但随着继续滴加,黄色会逐渐加深,这时,加入水,马上产生白色沉淀。此沉淀为 2,4,6-三溴苯酚。

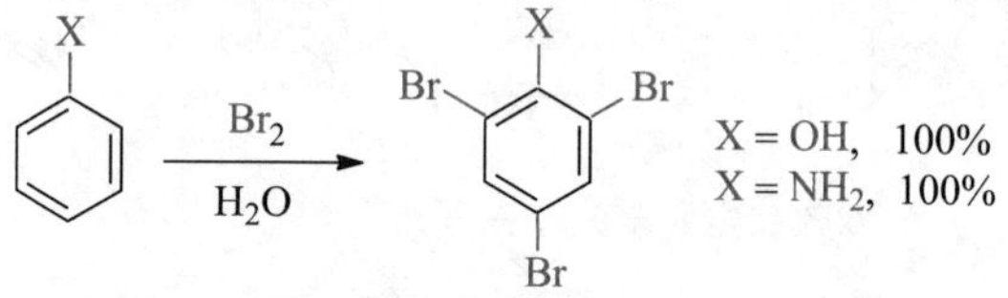

X = OH, 100%
X = NH2, 100%

这说明,这些基团的主导效应为给电子共轭效应。这种强的给电子共轭效应使苯环上的电子云密度大幅度增加,因此这既使亲电基团更容易进攻苯环,同时也使反应过程中产生的中间体碳正离子的电荷得到分散而稳定。氧或氮原子上的孤对电子通过给电子共轭效应大幅度抬升了苯环 π 电子体系的 HOMO 能级,使得其更易与亲电试剂或基团反应,因此很容易发生多取代反应。如果希望得到单取代的溴代产物,可以在非极性溶剂(如 CS_2)或酸性溶液中于低温下反应:

苯胺比苯酚,甚至比酚氧基负离子(phenoxide ion)更易发生芳香亲电取代反应。这是由于氮原子的电负性比氧原子的小,其孤对电子比氧的具有更高的能量,更容易与苯环 π 电子体系作用。

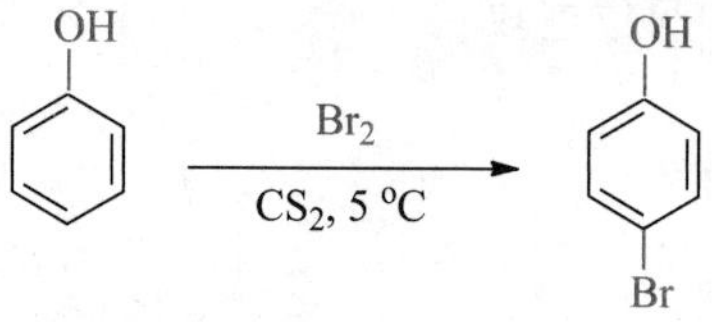

关于苯酚和苯胺在不同条件下的反应在后面的章节中还会作专门的讨论。其他可以活化苯环的基团还有烷基醚等。以甲氧基苯的硝化反应为例,分析反应中间体碳正离子的极限式:

邻位进攻:

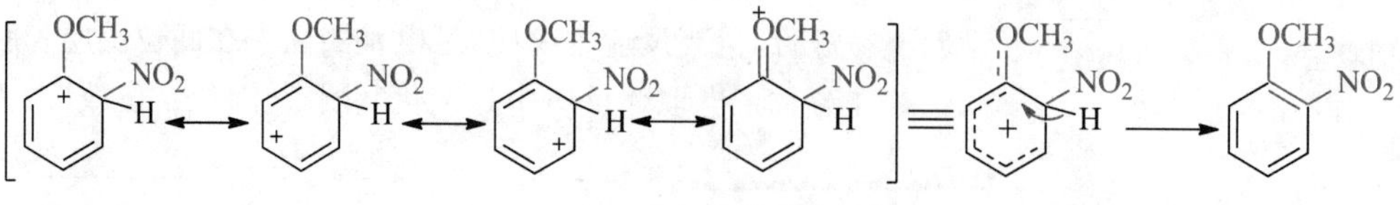

稳定性最强的正离子

对位进攻：

稳定性最强的正离子

间位进攻：

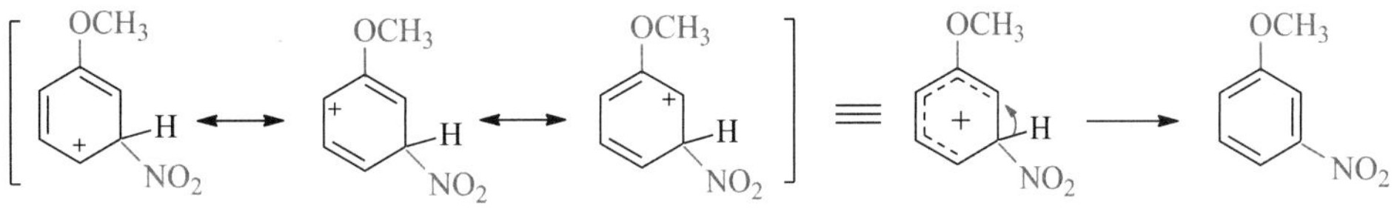

氨基和羟基负离子强的给电子能力常导致芳香亲电取代反应很难控制在单取代过程，因此常采用将氨基转化为乙酰基保护和将羟基转化为酯或醚的方式进行反应，它们仍然是邻/对位定位基团，但是反应活性会降低。

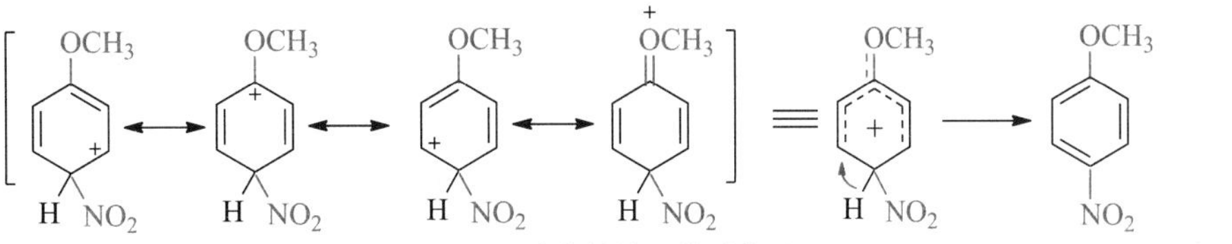

将苯酚与烯醇的反应结合在一起学习，可将苯酚的反应理解为烯醇的一部分。

因此，羟基、烷氧基、氨基以及其他以给电子共轭效应为主的取代基在芳香亲电取代反应中均是邻/对位定位基团。那么，如何看待在有些反应中，其主要产物为邻位取代产物，而在另一些反应中其主要产物却是对位的？这就需要讨论反应中的空阻效应。对比以下两个反应：

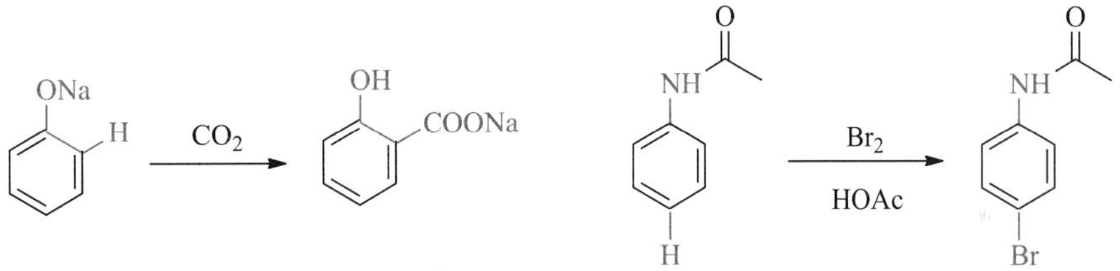

本质上而言，邻位产物多于对位产物是可以理解的，从统计上说，邻位有两个，而对位只有一个，因此从理论上计算，邻位产物的产率应该是对位的两倍。但是，实际上邻位反应的空阻要大于对位的，因此，当定位基团比较大时（如乙酰苯胺中的乙酰氨基），空阻效应将会起主导作用。另一种非常重要的效应也会导致邻位产物产率的降低，也就是吸电子诱导效应。苯环上的取代基若与苯环相连的原子的电负性比碳大，则此取代基具有吸电子诱导效应。例如，氧原子或氮原子，尽管它们通过其孤对电子的给电子共轭效应活化了苯环，但是与此同时，它们的 C—O 或 C—N 键也被极化，其 σ 键的电子偏向于氧原子或氮原子，这就会影响到与氧原子和氮原子最近的芳环上的原子（即邻位上的碳原子），从而降低了亲电试剂在邻位反应的可能性。

习题 16-29 在强酸性条件下，苯胺进行芳香亲电取代反应的速率被大大降低了。解释其原因，并预测在此条件下苯胺发生芳香亲电取代反应的主要产物。

习题 16-30 茴香醇是甘草香味和薰衣草芳香味的主要成分。通过网络检索确定茴香醇的结构,用系统命名法命名茴香醇,并以茴香醚为原料合成茴香醇。

16.8.5 吸电子共轭效应为主的取代基的定位效应

有些基团既具有吸电子共轭效应,又有吸电子诱导效应,那么在芳香亲电取代反应中其综合的结果是这些基团对芳环具有吸电子效应。具有强吸电子效应的基团取代的苯环上再次发生芳香亲电取代反应将会更为困难。例如,苯的硝化反应常规使用浓硝酸,硝基苯的硝化则必须使用发烟硝酸和浓硫酸的混合体系并于95℃下进行。其反应结果如下:

实验结果表明,硝基苯硝化时酸的浓度与苯硝化时相比大幅度增加,反应温度也进一步提高。这表明硝基苯比苯难硝化得多,需要用比较强的条件。

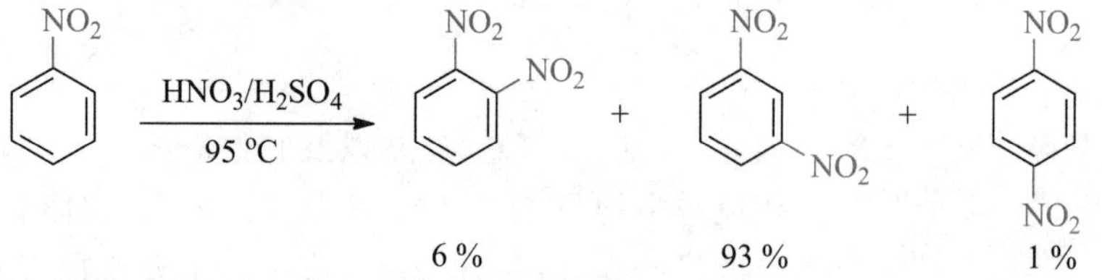

$$\xrightarrow[\text{95 °C}]{\text{HNO}_3/\text{H}_2\text{SO}_4}$$

6 %   93 %   1 %

实验结果主要得到间位产物,邻、对位产物极少。因此,在芳香亲电取代反应中,硝基为间位定位基团。

硝基苯比苯难硝化的原因是,首先氧和氮原子的电负性均大于碳原子,因此硝基有吸电子的诱导效应;其次硝基的 π 轨道与苯环的离域 π 轨道形成一个共轭体系,使苯环的 π 电子云进一步向硝基偏移,所以硝基是一个具有强吸电子诱导效应和吸电子共轭效应的取代基。它使苯环的电子云密度有较大程度的下降,这就增加了硝基正离子进攻苯环的难度,所以硝基苯比苯难硝化。硝基正离子分别从硝基的邻位、间位、对位进攻苯环时,可能生成的中间体碳正离子的极限式表明,硝基苯的硝化主要生成间位产物:

邻位进攻:

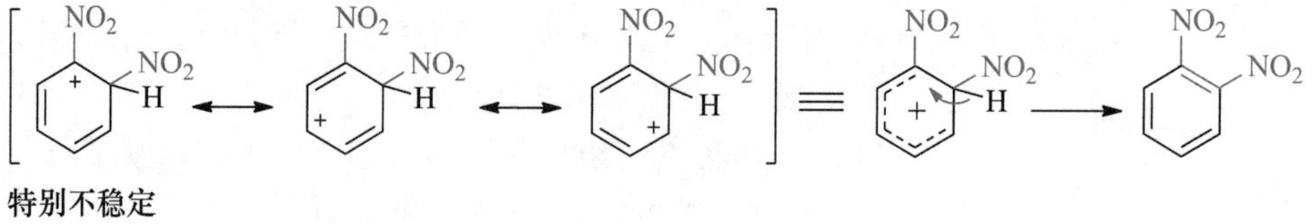

特别不稳定

导致它们不稳定的原因是,它们结构中各有一个带正电荷的碳原子直接和吸电子的带正电荷的氮原子相连,正电荷集中在两个相邻原子上的极限结构能量很高,很不稳定,由它参与形成的碳正离子的相应的过渡态势能一定也很高。

对位进攻:

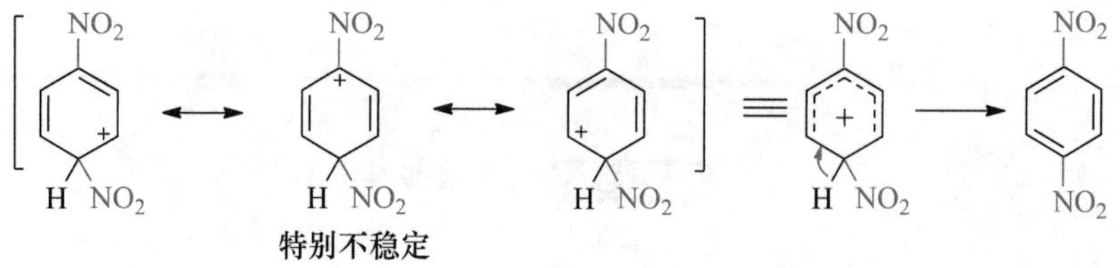

特别不稳定

间位进攻：

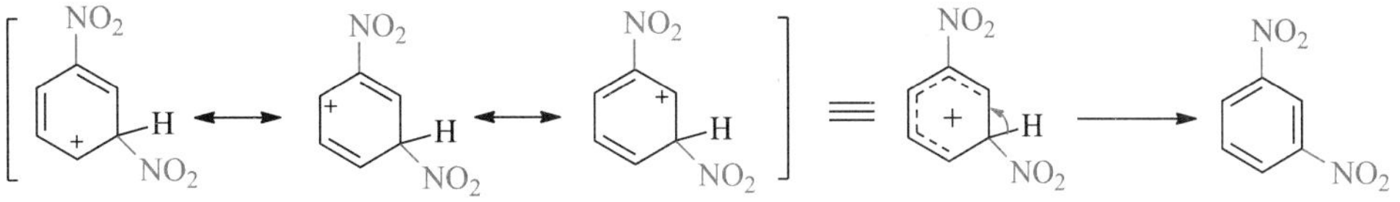

亲电试剂从硝基的邻位或对位进攻苯环时，各有一个特别不稳定的极限结构参与形成中间体碳正离子的共振。如果亲电试剂在间位进攻，参与形成中间体碳正离子的极限结构中，电荷分布没有特别不稳定的，因此杂化体碳正离子的能量相对较低，相应的过渡态势能较低，活化能低，反应容易进行，所以优先生成间位产物。生成各中间体碳正离子的能量关系如图 16-4 所示。

硝基苯的吸电子效应也指示了硝基苯硝化时主要生成间位硝基产物。因此，无论是吸电子诱导效应还是共轭效应的取代基（除卤素外），均能使苯环的电子云密度降低，从而使苯环在芳香亲电取代反应中变得钝化，这都使得苯环进攻亲电试剂或基团均定位于间位。类似具有间位定位效应的基团还有羧基、酯基、酮和醛羰基、氰基等等。

总的来说，如果任何一个取代基与苯环相连的原子具有正性极化电荷（δ＋）的话，此时发生芳香亲电取代反应后，苯环所形成的正电荷均不能出现在与此取代基相连的碳原子上，也就是说，邻、对位取代均不是优先选择的反应位置，间位取代才是最合适的。

势能图表明，硝基苯硝化时，优先生成的是间二硝基苯，而邻、对位二硝基苯难以形成。

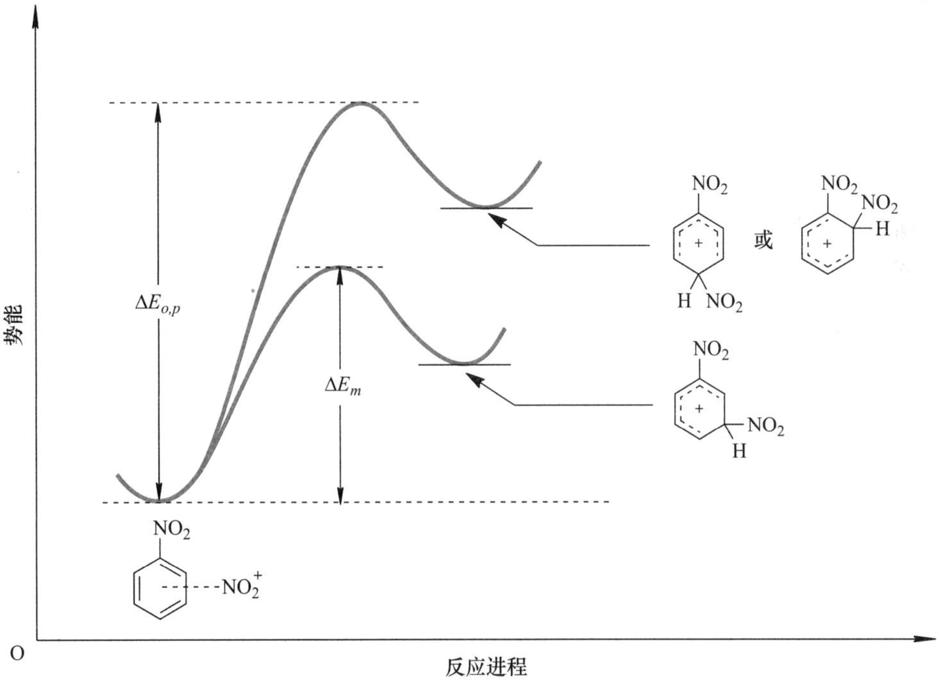

图 16-4 硝基苯硝化形成邻、间、对中间体碳正离子的势能图

习题 16-31 结合反应机理，讨论为何对甲苯乙酮不能进行傅-克酰基化反应，而对硝基甲苯却能进行硝化反应，而且 2,4-二硝基甲苯也能进行硝化反应。并说明在芳

香亲电取代反应中起主导作用的物种。

习题 16-32 苯甲酸乙酯硝化的主要产物是什么？写出该硝化反应过程中产生的中间体碳正离子的极限式和离域式。

16.8.6 卤原子取代基的定位效应

卤素既具有吸电子诱导效应，又具有给电子共轭效应。那么，它们在芳香亲电取代反应中的定位效应究竟是怎样的？氯苯硝化的反应结果如下：

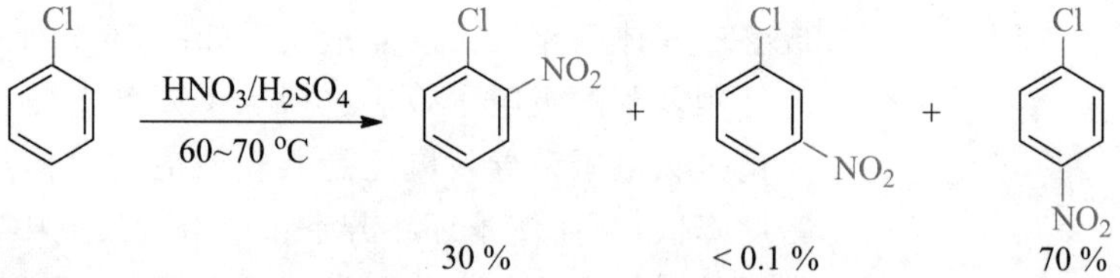

实验结果表明，氯苯进行硝化反应的温度要比苯的高，因此氯苯比苯难以硝化，取代基氯是一个钝化基团；可是主要得到邻、对位取代产物。氯苯比苯难以硝化表明，其与氨基和羟基不同，氯原子的吸电子诱导效应比给电子共轭效应强，总的结果使苯环上的电子云密度降低，这使得苯环不易进攻硝基正离子，同时产生的中间体碳正离子也不稳定，反应时过渡态势能增大，所以氯苯比苯难硝化。但又为何主要生成邻、对位取代产物？氯苯硝化时可能形成的中间体碳正离子的极限式及产物如下：

邻位进攻：

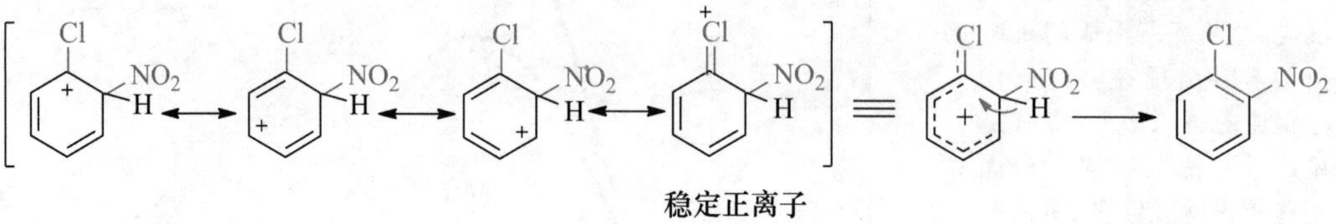

对位进攻：

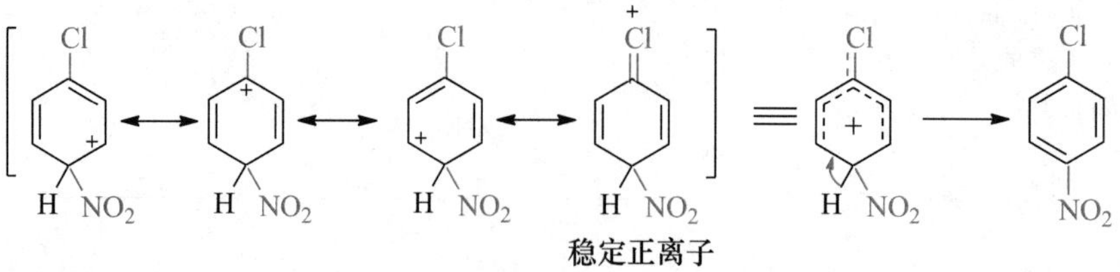

间位进攻：

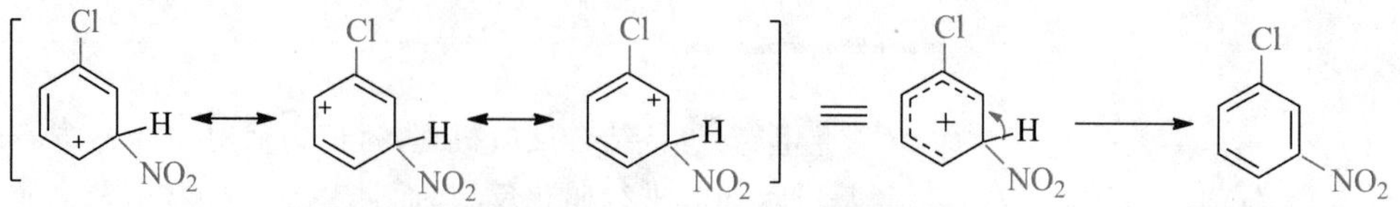

硝基从氯的邻、对位进攻苯环时,参与形成中间体碳正离子的极限结构中正电荷位于与氯原子相连的碳原子上,这是不稳定的。尽管氯的吸电子诱导效应明显强于给电子共轭效应,但氯原子仍可以通过共轭效应供给 p 电子,形成氯鎓离子,这使得底物中每个原子的最外层均有 8 个电子,比较稳定。硝基正离子被苯环邻、对位进攻时,形成的中间体碳正离子能量较低,相应的过渡态势能也较低,因此氯苯硝化时,容易形成邻、对位硝基氯苯。反应时生成各中间体碳正离子的能量关系如图16-5 所示。

势能图表明,氯苯硝化时,优先生成邻、对位产物。一般来讲,对位产物的产率高于邻位产物。其他卤原子如氟、溴和碘的定位效应与氯一致。因此,卤原子取代基是钝化基团,但具有邻、对位定位效应。

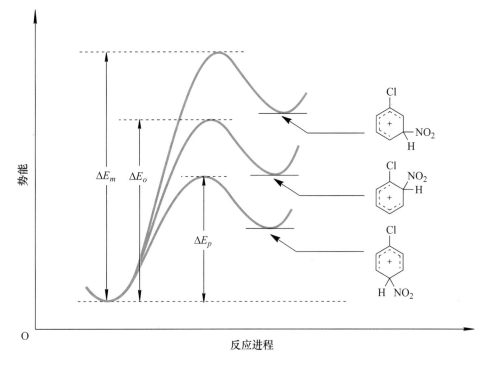

图 16-5 氯苯硝化形成邻、间、对中间体碳正离子的势能图

习题 16-33 通过文献检索,画出杀虫剂 DDT 的结构式,并写出工业上利用氯苯和三氯乙醛为原料在 99%硫酸作用下合成 DDT 的分步的、合理的反应机理。

16.8.7 取代基的反应性能和定位效应总结

甲苯、三氟甲基苯、甲氧基苯、硝基苯和氯苯硝化的实验事实说明,苯环上已有的取代基会对后进入基团进入苯环的位置产生定位效应。定位效应可结合下面的式子来说明:

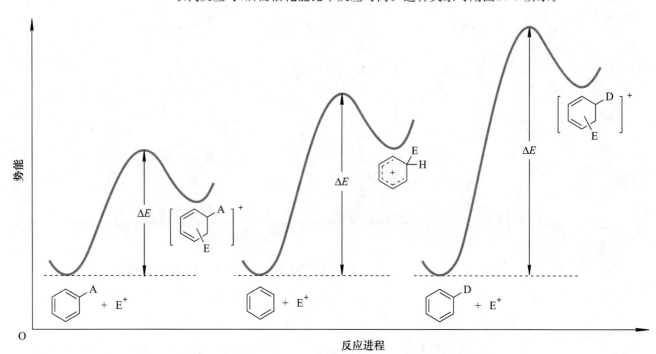

实际上,卤素、羟基、烷氧基、氨基等基团均是既具有吸电子诱导效应,又有给电子共轭效应的基团。卤素是吸电子诱导效应强于给电子共轭效应,因此它属于钝化基团;而羟基、烷氧基、氨基等是给电子共轭效应强于吸电子诱导效应,因此它们属于活化基团。此外,所有邻/对位定位基团中与苯环连接的原子均具有孤对电子。

给电子基团:EDG
吸电子基团:EWG

式中 G 为苯环上已有的取代基,E^+ 为亲电基团。在反应时,如果 E 优先在 G 的邻、对位反应,G 为邻/对位定位基团(ortho/para directing group);若 E 优先在 G 的间位反应,G 为间位定位基团(meta directing group)。一取代苯有两个邻位、一个对位和两个间位。假定每个位置的平均反应概率为 20%,因此邻/对位取代产物之和超过60%的为邻/对位定位基团,间位产物超过 40%的为间位定位基团。G 对 E 进入苯环的难易也有影响,若使 E 进入苯环变得容易,称 G 为活化基团(activation group);若使 E 进入苯环变得困难,称 G 为钝化基团(deactivation group)。带有活化基团的苯环发生亲电取代反应时,所需活化能比苯反应时低;而带有钝化基团的苯环发生亲电取代反应时,所需活化能比苯反应时高。这种关系可用图16-6 所示。

图 16-6　苯及带有活化基团或钝化基团的苯进行亲电取代反应的势能图
图中 A 和 D 分别代表活化基团和钝化基团,E^+ 为亲电试剂

活化基团使得反应速率加快;而钝化基团使反应速率变慢。取代基对苯环发生硝化反应的速率的影响对比如下:

OH	CH₃	H	CH₂Cl	Cl	COOEt	CF₃	NO₂	N⁺(CH₃)₃
1000	25	1	0.71	0.033	0.0037	2.6×10^{-5}	6×10^{-8}	1.2×10^{-8}

综合上面两种影响,可以把所有的基团分成三类(图 16-7):

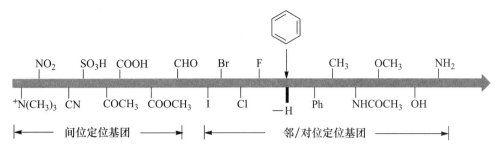

图 16-7 芳香亲电取代反应中取代基活化能力的分布图

取代基对苯环活性的影响及对后进入取代基进入苯环位置的影响,实际上都是对苯环亲电取代反应速率常数的影响。活化基团使苯环的亲电取代反应的速率常数变大,钝化基团使苯环的亲电取代反应的速率常数变小。

(1)致活的邻/对位定位基团:它们可以使苯环上的亲电取代反应易于进行,并使后进入取代基进入苯环时,主要进入到原取代基的邻、对位。

(2)致钝的间位定位基团:它们使苯环上的亲电取代反应难以进行,并使后进入取代基进入苯环时,主要进入到原取代基的间位。

(3)致钝的邻/对位定位基团:它们使苯环上的亲电取代反应难以进行,并使后进入取代基进入苯环时,主要进入到原取代基的邻、对位。

取代基对苯环活性的影响是针对整个苯环而言的,它反映了带不同取代基的苯环的亲电取代反应的速率常数差别(表 16-2)。定位则是对同一苯环中的不同位置而言的,邻/对位定位基团是在同一苯环上,邻、对位发生亲电取代反应的速率常数比间位的大;间位定位基团则是在同一苯环上,邻、对位发生亲电取代反应的速率常数比间位的小。甲苯、苯、硝基苯的亲电取代反应的速率常数比较如下:

当考虑取代基对苯环反应性的影响时,必须分析诱导效应和共轭效应贡献的大小和是否一致。

$$k_{甲苯邻/对位亲电取代} > k_{甲苯间位亲电取代} > k_{苯亲电取代} > k_{硝基苯间位亲电取代} > k_{硝基苯邻/对位亲电取代}$$

表 16-2 带有不同取代基的苯环的硝化反应结果

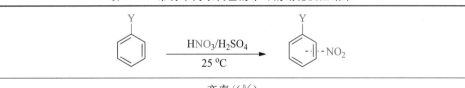

给电子基团加速芳香亲电取代反应,吸电子基团使芳香亲电取代反应变慢。
总之,最强的给电子基团决定了苯环芳香亲电取代反应进入的位点。定位能力强的基团优先于定位能力弱的;定位能力相差不大的会产生竞争,导致产物为混合物。

产率/(%)							
取代基 Y	邻位	间位	对位	取代基 Y	邻位	间位	对位
—$^+$N(CH$_3$)$_3$	2	87	11	—F	13	1	86
—NO$_2$	7	91	2	—Cl	35	1	64
—CO$_2$H	22	76	2	—Br	43	1	56
—CN	17	81	2	—I	45	1	54
—CO$_2$Me	28	66	2	—Me	63	3	34
—COMe	26	72	2	—OH	50	0	50
—CHO	19	72	9	—NHAc	19	2	79

取代基的上述分类只不过是大致的、定性的区分,便于确定反应中什么是主要

产物。事实上,多数化合物是三种异构体都同时生成,而仅在数量上各有较大的差别。产生这种现象的原因是因为在反应过程中,总有一些反应物分子和试剂分子的碰撞比其他大多数反应物分子和试剂分子的碰撞更强有力,这种强有力的碰撞所产生的能量也较其他碰撞高,可以形成能量较高的中间体碳正离子,一旦这种中间体碳正离子生成,它就会很快地转变成产物,故产物中会有三种异构体。

习题 16-34　苯基作为取代基时在芳香亲电取代反应中为活化基团,属于邻/对位定位基团,解释其原因,并画出联苯发生芳香亲电取代反应时的正离子中间体。

习题 16-35　解释磺酸基为间位定位基团的原因,并画出苯磺酸发生芳香亲电取代反应时的正离子中间体。

16.9　苯环上多元亲电取代的经验规律

苯环的多元亲电取代是指二元取代苯或含有更多取代基的苯衍生物进行亲电取代反应,其中最简单的是二元取代苯的进一步取代。和苯的二元取代一样,苯环上已有的取代基对新进入苯环的取代基也有定位作用。二元或多元取代苯的定位问题好像比一元取代苯复杂,但是,若从芳香亲电取代反应的本质去理解,则会变得容易。这是芳环与亲电基团的反应,由于亲电基团是缺电子的,因此活化基团可以加速在芳环邻、对位上的亲电进攻;而钝化基团会减慢在芳环邻、对位上的亲电进攻。因此,可以总结出以下规则:

定位基团的定位能力可以分为以下四类:
最强:羟基、烷氧基、氨基;
第二类:烷基;
第三类:卤素;
第四类:间位定位基团。

（1）多数情况下,活化基团的作用超过钝化基团的作用,因此定位效应由活化基团控制。例如

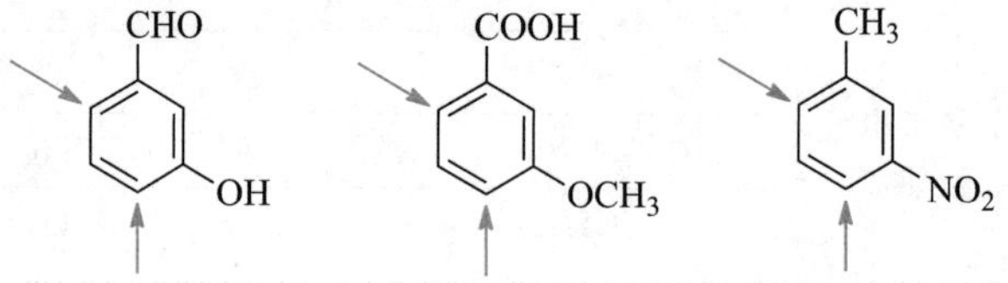

在此状态下,羟基和氨基的两个邻位是一致的。

（2）强活化基团的影响比弱活化基团的影响大,因此定位效应由强的活化基团控制。例如

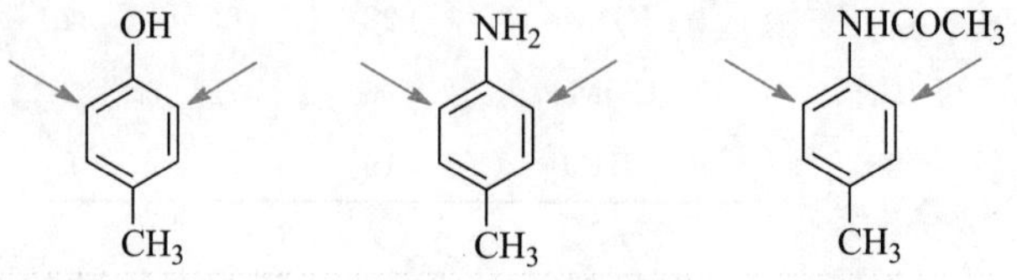

（3）两个基团的定位能力没有太大差别时，主要得到混合物。例如

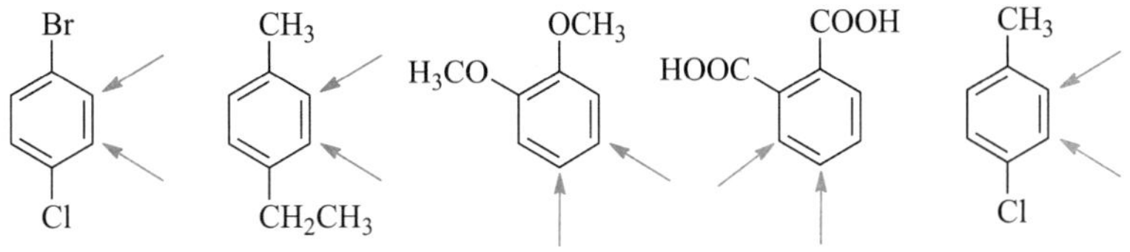

（4）在预期得到混合物的情况下，在结合以上规则的基础上，可以不考虑较大取代基的邻位以及两个取代基中间的位置。例如（黑色虚线箭头表示不进入位点）

黑色虚线箭头标识的位置，主要由于空阻大导致亲电试剂或基团不能进入。

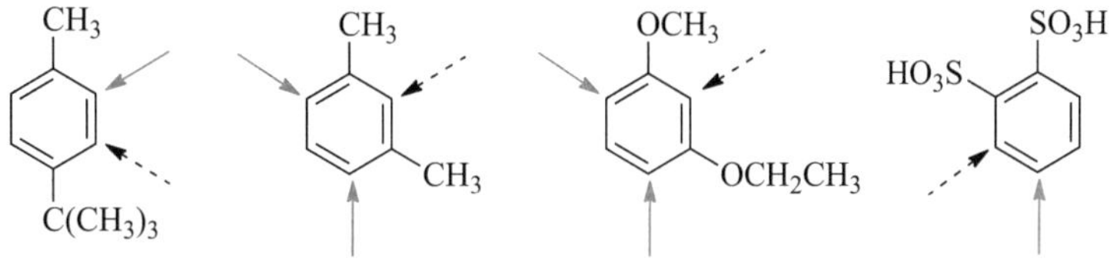

（5）在预期得到混合物的情况下，在结合以上规则的基础上，可以通过增加取代基来减少反应产物的种数。例如

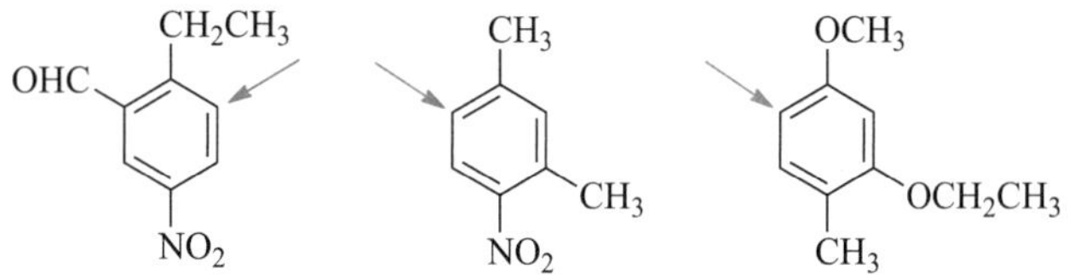

　　巧妙地利用取代基的定位效应，合理地确定取代基进入苯环的先后次序可以有效地合成各类芳香族化合物。例如，由苯合成邻硝基氯苯，要先将苯氯化后再进行硝化反应；但是氯苯的硝化反应主产物为对硝基氯苯，因此常规的方法是先将氯苯磺化，得到对氯苯磺酸后，接着再进行硝化。此时，氯原子是邻/对位定位基团，磺酸基为间位定位基团，因此硝化反应将只能在氯的邻位进行，得到 4-氯-3-硝基苯磺酸，再通过水解反应脱除磺酸基，最终得到邻氯硝基苯：

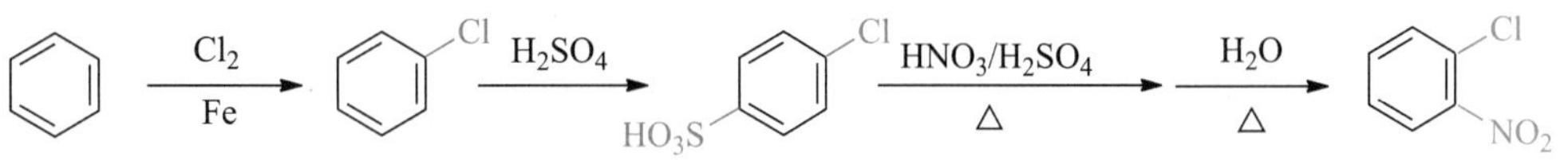

　　又如，用甲苯制备 3-硝基-5-溴苯甲酸时，因为三个取代基互为间位，因此要优先引入间位定位基团，即要先氧化甲基得到苯甲酸，再进行硝化反应得到 3-硝基苯甲酸，最后再通过溴化反应得到最终产物：

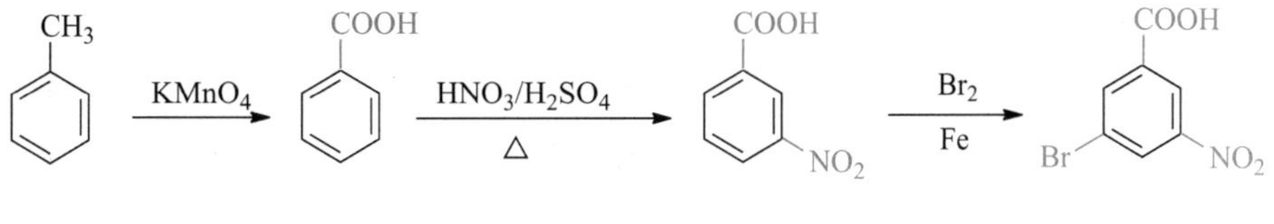

随着进入基团体积的增大，邻位异构体产量减少，对位异构体增多，这主要是空间效应的结果。因此在进行反应和合成时，要全面考虑问题。

除取代基的定位效应外，反应温度、溶剂、催化剂、新进入取代基的极性和体积等众多因素对取代基进入苯环的位置也都有影响。例如，甲苯在不同温度下进行磺化，所得产物中各异构体的产率如下：

反应温度/℃	邻位/(%)	对位/(%)	间位(%)
100	13	79	8
0	50	43	4

又如，溴苯分别用三氯化铝和三氯化铁做催化剂进行溴化，所得异构体的产率分别如下：

催化剂	邻位/(%)	对位/(%)	间位/(%)
$AlCl_3$	8	62	30
$FeCl_3$	13	85	2

再如溴苯氯化，产物中邻、对、间位异构体产率分别为 42%，51%，7%。

总的来说，多元取代苯的芳香亲电取代反应受最强活化基团控制；空阻效应也会起一定的作用；只有一个占优的活化基团的多取代苯环反应，产物的选择性最高。

习题 16-36　利用电子效应解释甲氧基、羟基、氨基以及烷基为何是邻/对位定位基团，而硝基和铵盐正离子是间位定位基团。

习题 16-37　用箭头表示以下化合物在芳香亲电取代反应中新引入基团的位置：

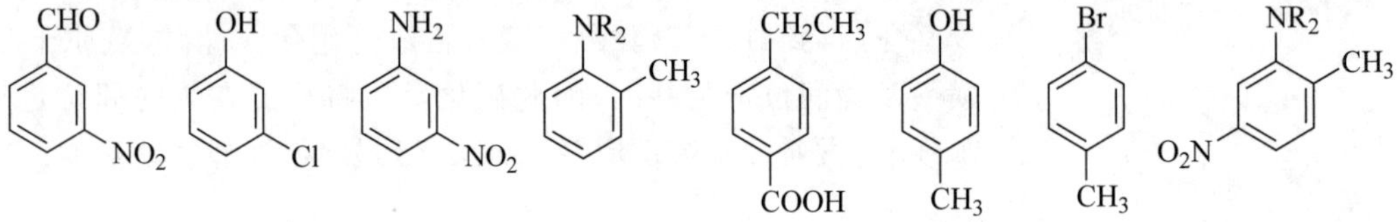

16.10　萘、蒽和菲的亲电取代反应

对于芳香亲电取代反应而言，萘是活化体系，定位效应与苯环基本一致。

在正常情况下，萘比苯更易发生典型的芳香亲电取代反应，硝化和卤化反应主要发生在 C1 位上。由于萘十分活泼，溴化反应不用催化剂就可进行，氯化反应也只需在弱催化剂作用下就能发生。为什么取代反应主要发生在 C1 位上？

中间体的高度离域特性说明了萘环进行芳香亲电取代反应的容易性。取代基进攻 α 位形成的碳正离子中间体有五种共振式的杂化体,其中有两个稳定的含有完整苯环结构的极限式;而进攻 β 位形成的碳正离子中间体只有一个稳定的含有完整苯环结构的极限式,所以前者比后者稳定。显然,稳定碳正离子相对应的过渡态势能也相对较低,所以进攻 α 位,反应活化能较小,反应速率快。

在 C1 位反应的共振式:

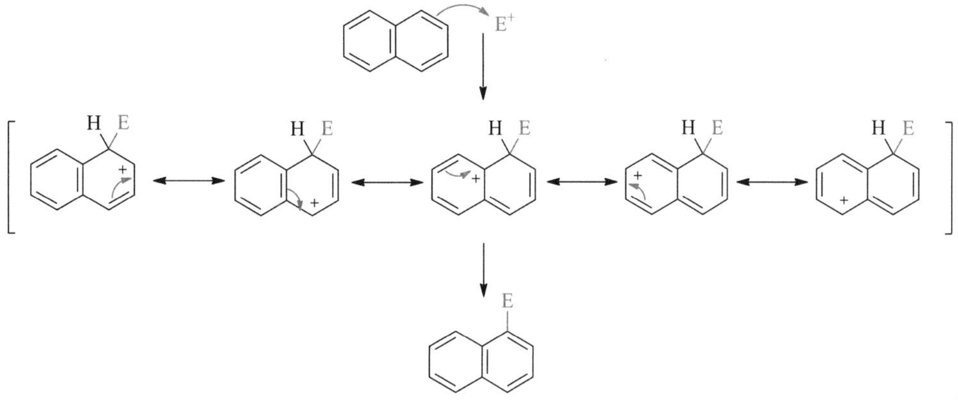

在 C2 位反应的共振式:

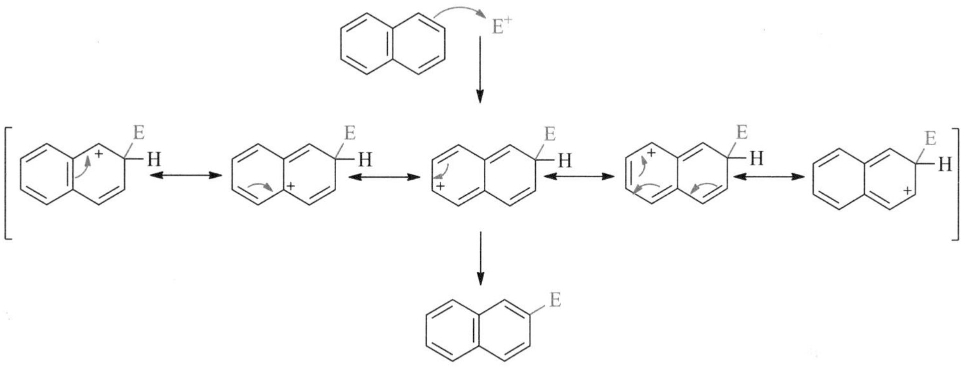

1-萘磺酸的三维模型:

α 位更为拥挤

萘的酰基化反应既可以在 α 位发生,也可以在 β 位发生,反应产物与温度很有关系。

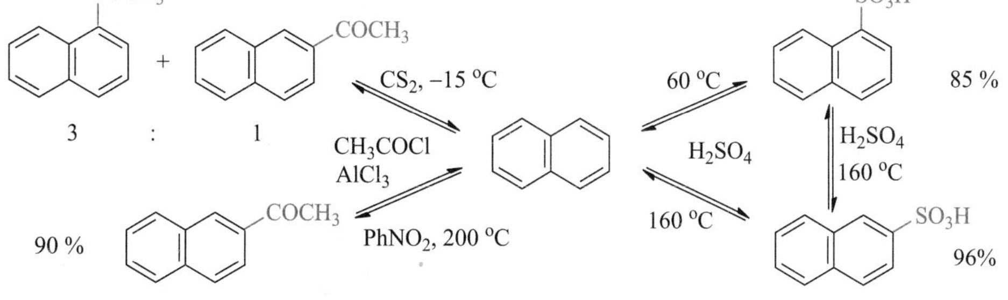

不管在萘环的 C2 位还是在 C4 位硝化,均只有一个如图所示的主要共振体,C4 位产物为主要产物。

与萘的硝化、卤化反应一样,生成 1-萘磺酸比生成 2-萘磺酸活化能低,低温条件下提供能量较少,所以主要生成 1-萘磺酸。但磺化反应是可逆的,由于 1-磺基与异环的 α-H 处于平行位置,空阻较大,不稳定,随着反应温度升高,1-萘磺酸增多,α-磺化反应的逆向速率将逐渐增加;另外,温度升高也有利于提供 β-磺化反应所需的活化能,使其反应速率也加大,2-磺基与邻近的氢距离较大,稳定性好,其逆向反应速率很慢,所以 1-萘磺酸逐渐转变成 2-萘磺酸。结果表明,1-萘磺酸的生成是受动力学控制的,而 2-萘磺酸的生成是受热力学控制的。

一取代萘进行亲电取代反应时,第一取代基也有定位效应,卤素以外的邻/对

位取代基使环活化,因此取代反应主要在同环发生:

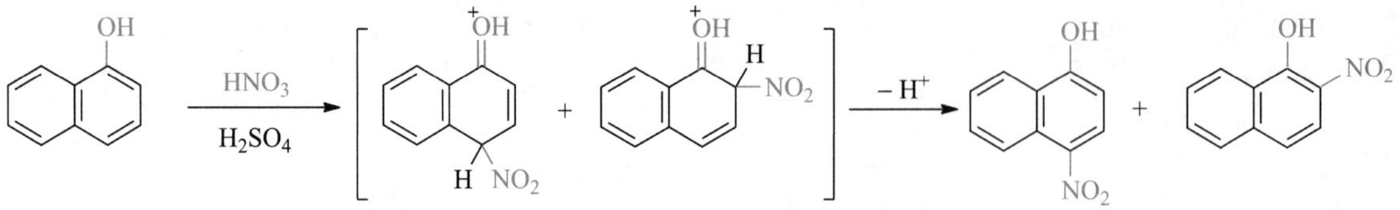

如果第一取代基在 C2 位时,有时 C6 位也能发生取代反应,因为 C6 位也可以被认为是 C2 位的对位:

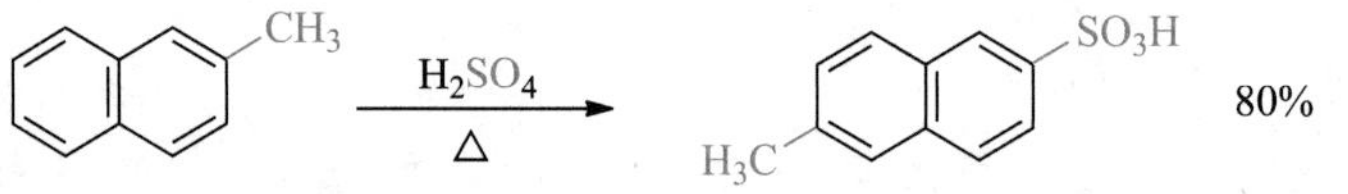

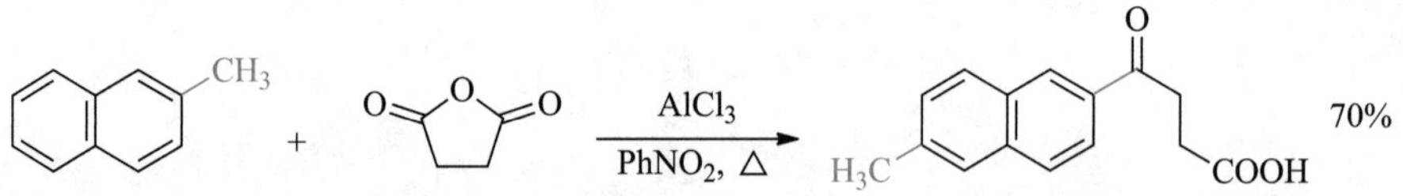

间位取代基使萘环钝化,但取代反应主要发生在另一环的 C5 和 C8 位:

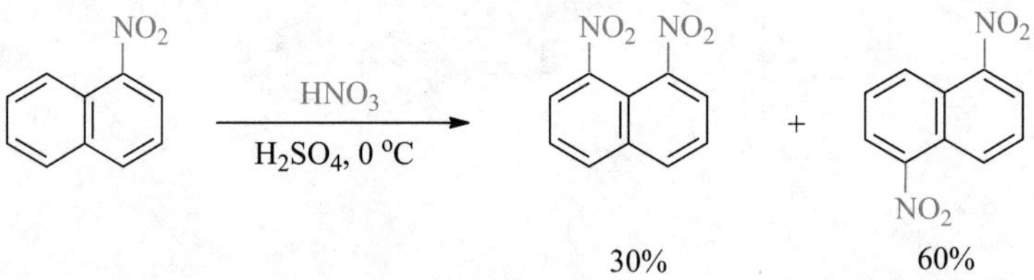

但是,磺化和傅-克反应常在 C6 和 C7 位发生,生成热力学控制的产物:

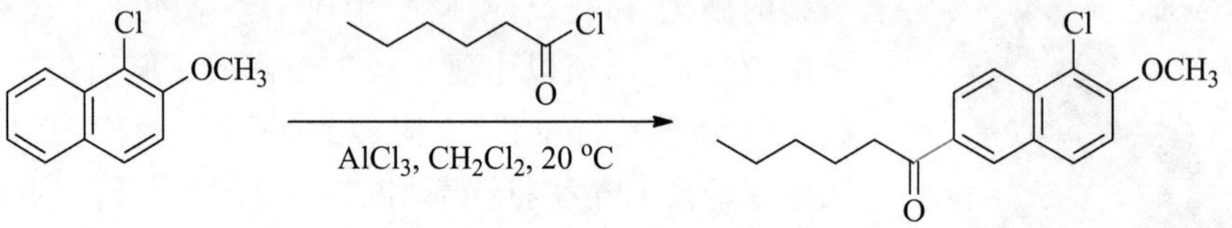

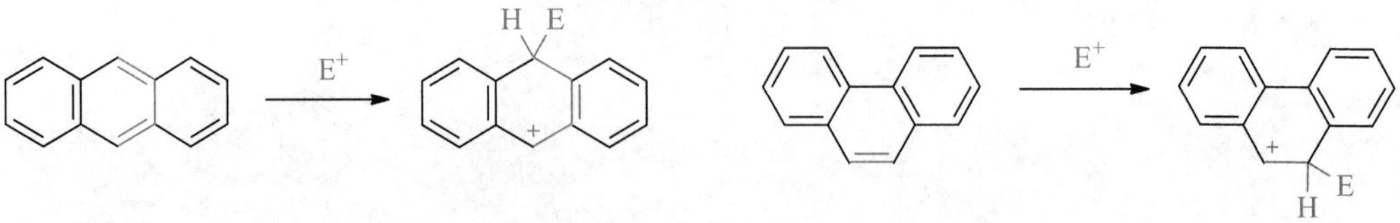

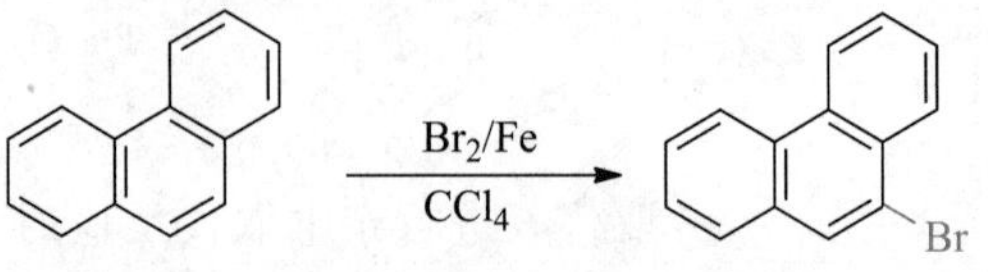

蒽的外侧环反应,在外侧环上可以得到两种可能的正离子共振式。

菲的外侧环反应,在外侧环可以得到四种可能的正离子共振式。

以上结果使得在外侧环进行芳香亲电取代反应的中间体所需的总共振稳定能要比萘的大。

测得蒽的不同位点与质子反应的相对速率比为

$k_{C9} : k_{C1} : k_{C2} = 11000 : 7 : 1$

菲的 C1、C2、C3、C4、C10 和 C5、C6、C7、C8、C9 是对应的,菲可能有五种一元取代产物。

蒽与菲结构中的中心环上的双键参与共轭程度较少,能发生很多非芳香性的双键的反应,如蒽的 4,9-加成和 Diels-Alder 反应。

蒽和菲比苯、萘更易发生亲电取代反应。实验结果表明,除磺化反应在 1 位发生外,蒽与菲均易在中心环上进行芳香亲电取代反应,这是从共振式的稳定性角度去考虑的。中心环与亲电试剂或基团反应后所形成的 π 配合物可以有两个保持完整、离域化的苯环体系,而在其他共振式中必定会破坏一个或两个苯环的芳香性:

硝化、卤化、酰化时均得 C9 位取代蒽，取代产物中常伴随有加成产物。例如

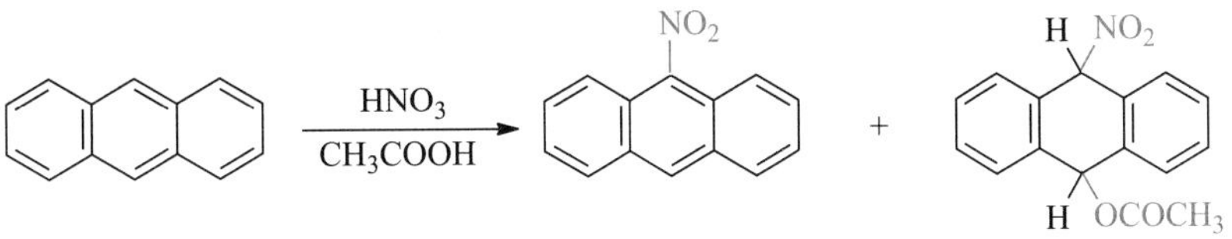

蒽和菲也可以发生傅-克反应，优先进入的位点还是在中间的环系；当中间的环系有吸电子基团时，才会在其他环上发生反应。

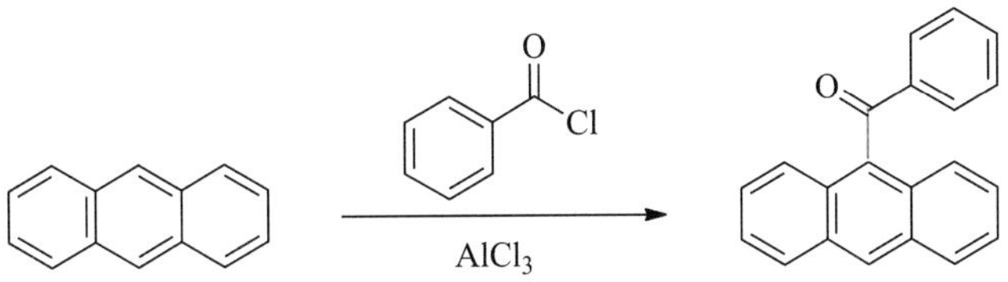

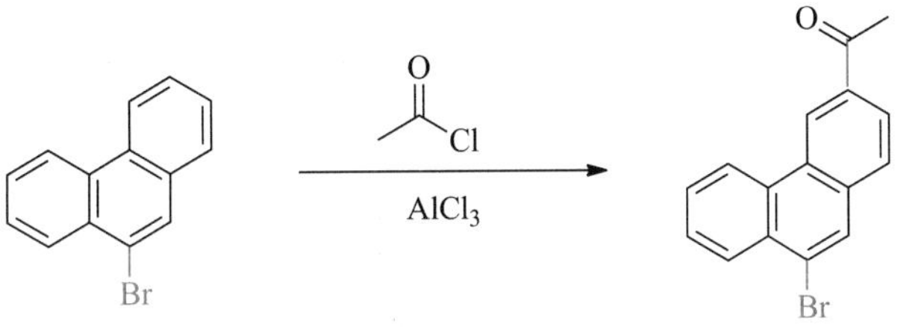

因此，与蒽、菲一样，可以通过共振式预测更大环系的稠环芳烃发生亲电取代反应的位点和难易程度。

习题 16-38 已知萘发生芳香亲电取代反应的速率要比苯快，判断蒽和菲进行此类反应时是否同样加快，并解释其原因。

习题 16-39 写出以下单硝化的反应式：
(i) 1,3-二甲基萘　(ii) 2-硝基萘　(iii) 1,6-二氯萘

习题 16-40 画出萘磺化反应的势能图，分别标出动力学控制产物和热力学控制产物，并说明理由。

习题 16-41 完成下列反应：

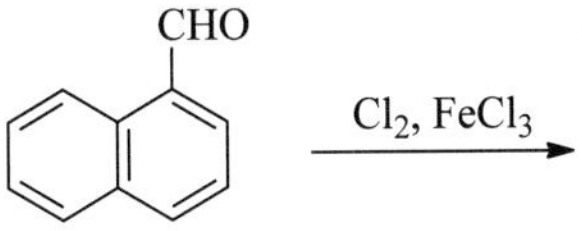

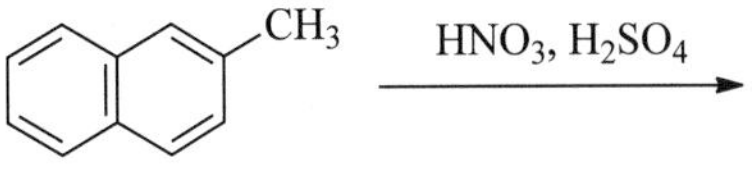

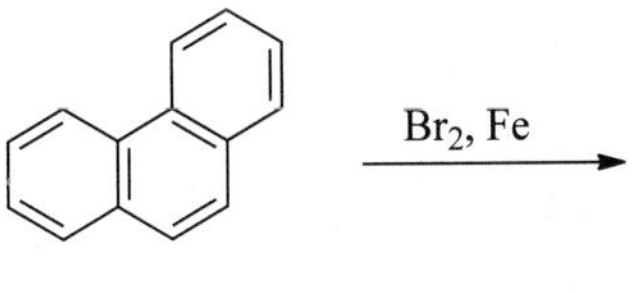

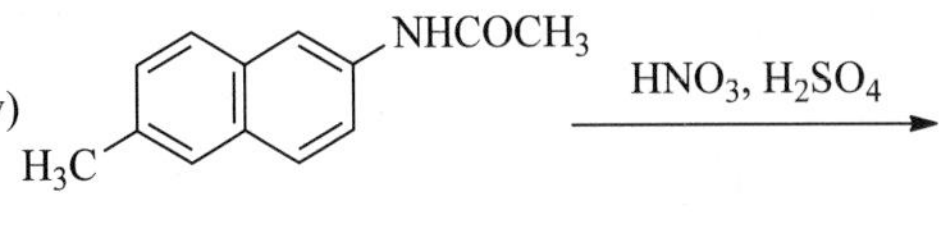

<table>
<tr><td></td></tr>
</table>

16.11 芳香亲核取代反应

苯环正离子甚至比一级碳正离子还不稳定,这是由于苯环上碳原子的杂化形式和构型所决定的。芳基正离子是定域于一个 sp^2 轨道中,与芳环 π 电子体系互相垂直,因此芳环 π 电子体系对此正离子的稳定没有任何作用。

前面已经介绍,在芳香亲电取代反应中,与芳环进行的反应是亲电基团或试剂;与之正好相反,如果与芳环反应的试剂为亲核基团或试剂,其结果是可以发生此亲核基团在芳香环上取代了一个离去基团的反应。这类反应称为芳香亲核取代反应(nucleophilic aromatic substitution,$S_N Ar$),是亲核取代反应的一类。但是,在饱和化合物体系中进行的亲核取代机理大多并不适合于芳香体系上的取代反应。由于苯环的平面构型,其 sp^2 杂化轨道的后部指向苯环的中心,$S_N 2$ 型的反式进攻无法实现;而由于苯环正离子极不稳定,使得进行 $S_N 1$ 机理的活化能需求很高,更不利于 $S_N 1$ 反应的进行。

无法实现的反式进攻　　　　　极不稳定的苯环正离子

例如,溴苯很难与 HO^- 直接反应生成苯酚:

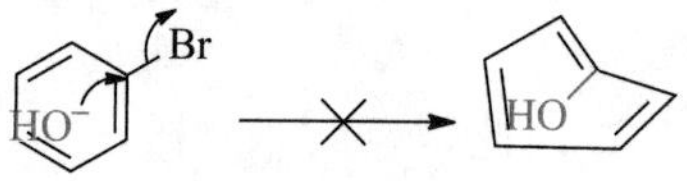

而环己醇则可以发生这样的取代反应:

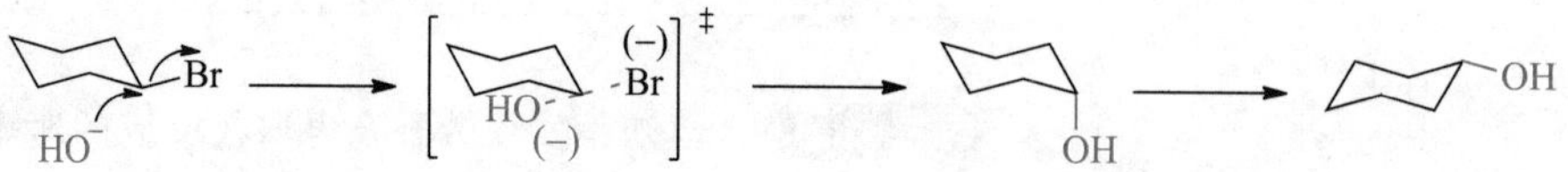

因此,从以上结果可以判断,芳香亲核取代反应不可能以饱和底物的 $S_N 2$ 反应进行,更不可能以芳香正离子的形式进行,应该会有一些特殊的机理来完成芳香亲核取代反应。目前芳香环的亲核取代反应机理有七种,见表 16-3。

表 16-3　芳香亲核取代反应的七种类型

芳香亲核取代反应类型	机理	关键中间体	讨论的章节
$S_N 2Ar$	加成-消除机理	Meisenheimer 配合物	16.12
ANRORC 机理	亲核加成-开环-关环机理	吡啶盐类正离子	16.13
间接芳香亲核取代反应(VNS)	加成-消除机理	Meisenheimer 配合物	16.14
单分子亲核取代反应($S_N 1Ar$)	重氮盐机理	芳基重氮盐	18.9.2
芳香自由基亲核取代($S_{RN} 1Ar$)	$S_{RN} 1$ 自由基机理	苯基自由基	18.9.1
苯炔中间体(消除-加成)机理	消除-加成机理	苯炔中间体	18.15
过渡金属催化的偶联反应	金属有机中间体机理	芳基金属化合物	25.6,25.7

本节将讨论 $S_N 2Ar$(加成-消除)反应机理、ANRORC 机理以及 VNS 胺化反应

机理。这三种机理具有一定的相似性,这是发展最早,也是最重要的芳香亲核取代反应。单分子亲核取代、芳香自由基亲核取代、苯炔中间体以及过渡金属催化偶联将在其他章节中介绍。

16.12 芳香亲核取代反应(一) 加成-消除机理(S_N2Ar 机理)

此反应也称为 Janovsky 反应。此加成物可以在过量碱的作用下被氧化成芳基取代的烯醇负离子,同时间二硝基苯被还原成 3-硝基苯胺。

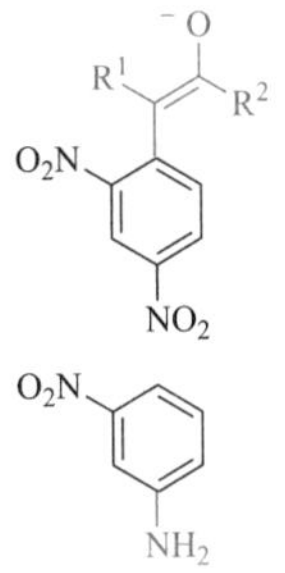

此反应称为 Zimmerman 反应。

1886 年,J. V. Janovsky 将间硝基苯与碱金属的醇溶液混合,形成了深紫罗兰色溶液。随后发现,酮或醛的碱金属盐也能与间硝基苯形成相同颜色的溶液:

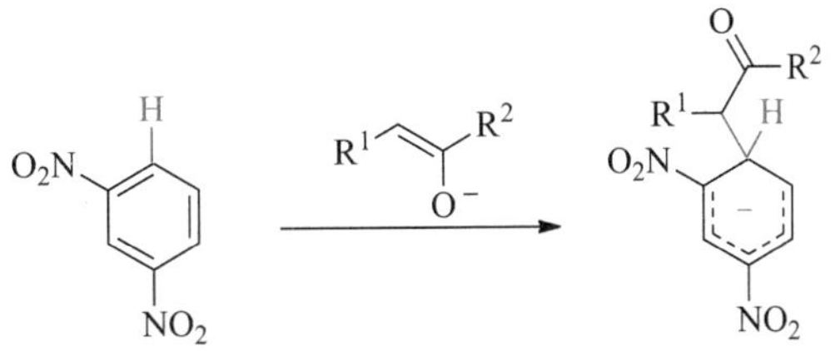

1895 年,M. C. Lobry de Bruyn 将三硝基苯在甲醇中与等量 KOH 反应,分离得到了一种红色的物质。他认为此物质的结构为:$[C_6H_3(NO_2)_3 \cdot KOMe] \cdot H_2O$。1900 年,C. L. Jackson 和 F. H. Gazzolo 将 2,4,6-三硝基苯甲醚与 $NaOCH_3$ 反应,并认为产物应该是醌式结构:

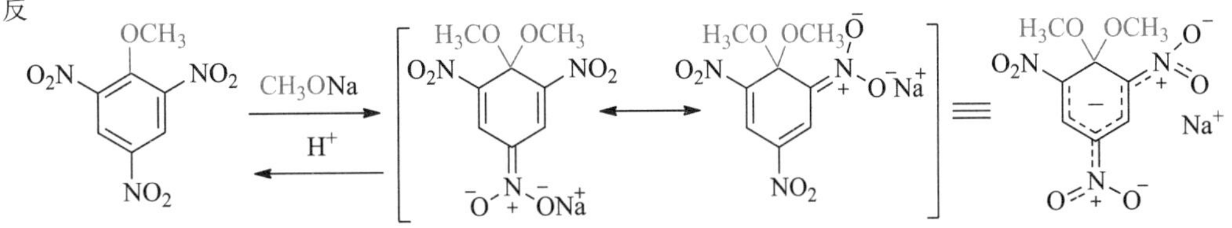

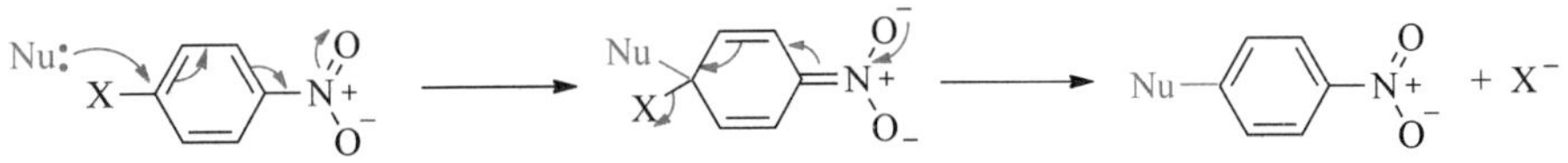

类似的多种 σ 配合物的具体结构已于 1964 年被核磁共振谱证实,随后的结晶学研究结果证明,由核磁共振谱得到的结论是正确的。

1902 年,J. Meisenheimer 首次通过实验证实了此醌式结构。他在研究 2,4,6-三硝基苯乙醚与甲醇钾反应以及 2,4,6-三硝基苯甲醚与乙醇钾反应的过程中,发现酸化后几乎得到了等量的 2,4,6-三硝基苯甲醚和 2,4,6-三硝基苯乙醚。最后,他终于分离得到了所形成的 σ 配合物,证实了上述亲核取代反应机理是通过中间体负离子进行的。因此,文献上常把芳香亲核取代反应中的 σ 配合物叫做 Meisenheimer 或 Jackson-Meisenheimer 配合物。这些实验事实证明,这类反应是通过加成-消除机理进行的,简单的反应过程可表示如下:

反应是分两步进行的,首先是亲核试剂的进攻,生成 σ 负离子(或称 σ 配合物):

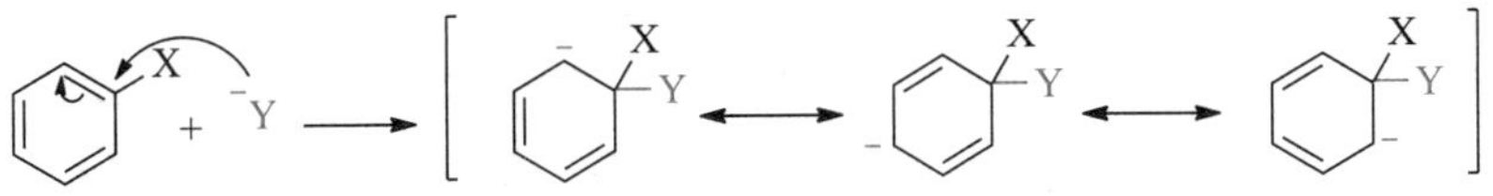

反应的决速步在于加成产物的形成,亲核进攻的速率比较慢。这就要求苯环上应该带有强吸电子的取代基。因此,硝基取代的芳香化合物是最好的底物。其他取代基还有:氰基、酰基、三氟甲基等。

离去基团的离去速率相对较快。

通常在 S_N1 和 S_N2 反应中,离去基团的离去是决速步;但在此反应中,Ar—X 在决速步完成后并没有断裂。

从势能图可以看出,反应能否进行以及最终是否能顺利地进行,首先取决于能否形成较稳定的 σ 配合物。由于所形成的配合物带有负电荷,能量较高,因此能分散负电荷的因素对反应有利。如果在被取代基团的邻或对位上有吸电子基团,则可通过它的吸电子共轭效应使负电荷分散而稳定,从而使亲核取代反应容易进行。被取代基团的邻、对位处均有吸电子基团时,σ 配合物更易形成,也愈稳定。

然后离去基团离去,生成产物:

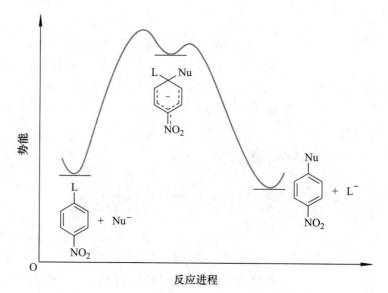

这个过程与芳香亲电取代反应正好形成对偶过程。在芳香亲核取代反应中,离去基团带着负电荷离去;而在芳香亲电取代反应中,离去基团通常带着正电荷离去。

芳香亲核取代反应与芳香亲电取代反应的不同之处在于,在芳香亲电取代反应中,第一步反应是亲电试剂被芳环进攻,生成 σ 正离子;而在芳香亲核取代反应中,第一步反应是亲核试剂发起进攻,生成 σ 负离子。实验证明,在这两步反应中,第一步反应的反应速率与亲核试剂的浓度及芳香化合物的浓度成正比,所以动力学上表现为二级反应。由于这一步反应是整个反应的决速步,所以,此反应是双分子反应,整个反应称为双分子芳香亲核取代反应,用 S_N2Ar 表示。反应的能量变化如图 16-8 所示。

图 16-8　双分子芳香亲核取代反应的势能图

因此根据以上分析,有硝基取代的卤苯很容易进行以下反应:

在芳香亲电取代反应中,反应的主体为亲电基团,苯环上的吸电子基团会使得苯环的亲电能力降低,因而吸电子基团是使反应致钝的基团;而在芳香亲核取代反应中,反应的主体变为了亲核基团,因而苯环越缺电子反应越容易进行,这样苯环上的吸电子基团是使反应致活的基团。因此,硝基作为一个强吸电子基团正好起到了这样的作用,它的吸电子作用是通过吸电子诱导效应和吸电子共轭效应共同实现的。两种电子效应的方向一致,这使硝基邻、对位上的电子云密度比间位更加明显地降低,因此,硝基在芳环的亲电取代反应中,是一个钝化的间位定位基团;而在芳环的亲核取代反应中,它的邻、对位成了易受亲核试剂进攻的中心,因而使其成为一个活化的邻/对位定位基团:

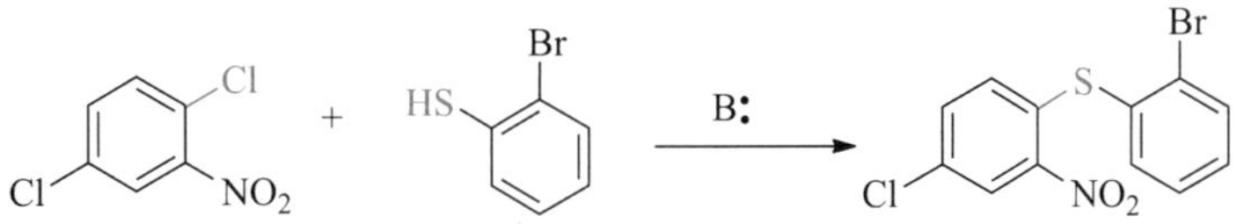

芳香亲核取代反应的基本特征:

亲核基团:以氧、氮以及 CN 为亲核位点;

离去基团:最常见的为卤素;

芳环:在离去基团的邻、对位必须有强的吸电子基团,如酰基、硝基、氰基等。

其他类似的基团还有氰基和酰基等。总的来说,从芳香亲核取代反应的机理可以发现,当芳环被一个亲核试剂或基团进攻后,形成了芳基负离子,这也就说明了此时芳环上必须有强的吸电子基团的存在,才能稳定此芳基负离子。此外,上述反应的结果表明,只有在这些强的吸电子基团邻、对位的离去基团才能顺利离去,处在间位的基团不反应。芳香亲核取代反应从能量需求的角度上说是比较高的,因为亲核试剂或基团首先需要打破芳香的 π 电子体系。如果没有吸电子基团在芳环上,芳香亲核取代反应需要在极端条件下进行:

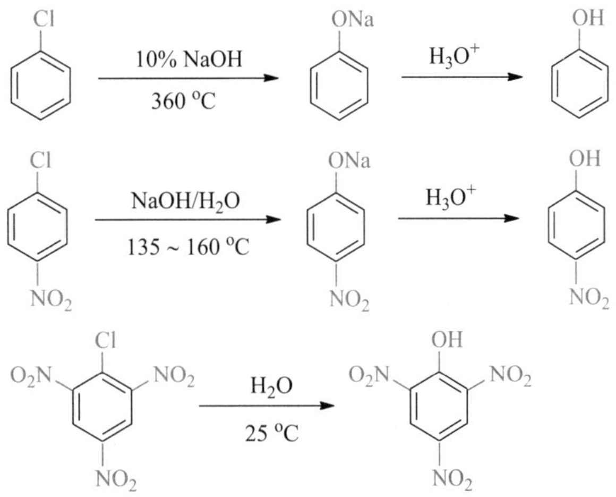

除了硝基,其他吸电子基团也能起到活化或加速芳环亲核取代反应速率的作用,这些基团以及它们对反应速率的影响由大至小排列次序如下:

$$N_2^+ > R_3N^+ > NO > NO_2 > CF_3 > COR > CN > COOH > Cl > Br > I > C_6H_5$$

除了羟基,还有其他带负电荷或含有孤对电子的亲核试剂,如

M 为金属。

$$H^- \quad HS^- \quad RO^- \quad {}^-CN \quad {}^-SCN \quad HO^- \quad H_2C^- \quad HC^-X \quad R_3N \quad RC^-HM^+$$

也能进行芳环的亲核取代反应。

在芳香亲核取代反应中,离去基团在决速步所起的作用与 S_N1 和 S_N2 反应有

当在对位分别有以下这些取代基的溴苯与哌啶反应时,其相对速率常数对比如下:

NO$_2$:$k=1$

CH$_3$SO$_2$:$k=1/18$

CN:$k=1/32$

CH$_3$CO:$k=1/80$

其原因在于取代基对芳基负离子的稳定能力。

一些取代基当其邻位、对位或邻对位有吸电子基团时,也同样可以被亲核试剂取代。

当 X=F 时,其速率相当于 I 的 3300 倍。这是由于 F 的电负性很大,导致亲核基团进攻速率大大加快。这也是芳香亲核取代反应与 S$_N$1 和 S$_N$2 的不同之处。需要注意的是:此时也不要认为 F$^-$ 是一个好的离去基团,主要是由于 F 强的电负性和吸电子诱导效应,加速了第一步亲核加成,稳定了芳基负离子。

所不同。在前面所学的 S$_N$1 和 S$_N$2 反应中,离去基团与反应中心的碳所连接的键的键能是关键因素,因此,卤素反应活性的排序为:I$>$Br$>$Cl$>$F。而在芳香亲核取代反应中,由于亲核加成后形成的负离子中间体为决速步,因此 C—X 的断裂快慢不会影响反应的速率,使得其反应活性的排序正好与 S$_N$1 和 S$_N$2 反应相反:F$>$Cl$>$Br$>$I。以带有不同取代基的 2,4-二硝基苯与六氢吡啶反应为例,当 X=Cl、Br、I、SOPh、SO$_2$Ph 或 p-NO$_2$PhO 时,其反应速率相差了 10^5 倍。

这是由于卤素的极化效应导致的。与电负性越强的卤原子相连接的 σ 键越容易被极化,使得此碳原子(也就是被进攻位点)的电子云密度越低,更有利于亲核加成,加快亲核基团进攻速率,从而加快了整个反应的速率。因此,在 S$_N$2 反应中,不是一个好的离去基团的烷氧基在此反应中也可以作为一个离去基团,硝基、砜基、亚砜基也可以作为离去基团。其中最常见的可被取代的基团以及它们的活泼顺序如下:

F $>$ NO$_2$ $>$ Cl $>$ Br $>$ I $>$ N$_2$ $>$ OSO$_2$R $>$ $\overset{+}{N}$R$_3$ $>$ OAr $>$ OR $>$ SR $>$ SAr $>$ SO$_2$R $>$ NR$_2$

若两个相同或不同的强吸电子基团相邻,其中一个也可以被亲核试剂取代,例如

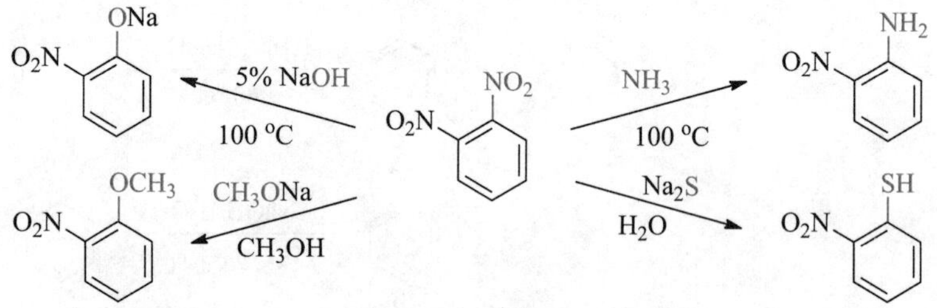

在芳香亲核取代反应中,非常具有历史性的应用是 2,4-二硝基氟苯与胺的反应。1949 年,F. Sanger 首次发展了利用此反应鉴定蛋白质中末端氨基酸的方法,这为蛋白质以及生物高分子的结构表征开辟了新的途径:

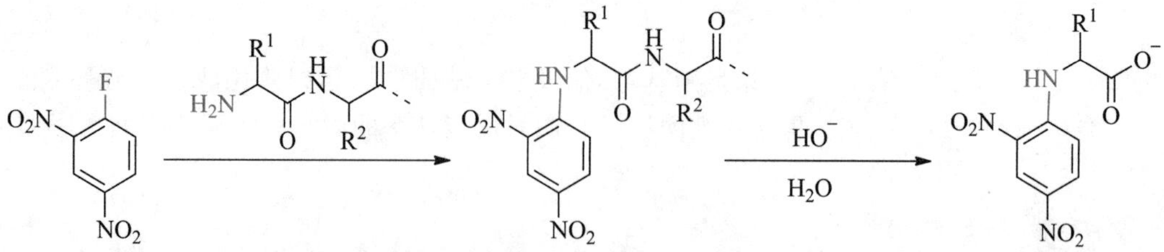

习题 16-42 写出 2,4-二硝基氯苯在下列反应条件下产物的结构式:

(i) 甲胺 (ii) 硫氢化钠水溶液 (iii) 水合肼 (iv) 甲醇钠的甲醇溶液

习题 16-43 完成下列反应式：

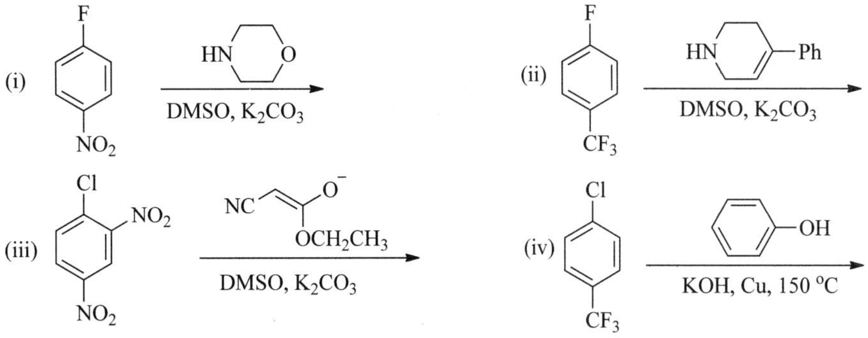

(i)

(ii)

(iii)

(iv)

习题 16-44 写出以下转换的反应机理：

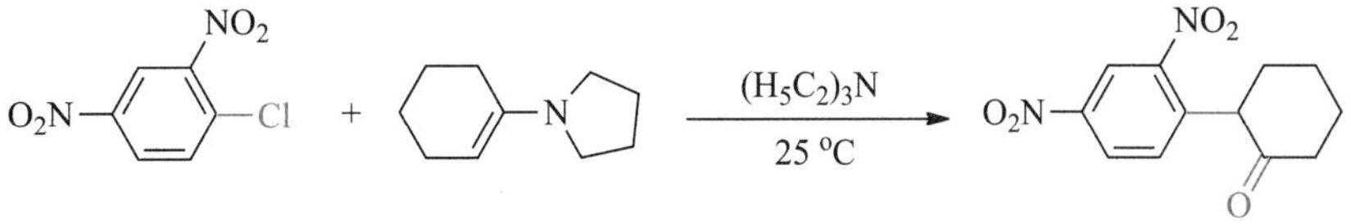

习题 16-45 氟嗪酸（ofloxacin）是抗菌谱广的高效新一代氟代喹诺酮类药物，对多数革兰氏阴性菌、革兰氏阳性菌和某些厌氧菌有广谱的抗菌活性。至今的临床试验表明，氟嗪酸对全身性感染和急、慢性尿道感染有效，人体对氟嗪酸的耐受性也较好，而且细菌对氟嗪酸的耐药现象似乎不易发生。其结构式如下图 A 所示：

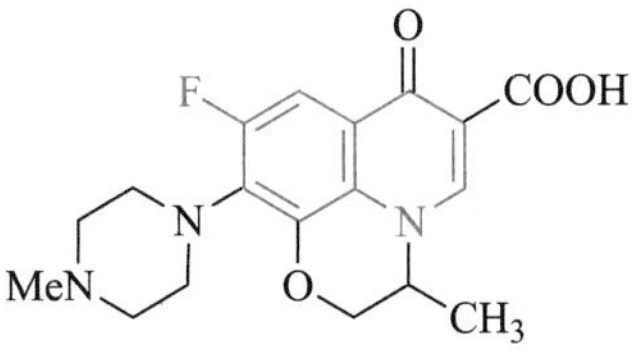

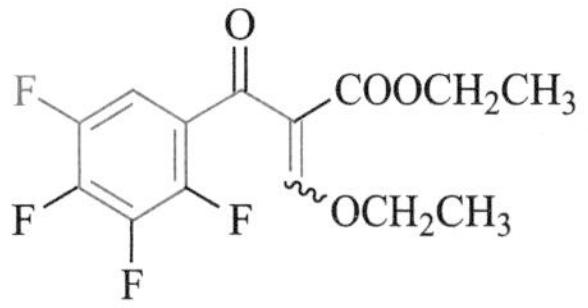

以 **B** 为原料，对比二者的结构区别，找出其他反应底物完成氟嗪酸的合成，并利用加成-消除机理画出这些转换过程。

16.13 芳香亲核取代反应(二) 亲核加成-开环-关环机理(ANRORC 机理)

反应不生成 C5-取代异构体，说明反应不经过苯炔类中间体。

在研究以上加成-消除型的芳香亲核取代反应的过程中，发现在低温条件下，在氨基钠的液氨溶液中溴嘧啶可以发生取代反应，得到了溴被氨基取代的嘧啶衍生物：

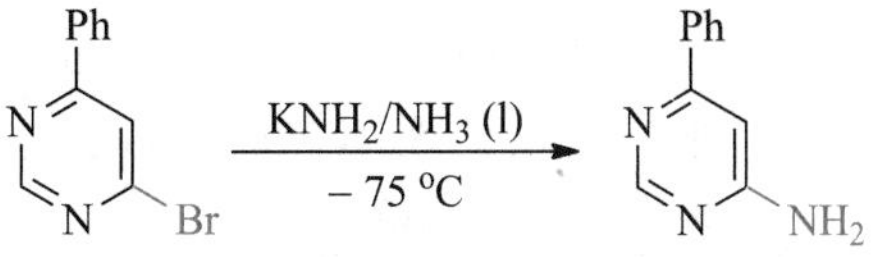

对于此反应而言,在氨基钠的作用下,最常见的机理可能为苯炔中间体机理(参见18.15)。但是,在以哌啶锂作为亲核试剂进行类似反应时,还可分离出开环的腈中间体:

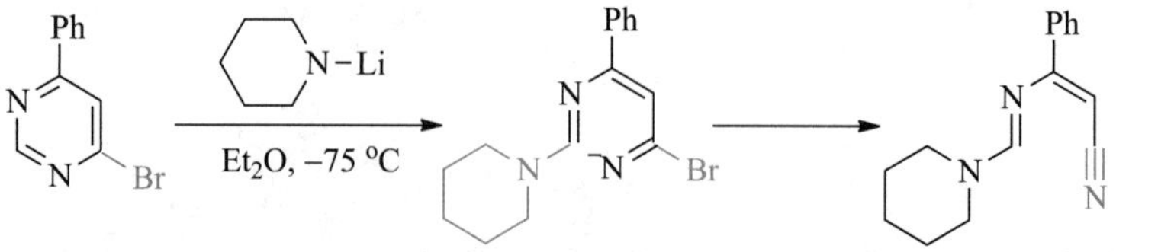

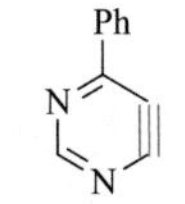

以上实验结果似乎证明,此反应不可能通过苯炔中间体机理,而很可能与前一节所述的加成-消除的芳香亲核取代反应的转换过程类似,似乎形成了 Meisenheimer 配合物。但是,在嘧啶环的 C5 位标记了氘代的同位素标记实验证明,此氘原子在产物中没有出现:

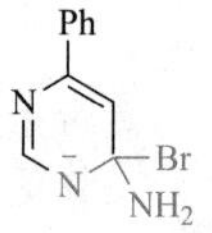

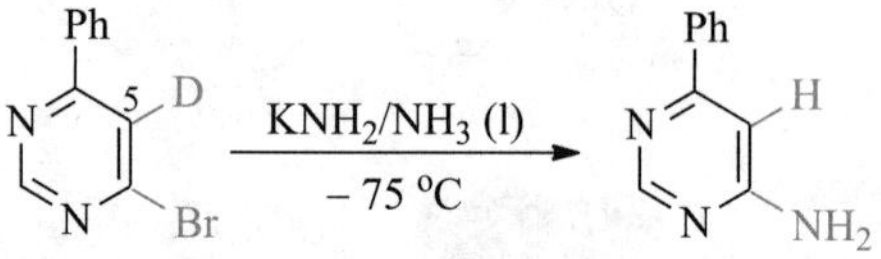

苯炔类中间体

Meisenheimer 配合物

将嘧啶的两个氮原子各用 3‰ 的 ^{14}N 标记,在氨基钠的液氨溶液中进行反应,最终再将产物转化为溴代嘧啶,发现最终产物嘧啶环的 C3 位氮原子同位素含量大约减少了一半:

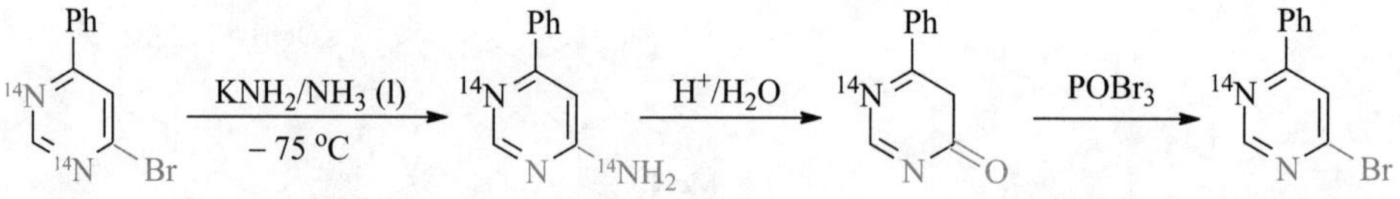

此过程也表明,互变异构所导致的 H-D 快速交换导致此物中没有氘原子的存在,并且反应过程中没有形成 Meisenheimer 中间体。此外,在反应过程中一个环氮原子已被所用试剂中的氮原子所替代,这也说明了在同位素标记实验中最终产物嘧啶环的 C3 位氮原子同位素含量大约减少一半的原因。

因此,科学家们根据以上实验结果,认为此反应可能主要通过以下机理进行转换:

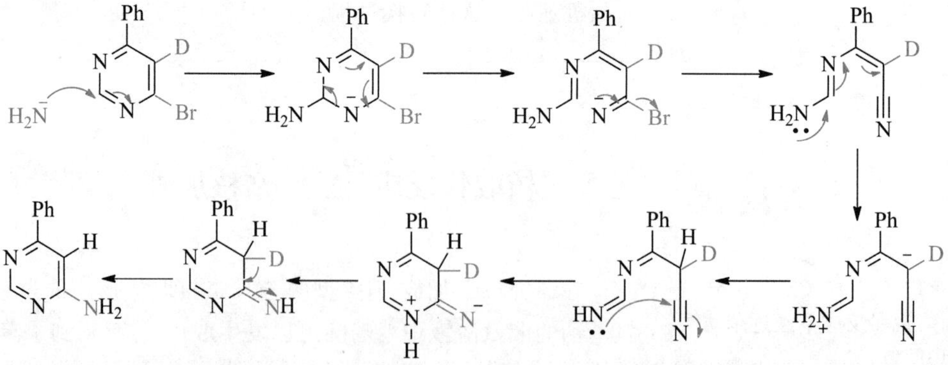

这是一种与前一节所述的加成-消除型的芳香亲核取代反应不一样的新的芳香亲核取代反应机理。在这个过程中,包括氨基负离子(或氨)对亚胺键的亲核加成(nucleophile addition),接着发生分子内的亲核消除,打开嘧啶环(ring opening),

然后溴负离子离去形成氰基,最后通过氮原子上的孤对电子对氰基进行亲核加成,再次关上嘧啶环(ring closing)。此反应称为加成-开环-关环型(addition nucleophile/ring opening/ring closing, ANRORC)的芳香亲核取代反应。整个过程包含亲核试剂对芳香环的亲核加成,接着打开芳香环,最终再关环的三个过程。这一类反应常见于杂环化合物的亲核取代反应中。

　　1904 年, T. Zincke 报道了吡啶与 2,4-二硝基氯苯反应可以形成吡啶盐,此盐接着可以与伯胺反应,转化为吡啶盐和 2,4-二硝基苯胺:

König 盐:

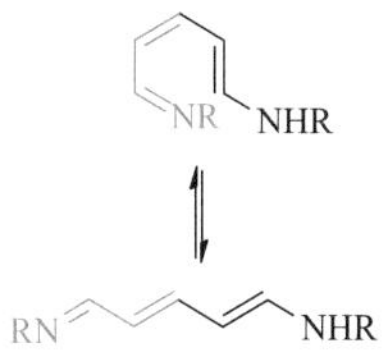

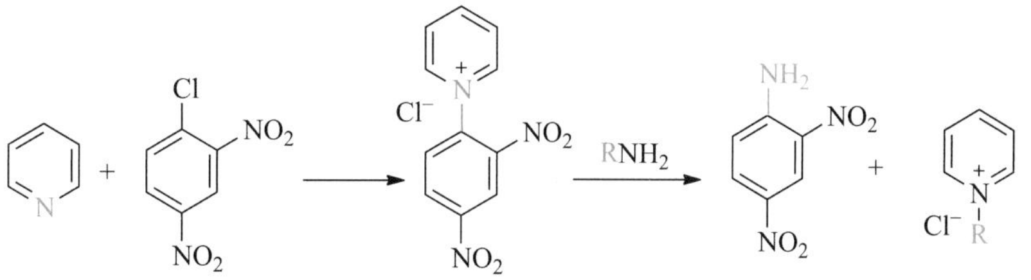

后续对这个反应的机理研究表明,吡啶和 2,4-二硝基氯苯反应生成的中间体 N-2,4-二硝基苯基吡啶盐在与一分子一级胺共热时,一级胺首先对吡啶环发生加成反应,引发吡啶的开环;开链的中间体继续与第二分子一级胺作用,释放出 2,4-二硝基苯胺,同时形成 König 盐:

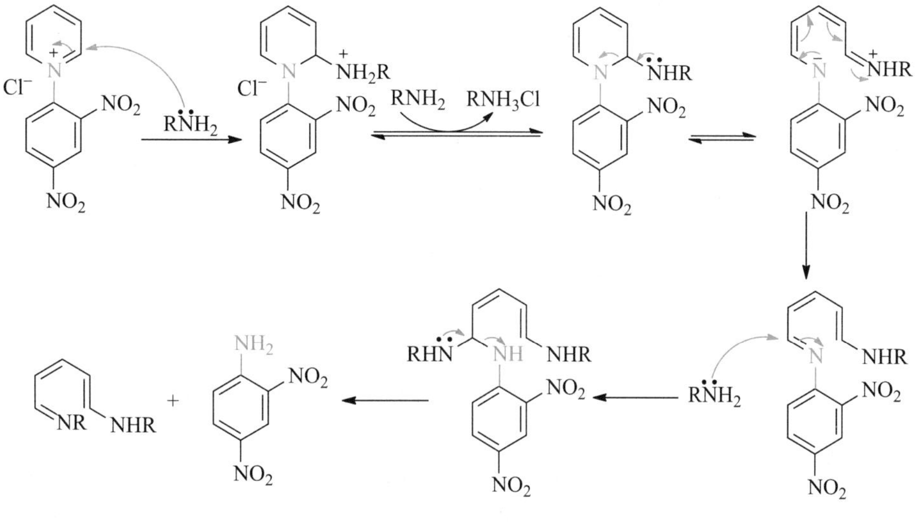

König 盐可以通过 σ 重排反应或自身兼性离子的亲核加成,生成环化的中间体,这一步是反应的决速步:

此反应称为 Zincke 反应。不要与 Zincke-Suhl 反应混淆。

接下来,此中间体发生质子化,并消除胺,得到最终的吡啶盐正离子。

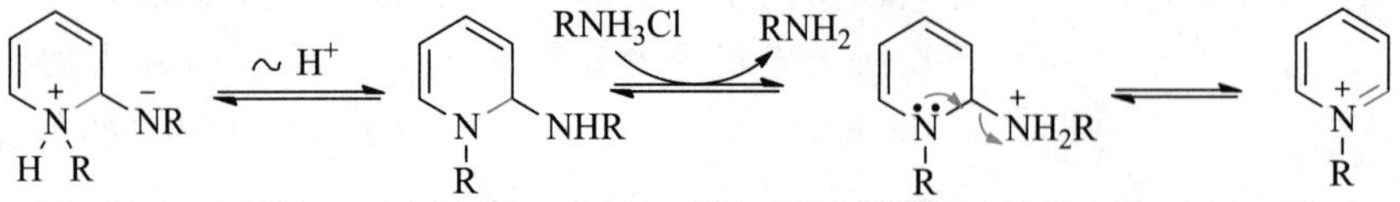

这一步就是前一节所说的加成-消除型的芳香亲核取代反应。

最后形成的吡啶正离子环并不是原先加入的原料吡啶,而是两分子一级胺形成的新的吡啶正离子。如果在反应中以二级胺替代一级胺,最终产生开链的产物(2E,4E)-5-氨基-2,4-戊二烯醛衍生物(Zincke醛)。

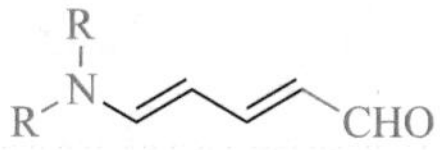

这个反应存在于手性喹啉盐的合成中。

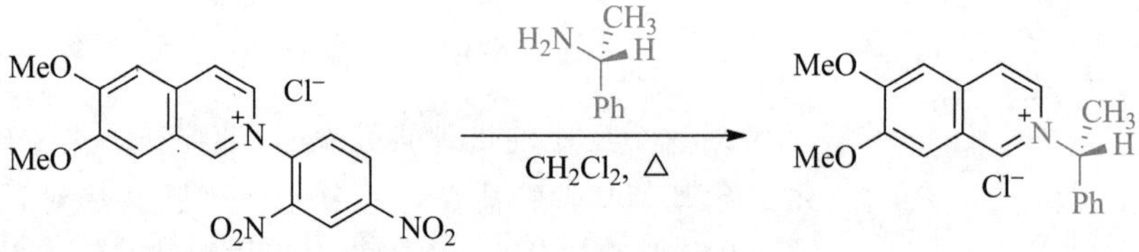

习题 16-46 2006年和2007年,日本和美国的两个研究小组都声称,他们通过N-芳基吡啶盐氯化物和取代苯胺(或脂肪胺)反应,合成了12元环的二氮杂轮烯分子。

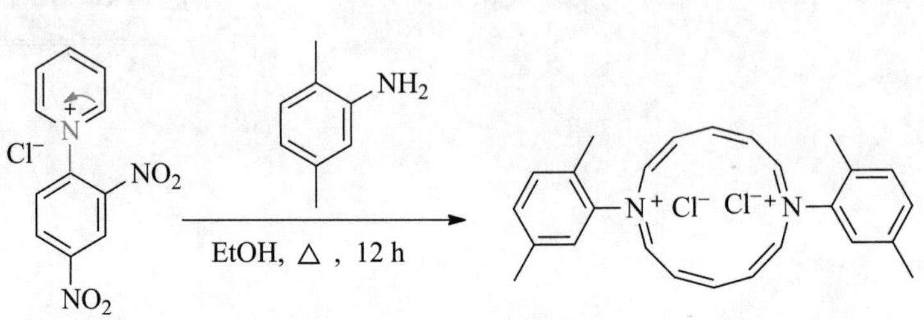

不久后,德国化学家 M. Christl 指出,上述反应与有100余年历史的 Zincke 反应是一样的,而且,这两个团队提出的产物结构是错误的——产物中并不含12元环,其结构只是简单六元的吡啶鎓盐而已。看到这篇质疑,这两个团队回应称,他们起初的确是忽略了 Zincke 反应的相关文献,不过产物的结构没有错,这一点可以利用反应产物的电喷雾电离(ESI)质谱表征结果来证明。其后,M. Christl 继续发文,称 ESI 中分子的缔合是很常见的现象,不足以证明产物为二聚体;而相反,产物的熔点和 NMR 谱反而可以证明其吡啶盐的性质。时隔一年多后,2007年底,日本的研究小组因为"产物结构不明",撤回了他们最早发表在 Organic Letters 上的文章。而同年12月,美国的研究小组亦对其早先所发表的文章作出改正,称其"希望修改早先提出的轮烯结构"。假定产物就是二氮杂轮烯,画出其可能的转换形式,并从中体会其可能的不合理之处。

习题 16-47 利用下列反应经过分子内转换可以合成吲哚衍生物。画出以下转换的合理、分步的机理:

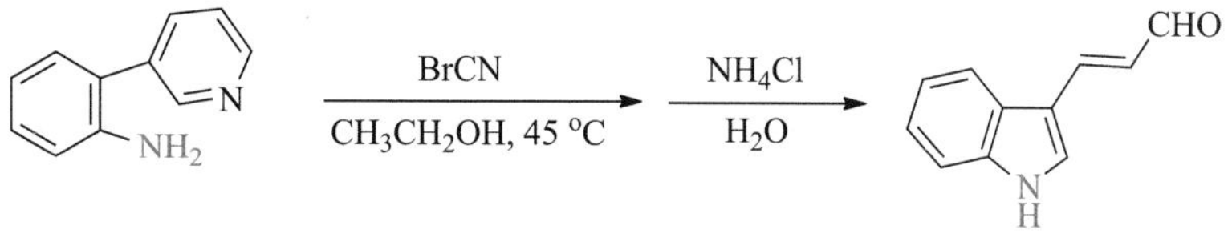

16.14 芳香亲核取代反应（三） 间接芳香亲核取代反应（VNS）

1978 年，J. Goliński 和 M. Makosza 发现，在碱性条件下氯甲基苯基砜可以在硝基芳香化合物的邻位或对位取代氢原子，形成苯基砜甲基取代产物：

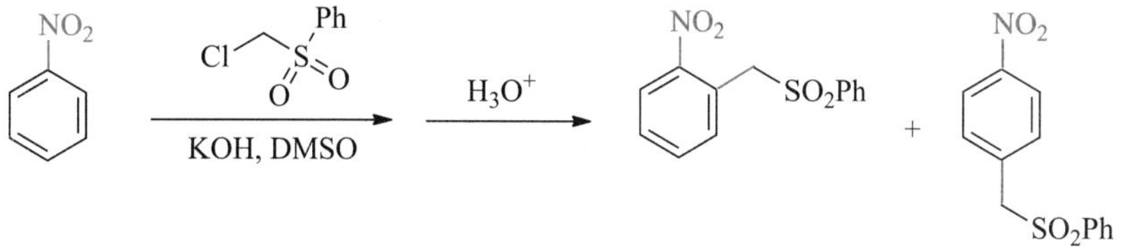

进一步的实验结果证明，在卤代硝基苯中，氢原子被取代的反应速率快于卤素原子被取代的速率：

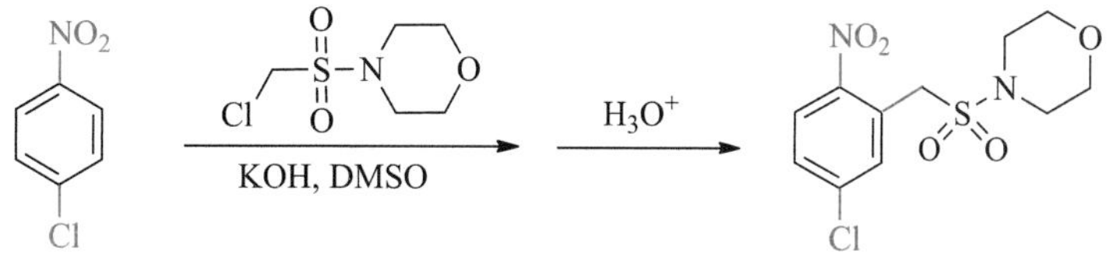

这个反应被定义为间接亲核取代反应（vicarious nucleophilic substitution，VNS）。间接的意思是，在常规的加成-消除型的芳香亲核取代反应中，当芳环上有卤素取代基时，离去基团为卤素负离子；而在此反应中，离去基团不是苯环上的卤素取代基，更不可能是芳环上的氢以负离子形式离去，而是亲核试剂（或基团）上的卤素取代基代替了氢作为离去基团离去。因此，在此转换中，亲核基团上的卤素作为了"间接"（vicarious）离去基团。

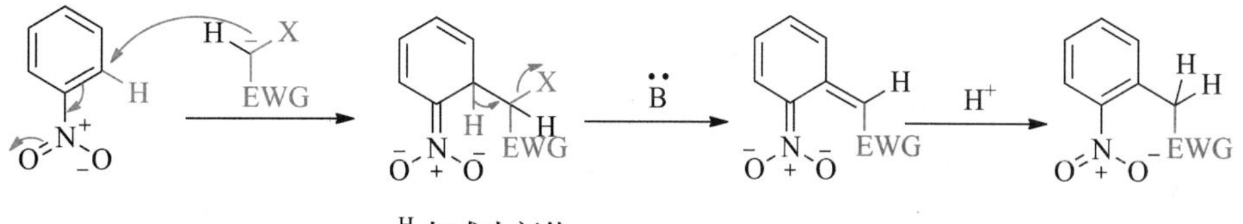

从以上反应转换过程中可以发现，此反应不是通过氢迁移，而是通过 HX 的 β-消

除。这是一类特殊的芳香亲核取代反应，是一个在亲电的芳环上引入取代基的通用办法，对芳环的适用范围很广，硝基取代的苯环、萘环等均可以。这个取代反应通常在硝基的邻、对位进行。亲核试剂进攻带有强吸电子基团的苯环，形成 σ^H-加成中间体，过量的碱攫取苯环上的氢，发生消除反应形成环外双键（此过程类似于 E2 消除反应），酸化后再次形成芳香环。

间接芳香亲核取代反应并不是只局限于碳负离子作为亲核基团，一些过氧化合物的负离子，如 t-BuOO⁻ 也可以参与反应生成硝基苯酚。同样，羟胺、肼的衍生物以及磺酰胺均可以与硝基芳香化合物反应，在芳环上引入氨基。因此，通过间接芳香亲核取代反应，可以没有任何限制地在亲电芳环上引入各种含 C、O 以及 N 原子的取代基。

对比间接芳香亲核取代反应与加成-消除型芳香亲核取代反应，前者对芳环亲电性的强弱更加敏感。在加成-消除型芳香亲核取代反应中，在被亲核试剂进攻的位点同时有离去基团 X 存在，从而形成 σ^X-加成中间体，这一步是决速步，X⁻ 的离去是一个快速的过程。而对于间接芳香亲核取代反应而言，σ^H-加成中间体的形成并不是最关键的，而 HX 的 β-消除才是此反应能否顺利进行的关键步骤。在碱性条件下，σ^H-加成中间体中 HX 的 β-消除，尤其是在亲核基团的亲核能力相对比较弱的情况下，这将是整个反应的决速步。由于 α-卤代碳负离子的稳定性较差，很容易分解或被破坏，其与亲电性较差的芳环形成 σ^H-加成中间体的反应速率很慢，也就进一步妨碍了间接芳香亲核取代反应的进行。例如，在弱碱（t-BuOOK）和强碱（t-BuOK）同时存在下，硝基苯衍生物参与的间接芳香亲核取代反应与加成-消除型芳香亲核取代反应的产物比例是很高的：

即使对位取代基为溴时，也只在邻位反应。

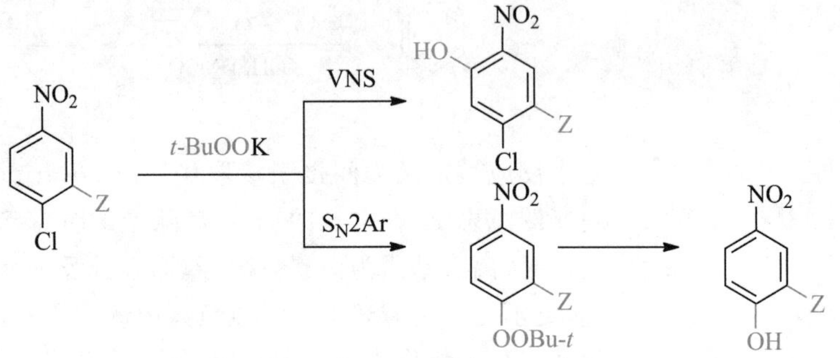

t-BuOK/t-BuOOK	VNS 和 S_N2Ar 反应产物比例/(%)	
	Z＝H	Z＝NO₂
0	<0.05	2.5
1	1	>93
4	2.9	/

硝基取代的芳杂环也可以是硝基噻吩、硝基呋喃、硝基咪唑、硝基噻唑、硝基吡啶以及硝基喹啉等等。

此外，实验结果明确表明，碱的浓度和强度以及离去基团的离去能力对硝基苯的羟对亲核试剂而言,具有类似于 ⁻CRXY 的碳负离子均可以进行此反应。X 可以是 F、Cl、Br、OMe、OAr、SAr、R_2NCSS、SMe、SO_2CF_3 以及 Py^+。R 和 Y 应该是能使碳负离子稳定的基团。

注意:间接芳香亲核取代反应与加成-消除型芳香亲核取代反应的区别在于,在间接芳香亲核取代反应中,亲核试剂或基团的亲核位点上必须连接可离去基团;而加成-消除型芳香亲核取代反应则不需要。

在 HX 的 β-消除过程中,可以参照 13.14 Darzen 反应。

实际上,这些参数主要影响其加成和 β-消除两个步骤。

尽管空阻效应都影响加成和消除两步反应,但消除过程中的空阻效应尤为重要。

基化是一个热力学控制的过程;当更加亲电的 2,4-二硝基氯苯作为反应底物时,β-消除过程在强碱的作用下成为了间接芳香亲核取代反应的快速步。

　　在加成-消除型芳香亲核取代反应中,加成的位点就是离去基团所在的位点,因而不存在区域选择性的问题;而对于间接芳香亲核取代反应而言,亲核基团加成的位点可能在硝基的邻位也可能在对位,这就存在区域选择性的问题。这个区域选择性取决于在芳环不同位点的反应速率,因此可能会影响反应速率的各类参数均会对反应位点起重要的作用。从实验结果分析,影响反应位点的因素有:

　　(1) 亲电性的芳环的结构:如芳香性、环的对称性以及环上的取代基等。

　　(2) 亲核基团的结构:亲核性、空阻、离去基团的种类和数目。

　　(3) 反应条件:溶剂、亲核基团的对离子、碱的强度和浓度等。

　　芳环上硝基或其他取代基所产生的空阻对间接芳香亲核取代反应的加成过程非常关键,这使得碳负离子或其他亲核基团容易进攻硝基的对位或其他空阻小的位点。例如,对硝基苯而言,CHXY 型的碳负离子相应的邻、对位产物的比率随着 X=F、Cl、Br、I 或 Y=CN、SO_2OR、SO_2Ar 的次序逐渐降低。因此,空阻大的三级碳负离子通常在硝基的对位进行反应。从机理上分析,在 HX 的 β-消除过程中,离去基团 X^- 与 H 原子必须是反式共平面的构象:

从上式可以发现,R 基团较大时,必定与硝基会有空阻,这使得反应只能在硝基的对位进行。

习题 16-48　完成以下反应式:

(i) （硝基苯） $\xrightarrow[\text{DMF, THF, }-70\ ^\circ\text{C}]{\text{CHCl}_3,\ t\text{-BuOK}}$

(ii) （1-硝基萘） $\xrightarrow[\text{DMF}]{t\text{-BuOOH, NaOH}}$

(iii) （硝基苯） $\xrightarrow[\text{DMF}]{t\text{-BuOOH, }t\text{-BuOK}}$

(iv) （对氯硝基苯） $\xrightarrow[t\text{-BuOK}]{\text{PhSCH}_2\text{CN}}$

习题 16-49　画出以下转换的分步的、合理的反应机理:

附录 1　在芳香亲电取代反应中亲电基团及其活化条件的总结

亲电试剂	活化条件
(a) 既能与苯、富电子芳环反应，又能与缺电子的芳环反应的亲电基团	
$O{=}N^+{=}O$	$2H_2SO_4 + HNO_3 \rightleftharpoons NO_2^+ + 2HSO_4^- + H_3O^+$
Br_2 或 $Br_2{-}MX_n$	$Br_2 + MX_n \rightleftharpoons Br_2{-}MX_n$
H_2O^+Br	$HOBr + H^+ \rightleftharpoons Br^+OH_2$
Cl_2 或 $Cl_2{-}MX_n$	$Cl_2 + MX_n \rightleftharpoons Cl_2{-}MX_n$
H_2O^+Cl	$HOCl + H^+ \rightleftharpoons Cl^+OH_2$
SO_3 或 HO^+SO_2	$SO_3 + H^+ \rightleftharpoons SO_2^+OH$
(b) 只能与苯和带活化基团的芳环反应的亲电基团	
R_3C^+	$R_3CX + MX_n \rightleftharpoons R_3C^+ + MX_{n+1}^-$
	$R_3COH + H^+ \rightleftharpoons R_3C^+ + H_2O$
$R_2C^+CHR_2'$	$R_2C{=}CR_2' + H^+ \rightleftharpoons R_2C^+CHR_2'$
$RCH_2X{-}MX_n$	$RCH_2X + MX_n \rightleftharpoons RCH_2X{-}MX_n$
$RC{\equiv}O^+$	$RCOX + MX_n \rightleftharpoons RC{\equiv}O^+ + MX_{n+1}^-$
$RCOX{-}MX_n$	$RCOX + MX_n \rightleftharpoons RCOX{-}MX_n$
$RC^+{=}O^+H$	$RCOX + MX_n + H^+ \rightleftharpoons RC^+{=}O^+H + MX_{n+1}^-$
H^+	$HX \rightleftharpoons H^+ + X^-$
$R_2C{=}O^+H$	$R_2C{=}O + H^+ \rightleftharpoons R_2C{=}O^+H$
$R_2C{=}O^+{-}M^-X_n$	$R_2C{=}O + MX_n \rightleftharpoons R_2C{=}O^+{-}M^-X_n$
$HC^+{=}N^+H_2$	$HC{\equiv}N + 2H^+ \rightleftharpoons HC^+{=}N^+H_2$
(c) 只能与带强给电子活化基团的芳环反应的亲电基团	
$HC{\equiv}N^+H$	$HC{\equiv}N + HX \rightleftharpoons HC{\equiv}N^+H + X^-$
NO^+	$HONO + H^+ \rightleftharpoons NO^+ + H_2O$
$ArN^+{\equiv}N$	$ArNH_2 + HONO + H^+ \rightleftharpoons ArN^+{\equiv}N + 2H_2O$
$HClC{=}N^+(CH_3)_2$	$HCON(CH_3)_2 + POCl_3 \rightleftharpoons HClC{=}N^+(CH_3)_2$

附录 2　苯的反应总结

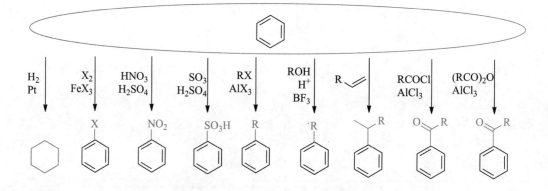

附录 3　单取代苯的反应总结

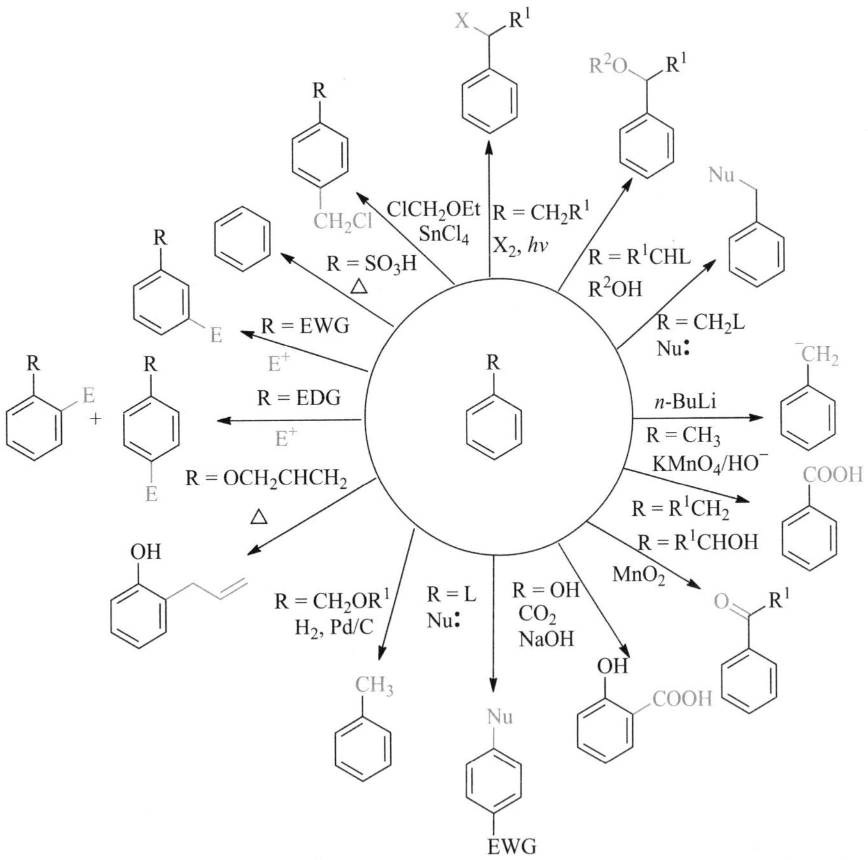

酸 碱 理 论

1. 酸碱离子理论

酸碱离子理论是瑞典科学家 S. Arrhenius 根据他的电离学说提出来的。1884 年,S. Arrhenius 在他递交的博士论文中提出,纯净的盐和纯净的水都不是导体,但是盐在水中溶解之后形成的溶液就是导体。他解释道,盐溶解在水中会分解出一种带电粒子(M. Faraday 很早就命名的这种粒子:离子;并认为在电解的过程中才会产生离子)。S. Arrhenius 则认为,即使在没有电流的情况下,盐溶液中仍会存在离子。因此,他提出溶液中的化学反应是离子之间的反应。但是,他的论文没有得到瑞典乌普萨拉大学教授的认可,他将他的论文寄给了欧洲正在创建一个新的研究方向——物理化学的一些著名科学家。这些科学家对 S. Arrhenius 的理论非常欣赏,并期待他能与他们一起研究。

同年,S. Arrhenius 在他的离子理论的基础上提出了酸和碱的定义,并认为,酸就是在溶液中产生氢离子的物质,而碱是在溶液中产生氢氧根负离子的物质。他认为,在水中能电离出氢离子并且不产生其他阳离子的物质叫酸,在水中能电离出氢氧根负离子并且不产生其他阴离子的物质叫碱;酸碱中和反应的实质是氢离子和氢氧根负离子结合生成水。当时,S. Arrhenius 的理论取得了很大成功,但其局限性也渐渐暴露出来。例如,气态氨与氯化氢反应能迅速生成氯化铵,这个酸碱中和反应并未生成水;又如,氨的水溶液显碱性,当时曾错误地认为是 NH_3 和 H_2O 形成了弱电解质 NH_4OH 分子,然后离解出 OH^-,等等。

2. Brønsted-Lowry 酸碱质子理论

Arrhenius 的酸碱离子理论不能解释一些非水溶液中进行的酸碱反应等问题。1923 年,丹麦化学家 J. N. Brønsted 和英国化学家 T. M. Lowry 在 Arrhenius 酸碱离子理论的基础上,各自独立提出了一种新的酸碱理论。该理论后来被称为 Brønsted-Lowry 酸碱质子理论或 Brønsted-Lowry 酸碱理论。该理论认为,凡是可以释放质子(H+)的分子或离子均为酸(Brønsted 酸),凡是能接受质子的分子或离子则为碱(Brønsted 碱),即酸是质子的给体,碱是质子的受体。当一个分子或离子释放氢离子,同时一定有另一个分子或离子接受氢离子,因此酸和碱会成对出现。酸在失去一个氢离子后,变成其共轭碱;而碱得到一个氢离子后,变成其共轭酸。以上反应可能以正反应或逆反应的方式来进行,不过不论是正反应或逆反应,均遵循以下原则:酸将一个氢离子转移给碱。酸和碱可以是分子,也可以是阳离子和阴离子。还可以看出,像 HPO_4^{2-} 既表现为酸,也表现为碱,因此它是两性物质;那么,H_2O,HCO_3^- 等也是两性物质。

Brønsted-Lowry 酸碱质子理论扩大了酸碱的含义及酸碱反应的范围,摆脱了酸碱反应必须发生在水中的局限性,解决了非水溶液或气体间的酸碱反应,并把在水溶液中进行的解离、中和、水解等类反应概括为一类反应,即质子传递式的酸碱反应。但是,该理论也有它的缺点,例如,对不含氢的一类化合物的酸碱性问题,却无能为力。

3. Lewis 酸碱理论

在 Brønsted-Lowry 酸碱质子理论发表的同年,即 1923 年,美国化学家 G. N. Lewis 提出,所谓酸,就是能分享另一物种中的孤对电子,从而使其组成的其中一个原子形成稳定的八隅体形式的物质。因此,他认为,酸没有必要必须限定在含氢的化合物。G. N. Lewis 是共价键理论的创建者,所以他更倾向于用结构的观点为酸碱下定义:碱是具有孤对电子的物质,这对电子可以用来使别的原子形成稳定的电子层结构;酸则是能接受此孤对电子的物质,它利用碱所具有的孤对电子使其本身的原子达到稳定的电子层结构。Lewis 酸就是电子受体,可看做形成配位键的中心体。Lewis 酸碱理论与 Brønsted-Lowry 酸碱质子理论相互之间有不同点,但有时也可互补。例如,Lewis 碱就是 Brønsted 碱,而 Lewis 酸就不一定是 Brønsted 酸。

亲电试剂或电子受体都是 Lewis 酸。Lewis 酸的 LUMO 能级通常比较低,有利于 Lewis 碱的 HOMO 上的电子注入。与 Brønsted 酸不同的是,Lewis 酸并不一定含有质子(H+)。根据 Lewis 酸碱理论,所有亲电试剂都属于 Lewis 酸(包括 H+);Lewis 碱即电子给体,指可以提供电子对的分子或离子,任何在可能成键轨道中有孤对电子的分子均为 Lewis 碱。

章末习题

习题 16-50 为何在芳香亲电取代反应的机理分析中,离去基团常常是 H+?如果多取代的苯环发生亲电取代反应,离去基团是否可以是其他基团?举例说明。

习题 16-51 当将苯溶解在 D_2SO_4 中一段时间后,在 1H NMR 谱图中苯的信号完全消失,得到了一种相对分子质量为 84 的新化合物。画出此化合物的结构式,并画出形成此化合物的反应机理。

习题 16-52 通过计算一些加成反应的 $\Delta H^\ominus$,给出苯不发生加成反应的原因。

习题 16-53 将苯与氯甲烷在 $AlCl_3$ 作用下反应,分离后得到一个结晶,其分子式为 $C_{10}H_{14}$,核磁共振的氢谱数据如下:2.27(s,12H),7.15(s,2H) ppm。根据以上数据和实验事实确定其结构式。

习题 16-54 异丙苯是制备苯酚的工业原料,在工业生产中制备的方法是苯与丙烯在磷酸的催化下得到的。画出此反应的反应机理。

习题 16-55 在 Lewis 酸的催化作用下,1-氯丁烷与苯反应生成两个一元取代的产物。画出此两个产物的结构式,并画出此转换的反应机理。

习题 16-56 比较以下各组的反应速率大小:

(i) $v_{甲苯的间位硝化}$,$v_{氯苯的邻位硝化}$ (ii) $v_{苯酚的对位硝化}$,$v_{苯的硝化}$ (iii) $v_{溴苯的间位硝化}$,$v_{溴苯的对位硝化}$

(iv) $v_{苯甲酸的间位硝化}$,$v_{甲苯的间位硝化}$ (v) $v_{硝基苯的硝化}$,$v_{间二硝基苯的硝化}$

习题 16-57 完成下列反应式:

(i) 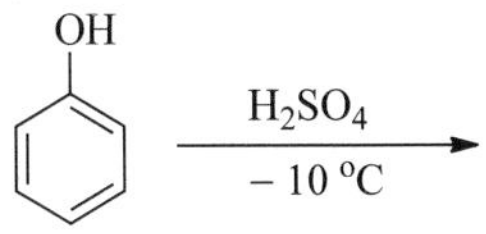 [phenol structure with OH] $\xrightarrow[-10\ ^\circ C]{H_2SO_4}$

(ii)  [benzene] + [cyclohexene] $\xrightarrow[0\ ^\circ C]{HF}$

(iii) 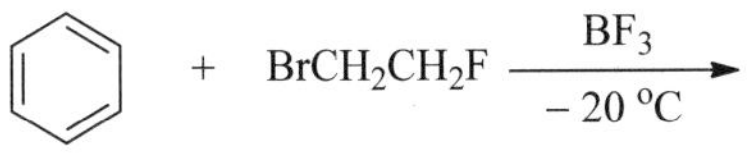 [benzene] + $BrCH_2CH_2F$ $\xrightarrow[-20\ ^\circ C]{BF_3}$

(iv) 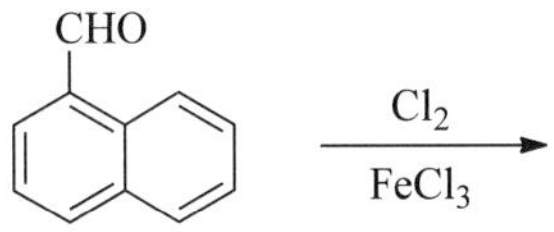 [naphthalene with CHO] $\xrightarrow[FeCl_3]{Cl_2}$

(v) 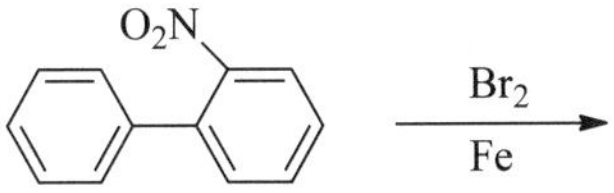 [biphenyl with O_2N] $\xrightarrow[Fe]{Br_2}$

(vi) 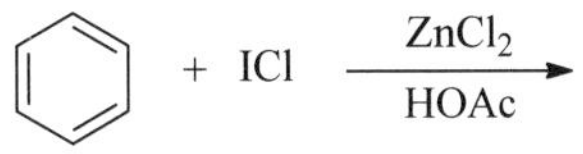 [benzene] + ICl $\xrightarrow[HOAc]{ZnCl_2}$

(vii) 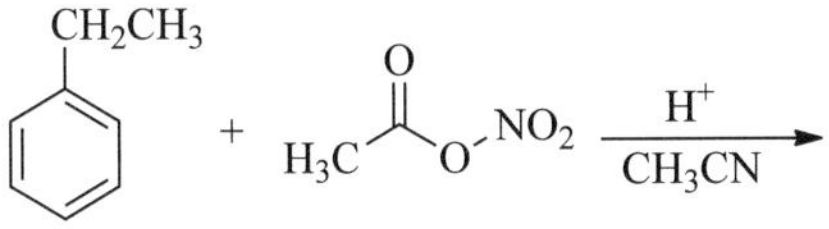 [benzene with CH_2CH_3] + $H_3C-C(=O)-O-NO_2$ $\xrightarrow[CH_3CN]{H^+}$

(viii) [toluene with CH_3] + [benzene with CH_2Cl and OCH_3] $\xrightarrow{TiCl_4}$

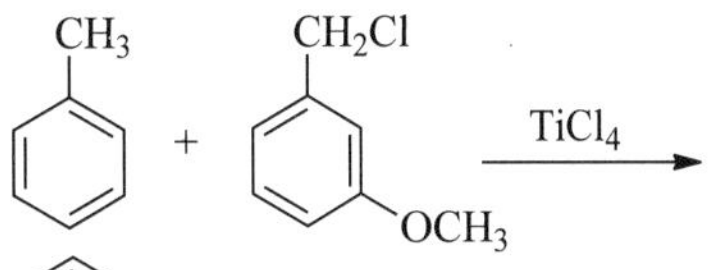

(ix) 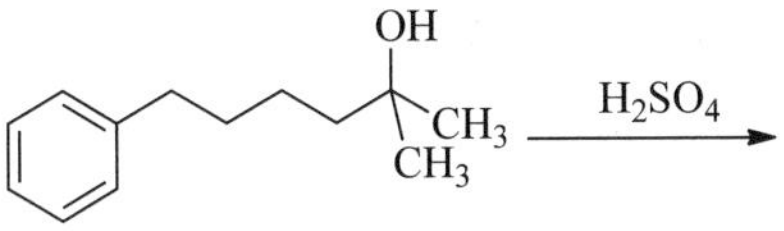 [structure with OH, CH_3, CH_3] $\xrightarrow{H_2SO_4}$

(x) 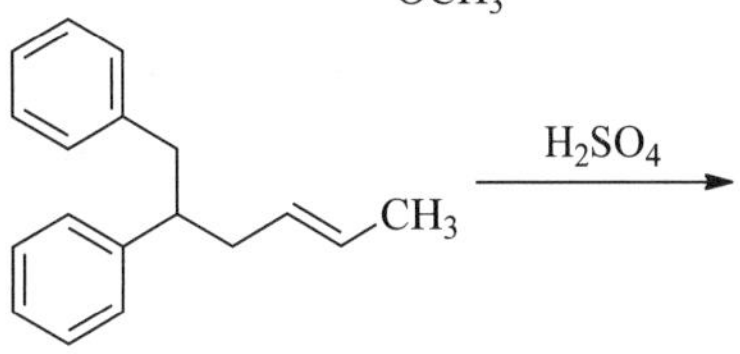 [structure with two phenyl groups and CH_3] $\xrightarrow{H_2SO_4}$

习题 16-58 完成下列反应式,并说明需要何种催化剂以及催化剂的用量:
(i) 苯与叔丁基氯 (ii) 苯与环戊烯 (iii) 萘与丁二酸酐

习题 16-59 在气相下实验测得对硝基氯苯的偶极矩为 2.81 D,与氯苯及硝基苯偶极矩向量和的计算值相差较多。说明其原因。

习题 16-60 对下列化合物的一元间位硝化产物的产率从高到低进行排序,并说明理由:

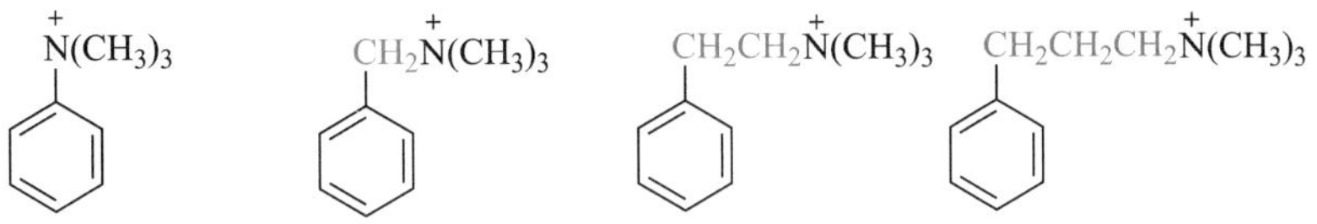

[structures: $\overset{+}{N}(CH_3)_3$; $CH_2\overset{+}{N}(CH_3)_3$; $CH_2CH_2\overset{+}{N}(CH_3)_3$; $CH_2CH_2CH_2\overset{+}{N}(CH_3)_3$]

习题 16-61 画出下列反应式,并解释其实验结果:
(i) 异丁烯与苯的混合溶液在盐酸作用下,只生成一种产物。
(ii) 新戊醇在强酸作用下与大量的苯反应,生成两种产物;这两种产物分别与酸作用,又各生成两种产物,但其中一个产率很低。

习题 16-62 以苯、甲苯为原料合成以下化合物:
(i) 丙苯 (ii) 对氯苯乙酮 (iii) 对氨基苯乙酮 (iv) 间溴苯甲酸 (v) 苄胺 (vi) 对甲基苯甲醛 (vii) 苄醇 (viii) 对甲基苯基乙酸

习题 16-63 完成下列反应式:

(i) 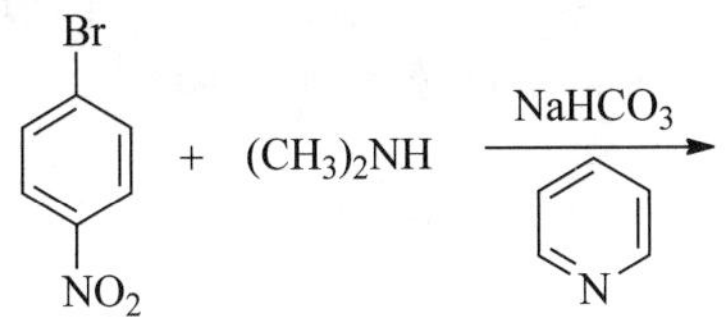 [benzene with Br and NO_2] + $(CH_3)_2NH$ $\xrightarrow[\text{pyridine}]{NaHCO_3}$

(ii) 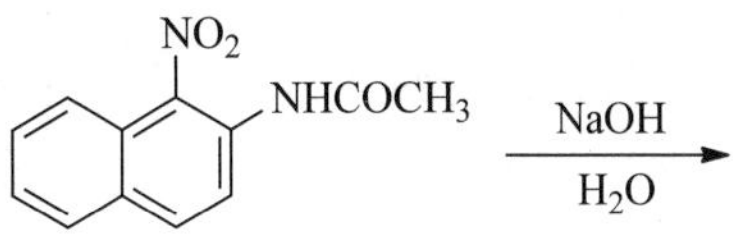 [naphthalene with NO_2 and $NHCOCH_3$] $\xrightarrow[H_2O]{NaOH}$

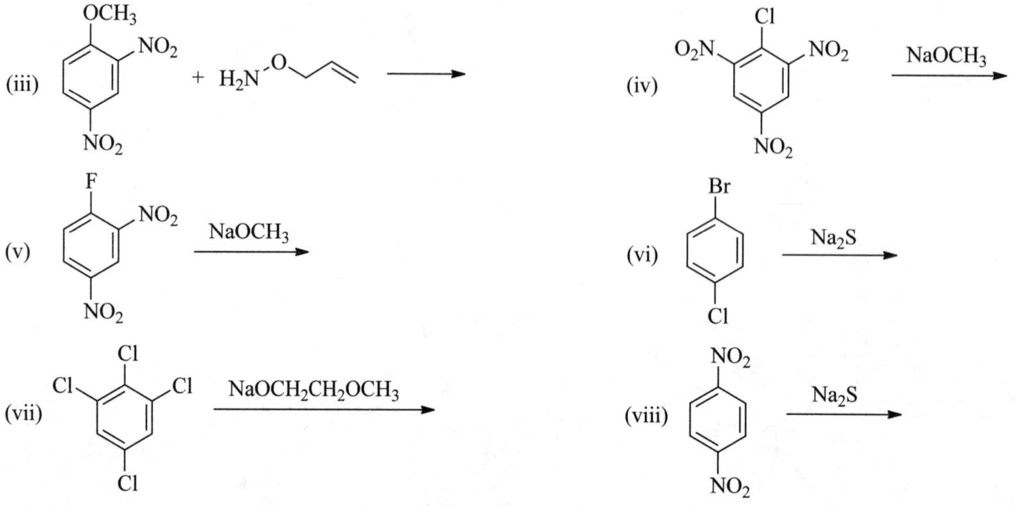

(iii) [structure: 2,4-dinitroanisole] + H_2N-O—allyl $\longrightarrow$

(iv) [structure: 2-chloro-1,3,5-trinitrobenzene] $\xrightarrow{\text{NaOCH}_3}$

(v) [structure: 1-fluoro-2,4-dinitrobenzene] $\xrightarrow{\text{NaOCH}_3}$

(vi) [structure: 1-bromo-4-chlorobenzene] $\xrightarrow{\text{Na}_2\text{S}}$

(vii) [structure: 1,2,3,5-tetrachlorobenzene] $\xrightarrow{\text{NaOCH}_2\text{CH}_2\text{OCH}_3}$

(viii) [structure: 1,4-dinitrobenzene] $\xrightarrow{\text{Na}_2\text{S}}$

习题 16-64 将苯酚衍生物与多聚甲醛、苯硼酸在丙酸溶液中加热,可以在酚羟基的邻位高区域选择性地引入羟甲基。为了研究此反应机理,利用 2-甲基苯酚为原料,分离得到了此反应的关键中间体,经分析此中间体的分子式为 $C_{14}H_{13}O_2B$。画出此中间体的结构式,并推测此反应的转换机理以及苯硼酸的作用:

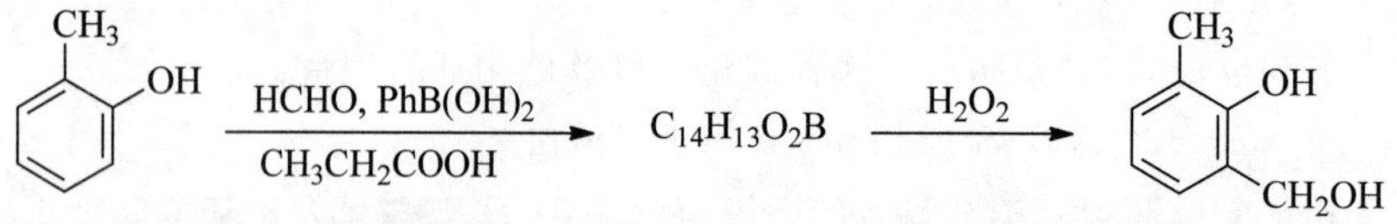

[structure: 2-methylphenol] $\xrightarrow[\text{CH}_3\text{CH}_2\text{COOH}]{\text{HCHO, PhB(OH)}_2}$ $C_{14}H_{13}O_2B$ $\xrightarrow{\text{H}_2\text{O}_2}$ [structure: 2-methyl-6-(hydroxymethyl)phenol]

习题 16-65 当化合物 **A** 在 $-78\,^\circ\text{C}$ 下溶解在 FSO_3H 中,经 NMR 谱测定形成了一种碳正离子;当反应温度升至 $-10\,^\circ\text{C}$ 时,形成了另一种不同的碳正离子。将反应混合溶液用 15% NaOH 水溶液猝灭后,第一种碳正离子的产物为 **B**,第二种碳正离子的产物为 **C**。分别画出这两种碳正离子的结构式:

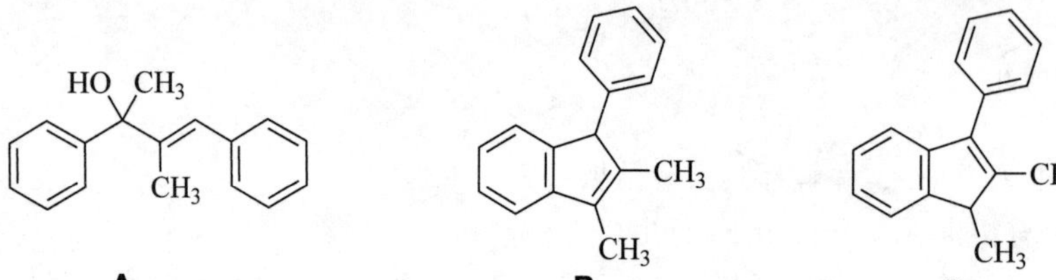

A   B   C

复习本章的指导提纲

基本概念和基本知识点

苯环上最重要的两类反应:芳香亲电取代反应和芳香亲核取代反应。

苯环上取代基分为两类:吸电子基团、给电子基团,活化基团、钝化基团,邻/对位定位基团、间位定位基团。芳香亲电取代反应的定位规则,芳香亲核取代反应的定位规则,共振论对芳香亲电取代反应的解释,碳正离子中间体(σ配合物),Jackson-Meisenheimer 配合物。

基本反应和重要反应机理

芳香亲电取代反应的定义、反应式和反应机理：硝化反应、卤化反应、磺化反应、傅-克反应、氯甲基化反应、Gattermann-Koch 反应；多环芳烃的芳香亲电取代反应。

芳香亲核取代反应的定义、反应式和反应机理：双分子芳香亲核取代反应（S_N2Ar）、加成-开环-关环型芳香亲核取代反应（ANRORC）、间接芳香亲核取代反应（VNS）。

重要合成方法

利用芳香亲电取代反应和芳香亲核取代反应制备各种芳香衍生物；硝基与氨基的转换；酰基与烷基的转换；磺酸基对苯环反应位置的保护效应；利用活化基团对芳环后续反应的控制。

英汉对照词汇

activation group　活化基团

acylation　酰基化

addition of the nucleophile, ring opening, and ring closure；ANRORC　加成-开环-关环型

alkylation　烷基化

Aramine　阿拉明

aromatic ring　芳环

Blanc chloromethylation　布莱克氯甲基化反应

Brønsted-Lowry　布朗斯特-劳里

Clemmensen reduction　克莱门森还原法

deactivation group　钝化基团

directing effect　定位效应

dye　染料

electrophilic aromatic substitution　芳香亲电取代反应

electrophile　亲电试剂

Friedel-Crafts reactions　傅-克反应

Gattermann-Koch reaction　加特曼-科赫反应

halogenation　卤化

indigo　靛蓝

intermediate cation　正离子中间体

ipso　原位

Janovsky reaction　加纳斯基反应

Meisenheimer complex；Jackson-Meisenheimer complex　杰克逊-迈森哈梅尔配合物

meta　间位

meta directing group　间位定位基团

metaraminol　间羟胺

mono electrophile substitution　一元亲电取代反应

nitration　硝化

nitronium ion　硝基正离子

nucleophilic aromatic substitution；S_NAr　芳香亲核取代反应

ofloxacin　氟嗪酸

oleum　发烟硫酸

ortho　邻位

ortho/para directing group　邻/对位定位基团

para　对位

phenoxide ion　酚氧基负离子

picric acid　苦味酸

sulfonation　磺化

2,4,6-trinitrophenol；TNP　2,4,6-三硝基苯酚

vicarious nucleophilic substitution；VNS　间接亲核取代反应

Wheland intermediate(complex)　韦兰德中间体(或配合物)

Zimmerman reaction　齐默曼反应

Zincke reaction　齐格反应

第17章

烷基苯衍生物　酚　醌

*　　*　　*　　*　　*

　　在自然界中,很多具有生理活性的天然产物含有酚羟基或醌式结构。黄酮类化合物就是代表之一。黄酮类化合物(flavonoids)通常以与糖结合成苷类的形式存在于植物体中,它在植物的生长、发育、开花、结果以及抗菌防病等方面起着重要的作用。天然的植物生长素槲皮素(quercetin)是含有四个酚羟基的植源性黄酮类化合物。槲皮素广泛存在于水果、蔬菜和谷物等植物中。其英文名"quercetin"最早出现于1857年,来源于"quercetum",意为栎树林。槲皮素是中药连翘的主要有效成分,槲皮素具有很高的药用价值,中医认为其具有较好的祛痰、止咳作用,并有一定的平喘作用。研究表明,它还可显著抑制离体恶性细胞的生长,抑制艾氏腹水癌细胞 DNA、RNA 和蛋白质合成。槲皮素还具有抑制血小板聚集和 5-羟色胺(5-HT)释放等作用。

　　槲皮素不溶于水,通过引入亲水性基团修饰以增加其衍生物的水溶性,便于人体吸收,从而增强其药理作用。

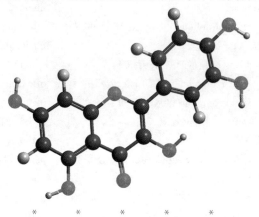

*　　*　　*　　*　　*

　　前面章节已经介绍了烷烃、烯、炔、醇、醚以及酮的合成及其反应,也重点讨论了苯环上的重要反应:芳香亲电取代和芳香亲核取代反应。本章将主要介绍取代苯衍生物、酚与醌的基本反应及其合成。从结构上分析,由于苯环所独具的芳香性导致了其具有与众不同的稳定性,因此烷基取代苯的骨架可以近似看做苯环修饰的烃类衍生物,它们可能会具有与烷烃类化合物不同的性质。酚的基本性质应该与醇的一致,其反应也基本类似;但是由于苯环的引入,使得这些化合物与醇相比存在明显的区别。那么,在比较它们相同性的同时,重点需要了解其产生不同点的原因,也就是要了解苯环是如何影响其所连接基团的化学性质的。因此,苯环对烷基、羟基的影响是非常重要的。此外,醌的基本骨架体系属于 α,β-不饱和酮,因此它的基本反应也类似于 α,β-不饱和酮。

结合前面学过的知识,对比烯丙基与苄基性质的异同,并理解这二者在反应上的异同。

17.1　苄位的化学性质

通常,与苯基直接相连的第一个碳原子所在的位置称为苄位(benzyl)。这个碳原子一般采取 sp^3 杂化的形式。如果与苯环相连接的为脂肪碳链,此类化合物称为烷基苯。甲苯是最简单的烷基苯。我们知道苯是致癌的,对人体有很大的危害,进入体内,无法排出;而甲苯在基本物理性质与苯相似的情况下,却是低毒性且不致癌的。这是由于甲苯上的甲基取代基很容易被氧化,生成苯甲酸,从而与尿液一起排出体外。这表明,苯环上的甲基要比甲烷活泼得多,苯环的引入活化了甲基,使其与普通烷烃相比具有了更高的反应活性。那么,苯环究竟是如何影响与它相连碳原子活性的? 此外,二甲苯在 Lewis 酸催化下与 Br_2 反应,主要进行芳香亲电取代反应,反应位点在苯环上;而在无 Lewis 酸作用时,在加热或光照下与 Br_2 反应,则在甲基上进行亲电取代反应,过量的 Br_2 还会发生多取代。那么,究竟是哪些因素导致了这些不同?

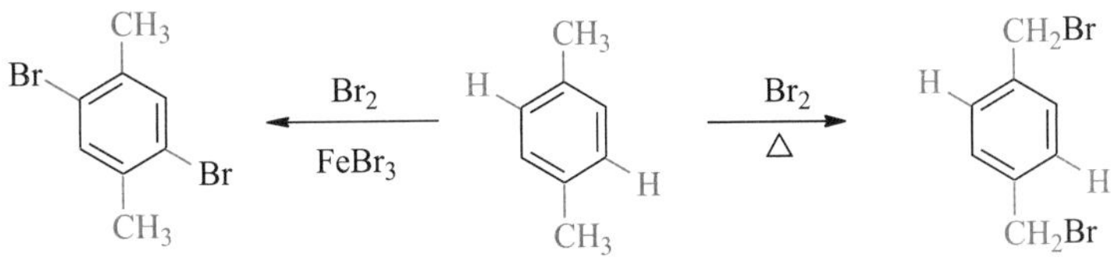

17.1.1　苄基负离子、正离子和自由基

苯环的吸电子效应来源于 sp^2 和 sp^3 杂化碳原子电负性的差异。

甲苯的酸性($pK_a=41$)要比甲烷的酸性($pK_a=50$)强得多,与烯丙基上氢的酸性($pK_a=40$)接近。

与烷基相连时,苯环体现了吸电子效应和超共轭效应。这两个效应极化了苄基上的 C—H 键,使其易发生均裂和异裂。所形成的苄基中苯环的 π 体系与苄基碳原子上 p 轨道发生重叠,这种作用称为苄基共振(benzylic resonance)效应。

首先,苄基共振效应可以使苄基的氢原子具有较强的酸性,在强碱的作用下,可以失去质子,形成苄基负离子:

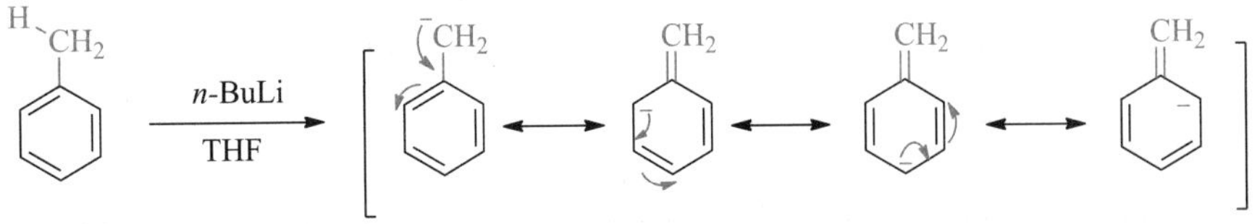

由于苯环的吸电子共轭效应,使得此负离子可以与苯环的 π 体系共轭离域而更加稳定。实际上,前面各章节介绍过的碳负离子能参与的反应,苄基负离子也都能进行。此外,当苯环上有吸电子基团取代时,苄基负离子的稳定性会进一步加强。

苯环的 π 体系所诱导的苄基共振效应不仅可以使苄基负离子稳定,也可以使

2-苯基-2-丙基正离子

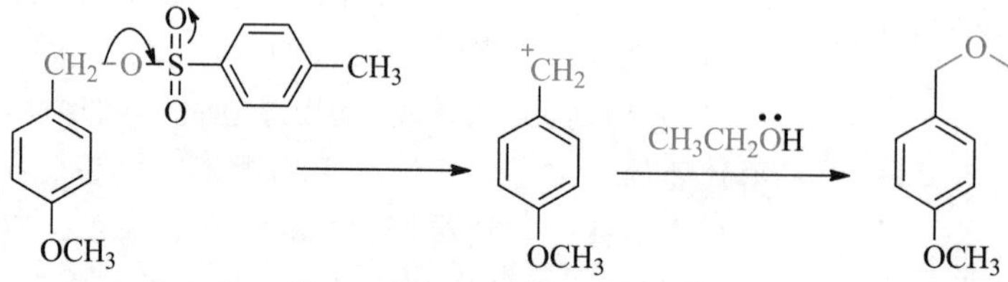

苯环上的给电子基团位于邻、对位时,由于它能稳定碳正离子,使底物更易发生 S_N1 反应。此时的机理需要考虑给电子基团的参与。比较此时的机理与缩酮的形成机理:

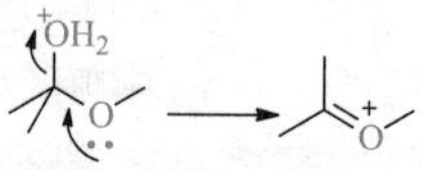

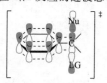

苄位 S_N2 反应的过渡态:

比烷基溴的 S_N2 反应约快 10^2 倍。

参照烯丙基自由基的反应。

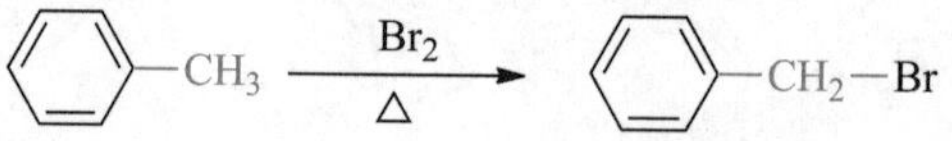

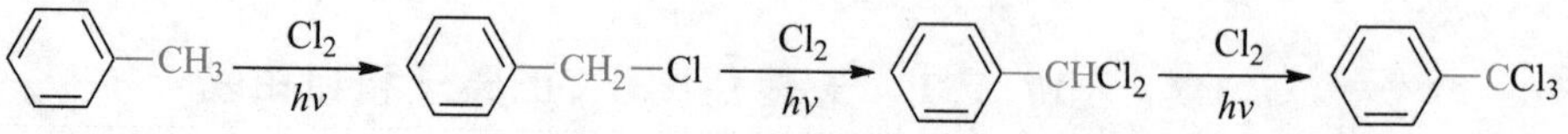

三苯甲基正离子不是平面型结构,而是螺旋桨形,只有甲基上的碳以及与之相连的三个碳共平面。
三苯甲基负离子呈深红色,它的钠盐是有机合成中常用的强碱。三苯甲烷的许多衍生物是有用的染料或分析中用的指示剂,如碱性孔雀绿、结晶紫、酚酞等。三苯甲烷染料也称为品红染料,它色泽鲜艳,着色力强,色谱范围广。

碳正离子稳定。1997 年,利用 X 射线衍射法准确测定了 2-苯基-2-丙基正离子六氟锑酸盐的晶体结构。衍射数据表明,2-苯基-2-丙基正离子为平面结构,三个 sp^3 杂化的碳原子呈三角形排列,同时苯基与碳正离子连接的键的长度为 141 pm,介于碳碳单键与双键的键长之间,也说明了苯环上的 π 电子与碳正离子发生了离域效应。因此,当苄基上连接一个离去基团时,就会有以下两种可能性:

(1)如果此基团为易离去基团,很容易形成苄基正离子,从而发生 S_N1 反应(也称为苄基磺酸酯的溶剂解反应):

(2)如果邻、对位没有给电子基团(如甲氧基等)时,在具有强亲核能力的试剂或基团作用下,苄位也可以进行 S_N2 反应:

也正是由于苄基共振效应使得苄基自由基也相对比较稳定,因此,烷基苯在光或热的作用下,可以与卤素很容易地在苄位发生自由基取代反应,并很容易发生多次取代:

总之,苄基负离子、正离子以及自由基均可以通过与苯环 π 体系的离域而变得稳定,因此烷基苯苄位的自由基卤化、S_N2 和 S_N1 反应相对容易进行。此外,与其他碳正离子、碳自由基、碳负离子相比,三苯甲基正离子、自由基、负离子都是最稳定的。如将各类碳正离子、碳自由基按稳定性大小排列,可得如下次序:

$$(C_6H_5)_3\overset{+}{C} > (C_6H_5)_2\overset{+}{CH} > R_3\overset{+}{C} > R_2\overset{+}{CH} \approx C_6H_5\overset{+}{CH_2} \approx CH_2=CH\overset{+}{CH_2} > R\overset{+}{CH_2} > H_3\overset{+}{C}$$

$$(C_6H_5)_3\overset{\cdot}{C} > (C_6H_5)_2\overset{\cdot}{CH} > C_6H_5\overset{\cdot}{CH_2} \approx CH_2=CH\overset{\cdot}{CH_2} > R_3\overset{\cdot}{C} > R_2\overset{\cdot}{CH} > R\overset{\cdot}{CH_2} > H_3\overset{\cdot}{C}$$

习题 17-1 写出苄基自由基和苄基正离子的所有共振式。

习题 17-2 写出甲苯在加热下溴化的反应机理。

习题 17-3 下列化合物均能在加热条件下溴化,完成其反应式;并对这些化合物在加热条件下溴化活性进行排序。

（i）甲苯　（ii）二苯甲烷　（iii）1,2-二苯乙烷　（iv）1,3-二苯丙烷

习题 17-4　画出下列化合物的结构式,并判断哪个化合物在乙醇溶液中更容易进行 S_N1 反应? 说明你的理由。

（i）1-溴丙基-4-甲氧基苯　（ii）1-溴丙基-3-甲氧基苯

习题 17-5　完成以下反应式,并对这些化合物与特定试剂的反应能力进行排序:

（i）甲苯、二苯甲烷、三苯甲烷与正丁基锂的反应

（ii）1-苯基-1-丙醇、1-(4-硝基苯基)-1-丙醇与 HBr 的反应

17.1.2　苄基的其他反应

1. 苄位的氧化反应

前一章已经讨论过,苯环对于强氧化剂也是相对比较惰性的。然而,由于苄位共振效应,与烷烃相比,烷基苯更易被氧化,而且在比较强烈的条件下,可以直接转化为羧基。例如,在热的 $KMnO_4$ 或 $K_2Cr_2O_7$ 溶液作用下,烷基苯均可以被氧化为苯甲酸衍生物:

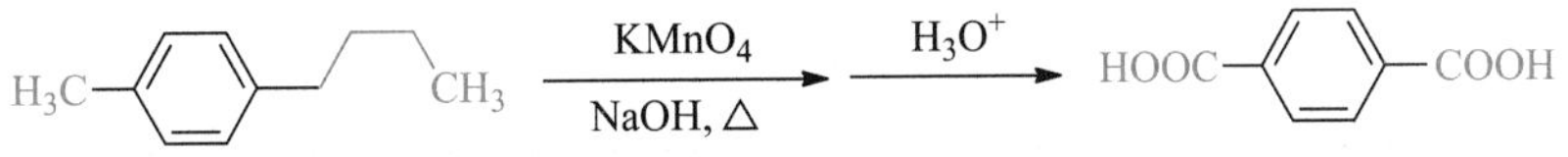

不管侧链多长,只要和苯环相连的碳上有氢,氧化的最终结果都是侧链变成只有一个碳的羧基。如果苯环上有两个不等长的侧链,通常是长的侧链先被氧化,反应首先生成苄醇,接着氧化成酮,最后变成羧酸。因此,控制反应条件可以得到酮。

$$H_3C--CH_2CH_2CH_3 \xrightarrow[NaOH,\triangle]{KMnO_4} \xrightarrow{H_3O^+} HOOC--COOH$$

对二甲苯在 Co(Ⅲ)盐做催化剂时,在空气的氧化下直接转化为重要工业产品聚酯纤维的重要原料对苯二甲酸(terephthalic acid):

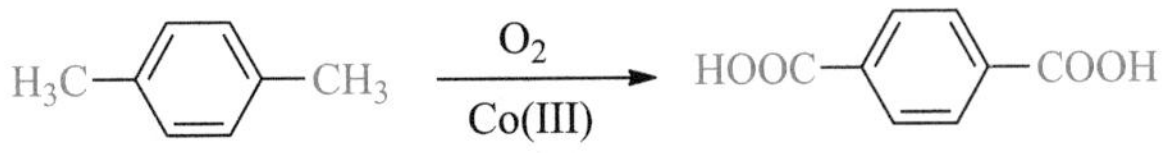

$$H_3C--CH_3 \xrightarrow{O_2\atop Co(III)} HOOC--COOH$$

苯环侧链的氧化机理非常复杂,可能首先是苄位的 C—H 键断裂,形成苄基自由基中间体。因此,如果苯环和一个三级碳原子相连时,就可能不会被氧化:

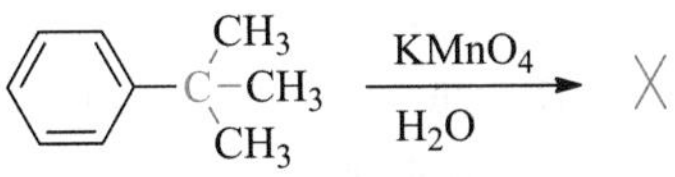

$$\text{（结构式）} \xrightarrow[H_2O]{KMnO_4} X$$

Étard 反应的机理尚不清楚,可能的中间体为

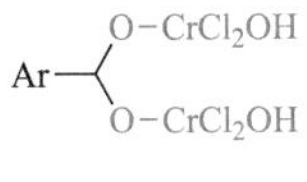

$$Ar{\overset{O-CrCl_2OH}{\underset{O-CrCl_2OH}{|}}}$$

芳环上的甲基可在温和的条件下被氧化成醛。比较经典的是利用二氯铬酰作为氧化剂的 Étard 反应:

$$ArCH_3 \xrightarrow{CrO_2Cl_2} ArCHO$$

其他氧化剂还有 MnO_2、CrO_3/Ac_2O 体系、硝酸铈铵(CAN)、PCC、高价碘氧化剂以及 $t\text{-BuOOH}$ 等等:

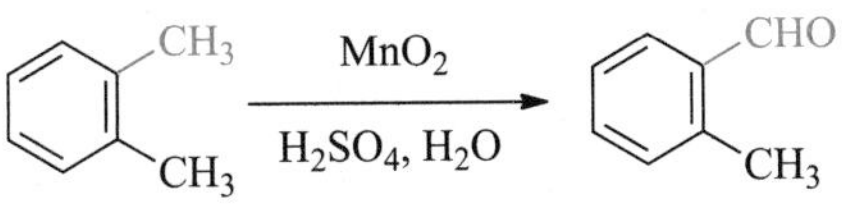

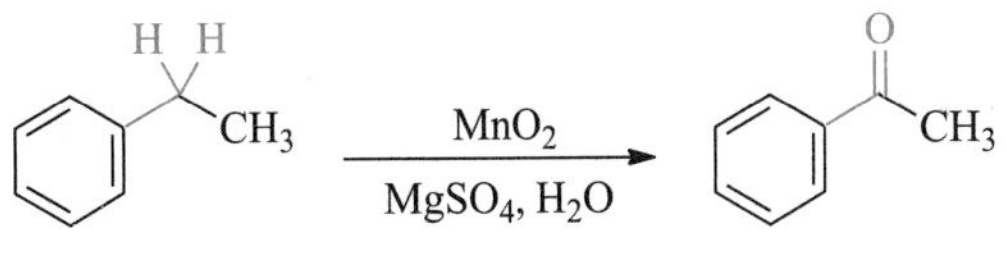

$$\text{（结构式）} \xrightarrow[H_2SO_4,\ H_2O]{MnO_2} \text{（结构式）}$$

$$\text{（结构式）} \xrightarrow[MgSO_4,\ H_2O]{MnO_2} \text{（结构式）}$$

Kornblum 反应还可以氧化 α-卤代酮和磺酸酯等。

学习 Kornblum 反应时,参照醇被 DMSO 氧化成醛的四个人名反应,如 Swern 氧化等等。

苄卤化合物与其他卤代烷一样,也能在 DMSO 的氧化下转化为醛。此氧化反应也称为 Kornblum 反应。苯环上如果有吸电子基团,可以大幅度提高氧化的产率。

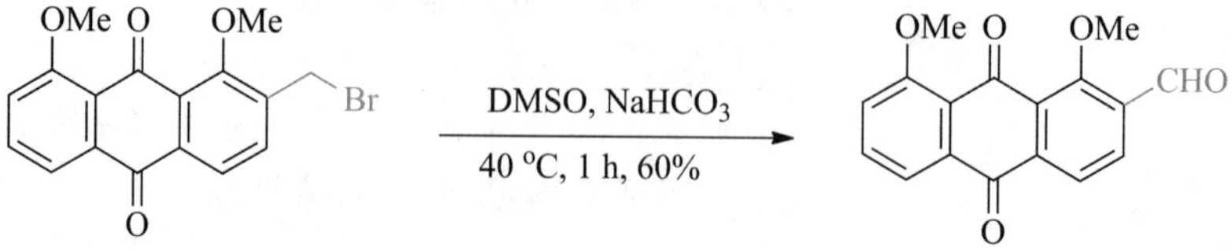

苄醇与烯丙醇一样,能在 MnO₂ 的作用下被氧化成醛或酮,此氧化过程十分温和,而且能兼容非活性的醇羟基。

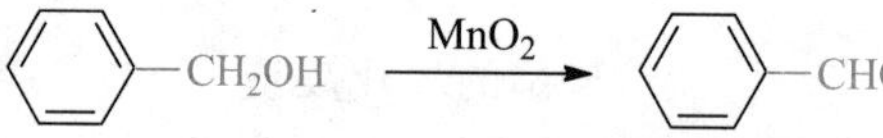

苄位的氧化也是工业上制备苯酚和丙酮的重要方法(参见 17.6.1)。

2. 苄基醚的氢解反应

苄基醚的氢解反应可结合苄基作为醇羟基的保护基一起理解。

即苄位连接其他杂原子的化合物。

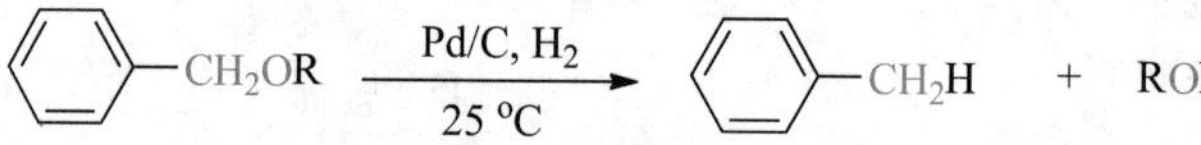

普通的醇和醚不可能发生氢解。这也进一步证明了苄位共振效应的作用。

在钯或铂催化剂存在下,苄基醚很容易发生氢解反应,氢解时通常苯甲基与氧相连的键断裂,转化为甲苯和醇。此外,凡杂原子与苯甲基相连,如苯甲醇类、羧酸苯甲酯类、苯甲胺类、卤甲基苯类衍生物等均易被氢解:

正由于此特征反应,苄基是一类很好的羟基和氨基保护基。其脱除反应通常在中性条件下通过催化氢化方式进行,因此一些对酸性条件比较敏感的醇羟基非常适合使用此保护基。

习题 17-6 实验结果表明,当苯环上没有吸电子取代基时,溴苄的 Kornblum 反应产率很低;此外,对于脂肪族卤代烷,只有在银盐的作用下转化为磺酸酯或者在碱性条件下,才能被氧化。根据这些实验结果,写出 Kornblum 反应的机理。

习题 17-7 完成以下反应式:

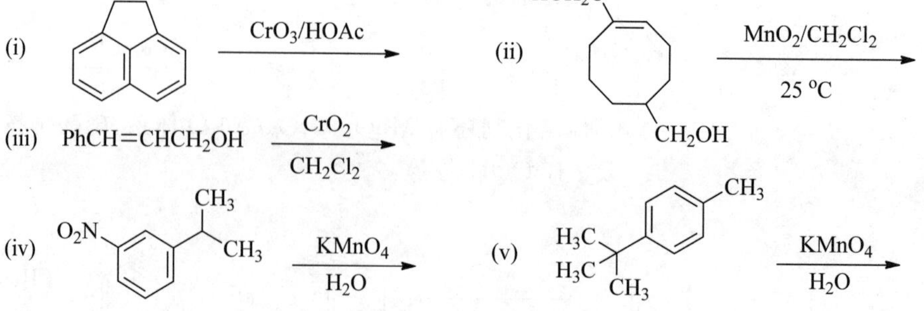

3. 烷基苯的制备

通过以上反应的学习,我们了解到苄位上的各类杂原子均可以烷基苯的苄位反应来引入。因此,烷基苯的制备及其后续的衍生化是非常重要的。傅-克烷基化以及利用傅-克酰基化接着对羰基进行还原反应,是制备烷基苯的最有效方法。傅-克烷基化反应中通常以烯烃为原料在 Lewis 酸作用下形成碳正离子,接着与苯进行反应。例如,乙苯、异丙苯都是工业上的重要中间体,它们都可以通过傅-克烷基化反应来制备:

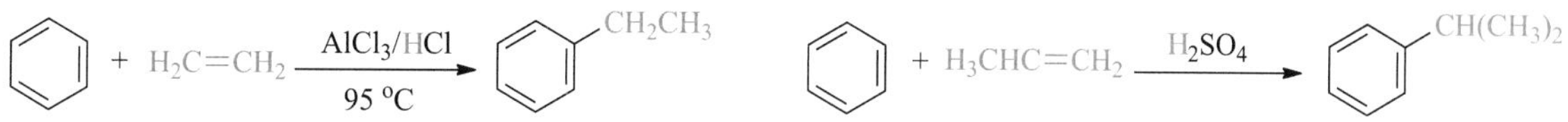

但是,烷基是一个活化基团,所以傅-克烷基化往往不能停留在一元取代的阶段上,反应产物常常是一元、二元、多元取代苯的混合物,因此该反应一般不适用于烷基苯的制备。

在 16.6.2 中已经讨论过,傅-克酰基化反应在制备上不仅是合成芳香酮的重要方法之一,同时也是芳环烷基化的一个重要方法。它避免了烷基苯重排的复杂性和过度烷基化的过程。

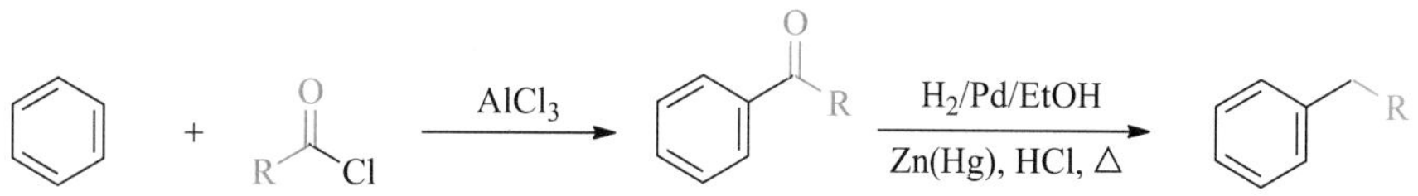

将酮羰基还原为烷基以及硝基还原为氨基,是将苯环上取代基定位能力进行相互转变的基本方法。通过这些方法可以实现在苯环不同位置上引入各类取代基。

傅-克酰基化反应和脱氢反应在合成稠环体系时起着很大的作用。在还原得到并环体系后,进一步脱氢芳构化就可以得到一系列稠环芳烃。

这种方法在苯并环状化合物的合成中非常有效。例如,通过两次傅-克酰基化反应得到蒽醌,蒽醌还原后即可以转化为 9,10-二氢蒽:

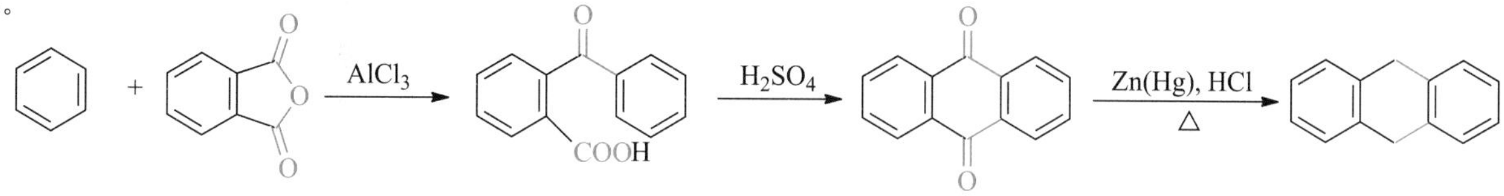

习题 17-8 小儿退烧药布洛芬的起始原料为异丁基苯。请给出以苯为原料合成异丁基苯的方法。

习题 17-9 甾族类化合物具有非常重要的生理活性,是许多药物的主要成分。下面这个化合物是合成甾族类化合物的重要中间体。请画出以下转换的反应机理,准确判断反应的起始位点,并说明你的理由。

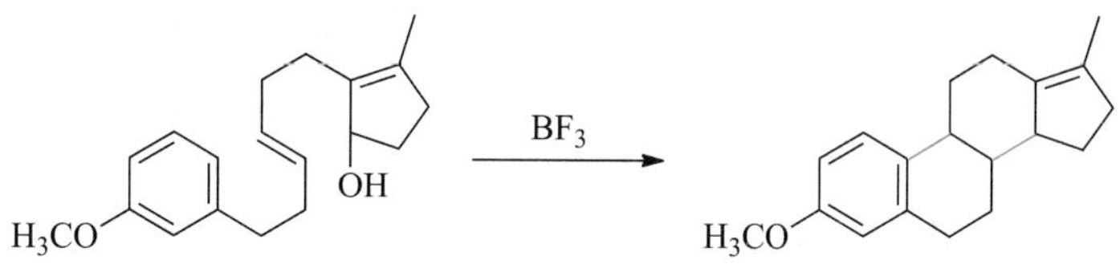

17.2 酚的命名、结构与物理性质

酚和醇均可以被认为是水的衍生物,即水分子中的一个氢被烷基或芳基替换了。同样,过氧酸(简称过酸)也可以被认为是 H_2O_2 中的一个 H 被酰基取代了,因此过酸氧化能力的本质来源于 H_2O_2 中的 O—O 键。思考:是否有羟基与 sp 杂化的碳原子连接的化合物?为什么?

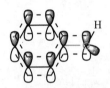

苯酚的结构示意图

苯酚的极限式中有三个带有正负电荷的极限式。由于正负电荷分离需要能量,因此这三个极限式对杂化体所作的贡献很小,不能起到稳定杂化体的作用。

一元酚的通式为 ArOH。最简单的酚是苯酚(phenol)。在英文命名的体系中,凡是羟基连接在 sp^3 杂化的碳原子上,就称为醇(英文名称为 alcohol);而羟基连接在碳碳双键和 sp^2 杂化碳原子上,称为烯醇(英文名称为 enol)。在中文命名体系中,则被分为了三类:羟基与 sp^3 杂化碳原子相连,仍然称为醇;而羟基与 sp^2 杂化碳原子相连的又被分为了两类,羟基连接在碳碳双键(非芳香类)上的称为烯醇,羟基只有直接与芳环相连的才称为酚。

<table>
<tr><td>醇
alcohol</td><td>酚
phenol</td><td>烯醇
enol</td></tr>
</table>

在脂肪族化合物中,烯醇通常是不稳定的,容易互变异构形成相应的酮或醛(因为碳氧双键更稳定)。酚羟基直接与芳环的 sp^2 杂化的碳原子相连,这与烯醇结构基本一致,因此酚也存在酮式异构体:

苯酚的酮式异构体为 2,4-环己二烯酮。酚羟基的氧原子处于 sp^2 杂化状态,氧上两对孤对电子,一对占据 sp^2 杂化轨道,另一对占据未参与杂化的 p 轨道,p 轨道电子正好能与苯的大 π 键体系发生重叠,形成 p-π 共轭体系。由于酚具有稳定的苯环结构,酚羟基的孤对电子可以与苯环的 π 体系形成大共轭体系,因此苯酚在与它的酮式异构体的互变异构平衡中所占比例几乎为 100%,成为了仅有的存在形式。

在此 p-π 共轭体系中,氧原子的 p 电子云向苯环偏移,p 电子云的偏移导致了氢氧之间的 π 键电子云进一步向氧原子偏移,从而使氢离子较易离去。因此,此 p-π 共轭体系既增加了苯环上的电子云密度,又增强了羟基上氢原子的解离能力,这使得苯酚要比醇的酸性强得多。

苯酚是无色固体,具有特殊气味,显酸性。在空气中放置,因易被氧化而很快变成粉红色,经长时间放置会变为深棕色。苯酚能与水形成氢键,因此在水中有一定的溶解度,在冷水中的溶解度为 6.7 g/100 g H_2O,而与热水(超过临界溶解温度,65~85℃)可互溶,易溶于醇和醚。酚因能形成分子间氢键,大多为高沸点的液体和低熔点的无色固体;邻硝基苯酚形成分子内的氢键,因此分子间不发生缔合,

1834 年,F. Lunge 在煤焦油中发现了苯酚,故苯酚也叫石炭酸,熔点 40.9℃,有少量的水存在时即可使它的熔点降低,室温下成为液体。

沸点相对较低。酚类化合物的许多性质与苯酚类似。大多数含有酚结构的化合物具有重要的生理活性：

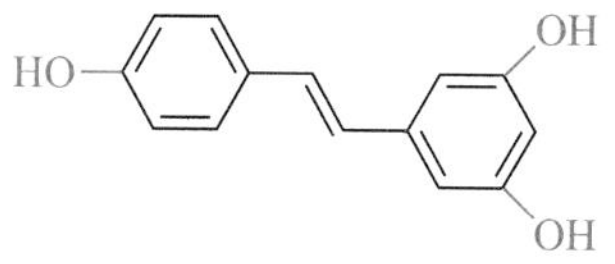

从葡萄中提取的抗癌化合物
白藜芦醇(resveratrol)

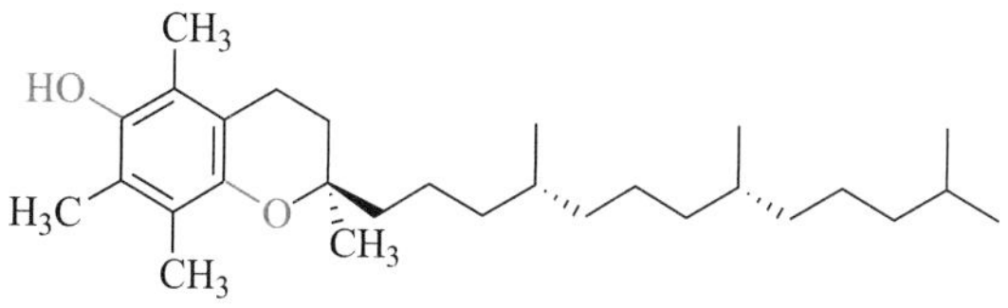

维生素E

17.3 酚羟基的反应

从结构上可以了解酚含有羟基和芳环，因此，它既可以进行芳环上的一些反应，也可以发生与醇类似的反应。例如，酚羟基的氢原子具有一定的活性，可以被其他基团取代；其芳环易发生亲电取代反应。此外，酚的衍生物还能发生一些特殊的重要反应。

17.3.1 酚的酸性和碱性

由于氧原子上孤对电子与苯环的 p-π 共轭体系增强了羟基氢原子的解离能力，这使得苯酚的酸性要比醇强得多。对比苯酚和酚盐的极限式可以说明这个问题。酚氧负离子(phenoxide ion)可以用下列极限式来表示：

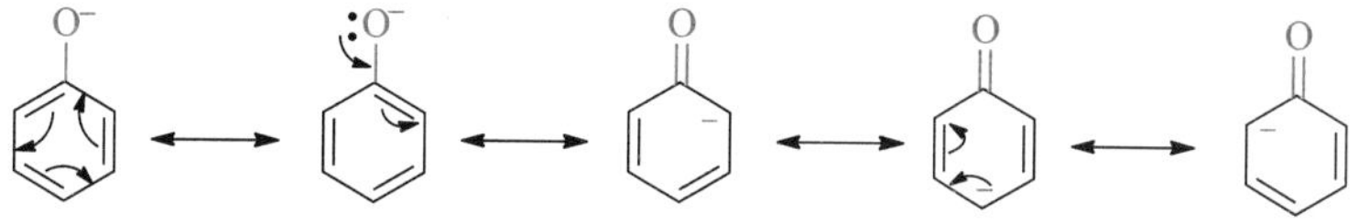

酚氧负离子的极限式都是带负电荷的离子，负电荷的离域对分散负电荷起着很大的作用。对比苯酚和苯酚负离子两组极限式可以看出，共振对酚氧负离子的稳定作用比对酚的稳定作用更强，所以苯酚易解离出质子而显示酸性。

苯环上的取代基对酚酸性强弱的影响很大。苯环上有吸电子基团，能增强酚的酸性。对硝基苯酚的酸性比苯酚的酸性强 600 倍，这是因为硝基具有吸电子诱导效应和吸电子共轭效应，并可使酚羟基负离子的负电荷离域到硝基的氧原子上，从而使硝基苯酚负离子更加稳定：

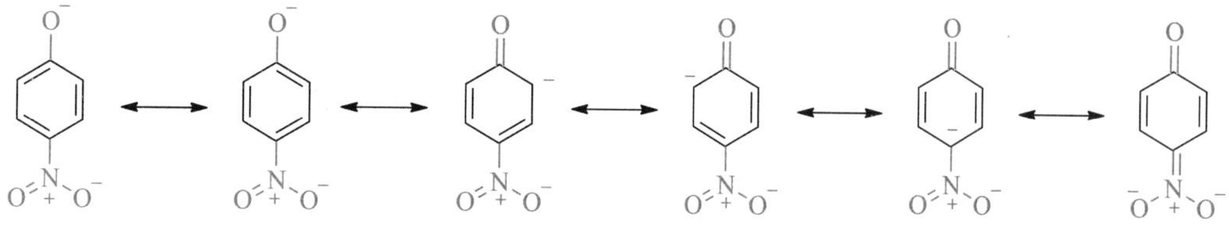

在混浊的苯酚和水的混合液中滴加 5% 的 NaOH 溶液，得到透明的澄清溶液。因为苯酚和氢氧化钠发生了中和反应，生成的苯酚钠溶于水。

苯酚的酸性比羧酸、碳酸弱,比水、醇强,因此在酚的钠盐水溶液中通入二氧化碳,可以得到酚。酚能溶于碱,又能被比酚强的酸从碱溶液中析离出来,常利用这个性质从混合物中分离提纯酚。

当硝基位于酚羟基的邻位,负电荷也可以离域到硝基的氧原子上,使酸性增强;但是,当硝基位于酚羟基的间位时,则不能通过共轭效应使负电荷离域到硝基的氧原子上,只有硝基的吸电子诱导效应产生影响。因此,间硝基苯酚的酸性虽也比苯酚的强(强 40 倍),但远不如硝基在酚邻位或对位的大。二硝基苯酚的酸性更强,酸强度与羧酸差不多。2,4,6-三硝基苯酚(苦味酸)为强酸,酸强度约相当于三氟乙酸:

$pK_a = 7.22$	$pK_a = 8.39$	$pK_a = 7.15$	$pK_a = 4.09$	$pK_a = 0.25$	$pK_a = 10.26$

与之相反,当苯环上有给电子基团时,此类酚化合物的酸性比苯酚弱。这主要是由于给电子基团增加了苯环上的电子云密度,负电荷较难离域到苯环上,使得酚盐负离子不稳定,即酚羟基不易解离放出质子,所以酸性比苯酚的弱。

除电子效应外,取代基的空阻效应也会影响酚的酸性。例如,2,4,6-三新戊基苯酚的酸性极弱,可能是因为两个邻位的大基团阻碍了溶剂对酚羟基解离所起的溶剂化作用。

此外,若酚羟基邻位的取代基能与其形成分子内的氢键作用,也会使得酚羟基的酸性减弱。如邻硝基苯酚的酸性要比对硝基苯酚的弱。

与醇羟基一样,酚羟基也显示了两性的特性。酚羟基也具有弱碱性,这是因为其氧原子的孤对电子能与强酸反应,形成相应的苯氧鎓离子(phenyloxonium ions),但是,由于此孤对电子参与了 p-π 共轭体系,因此其碱性明显减弱。此外,醇形成的烷氧鎓离子易失水形成碳正离子,但是,由于苯环正离子极不稳定,因此苯氧鎓离子不能失水形成苯基正离子,这使得酚羟基的碳氧键很难断裂。

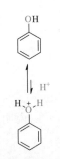

苯氧鎓离子,$pK_a = 6.7$

此正离子的离域方式与苄基正离子类似。

习题 **17-10**　画出以下酚类化合物的结构式,对它们的酸性进行排序,并解释排序理由。

邻甲基苯酚、对氯苯酚、对硝基苯酚、对甲氧基苯酚、对氰基苯酚、2,4-二硝基苯酚、2,4,6-三硝基苯酚、1-萘酚

习题 **17-11**　有人认为,苯酚具有一定的酸性是因为苯环的吸电子效应。你认为是否准确?为什么?

习题 **17-12**　为对下列混合物进行分离提纯提供合理的方法:

(i) 甲苯　对硝基苯甲酸　苯酚　硝基苯

(ii) 邻二甲苯　苦味酸　1,4-二甲氧基苯

17.3.2　酚羟基的醚化反应和 Claisen 重排

与醇一样,酚羟基在碱性条件下,与卤代烷或烷基磺酸酯反应,可以转化为酚醚。Williamson 醚合成法是酚在碱性溶液中与卤代烃或烷基磺酸酯作用生成芳香醚(aromatic ether)的代表性反应。酚氧负离子是否与烯醇负离子一样,也可能会发生 *C*-烷基化反应,即烃基进入酚羟基的邻位或对位? 实验表明,在碱性条件下,只发生 *O*-烷基化反应。这是因为在碱性条件下,酚氧负离子是一个很好的亲核试剂,此外,在苯环进行烷基化反应首先需要破坏苯环的芳香体系,反应能量被大幅度升高,这使得 *O*-烷基化的反应速率比 *C*-烷基化快,而且是不可逆的。

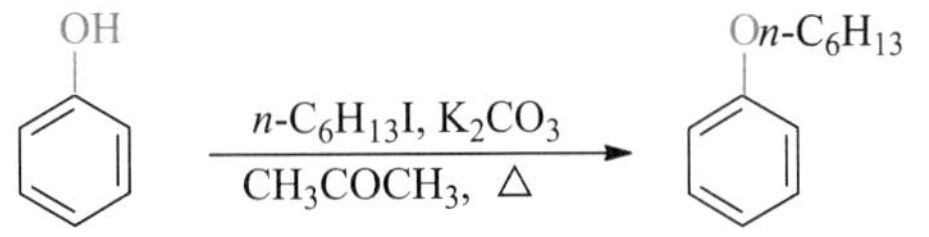

芳甲醚还可通过酚和硫酸二甲酯(dimethyl sulfate)在氢氧化钠水溶液中反应制备;也可以利用酚与重氮甲烷在醚溶液中反应制备:

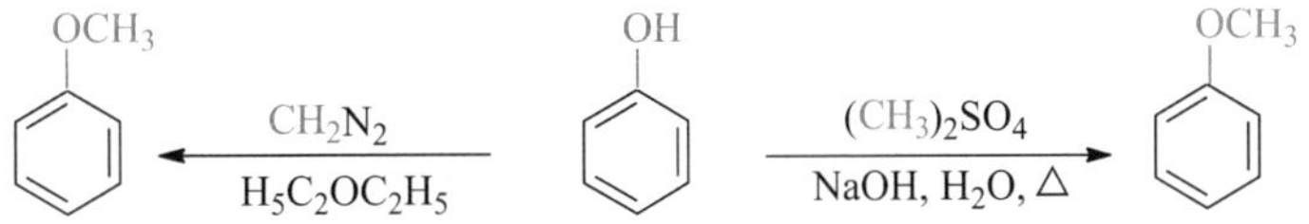

芳基烃基醚和脂肪醚相似,对碱稳定,且不易被氧化,但可被氢碘酸或三溴化硼(boron tribromide)分解:

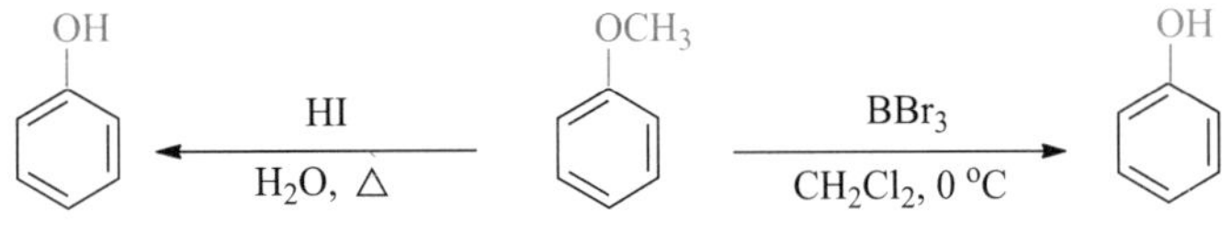

将酚的烃基化反应和芳基烃基醚被氢碘酸或三溴化硼分解的反应结合使用,可以在反应中保护酚羟基。

1912 年,L. Claisen 报道了烯丙基芳基醚在 200℃ 下可以重排为烯丙基苯酚,同时他还报道了 3-烯丙氧基-2-烯-丁酸乙酯在 NH₄Cl 下蒸馏,可以生成 2-乙酰基-4-烯-戊酸乙酯。此后,将烯丙基乙烯基醚类衍生物在加热条件下重排成相应的 γ,δ-不饱和羰基化合物的反应称为 Claisen 重排。

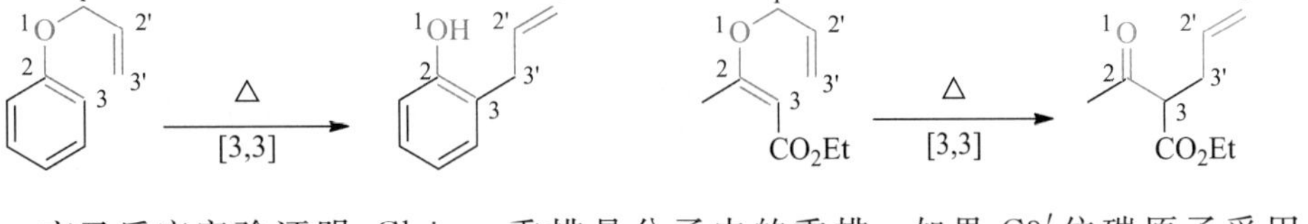

交叉反应实验证明,Claisen 重排是分子内的重排。如果 C3′ 位碳原子采用以 ¹³C 标记的烯丙基醚进行重排反应,第一次重排后,C3′ 位碳原子就与苯环相连,

---

左栏注释:

由于酚盐负离子的负电荷的离域,会使原酚羟基的邻、对位上带有负电荷。
思考:酚氧负离子类似于烯醇负离子,此时为何不发生类似于羰基化合物在碱性条件下的 α 位烷基化反应? 此外,在酸性条件下,会发生什么样的反应?

硫酸二甲酯:

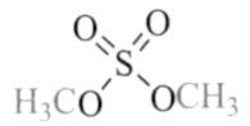

它是很好的甲基化试剂,但也正因为它是一种很好的甲基化试剂,因此也就有毒性。

芳甲醚被氢碘酸分解的产物是酚和碘甲烷,用 Zeisel 的甲氧基定量测定法测定碘甲烷的量,即可得知甲氧基的含量,从而确定芳甲醚的含量。

Claisen 重排需与 Cope 重排结合在一起理解,注意二者的异同点。Claisen 重排中的氧原子换成碳原子后,就是 Cope 重排。因此,在烯丙基苯酚醚的重排过程中,对位的 Claisen 重排就与 Cope 重排一致。

注意顺-1,3,5-己三烯和1,3-环己二烯的电环化反应,与 Claisen 重排和 Cope 重排之间的区别。

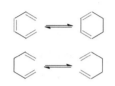

当烯丙基芳基醚的两个邻位未被占满时,重排主要得邻位产物;两个邻位均被占据时,得对位产物。对位、邻位均被占满时,不发生 Claisen 重排。

碳碳双键发生位移。上述实验事实可以用环状过渡态的反应机理来解释,这是一个协同的反应,其过渡态为包含六个电子的六元环。具体的反应机理如下:

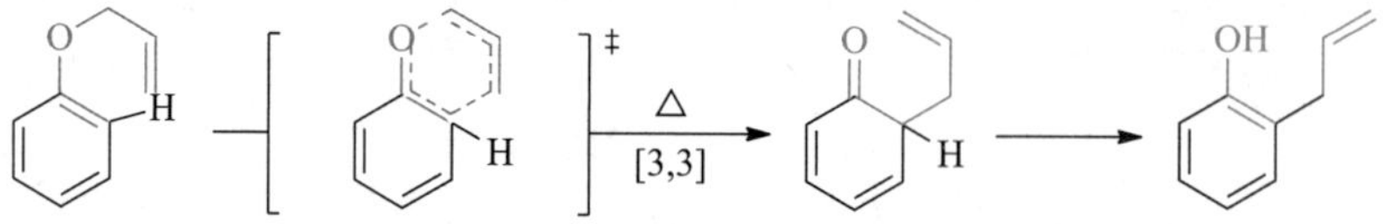

反应机理表明,烯丙基芳基醚经过一次[3,3]σ迁移,生成 6-(2-丙烯基)-2,4-环己二烯酮,接着发生酮式到烯醇式的互变异构,生成 2-烯丙基苯酚,这个过程称为邻位 Claisen 重排。2-烯丙基苯酚的酮式异构体可以再进一步发生[3,3]σ迁移,生成 4-(2-丙烯基)-2,5-环己二烯酮,接着再经过一次[1,5]H 迁移,生成对烯丙基苯酚,这个过程称为对位 Claisen 重排:

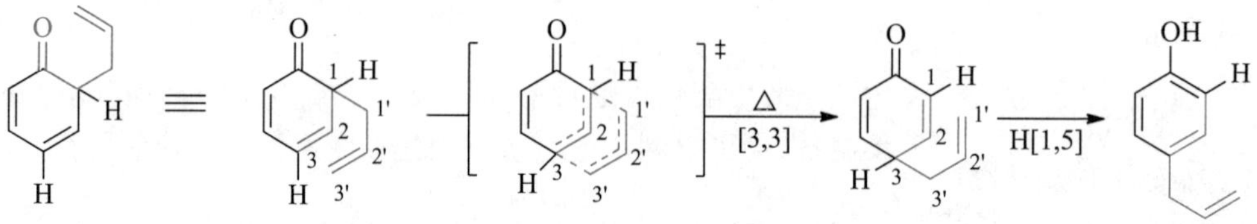

因此,由烯丙基芳基醚重排为 4-烯丙基苯酚,要经过两次[3,3]σ迁移、一次[1,5]H迁移(参见 16.13)。此重排反应是一个协同反应,其过渡态含有六个电子的移动过程,芳环上取代基的电子效应对重排没有明显影响。

Claisen 重排具有普遍性,在醚类化合物中,如果存在烯丙氧基与碳碳双键相连的结构,就有可能发生 Claisen 重排,即脂肪族的 Claisen 重排。

习题 17-13 完成下列反应式:

(i) [2-萘酚] $\xrightarrow[\text{CH}_3\text{CH}_2\text{OCH}_2\text{CH}_3]{\text{CH}_2\text{N}_2}$

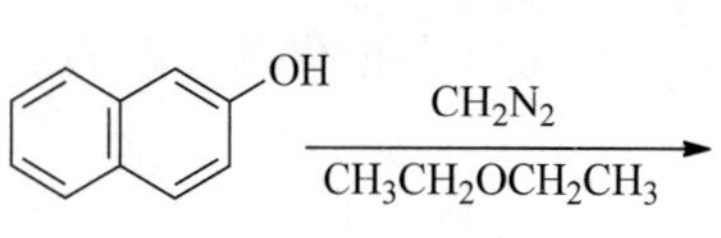

(ii) [苯酚] $\xrightarrow[\text{K}_2\text{CO}_3, \text{CH}_3\text{COCH}_3]{\text{CH}_3\text{I}}$

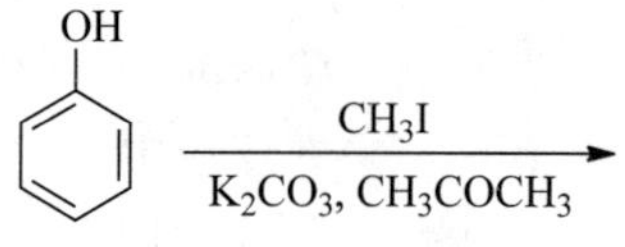

(iii) [苯酚] $\xrightarrow[\text{CH}_3\text{CH}_2\text{OH}]{\text{NaOH}}$ $\xrightarrow{\text{CH}_2\text{CHCH}_2\text{Br}}$

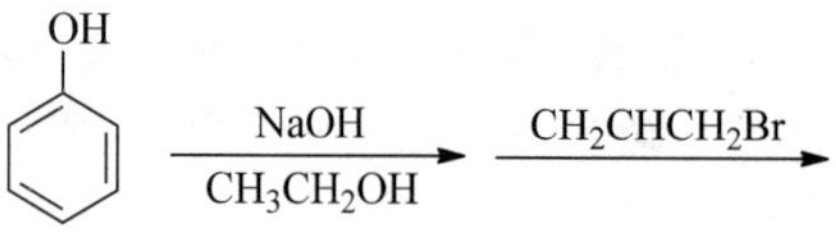

(iv) [取代苯酚] $\xrightarrow[\text{CH}_3\text{CH}_2\text{OH}]{\text{NaOH}}$ $\xrightarrow{n\text{-C}_6\text{H}_{13}\text{Br}}$

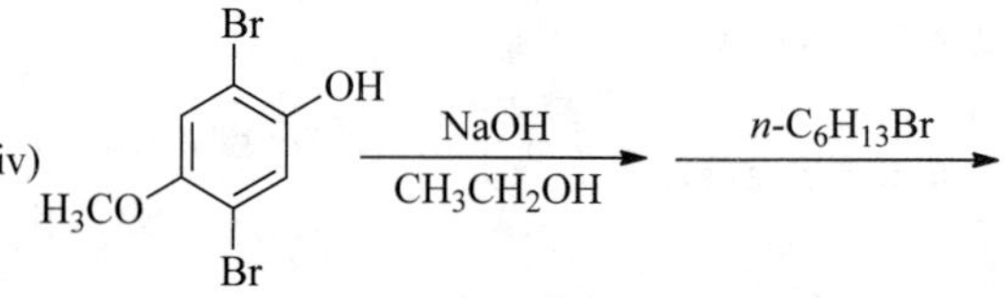

习题 17-14 苯甲醚在氢卤酸参与下水解时,通常生成苯酚和卤代甲烷,而不是卤代苯和甲醇。请解释其原因。

习题 17-15 除用卤代烃与苯酚在碱性条件下制备外,芳基醚还通过芳香亲核取代反应制备。除草剂达克尔(Acifluorfen)的合成步骤中采用了酚羟基与苯环上氟取代基的亲核取代反应:

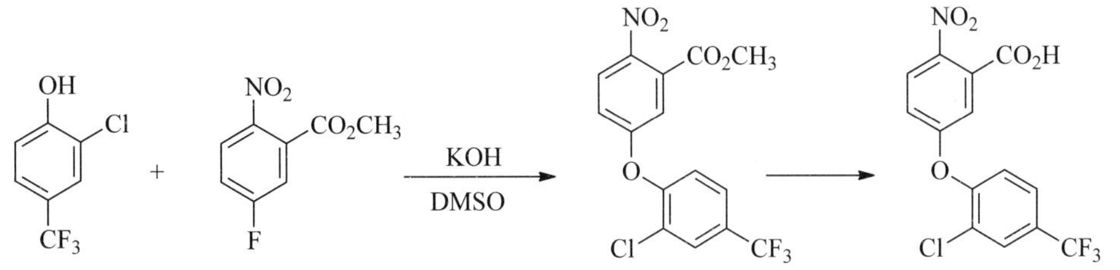

写出以上转换分步、合理的机理。

习题 17-16 完成以下反应式：

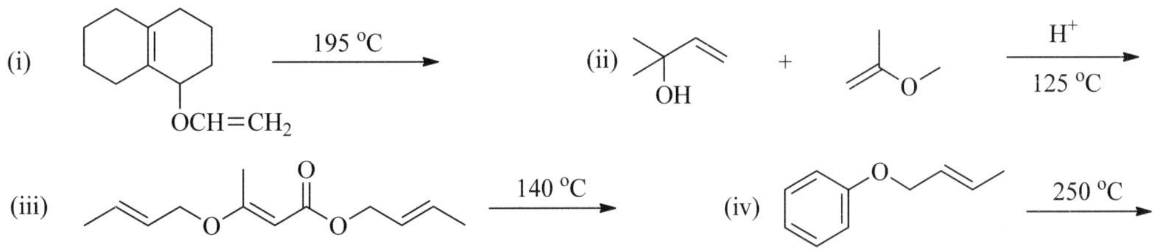

(i)

(ii)

(iii)

(iv)

习题 17-17 Claisen 重排反应是一类通过六元环状过渡态的重排反应。以取代的烯丙基苯基醚为例，根据过渡态的构象说明，无论原来的烯丙基的双键是 E 构型还是 Z 构型的，重排后新的双键总是 E 构型的。

17.3.3 酚羟基的酯化反应和 Fries 重排

酚与醇不同，醇与羧酸可以很容易地在酸催化下直接发生酯化作用，而酚由于孤对电子参与了 p-π 共轭，导致其亲核能力降低，因此须在碱（碳酸钾、吡啶、三乙胺）或质子酸（硫酸、磷酸）的催化作用下，与酰氯或酸酐反应才能形成酯。

羧酸与苯酚形成苯酚酯的反应是吸热的。

无论是在碱性还是在酸性条件下，均是酚羟基或酚氧负离子上的孤对电子对羰基进行亲核加成。

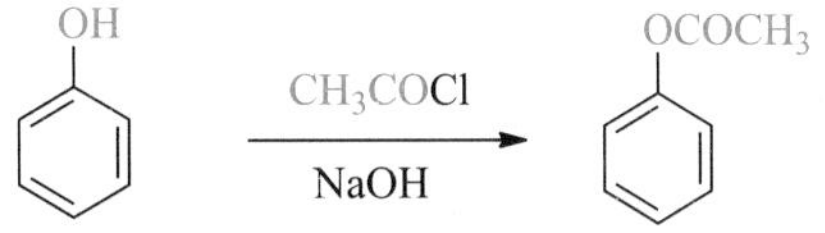

20 世纪初，K. Fries 将乙酸苯酚酯和氯乙酸在 AlCl₃ 作用下加热，分离得到了邻、对位乙酰化产物和氯乙酸苯酚酯。此后，将酚酯与 Lewis 酸或 Brønsted 酸一起加热，发生酰基重排生成邻羟基或对羟基芳酮的混合物的反应统称为 Fries 重排。

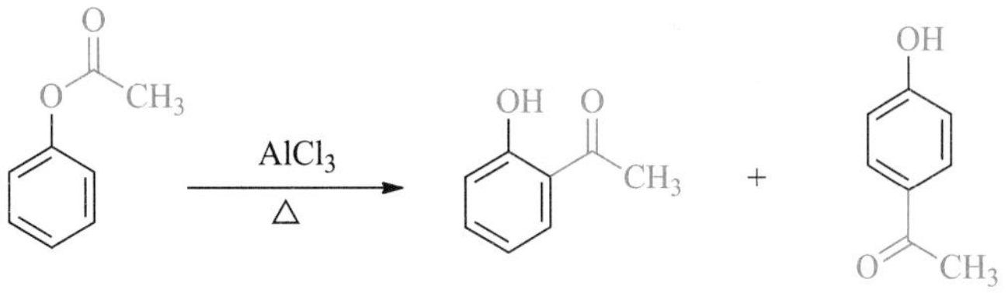

重排可以在硝基苯、硝基甲烷等溶剂中进行,也可以不用溶剂直接加热进行。用硝基苯做溶剂能加速反应。

Fries 重排的机理至今仍未完全清楚,可能为分子内的反应;而从交叉实验结果来看,可能有时又为分子间的反应。其中一个接受较广的反应过程是涉及碳正离子的机理:

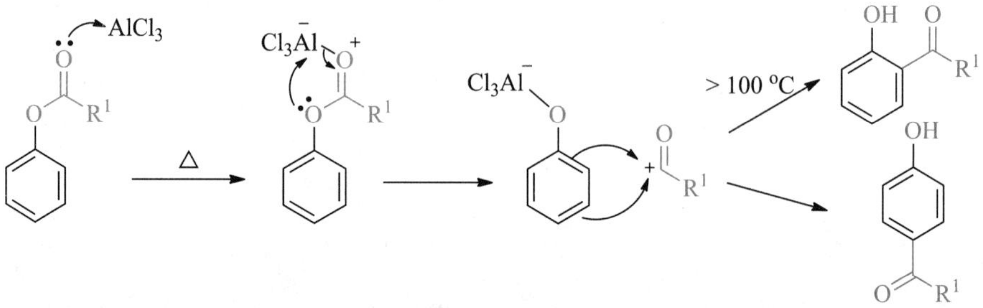

不论是芳香或脂肪羧酸的酚酯,都能进行 Fries 重排,但因取代基影响反应,底物不能含有空阻大的基团。当连接酚基的芳香环上有吸电子基团时,重排一般不能发生。Fries 重排是在酚羟基取代的芳环上引入酰基的重要方法之一。

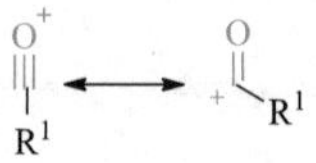

上述机理表明:重排可能是分子间的。如果将两个不同的酚酯混合在一起进行重排,则应得到交叉产物。

邻、对位产物的比例取决于酚酯的结构、反应条件和催化剂的种类等。例如,多聚磷酸(PPA)催化时主要生成对位重排产物,而四氯化钛催化时主要生成邻位重排产物。反应温度对产物比例的影响较大,一般来讲,低温利于形成对位异构产物(动力学控制),高温利于形成邻位异构产物(热力学控制)。利用邻、对位异构体性质上的差异,可将产物分离提纯。

酰基正离子存在以下共振式:

习题 17-18 在常规的实验室制备芳基酯时,常采用在碱性条件下苯酚与酸酐或酰氯反应。解释其原因。

习题 17-19 完成下列反应式:

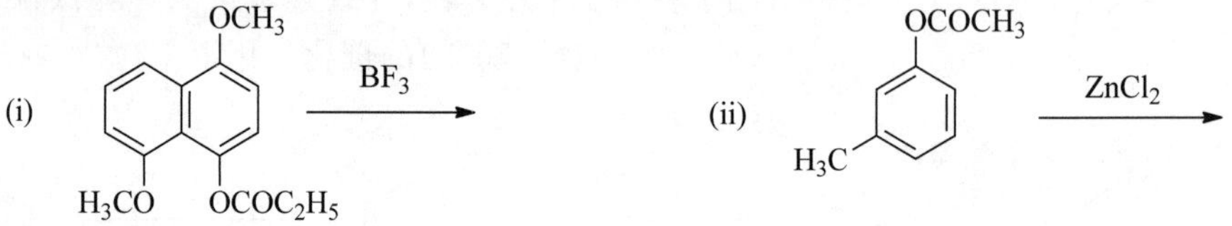

习题 17-20 对乙酰氨基苯酚通常是许多药物的重要起始原料,常用的合成方法是对氨基苯酚与乙酰氯直接反应。解释最终产物为酰胺而不是酯的原因。

17.4 酚芳环上的取代反应

酚羟基上 p 电子与苯环的 π 体系共轭作用使羟基邻、对位的电子云密度增大了,所以酚羟基的邻、对位亲核能力很强,使得苯环成为了各类亲电反应的活泼中心。对于前面讨论过的芳香亲电取代反应,苯酚会比苯更容易进行。

17.4.1 卤化反应

苯的溴化通常需要在 Lewis 酸的作用下生成单取代的产物；而苯酚在水溶液中就可以溴化，并生成三溴化产物。苯的硝化须在浓硝酸和浓硫酸条件下进行；而苯酚的硝化则在稀硝酸条件下就会发生。

酚的卤化反应不需要任何催化剂，并常常会发生多卤代反应。如苯酚在室温下在水溶液中与溴可以发生三溴化反应：

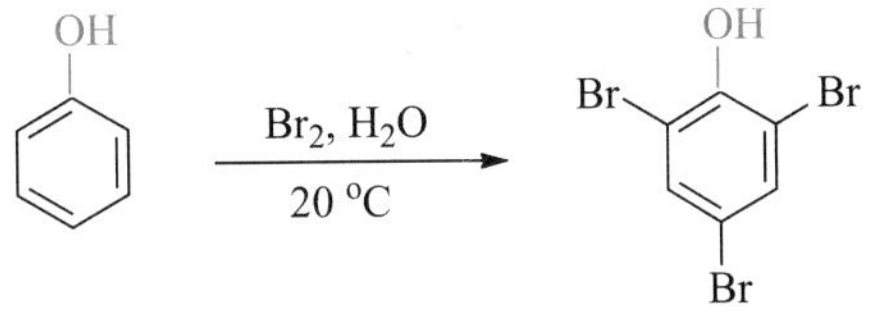

因此，为了得到单卤代的产物，可以通过降低反应温度、使用极性较小或非极性的溶剂（CS$_2$ 和 CCl$_4$）或在酸性条件下进行反应：

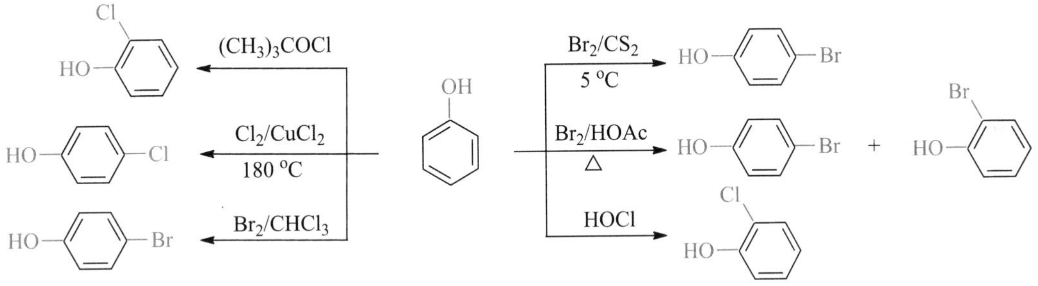

（CH$_3$）$_3$COCl，次氯酸叔丁醇酯（tertiarybutyl hypochlorite）。

在这些反应中，由于空阻效应，反应通常在对位进行；但是亲电试剂的亲电能力的强弱会直接影响它所进入的苯环的位置。此外，即使在酸性溶液中，苯酚的溴化反应中反应速率最快的还是苯酚负离子，因此最终对亲电基团所进入位置起决定作用的还是酚氧负离子。

取代苯酚或萘酚也可以与次氯酸酯进行亲电取代反应：

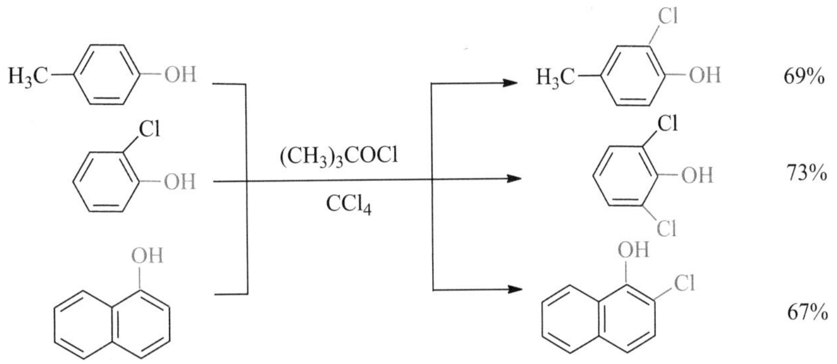

芳香亲电取代反应是在酸性条件下进行的，苯酚的多卤代反应通常会在碱性条件下进行。因此，在学习时需要清楚，尽管反应的结果都是取代反应，但是有些反应并不完全等同于芳香亲电取代反应，应该与烯醇负离子的反应结合起来理解。

苯酚在碱性溶液中卤化，与烯醇负离子的 α 位卤化反应机理是一致的，因此在碱性条件下苯酚可以被多次卤化。这是因为在生成一元卤代酚之后，由于卤原子的吸电子效应，其酸性比原料酚的酸性更强，更容易生成酚盐负离子，因此更容易卤化。例如，苯酚与溴水在碱性条件下反应，首先生成邻、对位全被取代的三溴苯酚，但反应并不到此为止，还会继续反应，生成白色的 2,4,4,6-四溴环己-2,5-二烯酮沉淀：

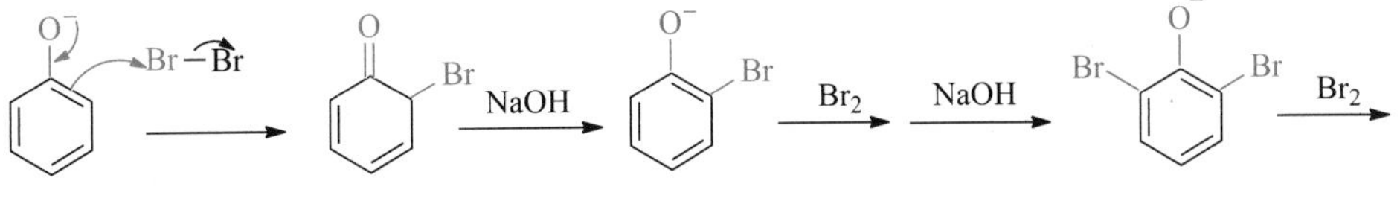

该反应是鉴别酚的一个特征反应。在反应过程中,生成的沉淀物 2,4,4,6-四溴环己二烯酮(2,4,4,6-tetra-bromocyclohexadienone),以前叫三溴酚溴。此化合物可用做苯胺及苯酚衍生物的溴化试剂。

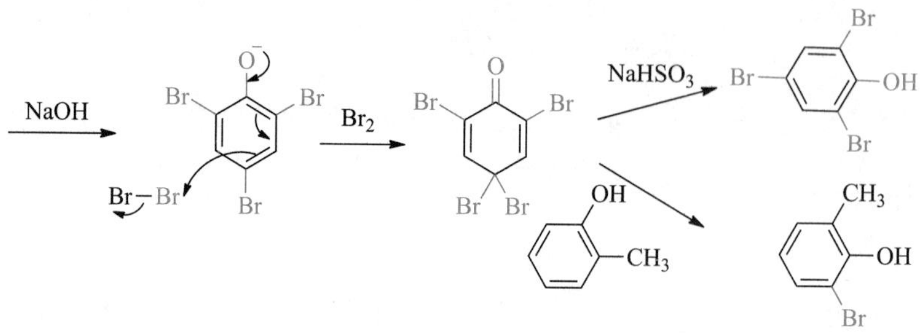

2,4,4,6-四溴环己-2,5-二烯酮是一个非常好的 Br^+ 提供体。在二氯甲烷或氯仿中它与苯酚或苯胺反应,生成对溴苯酚或苯胺。

习题 17-21 酚在碱性溶液中为什么比在酸性溶液中更易被卤化?

习题 17-22 2,4,4,6-四溴环己-2,5-二烯酮是一类非常好的 Br^+ 提供体。实际上,NBS 也是 Br^+ 提供体。前面已经学过 NBS 通常产生溴自由基,那么在什么反应条件下 NBS 会成为 Br^+ 提供体?你还可以说出哪些试剂是 Br^+ 的来源?

17.4.2 磺化、硝化和亚硝基化反应

苯酚与浓硫酸在较低的温度(15~25℃)下很容易进行磺化反应,主要得到邻羟基苯磺酸;但在 80~100℃ 反应时,则以对羟基苯磺酸为主要产物。上述两种产物进一步磺化,都可以转化为 4-羟基苯-1,3-二磺酸。磺化反应是可逆的,在稀硫酸溶液中回流,即可除去磺酸基。

邻羟基苯磺酸为动力学控制的产物;对羟基苯磺酸为热力学控制的产物。

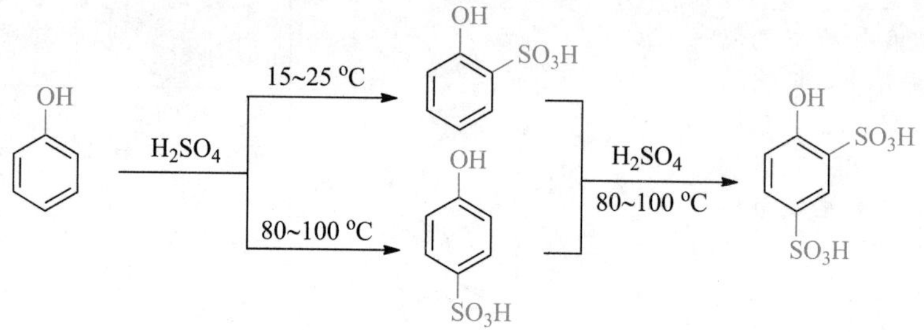

由于酚羟基对苯环的活化作用,在室温时,用稀硝酸即可使苯酚硝化,生成邻硝基苯酚和对硝基苯酚的混合物。邻硝基苯酚因形成分子内氢键,使得其分子间以及与水形成氢键的能力降低,因此其沸点相对较低,水溶性差,可用水蒸气蒸馏法蒸出,从而使它与对硝基苯酚分离。

此法产率较低,但产品提纯容易,故在制备上仍有应用价值。

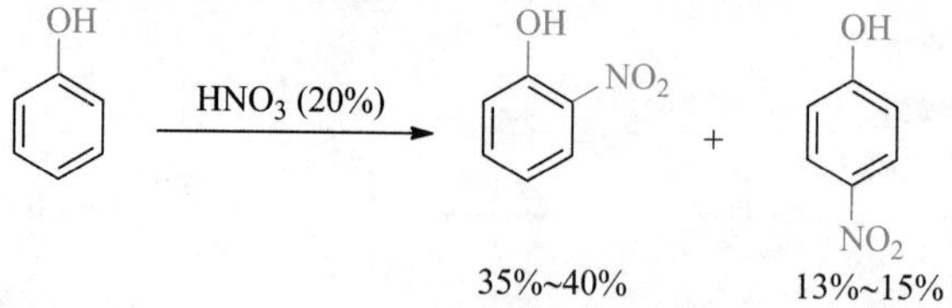

苦味酸与有机碱反应生成难溶的盐，熔点敏锐，故在有机分析中，常用以鉴别有机碱，根据熔点数据可以确定碱是什么化合物。此外，苦味酸与稠环芳烃可定量地形成带颜色的分子化合物，也叫 π 配合物或电荷转移配合物（charge transfer complex）。这些配合物都是很好的结晶体，有一定的熔点，在有机分析中主要用于鉴定芳香烃。

苯酚若用较浓的硝酸硝化，可得 2,4-二硝基苯酚，产率很低；实际上更常用的制备方法是 2,4-二硝基氯苯的水解（参见 16.12）。苯酚若用浓硝酸直接硝化，可得 2,4,6-三硝基苯酚（苦味酸），但因反应条件强烈，大部分苯酚在未被硝化之前已经被硝酸氧化；工业上实际采用 4-羟基苯-1,3-二磺酸为原料，经硝化制备苦味酸：

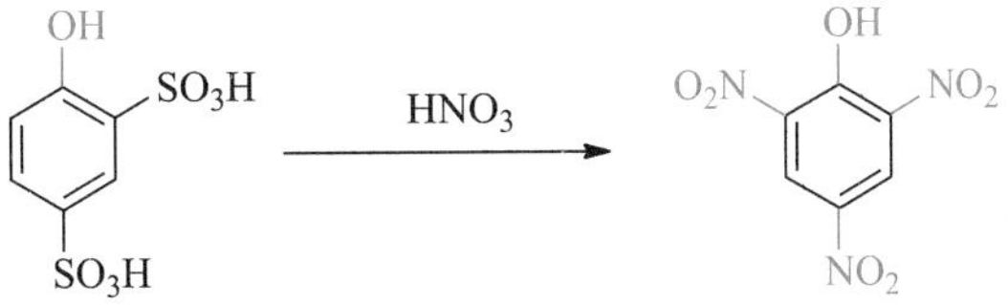

在反应中，硝基取代磺酸基与硝基取代苯环上的氢性质上是类似的，由于被取代下来的是稳定的三氧化硫分子，所以反应很容易发生。

苯酚在酸性溶液中与亚硝酸作用，能发生亚硝基化反应（nitrosylation），生成对亚硝基苯酚及少量的邻亚硝基苯酚：

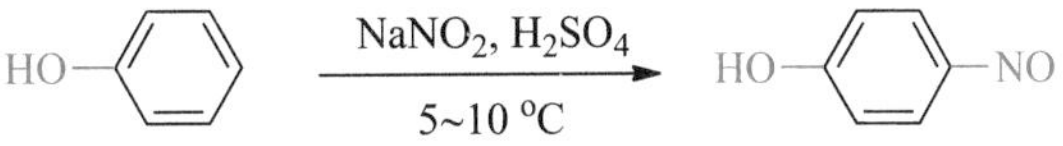

苯酚还可以在碱性溶液中与亚硝酸酯作用，发生亚硝基化反应：

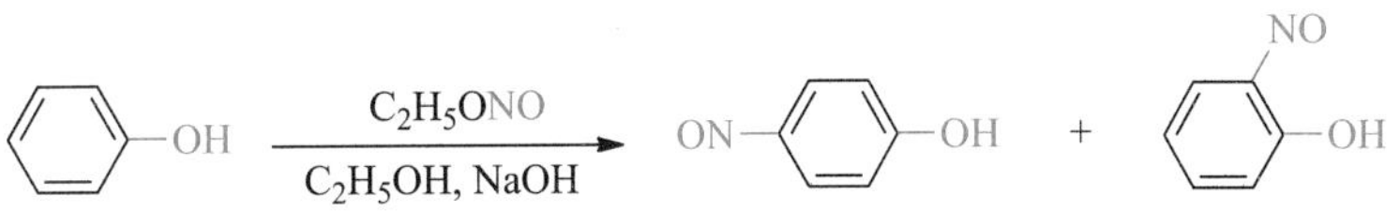

对亚硝基苯酚在空气中会很快变成棕色。这是由于它与有颜色的对苯醌单肟（p-benzoquinone oxime）是互变异构体：

亚硝基正离子是较弱的亲电试剂，只能与富电子体系的苯环发生反应。

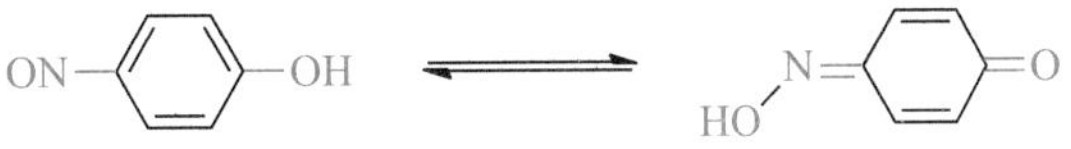

习题 17-23 磺酰基是苯酚发生芳香亲电取代反应很好的保护基。写出苯酚经磺酰化转化为苦味酸的反应机理。

习题 17-24 对亚硝基苯酚在浓硫酸中可与苯酚缩合，形成绿色的靛酚硫酸氢盐。此反应液用水稀释，则可变成红色，再加入氢氧化钠，又转变成深蓝色。这一系列的颜色变化可以用来鉴别亚硝酸盐（先与苯酚反应生成对亚硝基苯酚）和亚硝基。写出以上转换的反应式，并通过电子效应解释这些颜色的变化。

对于烷基化反应，要注意酸碱性条件下的不同：在碱性条件下，通常进行 O-烷基化；在酸性条件下，则进行 C-烷基化。

17.4.3 Friedel-Crafts 反应

苯酚还可以进行 Friedel-Crafts（傅-克）烷基化和酰基化反应。例如，在硝基苯或二硫化碳等溶剂中，以 AlCl₃ 为催化剂，用酰卤或酸酐为酰基化试剂，苯酚可以发生酰基化反应：

这里使用的试剂与苯酚的 Williamson 醚化和酯化的试剂一样，均是卤代烷和酰卤。因此，需要区分这两类反应的条件变化。

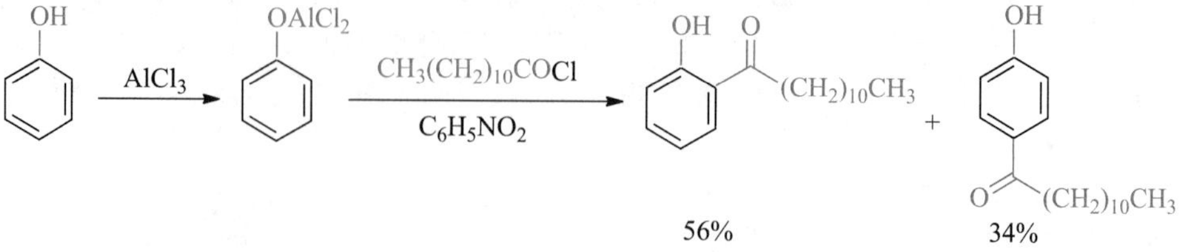

反应结果表明，产物一般是邻位和对位酚酮的混合物。因酚羟基的氢原子与邻位羰基的氧原子可形成氢键，邻位产物在非极性溶剂中溶解度较对位产物的高。

酚可与三氯化铝形成配合物，故催化剂用量较多。

因此，利用邻、对位产物在非极性溶剂中溶解度的差别，可用甲苯做溶剂进行重结晶，把这两个异构体分开。

酚的芳环电荷密度较高，因此烷基化、酰基化反应也可以在较弱的 Lewis 酸催化作用下进行。例如，在三氟化硼作用下，酚和羧酸可直接发生酰基化反应，而且主要是对位产物：

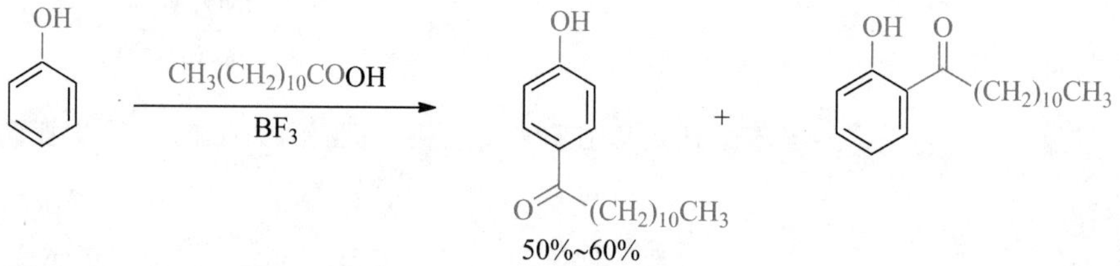

酚酞可用做轻泻剂，适用于治疗习惯性便秘，它主要在结肠处起作用，在肠内与碱性肠液相遇形成可溶性盐，具有刺激肠壁的作用。作用的大小取决于肠液碱性的强弱。酚酞主要经由尿排泄，如尿为碱性，可使之变成红色。

苯酚在浓硫酸或无水氯化锌的作用下与邻苯二甲酸酐发生 Friedel-Crafts 反应，生成酚酞（phenolphthalein）：

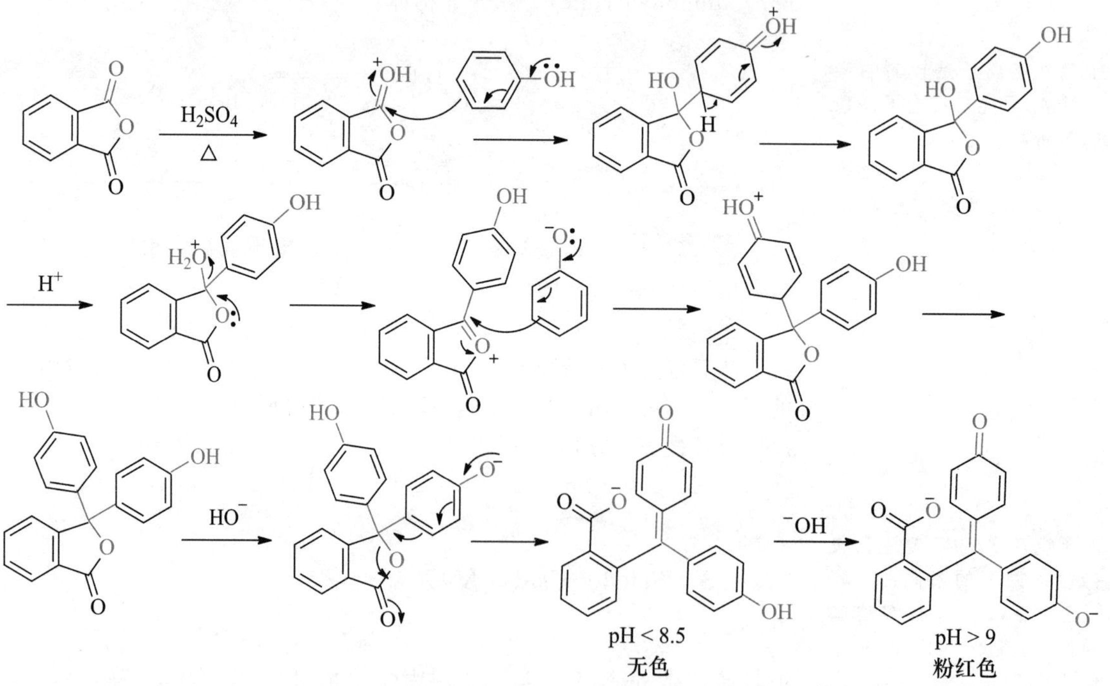

此时在 pH 接近于 8.5 下，内酯环开环的驱动力在于分子内的空阻。

参照酚酞形成的过程，对比缩酮在酸性条件下形成的机理。

酚酞为无色固体，是常用的重要指示剂，其溶液 pH<8.5 时为无色液体，当 pH>9 时，生成电子离域范围更大的粉红色的共轭双负离子。

习题 17-25 写出以下转换的反应机理：

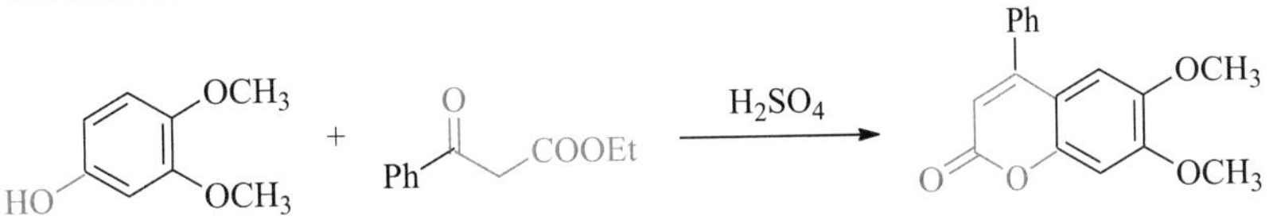

习题 17-26 写出以下转换的反应机理，并解释产物去芳香性的原因。

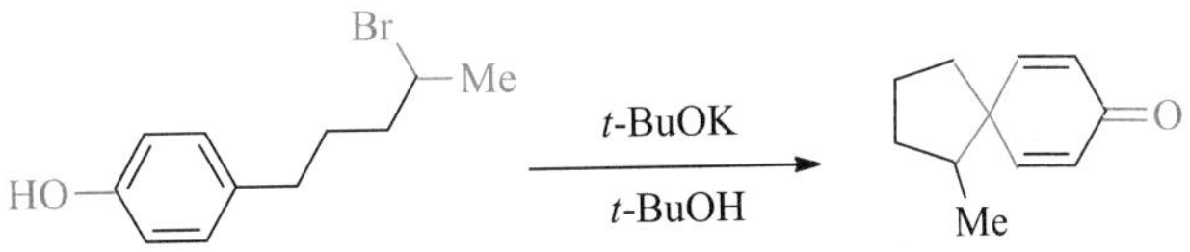

习题 17-27 写出以下转换的反应机理（二烯酮-酚重排），并解释其反应的驱动力。

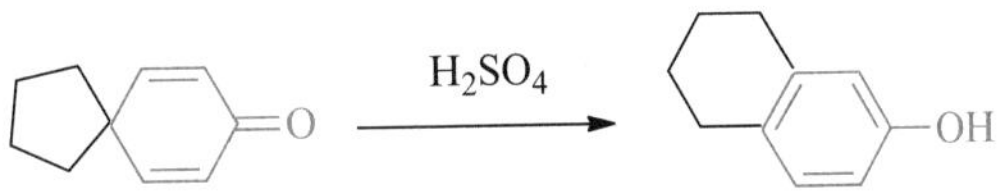

习题 17-28 酚酞在强酸性(pH<0)条件下显橙色，而在强碱性(pH>13)条件下显无色。分别画出酚酞在 pH < 0 和 pH>13 时所应具有物种的结构式，并画出其由酚酞转换的反应机理，解释其颜色变化的原因。

17.4.4 Reimer-Tiemann 反应

不能在水中进行 Reimer-Tiemann 反应的化合物可在吡啶溶液中进行，此时只得邻位产物。

1876 年，K. Reimer 和 F. Tiemann 发现，苯酚在 10% NaOH 溶液中与氯仿加热，会转化成邻羟基苯甲醛和对羟基苯甲醛，其中以邻羟基苯甲醛为主要产物。此后，将苯酚、羟基取代的喹啉和富电子体系的芳香杂环(如吡咯等)在碱性溶液中与氯仿的甲酰化反应称为 Reimer-Tiemann 反应。常用的碱溶液是氢氧化钠、碳酸钾、碳酸钠水溶液。

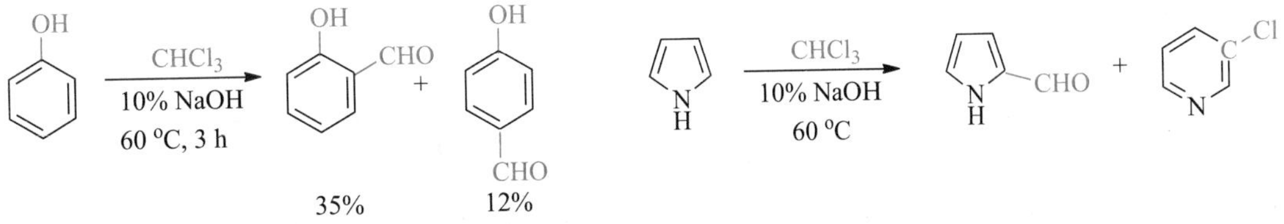

Reimer-Tiemann 反应的具体转换过程如下：

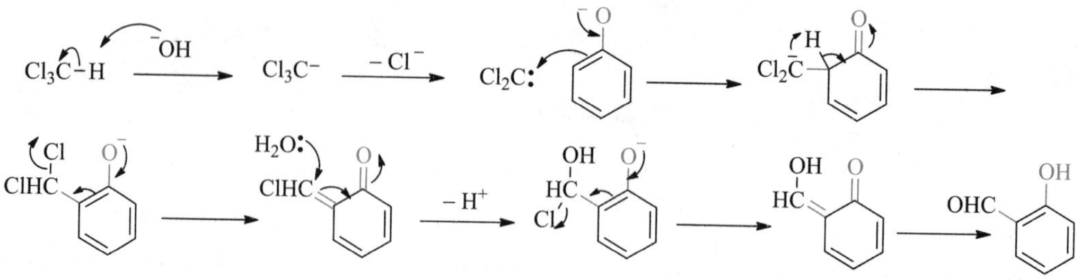

卡宾是缺电子体系,属于亲电体系;当它与亲核试剂反应后,所形成的物种具有亲核能力。

$$Cl_2C: \longleftrightarrow Cl_2C^{+}$$

二氯卡宾的碳原子周围只有六个电子,是一个缺电子的亲电试剂,可与烯醇负离子和酚发生反应。其反应的结果相当于发生芳香亲电取代反应。

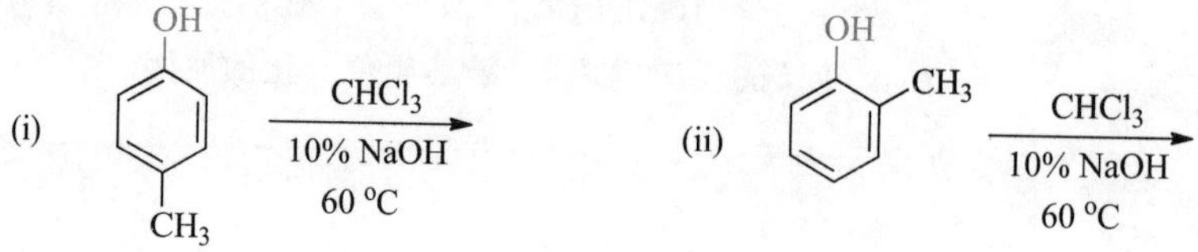

香精油中,特别是从绣线菊属植物中分离出的香精油中含有水杨醛。水杨醛是制备香豆素的中间体。它不像苯甲醛那样容易自动氧化,与三氯化铁水溶液反应显深红紫色。

首先氯仿在碱溶液中形成二氯卡宾,接着与酚氧负离子作用形成碳负离子中间体,此中间体可以攫取羰基的 α-H 而再次形成 2-二氯甲基苯酚负离子,此负离子经分子内亲核取代和水解生成 2-羟基苯甲醛,即水杨醛。工业上生产水杨醛(salicylic aldehyde)就是用苯酚和氯仿通过 Reimer-Tiemann 反应进行的。

Reimer-Tiemann 反应收率一般不超过50%。当苯环上有吸电子基团时,对反应不利。

习题 17-29 在吡咯进行 Reimer-Tiemann 反应时,常会有副产物 3-氯吡啶。参照烯烃与卡宾的反应机理,解释生成 3-氯吡啶的原因。

习题 17-30 酚羟基的邻位或对位有取代基时,常有副产物 2,2-或 4,4-二取代的环己二烯酮产生。完成下列反应式,尽可能写出所有产物:

17.4.5 Kolbe-Schmitt 反应

酚氧负离子与亲电试剂的反应远比酚活泼得多。这就意味着,它可以与很弱的亲电试剂进行反应。1860 年,J. Kolbe 和 E. Lautemann 发现,苯酚在金属钠参与下可以与 CO_2 反应,生成 2-羟基苯甲酸钠:

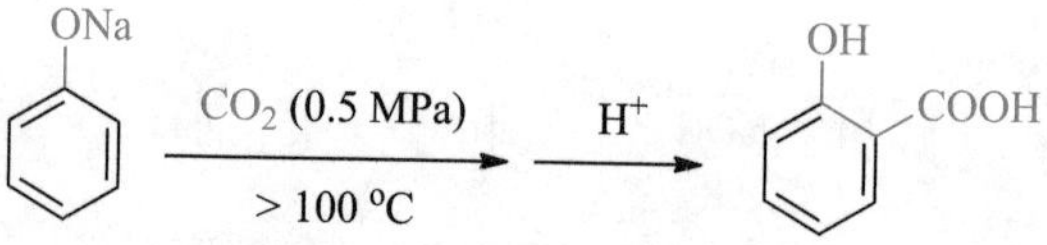

这是一个亲电取代反应,也是在酚类化合物的芳环上引入羧基的一种方法。

同年,他们又利用对甲苯酚和 2-异丙基-5-甲基苯酚(百里香酚)分别制备了 2-羟基-5-甲基苯甲酸和 2-羟基-3-异丙基-6-甲基苯甲酸:

2-羟基苯甲酸（俗名：水杨酸）是无色针状结晶，熔点 159℃，$pK_a=2.98$，是比苯甲酸（$pK_a=4.21$）和对羟基苯甲酸（$pK_a=4.56$）都强的酸。水杨酸由于它的分子内缔合作用，挥发性比对羟基苯甲酸（熔点 215℃）的高，并可与三氯化铁（iron trichloride）水溶液反应，形成蓝紫色的配合物。

水杨酸有多种用途，是制染料、香料的重要原料，并可用做食物防腐剂，它及其一些衍生物在医药中占有重要地位。众所周知的解热、镇痛剂阿司匹林（aspirin）是水杨酸的乙酰基化合物，泌尿系统的消毒剂萨罗是水杨酸的苯酚酯。此外，对**羟基苯甲酸的衍生物 3,4-二羟基苯甲酸**是中草药四季青的抗菌有效成分之一。

因为精心制备的酚氧负离子与 CO_2 的配合物在 90℃ 开始分解，生成苯酚。

实验研究结果表明，新引入的羧基大多进入到酚羟基的邻位。这可能是因为 Na^+ 可以与 CO_2 的氧原子配位。但是，这些反应的条件很难控制，因此产率的变化很大。1884 年，R. Schmitt 发现，将干燥的酚钠或酚钾在高压下与 CO_2 封管，在高于 100℃ 下反应可以定量地转化成邻羟基苯甲酸。R. Schmitt 的改进适用于各种取代的苯酚和萘酚。此后，将酚在碱性条件下与高压 CO_2 反应生成邻、对位羟基取代的芳香羧酸的反应统称为 Kolbe-Schmitt 反应。

Kolbe-Schmitt 反应的机理自发现开始一直被科学家们所研究，但 100 多年来一直没有一个明确的说法。当时，基本上接受了反应起始于 CO_2 在碱性条件下与酚氧负离子形成了配合物。2003 年，Y. Kosugi 认为此配合物不是反应的中间体，同时证明产物芳香羧酸在 200℃ 以上都是稳定的。因此，现在大家普遍接受了如下的 CO_2 对苯环亲电进攻的反应机理：

邻、对位的产物取决于碱金属离子的大小，当此金属离子较大时，如 K^+，邻位的空阻大，对位进攻成为主要产物。邻位异构体在一定条件下可转化为对位异构体（参见 17.3.3 Fries 重排）。此外，反应物若为取代酚的盐，取代基的性质对反应速率和产率都有影响。通常，烷基、甲氧基、氨基及羟基等给电子基团使反应容易进行，所需温度和压力较低，产率高；吸电子的硝基、氰基和羧基会减慢反应速率，并需升高温度，增加压力，且产率也较低；而磺酸基使反应不能发生。

常用的几种重要药物在工业上都是采用 Kolbe-Schmitt 反应生产的，例如，治疗结核病的有效药物对氨基水杨酸（p-amino salicylic acid，PAS）。

习题 17-31 完成下列反应式：

17.4.6 芳香醚的 Birch 还原

1944 年,澳大利亚化学家 A. J. Birch 发现,由钠和液氨产生的溶剂化电子可以将 α-萘酚还原成 5,8-二氢-α-萘酚。但是,如果在没有醇的情况下,此反应只能得到痕量的 5,8-二氢-α-萘酚。

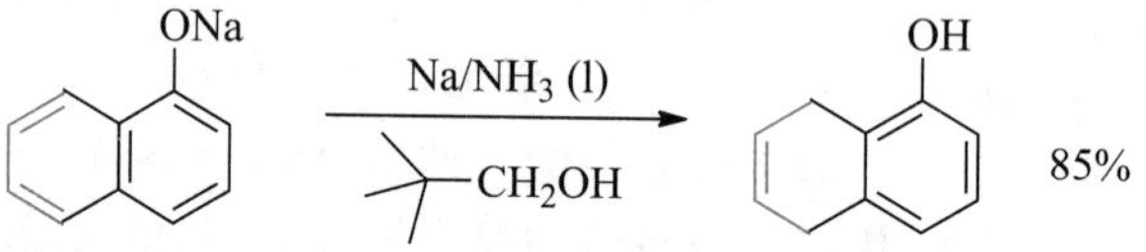

随后,他研究发现,此还原体系可以非常简捷地将芳环还原成非共轭的环己二烯。杂环化合物,如吡啶和吡咯类衍生物,也可以被还原。使用的醇作为质子提供体,为反应提供氢的来源,通常是甲醇或叔丁醇。还原产物 1,4-环己二烯中的孤立碳碳双键在这个条件下不会继续被还原至饱和烷烃。

研究者们对 Birch 还原的机理进行了深入的研究。与炔烃被还原时一样,由于碱金属溶解于液氨,所得的溶液含有强还原性的溶剂化电子。底物中的苯环可以接受电子,形成的自由基负离子接着从溶剂中得到质子,不可逆地形成环己二烯自由基,环己二烯自由基再接受一个电子生成环己二烯负离子,最后环己二烯负离子的质子化过程发生在中心碳原子上,因此形成非共轭双烯——1,4-环己二烯。A. J. Birch 等人通过计算发现,戊二烯自由基负离子中间体 HOMO 的最大轨道系数位于自由基对位的碳原子上,氢离子优先与位于中间的碳原子结合,生成 1,4-环己双烯。因此,Birch 还原往往得到热力学不稳定的非共轭 1,4-加成产物,而不是热力学稳定的 1,3-加成产物:

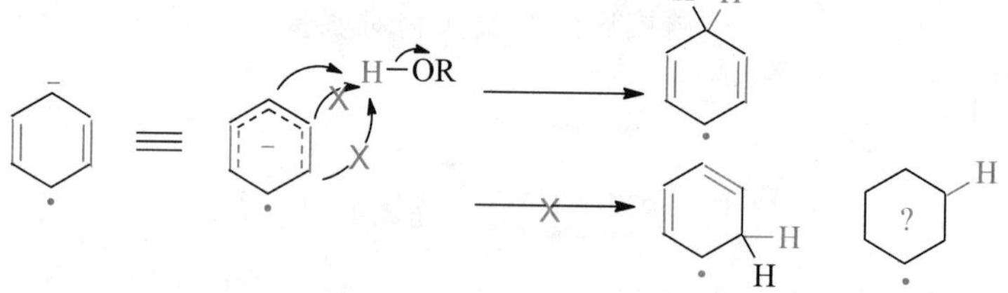

Birch 还原反应也有一些缺陷:富电子体系的杂环芳烃需要至少有一个吸电子取代基存在,才能被还原。例如呋喃、噻吩不能直接被还原,只有在其环上有吸电子取代基存在的条件下,才能被还原。

此外,依据芳香族底物上取代基的位置,电子加成的位置就会产生不同,因此 Birch 还原可能的机理有邻位(ortho)进攻、间位(meta)进攻以及对位(para)进攻三种。具体如下所示:

Krapcho 小组尝试测定 Birch 还原反应的速率常数,发现 Birch 还原反应在化学动力学上为三级反应,反应速度正比于芳香底物的浓度、溶剂化电子的浓度以及作为氢源的醇的浓度。通过动力学拟合,Krapcho 等证明了环己二烯负离子与醇生成环己二烯自由基的反应为 Birch 还原反应的决速步。芳香体系上的吸电子基团会有利于环己二烯负离子的生成,因此能提高 Birch 还原的反应速率。对于富电子的呋喃、噻吩等芳香化合物以及给电子基团取代的苯衍生物,如果芳环上没有吸电子基团的话,环己二烯负离子不易生成,此时 Birch 还原反应速度很慢。

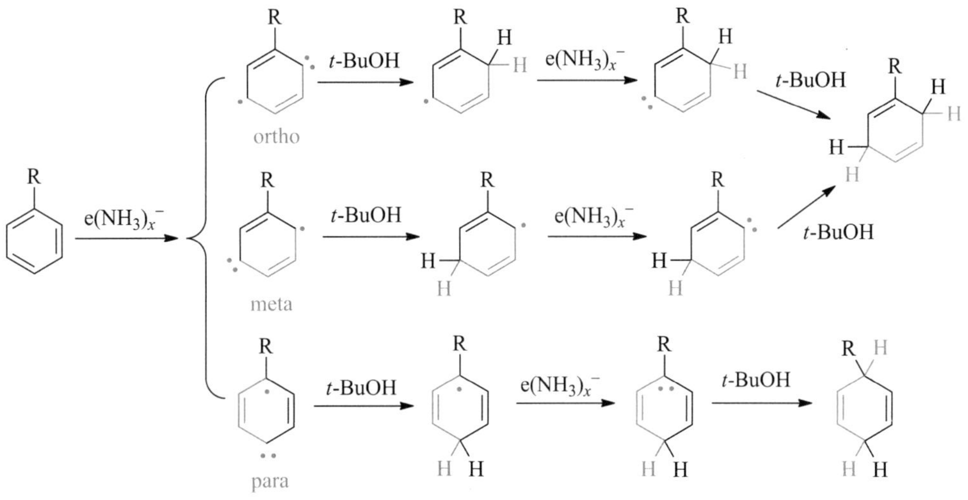

总的来说,芳香化合物中的苯环通过 Birch 还原生成 1,4-环己二烯的反应,其选择性主要取决于苯环上取代基的性质。当取代基为吸电子基团时,往往采取 para 途径,此时进行反应在能量上更为有利,中间体能通过共振方式稳定碳负离子;当取代基是给电子基团时,采取 ortho 或者 meta 途径对于反应的进行更为有利。

Birch 还原生成的一个负离子中间体可以被一个合适的亲电试剂捕获,因此,在 Birch 还原的基础上发展了 Birch 烷基化反应:在卤代烃存在下,在 Birch 还原过程中得到的碳负离子可作为亲核试剂经亲核取代反应生成新的碳碳键。

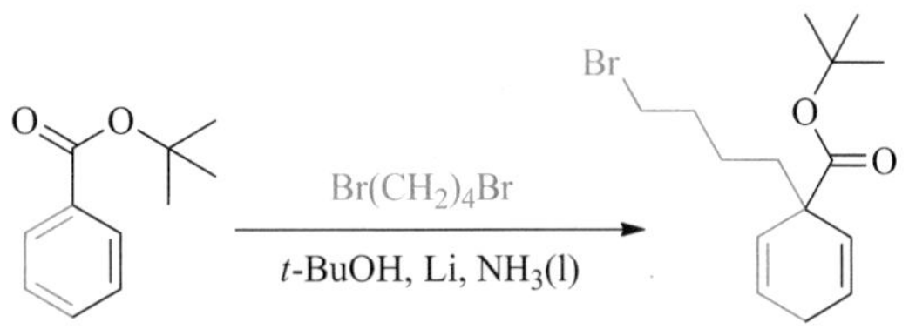

Birch 还原从反应过程中可以理解为芳环的 1,4-还原,其产物为非共轭的 1,4-环己二烯,孤立碳碳双键不会被还原成饱和烷烃。这是因为乙烯的最低未占轨道(LUMO)能级为 -1.5 eV,$e(NH_3)_x^-$ 的标准电极电势为 -2.86 V,生成的乙烷负离子能量很高,不稳定,因此非共轭的双键不会被液氨中的溶剂化电子还原。如果非芳香性的有机化合物 LUMO 能级足够低的话,它也可以在 Birch 还原的条件下被还原。C. B. Wooster 与 K. L. Godfrey 等人发现,对于共轭烯烃、α,β-不饱和羰基化合物、双取代炔烃、共轭炔烃和苯乙烯等体系,由于有共轭体系能稳定负电荷,它们也能够在液氨中被碱金属还原,这些反应已在有机合成中得到了广泛的运用和推广。

思考:在这里结合炔烃还原的条件,进一步理解炔烃为何被还原为反式烯烃,而孤立的碳碳双键又为何不会被还原。

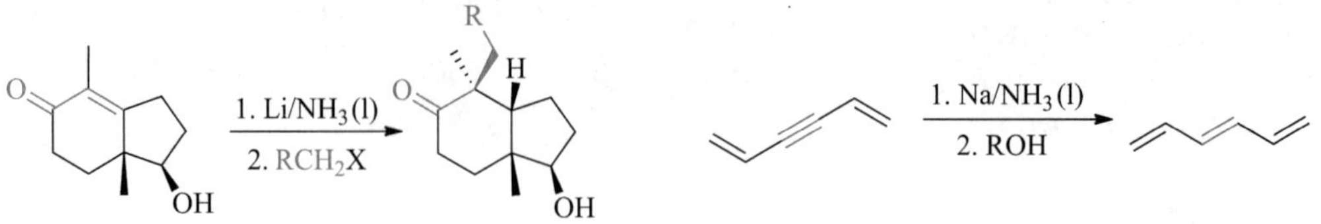

习题 17-32 写出苯乙烯的 Birch 还原反应的产物以及反应机理。

习题 17-33 3,4,5-三甲氧基苯甲酸在 Birch 还原条件下生成二氢苯甲酸衍生物,产率为 94%。经检验其结构中只有两个甲氧基。通过反应机理推测此化合物的结构式。

习题 17-34 写出以下转换分步的、合理的反应机理:

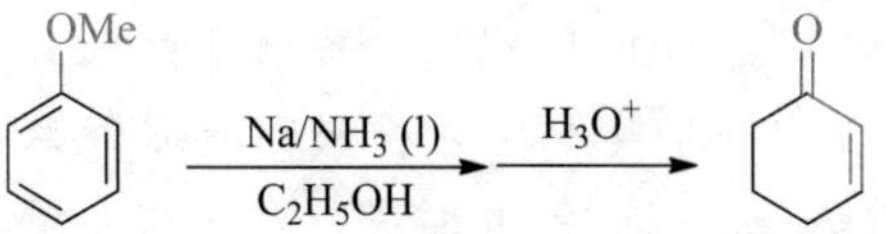

习题 17-35 在以下转换中,顺式烯烃为主要产物,解释其原因:

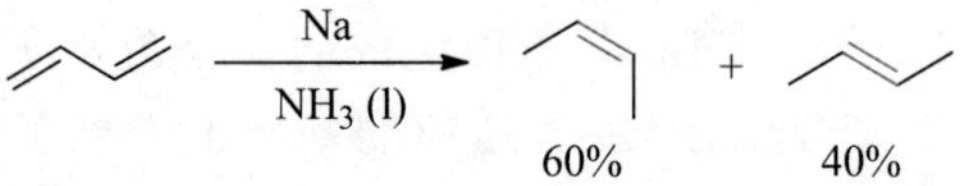

17.4.7 苯酚与甲醛的缩合——酚醛树脂

在碱性或酸性条件下,苯酚都能与甲醛发生羟醛缩合反应,生成邻、对位羟甲基取代的苯酚。

在碱性条件下:

在碱性条件下,即使用很温和的亲电试剂或基团,酚氧负离子也能发生亲电取代反应。

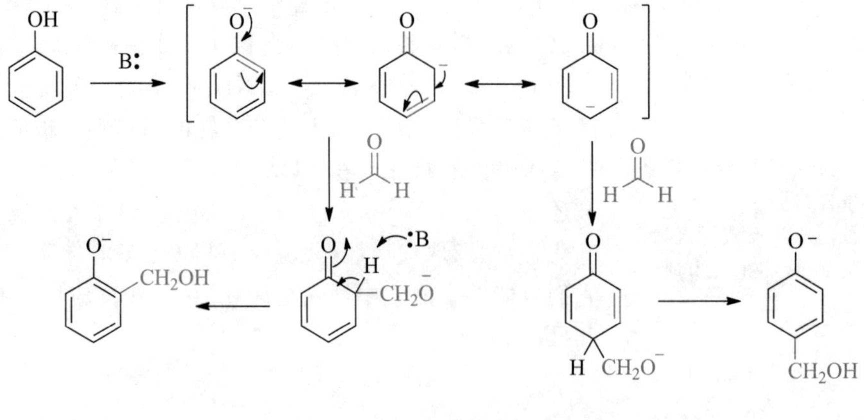

从以上机理看,这个过程类似于碱性条件下的羟醛缩合反应。

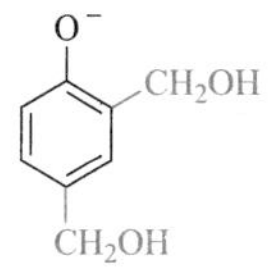

而在酸性条件下:

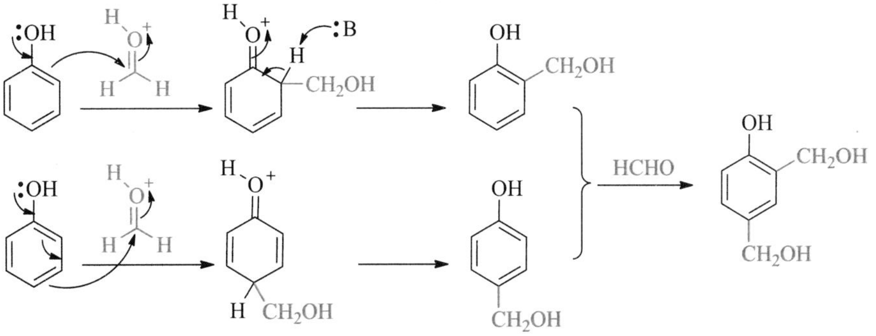

不管在碱性或酸性条件下,羟甲基苯酚均不稳定,可以转化为醌式结构——醌甲烷(quinomethane)。如在碱性条件下:

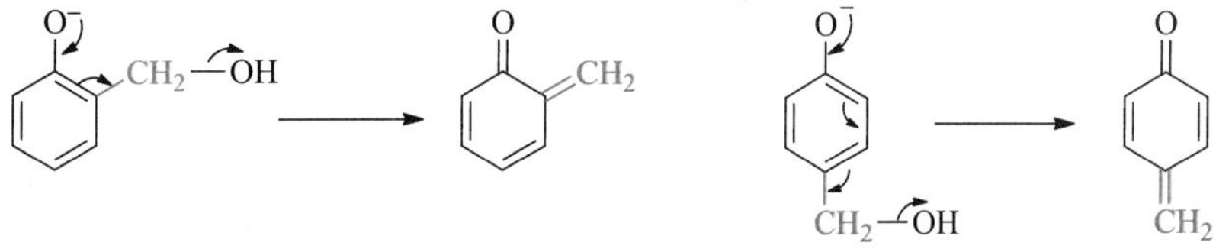

这些醌式中间体具有 α,β-不饱和酮或 α,β,γ-不饱和酮的性质,因此它们是非常活泼的中间体。此时,酚氧负离子作为亲核试剂与这些活泼的醌式中间体发生 1,4- 或 1,6-共轭加成:

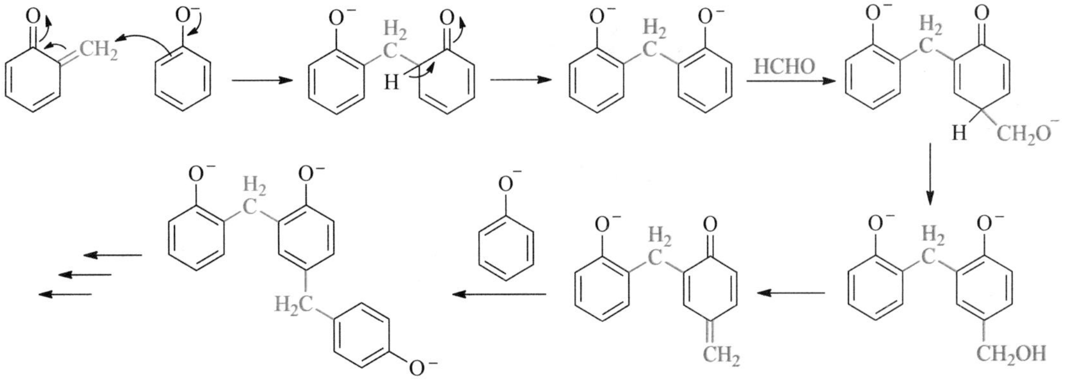

共轭加成生成的产物可以进一步与甲醛反应,再次生成羟甲基化产物,脱除氢氧根负离子后再转化为醌式结构,接着再与酚氧负离子发生共轭加成。上述反应还可连续重复进行,会发生交联反应。首先得到可溶于有机溶剂的树脂,继而得到不溶但可溶胀、加热时不熔但变软的树脂,再继续反应,最后生成具有很高相对分子质量的不溶不熔的树脂,此高相对分子质量的树脂称为酚醛树脂(phenol-formalde-hyde resin,也叫白氏树脂)。

从以上反应可以发现,如果在苯酚的对位存在取代基,那么以上转换过程只能

也可以先在对位反应,生成 4-羟甲基苯酚;在邻、对位均可以反应,生成以下化合物:

酚醛树脂具有良好的绝缘、耐温、耐老化及耐化学腐蚀等性能,广泛用于电子、电气、塑料、木材和纤维等工业,由酚醛树脂制成的增强塑料还是空间技术中使用的重要高分子材料。

在苯酚的邻位进行,会形成线性或环状的化合物。例如,以 4-叔丁基苯酚为原料在酸性条件下与甲醛反应,可以得到一系列四聚体、五聚体、六聚体等产物。这些分子因其形状与希腊圣杯(calix crater)相似,且是由多个苯环构成的芳香族分子,由此得名为杯芳烃。杯芳烃以"杯[*n*]芳烃"的形式命名,*n* 是芳环的数目。下图展示了三个叔丁基取代的杯[4]、杯[5]以及杯[6]芳烃的基本结构:

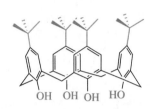 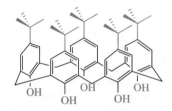 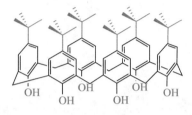

以杯芳烃为母体,还可以合成杯芳烃的衍生物。其类型大致可分为三类:对位取代型(羟基的对位)、羟基置换型和桥联型。这三种类型之间还可相互组合,从而大大地丰富了杯芳烃的种类。从分子结构上看,它们具有以下特征:

(1)具有由亚甲基相连的苯环所构成的空腔结构。

(2)有易于导入各种官能团或易于催化反应的基团。

(3)具有可利用各种芳香反应进行修饰的苯环。

(4)分子构象能够发生变化,可以通过引入各种取代基固定所需的各种构型。

由于具有以上特征,杯芳烃在新催化体系的分子设计、离子载体、分子识别和包合功能等方面具有很强的应用价值,已经成为当前研究的热点。

习题 17-36 画出利用间甲苯酚合成的酚醛树脂的大致结构式。

习题 17-37 画出在酸性条件下,2-羟甲基苯酚和 4-羟甲基苯酚转化为醌式结构的反应机理。

习题 17-38 画出在酸性条件下,醌式结构中间体与苯酚发生连续反应最终生成酚醛树脂的机理。

习题 17-39 画出由 4-特丁基苯酚和甲醛在酸性条件下生成杯[4]芳烃的反应机理。

17.5 多环芳酚和多元酚的反应

17.5.1 Bucherer 反应

α-或 β-萘酚(naphthol)在亚硫酸氢钠存在下与氨作用,转变成相应的萘胺

（naphthylamine）的反应称为 Bucherer 反应。此反应是可逆的，也可以把胺转变成酚。如果用伯胺或者仲胺与中间体四氢萘酮磺酸盐反应，则可制得二级或三级萘胺。Bucherer 反应的过程如下：

这个反应最早是由法国化学家 R. Lepetit 在 1898 年发现的。此后德国化学家 H. T. Bucherer 在 1904 年又独立研究了此反应，发现其具有可逆性，并将其应用到化学工业中。目前这个反应一般是称为 Bucherer 反应，但也有人称为 Bucherer-Lepetit 反应。

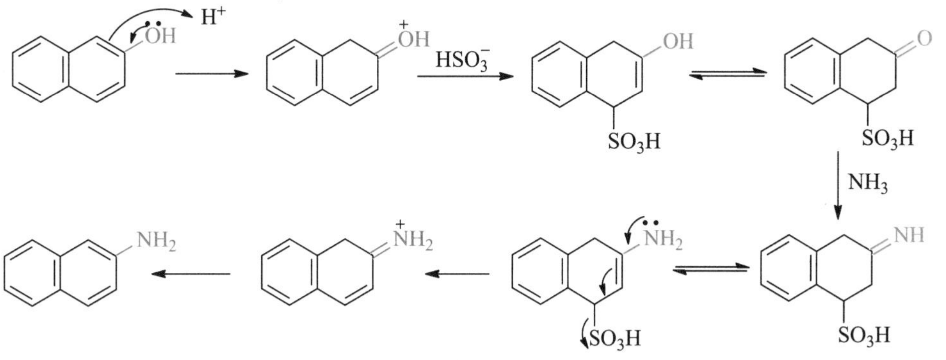

其反应过程包含了亚硫酸氢根负离子对 β-萘酚的 1,4-共轭加成和后续的逆 1,4-共轭加成反应。α-和 β-萘胺都可与酸生成稳定的盐，并均可发生重氮化反应，是制备偶氮（azo）染料的重要原料。

习题 17-40　画出 α-萘酚在 Bucherer 反应条件下转化成 α-萘胺的机理。

17.5.2　间苯二酚和间苯三酚的一些特殊反应

由于有酚羟基的给电子共轭效应以及可以稳定所形成的碳正离子中间体，多酚类化合物比苯酚更容易进行亲电取代反应。但是，由于多酚类化合物能发生烯醇式和酮式的互变异构，因此它们既能按烯醇型发生反应，又能按酮型发生反应。以间苯二酚（resorcinol）和间苯三酚（phloroglucinol）为例，按烯醇型反应，主要包括羟基的酯化以及醚化等反应；按酮型反应，主要包括亚胺化等。此外，这些多酚类化合物还有一些特殊的反应：

1. 间苯二酚的还原反应

间苯二酚与钠汞齐、水反应，可以生成二氢间苯二酚（1,3-环己二酮）：

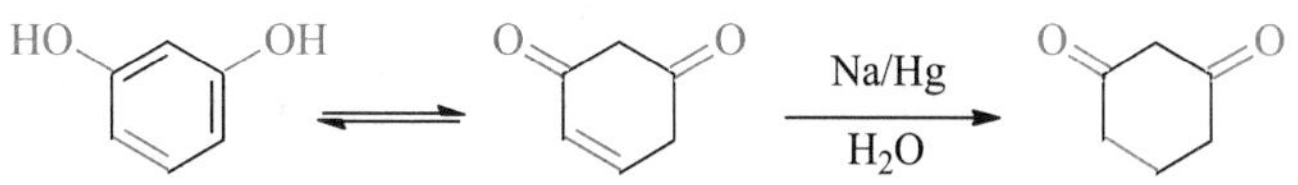

2. Houben-Hoesch 反应

K. Hoesch 和 J. Houben 分别在 1915 年和 1926 年发现，腈可以在氯化锌和盐酸作用下作为亲电试剂与富电子芳烃发生芳香亲电取代反应，生成芳基酮：

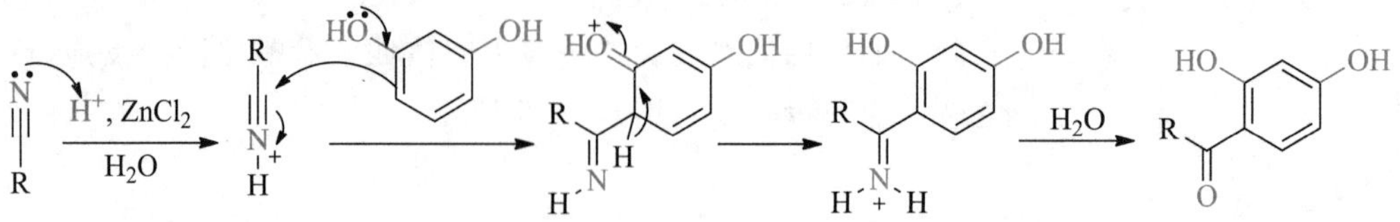

该反应实际上与 Friedel-Crafts 酰基化反应很相似，整体结果是一种酰基化反应。

反应机理为，在氯化锌和盐酸作用下，先形成质子化的腈，接着与酚发生芳香亲电取代反应生成亚铵盐，经水解后生成芳基酮。间苯三酚比间苯二酚更易反应：

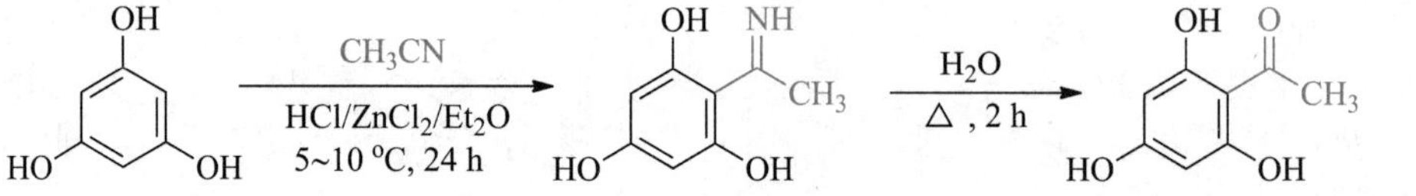

间苯二酚在医药上用做消毒剂。此外，可用做指示剂及染料的曙红、许多家庭小药箱中常备的红药水（红汞）（mercurochrome）都需用间苯二酚为原料来制备。曙红和红汞的结构式如下：

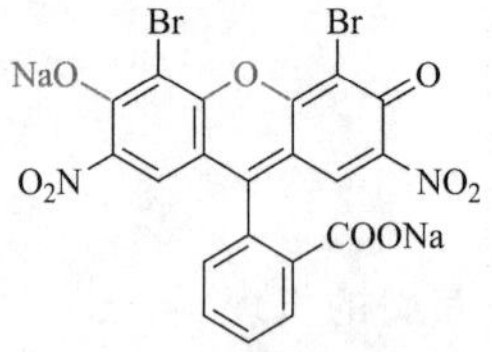

3. 制染料、酚醛树脂、胶黏剂、药物等的重要原料

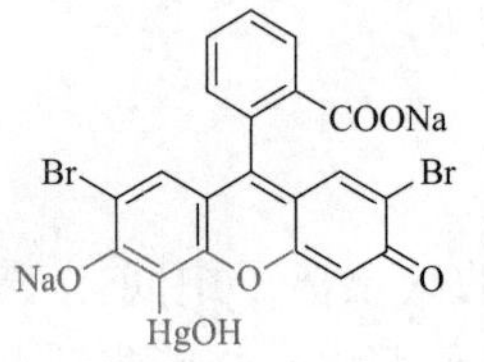

间苯二酚在浓硫酸或氯化锌的作用下，与邻苯二甲酸酐反应，生成荧光染料（dye）——荧光黄（fluorescein）：

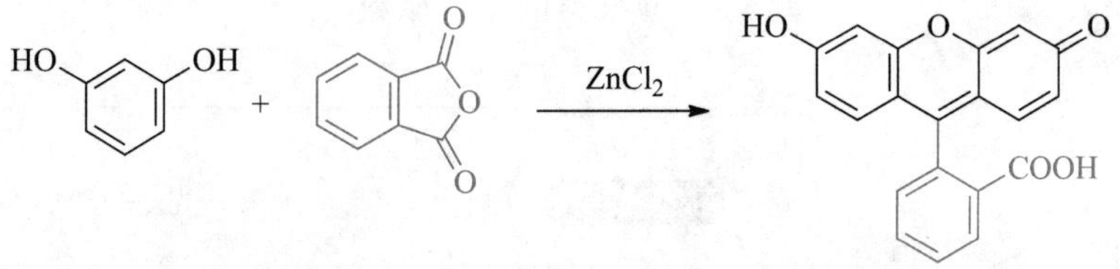

曙红

红汞

习题 17-41 查阅文献，设计以多酚为原料合成曙红和红汞的反应路线。
习题 17-42 写出由间苯二酚合成荧光黄的分步的、合理的反应机理。

17.6 酚 的 制 备

由于具有亲电性的 HO^+ 极难形成，这使得在芳环上直接引入羟基制备苯酚似乎成为了一件不可能完成的工作，因此苯酚的制备方法与其他取代苯的完全不同。目前，常见的制备苯酚或苯酚衍生物的方法有以下这些：

17.6.1 一元酚的制备

1. 异丙苯法

异丙苯的氧化重排法是工业制备苯酚与丙酮的主要方法。它的优点在于，将

较为廉价的原料苯和丙烯转化为更有价值的苯酚与丙酮:

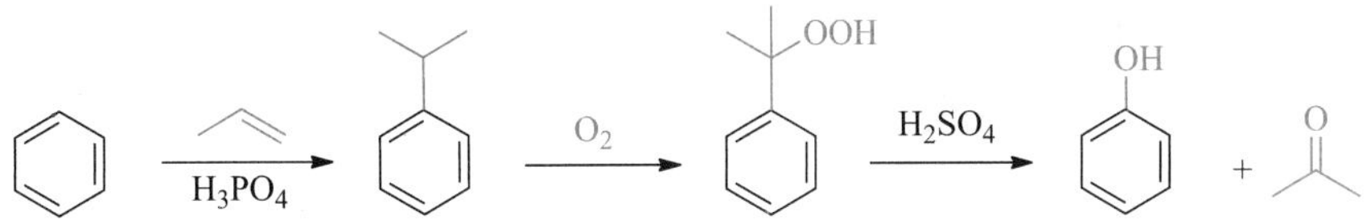

丙烯与催化剂 H_3PO_4 在 30 atm(标准大气压)与 250℃反应生成 2-丙基正离子,接着与苯通过傅-克烷基化反应生成异丙苯,异丙苯在碱的作用下与自由基反应生成异丙苯自由基;异丙苯自由基与氧气结合成为过氧化氢异丙苯自由基,该自由基然后从另一个异丙苯分子取得氢原子而转化为过氧化氢异丙苯和异丙苯自由基;而新形成的异丙苯自由基继续后续的反应。这一连串的连锁反应不断生成过氧化氢异丙苯与异丙苯自由基:

在此压力下,过氧化氢异丙苯保持液态。

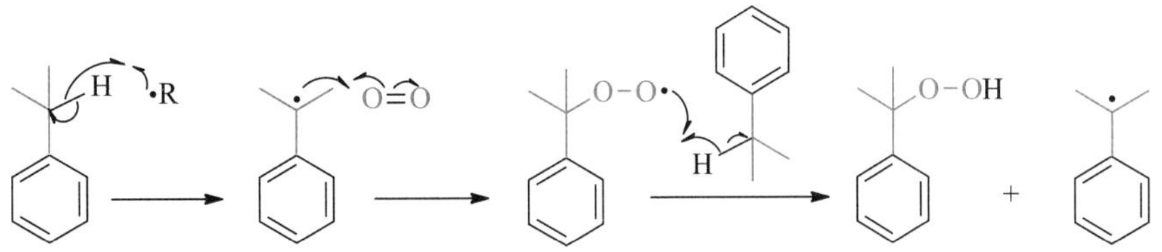

过氧化氢异丙苯在硫酸作用下失水发生重排反应,苯环携带一对电子迁移至其相邻的氧原子上,生成一个三级碳正离子,此碳正离子可以通过与氧原子的孤对电子异构,进一步与苯环 π 体系离域而稳定:

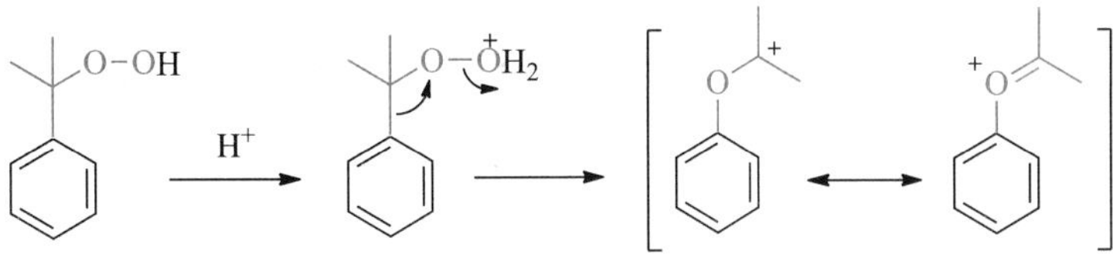

此过程也称为 Hock 重排。当前全世界的苯酚几乎均经由异丙苯法制备。但是,由于不同的情形不一定需要生成物中相等份量的苯酚与丙酮,因此有不同的改进方法去适应不同的需求。如可以将生成物之一的丙酮经氢化并脱水再合成为原料之一的丙烯,也可以混合一定比例的异丙苯与一种正丁苯和异丁苯的混合物为原料,该比例可以随市场需求调节。另外,该种正丁苯和异丁苯混合物则可以正丁烯与异丁烯为原料制备,代替价格上升的丙烯原料。

这一协同重排机理类似 Baeyer-Villiger 氧化重排反应。该三级碳正离子经水解后转化为苯酚与丙酮。

2. 芳香亲核取代法

芳香磺酸的碱熔融法是一种最古老的工业制酚方法,即磺酸基被羟基取代生成酚,它可能属于芳香亲核取代反应。反应需要在高温下进行,而只有少数含有其他取代基的磺酸能经受得起这样强的条件,因此限制了该反应的应用范围。早期的苯酚和萘酚就是通过这个反应合成的:

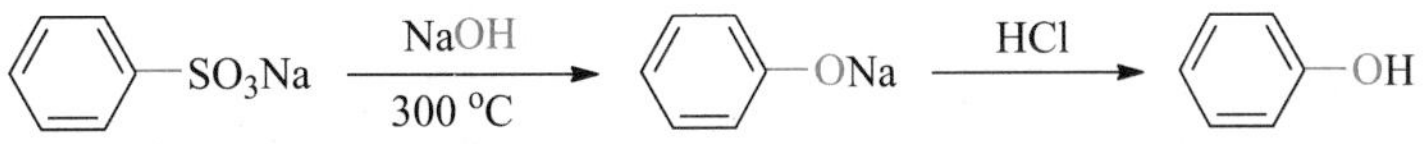

利用经典的芳香亲核取代反应应该是制备含强吸电子基团苯酚衍生物的常用方法(参见 16.12)。如将 1-氯-2,4-二硝基苯用氢氧化钠溶液处理,即可以得到 2,4-二硝基苯酚。曾被用于战争的脱叶剂(也称橙色试剂)的主要成分 2,4,5-三氯此机理已在 16.12 中讨论过。注意,这与卤代烃在碱性条件下转化为醇的机理是完全不同的。

苯酚就可以采用类似的方法制备:

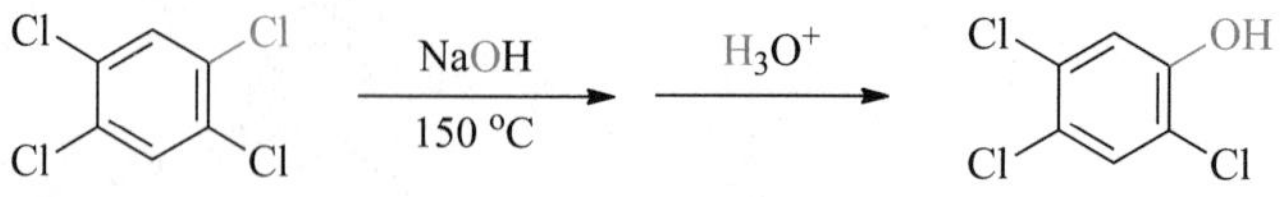

3. 格氏试剂-硼酸酯法

如果苯环上的吸电子基团比较少,卤代苯不能直接水解转化为酚,可以将其转化为格氏试剂,再与硼酸三甲酯反应,生成芳基硼酸二甲酯,酯经水解得芳基硼酸,再在醋酸溶液中,经 15% 过氧化氢氧化、水解,即可生成酚:

最后一步反应的机理与烯烃的硼氢化-氧化反应机理类似。

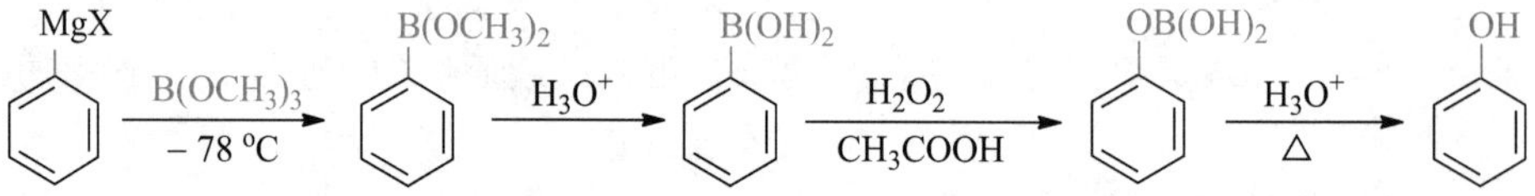

4. 苯炔中间体法

将卤代苯与氢氧化钠在高温下反应,经酸解后可以得到苯酚:

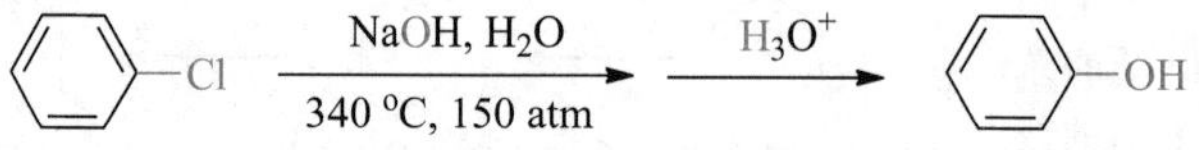

此反应机理将在 18.15 中详细讨论。

5. 重氮盐法

重氮盐水解也是制备酚的一种方法(参见 18.9.2)。在重氮盐水解时,可以将羧酸代替水作为亲核试剂,生成酚酯,接着再水解转化为酚。这虽比直接水解重氮盐多了一步反应,但有时采用此方法可以提高反应产率:

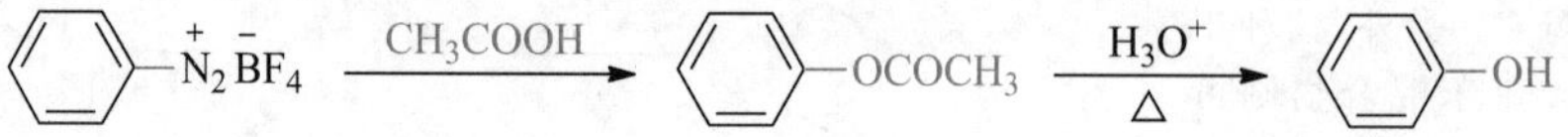

6. 芳基铊盐的置换水解法

这是一种通过对苯环上 C—H 的活化直接制酚的方法。这个反应的特点是,反应温度低、速率快,并能控制产物的异构体。如用对伞花烃做原料,可以制备 99% 的香芹酚(carvacrol):

取代苯在铊化时,由于空间原因,铊化总是发生在空阻最小的位置上,因此对产物的异构体有控制作用。 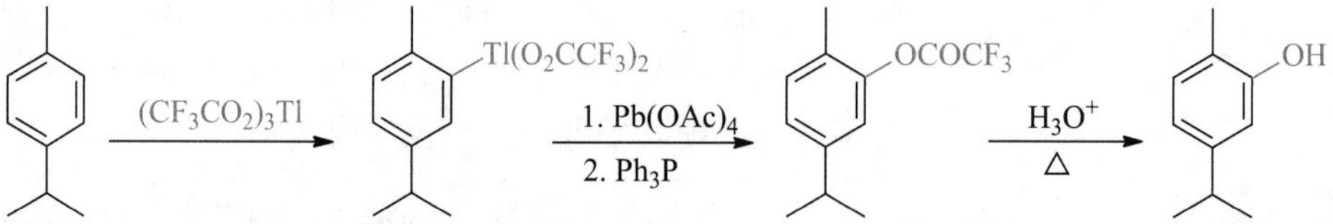
铅被还原为二价铅,因铊(Ⅲ)盐可氧化产生苯酚,故加入三苯膦把三价铊还原成无氧化能力的一价铊。

在该反应中芳烃用三氟乙酸铊(thallium trifluoroacetate,TTFA)铊化,生成芳基三氟乙酸铊盐,经用铅盐处理把铊置换下来,进一步再转化为酚酯;酚酯在酸性溶液中水解,产生酚。在水解前先加入稀盐酸,是为把铅(二价)和铊(一价)沉淀出来。

习题 17-43　多氯代芳烃的芳香亲核取代反应是合成一些常用除草剂、农药以及杀菌剂的有效方法。通过网络检索给出以下这些化合物的名称和用途，并以 1,2,4,5-四氯苯为原料制备这些化合物：

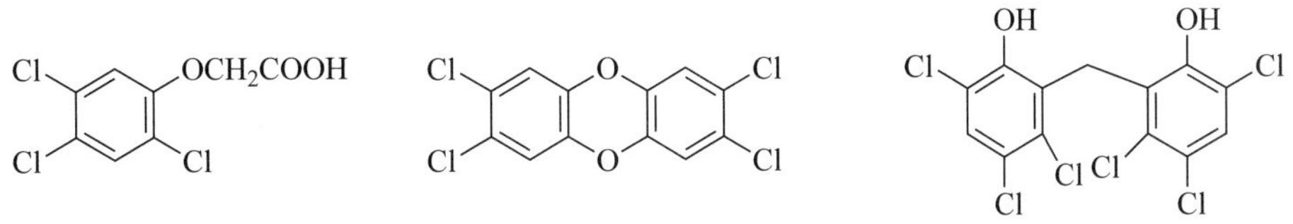

17.6.2　多元酚的制备

1. 二元酚的制备

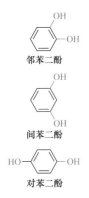

邻苯二酚

间苯二酚

对苯二酚

苯二酚可分为邻苯二酚（catechol）、间苯二酚（resorcinol）和对苯二酚（hydroquinone）。Dakin 反应是实验室制备多酚类化合物的常用方法。1909 年，H. Dakin 发现，2-羟基苯甲醛被过氧苯甲酸氧化时，高产率地得到了邻苯二酚。此后，将芳香醛或酮被氧化生成相应的酚的反应统称为 Dakin 反应。

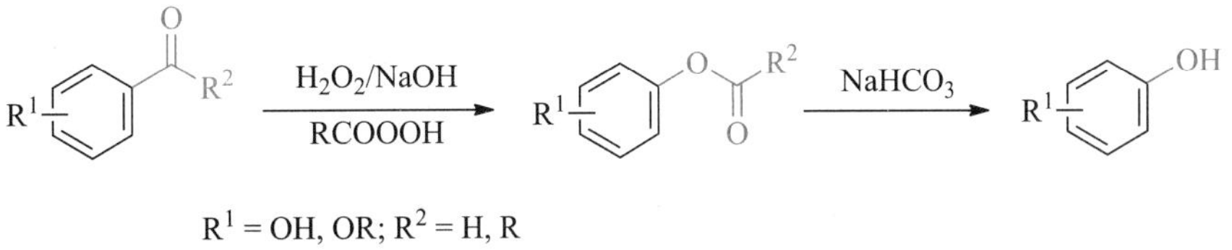

$$R^1 = OH, OR; R^2 = H, R$$

邻苯二酚最早是通过儿茶酸（3,4-二羟基苯甲酸）高温脱羧得到的，故该酚的俗名叫儿茶酚。

通常脂肪醛被氧化成羧酸，而芳香醛的氧化比较复杂。

思考：Dakin 反应和 Baeyer-Villiger 反应有哪些相同和不同点？

Dakin 反应只适用于氧化邻、对位有强给电子基团（如羟基）取代的芳香醛；而当芳环上有吸电子基团取代时，则生成芳香甲酸。其反应机理如下：

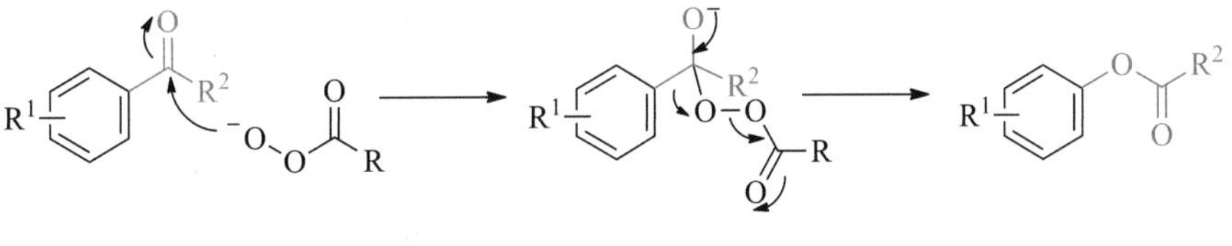

羰基被过酸的氧负离子进攻生成的中间体称为 Criegee 中间体，接着发生 1,2-迁移重排成酯。因此，在此迁移过程中，富电子体系优先迁移。

工业上制备邻苯二酚的方法与一元酚类似，如邻二氯苯的水解和邻羟基苯磺酸钠盐的碱熔融等。间苯二酚可由间苯二磺酸与氢氧化钠熔融制得。对苯二酚则可由对苯醌还原制得。

2. 三元酚的制备

三元酚可分为连苯三酚（pyrogallol）、间苯三酚和偏苯三酚。连苯三酚是通过加热焦棓酸（没食子酸），使它失去二氧化碳（失羧）制得的，现在仍然使用这个方法：

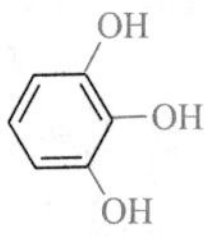

连苯三酚

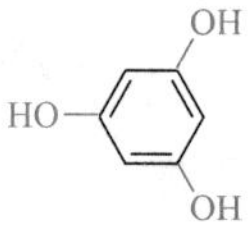

间苯三酚

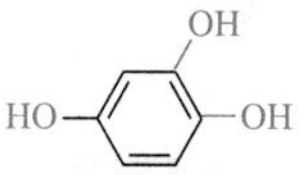

偏苯三酚

连苯三酚为无色结晶粉末状物质,熔点133℃,易溶于水,具有极强的还原性,是一种很有用的显影剂。

间苯三酚为无色晶体,用水重结晶的晶体含有两个结晶水,无结晶水的熔点为219℃。2,4,6-三氨基苯甲酸在较低温度下脱羧,然后氨基被羟基取代得到间苯三酚。

偏苯三酚为无色晶体,熔点141℃,是很强的还原剂。

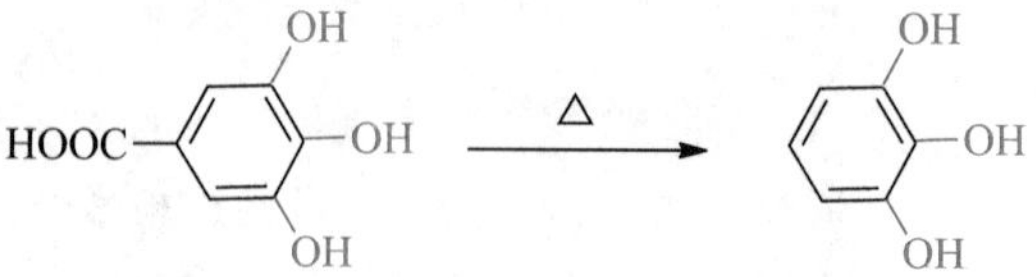

最常用的制备间苯三酚的方法是以三硝基甲苯做原料按下式进行反应:

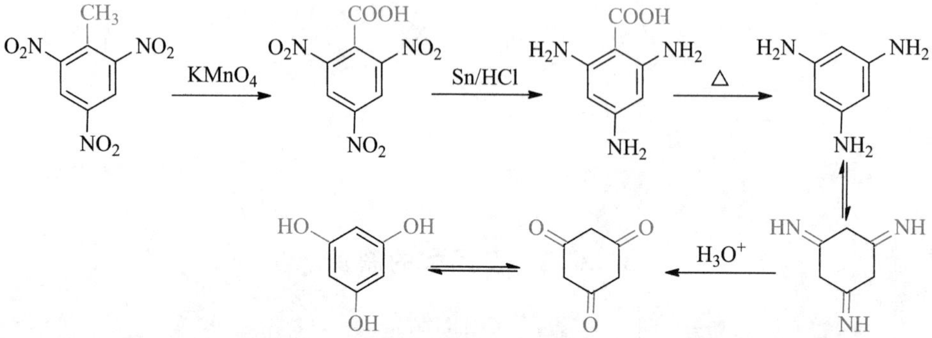

偏苯三酚可以由对苯醌与醋酸酐一起加热制得。首先,乙酸酐先与对苯醌发生1,4-加成,然后再与酸酐反应,生成三乙酰氧基苯,经水解后转化为偏苯三酚:

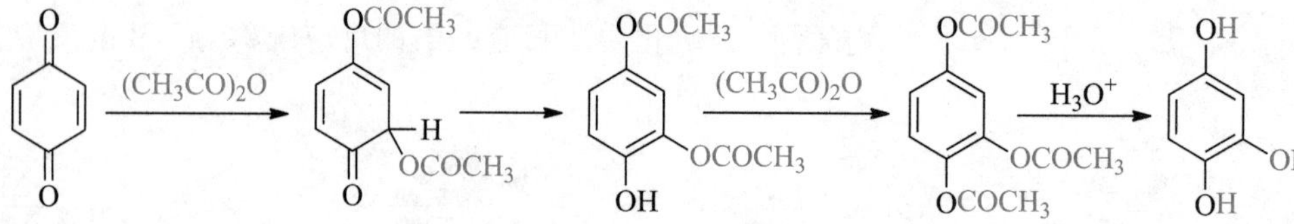

习题 17-44 Dakin 反应是制备多元酚的常用方法。完成下列反应式:

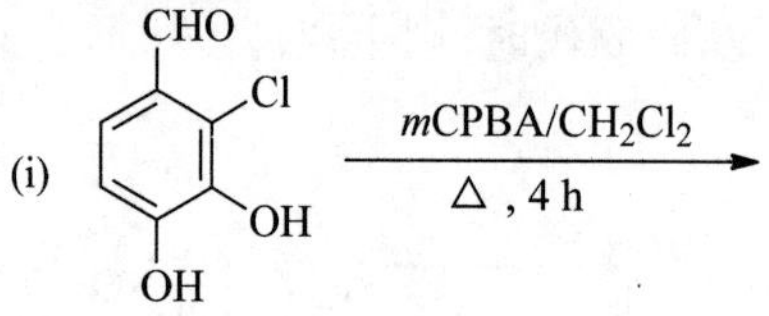

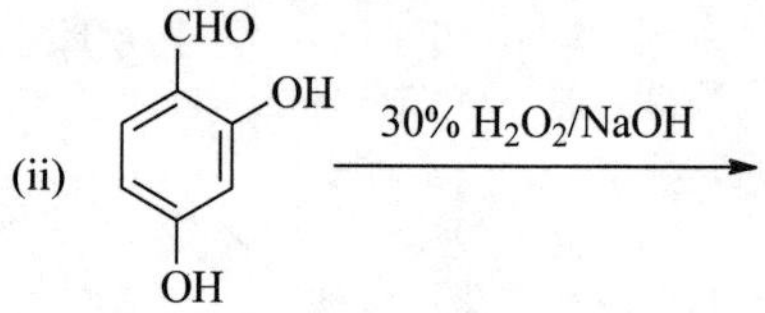

17.7 醌 的 结 构

含有共轭环己二烯二酮结构的一类化合物称为醌(quinone)。最简单的醌是苯醌(benzoquinone)。X射线衍射测出对苯醌的碳碳键键长是不均等的,这说明对苯醌是一个环烯酮,相当于 α,β-不饱和酮,因此醌不属于芳香化合物。除苯醌外,还有萘醌(naphthoquinone)、蒽醌(anthraquinone)和菲醌(phenanthrenequinone）等。

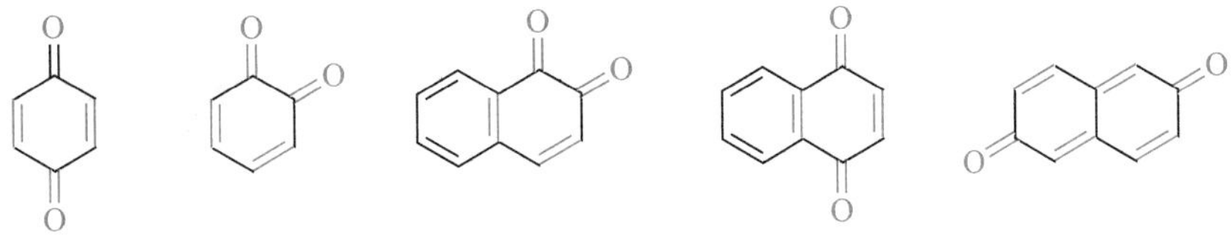

对苯醌　　　邻苯醌　　　1,2-萘醌　　　1,4-萘醌　　　2,6-萘醌

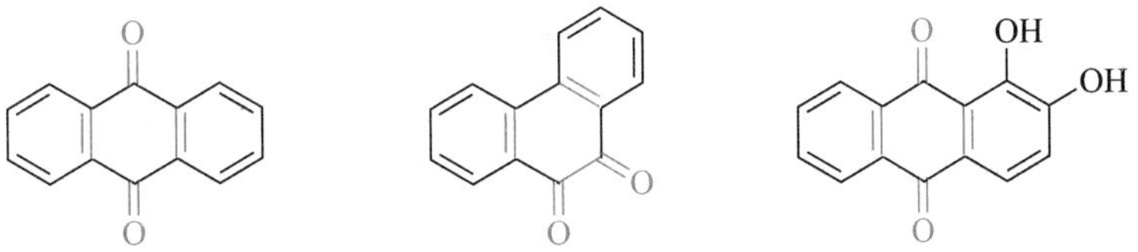

9,10-蒽醌　　　　　　9,10-菲醌　　　　　　茜素

苯醌可分为邻苯醌和对苯醌。按照碳是四价的原则，不可能存在间苯醌。

醌都是有色的化合物，对苯醌是黄色结晶，邻苯醌是红色结晶。

　　醌类化合物在自然界分布很广。例如，茜素（alizarin）是一种很古老的红色染料，最早它是从茜草中提取得到的。后来，人们通过测定它的结构知道了它是蒽醌的衍生物，就开始以从煤焦油中得到的蒽为原料来合成它。现在人们已经能够合成出一大类具有蒽醌结构的染料，它们色泽鲜艳，远远超过了茜素，这一大类染料被称为蒽醌染料。

17.8 对苯醌的反应

　　在苯醌以及其他醌类化合物中，对苯醌一直是代表性化合物。对其反应性能的认识相对比较重要，本节主要讨论对苯醌的反应性。对苯醌含有两种官能团：酮羰基和碳碳双键。因此，对苯醌的反应主要包括 α,β-不饱和酮的 1,2-和 1,4-加成，以及碳碳双键的亲电加成反应和环加成反应。此外，作为一类缺电子体系，对苯醌还具有一定的氧化性。

17.8.1　对苯醌的加成反应

1. 醌的 1,2-加成

　　在酸性条件下，对苯醌的羰基可与亲核试剂发生 1,2-加成反应。如与羟氨反应生成单肟（oxime）和二肟（dioxime）：

单肟与对亚硝基苯酚是互变异构体，但前者比后者稳定，二者在溶液中呈平衡状态。

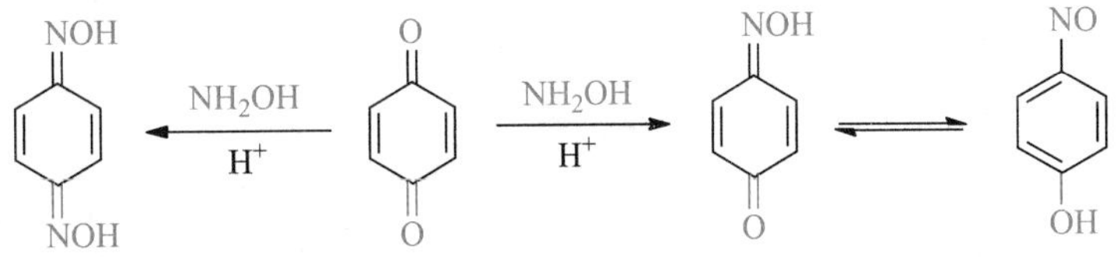

参照对比重氮甲烷与酮的亲核加成反应。

　　重氮甲烷在甲醇和乙醚的混合液中，与四卤代对苯醌的羰基发生加成反应后，接着发生分子内消除反应形成环氧化合物，该产物经催化氢化，生成四卤代对羟基

苯甲醇：

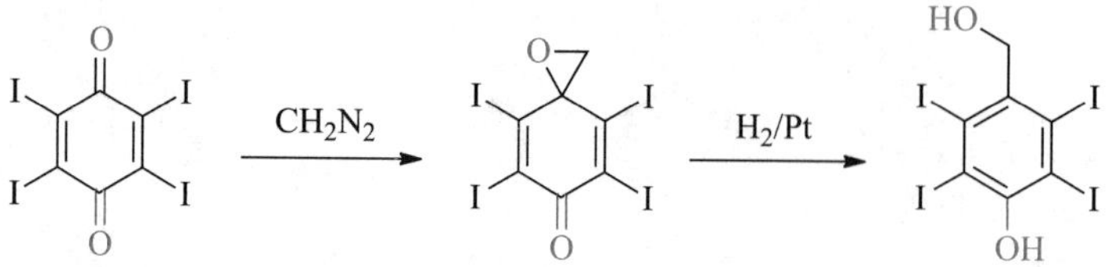

对苯醌的羰基还可以与格氏试剂发生亲核加成,生成三级醇：

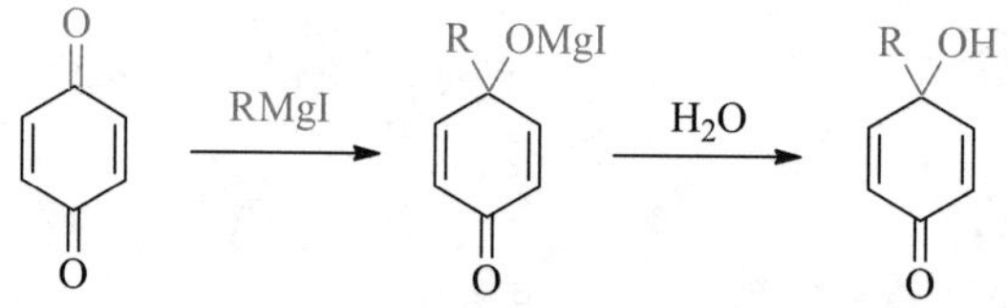

此三级醇在酸性条件下可以重排成烷基取代的苯酚：

碳正离子诱导的 1,2-重排,类似于频哪醇(pinacol)重排。

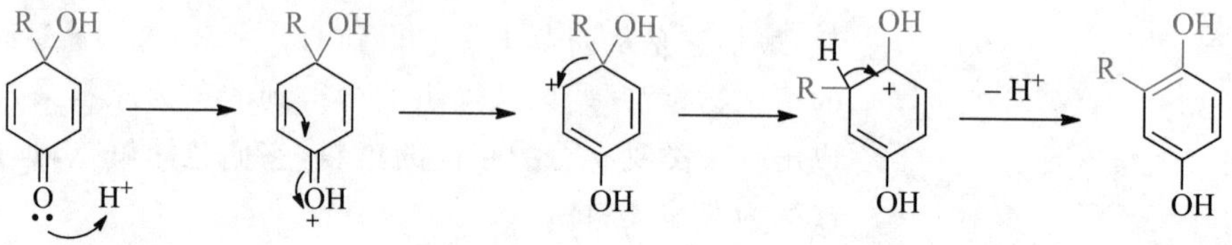

2. 醌的 1,4-加成

氰化氢能与对苯醌发生 1,4-加成反应。反应首先生成 2-氰基对苯二酚,2-氰基对苯二酚在反应体系中被对苯醌氧化生成 2-氰基对苯醌,接着再次发生 1,4-加成反应生成 2,3-二氰基对苯二酚：

氯化氢也能进行类似的反应。

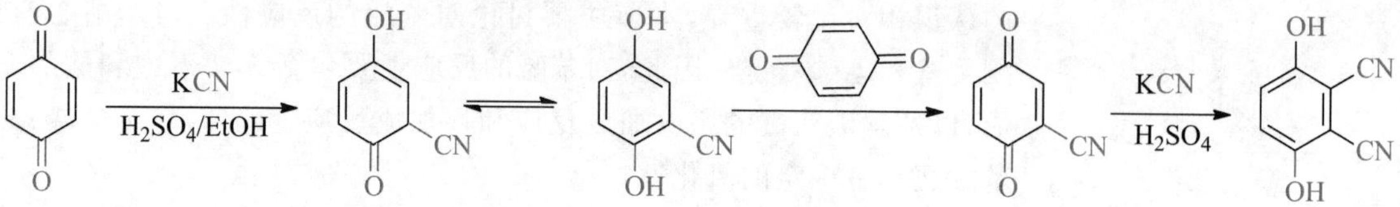

为了保证反应体系中对苯醌能起到氧化剂的作用,需要其在反应体系中的量始终大于对苯二酚衍生物。通常采用的方法是,把氰化钾水溶液滴加到含有硫酸的对苯醌乙醇溶液中。

2,3-二氰基对苯二酚经用硝酸氧化,生成 2,3-二氰基-1,4-苯醌,接着与氯化氢发生 1,4-加成,重复这两步反应,再用 HNO₃ 氧化,则可得 2,3-二氰基-5,6-二氯-1,4-苯醌(DDQ)：

DDQ：2,3-二氰基-5,6-二氯-1,4-苯醌(2,3-dichloro-5,6-dicycano-1,4-benzoquinone),是一类强的氧化剂。

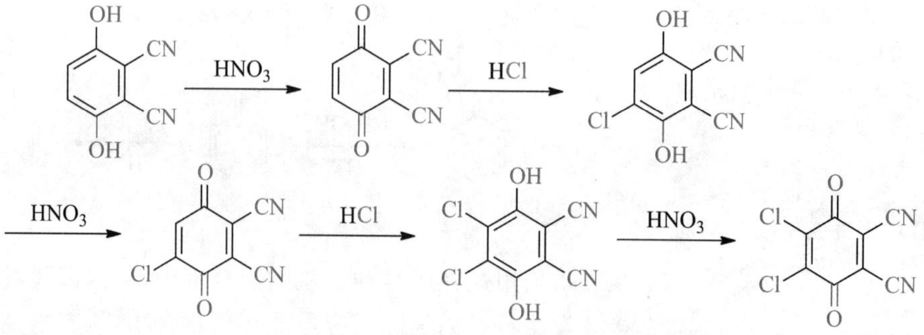

2,5-二甲氧基对苯二酚更容易被氧化成 2,5-二甲氧基对苯醌。

甲醇也能与对苯醌进行 1,4-加成反应,生成 2-甲氧基对苯二酚。由于甲氧基的给电子效应,2-甲氧基对苯二酚比对苯二酚更容易被氧化,因此可被氧化成 2-甲氧基对苯醌,接着再与甲醇进行 1,4-加成反应,生成 2,5-二甲氧基对苯二酚:

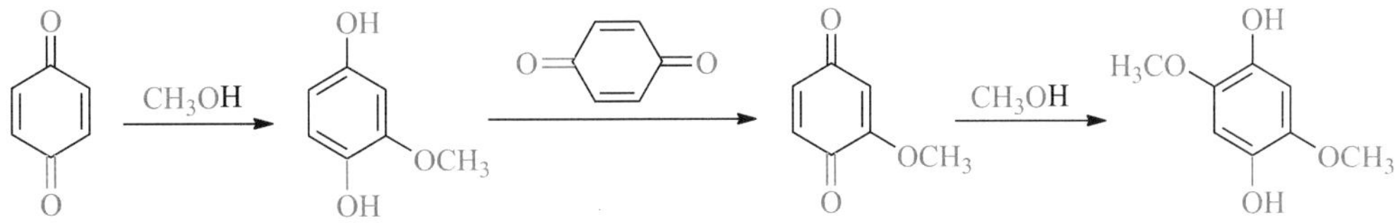

思考:2,5-二甲氧基对苯醌能否与甲醇再次发生 1,4-加成反应?
思考:为什么在 1,4-加成反应中,具有吸电子能力的基团反应后位于六元环同侧,而给电子基团则相反?

3. 与碳碳双键的亲电加成

对苯醌的碳碳双键可以与卤素等亲电试剂发生亲电加成反应。例如,在乙酸溶液中与溴发生正常的碳碳双键加成反应,可生成 5,6-二溴-2-环己烯-1,4-二酮和 2,3,5,6-四溴环己-1,4-二酮。产物在碱性条件下失去溴化氢,可转化为溴代对苯醌。

氯气也可以进行同样的反应。

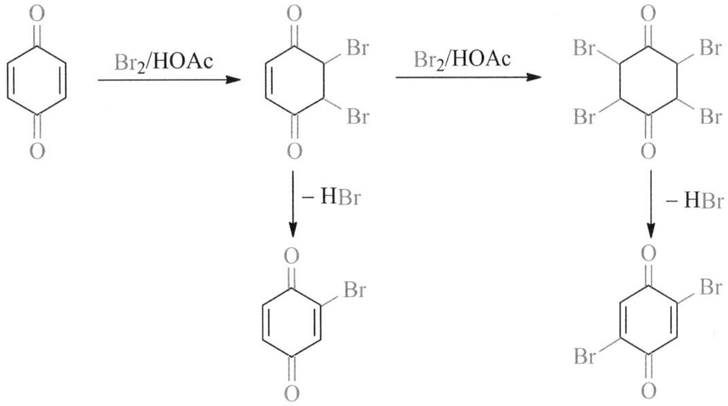

4. 与双烯体的环加成反应

对苯醌中的碳碳双键因受两个羰基的活化作用而成为一个典型的亲双烯基团,它的两个碳碳双键可以分别与 1,3-双烯体发生 Diels-Alder 反应:

在制备稠环芳烃体系时,对苯醌是一类很好的起始原料。

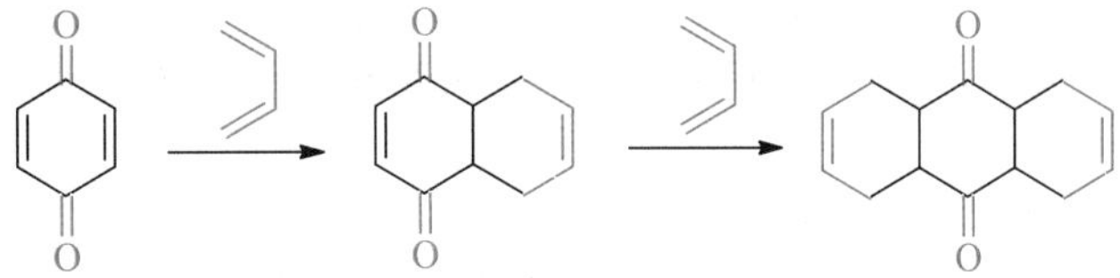

2,3-二氰基-1,4-苯醌由于有两个强吸电子基团与碳碳双键碳原子直接相连,使双键的亲双烯性能更强,容易与 1-[(1-乙酰氧基)乙烯基]环己烯发生 Diels-Alder 反应:

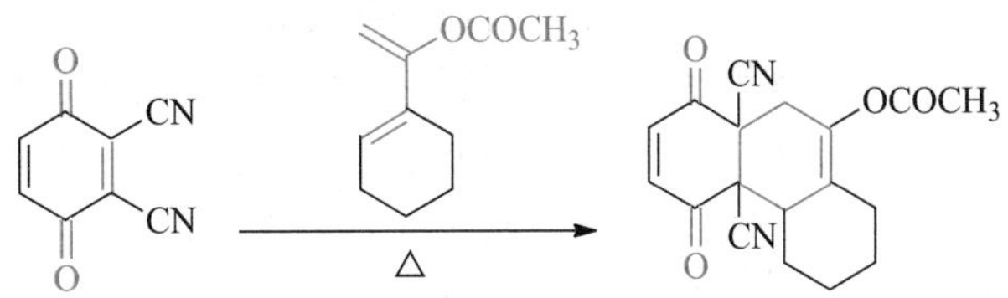

习题 17-45 完成下列反应式：

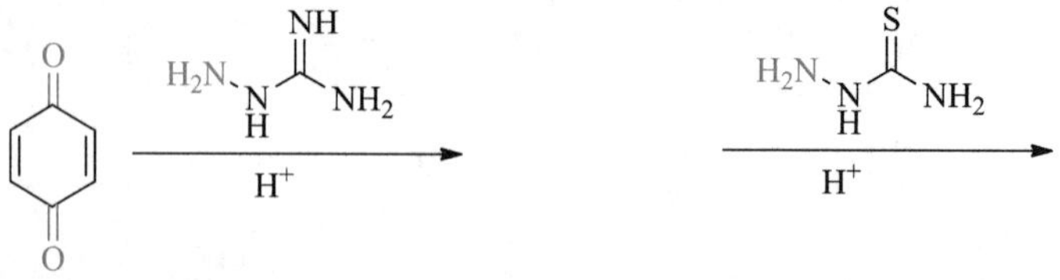

最终的产物具有很强的碱性。请根据其结构分析其强碱性的来源。

习题 17-46 苯胺和甲醇类似，可以与对苯醌进行1,4-加成反应，生成2,5-二苯氨基-1,4-苯醌；所不同的是，多余的苯胺能与2,5-二苯氨基-1,4-苯醌进行1,2-加成反应，生成2,5-二苯氨基-1,4-苯醌缩二苯胺。根据以上实验结果，写出其所有反应式，并说明其会再次发生1,2-加成反应而不是1,4-加成反应的原因。

习题 17-47 完成以下反应式：

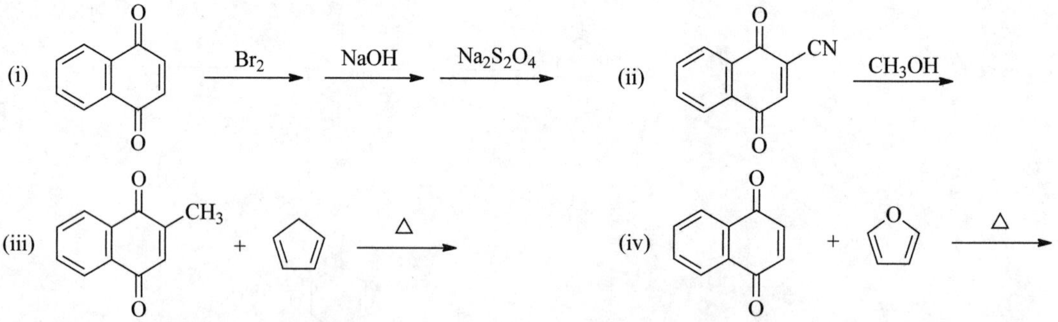

17.8.2 对苯醌的氧化性

对苯醌易被还原成对苯二酚，这是对苯二酚氧化成对苯醌的逆反应。因此，对苯醌与对苯二酚可以组成一个可逆的电化学氧化还原体系，利用此平衡反应可以在酸性条件下将对苯醌转化为对苯二酚，从而测定 H^+ 的浓度：

25℃时，对苯醌的标准氧化还原电势 $E^{\ominus}$ 为 0.699 V。标准氧化还原电势是指氢离子浓度为1 mol·L^{-1}，醌与氢醌浓度相等时的氧化还原电势。氢离子、醌、氢醌在其他确定浓度时的氧化还原电势可以由能斯特（Nernst）方程求出。

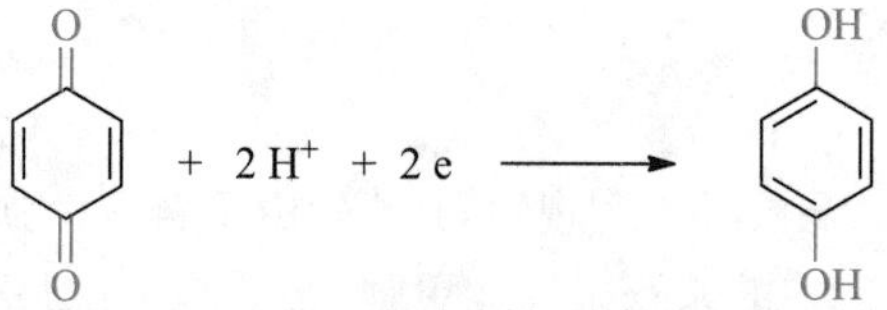

醌的结构对醌的氧化还原电势有影响。通常，吸电子基团能提高醌的氧化还原电势，给电子基团能降低醌的氧化还原电势，醌的氧化还原电势越高，越易被还原。对苯醌的还原过程分两步进行，即要经过两个单电子步骤，中间产生一个稳定的负离子自由基中间体，称为半醌。因此，带有强吸电子基团的对苯醌是强氧化剂，易被还原；带有给电子基团的对苯醌恰与此相反，比未被取代的醌稳定，不易被半醌的结构简式：

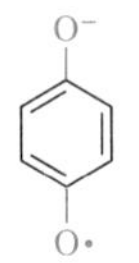

还原。在有机合成中，常用四氯-1,4-苯醌或 DDQ 做氧化剂，进行脱氢反应。四氯-1,4-苯醌先从反应底物的烯丙位攫取一个氢负离子，形成一个碳正离子，接着再失去一个质子即可产生一个碳碳双键，反应的结果是从反应底物中脱去一分子氢：

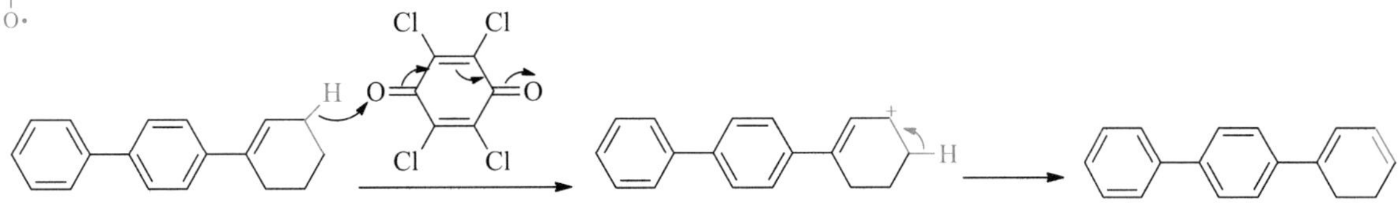

DDQ 是很强的脱氢试剂，从 20 世纪 60 年代开始，它在甾族化合物的研究工作中成为一个很有用的脱氢试剂，并且在其他类型化合物的研究中，它的应用范围也在不断地扩展，例如，它可以用于对甲氧基苄基保护基的脱除。

醌氢醌分子呈深绿色，是由于两个环系中 π 电子的相互作用（电子离域）的结果。

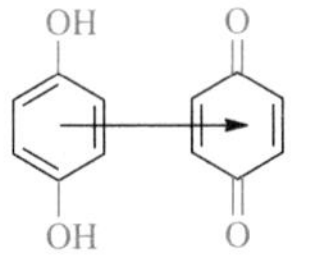

分子中的氢键也能起稳定分子的作用，但并不是形成分子加合物的必要条件。醌氢醌溶于热水，在溶液中全部解离成醌和氢醌。

泛醌的含义指的是广泛存在于自然界中。

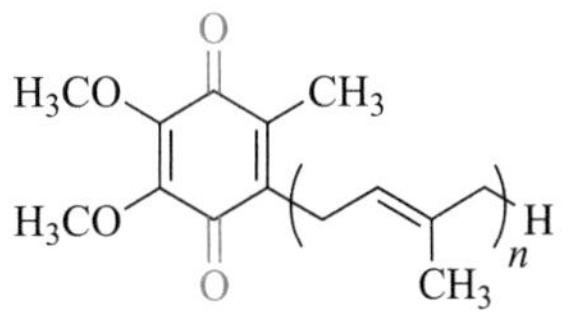

对苯二酚也可以形成单电子结构，而且由于它很稳定，常用做抗氧剂，或者用它作为阻止自由基聚合反应的阻聚剂。

在对苯醌还原成对苯二酚以及对苯二酚氧化成醌的两个反应中，会生成一个难溶于水的中间产物，叫做醌氢醌（quinhydrone），其为深绿色的闪光物质。把等物质的量的对苯醌和对苯二酚的两种溶液混合在一起，也能制成醌氢醌。从前认为这是由于氢键把两种分子连接在一起，但用氢醌醚或六甲基苯代替氢醌，也能形成类似的加合物，这表明氢键并非是形成加合物的真正原因。实际上这种化合物的形成是两种分子中 π 电子体系相互作用的结果，即由于电子效应，氢醌分子中的 π 电子"过剩"，而醌分子中的 π 电子"缺少"，从而二者之间发生授受电子的现象，形成授受电子配合物，即电荷转移配合物。

17.8.3　对苯醌在生物体系中的作用

在自然界中，也存在着对苯醌与对苯二酚的可逆氧化还原反应。当然，在生物体系中，这些反应更为复杂和多样。参与能量产生过程中电子转移的生化氧化剂泛醌（ubiquinones）就是对苯醌的衍生物：

泛醌也统称为辅酶（coenzyme）Q。在线粒体细胞中，泛醌参与了呼吸过程中将电子从生物还原剂 NADH 转移至分子氧上：

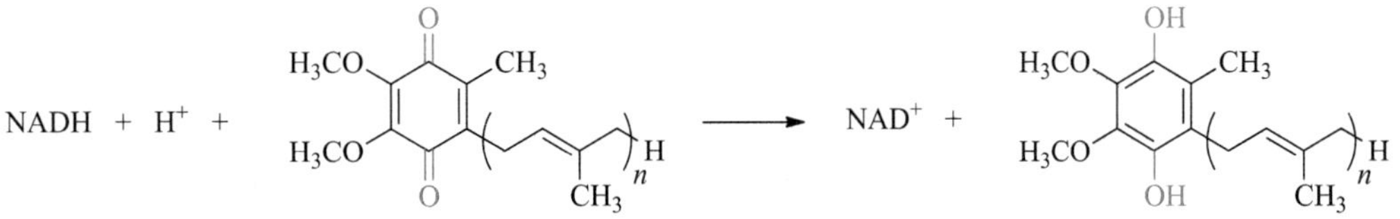

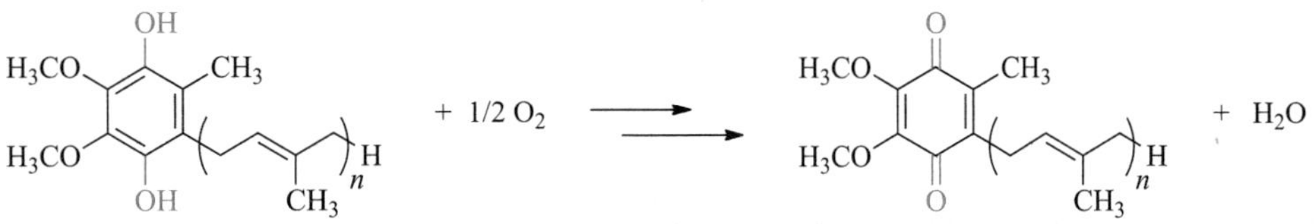

在此复杂的氧化还原循环过程中,NADH 被氧化成 NAD⁺,分子氧 O₂ 被还原为水,从而产生了能量。泛醌相当于催化剂,反应前后自身并没有变化。

在生物体中,分子氧转化为水的过程中还会产生很多中间体,如超氧化物以及过氧化氢键断裂产生的羟基自由基。这些都是高活性物种,能引发损坏具有重要生理意义的生物分子的反应。维生素 E 在自然界中起到了保护生物分子免遭这些活性物种破坏的作用。维生素 E 就是一类含有对苯二酚骨架的脂溶性还原剂:

超氧负离子:

$$O_2^-$$

形成了维生素 E 氧自由基:

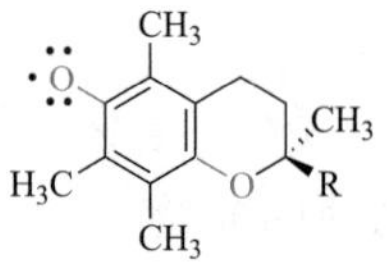

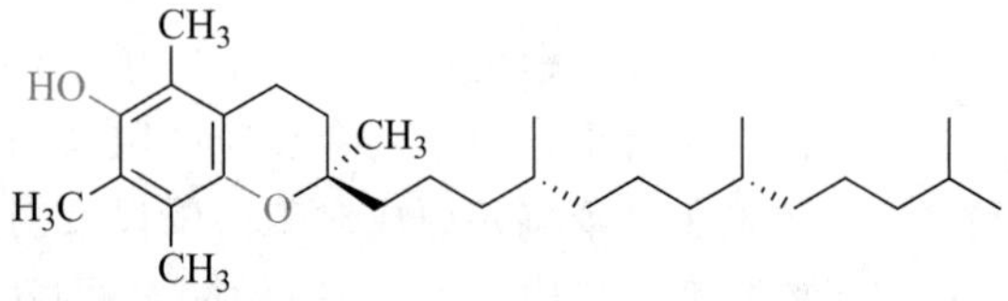

维生素 E 的酚氧基负离子是很好的电子给体,它通常给出一个电子将超氧化物以及自由基还原,从而减少这些物种对生物分子的伤害。

习题 17-48 DDQ 不仅可以脱氢,也可以脱除一些富电子保护基,如对甲氧基苄基等。画出以下转换的反应机理:

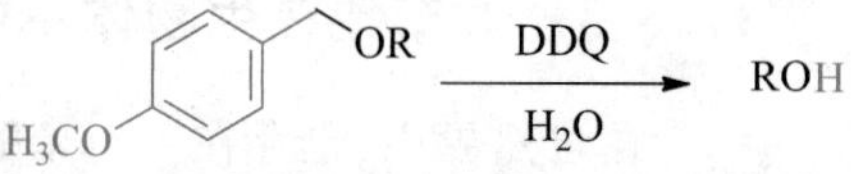

$$\text{H}_3\text{CO}-\text{C}_6\text{H}_4-\text{CH}_2-\text{OR} \xrightarrow[\text{H}_2\text{O}]{\text{DDQ}} \text{ROH}$$

习题 17-49 对苯二酚失去一个电子后所形成的自由基可歧化成醌和对苯二酚,并能彼此形成电荷转移配合物,因此终止了很多自由基的连锁反应。画出对苯二酚自由基的歧化反应。

习题 17-50 维生素 C 也是有效的抗氧化剂,它可以使维生素 E 再生。通过网络检索确定维生素 C 的结构,并写出其使维生素 E 再生的反应式。

17.9 醌 的 制 备

在氧化剂作用下,苯酚先形成酚氧自由基。由于酚氧自由基很活泼,容易发生其他自由基的副反应。因此,如果氧化剂过强,氧化产率就会比较低。

醌通常采用氧化反应来制备。苯酚由于羟基的活化作用,也容易被多种氧化剂氧化成对苯醌,产率随氧化剂不同而异。以 $(KO_3S)_2NO$ 氧化时,反应条件温和,产率很高;用重铬酸钠氧化,产率很低:

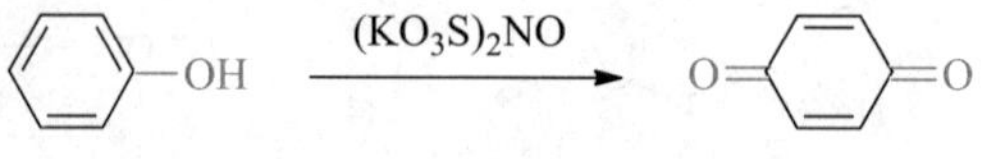

$$\text{C}_6\text{H}_5-\text{OH} \xrightarrow{(\text{KO}_3\text{S})_2\text{NO}} \text{O}=\text{C}_6\text{H}_4=\text{O}$$

邻苯二酚和对苯二酚与苯酚相比更加富电子,因此更容易被氧化成邻苯醌和对苯醌:

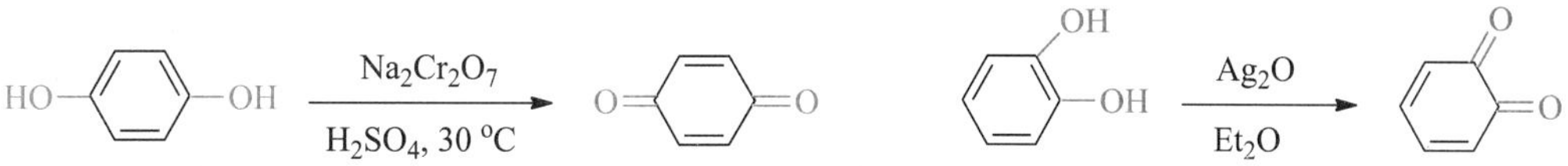

（KO$_3$S）$_2$NO：Fremy 盐,dipotassium nitrosodisulfate。

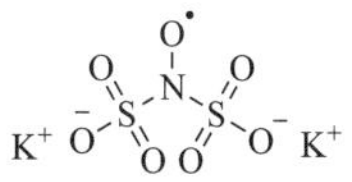

此试剂对酚羟基或氨基取代苯的氧化非常有效。

二甲基二氧杂环丙烷:dimethyl dioxirane。

二酚中的一个或两个酚羟基被氨基所代替,同样可以在氧化剂作用下很容易地生成邻苯醌或对苯醌。如果酚羟基或氨基的对位被其他基团取代,如卤素、烷氧基、甲基、叔丁基,也能被氧化成对苯醌,但是相应的产率会比较低。

常采用的氧化剂除了以上列出的外,常规的氧化剂还有 Ag$_2$CO$_3$、Pb（OAc）$_4$、HIO$_4$、二甲基二氧杂环丙烷、空气中的氧气、NBS/H$_2$SO$_4$/H$_2$O 体系等等;当然,也可以在光敏剂四苯基卟啉作用下利用光照和氧气进行氧化。4-碘苯氧基乙酸和过硫酸氢钾复合盐（Oxone,potassium peroxymonosulfate）混合体系对对烷氧基苯酚氧化成对苯醌非常有效。

间苯二酚无法被氧化成醌。

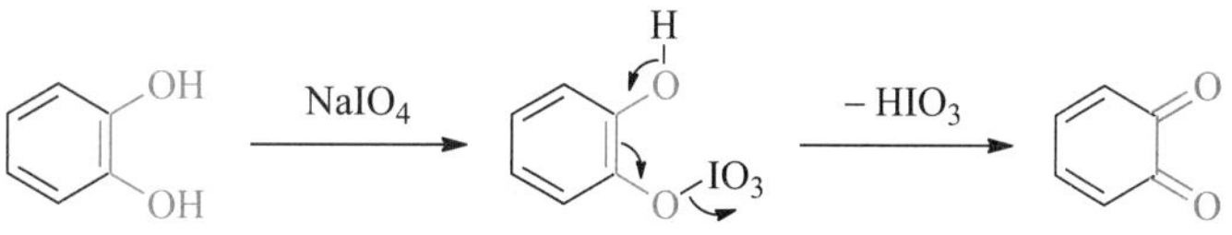

对于以上氧化的机理至今尚未了解清楚,而且对不同的氧化剂均有不同的可能。例如,邻苯二酚在 NaIO$_4$ 作用下氧化,如果溶剂为 H$_2{}^{18}$O,得到的邻苯醌中并没有任何 ^{18}O 存在。其机理可能为

上面介绍过的制醌方法中使用了不同的氧化剂,但对一个具体化合物来讲,究竟使用哪一种氧化剂最好,须通过实验确定。

而当邻苯二酚在质子溶剂中被 MnO$_4^-$ 氧化时,则会形成半醌自由基。

1,2-和 1,4-萘醌的制备方法与苯醌相似,可通过氧化萘二酚、萘二胺、氨基萘酚来制备:

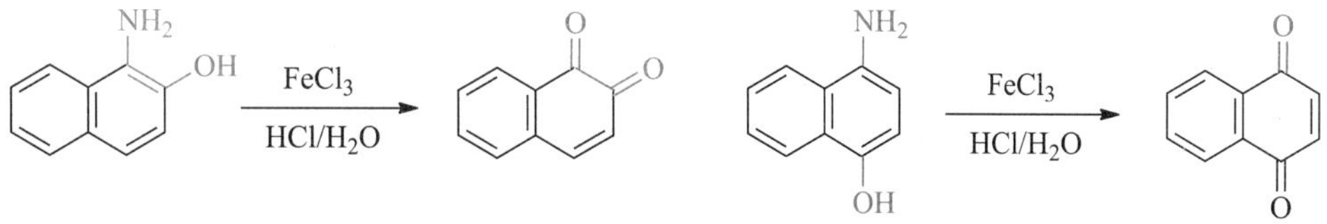

有一种甲虫射炮步甲（bombardier beetle）,它具有特殊的防卫系统,当受到威胁时,它会从身体后部喷射出一股滚烫的有毒溶液,其主要成分就是过氧化氢和对苯二酚。这两种化学物质混合后,过氧化氢迅速将对苯二酚氧化为对苯醌,会产生大量热能,其温度可以达到水的沸点。此类甲虫一遇到危险,两种化学物质就会迅速混合在一起,并靠收缩肌肉使之喷射,带着尖锐的声音和温度准确射中敌人。

蒽和菲本身就十分活泼,可用氧化剂直接氧化成蒽醌和菲醌:

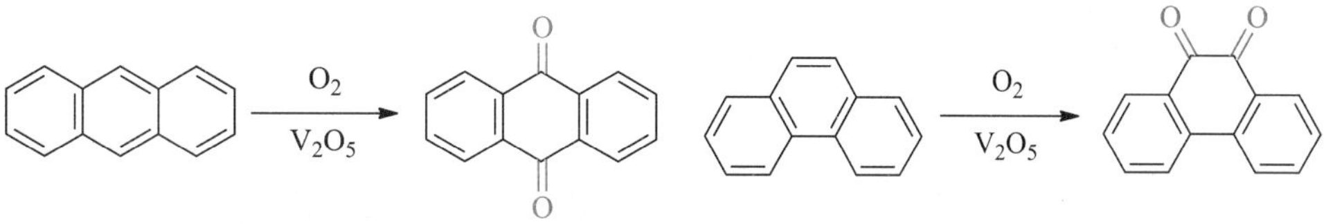

习题 17-51 完成下列反应式:

(i) 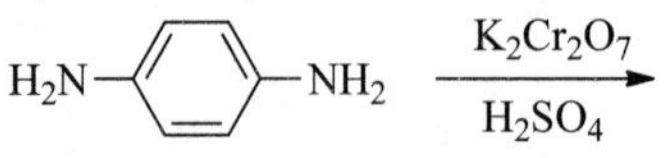 H₂N—⟨⟩—NH₂ $\xrightarrow[\text{H}_2\text{SO}_4]{\text{K}_2\text{Cr}_2\text{O}_7}$ (ii) 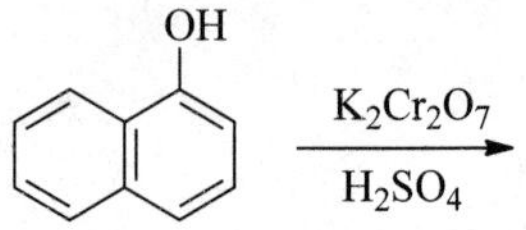 [萘-1-酚] $\xrightarrow[\text{H}_2\text{SO}_4]{\text{K}_2\text{Cr}_2\text{O}_7}$

(iii) 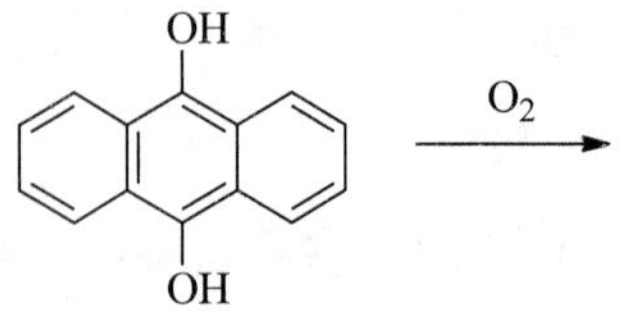 [9,10-二羟基蒽] $\xrightarrow{\text{O}_2}$ (iv) 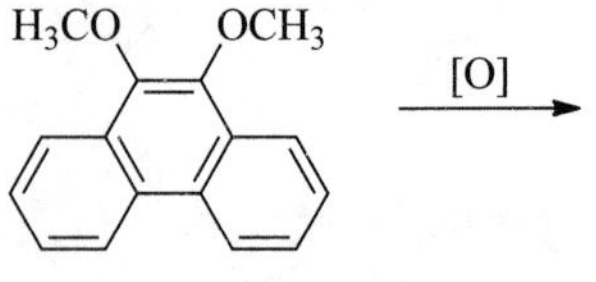 [4,5-二甲氧基菲] $\xrightarrow{\text{[O]}}$

拓展阅读

稳定自由基的发现

三苯甲基自由基$(C_6H_5)_3C\cdot$是有机化学家所观测到的第一个自由基。由于苯基体积较大,三苯甲基自由基中的三个苯基不可能与中间的碳原子共平面,而是排成螺旋桨式。由于三个苯基的存在而形成离域体系,因此,三苯甲基自由基比一般的自由基都要稳定得多。1897 年,M. Gomberg 率先制备了四苯甲烷。M. Gomberg 希望在此基础上制备具有更大空阻的六苯乙烷。1900 年,M. Gomberg 在研究三苯卤甲烷的 Wurtz 偶联反应时得到了一个白色固体。M. Gomberg 认为,该白色固体是三苯卤甲烷的 Wurtz 反应偶联产物"六苯乙烷"。但是元素分析结果表明,此白色固体不是六苯乙烷,而是以下过氧化合物:

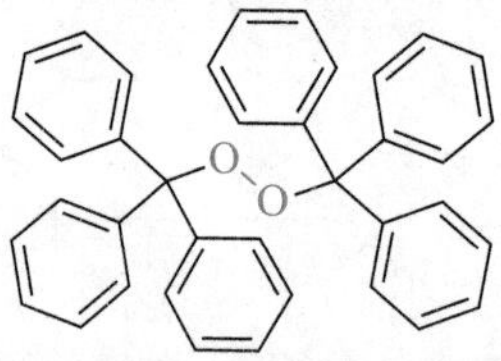

[过氧化合物结构式]

M. Gomberg 认为,在此条件下三苯氯甲烷可能能与分子氧反应,形成此过氧化合物;接着,他发现将三苯氯甲烷与过氧化钠反应,也能得到此过氧化合物。因此,M. Gomberg 改进了此反应条件,在 CO_2 气氛下用纯银或锌在苯等惰性溶剂中处理三苯氯甲烷,得到了目前我们已经非常清楚的三苯甲基自由基:

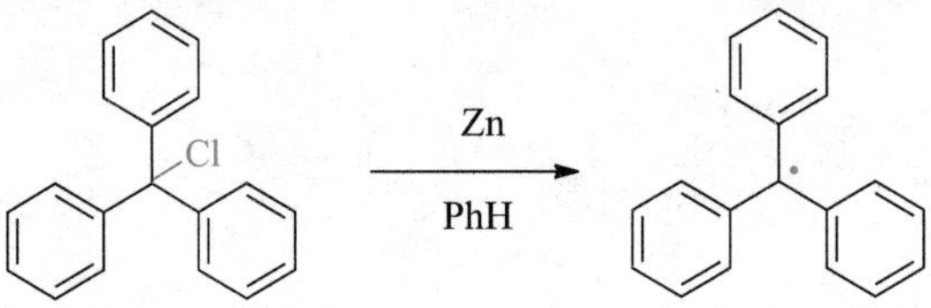

[三苯氯甲烷] $\xrightarrow[\text{PhH}]{\text{Zn}}$ [三苯甲基自由基]

M. Gomberg 发现,这个产物比他想象中的六苯乙烷要活泼许多,例如它可以很快与氯气、溴、碘和氧气发生作用,分别生成三苯卤甲烷和过氧化物:

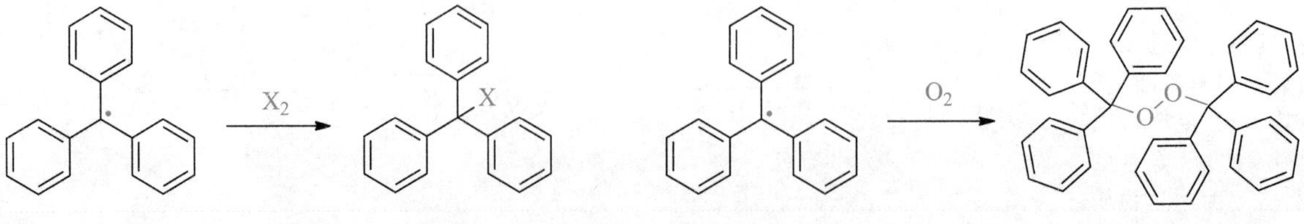

[三苯甲基自由基] $\xrightarrow{\text{X}_2}$ [三苯卤甲烷]   [三苯甲基自由基] $\xrightarrow{\text{O}_2}$ [过氧化物]

根据这些实验结果,M. Gomberg 认为,他获得了一个稳定的自由基以及三价碳原子。但是,他的结论在很多年中一直与最终获得的化合物结果不相符,最终获得的产物经鉴定后其相对分子质量为 M. Gomberg 所提出的三苯甲基自由基的两倍。M.

Gomberg 想当然地认为,这是由于三价碳与氧气和卤素的反应活性很强,非四价碳或自由基只能存在于溶液中。M. Gomberg 和他的学生 W. E. Bachmann 后来发现,将其所得到的白色固体"六苯乙烷"与金属镁反应,可以得到格氏试剂,这是第一例利用碳氢化合物制备的格氏试剂。后续的研究进一步表明,其他三芳基甲烷类化合物也会发生类似于 M. Gomberg 的实验结果。因此,M. Gomberg 就认为,这是三苯甲基自由基与其二聚体形成平衡所导致的:

将 M. Gomberg 所制得的"六苯乙烷"配成苯或醚溶液后,溶液的颜色为黄色。若迅速振荡,颜色消失;再将这个溶液放置,溶液的黄色重现,继续振荡时黄颜色又消失,这样消失又出现可反复多次。这是最早报道自由基存在的一个现象。但是,在当时的环境下,许多化学家还不能接受关于自由基的说法。因此,M. Gomberg 认为"六苯乙烷"在溶液中可以缓慢部分离解为自由基,并且这种解离为一可逆过程。自由基的溶液颜色为黄色,自由基和空气接触发生氧化,形成无色的过氧化物而使颜色消失;当这个溶液放置时,根据勒沙特列原理,"六苯乙烷"又部分离解为自由基,并达到平衡,溶液的黄色重现,继续振荡时黄颜色又消失,这样消失又出现反复多次。当将"六苯乙烷"的溶液冷却至−196℃时,则黄色消失,并且在此温度下自由基不能与氧作用。它的 1%苯溶液在 20℃时仅有 2%～3%发生离解,但在 80℃时则有 25%～30%发生离解。"六苯乙烷"离解为自由基的程度也取决于芳基的性质和浓度,一般随价电子云分散的可能性增大而增加。

1904 年,有人认为 M. Gomberg 所制得的"六苯乙烷"的结构实际上为醌式结构:

但这个说法也不为当时的大多数化学家所接受。直到 1968 年,H. Lankamp、W. T. Nauta 和 C. MacLean 等人利用核磁共振谱和紫外光谱研究了上述平衡体系,证实了所谓"六苯乙烷"确为上述醌式结构。两个三苯甲基自由基并非简单的甲基碳之间的偶联,二聚的方式为一个三苯甲碳加到另一个自由基中苯基的对位上,形成一个环己二烯衍生物。从三苯甲基自由基的构型很容易看出,两个巨大的自由基很难彼此接近而形成六苯乙烷,而是以较小空间要求的方式形成醌式二聚体。

M. Gomberg 在他发表的三价碳原子的第一篇论文的结尾中写道:"这个研究工作将会继续下去,我希望能将这个研究领域保留给我自己。"尽管 20 世纪初的化学家们都很尊重他的声明,但是 M. Gomberg 很快发现,他所开创的这个研究领域非常广阔,不可能永远被他一个人所控制。此后,更多的科学家加入到这个研究领域,有机自由基的研究成为了有机化学研究中一个非常重要的研究方向。

1947 年,M. Gomberg 去世。他将其所有的一切捐赠给了密歇根大学化学系,并建立了学生奖学金。1993 年,密歇根大学化学系为从年轻的助教中发现杰出人才,设立了 M. Gomberg 系列讲座。2000 年,在 M. Gomberg 发表关于三苯甲基——一个三价碳物种的百周年纪念活动中,密歇根大学化学楼为 M. Gomberg 树立了一块纪念碑,上书"化学研究史的里程碑——有机自由基的发现"。

章 末 习 题

习题 17-52 解释为何甲苯的卤化在光照或加热条件下发生在苄位,而在 Lewis 酸作用下发生在苯环上。

习题 17-53 解释为何 4-甲基苯磺酸-4-甲氧基苯甲酯与 4-甲基苯磺酸苯甲酯相比更易发生 S_N1 反应,而卤化苄或磺酸苄酯在强的亲核试剂作用下更易发生 S_N2 反应。

习题 17-54 判断以下每一组中哪一个底物更容易反应：

(i) 与正丁基锂反应：二苯甲烷和甲苯

(ii) 与 HCl 反应：

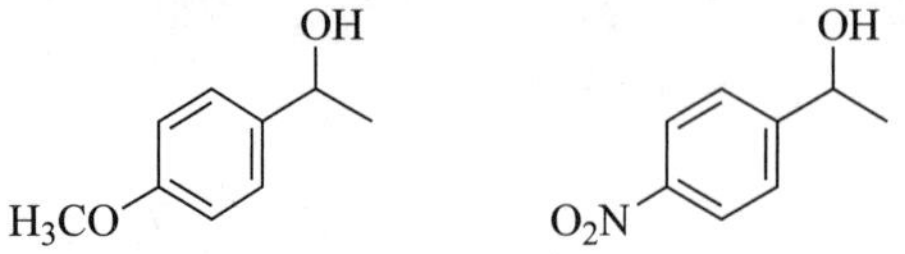

(iii) 与 NaOCH₃ 的甲醇溶液反应：

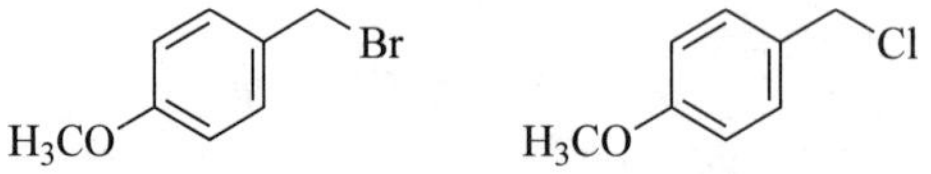

习题 17-55 结合以前所学的知识，对以下碳正离子的稳定性进行排序：

$$(C_6H_5)_3\overset{+}{C}, \quad C_6H_5\overset{+}{C}H_2, \quad R_3\overset{+}{C}, \quad H_3\overset{+}{C}, \quad R\overset{+}{C}H_2, \quad R_2\overset{+}{C}H, \quad (C_6H_5)_2\overset{+}{C}H, \quad H_2C=\overset{+}{C}HCH_2$$

习题 17-56 结合以前所学的知识，对以下自由基的稳定性进行排序：

$$(C_6H_5)_3\overset{\cdot}{C}, \quad C_6H_5\overset{\cdot}{C}H_2, \quad R_3\overset{\cdot}{C}, \quad H_3\overset{\cdot}{C}, \quad R\overset{\cdot}{C}H_2, \quad R_2\overset{\cdot}{C}H, \quad (C_6H_5)_2\overset{\cdot}{C}H, \quad H_2C=\overset{\cdot}{C}HCH_2$$

习题 17-57 请为以下转换提供合理的、分步的反应机理：

(i)

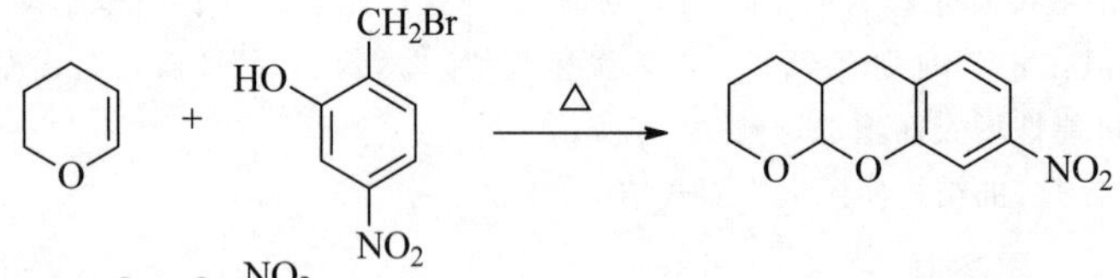

(ii)

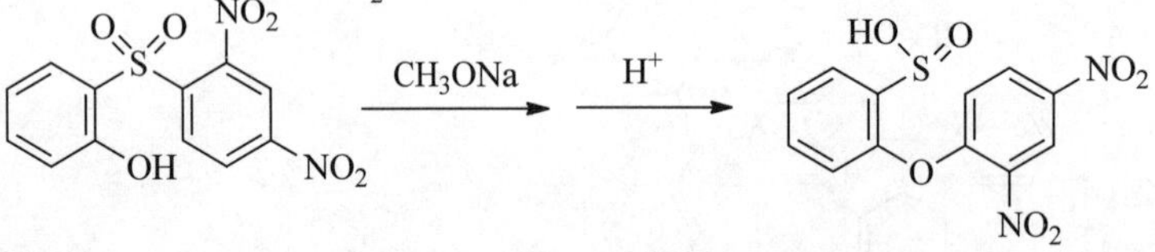

习题 17-58 对硝基苯酚和 2,6-二甲基-4-硝基苯酚的 pK_a 均为 7.15，但是 3,5-二甲基-4-硝基苯酚的 pK_a 则为 8.25。请解释为何与前两者相比，3,5-二甲基-4-硝基苯酚的酸性偏弱。

习题 17-59 写出以下转换分步的、合理的反应机理，并说明其反应类型。

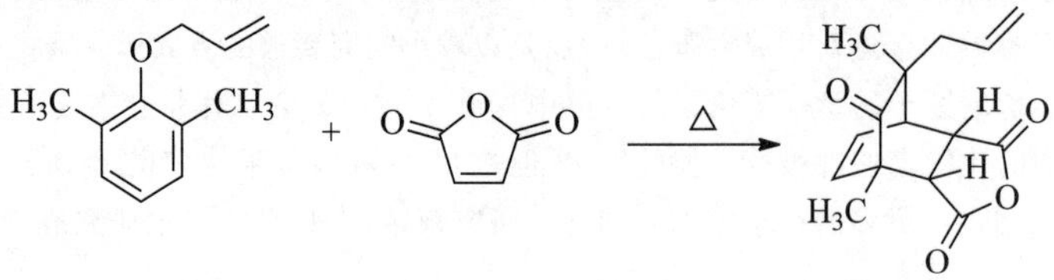

习题 17-60 在某些生物转化过程中，也会发生 Claisen 重排。研究表明，Claisen 重排是以分支酸（chorismic acid）为原料转化为酪氨酸和苯丙氨酸的生物合成的关键步骤：

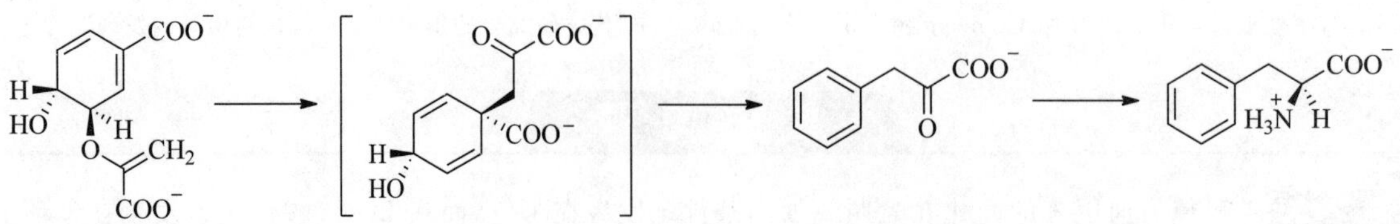

chorismate   prephenate   phenylpyruvate

写出从分支酸转化为苯基丙酮酸（phenylpyruvate）的反应机理。

习题 17-61 通过对 Fries 重排和芳香亲电取代反应的学习回答：当苯酚与酰氯混合后，在 Lewis 酸或 Brønsted 酸中加热，你认为先生成酚酯接着再进行重排反应，还是直接发生 Friels-Crafts 酰基化反应？

习题 17-62 在苯酚羟甲基化的过程中，通常会有邻位和对位的产物存在。通过加入苯硼酸，可以使苯酚与甲醛在丙酸溶液中反应生成邻位羟甲基化的产物：

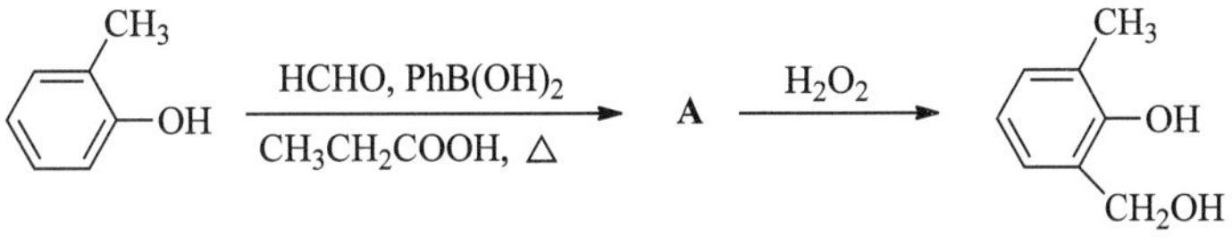

通过 ^{1}H NMR 表征得知，**A** 结构中没有活泼氢存在，芳香区只有三组氢的信号。写出此转换的反应机理，并说明苯硼酸的作用。

习题 17-63 写出以下转换的分步反应机理，并说明主产物去甲基化的原因。

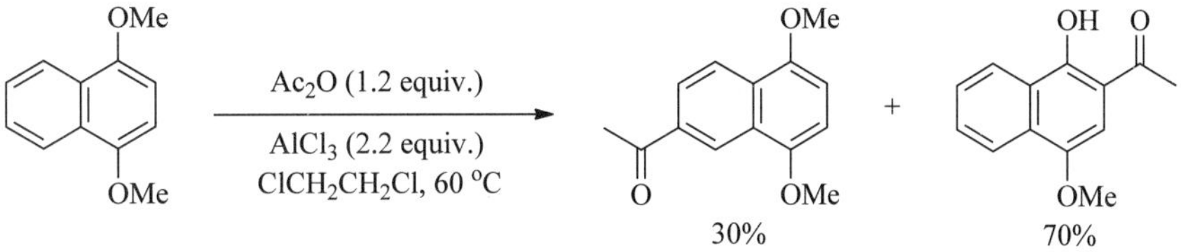

习题 17-64 双酚 A 是合成环氧树脂的重要原料，其结构式如下图所示。以苯和必要的有机、无机试剂为原料合成双酚 A。

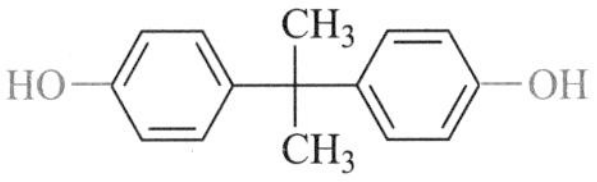

习题 17-65 [2,3]σ 重排反应发展至今，有了许多改进。其中之一就是利用三元环代替双键，形成六元环体系，请据此写出以下转换的机理：

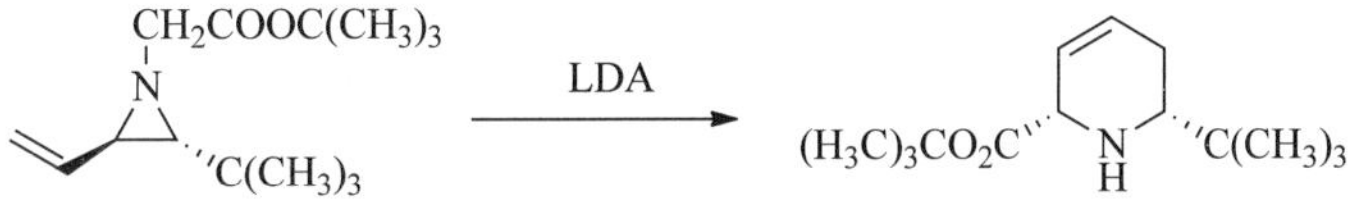

复习本章的指导提纲

基本概念和基本知识点

烷基苯，苄基负离子、正离子和自由基，苄基共振效应。

酚的定义、分类、结构特点，酚的互变异构体；氢键对酚物理性质的影响；苯环上的取代基对酚酸性的影响。醌的定义、分类、结构特点；对亚硝基苯酚的结构和互变异构体。

基本反应和重要反应机理

烷基苯的取代反应、氧化反应。

　　酚的成醚反应、成酯反应；酚芳环上的亲电取代反应和反应机理：硝化反应、卤化反应、磺化反应、傅-克反应和亚硝基化反应；Claisen 重排反应的定义、反应式、反应机理、区域选择性和立体选择性；Fries 重排的定义、反应式、反应机理、区域选择性和立体选择性；Reimer-Tiemann 反应的定义、反应式、反应机理；Kolbe-Schmitt 反应的定义、反应式、反应机理和区域选择性；芳香醚的分解反应；芳香醚 Birch 还原的定义、反应式、反应机理；苯酚和甲醛在酸性条件或碱性条件下缩合的反应机理；Bucherer 反应的定义、反应式和反应机理；间苯二酚和间苯三酚的特性反应。

　　对苯醌羰基的亲核加成、碳碳双键的亲电加成、1,4-加成和环加成反应；对苯醌的还原反应；醌的取代反应。

重要合成方法

烷基苯的制备：傅-克烷基化反应、傅-克酰基化反应、Clemmensen 还原。

酚的制备：异丙苯氧化法、格氏试剂-硼酸酯法、卤代苯的水解法、芳香亲核取代法和重氮盐法等。

醌的制备：氧化法、强氧化剂 DDQ 的合成。

重要分离和鉴别方法

利用酚的酸性提纯和鉴别酚；利用 $FeCl_3$ 鉴别酚；利用酚的溴化反应鉴别酚；利用苦味酸鉴别有机碱、鉴别芳香烃。

英汉对照词汇

acifluorfen 达克尔	dye 染料
alcohol 醇	enol 烯醇
alizarin 茜素	flavonoids 黄酮类化合物
p-amino salicylic acid 对氨基水杨酸	fluorescein 荧光黄
anthraquinone 蒽醌	hydroquinone 对苯二酚
aromatic ether 芳香醚	naphthoquinone 萘醌
azo 偶氮	naphthol 萘酚
benzyl 苄位	naphthylamine 萘胺
benzylic resonance 苄基共振	nitrosylation 亚硝基化反应
p-benzoquinone oxime 对苯醌单肟	oxime 单肟
boron tribromide 三溴化硼	Oxone；potassium peroxymonosulfate 过硫酸氢钾复合盐
carvacrol 香芹酚	
calix crater 希腊圣杯	phenanthrenequinone 菲醌
catechol 邻苯二酚	phenol 苯酚
charge transfer complex 电荷转移配合物	phenol-formaldehyde resin 酚醛树脂
coenzyme 辅酶	phenolphthalein 酚酞
Criegee 克里吉	phenoxide ion 酚氧负离子
dimethyl sulfate 硫酸二甲酯	phenyloxonium ions 苯氧鎓离子
dioxime 二肟	phenylpyruvate 苯基丙酮酸

phloroglucinol　间苯三酚

pyrogallol　连苯三酚

quercetin　槲皮素

quinhydrone　醌氢醌

quinomethane　醌甲烷

quinone　醌；对苯醌

resveratrol　白藜芦醇

resorcinol　间苯二酚

terephthalic acid　对苯二甲酸

thallium trifluoroacetate；TTFA　三氟乙酸铊

ubiquinones　泛醌

第18章
含氮芳香化合物　芳炔

* * * * *

异靛蓝，一种非常古老的天然染料，属于双吲哚类生物碱。均为含氮的芳香化合物的异靛蓝、靛玉红和靛蓝互为同分异构体，它们三者之间的差别仅仅是两个吲哚环的连接位置不同，以至于其化学活性就有非常明显的不同，所体现出的颜色也完全不同。1870 年，德国化学家 A. von Baeyer 以靛红为原料成功合成了靛蓝。靛蓝主要用于棉布或棉纱的着色。农村染坊用发酵法染土布以及牛仔裤染色的染料大都采用靛蓝。

本书的作者将异靛蓝作为一个重要的有机电子受体片段，发展了一系新的缺电子有机半导体材料，从而使得此古老的染料成为了新的有机半导体材料骨架体系。

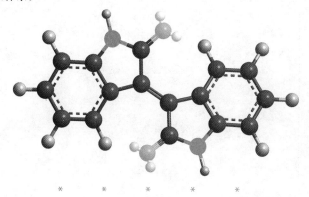

* * * * *

染料是能够使其颜色附着在纤维上的物质，且不易脱落、变色，分天然和合成两大类。染料通常溶于水，有些染料需要依赖媒染剂才能黏着于纤维上。考古资料显示，染色技术已有五千多年历史。当时的染料从动植物或矿物质而来，甚少经过处理。1856 年，W. H. Perkin 通过将含对甲苯胺的苯胺氧化合成了第一个合成染料——阿尼林紫（又叫苯胺紫，mauveine），发现了苯胺衍生物氧化制造染料（dye）的方法，并开创了染料工业。W. H. Perkin 的发现使有机化学中产生了一门新的分支——染料化学。目前，美国每年需要生产大约 50 万吨苯胺。染料工业已经成为当今化工产业的重要分支。20 世纪 50 年代，含二氯均三嗪基团的染料在碱性条件下与纤维上的羟基发生化学反应形成共价键，标志着染料使纤维着色从物理过程发展到化学过程，开创了活性染料的合成应用的新时期。

大部分染料都是含氮的芳香化合物(aromatic compounds)。因此,含氮芳香化合物在有机化学的发展过程中起着非常重要的作用。但是,含氮芳香化合物的种类很多,本章只讨论氮原子直接与芳环相连的化合物。氨基与硝基作为苯环取代基中电子效应的两个极端,它们二者之间的转换以及后续的反应是官能团转换的重要组成部分。由于芳香硝基化合物(aromatic nitro compound)的亲核取代反应已经在第 16 章介绍了,本章将主要介绍芳香胺(aromatic amine)的反应,芳香硝基化合物将只是作为制备芳香胺的原料作简单介绍。

18.1 芳香胺的结构特征和基本化学性质

芳香胺中氮原子的孤对电子占据的 sp^3 杂化轨道比氨中氮原子的孤对电子占据的 sp^3 杂化轨道有更多的 p 轨道成分,可在某种程度上与芳环 π 电子轨道发生重叠,形成包括氮原子和芳环在内的共轭离域分子轨道。当氮原子上的杂化轨道和芳环的 π 电子轨道接近于平行时,其重叠最有效,共轭也最有效。因此,尽管苯胺仍是棱锥形的结构,其中 H—N—H 键角为 113.9°,H—N—H 平面与苯环平面的二面角为 142.5°:

与脂肪胺的三角锥构型相比,苯胺不是那种正常的三角锥构型,看上去似乎有点像被压平了。

思考:为何在苯酚中氧原子是 sp^2 杂化,而在苯胺中氮原子却是 sp^3 杂化的?

对于 sp^3 杂化的氮原子而言,其角度正常为 125°。烷基胺中所测得的角度接近于这个角度。但是,对 sp^2 杂化的氮原子而言,如酰胺,其角度接近于 180°。而在苯胺中,这个角度为 142.5°,介于以上两者之间,因此可以认为苯胺中氮原子的杂化轨道在某种形式上介于 sp^2 和 sp^3 杂化之间。

此共轭体系的形成降低了氮原子电子云密度的同时,使得苯环的电子云密度升高,因此,苯环更容易发生芳香亲电取代反应。

由于氮原子上的孤对电子与苯环的 π 电子互相作用,形成一个大的共轭体系而变得稳定;但也降低了氮原子的电子云密度,从而减弱了其质子化的能力,因此苯胺的碱性($pK_b = 9.40$)比氨或烷基胺(接近于 $pK_b = 6$)弱得多。苯环上的其他取代基也会对苯胺的碱性产生影响。简单而言,具有给电子效应的取代基使相应苯胺衍生物的碱性增加;反之,具有吸电子效应的取代基会导致相应苯胺衍生物的碱性减弱。例如,当苯环上取代基既有吸电子诱导效应,也有给电子共轭效应时,由于给电子共轭效应大于吸电子诱导效应,给电子共轭效应还可通过共轭体系交替传递,能使邻、对位电子云密度增高,因此当这些取代基位于氨基的邻、对位时,使氨基的碱性增强。但当这些基团位于间位时,其主要作用为吸电子诱导效应,从而使氨基的碱性减弱。而吸电子取代基不管位于苯环的哪一个位置,都会使氨基的碱性减弱。表 18-1 列出了各种取代苯胺的碱性对比。

芳香胺中氨基与取代基在邻位时,由于取代基与氨基二者之间的空阻较大,以及可能形成氢键等原因,也会对芳香胺的碱性有不同程度的影响。

表 18-1　各种取代苯胺的碱性对比

取代基	pK_b		
	邻	间	对
H	9.40	9.40	9.40
OH	9.28	9.83	8.66
OMe	9.48	9.77	8.50
CH$_3$	9.56	9.28	8.90
NO$_2$	14.26	11.53	13.00
Cl	11.35	10.48	10.02

当氮原子上连接更多苯环时,如二苯胺和三苯胺,其碱性进一步减弱。如二苯胺的碱性要比苯胺弱 6300 倍,而三苯胺基本上可以认为没有碱性:

	苯胺	二苯胺	三苯胺
其共轭酸的 pK_a	4.6	0.8	-5

若氮原子位于芳环上,如吡啶,其氮原子采用了 sp^2 杂化方式,与其类似物六氢吡啶相比,其碱性要差 10^6 倍:

这是由于 sp^2 杂化轨道中 s 电子成分高,对氮原子的孤对电子控制力强所导致的。

pK_a　　11.2　　　　　5.2

而咪唑的碱性要比吡啶强 100 倍,这是由于咪唑环质子化后可以形成更为稳定的共振结构:

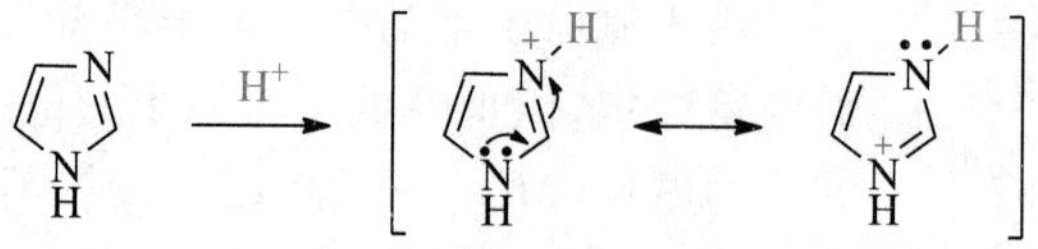

$pK_a = 7$

习题 18-1　对比苯胺、苯酚和苯甲醚的结构特点,判断哪一类化合物与苯环的共轭性更好。

习题 18-2 如何理解苯胺中氮原子的杂化形式介于 sp² 和 sp³ 杂化之间？

习题 18-3 按酸性从强到弱给以下化合物排序：

习题 18-4 组织胺(histamine)是一种活性胺化合物。作为身体内的一种化学传导物质，可影响许多细胞的反应，包括过敏、发炎、胃酸分泌等，也可影响脑部神经传导，造成人体嗜睡等效果。它的结构如下图所示，其中含有三个氮原子。按碱性从强到弱的顺序给这三个氮原子排序，并给出理由。

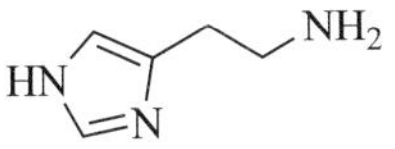

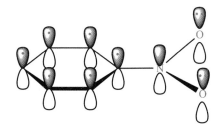

18.2 芳香硝基化合物的结构、基本性质及其用途

硝基与苯环直接相连的化合物称为芳香硝基化合物。根据分子中所含硝基的数目，可以分为一元、二元、三元或多元芳香硝基化合物。芳香硝基化合物中氮原子为 sp² 杂化，其中两个 sp² 杂化轨道与氧原子形成 σ 键，另一个 sp² 杂化轨道与碳原子形成 σ 键。首先，未参与杂化的 p 轨道与两个氧原子的 p 轨道形成共轭体系，因此硝基的结构是对称的。物理方法测出，硝基中的氮原子到两个氧原子的距离均为 121 pm。

硝基苯(nitrobenzene)与亚硝酸苯酯(nitrite)互为同分异构体：

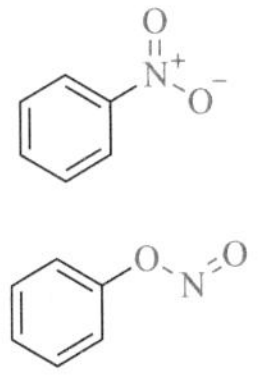

此外，由于硝基与苯环处在一个平面上，其氮原子和氧原子的 p 轨道与苯环上的 p 轨道完全平行，从而形成一个更大的共轭体系。硝基可以与羧酸根负离子一样形成一个离域结构：

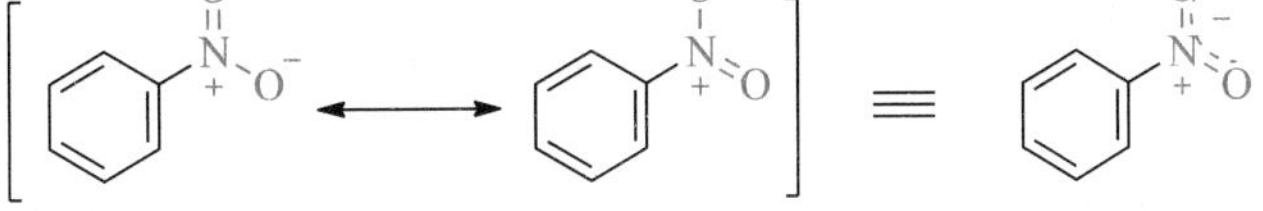

硝基既具有强的吸电子诱导效应,又具有强的吸电子共轭效应。因此,硝基为强的吸电子基团,与芳环连接后会大幅度降低芳环的电子云密度,从而使芳环很难进行芳香亲电取代反应,但会更容易进行芳香亲核取代反应。

芳香硝基化合物在有机化学的基础研究及工业生产上的成就是多方面的。它们既是化学工业的基本原料,又在军事和化妆品方面具有重要的作用。一氯硝基苯是橡胶、医药、染料工业的重要原料。硝基苯的最大工业用途是制造苯胺。多硝基苯具有爆炸性,2,4,6-三硝基甲苯(TNT)是一种既便宜又安全的炸药。生产 TNT 的技术已非常成熟,产率和产品的质量也都很好(合成方法参见16.3)。

硝基苯能把血红蛋白氧化成高铁血红蛋白,从而使它失去携带氧气的能力;或是硝基苯与血红蛋白配位,也使它失去携带氧气的功能,因而造成体内缺氧,并使血液呈青紫色。因此,硝基苯有毒,不论从呼吸道或从皮肤表面吸入,都能造成慢性中毒。使用时须小心。

习题 18-5 大多数芳香硝基化合物都是由芳环直接硝化制备的。如爆炸值最高的炸药 N-甲基-N,2,4,6-四硝基苯胺可以用苦味酸做原料合成。分别用所给的试剂为原料合成 N-甲基-N,2,4,6-四硝基苯胺:

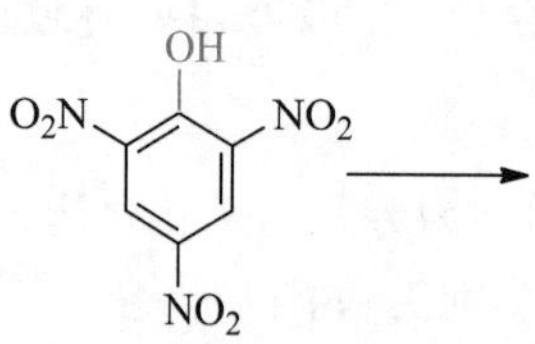

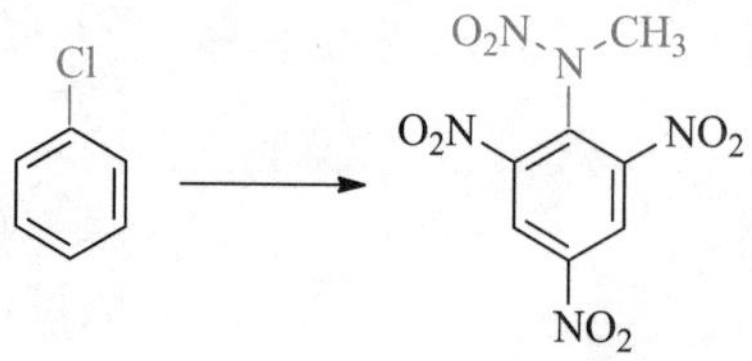

习题 18-6 19 世纪,A. Baur 希望寻找一种威力大而且安全的爆炸物,在烷基苯的硝化时,他偶然得到了一种具有强烈麝香(musk)气味的物质。在 1894—1898 年间,A. Baur 通过硝化反应合成了葵子麝香、酮麝香以及二甲苯麝香等香料。这些芳香硝基化合物是第一代的合成麝香,在 20 世纪 50 年代之前香水业主要都使用这些麝香。请分别用所给的试剂为原料合成相应的合成麝香:

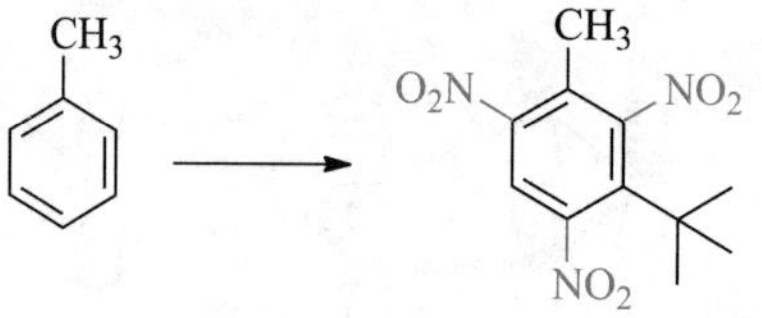

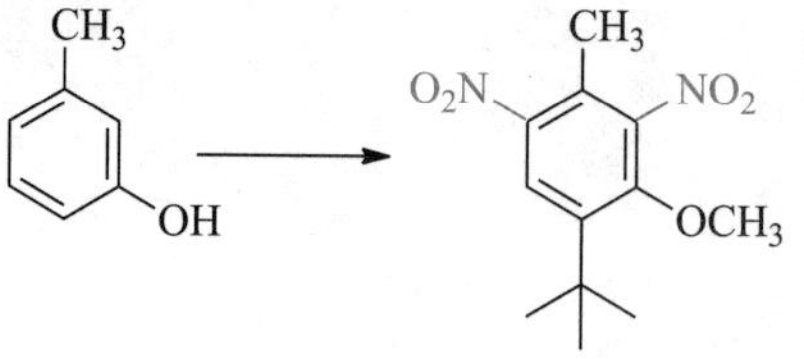

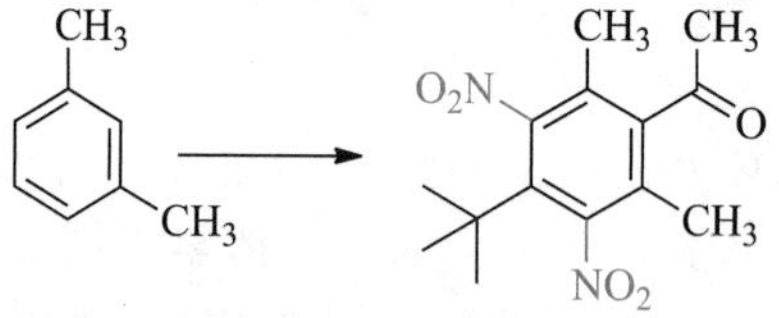

说明:因为这些合成麝香具有神经和光毒性、导致香水变色的高活性,以及较低的生物降解性和在有机体中易沉积的特点,在 20 世纪 80 年代开始被禁用。

18.3

硝基和氨基在芳环上的作用对比

对比芳香硝基化合物和芳香胺的结构特点，硝基和氨基这两个取代基对芳环电子云密度的影响是截然相反的。硝基既具有吸电子诱导效应，又具有吸电子共轭效应，使得苯环成为一个缺电子体系；而氨基是一个具有吸电子诱导效应，又具有给电子共轭效应的基团，总体结果是给电子共轭效应大于吸电子诱导效应，这使得苯环变成一个富电子体系。这使得这两类化合物可以进行截然不同的化学反应。芳香胺有利于芳香亲电取代反应的进行，并且很容易被氧化；但是，芳香硝基化合物则更容易进行芳香亲核取代反应，且很难被氧化，同时大多数芳香硝基化合物是有机化合物的良好溶剂。例如，三氯化铝因能与硝基苯形成配合物而溶于其中，因此常用硝基苯做 Friedel-Crafts 反应的溶剂。

这两类芳香化合物均是强极性化合物。一元芳香硝基化合物都是高沸点的液体。

芳香胺的制备：芳香硝基化合物的还原反应

18.4

在这些条件下，硝基烷烃也可以被还原为胺。但是由于硝基烷烃不容易制备，因此很少使用此类还原反应制备胺。

由于芳香硝基化合物相对容易制备，因此通过各类还原反应可以将芳香硝基化合物还原为芳香胺，这也是制备苯胺衍生物的有效方法。许多还原试剂可以将芳香硝基化合物完全还原为芳香胺：

$$ArNO_2 \longrightarrow ArNH_2$$

这些还原条件有：

（1）酸性条件下的金属还原：金属主要使用 Zn、Fe、Sn 以及 $SnCl_2$。

1854 年，P. J. A. Béchamp 最早研究了铁屑还原硝基苯和硝基萘的反应，因此，此反应也称为 Béchamp 反应。

（2）中性或弱酸性条件下的金属还原：$In/NH_4Cl/CH_3CH_2OH$ 或者 $In/H_2O/THF$。

（3）催化氢化：Pd、Ni、Pt/H_2（1～4 atm）。

（4）选择性催化还原：$Pd/C/HCOONH_4$，在此条件下，羧基、酯基、氰基以及酰氨基均不受影响。

（5）H_2NNH_2/H_2O：也可以还原羰基和碳碳双键，参见黄鸣龙反应（见 10.11.1）。

LiAlH$_4$ 可以将硝基烷烃还原为胺，但只能将芳香硝基化合物还原为偶氮衍生物。$NaBH_4$ 和 BH_3 不能还原硝基。

（6）亚硫酸盐和连二亚硫酸钠（$Na_2S_2O_4$）：可以将硝基、亚硝基、羟氨基、偶氮基还原为氨基。

（7）Zinin 还原：硫化钠、氢化铵、多硫化铵。

在酸性条件下，芳香硝基化合物主要发生单分子还原反应，此还原反应过程应该是一个阶段性反应，因此，可以通过控制适当的还原条件，得到各种中间的还原产物。关于这些还原反应的机理并没有详细研究过，但在某些条件下，常会得到一些还原产物的中间体,如芳香亚硝基化合物和芳基羟胺等,并可以分离得到这些中间体。这些中间体会继续被还原为芳香胺。目前,对于在酸性条件下金属还原的机理,可以按以下方式进行:

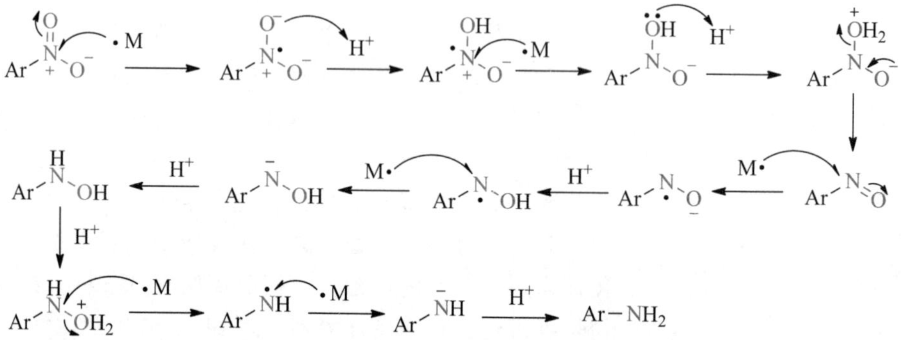

在 Zinin 还原反应中,硫化物是电子给体,水或醇是质子给体,还原反应后硫化物被氧化成硫或硫代硫酸盐。硝基在水/醇体系中发生自催化反应。S^{2-} 与生成的 S 反应,得到的 S_2^{2-} 还原活性更高。

硝基苯用过量的稀 NaHS 还原时通常是双分子反应过程,先得到苯基羟胺,再还原成苯胺,此时还原速率更快。

苯基羟胺在弱酸性及中性溶液中可以分离得到,但在强酸性还原体系中不易得到。因为在强酸性还原体系中苯基羟胺很活泼,易转变成苯胺。

Zinin 还原反应相对比较缓和,可使多元硝基化合物中硝基选择性地部分还原。含有醚、硫醚等对酸敏感基团的硝基化合物,不易用铁粉还原时,可用硫化物还原。研究结果表明,芳环上取代基的极性对硝基还原反应速度有很大的影响,引入给电子基团会减缓反应速率,引入吸电子基团会加速反应,间硝基苯胺的还原速率要比间二硝基苯慢 1000 多倍。带有羟基、甲氧基、甲基的邻、对二硝基化合物采用硫化钠部分还原时,邻位的硝基首先被还原。此还原反应的机理尚不是十分清楚,但是基本上可以认为是 S^{2-} 作为富电子体系优先进攻硝基上的氧原子。

在中性条件下,芳香硝基化合物可以在锌粉的作用下被还原成芳基羟胺,但是很难将它从还原体系的反应液中分离出来,因此很少用还原的方法制备它:

$$ArNO_2 \xrightarrow{Zn/H_2O} ArNHOH \xrightarrow{[H]} ArNH_2$$

其他具有类似还原作用的体系还有 SmI_2、$N_2H_4/Rh/C$ 以及 $KBH_4/BiCl_3$ 等。

芳基羟胺可以在酸性条件下转化成芳香胺:

$$Ar\overset{H}{\underset{}{N}}{-}OH \xrightarrow{Zn/H_2O} ArNH_2$$

其他可以将羟胺还原为胺的反应体系还有:CS_2/CH_3CN、$In/EtOH/NH_4Cl/H_2O$。

芳香硝基化合物也可以被三乙基膦或三苯基膦还原为偶氮氧化物,可以通过芳香亲电取代反应制备芳香氧化偶氮苯化合物。

芳香硝基化合物在亚砷酸钠(sodium arsenite,Na_3AsO_3)、乙醇钠或 NaTeH 等作用下生成偶氮氧化物(azoxy):

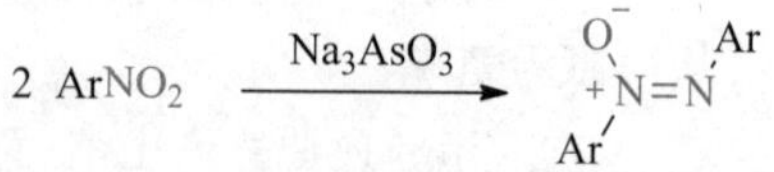

$$2 \; ArNO_2 \xrightarrow{Na_3AsO_3} \underset{Ar}{\overset{O^-}{\underset{}{}}} \overset{}{N}=\overset{Ar}{N}$$

其反应机理很可能为,一个芳香硝基化合物分子被还原为亚硝基(nitroso)化合物后,另一分子被还原为羟胺(hydroxylamine)化合物,这两者反应生成氧化偶氮化合物。与还原过程相比,此结合过程为快反应:

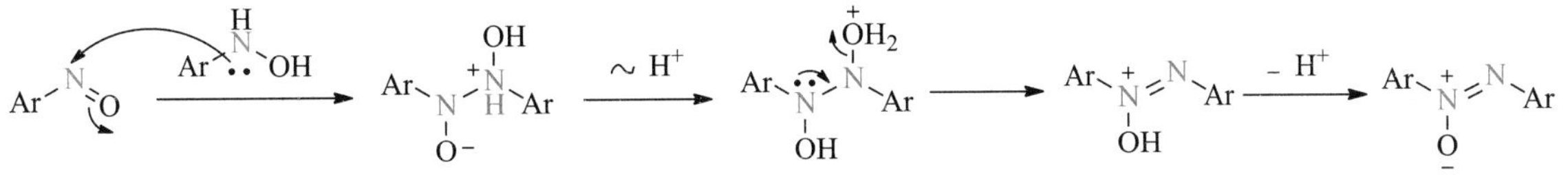

芳香硝基化合物可以在 Zn/NaOH 等作用下转化为氢化偶氮苯。

芳香硝基化合物还可以被还原为偶氮化合物：

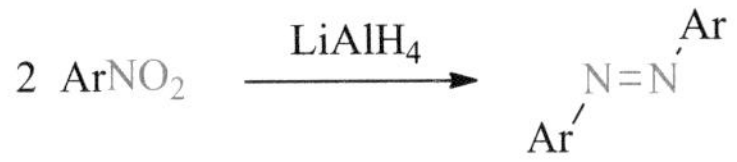

常用的还原剂有 Zn 粉、碱金属以及 Pb/HCOONEt$_3$/EtOH 等。此还原反应与转化为氧化偶氮苯的稍有不同。此转换应该是亚硝基化合物与胺反应的结果。因此,芳香硝基化合物及其单分子还原产物在碱性溶液中也能互相作用,生成双分子还原(bimolecular reduction)产物。控制一定的还原条件,可以分别得到偶氮氧化物,也可以得到偶氮化合物或氢化偶氮化合物。偶氮氧化物、偶氮化合物或氢化偶氮化合物等这些中间还原产物还可再在强酸中被金属还原,最终都转化为苯胺。

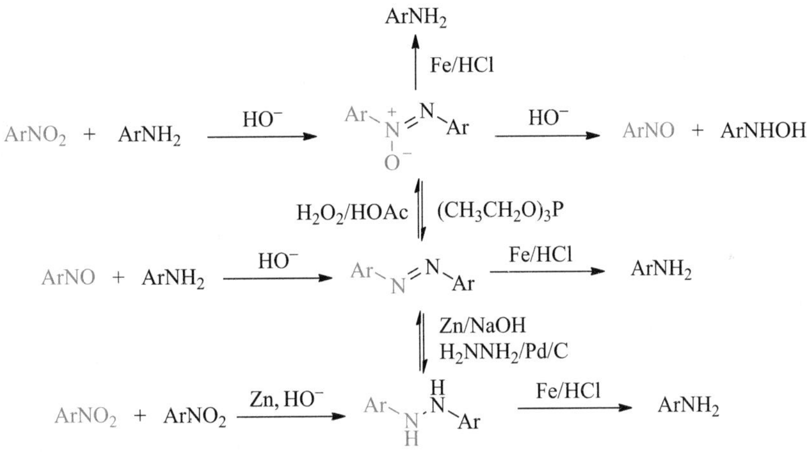

习题 18-7 硝基苯及其单分子还原产物之间是通过类似于羟醛缩合的反应过程生成双分子还原产物的。写出硝基苯与苯胺反应生成氧化偶氮苯的反应机理。

习题 18-8 完成下列反应式：

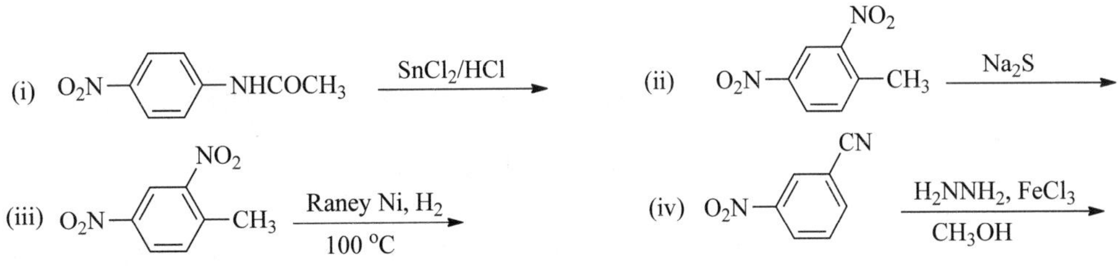

习题 18-9 5-氨基-1-萘磺酸,俗称劳伦酸(Laurent's acid),以及 8-氨基-1-萘磺

酸,俗称周位酸,都是重要的偶氮染料中间体。以萘为原料分别合成 5-氨基-1-萘磺酸和 8-氨基-1-萘磺酸。

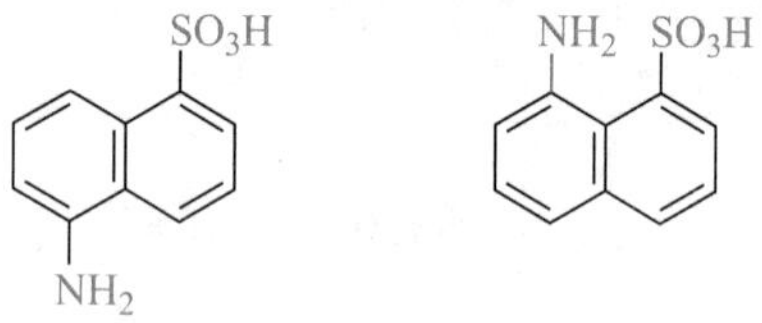

18.5 芳香胺的氧化

与硫和硒化物相比,芳香胺的氧化在合成上并没有太大的意义。

芳香胺比较容易被氧化。随着氧化剂种类及反应条件的不同,氧化产物也不同。但其氧化反应主要分为两类:氨基的氧化以及富电子苯环的氧化。

18.5.1 氨基的氧化

由于氮原子上的孤对电子参与了苯环 π 体系的离域,因此与脂肪胺相比,芳香胺的氧化条件要显得强一些。

思考:胺类化合物很容易被过酸或过氧化氢氧化,为什么酰胺却很难?

一级芳香胺很容易被氧化成亚硝基化合物。氧化剂有 H_2SO_5(Caro 酸)、$H_2O_2/HOAc$、$NaBO_3$ 等。通常情况下,芳香羟胺是这些氧化反应的中间体,接着被氧化成芳香亚硝基化合物;在强氧化条件下,亚硝基化合物可以接着被氧化成硝基化合物:

对比氨基的氧化过程可以发现,与醇一样,其氧化的程度取决于所连接的氢原子的数目。

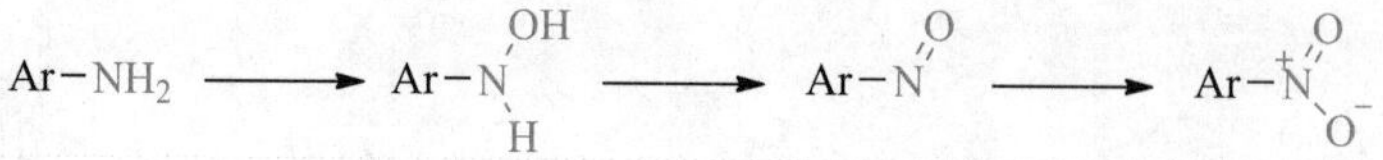

$$Ar-NH_2 \longrightarrow Ar-N(OH)(H) \longrightarrow Ar-N=O \longrightarrow Ar-NO_2$$

与 Cope 消除反应进行对比学习。

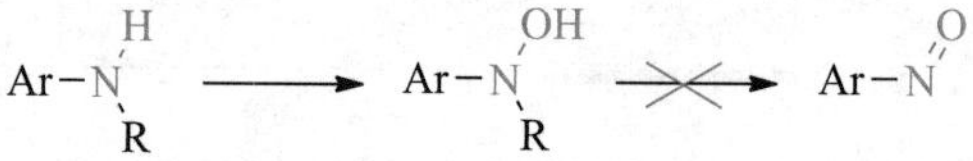

二级芳香胺在以上条件下会被氧化为芳香羟胺,它很难继续被氧化:

$$Ar-N(H)(R) \longrightarrow Ar-N(OH)(R) \not\longrightarrow Ar-N=O$$

从中分析氮原子上的氢原子所起的作用以及氢原子所离去的方式。在此处也可以结合醇的氧化一起学习。

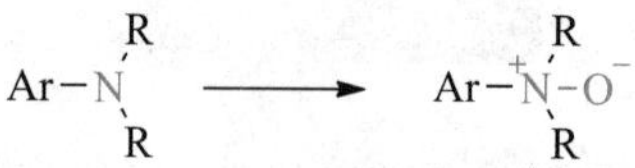

三级芳香胺可以高产率地被氧化成氮氧化合物:

$$Ar-NR_2 \longrightarrow Ar-N^+(R)(R)-O^-$$

由于没有氮原子上的孤对电子,因此,四级铵盐很难被氧化。

18.5.2 苯环的氧化

由于氨基的强给电子效应,苯环也很容易被氧化。因此,在各种氧化剂的作用下,苯胺可以转化为各种染料。如在砷酸(H_3AsO_4)的氧化下,可以转化为紫色的

violaniline;在氯酸盐和钒盐作用下,可以转化为黑色染料苯胺黑。在重铬酸的作用下,苯胺可以被氧化为苯醌:

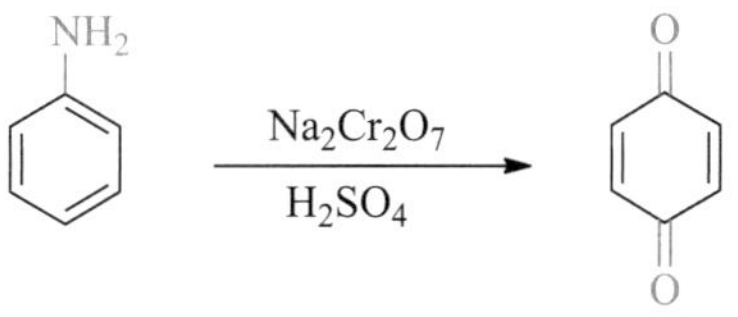

在盐酸和氯酸钾的作用下,苯胺可以直接被氧化为四氯苯醌(chloranil):

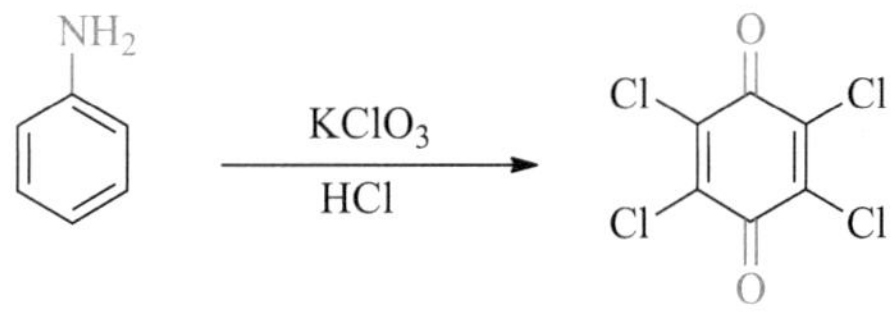

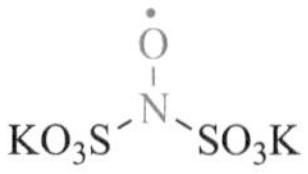

苯胺衍生物在 Fremy 盐或重铬酸的作用下生成苯醌衍生物:

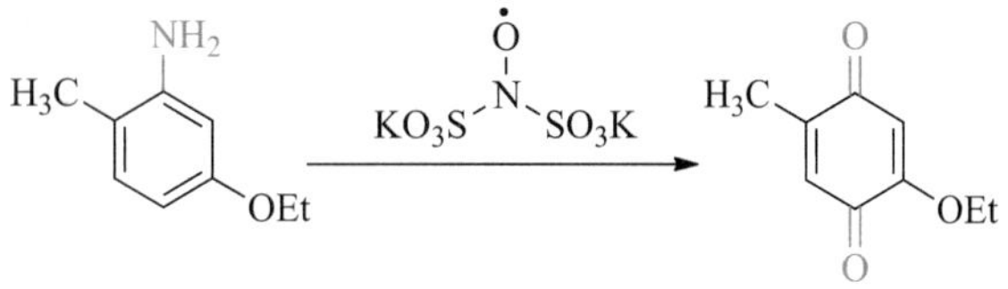

苯胺衍生物在中性 KMnO₄ 或过酸的作用下,可以转化为芳香硝基化合物:

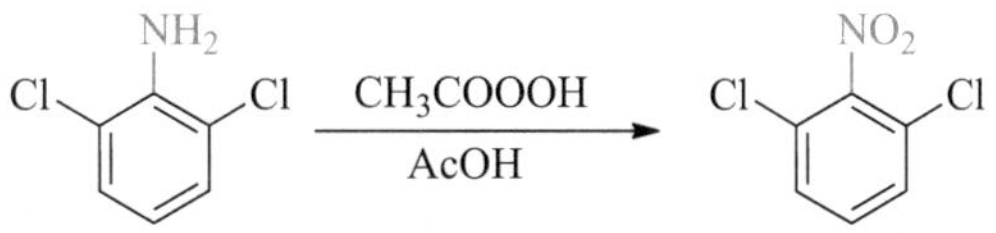

苯胺在过硫酸铵(persulfate)作用下,可以形成导电聚合物——聚苯胺:

聚苯胺(polyaniline,PANI)是近年来研究最多的导电高分子材料之一。

Fremy 盐:类似于 TEMPO 的一种自由基氧化剂。

实际上,1862 年就发现了聚苯胺,开始时科学家们只关注其电化学性质。直到 20 世纪 80 年代初,聚苯胺才引起了科学界的强烈关注。在导电聚合物和有机半导体中,聚苯胺在防静电、电荷消散或静电涂料分散和混合、屏蔽电磁干扰、防腐涂料、酸/碱化学气相传感器、超级电容器、生物传感器等方面具有广泛的用途。

习题 18-10　二级胺在氧化时先转化为羟胺,如果羟胺的 α 位碳原子上有氢原子,那么羟胺可以被氧化为硝酮(nitrone):

画出羟胺被氧化为硝酮的反应机理。

习题 18-11　在苯胺被 Fremy 盐氧化时产物为苯醌,请解释氨基是如何被消除的。

18.6 **芳香胺的芳香亲电取代反应**

在芳香亲电取代反应中,氨基是一类非常特殊的基团。需要从两个方面去理解氨基在芳香亲电取代中的作用:

(1) 与羟基一样,氮原子上孤对电子参与了苯环 π 体系的离域,给电子共轭效应强于吸电子诱导效应。因此,对苯环而言,氨基是强的给电子基团,因此,H_2N—,RNH—,R_2N—,$ArNH$—等都是邻/对位定位基团。

(2) 氨基又是一个碱,很容易与酸反应生成盐,成盐后没有了与苯环 π 体系共轭的孤对电子。此时,氨基的吸电子诱导效应由于氮原子带了正电荷变得更强,从而成为了一个强的吸电子基团,因此铵盐 H_3N^+—,RN^+H_2—,R_2N^+H—,R_3N^+—,ArN^+H_2—等就成为了间位定位基团。

以上在不同条件下导致的在定位方向和定位能力上的差别在合成上十分有用。

总的来说,芳香亲电取代反应是在质子酸或 Lewis 酸作用下的反应,因此需要考虑在此条件下氨基与质子酸和 Lewis 酸成盐的因素;但是,反应体系中又存在盐和中性胺的平衡,而中性芳香胺的亲电取代反应速率肯定比铵盐的快得多。因此,只有在非常强的酸性条件以及中性胺的浓度足够低的情况下,铵盐才占主导因素,芳香亲电取代反应才会在苯环的间位进行。下面具体讨论相关的芳香亲电取代反应。

思考:在基团 H_3N^+—,RN^+H_2—,R_2N^+H—,R_3N^+—,ArN^+H_2—中,哪个基团的吸电子能力最强,哪个最弱?

芳香铵盐的亲电取代反应需要在较高的温度下进行。

18.6.1 卤化

苯胺极易发生芳香亲电取代反应,无需 Lewis 酸催化。除与碘反应生成对碘苯胺外,氯化或溴化反应都直接生成 2,4,6-三卤苯胺,很难使反应停留在一取代的阶段。

思考:烯胺是否也容易发生卤化反应?

因此,如果需制备一氯代或一溴代苯胺,常用的一个方法是先将苯胺乙酰化,再进行卤化反应,最后水解除去乙酰基。先酰基化后卤化的原因是乙酰基的吸电子效应能减少氮原子上孤对电子向苯环的离域,因此,可以将卤化反应控制在一元取代。此外,由于乙酰氨基的空间位阻较大,几乎仅有对位取代物生成;若对位有取代基占据时,才可能生成邻位取代产物。

氨基转化为乙酰氨基后其给电子能力大幅度降低,因此,乙酰氨基在芳香亲电取代反应中为一个中等强度的活化基。乙酰氨基是空阻较大的中等强度的邻/对位定位基团。

18.6.2 酰基化

由于氮原子具有强亲核能力以及苯环自身的芳香性,因此,在酰基化反应中,存在着氨基酰基化和芳环酰基化的竞争反应。若氮原子上没有氢原子,三级芳香胺可以直接进行 Friedel-Crafts 酰基化反应:

而一级、二级芳香胺需要将氨基保护后再进行 Friedel-Crafts 酰基化反应:

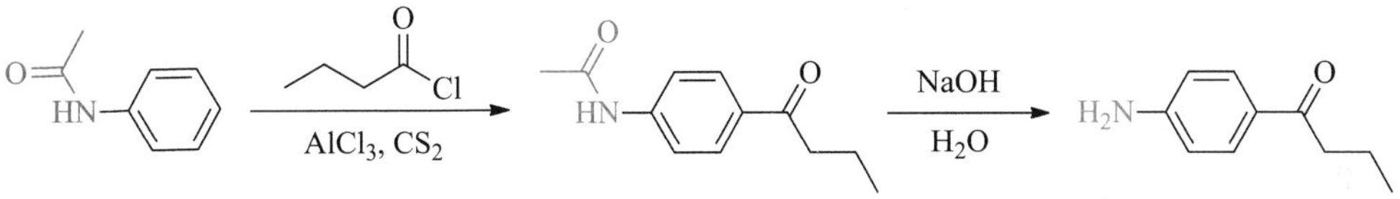

18.6.3 磺化

苯胺磺化反应通常在浓硫酸或发烟硫酸中直接反应,氨基会与硫酸反应形成盐。因此,反应需要在加热的条件下进行,主要产物为对氨基苯磺酸;若继续提高硫酸浓度,如在发烟硫酸中反应,主要形成间位取代产物:

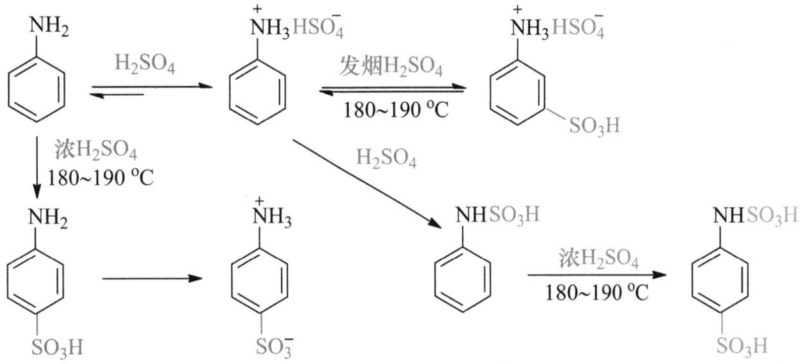

产物中因含有酸性和碱性两种基团,在分子内即可成盐,即内盐。因磺酸是强酸,胺是弱碱,因此该内盐是强酸弱碱盐。

18.6.4 硝化

由于苯胺很容易被硝酸氧化,因此很少直接用硝酸将苯胺硝化。通用的方法是先将氨基乙酰化,接着再硝化,反应后再将乙酰基除去。产物通常是邻硝基苯胺与对硝基苯胺的混合物,邻位与对位产物的比例与反应条件有关,如用 90% 的 HNO₃ 为硝化试剂,反应在 −20℃进行,邻、对位产物的比例为 23/77;提高反应温度,则会增加邻位硝化产物的产率;如用 HNO₃/Ac₂O 在 20℃硝化,邻、对位产物

（侧注）酰基化过程类似于卤化反应。

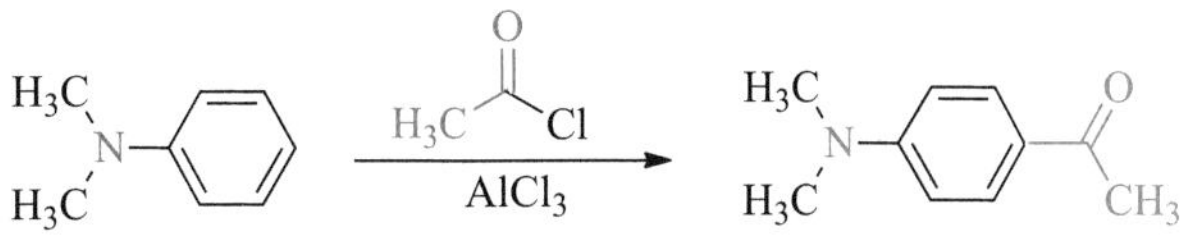

氮原子上没有氢原子的芳香胺在温和条件下可直接进行 Friedel-Crafts 酰基化反应。

磺化反应是可逆的。在不同的酸性条件下,苯胺的浓度有很大的区别,苯胺与苯铵盐磺化的反应速率有很大的差别。

对氨基苯磺酸是制备偶氮染料的重要原料之一。

内盐分子中既有正离子,又有负离子。这种在同一分子内既有正离子又有负离子的化合物也称为两性离子(zwitter ion)。

临床上使用磺胺类药物已有 70 多年的历史,这类药物在控制感染性疾病中发挥了很大作用。常用的包括:口服易吸收、不易吸收、长效、中效、短效以及外用的 20 多种,它们主要是分子中氨基所连接的 R 基团不同,绝大多数的 R 基团是含氮氮、氮氧、氮硫杂原子的杂环基团。

的比例为 68/32。

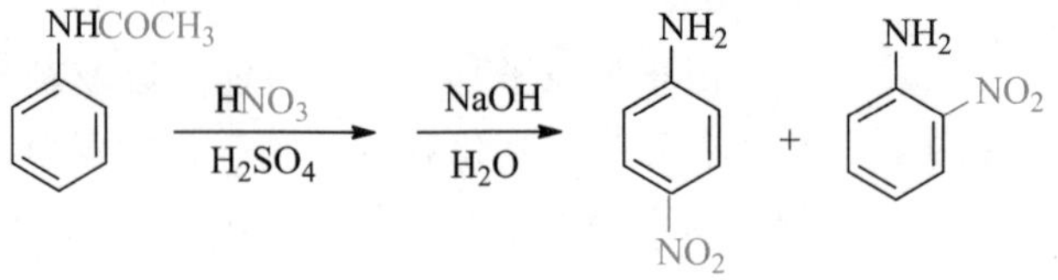

如果希望得到邻位硝化的产物,可以先将乙酰苯胺磺酰化,在乙酰氨基的对位引入磺酰基,那么硝化反应只能在乙酰氨基的邻位反应,然后再经水解,就可以高产率得到邻硝基苯胺:

对硝基苯胺可通过分子间氢键而缔合,沸点较高。邻位产物则容易形成分子内氢键,而呈六元螯环结构,沸点相对较低,可随水蒸气蒸出,从而与对硝基苯胺分开。

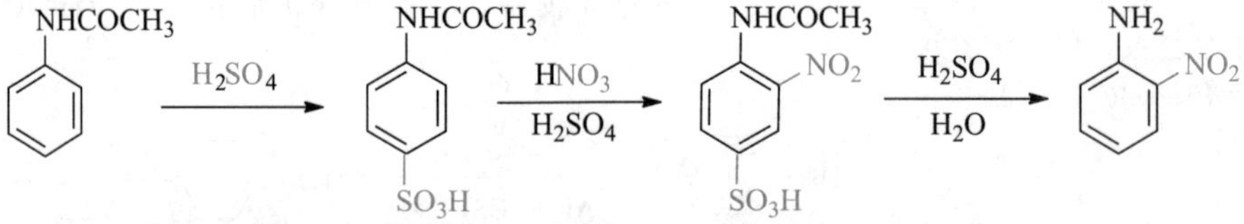

三级苯胺由于氮原子上没有氢,可直接进行硝化,在稀酸中硝化主要为邻、对位产物;在浓酸中硝化,主要为间位产物。

18.6.5 Vilsmeier-Haack 甲酰化反应

1925 年,A. Vilsmeier 在处理 N-甲基-N-苯基乙酰胺与 POCl₃ 反应后得到的混合物时,发现其主要产物为 1,2-二甲基-4-氯喹啉氯化盐:

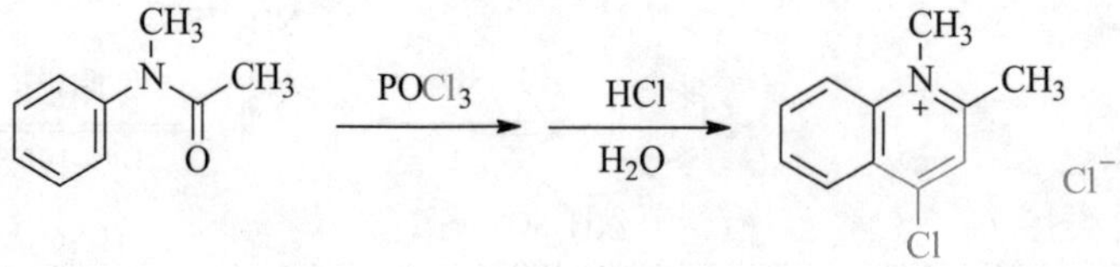

具有类似卤代亚胺正离子盐的物种统称为 Vilsmeier 试剂。

目前常用的酰胺为 N,N-二甲基甲酰胺(DMF)。对比醇的氯化,在使用 SOCl₂ 时,也需要加入 DMF。

氯化试剂除了 POCl₃ 外,还有 SOCl₂ 和 ClCOCOCl。

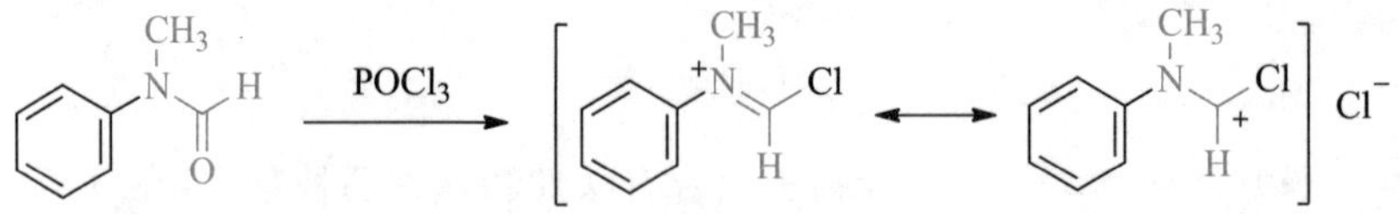

接着,A. Vilsmeier 用 N-甲基-N-苯基甲酰胺代替 N-甲基-N-苯基乙酰胺与 POCl₃ 反应,分离得到了亚胺盐中间体:

此亚胺盐的形成机理可能为

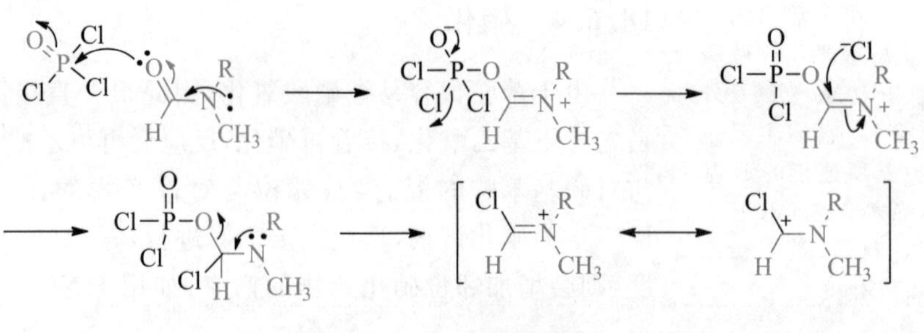

A. Vilsmeier 发现,此亚胺盐可以与 N,N-二甲基苯胺反应,最终生成 4-N,N-二甲氨基苯甲醛。此反应的转换机理可能为

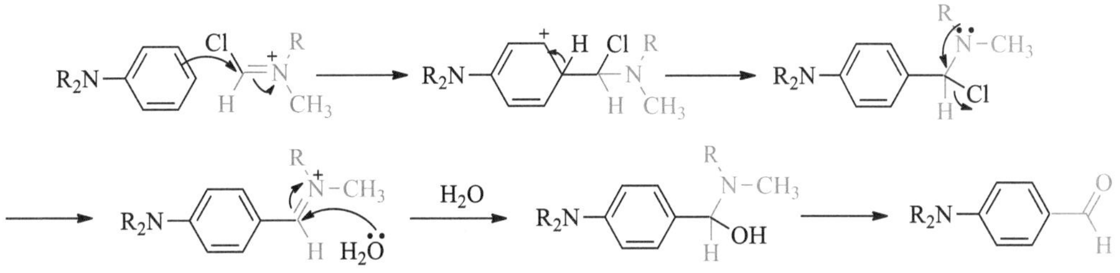

这是一个很有效地在芳环上引入甲酰基的反应,已实现了工业化生产。在此反应中,由于氮原子孤对电子的作用,此亚胺盐是一个弱的亲电试剂,只能与富电子体系的芳环发生芳香亲电取代反应。因此,只有羟基或氨基取代的苯环、呋喃、吡咯、噻吩和吲哚环等才会发生此反应。此后,将在富电子体系芳环中通过亚胺盐方式引入甲酰基的方法称为 Vilsmeier-Haack 甲酰化,也称为 Vilsmeier 反应:

反应活性:吡咯＞呋喃＞噻吩。

思考:在苯环上引入甲酰基的反应还有 Gatterman 反应、Gatterman-Koch 反应、Reimer-Tiemann 反应以及 Duff 反应。回顾这些反应的机理,并进行对比,分析这些反应中亲电物种的活性与区别。

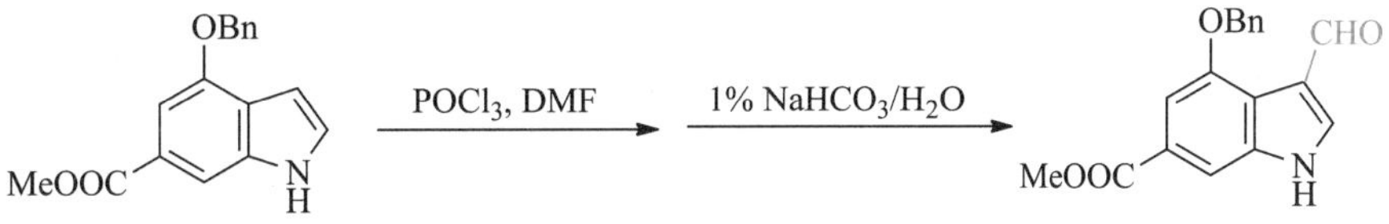

习题 18-12 对氨基苯磺酰胺类化合物是常用的磺胺药。磺胺类药物是最早用于临床的抗感染类药物。在第二次世界大战期间,磺胺类药物挽救了无数人的生命。其中最简单的是对氨基苯磺酰胺,也叫氨苯磺胺。以苯胺、乙酸、2-吡啶甲酸和 2-噻唑甲酸为原料制备以下磺胺类化合物,并了解下列药物的药理性质:

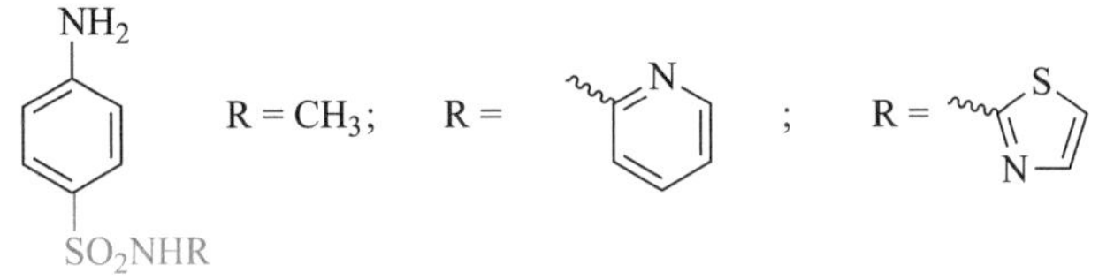

习题 18-13 说明得到下列实验结果的原因:

(i) 在芳香亲电取代反应中,在不同反应条件下,苯胺分别转化为邻、对位或间位产物,请说明产物不同的原因。

(ii) 苯胺与乙酰氯或乙酸酐反应,优先生成乙酰苯胺。

习题 18-14 苯酚在碱性条件下溴化,会生成 2,4,4,6-四溴-环己-2,5-二烯酮。苯胺在碱性条件下溴化,是否也可以生成类似的四溴代产物?

习题 18-15 如果用 $(CF_3SO_2)_2O$ 代替 $POCl_3$,一些活性较弱的芳环,如萘、菲,也能进行 Vilsmeier 反应。写出此转换的反应机理,并说明其原因。

18.7 联苯胺重排和 Wallach 重排

氢化偶氮苯：也称为 N, N'-二芳基肼。

氢化偶氮苯在酸催化下可以发生重排反应,生成约70%的 4,4′-二氨基联苯和 30%的 2,4′-二氨基联苯:

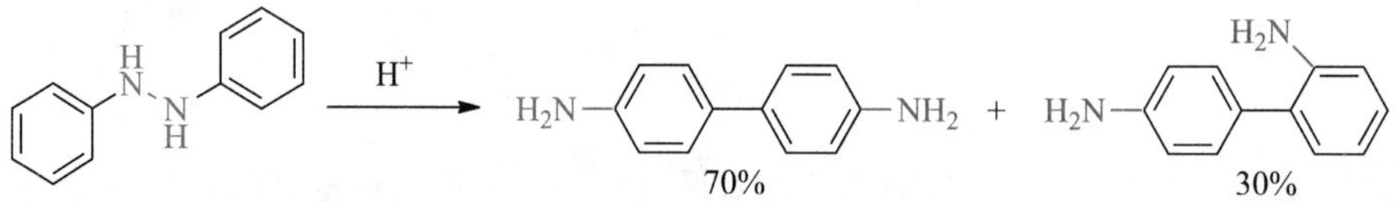

氢化偶氮苯类衍生物基本上都能进行此重排反应,因此称之为联苯胺重排 (benzidine rearrangement)。此反应除主要生成 4,4′-二氨基联苯和 2,4′-二氨基联苯外,还可以生成以下副产物:

后面两个化合物又叫半联胺。通常情况下,这三个化合物的产率都很低。

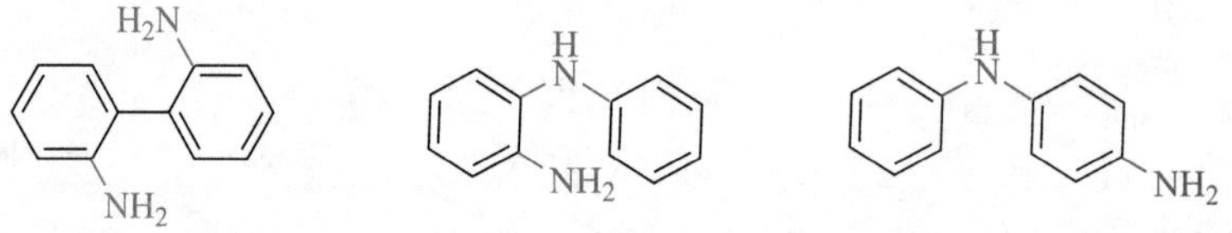

反应动力学和产物均受芳环上取代基的影响。容易程度从—SO_3H,—CO_2H> RC(O)—,—Cl>—OR 递减。N-叔酰胺 RC(O)NR、仲氨基—NR_2 与烷基不会脱落。

如果氢化偶氮苯衍生物的对位有取代基,重排一般主要在邻位进行。但是,如果对位取代基为磺酸基、羧基,重排仍可以在对位发生,这可能与磺化反应是可逆的,苯环上的羧基较易脱羧有关。

重排反应也可在惰性溶剂与80～130℃的无酸条件下进行(热重排)。溶剂极性越强,重排也越快。不过热重排的区域选择性不如酸催化的重排。

联苯胺重排的反应机理被广泛地研究,并提出了几种可能的转换方式。同位素示踪实验结果和交叉实验结果证明,联苯胺的重排过程是分子内的:

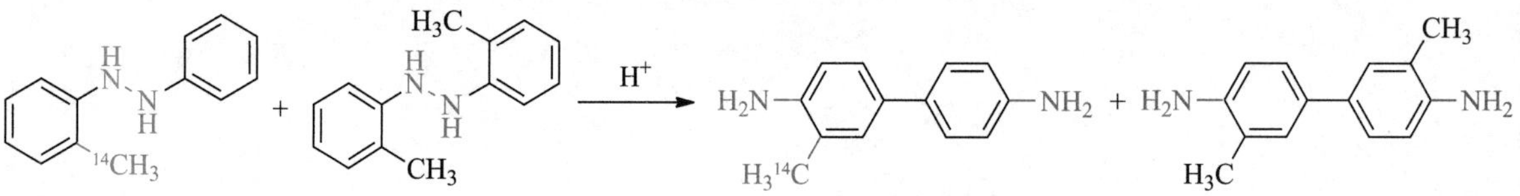

有些机理试图去解释为何在一步反应中同时会产生五个化合物。曾经认为是 ArNHNHAr 中的 N—N 键断裂生成 ArNH,接着进攻对位生成半联胺,然后再生成 4,4′-二氨基联苯。这个过程有些类似于 σ 重排,但是实验结果表明半联胺在此条件下不能转换成 4,4′-二氨基联苯,因此该机理被否定了。

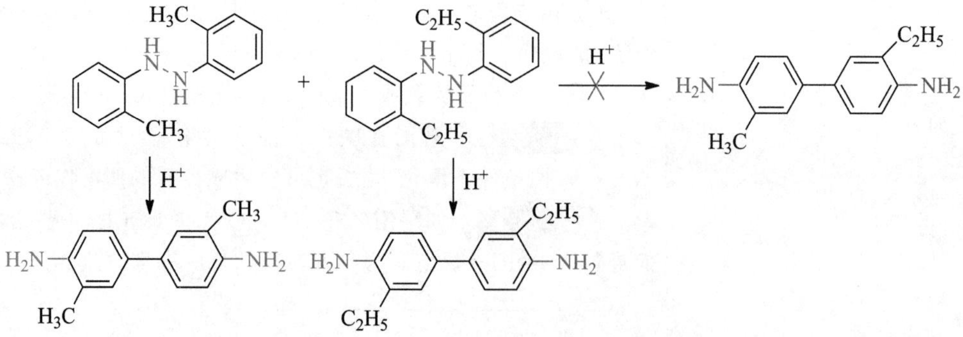

1968 年,D. V. Banthorpe 等提出了极化过渡态理论:

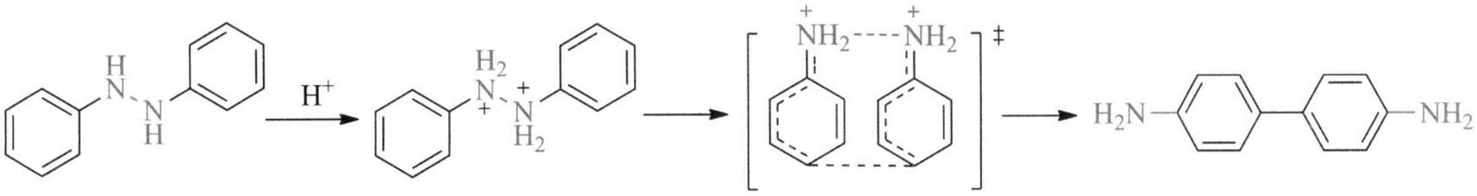

动力学实验则显示,反应速率对二芳肼为一级,对质子则为二级。

1982 年,对此反应机理的研究取得了很大的进展,通过对形成 4,4′-二氨基联苯同位素效应研究表明,碳碳键的形成与氮氮键的断裂是在同一决速步。因此,在此基础上,提出了[5,5]σ重排:

氢化偶氮苯在超酸 FSO_3H/SO_2 中处理,可以得到稳定的[5,5]σ 重排中的重要中间体。

在这些机理中,都认为反应的起点为氢化偶氮苯双质子化。实验发现,单质子化的氢化偶氮苯也可以进行[5,5]σ 重排。

这样的类似重排还可以在许多苯胺体系中发现,如苯基磺酰胺重排等。

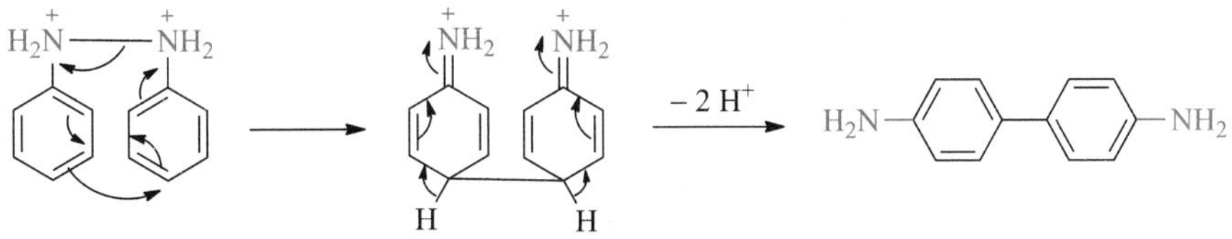

以上机理可以解释为何可以得到 4-苯氨基苯胺(p-半联胺)。但还是不能准确解释为何会生成 2,4′-二氨基联苯(在此过程中,氮氮键的断裂在决速步,而碳碳键的形成不在此决速步)。

1880 年,O. A. Wallach 发现,在硫酸或其他强酸的作用下氧化偶氮苯,可以转化为对羟基取代的偶氮苯:

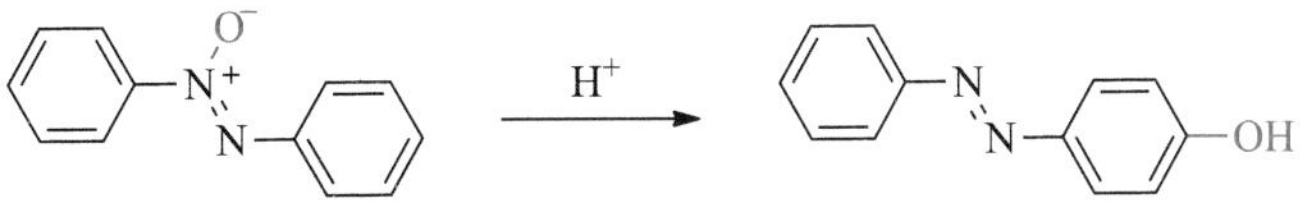

此重排反应称为 Wallach 重排。通过[1]H NMR 研究表明,在反应过程中可能形成双氮正离子体系:

在此反应中,可以认为是水对苯环的芳香亲核取代反应。如果在硫酸中反应,应该是 HSO_4^- 对苯环的芳香亲核取代反应,接着再水解成酚羟基。

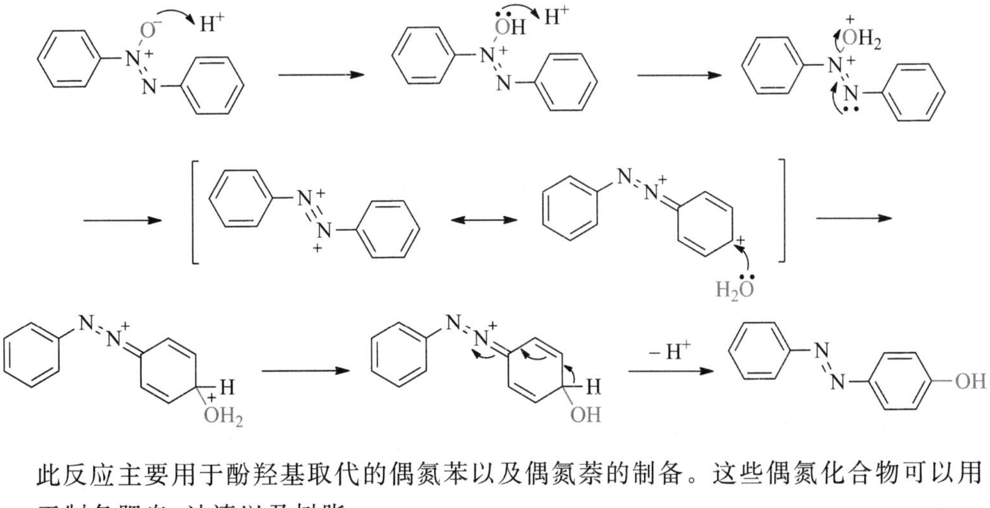

此反应主要用于酚羟基取代的偶氮苯以及偶氮萘的制备。这些偶氮化合物可以用于制备肥皂、油漆以及树脂。

习题 18-16 完成下列反应：

(i) 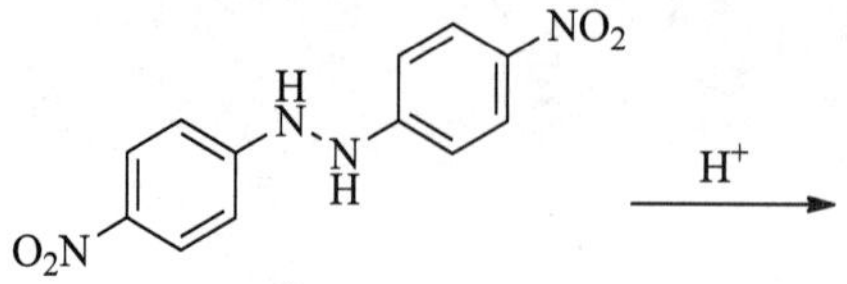 $\xrightarrow{H^+}$

(ii) 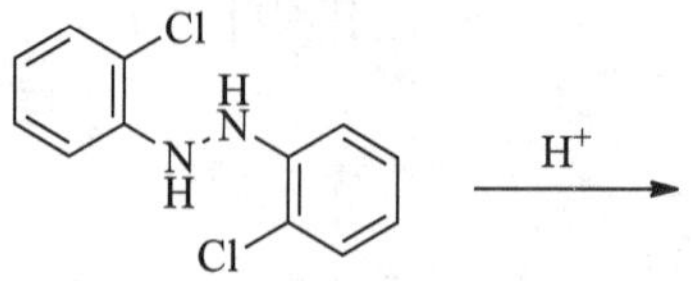 $\xrightarrow{H^+}$

(iii) 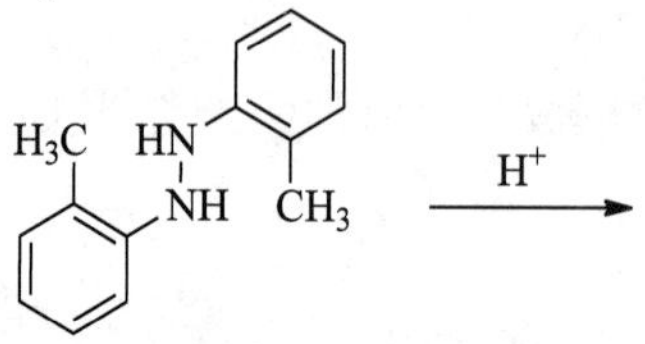 $\xrightarrow{H^+}$

(iv) 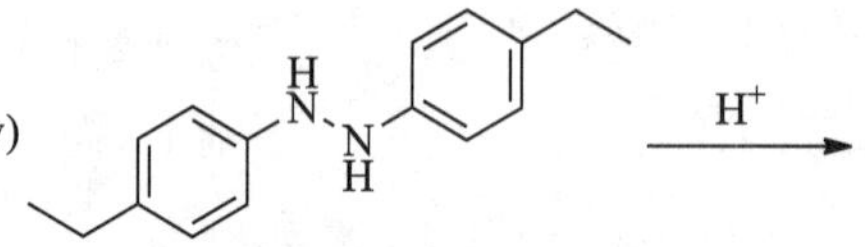 $\xrightarrow{H^+}$

(v) 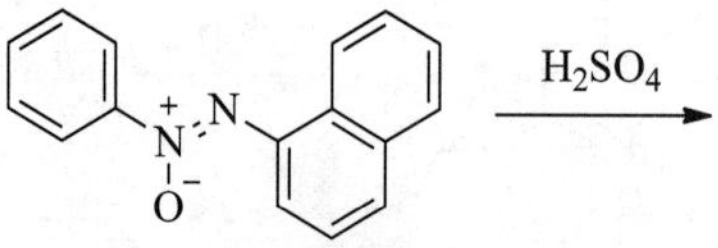 $\xrightarrow{H_2SO_4}$

习题 18-17 完成下列反应式，并画出其合理的、分步的反应机理：

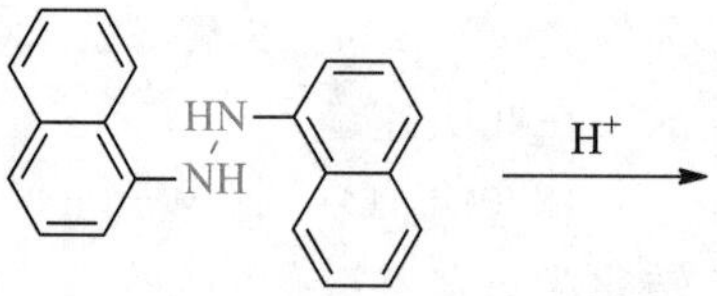

$\xrightarrow{H^+}$

习题 18-18 写出联苯胺重排中生成 p-半联胺的可能的转换机理。

18.8 芳香重氮盐

复习脂肪胺与亚硝酸的反应。它们的反应机理基本一致。

一级芳香胺和亚硝酸或亚硝酸盐及过量的酸在低温下可以转化为芳香重氮盐（diazonium salt），此转换反应也称为重氮化反应（diazotization reaction）：

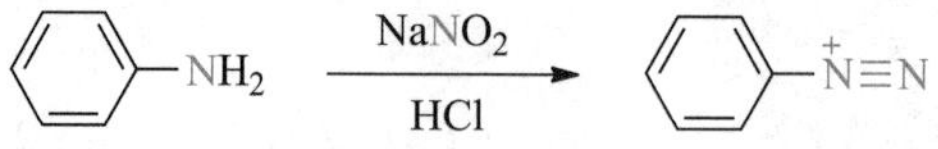

只有一级胺才可以发生重氮化反应。

由于芳香重氮盐常是无色结晶体，干燥情况下极不稳定，爆炸性能强，所以重氮化反应中通常都不将它从溶液中分离出来，而是直接进行下一步反应。

芳香重氮盐比较稳定，不溶于醚，但可溶于水，其水溶液呈中性。芳香重氮盐比脂肪重氮盐稳定的原因在于，重氮正离子可以与苯环 π 体系共振离域，分散其正电荷。但是，当温度大于 5℃ 时，重氮盐会分解释放出氮气，形成非常活泼的苯基正离子：

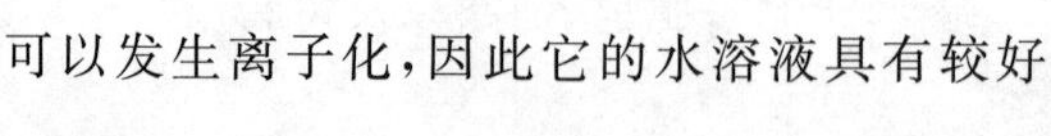

重氮盐在水中可以发生离子化，因此它的水溶液具有较好的导电能力，加碱

后,生成一种极不稳定的重氮氢氧化物(diazonium hydroxide),这是一个很强的碱,其碱性与氢氧化钠、氢氧化钾相当。游离的碱只能在溶液中暂时存在,在过量的碱作用后,转变成重氮酸盐(diazotate)。重氮盐与重氮酸盐的转变过程归纳如下:

> 重氮酸盐存在顺反异构体。反式重氮酸盐相对比较稳定,可以固体的形式存在。重氮酸盐酸化后,一般得不到游离的重氮酸,而直接转化为重氮盐。

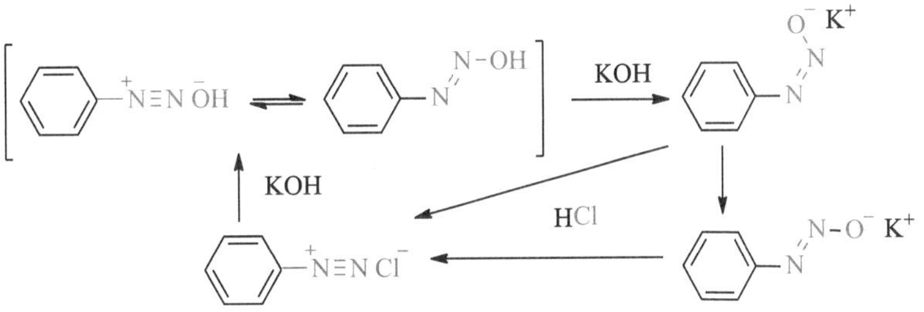

18.9 芳香亲核取代反应(四)

芳香重氮基能被多种其他基团如卤素、氰基、羟基等取代,这在有机合成及工业生产上有广泛的用途。芳香重氮盐是最早被用于芳香亲核取代反应的中间体,而且在不同的反应条件下有不同的反应机理。

18.9.1 芳香自由基取代($S_{NR}1Ar$)机理

芳香重氮盐在亲核试剂的作用下可以分解并形成相应亲核基团取代的芳环。但是,当用亲核能力较弱的试剂时,常常会有许多副反应,从而导致产率很低。只有在碘化反应中产率最高:

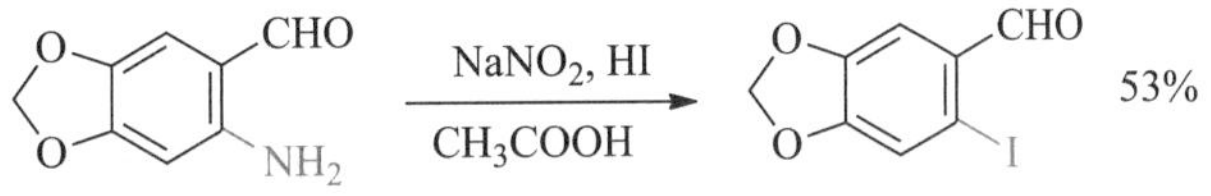

1884 年,T. Sandmeyer 尝试利用氯化苯基重氮盐与乙炔亚铜偶联制备苯乙炔时,却意外发现此反应的主要产物为氯苯,而不是苯乙炔。经过对实验步骤和细节的仔细研究,T. Sandmeyer 发现,反应体系原位生成了氯化亚铜,接着氯化亚铜催化了氯原子取代重氮基团的反应。此后,T. Sandmeyer 进一步发现,利用溴化亚铜为原料可以得到溴苯,利用氰化亚铜可以得到苯腈。此后,将利用芳香重氮盐在亚铜离子催化下生成取代苯的反应称为 Sandmeyer 反应:

> Sandmeyer 反应的后续改进可以采用芳香胺与亚硝酸钠在酸性条件下原位制备。
> 重氮盐的对离子必须与目标化合物的取代基一致。
>
> 在反应体系中,根本检测不到苯乙炔的存在。

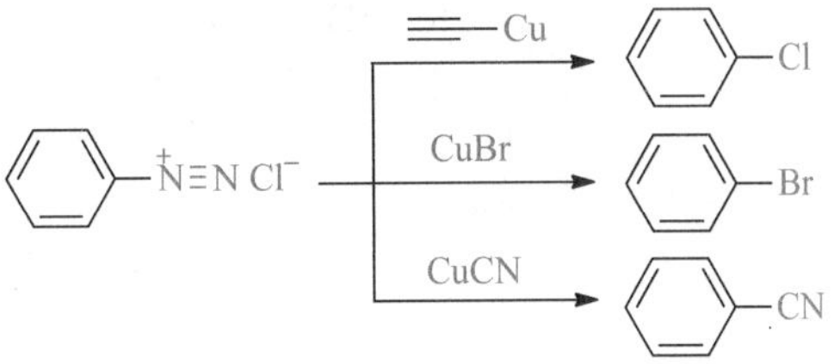

碘代物的制备无需加入 CuI,直接使用 KI 即可。Sandmeyer 反应不常用于制备碘化物和氟化物。

在制备叠氮化合物中,可以用亚硝酸酯代替 $NaNO_2/HCl$。

Sandmeyer 反应的机理至今并不是很清楚。在很长的一段时间里,大家认为是苯基正离子与亲核试剂反应的结果。20 世纪 40~50 年代,W. A. Waters 和 J. K. Kochi 等人认为,这个反应的机理是在亚铜盐催化下的自由基反应:

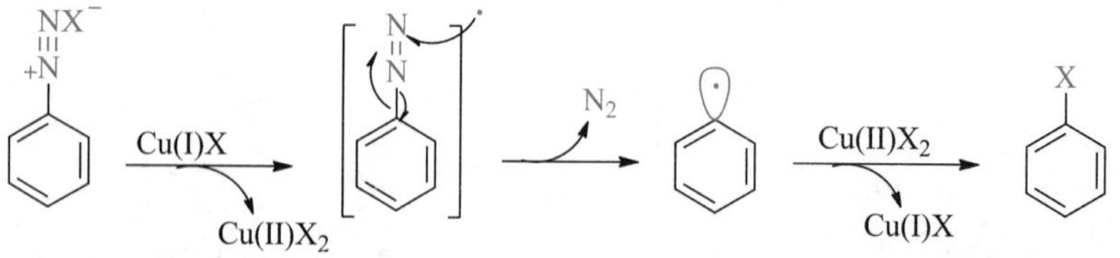

首先通过亚铜盐的单电子转移将芳香重氮氯化盐还原为苯基重氮自由基,接着很快失去氮气,形成苯基自由基,苯基自由基从二价的卤化铜中夺取一个卤原子,生成氯苯或溴苯,同时卤化铜又生成卤化亚铜。此后,凡是苯基自由基参与的取代反应均统称为芳香自由基取代反应(aromatic substitution of free radical type)。

芳环上的取代基对此反应没有多大的影响。

在此催化循环中,卤化亚铜在反应中经过了被氧化成二价铜接着再被还原成亚铜离子的过程,它的用量须是等物质的量。

1890 年,L. Gattermann 发现,用催化量的金属铜和盐酸或氢溴酸代替氯化亚铜或溴化亚铜,也可制得芳香氯化物或溴化物。此改进反应也称为 Gattermann 反应:

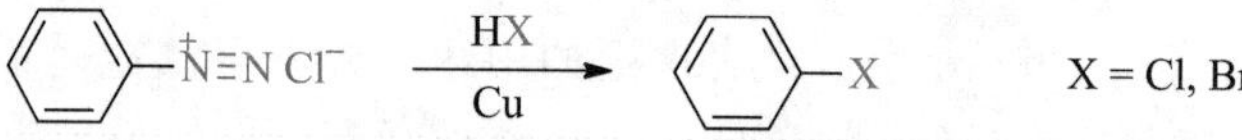

Gattermann 反应机理与 Sandmeyer 反应相似。

反应温度一般较 Sandmeyer 反应的低,操作也较简单。但产率除个别情况外,一般不比 Sandmeyer 反应的高。

如果芳环上带有吸电子基团,主要副产物为联苯衍生物;当芳环上带有给电子基团时,则主要副产物为取代的偶氮化合物。

Sandmeyer 反应和 Gattermann 反应的可能副产物为联苯和偶氮苯或二者的衍生物。其原因在于反应中生成的苯基自由基非常活泼。1924 年,M. Gomberg 和 W. E. Bachmann 发现,芳香重氮盐中的芳基在碱性条件下与其他芳香化合物反应,偶联生成联苯或联苯衍生物。其结果是,重氮盐中的芳基取代了另一芳香化合物芳核上的氢,即实现了芳环的芳基化反应,成为了当时制备联苯和不对称联苯衍生物的重要方法,此反应就称为 Gomberg-Bachmann 反应:

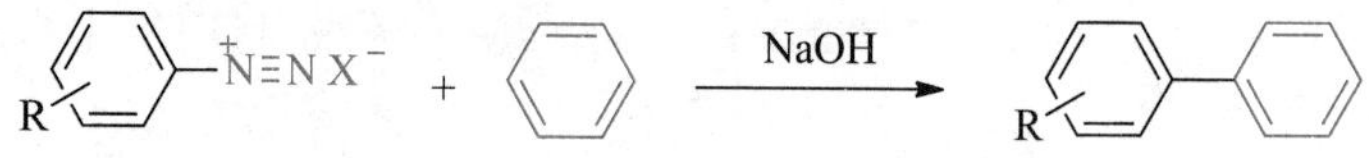

此反应还是通过苯基自由基进行的。苯基自由基的形成可能是重氮盐与 NaOH 反应生成的氢氧化重氮苯脱除氮气后生成苯基自由基和羟基自由基,接着苯基自由基与另一芳环反应。

但因重氮盐容易发生其他反应,因而其产率一般较低,多数不超过 40%。因此,为了提高反应产率,此反应有了许多改进:

(1) 在中性有机溶剂中,氟硼酸苯重氮盐在偶极非质子溶剂二甲亚砜(DMSO)中与亚硝酸钠相遇,则立刻分解、放出氮气。若溶液中有其他芳香化合物存在,则可得到联苯衍生物:

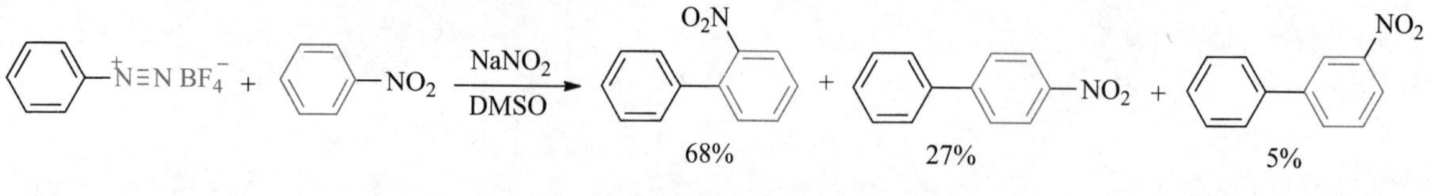

氢氧化重氮苯：diazo benzene hydroxide。

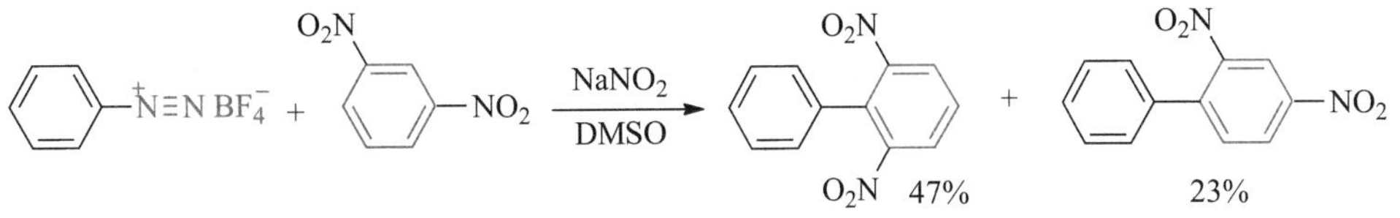

（2）通过分子内的偶联反应（coupling reaction）：

此反应可在碱性水溶液或稀酸水溶液中进行。自由基的寿命至少应等于两个苯环转动到同一平面上所需的时间。

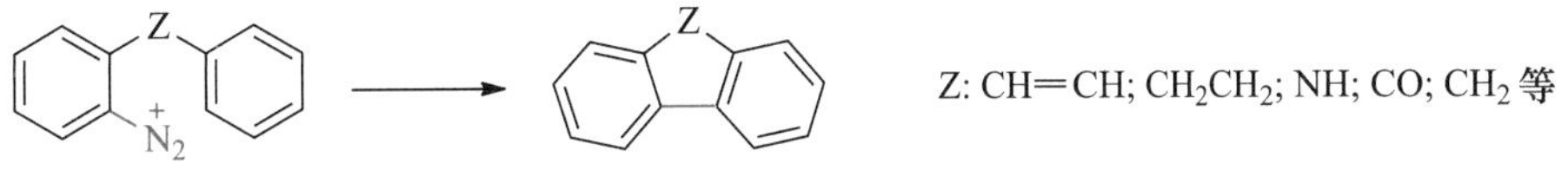

Z: CH=CH; CH₂CH₂; NH; CO; CH₂ 等

实际上，早在 1896 年，R. Pschorr 在合成菲及其衍生物时就发现，在铜粉催化下，重氮盐会发生分子内的芳基化反应从而可以构筑菲环。在反应时，α-苯基肉桂酸的两个苯环必须都在双键的同一侧，并通过自由基进行偶联反应。

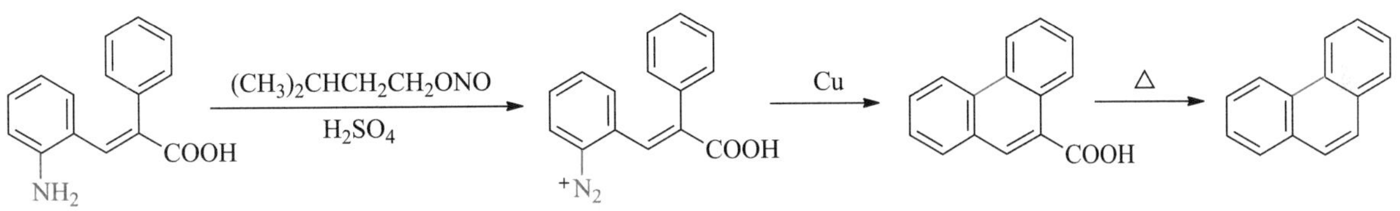

此反应称为 Pschorr 反应，反应条件温和，产率高，在金属催化偶联反应发现前是合成多环芳香化合物的重要反应。

1939 年，H. Meerwein 发现，芳香重氮盐可以与 α,β-不饱和羰基化合物反应，从而在碳碳双键上引入芳基。香豆素与对氯苯基重氮氯化盐在催化量的 $CuCl_2$ 作用下生成 3-(4-氯苯基)香豆素：

烯烃上的吸电子基团降低了烯烃双键的电子云密度。

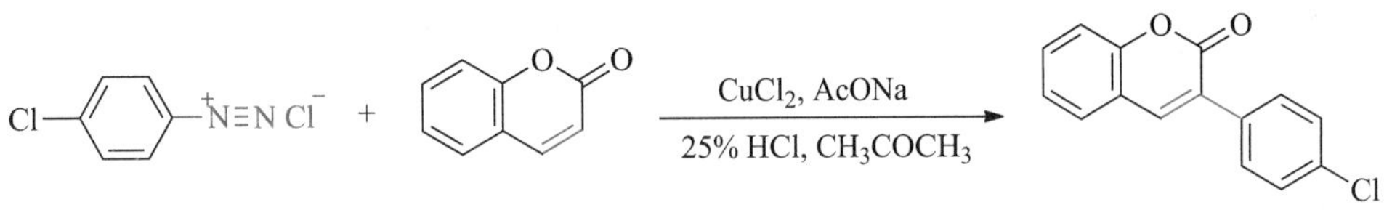

当 α,β-不饱和羰基化合物为肉桂酸时，产物为 1,2-二芳基乙烯，反应过程中羧基被脱去：

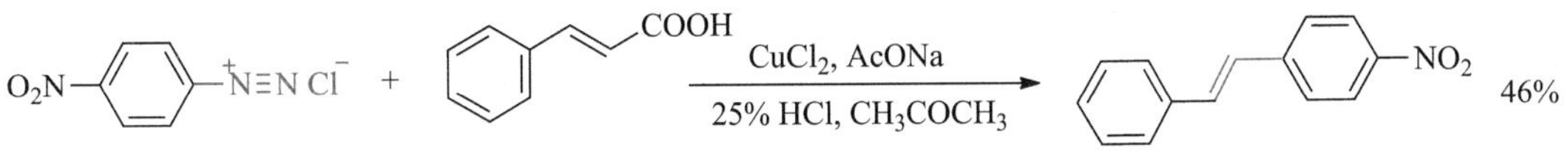

思考：Meerwein 芳基化反应和钯催化的 Heck 反应有何不同之处？
带有吸电子基团的炔烃也可以反应，但产率较低。
此反应可以拓展到各类共轭烯烃，如苯乙烯、1,3-丁二烯及其衍生物等。

此后，在金属盐催化下通过芳香重氮盐在取代烯烃引入芳基的反应称为 Meerwein 芳基化反应。此反应的机理尚不清楚，当初 H. Meerwein 认为是芳基正离子参与了此反应。但是，J. K. Kochi 认为，这是苯基自由基反应，真正的催化物种为 Cu^+，苯基自由基与烯烃反应生成 β-芳基自由基，接着通过配体转移生成 α-卤代-β-芳基化合物，接着脱除卤化氢生成芳基乙烯衍生物。

当重氮盐的芳基有吸电子基团时，产率较高；而给电子基团会导致产率降低。常用的烯烃也是带吸电子基团的 α,β-不饱和羰基化合物。

习题 18-19 在金属铜催化下,芳香重氮盐可以分别与二氧化硫、亚硝酸钠、亚硫酸钠、硫氰酸钾反应,生成相应的取代芳香化合物。完成这些转换的反应式。

习题 18-20 在 Sandmeyer 反应中,碘苯的制备无需亚铜盐的催化。此外,I$^-$ 还可以催化 Pschorr 反应。写出 I$^-$ 催化此反应的机理。

习题 18-21 画出香豆素与氯化对氯苯基重氮盐在催化量的 $CuCl_2$ 作用下进行 Meerwein 反应的机理。

习题 18-22 在 Meerwein 反应中,可以在无金属盐参与下制备大量以下目标化合物:

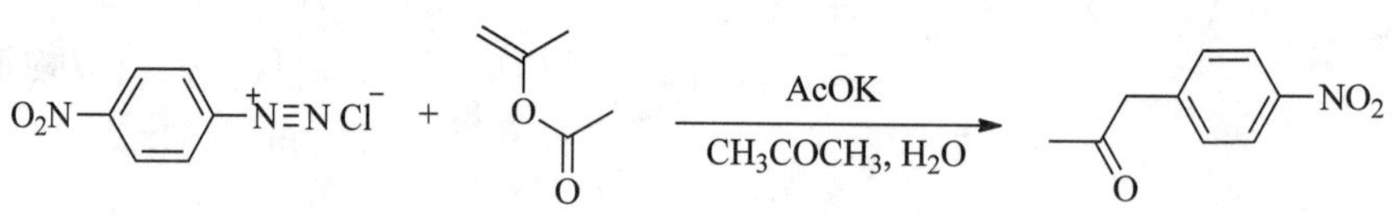

$$O_2N-\!\!\!\!\bigcirc\!\!\!\!-\overset{+}{N}\!\!\equiv\!\!N\ Cl^- \ + \ \text{(isopropenyl acetate)} \xrightarrow[\text{CH}_3\text{COCH}_3,\ \text{H}_2\text{O}]{\text{AcOK}} \ \text{(4-nitrophenylacetone)}$$

写出以上转换的反应机理。

18.9.2 芳香正离子亲核取代(S_N1Ar)机理

重氮盐的酸性水溶液一般很不稳定,即使保持在零度也会慢慢水解生成酚,并放出氮气。提高酸的浓度和反应温度可以使水解迅速进行。

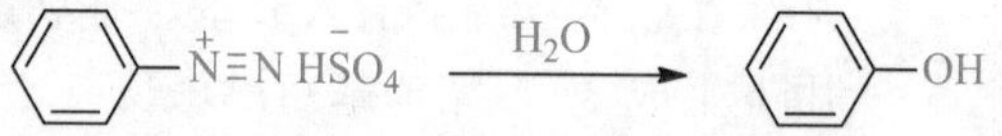

$$\bigcirc\!\!\!\!-\overset{+}{N}\!\!\equiv\!\!N\ \overline{\ }HSO_4 \xrightarrow{H_2O} \bigcirc\!\!\!\!-OH$$

这是一个单分子的芳香亲核取代反应。反应分两步进行,先是重氮盐分解成苯基正离子和氮气,苯基正离子十分活泼,则立刻和具有亲核性的水分子反应生成酚,因此这是由芳环硝化引入硝基,接着将硝基还原为氨基,再通过重氮盐在芳环上引入羟基的一种方法。重氮盐分解生成苯基正离子和氮气的反应是可逆的:

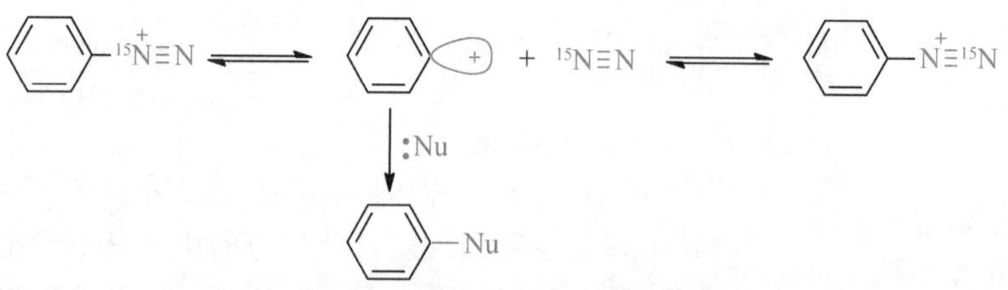

此反应对重氮盐而言为一级反应,与亲核基团的浓度无关。

为何苯基正离子十分活泼?这是由于苯基正离子不能类似苄基正离子(参见17.1.1)通过苯环 π 电子离域体系而稳定。苯基正离子的分子轨道分布图如下图所示:

此反应常有很多副反应,特别是反应体系中若有其他亲核试剂存在,会与水竞争和苯基正离子结合。例如,若体系中有氯离子或硝酸根离子,水解时,除得到产物酚外,还可得到卤化物或硝酸酯。当高浓度的卤化盐存在时,主产物为卤化物。

当利用 ^{15}N 标记的重氮盐正离子进行研究时,发现重氮盐分解成重氮盐正离子和氮气后,两者能重新结合在一起。此实验结果同时说明了有苯基正离子存在,但苯基正离子与氮结合的速率远比与水反应的速率慢得多。

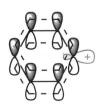

其正电荷所占据的空轨道为 sp^2 杂化轨道,垂直排列于苯环的 π 电子离域体系,因此此轨道不能与 π 电子体系重叠离域,其正电子也不能被苯环 π 电子体系稳定。此外,此碳正离子更适合于 sp 杂化方式,而苯环的刚性骨架体系阻碍了其 sp 杂化方式。因此,当重氮基所连接的苯环邻、对位上有吸电子基团时,这种取代基使苯环的电子云密度进一步变小,因而使从重氮基转移来的正电荷很不稳定,导致正离子更加难以形成,最终结果是,芳香重氮盐的分解速率降低。邻、对位上有给电子基团的重氮盐,与邻、对位上有吸电子基团的相似,也使分解速率变慢。因为这种取代基可以通过给电子共轭效应与重氮基共轭,使碳氮键的双键性质增加,因此碳氮键断裂较难,形成苯基正离子的速率减慢:

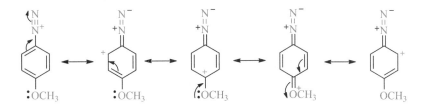

这仍是至今为止在芳环上引入氟原子的最佳方法之一。
盐酸重氮盐及高氯酸重氮盐干燥后会发生爆炸;氟硼酸重氮盐不同,它经干燥后也比较稳定,只在加热下才分解成氟化物。
芳香杂环的氟化也可以使用此反应。
使用 PF_6^- 和 SbF_6^- 代替 BF_4^-,可以大大提高产率。
在 HF/吡啶体系中,可以大量制备氟代芳香化合物。

1927 年,G. Schiemann 和 G. Balz 发现,芳香重氮盐与氟硼酸(fluoroboric acid)反应生成了溶解度较小的氟硼酸重氮盐,此盐在加热或光照时会分解放出氮气并产生芳香氟化物。由于氟苯的制备在当时非常困难,因此这个反应成为了非常重要、最常用的制备芳香氟化物的方法。此反应也就被称为 Schiemann 反应或 Balz-Schiemann 反应。

此反应通常直接以芳香胺为原料,经与亚硝酸钠/盐酸进行重氮化反应,反应完成后加入冷的氟硼酸、氟硼酸铵或氟硼酸钠,沉淀出较难溶的氟硼酸重氮盐,干燥后,在加热时分解转化为氟化物,产率较高。反应中的氟硼酸盐也可以被六氟磷酸盐所代替。

此反应的机理还不太清楚,但目前普遍认为这是经过苯基正离子中间体的单分子芳香亲核取代(S_N1Ar)反应。此外,实验证明,进攻苯基正离子的不是 F^-,而是 BF_4^-,先生成 $PhBF_4$,再分解成氟苯。因此,此转换的机理可能为

1961年，G. A. Olah 将 Schiemann 反应推广到芳香氯化物或溴化物的制备：

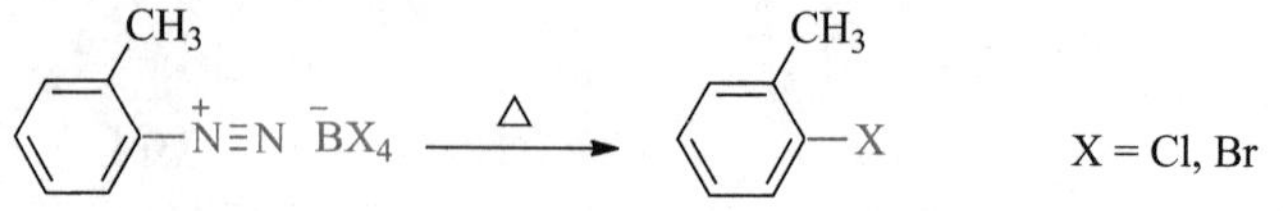

X = Cl, Br

进攻苯基正离子的也不是 I^-，而是 I^- 经氧化（氧化剂是重氮盐、亚硝酸）成的 I_3^-。

思考：是否由于 I^- 仍然不够软，需要用更软的 I_3^-？

在重氮盐中加入碘化钠，可以直接生成碘苯。其他卤素的负离子没有碘负离子还原性强，不能进行类似碘那样的反应。

习题 18-23 说明常用芳香重氮硫酸氢盐水解制备酚类化合物的原因。

习题 18-24 氟硼酸重氮盐也可用氟硼酸亚硝酰直接与芳香胺反应制得，而氟硼酸亚硝酰可用 N_2O_3 与氟硼酸反应制备。写出以上转换的反应式。

习题 18-25 以苯为原料合成以下化合物：

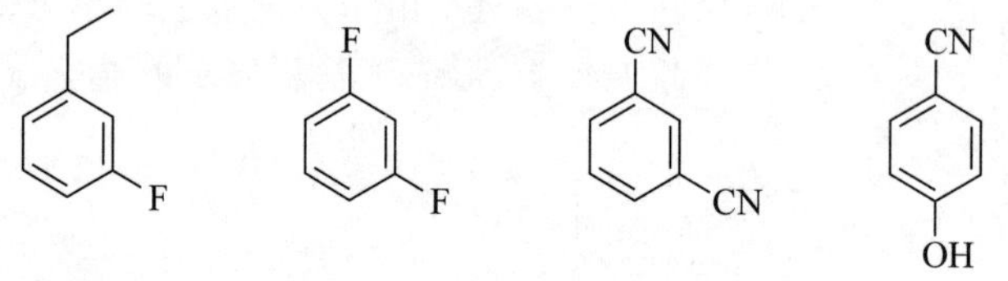

18.10 重氮盐的还原

重氮盐作为含氮氮叁键的正离子体系，很容易被还原。重氮盐的还原反应主要分为由氢给体作为亲核试剂对重氮基的取代反应以及重氮基团中氮氮叁键被还原成氮氮单键等两类反应。

18.10.1 去氨基还原反应

去氨基还原反应在合成上非常有用。有时为了保证芳环上的某些位点能被保留下来，常采用的方法是先在这些位点引入硝基或氨基，由于硝基和氨基对苯环后续基团的引入有很强的定位作用，最后这些硝基和氨基原先占据的位点被氢原子所取代。

重氮盐在水溶液中在还原剂的作用下能发生重氮基被氢原子取代的反应。由于重氮基通常由氨基转化，因此该反应常称为去氨基还原反应。最常用的还原剂有乙醇、H_3PO_2 和 $NaBH_4$。

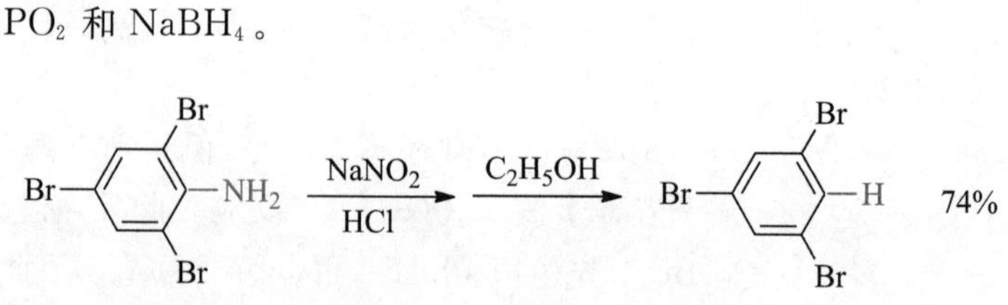

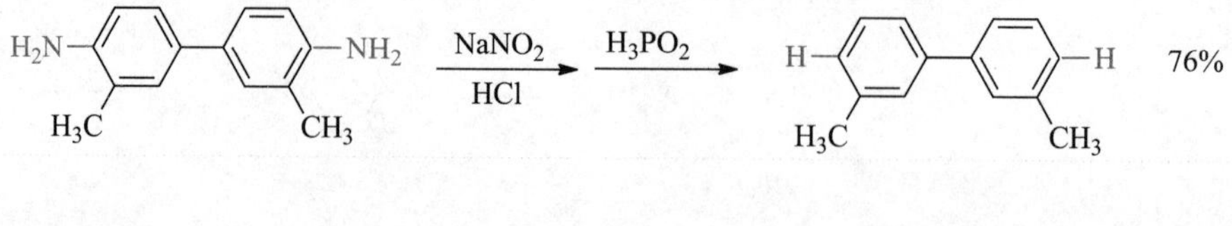

在醚或乙腈中,可以用 *n*-Bu₃SnH 或 (CH₃CH₂)₃SiH 还原,反应多数在室温下进行,反应时间短,产率一般较高。

在使用 H_3PO_2 做还原剂时,可以加入 Cu_2O 提高产率;用乙醇做还原剂时,会有副产物芳基乙基醚产生,为了避免或减少醚的生成,可在反应体系中加入少量锌粉或其他还原剂。

去氨基还原反应是一个单电子还原反应,芳香重氮盐失去氮气后得到一个电子生成苯基自由基。乙醇和 H_3PO_2 均是作为了氢原子的给体。

18.10.2 肼的制备:重氮盐的还原

纯的苯肼是无色油状液体,易溶于水,经冷凝结成晶体,熔点 19.6℃,具有强还原性,在空气中,尤其是在光照射下,很快即变成棕色。苯肼在强烈的条件下可还原成苯胺和氨。苯肼毒性较强,中毒后,有时会出现皮疹。

在某些还原剂的作用下,芳香重氮盐能被还原成苯肼(phenylhydrazine),这也是实验室及工业上制备苯肼采用的方法,常用的还原剂有硫代硫酸钠、亚硫酸钠、亚硫酸氢钠或盐酸加氯化亚锡等。用硫代硫酸钠做还原剂在碱性介质中反应,一步可以得到苯肼:

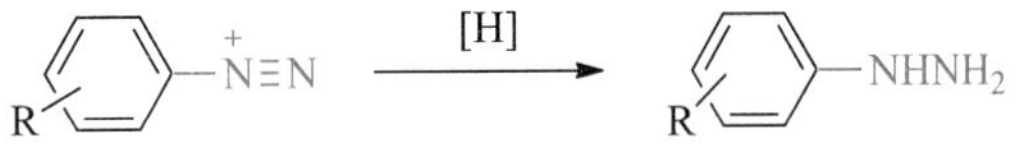

在实验室中常用苯肼鉴定醛、酮、糖。这个化合物在糖的化学中起着重要的作用。在工业上苯肼是制染料和医药的重要原料。

习题 18-26 在重氮盐的去氨基还原中,在 $FeSO_4$ 的催化作用下,DMF 也可以作为氢原子的给体。写出此转换的机理(提示:从自由基反应的链引发开始,DMF 自身转化成 CO 和亚胺)。

习题 18-27 完成下列反应式:

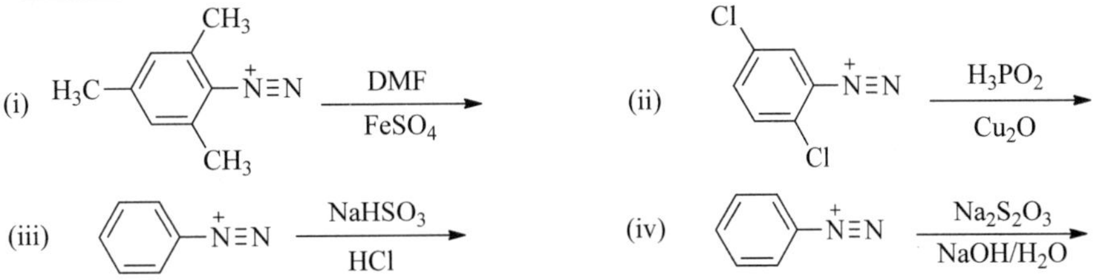

18.11 重氮盐的偶联反应

思考:为何重氮盐正离子的亲电性比较弱?

重氮盐正离子可以作为弱的亲电试剂与酚、三级芳胺等活泼的芳香化合物进行芳环上的亲电取代反应,生成偶氮化合物,此反应称为重氮偶联反应。重氮盐与酚偶联在弱碱性(pH=8~10)条件下进行,酚羟基是邻/对位定位基团,偶联反应一般在羟基的对位发生;但当对位有取代基时,也可以形成邻位偶联产物:

重氮盐与酚的偶联为什么要在弱碱性条件下进行？因为酚是弱酸性物质,与碱作用生成盐,酚盐负离子由于共轭效应使原羟基的邻、对位电子云密度更大,所以碱性条件有利于酚与亲电试剂重氮盐正离子发生偶联反应。

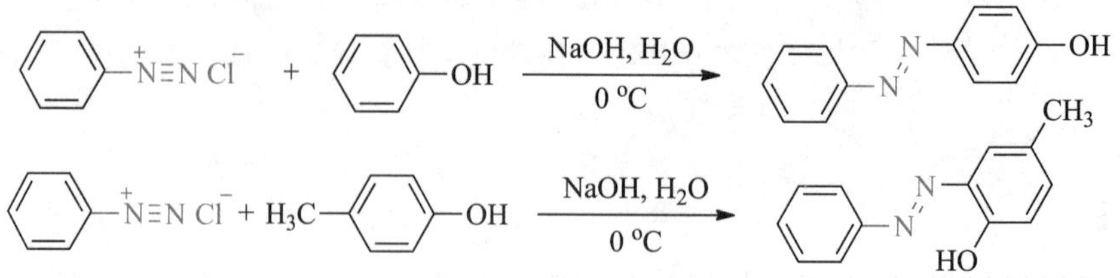

重氮盐与三级芳香胺在弱酸性(pH＝5～7)溶液中发生重氮偶联反应,生成对氨基偶氮化物;若氨基的对位有取代基,则偶联在邻位发生。由于三级芳香胺在水中的溶解度不大,所以反应常在弱酸性条件下进行,此时三级芳香胺形成铵盐而增大了溶解度。成盐反应是可逆的,随着偶联反应中芳香胺的消耗,芳香胺的盐会重新转化成中性胺。但反应体系的酸性不能太强,因为酸性太强,会形成铵盐而降低芳香胺的浓度,使偶联反应减弱或中止。

重氮盐与萘酚也能直接发生碳偶联反应。
这和一级及二级芳香胺与酰氯反应时优先发生氨基的酰胺化一致。

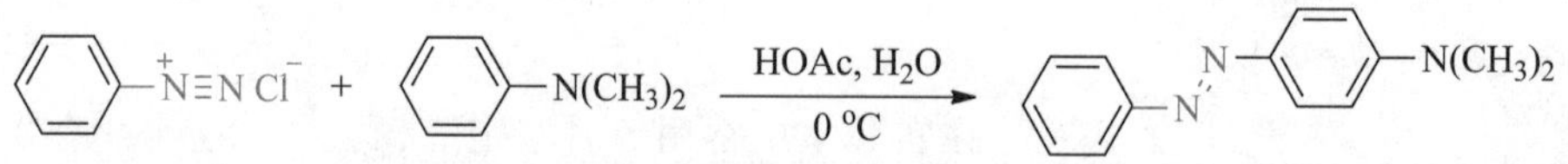

由于一级芳香胺和二级芳香胺的氮原子连有氢,在冷的弱酸性溶液中,氨基上氮原子作为亲核位点与重氮盐反应生成苯重氮氨基苯。一级胺生成的重氮氨基苯的氮上有一个氢,可以发生互变异构:

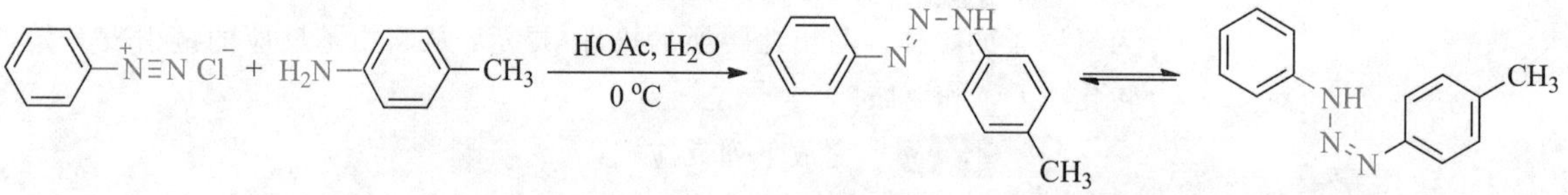

苯重氮氨基苯与酸不形成稳定的盐,在稀盐酸溶液中加热,可分解成酚、胺和氮气。

苯重氮氨基苯在苯胺中与小量苯胺盐酸盐一起加热,容易发生重排,生成对氨基偶氮苯。此重排是分子间的反应,即在质子的作用下,先分解成重氮盐和苯胺,然后苯胺的氨基对位的碳原子直接进攻重氮基,发生碳偶联反应:

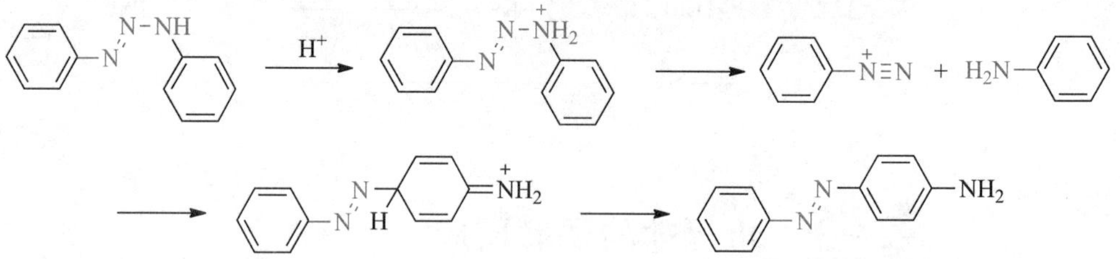

二级芳香胺与重氮盐反应生成的重氮氨基化合物更易发生重排,在反应时即有一部分形成偶氮化合物:

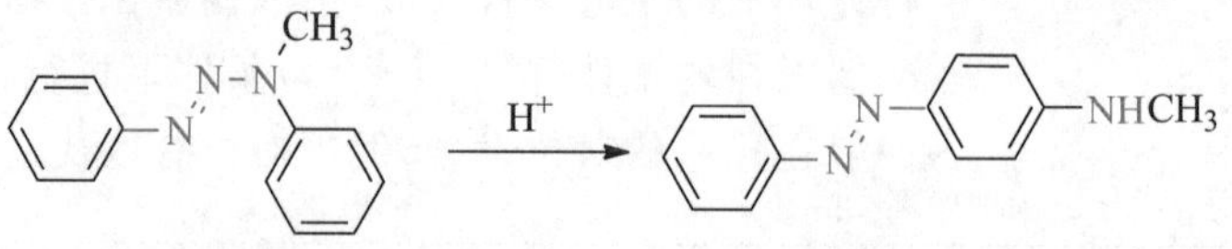

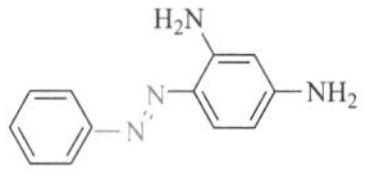

碱性菊橙

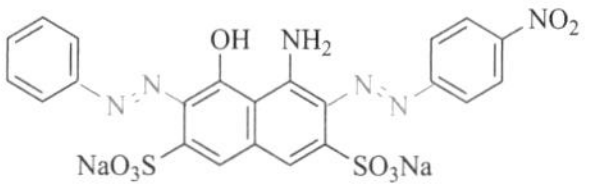

萘酚蓝黑 6B

偶氮化合物具有较深的颜色,是一类非常重要的染料。因此,重氮盐与酚、芳香胺的偶联反应是合成偶氮染料的基础。偶氮染料是最大的一类化学合成染料,约有几千个化合物,其中包括含有一个或几个偶氮基的化合物。这些化合物由于芳环通过偶氮基相连形成一个大的共轭体系,π 电子有较大的离域范围,可吸收可见光波长范围的光,因而显有颜色。如碱性菊橙和萘酚蓝黑 6B 等。

甲基橙指示剂也是通过此类偶联反应来制备的。此化合物的钠盐是酸碱滴定时常用的一种指示剂,它的变色范围为 pH 3.1～4.4,水溶液为黄色;溶液 pH 小于 3.5 时,则转变成红色。这种颜色变化是由于可逆的两性离子结构引起的:

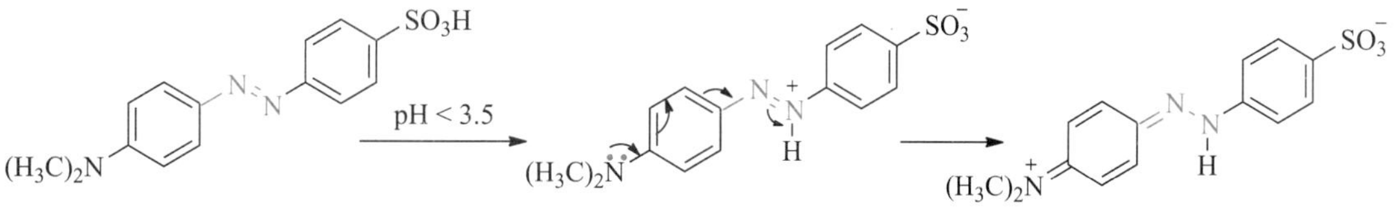

习题 18-28　完成以下反应:

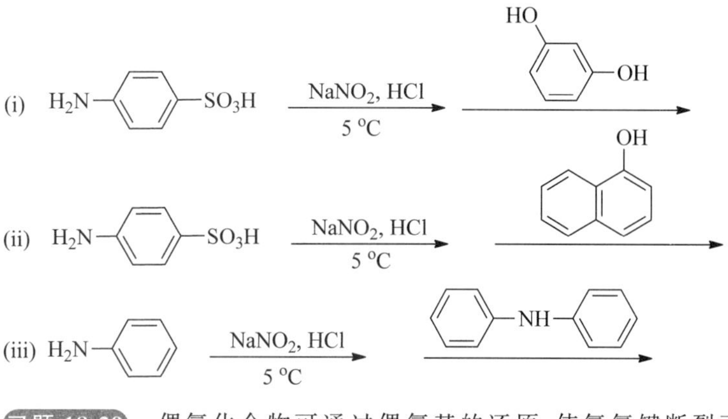

习题 18-29　偶氮化合物可通过偶氮基的还原,使氮氮键断裂而生成氨基化合物,这也是合成氨基化合物的一种方法。以苯胺和 β-萘酚为原料通过偶氮化合物的还原法合成 α-氨基-β-萘酚。

习题 18-30　1932 年,德国拜耳实验室的研究人员偶然发现 prontosil(百浪多息)对于治疗溶血性链球菌感染有很强的功效。此后 prontosil 成为了世界上第一种商品化的合成抗菌药(synthetic antibacterial agent)和磺胺类抗菌药(sulfonamide antibacterial agent),并开启了合成药物化学发展的新时代。以苯和必要的有机、无机试剂为原料通过重氮偶联法合成 prontosil:

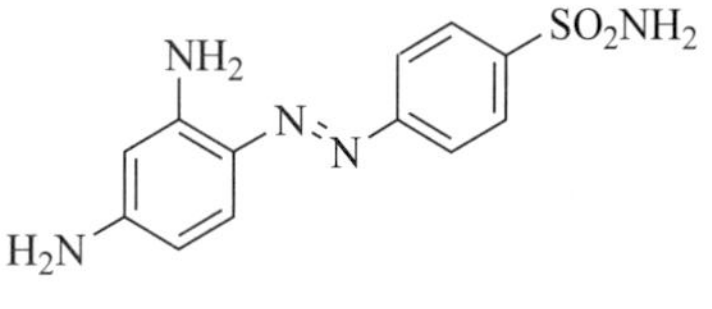

习题 18-31 刚果红是一种酸碱指示剂,当 pH 低于 3.0 时呈蓝色,高于 5.2 时呈红色。在生物学上可用刚果红筛选纤维素分解菌。刚果红与纤维素反应生成红色复合物,但与纤维素水解后的产物则不发生此反应。因此,通过向含纤维素的培养基中加入刚果红,若存在可分解纤维素的细菌,则会以这个细菌为中心出现透明圈,即细菌分解了纤维素,使之无法与刚果红合成红色复合物。以苯、萘以及必要的有机、无机试剂为原料通过重氮偶联法合成刚果红:

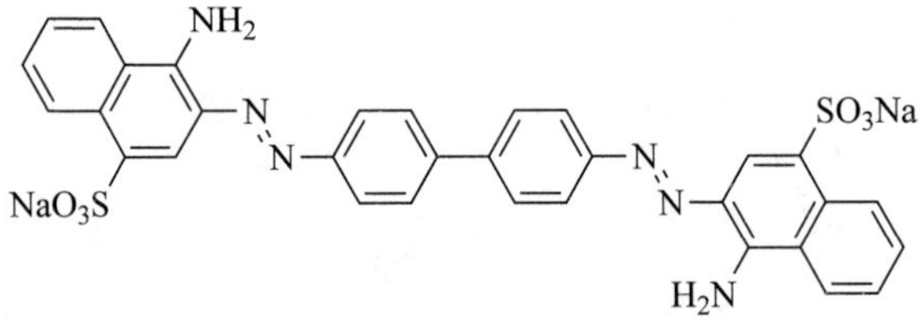

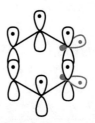

18.12 苯炔的发现和它的结构

为防止苯炔被误解为含普通碳碳叁键的物种,苯炔也被称为去氢苯(dehydrobenzene)或"邻去二氢苯"。去氢苯可以分为三类,主要为 1,2-dehydrobenzene;在文献中也报道了 1,3-dehydrobenzene 和 1,4-dehydrobenzene 物种。

芳炔(aryne)是将芳环的两个邻位取代基去除后(剩下含两个电子的两个轨道)得到的高活性电中性中间体。苯炔(C_6H_4,benzyne)是最简单的芳炔。苯炔是比苯少两个氢的化合物,故又称去氢苯(dehydrobenzene)。它可以有以下三种共振式,从而有一定的稳定性:

与卡宾和氮宾类似,芳炔也有单线态和三线态。

苯炔中含有一个特殊的碳碳叁键。一般炔烃中碳碳叁键的碳原子是 sp 杂化的,在形成 σ 键时键角为 180°,但这样的碳原子不可能在苯炔环中存在,因此苯炔中碳原子仍为 sp² 杂化。碳碳叁键中,有一个 π 键是由 sp² 轨道通过侧面微弱地重叠形成的,并与苯炔环的大 π 体系相互垂直:

在苯炔中多出的较弱的 π 键是定域的,与环中其他 π 键呈正交。

从图中可以看出,两个 sp² 轨道相距较远,彼此不可能重叠得很多,所以这个 π 键很弱且有张力,容易发生反应。苯炔中碳碳叁键的振动频率约为 1846 cm⁻¹,与烷烃中碳碳叁键的振动频率 2150 cm⁻¹ 相比,为非常弱的叁键。正是由于这个结构特点,使苯炔及其衍生物成为合成多种化合物非常有用的中间体。除了常见的叁键表示法以外,也可将苯炔描述为双自由基,即在普通的凯库勒苯结构式上,再加上两个邻位的自由基。这种双自由基的表达方式如下:

计算得到的三者能量分别为 444、510 和 577 kJ·mol^{-1}。其中 1,4-双自由基是 Bergman 环化反应中的中间体。普林斯顿大学的 M. Jones Jr. 教授曾对三者的互相转化作过研究。

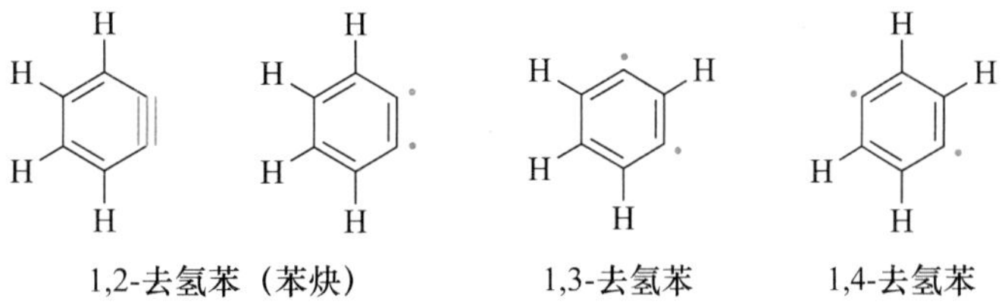

1,2-去氢苯（苯炔）   1,3-去氢苯   1,4-去氢苯

1902 年,R. Stoermer 和 B. Kahlert 将 3-苯并呋喃在乙醇溶液中用碱处理,发现生成了 2-乙氧基苯并呋喃:

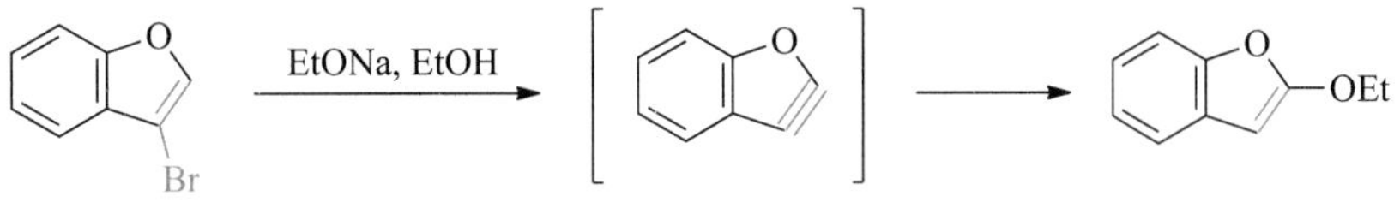

随后,G. Wittig 等人发现苯炔可以发生 Diels-Alder 反应。

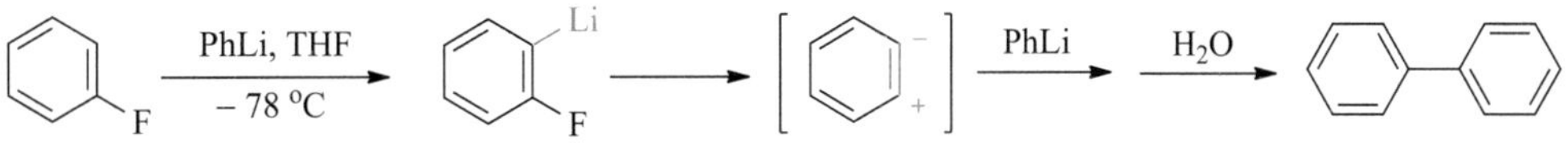

他们推测可能存在芳炔中间体。20 世纪 40 年代,G. Wittig 认为,在以下生成联苯的过程中存在一种两性离子中间体:

1953 年,J. D. Roberts 在实验中证实了此中间体存在的可能性。他用氨基钾处理 C1 位碳上用 ^{14}C 标记的氯苯,得到 C1 位和 C2 位碳上含有等量 ^{14}C 的两种苯胺:

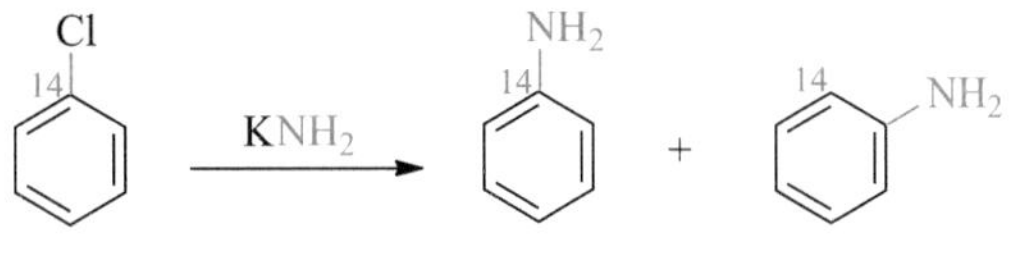

后来,J. D. Roberts 提出了苯炔中间体的设想,并期望利用各种手段去验证苯炔中间体的存在。在后续的几十年研究中,各种光谱手段,包括红外光谱、^{1}H 和 ^{13}C 核磁共振以及 UPS 能谱都证明了苯炔的存在。但直到 2001 年,苯炔才以一个稳定的客体分子形式被一空穴醚捕捉到。

18.13 苯炔的制备

受分子内重叠较差的 π 键影响,苯炔活性很高,因此通常采用原位制备的方式进行研究。苯炔可以通过多种方法制成。最早制备苯炔的方式为卤代苯在强碱的作用下,如氨基钠作用下,脱除邻位的氢生成苯炔:

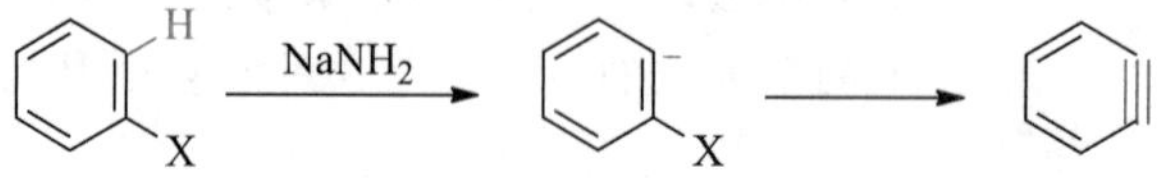

但是利用邻二卤代苯制备苯炔时则不利用强碱,只能利用金属锂或镁:

思考:为何邻二卤代苯不能使用强碱制备苯炔?

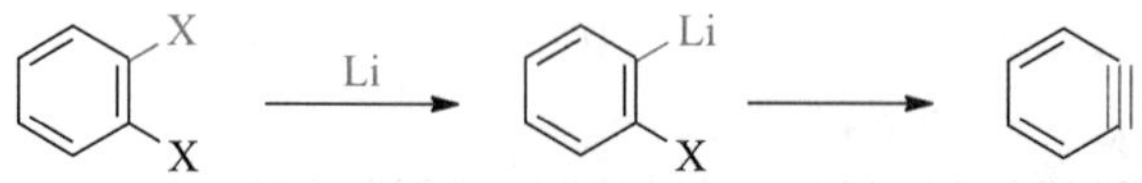

四氯苯炔也可用六氯苯与正丁基锂反应,生成五氯苯基锂,再失去氯化锂,产生四氯苯炔:

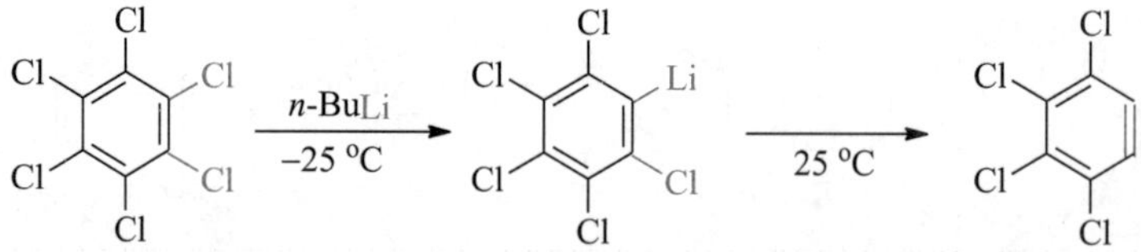

如果用卤素代替三甲基硅基,则需要用 *n*-BuLi。

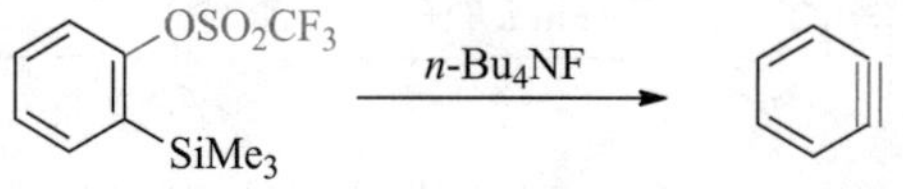

以芳基三氟磺酸酯代替卤代苯在比较温和的条件下制备苯炔,是一种比较简便的方法:

由邻氨基苯甲酸制成的重氮盐对碰撞特别敏感,稍受冲击即会发生剧烈爆炸,但在非质子溶剂,如二氯甲烷、二氯乙烷、乙腈中加热,可以比较缓和地分解成苯炔。因此为了避免事故,不把重氮盐分离出来,而在原溶液中使之分解成苯炔使用。

但最经济、简便的方法是用邻氨基苯甲酸制成重氮盐,该重氮盐再受热分解成二氧化碳、氮气和苯炔。

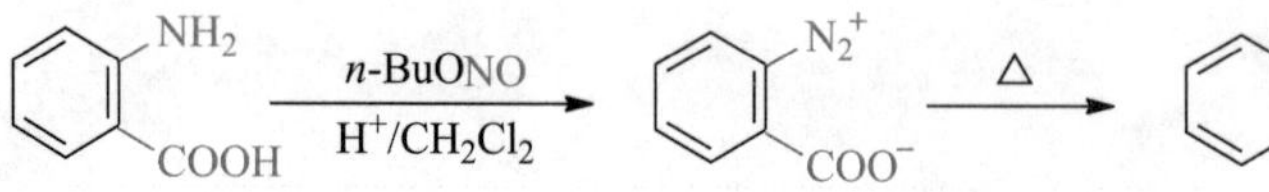

1993 年,D. W. Knight 报道了利用 1-氨基苯并三唑合成苯炔的方法:

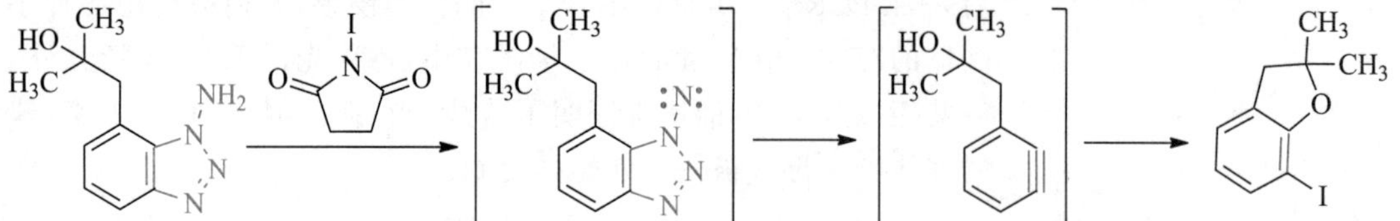

取代的邻氨基苯甲酸也可以像邻氨基苯甲酸一样进行反应,生成取代的苯炔。例如四氯苯炔可以由四氯邻氨基苯甲酸制成。

至今为止,在苯炔的制备方法中,比较有特点的、也是在合成方法上有较大突破的是利用叠氮基取代的邻苯醌为原料原位制备:

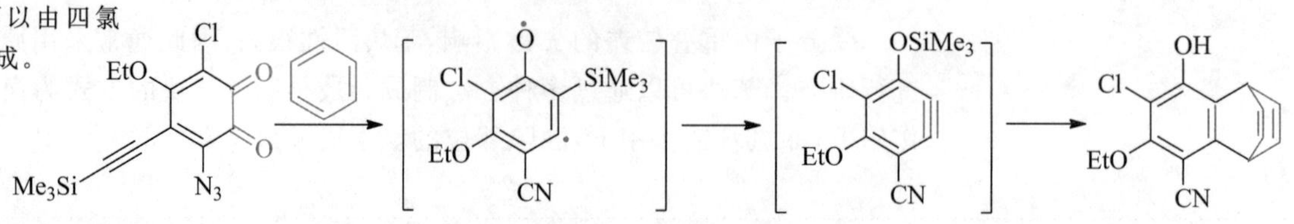

18.14 苯炔的反应

对于烃类的碳碳叁键而言,未杂化的 p 轨道是在 σ 键上下相互平行,以达到最大限度的轨道重叠。但在苯炔中,由于受环的限制,p 轨道被扭曲,使得此轨道重叠未达到最大。因此,苯炔具有很高的反应活性。此外,苯炔的反应也都围绕在碳碳叁键的加成反应上。主要反应有:

1. 环加成反应

苯炔是一个高度活泼的亲双烯体,能与大多数 1,3-二烯类化合物发生 Diels-Alder 反应。苯炔可与各种环状双烯体,如蒽、呋喃、吡咯进行 Diels-Alder 反应:

苯炔的活性主要是其叁键的不稳定引起的。

苯炔与蒽形成三蝶烯的 Diels-Alder 反应常用来鉴定苯炔的存在。

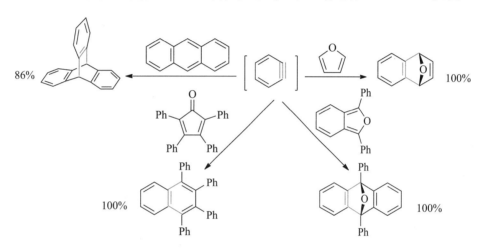

芳炔也能与 1,3-偶极子发生 1,3-偶极环加成反应:

与呋喃、吡咯发生环加成反应,产物在酸性条件下能分别转变成 α-萘酚和 α-萘胺。

在适当的反应物参与和反应条件下,芳炔还可以发生[2+2]、[2+6]以及[2+8]等环加成反应:

二聚体也叫二联苯。

2. 二聚反应

苯炔原位制备后若无其他化合物参与反应,自身就能聚合成二聚体:

3. 亲核加成反应

许多亲核试剂或基团如醇、烷氧负离子、烃基锂、氨或胺、羧酸根负离子、氰基负离子、烯醇负离子等,都能与苯炔发生亲核加成反应:

芳炔的亲核加成和亲电加成反应基本类似于脂肪炔烃的反应,但芳炔的反应活性更高。

苯炔环上的取代基对苯炔的亲核加成反应有定位效应,当炔基的 β 位有取代基时,一般来说,吸电子基团导致亲核试剂加到邻、对位,给电子基团导致亲核试剂加到间位。详细讲解在 18.15 苯炔中间体机理部分。

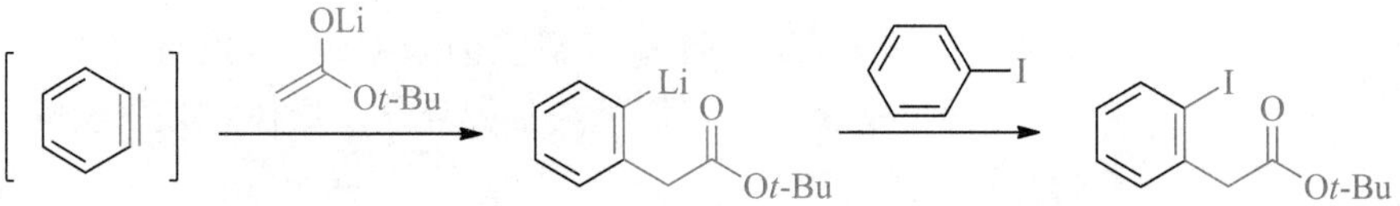

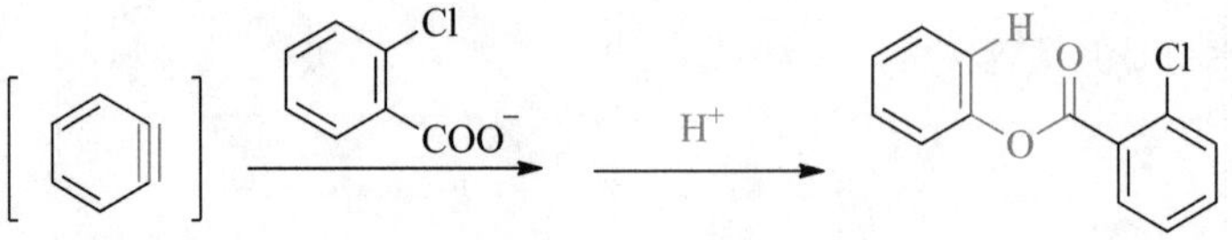

4. 亲电加成反应

三烷基硼、卤素、卤化汞、卤化锡、卤化硅等亲电试剂易与苯炔发生亲电加成:

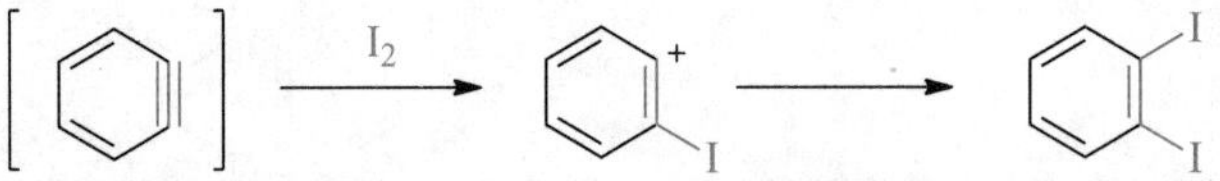

三烷基硼与苯炔加成时,如烷基上有 β 氢,可以脱掉一分子烯烃。

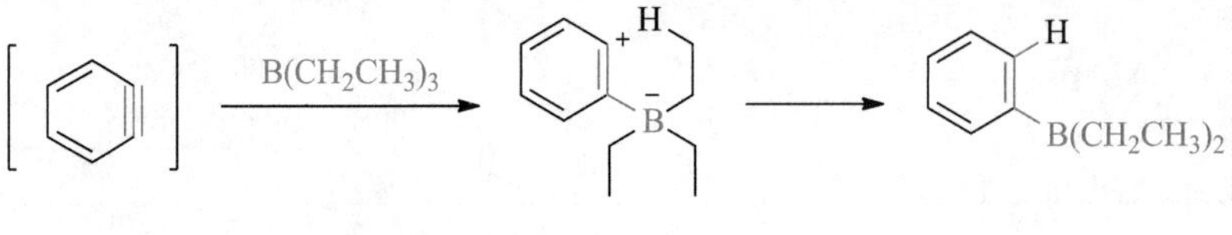

5. 过渡金属参与的芳炔反应

过渡金属参与的脂肪炔烃的反应在合成上展示了广阔的应用前景,但是在这方面芳炔的反应却还是很少。其主要原因在于,金属芳炔配合物在合成上很有难度以及所需使用的金属通常都是化学计量的。1968 年,E. N. Gowling 等分离出了苯炔的金属配合物:

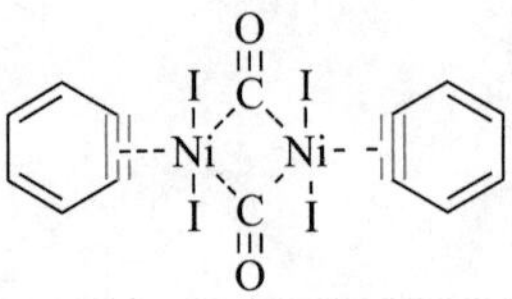

1993 年,M. A. Bennett 报道了一种简便、实用地制备 Ni-芳炔的配合物的方

法：

COD：1,5-环辛二烯

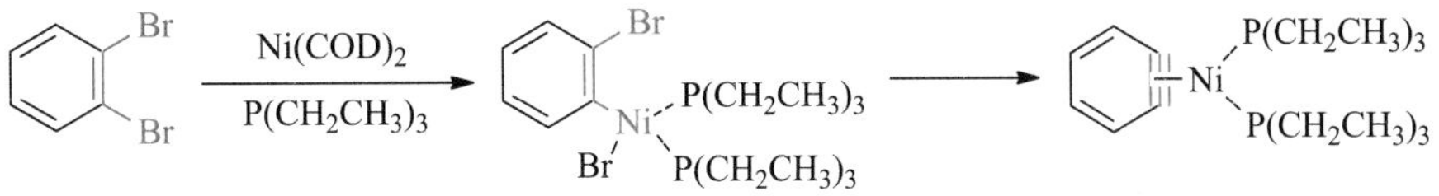

此苯炔配合物可以与二分子脂肪炔烃反应构筑苯环：

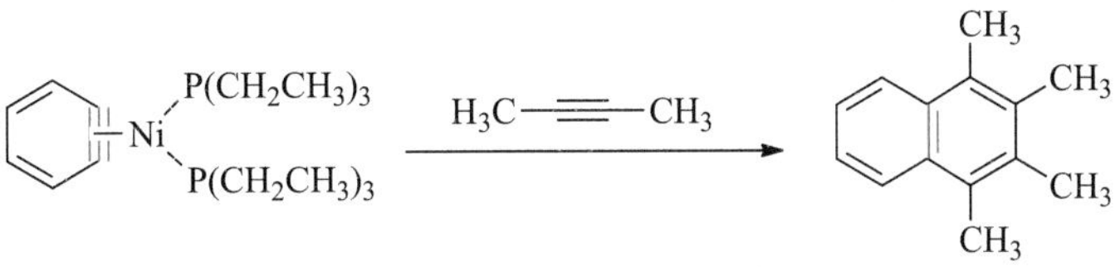

1998 年，L. Castedo 报道了芳炔在钯催化下的三聚合成稠环芳烃的反应：

三聚体在中间构筑了一个
新的苯环，相当于炔烃的三
聚反应。

此反应不仅本身可以三聚，
也可以加入二分子其他炔
烃进行三聚反应，合成带有
不同取代基的苯环。

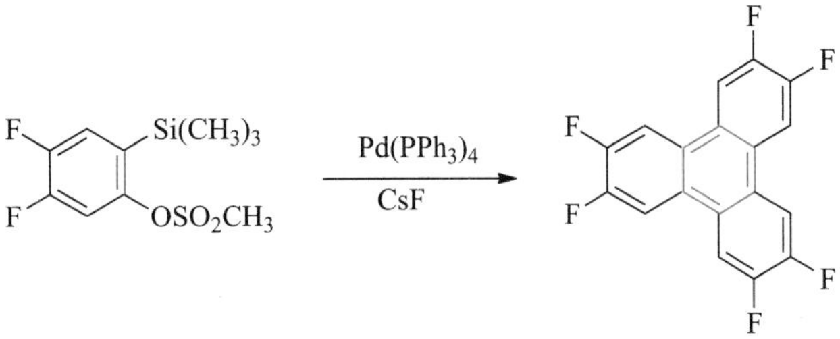

习题 18-32 完成下列反应式：

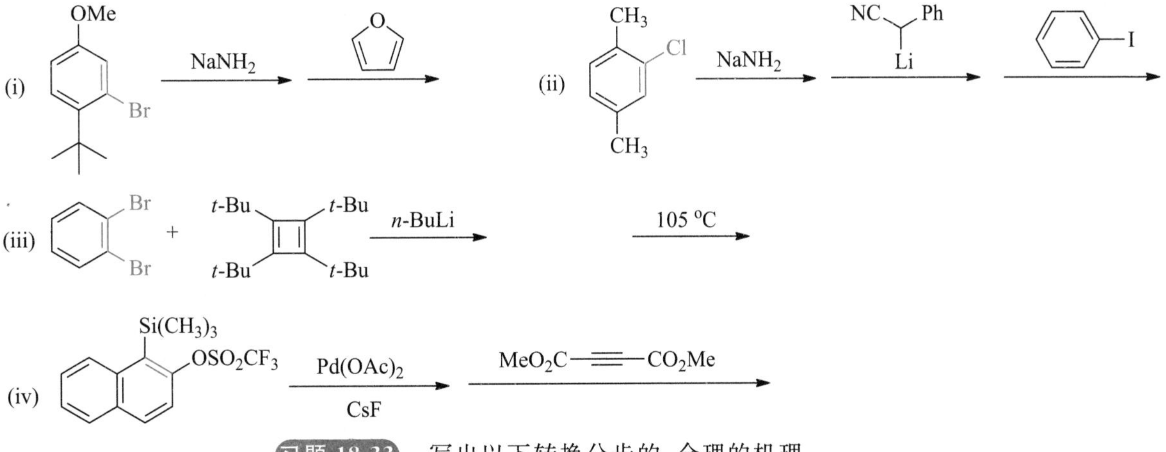

习题 18-33 写出以下转换分步的、合理的机理：

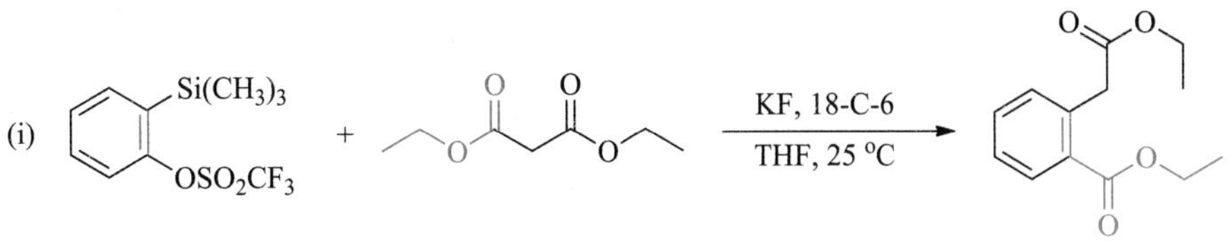

(ii) 结构式 + H₃C—N⌒N $\xrightarrow{\text{CsF, CH}_3\text{CN} \atop 50\,^\circ\text{C, 12 h}}$ 产物

18.15　芳香亲核取代反应(五)　苯炔中间体机理

其结果好像是卤素被羟基所取代,因此当时认为是芳香亲核取代反应。

　　1928 年,化学家发现,在 340℃和 25 000 kPa 压力下,将氯苯与稀 NaOH 反应可大量制备苯酚。20 世纪 50 年代初,J. D. Roberts 发现,溴苯在液氨中与氨基钠(金属与氨作用)反应,很容易制得苯胺。以上说明,即使没有吸电子基团存在,溴苯或氯苯也可以进行芳香亲核取代反应。但是,随后的继续深入研究表明,此芳香亲核取代反应的机理既不同于 S_N1Ar,也不同于 S_N2Ar,更不属于 $S_{RN}1Ar$ 机理。这些反应通常在强碱作用下,在无需活化的芳环上进行,而且亲核基团进入的位点并不一定是离去基团原先所占的位点。例如,对溴甲苯在液氨中与氨基钠反应,不仅生成对甲苯胺,还会生成间甲苯胺:

溴苯与氨在封管中,在没有强碱的作用下虽经长时间加热,并不发生反应。

这些实验结果进一步说明,这种亲核取代反应并不同于我们前面所介绍的芳香亲核取代反应机理。苯环上没有任何吸电子基团稳定亲核加成所形成的负离子。

结构式 $\xrightarrow{\text{NaNH}_2 \atop \text{NH}_3\,(l)}$ 产物 + 产物

　　1953 年,J. D. Roberts 用[14]C 标记的氯苯在液氨中与氨基钾反应,得到的两种氨基位置不同的苯胺数量几乎相等:

结构式 $\xrightarrow{\text{KNH}_2 \atop \text{NH}_3\,(l)}$ 产物 + 产物

　　那么,这个反应究竟是怎样进行的? 上述实验结果说明,反应必须通过强碱的作用才会发生。因此,它可能先通过强碱与离去基团邻位的氢原子发生反应:

这个碳负离子与芳香重氮盐失去 N₂ 后形成的碳正离子有些类似。

结构式 $\xrightarrow{\text{—NH}_2 \atop \text{NH}_3\,(l)}$ 产物 $\rightarrow$ 产物 $\xrightarrow{\text{NH}_3}$ 产物 + 产物

　　从而形成一个碳负离子,此碳负离子的孤对电子为 sp² 杂化,处在苯环的平面上。那么,为何是氢原子的离去,而不是像锂卤交换那样卤原子离去? 这是因为卤原子的电负性均比碳原子的大,卤原子此时具有强的吸电子诱导效应,可以稳定上述碳负离子。但此稳定作用相对较弱,因此需要强碱才能反应。接下来,发生 Cl⁻ 的离

实验结果表明,只要有能力攫取离去基团邻位氢原子的强碱,均能使此反应顺利进行。如,烷氧基负离子、氨基负离子以及碳负离子。即使亲核能力很弱的强碱叔丁氧基负离子(钾盐),在双极性非质子溶剂 DMSO 的溶液中也能发生此反应。

去。这是一个顺式(syn)消除而不是通常消除反应所要求的反式(anti)共平面消除,因此,此步反应是非常难的,最终形成了苯炔中间体。整个过程相当于从氯苯分子中消去一分子氯化氢;然后是氨与苯炔发生亲核加成反应,生成苯胺。这样的反应过程基本上属于消除-加成(elimination-addition)机理,但通常称为苯炔中间体机理(benzyne intermediate mechanism)。

　　苯炔是对称的,所以氮原子可进攻两个叁键碳原子中的任何一个,而且进攻的概率相等;氨基负离子可以进攻^{14}C 标记的碳原子和邻位的碳原子,从而生成氨基位于^{14}C 和 C2 位碳上的两种苯胺。这个反应机理合理地解释了实验结果。实验还表明,如果卤苯中卤原子的两个邻位上都有取代基,则不能发生上述的氨解反应,这也证实了苯炔中间体反应机理与事实相符。以下的实验结果进一步证明了苯炔中间体机理的正确性:

此时考虑甲氧基的吸电子诱导效应的主要原因在于,负离子的轨道与苯环同面,与其 π 体系垂直。

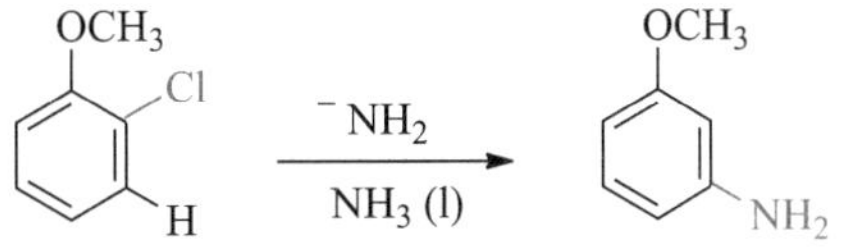

新进入的氨基位于甲氧基的间位而不是原先氯原子所处的邻位。这只能通过苯炔中间体机理解释。但是,为何只形成间位的产物,而没有邻位的产物?所形成的苯炔与氨基负离子反应后,可能形成两种中间体,一种是负离子位于甲氧基的邻位,另一种位于甲氧基的间位:

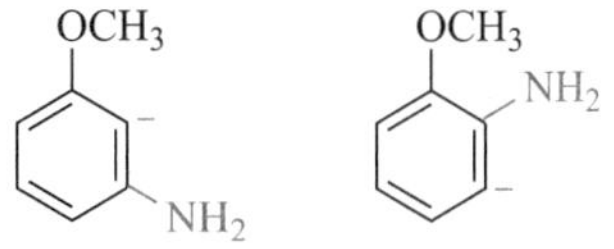

需要从电子效应和空间效应来解释此结果。当负离子位于甲氧基的邻位时,甲氧基的吸电子诱导效应可以稳定此负离子;此外,氨基负离子从甲氧基的间位进入空阻小。正因为以上的结果,当离去基团位于对位时,通常会生成 50/50 的两种产物(见上文对溴甲苯的反应)。但是,当离去基团的对位也为负离子时,间位产物会占优势:

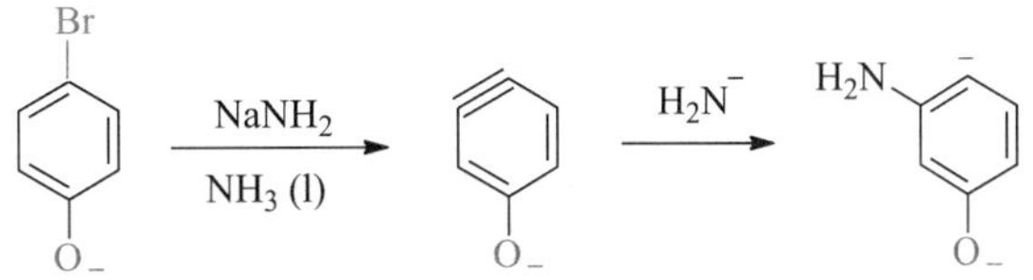

这是因为形成了双负离子的中间体,两个负离子尽可能地远离有利于稳定此中间体。

　　综上所述,带有取代基的卤苯在形成苯炔类中间体时,邻位和对位取代的卤苯分别生成 3-取代的及 4-取代的苯炔中间体,而间位取代的卤苯则可能形成上述中间体中的一种或两种：

对邻位氢的酸性的影响取决于卤素取代基的吸电子效应，那么 F＞Cl＞Br＞I，但是对于 C—X 断裂所需能量上的考虑，应该是 I＞Br＞Cl＞F。

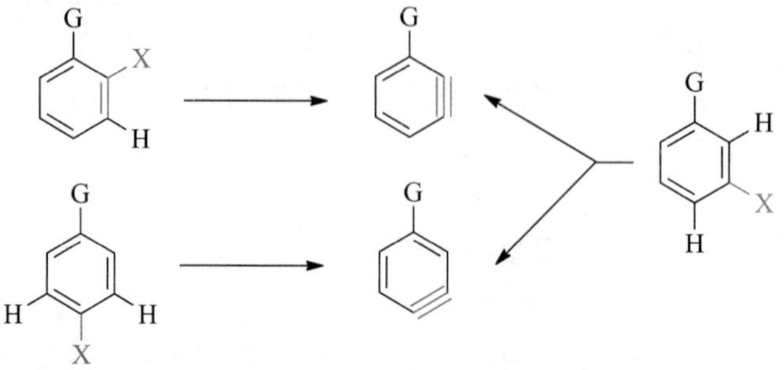

间位取代的卤苯究竟生成哪种苯炔中间体，取决于卤素邻位上的哪一个氢酸性较强，而它的酸性主要由取代基的诱导效应所控制。卤苯在液氨中与氨基钾反应，卤原子的反应活性次序为 Br＞I＞Cl＞F，这种不寻常的活性次序是反应的决速步不同所造成的。苯炔的形成包含两步反应：质子的失去和卤离子离去。当离去基团为 Br 或 I 时，则失去质子的一步是决速步，Br 的电负性大于 I，溴取代的邻位氢原子的酸性强，所以溴苯的反应活性比碘苯强；而当 Cl 或 F 是离去基团时，碳卤键（C—X）的断裂是决速步，Cl 比 F 易于离去，所以氯苯的反应活性比氟苯强。

在间二卤代苯生成芳炔的实验中发现，其具有最强酸性的为两个卤原子中间的氢原子，当它被 ⁻NH₂ 攫取形成负离子后，可以有两个邻位的卤原子失去，此时的排序为 I＞Br＞Cl，这也是键能决定的。
而在烷基锂试剂做强碱时，反应的顺序为 F＞Cl＞Br＞I。这说明，在烷基锂试剂作用下，芳环上氢原子的酸性决定了反应性。

正如前面所言，亲核基团与取代的苯炔中间体加成时，亲核基团进入的位置也受芳环上取代基的影响，通常尽量使亲核基团进入后所产生的负电荷处于能量最有利的地位，以及使进入基团的空阻最小。当芳炔上有吸电子基团时，结合电子效应和空间效应，亲核基团在进攻 2-苯炔衍生物时通常在远离吸电子基团的位点进行：

注意：苯炔与亲核基团反应后所形成的苯基负离子的孤对电子垂直于芳香的 π 体系，因此取代基的共轭效应对此负离子的影响极弱。此时主要考虑取代基的吸电子诱导效应。硝基、烷氧基等基团为吸电子基团，而甲基等烷基为给电子基团。

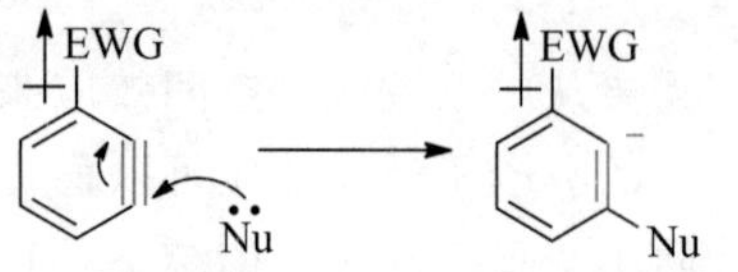

而对于 3-苯炔衍生物，由于吸电子诱导效应的影响比较弱，亲核基团在取代基的间位和对位进攻的概率几乎相等：

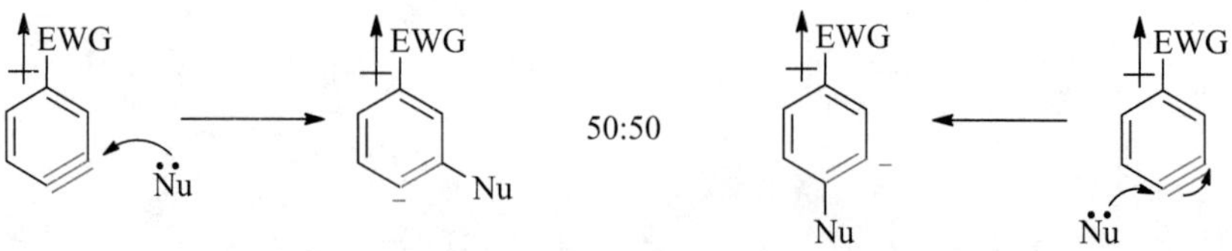

50：50

而对传统上的具有给电子共轭效应的基团而言，由于其给电子效应很弱，基本上不能稳定加成后所形成的负离子。因此，无论是 2-苯炔衍生物还是 3-苯炔衍生物，亲核基团在炔基上进攻两个碳原子的概率几乎相等：

当在芳炔中同时存在给电子基团和吸电子基团时,吸电子基团起主导作用。根据上述规律不难预见下式中的结果:

习题 **18-34** 完成下列反应式:

拓 展 阅 读

含氮芳香化合物与染料以及药物

染料是指能使纤维和其他材料着色的物质,分天然和合成两大类。通常带色的物质不一定是染料。具有染料性质的分子必须有两种性能:能溶于某种溶剂;和被染的纤维能牢固地结合。人类早就会利用植物或昆虫、贝壳制取红、黄、紫等颜色的天然染料。人类最先使用的蓝色染料是从木兰叶中提取的"靛蓝",以及从茜草根或红花中提取的红色染料。因为靛蓝颜色深、耐脏、不褪色,所以那时在东方和欧洲都使用靛蓝(indigo)染料。然而,制造天然染料不仅成本昂贵,在使用上也极不方便,某些天然染料在染色过程中还必须加入助染剂。

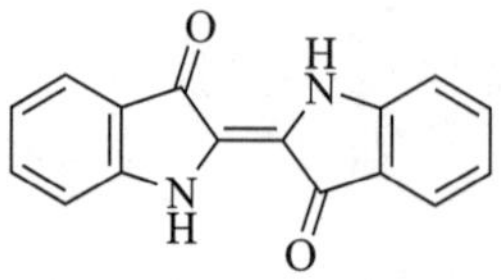

1856 年,年仅 18 岁的英国大学生 W. H. Perkin 在合成奎宁时,利用重铬酸钾氧化苯胺,苯胺中的杂质对甲苯胺也被氧化,得到了一黑色固体,这意味着是一个失败的有机合成实验。在用乙醇清洗烧瓶时,Perkin 注意到该溶液呈现为紫色。经过细致的研究,世界上第一种人工合成染料就这样被发现了。W. H. Perkin 申请了英国政府专利。一年后,在其父亲的支持下,W. H. Perkin 创办了世界上第一个人造染料工厂。此染料最早被称为苯胺紫或泰尔紫(Tyrian purple)。1859 年,根据锦葵花的名称(法文 mallow,英文 mauve)称这种紫色为 mauveine(阿尼林紫)。Perkin 的发现不仅标志着合成染料工业的开始,也标志着化学工业的开始。随后,各种颜色的染料,如品红、番红等人工合成染料,相继被合成出来。这些大多是含氮类芳香化合物。

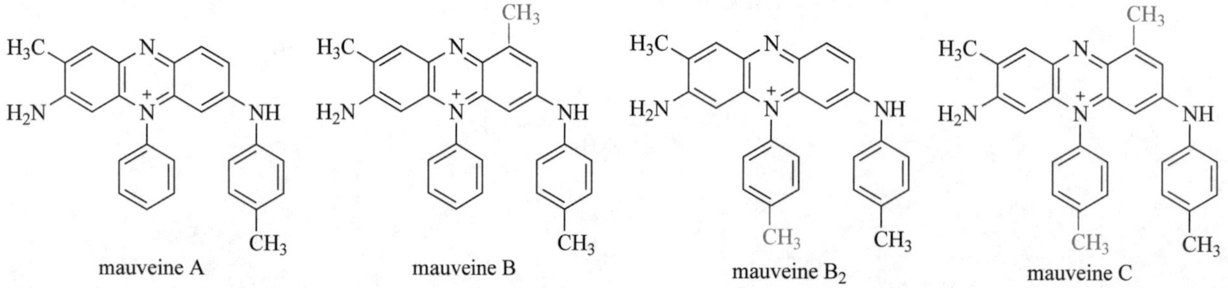

| mauveine A | mauveine B | mauveine B₂ | mauveine C |

许多常用的合成染料除了苯胺类化合物外,还有是通过重氮盐偶联反应合成的偶氮类染料。以下是一些偶氮类染料的代表:

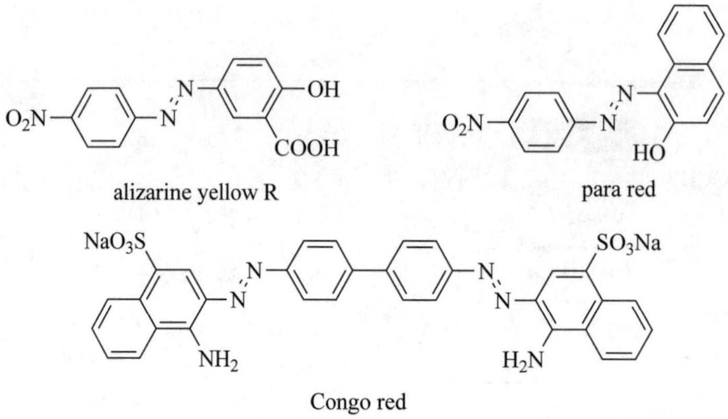

alizarine yellow R

para red

Congo red

尽管天然染料和合成染料在化合物的结构上存在很大的差异,但是它们基本上都是属于大的 π 共轭体系。随着人工染料的发展和推广使用,最后,广泛使用的天然染料仅剩下茜草红和印度蓝。合成染料工业成为了世界上重要的化工产业。

看上去染料与药物毫无关系,但是染料工业的发展促使了第一代合成抗生素的诞生。Prontosil(百浪多息)的发现就与染料化学的发展有着直接的关联。德国科学家 P. Ehrlich 长期研究合成染料,并将其用于组织细胞的染色。他发现,有些染料在不影响其他组织细胞的情况下可以破坏细菌。他希望这些染料可以处理细菌感染的组织。但是,这些尝试一直没有成功。1932 年,德国化学家 J. Klarer 和 F. Mietzsch 合成出了对氨基苯磺酰胺的衍生物 prontosil:

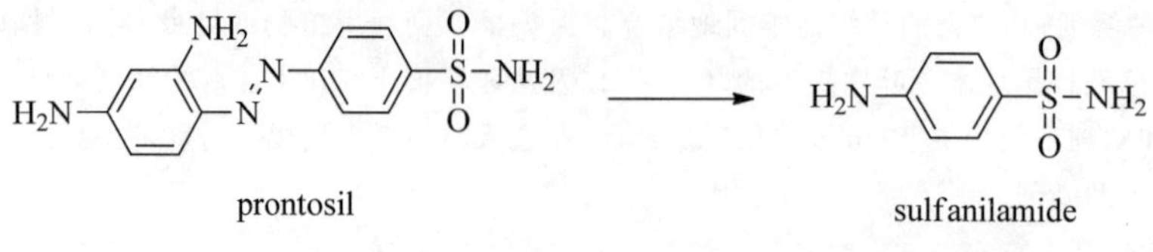

prontosil

sulfanilamide

1935 年，德国科学家 G. Domagk 在一家染料工厂工作，首次尝试利用合成染料杀死细菌。他在以小鼠为动物模型研究偶氮染料的抗菌作用时，从几千种候选的偶氮染料中发现，红色的偶氮染料 prontosil 对于治疗溶血性链球菌感染有很强的功效，这个发现使得 G. Domagk 以此染料挽救了身患链球菌败血症的女儿。G. Domagk 获得了 1939 年诺贝尔生理学或医学奖。此后，prontosil 作为药物被英国内科医师与细菌学家 L. Colebrook 引入到产褥热的治疗中。约翰霍普金斯大学的 E. Bliss 和 P. Long 将 prontosil 作为药物引入了美国。1936 年冬，波士顿的医生 G. L. Tobey Jr. 使用 prontosil 成功治愈了时任美国总统的富兰克林·德拉诺·罗斯福的小儿子小富兰克林·德拉诺·罗斯福所患的链球菌咽喉炎及其并发症，此事经媒体报道后，prontosil 被广大美国民众所熟知。

此后，prontosil 和其他磺酰胺类抗生素被统称为磺胺类药物（sulfa drugs）。实际上，prontosil 本身不是活性体。最初的研究认为，prontosil 分子中的染料生色基团偶氮基是使其产生抑菌作用的有效基团。以此为基础大量的偶氮染料被合成出来用以测试它们的抗菌活性，在这个过程中发现，只有磺酰胺类偶氮染料才有抗菌作用，而没有磺酰氨基团的偶氮染料则无抗菌活性，由此推测出在体内偶氮基团的断裂分解产生对氨基苯磺酰胺才是产生抗菌作用的真正原因。通过对合成的对氨基苯磺酰胺的研究发现，它在体内外均有抑菌作用。随后又从服用 prontosil 的病人的尿液中分离得到了对乙酰氨基苯磺酰胺。考虑到乙酰化反应是体内代谢的常见反应，确定 prontosil 这种染料实际上是一种药物前体，在体外没有任何活性，在体内由它转化得到有生理活性的化合物便是早期被忽略的对氨基苯磺酰胺。研究的重心也因此转移到了对氨基苯磺酰胺及其衍生物的研究上。

章 末 习 题

习题 18-35 画出以下转换分步的、合理的反应机理：

习题 18-36 以邻氨基苯甲酸以及必要的有机和无机试剂为原料合成以下化合物：

习题 18-37 以下两个胺的共轭酸的 pK_a 相差 4 万倍。判断哪个胺的碱性更强，并说明其原因。

习题 18-38 以下三个化合物均能发生芳香亲电取代反应，请对其反应性从高到低进行排序：

习题 18-39 画出 A. Vilsmeier 最初发现的以下转换的分步、合理的反应机理：

习题 18-40 苯胺和苯酚衍生物均可以进行 Vilsmeier 反应。请判断烯胺是否可以进行 Vilsmeier 反应？如可以，请写出以下反应的分步、合理的转换机理；如不行，请说明原因。

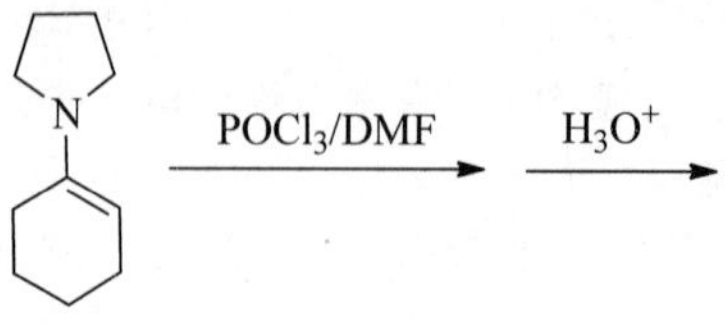

习题 18-41 Vilsmeier 反应是一类在酸性条件下通过亲电取代反应引入甲酰基的有效方法。与其类似,有些化合物在酸性条件下不稳定或存在较多的副反应,因此发展了一类在碱性条件下在芳环上引入甲酰基的有效方法:

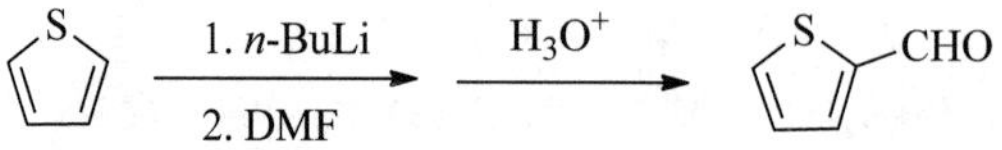

画出以上转换分步的、合理的反应机理。

习题 18-42 莫西塞利(thymoxamine)是一种 α-肾上腺素受体拮抗药,可用于治疗原发性慢性闭角型青光眼。请以 2-异丙基-5-甲基苯酚、二甲基-2-氯乙基胺以及必要的有机、无机试剂为原料合成莫西塞利:

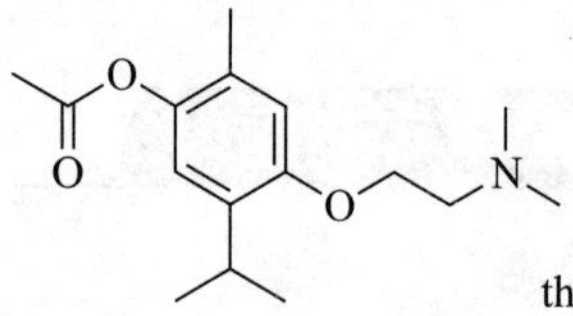

thymoxamine

习题 18-43 以苯以及必要的有机和无机试剂为原料制备 1,3,5-三溴苯。

习题 18-44 曾作为食品色素的亮橙色染料——甲基黄被怀疑为致癌物后已被禁用。以苯胺和必要的有机、无机试剂为原料合成甲基黄:

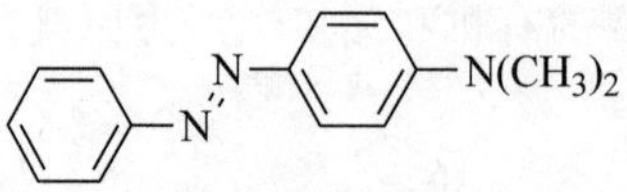

习题 18-45 下列每一个化合物中哪一个氮原子的碱性最强?

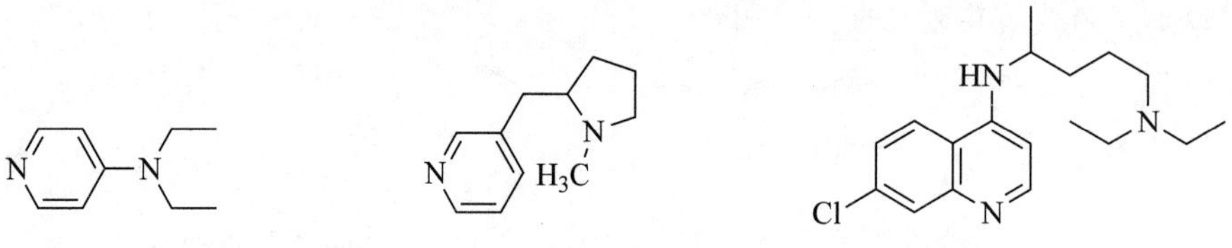

习题 18-46 以苯胺以及必要的有机和无机试剂为原料合成以下化合物:

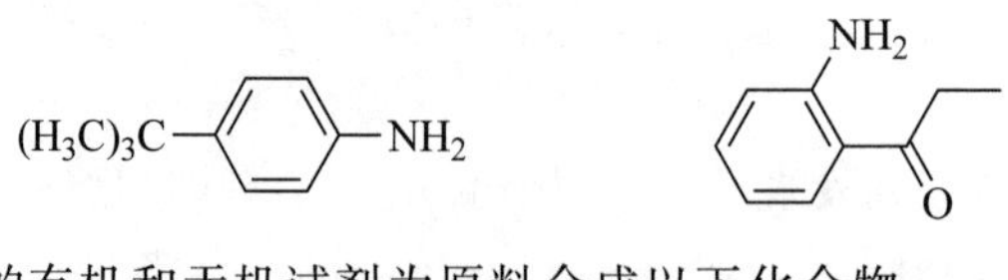

习题 18-47 以苯以及必要的有机和无机试剂为原料合成以下化合物:

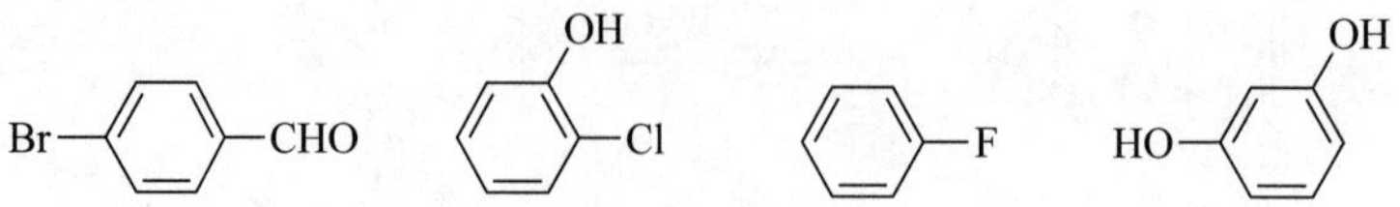

习题 18-48 如何通过萃取的方法分离甲苯、苯甲酸以及苯胺混合物?

习题 18-49 解释为何苯胺在 HNO_3 和 H_2SO_4 体系中硝化时,间位硝化产物的产率接近 50%?

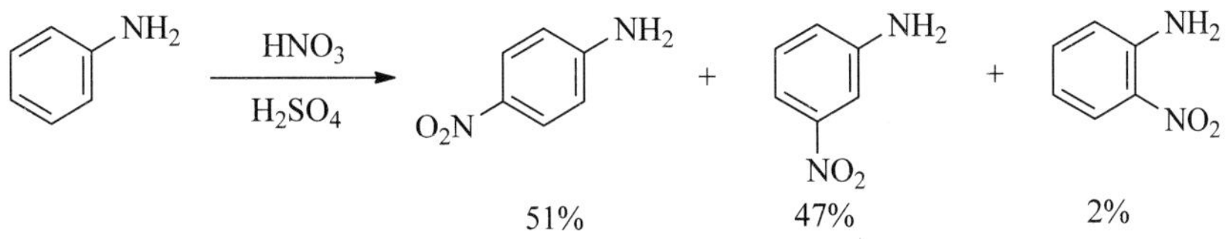

$$51\% \qquad 47\% \qquad 2\%$$

习题 18-50 画出以下转换合理的、分步的反应机理：

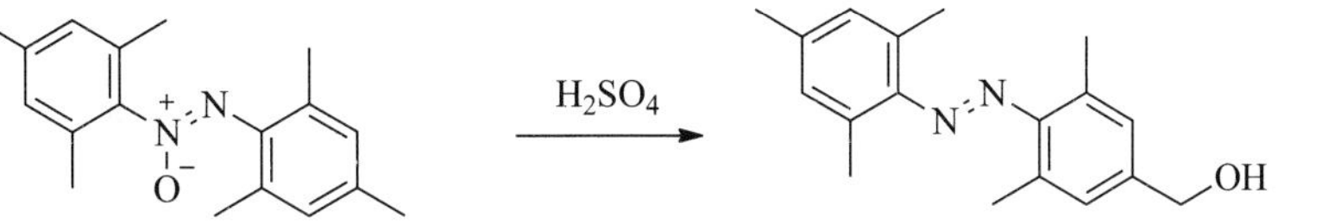

习题 18-51 按照习题 18-49 的转换方式，完成以下转换的反应式，并画出其分步的、合理的反应机理：

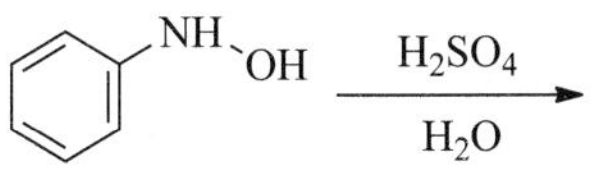

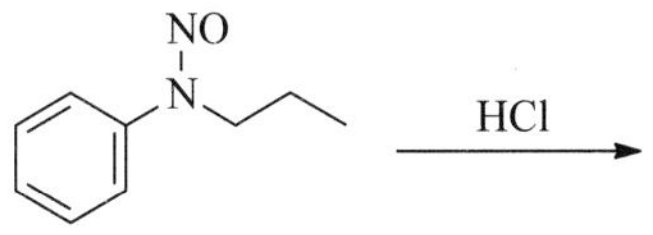

复习本章的指导提纲

基本概念和基本知识点

芳香硝基化合物的定义、分类、结构和互变异构体；重氮盐、重氮氢氧化物和重氮酸盐的定义；苯炔的定义、结构和表达式。

基本反应和重要反应机理

芳香硝基化合物的单分子还原和双分子还原；芳香亲核取代反应的定义和反应机理（$S_{NR}1Ar$ 机理、S_N1Ar 机理、苯炔中间体机理）；芳香胺的氧化反应；芳香胺芳环上的亲电取代反应：卤化、酰基化、磺化、硝化和 Vilsmeier 反应；联苯胺重排反应的定义和反应机理；重氮化反应的定义和反应机理；Sandmeyer 反应和 Gattermann 反应的定义和反应机理；重氮盐水解反应的定义和反应机理；Schiemann 反应的定义和反应机理；Gomberg-Bachmann 反应的定义和反应机理；Pschorr 反应的定义和反应机理；重氮盐的还原反应；重氮盐偶联反应的定义、条件和反应机理；苯炔的亲核加成、亲电加成和环加成。

重要合成方法

芳香硝基化合物经还原制备各种芳香胺；芳香亲核取代反应在有机合成中的广泛应用；联苯胺重排反应制联苯类化合物；重氮化反应和重氮盐在有机合成中的广泛应用；用卤代苯制苯炔。

英汉对照词汇

aniline　苯胺

aromatic amine　芳香胺

aromatic free radical substitution　芳香自由基取代反应

aromatic nitro compound　芳香硝基化合物

aromatic nucleophilic substitution　芳香亲核取代反应

azo dye　偶氮类染料

azobenzene　偶氮苯

azo compound　偶氮化合物

azoxybenzene　氧化偶氮苯

Banthorpe, D. V.　班桑普

benzidine rearrangement　联苯胺重排

benzyne　苯炔

benzyne intermediate mechanism　苯炔中间体机理

bimolecular reduction　双分子反应

coupling reaction　偶联反应

cyanine dye　花青染料

dehydrobenzene　苯炔；去氢苯

diazo benzene hydroxide　氢氧化重氮苯

diazonium hydroxide　重氮氢氧化物

diazonium coupling　重氮偶联反应

diazo salt　重氮盐

diazotate　重氮酸盐

diazotization reaction　重氮化反应

direct dye　直接染料

fluoroboric acid　氟硼酸

Gattermann reaction　加特曼反应

Gomberg-Bachmann reaction　刚伯格-巴赫反应

Gowling, E. N.　高林

hydrazine　肼

hydrazobenzene　氢化偶氮苯

indigo dye　靛蓝染料

mauveine　阿尼林紫

Meisenheimer complex　迈森哈梅尔配合物

mordant dye　媒染料

musk　麝香

nitrite　亚硝酸酯

nitrobenzene　硝基苯

nitrosobenzene　亚硝基苯

Olah reaction　奥拉反应

phenylhydrazine　苯肼

phenylhydroxylamine　苯基羟胺

picric acid　苦味酸

Pschorr reaction　普塑尔反应

reactive dye　活性染料

Roberts, J. D.　罗伯特

Sandmeyer reaction　桑德迈耳反应

Schiemann reaction　席曼反应

sulfanilamide　对氨基苯磺酰胺

sulfonamide　磺胺药

triptycene　色烯；三蝶烯

unimolecular reduction　单分子还原反应

vat dye　瓮染料

Vilsmeier reaction　威尔斯麦尔反应

William Henry Perkin　威廉姆·亨利·潘金爵士

zwitter ion　两性离子

第19章
杂环化合物

＊　　　＊　　　＊　　　＊　　　＊

　　青霉素(penicillin)为 β-内酰胺类(β-lactams)抗生素。1929 年,微生物学家 A. Fleming 注意到,青霉菌可以有效阻止链球菌的生长。1938 年,H. W. Florey 和 E. Chain 等人开始从青霉菌(penicillium)的培养液中分离其有效的成分,终于在 1941 年前后实现了对青霉素的分离与纯化,确定了其基本骨架是由两个杂环并接而成,分别为 β-内酰胺四元环体系和四氢噻唑(thiazolidine)的五元环体系。此后,从青霉菌培养液中分离得到了一系列具有此并环骨架体系的类似物,这些化合物的差别在于取代基 R 不同。下图展示了青霉素 G 的立体结构。

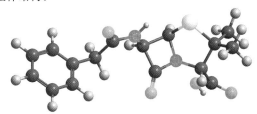

　　青霉素能治疗由于葡萄球菌、链球菌所引起的一些疾病,如肺炎、脑炎等,它毒性极小,药效远胜过磺胺药,但是它的缺点是不能口服,口服时会使之失去活性。青霉素的杀菌作用是它能阻止细菌细胞壁的合成,因为它能与生物合成细胞壁的主要生物酶中的氨基进行反应,使酶失去活性。1957 年,J. C. Sheehan 首次通过化学合成法合成了青霉素 V(R＝CH₂OC₆H₅)。但其合成的青霉素的生理效能只有天然的 51.4％,这说明每一种青霉素中只有一个立体异构体具有生理效能。

＊　　　＊　　　＊　　　＊　　　＊

　　在有机化学中,通常将碳原子和氢原子之外的原子统称为杂原子(heteroatom)。最常见的杂原子是氮原子、氧原子和硫原子。如果组成环的原子中包含杂原子,这类环称为杂环(heterocycle),含有杂环的有机物称为杂环化合物(heterocyclic compounds 或 heterocycles)。杂环化合物是数目最庞大的一类有机物。大多数具有生理活性化合物的生物学性质往往归结于其分子中所含有的杂原子,而这些杂原子也大多出现在环状的结构中。

　　在目前分离得到的天然产物中,大多数属于杂环化合物,因此杂环化合物在有机化学研究中占有非常重要的位置。含杂环分子的反应过程、途径,以及被创造的方法为有机化学提供了很多可以想象的空间。本章将重点讨论杂环化合物的反应、合成等相关知识。例如,对于脂杂环化合物,将重点展示这类化合物与非环类化合物的不同反应特点及其合成方法;对于芳香杂环化合物,将会讨论不同杂原子的引入对芳香电子结构的影响以及伴随着电子效应的变化所体现的化学性质的不同,及其常用的制备方法。

杂环化合物的分类

目前很多的处方药大多是杂环化合物。

杂环化合物可分为脂杂环(lipid heterocycles)和芳香杂环(或称为芳杂环,aromatic heterocycles)两大类。分子骨架中的杂环不能体现芳香性的化合物称为脂杂环化合物;反之,具有与苯类似性能的杂环化合物称为芳香杂环化合物。表 19-1 列出了一些与人类生活紧密相关的脂杂环化合物以及与它们相对应的芳香杂环化合物。

除了表中的这些化合物,还可以列举出更多与人类日常生活相关的杂环化合物:糖、DNA,以及维生素家族中 B_1、B_2、C、D、E 等等。

吡喃没有芳香性。

有些具有重要生理活性的天然化合物的结构非常简单。例如,具有多功能的酶辅助因子维生素 B_6:

目前销售的药物大多为杂环化合物,有的甚至含有两个以上的杂环。例如,抗艾滋病病毒的 Zidovudine:

表 19-1　部分天然脂杂环化合物及其相应的芳香杂环化合物

脂杂环化合物	相对应的芳香杂环化合物
毒芹碱(coniine):其杂环为六氢吡啶(piperidine)环,是从植物毒芹中提取的生物毒药,曾毒死了苏格拉底	吡啶(pyridine)
玫瑰醚酮(rose oxide ketone)和玫瑰醚(rose oxide):天竺葵油中提取物,香水中的有效成分。其杂环为四氢吡喃(tetrahydropyran)环	吡喃正离子(pyrylium)
尼古丁(nicotine):其杂环为四氢吡咯(pyrrolidine)环和吡啶环	吡咯(pyrrole)
人体每天产生 3～5 mg,与尿液一起排出,其杂环为四氢呋喃(tetrahydrofuran)环	呋喃(furan)
瓶装葡萄酒由于酒塞低劣或发霉变质形成的化合物,其杂环为四氢噻吩(tetrahydrothiophene)环	噻吩(thiophene)

续表

脂杂环化合物	相对应的芳香杂环化合物
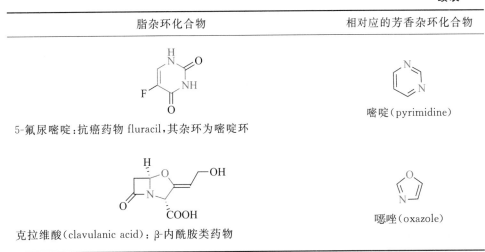 5-氟尿嘧啶:抗癌药物 fluracil,其杂环为嘧啶环	嘧啶(pyrimidine)
克拉维酸(clavulanic acid)：β-内酰胺类药物	噁唑(oxazole)

从以上对比可以发现,很多脂杂环与芳香杂环的联系是非常紧密的,包括它们的命名方式。当然,还有一些脂杂环如前面学过的环氧乙烷、丫啶、γ-丁内酯等等,则没有相应的芳香杂环与之相对应。

19.2　杂环化合物的命名

19.2.1　杂环母核的命名

由于杂环化合物的发现与发展基本上与有机化学的发展同步,它们通常有俗名或常用名称,而且常常会有一些互相矛盾的命名系统,因此杂环化合物的命名比较复杂和混乱,常常是系统命名和习惯名称在一起交替使用。国际上大多采用常用名和习惯名称,我国一般也采用两种方法共用。对于芳香杂环而言,由于它们的常用名已经被耳熟能详了,因此中文名常采用它们的外文名称音译,并在同音的汉字旁加上口字旁。如

口字旁表示是环状化合物。

芳香杂环化合物的命名方式很难记忆,但是还是有一些基本规律。例如,在英文命名中,amine(胺)的词尾为 ine,因此在杂环化合物中以 ine 为词尾的常常是含氮的化合物;名称中含 azo 也是含氮杂环化合物。除 pyrrole(吡咯)外,带有 pyr 常常是六元杂环;而以 ole 结尾的常常是五元杂环。含氮的五元杂环的字根为 azole。

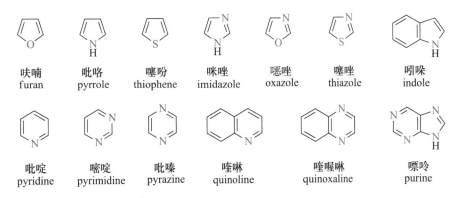

| 呋喃 furan | 吡咯 pyrrole | 噻吩 thiophene | 咪唑 imidazole | 噁唑 oxazole | 噻唑 thiazole | 吲哚 indole |
| 吡啶 pyridine | 嘧啶 pyrimidine | 吡嗪 pyrazine | 喹啉 quinoline | 喹喔啉 quinoxaline | 嘌呤 purine |

对于饱和杂环而言,最简单的命名方式就是相对于芳香杂环加了多少个氢原子,使得它转化为饱和体系。如

四氢呋喃 tetrahydrofuran　四氢吡咯 pyrrolidine　四氢噻吩 tetrahydrothiophene　六氢吡啶(哌啶) piperidine　六氢嘧啶 hexahydropyrimidine　四氢喹啉 1,2,3,4-tetrahydroquinoline

总体而言,对于主要杂原子:az-为含氮,ox-为含氧,thi-为含硫。

对于环的大小而言:-ir-为三元环,来源于 tri;

-et-为四元环,来源于 tetra;

-ol-为五元环;

-ep-为六元环,来源于 hepta;

-oc-为八元环,来源于 octa。

对于是否饱和和环系而言:-ene 或-ine 常指非饱和;-idine 或-ane 常指饱和。

当环中有多种杂原子时,杂原子按 O、S、Se、Te、N、P、As、Sb、Bi、Si、Ge、Sn、Pb、B、Hg 的次序排列。

另一种方法是置换命名法。此方法是将饱和的杂环母核看做相应母核碳环中的衍生物,即母核碳环中一个碳原子或多个碳原子被杂原子取代而成,因此命名时只需在碳环母体名称前加上表示杂原子及其种类的前缀,如氮杂(aza)、氧杂(oxa)、硫杂(thia)、磷杂(phospha)等。下面是一些饱和杂环的英文名称和中文名称(括号内的中文名称为常用名):

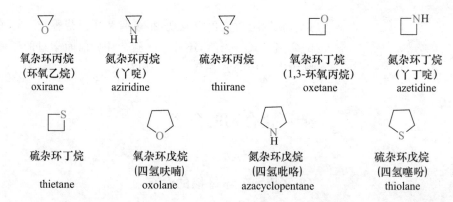

氧杂环丙烷(环氧乙烷) oxirane　氮杂环丙烷(丫啶) aziridine　硫杂环丙烷 thiirane　氧杂环丁烷(1,3-环氧丙烷) oxetane　氮杂环丁烷(丫丁啶) azetidine

硫杂环丁烷 thietane　氧杂环戊烷(四氢呋喃) oxolane　氮杂环戊烷(四氢吡咯) azacyclopentane　硫杂环戊烷(四氢噻吩) thiolane

在上述两种命名法中,由于音译命名法与外文直接联系,对阅读文献比较方便,故使用较为普遍。

习题 19-1　请根据以下英文名称画出其结构式,并给出中文名称:

(i) aziridine　(ii) azetidene　(iii) dioxolane　(iv) oxirane

(v) propane-2-thione

19.2.2　杂环母核的编号

杂环母核的编号有许多细则,比较复杂,下面仅介绍几条与本章内容有关的比较常用、比较简单的原则:

(1)杂环母核编号时,将杂原子定为 1 号,碳原子可以按顺序规则依次排序。例如

也可以依次编为 α,β,γ 等。

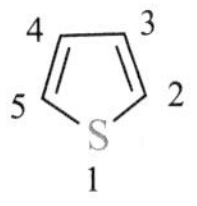

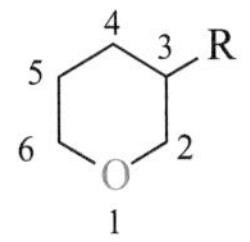

（2）当母核上有两种或多种杂原子时，杂原子按价数先小后大；相同价数的杂原子，按杂原子原子序数先后列出，小的在前，大的在后。例如，氧、硫、氮的排序为氧→硫→氮。

（3）当母核上有两种或多种杂原子同时还有取代基时，首先要使杂原子编号尽可能小，然后再按最低系列原则考虑取代基的编号。例如下面的化合物应命名为 4,5-二甲基嘧啶：

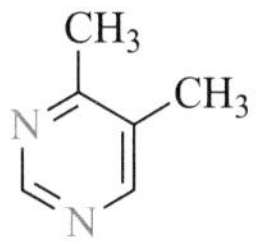

（4）苯并杂环的稠杂环化合物，编号方式与稠环芳烃相同，但编号一般从杂环开始，然后再编苯环。例如

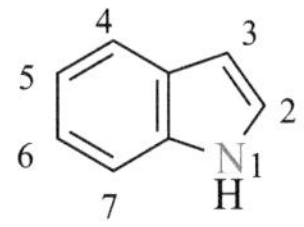

（5）少数稠杂环化合物有另外的编号顺序。例如嘌呤环系的编号顺序如下：

为了便于记忆，嘌呤中各原子的编号顺序用一横写的 S 字母表示，即由字母的左上端起近似按横写的 S 依次编号。

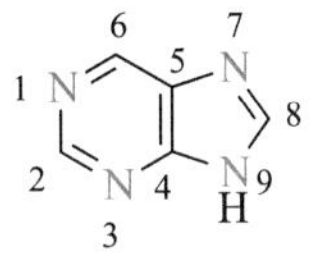

嘌呤
purine

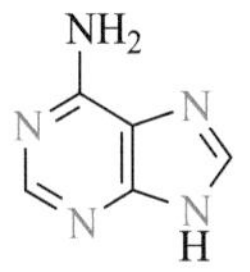

腺嘌呤(6-氨基嘌呤)
purin-6-amine

习题 19-2　给出下列化合物的中文名称，通过网络查阅其英文名称：

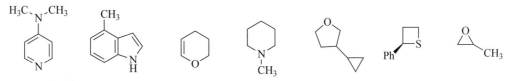

习题 19-3　根据以下中文名称给出其结构式：

(i) 3-甲基氧杂环戊烷　(ii) 2-氟硫杂环丁烷　(iii) 3-乙基氧杂环丁烷　(iv) N-乙基-(2S,3S)-2,3-二甲基氮杂环丙烷　(v) 2,5-二甲基噻吩

19.3 脂杂环化合物的化学性质

脂杂环的化学性质与相应的链形化合物的相似，例如 γ-丁内酯具有酯的一切特性。小环类脂杂环由于张力较大、易开环，比相应的链形化合物活泼，例如环氧乙烷比一般的醚类化合物具有更活泼的化学性质。而大环体系则相对比较惰性。

19.3.1 氧杂环的化学性质

常见的环氧化合物：

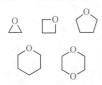

在本章中不再赘述环氧乙烷类化合物的反应。

在学习环氧化合物的反应时要与醚的反应结合对比。

前面已经学过了环氧乙烷及其衍生物的反应性质，对环氧化合物的基本性质应该已有所了解。与链状的醚相比，环氧化合物（即环醚）通常具有更强的亲核能力。这是因为氧原子上的烷基由于环的作用，使其键角变小，将氧原子上的孤对电子充分暴露出来（空阻减小），使得孤对电子更容易与缺电子体系反应。因此，环氧化合物的基本化学性质就是开环的反应，其动力在于环张力的释放。如氧杂环丁烷在 BF_3 作用下，其开环的动力将会变得更强，几乎可以与 n-BuLi 反应定量生成 1-庚醇：

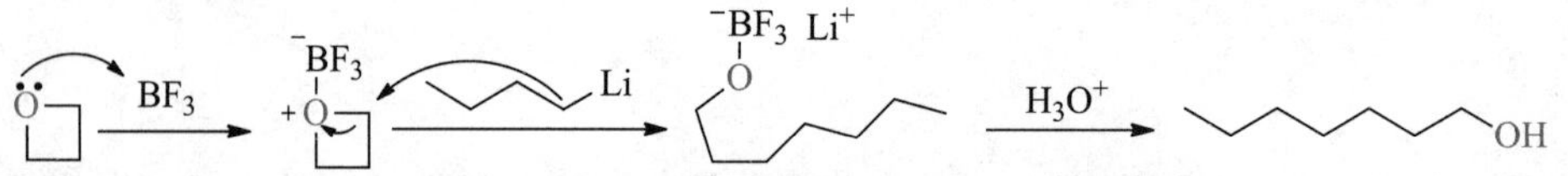

没有 Lewis 酸的配位作用，n-BuLi 不会与氧杂环丁烷反应。

$$\text{O} \xrightarrow{BF_3} \xrightarrow{Li} \xrightarrow{H_3O^+} \text{OH}$$

但是，随着环的增大，环氧化合物的反应活性越来越弱。例如，在 BF_3 作用下，四氢呋喃会被 n-BuLi 亲核进攻，从而发生开环反应生成 1-辛醇，但产率只有 20%：

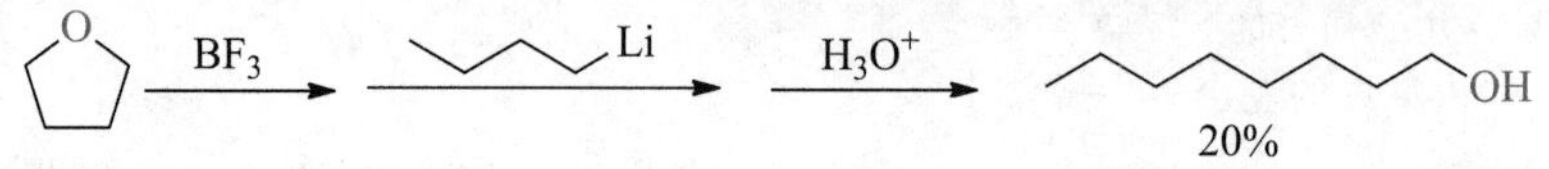

思考：使用 n-BuLi 和四氢呋喃的反应常在 0℃ 及以下温度进行，在 0℃ 以上常会发生四氢呋喃的脱氢反应。你认为四氢呋喃会被 n-BuLi 攫取哪个位置上的氢原子以及最终可能的产物是什么？

$$\text{O} \xrightarrow{BF_3} \xrightarrow{Li} \xrightarrow{H_3O^+} \text{OH} \quad 20\%$$

因此，四氢呋喃和二氧六环在有机反应中常作为溶剂，它们可以通过与金属离子的配位（使金属离子更加稳定）将金属有机化合物溶解。烷基锂在反应过程中也常用四氢呋喃做溶剂。

19.3.2 氮杂环的化学性质

在有机反应中，由于氮原子比氧原子具有更强的亲核能力，因此氮杂环展示了比氧杂环更为重要、更为丰富的反应。简单的氮杂环类化合物主要有

氮原子参与的反应主要有：酰胺、亚胺和烯胺的形成，胺的烷基化反应。

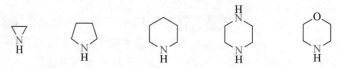

本质上，氮杂环的基本反应与链状胺类化合物一样，主要发生亲核加成和亲核

取代两类反应。环状胺中氮原子的亲核能力要比链状胺的强。例如,在以下反应中,环状三级胺的反应速率要比三乙胺快 40 倍以上:

$$R_3N \ + \ CH_3I \ \longrightarrow \ R_3\overset{+}{N}-CH_3 \ + \ I^-$$

Et₃N		
反应速率	1	63	40

这也是由于环状结构使得氮原子的取代基远离了孤对电子,使其与碘甲烷发生 S_N2 反应的速率大大加快。但是,此加快与胺的碱性无关。

思考:为何在烯胺的形成中通常使用二级环状胺?

有些反应如果 LDA 不能起作用,可以使用 LiTMP。

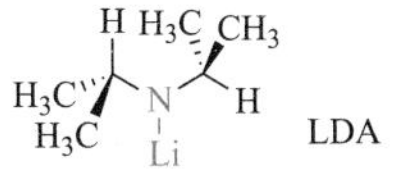

LDA

从上图可以看到,由于单键可以旋转,在 LDA 中只有两个甲基靠近 Li;而在 LiTMP 中,始终有四个甲基靠近 Li。

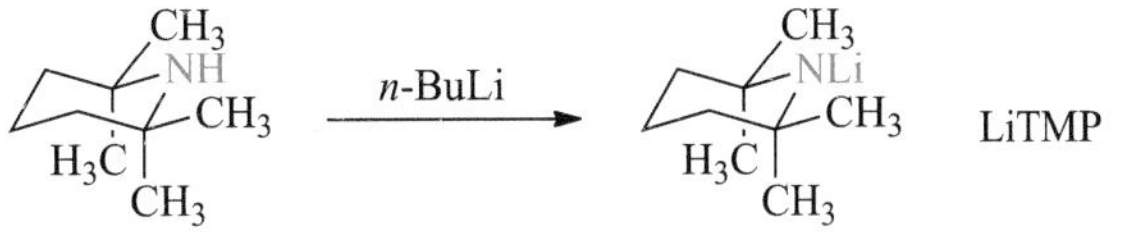

但是,这种空阻效应有时也会被氮原子 α 位上的取代基所影响,随着 α 位取代基的增加,这种空阻效应逐渐减弱,最终使得此氮原子基本上没有亲核能力。如 2,2,6,6-四甲基六氢吡啶(2,2,6,6-tetramethylpiperidine,TMP)基本上与二异丙基胺一样,与烷基锂作用后成为了一种大空阻的强碱 LiTMP:

尽管氮杂环类化合物,即使是三元环和四元环相对都比较稳定,但是当氮原子被质子化后,氮杂环丙烷与环氧乙烷一样非常容易进行开环反应。例如,在酸性条件下,氮杂环丙烷的氮原子被质子化后,开环形成正离子,接着发生傅-克烷基化反应,最终磺酰胺离去,形成萘环体系:

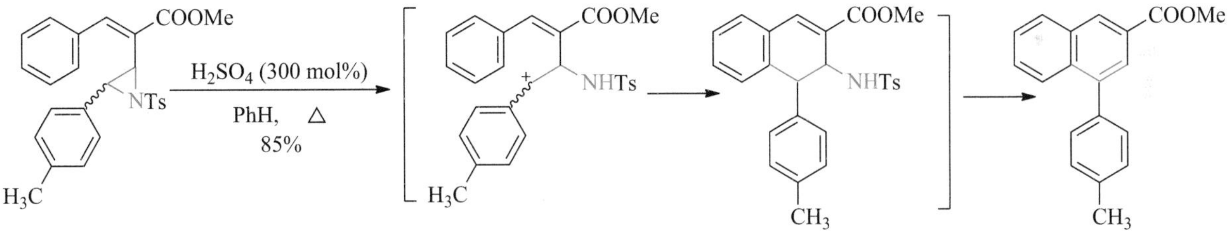

氮原子也可以通过亲核反应形成正离子,接着开环:

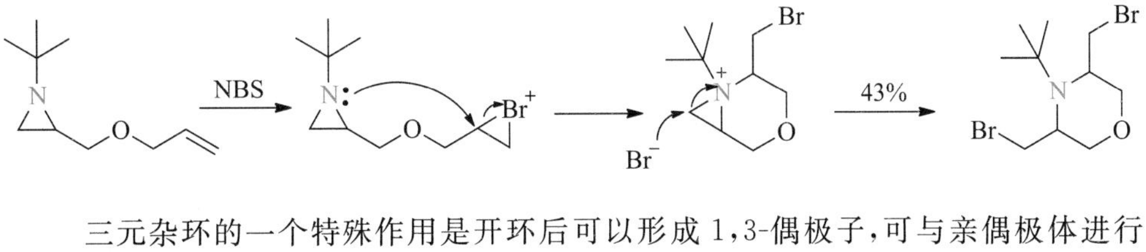

三元杂环的一个特殊作用是开环后可以形成 1,3-偶极子,可与亲偶极体进行 1,3-偶极环加成反应:

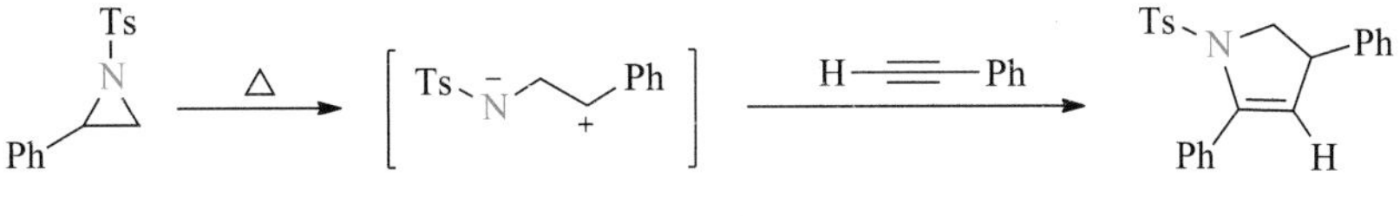

19.3.3 硫杂环的化学性质

由于硫原子的电负性要比氧和氮原子都小，较接近于碳原子，因此硫杂环具有与氧杂环和氮杂环不同的化学性质。与氧和氮原子相比，与硫原子相连的 α 位碳原子上的氢原子具有较强的酸性，这是由于硫原子可以稳定与之相连的碳负离子。与同样的氧杂环相比，不管是五元的还是六元的硫杂环化合物，在碱的作用下更容易形成负离子，这使得硫杂环化合物成为了有机合成中非常重要的一类试剂。例如，可以将醛羰基转化成1,3-丙二硫醇保护的缩硫醛，接着在碱的作用下将碳原子上的氢原子攫取形成碳负离子，这使得原先羰基上碳原子的极性发生了翻转，羰基碳原子可以发生亲核反应：

这是醇作为保护基所形成的缩醛所不具有的性质。这种方法成为在羰基上原位合成具有不同官能团的同类化合物的非常实用的方法。

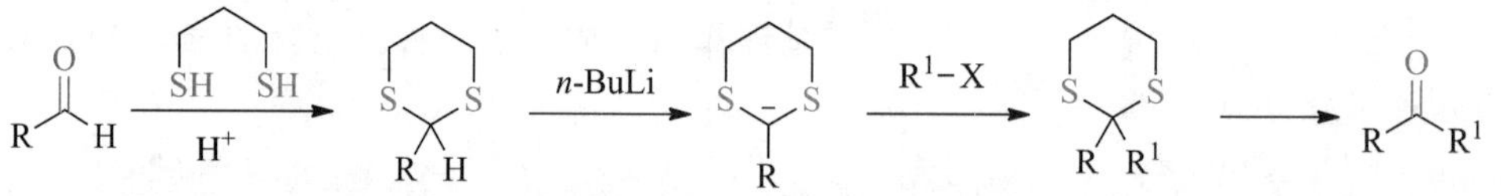

但是，相对而言，单个硫原子取代的碳原子上氢原子的酸性不够强。可以通过将硫原子氧化成亚砜以增加氢原子的酸性，反应完成后再将亚砜还原：

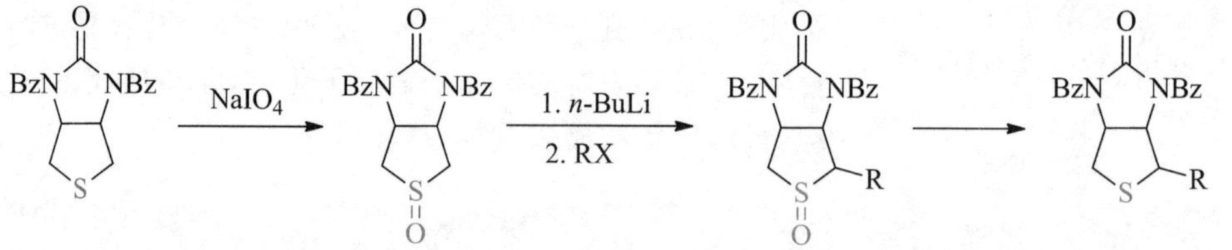

习题 19-4 为以下两种转换提供合理的反应机理，并对其不同的结果提供合理的解释：

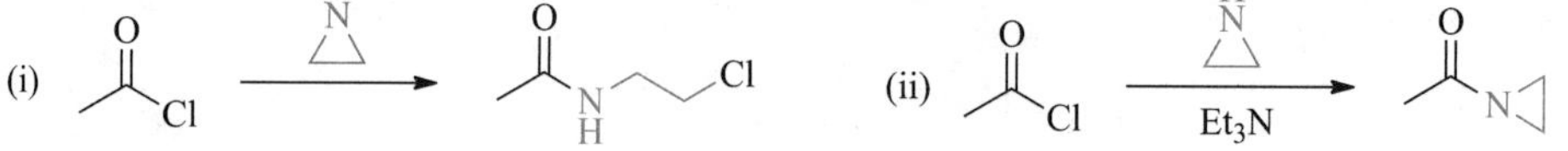

习题 19-5 为以下转换提供合理的、分步的反应机理：

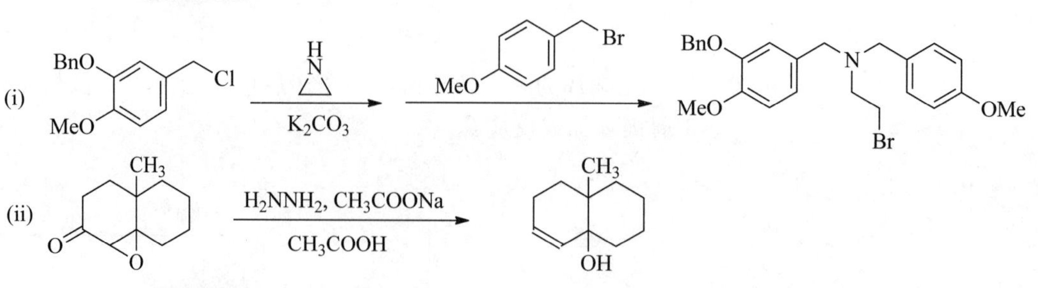

习题 19-6 完成下列反应：

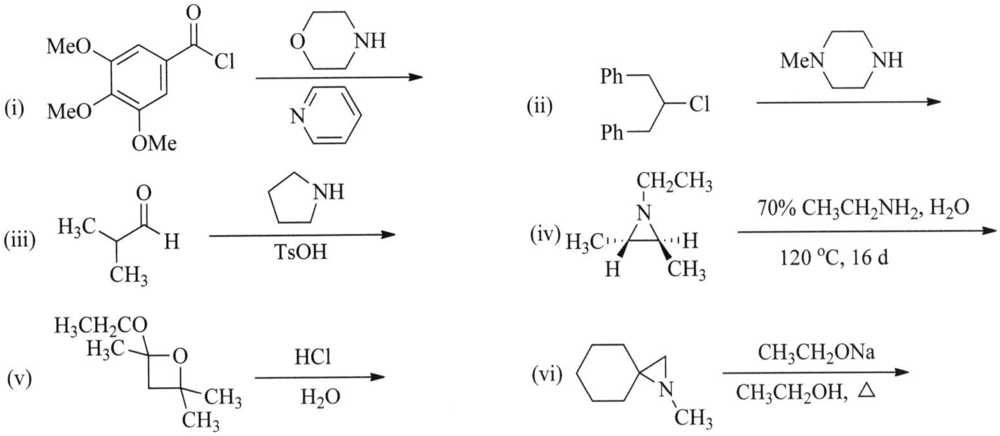

(i) MeO, MeO, OMe — C(=O)Cl + 吗啉 NH / 吡啶 N →

(ii) Ph, Ph — CHCl + MeN—NH →

(iii) H₃C—CH(CH₃)—CHO + 吡咯烷 NH / TsOH →

(iv) H₃C⋯, H ⋯CH₃ (N—CH₂CH₃) $\dfrac{70\% \ CH_3CH_2NH_2, \ H_2O}{120\ ^{\circ}C, \ 16\ d}$ →

(v) H₃CH₂CO, H₃C—O—CH₃, CH₃ $\dfrac{HCl}{H_2O}$ →

(vi) 螺环 N—CH₃ $\dfrac{CH_3CH_2ONa}{CH_3CH_2OH, \ \triangle}$ →

19.4 脂杂环的立体化学

　　脂杂环的立体构型基本上与碳环一致。对只有一对孤对电子的氮杂环而言，其孤对电子通常位于直立键上；而对于有两对孤对电子的氧杂环和硫杂环，这两对孤对电子分别在直立键和平伏键上：

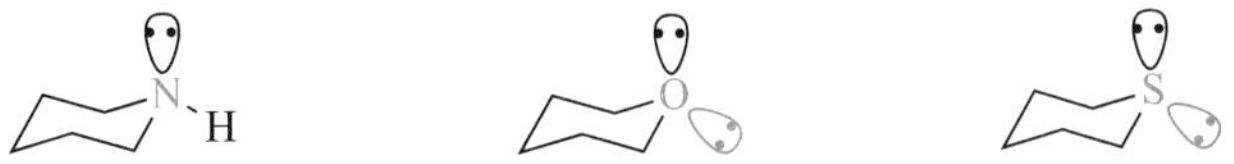

　　从上图可以发现，处于平伏位置的孤对电子，必定会存在环内两根碳碳键与其处在反平行的位置上；而处于直立位置的孤对电子，也必定会存在两根直立键与其处在平行的位置上，另外还有两根直立键与其反平行，这在有机反应中有非常重要的作用。在以下转换中，由于氧原子上的两对孤对电子均没有与离去基团乙酸根负离子处在反式位置上，孤对电子很难贡献到 C—O 键的 σ* 反键轨道上，也就很难形成羰基氧鎓离子：

学习邻基参与效应时，一定要考虑其反应的构象是否合适。

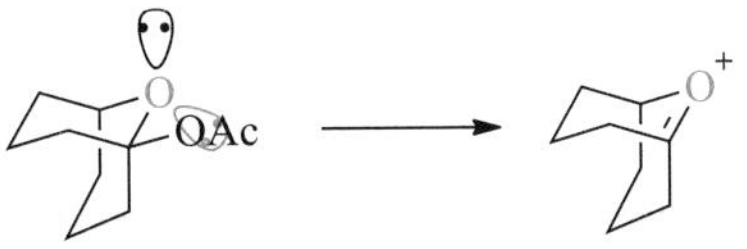

　　　　　　　　　　　　　　　　反应速率极慢

　　而对于以下反应而言，其反应速率要比上述反应快 10^{10} 倍：

这个反应速率加快的原因也与后面讨论的异头碳效应一致。

在环己烷的椅式构象中,通常空阻大的基团处在平伏键上,可以使分子处于稳定的状态。但是,在杂环中,杂原子的孤对电子使得化合物构象的稳定状态有了一些变化。例如,在溶液中,葡萄糖通常以形成环状构象的形式存在:

以前学习时考虑空阻效应和电子效应对反应性能的影响,此时需要进一步考虑空阻效应和电子效应对化合物构象稳定性的影响,称为立体电子效应。

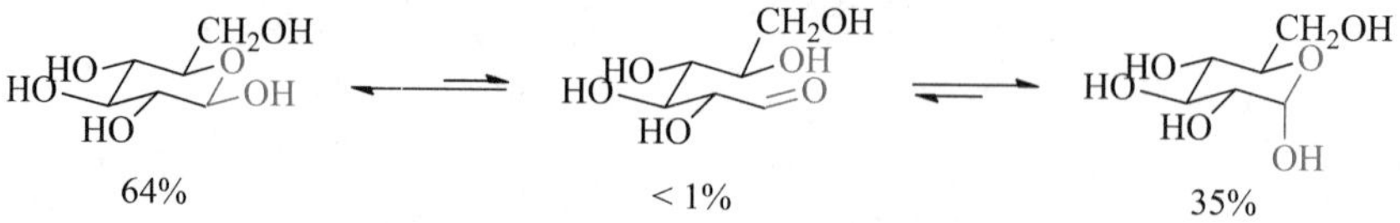

64%　　　　　　　　　< 1%　　　　　　　　　35%

其中半缩醛的羟基处在平伏键与直立键的构象之比约为 2∶1,并且其他四个取代基均处在平伏键上;而且研究发现,随着半缩醛的羟基转化为体积更大的取代基,它处在直立键的比例随之增大:

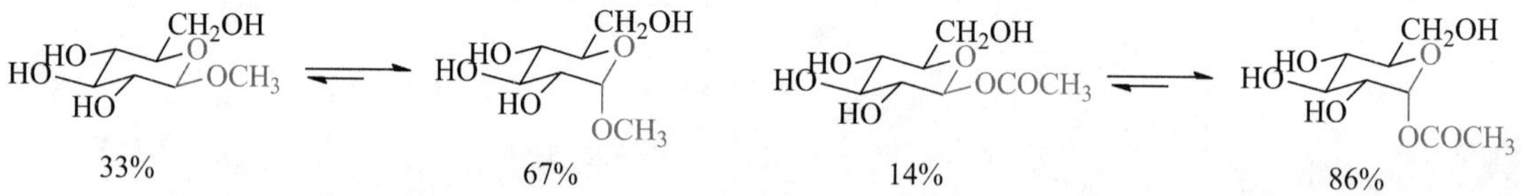

33%　　　　　　67%　　　　　　14%　　　　　　86%

这与酰胺的稳定性是一致的。

在四氢吡喃环中,与杂原子相连的碳原子称为异头碳。当这个碳原子上连接一些电负性比碳原子大的基团时,在此类化合物中的这些基团通常采取直立键构象,这种效应称为异头碳效应。其原因在于,当吡喃环 C2 位上直立键的取代基与杂环中氧原子的孤对电子处在反式共平面位置时,此孤对电子可以参与到 C—X 键的 σ* 反键轨道中,这使得分子更加稳定:

在这些类似的构象中,基团 X 处在直立键位置上更为稳定。

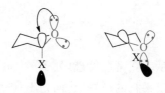

习题 19-7 完成以下反应,画出产物的所有立体构象,并判断哪一个构象最稳定:

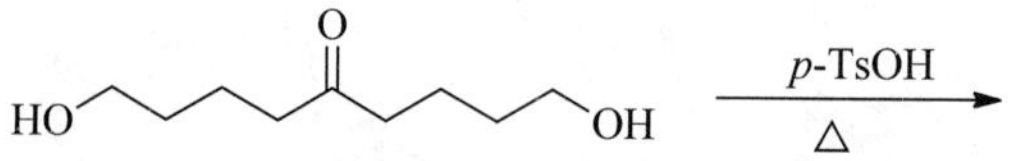

$$\xrightarrow[\triangle]{p\text{-TsOH}}$$

习题 19-8 画出以下化合物稳定的立体构象,并解释之:

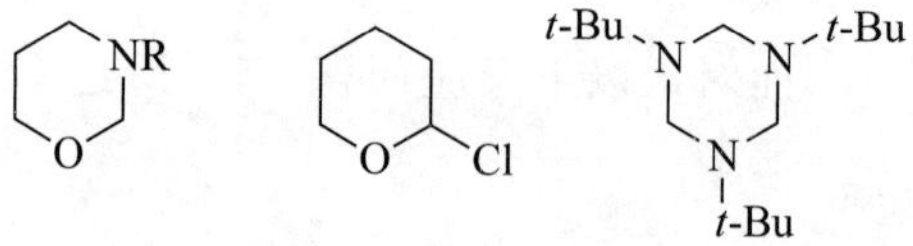

19.5　脂杂环的制备

脂杂环的制备大多以杂原子作为亲核位点,通过分子内的取代或加成反应来实现。例如,在碱性条件下,α-卤代醇可以通过分子内的亲核取代反应制备环氧乙烷衍生物:

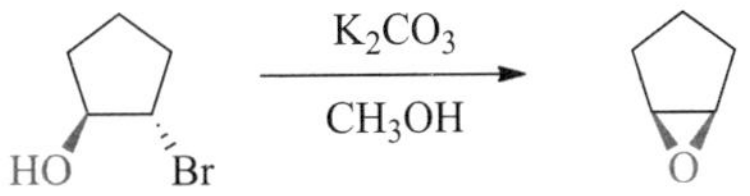

更大环系的氧杂环类化合物也可以通过类似的方法合成:

对于氮杂环类化合物,也可以通过以上方法进行制备:

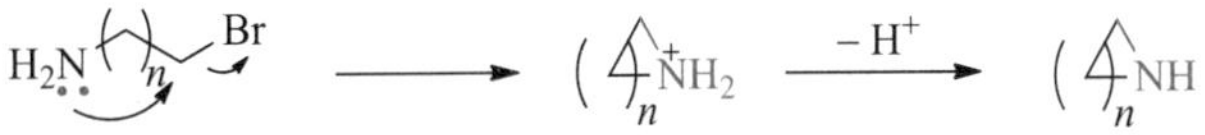

实验结果表明,在这些杂环的形成过程中,反应速率从快到慢的顺序如下:

五元环>六元环>三元环>七元环>四元环>八元环

实际上,对于这样的结果可以归结为以下两点:

（1）从环的张力考虑:三元环和四元环的环张力使其难以形成,因此,三元环的形成速率最慢。

（2）从反应物的构象考虑:随着碳链变长,在反应时分子的构象会有很多的可能,导致速率减慢;此时,三元环的形成最容易。

综合考虑以上两种因素,五元环的形成速率最快。

> 碳环的形成方式也基本如此。
> 此时主要指的是过渡态时的环张力导致反应能垒升高、速率减慢。反应随着环的扩大,张力减少,速率加快。

习题 19-9　完成以下反应:

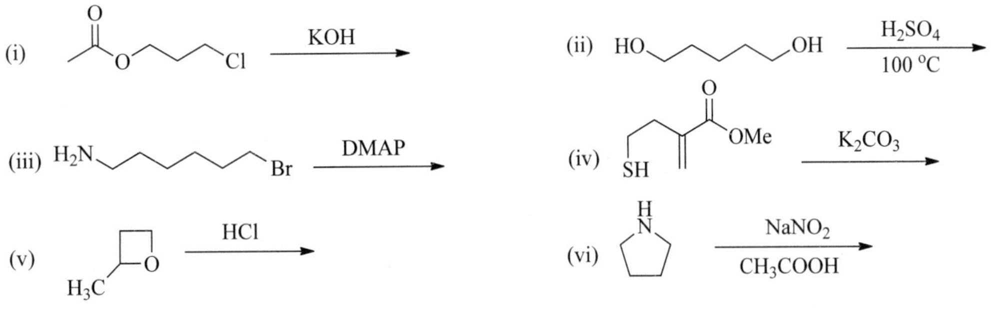

习题 19-10 为以下转换提供合理的、分步的反应机理：

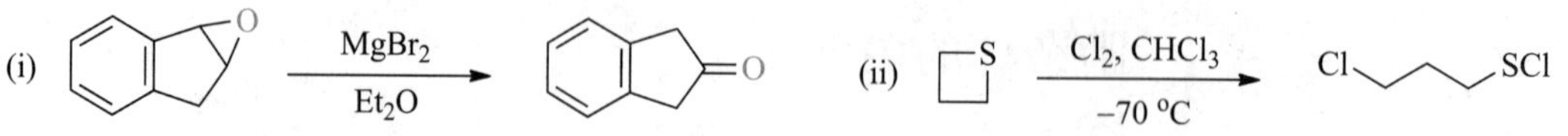

(i) (ii)

习题 19-11 以所给的试剂为原料制备目标化合物：

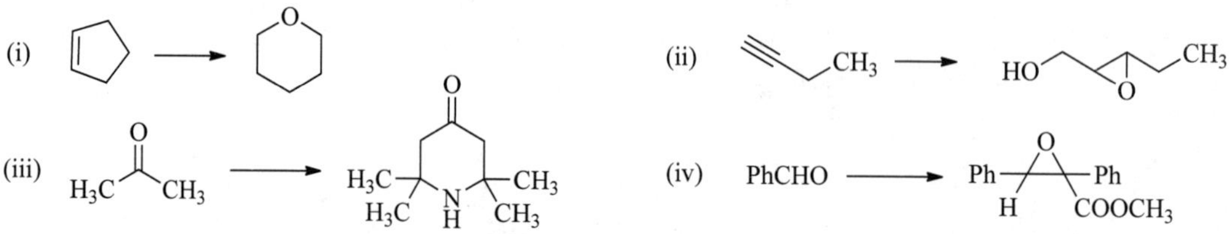

(i) (ii)

(iii) (iv)

19.6 芳香杂环化合物的电子结构及其化学反应

19.6.1 芳香杂环化合物的电子结构

实际上，现在金属原子也可以成为芳杂环的一部分。

至今，除了卤原子外，其他非金属原子均可以成为芳杂环的一部分，而且使目标环系仍然具有芳香性。芳杂环化合物可以分为单杂环和稠杂环（fused heterocycle）两大类，稠杂环是由苯环与单杂环，或两个或多个单杂环稠并而成的。芳杂环化合物也可以按照杂环中所含杂原子的个数来分类：单杂原子、两个杂原子、三个杂原子以及四个杂原子等的芳杂环化合物；还可以按环的大小来分类：五元杂环、六元杂环等芳杂环化合物。

在本章中，将主要介绍五元杂环、六元杂环以及在此基础上稠合其他环系的稠杂环类芳香化合物的反应及其制备方法。前面已经学过的五元和六元环系芳香化合物的代表为茂环和苯：

呋喃、噻吩、吡咯环中的碳原子与杂原子均以 sp^2 杂化轨道互相连接成 σ 键并且在一个平面上，每个碳原子及杂原子上均有一个 p 轨道且互相平行，在碳原子的 p 轨道中有一个 p 电子，在杂原子的 p 轨道中有两个 p 电子。上述结构特点与 Hückel 的 $4n+2$ 规则相符。

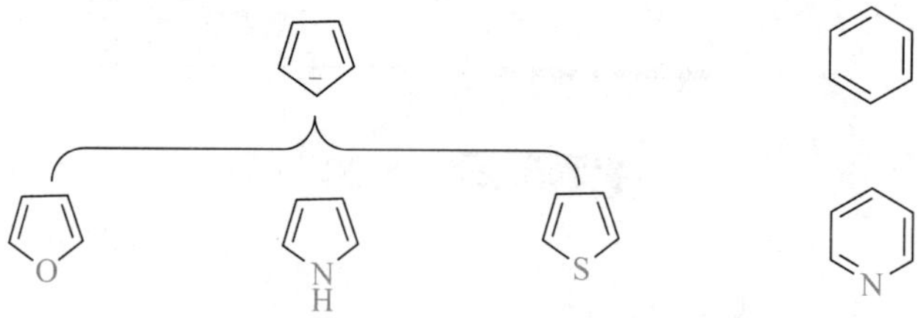

针对茂环而言，可以分别用 O、S 以及 NH 代替五元环中的 CH 负离子，由于这些原子的孤对电子仍然可以参与共轭，形成一个环状封闭的 6π 电子共轭体系，保持了茂环的芳香性。这三个芳香杂环化合物分别称为呋喃、噻吩以及吡咯，它们均为单杂环化合物。对于苯而言，其中一个碳原子被氮原子代替，其环系中仍然保持了 6π 电子，还具有芳香性。这些芳香化合物的分子轨道示意图对比如下：

在呋喃、噻吩与吡咯环的共轭体系中，键长与一般的单双键有区别，但并没有完全平均化。

吡啶环上的碳原子与氮原子均以 sp² 杂化轨道成键，每个原子上有一个 p 轨道，p 轨道中有一个 p 电子；氮原子上还有一个 sp² 杂化轨道，被一对孤对电子占据，未参与成键。

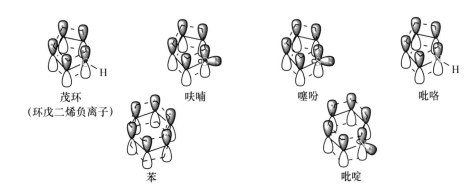

茂环（环戊二烯负离子）　呋喃　噻吩　吡咯　苯　吡啶

从上述的分子轨道示意图中可以看出，对于五元杂环芳香体系而言，杂原子上的一对孤对电子完全参与到整个环系的共轭中，考虑到这些杂原子的给电子共轭效应大于吸电子诱导效应，此杂环为富电子体系；而对于六元杂环吡啶而言，氮原子的孤对电子与 π 分子轨道完全垂直，没有参与到共轭体系中，因此氮原子的吸电子诱导效应和吸电子共轭效应占主导作用，此杂环为缺电子体系。在大多数情况下，氧和硫原子以给电子共轭效应的形式参与到芳香杂环体系中，那么大多数只含氧或硫原子的芳香杂环体系为富电子体系。而对于氮原子而言则不同，从以上的分子轨道分析结果就可以发现，氮原子参与芳香杂环体系有两种形式：孤对电子参与共轭的吡咯环中的氮原子（吡咯类氮原子）以及孤对电子不参与共轭的吡啶环中的氮原子（吡啶类氮原子）；前者使芳杂环成为富电子体系，后者使芳杂环成为缺电子体系。因此，在考虑含多个氮原子参与的杂环体系时，必须分清其环中氮原子哪些是吡咯类氮原子，哪些是吡啶类氮原子。例如，对于以下体系：

含有两个杂原子，且其中至少有一个是氮原子的五元杂环体系称为唑（azole）。噁唑、噻唑、咪唑可以分别看做呋喃、噻吩、吡咯环 C3 位的 CH 换成了氮原子，因此称它们为 1,3-唑。异噁唑、异噻唑和吡唑可以分别看做呋喃、噻吩、吡咯环 C2 位的 CH 换成了氮原子，因此称它们为 1,2-唑。

在吡唑和咪唑中，替换 CH 的氮原子呈 sp² 杂化，未参与杂化的 p 轨道上有一个 p 电子，与环上其他原子的 p 轨道平行重叠，形成 $4n+2$ 个 π 电子的环状的封闭共轭体系。

在这些六元芳杂环体系中，其氮原子均为吡啶类氮原子，因此随着氮原子数目的增加，其芳环体系会变得越来越缺电子，其芳香亲核取代反应性能逐渐增强，芳香亲电取代反应性能逐渐降低。

那么对五元芳杂环，情况又如何呢？先以吡咯为例：

从上述结构中可以发现，在吡咯环的基础上增加的氮原子均属于吡啶类氮原子，与吡咯相比，这些芳杂环相对为缺电子体系，而且氮原子越多，越缺电子。

在呋喃和噻吩环系中添加氮原子时：

咪唑和吡唑环系，存在互变异构体。

这些增加的氮原子也均为吡啶类氮原子,其效应与对吡咯的分析基本一致。

因此,总结以上结果,在芳杂环中进一步将 CH 用氮原子替换时,这些新增的氮原子均为吡啶类氮原子,使得整个环系与原先的相比变得缺电子。

习题 19-12 画出呋喃、噻吩以及吡咯的共振式,并判断最稳定的共振极限式。

习题 19-13 在咪唑环的互变异构的平衡体系中,C4 位与 C5 位是相同的,但当有取代基时,则存在互变异构体。例如,4-甲基咪唑与 5-甲基咪唑,这一对异构体不能分离。画出这两个化合物的结构式,并用中英文命名之。如果此命名方式有问题,你认为应该如何解决?

习题 19-14 由于可以形成分子间的氢键,因此吡唑与咪唑的沸点较高,在室温下是固体。分别画出吡唑与咪唑所形成的氢键结构式,并由此判断哪个化合物的熔点和沸点更高。

19.6.2 芳杂环的核磁共振特征变化

由于这些杂环化合物形成封闭的芳香共轭体系,与苯环类似,在核磁共振谱上,因外磁场的作用而诱导出一个绕环转的环电流,此环电流可产生一个和外界磁场方向相反的感应磁场。环外的氢原子,处在感应磁场回来的磁力线上,和外界磁场方向一致,即在去屏蔽区域;环上氢原子处于屏蔽区,其 ^1H NMR 的信号峰移向低场,化学位移 δ 一般在 6~10 ppm 的范围内。

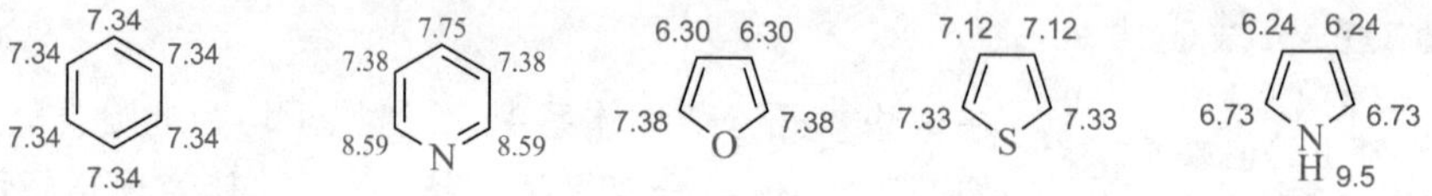

以苯为基本标准,苯环上氢原子的化学位移为 7.34 ppm。在吡啶中,C3 位氢原子的化学位移基本与苯环的类似,而 C2 和 C4 位氢原子的化学位移均移向低场,其中 C2 位氢原子的化学位移变化最大,从 7.34 ppm 移至 8.59 ppm。在富电子体系的五元杂环呋喃和噻吩中,C2 位氢原子的化学位移基本与苯环的一致,而 C3 位上氢原子的化学位移均移向了高场,呋喃中的变化接近 1 ppm,从 7.34 ppm 移至 6.30 ppm;而在吡咯中,所有氢原子的化学位移均移向了高场,当然 C3 位的变化也比 C2 位的大。下面列出了一些含两个杂原子的芳杂环体系中氢原子的化学位移:

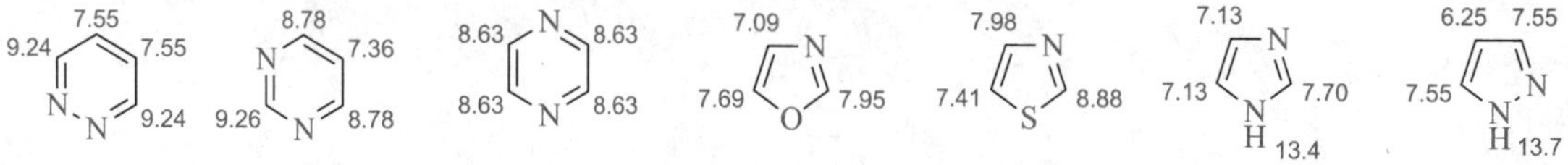

从中可以看出,随着氮原子的引入,芳环上所有氢原子的化学位移均向低场移动。这是这些氮原子属于吡啶类氮原子,其吸电子诱导效应和吸电子共轭效应共同作用的结果。

这些芳杂环的 ^{13}C NMR 也表现了类似的结果:

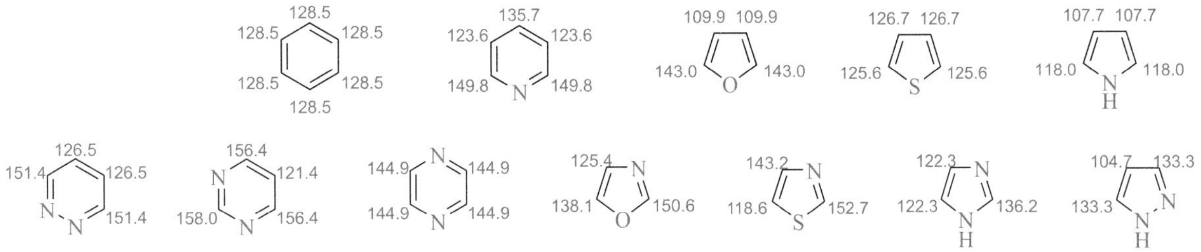

习题 19-15 从以上的 ^{1}H 和 ^{13}C NMR 数据可以分析得知,与苯环相比,吡啶类氮原子的引入,均会使邻、对位上 H 和 C 的化学位移移向低场;而吡咯类氮原子(或氧和硫原子)的引入,均会使其 C3 位上的氢原子和碳原子的化学位移移向高场。对此现象给出一个合理的解释。

19.6.3 芳杂环的碱性和亲核性

芳杂环分子与质子的反应称为质子化反应(protonation)。芳杂环由于杂原子的参与,使其与苯相比具有了较强的碱性。因此,在酸性条件下,大多数芳杂环均可以发生质子化反应。芳杂环中杂原子的质子化可以分为以下两类:① 孤对电子参与芳环共轭体系的杂原子质子化;② 孤对电子不参与芳环共轭体系的杂原子质子化。

1. 呋喃、噻吩以及吡咯的质子化反应和氮原子上的反应

这三个芳杂环中均有孤对电子(氧、硫和氮原子),从理论上分析,这些孤对电子可以与质子结合,均应该体现一定的碱性。但是,这三个芳杂环在酸性条件下却表现出不同的性质。

和普通的胺相比,由于氮原子上的孤对电子参与了芳香化过程,因此吡咯的碱性显得非常弱。要使吡咯质子化,必须在强酸作用下才可以进行,而且质子化的位点不在氮原子上,而是在 C2 位上:

这是因为氮原子的给电子共轭效应大于吸电子诱导效应,导致其碱性减弱而环上碳原子电子云密度升高而造成的。

当吡咯环上有吸电子基团时,该质子化反应更加不易发生。

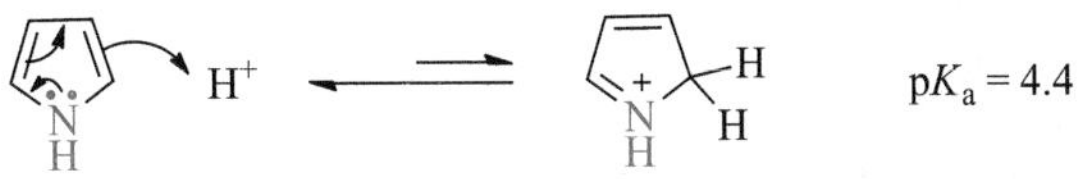

$$pK_a = 4.4$$

分子轨道理论计算表明,吡咯环 C2 位上的 π 电子云密度要高于 C3 位上的 π 电子云密度,所以质子化反应主要在 C2 位上发生。由于 C2 位上的质子化反应,吡咯

在强酸作用下可以发生聚合反应,当然也可以与其他正离子发生芳香亲电取代反应。

实际上,吡咯具有一定的酸性。胺的 pK_a 通常在 30 以上,如四氢吡咯的 pK_a 为 35。但吡咯的 pK_a 为 16.5,这是由于吡咯上氮原子失去氢原子成为负离子后,其负离子的离域程度更高,因此吡咯负离子也是芳香性的:

对比环戊二烯负离子。

氮原子 sp^2 杂化轨道中有一对未共享的孤对电子,可以与质子结合。

吡咯负离子的分子轨道示意图

吡咯负离子是很好的起始原料,可以在氮原子上引入各种取代基,如烷基、酰基、磺酰基等等。吡咯负离子存在两对孤对电子,其中一对孤对电子可以离域参与到整个芳香体系中,另一对孤对电子会定域在氮原子的 sp^2 轨道上,这使得与吡咯相比,吡咯负离子的 HOMO 能级升高,更利于发生亲核反应。例如,无论在强碱或弱碱的条件下,吡咯的氮原子上均可以发生酰基化反应;但烷基化反应需在强碱条件下进行:

实际上,含吡咯类氮原子的芳杂环均有此类性质。

思考:为什么吡咯的质子化反应总是在 C 位,而不是在氮原子上?

与吡咯中氮原子相比,呋喃的氧原子上有两对未共用的孤对电子,其中一对参与了共轭,另一对未参与共轭,因此呋喃在合适的条件下可以快速地发生质子化反应。但由于氧原子与质子的成键和断键的活化能均很低,因此呋喃的质子化过程一般仍发生在 C2 位上。在稀酸的条件下,呋喃的质子化反应会进一步导致呋喃发生开环反应生成 1,4-二羰基化合物:

质子化开环的过程是合成呋喃的逆反应。

由于 sp^2 杂化,碳原子的正常键角应为 120°,噻吩环中 ∠SCC 与 ∠CCC 比呋喃、吡咯环中相应的键角大,也即与正常键角偏差较小,因此张力也较小,故噻吩环比呋喃环、吡咯环稳定。

在一般情况下,噻吩既可以在 C2 位发生质子化反应,也可以发生硫的质子化反应。但它与呋喃不同,不会因为硫的质子化而导致碳硫键的断裂开环。这被认为是与噻吩环的张力较小有关。

习题 19-16 完成下列反应:

(i) 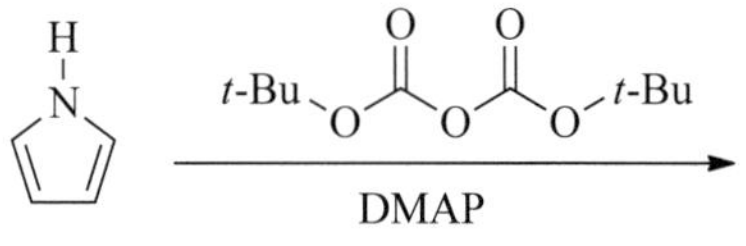

(ii) 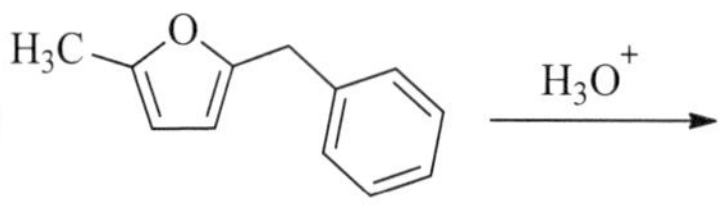

(iii) 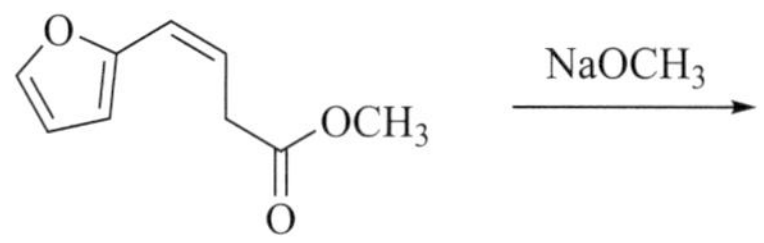

(iv) 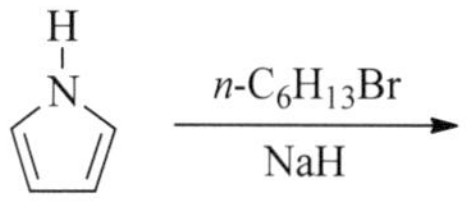

习题 19-17 为下列转换提供合理的、分步的反应机理：

(i) 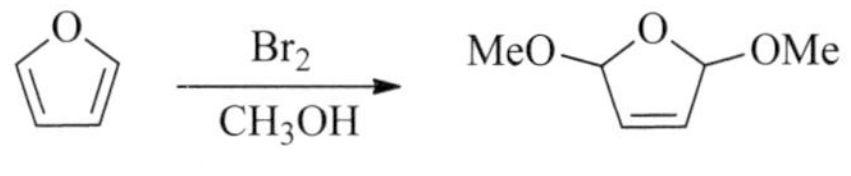

(ii) 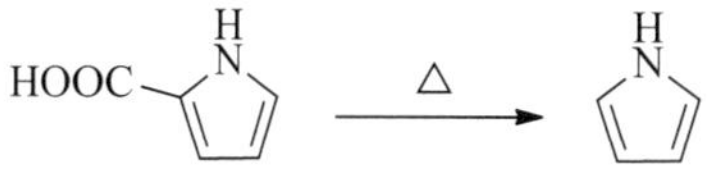

2. 吡啶及含两个杂原子等芳杂环的质子化反应和烷基化反应

吡啶中氮原子为 sp^2 杂化。与吡咯不同的是，吡啶氮原子的轨道上只有一对未与芳环共轭体系共用的孤对电子，因此吡啶与其他胺类化合物一样属于弱碱，可以和质子结合形成吡啶盐（pyridinium salt）。与脂肪铵盐相比，吡啶盐的 pK_a 较小，为 5.5，这是因为吡啶中氮原子为 sp^2 杂化，而脂肪胺中氮原子为 sp^3 杂化。如果吡啶环上有给电子基团，其碱性将会增强。

吡啶中氮原子与亚胺中的一致。亚胺相对而言不稳定，由于芳香化使得吡啶比亚胺稳定得多。

此 pK_a 相当于羧酸。亚胺正离子的 pK_a 约为 9，铵正离子的 pK_a 约为 11。

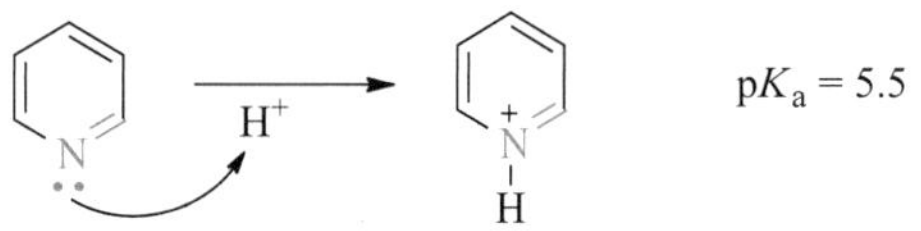
H^+
$pK_a = 5.5$

含有两个杂原子的芳杂环中，其中一个杂原子通常为吡啶类氮原子。因此这些芳杂环唑常具有碱性，但也比一般脂肪胺的碱性弱：

杂原子 Z 的吸电子诱导效应使正离子不稳定，但其给电子共轭效应又使正离子稳定。综合结果是，如果给电子共轭效应大于吸电子诱导效应，碱性就会增加。

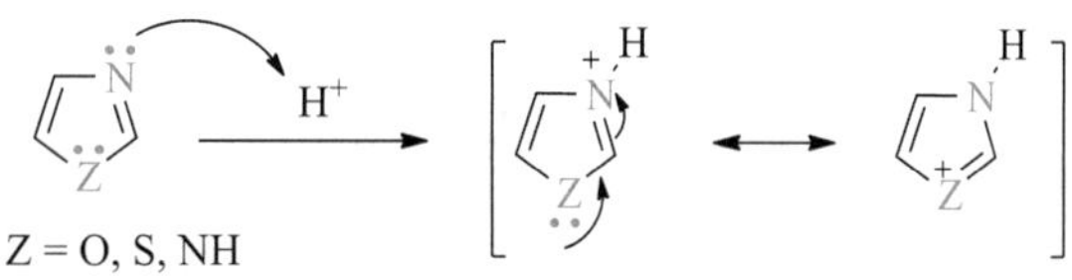
H^+
Z = O, S, NH

在 1,3-唑类化合物中，1,3-噁唑碱性最弱，咪唑最强。这是因为，1,3-噁唑环内的氧原子具有相对强的吸电子诱导效应与相对较弱的给电子共轭效应，总的结果使其碱性相应较弱；而在咪唑中，吡咯类氮原子的吸电子诱导效应相对较弱，而其给电子共轭效应相对较强，故咪唑碱性要比吡啶强：

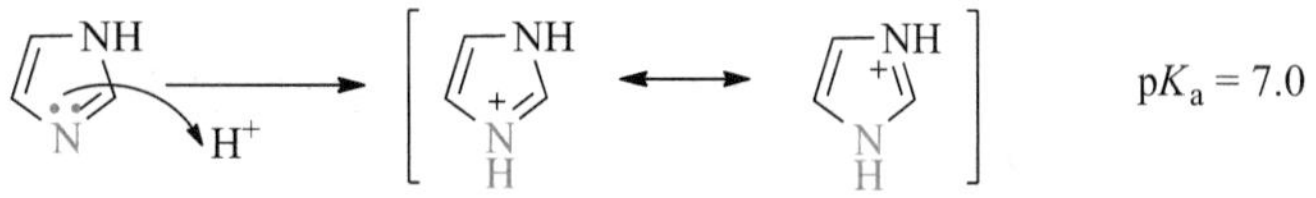
H^+
$pK_a = 7.0$

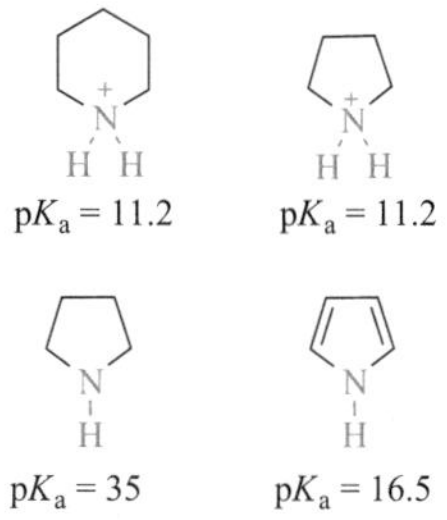
$pK_a = 11.2$
$pK_a = 11.2$
$pK_a = 35$
$pK_a = 16.5$

两个杂原子相连会导致吡啶类氮原子的碱性降低，故 1,2-唑类化合物比相应的 1,3-唑类化合物碱性要弱一些。

与吡咯类似，吡唑和咪唑也同样具有酸性，而且咪唑的酸性也比吡咯强，其

pKa 约为 14.5：

$$pK_a = 14.5$$

在 1,2,3-三唑和 1,2,4-三唑两个化合物中，由于吡啶类氮原子的增加，1,3,4-三唑的 pKa 为 10.3，其相应正离子的 pKa 为 2.2。同理，1,2,3,4-四唑的 pKa 约为 5，接近于羧酸。

嗪环上有两个氮原子，由于两个氮原子均有吸电子诱导效应和吸电子共轭效应，因此二嗪的碱性弱于吡啶的碱性，二嗪共轭酸的 pKa 在 0.6～2.3 之间：

$$pK_a = 2.3 \qquad pK_a = 1.3$$

$$pK_a = 0.65$$

二嗪的一个氮原子质子化后，另一个氮原子上的电子云密度进一步降低，很难再被质子化。

19.6.4 芳杂环中杂原子的亲核性

在有机反应中，N,N-二甲基-4-氨基吡啶（N,N-dimethylpyridin-4-amine，DMAP）是一种"万能"的催化剂：

由于氨基的给电子效应，吡啶氮原子的亲核能力更强，在酰基化反应中只需少量 DMAP 就可以催化反应。同样的作用可以研究 PCC 中吡啶的作用。

吡啶及 DMAP 可以作为亲核性催化剂的关键因素在于，其自身很难进行亲电反应。在这些反应中，如果吡啶作为亲核性催化剂，就可以循环利用，因此只需要少量吡啶即可。

前面讨论了芳杂环的碱性，尽管碱性不能完全等同于亲核性，但芳杂环中吡啶类氮原子的亲核性在有机反应中体现了非常重要的作用。前面的学习中已经讨论过，在酰卤与胺或醇进行酰胺化或酯化反应时，常常使用吡啶做碱。但实际上，吡啶在此过程中，不仅仅只起到了作为碱的用途，还起到了作为亲核试剂的催化作用：

吡啶作为亲核试剂 　　　　酰基吡啶正离子 　　　　吡啶作为离去基团

在某些溴化反应中，吡啶也可以作为亲核性催化剂参与反应：

咪唑同样也可以作为亲核性催化剂参与反应。例如

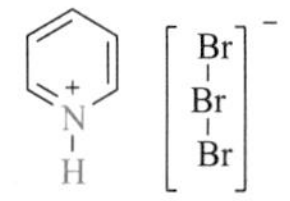

吡啶鎓三溴化物
pyridinium tribromide

在自然界中,许多酶催化反应就利用了咪唑诸多优良特性,如亲核性、碱性以及酸性。

1,2,4-三唑是非常重要的农药和药物的起始原料。许多1,2,4-三唑的衍生物就是利用其氮原子的亲核能力:

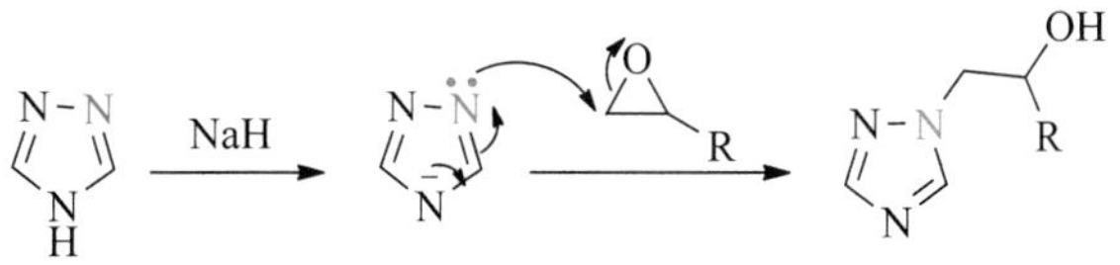

辉瑞(Pfizer)公司生产的治疗真菌感染的药物氟康唑(fluconazole),其结构中的两个1,2,4-三唑片段就是通过亲核反应引入的:

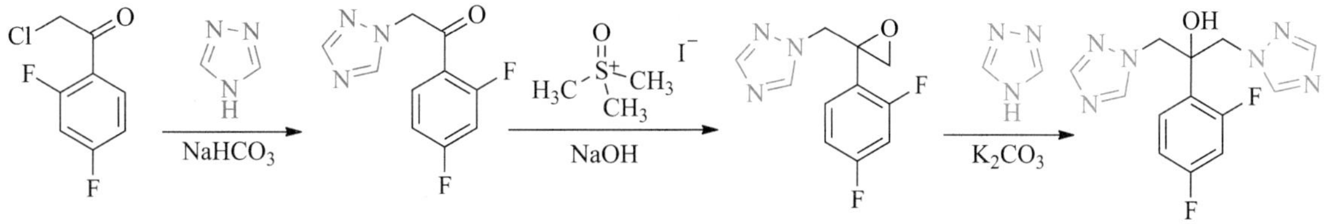

同样,二嗪的氮原子与卤代烷的反应通常也只形成四级铵盐。

习题 19-18 解释为何在许多酯化或酰胺化反应中,常用吡啶或吡啶衍生物做催化剂和碱。

习题 19-19 CDI 是一个非常好的酰基化试剂。为以下利用 CDI 进行酰基化反应的转换提供合理、分步的机理:

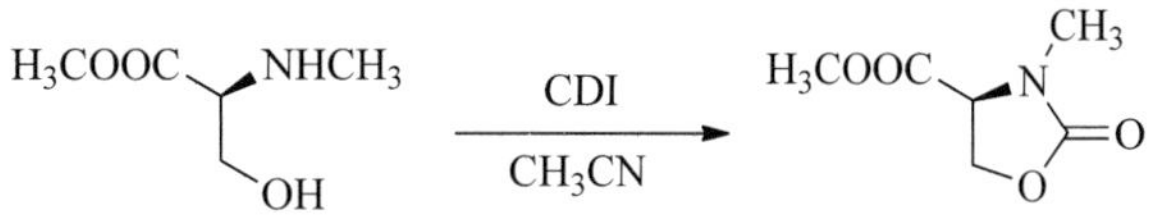

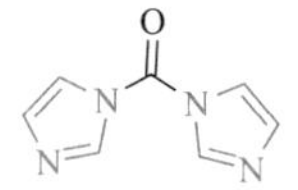

$$H_3COOC \xrightarrow[CH_3CN]{CDI} H_3COOC$$

羰基二咪唑
carbonyl diimidazole(CDI)

并解释为何 CDI 中的酰氨键没有普通的酰氨键稳定。

19.6.5 芳杂环的芳香亲电取代反应

芳杂环的芳香亲电取代反应的机理与苯的一致。在本章中不再具体讨论芳杂环与不同亲电试剂的反应过程,将会讨论芳杂环化合物在芳香亲电取代反应中的定位效应、特殊性及其应用。

芳香亲电取代反应基本上可以以苯作为参照系分为两类:比苯更容易进行反应的以及比苯更难进行反应的。在芳杂环体系之中,杂原子也基本上分为两类:杂原子上孤对电子参与芳环共轭体系的以及不参与共轭体系的。以此就可以判断芳杂环发生亲电取代反应的难易顺序。为了进一步简化判断的方式,可以将其孤对电子参与共轭体系的杂原子归类于吡咯类杂原子;孤对电子不参与共轭体系的杂原子归类于吡啶类杂原子。与苯比较,将这些芳杂环发生芳香亲电取代反应的活性总结如下：

（1）含吡咯类杂原子芳杂环的芳香亲电取代反应都较易进行。其原因在于两点：首先，含吡咯类杂原子芳杂环的 π 电子云密度均高于苯。其次，与过渡态结构相对应的中间体正离子的稳定性有关。苯进行芳香亲电取代反应时形成的中间体正离子的正电荷在碳原子上，而这些芳杂环反应时形成的中间体正离子的正电荷可以在硫或氮原子上，硫与氮原子比碳容易容纳正电荷，因此中间体正离子稳定，过渡态的势能低，易于进行反应。

（2）含吡啶类杂原子芳杂环的芳香亲电取代反应都较难进行。其原因也在于两点：首先，是由于环上氮原子的吸电子诱导效应和吸电子共轭效应，使环上电子云密度降低，因而亲核性变弱，这与硝基使苯环的反应性降低是类似的。其次，强的亲电性介质如 Br^+ 或 $^+NO_2$ 易与吡啶类杂原子形成盐。尽管这些盐仍然具有芳香性，但其已具有一个正电荷，如果亲电试剂再对它发生亲电进攻，则形成双正离子，能量更高，因此反应不易进行。例如，吡啶不能发生傅-克反应；其硝化、磺化等反应只能在极强的条件下进行，而且产率很低。若其环上有给电子基团，能增进其反应性。含有两个或多个吡啶类杂原子的芳杂环就更难进行芳香亲电取代反应。

（3）同时含有吡咯类和吡啶类杂原子的芳杂环也可以进行芳香亲电取代反应，但相对较难。与呋喃、噻吩、吡咯比较，唑环上增加了一个吡啶类氮原子，由于氮原子的电负性较碳大，因此环上的电子云密度与呋喃、噻吩、吡咯比较，相对较低，亲电取代的反应性较呋喃、噻吩、吡咯弱。唑类芳杂环亲电取代反应的活性如下：

19.6.6 芳杂环中杂原子和取代基在芳香亲电取代反应中的定位效应

1. 杂原子的定位效应

在发生亲电取代反应时，吡咯类氮原子（呋喃环中氧原子和噻吩环中硫原子）的强给电子共轭效应使亲电试剂的进入位点位于杂原子的邻位和对位，对五元环而言，应该是 C3 和 C5 位：

但是在呋喃、噻吩以及吡咯中，C5 或 C2 位比 C3 或 C4 位活泼，因此反应易在 C5

（左栏旁注）

呋喃、噻吩、吡咯都具有芳香共轭体系，都很容易发生芳香亲电取代反应。

芳香亲电取代反应的反应速率还与亲电试剂有关，因此比较反应速率时，须在相同的反应条件下与同类亲电试剂或基团反应进行判断。

在反应的介质中，存在吡啶与吡啶盐之间的平衡，平衡位置与吡啶化合物的碱性、亲电试剂的性质和浓度有关，但是不管是通过吡啶盐还是通过游离碱进行亲电取代反应，反应速率均很慢。

说明：在这些没有取代基的五元芳杂环中，C2 和 C5 位，以及 C3 和 C4 位是对称的，因此是一样的。

对噻吩而言，这两个位点在溴化时的反应温度只差 20℃ 以内。

在这里需要注意的是，这个正离子中间体本身也是一个亲电试剂，如果有活泼的芳香环，就可以继续反应。这也就说明了为何在酸性条件下，吡咯容易聚合：

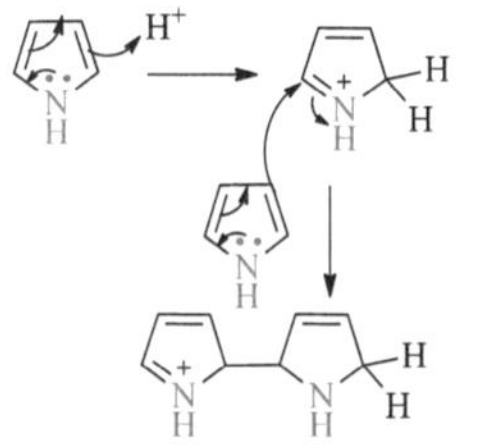

以下可进行相同的亲电反应，形成聚合物，经氧化后可转化成聚吡咯。因此，聚吡咯的合成方法通常是在酸性条件下电化学氧化聚合或者在具有氧化性的 Lewis 酸作用下聚合。

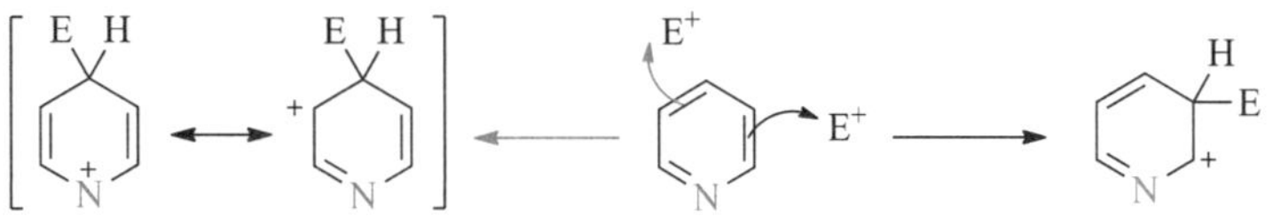

三种芳杂环化合物互相比较，吡咯最易发生亲电取代，噻吩最困难，这与杂原子的电子效应有关。从电负性看，氧、氮、硫原子均有吸电子诱导效应，但 O＞N＞S；从共轭效应看，它们均有给电子共轭效应，但 N＞O＞S（因为硫的 3p 轨道与碳的 2p 轨道共轭相对较差）。综合两种电子效应，氮原子对环贡献的电子最多，硫原子最少。

思考：吡啶在 500℃ 下与 Br$_2$ 蒸气反应，为何主要产物为 2-溴吡啶？

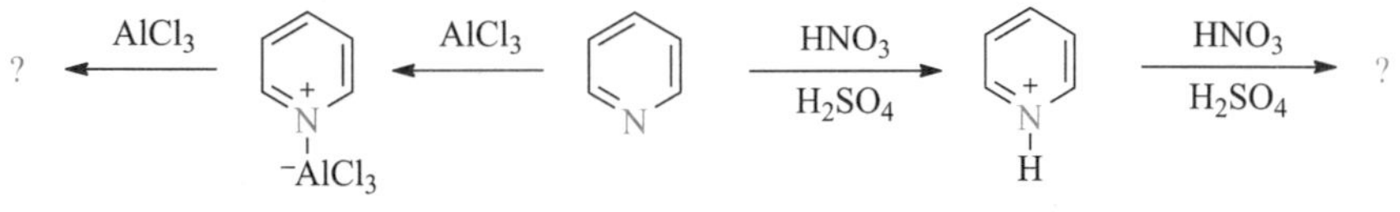

或 C2 位进行。计算结果表明，吡咯的 HOMO 中 C5 或 C2 位的分配系数更大，因此更易与亲电试剂反应。从反应的中间体分析，在 C5 位反应后，生成的中间体 Z$^+$ 的空轨道与两个双键呈线性共轭；而在 C3 位反应后，Z$^+$ 与两个双键相当于"交叉共轭"。因此，前一个正离子中间体要比后一个稳定，这也就说明了亲电取代反应容易在 C5 或 C2 位发生：

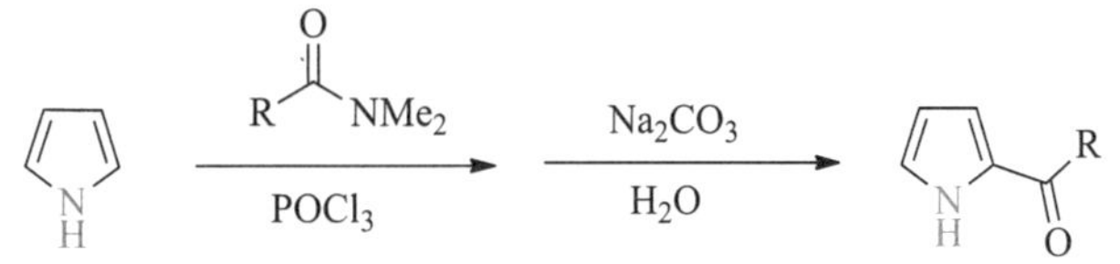

在富电子的五元芳杂环体系中，当 C2 和 C5 位均被占据的情况下，反应会在 C3 和 C4 位进行：

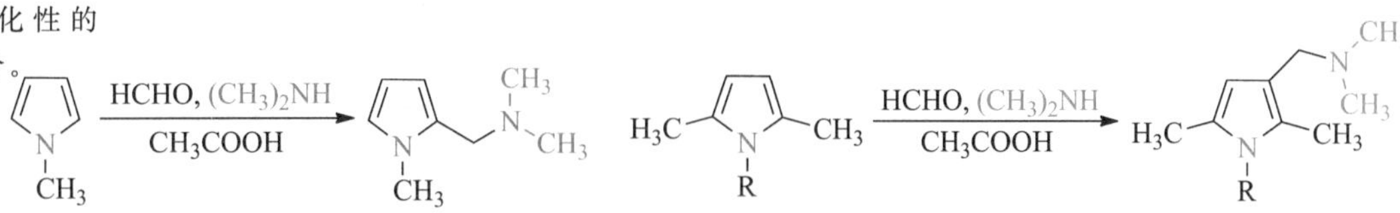

吡啶不是一个好的芳香亲电取代反应的底物，它对亲电试剂的反应活性明显不足。因此，只有在强烈的条件下，吡啶的亲电取代反应才会在 C3 位发生。这也可用中间体正离子的稳定性来加以说明：

以上两个正离子中间体均是不稳定的，因此吡啶的芳香亲电取代反应是很难进行的。但是，当反应在 C4 位进行时，在 C3 位形成碳正离子，进一步可以通过共振形成氮正离子，这使得此正离子形成需要更高的能量。因此，如果含吡啶类氮原子的芳杂环发生亲电取代反应，反应在氮原子的间位 C3 位发生。

由于吡啶很容易与亲电试剂或基团形成吡啶正离子，此正离子也在 C3 位发生亲电取代反应，但在进行反应时，由于环上带有正电荷，与亲电试剂或基团接近时有静电排斥，要接近则需要较大的能量，如果进行反应则会形成带两个正电荷的离子，过渡态的能量会很高，因此其亲电取代反应比吡啶更难进行。以下两个亲电取代反应在室温下均很难进行：

亲电试剂在 1,2-唑的 C3、C5 位进攻时,有特别不稳定的极限式参与共振;而亲电试剂在 C4 位进攻时,没有特别不稳定的极限式(6 电子的带正电荷的氮)参与共振,即它的中间体正离子相对比较稳定,过渡态势能相对较低。

亲电试剂在 1,3-唑的 C4、C5 位进攻优于在 C2 位进攻,因为在 C2 位进攻产生的中间体有特别不稳定的极限式。

由于亲电试剂或基团通常会在芳环相对富电子的位点进行反应,因此唑类芳杂环化合物的亲电取代反应位点取决于吡咯类氮原子(或氧原子或硫原子)。因此,1,2-唑的亲电取代反应主要在 C4 位(相当于烯胺)发生;1,3-唑的亲电取代反应主要在 C4、C5 位(都相当于烯胺)发生:

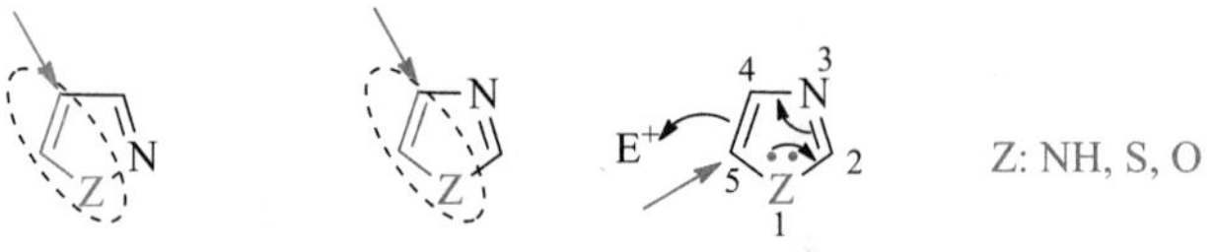

下面是一些反应实例:

2. 取代基的定位效应

呋喃、噻吩、吡咯环上如已有一个取代基,则对进入的第二个基团有定位效应,同时环上杂原子也有其定位效应。二者共同作用的结果如下:

(1)C3 位已有基团取代的呋喃、噻吩、吡咯,如果已有基团为邻/对位定位基团,后续亲电基团会进入与已有基团相邻的 C2 位;如果已有基团为间位定位基团,进入已有基团的间位 C5 位:

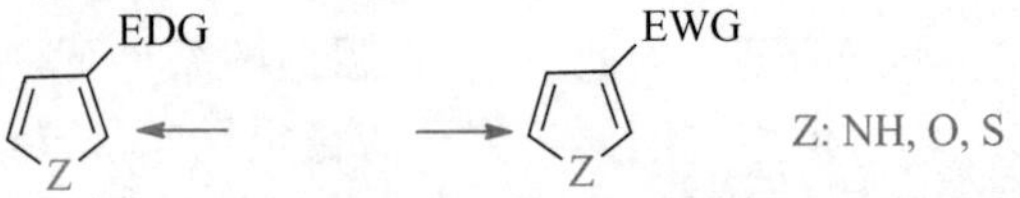

为什么呋喃的 C2 位反应性比噻吩、吡咯强?这一点还不清楚,这可能与呋喃的芳香性较低,易形成中间体 2,5-加成物有关。不同杂原子、不同的反应试剂,对反应位置可以有不同选择。通常,与比较温和的试剂反应时,对反应的位置有较大的选择性。

(2)C2 位已有取代的呋喃,不管取代基是邻/对位定位基团还是间位定位基团,第二基团均进入 C5 位。C2 位已有取代的噻吩、吡咯,如果已有取代基为邻/对位定位基团,反应发生在 C3 和 C5 位,主要为 C5 位;如果已有取代基为间位定位基团,反应发生在 C4 和 C5 位,主要在 C4 位:

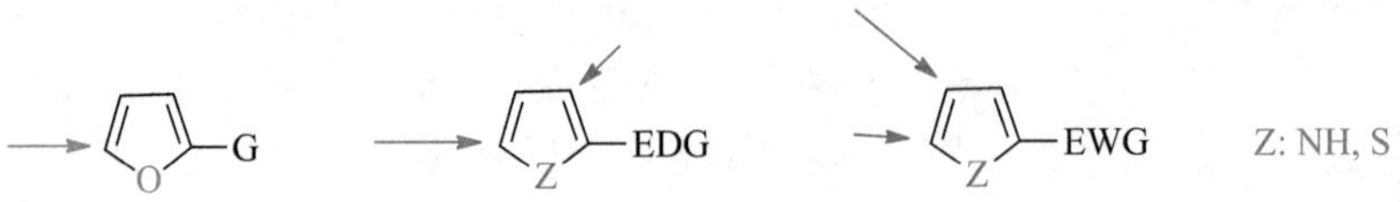

(3)吡啶上取代基的定位效应和苯环上的一样,在多元芳香亲电取代反应中,对后进入基团也有定位效应。如果在 C2 或 C4 位有给电子基团,亲电取代反应的主产物为 C3 或 C5 位取代产物;当 C3 位有强的给电子基团时,亲电取代主要在 C2 位发生:

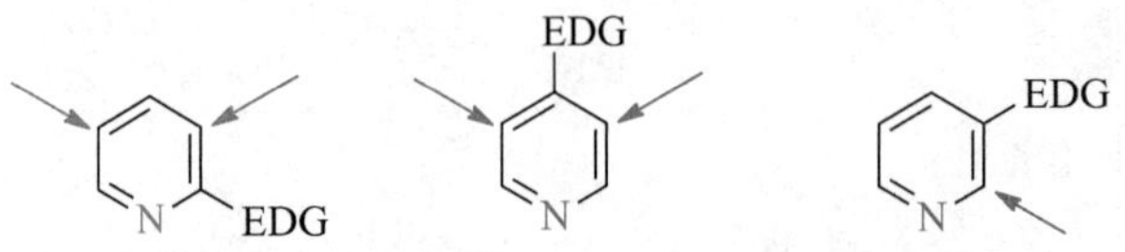

习题 **19-20** 完成下列反应：

(i) 
$$\xrightarrow[\text{CH}_3\text{COOH/CHCl}_3,\ 0\ ^\circ\text{C}]{\text{NBS}}$$

(ii) 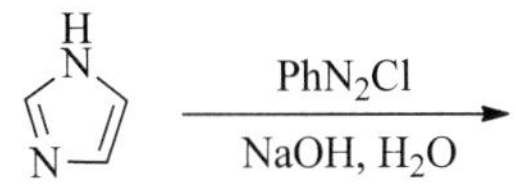
$$\xrightarrow[\text{NaOH, H}_2\text{O}]{\text{PhN}_2\text{Cl}}$$

(iii) 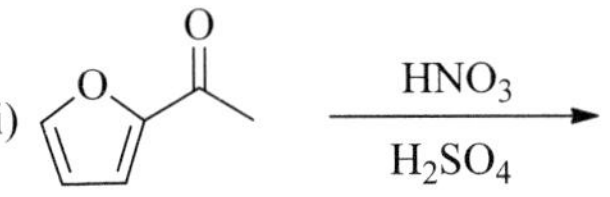
$$\xrightarrow[\text{H}_2\text{SO}_4]{\text{HNO}_3}$$

(iv) 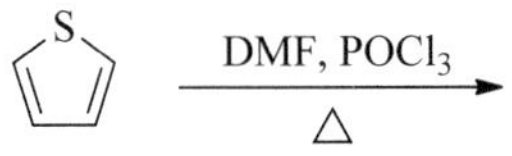
$$\xrightarrow[\triangle]{\text{DMF, POCl}_3}$$

(v) 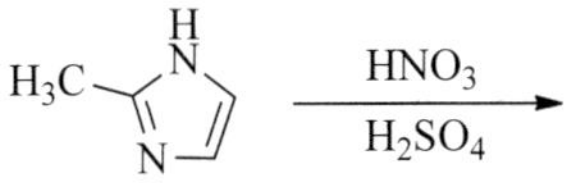 H_3C
$$\xrightarrow[\text{H}_2\text{SO}_4]{\text{HNO}_3}$$

(vi) 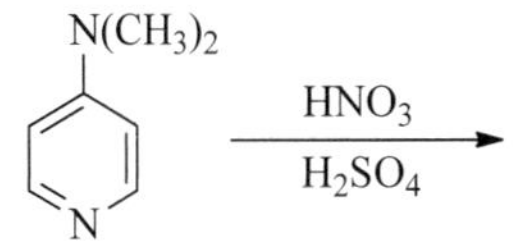
$$\xrightarrow[\text{H}_2\text{SO}_4]{\text{HNO}_3}$$

习题 **19-21** 当噻吩环的 C3 位有吸电子基团时，在其单溴化反应中通常只有一种产物。画出此产物的结构式，并解释其原因。

习题 **19-22** 为下列转换提出合理的、分步的反应机理：

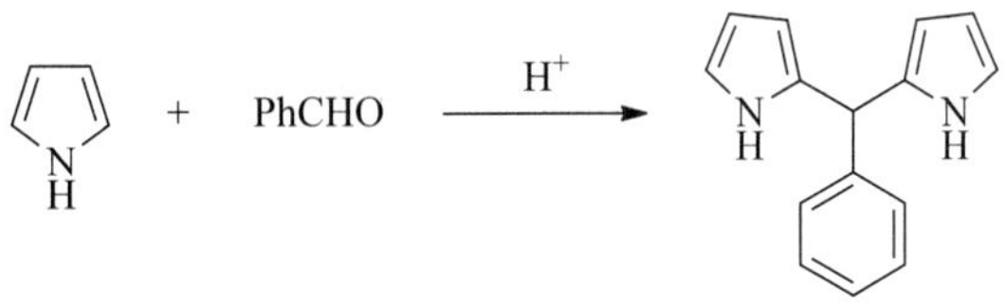

在此基础上，思考合成卟啉的常用路线。

19.7

芳杂环的芳香亲核取代反应

这个反应的第一步相当于亚胺的亲核加成反应。

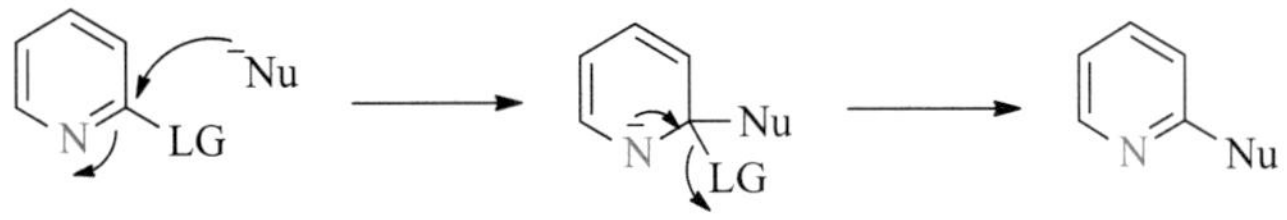

前面已经讨论过芳香亲核取代反应的基本条件，也就是只有缺电子体系的芳环才能进行此类反应。那么，只有含吡啶类氮原子的芳杂环才能发生此反应，而像吡咯、呋喃以及噻吩等富电子的芳杂环一般不易进行。

由于氮原子的吸电子诱导效应和吸电子共轭效应的共同作用，使得吡啶不是一个好的芳香亲电取代反应的底物，却是芳香亲核取代反应的好原料：

在此反应过程中，可以认为吡啶环如果有吸电子基团的取代，第一步亲核加成更容易进行；在第二步重新芳构化的过程中，离去基团的离去能力又成为了关键因素。因此，可以将此反应分为两类：① 离去基团为氢负离子；② 离去基团为卤素以及其他好的离去体系。

氢作为离去基团在亲电取代与亲核取代反应中是完全不同的。在亲电取代反应中，氢作为质子离去很容易进行；而在亲核取代反应中，氢必须作为负氢离去，这不是一个好的离去基团，通常在体系中需要一个氧化剂作为负氢的接受体。

20 世纪初期，A. E. Chichibabin 发现，110℃下在二甲胺溶液中吡啶会与氨基钠反应，以 80% 的产率生成 2-氨基吡啶。十多年后，他又发现，320℃下将吡啶与 KOH 粉末反应，可以得到 2-羟基吡啶（后来确认为 2-哌啶酮）。

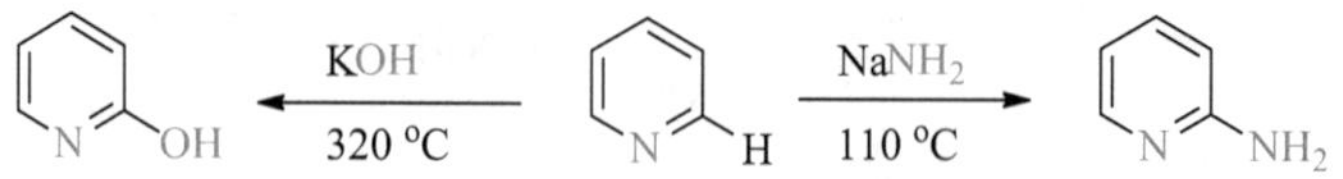

此反应的机理如下：

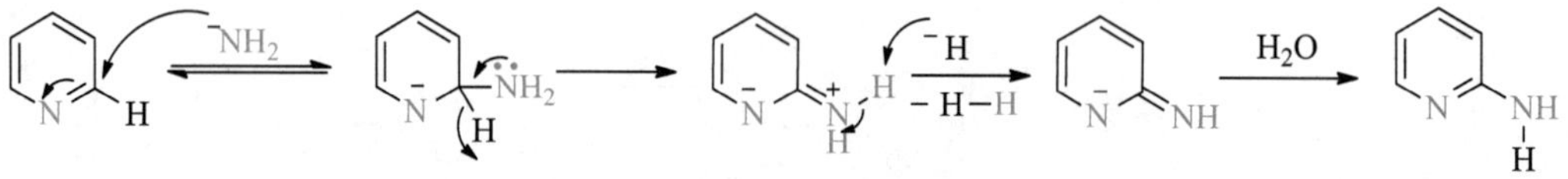

因此，将在吡啶及其衍生物中的亲核位点直接进行氨基化的反应称为 Chichibabin 反应。在后续的研究中发现，吡啶及其衍生物也能与一些强的亲核试剂如烷基锂或芳基锂反应，生成 2-烷基吡啶或 2-芳基吡啶。

由于负氢的离去在有机反应中是很难的，因此以上反应被分为了两种反应条件：① 在高温下和对氨基钠相对惰性的溶剂中或无溶剂下进行；② 在低温下，加入有利于负氢离去的氧化剂，如 KNO_3、$KMnO_4$、硝基苯或 O_2。

此反应在吡啶的 C2 与 C4 位均可以发生，主要是在 C2 位。

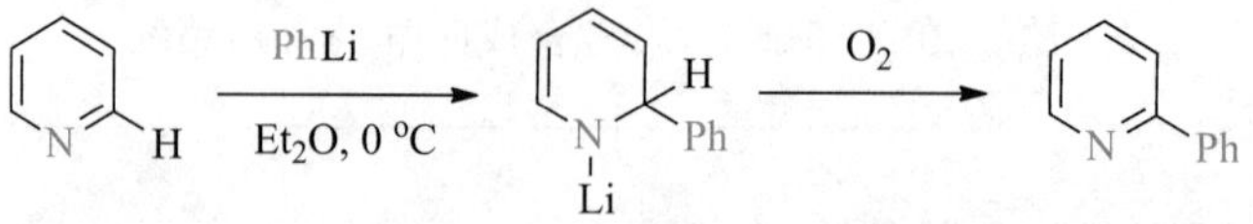

当 C2 或 C4 位有吸电子基团时，吡啶 π 体系的 LUMO 能级被降低了，更利于亲核试剂的进攻。

当吡啶环 C2 或 C4 位有好的离去基团（如 Cl，Br，NO_2 等）时，易与亲核试剂发生芳香亲核取代反应：

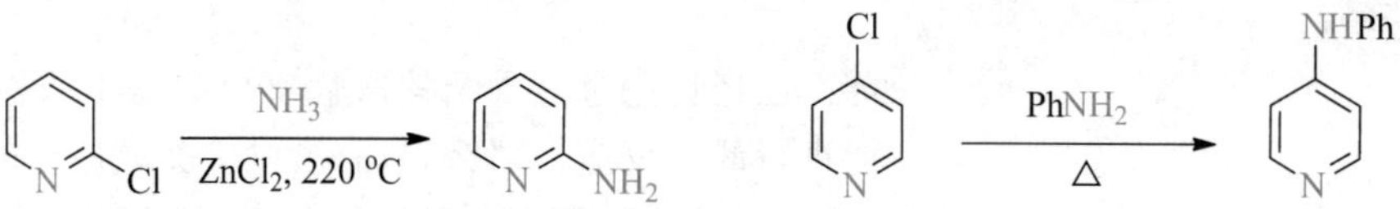

吡啶酮也是很好的芳香亲核取代反应的底物：

吡啶酮是吡啶环 C2 或 C4 位有羟基取代时的主要存在形式。当 C3 位有羟基取代时，主要存在的形式为

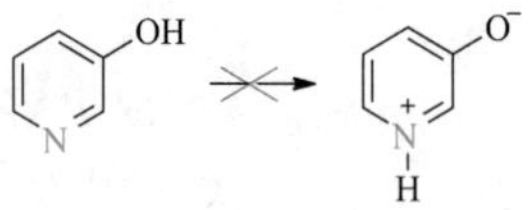

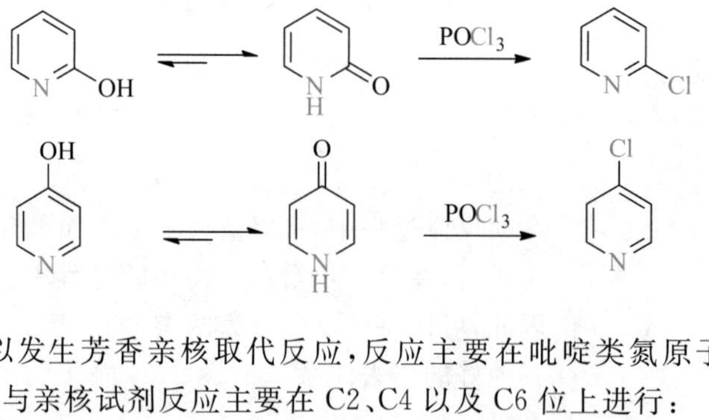

二嗪也可以发生芳香亲核取代反应，反应主要在吡啶类氮原子的邻、对位发生。例如，嘧啶与亲核试剂反应主要在 C2、C4 以及 C6 位上进行：

实际上,生物体内胞嘧啶和鸟嘌呤等碱基均是以吡啶酮的形式存在的。

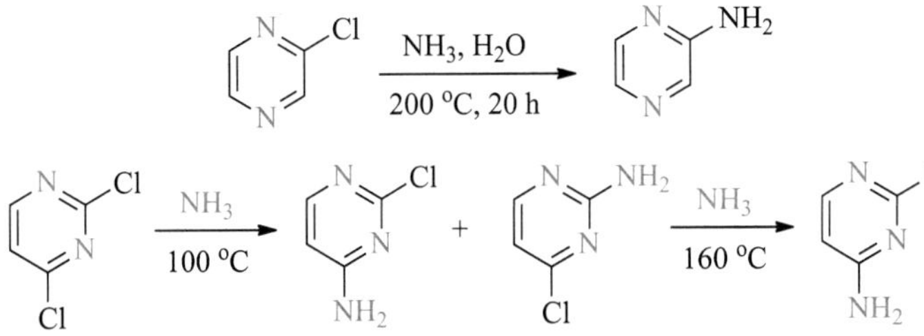

$$\text{（2-氯吡嗪）} \xrightarrow[\text{200 °C, 20 h}]{\text{NH}_3, \text{H}_2\text{O}} \text{（2-氨基吡嗪）}$$

$$\text{（2,4-二氯嘧啶）} \xrightarrow[\text{100 °C}]{\text{NH}_3} \text{（产物）} + \text{（产物）} \xrightarrow[\text{160 °C}]{\text{NH}_3} \text{（产物）}$$

习题 19-23 完成下列反应:

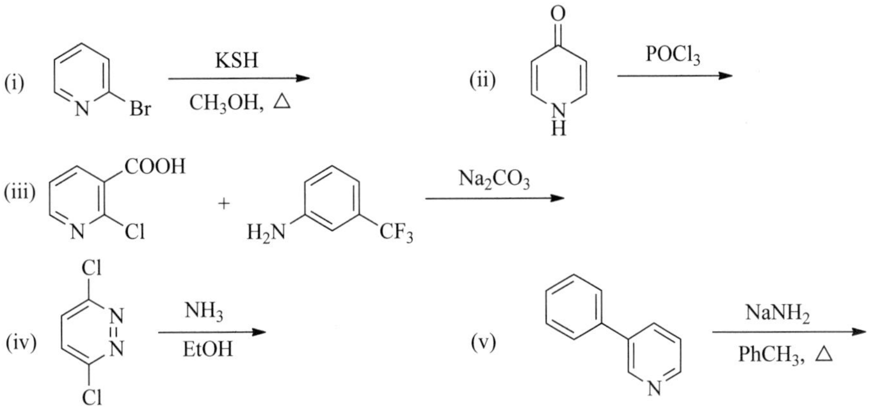

(i) $\xrightarrow[\text{CH}_3\text{OH}, \triangle]{\text{KSH}}$

(ii) $\xrightarrow{\text{POCl}_3}$

(iii) $\xrightarrow{\text{Na}_2\text{CO}_3}$

(iv) $\xrightarrow[\text{EtOH}]{\text{NH}_3}$

(v) $\xrightarrow[\text{PhCH}_3, \triangle]{\text{NaNH}_2}$

习题 19-24 据实验测定,2-氯吡啶、3-氯吡啶以及 4-氯吡啶在甲醇的溶液中与甲醇钠的反应速率为 3000∶1∶8100。分别画出其转换机理,并解释其速率差别的原因。

习题 19-25 以下两个化合物均可以通过互变异构形成最终的状态:

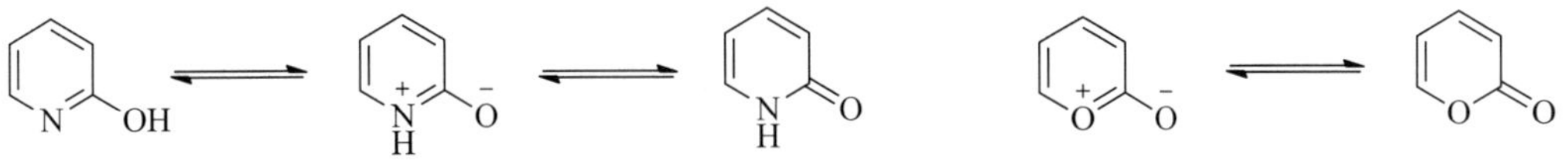

分别判断这两个化合物的最稳定结构式。实验结果表明,在 POCl$_3$ 作用下,2-羟基吡啶可以转化为 2-氯吡啶,而 2-吡喃酮则不行。解释其原因。

19.8 芳杂环的加成反应

19.8.1 还原反应

大部分的芳杂环与苯环一样,可以在催化氢化的条件下形成饱和的杂环化合

物。例如,呋喃、噻吩、吡咯均可进行催化氢化反应,失去芳香特性而得到饱和杂环化合物。其中,呋喃与吡咯可用一般催化剂还原:

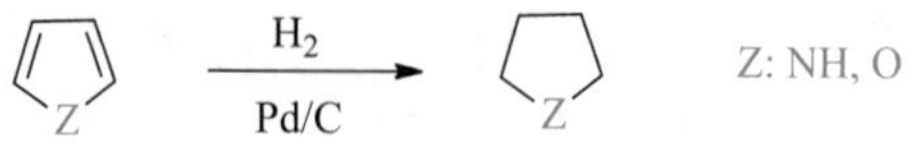

噻吩在兰尼(Raney)镍作用下,不仅可以被催化氢化,而且还可进行脱硫反应(desulfuration)形成烃类化合物:

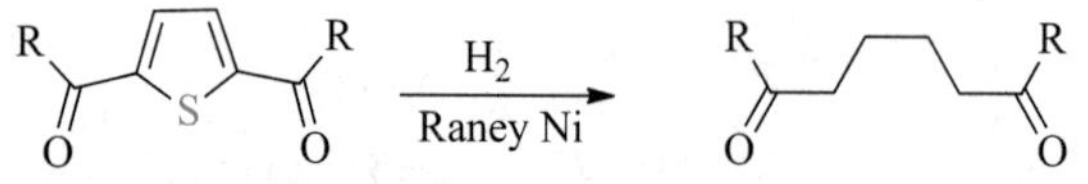

> 四氢呋喃是常用的溶剂;四氢吡咯具有二级胺的性质;四氢噻吩可氧化成砜或亚砜,如四亚甲基砜(tetramethylene sulfone),是常用的溶剂。
> 六氢吡啶具有二级胺的特性,碱性比吡啶强,沸点106℃,很多天然产物都有这个环系。

吡啶在催化剂作用下氢化或用化学试剂如金属钠与无水乙醇还原,可得六氢吡啶:

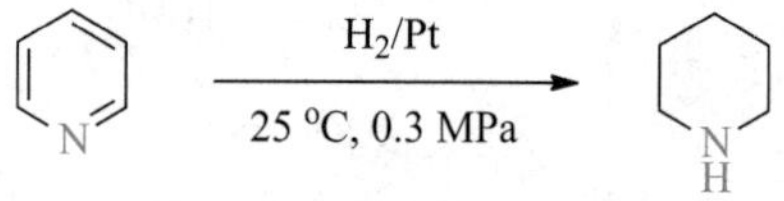

19.8.2　与双烯体的加成反应

由于芳杂环本身就是一个离域的 π 共轭体系,六元芳杂环很难进行 Diels-Alder 反应,但是有些五元芳杂环可以与亲双烯体发生 Diels-Alder 反应。呋喃是一类非常好的双烯体:

> 由于呋喃的 Diels-Alder 反应是可逆的,与马来酸酐最终生成热力学控制的产物——exo 产物。

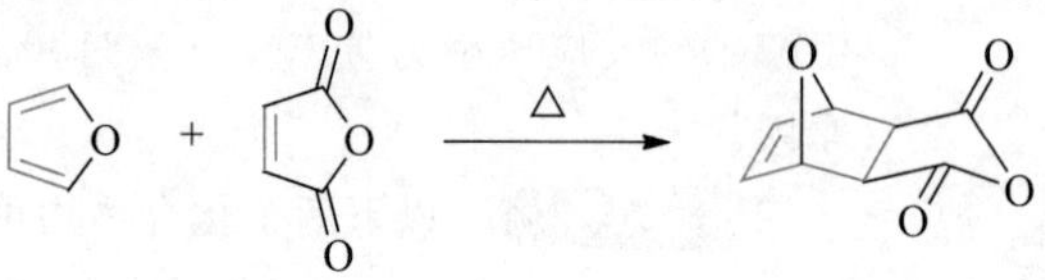

吡咯可以和某些亲双烯体发生 Diels-Alder 反应,特别是当吡咯氮原子连接了吸电子基团后,反应更容易进行:

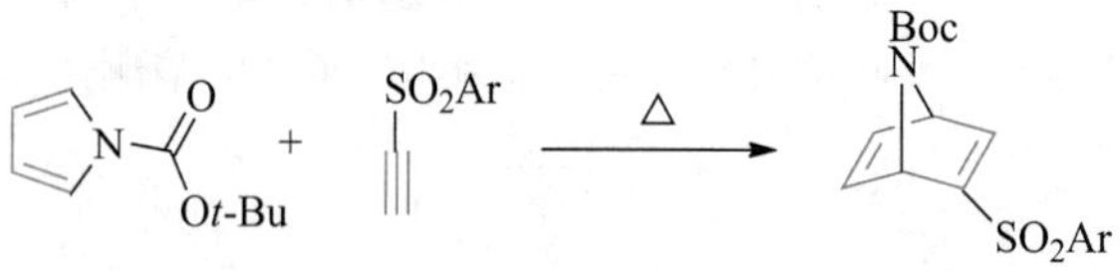

> 由于 Lewis 酸可以使桥环转换为更为稳定的苯环体系,因此也能加速呋喃、吡咯的 Diels-Alder 反应。

所形成的桥环体系中杂原子可以与三氯化铝等 Lewis 酸配位,升温时加成物会发生重排,形成多取代的苯环体系:

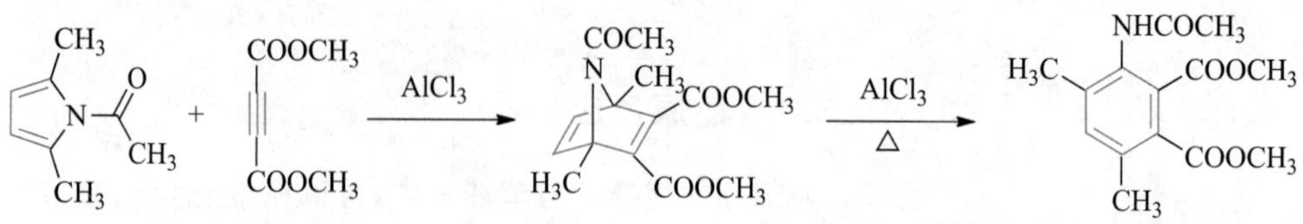

思考：以下两个化合物是否具有芳香性？

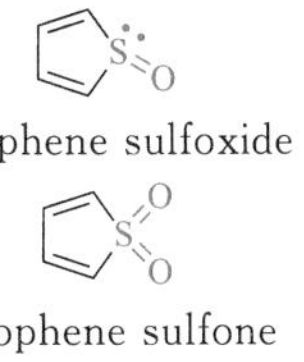

thiophene sulfoxide

thiophene sulfone

噻吩环的高芳香性使其更为稳定。只有当硫原子被氧化后，噻吩环中的双烯体才可以发生 Diels-Alder 反应：

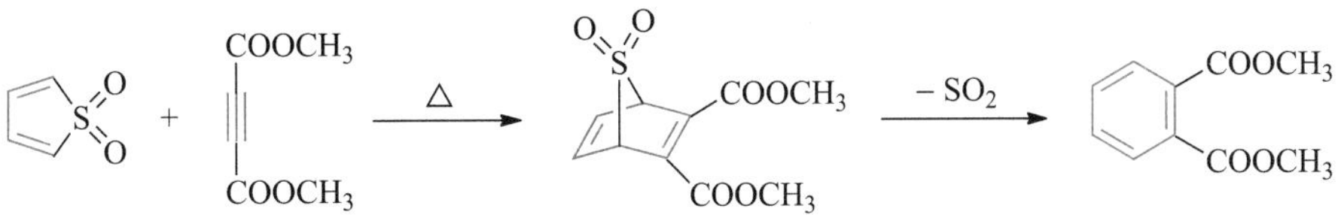

其他杂环体系也可以发生 Diels-Alder 反应：

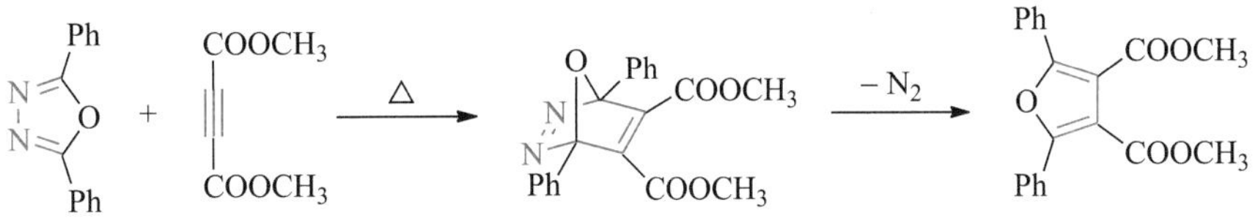

习题 19-26 完成以下反应：

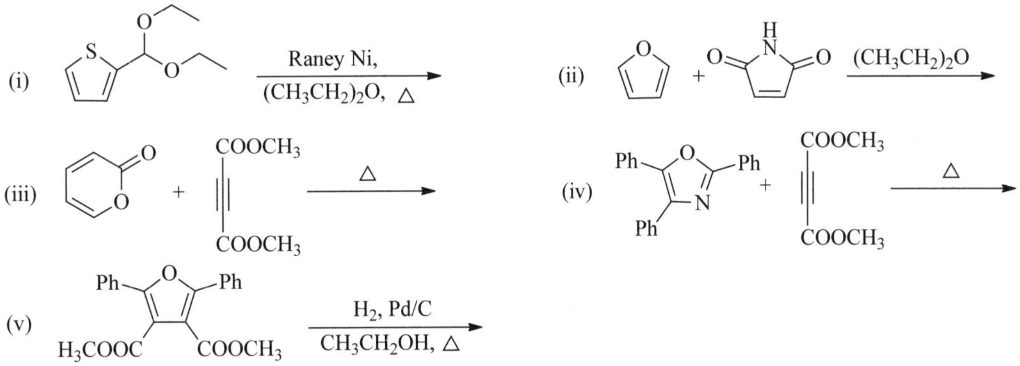

(i)

(ii)

(iii)

(iv)

(v)

19.8.3 氧化反应及其氧化产物的后续反应

呋喃、吡咯以及噻吩等富电子的芳杂环很容易被氧化，而且产物非常复杂，很难鉴定；而吡啶等缺电子的芳杂环不易被氧化，吡啶只有在过酸作用下才转化为 N-氧化吡啶（pyridine N-oxide）：

N-氧化吡啶与吡啶不同，在相同的碳原子上同时可以进行芳香亲电取代和芳香亲核取代反应。由于氧负离子的给电子效应，可以活化吡啶环以利于其进行亲电取代反应，并在给电子基团的邻、对位进行反应，这与吡啶的芳香亲电取代反应不同。

例如

可以用 P(OCH₃)₃ 代替 PCl₃。

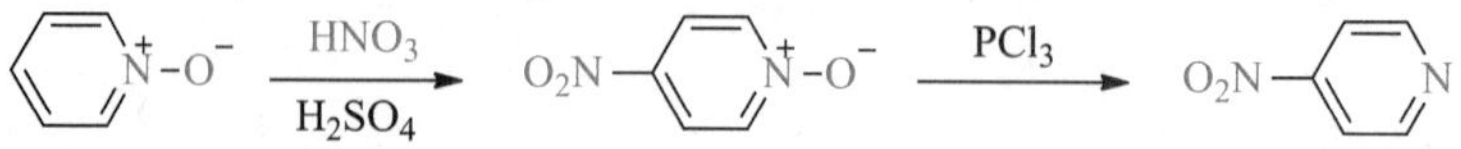

此反应主要在 C4 位进行，亲电基团需要远离带正电荷的氮原子。由于 *N*-氧化吡啶可以被 PCl₃ 还原，因此此方法成为了在吡啶的 C4 位引入亲电基团的有效方法。

烷基吡啶氧化时，主要是侧链氧化，生成吡啶羧酸或相应的醛。

N-氧化吡啶还可以进行亲核取代反应，反应也在 C4 和 C2 位发生：

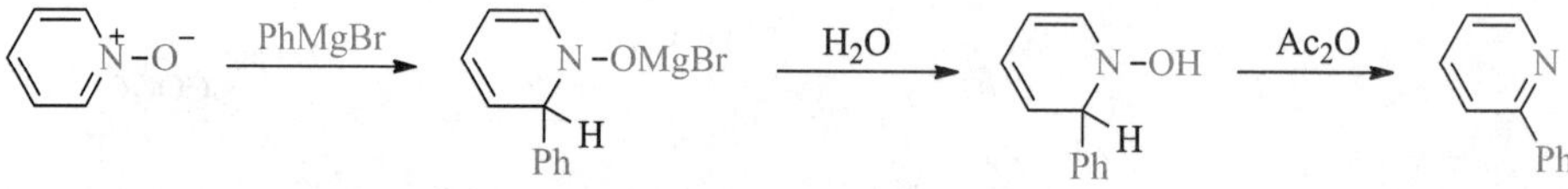

N-氧化吡啶由于只是氮原子的孤对电子与氧原子结合，吡啶环的芳香性没有改变，在合成上是很有用的中间体。

和吡啶类似，二嗪环不易被氧化剂氧化，但二嗪或烷基二嗪也能被过酸氧化成 *N*-氧化物，此氧化物也能使芳香亲电取代反应变得容易一些：

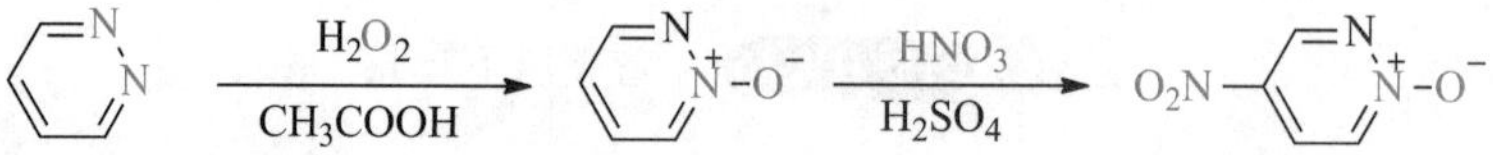

苯并二嗪在氧化剂的作用下，苯环首先被破坏，变为二羧酸，而二嗪环保持不变。

除 5-烷基嘧啶外，所有烷基二嗪侧链的 α-H 均很活泼，可以发生缩合、烷基化等反应。

二嗪 *N*-氧化物的亲核取代反应也比二嗪更容易进行：

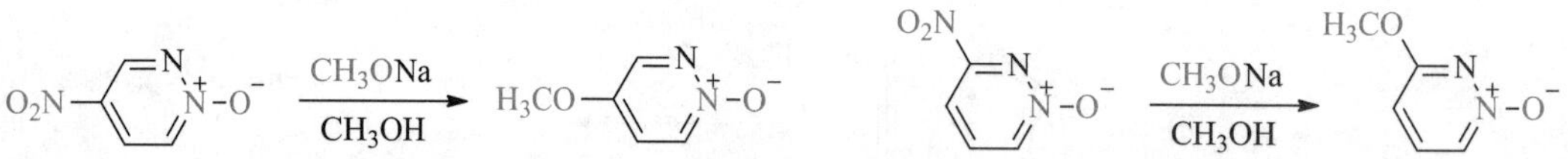

习题 **19-27** 完成以下反应，并画出合理的、分步的反应机理：

习题 **19-28** 为以下转换提供合理的、分步的反应机理：

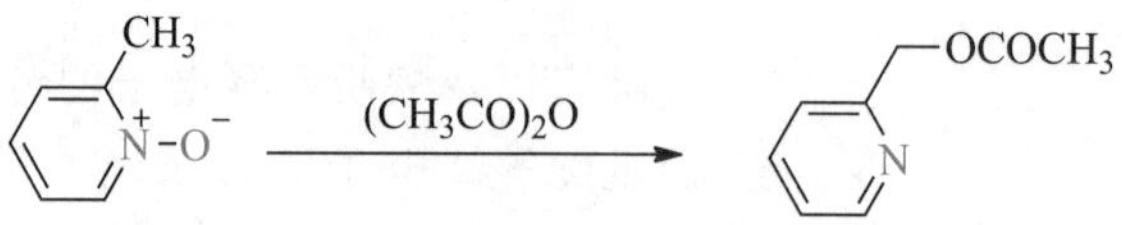

习题 **19-29** 吡啶环上 C2、C4 或 C6 位取代烷基的 α-H 比苯环侧链 α-H 活泼，从这种意义上来说，其酸性与甲基酮的 α-H 相似，在强碱催化下可以进行缩合反应；而吡啶环上 C3 位取代烷基在同样情况下不发生反应，这在吡啶化学中是很有用的。为什么吡啶 C2、C4 或 C6 位侧链的 α-H 酸性较强？

苯并杂环的基本性质和反应

由于稠杂环的种类很多,本章将只介绍苯并五元稠杂环和苯并六元稠杂环的基本性质和反应。苯并五元杂环的化合物主要有苯并呋喃、苯并噻吩和吲哚,苯并六元杂环的化合物有喹啉和异喹啉。

19.9.1 苯并呋喃、苯并噻吩和吲哚的基本性质和反应

苯并呋喃、苯并噻吩、吲哚这三类化合物连接碳原子的质子化学位移 $\delta = 6.38 \sim 7.80$ ppm;连接氮原子的质子化学位移 $\delta = 7.04$ ppm。

吲哚本身为片状结晶,具有极臭的气味,但在极稀薄时有香味,可以当做香料用。

吲哚是非常重要的杂环骨架,许多药物含有吲哚骨架。构建蛋白质的重要氨基酸色氨酸就是以吲哚为基本结构单元的:

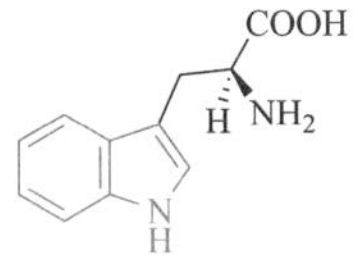

相对而言,吡咯在 C2 和 C5 位进行亲电反应,而吲哚则不同。

五元杂环苯并体系的两个环均为平面结构,整个体系为 10 个 π 电子,两个环均为 6 个 π 电子的封闭共轭体系,因此具有芳香性。在这三类化合物中,吲哚最为重要。吲哚是弱碱,在 DMSO 溶液中的 $pK_a = 16$;它易发生芳香亲电取代反应等。苯并五元杂环体系上的 π 电子云是不均等的。五元杂环上的 π 电子云密度比苯环上的高,因此芳香亲电取代反应优先在杂环上发生:

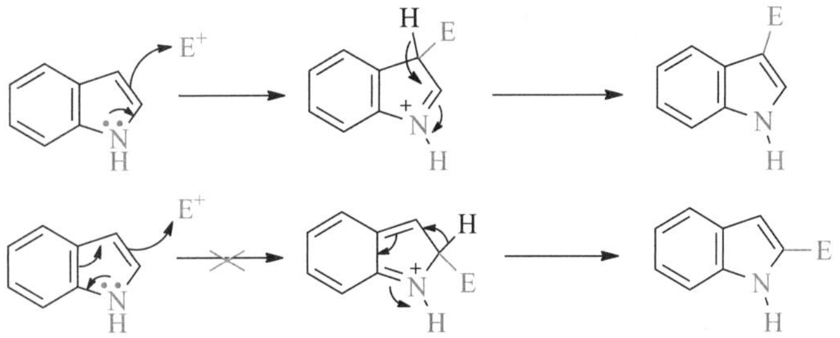

以上反应的基本形式就是烯胺与亲电试剂的反应过程。对比以上两个过程可以发现,当反应在 C3 位进行时,苯环的芳香性保持不变,亚胺正离子可以离域到苯环的 π 体系中,反应的能垒比较低;而在 C2 位反应时,苯环的芳香性被打破,此外亚胺正离子无法被芳香环稳定。因此,亲电试剂主要在 C3 位上进行反应。苯并噻吩也在 C3 位反应:

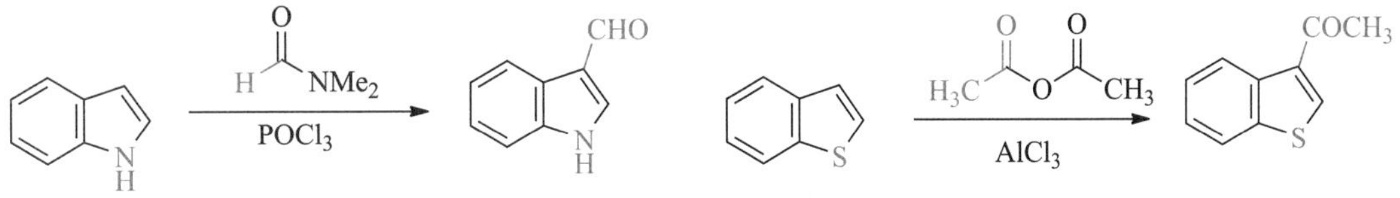

但是,中间体正离子的稳定性还与正电荷所在原子的电负性大小有关。在苯并呋喃的环系中,由于氧原子电负性大,氧原子带正电荷,很不稳定,与氧原子相邻的碳原子上带正电荷也不太稳定,因此苯并呋喃的芳香亲电取代反应主要在 C2 位发生。

由于苯并五元杂环体系遇强酸易树脂化,在反应中应尽量避免使用强酸。因此常用 HNO_3/CH_3COOH 为硝化试剂,$Py \cdot SO_3$ 为磺化试剂,卤化反应须在低温稀释的条件下进行。

习题 19-30 为以下转换提供合理的、分步的反应机理：

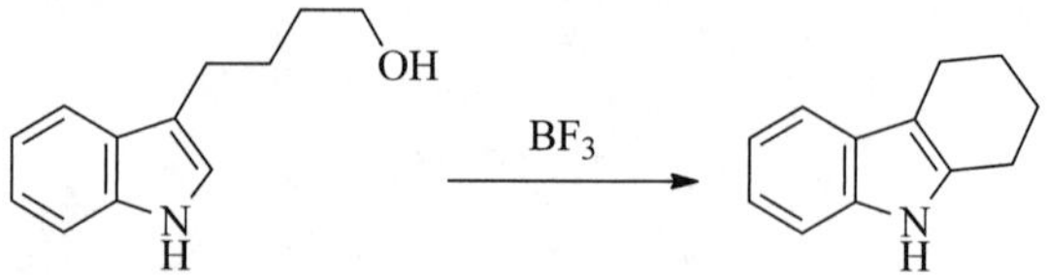

习题 19-31 完成下列反应：

(i) 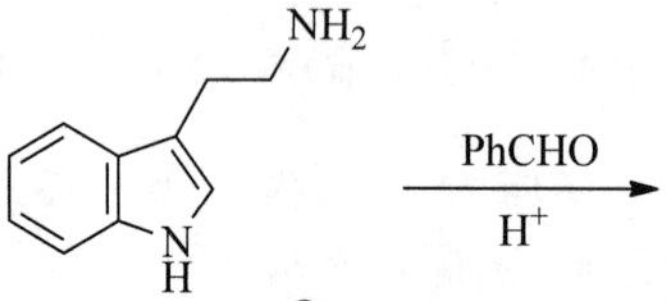 $\xrightarrow[\text{H}^+]{\text{PhCHO}}$

(ii) 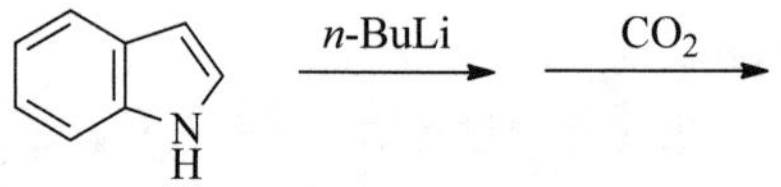 $\xrightarrow{n\text{-BuLi}} \xrightarrow{\text{CO}_2}$

(iii) 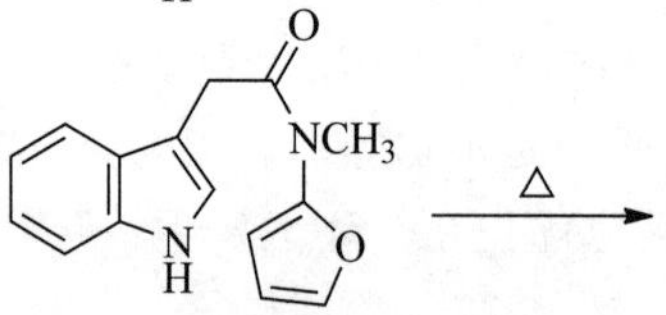 $\xrightarrow{\triangle}$

(iv) 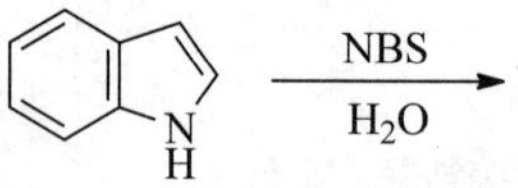 $\xrightarrow[\text{H}_2\text{O}]{\text{NBS}}$

习题 19-32 在医院里肠杆菌等细菌的鉴定常利用吲哚实验,这是利用有些细菌具有色氨酸酶,能分解蛋白质中的色氨酸产生吲哚,加入柯氏(Kovac)试剂与色氨酸结合生成红色的玫瑰吲哚。画出呈红色的化合物的结构式,并完成以上转换的反应式。

柯氏试剂的主要成分：3-甲基-1-丁醇、对二甲氨基苯甲醛和浓盐酸。

19.9.2 嘌呤的基本性质和反应

Purine 这个词是由德国科学家 E. Fischer 在 1884 年发明的,意思是 pure urine。

嘌呤(purine)环可看做由嘧啶和咪唑并合而成的并环体系。实际上,嘌呤是指所有含嘧啶和咪唑并环体系的带有各类取代基的衍生物及其互变异构体的整个家族,是自然界中最重要的氮杂环化合物。四个脱氧核糖核苷酸中的两个以及四个核糖核苷酸中的两个均含有嘌呤环。嘌呤环是两个互变异构体形成的平衡体系,平衡主要在 $9H$-嘌呤一边：

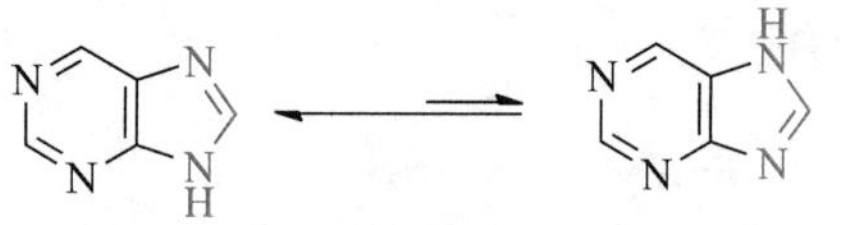

嘌呤大量存在于肉及肉类制品中,尤其是动物的内部器官,如肝脏和肾脏。相对而言,植物性食物中嘌呤含量低。大量消费肉和海鲜与人类痛风危险增加相关,而高水平的乳制品消费可以降低痛风的风险。富含嘌呤的蔬菜和蛋白质的摄入与痛风危险增加无关。

以下列举了一些非常重要的嘌呤类化合物的结构简式和名称：

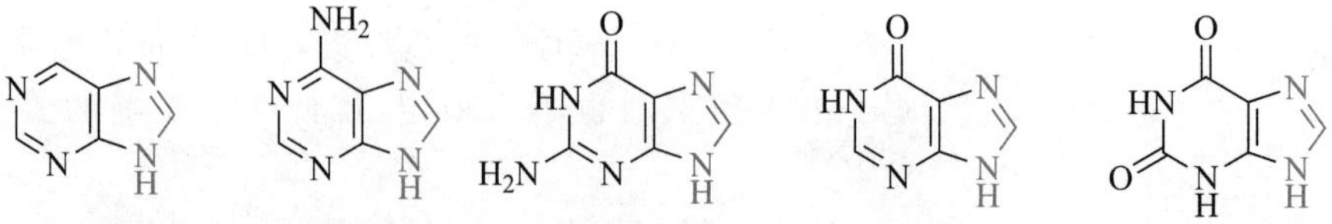

嘌呤 purine   腺嘌呤 adenine   鸟嘌呤 guanine   次黄嘌呤 hypoxanthine   黄嘌呤 xanthine

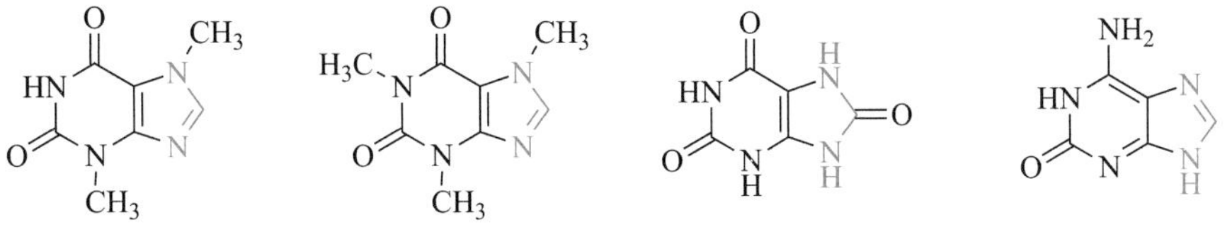
可可碱
theobromine
咖啡因
caffeine
尿酸
uric acid
异鸟嘌呤
isoguanine

除了腺嘌呤和鸟嘌呤在脱氧核糖核酸(DNA)和核糖核酸(RNA)中具有非常重要的作用外,嘌呤也是其他生物分子的重要组成部分,如三磷酸腺苷(ATP)、三磷酸鸟苷(GTP)、环磷酸腺苷、还原型辅酶Ⅰ(NADH)以及辅酶A等等。嘌呤家族中最简单的化合物嘌呤还未在自然界中被发现,但已经通过有机合成方法在实验室获得。

19.9.3 苯并六元杂环体系的基本性质和反应

重要的含一个杂原子的六元杂环苯并体系是喹啉和异喹啉环系。喹啉与异喹啉分子中苯环与吡啶环上所有 π 电子形成一个相互重叠的大 π 体系,但电子重叠不是很均匀。喹啉和异喹啉环的基本化学性质是吡啶和苯环的结合体,因此,它们具有碱性,可以发生芳香亲电取代和芳香亲核取代反应等等。

喹啉是无色液体,具有恶臭,气味与吡啶类似;异喹啉气味与苯甲醛类似。它们的每个氢原子的化学位移也是不相等的,一般在 $\delta=7.13\sim8.84$ ppm。

喹啉的碱性(其共轭酸的 pK_a 为 4.94)比吡啶(其共轭酸的 pK_a 为 5.17)还弱,异喹啉的碱性(其共轭酸的 pK_a 为 5.4)比吡啶稍强。在质子酸和 Lewis 酸存在的体系中,喹啉或异喹啉的硝化、磺化和卤化反应主要在苯环上发生。这是因为杂环中氮原子可以接受质子或与 Lewis 酸配位,带有正电荷,相比之下苯环上的电子云密度略高一些,所以芳香亲电取代反应主要在苯环上进行:

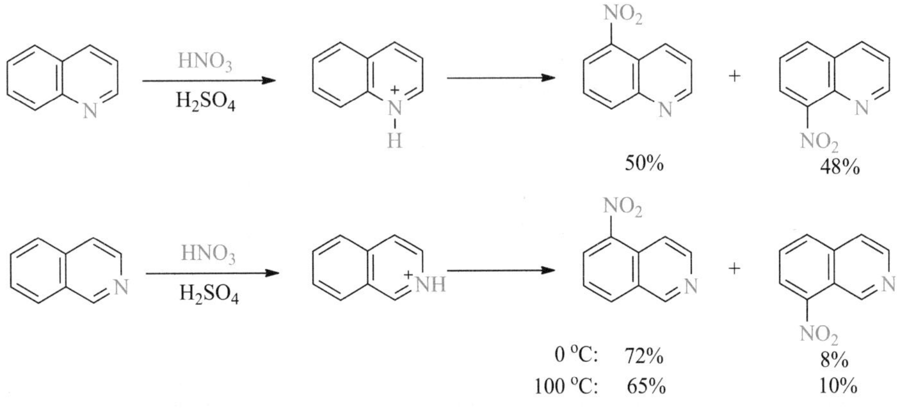
HNO3
H2SO4
50%
48%
HNO3
H2SO4
0 °C: 72%
100 °C: 65%
8%
10%

喹啉和异喹啉也可以发生芳香亲核取代反应,主要在杂环上发生。一般来讲,喹啉的芳香亲核取代主要在杂环的 C2 和 C4 位上发生,且 C2 位的取代产物多于 C4 位的取代产物;而异喹啉的芳香亲核取代反应主要在 C1 位发生,几乎没有 C3 位产物:

此处 PhNO₂ 为氧化剂。

喾啉与异喹啉在过酸的作用下均可形成 N-氧化物,使得喹啉和异喹啉更易发生芳香亲核取代反应:

喹啉与异喹啉也可以与吡啶一样发生 Chichibabin 反应。

习题 **19-33**　完成下列反应:

(i)
$$\xrightarrow{\text{NaNH}_2,\ \text{NH}_3\ (l)}{20\ ^\circ\text{C},\ 20\ d}\ \xrightarrow{\text{H}_3\text{O}^+}$$

(ii)
$$\xrightarrow{\text{KNH}_2,\ \text{NH}_3\ (l)}\ \xrightarrow{\text{CH}_3\text{COOH}}$$

(iii)
$$\xrightarrow{\text{HNO}_3}{\text{H}_2\text{SO}_4}$$

(iv)
$$\xrightarrow{\text{O}_3}\ \xrightarrow{\text{CH}_3\text{SCH}_3}$$

芳杂环的构建和碳原子与杂原子间键连接的基本方式

　　杂环的构建主要包括两个部分:碳原子与杂原子间键的连接以及环的构建。碳杂原子键的连接在前面的章节中已经讨论了很多,常用的方法包括取代反应和加成反应。以氮原子为例:

　　取代反应:

$$\text{N:}\overset{\frown}{}\text{C}-\text{X} \longrightarrow \text{N}-\text{C}\ +\ \text{X}^-$$

　　加成-消除反应:

$$\text{N:}\overset{\frown}{}\text{C}=\overset{+}{\text{O}}\text{H} \longrightarrow \text{N}-\text{C}-\text{OH} \xrightarrow{\text{H}^+} \overset{+}{\text{N}}\overset{\frown}{}\text{C}-\overset{+}{\text{O}}\text{H}_2 \longrightarrow \text{N}=\text{C}$$

那么,杂环的构建就需要两步这样的反应,第一步可以为分子间的,第二步则必须为分子内的。许多杂环的构建主要利用了杂原子的亲核性以及碳原子上的离去基团的离去能力。考虑到芳香杂环体系都含有碳碳双键或碳杂原子双键，因此含羰基特别是双羰基的化合物应该是合成杂环的很好的起始原料。

19.10.1 以二羰基化合物为基本原料

思考：1,4-二羰基化合物在碱性条件下同样会进行环化反应。请考虑其产物，并对比酸性和碱性条件下这两个反应的不同点。

1,4-二羰基化合物是合成五元芳杂环的最佳原料，在无水酸性或 Lewis 酸催化条件下，1,4-二羰基化合物失去水即可以得到呋喃及其衍生物：

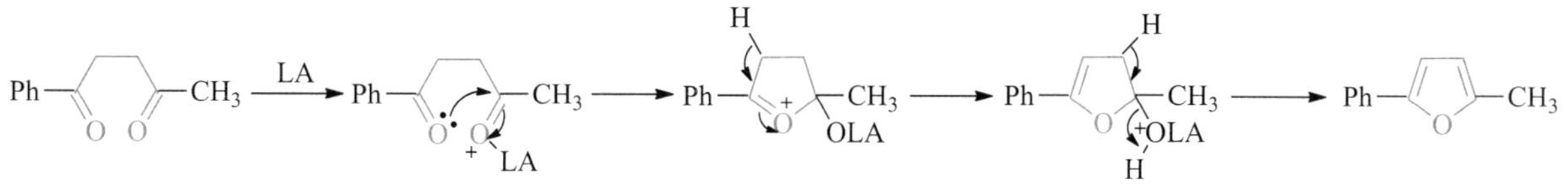

1884 年，C. Paal 和 L. Knorr 几乎同时发现，1,4-二羰基化合物在硫酸作用下可以构建呋喃环，此方法称为 Paal-Knorr 呋喃合成法。同年，他们又发现，将 1,4-二羰基化合物在浓氨水或乙酸铵和乙酸混合体系作用下，可以高产率地生成取代吡咯衍生物。后来实验进一步证明，一级胺也能参与此反应并生成 N-烷基吡咯衍生物：

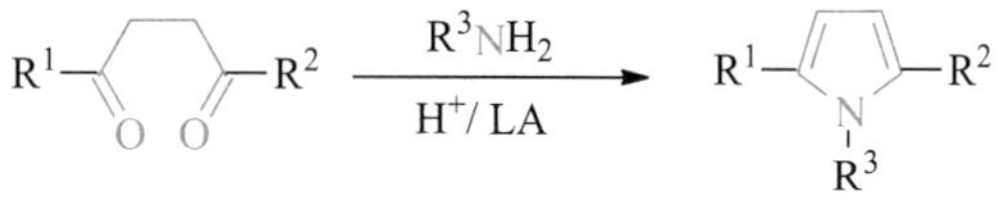

此方法也称为 Paal-Knorr 吡咯合成法。

目前常用的是 Lawesson 试剂：

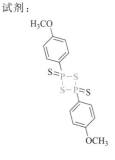

利用同样的方法可以制备噻吩及其衍生物。硫亲核试剂 Lawesson 试剂可以将酮羰基转化为硫代羰基，由于硫代羰基的稳定性远不如酮羰基，很快会环化形成噻吩环：

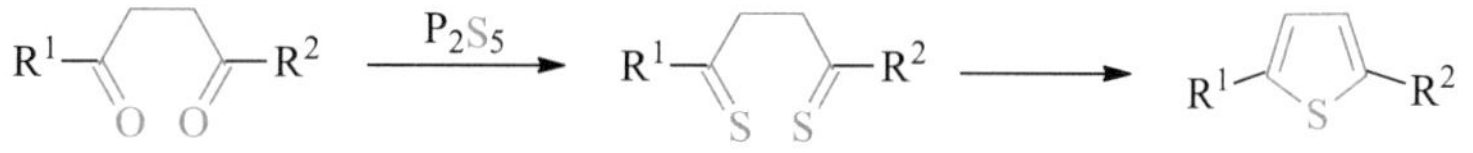

利用 1,4-二羰基化合物与水合肼反应，并经氧化后可以得到二嗪类衍生物：

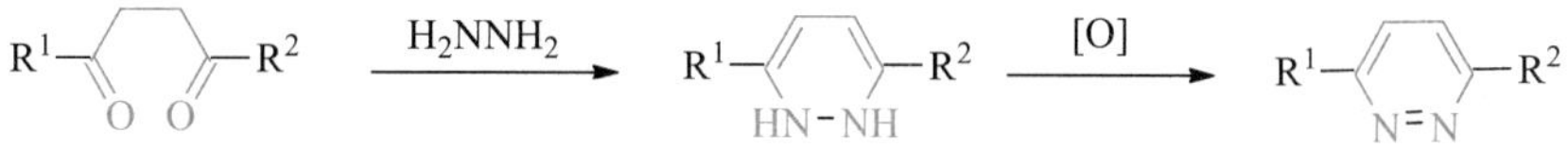

常用的 1,3-二羰基化合物为丙二酸酯、β-酮酸酯、β-二酮、丙二醛以及氰乙酸酯等。

1,3-二羰基化合物也是很好的合成芳杂环的原料。1890 年，德国化学家 A. R. Hantzsch 首次报道了 β-羰基酯和 α-氯代酮在氨或一级胺的作用下可以形成吡咯环系：

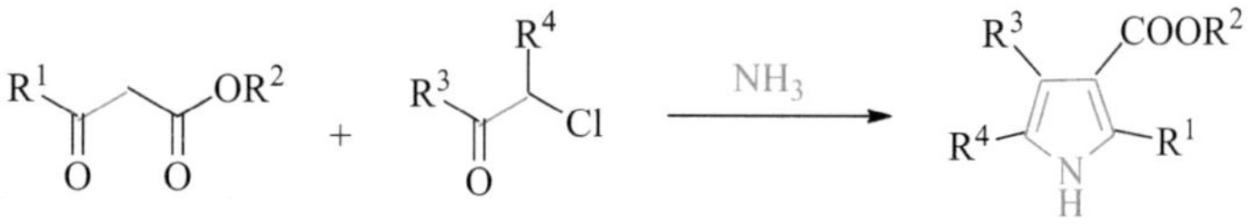

因此，当 R³ 为 H 时，由于醛比较活泼，优先发生羟醛缩合反应；而当 R³ 为烷基时，空阻较大且酮羰基活泼性减弱，会优先发生烷基化反应。

这是合成酯基取代的吡咯衍生物的非常有效的方法。在这个反应中，β-羰基酯与氨反应生成 β-氨基-α,β-不饱和酯，接着与 α-氯代酮的酮羰基发生缩合反应，最终转化为吡咯衍生物。具体的转化过程如下：

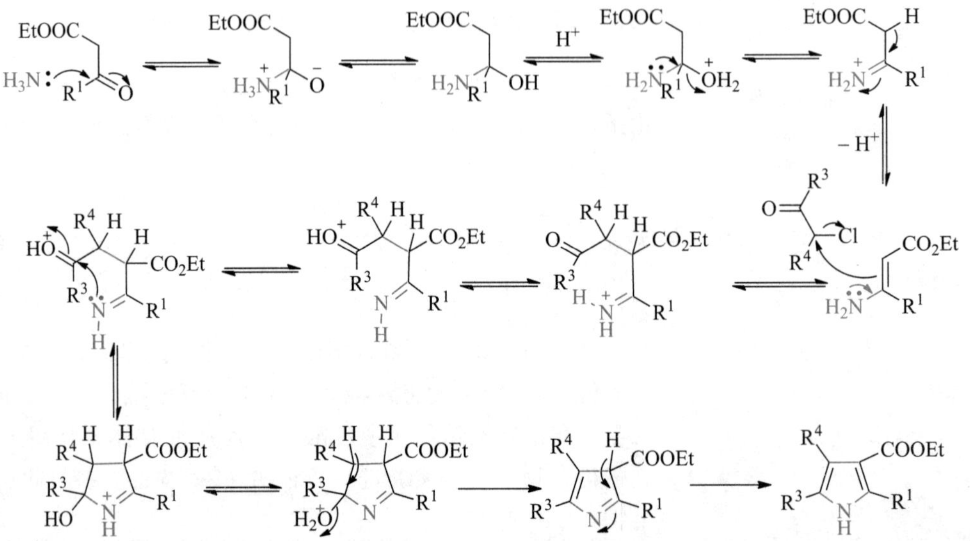

1902 年，F. Feist 发现，Hantzsch 吡咯合成法在碱性条件下，没有氨或一级胺参与，也可以形成呋喃环：

此反应的产率与底物有很大的关系，反应首先生成取代的二氢呋喃，接着在酸性条件下失水生成呋喃环系。

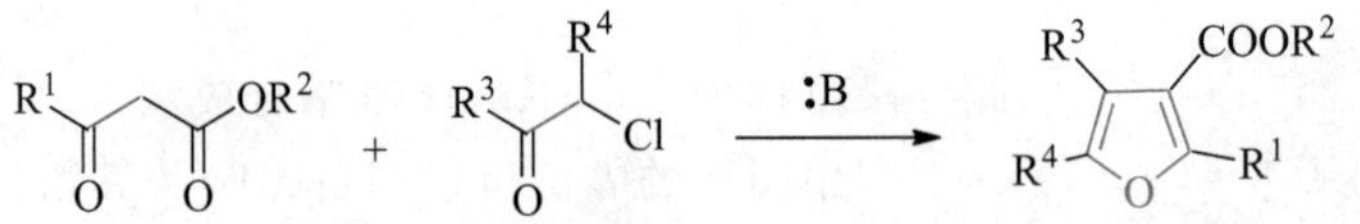

碱可以是 NaH、NaOR、NaOH 水溶液或 Et₃N。1911 年，E. Bénary 发现，如果用 α-氯代醛代替 α-氯代酮，可以进一步提高反应的产率。因此，此反应统称为 Feist-Bénary 呋喃合成法。具体的反应机理如下：

需要注意的是，两者的区别在于反应区域选择性的不同。

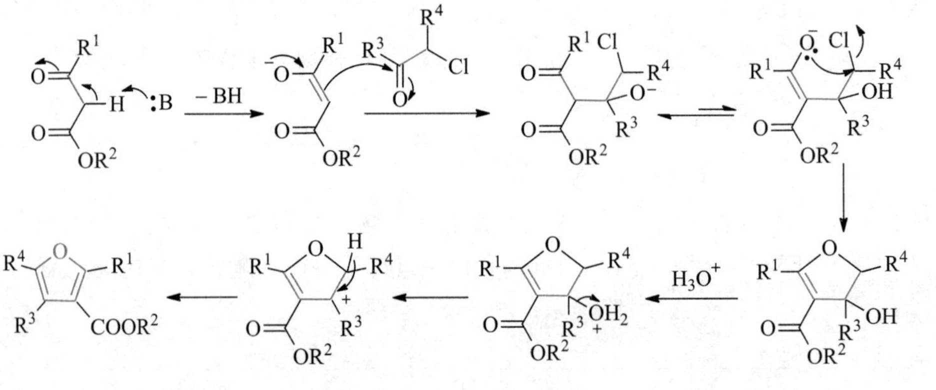

随着后续对此反应的深入研究，发现另一种可能的机理为，β-羰基酯与 α-氯代醛或酮首先发生 α 位的烷基化反应形成 1,4-二羰基化合物，接着再发生 Paal-Knorr 反应形成呋喃环：

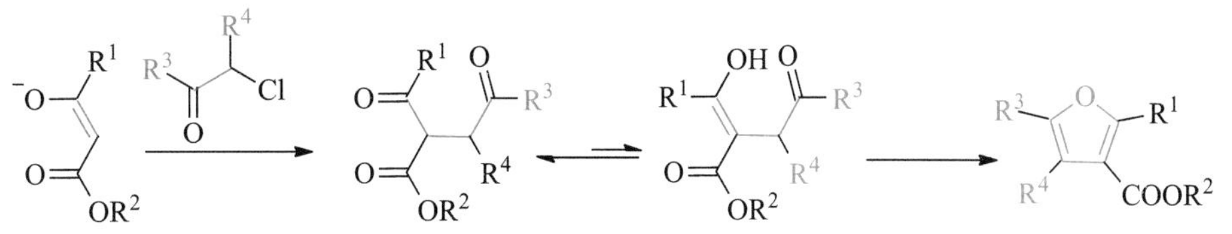

著名的药物 Viagra 包含的吡唑环就是利用 1,3-二羰基化合物与水合肼反应合成的：

思考：产物为何不是以下化合物？

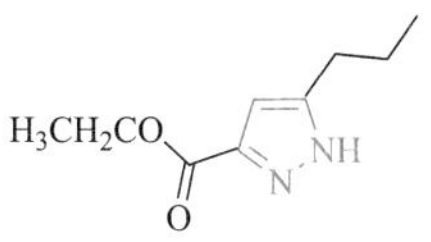

这两者为互变异构体。

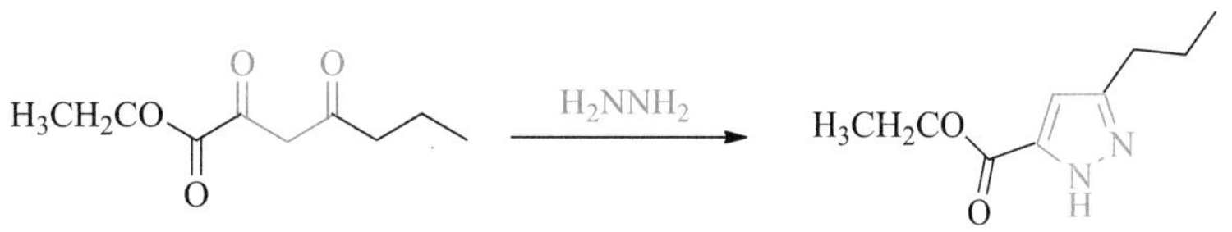

也可以得到嘧啶衍生物：

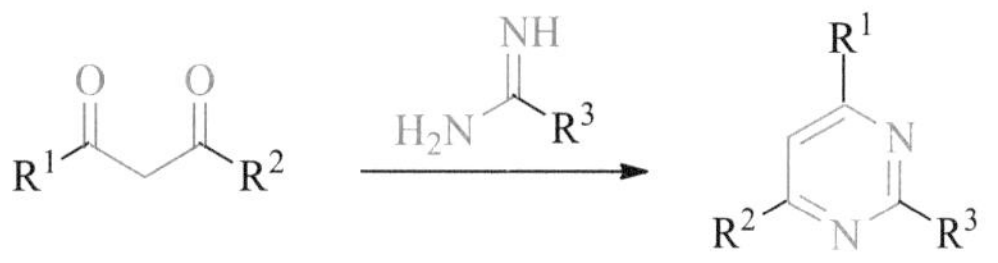

因此，丙二醛也可与尿素缩合得到嘧啶衍生物：

嘧啶酮可发生互变异构，但平衡主要在酮式一边。

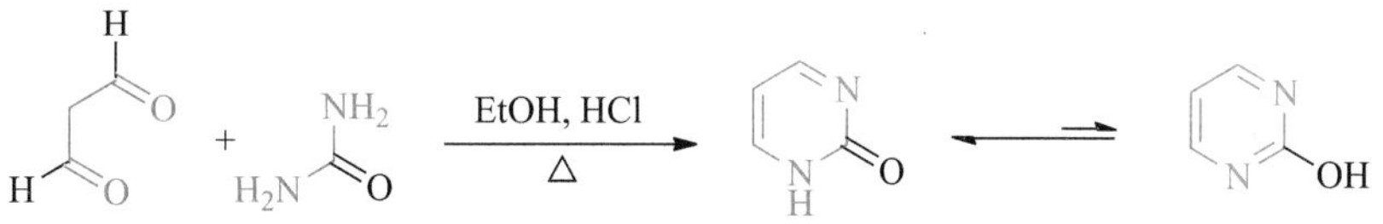

用各种不同的 1,3-二羰基化合物进行反应，可得不同的嘧啶衍生物。例如，丙二酸二酯与尿素在乙醇钠作用下可得巴比妥酸：

巴比妥酸也是一个平衡体系，互变异构后形成芳香体系，能溶于氢氧化钠溶液，具有酸性，故称巴比妥酸。

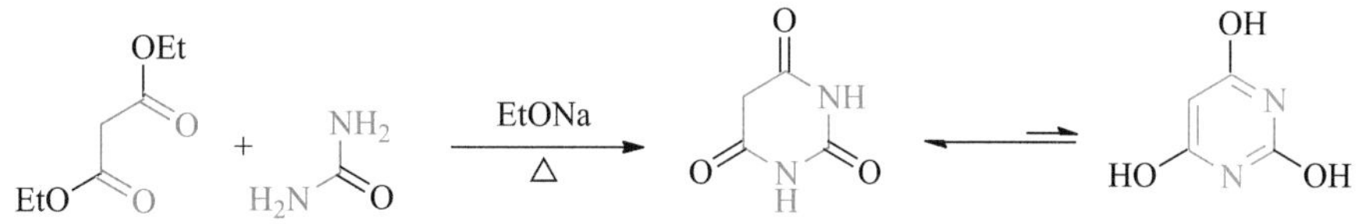

将巴比妥酸用三氯氧磷处理，羟基均被氯取代，然后再用氢碘酸还原，或用催化氢解将氯除掉，即得嘧啶本身：

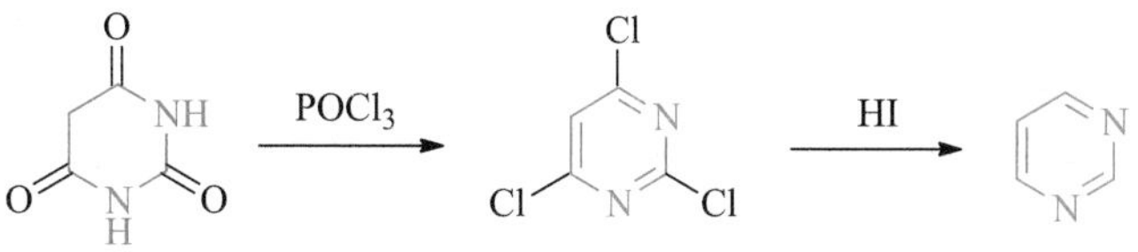

苹果酸在浓硫酸作用下失去一氧化碳与水得 α-甲酰基乙酸，并立即与尿素缩合得尿嘧啶：

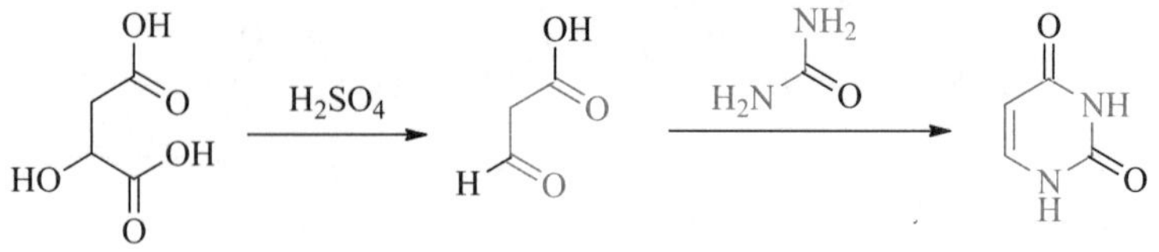

硫脲、胍、脒也能进行类似的合成：

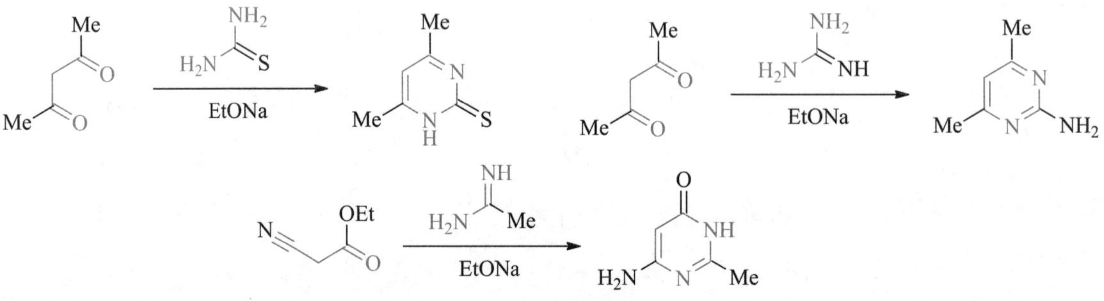

羟胺处于酸性条件下逐渐变为碱性条件下，其亲核端也会随之发生变化，下式中从上到下其亲核能力越来越强：

$H_3\overset{+}{N}-OH$

$\rightleftharpoons$ $pK_a = 6$

H_2N-OH

$\rightleftharpoons$ $pK_a = 13$

H_2N-O^-

利用这两个反应，可以使环上的羟基转为氯后还原除掉。

利用 1,3-二羰基化合物还可以制备含两个不同杂原子的芳杂环：

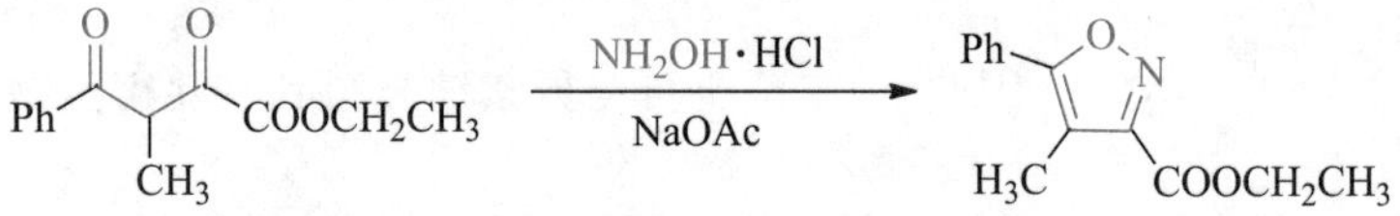

1882 年，R. Hantzsch 将 2 mol 的乙酰乙酸乙酯、1 mol 乙醛和 1 mol 氨缩合，得到了全取代的对称二氢吡啶。他起先认为产物为 2,3-二氢吡啶，后来发现产物为 1,4-二氢吡啶。这种将 β-羰基酸酯或 1,3-二羰基化合物与醛和氨一锅煮，反应生成 1,4-二氢吡啶的方法称为 Hantzsch 二氢吡啶合成法：

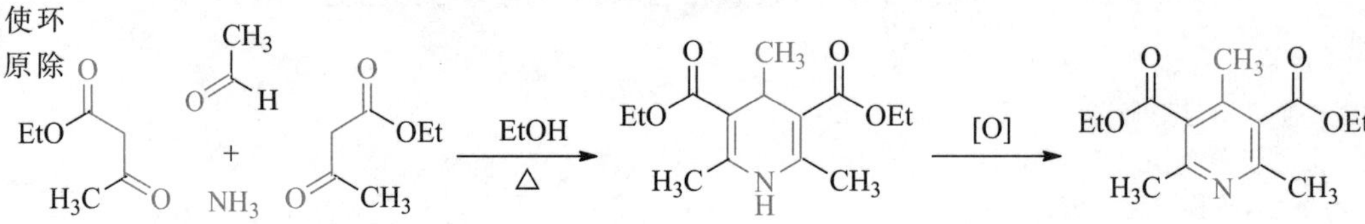

1，4-二氢吡啶可以被 $(NH_4)_2Ce(NO_3)_6$、HNO_2、MnO_2、HNO_3、$Cu(NO_3)_2$ 等氧化剂氧化成吡啶衍生物。这成为吡啶同系物的最重要合成方法，应用范围很广。利用不同的醛及不同的 β-羰基酸酯可以制备不同的取代吡啶。

类似的方法是，用 1,3-二羰基化合物与氰乙酰胺在碱作用下合成 3-氰基-2-吡啶酮，然后互变异构转为吡啶环：

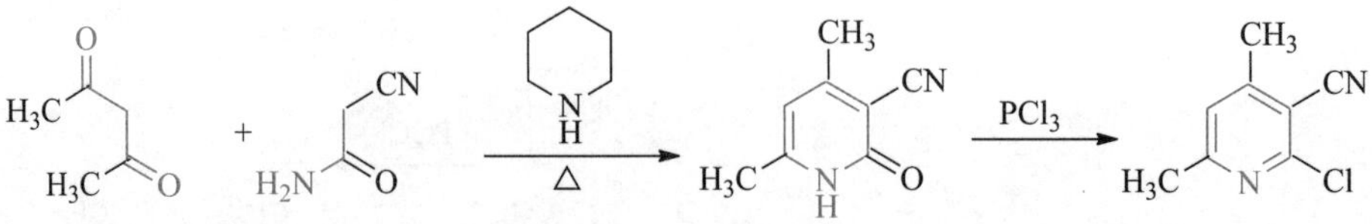

取代吡啶也可以用 1,3-二羰基化合物和 β-氨基-α,β-不饱和羰基化合物合成。例如，乙酰丙酮酸酯和 β-氨基巴豆酸酯缩合，转化为取代的吡啶羧酸酯：

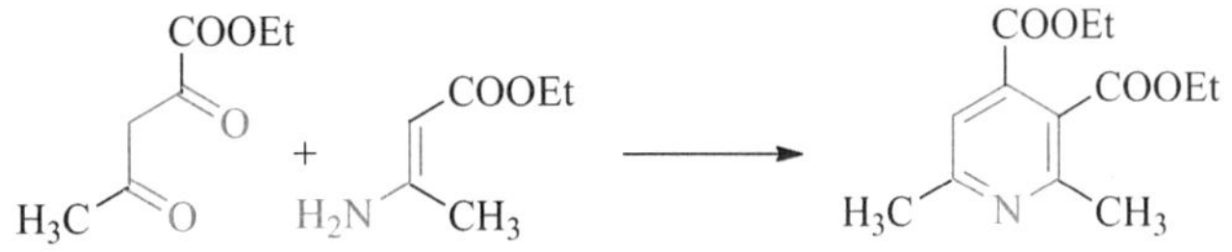

利用芳胺与 1,3-二羰基化合物在酸催化下反应,可以高产率合成喹啉和苯并喹啉,此方法称为 Combes 喹啉合成法。此反应首先经过了 Schiff 碱的形成,而后在浓硫酸作用下羰基氧质子化,然后正电性的羰基碳原子被氨基邻位苯环上的碳原子亲电进攻,关环后,再失去水得到芳香性的喹啉:

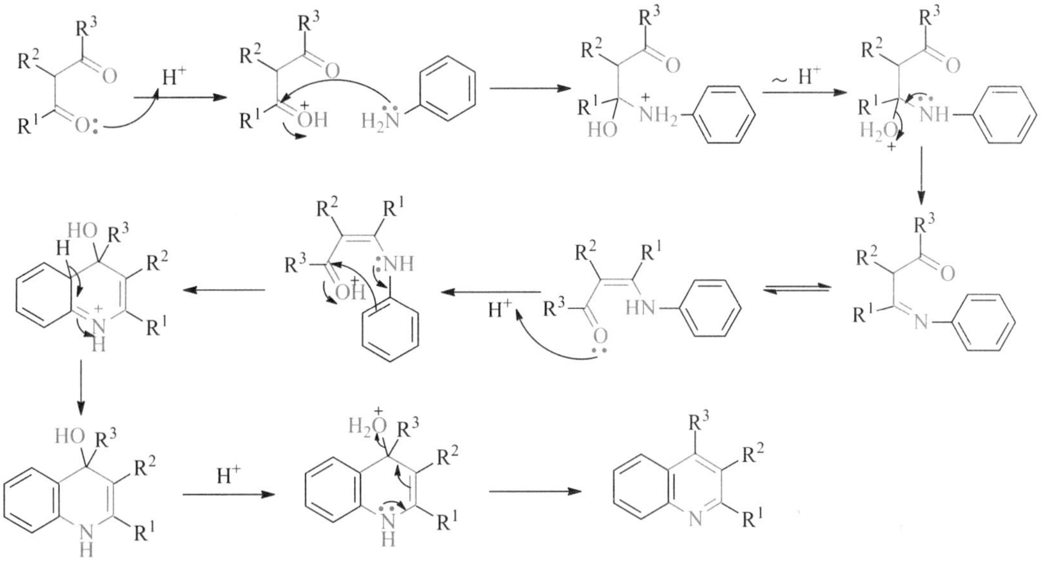

19.10.2 以其他羰基衍生物为基本原料

氨基酮 α 氢的活性远远弱于 1,3-二羰基化合物的 α 氢原子。

利用 α-氨基酮与 1,3-二羰基化合物进行缩合,也可以制备吡咯及其衍生物:

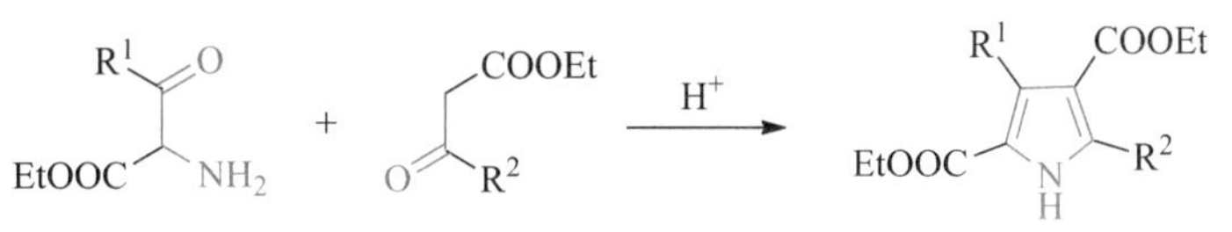

一般氨基酮为盐酸盐,以防止 α-氨基酮发生自缩合反应生成吡嗪。

此方法称为 Knorr 合成法。此反应首先形成亚胺,接着转化为烯胺,最后是烯胺对羰基的亲核加成形成环系:

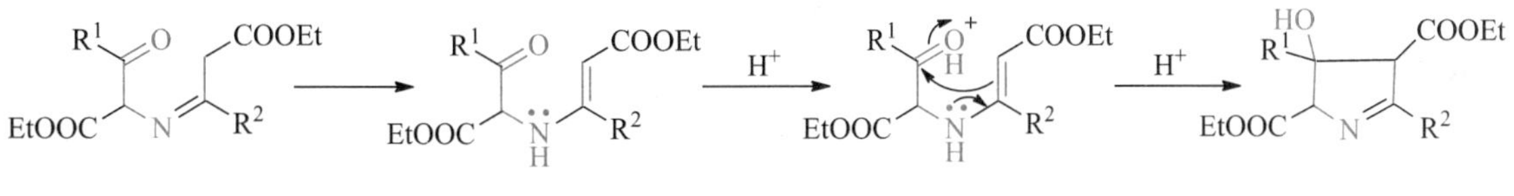

也可以利用肟被还原原位生成胺后立即参加反应:

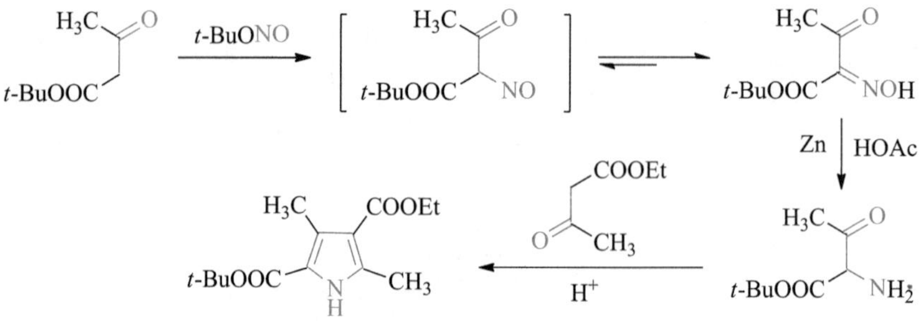

α-亚硝基-β-酮酯极不稳定，很快会重排成肟。

含酰氨键的 1,4-二羰基化合物可用 α-氨基酮与相应酸酐或酰氯反应制备。

可用链中带有酰氨键的 1,4-二羰基化合物在合适条件下环化合成不同的 1,3-唑：

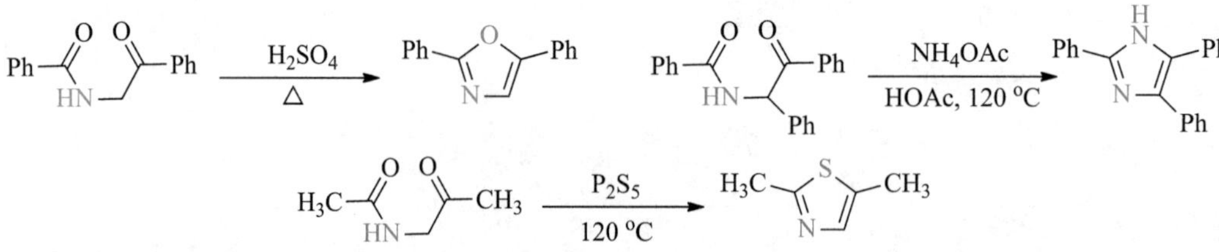

由 α-氨基酮或醛自行缩合，或邻二胺与 1,2-二羰基化合物缩合形成二氢吡嗪类化合物，然后在空气中自动氧化脱氢或催化脱氢制备吡嗪衍生物：

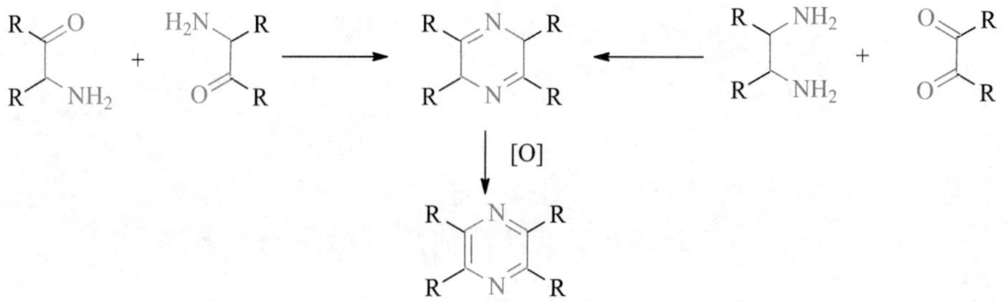

Z. H. Skraup 最早利用硝基苯作为氧化剂，在最后一步硝基苯将二氢喹啉氧化成喹啉，硝基苯转化为苯胺，即为原料。

Skraup 合成法是喹啉及其衍生物最重要的合成方法。1880 年，Z. H. Skraup 发现，将苯胺、甘油、硫酸和五氧化二砷（As_2O_5）或三氯化铁等氧化剂在一锅煮下反应，可以得到喹啉。随后，O. Doebner 和 W. Miller 改进了 Skraup 的方法，以 α,β-不饱和醛、酮或邻二醇代替了甘油，硫酸也可以被 $HCl/ZnCl_2$ 体系代替，此改进方法可以进一步制备多取代的喹啉：

Skraup 反应只有当反应进行激烈时，才能得到较好的产量，但反应过于猛烈，有时又较难控制。故有很多改进的方法，一方面使反应不要过于猛烈，同时又要得较高的产率，如加硫酸亚铁等缓和剂可使反应顺利进行。

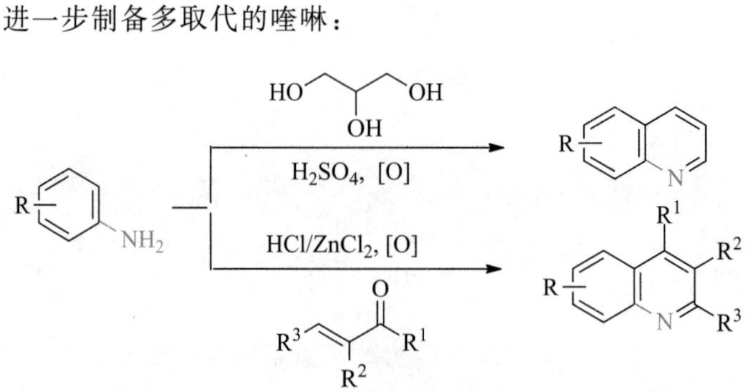

从 O. Doebner 和 W. Miller 的改进法中可以了解到,Skraup 方法中甘油在浓硫酸的作用下失水生成丙烯醛:

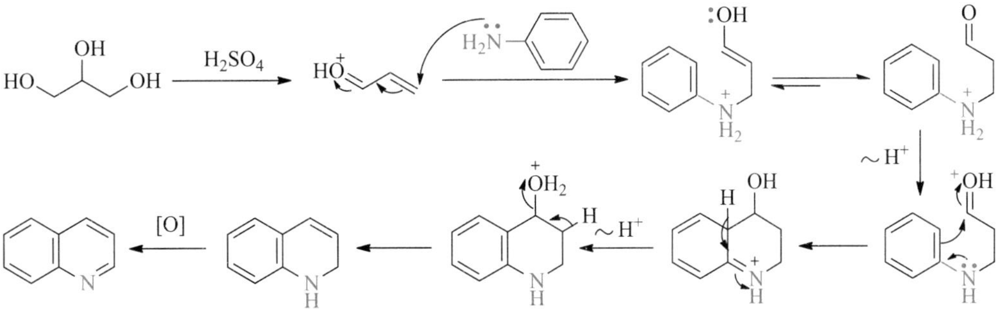

丙烯醛和苯胺发生 1,4-加成反应生成 β-苯氨基丙醛,然后在酸性条件下发生烯胺对酮基正离子的加成反应,失水后生成二氢喹啉,二氢喹啉经氧化芳构化转化为喹啉。所有反应可以在同一体系内完成,产率很高。

如果苯胺环上氨基的间位有给电子基团,反应位点在给电子基团的对位,生成 7-取代喹啉;如果苯胺环上氨基的间位有吸电子基团,反应在吸电子基团的邻位,生成 5-取代喹啉。很多喹啉类化合物,均可用此法进行合成。

Bischler-Napieralski 异喹啉合成法是合成 1-取代异喹啉或二氢异喹啉衍生物最常用的方法。首先用苯乙胺与羧酸或酰氯形成酰胺,然后在失水剂如五氧化二磷、三氯氧磷或五氯化磷等作用下,失水关环,再脱氢得 1-取代异喹啉化合物:

实际上,此方法是合成二氢异喹啉的方法。
对照此机理,复习 Vilsmeier 反应机理。
可以用 P_2O_5 或 PPA 代替 $POCl_3$。

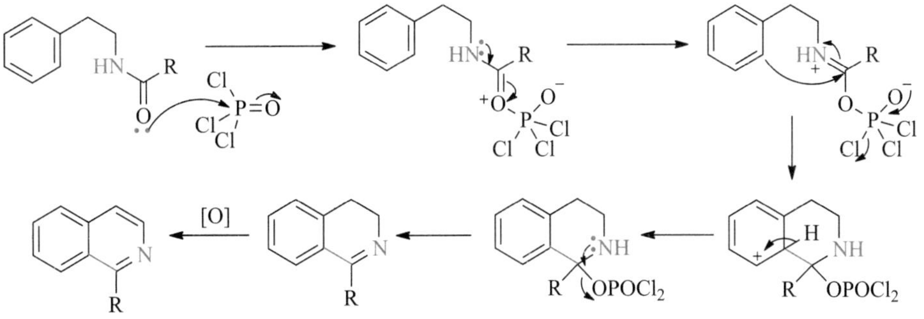

形成环系的关键反应类似于芳香亲电取代反应,本质上为苯环上双键对亚胺正离子的加成反应。因此,如果苯环上有活化基团,反应就易进行;如果活化基团在关环基团的间位,则进攻活化基团的对位,生成 6-取代异喹啉。如果有钝化基团,反应就不易进行。

从以上反应的转换过程可以判断,如果氨基的 β 位有羟基取代,反应可以直接生成异喹啉衍生物:

此反应可以用 β-甲氧基或 β-羟基苯乙胺衍生物为原料,酰化后即为关环的前体。

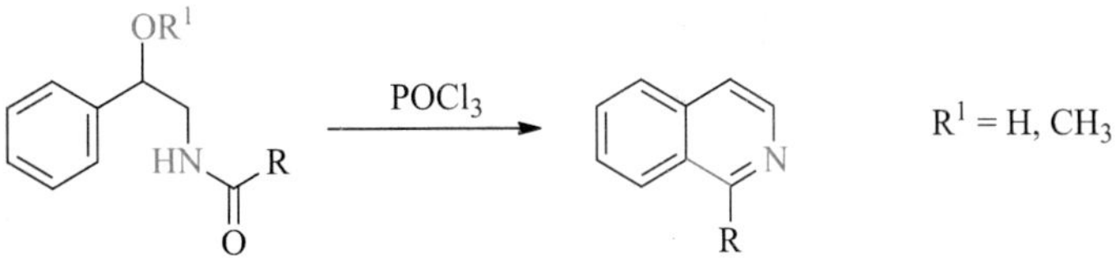

此方法称为 Pictet-Gams 改进法。酰胺失去甲醇或水转化为不饱和酰胺,接着关

环,直接生成异喹啉的衍生物。

1911 年,A. Pictet 进一步对以上方法进行了改进。他和 T. Spengler 报道了苯乙胺和二甲氧基甲烷在浓盐酸中反应,以中等产率生成 1,2,3,4-四氢异喹啉:

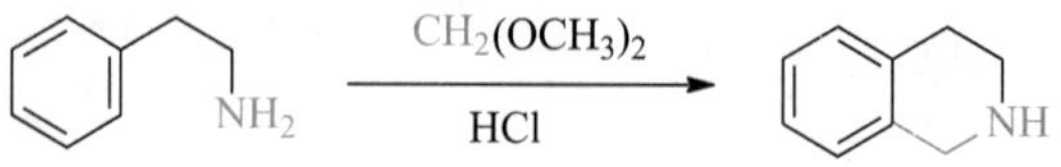

随后他们发现,酪氨酸也能进行这样的反应:

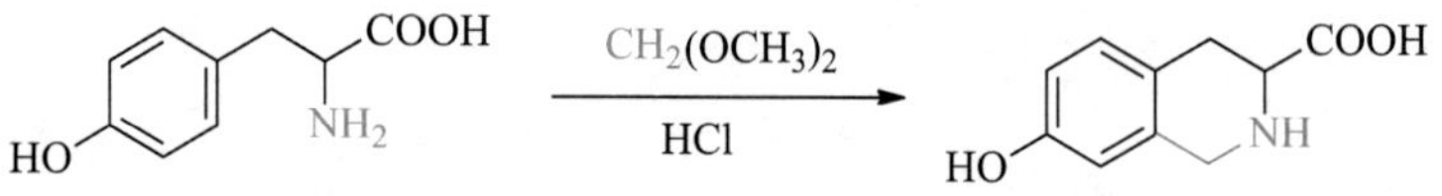

近些年来,对这些方法又有了新的改进,可以利用 2-氨基取代的芳香酮与含有 α 氢的酮反应,制备多取代喹啉衍生物:

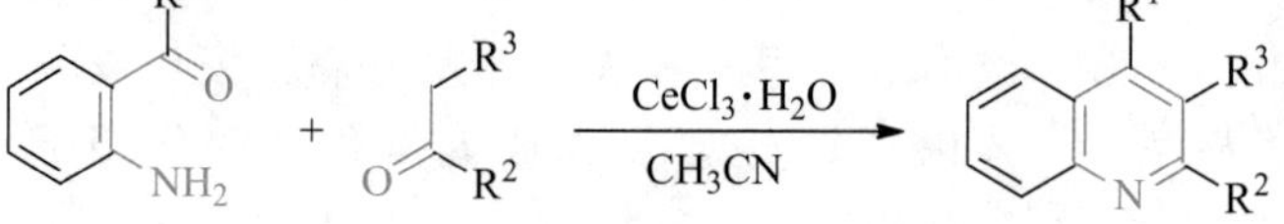

对于嘌呤环的构筑,可以采用先合成嘧啶环,然后在嘧啶环的基础上再完成咪唑环的并接。1889 年,E. Fischer 利用尿酸首次合成了嘌呤:

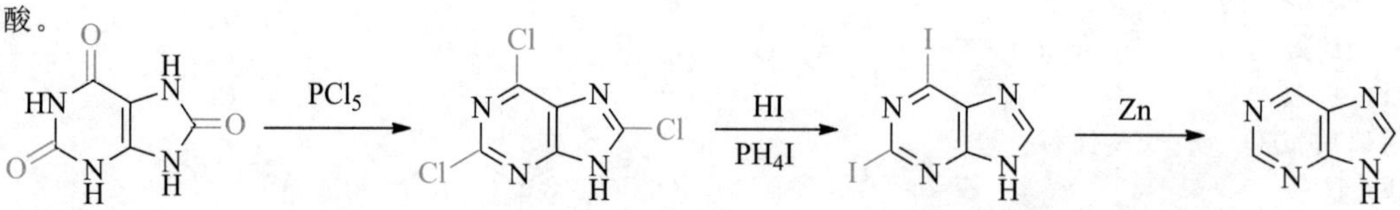

最简单的嘌呤类化合物的合成方法就是代谢。
1776 年,C. W. Scheele 从肾结石中分离得到了尿酸。

尽管通过代谢可以获得嘌呤衍生物,但是目前发展了很多合成嘌呤的方法。最简单的方法就是以甲酰胺为原料在高温开放体系中反应:

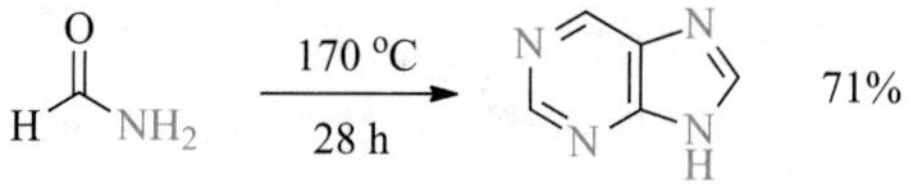

1900 年,W. Traube 发展了利用氨基取代的嘧啶和甲酸合成嘌呤环系的方法。其合成法成为了合成嘌呤环系的重要方法,被称为 Traube 嘌呤合成法:

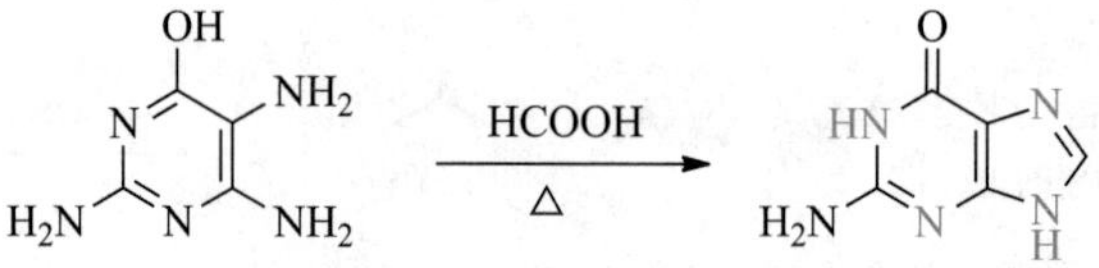

将以上方法加以改进后,可以合成一系列嘌呤类化合物。以合成尿酸为例:

首先是用尿素和氰乙酸酯缩合,得氰乙酰脲,后者在碱的作用下发生闭环作用,生成4-氨基二羟基嘧啶,然后亚硝基化、还原得到4,5-二氨基二羟基嘧啶,再和氯代甲酸乙酯缩合,产生相应的氨基甲酸酯,失去乙醇后变成尿酸。

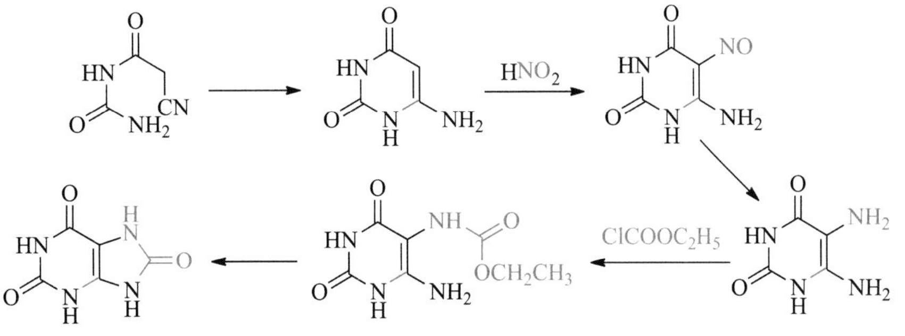

20世纪60年代,L. E. Orgel等人发现,四个HCN分子可以四聚形成二氨基马来腈,其反应的中间体为2-氨基丙二腈。丙二腈与二氨基马来腈均可以在一定条件下转化为合成嘌呤类化合物的重要前体4-氰基-5-氨基咪唑:

研究发现,在氨的存在下五个HCN分子可以放热聚合成腺嘌呤。这也许是自然界最早合成嘌呤的方法。

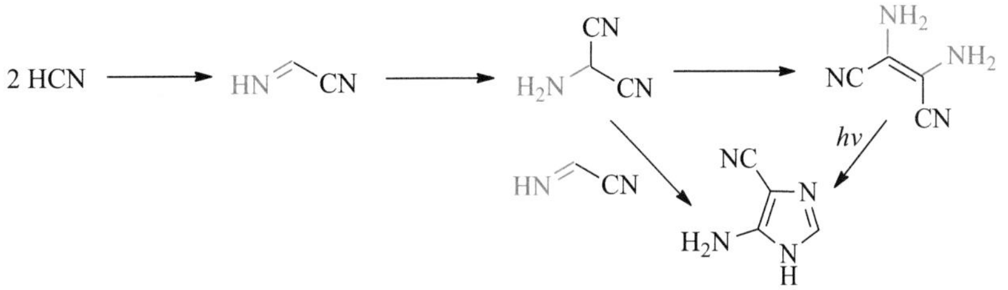

4-氰基-5-氨基咪唑与各种必要的试剂反应,可以得到许多嘌呤类化合物:

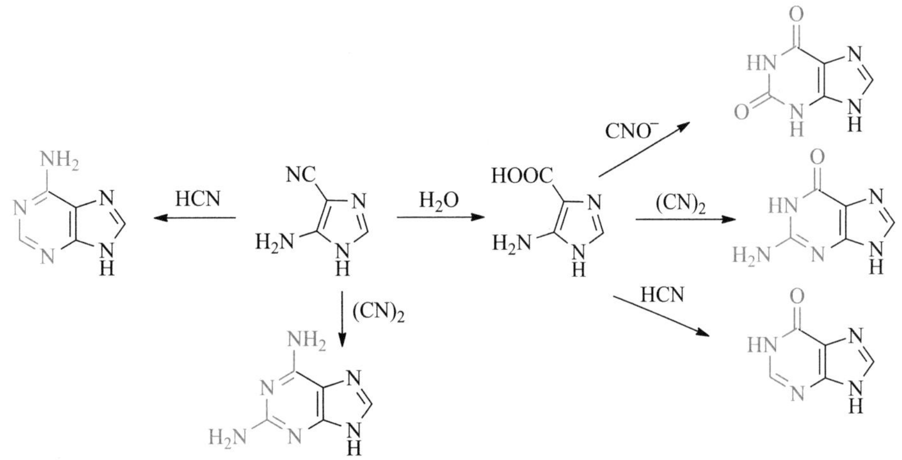

习题 19-34 以所给的试剂为原料合成目标化合物:

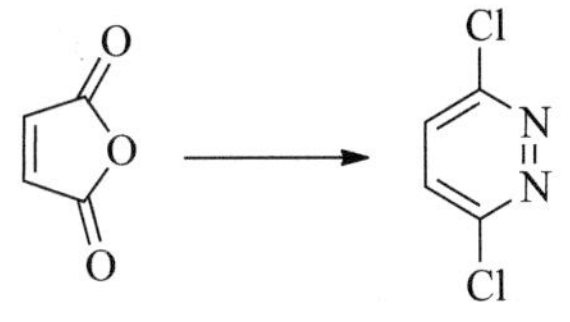

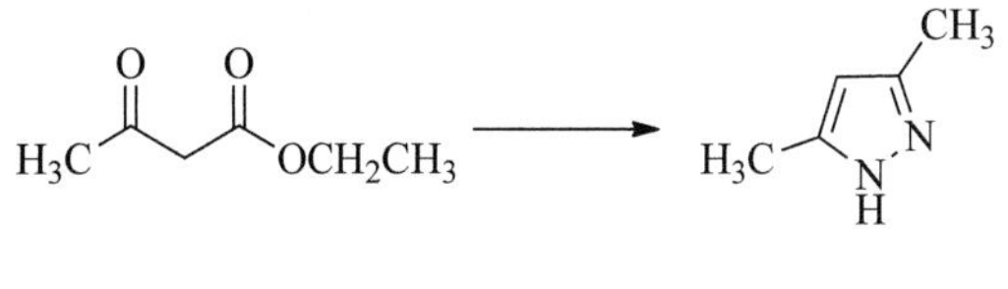

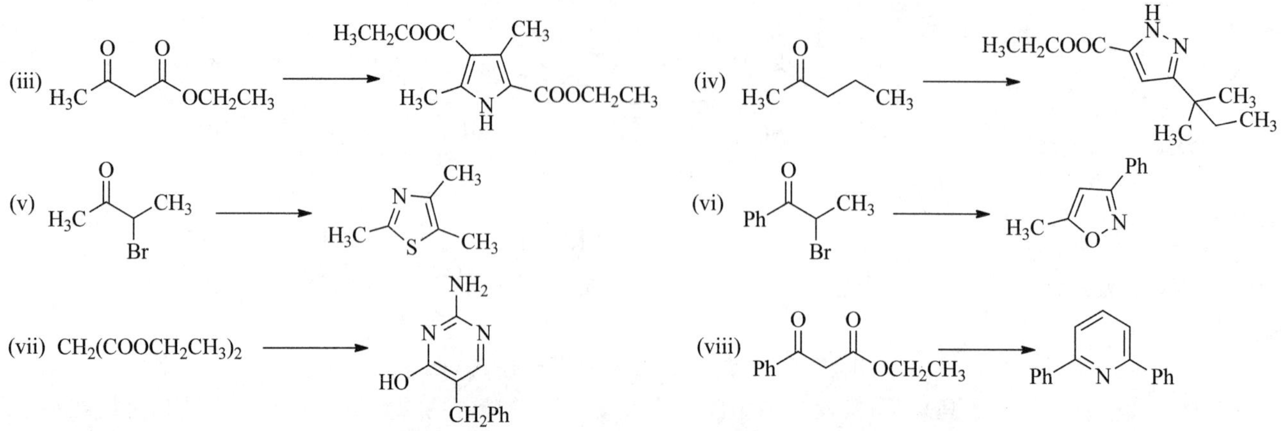

(iii)

(iv)

(v)

(vi)

(vii) CH$_2$(COOCH$_2$CH$_3$)$_2$

(viii)

习题 19-35 为下列反应提供合理的、分步的反应机理：

(i)

(ii)

(iii)

(iv)

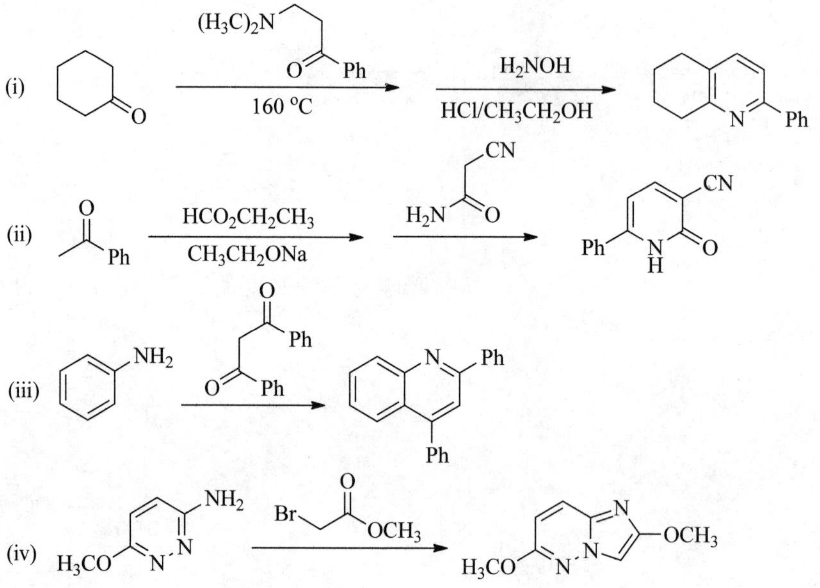

习题 19-36 为以下转换提供合理的、分步的反应机理：

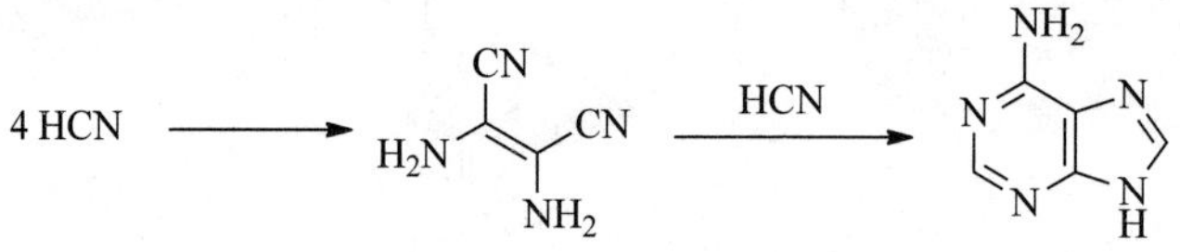

19.10.3 重排反应

1883 年，E. Fischer 和 F. Jourdan 发现，将丙酮酸与 1-甲基苯肼可以在 HCl/EtOH 体系中反应生成 1-甲基吲哚-2-羧酸。后续实验证明，芳基肼与酮或醛在质子酸或 Lewis 酸催化下均可以生成吲哚衍生物：

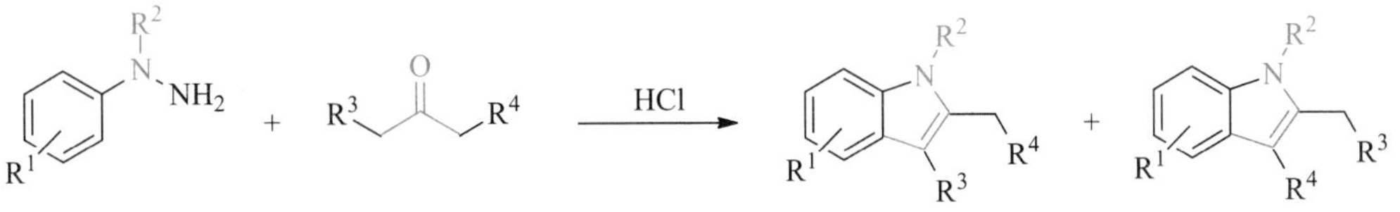

此反应的本质就是苯腙在酸性条件下互变异构成烯胺后的重排反应。

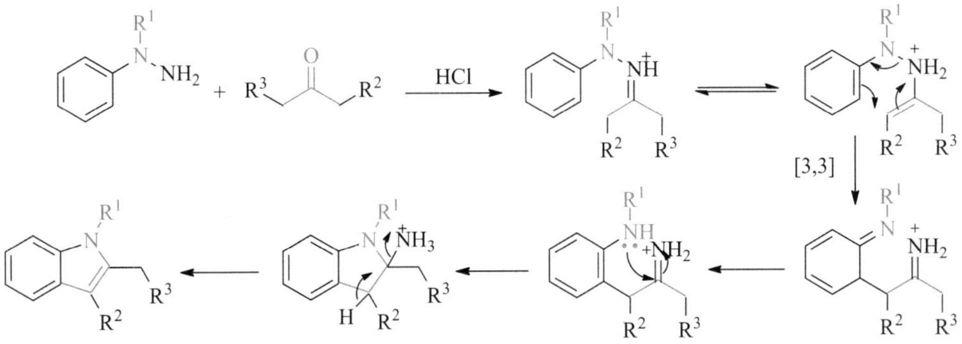

氯化锌、三氟化硼、多聚磷酸是最常用的催化剂,此外金属卤化物、质子酸、Lewis酸或某些过渡金属也曾使用过。

醛或酮必须具有结构 $RCOCH_2R'$（R 或 R' = 烷基、芳基或氢），也就是说,其 α 位必须要有氢原子,以利于亚胺向烯胺的转化。

关键的一步就是[3,3]-σ 重排。

此方法后来被称为 Fischer 吲哚合成法,是构建吲哚环系的一个重要且广泛应用的合成方法。此反应的转换过程如下:

习题 19-37　为以下转换提供合理的、分步的反应机理:

(i)

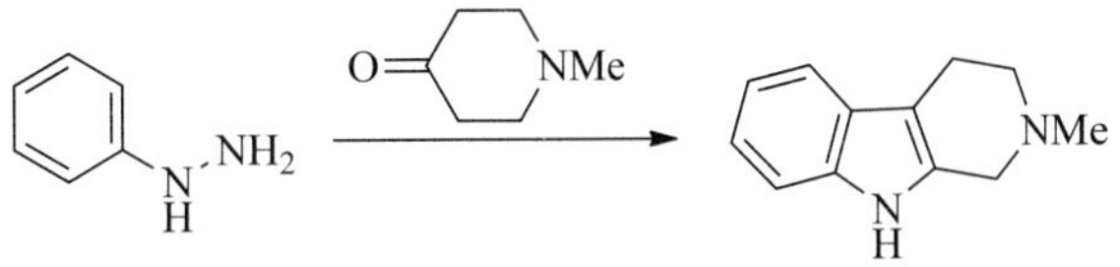

(ii)

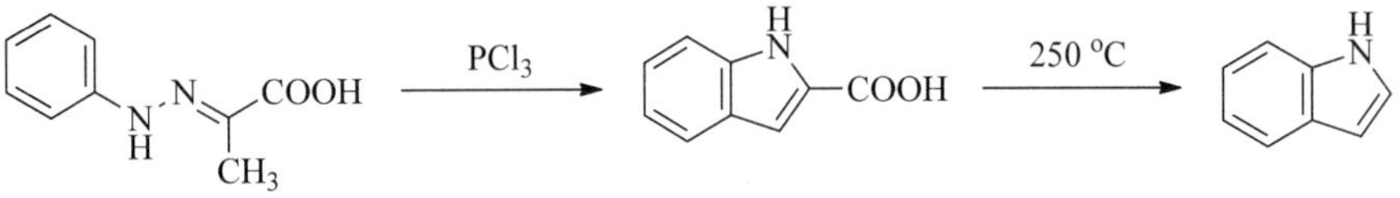

习题 19-38　以苯以及必要的无机和有机试剂为原料合成下列化合物:

(i)

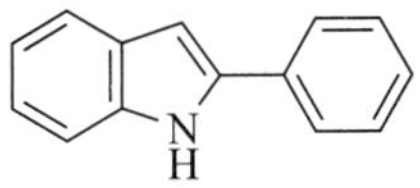

(ii)

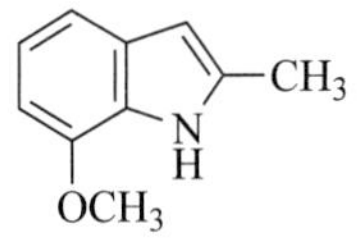

19.10.4　环加成反应

　　1,3-偶极环加成反应是非常有效的合成脂杂环以及芳杂环的方法。利用 1,3-偶极体与炔烃反应,可以制备大量的五元芳杂环。例如,1,2-唑也可以用腈类氧化物与炔烃的 1,3-偶极环加成反应来制取:

腈类氧化物可通过肟氯化后再用碱反应得到；或用硝基烷在异氰酸酯（isocyanate）作用下脱水得到：

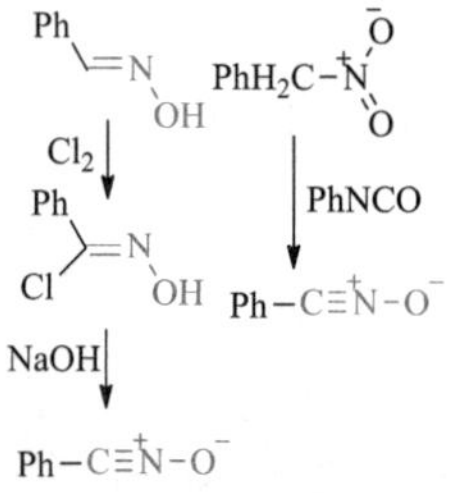

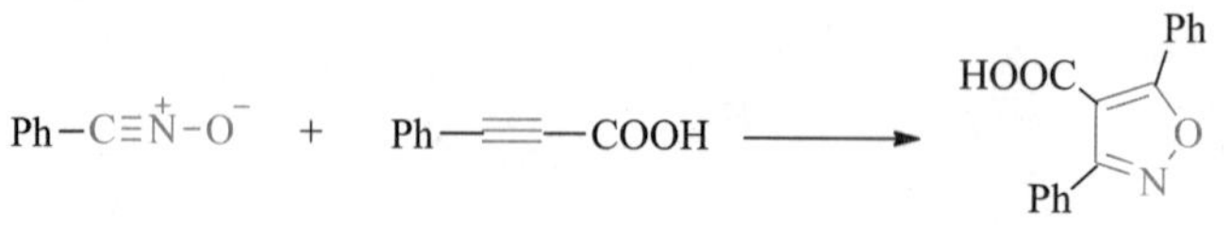

$$Ph-C\equiv\overset{+}{N}-O^- \quad + \quad Ph-\!\!\!\equiv\!\!\!-COOH \quad \longrightarrow \quad \text{（HOOC, Ph, Ph 异噁唑）}$$

需要注意的是，腈类氧化物很不稳定，制得后须在原位立即反应，因为其自身可以二聚：

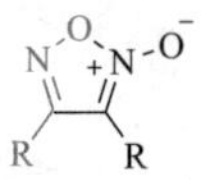

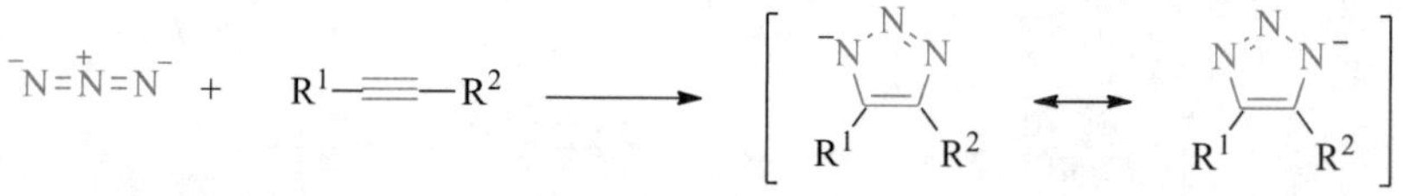

如果用 CpRuCl（PPh₃）₂，CpRu（COD）或 Cp［RuCl₄］作为催化剂，产物为 1,5-二取代的三唑衍生物。

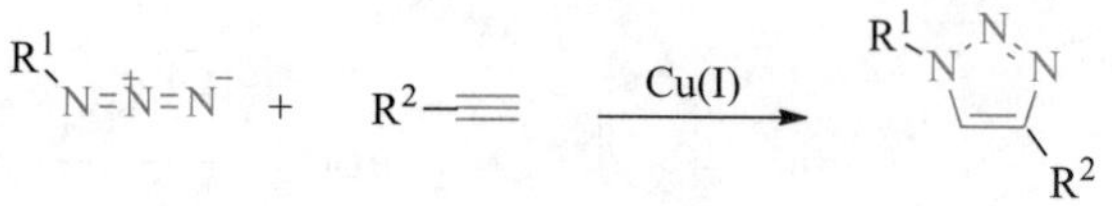

这是以 Cu（Ⅰ）为催化剂高效合成 1,4-二取代的三唑衍生物的方法，经 K. B. Sharpless 的发展成为了点击化学中最重要的也是先锋的反应。

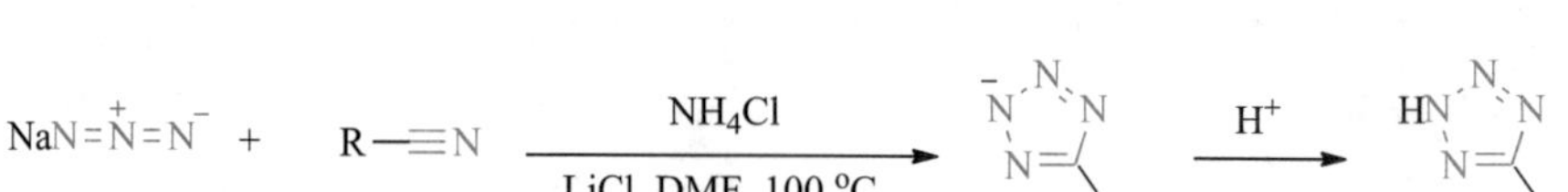

1998 年 K. B. Sharpless 提出了点击化学的概念。点击化学不是指一类具体的反应，而是指那些可以直接将小分子一次性高效、高产率合成复杂分子的所有反应。例如，自然界中蛋白质是由氨基酸单元，多糖是由单糖单元通过碳杂原子键连接起来的，而不是直接的碳碳键连接。点击化学是化学家们对自然界模拟的一个尝试。

与臭氧一样，烷基叠氮以及叠氮化钠都是很好的 1,3-偶极体。叠氮衍生物和炔烃反应可以制备 1,2,3-三唑类衍生物，此反应也被称为 Huisgen 环加成反应。1961 年，R. Huisgen 首次报道了此反应：

$$R^1\text{-}N=\overset{+}{N}=N^- \quad + \quad R^2-\!\!\!\equiv\!\!\!-R^3 \quad \longrightarrow \quad \text{（三唑异构体）} \quad + \quad \text{（三唑异构体）}$$

此反应通常生成两个异构体。当烷基叠氮与单取代的炔烃反应时，常会得到 1,4-二取代和 1,5-二取代的 1,2,3-三唑混合物。如果用叠氮化钠为原料，则可以得到单一的化合物：

$$^-N=\overset{+}{N}=N^- \quad + \quad R^1-\!\!\!\equiv\!\!\!-R^2 \quad \longrightarrow \quad \left[\text{（三唑共振式）} \leftrightarrow \text{（三唑共振式）}\right]$$

Huisgen 环加成反应在亚铜离子的催化下会发生明显的变化，不再是一个协同的环加成反应。加入 CuSO₄ 及温和还原剂原位生成催化量的亚铜离子，可以使反应大大加快，而且高选择性生成 1,4-二取代的三唑衍生物：

$$R^1\text{-}N=\overset{+}{N}=N^- \quad + \quad R^2-\!\!\!\equiv \quad \xrightarrow{\text{Cu(I)}} \quad \text{（1,4-三唑）}$$

由于此反应的高效、绿色以及简便而成为点击化学（click chemistry）的代表性反应。

当利用氰基作为亲偶极体，通过此反应可以得到 1,2,3,4-四唑类衍生物：

$$NaN=\overset{+}{N}=N^- \quad + \quad R-\!\!\!\equiv\!\!\!-N \quad \xrightarrow[\text{LiCl, DMF, 100 }^{\circ}\text{C}]{\text{NH}_4\text{Cl}} \quad \text{（四唑盐）} \quad \xrightarrow{\text{H}^+} \quad \text{（四唑）}$$

还有一些可以原位制备的 1,3-偶极体，如

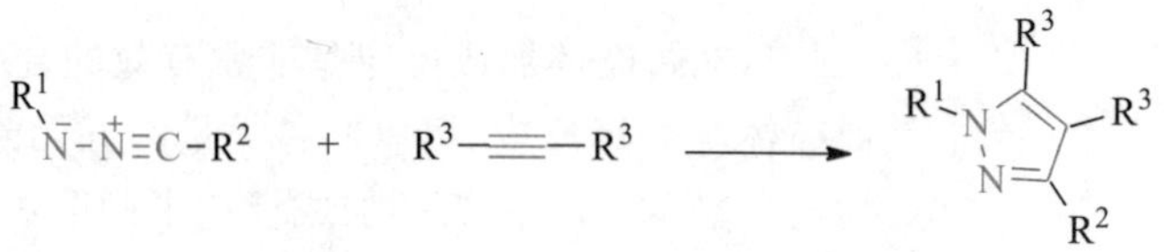

$$R^1\text{-}\overset{-}{N}\text{-}\overset{+}{N}\equiv C\text{-}R^2 \quad + \quad R^3-\!\!\!\equiv\!\!\!-R^3 \quad \longrightarrow \quad \text{（吡唑衍生物）}$$

近些年来，发展了很多通过 1,3-偶极环加成反应制备芳杂环的方法：

H₃COOC — 结构式 — COOCH₃

$$\text{H}_3\text{COOC} - \equiv - \text{COOCH}_3 \quad \xleftarrow{\text{Et}_3\text{N, PhH, MW}} \quad \xrightarrow{\text{H}_3\text{COOC} - \equiv - \text{COOCH}_3}{\text{Et}_3\text{N, PhH, MW}}$$

习题 19-39 完成以下反应:

(i) $Ph-N=\overset{+}{N}=N^-$ + $H_3COOC-\!\!\!\equiv\!\!\!-COOCH_3$ $\xrightarrow{\triangle}$

(ii) $H_3C-C\equiv\overset{+}{N}-O^-$ + $H_3COOC-\!\!\!\equiv\!\!\!-COOCH_3$ $\xrightarrow{\triangle}$

(iii) $n\text{-Bu}-\!\!\!\equiv\!\!\!-CH$ + BnN_3 $\xrightarrow[\text{DMF, 60 °C}]{\text{CuI (10 mol\%)}}$

(iv) $n\text{-Bu}-\!\!\!\equiv\!\!\!-CH$ + [结构式: Cl, CH₃ 取代的 1,3-噁嗪-2-酮] $\xrightarrow[\triangle, 48\ h]{\text{PhCH}_3}$

　　本章中,我们不可能讨论所有的杂环化合物的结构、性质及其合成方法。在整个自然界中存在着很多杂环化合物。近些年来有机化学家们也创造了更多的杂环化合物及其合成方法,如许多在金属催化下的各种偶联反应构筑的各种杂环体系,但由于篇幅的限制,本章没有加以展开讨论,寄希望在以后的学习中加以深入提高。总之,通过本章的学习,应该基本了解杂环化合物的基本性质和反应,在此基础上为进一步的学习提供必要的途径。

 拓 展 阅 读

吡咯及其衍生物

　　吡咯及其衍生物在人类日常生活中占据了重要的地位。在自然界中,很多有重要生理作用的物质都是由吡咯衍生物组成的,如叶绿素(chlorophyll)、血红蛋白、维生素 B_{12} 及胆色素等等。在工业生产上,吡咯衍生物还被广泛用做有机合成、医药、农药、香料、橡胶硫化促进剂、环氧树脂固化剂等的原料。

　　1. 叶绿素

　　叶绿素是一类与光合作用(photosynthesis)紧密相关的最重要的色素,也是植物进行光合作用时所必需的催化剂。光合作用是通过合成一些有机化合物将光能转变为化学能的过程。叶绿素实际上存在于所有能营造光合作用的生物体中,包括绿色植物、原核的蓝绿藻(蓝菌)和真核的藻类。叶绿素从光中吸收能量,然后将二氧化碳转变为碳水化合物。

　　叶绿素主要存在于绿色细胞内的叶绿体中,和蛋白质结合成为一个复合体,但极易分解。19 世纪初,俄国化学家、色层分析法创始人 M. S. Tsvet 用吸附色层分析法证明,高等植物叶子中的叶绿素有两种成分。1817 年,法国科学家 J. B. Caventou 和 P. J. Pelletier 首次分离得到叶绿素,被命名为 chlorophyll(此名称来自希腊语:chloros 意思是 green,phyllon 意思是 leaf)。1906 年,发现叶绿素中含有镁离子,这也是首次在生物组织中发现镁离子。1905—1915 期间,德国科学家 R. M. Willstätter 在叶绿素的结构鉴定方面做了许多开创性的研究工作。在此基础上,德国化学家 H. Fischer 经过多年的努力,终于在 1940 年弄清了叶

绿素的基本化学结构。1960 年，美国 R. B. Woodward 领导的实验室合成了叶绿素 a，并确定了其结构中的大部分立体化学；1967年，I. Fleming 完成了剩余部分的构型确定。现在我们知道，自然界的叶绿素不是一个单纯的化合物，叶绿素为镁卟啉化合物，包括叶绿素 a、b、c、d、f 以及原叶绿素和细菌叶绿素等。叶绿素在光、酸、碱、氧、氧化剂等作用下会分解。酸性条件下，叶绿素分子很容易失去卟啉环中的镁离子成为去镁叶绿素。叶绿素有造血、提供维生素、解毒、抗病等多种用途。

叶绿素主要由蓝绿色的叶绿素 a(分子式 $C_{55}H_{72}O_5N_4Mg$，熔点 117～120℃)和黄绿色的叶绿素 b(分子式 $C_{55}H_{70}O_6N_4Mg$，熔点 120～130℃)组合而成，两者的比例为 3：1。叶绿素 a 和 b 的结构如下：

叶绿素a

叶绿素b

从以上结构可以发现，叶绿素 b 与 a 的差别就是叶绿素 a 结构中的其中一个甲基被氧化成了甲酰基。叶绿素 a 和 b 均为镁盐，这是这种物质重要而且必需的成分。叶绿素 a 或 b 中的两个酯基被水解后，转化为叶绿素酸、甲醇和植物醇。但是，植物体内含有一种酶，叫做叶绿素酶，可把叶绿素的植物醇酯水解，而甲酯保持不变。叶绿素在活体内也和其他物质一样处于不断更新状态。它被叶绿素酶分解，或经光氧化而漂白。深秋时许多树种叶片呈美丽的红色，就是因为这时叶绿素降解速度大于合成速度，含量下降，原来被叶绿素所掩盖的类胡萝卜素、花色素的颜色显示出来的缘故。

2. 血红蛋白

血红蛋白(hemoglobin，haemoglobin，简写为 HB 或 HGB)是高等生物体内负责血液输送氧及二氧化碳的一种蛋白质，是使血液呈红色的蛋白。血红蛋白 hemoglobin 来源于血红素 heme 和珠蛋白 globin。它是由血红素($C_{34}H_{32}O_4N_4FeOH$)和血球蛋白结合而成的蛋白质。每一个血红蛋白分子由四分子的珠蛋白和四分子亚铁血红素组成，每个血红素分子又由四个吡咯环组成，在环中央有一个铁原子。血红蛋白中的铁为二价状态，可与氧呈可逆性结合(氧合血红蛋白)；如果铁氧化为三价状态，血红蛋白则转变为高铁血红蛋白，就失去了载氧能力。在哺乳动物中，血红蛋白占红细胞干重的 97%、总重的 35%。平均每克血红蛋白可结合 1.34 mL 的氧气，是血浆溶氧量的 70 倍。血红蛋白的特性是，在氧含量高的地方，容易与氧结合；在氧含量低的地方，又容易与氧分离，因此，血红蛋白使红细胞具有运输氧的功能。

1825 年，J. F. Engelhard 发现，某些物种的血红蛋白中铁与蛋白的比例是相同的。因此，从已知的铁原子质量出发，他认为血红蛋白的相对分子质量应该为 $n \times 16\,000$(n= 每个血红蛋白中铁原子的数量，现在我们知道 $n=4$)，从而他首次确定了血红蛋白的分子质量。但是，当时的科学家们无法相信任何一种分子可能会有这么巨大的分子量，因此都认为这种计算蛋白质分子量的方式非常"草率"，根本不可信。1925 年，G. S. Adair 通过测量血红蛋白溶液的渗透压证实了 J. F. Engelhard 结果的准确性。

1840 年，F. L. Hünefeld 发现血红蛋白可以携带氧气。1851 年，德国生理学家 O. Funke 通过一系列实验获得了血红蛋白晶体。几年后，F. Hoppe-Seyler 揭示了血红蛋白的可逆氧化过程。1959 年，M. Perutz 首次通过 X 射线衍射法测定了肌红蛋白的晶体结构。这使得他和 J. Kendrew 分享了 1962 年诺贝尔化学奖。下图表示了血红素 B 的结构简式：

3. 聚吡咯

聚吡咯是由吡咯单体通过化学氧化法或者电化学方法制得的一种共轭高分子材料，是一种空气稳定性好、易成膜的导电聚合物，不溶也不熔：

它在酸性水溶液和多种有机电解液中都能电化学氧化聚合成膜，其电导率和力学强度等性质与电解液阴离子、溶剂、pH 和温度等聚合条件密切相关。导电聚吡咯具有共轭链氧化、对应阴离子掺杂结构，其电导率可达 $10^2 \sim 10^3 \, \text{S} \cdot \text{cm}^{-1}$，拉伸强度可达 $50 \sim 100$ MPa，具有很好的电化学氧化还原可逆性。聚吡咯的氧化还原电位比其单体低约 1 eV 左右，呈黄色，掺杂后呈棕色。聚吡咯也可以用化学掺杂法进行掺杂，掺杂后由于反离子的引入，具有一定离子导电能力。聚吡咯除了作为导电材料使用，如作为特种电极等场合外，还用于电显示材料等方面，作为线性共轭聚合物，聚吡咯还具有一定光导电性质。小阴离子掺杂的聚吡咯在空气中会缓慢老化，导致其电导率降低。大的疏水阴离子掺杂的聚吡咯能在空气中保存数年而无显著变化。

聚吡咯还可用于生物、离子检测、超电容、防静电材料、光电化学电池的修饰电极、蓄电池的电极材料。聚吡咯作为离子交换树脂，与传统的离子交换树脂相比具有能方便再生、减小能耗和降低污染等优点。此外，聚吡咯具有良好的生物相容性，在电刺激下导电聚合物可以调节细胞的贴附、迁移、蛋白质的分泌与 DNA 的合成等过程，使其在生物医学领域有着广泛的应用前景。质子交换膜作为质子交换膜燃料电池的核心部件，直接决定着燃料电池的性能。将聚吡咯引入其中制备复合型质子交换膜，有助于提高复合膜的热稳定性、阻醇性和溶胀性等。聚吡咯膜具有独特的掺杂和脱掺杂性能，可以有针对性地掺杂进许多具有对反应物有催化作用的分子或离子，提供电催化效率和实际应用价值。作为二次电池的电极材料，聚吡咯具有较高的电导率、良好的环境稳定性、可逆的电化学氧化还原特性以及较强的电荷储存能力，是一种理想的聚合物二次电池的电极材料。聚吡咯膜对金属的保护起到钝化和屏蔽作用，提高了金属基体的腐蚀电位，降低了腐蚀速率。

章 末 习 题

习题 19-40 命名以下化合物：

(vi) —COOH (vii) (viii) —NH$_2$ (ix) —COOEt

习题 19-41 根据以下化合物的化学名称画出其结构式,并给出英文名称:

(i) 反-2,3-二苯基环氧乙烷 (ii) 3-硫杂环丁酮 (iii) N-甲基-β-内酰胺 (iv) 己内酰胺 (v) 呋喃-2-甲醛 (vi) 4-甲基异噁唑 (vii) 2-甲基噻唑 (viii) N-乙基咪唑 (ix) 5-溴嘧啶 (x) 2-甲基-3-溴吡嗪 (xi) 3-溴吲哚 (xii) 鸟嘌呤

习题 19-42 完成下列反应:

(i) $\xrightarrow[\text{POCl}_3]{\text{DMF}}$ $\xrightarrow{\text{H}_2\text{O}}$

(ii) $\xrightarrow[\text{Py}]{\text{CH}_3\text{COCl}}$

(iii) $\xrightarrow{\text{CH}_3\text{COCl}}$

(iv) $\xrightarrow{\text{CH}_3\text{CH}_2\text{MgBr}}$ $\xrightarrow{\text{H}_3\text{O}^+}$

(v) $\xrightarrow[\text{H}_2\text{SO}_4]{\text{HNO}_3}$

(vi) $\xrightarrow[\triangle]{\text{NH}_3}$

(vii) $\xrightarrow{\text{NaNH}_2, \text{NH}_3(l)}$ $\xrightarrow{\text{H}_2\text{O}}$

(viii) $\xrightarrow[\text{ZnCl}_2, 100\ ^\circ\text{C}]{\text{PhCHO}}$

(ix) + $\longrightarrow$

(x) $\xrightarrow[150\ ^\circ\text{C}]{\text{P}_2\text{O}_5}$

习题 19-43 维生素 B$_6$(pyridoxin)是一个吡啶衍生物,鼠类缺少这种维生素即患皮肤病。它在自然界分布很广,是维持蛋白质正常代谢必要的维生素。它是由酵母内取得的,其结构式如下:

以乙氧基乙酸乙酯、丙酮以及必要的有机和无机试剂为原料合成维生素 B$_6$。

习题 19-44 Serotonin(5-羟色胺)最早是从血清中发现的,又名血清素,广泛存在于哺乳动物组织中,特别在大脑皮层质及神经突触内含量很高。它是一种抑制性神经递质,是强血管收缩剂和平滑肌收缩刺激剂。在体内,5-羟色胺可以经单胺氧化酶催化成 5-羟色醛以及 5-羟吲哚乙酸而随尿液排出体外。其结构式如下:

以苯酚和必要的有机、无机试剂为原料合成 5-羟色胺。

习题 19-45 1962 年,G. Y. Lesher 等发现 1,8-萘啶衍生物有抗菌作用,特别是对革兰氏阴性菌有独特的抗菌作用;并且对当时已开始增多的抗生素耐药菌也有相应的作用,因此十分引人注目。目前,这一系列中抗菌作用最强的萘啶酸作为药物已开发成功。Rosoxacin(罗素沙星)就是其中一个药物,其结构式如下:

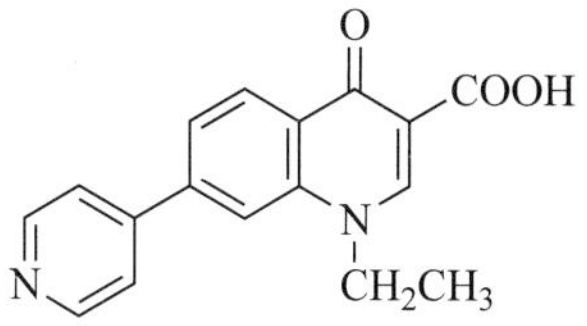

以丙炔酸、3-硝基苯甲醛、丙二酸以及必要的有机和无机试剂为原料合成 Rosoxacin。

习题 19-46　Amlodipine(苯磺酸氨氯地平)属于二氢吡啶类钙拮抗剂,是钙离子拮抗剂或慢通道阻滞剂。心肌和平滑肌的收缩均依赖于细胞外钙离子通过特异性离子通道进入细胞。Amlodipine 可以选择性抑制钙离子跨膜进入平滑肌细胞和心肌细胞,对平滑肌的作用大于心肌,是目前治疗高血压和冠心病的主要药物。Amlodipine 的结构式如下:

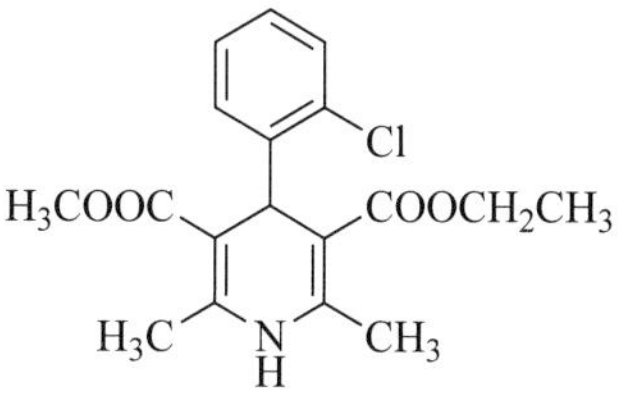

以 2-氯苯甲醛、乙酰乙酸乙酯、乙酰乙酸甲酯以及必要的有机和无机试剂为原料合成 Amlodipine,并画出合成杂环的关键步骤的分步、合理的反应机理。

习题 19-47　Trimethoprim(甲氧苄啶)是一类抗菌增效药,可以单独用于治疗呼吸道感染、泌尿道感染、肠道感染等病症,也可以治疗家禽细菌感染和球虫病。Trimethoprim 的结构式如下:

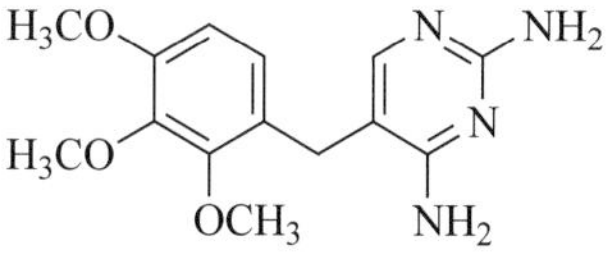

以丙二酸、没食子酸、胍以及必要的有机和无机试剂为原料合成 Trimethoprim。

习题 19-48　杂原子连接的 1,5-二羰基化合物是合成呋喃、吡咯以及噻吩衍生物的很好的原料。为以下转换提供合理的、分步的反应机理:

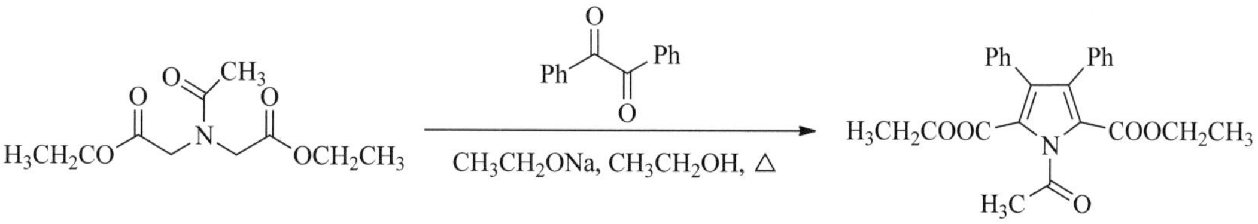

并利用类似的方法设计合成噻吩-2,5-二羧酸乙酯。

习题 19-49　以下是以硝基苯衍生物为原料的 Reissert 吲哚合成法。画出其分步的、合理的反应机理:

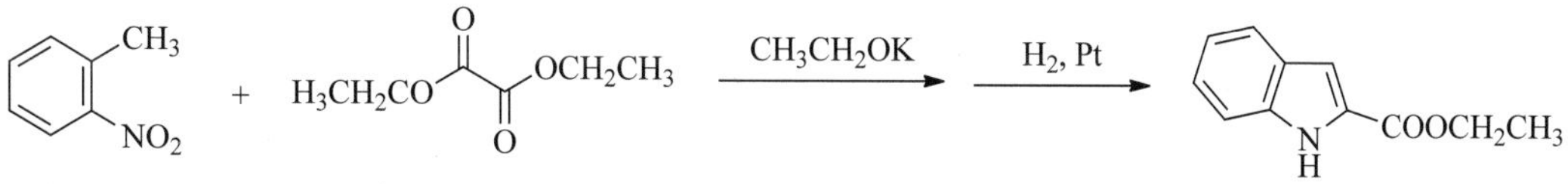

习题 19-50　通常情况下,LiAlH$_4$ 可以将酮羰基还原为二级醇。但在以下反应中,在过量的 LiAlH$_4$ 作用下,酮羰基转换成了亚甲基。为以下转换提供合理的、分步的反应机理:

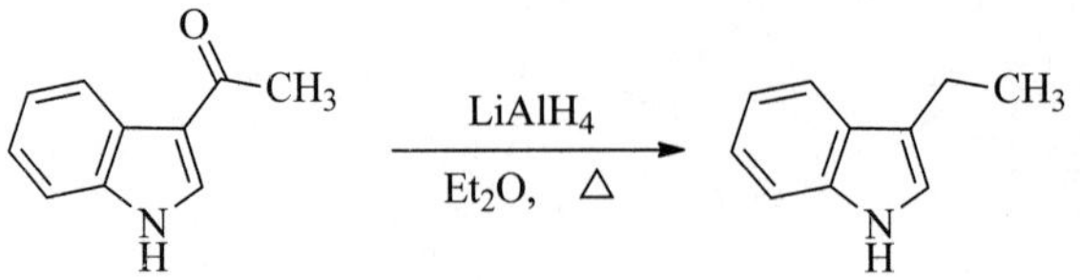

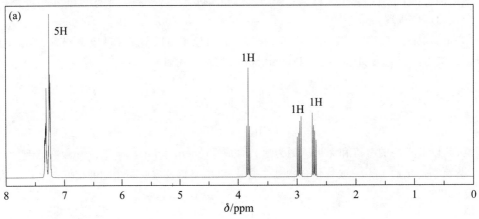

解释为何在其他体系中的酮羰基,如苯乙酮,在此条件下不能转化为亚甲基。如果酮羰基在吲哚的 C2 位,是否也会转化为亚甲基?

习题 19-51 从澳大利亚海洋生物中分离得到了两个生物碱。这两个生物碱以 3∶2 的混合物方式达到平衡态。画出它们互相转换的中间体的立体结构式,并解释为何左边的化合物含量高。

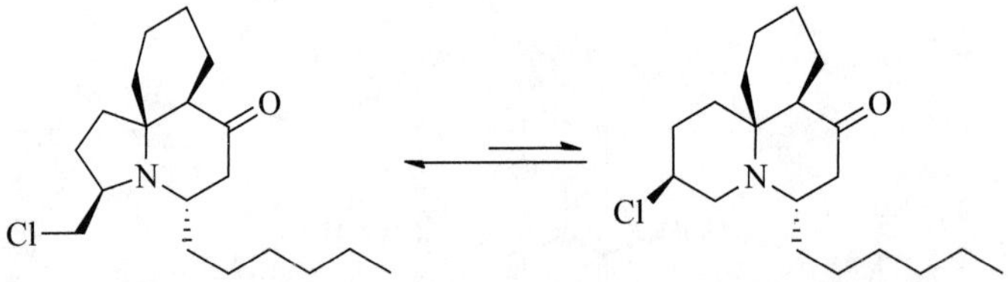

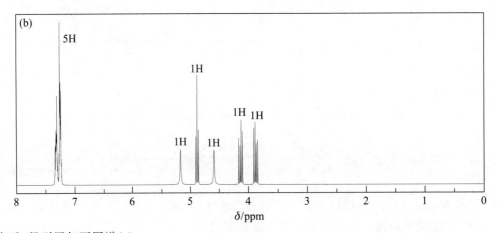

习题 19-52 实验室中杂环化合物 A 的分子式为 C_8H_8O,经核磁共振氢谱测定的图谱如图(a)所示;经浓盐酸水溶液处理后分离得到的化合物 B 的核磁共振氢谱如图(b)所示:

加入一滴重水后,得到了如下图谱(c):

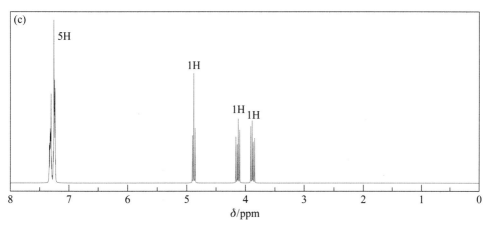

画出化合物 **A** 和 **B** 的结构式。

习题 19-53 杂环化合物 **A** 是一种重要的化工原料。其分子式为 $C_5H_4O_2$，核磁共振氢谱如下所示：

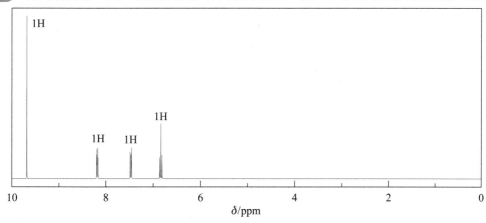

化合物 **A** 可以经过以下转换形成化合物 **B**，**B** 为治疗青光眼的药物。画出化合物 **A** 和 **B** 的结构式。

$$\underset{C_5H_4O_2}{\textbf{A}} \xrightarrow[\text{NaBH}_3\text{CN}]{\text{NH}_3} \xrightarrow[\text{Et}_2\text{O}]{2\ \text{CH}_3\text{I}} \underset{C_7H_{11}NO}{\textbf{B}}$$

习题 19-54 二氢吡喃（DHP）是常用的羟基保护剂，其与羟基反应后转化为四氢吡喃（THP），是一类在碱性条件下稳定而在酸性条件下不稳定的保护基团，画出二氢吡喃与 ROH 反应的机理。

习题 19-55 DMAP 俗称万能的亲核性催化剂。在羟基的酯化、氨基的酰胺化等反应中，由于电子效应或空间位阻较大等原因不能反应时，加入 DMAP 可以使这些反应顺利进行，如三级醇酯化的 Steglich 酯化反应和 Yamaguchi 大环内酯化反应等等。画出以下反应的机理：

复习本章的指导提纲

基本概念和基本知识点

分类：杂环化合物、脂杂环化合物、芳杂环化合物、单杂环化合物、稠杂环化合物。

命名：基本杂环母核的名称（音译名和 IUPAC 的置换命名法）、编号。

杂环化合物的结构特点以及芳杂环的^{1}H 和^{13}C NMR 芳香区的信号分布的基本规律。

杂环化合物中杂原子的碱性与亲核性的异同；异头碳效应。

基本反应和重要反应机理

脂杂环化合物的基本反应：开环、亲核反应、碱性及杂原子的成盐反应。

芳杂环化合物的基本反应：杂原子的碱性和亲核性；芳香亲电取代反应：反应活性的分析、反应类别和反应试剂的选择、反应机理和反应势能图的表述、杂原子及取代基的定位效应；芳香亲核取代反应：反应活性的分析、反应类别和反应试剂的选择、反应机理和反应势能图的表述（在以前学习的基础上完成）、杂原子及取代基的定位效应；杂环 N-氧化物的形成、反应及规律；环加成和亲核加成；氧化反应和还原反应；侧链 α 氢的反应：反应类别和反应机理（在以前学习的基础上完成）。

重要合成方法

脂杂环的合成方法：分子内的亲核取代或亲核加成。

芳杂环的合成方法：以氧化铝为催化剂，使吡咯、呋喃和噻吩环系互变，Paal-Knorr 合成法，Knorr 合成法；Paal-Knorr 吡咯合成法；Hantzsch 吡咯合成法；Feist-Bénary 呋喃合成法；Hantzsch 二氢吡啶合成法；Combes 喹啉合成法；Skraup 合成法；Bischler-Napieralski 异喹啉合成法；Pictet-Gams 改进法；Traube 嘌呤合成法；Fischer 吲哚合成法；Huisgen 环加成反应。

用 1,3-二羰基化合物反应制取 1,2-唑，用链中带有杂原子的 1,4-二羰基化合物制取 1,3-唑；用 1,4-二羰基化合物与肼（或取代的肼）缩合制取哒嗪环；用 1,3-二羰基化合物与尿素、硫脲、胍、脒缩合制备嘧啶环；用 α-氨基酮和醛自行缩合，或邻二胺与 1,2-二羰基化合物缩合制备吡嗪环。

重要鉴别方法

Kovac 试剂鉴别色氨酸。

英汉对照词汇

adenine	腺嘌呤	barbiturate	巴比妥类药物
amidine	脒	barbituric acid	巴比妥酸
ammoniation	氨化	benzofuran	苯并呋喃
aromatic heterocycles	芳杂环	benzothiophene	苯并噻吩
azetidine	吖丁啶	Bischler，A.	毕歇尔
azetidin-2-one	β-丙内酰胺	γ-butyrolactone	γ-丁内酯
aziridine	吖丙啶	caprolactam	己内酰胺
azole	唑	carbonyl diimidazole；CDI	羰基二咪唑

Chain，E.　钱因

Chichibabin reaction　齐齐巴宾反应

chlorophyll　叶绿素

clavulanic acid　克拉维酸

click chemistry　点击化学

Combes，A.　康布斯

coniine　毒芹碱

cis-decahydroquinoline　顺十氢喹啉

desulfuration　脱硫反应

diazine　二嗪

N，*N*-dimethylpyridin-4-amine；DMPA　*N*，*N*-二甲基-4-氨基吡啶

ethylene oxide　氧化乙烯

ethylene sulphide　硫化乙烯

Fleming，A.　佛来明

Florey，H.W.　佛洛瑞

fluconazole　氟康唑

furan　呋喃

fused heterocycle　稠杂环

Gams，A.　盖穆斯

guanidine　胍

guanine　鸟嘌呤

Hantzsch，A.　韩奇

1*H*-azepine　1*H*-氮杂；䓬

hemoglobin；haemoglobin　血红蛋白

heroin　氯化血红素

hetero atom　杂原子

heterocycle　杂环

heterocyclic compound　杂环化合物

hexahydropyridine　六氢吡啶

Huisgen，R.　胡伊斯根

imidazole　咪唑

imine *N*-oxide　亚胺 *N*-氧化物

indole　吲哚

isocyanate　异氰酸酯

isoquinoline　异喹啉

isothiazole　异噻唑

isoxazole　异噁唑

Knorr，L.　诺尔

Kovac reagent　柯氏试剂

β-lactam　β-内酰胺

Lawesson reagent　劳森试剂

maleic anhydride　顺丁烯二酸酐

4(5)-methyl imidazole　4(5)-甲基咪唑

Napieralski，B.　纳皮尔拉斯基

nicotine　尼古丁

oxazole　噁唑

oxepine　氧杂，䓬

oxetane　氧杂环丁烷

Paal，C.　帕尔

penicillin　青霉素

penicillium　青霉菌

pentothal　喷妥撒

photosynthesis　光合作用

Pictet，A.　皮克特

porphyrin　卟啉

piperidine　六氢吡啶

β-propiolactone　β-丙内酯

protonation　质子化反应

purine　嘌呤

pyridine *N*-oxide　*N*-氧化吡啶

pyrazine　吡嗪

pyrazole　吡唑

pyridazine　哒嗪

pyridine　吡啶

pyridine *N*-oxide　吡啶 *N*-氧化物

pyrylium　吡喃正离子

pyridinium salt　吡啶盐

pyridoxine　维生素 B$_6$

pyrimidine　嘧啶

pyrrole　吡咯

pyrrolidine　四氢吡咯

quinoline　喹啉

rose oxide ketone　玫瑰醚酮

rose oxide　玫瑰醚

Sheehan，J.C.　席恩

Skraup，Z.H.　斯克劳普

saturated heterocycles　饱和杂环化合物

sulfadiazine；SD　磺胺嘧啶

sulfonamide　磺胺药

tetrahydrofurane　四氢呋喃

tetrahydrothiophene　四氢噻吩

tetrahydropyrrole　四氢吡咯

tetramethylene sulfone　四亚甲基砜

第20章
糖类化合物

* * * * *

葡萄糖(glucose,分子式 $C_6H_{12}O_6$)是自然界分布最广,也是最为重要的单糖。纯净的葡萄糖为无色晶体,有甜味,但不如蔗糖甜,易溶于水,微溶于乙醇,不溶于乙醚。葡萄糖有开链和环状两种结构,环状结构还有 α-及 β-异构体。葡萄糖以游离态存在于葡萄等甜水果、蜂蜜,以及动物的血液、脊髓液和淋巴液等中,又作为多糖的主要组分以糖苷的形式广泛存在于自然界中。

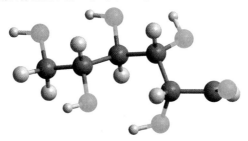

葡萄糖在生物学领域具有重要地位,是生物体内新陈代谢不可缺少的营养物质,是活细胞的能量来源和新陈代谢中间产物,即生物的主要供能物质。它通过氧化反应放出的热量,是人类生命活动所需能量的重要来源。

植物可通过光合作用产生葡萄糖。葡萄糖在糖果制造业和医药领域有着广泛应用。

* * * * *

糖类化合物也称为碳水化合物(carbohydrate),是我们最熟悉的物质,在自然界分布很广,与国民经济关系非常密切,如木材、棉花、大米、小麦等的主要成分均为碳水化合物。如今,糖、纤维和淀粉已经成为了我们每天膳食的主要组成部分。含碳水化合物丰富的植物还可以制成发酵饮料,或作为动物的饲料等。1747 年,德国科学家 A. S. Marggraf 首次从葡萄干中分离出葡萄糖(1838 年,J.-B. Dumas 将其命名为 glucose。此词来源于希腊语 glucos,意思是甜的)。此后,碳水化合物的研究得到了迅速发展。1812 年,俄罗斯化学家发现,植物中碳水化合物存在的形式主要是淀粉,在稀酸中加热可水解为葡萄糖。碳水化合物这一名称就来源于对葡萄糖的认识。葡萄糖是第一个分离得到的最简单的碳水化合物的纯品,它的分子式被确定为 $C_6H_{12}O_6$,这似乎是 $C_6(H_2O)_6$。1884 年,科学家认为,碳水化合物含有一定比例的 C、H、O 三种元素,其中 C 原子和 H_2O 的比例恰好为 1∶1,好像碳和水组成的化合物,故称此类化合物为碳水化合物。但是,随后很快发现有些碳水化合物的分子式中，并不表现出碳与水的比例，如鼠李糖分子式为 $C_6H_{12}O_5$，但是这一名称一直沿用至今。

在自然界中，糖类化合物是绿色植物通过光合作用合成的，阳光提供能量将 CO_2 和 H_2O 转化为葡萄糖和 O_2。许多葡萄糖分子可以在植物体中通过相互连接以纤维素和淀粉的形式储存。据科学家们估算，目前地球上所有生物体的总干重的 50% 以上为葡萄糖的聚合物。人类和很多动物不能直接消化纤维素，而食草动物的第一个胃则可以消化纤维素。

本章将介绍糖类化合物的分类、结构、命名、环化、端基异构体、变旋现象、异头碳效应及其基本化学性质，而且还会进一步讨论糖类化合物在生物体中是如何合成和降解的。

20.1 糖类化合物的分类、命名与结构

现在把多羟基的醛或酮或经简单水解能生成多羟基醛、酮的化合物称为糖类化合物（saccharides）。按照结构单元分类，糖类化合物可以分为单糖（monosaccharides）、双糖（disaccharides，又称二糖）、三糖（trisaccharides）、寡糖（oligosaccharides），以及多糖（polysaccharides）。双糖以上的糖类化合物实际上是由单糖通过醚键连接而成的。

（1）单糖：最简单的糖类化合物，不能再被简单地水解成为更小的糖分子。

（2）双糖：能被水解成为两个单糖分子的糖类化合物。这两个单糖分子可以是一样的，也可以是不一样的。如蔗糖是一个双糖化合物，水解后，得到一分子葡萄糖和一分子果糖。

（3）三糖：能被水解成为三个单糖分子的糖类化合物。

（4）寡糖：也称低聚糖，一般可看做由四个到十个左右的单糖失水聚合而成的糖类化合物。

（5）多糖：可以看做十个以上，甚至几百、几千个单糖失水聚合而成的糖类。如淀粉，水解后，可得到几百或几千个葡萄糖分子。在 IUPAC 命名体系中，并没有明确定义如何区分寡糖和多糖。但是，需要厘清的是，寡糖应该是单分散性、结构明确、相对分子质量单一的糖类化合物；多糖大多为高聚物，而且相对分子质量具有一定的分布区间。例如，纤维素是自然界中分布最广、含量最多的一类多糖，水解后，可生成几千个单糖。只有极少数纤维素能有明确的组成和单糖的数目。

单糖、双糖、三糖以及部分寡糖都具有结晶性，习惯上称为糖（sugar），可溶于水，具有甜味；多糖绝大多数不溶于水，个别悬浮于水中，成为胶体溶液，它们都是无甜味的物质。

目前，已经确认自然界中存在 200 多种单糖。单糖类化合物既可以按照其所含有的官能团的不同进行分类，如含有甲酰基的糖类化合物为醛糖（aldoses），含有酮羰基的糖类化合物为酮糖（ketoses）；也可以按照它们所含有的碳原子个数进行

oligo：来源于希腊语，意思为很少。

poly：意思为许多。

随着碳原子数目的增加，糖类化合物中的手性中心数目也随之增加，这就会产生很多的非对映异构体。令人惊奇的是，大自然为我们解决了这些麻烦，在目前我们已知的范围内，并没有存在这么多的异构体。

sugar：是梵语 su（甜）和 gar（沙）组合而成的。

前缀 aldo 和 keto 分别表示在糖类化合物中的官能团类型：aldo 表示 aldehyde（醛）；keto 表示 ketone（酮）。

后缀 ose 表示 carbohydrate（碳水化合物）。

分类，如含有三个碳原子的为丙醛糖或丙酮糖，四个碳原子的为丁醛糖或丁酮糖，五个碳原子的为戊醛糖或戊酮糖等等。此外，糖类化合物也是人类最早认识的化合物之一，因此，它们大多都有各种俗名。这些俗名普遍与其来源相一致。

下面列出了自然界中存在的含 3～6 个碳原子的单醛糖的结构、普通名称及其英文名称：

CHO
H——OH
CH₂OH

(2R)-2,3-二羟基丙醛
D-(＋)-甘油醛
丙醛糖

CH₂OH
C=O
CH₂OH

1,3-二羟基丙酮
丙酮糖

CHO
H——OH
CH₂OH

D-(+)-甘油醛
(+)-D-glyceraldehyde

核糖是除了葡萄糖以外另一个最重要的天然糖。它是核糖核酸的构成单元。

CHO
H——OH
H——OH
CH₂OH

D-(−)-赤藓糖
(−)-D-erythrose

CHO
HO——H
H——OH
CH₂OH

D-(−)-苏阿糖
(−)-D-threose

CHO
H——OH
H——OH
H——OH
CH₂OH

D-(−)-核糖
(−)-D-ribose

CHO
HO——H
H——OH
H——OH
CH₂OH

D-(−)-阿拉伯糖
(−)-D-arabinose

CHO
H——OH
HO——H
H——OH
CH₂OH

D-(+)-木糖
(+)-D-xylose

CHO
HO——H
HO——H
H——OH
CH₂OH

D-(−)-来苏糖
(−)-D-lyxose

葡萄糖的同分异构体为果糖（fructose）。

CHO
H——OH
H——OH
H——OH
CH₂OH

D-(+)-阿洛糖
(+)-D-allose

CHO
HO——H
H——OH
H——OH
CH₂OH

D-(+)-阿卓糖
(+)-D-altrose

CHO
H——OH
HO——H
H——OH
CH₂OH

D-(+)-葡萄糖
(+)-D-glucose

CHO
HO——H
HO——H
H——OH
CH₂OH

D-(+)-甘露糖
(+)-D-mannose

CH₂OH
O
HO——H
H——OH
CH₂OH

CHO
H——OH
H——OH
HO——H
H——OH
CH₂OH

D-(−)-古罗糖
(−)-D-gulose

CHO
HO——H
H——OH
HO——H
H——OH
CH₂OH

D-(−)-艾杜糖
(−)-D-idose

CHO
H——OH
HO——H
HO——H
H——OH
CH₂OH

D-(+)-半乳糖
(+)-D-galactose

CHO
HO——H
HO——H
HO——H
H——OH
CH₂OH

D-(+)-塔罗糖
(+)-D-talose

果糖是最甜的天然糖（有些人工合成的糖比它甜），存在于水果和蜂蜜中。

从以上结构可以发现，这些糖都含有至少一个手性中心。在传统的糖类化合物命名方式中，不采用 R 和 S 的方式命名手性中心，而是以 D 和 L 来表述其对映体。尽管糖中碳原子的手性中心采用 *R* 和 *S* 的命名方式对于糖类化合物的命名可以令人满意,但是由于传统的原因,糖的结构简式常用 Fischer 投影式表示,这使得这种比较旧的命名系统至今仍然大量使用。甘油醛两个异构体的 Fischer 投影式的转换方式如下:

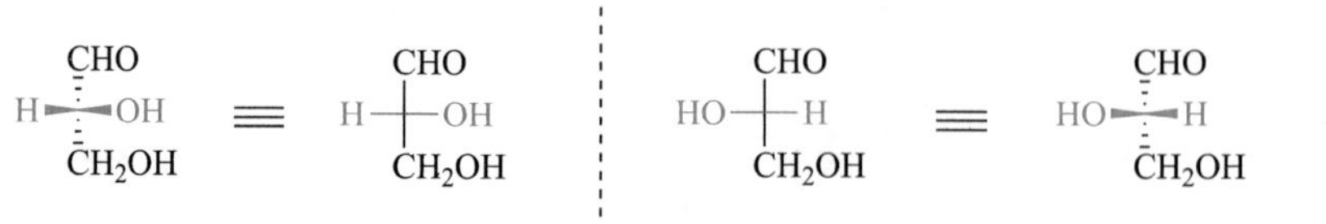

(*R*)-(+)-2,3-二羟基丙醛　　D-(+)-甘油醛　　L-(−)-甘油醛　　(*S*)-(−)-2,3-二羟基丙醛

此后,在糖类化合物的命名中,凡是其离甲酰基或酮羰基最远的手性中心(highest numbered chirality center)构型与 D-(+)-甘油醛的一致,就被标记为 D(dexter,拉丁文,右边);与 L-(−)-甘油醛的一致,则被标记为 L(laevus,拉丁文,左边)。这种 D 和 L 的标记方式将糖类化合物分为了两类。

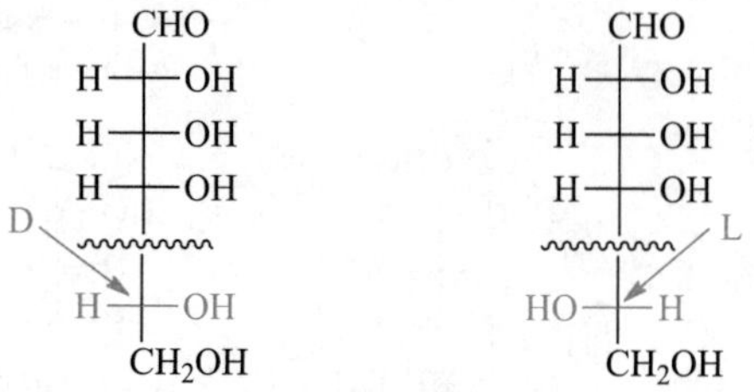

自然界中几乎所有天然存在的糖类化合物均为 D 构型,这也为我们采用 D 和 L 来标记提供了很多便利。糖类化合物的旋光方向是由实验测知的,右旋为"+",左旋为"−"。

因此,在糖类化合物的 Fischer 投影式的画法中,整条碳链垂直延伸,最高氧化态(甲酰基或酮羰基)的基团位于上方;同时,羟甲基位于最下方。那么,天然糖类化合物中与羟甲基相连的碳原子上的羟基均指向右方。以下列出了部分天然酮糖类化合物的 Fischer 投影式:

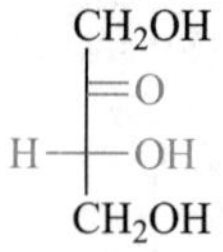

D-(−)-赤藓酮糖
(−)-D-erythrulose

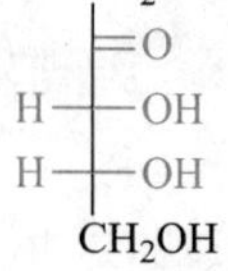

D-(+)-核酮糖　　　　　　　　D-(+)-木酮糖
(+)-D-ribulose　　　　　　　(+)-D-xylulose

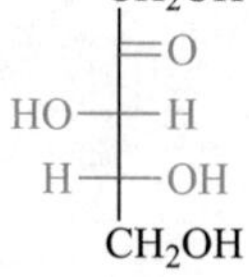

（侧栏）

Fischer 投影式是一种简化的在二维空间描述碳原子四面体构型的方法。其中,四面体构型被简化为十字交叉符号。中心碳原子位于交叉点,氧化态最高的碳原子位于最上方,水平线表示键朝向观测者,竖直线表示键远离观测者。糖类化合物的 Fischer 投影式为全重叠式。

在 X 射线衍射技术用于测定化合物的准确结构之前,有机化合物的手性中心的绝对构型是无法确定的。让我们对 100 多年前科学家们无比钦佩的是,他们猜想了一个手性分子的三维结构。他们认为右旋的天然甘油醛对映体的绝对结构为正文图左边的结构,并标记为 D-甘油醛。此时,D 不是指平面偏振光旋转的符号,而是指相关基团排列的方式。1951 年,X 射线衍射确定了其绝对构型,发现与原先的猜想完全一致。

1906 年,纽约大学的化学家 M. A. Rosanoff 首次提出利用甘油醛的两个对映体作为判断手性化合物的基准。

在糖类化合物的结构进化过程中,突然在某个时间段,大自然只选择了 D 构型作为其进化环节中的一个终点。

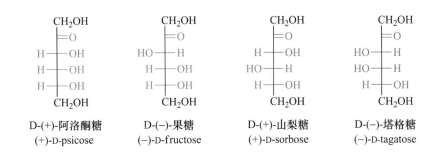

D-(+)-阿洛酮糖
(+)-D-psicose

D-(−)-果糖
(−)-D-fructose

D-(+)-山梨糖
(+)-D-sorbose

D-(−)-塔格糖
(−)-D-tagatose

习题 20-1 写出下列糖类化合物的俗名,并说明分别属于哪一类糖。

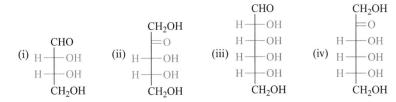

习题 20-2 写出以下糖类化合物的系统命名,并确定每个手性中心的绝对构型。

(i) D-(−)-塔格糖 (ii) D-(+)-半乳糖 (iii) D-(+)-葡萄糖 (iv) D-(+)-木糖
(v) D-(−)-赤藓糖 (vi) D-(−)-果糖

习题 20-3 将以下结构转化为 Fischer 投影式,并确定其俗名。

(i) 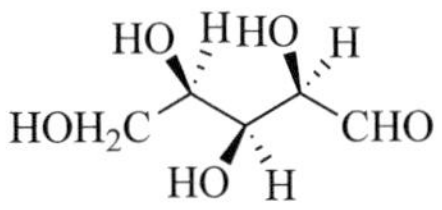 HOH₂C—CHO 结构 (ii) 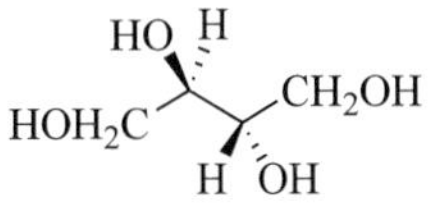 HOH₂C—CH₂OH 结构

20.2 糖类化合物的环状结构和变旋现象

20.2.1 糖类化合物的环状结构

糖类化合物具有多个官能团和多个手性中心,这种结构的复杂性导致了其多种多样的化学性质。糖类化合物中同时存在羟基和羰基,这使其很容易形成分子内环状半缩醛或半缩酮。原则上,在糖中,任何一个羟基均能与羰基发生分子内亲核加成反应,但是,由于三元环和四元环的环张力太大,导致其不稳定,因此常以形成五元环或六元环为主。形成五元环的糖类化合物称为呋喃糖(furanose);形成六元环的糖类化合物称为吡喃糖(pyranose)。

三碳糖不会形成环状结构。

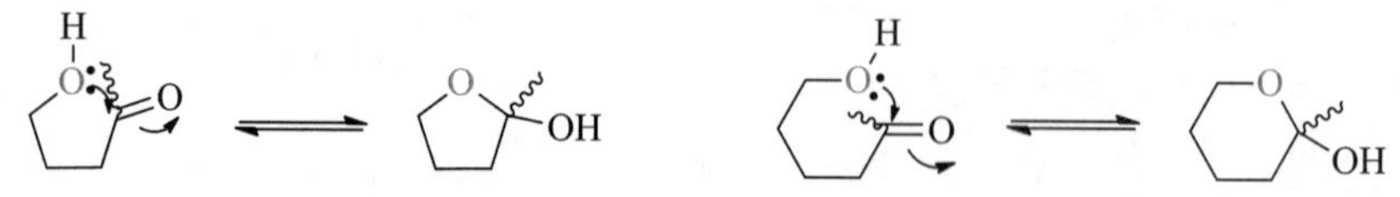

从图中可以发现,环中的氧原子来源于糖中的羟基,而连接两个氧原子的碳原子来源于原先的羰基碳原子。此碳原子称为异头碳(anomeric carbon)。

例如,葡萄糖分子就具有形成五元或六元环状半缩醛的结构条件。因此,科学家们提出了葡萄糖为一个链式结构和环状结构的平衡体。在葡萄糖的平衡体系中,各种结构及其所占的百分含量如下:

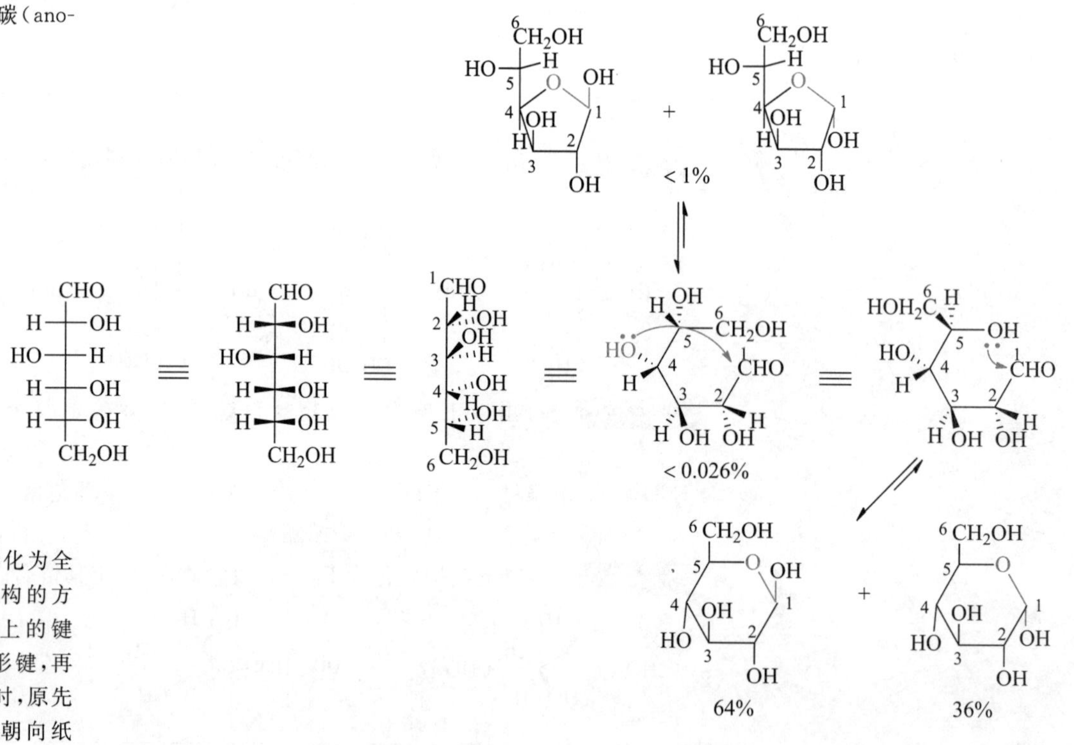

< 1%

< 0.026%

64%   36%

将 Fischer 投影式转化为全重叠式的楔形式结构的方法为:将在水平线上的键均转化为朝外的楔形键,再沿碳链旋转 90°,此时,原先位于右边的水平键朝向纸里面;接着将碳链转化为环状形式,这些朝向纸里面的键均为朝下取向,而 Fischer 投影式的水平线左边的键均为朝上取向。

思考:如何将全重叠的楔形结构转化为全交叉的楔形结构?

对比 D-葡萄糖的 Fischer 投影式和 D-吡喃葡萄糖的两个结构可以发现,除 C5 被旋转以外,原先位于右侧水平线上的基团均位于吡喃环的下方。

以上的转换方式表明,D-葡萄糖的醛基既可以与 C4 上的羟基形成半缩醛(呋喃葡萄糖),也可以与 C5 上的羟基形成半缩醛(吡喃葡萄糖)。由链形结构转变成半缩醛结构后,原羰基碳原子变成了新的手性中心,这个手性中心上的半缩醛羟基可以有两种空间取向,因此有两种异构体,分别称为 α-异构体和 β-异构体。这类非对映异构体为糖类化合物所独有,也称为 α-和 β-端基异构体(anomers)。α-异构体和 β-异构体的区别在于半缩醛羟基的方位,半缩醛羟基与 C5 的羟甲基在环平面同一侧为 β-异构体,不在环平面同一侧为 α-异构体。

20.2.2 糖类化合物的变旋现象

在室温下,从水溶液中结晶出来的 D-葡萄糖(无结晶水),其熔点为 146℃。其单晶的 X 射线衍射分析表明,其只含 α-D-(＋)-吡喃葡萄糖端基异构体:

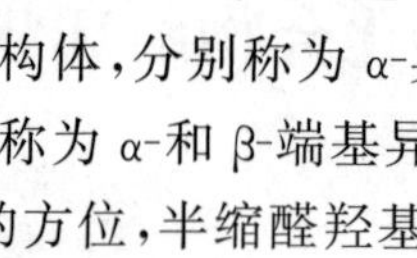

α-异构体:该构型为 S;
β-异构体:该构型为 R。

这种平面呋喃糖和吡喃糖的结构画法称为 Haworth 结构式。

羟甲基作为环系中最大的取代基,通常处在平伏键位置上。

因为 α-和 β-吡喃糖都有结晶,且旋光度已知,从平衡旋光度可计算其比值。

变旋:mutarotation

从椅式构象判断,新形成的羟基处于直立键的为 α-端基异构体;其位于平伏键的则为 β-端基异构体。
从 Haworth 结构式判断,新形成的羟基应该位于环的右侧,如果它处在环的下方,为 α-端基异构体;若位于环的上方,则为 β-端基异构体。

许多糖类化合物均存在着开链与环状形式的平衡过程。

当把这 α-D-(＋)-吡喃葡萄糖端基异构体单晶溶解在水中,并立即测定该溶液的比旋光度,该数值为＋112°,在室温下放置,比旋光度随时间的推移逐渐下降,直到恒定的平衡值＋52.7°。若将此溶液浓缩,又得到 D-葡萄糖晶体,仍具有原来的熔点;若用此 D-葡萄糖晶体的浓的水溶液在 110℃结晶,或在醋酸中结晶,则得到另一种 D-葡萄糖,其熔点 148～150℃,它在水中的比旋光度开始为＋18.7°,经放置后,比旋光度逐渐上升,最后同样也得到恒定的平衡值＋52.7°。本质上,产生这种现象的原因在于 α-和 β-端基异构体的互变并最终实现了平衡:

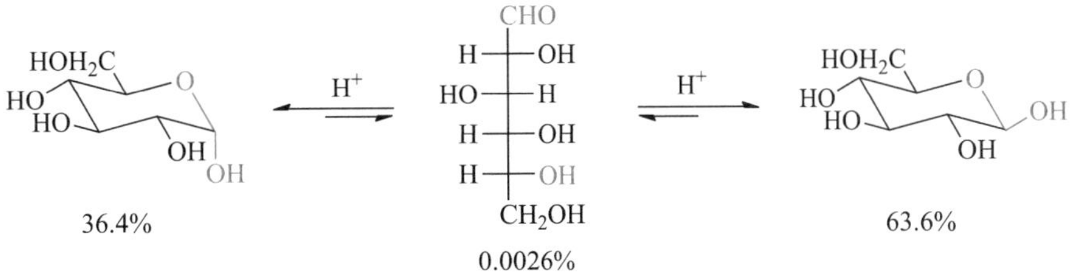

在放置过程中,α-端基异构体与少量的开链醛在酸的作用下建立平衡,开链醛接着发生亲核加成反应形成 β-端基异构体。由于 β-端基异构体的比旋光度比 α-端基异构体的低得多,因此,随着时间的推移,会发生溶液的比旋光度逐渐降低的现象。同样,纯的 β-端基异构体在溶液中也可以通过开链醛转化为 α-端基异构体,此时,溶液的比旋光度会随着时间的推移逐渐变大。最终,二者达到平衡,此时,在溶液中,α-端基异构体的含量为 36.4%,而 β-端基异构体的含量为 63.6%。一个有旋光的化合物,放入溶液中,它的旋光度逐渐变化,最后达到一个稳定的平衡值,这种现象称为变旋现象(mutamerism)。变旋现象是糖类化合物中普遍存在的现象,用糖的环状结构和链形结构在溶液中会达成动态平衡很好地解释了糖的变旋现象,基本上所有能以环状半缩醛或半缩酮存在的单糖均有变旋现象。

糖的环状结构的提出为糖的变旋现象和某些性质作出了很好的说明:

(1)变旋现象:糖类化合物是在一定条件下建立起来的 α-与 β-端基异构体之间的动态平衡。糖类化合物在水溶液中,环状的 α-与 β-端基异构体之间可以通过其开链形互相转变,呋喃糖与吡喃糖之间也可以通过开链形互相转变。在未达平衡前,各种形式的糖的浓度处在不断的变化过程中,所以旋光度也在不断变化,直至达到平衡时,旋光度才恒定。这就是糖具有变旋现象的原因。

(2)只与一分子醇形成缩醛:醛可以与二分子醇在无水的酸性体系中形成缩醛,但糖的甲酰基已与分子内的一个羟基形成了环状半缩醛结构,所以只能与一分子醇形成缩醛,称为糖苷(glycoside)。

(3)葡萄糖不和 NaHSO₃ 反应,不能形成甲酰基与 NaHSO₃ 的加成物。这是因为葡萄糖主要以环状结构的形式存在,链形醛式结构在溶液中的浓度很低,因此对 $NaHSO_3$ 反应不灵敏。

由此可以看到,葡萄糖分子虽然以环状结构为主,但在溶液中(或在生物体内)很多化学行为是通过链形结构进行的。链形结构尽管含量很小,但在理论上及合成上十分重要。本章内很多反应,为了方便仍用链形结构来表示,但须了解,链形结构是由环状结构通过平衡移动转化过来的。

(4)单糖在红外光谱(IR)中没有羰基的伸缩振动,在 ^1H NMR 中也没有甲酰基质子的吸收。这同样是因为糖的链形结构浓度太低,以致仪器检测不到。

(5)葡萄糖能与 Fehling 试剂、Tollens 试剂、H_2NOH、HCN、Br_2、H_2O 等发生反应,这些反应是由葡萄糖的环状半缩醛结构通过平衡转移为链形醛式结构来完成的。

以上讨论的均是醛糖。尽管在自然界中醛糖的种类远比酮糖多得多,它们在生物体中的生理作用也被广泛地研究,但是,酮糖也是非常重要的,在糖类化合物的合成和新陈代谢中起着不可替代的作用。如 D-(+)-核酮糖、L-(−)-核酮糖以及 D-(+)-果糖等等。这些酮糖也主要以环状的半缩酮形式存在,如 D-(+)-核酮糖的主要存在形式为呋喃糖。

习题 20-4 有人认为,在葡萄糖形成吡喃葡萄糖时,发生的反应为羟基对甲酰基的亲核加成,应该生成一对对映体,而且比例为 1∶1。你认为这种说法是否准确?为什么?

习题 20-5 画出以下化合物的 Haworth 结构式:
(i) α-D-(+)-吡喃葡萄糖　(ii) β-D-(+)-呋喃果糖　(iii) β-D-(+)-吡喃阿拉伯糖

习题 20-6 根据相应环烷烃的数据,计算 β-D-吡喃葡萄糖的全平伏构象式和通过环翻转后得到的构象式之间的自由能差(假设在椅式构象中,羟甲基相当于甲基,环中的氧原子相当于亚甲基;直立键与平伏键的能量差为 $7.14 \text{ kJ} \cdot \text{mol}^{-1}$)。

习题 20-7 糖类化合物的变旋现象还存在另一种机理,即通过氧鎓离子中间体,请画出此转换机理。

20.3　糖类化合物的构象:异头碳效应

在 19.4 中,我们简单讨论了四氢吡喃环系中的异头碳效应。异头碳效应也是糖类化合物中非常重要的一个现象。在环己烷的椅式构象中,通常认为较大基团处于平伏键时比处于直立键稳定,而当环己烷中的一个亚甲基 CH_2 被氧原子替代后,会产生一些奇特的结果,即连接在异头碳上的杂原子取代基更倾向于处于直立键,而不是空阻较小的平伏键:

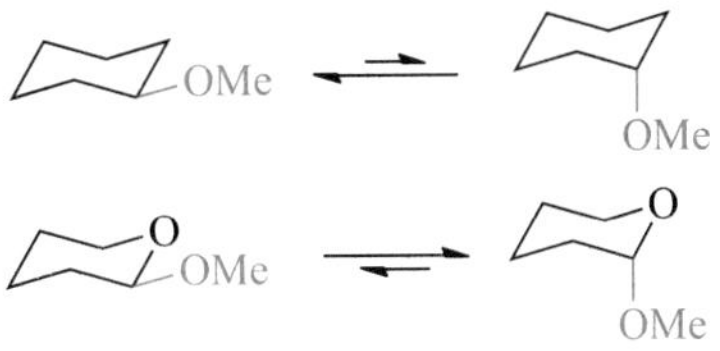

1969 年诺贝尔化学奖获得者 O. Hassel 在 20 世纪 30 年代首次提出，碳水化合物的吡喃糖构象类似于环己烷。1955 年，J. T. Edward 在研究碳水化合物的构象时发现，环己烷中的一个亚甲基 CH_2 被氧原子代替后，即形成吡喃环构象后，尽管六元环中每一根键都不一样长，但其椅式构象基本保持不变。由于碳水化合物的吡喃糖中含有多个羟基，尽管处在平伏键的羟基要比直立键的空阻小，更容易被水溶剂化，但实验结果表明，在吡喃糖环中与异头碳原子相连的羟基或其他吸电子基团处于直立键要比平伏键稳定。在 20.2.2 讨论糖的变旋现象时，平衡体系中 α-端基异构体约占 36%，β-端基异构体约占 64%。如果只考虑溶剂化效应，α-端基异构体应占 11%，而 β-端基异构体占 89%。因此，两个异构体组成比例的不同主要来源于异头碳效应。例如，1-氯代吡喃糖中氯原子处在直立键的能量远低于处于平伏键：

从能量角度考虑，在水溶液中，水与羟基的氢键作用使在溶液中的吡喃糖要比在固相或气相中稳定。

思考：既然异头碳效应可以稳定处在直立键的羟基，为何 D-葡萄糖在变旋过程中的平衡状态时，α-端基异构体仍然只占少量，为 36%？

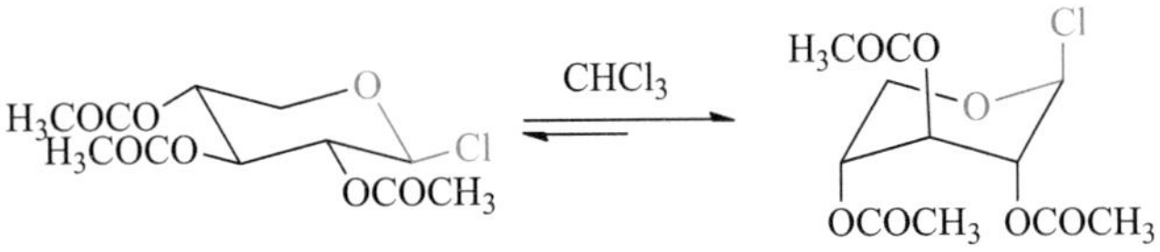

2%   98%

而且，此化合物不能通过变旋现象进行相互转换。在此吡喃糖环中，异头碳效应非常强，使得三个乙酰氧基和氯均处在了直立键。

产生异头碳效应的根本原因至今仍有争论，科学家们也提出了一些模型去解释。最广为接受的解释模型是超共轭效应。图 a 展示了羟基处在直立键构象时，异头碳原子和氧原子形成的成键轨道。图 b 展示了反键轨道，此时 C—O 键的反键轨道 σ^* 未被占据，而环内的氧原子可以将一对孤对电子共轭到反键轨道中，即"超共轭"。这种超共轭效应实现了电子在最大限度上的离域，有效地降低了体系的能量，使构象更加稳定。当羟基处于平伏键时，C—O 键的反键轨道 σ^* 如图 c 所示，氧原子的孤对电子无法离域到 C—O 键的反键轨道上。当异头碳原子连接的基团为吸电子基团时，这种电子离域的作用会更加强烈，同时使氧原子与异头碳相连的键长变短。

这种离域作用只有当 X 处在直立键时才会完全体现（反键轨道与氧原子的孤对电子处在反式共平面上）。由于五元环要比六元环更加变形，因此异头碳效应在呋喃糖环中并不明显。

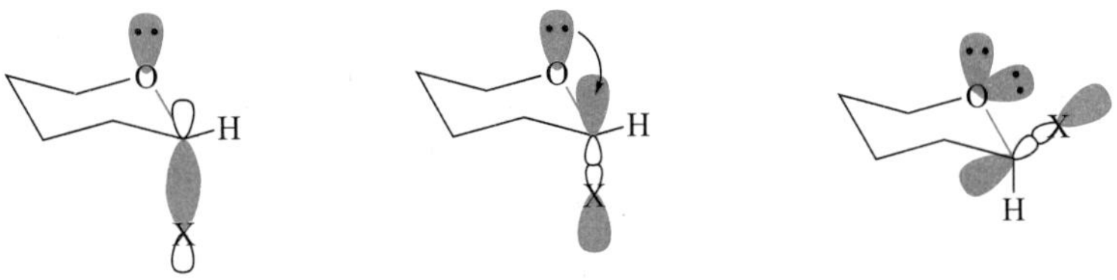

a   b   c

依据以上的理论，可以认为在 X—C—Y—R 的体系中均存在异头碳效应：

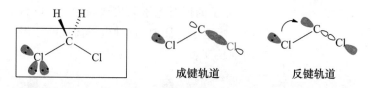

其中，X 和 Y 的电负性均比碳强，Y 至少带有一对孤对电子。在式 a 中，C—X 键与 Y—R 键处在邻交叉位置上，而 Y 原子上的孤对电子与 C—X 键处在反式共平面上；在式 b 中，C—X 键与 Y—R 键处在反式共平面上，而 Y 原子上的孤对电子与 C—X 键处在邻交叉位置上。因此，式 a 要比式 b 稳定。

　　另一种解释异头碳效应的模型是偶极模型。偶极模型认为，当羟基处于平伏键时，羟基的氧原子和环内的氧原子偶极方向大致相同，从而产生了相互的排斥；而处于直立键的羟基，其中的氧原子偶极方向与环内的氧原子偶极方向相反，降低了化合物的偶极，使直立键的异构体更加稳定。

　　异头碳效应事实上属于立体电子效应（stereoelectronic effect）的一种。立体电子效应综合考虑了立体效应和电子效应两者的影响，本质上是电子效应对不同结构或构象的分子，甚至分子不同位置的影响存在显著差别。最著名的例子是，二氯甲烷作为卤代烃显示出了反常的反应惰性，甚至可以作为胺的烷基化反应的溶剂。通过立体电子效应可以对其进行解释：其中一个氯原子的孤对电子通过单键的旋转可以与另一个氯原子形成的 C—Cl 键处于反式共平面的位置，此时氯原子的孤对电子可以离域到另一个氯原子形成的 C—Cl 键的反键轨道上。这种电子离域产生了相反的诱导极化方向，增强了 C—Cl 键的共价性。由于二氯甲烷是对称分子，两个 C—Cl 键都得到了增强，宏观上的表现就是降低了二氯甲烷的活性。

立体电子效应不能简单地看做立体效应与电子效应的简单加和。

成键轨道　　　反键轨道

对于邻位交叉效应的解释，除了超共轭效应模型外，还有弯曲键模型。
在此处，邻位交叉构象比对位交叉构象更稳定。

　　将异头碳效应扩展，可以得到另一种立体电子效应：邻位交叉效应。在一些化合物中，邻位交叉构象比对位交叉构象更稳定。1,2-二氟乙烷受邻位交叉效应影响，气态下邻位交叉构象比对位交叉构象的势能低 $2.4 \sim 3.4 \ kJ \cdot mol^{-1}$。读者可以根据上文的分析，自己画出邻位交叉构象在能量上处于优势的原因。

习题 20-8 画出氯甲基甲基醚的最稳定构象。

习题 20-9 画出 β-D-吡喃半乳糖和 β-D-吡喃甘露糖的最稳定椅式构象,并标出直立键和平伏键。你认为这两个构象哪一个更稳定?

习题 20-10 画出 β-L-吡喃半乳糖的最稳定椅式构象。

20.4 自然界中存在的特殊单糖

除了以上这些具有完美碳原子与 H_2O 比例的糖类化合物外,还有一些具有非常重要生理活性的糖类化合物的衍生物,它们的结构与糖类化合物具有高度的相似性,但是它们不是简单的醛糖或酮糖。

20.4.1 脱氧糖

2-脱氧-D-核糖是 D-核糖的 C2 位上羟基被氢原子所替换,它是 DNA 中脱氧核糖核酸的基本骨架单元。

L-海藻糖是 L-半乳糖中的羟甲基转化为甲基,是构成糖蛋白的糖类化合物之一,也是决定血型的糖类化合物之一。

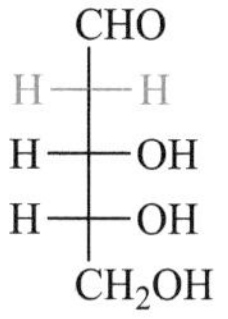

在糖类化合物中,常见的变化是其结构中的一个或多个羟基被其他原子或基团所替换。例如,当羟基被氢原子所替换,称为脱氧糖(deoxy sugars)。有两个具有非常重要生理作用的脱氧糖:2-脱氧-D-核糖和 L-海藻糖(6-脱氧-L-半乳糖):

2-脱氧-D-核糖 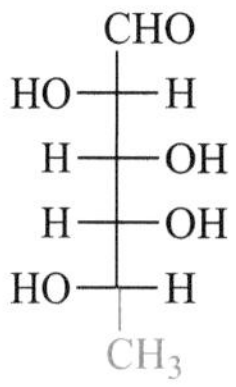   L-海藻糖

2-脱氧-D-核糖在水溶液中的主要存在形式为吡喃糖,占 75%(其中 α-端基异构体为 40%,β-端基异构体为 35%);呋喃糖占 25%(其中 α-端基异构体为 13%,β-端基异构体为 12%);开链式只占 0.7%。

20.4.2 氨基糖

自然界中,甲壳素广泛存在于低等植物菌类、虾、蟹、昆虫等甲壳动物的外壳,以及真菌的细胞壁等中。在 2500 万年前的甲壳虫化石中分离得到了甲壳素。每年生物圈中甲壳素的产量约为 10^9 吨。

在糖类化合物中,当羟基被氨基所替换,称为氨基糖(amino sugars)。在地球上,含量最丰富的,也是最古老的有机化合物之一就是氨基糖中含量最多的 N-乙酰基-D-氨基葡萄糖。

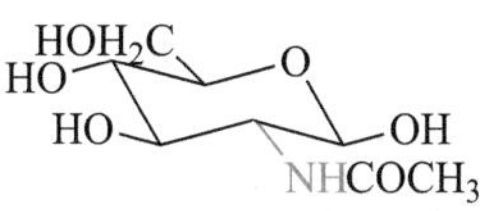

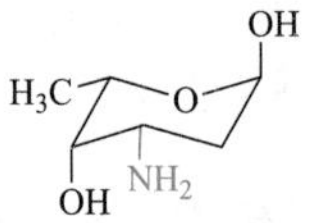

L-daunosamine：六碳氨基糖。

N-乙酰基-D-氨基葡萄糖是甲壳素（chitin，又称甲壳质）中多糖的主要成分。目前，已知有超过 60 个氨基糖。例如，抗肿瘤药物亚德里亚霉素（Adriamycin）就含有 L-daunosamine。

唾液酸（sialic acid）也是一个九碳氨基单糖的衍生物。目前认知其为神经节苷脂的传递递质，并且是大脑的组成部分。在医学中，含有唾液酸的糖脂叫做神经节苷脂，它在大脑和神经系统的产生和发育中发挥着非常重要的作用。

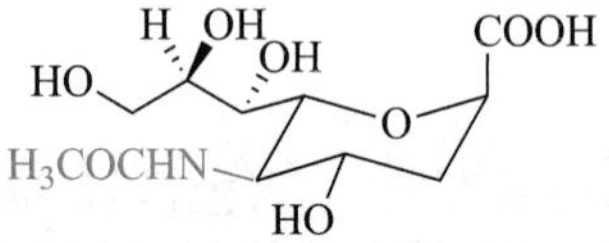

还有一些含氮糖是吡喃环中的氧原子被 NH 基团所替换，此类糖称为亚氨基糖（imino sugars）。代表性的有野尻霉素（nojirimicin），其英文系统名称为（3S，4R，5R）-6-（hydroxymethyl）piperidine-2，3，4，5-tetraol。其衍生物 N-正丁基-1-脱氧野尻霉素，属于强效 α-葡萄糖苷酶抑制剂。

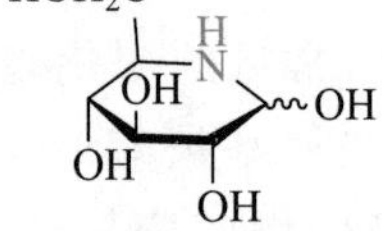

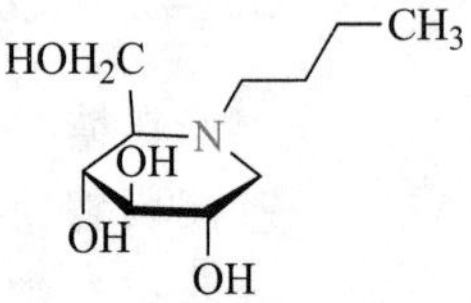

20.4.3 支链糖

D-apiose 从西芹中分离得到，也是海洋植物细胞壁中多糖的主要组成部分。

在其主链带有一个碳原子取代基的糖类化合物称为支链糖（branched-chain sugars）。D-apiose 和 L-vancosamine 是其中的代表性化合物：

万古霉素属于糖肽类大分子抗生素，药力较强，在其他抗生素对病菌无效时会被使用，也就是所谓的最后一线药物。由于抗生素过于滥用，因此已出现了可抵抗万古霉素的细菌。

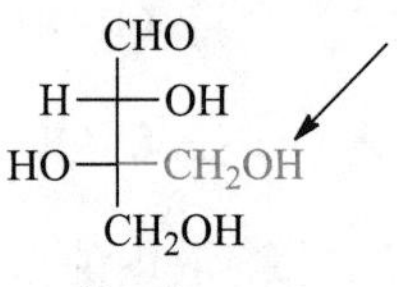

D-apiose 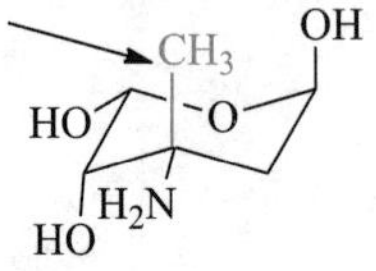   L-vancosamine

D-apiose 的结构特点是只有一个手性中心。L-vancosamine 是万古霉素（vancomycin）的结构单元，它不仅是支链糖，也是脱氧糖和氨基糖。

习题 20-11 画出 D-apiose 的呋喃糖构象式和 Haworth 结构式，并判断可能有多少个呋喃糖构象式？

20.5 单糖的反应

单糖大多以异构体的形式存在,包括开链式、各种环状(如呋喃糖和吡喃糖)的 α-和 β-端基异构体。在溶液中,这些异构体快速转换,达到一种平衡状态。因此,这些异构体各自与相应的试剂进行反应的相对速度决定了具体转换后产物的产率。在单糖类化合物中,其在开链状态下,主要存在醛(或酮)羰基、羟基以及醚键;而在环状状态下,主要有羟基、半缩醛(或酮)以及醚键。因此,单糖化合物的反应基本上包括了醛(或酮)羰基的基本反应,如氧化、亲核加成以及还原等;羟基的氧化、酯化、醚化、保护以及消除等,半缩醛(或酮)的氧化、酯化以及保护,邻二醇的氧化切断等等。这些氧化反应、官能团的保护以及糖与糖之间的醚化反应是糖类化合物的主要反应,而这些反应我们之前大多已经学习过。

20.5.1 单糖的氧化

由于醛糖中含有甲酰基,因此它与醛类化合物一样很容易被氧化成相应的羧酸,称为糖酸(aldonic acid)。Fehling 试剂和 Tollens 试剂,以及由柠檬酸、硫酸铜与碳酸钠配制的 Benedict 试剂,均可将醛糖氧化为糖酸:

酮糖与这些试剂反应并不是氧化酮羰基,而是这些试剂将酮糖中 α-羟基氧化为羰基,形成 α-二酮:

单糖均是还原糖,而糖苷不能发生类似反应。

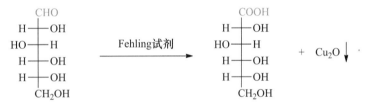

此氧化反应的现象非常特征:蓝色的 Fehling 试剂很快褪色,同时会有砖红色的 Cu_2O 沉淀产生。这成为了检测醛糖和酮糖的很好的方法。所以,将凡能与上述试剂发生反应的糖称为还原糖(reducing sugar),凡不能与上述试剂发生反应的糖称为非还原糖(nonreducing sugar)。

在实验室中,常用溴水在 pH≈5 时使醛糖氧化为糖酸:

D-葡萄糖酸-δ-内酯:热力学产物。
D-葡萄糖酸-γ-内酯:动力学产物。

酮糖不能被溴水氧化。

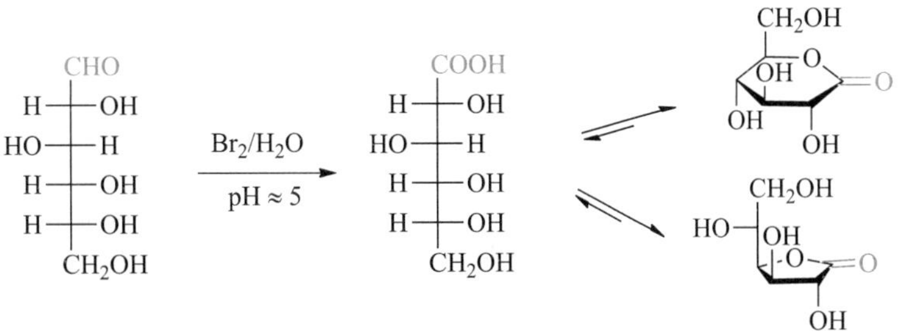

氧化后首先形成 δ-内酯,在酸存在下加热,则异构化为较稳定的 γ-内酯。

醛糖可以在更强烈的条件下同时氧化一级醇和甲酰基,生成糖二酸(aldaric acid)或糖酸(saccharic acid)。此反应的氧化剂为温热的稀硝酸水溶液,它可以将 D-甘露糖氧化为 D-甘露糖二酸:

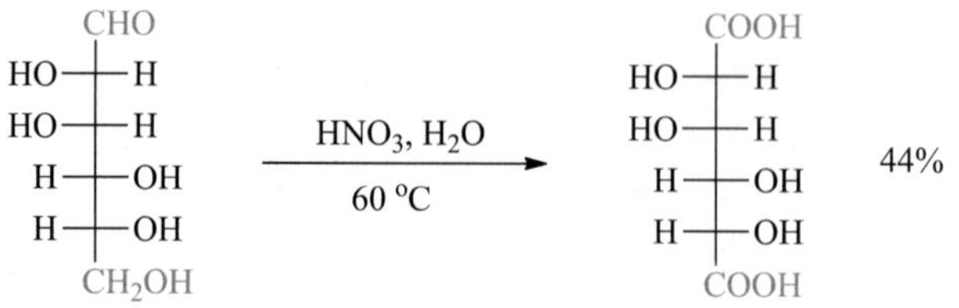

果糖用稀硝酸氧化时,将会导致 C1—C2 之间的键断裂。若用浓硝酸氧化醛糖、酮糖,二级醇也能被氧化,最后导致 C—C 键断裂。

以上讨论的氧化方法均保留了糖碳链基本骨架的完整性。由于糖类化合物含有多个邻二醇、α-羟基醛或 α-羟基酮结构单元,因此醛糖和酮糖很容易被高碘酸氧化。此氧化反应是定量的。例如

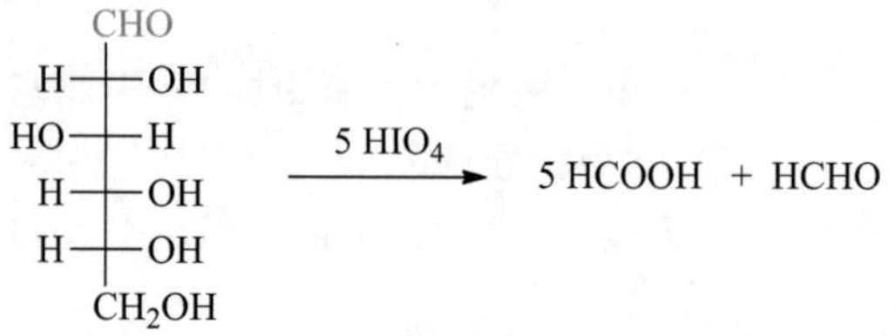

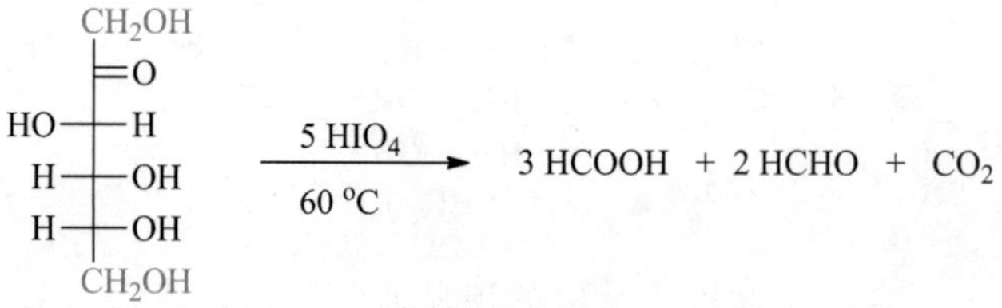

对比以上两个反应,可以发现每一个碳碳键的断裂需要一分子 HIO_4,每一个甲酰基或二级醇单元被氧化成一分子甲酸,每一个一级醇单元被氧化为一分子甲醛,而每一个酮羰基单元被氧化成一分子 CO_2。因此,所消耗的 HIO_4 用量取决于糖分子的大小;产物的比例与糖分子中羟基及羰基官能团的数目和排列方式紧密相关;此外,糖分子中氢原子的数目与产物中所有氢原子的数目相等。

D-葡萄糖在酶的氧化作用下,其末端的羟甲基被氧化,而甲酰基则没有被氧化,其产物为糖醛酸(uronic acid)。

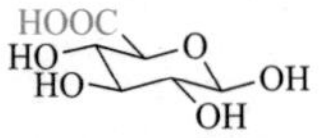

D-葡萄糖醛酸

D-葡萄糖醛酸及 N-乙酰葡萄糖胺组成的双糖玻尿酸(hyaluronan),其分子能携带 500 倍以上的水分,是一种自然界天然保湿补水因子,为当今所公认的最佳保湿成分,广泛应用在保养品和化妆品中。

高碘酸氧化反应在测定糖的结构时很有用。如果氧化过程中产生 CO_2,则肯定为酮糖。

习题 20-12 分别写出 D-果糖、D-甘露糖与下列氧化剂反应的反应方程式:
(i) Fehling 试剂 (ii) 溴水 (iii) 稀硝酸 (iv) 浓硝酸 (v) 高碘酸

习题 20-13 D-阿洛糖和 D-葡萄糖的唯一差别在 C3 位的构型。如何通过旋光仪和稀硝酸区分这两个化合物?

习题 20-14 有些酮糖也是还原糖,这是由于在碱性条件下,酮羰基可以转化为甲酰基:

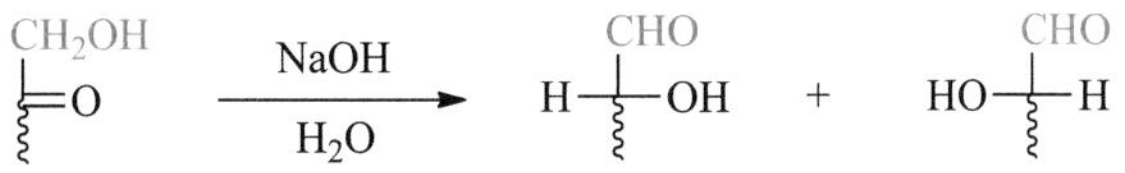

$$\text{CH}_2\text{OH}\ (=O) \xrightarrow[\text{H}_2\text{O}]{\text{NaOH}} \text{CHO} (\text{H} - \text{OH}) + \text{CHO} (\text{HO} - \text{H})$$

画出 D-果糖在碱性条件下转化为 D-葡萄糖和 D-甘露糖的反应机理。

20.5.2 单糖的还原

单糖可以用催化氢化及硼氢化钠还原为相应的多元醇,产物称为糖醇(alditol)。在实验室中常用硼氢化钠还原,在工业上常用镍为催化剂加氢。一个重要的应用是 D-葡萄糖还原为 D-葡萄糖醇(D-glucitol)(旧名),现在称为 L-山梨糖醇,主要用于合成维生素 C,在工业上大量生产:

环状半缩醛不能被 $NaBH_4$ 还原,而开链式则可能被还原。因此,在此反应中,环状形式转化为少量的开链式,然后被还原,平衡向产物方向移动。

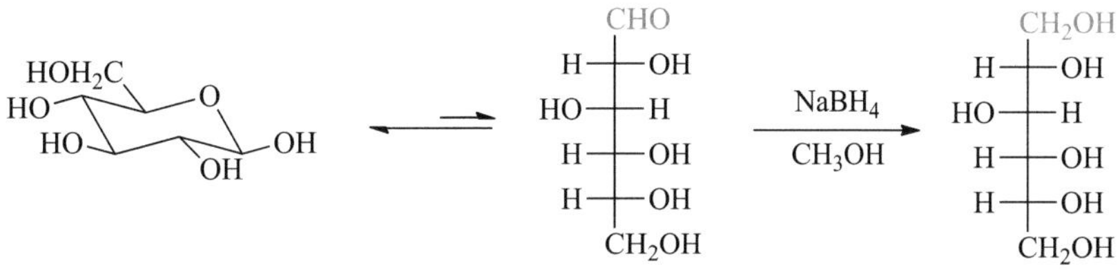

$$\text{HOH}_2\text{C} \quad \rightleftharpoons \quad \begin{array}{c} \text{CHO} \\ \text{H}-\text{OH} \\ \text{HO}-\text{H} \\ \text{H}-\text{OH} \\ \text{H}-\text{OH} \\ \text{CH}_2\text{OH} \end{array} \xrightarrow[\text{CH}_3\text{OH}]{\text{NaBH}_4} \begin{array}{c} \text{CH}_2\text{OH} \\ \text{H}-\text{OH} \\ \text{HO}-\text{H} \\ \text{H}-\text{OH} \\ \text{H}-\text{OH} \\ \text{CH}_2\text{OH} \end{array}$$

此外,用钠汞齐在 pH=3~5 条件下还原内酯为醛糖,在乙醇中还原内酯为二醇。

在自然界许多浆果以及海洋生物中存在许多糖醇。如 L-山梨糖醇在红海藻中的含量为 14%。

习题 20-15　请解释:为何 D-葡萄糖被 $NaBH_4$ 还原后的产物具有光活性,而 D-半乳糖的还原产物不具有光活性?

习题 20-16　请解释:为何 D-葡萄糖和 L-葡萄糖的还原产物是一样的?

20.5.3 糖苷:酯键和醚键的形成

由于单糖为多羟基化合物,其基本化学性质与醇基本类似。例如,其羟基可以转化为醚和酯。糖类化合物很容易溶于水,不溶于有机溶剂;它很难被提纯;而且在除水过程中,很容易转化为糖浆而不结晶。糖转化为酯类化合物后,易溶于有机溶剂,因而可以提纯和结晶。

单糖中的所有羟基(包括异头碳上的羟基)均可以与酰氯或酸酐在碱性条件下反应形成酯:

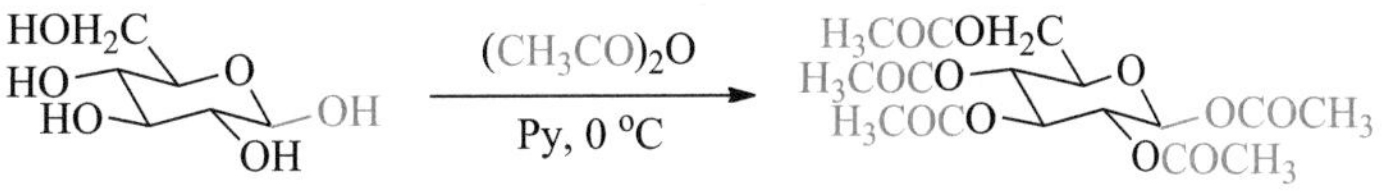

$$\text{HOH}_2\text{C} (\text{HO, HO}) \text{OH} \xrightarrow[\text{Py, 0 °C}]{(\text{CH}_3\text{CO})_2\text{O}} \text{H}_3\text{COCOH}_2\text{C} (\text{H}_3\text{COCO, H}_3\text{COCO}) \text{OCOCH}_3, \text{OCOCH}_3$$

醇可以在强碱的作用下与卤代烷反应转化为醚。但是，强碱可能会降低糖分子的反应活性，通常在温和条件下，如采用 Ag_2O 作为碱，可以将糖高产率地转化为醚。

与 Williamson 醚化反应一致。

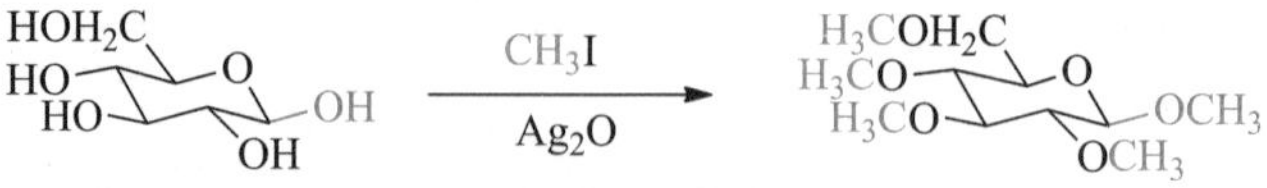

这六个醚键的化学性质不太相同。半缩醛的甲醚很容易被水解，重新形成半缩醛。

环状糖的半缩醛（酮）的羟基与其他羟基的反应活性是不同的，另一分子化合物中的羟基、氨基或巯基等可以选择性地只与半缩醛羟基反应失去一分子水转化为缩醛，在糖类体系中此类缩醛产物称为糖苷（glucoside），也称为配糖体：

糖苷的英文名称可将相应糖名词尾"ose"中的"e"改为"ide"。其结构与缩醛（酮）一致。

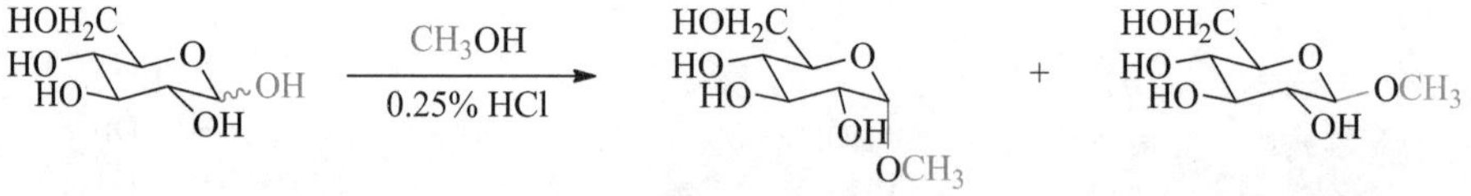

α-D-吡喃葡萄糖甲苷
methyl-α-D-glucopyranoside
熔点166 ℃, $[\alpha]_D = +158°$

β-D-吡喃葡萄糖甲苷
methyl-β-D-glucopyranoside
熔点105 ℃, $[\alpha]_D = -34°$

一个糖苷可分为两部分：一部分是糖的残基（糖去掉半缩醛羟基）；另一部分是配基（非糖部分），配基部分可以是很简单的，也可以是很复杂的。糖苷的化学名称是用构成此分子的糖的名称后面加苷字，并将配基的名称及其所连接碳的构型 α 或 β 写在糖的名称之前。如葡萄糖与甲醇形成的糖苷（是人工合成的最简单的一种糖苷），称为甲基-α-D-吡喃葡萄糖苷，可用阿拉伯数字表示苷键所连接的两个糖的碳原子。

糖的残基与配基所连接的键称为苷键（glucosidic bond）。用构型为 α 的半缩醛羟基与配基形成的键，称 α-苷键；用构型为 β 的半缩醛羟基与配基形成的键，称 β-苷键。

自然界中存在许多糖苷，很多是根据来源来命名的。例如

熊果苷

黑芥子苷

这三个糖苷均为 β-苷键。

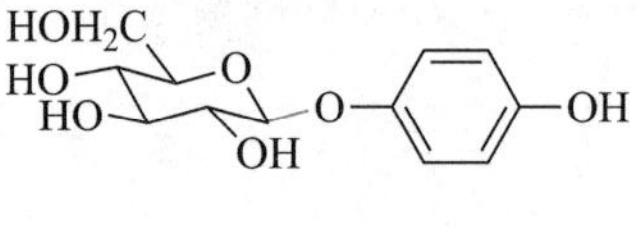

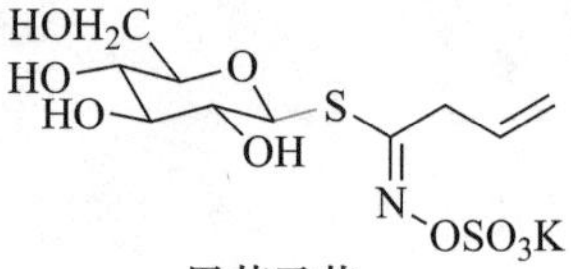

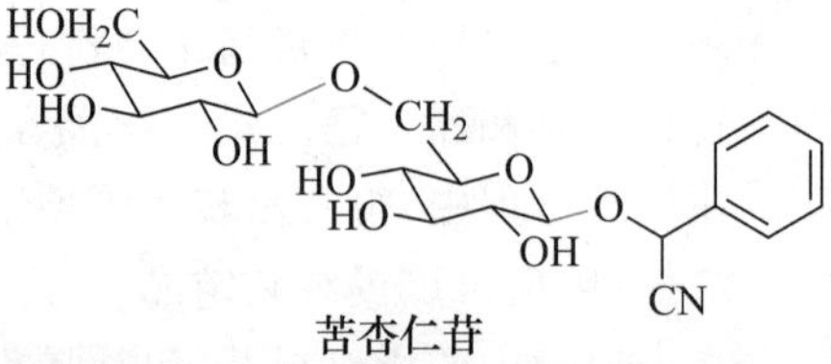

苦杏仁苷

自然界中的许多糖苷，一般显左旋性，不容易结晶。由于糖易溶于水，所以糖苷也往往溶于水。从结构上讲，它们是缩醛，经水解能分解为糖和配基。

苦杏仁苷中糖的部分是一分子葡萄糖 C1 的 β-半缩醛羟基与另一分子葡萄糖 C6 的羟基失水相结合，后者再以 C1 上的 β-半缩醛羟基与苦杏仁腈失水相结合。

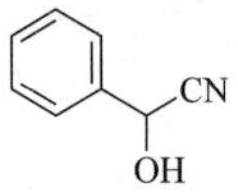

苦杏仁腈

习题 20-17 无论以纯的 α-或 β-D-吡喃葡萄糖为原料,在酸性条件下,与甲醇反应均生成 α-和 β-葡萄糖苷混合物。请用反应机理解释其原因。

习题 20-18 已知 α-D-吡喃葡萄糖甲苷与 2 倍量的 HIO$_4$ 会发生以下反应:

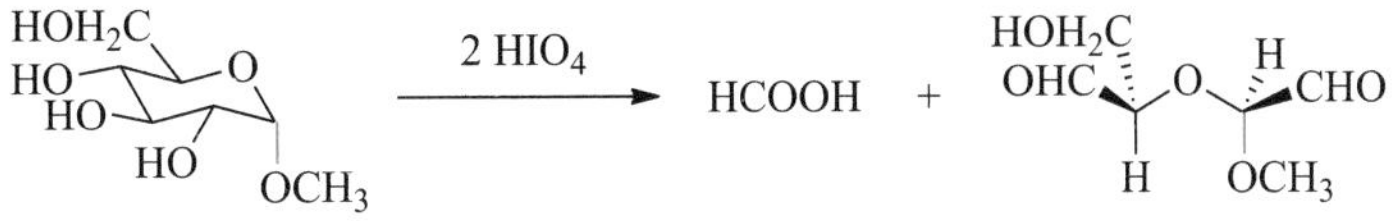

在实验室中,有一未知的糖类化合物,初步的结构测定表明其为五碳醛糖,与甲醇形成糖苷后再与 1 倍量的 HIO$_4$ 反应,发现产物中含与以上反应一致的二醛产物,但是没有甲酸。请推测此糖甲苷的结构。

20.5.4 磷酸糖酯的形成

在生命体系中,糖类化合物可以单体的形式存在;也可以异头碳原子与其他分子相连接,如与磷酸分子相连以糖脂质体(glycolipids)的形式存在;还可以与蛋白质相连以糖蛋白(glycoproteins)形式存在。例如,单糖分子可以在生命体中与磷酸反应生成磷酸糖酯:

糖类化合物与蛋白质、多肽、核酸、抗体、脂质体以及糖等以共价键相连接,称为糖缀合物（glycoconjugates）。它是糖类化合物在生命体内的主要存在形式。

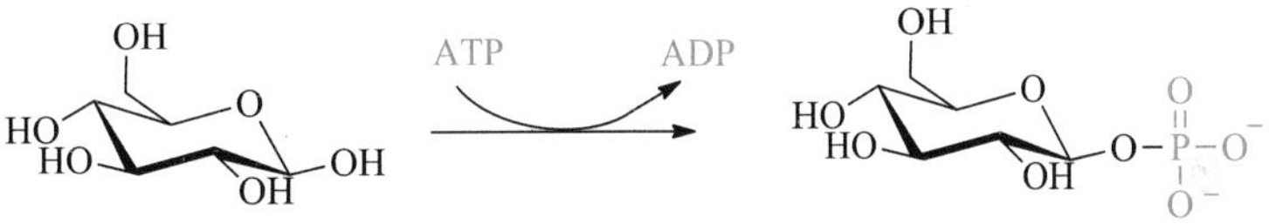

葡萄糖与 ATP 反应生成单磷酸葡萄糖酯,它在生命体中可以与其他化合物发生反应,生成相应的糖缀合物。

20.5.5 糖脎的形成

在早年研究糖时,遇到的最大困难是糖易形成浆状物质,很难结晶。E. Fischer 发现,糖可以与氨基脲、苯肼等试剂反应,其产物很容易形成结晶化合物。这就为糖类化合物的提纯提供了很大的便利条件,提纯后的产物可以在酸性条件下分解为原料的糖类化合物。例如,糖与苯肼反应:

本质上,此类反应就是醛(酮)羰基与氨基形成亚胺的缩合反应。

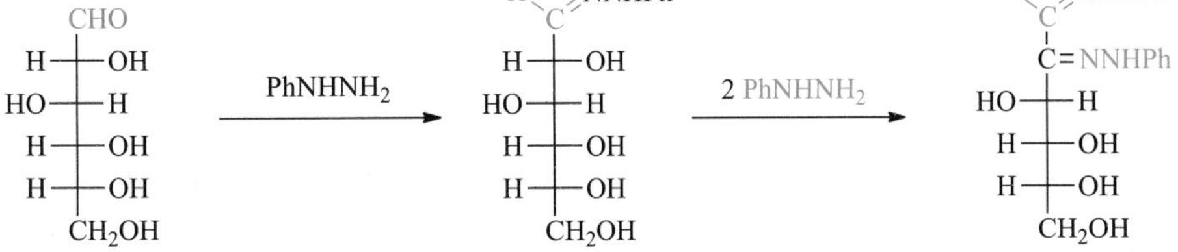

首先,葡萄糖的醛羰基与苯肼反应生成苯腙;与脂肪醛不同的是,此反应并没有停

D-葡萄糖苯脎：D-glucose phenylosazone。

苯脎经互变异构，并发生 1，4-消除反应，形成亚氨基酮，然后再与二分子苯肼反应形成脎。

留在此阶段，它会继续反应，D-葡萄糖苯腙（D-glucose phenylhydrazone）的 α-羟基会转化为酮羰基，然后新形成的酮羰基继续与苯肼反应生成双苯腙化合物，此化合物称为脎或苯脎（osazone）。从以上反应的结果看，应该是第二分子苯肼将 C2 的羟基氧化为酮，但是，实际上苯肼是还原剂，不能起氧化作用。此反应的实际转换机理应该如下：

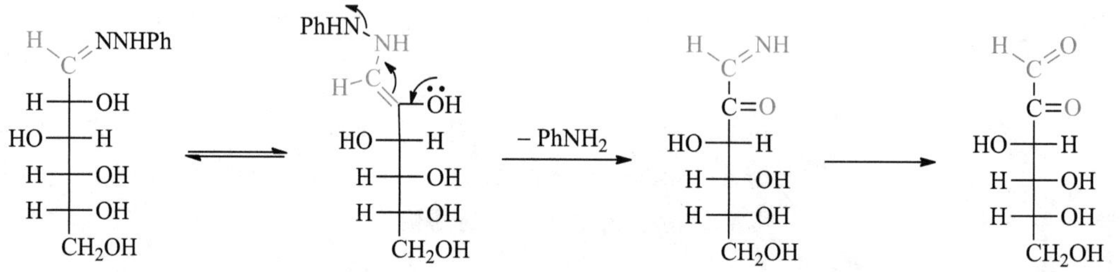

苯肼只与糖的 C1 和 C2 位反应成脎。由于氢键的作用，脎形成较为稳定的六元环状结构：

糖脎为黄色结晶，不同糖的脎结晶形状不同，熔点不同，生成所需时间不同，因此可以用于鉴别糖。

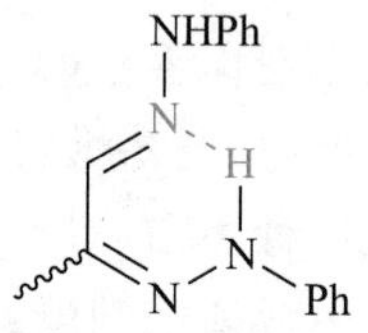

若脎进一步与苯肼发生反应，就需破坏此稳定的结构，故糖的其他碳原子不再进一步发生上述反应。

　　糖与苯脎形成脎的反应在早年 E. Fischer 研究糖的构型时起着关键性的作用，因此在糖化学中占有特殊且重要的位置。如 D-葡萄糖、D-果糖、D-甘露糖由于 C3、C4 以及 C5 构型相同，因此形成相同的脎。如果已知 D-葡萄糖的构型，那么其他两个糖的构型可以推断出来。因此，此反应的发现标志着糖化学的一个重大进展。

　　习题 20-19　画出 D-葡萄糖、D-果糖以及 D-甘露糖与苯脎反应形成脎的结构式，并通过对比找出其共同点。

　　习题 20-20　画出 3-羟基丙酮-1-单磷酸酯转化为 D-甘油醛-3-磷酸酯的反应机理。

20.5.6　糖的递增反应

　　糖的递增反应是指使糖的碳链增长的反应。常用的方法是 H. Kiliani 氰化增碳法，它是由低级糖合成高一级糖的一种方法，既可用于合成，也可用于糖的结构测定。具体的反应路线如下：

由于原来分子中的手性碳原子,对新生成的手性碳原子具有一定的诱导作用,所以形成的两个差向异构体可能是不等量的。这是一个增加碳原子的不对称合成的例子。

在这个过程中,H. Kiliani 证实了氰化物对羰基加成形成氰醇的过程,后来 E. Fischer 将其转化为内酯,并通过 Fischer 还原反应转化为糖。

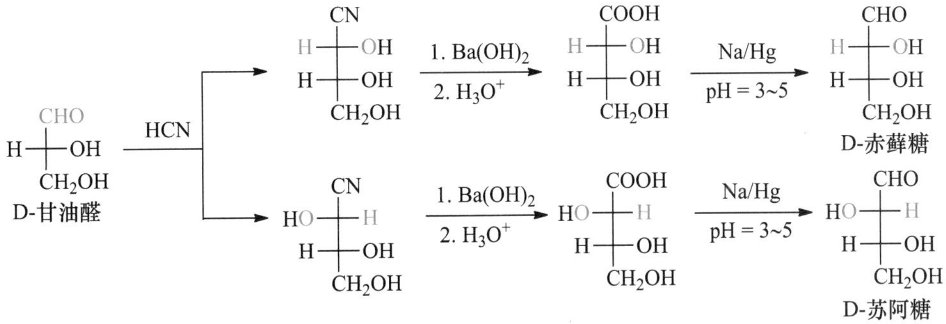

首先,HCN 对 D-甘油醛的羰基进行亲核加成,生成含一对差向异构体的 α-羟基氰化物;这两个差向异构体经分离、水解得羧酸,此羧酸很容易形成内酯;内酯在含水的乙醚或水中用钠汞齐还原,在反应过程中加入硫酸调节酸度至 pH=3~5,生成还原产物 D-赤藓糖和 D-苏阿糖。继续进行相同的反应,糖碳链可以继续延长,得到五碳糖、六碳糖等等。

由于钠汞齐的毒性,后来发展了采用改良的钯催化剂(Pd/BaSO₄,类似于 Lindlar 催化剂)将氰基选择性还原为亚氨基,亚氨基再水解转化为羰基。

习题 20-21 请判断以下两种单糖通过递增反应的产物,并画出其结构式:
(i) D-苏阿糖 (ii) D-阿拉伯糖

20.5.7 糖的递降反应

糖的递增反应是延长糖碳链的有效合成方法;而糖的递降反应是使糖的碳链缩短的方法,它一次降解一个碳原子,可以使具有较长碳链的糖转化为较短碳链的糖。这种方法既可用于合成,也可用于糖的结构测定。

从本质上而言,Wohl 递降法是糖递增反应的逆反应。在递增反应中,HCN 对糖羰基进行了亲核加成;而在递降反应中,是 α-羟基氰化物发生分子内亲核取代,离去基团 CN⁻ 离去,重新形成糖羰基。

1. Wohl 递降法

糖与羟胺反应,形成糖肟;然后在醋酸酐作用下乙酰化,再失去一分子醋酸成氰化物;在甲醇钠的甲醇溶液中,在发生酯交换反应的同时,发生羰基与氰化氢加成的逆反应,形成减少一个碳原子的醛糖,此法称为 Wohl 递降法。

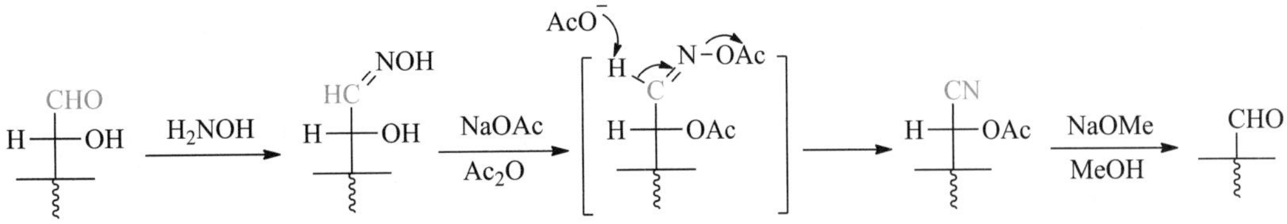

2. Ruff 递降法

首先醛糖在溴水氧化下转化为糖酸,再进一步转化为糖酸钙盐;糖酸钙盐在需要注意的是,在乙酰化的过程中,糖中的所有羟基均被乙酰化;随后在 NaOMe 的作用下,均发生酯交换反应,回到羟基,C2 的羟基进一步在强碱的作用下,形成羟基负离子,促使了副反应的进行。

Ruff 试剂[$Fe(OAc)_3$ 或 $FeCl_3$ 等]作用下,经 H_2O_2 氧化,得到一个不稳定的 α-羰基羧酸,脱羧后形成低一级的醛糖,此法称为 Ruff 递降法。

此氧化脱羧反应是通过两次单电子转移过程实现的。首先,通过氧化作用使羧基负离子转化为羧基自由基;由于羧基自由基很不稳定,迅速脱去 CO_2,生成碳自由基,再失去一个电子后形成甲酰基:

E. Fischer 最早就是使用此方法确定了单糖的相对构型。

由于自由基及产物对反应的条件十分敏感,因此 Ruff 降解的产率很低。但是,此反应对糖类化合物的结构测定是非常实用的。

习题 20-22 画出 Wohl 降解法将 D-甘露糖转化为 D-阿拉伯糖的反应方程式。
习题 20-23 如用 D-阿拉伯糖经 Ruff 降解后转化为内消旋酒石酸,D-来苏糖经 Ruff 降解后转化为 D-(—)-酒石酸,分别确定此两糖中的 C3 和 C4 位的构型。

20.6 双 糖

双糖,也称为二糖,是一个单糖分子中的半缩醛羟基(即异头碳原子上的羟基)和另一单糖分子中的羟基失水得到的糖。下面介绍几个重要的双糖。

20.6.1 纤维二糖和麦芽糖

麦芽糖和纤维二糖的区别虽然仅仅在于苷键,一个是 α 型,一个是 β 型,但在生理活性上却有很大的区别。麦芽糖具有甜味,而纤维二糖是无味的;前者可以在人体内分解消化,后者则不能。(但某些高等动物的主要食料是纤维素。)

纤维二糖(cellobiose)是纤维素水解的产物;而(+)-麦芽糖(maltose)是在麦芽中的淀粉糖化酶作用下,淀粉部分水解的产物。它们互为二糖化合物的差向异构体,它们的分子式均为 $C_{12}H_{22}O_{11}$。

命名这类还原糖时,通常是将保留半缩醛羟基的糖作为母体,另一个糖作为取代基,所以纤维二糖的系统命名是

实验结果表明,纤维二糖水解产生二分子 D-葡萄糖,它也能被 β-葡萄糖苷酶水解,与 Tollens 试剂、Fehling 试剂、Benedict 试剂呈正反应,是一个还原糖。由上述实验事实可以推断:纤维二糖是由一分子 β-D-吡喃葡萄糖提供异头碳与另一分子 D-葡萄糖提供氧原子通过糖苷键形成的,是 β-葡萄糖苷。用高碘酸法和甲基化法还可以推知其两个葡萄糖均为吡喃环,其糖苷键为 β-1,4-苷键。

4-O-(β-D-吡喃葡萄糖基)-D-吡喃葡萄糖;麦芽糖的系统命名为 4-O-(α-D-吡喃葡萄糖基)-D-吡喃葡萄糖。

麦芽糖的甜度为蔗糖的1/3。

而麦芽糖的测试实验表明,它有变旋现象,且能与 Fehling 试剂及 Benedict 试剂反应,也是一个还原糖。麦芽糖能用酸水解,也能用 α-葡萄糖苷酶水解,水解产物为二分子 D-葡萄糖,因此麦芽糖为 α-D-葡萄糖苷,二分子 D-葡萄糖以 α-1,4-苷键结合。麦芽糖用溴水氧化,得麦芽糖酸($C_{11}H_{21}O_{10}$)COOH,因此麦芽糖是醛糖。用甲基化法及高碘酸法可推知其两个葡萄糖均为吡喃环。

纤维二糖与麦芽糖的构象式对比如下:

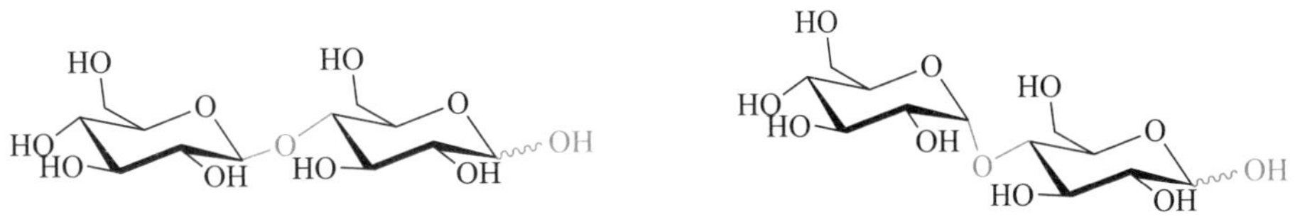

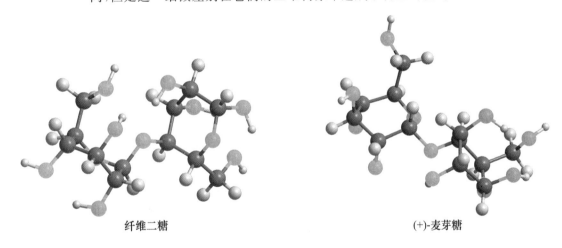

纤维二糖　　　　　　　　　　　　　　(+)-麦芽糖

从上述构象式中可以发现,在纤维二糖和麦芽糖中均存在一个没有形成糖苷键的异头碳上的自由羟基,其构型可以是 α 型,也可以是 β 型。这使得麦芽糖存在两个异构体,而且这两个异构体是可以分离提纯的。

从以上的构象式对比纤维二糖和麦芽糖的唯一细微差别就在于其糖苷键的不同,但是这一细微差别在它们的三维构象中造成了明显的差别:

纤维二糖　　　　　　　　　　　　　　(+)-麦芽糖

其三维构象的不同使得它们在与其他手性分子,如蛋白质等,作用时会有很大的不同,特别是在酶催化水解时存在巨大的差别。麦芽糖酶(maltase)可以催化水解麦芽糖中的 α-糖苷键,而不能水解纤维二糖的 β-糖苷键;苦杏仁酶(emulsin)的催化作用恰好相反。每一个酶对特定糖苷键的催化作用均是确定的,这对于多糖化合物的糖苷键确定是非常有效的。

20.6.2　乳糖

乳糖(lactose)是自然界中第二多的天然二糖,主要存在于哺乳动物的乳汁中,人乳有 6%～8%,牛乳中有 4%～6%。乳糖是乳酪生产的副产品。牛奶变酸就乳汁中水分挥发后,固体残余物中的 1/3 以上为乳糖。

乳糖酶(lactase)可将人体内过多的乳糖分解成葡萄糖和半乳糖。如果人体内缺乏这种酶,饮用牛奶后常会引起对乳糖的消化不良现象,如出现腹胀、肠鸣、急性腹痛甚至腹泻等症状,在医学上称为乳糖不耐受症。

是因为其中所含乳糖变成了乳酸之故。

乳糖为还原糖,并会有变旋现象,这说明分子中还有一个潜在的甲酰基。乳糖用酸水解,得一分子 D-半乳糖和一分子 D-葡萄糖;若用溴水氧化后水解,得一分子 D-半乳糖与一分子 D-葡萄糖酸,故 D-半乳糖以半缩醛羟基与 D-葡萄糖的一个羟基相结合。用甲基化方法及酶水解方法推断乳糖具有下列结构:

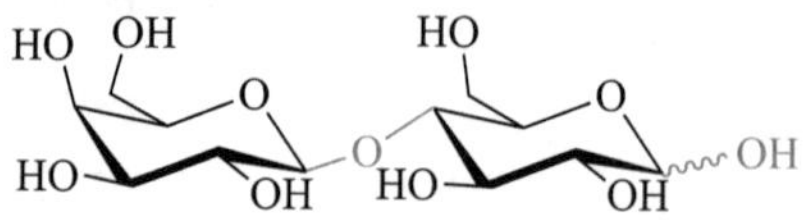

其结构中的糖苷键为 β-1,4-苷键。从水溶液中结晶的乳糖均为 α-端基异构体。

20.6.3　蔗糖

在甘蔗或甜菜中的蔗糖含量为 14%～20%。目前,世界蔗糖的年产量超过 1000 亿吨。

蔗糖会在 160～180℃分解。

蔗糖(sucrose,或 table sugar)是人类需用量最大的二糖,也是和生活关系最密切的一个天然有机化合物,是目前含量最高的天然二糖。蔗糖主要是从甘蔗和甜菜中得到的。它是由甘蔗内取得的最早的一个纯有机化合物。它的合成是在 1953 年才完成的。

蔗糖的分子式为 $C_{12}H_{22}O_{11}$。蔗糖经酸性水解后,会生成一分子 D-葡萄糖和一分子 D-果糖。进一步的实验结果表明,蔗糖不能和 Tollens 试剂、Fehling 试剂以及 Benedict 试剂反应,是非还原糖,不能形成脎。此外,蔗糖没有变旋现象。这说明,组成蔗糖的两个单糖单元是通过两个异头碳上羟基相互连接失水后形成糖苷键的,这使得两个环状的半缩醛(酮)官能团相互封闭:

连接的方式为 α-D-葡萄糖和 β-D-果糖。

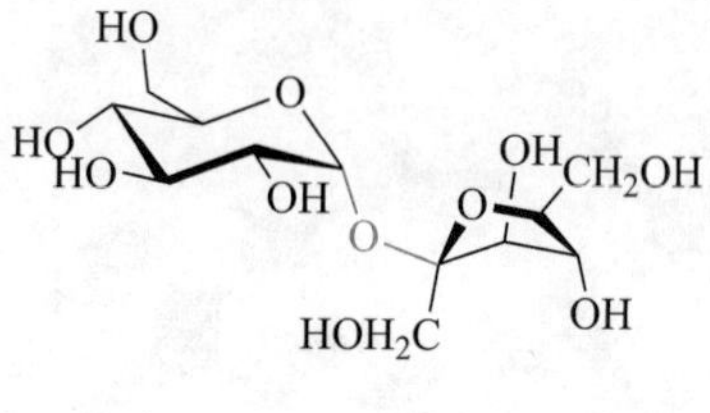

蔗糖的水解产物(也就是混合物)称为转化糖。转化糖的特点就是其旋光度发生了反转。蜂蜜中含有转化酶,可以水解蔗糖,因此蜂蜜中大部分是转化糖。

蔗糖是右旋的,$[\alpha]_D$ 为 $+66.5°$,在酸性水溶液中处理,其比旋光度会降低,其平衡值为 $-20°$。用转化酶处理蔗糖也会有同样的现象。这种效应称为蔗糖的转化,这是与单糖的变旋作用相关联的。蔗糖的水解过程主要包括三个独立的反应:

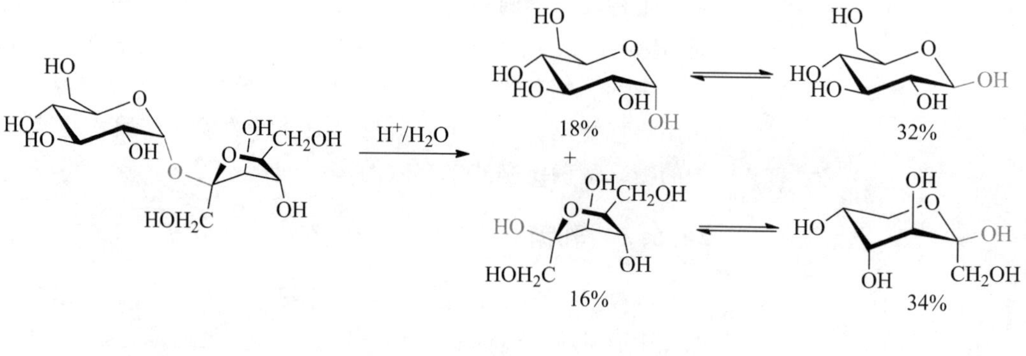

蔗糖中的两个单糖是用 α-还是 β-苷键结合的？这个问题用一般化学方法不能解决,但可以用酶催化水解及其他物理方法推定。如麦芽糖酶只能催化水解 D-葡萄糖的 α-苷键。由于蔗糖可以用麦芽糖酶水解,所以在蔗糖分子中,葡萄糖是 α-苷键;蔗糖也可以被一种 β-D-果糖苷酶水解,故果糖是 β-苷键。

蔗糖的两种系统名称:
α-D-吡喃葡萄糖基-β-D-呋喃果糖,或 β-D-呋喃果糖基-α-D-吡喃葡萄糖。

首先,蔗糖在酸性条件下或在酶的作用下水解成两个单糖：α-D-吡喃葡萄糖和 β-D-呋喃果糖;接着,α-D-吡喃葡萄糖发生变旋并与 β-D-吡喃葡萄糖达成平衡,其比例为 18∶32;而 β-D-呋喃果糖也变旋并与更为稳定的 β-D-吡喃果糖达成平衡,其比例为 16∶34。D-葡萄糖的 $[\alpha]_D = +52.7°$,D-果糖的 $[\alpha]_D = -92°$,由于果糖的负比旋光度要比葡萄糖的正比旋光度大,所以这两个单糖的混合物的旋光度肯定为负值,也就是左旋的。这使得蔗糖水解后其旋光度从正值变为了负值。

习题 20-24 画出麦芽糖与以下试剂反应时的最初产物的结构式：
(i) Br_2　(ii) 苯肼(3 倍量)

习题 20-25 完成蔗糖在下列条件下的反应式：
(i) 过量的硫酸二甲酯　(ii) 在酸性条件下水解,接着再用 $NaBH_4$ 还原

<span></span>

20.7 三糖和寡糖

从结构上分析,棉子糖实际上是蔗糖中葡萄糖的 C6 位羟基与半乳糖的异头碳上 α-羟基失水而成的。其糖苷键为 α-1 → 6-糖苷键。(1→6)表示糖苷键所连接的碳原子和所连接的方向。

　　棉子糖(raffinose)是一个重要的三糖。甜菜及棉籽内均含有棉子糖。由甜菜制造蔗糖时,得到的结晶后的母液称为糖浆,是提取棉子糖最好的原料。棉子糖水解后得到各一分子的半乳糖、葡萄糖及果糖。它是一个非还原糖,分子中的半乳糖、葡萄糖及果糖互以半缩醛(或半缩酮)的羟基相结合。

目前,α-环糊精、β-环糊精以及 γ-环糊精均已得到了它们的结晶,且为商业化产品。

　　寡糖是单糖的聚合物,但是它具有单分散性、确定的相对分子质量和结构组成。环糊精(cyclodextrin,简称 CD)是直链淀粉在环糊精葡萄糖基转移酶作用下生成的一系列环状低聚糖(相对分子质量在 1200 左右)的寡糖总称,是含有 6～12 个葡萄糖单元以 α-1,4-苷键连接起来的闭环结构。根据 X 射线晶体衍射、红外光谱和 NMR 波谱分析的结果,确定构成环糊精分子的每个 D-(+)-吡喃葡萄糖都是椅式构象,各葡萄糖单元均以 1,4-苷键结合成环。常见的为含有六个、七个、八个 α-D-葡萄糖残基的环糊精,分别称为环六糊精(α-环糊精)、环七糊精(β-环糊精)、环

环糊精有如下特点：

(1) 环糊精的环状结构具有刚性，不易反应，在热的碱性水溶液中很稳定，在酸中慢慢水解，对 α- 及 β- 淀粉酶有很大的阻抗性。

(2) 环糊精的孔径与芳环尺度相近，可以与一些小分子化合物或离子（如酸类、胺类、卤素离子、芳香碳氢化合物）形成分子配合物——包合化合物。利用形成包合化合物，可以催化某些反应发生，如芳香酯的水解，芳香环作为客体，存在于主体圆筒形的环糊精内。

(3) 用环糊精作为柱色谱的填充剂（固定相），可使某些外消旋混合物具有不同的停留时间，故可用它将外消旋异构体分离成为纯的旋光异构体。

(4) 环糊精可作为稳定剂、乳化剂、抗氧剂，并可增大材料溶解性等，可用于食品、医药、农业、化工及轻工业等方面。

八糊精（γ-环糊精）。下面为 α-环糊精和 β-环糊精的结构简式：

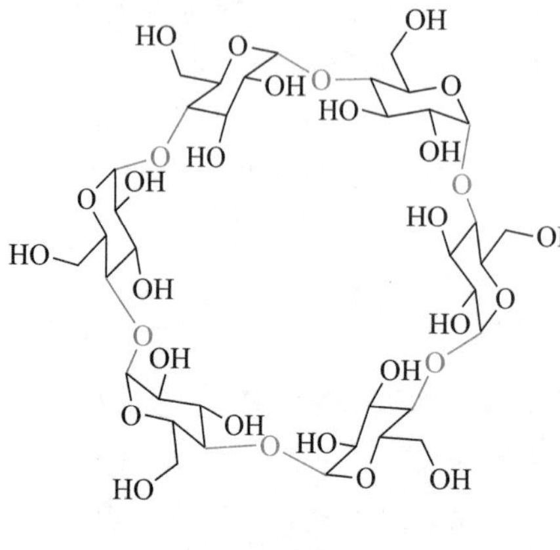

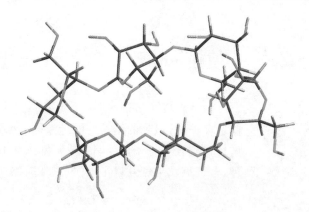

α-环糊精 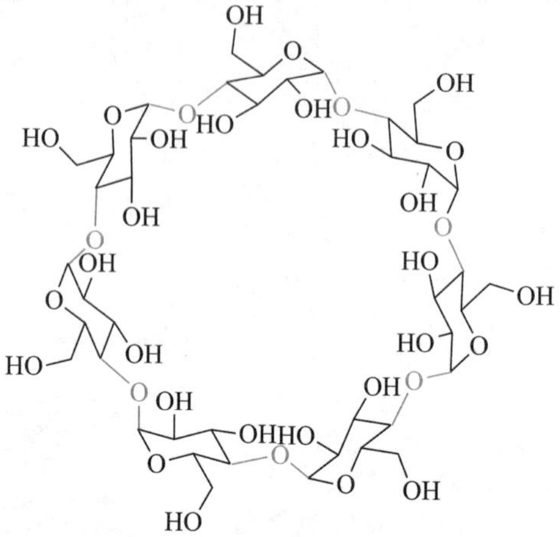   β-环糊精

从以下 α-环糊精的三维模型中可以清楚地看到其中间的空腔结构：

此空腔为略呈锥形的中空圆筒立体环状结构，其外侧上端（较大开口端）由 C2 和 C3 位的二级羟基构成，下端（较小开口端）由 C6 位的一级羟基构成，具有亲水性，而空腔内由于受到 C—H 键的屏蔽作用形成了疏水区。它既无还原端也无非还原端，没有还原性；在碱性介质中很稳定，但强酸可以使之裂解；只能被 α-淀粉酶水解而不能被 β-淀粉酶水解，对酸及一般淀粉酶的耐受性比直链淀粉强；在水溶液及醇水溶液中，能很好地结晶；无一定熔点，加热到约 200℃ 开始分解，有较好的热稳定性；无吸湿性，但容易形成各种稳定的水合物；它的疏水性空腔内可嵌入各种有机化合物，形成包接复合物，并改变被包合物的物理和化学性质；可以在环糊精分子上交联许多官能团或将环糊精交联于聚合物上进行化学改性，或者以环糊精为单体进行聚合。

由于 α-CD 分子空腔孔隙较小，通常只能包接较小分子的客体物质，应用范围较小；γ-CD 的分子空腔大，但其生产成本高，工业上不能大量生产，其应用受到限制；β-CD 的分子空腔适中，应用范围广，生产成本低，是目前工业上使用最多的环糊精产品。但 β-CD 的疏水区域及催化活性有限，使其在应用上受到一定限制。为了克服环糊精本身存在的缺点,研究人员尝试用不同方法对环糊精母体进行改性,以改变环糊精性质并扩大其应用范围。国内外改性环糊精研究已有长足进展,取得了很多成果。

<table>
<tr><td>20.8</td><td></td></tr>
</table>

多　糖

棉花、木材和其他植物的骨干等就是由纤维素构成的。

　　多糖是食物的主要成分,是单糖的聚合物。它们结构的多样性远远超过了烯烃聚合物。许多重要的天然纤维,也属于这类化合物,它们是生命一刻不可缺少的物质。这类化合物可分解为一种或几种单糖。与我们人类生活最有关系的三种多糖,就是纤维素、淀粉和糖原。

20.8.1　纤维素和半纤维素

纤维二糖是 β-糖苷,而麦芽糖是 α-糖苷。人体内的酶只能水解 α-糖苷。

　　不同来源的各种纤维素的相对分子质量是不同的,一般棉花纤维素分子大约含 3000 个单糖单元,其相对分子质量约为 500 000。研究表明,纤维素(cellulose)用酸水解后,只得到 D-(＋)-葡萄糖,因此它是完全由葡萄糖单体失水而成的聚合体。若用高浓度的酸水解,可以生成纤维二糖、纤维三糖及纤维四糖等,这说明纤维素也是可以由多个纤维二糖聚合而成的。纤维二糖和麦芽糖都是由一分子葡萄糖通过其异头碳 C1 位的羟基与另一分子葡萄糖 C4 位的羟基失水连接而成的,因此也可以把它们都看做聚-β-葡萄糖苷。

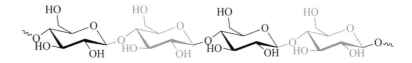

　　纤维素主要为线性,呈一束一束的形状,每一束由 100～200 条彼此平行的纤维分子链通过氢键结合起来,它的化学稳定性和机械性能可能就取决于这种纤维束的结构。X 射线衍射和电子显微镜研究表明,纤维素分子形成的小束直径大约是 3 nm,分子之间通过氢键连接,每一个小束大约有 30 个分子,具有很强的结晶性质。纤维素不溶于水,因此分子中虽有很多的羟基,但并无甜味。

木(质)素是一个复杂的芳香化合物,结构还不清楚。其芳环上有很多甲氧基,现在可以用它来制造一种重要溶剂:二甲亚砜。

　　纤维素的一个最大用途就是制纸,滤纸几乎是由纯的纤维素组成的。木材中的纤维素和一种叫做木(质)素的物质混在一起。造纸时,把木材在压力下用亚硫酸钙处理后,木(质)素就被溶解,剩下的就是比较纯的木纤维素。普通的纸是在纤维素中加了填充剂,然后再加明矾及胶等,以防止用墨水写字时,墨迹扩散。

　　纤维素在人体消化道内虽不能消化,会全部排泄出来,但同时又是必不可少的,因为它可以调节肠道菌群并且帮助肠子蠕动,否则排泄就非常困难。在反刍动物的消化道内,有分解纤维素的酶,因此对这类动物,它具有营养价值。

聚木糖现在用来制造糠醛。

　　与纤维素共同存在的其他多糖称为半纤维(hemicelluses),其中较重要的是聚木糖。例如稻草、麦糠、玉米秆、花生壳内均含有大量的聚木糖。聚木糖水解后得到 D-木糖。聚木糖在结构上与纤维素的不同在于,每个单糖组分的 C5 位上的一个平伏的 CH_2OH 为氢所置换:

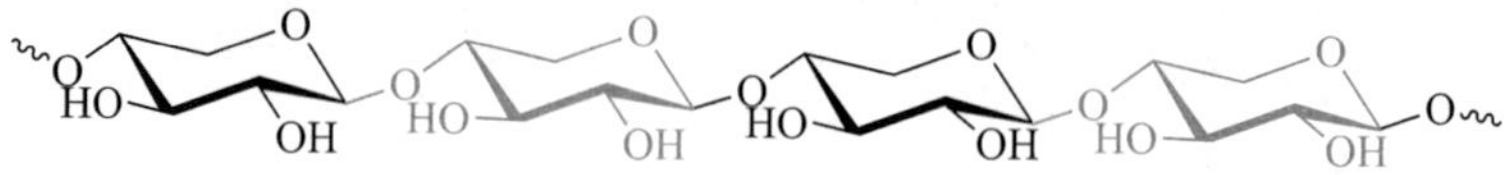

习题 20-26　假定纤维素是由纤维二糖形成的长链聚合体,可以利用 Haworth 的端基测定法测定其相对分子质量。此法是将纤维素进行甲基化后再水解。请说明 Haworth 测定法的科学依据、可能造成的偏差及其造成偏差的原因。

习题 20-27　纤维素可溶于 Schweitzer 溶液(硫酸铜的 20% 的氨水溶液),并形成一个铜氨配合物。这个配合物遇酸后即被分解,原来的纤维素又沉淀下来。人造丝就是利用这个性质制造的。将人造丝的铜氨溶液压过细孔,压到酸性溶液中,就得到细长的丝状物质,比未经加工以前的分子要长得多,光泽很好。另一种制造人造丝的方法叫做黏液法,这种方法是将纤维素和二硫化碳在氢氧化钠水溶液中处理,分子中的羟基就变成所谓的黄原酸盐,成为一个黏液,在酸内也同样被分解。

(i) 画出此铜氨配合物的最简结构式;

(ii) 写出黏液法制造人造丝的反应方程式。

20.8.2　淀粉

淀粉是多种植物的碳水化合物的储藏物,各部分组织内均含有它,但主要是储藏在种子及根内。考古学家发现,几千年前的麦粒仍然可以发芽,表明淀粉的结构在这样长的一段时间内都没有发生变化。淀粉是绿色植物发生光合作用的产品,将太阳能变为化学能,储藏在分子内;在体内再通过淀粉酶及其他一系列酶的作用,经过复杂的过程,最后氧化为二氧化碳及水,释放出供给生命活动所需要的能量。

不同来源的淀粉,相对分子质量差别很大,在 10 000～100 000 之间。

与纤维素一样,淀粉(starch)也可以看做葡萄糖的聚合体。淀粉在体内酶解或酸性水解时,首先生成麦芽糖,再进一步水解,都转化为葡萄糖。这说明,淀粉分子主要是葡萄糖单元以 α-1,4-苷键的形式结合而形成的高聚物:

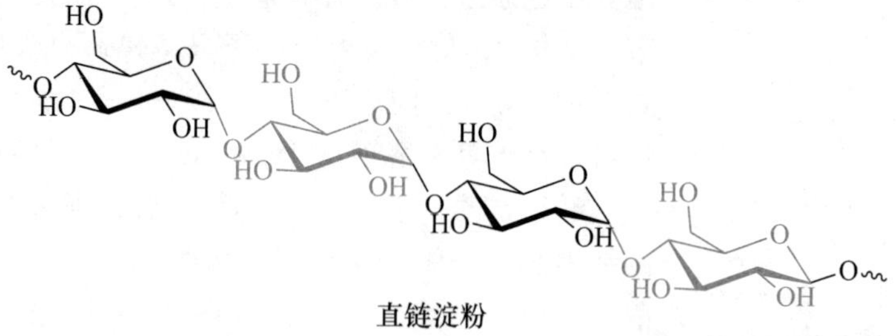

直链淀粉

用热水处理植物淀粉后可以使淀粉颗粒溶胀,使其两个主要成分直链淀粉(amylose)和支链淀粉(amylopectin)分开。这两者都可溶于热水,但直链淀粉在冷水中的溶解度较低,且可以悬浮在水中。普通淀粉颗粒内大约含有 80% 的支链淀粉和 20% 的直链淀粉。直链淀粉每个分子大约含有几百个葡萄糖单元(相对分子质量为 150 000～600 000)。植物淀粉的相对分子质量大约为 50 000(约 250～300

个葡萄糖单元)。

与直链淀粉不同的是,支链淀粉是分支的,在大约每 20～25 个葡萄糖单元链节中,其中一个葡萄糖的 C6 位连接了另一条聚葡萄糖链。支链淀粉大约由 6000 个左右葡萄糖单元组成,最高的相对分子质量可达 600 万以上。支链淀粉中 D-葡萄糖单元也通过 α-1,4-苷键连接成一直链,此直链上又可通过 α-1,6-苷键形成侧链,在侧链上又会出现另一个分支侧链,因此结构很复杂,呈树枝形分支结构。

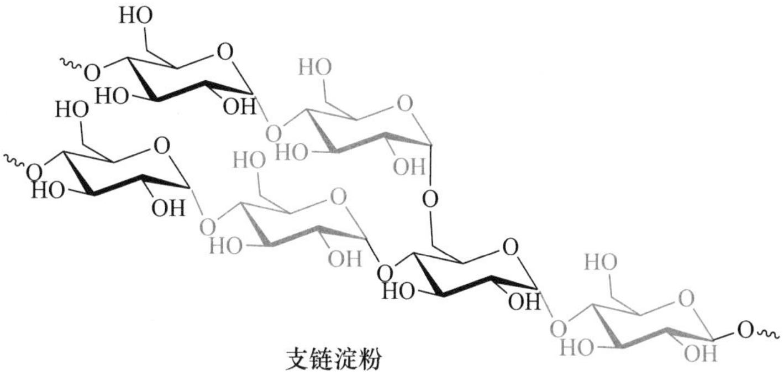

支链淀粉

最常用的鉴定淀粉的简便方法,就是遇碘后变为蓝色。这是由于直链淀粉形成一个螺旋后,中间的隧道恰好可以装入碘的分子而形成一个蓝色的包合物。

直链淀粉,不要误解为一根直的长链,而是盘旋成一个螺旋,每转一圈,约含六个葡萄糖单元。这样,每一分子中的一个基团就和另一基团保持着一定的关系和距离,因此一个生物大分子的结构又取决于分子中各原子之间共价键的取向,还要看立体构象,而这个构象又取决于分子中的一些次级作用。这种结构叫做二级结构,以区别共价键的一级结构。此外,一个以一定方式盘旋的长链还可以再弯折形成一个所谓不规则的构象(其实是很有规则的,但目前对这个问题还处在初步研究的阶段),这叫做三级结构。就好像一个长的螺旋再打折成一个大致不规则的立体形象。假如这个多糖高分子或者与其他类型的分子结合,或者是多条的多糖链又自行结合起来(如上述的纤维素那样),就把结构变得更复杂了,这种结构叫做四级结构。这种高级结构对于它的生物化学反应起着决定性的作用。不仅使长链的某一基团和距离很远的另一基团保持着一定的并且更近的距离,并且由于盘旋,产生一定的构象,而这个构象只有利于和其他某种分子结合,从而发生高度专一性的反应,这恐怕是自然界为什么制造出形形色色的高分子的一个主要原因。而这种高级结构在体外受试剂的作用,由于不是共价键的结合,多半就被破坏了,从而丧失了原来的生理活性。随着 X 射线衍射技术的进步,许多生物大分子的高级结构已经测定出来。这是一个极为重要的结果,初步认识了长期不可理解的有机体内的化学反应具有如此高度专一性的原因。

20.8.3 糖原

糖原(glycogen)相当于植物体内的淀粉,因此糖原也称为动物淀粉,它的结构与支链淀粉很相像,但分支更多一些,每一个葡萄糖单元就有一个分支。糖原相对储存在肝脏中的糖原称为肝糖原,储存在肌肉中的为肌糖原。

糖原为动物体内储存的主要多糖,是能量的来源。它提供了平时和剧烈运动时的即刻葡萄糖来源。高等动物的肝脏和肌肉组织中含有较多的糖原,人类的肝脏中,糖原的含量是肝脏干重的 10% 左右。细胞使用此能量储存方式是生物化学一个令人费解的问题。

分子质量约为 270 000～100 000 000。当体内需要时,在糖原磷酸化酶的作用下,糖原可以分解为 α-D-葡萄糖-1-磷酸酯。该转换发生在糖原分子的一个非还原型末端糖基上:

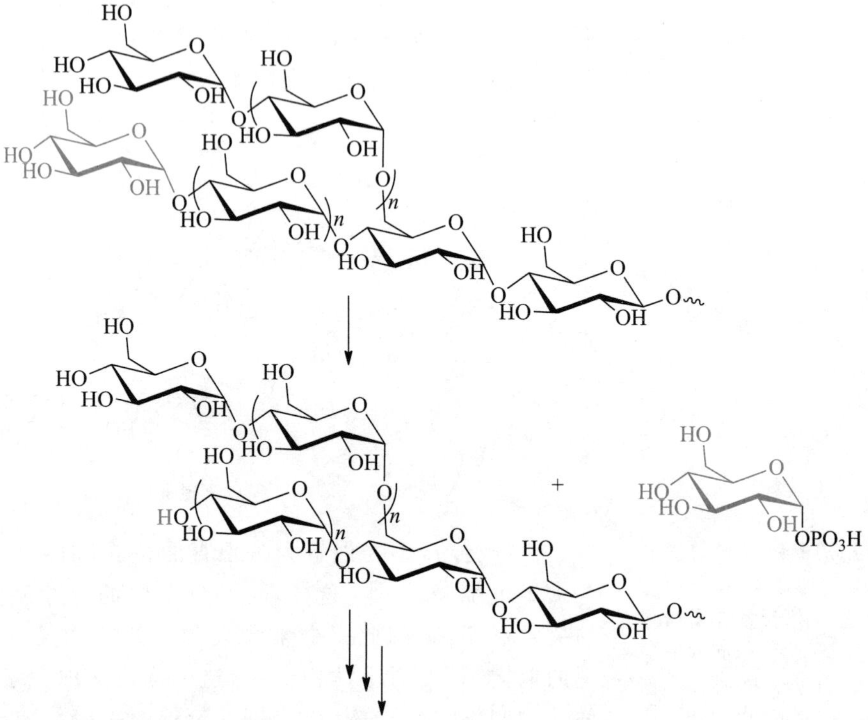

糖原磷酸化酶不能切断 α-1,6-糖苷键。

接着非还原型末端可以继续逐步水解,每次水解掉一个葡萄糖分子。由于糖原是高度支化的,所以在分子中有许多这样的端基可以被糖原磷酸化酶分解掉,这就确保了在需要高能量时,可以获得足够量的葡萄糖。

习题 20-28 请指出以下化合物在结构上的不同点:
(i) 直链淀粉和纤维素 (ii) 直链淀粉和支链淀粉 (iii) 支链淀粉和糖原
(iv) 纤维素和甲壳素

20.9 决定血型的糖

这三种抗原免疫因子的氨基末端与蛋白质相连。

血型实质上是由不同的红细胞表面抗原决定的。红细胞质膜上的鞘糖脂是 ABO 血型系统的基本血型抗原,血型免疫活性特异性的分子基础是由糖链的糖基组成的。1960 年,A. Watkins 研究证明了 ABO 抗原是糖类化合物,并测定了其结构。A、B、O 三种血型抗原的糖链结构基本相同,差别很小,只是糖链末端的糖基有所不同。A 型血的糖链末端为 N-乙酰半乳糖胺;B 型血为半乳糖;AB 型两种糖基都有;O 型血则缺少这两种糖基。

A 型抗原免疫因子:

B 型抗原免疫因子:

O 型抗原免疫因子:

A 型抗原免疫因子主要由以下单糖组成:
主链为 β-D-吡喃半乳糖、β-D-N-乙酰基吡喃半乳糖胺以及 β-D-N-乙酰基吡喃葡萄糖胺,侧链连接 α-L-岩藻糖。

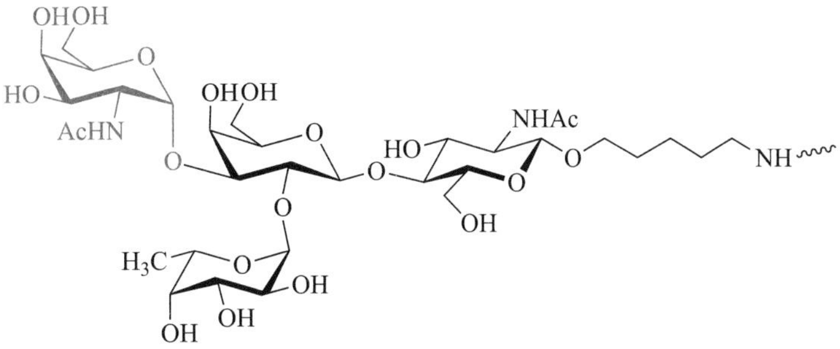

B 型抗原免疫因子主要由以下单糖组成:
主链为 β-D-吡喃半乳糖、β-D-吡喃半乳糖以及 β-D-N-乙酰基吡喃葡萄糖胺,侧链连接 α-L-岩藻糖。

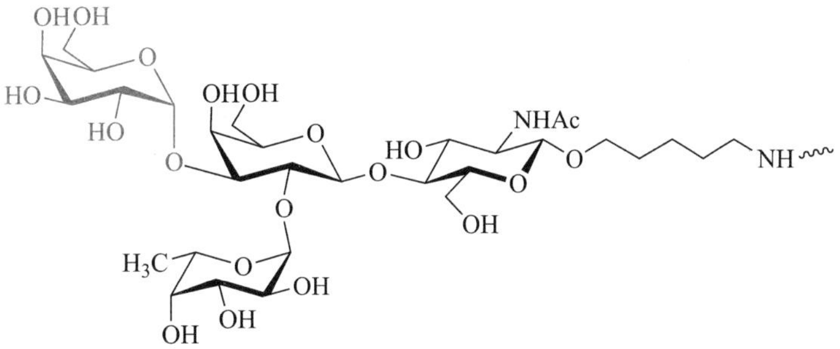

O 型抗原免疫因子主要由以下单糖组成:
主链为 β-D-吡喃半乳糖以及 β-D-N-乙酰基吡喃葡萄糖胺,侧链连接 α-L-岩藻糖。

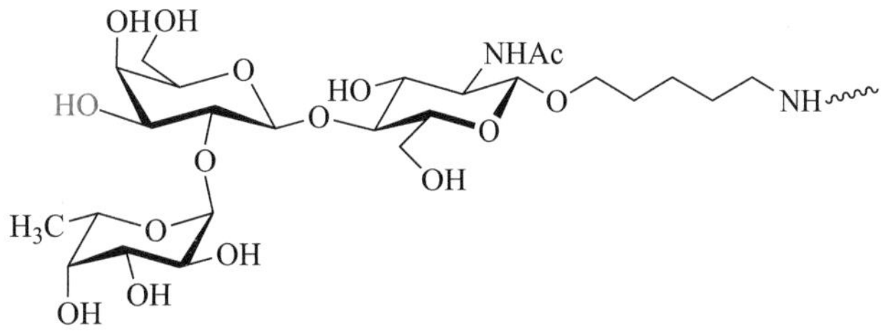

对比人类血型中这三种抗原免疫因子,可见它们存在非常相似的化学结构,但有明显的不同:A 型和 B 型抗原免疫因子的唯一差别就在于,末端的 β-D-吡喃半乳糖的 C2 位上原先的羟基被转化为乙酰氨基;而在 O 型抗原免疫因子中则完全没有这个 β-D-吡喃半乳糖单元。

2007 年 4 月,一个国际研究小组宣布他们发展了一种廉价和有效的方法,可以将 A 型、B 型以及 AB 型血转化为 O 型。这就是利用特定的糖苷酶从红细胞中除去血型抗原实现的。

20.10 杂原子修饰的糖类化合物

许多天然糖类化合物经过化学修饰,可以与其他有机分子相连接,这些糖类化合物就具有丰富的生理活性。以葡萄糖为例,可以有两种修饰方式:一种是将异头碳上的羟基转化为氨基,此时葡萄糖单元作为了取代基,称为葡萄糖基胺或 D-葡萄糖胺;另一种是其他碳原子上的羟基被氨基替代,称为氨基脱氧糖。

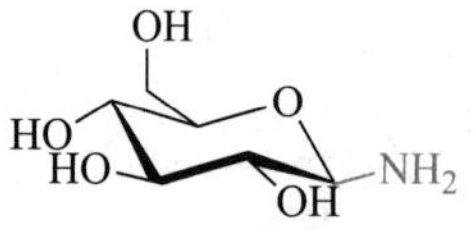

β-D-吡喃葡萄糖胺 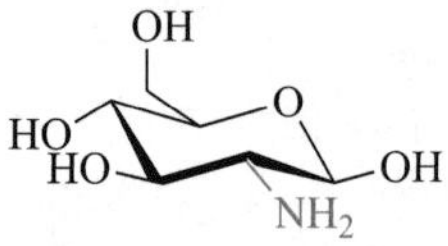　　　　2-氨基-2-脱氧-β-D-吡喃葡萄糖

目前,治疗感冒的药物均是基于对糖类化合物的结构与病毒表面作用机制的理解而发展的。当新形成的病毒感染新的细胞前, N-乙酰神经氨酸 (N-acetyl-neuraminic acid,NANA) 可以在病毒表面形成一层覆盖膜,从而阻止其感染新的细胞,而神经氨糖酸酶(唾液酸酶)可以分解覆盖在病毒表面的此 N-乙酰神经氨酸。化学家们发现,如果能抑制这种酶的分解作用,那么病毒就不能从 N-乙酰神经氨酸的包裹中脱离出来,也就不能感染新的细胞。

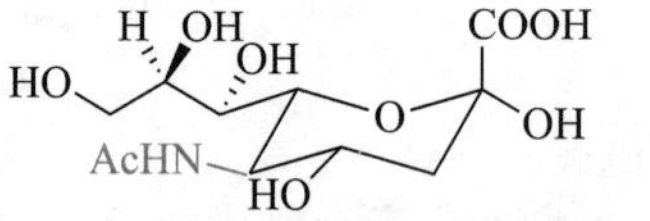

Zanamivir 的化学名为 N-乙酰基-2,3-二脱氧-4-胍基唾液酸,也称 4-胍基-神经氨-5-乙酰-2-烯。

因此,具有 N-乙酰神经氨酸结构模型的各种抗感冒的药物就被开发出来。如 GLaxo Wellcome 公司研制的 Zanamivir(扎那米韦),是一个有效的流感病毒唾液酸抑制剂,用于流感的预防和治疗。另一种药物为罗氏制药公司发展的 Oseltamivir(奥塞米韦),其磷酸盐就是达菲。这种药物专门针对的是 A 型和 B 型流感病毒,能够阻止病毒在受感染的人体内繁殖。

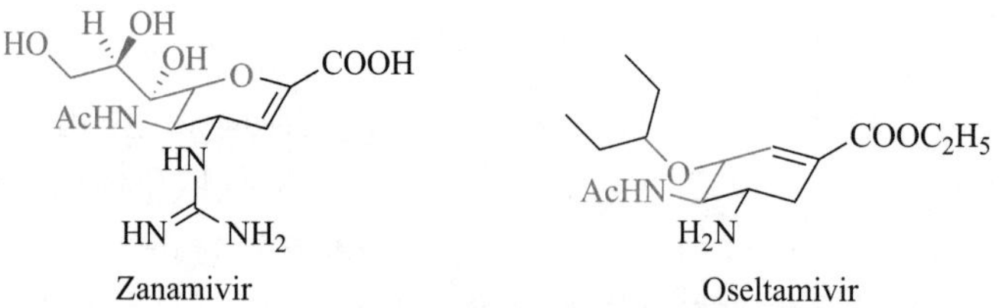

Oseltamivir 的化学名为 (3R,4R,5S)-4-乙酰氨基-5-氨基-3-(1-乙基丙氧基)-1-环己烯-1-羧酸乙酯。

Zanamivir　　　　　　　　Oseltamivir

习题 **20-29**　画出维生素 C 的立体结构式,并解释为何 C3 位上羟基的酸性比 C2 位的强。

章 末 习 题

习题 20-30 请判断以下楔形结构式中哪一个为 D-甘油醛或 L-甘油醛。

(i)
$$CH_2OH$$
$$HO\!\!-\!\!C\!\!\blacktriangleleft\!\!H$$
$$CHO$$

(ii)
$$H$$
$$HOH_2C\!\!-\!\!C\!\!\blacktriangleleft\!\!CHO$$
$$OH$$

(iii)
$$CHO$$
$$HOH_2C\!\!-\!\!C\!\!\blacktriangleleft\!\!H$$
$$OH$$

习题 20-31 下列属于哪种醛糖?

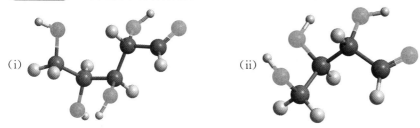

(i)   (ii)

习题 20-32 利用 α-D-(+)-吡喃葡萄糖和 β-D-(+)-吡喃葡萄糖的比旋光度以及发生变旋现象后达到平衡时的比旋光度,计算在平衡状态下 α-D-(+)-吡喃葡萄糖和 β-D-(+)-吡喃葡萄糖的比值。

习题 20-33 D-半乳糖的 α-端基异构体和 β-端基异构体的比旋光度分别为 +150.7° 和 +52.8°。在水中发生变旋现象达到平衡时的比旋光度为 80.2°。请计算在平衡时 α-和 β-端基异构体的含量。

习题 20-34 画出 β-L-吡喃葡萄糖的稳定椅式构象。

习题 20-35 在实验室中有两个 D 构型的五碳糖 A 和 B,经 Ruff 降解后转化为两个新的糖类化合物 C 和 D。在 HNO₃ 氧化下,A 和 B 转化为同一个具有光活性的糖二酸,C 转化为内消旋的酒石酸,D 转化为一个光活性的酸。请确定这四个化合物的名称,并画出其结构式。

习题 20-36 蔗糖分子中环的大小可用高碘酸氧化方法测定。蔗糖用高碘酸氧化时,需消耗三分子高碘酸,产生一分子甲酸和一个四醛化合物 A;将四醛化合物 A 用溴水氧化,得四元酸 B;B 再用酸水解,只得一种具有光活性的化合物即二分子 D-(−)-甘油酸,还有一分子的 3-羟基-2-氧代丙酸和一分子的 2-氧代乙酸。请尝试确定蔗糖的分子结构。

习题 20-37 葡萄糖在水溶液中旋光度的恒定平衡值为 +52.7°。你认为果糖在水溶液中旋光度的恒定平衡值为多少? 为什么?

习题 20-38 命名以下化合物:

(i)
$$HOH_2C\ \ OCH_3$$
$$OH$$
$$CH_2OH$$
$$OH$$

(ii)
$$HO\ \ CH_2OH$$
$$OCH_2CH_3$$
$$OH$$

(iii)
$$HO\ \ CH_2OH$$
$$O\ \ OH$$
$$OH\ \ OH$$

习题 20-39 一个相对分子质量为 150 的单糖,不具有任何的光活性,请判断此单糖的结构。

习题 20-40 请画出在碱性条件下由 D-葡萄糖转化为 D-阿洛糖的反应机理。

习题 20-41 请画出在酸性条件下 α-D-葡萄糖与 β-D-葡萄糖相互转化的反应机理。

习题 20-42 判断 D-木糖的三个手性中心的 R、S 构型。

习题 20-43 画出以下化合物在开链状态下的 Fischer 投影式。

(i) HOH$_2$C — OH — OH — OH — OH (ii) H$_3$C — OH — O — OH — OH (iii) HOH$_2$C — HO — O — CH$_2$OH — OH — OH (iv) CH$_2$OH — H — OH — O — OH — OHOH

习题 20-44 保护基在糖类化合物的反应中具有重要的作用。按照提示完成以下反应式：

(i) 三苯基氯甲烷常用于糖类化合物中一级醇的保护。

$$\text{HOH}_2\text{C, HO, HO, OH, OCH}_3 \xrightarrow[\text{Py}]{(C_6H_5)_3CCl} $$

(ii) 在甲基化的 α-D-吡喃葡萄糖中有四个羟基，通常可以用苯甲醛保护其中两个羟基，形成缩醛。此缩醛环系与四氢吡喃形成反十氢合萘的骨架，且苯环处在平伏键位置。完成以下反应式，并画出产物的绝对立体构型：

$$\text{HOH}_2\text{C, HO, HO, OH, OCH}_3 \xrightarrow[p\text{-TsOH}]{\text{PhCHO}} $$

习题 20-45 糖 A 被高碘酸氧化成化合物 B，B 的分子式为 $C_7H_{12}O_4$；化合物 B 经酸性水解得到化合物 C，C 的分子式为 $C_4H_8O_4$；化合物 C 被 Br_2 氧化为化合物 D，D 的分子式为 $C_4H_6O_4$。请分别画出化合物 B、C 以及 D 的绝对立体构型。

$$\text{HOH}_2\text{C} \quad \text{OH} \quad \text{CHO} \quad \text{OH}$$
A

习题 20-46 为以下反应提供合理的转换机理：

$$\xrightarrow[\text{HCl}]{\text{CH}_3\text{OH}} \quad + $$

习题 20-47 γ-内酯化的 D-古龙酸(D-gulonic acid)的结构式如下：

$$\text{HOH}_2\text{C} \quad \text{H} \quad \text{O} \quad \text{HO} \quad \text{HO} \quad \text{OH}$$

此化合物是通过戊醛糖经 ⁻CN 加成水解后形成的。请写出从一个戊醛糖转化为 γ-内酯化的 D-古龙酸的合成路线。

习题 20-48 缩醛在酸催化下的第一步转化为半缩醛的机理可能如下：

$$R^2\begin{matrix}\text{OCH}_3\\ \text{OR}^1\end{matrix} \xrightarrow{H^+, 快} R^2\begin{matrix}\overset{H}{\text{OCH}_3}\\ \overset{+}{\text{OR}^1}\end{matrix} \xrightleftharpoons{慢} R^2\overset{+}{\underset{\text{OR}^1}{}} \xrightleftharpoons{H_2O, 快} R^2\begin{matrix}\overset{H}{\overset{+}{\text{O}}\text{-H}}\\ \text{OR}^1\end{matrix}$$

为以下的反应现象提供合理的解释：

（i）在酸性条件下，α-D-呋喃果糖甲苷（**A**）的水解速率要比 α-D-呋喃葡萄糖甲苷（**B**）的快 10^5 倍。

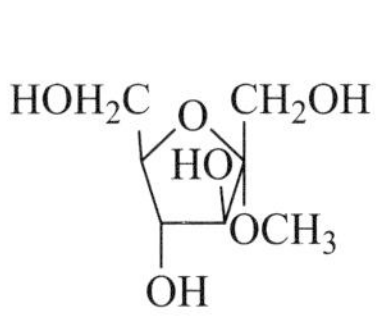

A 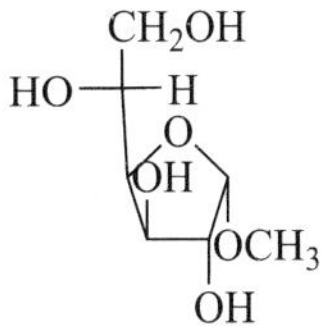   **B**

（ii）β-D-2-脱氧吡喃葡萄糖甲苷（**C**）的水解速率要比 β-D-吡喃葡萄糖甲苷（**D**）的快 10^3 倍。

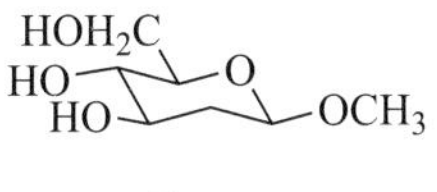

C 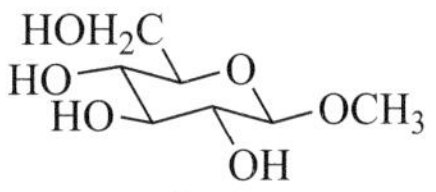   **D**

习题 20-49　一个 D-戊醛糖在硝酸的氧化下可以转化为一个光活性的醛糖二酸。此戊醛糖经 Wohl 递降法可以转化为一单糖，此单糖在硝酸的氧化下可以转化为一个非光活性的醛糖二酸。请给出此 D-戊醛糖的结构式。

习题 20-50　请画出在稀盐酸作用下由 β-D-葡萄糖和 α-D-半乳糖合成 β-乳糖的反应机理。

习题 20-51　吡喃糖通常采取椅式构象，当 CH_2OH 与 C1 位的羟基都处在直立键的位置时，两者可以形成缩醛。此类化合物也称为脱水糖。下列结构式为 D-艾杜糖的脱水式：

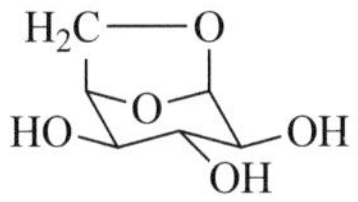

研究结果表明，在 100℃ 的水溶液中 80% 的 D-艾杜糖转化为此脱水糖；而在此条件下，只有 0.1% 的 D-葡萄糖是以脱水糖形式存在的。请解释其原因。

习题 20-52　在糖类化合物的合成中，烯戊基葡萄糖苷常被作为糖的给体参与反应。例如，它可以与溴转化为羰基溴：

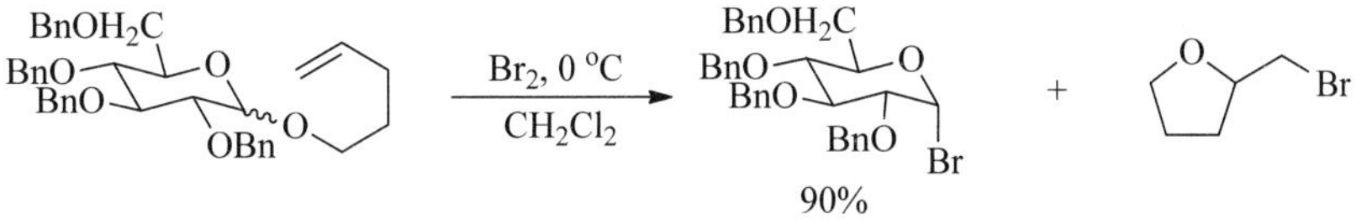

Br₂, 0 ℃
CH_2Cl_2

90%

请给出以上转换的反应机理，并解释为何只生成 α-异构体。

复习本章的指导提纲

基本概念和基本知识点

　　单糖、二糖、三糖、寡糖、多糖、醛糖、酮糖、呋喃糖、吡喃糖；糖的开链式结构和 Fischer 投影式；糖的环状结构和 Haworth 结构式；糖的开链式结构和环状结构的互相转换；糖的 D 型系列和 L 型系列，四碳、五碳和六碳 D 型系列醛糖的结构和名称，D-果糖的结构和名称；变旋现象，糖具有变旋现象的原因；立体化学中的基本概念在糖中的应用；糖酸、糖二酸、糖苷、配基、苷键、α-苷键和 β-苷键、糖的 α 构型和 β 构型；纤维二糖的分子式、结构和命名，麦芽糖的分子式、结构和命名，乳糖的分子式、结构和命名，蔗糖的分子式、结构和命名；纤维素的结构特点，直链淀粉和支链淀粉的结构特点，环糊精的结构特点。

基本反应和重要反应机理

Kiliani 氰化增碳法；Wohl 递降法；Ruff 递降法；糖的差向异构化；醛糖和酮糖的互相转换；糖的氧化及各种氧化反应的应用；糖的还原等。

结构鉴别和结构测定方法

糖脎的制备及糖脎在糖结构鉴别和结构测定方面的应用；用 Fehling 试剂、Tollens 试剂、Benedict 试剂鉴别还原糖；糖碳架的测定、立体结构的测定、环状结构的测定。

英汉对照词汇

N-acetylneuraminic acid　N-乙酰神经氨酸	emimer　差向异构体
Adriamycin　亚德里亚霉素	emulsin　苦杏仁酶
aldaric acid　糖二酸	enolization　烯醇化
alditol　糖醇	erythrose　赤藓糖
aldonic acid　糖酸	β-D-fructofuranose　β-D-呋喃果糖
aldose　醛糖	fructose　果糖
allose　阿洛糖	furanose　呋喃糖
altrose　阿卓糖	galactose　半乳糖
amino sugar　氨基糖	D-glucitol　D-葡萄糖醇
amylopectin　支链淀粉	D-gluconic acid　D-葡萄糖酸
amylose　直链淀粉	D-gluconic acid δ-lactone　D-葡萄糖酸-δ-内酯
anomers　端基异构体	D-gluconic acid γ-lactone　D-葡萄糖酸-γ-内酯
anomeric carbon　异头碳	glucose　葡萄糖
D-arabic acid　D-阿拉伯糖酸	glucofuranose　呋喃葡萄糖
arabinose　阿拉伯糖	glucopyranose　吡喃葡萄糖
ascorbic acid　抗坏血酸	glyceraldehyde　甘油醛
branched-chain carbohydrates　支链糖	glycoconjugates　糖缀合物
calcium D-arabate　D-阿拉伯糖酸钙	glycogen　糖原；肝糖
calcium D-gluconate　D-葡萄糖酸钙	glycolipids　糖脂质体
calcium D-ribonate　D-核糖酸钙	glycoproteins　糖蛋白
carbohydrate　碳水化合物	D-glucosephenylhydrazone　D-葡萄糖苯腙
cellobiose　纤维二糖	glycoside　糖苷
cellulose　纤维素	glucosidic bond　苷键
chitin　甲壳素	gulose　古罗糖
cyclodextrins　环状糊精	hemicelluses　半纤维素
dehydroascorbic acid　脱氢抗坏血酸	highest numbered chirality center　最远的手性中心
D-2-deoxyribose　D-2-脱氧核糖	
deoxy sugars　脱氧糖	hyaluronan　玻尿酸
disaccharides 双糖；二糖	idose　艾杜糖

imino sugars　亚氨基糖

ketoses　酮糖

lactase　乳糖酶

lactose　乳糖

lyxose　来苏糖

maltase　麦芽糖酶

maltose　麦芽糖

mannitol　D-甘露糖醇

mannose　甘露糖

methylate　甲基化

methyl-α-D-glucopyranoside　甲基-α-D-吡喃葡萄糖苷

methyl-β-D-glucopyranoside　甲基-β-D-吡喃葡萄糖苷

monosaccharide　单糖

mutamerism　变旋现象

nojirimicin　野尻霉素

nonreducing sugar　非还原糖

nucleic acid　核酸

oligosaccharides　寡糖

osazone　糖脎

polysaccharides　多糖

pyranose　吡喃糖

raffinose　棉子糖

reducing sugar　还原糖

ribodesose　脱氧核糖

ribose　核糖

D-ribotide-γ-lactone　D-核糖酸-γ-内酯

saccharic acid　糖酸

saccharides　糖类化合物

sialic acid　唾液酸

starch　淀粉

sucrose　蔗糖

sugar　糖

talose　塔罗糖

threose　苏阿糖

trisaccharides　三糖

vancomycin　万古霉素

xylose　木糖

第21章
氨基酸、多肽、蛋白质以及核酸

*   *   *   *   *

生物大分子脱氧核糖核酸(又称去氧核糖核酸)具有信息储存的功能,它可以组成遗传信息,从而指导生物发育过程和生命机能运作。DNA 是由许多脱氧核苷酸通过 $3',5'$-磷酸二酯键按一定碱基顺序相连构成的长链核酸分子。基于 M. Wilkins 和 R. Franklin 所得的双链 DNA 的 X 射线衍射数据,J. D. Watson 和 F. H. C. Crick 提出了 DNA 双螺旋(DNA double helix)结构模型,也称 Watson-Crick 模型。在该模型中,两条核酸链沿中心轴以相反方向平行缠绕,通过氢键配对的碱基对在内侧,带负电荷的糖-磷酸基团骨架在外侧。带有遗传信息的 DNA 片段称为基因。

人类基因组计划(human genome project,HGP)是由美国科学家于 1985 年率先提出,于 1990 年正式启动的。美国、英国、法国、德国、日本和中国科学家共同参与了人类基因组计划。这一计划旨在为 30 多亿个碱基对构成的人类基因组精确测序,发现所有人类基因并确定其在染色体上的位置,并破译人类全部遗传信息。2000 年 6 月 26 日,参加人类基因组工程项目的各国科学家共同宣布,人类基因组草图的绘制工作已经完成。

*   *   *   *   *

有机分子是构成生命的基础。在早期发展中,有机化学被定义为生命体的化学。生命的特征活动主要包含了生长、代谢、繁殖以及进化。这些生命活动都是由化学反应来实现的。但是,这不是一个反应,而是多个反应的集中体现,是非常复杂的体系。

蛋白质(protein)是生命的主要物质基础之一。生命体中的蛋白质均由 20 种氨基酸(amino acid)通过肽键连接而成。因此,要讨论蛋白质的结构和性质,首先必须了解蛋白质的基石——氨基酸的化学。

本章将从氨基酸开始,介绍这些与生命相关的有机分子的相关性质及反应。

21.1 氨基酸的结构与命名

组成蛋白质的氨基酸主要是 α-氨基酸。

　　顾名思义,氨基酸就是带有氨基的羧酸。因此,羧酸分子中烃基上的一个或几个氢原子被氨基取代后生成的化合物称为氨基酸。根据氨基和羧基的相对位置,氨基酸可以分为 α-氨基酸、β-氨基酸、γ-氨基酸等。自然界中最常见的为 α-氨基酸。

R 可以是烷基或芳基,也可以是羟基、氨基、巯基、羧基、胍基或其他芳香杂环。

α-氨基酸　　　　β-氨基酸　　　　γ-氨基酸

氨基酸可以分为中性氨基酸、酸性氨基酸和碱性氨基酸:

羧基与氨基的基团个数相同,为中性氨基酸;羧基多,为酸性氨基酸;氨基多,为碱性氨基酸。

丙氨酸　　　　　天冬氨酸　　　　　组氨酸
中性氨基酸　　　酸性氨基酸　　　　碱性氨基酸

成年人自身能够合成除了其中八种以外的所有氨基酸,但是其中两种的合成量不足以达到成年人的日常需求,因此这些氨基酸需要从日常饮食中获得。这些氨基酸称为必需氨基酸(essential amino acid)。它们是生命的必需物质。营养实验证明,没有这八种氨基酸,就会引发相应的营养缺乏症。

　　自然界中大约有 500 多种氨基酸,但是从最小的生物到我们人类,所有物种中的蛋白质主要由 20 种氨基酸组成,而这些氨基酸均为 α-氨基酸。α-氨基酸可用通式 $RCH(NH_2)COOH$ 表示。从通式不难看出,除氨基乙酸(R=H)外,α-氨基酸中的 α 碳原子都是手性碳原子。α-氨基酸中的手性碳原子可以用 R 和 S 构型法标记,但与糖一样,由于研究早期这些氨基酸均有了相应的俗名,我们就更习惯用 D或 L 构型法标记。以丙氨酸(R=CH₃)为例,将 α-氨基酸用 Fischer 投影式表示的方式如下:

楔形线结构　　　　　　　　　L-丙氨酸　　　　L-甘油醛

D 或 L 也是以甘油醛为标准确定的。

　　羧基写在竖线的上方,R 基写在竖线的下方,氨基和氢写在横线的两侧。若氨基的位置与 L-甘油醛中羟基的位置一致,就定义为 L-氨基酸;与 D-甘油醛中羟基的位置一致,就定义为 D-氨基酸。天然氨基酸多数是 L 构型的。L 构型的氨基酸 α 碳原子的手性为 S 构型。但是,正如在糖类化合物中所言,L 构型的氨基酸的比旋光并不一定为左旋。如 L-缬氨酸和 L-异亮氨酸的比旋光均为右旋的。

　　氨基酸可以按 IUPAC 命名原则来命名,但为了方便,氨基酸的名称一般都以需注意糖与氨基酸在 D 和 L 构型上的一些区别：对于 Fischer 投影式而言，氧化态最高的碳原子放在上方，α 位连接的碳原子放在下方，那么对 α-氨基酸而言，其 D 和 L 构型的确定只能从最上方开始；但是，对于糖类化合物而言，其末端羟甲基放在最下方，其 D 和 L 构型的确定从下方开始。

俗名表示。此外，每个氨基酸还都有一个缩写符号，作为这个氨基酸的代号（表 21-1）。

表 21-1　各种氨基酸的结构、名称、缩写符号以及它们的物理性质

天然的 L-氨基酸

$$H_2N-\overset{\displaystyle COOH}{\underset{\displaystyle R}{\overset{|}{\underset{|}{C}}}}-H$$

R—	名称	三字码	一字码	α-羧酸的 pK_a	α-氨基的 pK_a	等电点 pI
(a) 中性氨基酸						
H—	甘氨酸 glycine	Gly	G	2.34	9.60	5.97
—CH₃	丙氨酸 alanine	Ala	A	2.35	9.87	6.00
$(CH_3)_2CH$—	缬氨酸[a] valine	Val	V	2.29	9.72	5.96
$(CH_3)_2CHCH_2$—	亮氨酸[a] leucine	Leu	L	2.33	9.74	5.98
（结构图）	异亮氨酸[a] isoleucine	Ile	I	2.32	9.76	6.02
$PhCH_2$—	苯丙氨酸[a] phenylalanine	Phe	F	2.58	9.24	5.48
$HSCH_2$—	半胱氨酸 cysteine	Cys	C	1.86	8.35	5.07
（结构图 OH）	苏氨酸[a] threonine	Thr	T	2.09	9.10	5.60
$H_2NCO(CH_2)_2$—	谷酰胺 glutamine	Gln	Q	2.17	9.13	5.65
H_2NCOCH_2—	天冬酰胺 asparagine	Asn	N	2.02	8.80	5.41
$H_3CS(CH_2)_2$—	蛋氨酸[a] methionine	Met	M	2.17	9.27	5.74
$HOCH_2$—	丝氨酸 serine	Ser	S	2.19	9.44	5.68
（脯氨酸结构图 COOH）	脯氨酸 proline	Pro	P	1.95	10.64	6.30

续表

天然的 L-氨基酸 $H_2N \underset{R}{\overset{COOH}{\longleftarrow}} H$

R—	名称	三字码	一字码	α-羧酸的 pK_a	α-氨基的 pK_a	等电点 pI
HO—⬡—CH₂	酪氨酸 tyrosine	Tyr	Y	2.20	9.11 10.07[c]	5.66
(吲哚-CH₂)	色氨酸[a] tryptophan	Trp	W	2.43	9.44	5.89

（b）酸性氨基酸

R—	名称	三字码	一字码	α-羧酸的 pK_a	α-氨基的 pK_a	等电点 pI
HOOCCH₂—	天冬氨酸 aspartic acid	Asp	D	1.88 3.65[b]	9.60	2.77
HOOC(CH₂)₂—	谷氨酸 glutamic acid	Glu	E	2.13 4.32[b]	9.95	3.22

（c）碱性氨基酸

R—	名称	三字码	一字码	α-羧酸的 pK_a	α-氨基的 pK_a	等电点 pI
H₂N(CH₂)₄—	赖氨酸[a] lysine	Lys	K	2.18	8.95 10.53[c]	9.74
(胍基-丙基)	精氨酸 arginine	Arg	R	1.82	8.99 13.20[c]	10.76
(咪唑-CH₂)	组氨酸 histidine	His	H	1.81	6.05 9.15[c]	7.59

[a] 这八个氨基酸为必需氨基酸；[b] 非 α 位羧基取代基的 pK_a；[c] 非 α 位碱性取代基的 pK_a。

　　氨基酸极性较大，在水中有一定的溶解度，但不溶于有机溶剂。氨基酸的偶极矩数值都很大，由于两性离子间静电引力较强，所以氨基酸的熔点很高，多数氨基酸受热分解而不熔融。

人们可以从不同的食物内得到必需氨基酸，但并不能从某一种食物内获取全部必需氨基酸，因此食物多样化才能保证得到足够的营养。蛋白质在消化道内全部水解为氨基酸，然后再被吸收到组织之内。不同的组织利用不同的氨基酸合成其自身蛋白质。

　　习题 21-1 写出八种必需氨基酸的 Fischer 投影式、系统名称和三字码代号。
　　习题 21-2 画出 L-半胱氨酸、D-半胱氨酸、L-谷氨酸以及 D-谷氨酸的楔形线结构。

21.2 α-氨基酸的基本化学性质

21.2.1 两性离子性

氨基酸分子中既有碱性基团(氨基),又有酸性基团(羧基),它们同时具有胺和羧酸的性质,因此氨基酸具有两性(amphoteric)离子性。铵离子的 pK_a 约为 $10\sim11$,羧酸的 pK_a 约为 $2\sim5$,因此氨基酸分子也可以内盐(internal salt)的形式存在,即氨基酸以两性离子(zwitterion)的形式存在:

这种强的晶格能使得氨基酸在有机溶剂中的溶解度都相当小,且受热时易分解而不易熔融。

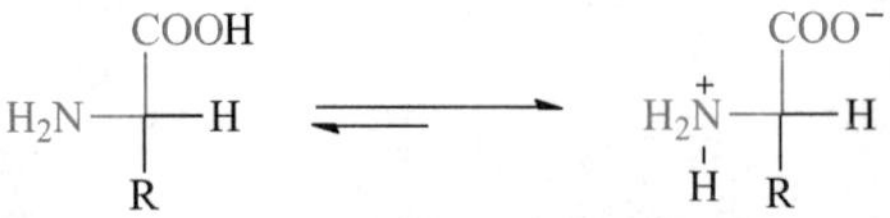

尤其是在固态下,强极性的两性离子结构使得氨基酸能够形成特别强的晶格。

21.2.2 酸碱性和等电点

1. 等电点

氨基酸是一个两性分子(amphoteric molecule),既能与酸发生反应,又能与碱发生反应。因此,氨基酸在水溶液中的组成主要取决于溶液的 pH。在中性溶液中,氨基酸的主要存在形式为两性离子;而在强酸性溶液(pH<1)中,羧酸根负离子结合氢离子形成电中性羧酸基团,氨基酸主要以铵正离子形式存在;在强碱性溶液(pH>13)中,铵正离子失去氢离子形成电中性氨基,氨基酸主要以羧酸根负离子形式存在。

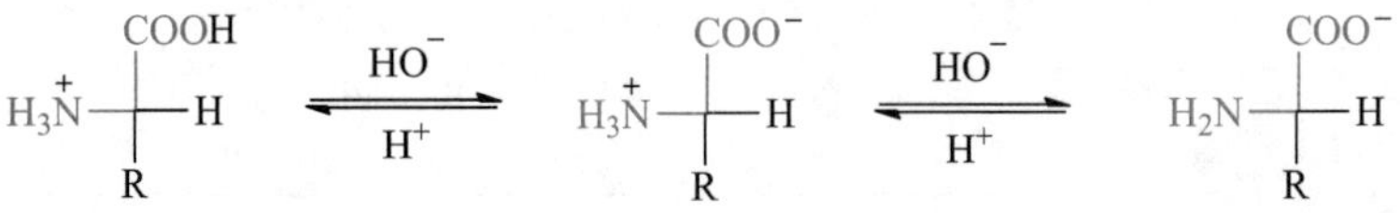

主要存在形式 pH<1　　主要存在形式 pH≈6　　主要存在形式 pH>13

等电点也可以称为等电pH,此时氨基酸的质子化倾向等于去质子化倾向。在该 pH 下,电荷中和的两性离子浓度达到最大。

多肽与蛋白质也均有等电点。

上述平衡说明:在足够浓的强碱性溶液中,氨基酸将以负离子的形式存在;而在足够浓的强酸性溶液中,氨基酸将以正离子的形式存在。如将氨基酸置于一个特定的电场中,若氨基酸以正离子形式存在,则向负极移动;若氨基酸以负离子形式存在,则向正极移动。可以通过调节溶液的酸碱性找到一个合适的 pH,在该pH下氨基酸主要以两性离子形式存在,整体呈电中性,则在电场中没有净电荷迁移。该 pH 即为该氨基酸的等电点(isoelectric point, pI)。

不同的氨基酸有不同的等电点,既可以通过测定等电点来鉴别氨基酸,也可以通过其羧酸和氨基的 pK_a 的表达式计算其 pI。对中性氨基酸而言,在溶液处于等电点时,氨基酸主要以电中性形式存在,质子化与去质子化倾向相同。以甘氨酸为氨基酸是两性的（amphoteric），它含有一个酸性基团（—COOH 或 H_3N^+—）和一个碱性基团（—NH_2 或—COO^-）。

例，即有

$$[\overset{+}{H_3}NCH_2COOH] = [H_2NCH_2COO^-]$$

很容易证明，此时溶液的 pH 就是甘氨酸的两个 pK_a 的平均值。因此，甘氨酸的等电点近似为其两个 pK_a 的平均值。

此处 RH 代表氨基酸分子。

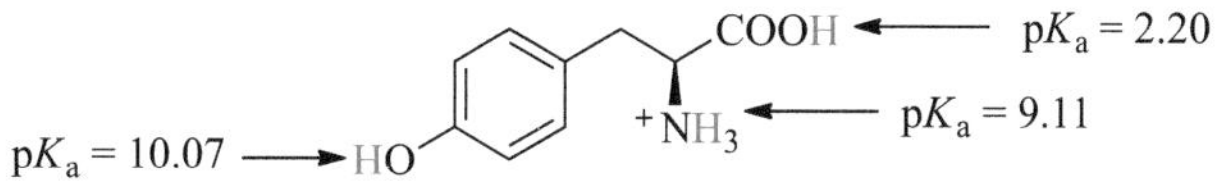

若氨基酸的侧链上还含有其他官能团，以酪氨酸为例，其结构中还含有弱酸性的酚羟基：

$$RH_2^+ \underset{H^+}{\overset{HO^-}{\rightleftharpoons}} RH \underset{H^+}{\overset{HO^-}{\rightleftharpoons}} R^-$$
$$\quad 2.20 \qquad\qquad 9.11$$

等电点的重要意义在于，此时溶液中以两性离子形式存在的氨基酸浓度最大，而它的溶解度最小，可以结晶析出。大于或小于等电点的 pH 环境中，由于氨基酸具有两性离子性质，溶解度增大，不易结晶。

由于酚羟基的 pK_a 大于 H_3N^+ 的 pK_a，因此其 pI 为 $(2.20+9.11)/2=5.66$。

碱性氨基酸的侧链上还含有其他的碱性官能团，以赖氨酸为例，其结构中还含有碱性的氨基：

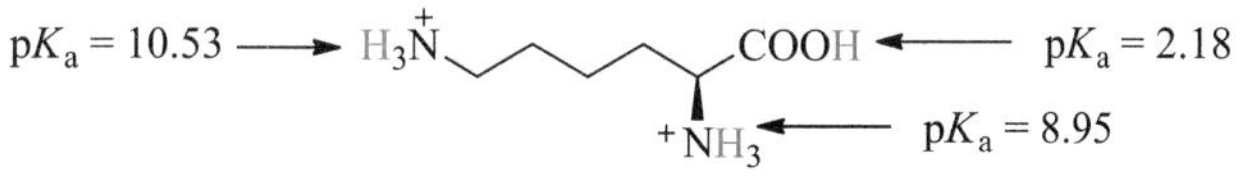

从此过程中可以明确，等电点的计算是使用与没有净电荷的电中性物种相关的两个 pK_a 的平均值计算 pI。

$$RH_3^{2+} \underset{H^+}{\overset{HO^-}{\rightleftharpoons}} RH_2^+ \underset{H^+}{\overset{HO^-}{\rightleftharpoons}} RH \underset{H^+}{\overset{HO^-}{\rightleftharpoons}} R^-$$
$$\quad 2.18 \qquad\qquad 8.95 \qquad\qquad 10.53$$
$$\text{计算pI}$$

中性氨基酸的等电点 pI＝5.1～6.8；酸性氨基酸的等电点 pI＝2.8～3.2；碱性氨基酸的等电点 pI＝7.6～10.8。

在酸性介质中，两个氨基均可以被质子化，生成双正离子。当溶液的 pH 变大时，羧基上的质子优先离去，然后 C2 位铵正离子再失去质子，最后最远端的铵正离子才失去质子。因此，赖氨酸的等电点 pI 为 $(8.95+10.53)/2=9.74$。

习题 21-3　利用表 21-1 提供的 pK_a，分别计算精氨酸、组氨酸以及谷氨酸的等电点 pI。

习题 21-4　比较中性氨基酸、酸性氨基酸和碱性氨基酸的等电点 pI 的区别。

2. 酸碱反应

中性氨基酸的盐酸盐分子中，由于羧基上的氢和铵盐上的氢都可以发生电离，是一种二元酸,有两个 pK_a。当用碱溶液滴定时,首先是—COOH 上的质子被碱夺走,然后是—$^+NH_3$ 上的质子被碱夺走。上述酸碱反应的电离平衡(ionization equilibrium)可用下式表示:

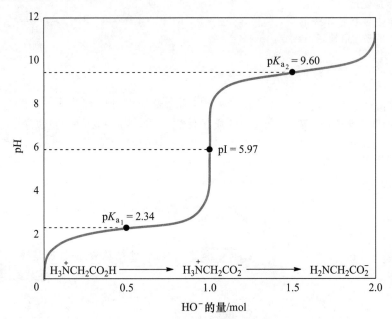

加 0.5 mol 碱后,溶液中

$$\left[\begin{array}{c} R \underset{+NH_3}{\overset{COO^-}{\diagdown}} \end{array}\right]$$

=

$$\left[\begin{array}{c} R \underset{+NH_3}{\overset{COOH}{\diagdown}} \end{array}\right]$$

加 1 mol 碱后,溶液中主要存在的为

$$R \underset{+NH_3}{\overset{COO^-}{\diagdown}}$$

加 1.5 mol 碱后,溶液中

$$\left[\begin{array}{c} R \underset{NH_2}{\overset{COO^-}{\diagdown}} \end{array}\right]$$

=

$$\left[\begin{array}{c} R \underset{+NH_3}{\overset{COO^-}{\diagdown}} \end{array}\right]$$

当向 1 mol 氨基酸的盐酸盐(或其他盐)溶液中加入 0.5 mol 碱时,有一半盐酸盐被中和,溶液的 pH 相当于 pK_{a_1},这相当于—COOH 的酸性解离常数(dissociation constant)。由于—$^+NH_3$ 的吸电子诱导效应,此时的 pK_{a_1} 比醋酸的小(醋酸 pK_a =4.76)。如果在此氨基酸溶液中继续加碱至 1 mol 时,盐酸盐被完全中和,氨基酸以两性离子形式存在,这时溶液的 pH 为该氨基酸的等电点 pI。如果在上述溶液中继续加碱至 1.5 mol 时,溶液的 pH 即为 pK_{a_2}。当加碱到 2 mol 时,氨基共轭酸全部被消耗完。参考图 21-1。

pH=2.34 非常接近于普通羧酸的 pK_a。
pH=9.60 非常接近于脂肪铵正离子的 pK_a。

图 21-1 甘氨酸盐酸盐滴定曲线

以甘氨酸为例,其盐酸盐的滴定曲线(titration curve)(图 21-1)表明,在这个滴定过程中,随着 pH 的升高,酸性最强的羧酸质子先被攫取;完全消耗尽羧酸的质子后,此时溶液的 pH 为 2.34;接着,随着 pH 继续升高,铵正离子上的质子被攫取;等完全消耗此质子后,即氨基酸的羧基负离子为主要存在形式,此时溶液的 pH 为 9.60。

含有两个羧基和一个氨基的氨基酸盐酸盐是三元酸,最邻近氨基的羧基酸性最大,其次为另一个羧基,最后是氨基共轭酸。例如天冬氨酸的 pK_{a_1}、pK_{a_2} 以及 pK_{a_3} 如下:

每一个氨基酸均有其特定的酸碱性质,蛋白质和多肽的许多性能表现均依赖于其所含氨基酸的性能,尤其是氨基酸上侧链的性能。

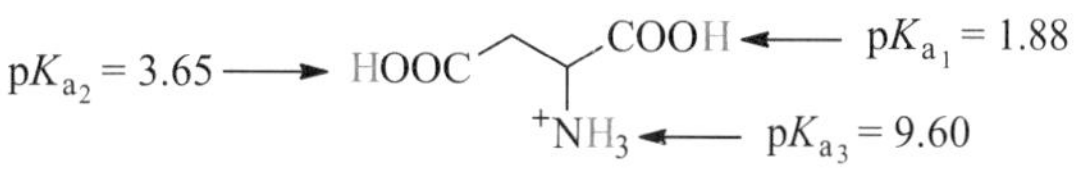

$$pK_{a_2} = 3.65 \longrightarrow HOOC \qquad COOH \longleftarrow pK_{a_1} = 1.88$$
$$^+NH_3 \longleftarrow pK_{a_3} = 9.60$$

因此,天冬氨酸两性离子的结构应为

$$HOOC \qquad COO^- \qquad ^+NH_3$$

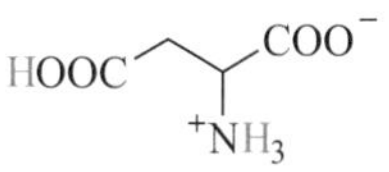

赖氨酸含两个氨基和一个羧基,与羧基较远的氨基碱性较强,因此赖氨酸两性离子的结构应为

$$H_3N^+ \qquad NH_2 \qquad COO^-$$

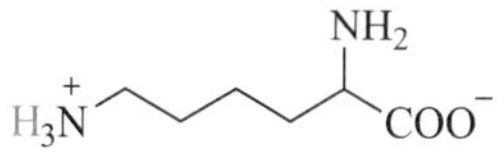

精氨酸胍基的亚胺氮质子化以后,因其能发生共振而稳定。由于胍基的碱性较强,因此精氨酸两性离子的结构应为

$$H_2N \qquad \overset{H}{N} \qquad NH_2 \qquad COO^-$$
$$^+NH_2$$

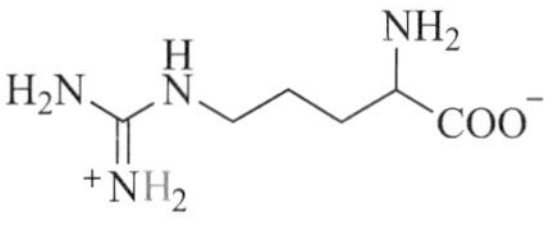

习题 21-5 当 pH 约为 10 时,水溶液中酪氨酸的主要存在形式的净电荷数为 −2,请画出此存在形式的结构式。

习题 21-6 精氨酸中胍基的碱性很强,主要在于其共轭酸能形成高度共振以稳定该正离子,请画出精氨酸的共振式。

21.3 α-氨基酸的化学反应和生化反应

21.3.1 α-氨基酸的基本化学反应

α-氨基酸含有两个官能团：氨基和羧基，因此，它基本具有这两个官能团的反应特性。α-氨基酸中氨基的酰化反应就是其中最重要的反应：

这也是后面将介绍的多肽合成的基础。

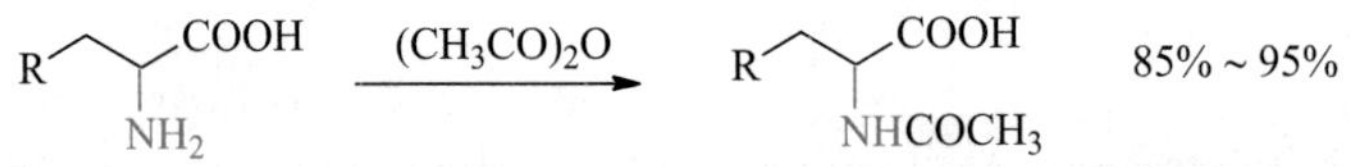

85% ～ 95%

α-氨基酸中羧基的酯化反应也是氨基酸的重要反应：

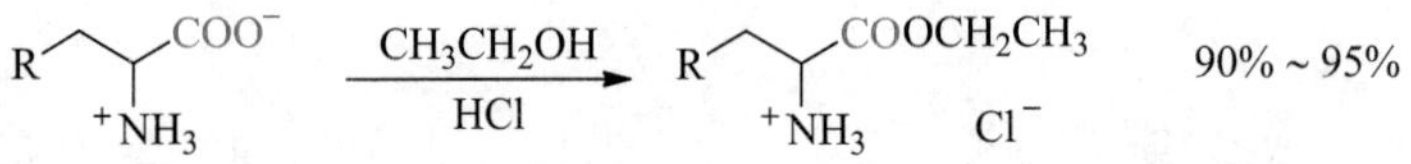

90% ～ 95%

当需要进行后续反应时，这两类反应也成为了 α-氨基酸的保护基反应。

21.3.2 与茚三酮的反应

水合茚三酮（ninhydrin）：

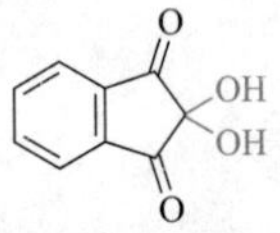

用薄层色谱法分离氨基酸，都毫无例外地以茚三酮为显色剂，反应若在溶液中进行，则得到的紫色溶液在 570 nm 有强吸收峰。
脯氨酸中的氨基为二级胺，它与水合茚三酮反应时呈现橙黄色。

氨基与醛（酮）羰基反应生成亚胺或亚胺正离子也是胺类化合物的一个重要反应。此反应是 α-氨基酸的一个重要鉴定反应的一部分。凡是具有游离氨基的氨基酸，其水溶液和水合茚三酮反应，都能生成一种紫色的化合物。该反应十分灵敏，是鉴定氨基酸最简便的方法。其反应的过程如下：

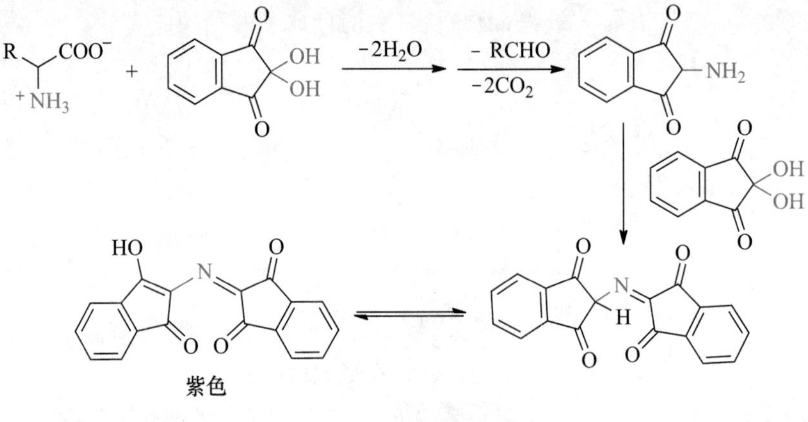

紫色

习题 21-7 画出 α-氨基酸与水合茚三酮形成紫色物质的反应机理，并思考除了 α-氨基酸外，其他氨基酸是否也可以进行类似的反应？

21.3.3 形成氨基酸金属盐

金属离子可以和某些氨基酸分子内的氨基配位,形成形状很好的结晶,因此可用于鉴别某些氨基酸。

许多 α-氨基酸,如组氨酸、色氨酸、半胱氨酸等,和金属盐以一定的比例(2∶1 或 1∶1)形成分子配合物(molecular complex)。利用这个性质,可以沉淀某些蛋白质,并进而对该蛋白质进行纯化和分析。例如,甘氨酸的铜盐结构如下:

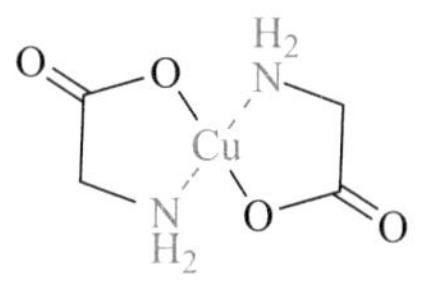

这些作用包括配位键结合、静电吸附、共价键结合,其中以配位键结合为主。

将金属离子固载化后,蛋白质表面氨基酸残基与金属离子的结合力较强时,氨基酸残基上负离子会与金属离子结合形成复合物,取代原先结合的水分子或负离子,这样就能使蛋白质分子结合在这些固体表面上。生化学家利用此作用原理进行蛋白质分离,从而发展了金属螯合亲和层析,又称固定化金属离子亲和层析(immobilized metal ion affinity chromatography,IMAC)。目前常用的是将带有六个组氨酸的蛋白质固定于镀镍的玻璃板上,发展了 His-Tag 纯化标签,结合金属螯合亲和层析,为重组蛋白质的分离纯化提供了一个有力的工具。

金属螯合亲和层析具有配体简单、吸附量大、分离条件温和、通用性强等优点,上样条件可选择范围广,在高盐、一定浓度的变性剂以及去垢剂的条件下,带 His-Tag 纯化标签的蛋白质都可以与亲和填料特异性结合,逐渐成为分离纯化蛋白质等生物工程产品最有效的技术之一。

21.3.4 α-氨基酸的生化反应

作为蛋白质和多肽的构造骨架,氨基酸参与了生命体系中的许多生化反应。因此,对于这些单元反应的理解可以使我们更准确地了解生命中的很多现象。

氨基酸的许多生化反应都需要辅酶 5′-磷酸吡哆醛(pyridoxal 5′-phosphate,PLP)的参与。在与氨基酸反应前,PLP 的甲酰基首先与相应酶蛋白(enzyme)中的赖氨酸的氨基进行缩合:

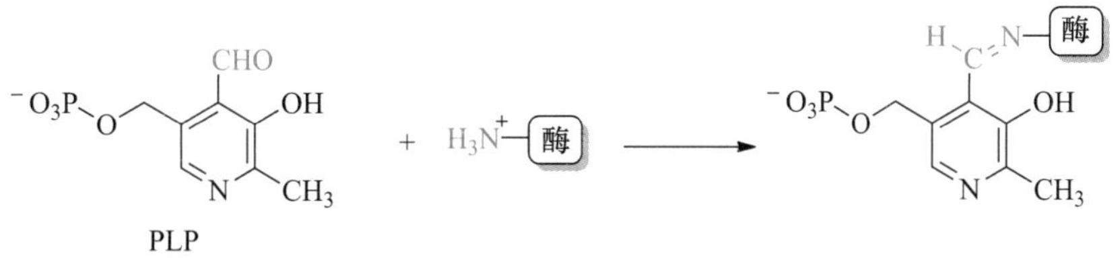

接着,这个被酶活化的 PLP 可以与氨基酸中的氨基反应:

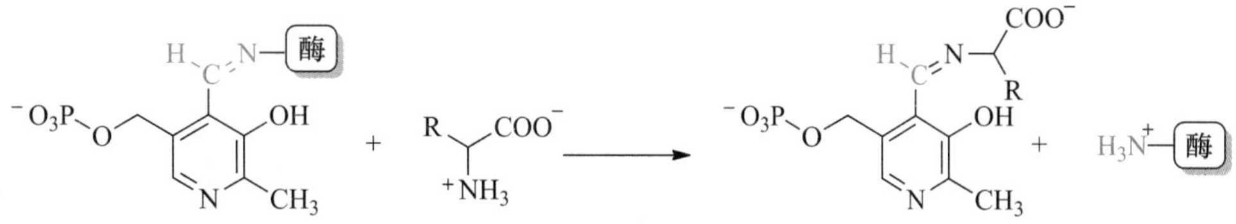

当 PLP 中吡啶环上的氮原子被质子化后,氨基酸中 α 位碳原子可以作为电子接受位点。因此,在此位点可进行脱羧反应(原因为负离子脱羧机理):

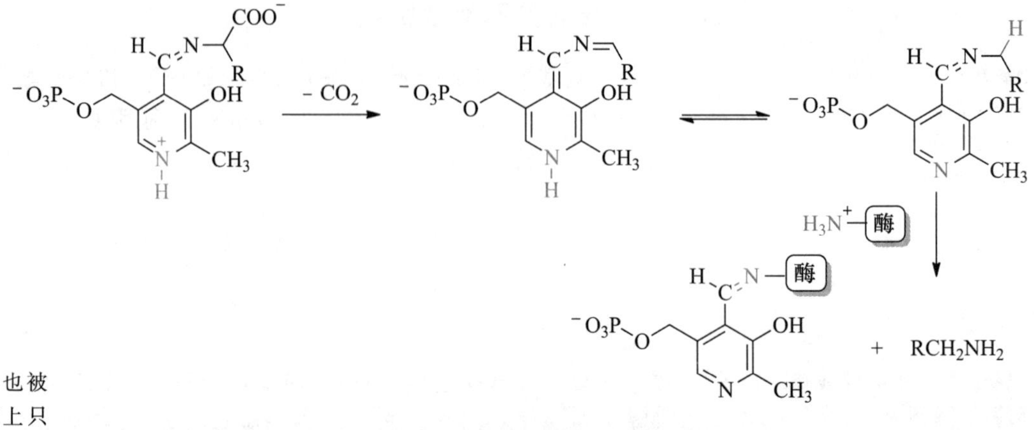

在有些书中,此碳原子也被称为吸电子基团,本质上只是表明形成的此 α 位碳负离子比较稳定。

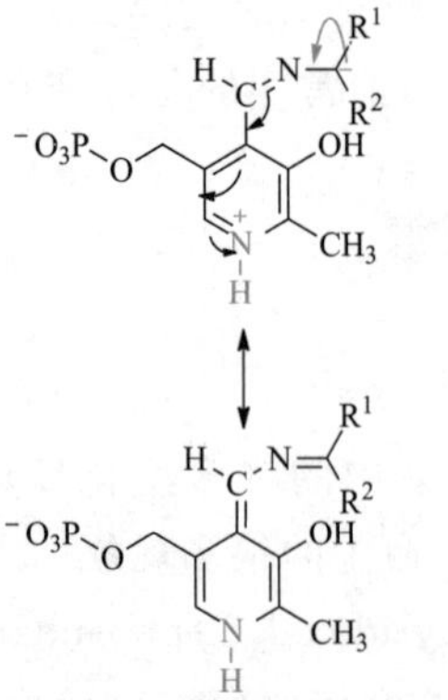

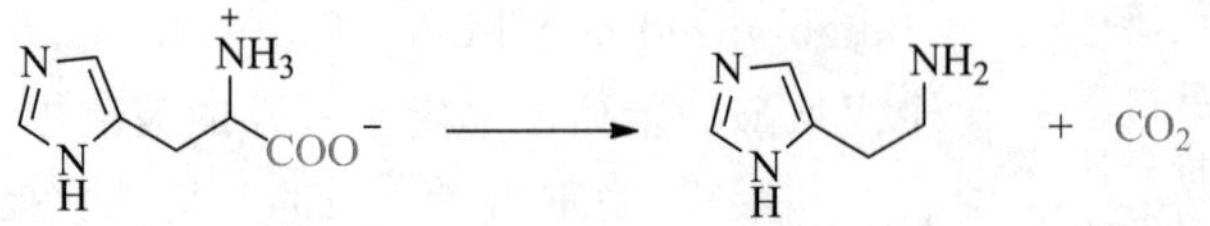

作为生物体内的一种化学传导物质,组胺可以影响许多细胞的活动,能够引起过敏、发炎反应,胃酸分泌过多等症状,也可以影响脑部神经传导,造成人体嗜睡等。

去甲肾上腺素(norepineph-rine,noradrenaline)是一种神经递质,主要由交感节后神经元和脑内神经末梢合成并分泌,也可以同时行使激素功能和神经递质功能。

肾上腺素(adrenaline,epi-nephrine)是肾上腺髓质分泌的主要激素。

许多氨基酸均可以在 PLP 辅酶作用下进行脱羧反应。组氨酸可以脱羧形成组胺(histamine)。组胺是一种活性胺化合物,能松弛血管平滑肌使血管扩张。

神经递质(neurotransmitters)是大脑中枢神经系统中非常重要的物质,在突触(synapse)信号传递中是担当"信使"的特定化学物质。神经递质去甲肾上腺素(肾上腺素的前体)就是通过 L-酪氨酸经修饰和脱羧转换而成的:

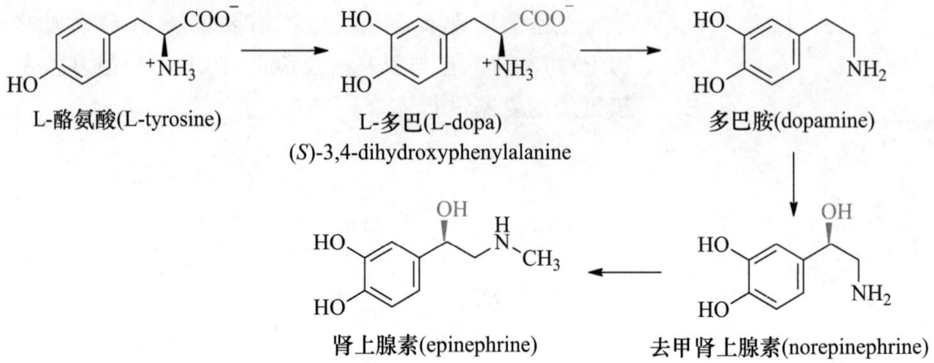

L-酪氨酸(L-tyrosine)　　L-多巴(L-dopa)　　多巴胺(dopamine)
(S)-3,4-dihydroxyphenylalanine

肾上腺素(epinephrine)　　去甲肾上腺素(norepinephrine)

PLP 还可以作为辅酶催化氨基酸的消旋化反应:

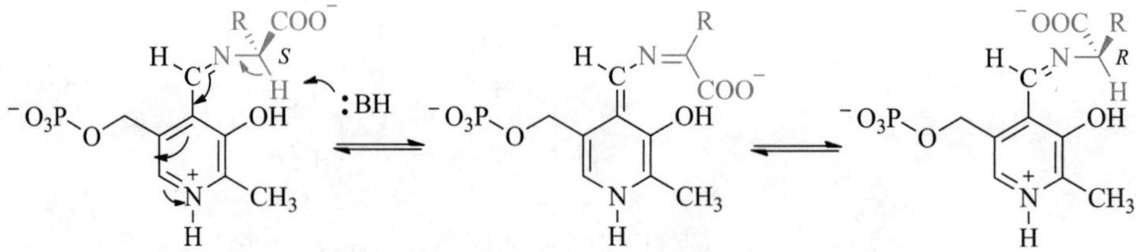

在质子向非手性的亚胺中间体转移的过程中,会产生一对含量相等的对映体。这

D-丙氨酸是细菌细胞壁的主要组成物,因此设计合成的能使丙氨酸消旋化的酶抑制剂将是潜在的抗细菌药物。

使得原料对映体纯的 L-氨基酸发生了消旋化反应。

PLP 还可以将一个物种上的氨基转移至另一种物种:

L-谷氨酸(L-glutamic acid)

其他类似的反应还有很多,但这些反应的本质都是氨基酸的氨基经蛋白活化生成具有反应活性的亚胺结构后,由该亚胺的性质决定的。

习题 21-8 画出 α-氨基酸在 PLP 辅酶作用下进行脱羧反应的分步的、合理的反应机理。

习题 21-9 有一个氨基酸经脱羧反应后,转化为 4-氨基丁酸,请画出此氨基酸的结构式。

21.4 氨基酸的制备

普通的氨基酸均有市售,根据来源的难易,价格差别很大。蛋白质中的氨基酸都是有光学活性的 L 型。

氨基酸在医药上也有很大的用途,现在手术中输液都加有各种氨基酸,以增加营养。

1963 年,K. Harada 首次利用手性助剂选择性合成了 L-氨基酸。1996 年,M. Lipton 等人首次完成了不对称合成。2012 年,使用 BINOL 衍生物作为手性催化剂,以高立体选择性合成了 α-氨基氰化物。

我国作为调味品大量使用的谷氨酸钠(味精),最早是用面筋(面粉中的蛋白质)经酸性水解后分离出来的,商品名叫一元钠盐。从 1950 年起,日本开始用糖发酵的方法制备谷氨酸。现在大部分氨基酸都已可用微生物发酵法制备,完全改变了旧时的生产方法,这是发酵工业一个很大的成就。除谷氨酸外,我国每年还用发酵方法生产数万吨赖氨酸(一种重要的饲料)。个别氨基酸如蛋氨酸则采用合成方法生产。

21.4.1 氨基酸的消旋合成法

最常用的合成方法介绍如下。

1. Strecker 法

A. Strecker 法是用醛与氢氰酸和氨(或与氰化铵)发生作用,得到 α-氨基氰化物,再经水解,生成(±)-氨基酸。例如

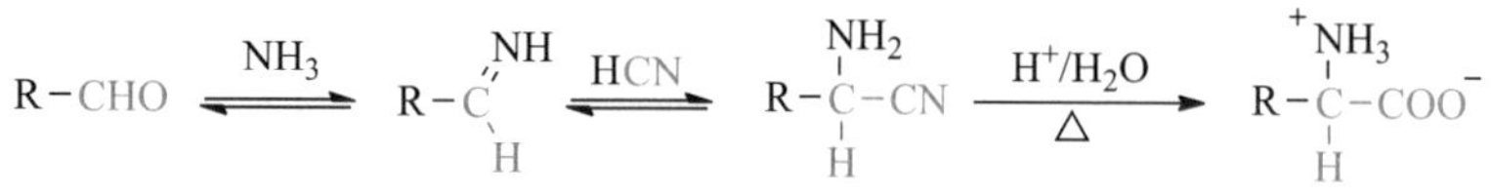

N. D. Zelinsky 后来改进了此法,用醛、氯化铵和氰化钾的混合水溶液反应,避免了直接使用氢氰酸或氰化铵。

2. Hell-Volhard-Zelinsky α-溴化法

利用氨作为亲核试剂对羧酸的 α 位进行亲核取代反应是合成氨基酸的最快捷

由于底物和氨气反应,反应往往需在封管内或高压釜内进行。

氨在这里不产生多元烷基化的产物,原因是氨基酸的氨基比胺的碱性弱,亲核的能力稍差,所以反应可控制在一元烷基化阶段。

有效的方法。因此,Hell-Volhard-Zelinsky α-溴化法首先对羧酸的 α 位进行溴化,然后再与氨进行亲核取代,生成氨基酸:

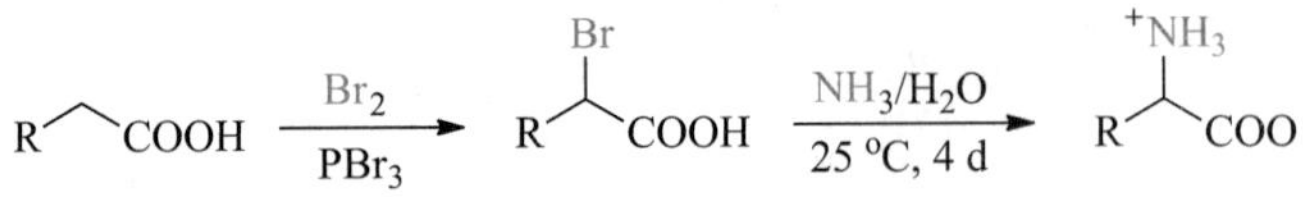

3. Gabriel 法

用卤代酸酯和邻苯二甲酰亚胺钾反应,然后水解,可以生成很纯的氨基酸。

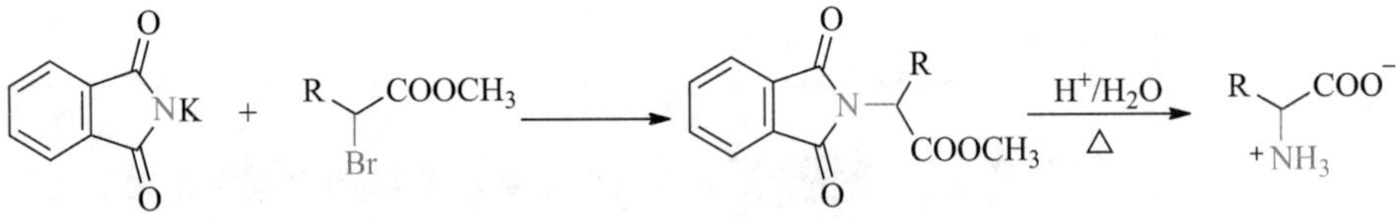

为了提高此亲核取代反应的产率,通常采用 α-溴代丙二酸二乙酯为原料,可以得到以下产物:

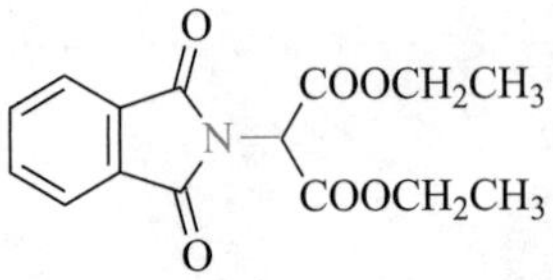

由于此化合物的 α 位氢原子具有很强的酸性,在碱的作用下可以形成 α-碳负离子,可以在该位点继续进行各种亲核取代反应从而制备带有各种取代基的氨基酸,如蛋氨酸、苯丙氨酸、丝氨酸、天冬氨酸等。

此时,RX 可以是卤代烷,可以为 α,β-不饱和酯,也可以是 1,3-二溴丙烷。

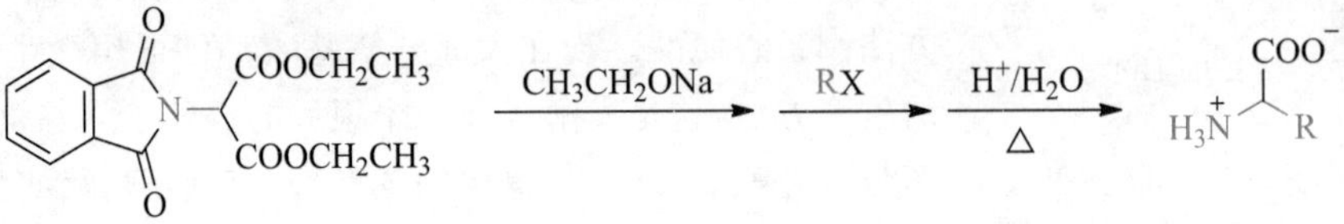

采用这些方法合成的氨基酸大都是消旋体,往往需要进一步拆分。

习题 21-10　以相应的醛为原料,利用 Strecker 合成法合成甘氨酸和甲硫氨酸。

习题 21-11　以相应的卤代酸酯为原料,利用 Gabriel 法合成天冬氨酸和谷氨酸。

习题 21-12　以 α-溴代丙二酸二酯、邻苯二甲酰亚胺钾以及相应的有机试剂为原料,合成蛋氨酸、谷氨酸以及脯氨酸。

21.4.2　对映体纯的氨基酸的合成

前面已经讨论了外消旋氨基酸的合成方法,但是天然的氨基酸均是 L 构型,因常用的手性胺有生物碱番木鳖碱(brucine)：

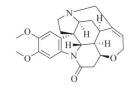

此,若希望合成天然氨基酸,或者对以上合成的外消旋氨基酸进行拆分;或者发展新的不对称合成法,进行对映体纯的氨基酸的合成。

拆分外消旋氨基酸的最佳方法是使其与光学纯手性胺反应,将其转化为一对非对映体的盐,就可以通过分步结晶的方法将二者分开,最后再酸化,得到光学纯的氨基酸。成盐通常包含对氨基酸的氨基进行保护(反应生成酰胺等),再与手性胺反应的过程。

另一种方法就是在羧酸的 α 位进行具有立体选择性的反应。

21.5 多肽的命名和结构

21.5.1 命名

一个氨基酸的羧基与另一分子氨基酸的氨基通过失水反应,形成一个酰胺键,新生成的化合物称为肽(peptide),肽分子中的酰胺键叫做肽键(peptide bond)。

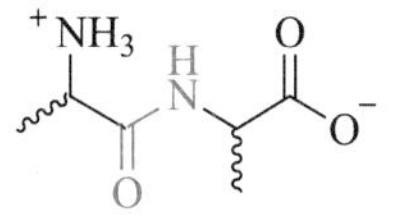

注意肽键与普通酰胺键的区别。

实际上,从肽、多肽到蛋白质就是一个氨基酸单元连接的增加、相对分子质量变大的过程。

在肽的结构书写中,常常把铵正离子放在左边,把羧基负离子放在右边。

肽也是以两性离子的形式存在的。

在书写肽序列结构时,常默认氨基酸为 L 构型,顺序从左到右书写。

二分子氨基酸失水形成的肽叫二肽(dipeptide),多个氨基酸失水形成的肽叫多肽(polypeptide)。由酰胺键构成的链称为主链(main chain),肽链上每一个取代基均称为侧链(side chains)。在多肽化合物的表示方法中,通常把保留氨基的一端称为 N-端,放在左边;保留羧基的一端称为 C-端,放在右边。命名多肽化合物时,以肽链为主链,通常将 C-端的氨基酸作为母体,将肽链中的其他氨基酸看做酰基取代基,放在母体前。酰基的排列顺序是从 N-端开始,依次往下,母体名称和各酰基名称之间用一短线分开。例如,下面这个为一个三肽:

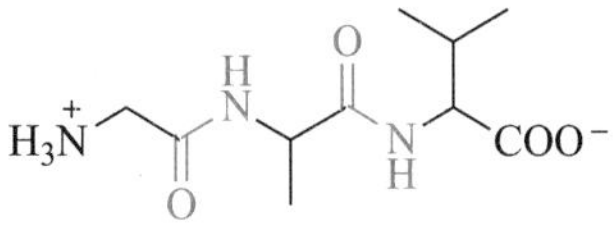

它的具体名称为甘氨酰-丙氨酰-缬氨酸,或简称甘-丙-缬;因随着肽链的延长,命名方式会变得比较繁琐,于是就采用了三字码来代替氨基酸的名称,因此可表示为 Gly-Ala-Val;或用一字码表示为 G-A-V。如果末端为甲酯,那就表示为 Gly-Ala-Vla-OCH$_3$。肽链中的每个氨基酸单元又被称为氨基酸残基(residue)。

21.5.2 结构

由于多肽酰胺键中 C—N 键氮原子孤对电子的离域,使得羰基碳、氮及与它们直接相连的原子共处于一个平面(酰胺平面)中。从键长数据可以看出:酰胺键中的碳氮键键长为 132 pm,比一般有机胺的碳氮单键 149 pm 短,而比碳氮双键

127 pm 长。共轭一方面降低了氮原子的碱性,另一方面也阻碍了酰胺 C—N 键的自由旋转,但酰胺平面两侧的 C—N 键和 C—C 键均为可以自由旋转的 σ 单键,因此可以有多种构象异构体。上述结构特征使肽链具有一定的几何形状。以上述三肽为例,其可能的三维结构为

肽键为平面型构型,且相邻两个氨基酸中的两个 α 碳原子必处在反式共平面上。这对蛋白质三维空间的结构有重要影响。

多肽及蛋白质中的肽键,可以通过二缩脲反应鉴别。

脯氨酸中的氨基为二级胺,它与羧基形成的酰胺不能再形成氢键。

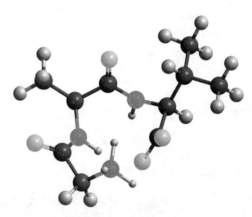

肽键除了平面构型外,其酰胺键还会以形成氢键的方式影响肽的分子结构。在多肽中,酰胺上的 N—H 可以与自身链中其他 C═O 形成氢键,也可以与另一条肽链上的 C═O 形成氢键。

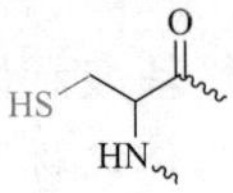

多肽链的另一个结构特点与肽链中是否存在半胱氨酸有关。半胱氨酸中有一个巯基,两个半胱氨酸温和氧化,可通过二硫键形成胱氨酸;胱氨酸可以还原回两个半胱氨酸:

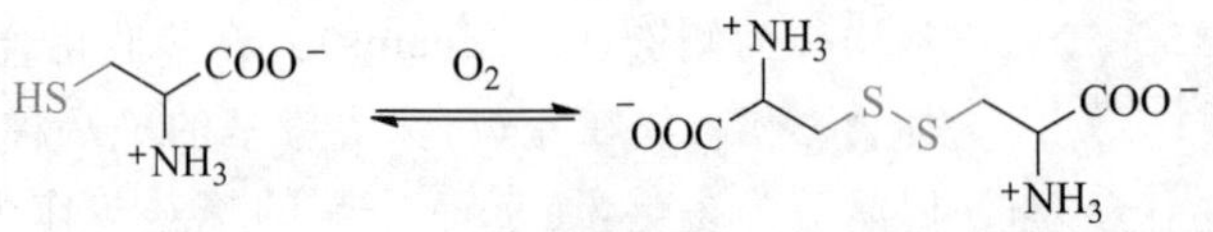

因此,一个多肽链中有能够靠近的两个半胱氨酸残基时,就可结合成二硫键,并可以成环,形成一个胱氨酸残基。
半胱氨酸残基:

如果两个肽链中均有一个半胱氨酸残基,那么这两条肽链可能可以通过二硫键结合起来。催产素(oxytocin)是一种哺乳动物激素,由大脑下视丘"室旁核"与"视上核"神经元分泌。人类与大多数哺乳动物的催产素化学结构如下:

对女性而言,催产素能在分娩时引发子宫收缩,刺激乳汁排出(而不是分泌)。此外,它还能降低人体内肾上腺酮等压力激素的水平,以降低血压。它并非女人的专利,男女均可分泌。

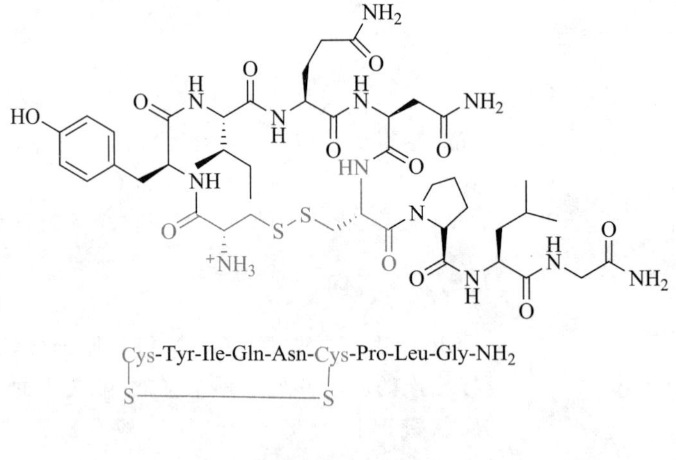

Cys-Tyr-Ile-Gln-Asn-Cys-Pro-Leu-Gly-NH₂

在催产素中,半胱氨酸残基中的巯基被氧化形成了 S—S 键,使得催产素成为一个环肽。

胰岛素(insulin)中有两条肽链,由 21 个氨基酸组成的 A 链上有四个半胱氨酸残基,由 30 个氨基酸组成的 B 链有两个半胱氨酸残基。A 链和 B 链各用两个半胱氨酸残基的—SH 氧化后形成两个二硫键,构成一个大环,此外 A 链上尚有两个半胱氨酸残基的—SH 氧化成一个小环,这些半胱氨酸残基均被氧化成了胱氨酸残基。牛胰岛素结构如下:

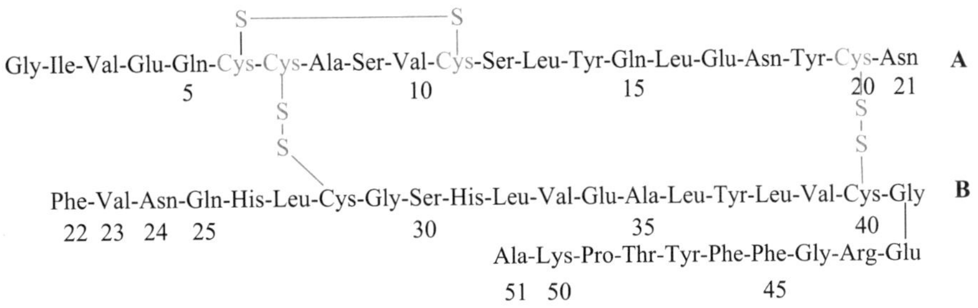

不同种属的胰岛素的结构是类似的,只有个别氨基酸不同,例如人的胰岛素 B 链的 C-端是苏氨酸,而牛的是丙氨酸。

习题 21·13 写出以下二肽化合物的结构式:
(i) Gly-Ala (ii) Lys-Gly (iii) Phe-Ala (iv) Gly-Glu

习题 21·14 亮氨酸脑啡肽是一个五肽,其氨基酸序列为 Tyr-Gly-Gly-Phe-Leu。请写出亮氨酸脑啡肽的结构式、中文名称以及一字码缩写。

21.6 多肽结构的测定

天然的多肽和蛋白质大多是由 20 种天然氨基酸形成的多聚酰胺,因此要测定多肽和蛋白质的结构,首先就要测定分子中的氨基酸序列(amino acid sequenator)。前面已提到两个不同的氨基酸,就有两种顺序。即便是不很复杂的蛋白质,如胰岛素,就有 51 个 17 种不同的氨基酸,可能排列的次序几乎是无穷无尽的。此外,在正常蛋白质中调换一个氨基酸残基,就有可能完全改变它的生理活性。例如,血红蛋白中的一个氨基酸残基被改变后,就会直接导致一种严重的疾病——镰刀细胞贫血症。

仅从这 20 种氨基酸考虑,二肽就有 20^2 个,三肽有 20^3 个,四肽有 20^4 个,以此类推,肽链越长,可变化的就越多。在 20 世纪 50 年代前,测定这个顺序几乎是不可能的一件事情。

20 世纪 50 年代,随着生物化学的进步以及分离分析方法的巨大发展,可以将氨基酸的种类及含量分析得相当准确,如微量蛋白质水解后的纸色谱法。1944 年,英国剑桥大学 F. Sanger 教授开始尝试测定胰岛素这个最小蛋白质的氨基酸序列,10 年后他和他的合作者终于完成了此项伟大的研究工作,把这个极为困难

F. Sanger 教授获得了 1958 年诺贝尔化学奖。

如果多肽或蛋白质中存在二硫键，则用过酸氧化，将其氧化为—SO_3H，半胱氨酸单元以磺酸基丙氨酸单元存在：

HO$_3$S

HN

如果多肽或蛋白质中没有二硫键，则不需要用过酸处理。

实验中还常用还原试剂DTT 将二硫键还原为巯基。

的问题解决了。这是有机化学及生物化学领域一件划时代的大事，为生命科学研究开辟了一条重要道路。F. Sanger 教授使用的策略主要有：

（1）确定目标肽由哪些氨基酸组成以及它们的摩尔比。

（2）将肽链切断成更小的片段，分离提纯后，确定这些链段由哪些氨基酸组成。

（3）确定每一片段以及目标肽的 N-端和 C-端。

（4）将以上结果加以总结，确定每一片段的氨基酸序列。将其组装，最终确定目标肽的氨基酸序列。

21.6.1　多肽的纯化

多肽的纯化一直是很大的科学难题。目前，在实验室发展了多种技术，可以分离提纯多肽化合物。常用方法有渗析（dialysis）、凝胶过滤色谱（gel-filtration）、离子交换色谱（ion-exchanging chromatography）、电泳（electrophoresis），以及亲和色谱（affinity chromatography）。

渗析：利用半透膜选择性通透的性质和渗透压将多肽与小分子片段分开。

凝胶过滤色谱：以珠状碳水化合物多聚体为载体，利用小分子能快速扩散到这些珠子中，由于大分子保留时间相对短，就可以使大分子快速流出。

离子交换色谱：采用带电荷的载体，利用分子带电荷的多少进行分离。

电泳：利用电场将带不同电荷量的、不同大小的化合物进行分离。

亲和色谱：利用多肽与某些分子有不同的分子间非共价作用力的性质，按照不同多肽与载体分子间结合倾向的不同而分离。

21.6.2　氨基酸分析

多肽的氨基酸分析中，首先应进行多肽的酸性水解。将多肽或蛋白用 6 mol·L^{-1}的盐酸在 120℃下加热 20 h，使其彻底水解。色氨酸对酸不稳定，在水解过程中即被部分地分解，其他的氨基酸混合物经提纯后，可进行纸色谱分析，然后用茚三酮显色，各氨基酸在一定的条件下具有一定不同的 R_f 值，因此可以很迅速地鉴别各种氨基酸。用比色法，还可测定各氨基酸的相对含量。

氨基酸自动分析仪是由 Rochefeller 大学的 S. Moore 和 W. H. Stein 发展的，他们共享了 1972 年的诺贝尔化学奖。

近年来由于蛋白质化学的发展，被分离出的纯结晶性蛋白质数目日益增多，因此需要更简便迅速的方法对它们进行分析。现在这个工作都是在氨基酸自动分析仪（amino acid automatic analyzer）内进行的。这个仪器有两根离子交换树脂柱，一根可分离碱性氨基酸及氨等碱性物质（如赖氨酸，由谷氨酰胺和天冬酰胺水解而来的氨和由色氨酸部分分解而来的氨），另一根用来分离其他的氨基酸。将氨基酸的水解液分别放在这两根柱上，然后用适当 pH 溶液进行洗脱，洗脱液即自动地和茚三酮溶液混合，将产生的紫色物质通过光电比色计，光电比色计对不同时间内洗脱液的信号自动作出曲线，然后和一个已知氨基酸混合物的曲线比较，就可确定原来的未知物含有哪些氨基酸。曲线中的每一个峰代表一个氨基酸，峰下的面积代表相对的含量。现在氨基酸的分析均使用微克（μg）数量级的样品，这是技术上一个很大的进步。各种色谱分析法在研究微量样品中所起的作用是难以估计的,没有这些方法的发现,生物化学发展到今日的阶段是不可想象的。

21.6.3　测定肽或蛋白质中各氨基酸的排列顺序

在分析明确氨基酸的组成后,下一步就是要测定肽链或蛋白质中氨基酸的顺序,通常配合使用下列几种方法:

1. N-端氨基酸单元的分析

（1）Sanger 方法:此法是 F. Sanger 首先提出的,他利用了氨基很容易和 2,4-二硝基氟苯发生芳香亲核取代反应的特性。此方法用一个肽和 2,4-二硝基氟苯反应,肽链的 N-端游离氨基和它反应后,把这个 N-端带有 2,4-二硝基苯基的肽链彻底水解,在水解物中,只有一个氨基酸的 α-氨基与 2,4-二硝基苯相连接,此氨基酸必为 N-端氨基酸。

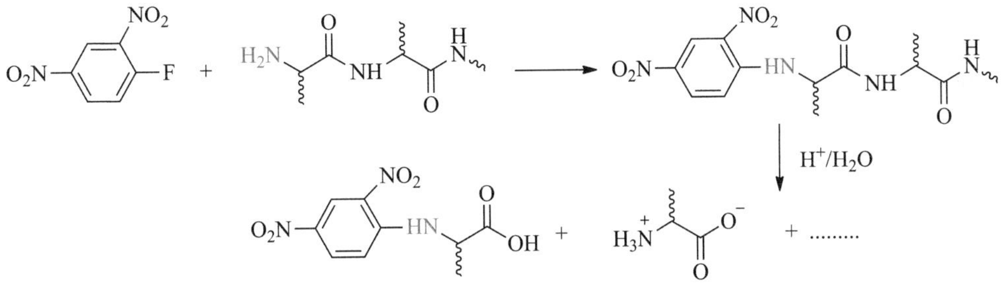

被 2,4-二硝基苯标记的氨基酸都是黄色的,并且有一个特定的 R_f 值,所以通过这个方法,很容易辨认出肽中的 N-端是哪一个氨基酸。
Sanger 方法的缺点是,在水解、分离确定 N-端氨基酸的同时,其他的肽键也被破坏了。

（2）Edman 方法:用异硫氰酸苯酯和肽链 N-端的氨基反应,生成苯氨基硫代甲酸衍生物。该化合物在无水氯化氢作用下,发生一种关环反应,形成苯基乙内酰硫脲的衍生物,并从肽链上断裂下来,而肽链中的其他酰胺键不受影响,这种标记 N-端氨基的方法叫做 P. V. Edman 方法:

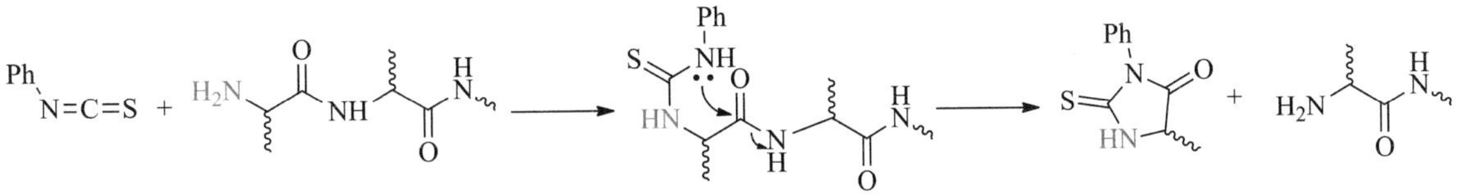

Edman 方法已经实现自动化。假若肽链不是太长,一般这个方法是可靠的。
实际上此法最多只能鉴定 3～4 个氨基酸,对于长链用处不大,但可用于二肽、三肽等 C-端氨基酸顺序鉴定。

一个肽链经上述反应后,其结果是失去一个 N-端的氨基酸,这个氨基酸可以作为取代苯基乙内酰硫脲进行鉴定。失去一个氨基酸的肽链还可以回收,重复上面的反应,进行第二个 N-端的标记。

2. C-端氨基酸单元的分析

C-端的氨基酸单元可以通过羧肽酶（carboxypeptidase）催化水解的方法确定。羧肽酶可以选择性切断游离羧基相邻的肽键,即溶液中切断下来的氨基酸是 C-端氨基酸。已切断了 C-端氨基酸的肽链,可再与羧肽酶作用,如此不断进行,可以使整个多肽或蛋白质水解为氨基酸。根据氨基酸出现的时间,可以推断 C-端氨基酸的排列顺序。

3. 氨基酸的部分水解

用酶催化使部分肽键水解是测定肽链氨基酸顺序的一个关键，将一个长的肽链分解为许多小肽段，然后将这些小肽段分离，再进行氨基酸分析（如 N-端基标记），这样多次地重复下去，最终得到整个肽链氨基酸的顺序。许多消化道内分泌出来的酶可以使肽键水解。有些酶的专一性并不很强，但是有些酶则具有高度专一性，不同的酶能分解不同氨基酸的肽键。

F. Sanger 用糜蛋白酶（chymotrypsin）分解胰岛素的肽键。这个酶的专一性虽然不强，但是它有一特点，能使带芳香取代基的氨基酸在羧羰基处水解。例如，A 链用这个酶水解，分裂成三个小肽段，两个切口的第一个在第 14～15 氨基酸处，另一个在第 19～20 氨基酸处。显然这个酶使酪氨酸在它的羧羰基处水解，而不能在其氨基处水解。用这种方法，使用不同的酶，结合端基标记和氨基酸分析，就可一步一步地把一个肽链中的氨基酸顺序"拼搭"出来。

F. Sanger 领导的一个小组就是用以上方法测定了胰岛素分子中全部氨基酸的顺序。

习题 21-15　根据下列各个肽水解所得的组分，推测肽的氨基酸残基的排列顺序。

（i）含半胱氨酸、组氨酸、亮氨酸、赖氨酸、色氨酸组分，分解后得下列片段：组-赖-半胱-亮，半胱-亮-色。

（ii）含精氨酸、脯氨酸、甘氨酸、丝氨酸和苯丙氨酸组分，分解后得下列片段：精-脯-脯，甘-苯丙-丝，脯-苯丙-精，脯-甘-苯丙，丝-脯-苯丙。

21.7　多 肽 合 成

许多蛋白质和多肽具有十分重要的生理作用，是生命不可缺少的物质。体内的酶（enzyme）大都是蛋白质化合物，例如胰岛素（51 肽）、核糖核酸酶（ribonuclease，124 肽）、胰凝固蛋白酶（246 肽）。体内也有许多小肽段是由三四个到十几个氨基酸组成的，同样具有重要的生理作用。脑下垂体分泌的催产素（八肽）是最早提纯的多肽之一，在临产时，它使子宫收缩，也刺激乳腺排出乳汁。

蛋白质和多肽的界限：现在规定相对分子质量大于 1 万的叫做蛋白质，1 万以下的叫做多肽。生命体内的很多多肽可以由蛋白质部分水解得到，蛋白质部分水解时，往往有几个酰胺键断裂，形成若干多肽的复杂混合物。但也有许多多肽并非蛋白质的水解产物，而是本来就存在于动植物体中的天然产物，如兔体中存在的 δ-促睡眠肽（δ sleep-inducing peptide）是一个九肽。

谷-半胱-甘三肽中三种氨基酸可以有六种排列方式。采用不同的酶，将谷-半胱-甘三肽部分水解，一种酶水解得到谷-半胱二肽和甘氨酸，另一种酶水解得谷氨酸和半胱-甘二肽，因此三肽的序列是：谷-半胱＋甘以及谷＋半胱-甘。

从其他种属如牛、猪、鸡等取得的催产素结构都是相同的，因此它同样可以刺激鸡生蛋或牛排出乳汁。
在脑丘内及消化道内取得的一系列小肽段，都具有特殊的生理效能。
睡眠因子，是一个九肽，它可以促进睡眠。

多肽也可以通过人工合成的方法获得。从肽的定义出发,多肽的人工合成看上去非常简单,就是把各种氨基酸按一定的顺序通过酰胺键连接起来。但是,氨基酸中既有氨基,又有羧基,因此两种不同的氨基酸接肽时可能产生四种以上产物,甚至直接转化为蛋白质。同理,多种氨基酸接肽时情况更加复杂。若氨基酸上有侧链,侧链上的官能团也会干扰反应。因此,在合成多肽时,要按照结构的需要,将不参与形成酰胺键的氨基和羧基先保护起来,使它们不能参与反应。如果需要,有的侧链也需要保护。下面先介绍氨基、羧基和侧链的保护,再介绍多肽合成的方法。

21.7.1　氨基的保护

常用于保护氨基的三个最重要的化合物是氯代甲酸苯甲酯(benzoxycarbonyl-chloride)、焦碳酸二叔丁酯(di-*tert*-butyl dicarbonate)以及氯代甲酸-9-芴基甲酯(9-fluorenylmethoxycarbonyl chloride):

氯代甲酸苯甲酯也可称为苄氧甲酰氯,将氨基酸与此酰氯反应,即可以实现对氨基的保护:

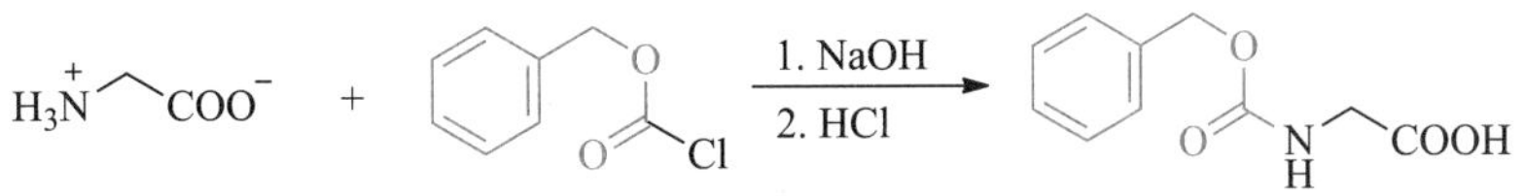

苄氧羰基甘氨酸(Z-Gly)

在上述反应中苄氧甲酰氯与氨基连接后的保护基 $C_6H_5CH_2OCO$ 的英文名称是benzoxycarbonyl,可缩写为 Z,因此未脱保护时的化合物可简写为 Z-NHCH$_2$COOH,上式还可以更简便地写为 Z-甘或 Z-Gly。此保护基可以在催化氢解条件下脱去苄基,形成氨基甲酸活泼中间体,接着分解成二氧化碳和氨基。因此,在肽键形成后,很容易用催化氢解法将其除去。此外,此保护基也可以用 HBr 的乙酸溶液脱除。

焦碳酸二叔丁酯也可以与氨基酸中氨基反应形成酰胺:

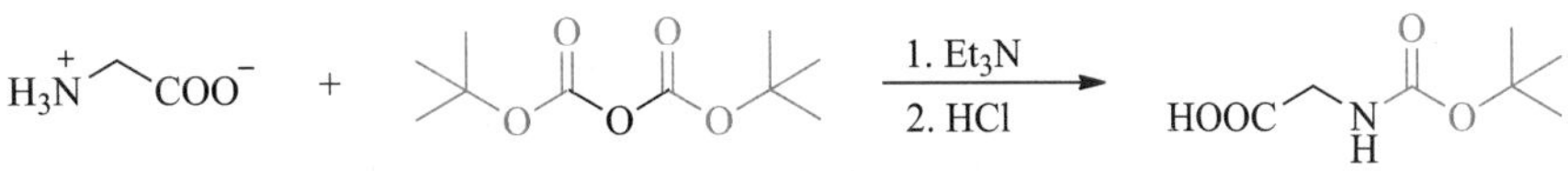

此保护基 $(H_3C)_3COCO$— 的英文名称为 *t*-butoxycarbonyl,可缩写为 Boc。三级丁基对催化氢化及稀碱都不起作用,但在温和的酸性条件下(HCl 或 CF_3COOH)很容易水解,形成氨基甲酸活泼中间体,接着分解成二氧化碳和氨基。

胰岛素的最小结构单元的相对分子质量约为6000,应被认为是一个多肽,但在溶液中受金属离子如 Zn^{2+} 的作用,迅速结合成相对分子质量约为 12 000 的质点。因此,胰岛素被认为是最小的蛋白质。

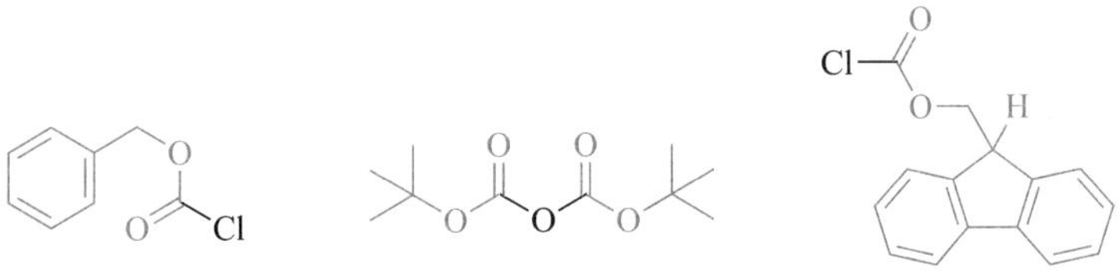

选用的保护基必须符合:(1) 易在预定的部位引入;(2) 在某特定的条件下,保护基很容易除去,同时不会影响分子的其他部分,特别是已接好的肽键。

若采用强酸性、强碱性条件脱保护基,虽然保护基能除去,但形成的肽键也将被水解破坏,故不可取。用温和的酸性水解方法,如用乙醚、乙酸乙酯、硝基甲烷为溶剂,冷 CF_3COOH 为酸性试剂,则也可以在保存肽键的情况下脱去保护基。

另一个保护基为 9-芴甲氧基甲酰基,英文名称为 9-fluorenylmethoxycarbonyl,可缩写为 Fmoc:

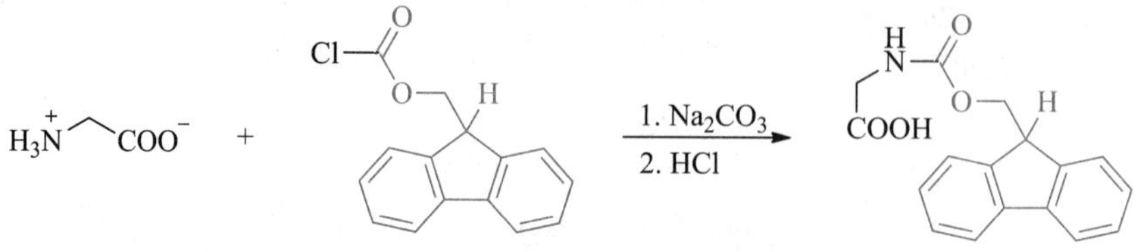

与以上两个保护基不同的是,此保护基可以在碱性条件下进行脱除:

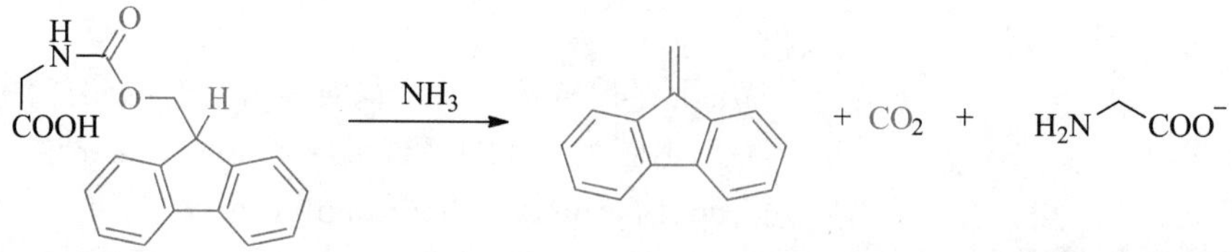

因此在同一个化合物中,若有两个或多个氨基,可分别用 Z 和 Boc 保护,那么通过采用不同的分解法处理,就能有选择地让其中某一个氨基反应生成酰胺键。

21.7.2　羧基的保护

羧基可以通过将其变成甲酯、乙酯、三级丁酯或者苄酯来进行保护,形成酰胺键后,甲酯可以在室温通过稀碱水解除去,三级丁酯可用温和酸性水解法除去,苄酯可以通过催化氢解法除去,这些脱保护基的方法不会影响肽键。下面仅将上保护基和脱保护基的反应列出:

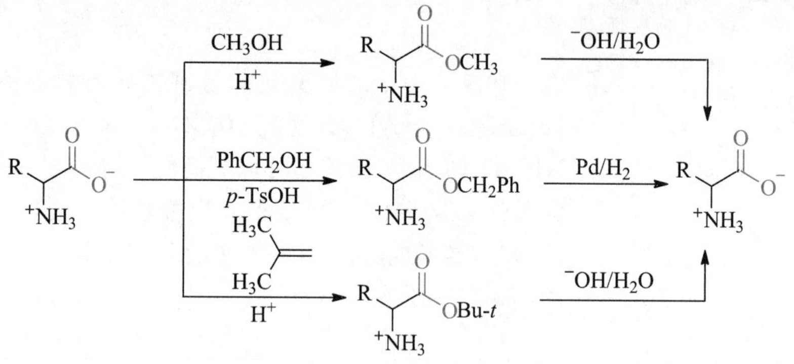

习题 21-16　写出在碱性条件下 Fmoc 基团脱除的反应机理。

习题 21-17　当 Fmoc 基团中芴环的 C2 和 C7 位上有两个溴取代基时,此基团的脱除会更加容易,请说明其原因。

21.7.3 侧链的保护

许多氨基酸的侧链上带有官能团,如巯基等,这些侧链的基团有时也需要被保护起来。巯基一般用苯甲基保护,形成半胱氨酸的苯甲硫醚。

巯基很容易发生氧化还原反应。如在空气中氧化,两个巯基可以形成二硫键。

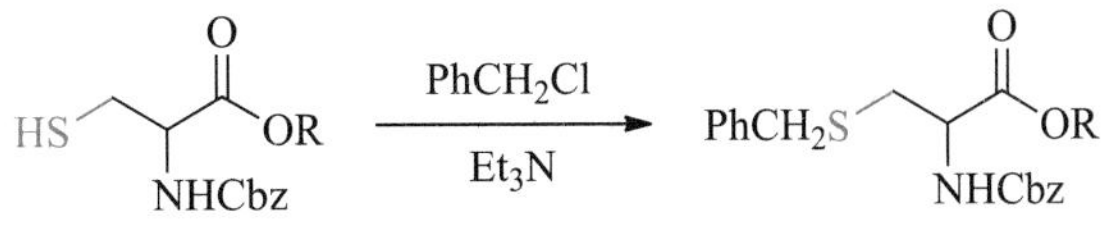

这个保护基团在钠、液氨的作用下,可被脱除分解为原来的半胱氨酸。

21.7.4 多肽的合成方法

1. 二肽

将两个分别被保护了氨基和羧基的氨基酸直接在溶液内混合,并不会形成酰胺键。要形成酰胺键,常用的手段是将羧基活化,其方法是将它变成一个混合酸酐,或是将它变为活泼酯,这样就增加了羧基的亲电能力。将接肽最常用的方法介绍如下:

对比酰胺制备方法,不直接用羧酸为原料,而是用酰氯或酯和胺反应,或者用强的失水剂使羧基和氨基脱去一分子水,形成酰胺键。

(1) 混合酸酐法(mixed anhydride method):此方法中先使氨基被保护的氨基酸与氯甲酸乙酯反应形成混合酸酐,然后再与另一个羧基被保护的氨基酸通过酸酐的氨解反应完成酰胺键的形成。具体过程可表述如下:

此过程还包括了氨基保护基的催化氢解以及酯基保护基的碱性水解这两个过程。

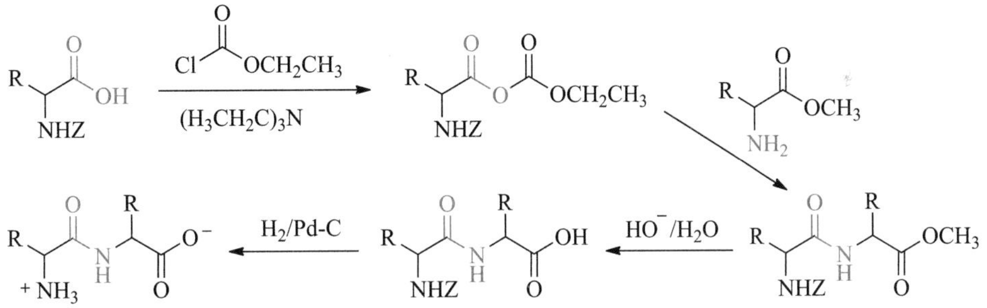

(2) 活泼酯法(active ester method):此方法是使氨基被保护的氨基酸与对硝基苯酚反应,转变成具有更强亲电性的酯基,接着与另一个羧基被保护的氨基酸通过酯的氨解反应完成酰胺键的构建。具体过程表述如下:

Z-氨基酸所转换成的对硝基苯酯,是常用的活泼酯,由于硝基的吸电子作用,使酯羰基活性增大。

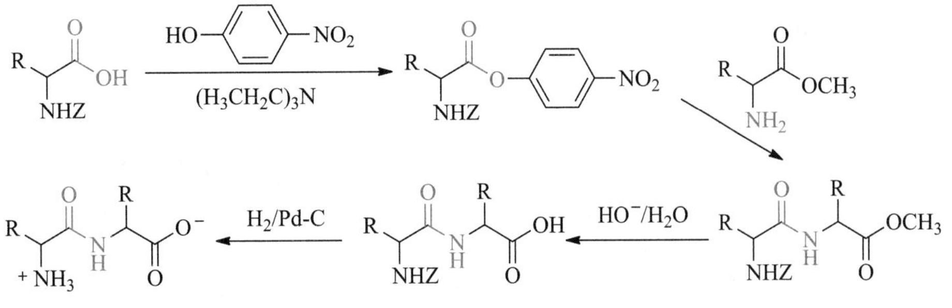

　　（3）碳二亚胺法：除活化羧基的方法外，还可用有效的失水剂（或称缩合剂 condensation agent）使氨基和羧基结合起来。最常用的是二环己基碳二亚胺（N, N'-dicyolohexylcarbodiimide，DCC）。DCC 的作用是活化羧酸的羰基，以便被氨基亲核进攻，自身在反应中和水结合，最终变为不溶的二环己基脲：

酰卤、混合酸酐或活泼酯都比羧基活泼，因为—X，—OR（R 中有吸电子基），—OCOOR 都是比—OH 好的离去基团。

此方法的缺点是，二环己基脲有时很难和产物分离。

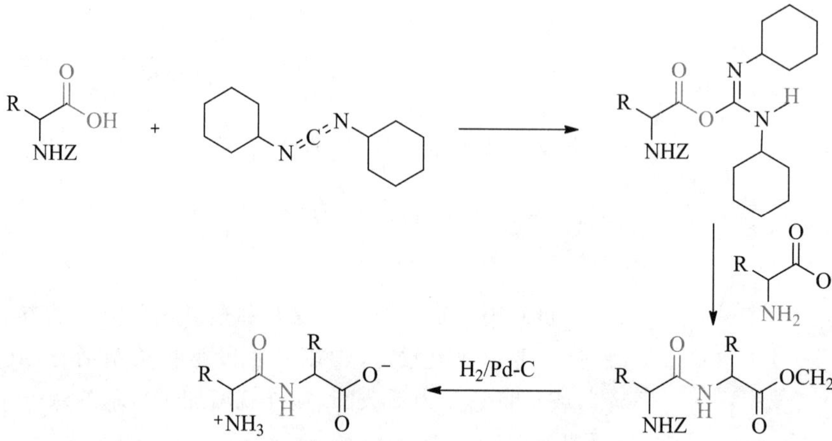

将二环己基脲除去后，就得到氨基被 Z 保护、羧基被苯甲基保护的二肽；用催化氢解，一步将两个保护基去掉，就得到游离的二肽。

　　（4）环酸酐法：H. Leuchs 发现，如果氨基酸氮原子上连接一个羧基，其可以与另一个羧基通过分子内失水形成一个酸酐。

此化合物统称为 O-酰基异脲，其羰基的反应活性类似于酸酐中的羰基。

这酸酐可以用一个氨基酸和光气反应制备。

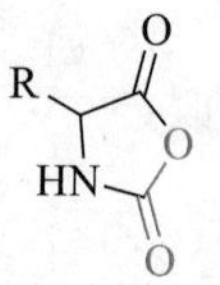

虽然天然的蛋白质、多肽绝大部分是由不同的氨基酸聚合而成的，但也有少数是由相同的氨基酸聚合而成的。例如通过 γ-羧基聚合而成的聚谷氨酸存在于某些细菌的孢囊内。

后来发现，这个酸酐在微量水的作用下，自身可以聚合成为高相对分子质量的聚氨基酸。通过这个酸酐可以制备多种氨基酸高聚物，因此这是一个非常重要的反应。若把上面的酸酐加入到另一氨基酸的溶液中，控制 pH，在低温下，氨基即和酸酐的羰基发生反应，形成一个氨基甲酸的衍生物；该衍生物失去二氧化碳，就转化为一个二肽：

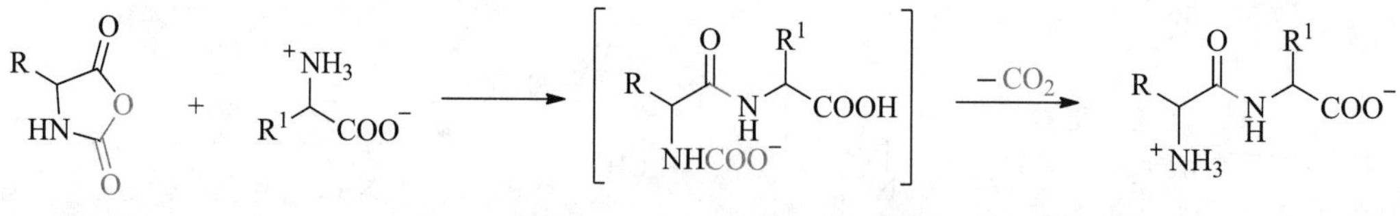

同理，若用一个肽和上面的酸酐反应，就可以形成高一级的肽。

　　2. 多肽

　　以上讨论的均是二肽的合成。为了制备多肽，只需要在以上二肽中脱除其中一个保护基，接着再重复以上的反应，就可以获得更大的肽类化合物。下面以 δ-促

δ-促睡眠肽是一个九肽，是在兔体中发现的促进睡眠的肽类化合物。虽体内含量极微，但生理活性很高，9×10^{-9} mol/kg 的剂量就可使兔子正常睡眠。它的N-端基是色氨酸，C-端基是谷氨酸。

睡眠肽 Try-Ala-Gly-Gly-Asp-Ala-Ser-Gly-Glu 的合成为例，介绍利用汇聚法合成多肽的方法：

首先，由一个 N-端已被 Z 保护、C-端的羧基被转化为酰肼的二肽 Ala-Ser 和一个 N-端没有被保护而 C-端羧基被叔丁酯化的二肽 Gly-Glu 制备四肽：

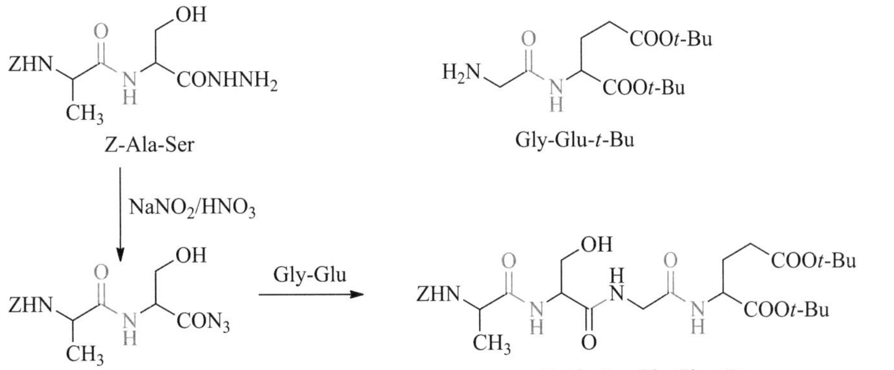

Z-Ala-Ser-Gly-Glu-*t*-Bu

酰叠氮中的叠氮基（—N_3）是一个很好的离去基团，因此，其羰基被氨基亲核进攻，很容易形成酰胺。这是制备肽的一种常用方法，称为叠氮法。

Z-Ala-Ser-$NHNH_2$ 的酰肼在亚硝酸的作用下转化为酰叠氮（—CON_3），接着与 Gly-Glu 的氨基反应形成酰胺，从而合成了四肽 Z-Ala-Ser-Gly-Glu-*t*-Bu。此四肽在催化氢解下脱除 Z 保护基，接着与另一个 N-端被保护、羧基被活化的 Asp 反应，得到一个五肽 Z-Asp-Ala-Ser-Gly-Glu-*t*-Bu（Asp 和 Glu 中的侧链羧基也被叔丁酯化保护）：

N-羟基丁二酰亚胺，简写为 SuOH。

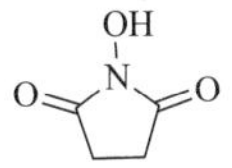

这是一个活化羧基的试剂。其羟基可以与羧基成酯，由于酰亚胺强的吸电子能力，使得 SuO^- 成为一个易离去基团。

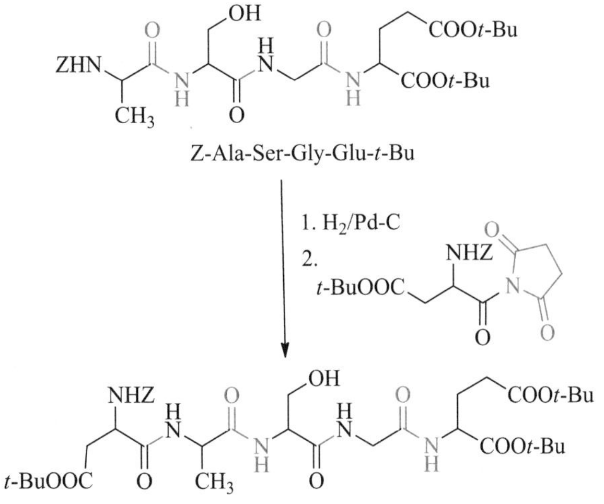

Z-Asp-Ala-Ser-Gly-Glu-*t*-Bu

汇聚法中的另一部分则以 N-端及 C-端均不带保护基的 Gly-Gly 为起始原料，使其与氨基被保护的 Z-Ala 经过混合酸酐法反应，合成三肽 Z-Ala-Gly-Gly：

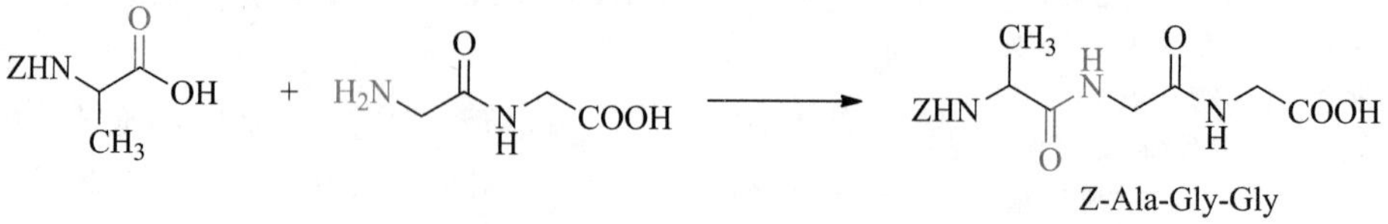

Z-Ala-Gly-Gly

接着，此三肽在催化氢解下脱去 Z 保护基，进而与氨基被 Boc 保护的色氨酸进行反应，形成一个四肽 Boc-Try-Ala-Gly-Gly：

Boc-Try-Ala-Gly-Gly

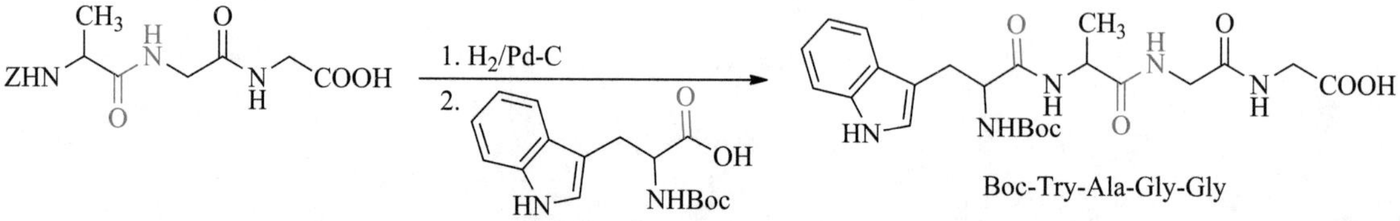

此外，在合成多肽时，还应当考虑高级结构的问题。关于如何把一个肽链按照一定的方式折叠起来，化学领域想不出很好的方法。但是合成多肽后，只要一级结构氨基酸的顺序确定了，就可以在一定的条件下形成它特有的三级结构，自然界已在亿万年中完成了这步微妙工作！

接下来的方法就非常简单了，催化氢解脱除前一个五肽的 Z 保护基，游离出氨基，使其与以上四肽通过混合酸酐法形成一个九肽衍生物，接着脱除所有保护基得到目标产物 Try-Ala-Gly-Gly-Asp-Ala-Ser-Gly-Glu。

从以上简短介绍中不难看出，肽链的延长是一个非常烦琐的工作。接一侧链最简单的二肽，不考虑保护基就至少需要保护氨基、连接和去掉氨基保护基三步。这样，接一个 51 肽就需要几百个步骤。更困难的是，经过如此多的步骤，就算每步产量都很高，最后的产物也非常少了。而自然界中的有机体合成蛋白质是有条不紊的，按着一定的顺序选择所需要的氨基酸进行合成，并且非常迅速，现在实验室的手段无法与之比较。人类能不能学习有机体的方法，达到生物合成蛋白质的境界呢？现在基因工程这门新兴的科学已经为合成多肽及蛋白质提供了全新的方法，并取得了非常重要的成果。

习题 21-18　用指定的合成方法合成以下多肽化合物：
(i) 用混合酸酐法合成 Ala-Glu；
(ii) 用活泼酯法合成 Gly-Cys-Gly；
(iii) 用环状酸酐法合成 Trp-Ala-Gly-Glu。

习题 21-19　用 Z 做保护基，用 DCC 为接肽试剂合成 Leu-Ala-Glu-Ile-Phe。若每步产率为 80%，要合成 2 g 产物，需用各种氨基酸各多少克？

21.7.5　固相多肽合成法

目前，多肽的合成已经通过固相多肽合成法(solid-phase synthesis of polypeptide)实现了自动化。为了增加每一步接肽的产量、避免提取过程中的损失，R. B. Merrifield 从 1959 年开始研究多肽固相合成法。1962 年，他成功地用固相合成法

Merrifield 的固相多肽合成法不仅单纯提供了一个新的方法,而且是一次思想上的突破。1965 年,R. B. Merrifield 制成了第一台自动化合成仪。1969 年,他用这台仪器高速地合成了由 124 个氨基酸残基组成的核糖核酸酶 A。核糖核酸酶 A 是世界上首次人工合成的酶。他的工作对整个有机合成化学起了极大的推动作用。他因发明多肽固相合成法对发展新药物和遗传工程的重大贡献而获得了 1984 年诺贝尔化学奖。

合成了一个二肽,接着很快又合成了一个四肽。第二年,他只花了 8 天时间即合成了含有 9 个氨基酸残基的舒缓激肽。Merrifield 的固相多肽合成法比经典的合成方法简便高效。到了 20 世纪 70 年代,固相多肽合成法已成为许多多肽合成实验室使用的一种基本方法。理论上而言,固相多肽合成法已解决了蛋白质或多肽的合成问题,但该方法的完善和改进还有很长的路要走。当我们面临一个困难的问题时,该如何从各方面去寻找解决问题的途径,固相多肽合成方法为我们提供了一个很好的范例。

固相多肽合成法是在不溶的高分子树脂的表面上进行的。由二乙烯基苯交联的聚苯乙烯做成的胶粒是刚性的,不溶于有机溶剂,但是可以在有些有机溶剂中很好地溶胀。溶胀后的这些胶粒可以使反应试剂从交联的聚合物缝隙中进出。因此,就可以在其所含的苯环上进行氯甲基化:

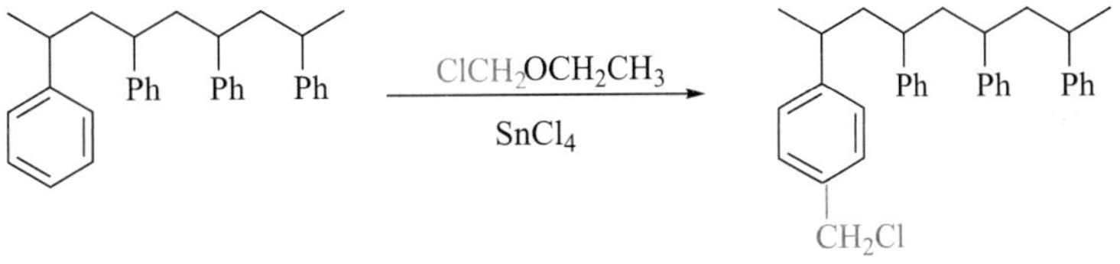

这个苯基上的氯甲基非常活泼,当它和氨基被保护的氨基酸的水溶液一起搅拌时,可形成苯甲酯,这就将一个氨基酸挂在树脂上。然后将该树脂与氨基被 Boc 保护的另一个氨基酸在 DCC 缩合剂溶液中一同振荡反应,可生成一个氨基被保护的二肽;如用三氟乙酸处理,可以把 Boc 保护基除去,再重复上面的步骤,和另一个氨基酸反应,形成一个挂在树脂上的三肽,如此循环往复,直到得到所需要的多肽化合物。最后用 HF 处理,就把合成的肽链从高分子上断裂下来。原来的树脂就变为氯甲基化的树脂,还可以再使用。这些步骤可表示如下:

Boc 保护基的脱除也可以用 HCl/CH_3CO_2H 溶液。

最后树脂的脱除也可以使用三氟醋酸和溴化氢,得到溴甲基化的树脂。

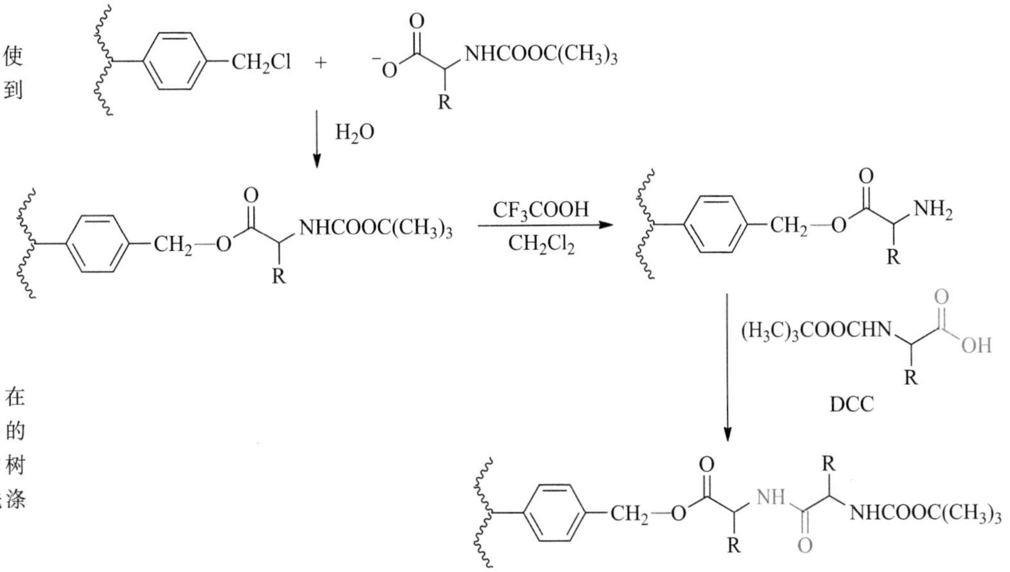

固相多肽合成法的优点在于,产物容易分离,所有的中间体均固定在聚合物树脂上,产物通过过滤和洗涤即可纯化。

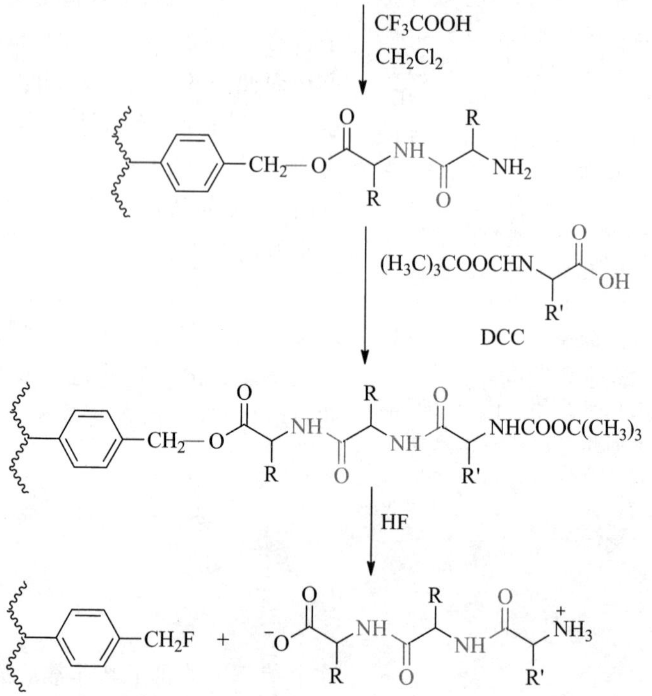

21.8 蛋白质的分子形状

确定了一个蛋白质或多肽的氨基酸顺序,这只是完成了一级结构(primary structure)的测定。蛋白质的专一生理作用还要取决于它们的高级结构,即它们的二级结构、三级结构和四级结构。

21.8.1 二级结构

蛋白质的二级结构(secondary structure)是指多肽链主链骨架中各个肽段所形成的规则的或无规则的构象。多肽链主链骨架中形成的有规则的构象主要是依靠氢键维持的,最常见的二级结构是 α-螺旋结构(α-helix structure)和 β-折叠结构(β-pleated structure)。

α-螺旋结构中多肽链主链骨架围绕一个轴一圈一圈地上升,从而形成一个螺旋式的构象,称之为螺旋结构。螺旋旋转的方向有左手和右手之分,因此螺旋结构分为左手螺旋(left-handed helix)和右手螺旋(right-handed helix);按照氢键形成方式的不同,可以把螺旋分为 α-螺旋和 γ-螺旋。在各种形成的螺旋构象中,只有右手 α-螺旋是最稳定的构象,因此它存在于大多数蛋白质中。右手 α-螺旋结构可以用图 21-2 表示。

纤维蛋白,形成一个右手螺旋,和普通的螺丝钉的方向一样,也就是朝右旋,这个螺旋每转一圈的距离大约是 540 pm,这样的旋转幅度约相当于 3.6 个氨基酸的单位。

到目前为止,仅在嗜热菌蛋白酶中发现了一个左手 α-螺旋。

α-螺旋的概念及其 X 射线衍射实证,都是由 L. Pauling 提出的,在生物大分子化学中起着非常重要的作用。许多重要的生理作用,都可以由这个基本构型加以推广而解释,也就是说,高级结构这个概念是从 α-螺旋开始的。

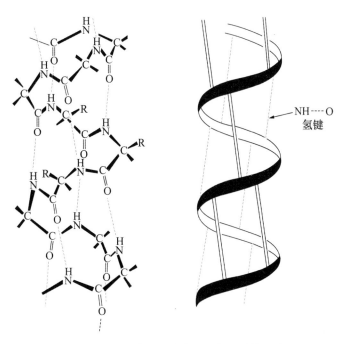

NH----O
氢键

图 21-2 蛋白质的肽链的右手 α-螺旋结构示意图

图 21-2 中的虚线和双直线代表分子中的氢键,这个螺旋是通过肽链中氮原子上的氢原子和羰基的氧原子形成氢键而稳定的结构。氢键对于生命现象起着如此重要的作用,真是有点不可思议!

并不是所有的多肽链都可以形成 α-螺旋。一般地讲,侧链不太大且不带有电荷或极性基团,或侧链电性以 3 或 4 为周期交替的多肽链,比较容易形成稳定规则的螺旋。由于肽链中电荷彼此间的排斥,不仅会影响螺旋的稳定性,而且也会使螺旋变得不规则,因此酸性或碱性氨基酸形成的肽链,它们所形成的螺旋规则性和 pH 有关。例如聚谷氨酸在低 pH 时,由于羧基不发生电离,可以形成一个规则的 α-螺旋,但当 pH 升高时,羧基解离为带负电荷的 COO¯ 基团,螺旋就变得不规则了。

β-折叠股是一种较伸展的锯齿形主链构象。两条 β-折叠股平行排布,彼此以氢键作用,可以构成 β-折叠片,又称之为 β-折叠。β-折叠片又分为平行 β-折叠片(parallel β-pleated sheet)和反平行 β-折叠片(anti-parallel β-pleated sheet)两种类型。前者是指相邻的折叠股走向相同,后者是指走向相反。从能量上分析,反平行 β-折叠片更为稳定,因为其形成的氢键 N—H--O 中三个原子几乎位于同一条直线上,此时氢键最强。丝心蛋白(fibroin)的 β-折叠结构是由两个肽链形成的折叠结构,很像一个扇面(图 21-3)。图中的链间氢键同样用虚线表示,侧链交叠地伸在肽链的上面和下面。分析丝心蛋白的氨基酸,发现大部分是甘氨酸、丝氨酸、丙氨酸等,它们的侧链都很小,因此可以成为稳定折叠的结构。

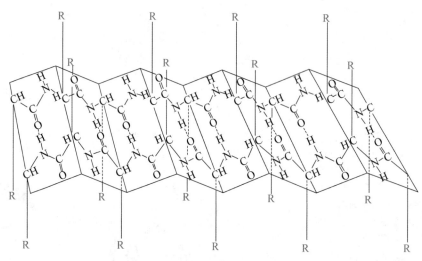

图 21-3 丝心蛋白的 β-折叠结构

21.8.2 三级结构

蛋白质的三级结构(tertiary structure)是指在二级结构的基础上,多肽链自身通过氨基酸残基侧链的相互作用,在三维空间沿多个方向进行卷曲、折叠、盘绕形成的紧密的高级结构。球蛋白便是其中的一大类。

肌红蛋白(myoglobin)是哺乳动物肌肉中负责储藏和输送氧的蛋白质,是球蛋白的一种。它由一条多肽链构成,肽链中有 78% 是 α-螺旋构象。X 射线衍射测定肌红蛋白的高级结构非常有意思,这条肽链可以折叠出一个憎水的囊袋(图 21-4),恰好可以嵌入血红素分子,并且囊袋中有一个组氨酸,它在囊中的位置又恰好能和血红素的铁原子形成第五个向心配位键!此外,具有极性基团侧链的氨基酸残基几乎全部都分布在分子的表面,从而使肌红蛋白具有可溶性。

球蛋白一个最突出的性质是很不稳定,可在辐射、加热或遇酸碱后,其特定的空间构象被改变,从而导致其物理、化学性质的改变和生物活性的丧失,这称为变性(denaturation),见图 21-5。蛋白质的变性主要是由于三级结构或四级结构的改变引起的。蛋白质变性后,分子结构松散,不能形成结晶,更易被蛋白酶水解。天然蛋白质的空间结构是通过氢键等次级键维持的,而变性后部分次级键被破坏,蛋白质分子就从原来有序卷曲的紧密结构变为无序松散的伸展状结构(但一级结构和绝大多数二级结构并未改变)。这使得原来处于分子内部的疏水基团大量暴露在分子表面,而亲水基团在表面的分布则相对减少,致使蛋白质颗粒不能与水相溶而失去水膜,很容易引起分子间相互碰撞,并由于疏水作用聚集沉淀。因此,变性分为可逆变性和不可逆变性。如果变性条件剧烈持久,蛋白质变性是不可逆的。如果变性条件不剧烈,蛋白质分子内部结构变化不大,说明这种变性作用是可逆的。这时,如果除去变性因素,在适当条件下变性蛋白质可恢复其天然构象和生物活性,这种现象称为蛋白质复性(renaturation)。

肌红蛋白的相对分子质量为 17 800,分子中有 153 个氨基酸残基和一个血红素(heme)辅基。

肌红蛋白的肽链在形成三级结构时,在拐角处都有一段 1~8 个氨基酸残基的松散肽链,使 α-螺旋体的完整性受到破坏。

有些蛋白经微热后,就凝固为不透明的硬块,凝固就是一种变性。没有方法把凝固后的蛋白变为原来可溶的蛋白。1931 年,我国著名生物化学家吴宪提出:变性是肽链受到变性试剂或光、热的作用后,原肽链分子中的弱键遭到了破坏,肽链重新排列的缘故。这个理论的基本要点是正确的,不过在当时,对链中及链间的氢键以及二硫键等的概念还没有明确地提出来。

胃蛋白酶加热至 80～90℃ 时,失去溶解性和消化蛋白质的能力;如将温度再降低到 37℃,则又可恢复溶解性和消化蛋白质的能力。

图 21-4　肌红蛋白的结构

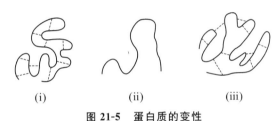

(i) 　　　　　　(ii) 　　　　　　(iii)

图 21-5　蛋白质的变性

(i) 某蛋白分子;(ii) 链中氢键、二硫键等被破坏,成为一个不折叠的分子;(iii) 折叠为另一种形状

21.8.3　四级结构

许多蛋白质是由二条或多条肽链构成的,这些多肽链本身都具有特定的三级结构,称为亚基(subunit)。由少数亚基聚合而成的蛋白质称为寡聚蛋白质(oligomer protein),由几十个以上亚基聚合而成的蛋白质称为多聚蛋白质(polymer protein)。寡聚蛋白质中亚基的种类、数目、空间排布及相互作用称为蛋白质的四级结构(quaternary structure)。血红蛋白(hemoglobin)就是一种寡聚蛋白,相对分子质量为 65 000,由两条 α-链和两条 β-链构成,α-链和 β-链的三级结构都和肌红蛋白相似。X 射线结构分析表明:脱氧血红蛋白和氧合血红蛋白的四条肽链的三级结构是相似的,但四级结构有很大不同。当血红蛋白与氧结合时,四条肽链发生了相对滑动和转动,因而使四个亚基间的接触点发生了变化,两个 α-血红素互相接近,距离为 0.1 nm,而两个 β-血红素则互相分离,距离为 0.65 nm。

21.9　酶

含碳化合物在实验室中的化学反应一般称为有机化学反应,在有生命的细胞中进行的化学反应一般称为生物化学反应。生物化学中的反应往往是有机化学中所熟知的反应,但生物化学反应的条件常常是温和的,在常温常压下就能进行,产率很高,反应具有立体专一性。生物化学反应具有这些优点,是因为生物化学反应是在酶催化下进行的。

21.9.1 酶的命名、分类和组成

1. 命名

按照国际酶学会议于 1961 年提出的"国际系统命名法原则",每一种酶都有一个习惯名称(recommended name)和一个系统名称(systematic name)。酶的习惯命名法可以根据底物来命名,如水解淀粉的酶称为淀粉酶(amylase),水解蛋白质的酶称为蛋白酶(proteinase),有时还要加上酶的来源或酶的其他特点,如胃蛋白酶和胰蛋白酶,酸性磷酸酶和碱性磷酸酶等。也可以根据所催化的反应性质来命名,如水解酶。有时也可以将两者结合起来,如琥珀酸脱氢酶。

系统名称要求标明酶的底物及催化反应的性质。例如,"ATP:葡萄糖磷酸转移酶"表示该酶催化由 ATP 到葡萄糖的磷酸基团转移反应。

2. 分类和组成

酶按其催化性能可以分为氧化还原酶(oxido-reductases)、转移酶(transferases)、水解酶(hydrolases)、裂解酶(lyases)、异构酶(isomerases)和连接酶(ligases)六种。酶按其组成成分可以分为简单蛋白质和结合蛋白质两类。简单蛋白质的催化活性仅取决于蛋白质本身的结构。结合蛋白质由酶蛋白和辅助因子(cofactor)或辅酶(coenzyme)共同组成。辅助因子主要是一种或多种无机离子,辅酶则是一些有机小分子或金属有机化合物。

酶是生物化学过程中的催化剂。

在催化反应中,酶蛋白与辅助因子所起的作用不同,酶蛋白决定了反应的专一性和高效率,而辅助因子则直接对电子、原子或某些化学基团起传递作用,所以只有加入了辅助因子,酶蛋白才能表现出酶的活性。与酶蛋白较牢固结合的辅助因子或辅酶称为辅基(prosthetic group)。辅酶是多种多样的,其中最重要的是核苷和核苷酸的衍生物。

酶的相对分子质量大小不等,例如糜蛋白酶和核糖核酸酶分别由 241 个和 124 个氨基酸所组成,它们的一级及高级结构均已被测定。后者已通过固相及液相接肽法合成,N-端基是赖氨酸,C-端基是缬氨酸,这条由 124 个氨基酸组成的肽链是通过四对二硫键折叠起来的。

辅酶 A(coenzyme A):用 HS—CoA 表示。乙酰化辅酶 A 的巯基(—SH)后,称为乙酰辅酶 A,可表示为 CH_3COS—CoA。乙酰辅酶 A 是一个新陈代谢中的关键物质,可以看做是新陈代谢的钥匙,在生物化学中占有极重要的位置,它的发现、结构的测定及合成是有机化学的一项重大成就,对生物化学也起着很重要的作用。

同其他辅酶一样,辅酶 A 的分子结构保证了其能和相应的酶蛋白结合,通过酶蛋白对底物的专一识别来保证辅酶 A 只介导"正确"的底物的酰化反应。辅酶 A 中巯基被乙酰化后的化合物称为乙酰辅酶 A。乙酰辅酶 A 可以与某些分子进行乙酰化反应,这是由于乙酰辅酶 A 中硫原子的 3p 轨道较大,乙酰基碳的 2p 轨道较小,两者不能很好地重叠,因此硫原子主要是通过吸电子诱导效应,使酰基碳的亲电性变得更强,易于接受亲核试剂进攻;此外,—SCoA 又是一个好的离去基团,故乙酰辅酶 A 在生化反应中是一个非常好的乙酰化试剂。

乙酰辅酶 A 中硫原子的吸电子诱导效应,也使酰基的 α 氢更加活泼,使乙酰硫酯更易烯醇化:

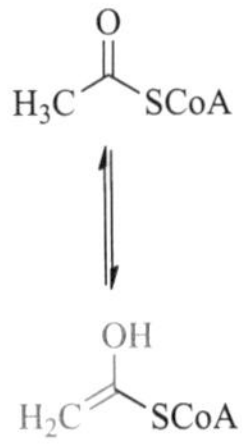

$$H_3C\overset{O}{\underset{}{\parallel}}SCoA$$

$$\rightleftharpoons$$

$$H_2C\overset{OH}{\underset{}{|}}SCoA$$

因此,乙酰辅酶 A 也可与 C=O 进行加成反应。

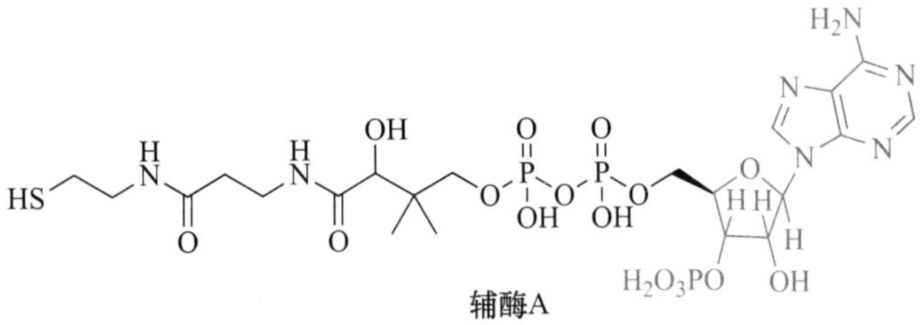

烟酸

烟酰胺

辅酶A

辅酶烟酰胺腺嘌呤二核苷酸(NAD^+):烟酸广泛存在于动植物中,为复合维生素 B 的成分之一,人类缺乏维生素会患癞皮病,肉类是此类维生素的主要来源。此类维生素的辅酶形式为烟酰胺,常被称为辅酶Ⅰ,即烟酰胺腺嘌呤二核苷酸(NAD^+):

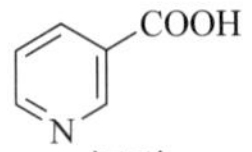

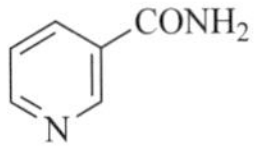

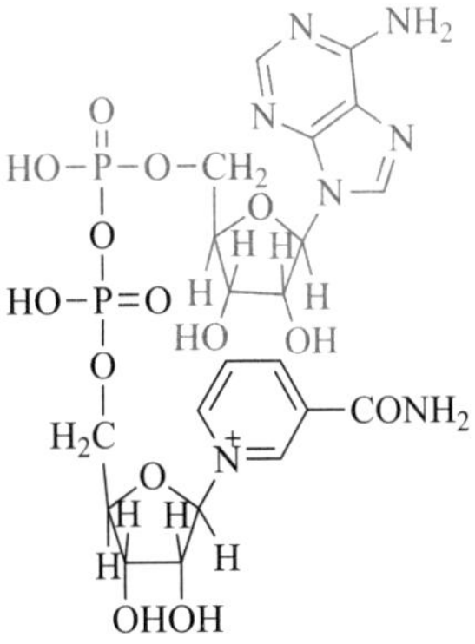

辅酶Ⅰ

NAD^+ 的生物化学功能主要是使作用对象脱氢而本身被还原为 NADH:

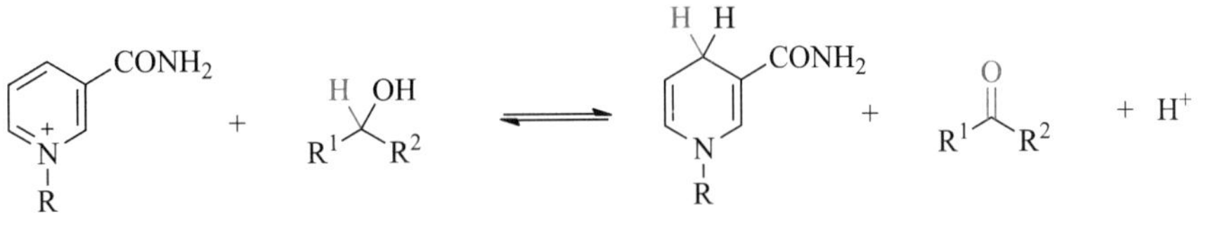

21.9.2 酶的催化功能

作为催化剂,酶有两个主要的特点:① 强大的催化能力,② 专一性。酶的催化速率是惊人的,例如体内的过氧化氢酶,每一分子在一分钟内就可分解 5×10^7 个过氧化氢分子。酶的专一性是非常强的,但不同的酶专一性内涵也不同,有"结构专一性"、"键专一性"、"旋光专一性"、"几何异构专一性"等。针对酶的这些特殊作用,D. Koshland 提出"诱导楔合"假说(induced-fit hypothesis)来解释酶专一性催化的现象。他认为:当底物分子靠近酶时,酶蛋白受底物分子的诱导,其构象会发生有利于与底物结合的变化,在此基础上,酶与底物互补楔合。X 衍射分析的实验结果支持了这一假说。例如,X 衍射实验证明:未结合底物的自由羧肽酶与结合了甘氨酰酪氨酸底物的羧肽酶在构象上有很大的区别。

胰蛋白酶只水解由碱性氨基酸如赖氨酸和精氨酸的羧基形成的肽键。L-氨基酸氧化酶只催化 L-氨基酸的氧化,而对 D-氨基酸无作用等。从被分解的底物看,有些酶只能分解、还原或氧化很小的分子,如前面讲过的过氧化氢酶,只分解 H_2O_2;有些酶分解的底物是非常大的分子,如核糖核酸酶可以分解巨大的核酸分子。

脱氨基反应主要分为在动植物中进行的氧化脱氨基作用和在微生物中进行的非氧化脱氨基作用。

酶的催化作用只局限在整个酶分子中某一小部位,这些部位称为活性中心。糜蛋白酶分子的活性中心位于酶的表面,主要由 57 号组氨酸、193 号甘氨酸、195 号丝氨酸和一个向脂蛋白内侧延伸的疏水口袋构成。上述残基通过蛋白质的三级结构和四级结构折叠组装而在位置上彼此靠近,共同构成了这一局部活性中心。这也更加说明了高级结构对蛋白质生理活性的影响。在水解反应中,肽链中的芳香侧链与疏水口袋结合,甘氨酸和丝氨酸中的酰胺 N—H 键通过氢键作用稳定与芳香侧链相邻的羰基氧原子并将其活化,丝氨酸的羟基和组氨酸的咪唑环负责传递质子。这个活性中心的构成与其中残基所发挥的功能也解释了糜蛋白酶选择水解带芳香侧链的残基酰胺键的原因。

酶和底物的作用是一个非常复杂的过程,上述例子只是现在已知的很小一部分。但是,由于我们已经了解了这个反应的轮廓,并能看出整个酶分子的结构决定着某一反应的特点。而这个结构从根本上是由氨基酸序列和侧链的性质所决定的。

21.9.3　在酶催化下的蛋白质分解及氨基酸代谢

脊椎动物通常以蛋白质的形式将氨基酸摄入体内,经胃蛋白酶水解成氨基酸及肽类,肽类再在糜蛋白酶、胰蛋白酶、羧肽酶、寡肽酶、二肽酶等作用下,分解为游离的氨基酸,再参加代谢变化。氨基酸的代谢有以下几个途径:

(1) 氨基酸可发生脱氨基反应。

(2) 氨基酸可在转氨酶作用下发生转氨基反应:动物与高等植物的转氨酶(transaminase),一般只催化 L-氨基酸与 α-氧代戊二酸发生转氨基作用。

(3) 氨基酸可发生脱羧反应:一般在微生物、高等动植物中进行,参与该反应的酶专一性很强,一种酶只能对一种 L-氨基酸有用。

(4) 氨基酸碳架的氧化途径:脊椎动物体内的 20 种氨基酸在各种酶的作用下,通过不同途径,进入三羧酸循环(tricarboxylic acid cycle,TAC),最后氨基酸的骨架随着三羧酸循环进行氧化分解。

21.10　核　　酸

核酸(nucleic acid)是对生命现象非常重要的一种生物大分子。核酸和蛋白质结合成结合蛋白存在于细胞核之内;在细胞质中,核酸以可溶的形式存在。有些核酸的相对分子质量非常巨大,它们是决定生命遗传信息的重要物质,是生物化学近些年来研究得最广泛、最活跃的一个课题之一。

21.10.1　核酸的组成

核酸分为脱氧核糖核酸(deoxyribonucleic acid,DNA)和核糖核酸(ribonucleic acid,RNA)两大类。DNA 主要存在于细胞核内,RNA 主要分布于细胞质中。核酸也是一种聚合物,它的基本结构单位是核苷酸(nucleotide)。核苷酸是由核苷 (nucleoside)和磷酸组成的,而核苷可以分解成碱基(base)和戊糖(pentose)。

有些核酸也有酶的作用。

核酸中的主要碱基有五个,它们都有互变异构体,结构简式如下:

腺嘌呤 (A)
adenine

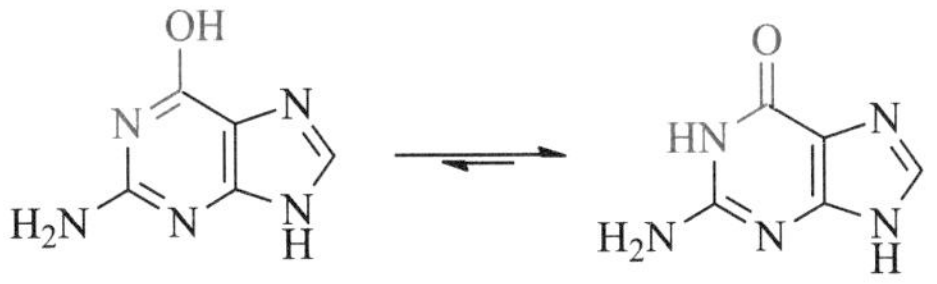

鸟嘌呤 (G)
guanine

胞嘧啶(C)
cytosine

胸腺嘧啶(T)
thymine

尿嘧啶(U)
uracil

RNA 中的四个核苷的结构如下:

DNA 含有腺嘌呤、胸腺嘧啶、鸟嘌呤和胞嘧啶四种碱基,而 RNA 含有腺嘌呤、尿嘧啶、鸟嘌呤和胞嘧啶四种碱基。

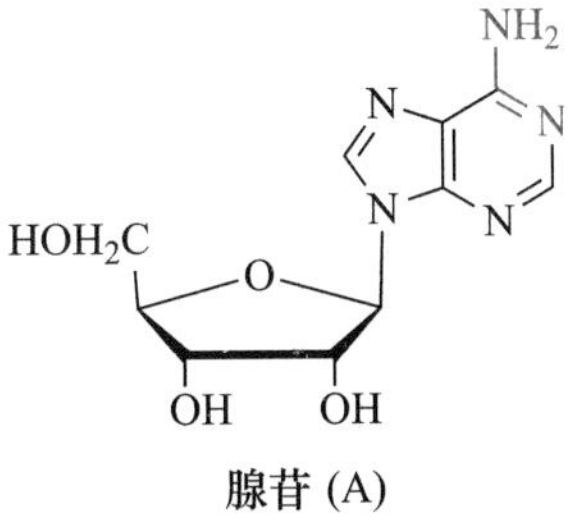

腺苷 (A)
adenosine

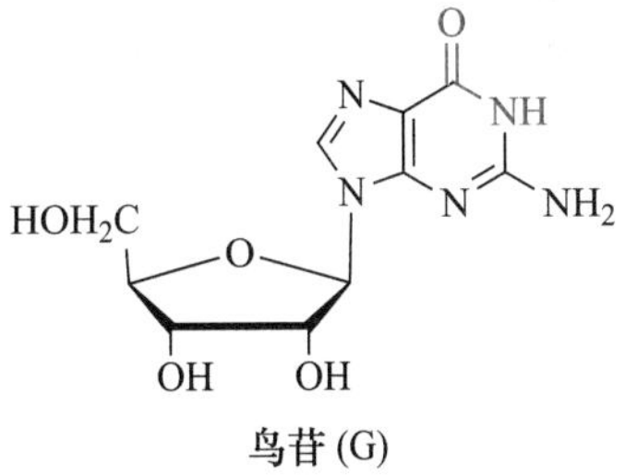

鸟苷 (G)
guanosine

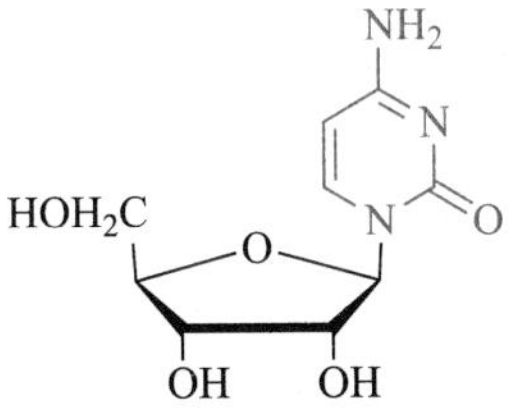

胞苷(C)
cytidine

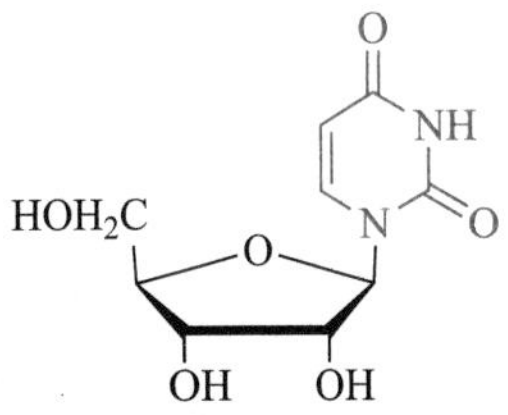

脲苷(U)
uridine

DNA 中的四个 2-脱氧核苷的结构如下:

腺嘌呤脱氧核苷(dA)
deoxyadenosine

鸟嘌呤脱氧核苷(dG)
deoxyguanosine

胞嘧啶脱氧核苷(dC)
deoxycytidine

胸腺嘧啶脱氧核苷(dT)
2-deoxythymidine

在核酸和脱氧核酸中,核糖和脱氧核糖都以五元环的呋喃糖形式存在,所有的碱基都以 β-苷键的形式在 C1 位上结合,也即糖与碱基结合后是以糖苷的形式存在的。

核苷中呋喃糖的 5′-羟基与磷酸成酯,就形成核苷酸。细胞核内存在一些游离的单磷酸和多磷酸核苷酸,它们都具有重要的生理功能,例如,三磷酸腺苷(ATP)、二磷酸腺苷(ADP)、单磷酸腺苷(AMP)。这些多磷酸核苷酸在生理条件 pH=7 时,都以负离子形式存在。生物体内的有机物在氧化的过程中要释放出大量能量,这些能量以"高能键"的形式储存在 ATP 与 ADP 的化学键中。这种"高能键"水解比一般磷酸酯水解释放的能量多。"高能键"释放能量较多,是因为 ATP 以负离子形式存在,氧负离子的相互排斥使 P—O 键不稳定,水解后这种排斥力降低,比较稳定,因此释放能量较多。ATP 是生化过程中能量的主要提供者,许多生化过程都需依赖这些能量完成,因此,ATP、ADP、AMP 之间的转化,在细胞能量代谢中有极重要的作用。

一般磷酸酯水解释放能量为 $8.4 \sim 16.8$ kJ·mol^{-1},而高能键水解释放能量为 $33.5 \sim 54.4$ kJ·mol^{-1}。

21.10.2 核酸的结构

根据 X 射线衍射研究结果和各碱基的性质,J. D. Watson 和 F. H. C. Crick 提出了双螺旋的结构模型。按照这个结构模型,DNA 是由两条反向平行的脱氧核酸链彼此盘结成一个右手螺旋,两条链通过嘧啶碱基和嘌呤碱基的氢键作用配对。

核酸是通过 3′,5′-磷酸二酯基将不同的核苷连接而成的。核酸也有一级结构、二级结构和三级结构。核酸的一级结构是指组成核酸的核苷酸排列顺序。核酸的二级结构和三级结构是核酸的空间结构,它们是指多核苷酸链内或链与链之间通过氢键折叠卷曲而成的构象。例如 DNA 中的双螺旋结构就是核酸的二级结构(图 21-6)。在双螺旋结构中,腺嘌呤和胸腺嘧啶、鸟嘌呤和胞嘧啶的比例均是 1:1。这提示在这两对碱中,两个碱是互补的。并且这两对碱之间的比例也决定了双链 DNA 中的两条 DNA 分子间距是固定的,即两条链间恰好容纳一个嘌呤碱和一个与它配对的嘧啶碱。从双螺旋的模型中可以看出,链上的碱基是裹在双螺旋内部的,每两个互补的碱基以氢键相连形成一层"楼梯"。从这两对碱基形成氢键的情形看,只能 A 和 T 互补,形成两个氢键;或 C 和 G 互补,形成三个氢键。下图表示这两对碱形成氢键的情形：

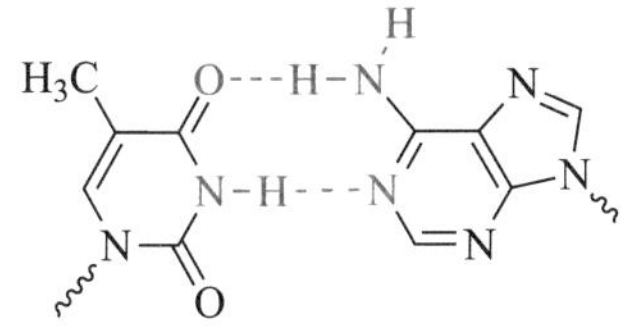

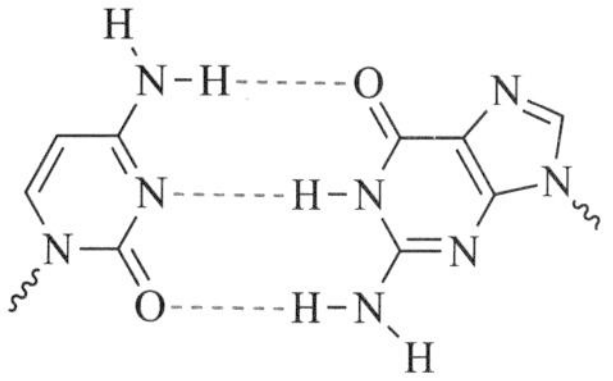

胸腺嘧啶 (T)　　腺嘌呤(A)　　　　　　胞嘧啶(C)　　鸟嘌呤(G)

从上面互补的碱基对看，G 只和 C 互补，而不能和 T 互补。双螺旋和碱基以氢键"配对"的概念，具有非常深远的意义。它们把遗传的机制提高到分子的水平上，因此，现在一般认为，双螺旋模型的提出意味着分子生物学这门科学的开始。

在双螺旋结构的基础上，DNA 还可以形成三级结构：双链环形的超螺旋和开环形。核糖比脱氧核糖多一个羟基，因此在结构上有所不同。RNA 虽也可以由碱基的互补形成双螺旋结构，但是由于核糖 2′-羟基伸入到分子密集的部位，其双螺旋结构不如 DNA 稳定。常见的 RNA 结构中存在一段或多段自身配对互补形成的双股区，这些双股区被不能配对的单股区所分隔。图 21-7 示出酪氨酸转移 RNA(tRNA)，它是一个很小的核酸，是由 79 个核苷酸形成的单链，盘绕成下列的"三叶草"形状，因此在核酸化学中又称为三叶草结构，注意它有四个互补的双股链段，被非互补的区分开。

许多病毒的核酸通常是一个单股，但它往往和蛋白质结合形成一种结合蛋白。烟草花叶病毒是研究得比较透彻的一种病毒。它在植物细胞内可以"繁殖"。它可以看做是介于生物与非生物之间的一类个体。它有一个单股的 RNA 链，外面被蛋白质亚基包围起来，形成一个筒状结构。

RNA 有三种主要类型：信使 RNA（mRNA）、转移 RNA（tRNA）和核糖体 RNA(rRNA)。

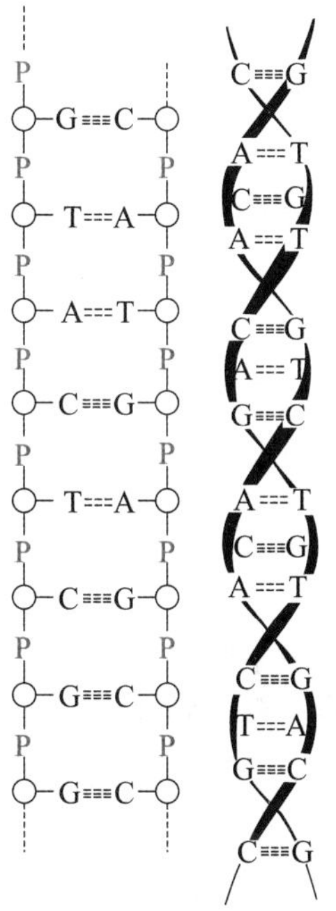

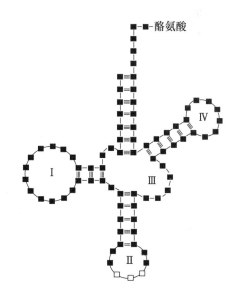

图 21-6　双螺旋模型
○代表脱氧核苷；
P 代表两个脱氧核苷通过一分子
磷酸在 C3 及 C5 位上结合

图 21-7　酪氨酸转移 RNA
Ⅰ，Ⅱ，Ⅲ，Ⅳ代表单股区段

蛋白质及多肽的相对分子质量相对核酸较小,通过标记、酶解、水解等方法可以测定氨基酸的顺序。但是 DNA 的分子如此庞大,测定它的全部顺序,好像几乎是不可能的,但是,F. Sanger 在这方面的工作已取得很大的进展,现已有可靠的方法去测定碱基的顺序,这是他继氨基酸顺序测定后又一大贡献。

21.10.3　DNA 的复制和遗传

DNA 在有机体内储存遗传信息,这是多次被实验证明的事实。例如某种肺炎球菌可以产生一种固有的荚膜,如将这种肺炎球菌的细胞膜破坏(研碎),用它的提取液和另一种属的肺炎球菌混合,其结果是后一种细菌也产生了第一种细菌所固有的荚膜。将研碎的细胞液分离,并将各种成分分别和细菌试验,其结果是只有 DNA 可以使第二种细菌产生和第一种细菌相同的荚膜。

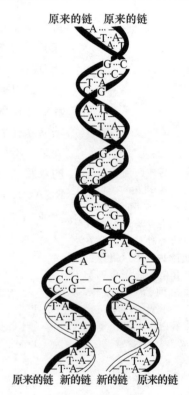

图 21-8　DNA 在细胞内的合成示意图

DNA 在细胞内可以复制出和自身完全相同的子代 DNA,该过程也可用 DNA 聚合酶在体外实现。DNA 在细胞内的合成过程,一般认为是双股的 DNA 先分开成两个单股,每一个单股分别作为一个模板,通过碱基互补原则确定新链中碱基序列,并在 DNA 聚合酶的帮助下聚合核苷酸,形成两个新股,这样就得到两个双股 DNA 分子,在每一个双股中都有一股是新合成的,一股是原来的,且子代双链 DNA 碱基的顺序和原来完全相同。图 21-8 说明了这个过程。图中黑色的双股代表原有 DNA,下部分为两个单股,白色代表新合成的两个单股。注意,每个双链中的两股的碱基都是互补的。

章 末 习 题

习题 21-20　N-乙酰基-2-氨基-丙二酸二乙酯是一类可以代替邻苯二甲酰亚胺进行 Gabriel 法合成氨基酸的原料。请写出以此试剂为原料合成外消旋丝氨酸的反应路线:

习题 21-21 后叶加压素(vasopressin)也称为抗利尿激素,是神经性脑垂体激素之一。在哺乳动物中,它可以使毛细血管和细动脉收缩而致血压升高,控制水从身体内的排泄。其氨基酸序列如下:

$$S \longrightarrow S$$
$$|\qquad\qquad\qquad |$$
Cys-Tyr-Phe-Gln-Asn-Cys-Pro-Arg-Gly-NH$_2$

请写出后叶加压素的结构式。

习题 21-22 赖氨酸的等电点大于 pH 7 还是小于 pH 7? 把赖氨酸溶在水中,要使它达到等电点,应当加酸还是加碱?

习题 21-23 请采用简单的方法区分下列氨基酸。
(i) 甘氨酸 (ii) 苯丙氨酸 (iii) 脯氨酸 (iv) 天冬氨酸 (v) 赖氨酸

习题 21-24 请用 Fischer 投影式表达下列二肽。
(i) Tyr-Gly (ii) Gly-Ala (iii) Ala-Glu (iv) Glu-Met (v) Met-Asp (vi) Asp-Tyr

习题 21-25 完成下列反应式:

(i) PhCH$_2$CHO + HCN + NH$_3$ $\longrightarrow$ $\xrightarrow[\text{2. H}^+]{\text{1. NaOH/H}_2\text{O}}$

(ii) CH$_3$CH$_2$COOH + Br$_2$ $\xrightarrow{\text{P}}$ $\xrightarrow{\text{NH}_3}$

(iii) CH$_2$(COOEt)$_2$ + HNO$_2$ $\longrightarrow$ $\xrightarrow[\text{2. HCHO/HO}^-]{\text{1. H}_2\text{/Pt/Ac}_2\text{O}}$ $\xrightarrow[\triangle]{\text{H}^+}$

(iv) [邻苯二甲酰亚胺结构] $\xrightarrow[\text{2.}]{\text{1. KOH}}$ [2-溴-3-甲基丁酸甲酯结构] $\xrightarrow[\triangle]{\text{H}^+}$

习题 21-26 请用合适的方法合成四肽 Ala-Ser-His-Cys。

习题 21-27 某八肽含下列氨基酸:谷氨酸、异亮氨酸、天冬氨酸、亮氨酸、脯氨酸、甘氨酸、胱氨酸和酪氨酸。用 Sanger 法测定知道 N-端是半胱氨酸,用 C-端氨基酸测定法知道 C-端是甘氨酸。将此八肽用部分裂解法裂解为小碎片,再用端基测定法测定得到四个二肽和两个三肽。它们分别是:(1) Asp-CySO$_3$H,(2) Ile-Glu,(3) CySO$_3$H-Tyr,(4) Leu-Gly,(5) CySO$_3$H-(Leu,Pro),(6) Tyr-(Glu,Ile)。将此八肽氧化后,用酶部分裂解,再用端基测定法测定得到两个四肽,它们分别是:(7) CySO$_3$H-(Glu,Tyr,Ile),(8) Asp-(CySO$_3$H,Leu,Pro)。请推测此八肽化合物的结构和八肽化合物氧化产物的结构。

习题 21-28 回答下列问题:
(i) 核酸的基本结构单元是什么?
(ii) DNA 和 RNA 在结构上的主要区别是什么? 它们在生命活动中的主要功能是什么?
(iii) 说明 Z,Boc,A,C,G,U,dT,dA,dC,dG 等缩写符号的含义。

习题 21-29 解释氨基酸为何不能像许多胺或羧酸一样溶于乙醚中。

习题 21-30 天冬氨酰苯丙氨酸甲酯的等电点 pI 为 5.9。请画出在 pH=7.4 时,其主要存在形式的结构式。

习题 21-31 请解释丙氨酸、丝氨酸以及半胱氨酸中羧酸基团 pK_a 不同的原因。

习题 21-32 利用 DCC 方法合成天冬氨酰苯丙氨酸甲酯。

习题 21-33 组氨酸中咪唑环在许多酶催化反应中作为质子的受体。画出咪唑环被质子化后的最稳定形式的结构式,并说明原因。

习题 21-34 盘尼西林生物合成法中需要两个 α-氨基酸作为其反应原料,请画出这两个 α-氨基酸的结构式。

习题 21-35 下面这个多肽在老年痴呆症(Alzheimer's disease, AD)发展过程中起了非常重要的作用:

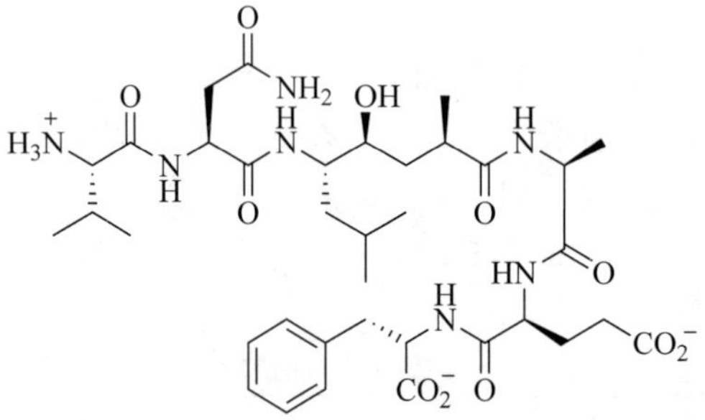

其中含有五个氨基酸,请给出这五个氨基酸的结构式。

习题 21-36 溴化腈(BrCN)可以专一性切断蛋氨酸与其他氨基酸相连的肽键:

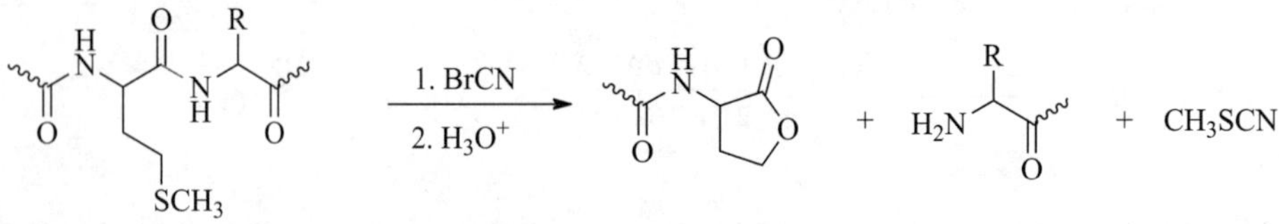

画出此反应的转化机理。

习题 21-37 利用丙烯腈为原料合成 β-丙氨酸。

复习本章的指导提纲

基本概念和基本知识点

氨基酸的定义和分类;氨基酸的 IUPAC 命名法、俗名及缩写符号;α-氨基酸的 R、S 型和 D、L 构型的确定,Fischer 投影式的表达;八个必需氨基酸;氨基酸的酸碱性和等电点,甘氨酸盐酸盐的滴定曲线图的绘制和图示内容的分析;多肽的定义和命名;肽键,肽链的 N-端和 C-端;多肽的结构特征;Z、Boc 和 Fmoc 保护基的结构和名称;蛋白质的一级、二级、三级和四级结构,α-螺旋、β-折叠;酶的定义、命名和分类;酶催化功能的特点;核酸(DNA 和 RNA)的定义、基本组分和结构,核糖和脱氧核糖的结构和表达;五个主要碱基:腺嘌呤、胸腺嘧啶、鸟嘌呤、胞嘧啶和尿嘧啶的结构和表达;核苷的定义,核苷酸的定义;双螺旋结构;三叶草结构。

基本反应和重要反应机理

氨基酸的反应:酸碱反应、与茚三酮的反应、形成和切断二硫键的反应。

重要合成方法

氨基酸的合成：Strecker 法、Hell-Volhard-Zelinsky α-溴化法、Gabriel 法、丙二酸酯法。

多肽的合成：氨基的保护和脱保护基的方法、羧基的保护和脱保护基的方法、侧链的保护、接肽的方法（混合酸酐法、活泼酯法、碳二亚胺法、环酸酐法、固相接肽法）。

重要鉴别方法

氨基酸用茚三酮鉴定；氨基酸用氨基酸的金属盐鉴定；测定氨基酸组成及其相对比例的方法；测定肽或蛋白质中各氨基酸的排列顺序的方法。

英汉对照词汇

active ester method   活泼酯法

adenine   腺嘌呤

adenosine   腺苷

alanine   丙氨酸

amino acid   氨基酸

amino acid automatic analyzer   氨基酸自动分析仪

amino acid sequenator   氨基酸顺序

amphoteric molecular   两性分子

amylase   淀粉酶

anti-parallel β-pleated sheet   反平行 β-折叠片

arginine   精氨酸

asparagine   天冬酰胺

aspartic acid   天冬氨酸

azide method   叠氮法

benzoxycarbonyl；Z   苄氧羰基

bovine oxytocin   牛催产素

bradykinin   舒缓激肽

t-butoxycarbonyl；Boc   三级丁氧羰基

carboxypeptidase   羧肽酶

chymotrypsin   糜蛋白酶

coenzyme   辅酶

cofactors   辅助因子

condensation agent   缩合剂

Crick，F. H. C.   克利格

cysteine   半胱氨酸

cytidine   胞苷

cytosine   胞嘧啶

delta sleep-inducing peptide   δ-促睡眠肽

denaturation   变性

deoxyadenosine；dA   腺嘌呤脱氧核苷

deoxycytidine；dC   胞嘧啶脱氧核苷

deoxyguanosine；dG   鸟嘌呤脱氧核苷

deoxyribonucleic acid；DNA   脱氧核糖核酸

deoxythymidine；dT   胸腺嘧啶脱氧核苷

dicyclohexylcarbodiimide；DCC   二环己基碳二亚胺

diisopropyl fluoro phosphate；DPE   氟代磷酸二异丙基酯

dipeptide   二肽

dissociation constant   解离常数

Edman，P.   艾德满

enzyme   酶

essential amino acid   必需氨基酸

fibroin   丝心蛋白

flavin adenine dinucleotide；FAD   黄素腺嘌呤二核苷酸

glutamic acid   谷氨酸

glutamine   谷氨酰胺

glycine   甘氨酸

guanine   鸟嘌呤

guanosine   鸟苷

α-helix structure   α-螺旋结构

heme   血红素

hemoglobin   血红蛋白

histidine   组氨酸

hydrolases　水解酶

indene　茚

induced-fit hypothesis　诱导楔合假设

insulin　胰岛素

internal salt　内盐

ionization equilibrium　电离平衡

isoelectric point　等电点

isoleucine　异亮氨酸

isomerase　异构酶

Krebs,H.　克雷布斯

left-handed helix　左手螺旋

Leuchs,H.　刘赫斯

leucine　亮氨酸

ligase　连接酶

lyase　裂解酶

lysine　赖氨酸

Merrifield,R. B.　梅尔菲尔德

methionine　蛋氨酸

mixed anhydride method　混合酸酐法

molecular complex　分子配合物

myoglobin　肌红蛋白

nicotineamide adenine dinucleotide;NAD$^+$　烟

　酰胺腺嘌呤二核苷酸

ninhydrin　水合茚三酮

nucleic acid　核酸

nucleoside　核苷

nucleotide　核苷酸

oligomer protein　寡聚蛋白质

oxido-reductase　氧化还原酶

parallel β-pleated sheet　平行 β-折叠片

peptide　肽

peptide bond　肽键

phenylalanine　苯丙氨酸

β-pleated structure　β-折叠结构

polymer protein　多聚蛋白质

polypeptide　多肽

pentose　戊糖

primary structure　一级结构

proline　脯氨酸

protein　蛋白质

proteinase　蛋白酶

protomer　原体

prosthetic group　辅基

quaternary structure　四级结构

recommended name　习惯名称

riboflavin　核黄素

ribonucleic acid;RNA　核糖核酸

ribonuclease　核糖核酸酶

right-handed helix　右手螺旋

Sanger,F.　桑格尔

secondary structure　二级结构

serine　丝氨酸

solid-phase synthesis of polypeptide　固相多肽

　合成

Strecker　斯瑞克

subunit　亚基

succinimide　丁二酰亚胺

sulfhydryl　巯基

systematic name　系统名称

tertiary structure　三级结构

threonine　苏氨酸

thymine　胸腺嘧啶

titration curve　滴定曲线

transaminase　转氨酶

transferase　转移酶

tricarboxylic acid cycle;TAC　三羧酸循环

trypsin　胰蛋白酶

tryptophan　色氨酸

tyrosine　酪氨酸

uracil　腺嘧啶

uridine　脲苷

valine　缬氨酸

Watson,J. D.　瓦特生

第22章

脂类、萜类和甾族化合物

* * * * * *

胆固醇(cholesterol)又称胆甾醇。1758年,法国医生和化学家F. P. de la Salle首次从胆结石中分离得到了胆固醇。1816年,法国化学家M. E. Chevreul将这种具有脂类性质的物质命名为胆固醇。胆固醇是动物组织细胞所不可缺少的重要物质,广泛存在于动物体内,尤以脑及神经组织中最为丰富,在肾、脾、皮肤、肝和胆汁中含量也高。其溶解性与脂肪类似,不溶于水,易溶于乙醚、氯仿等溶剂。胆固醇不仅参与形成细胞膜,而且还是合成胆汁酸、维生素D以及甾族类激素的基本原料。胆固醇经代谢可以转化为类固醇激素、7-脱氢胆固醇,而7-脱氢胆固醇经紫外线照射就会转变为维生素D_3,所以胆固醇并非是对人体有害的物质。

胆固醇在体内有着广泛的生理作用,但当其过量时便会导致高胆固醇血症,对机体产生不利的影响。研究发现,动脉粥样硬化、静脉血栓形成和胆石症与高胆固醇血症有着密切的相关性。自然界中的胆固醇主要存在于动物性食物之中,少数植物中有胆固醇,多数植物存在结构上与胆固醇十分相似的物质——植物固醇。植物固醇没有导致动脉粥样硬化的作用。在肠黏膜中,植物固醇(特别是谷固醇)可以竞争性抑制胆固醇的吸收。

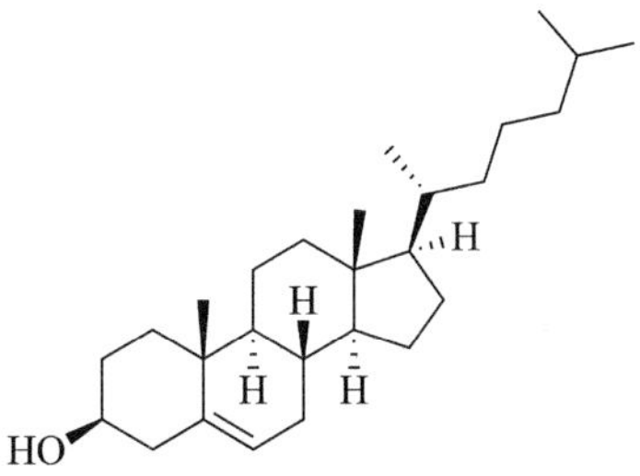

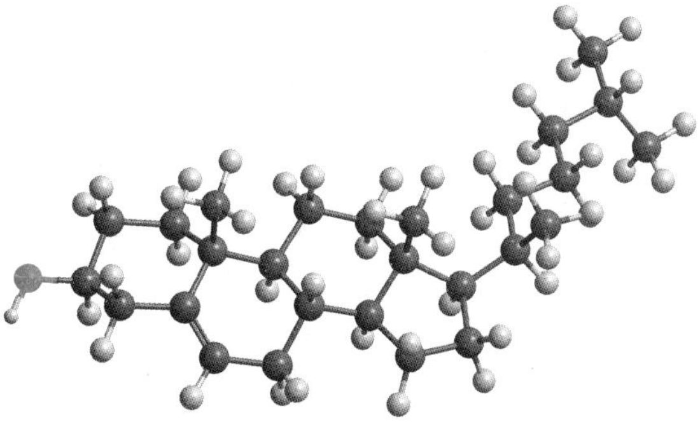

* * * * *

前面已经介绍了对生命活动起着非常重要作用的糖类化合物、氨基酸、多肽、蛋白质以及核酸等有机物,这些生物分子大多能溶于水。在自然界中,还有许多主要由碳和氢两种元素组成的化合物。这些化合物是非极性的或极性比较小,大多不溶于水,基本性质属于疏水的。它们的相对分子质量不如糖类、蛋白质和核酸的那么大,而且它们既不是聚合物也不是大分子。这些化合物主要包括脂类化合物(lipids)、萜类化合物(terpenes)以及甾族化合物(steroids)。

脂类、萜类以及甾族化合物都是相当重要的天然产物,它们都是由相同的原始物质转化而来的产物,广泛分布于动植物体内,具有特殊生理效能。脂类化合物是生命体能量储存的最佳方式、细胞膜的构筑骨架。很多萜类化合物是中草药中的有效成分,同时也是一类重要的天然香料,是化妆品和食品工业不可缺少的原料;一些萜类化合物还是重要的工业原料,如多萜化合物橡胶是反式连接的异戊二烯长链化合物,是汽车工业和飞机工业的重要原料。而很多甾族化合物具有特殊生理效能,如激素、维生素、毒素等是重要的生物调节剂。

本章将着重介绍这三类化合物在生命体中的生理功能以及自然界是如何合成这些分子的。

22.1 脂类化合物及其分类

脂类化合物基本上是属于疏水性或两亲性的小分子,由于其两亲性的特点,有些脂类化合物可以在水相中组装成囊泡、多层或单层脂质体,以及膜状体(membranes)。

脂类化合物又称脂质,是自然界中存在的一大类极易溶于有机溶剂、难溶于水、在化学成分及结构上非均一的化合物,主要包括油脂、蜡、磷脂三大类。研究表明,哺乳动物细胞含有 1000～2000 种脂质,而且随着新技术和新方法的发展,各种新的脂质分子还在不断地被发现。

脂质结构的多样性赋予了脂质多种重要的生物功能。脂质在生命体中的主要功能有能量储存、信号传递以及细胞膜的骨架构成。目前,脂质还应用于化妆品行业、纳米技术以及其他工业应用。

自然界存在的脂质基本上由两个性质完全不同的结构单元组成:高级脂肪酸和甘油。据此,脂质可以细分为:脂肪酸类(fatty acids)、甘油酯类(glycerolipids)、甘油磷酸酯类(glycerophospholipids)、鞘脂类(sphingolipids)、糖脂类(saccharolipids)、天然多酮类(polyketides)。

22.2 各种脂类化合物

22.2.1 油脂以及脂肪酸

甘油三酯也称为三(脂)酰甘油(triacylglycerols)。

脂肪与油的区别在于,在室温下脂肪是固体,而油是液体。

油脂主要包括油(oils)和脂肪(fats)。油脂由 C、H、O 三种元素组成,可溶于多数有机溶剂,但不溶于水。油脂是由甘油和脂肪酸(fatty acids)反应生成的甘油三酯(triglycerides),是与一种或一种以上脂肪酸形成的甘油酯。自然界中存在的脂肪和油都是甘油三酯的混合物(其中脂肪酸的种类和长短可以不相同):

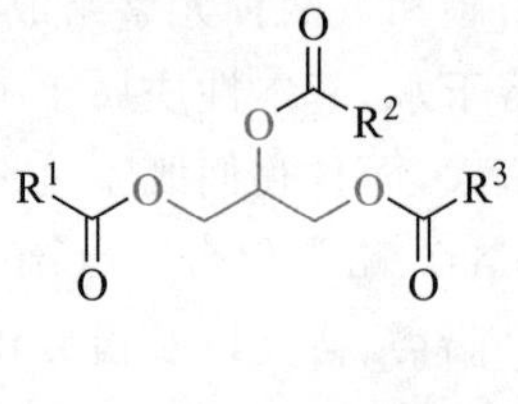

上式中,三个烷基可以是相同的,也可以是完全不同的。在自然界中,最丰富的是混合的甘油三酯,在食物中占脂肪的 98%,在身体里占 28% 以上。

油脂是生命体代谢所需能量的储存和运输形式。天然的可可油脂含有以下两种甘油三酯:

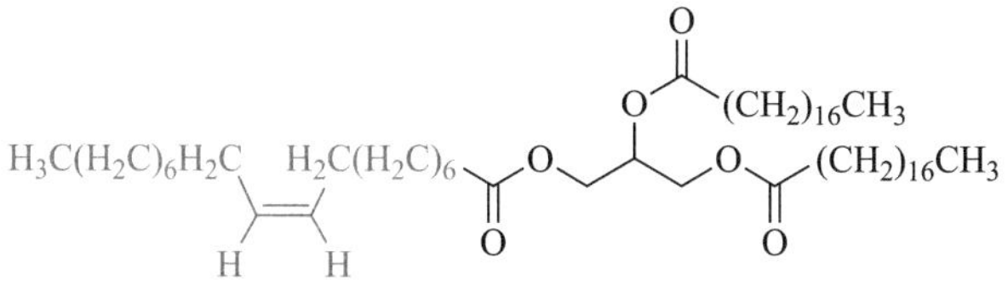

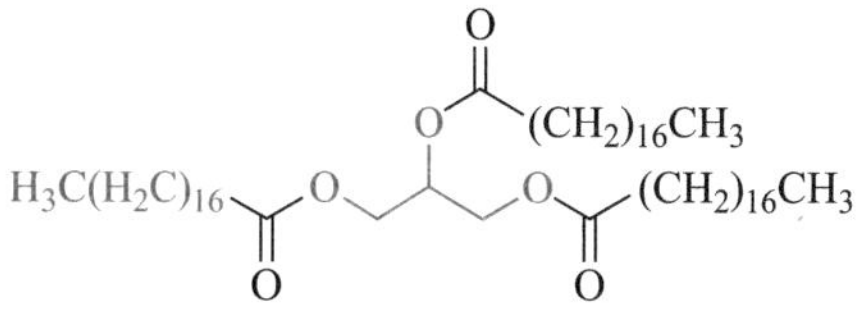

这也是工业上将液态的植物油转化为固态油的一种方法。这种转化可以使油脂的体积大幅度减少,便于运输和储存。

不饱和脂肪酸包括单不饱和脂肪酸及多不饱和脂肪酸。

此类长烷基链可以含有不饱和的碳碳双键。这些碳碳双键通常是顺式的。如果碳碳双键的数目超过两个,也可以称为多不饱和脂肪酸。

前者中与甘油成酯的脂肪酸中两个为硬脂酸(stearic acid),另一个为油酸(oleic acid),其系统名称为 2-油酸-1,3-硬脂酸甘油酯(2-oleyl-1,3-distearylglycerol);而后者的三个均为硬脂酸,系统名称为三硬脂酸甘油酯(tristearin)。2-油酸-1,3-硬脂酸甘油酯的熔点为 42℃;三硬脂酸甘油酯的熔点较高,为 72℃。而 2-油酸-1,3-硬脂酸甘油酯在金属 Pt 催化下发生氢化反应,可以将碳碳双键饱和而转化为三硬脂酸甘油酯。

甘油三酯水解的产物为甘油和脂肪酸。脂肪酸通常指的是带有长烷基链的羧酸。自然界中大多数脂肪酸的骨架为含偶数个碳原子的直链,不带有支链。这条直链的长度为 4～28 个碳原子。在生命体的新陈代谢中,脂肪酸是非常重要的能量来源。

脂肪酸根据链的长度可以分为短链脂肪酸(6 个碳原子以下)、中链脂肪酸(6～12 个碳原子)、长链脂肪酸(13～21 个碳原子),以及超长链脂肪酸(21 个碳原子以上);也可以根据链中所含碳碳双键的数目分为饱和脂肪酸和不饱和脂肪酸,见表 22-1。

表 22-1　各种脂肪酸

俗名	英文俗名	系统名称	结构式	Δ^x	熔点/℃
		(a) 饱和脂肪酸			
月桂酸	lauric acid	dodecanoic acid	$CH_3(CH_2)_{10}COOH$	—	44
肉豆蔻酸	myristic acid	tetradecanoic acid	$CH_3(CH_2)_{12}COOH$	—	59
棕榈酸	palmitic acid	hexadecanoic acid	$CH_3(CH_2)_{14}COOH$	—	63
硬脂酸	stearic acid	octadecanoic acid	$CH_3(CH_2)_{16}COOH$	—	69
花生酸	arachidic acid	eicosanoic acid	$CH_3(CH_2)_{18}COOH$	—	75
		(b) 不饱和脂肪酸			
肉豆蔻脑酸	myristoleic acid	(Z)-tetradec-9-enoic acid	$CH_3(CH_2)_3\mathbf{CH}=\mathbf{CH}(CH_2)_7COOH$	cis-Δ^9	
棕榈油酸	palmitoleic acid	(Z)-hexadec-9-enoic acid	$CH_3(CH_2)_5\mathbf{CH}=\mathbf{CH}(CH_2)_7COOH$	cis-Δ^9	
十六碳烯酸	sapienic acid	(Z)-6-hexadecenoic acid	$CH_3(CH_2)_8\mathbf{CH}=\mathbf{CH}(CH_2)_4COOH$	cis-Δ^6	
油酸	oleic acid	(9E)-octadec-9-enoic acid	$CH_3(CH_2)_7\mathbf{CH}=\mathbf{CH}(CH_2)_7COOH$	cis-Δ^9	4
反油酸	elaidic acid	(9E)-octadec-9-enoic acid	$CH_3(CH_2)_7\mathbf{CH}=\mathbf{CH}(CH_2)_7COOH$	$trans$-Δ^9	

续表

俗名	英文俗名	系统名称	结构式	Δ^x	熔点/℃
异油酸	vaccenic acid	(11E)-octadec-11-enoic acid	$CH_3(CH_2)_5CH\!=\!CH(CH_2)_9COOH$	$trans\text{-}\Delta^{11}$	
亚油酸	linoleic acid	(9Z,12Z)-9,12-octadecadienoic acid	$CH_3(CH_2)_4CH\!=\!CHCH_2$ $CH\!=\!CH(CH_2)_7COOH$	$cis,cis\text{-}\Delta^9,\Delta^{12}$	-12
反式亚麻酸	linoelaidic acid	(9E,12E)-octadeca-9,12-dienoic acid	$CH_3(CH_2)_4CH\!=\!CHCH_2$ $CH\!=\!CH(CH_2)_7COOH$	$trans,trans\text{-}\Delta^9,\Delta^{12}$	
α-亚麻酸	α-linolenic acid	(9Z,12Z,15Z)-9,12,15-octadecatrienoic acid	$CH_3CH_2CH\!=\!CHCH_2CH\!=\!CHCH_2$ $CH\!=\!CH(CH_2)_7COOH$	$cis,cis,cis\text{-}\Delta^9,\Delta^{12},\Delta^{15}$	
花生四烯酸	arachidonic acid	(5Z,8Z,11Z,14Z)-5,8,11,14-eicosatetraenoic acid	$CH_3(CH_2)_4CH\!=\!CHCH_2CH\!=\!CHCH_2$ $CH\!=\!CHCH_2CH\!=\!CH(CH_2)_3COOH$	$cis,cis,cis,cis\text{-}\Delta^5\Delta^8,\Delta^{11},\Delta^{14}$	-49
二十五碳五烯酸	eicosapentaenoic acid	(5Z,8Z,11Z,14Z,17Z)-5,8,11,14,17-eicosapentaenoic acid	$CH_3CH_2CH\!=\!CHCH_2CH\!=\!CHCH_2$ $CH\!=\!CHCH_2CH\!=\!CHCH_2$ $CH\!=\!CH(CH_2)_3COOH$	$cis,cis,cis,cis,cis\text{-}\Delta^5,\Delta^8,\Delta^{11},\Delta^{14},\Delta^{17}$	
芥子酸	erucic acid	(13Z)-docos-13-enoic acid	$CH_3(CH_2)_7CH\!=\!CH(CH_2)_{11}COOH$	$cis\text{-}\Delta^{13}$	
二十二碳六烯酸	docosahexaenoic acid	(4Z,7Z,10Z,13Z,16Z,19Z)-docosa-4,7,10,13,16,19-hexaenoic acid	$CH_3CH_2CH\!=\!CHCH_2CH\!=\!CHCH_2$ $CH\!=\!CHCH_2CH\!=\!CHCH_2CH\!=\!CHCH_2$ $CH\!=\!CH(CH_2)_2COOH$	$cis,cis,cis,cis,cis,cis\text{-}\Delta^4,\Delta^7,\Delta^{10},\Delta^{13},\Delta^{16},\Delta^{19}$	

其原因在于,人类缺乏在脂肪酸的 C9 和 C10 位引入碳碳双键的能力。

此外,人体也很难将亚油酸转化为二十碳五烯酸和二十二碳六烯酸。这两种超长链脂肪酸主要存在于鱼类体内。

所谓条件性的必需脂肪酸,是指人类有某种疾病时就无法自身合成的脂肪酸。

有些人体所必需的脂肪酸,由于体内无法自发合成,因此必须从食物中获得,它们被称为必需脂肪酸(essential fatty acids)。人体的必需脂肪酸主要包括两种:α-亚麻酸和亚油酸。这两种脂肪酸广泛分布于植物油中。还有些脂肪酸属于条件性的必需脂肪酸,如二十二碳六烯酸和 γ-亚麻酸。

有些脂肪酸在自然界中存在的形式不限于与甘油形成酯,还可以与氨基形成酰胺。在猪脑中分离的 N-花生四烯酸氨基乙醇(大麻素)是花生四烯酸与氨基乙醇形成的酰胺类化合物:

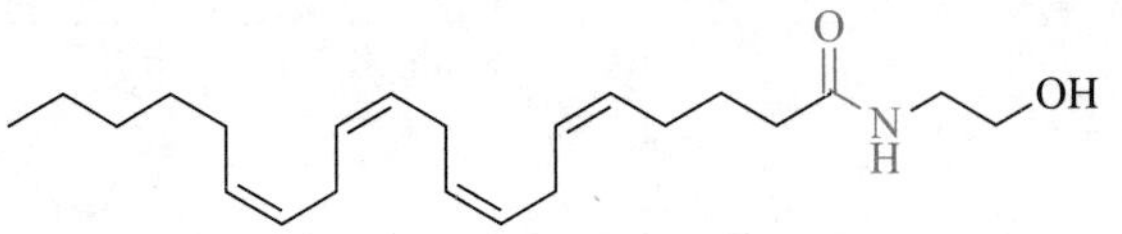

在动物的大脑、脊髓与外周神经系统中,存在中枢型大麻素受体。它的激活可以降低神经递质的释放,如多巴胺等,来参与记忆、认知、运动控制的调节。N-花生四烯酸氨基乙醇可以通过与大脑或中枢神经中的大麻素受体作用,来减轻疼痛以及调整饮食和睡眠的方式。

习题 22-1 为什么 2-油酸-1,3-硬脂酸甘油酯转化为三硬脂酸甘油酯后,熔点会升高、体积会减少?

习题 22-2 写出以下脂肪酸的中文名称以及立体化学结构式:

（ i ）docosahexaenoic acid　（ ii ）eicosapentaenoic acid　（ iii ）arachidonic acid

22.2.2　磷脂

1847 年，法国化学家和药剂师 T. N. Gobley 从鸡蛋黄中首次分离并鉴定了磷脂，并于 1850 年按希腊文 lekithos（蛋黄）命名为 lecithin（卵磷脂）。

磷脂（phospholipids）由 C、H、O、N、P 五种元素组成，也称磷脂类、磷脂质，是指磷酰化的脂类，属于复合脂。磷脂是组成生物膜的主要成分。生命体主要含有两大类磷脂：由甘油构成的磷脂称为甘油磷脂（glycerophospholipids 或 phosphoglycerides）；由神经鞘氨醇构成的磷脂称为鞘磷脂（sphingomyelins 或 phosphosphingolipids）。

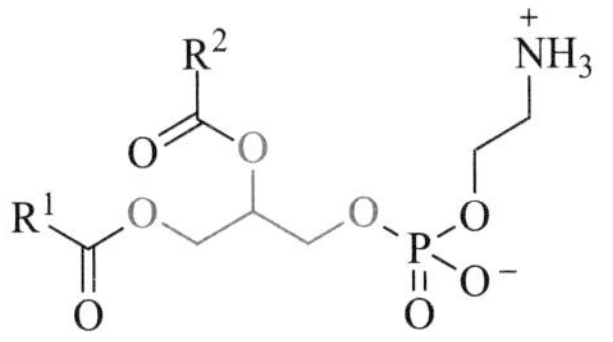

甘油磷脂 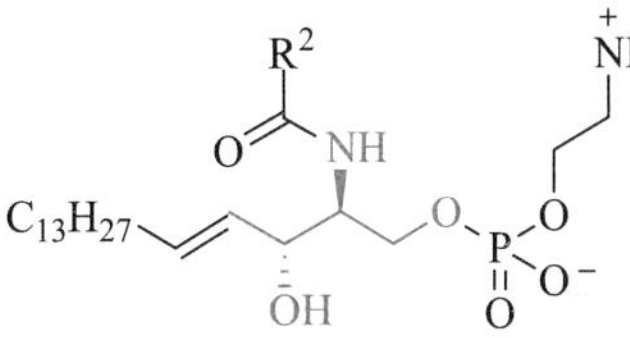　　　　　　　　鞘磷脂

鞘磷脂存在于大多数哺乳动物细胞的质膜内，是髓鞘的主要成分。高等动物组织中含量较丰富。

从以上结构中可以看出，磷脂为两性分子，一端为亲水的含氮或磷的头，另一端为疏水（亲油）的长烃基链。由于此原因，磷脂分子亲水端相互靠近，疏水端也相互靠近，常与蛋白质、糖脂、胆固醇等其他分子共同构成脂双分子层，即细胞膜的结构。其特点是在水解后产生含有脂肪酸和磷酸的混合物。

脑磷脂（phosphatidylcholine 或 lecithin）也称为磷脂酰乙醇胺，其含量仅次于卵磷脂，在大肠菌中，其约占总磷脂的 80%。

甘油磷脂的主要骨架为 L-甘油-3-磷酸。甘油分子中的另外两个羟基都被脂肪酸所酯化，磷酸基团又可被各种结构不同的小分子化合物酯化后形成各种磷脂。体内含量较多的是磷脂酰胆碱（卵磷脂）、磷脂酰乙醇胺（脑磷脂）、磷脂酰丝氨酸、磷脂酰甘油、二磷脂酰甘油（心磷脂）及磷脂酰肌醇等，每一类磷脂可因组成的脂肪酸不同而有若干种，也有可能形成各种混合物。

从分子结构可知，甘油分子的中央原子是不对称的，因而有不同的立体构型。天然存在的磷酸甘油酯都具有相同的立体化学构型。按照化学惯例，这些分子可以用二维投影式来表示。D 型和 L 型磷酸甘油醛的构型就是根据其 X 射线晶体衍射结果确定的，右旋为 D 型，左旋为 L 型。磷酸甘油酯的立体化学构型及命名由此而推定。

鞘磷脂是含鞘氨醇或二氢鞘氨醇的磷脂，其分子不含甘油，是一分子脂肪酸以酰胺键与鞘氨醇的氨基相连。鞘氨醇或二氢鞘氨醇是具有脂肪族长链的氨基二元醇，有长链脂肪烃基构成的疏水尾和两个羟基及一个氨基构成的极性头。

生命体内脂类化合物的合成并不是通过甘油的直接三酰基化，而是通过以单磷酸-L-甘油酯在酰基辅酶 A 的作用下进行酰化反应：

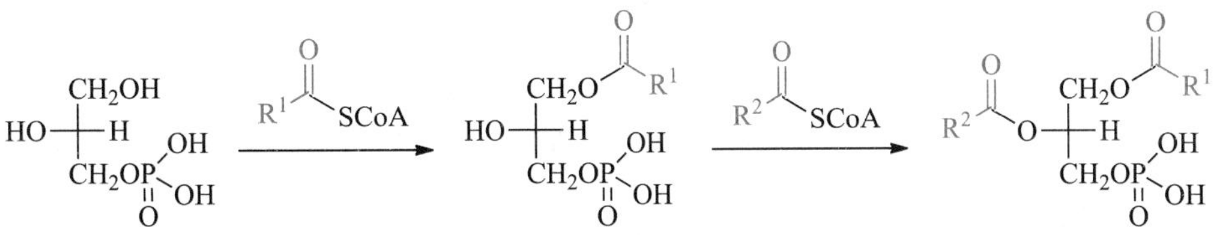

其产物称为磷脂酸（phosphatidic acid），此时 R^1 和 R^2 可以是一致的，也可以是不一样的。磷脂酸接着水解，生成二酰基甘油酯，再与酰基辅酶 A 反应生成三酰基甘油酯：

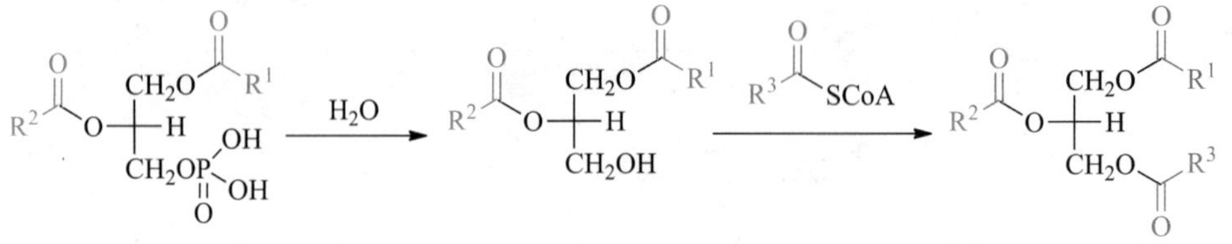

磷脂酸不仅是三酰基甘油酯的生化合成的中间体,也是磷脂等化合物生化合成的前体。

习题 22-3　判断单磷酸-L-甘油酯中的手性中心碳原子的构型。

习题 22-4　通过网络检索,提出单磷酸-L-甘油酯的生化合成路线。

22.2.3　蜡

蜡作为有机化合物,种类繁多,包括高级烷烃和脂类。其基本特点是疏水性的,不溶于水,但易溶于有机的、非极性的溶剂。它们的熔点通常在 40℃ 以上,熔化为低黏度液体,在室温下是一可塑性很强的固体。不同类型的天然蜡是由植物和动物产生的,或在石油产品中分离提取。

蜡是长链烷基组成的一类有机化合物。天然蜡可能是未取代的高级烷烃,但也可以是各种类型取代长链化合物,如脂肪酸、原发性和继发性长链醇类、酮类和醛类。它们也可能是含有脂肪酸和长链醇的酯。

许多植物和动物均可以合成各种蜡。例如,动物可以通过各种各样的羧酸与脂肪醇反应合成蜡酯;而植物蜡则是未酯化的各种碳氢化合物。因此,天然蜡的成分不仅取决于产生它的物种,而且还取决于该物种所生长的地理位置。

蜂蜡为软脂酸蜂花酯,是一种混合物,主要成分为三十烷醇与棕榈酸形成的酯,它的熔点是 62～65℃。
其他昆虫也会分泌不同的蜡。

最常见的动物蜡是蜜蜂生产的蜂蜡(bee waxes),用于筑蜂巢蜂蜡的主要成分如下:

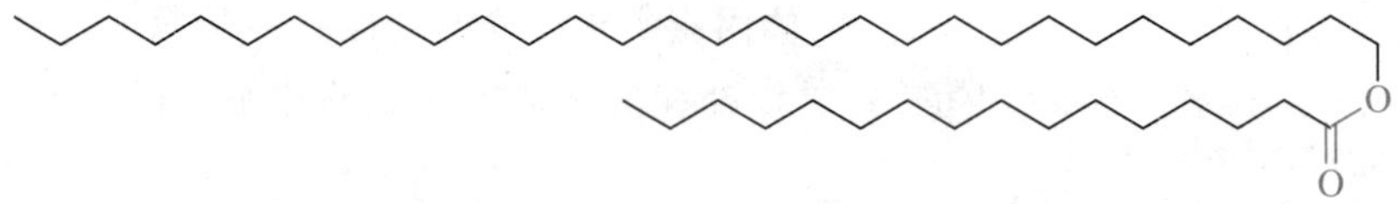

其他动物蜡的主要成分为棕榈酸、棕榈油酸、油酸和长链(含 30～32 个碳原子)的脂肪族醇形成的酯。抹香鲸的头部油的一个主要成分是棕榈酸鲸蜡酯(cetyl palmitate)。

棕榈蜡中含 40% 的脂肪酯、21% 的 4-羟基肉桂酸二酯、13% 的 ω-羟基羧酸,以及 12% 的脂肪酯和脂肪醇。这些化合物的碳链长度为 26～30 个碳原子。

植物分泌的蜡主要作用在植物的角质层表面,控制水分的蒸发、表面润湿性和水化的过程。植物表面蜡质主要是取代长链脂肪烃、烷基酯、脂肪酸、一级和二级醇、二醇、酮、醛。最重要的植物蜡为从巴西棕榈中分离得到的棕榈蜡(palm wax, Carnauba)。

虽然存在许多天然蜡，但是石油化工产品也是蜡的一个重要来源。石蜡(paraffin waxes)就代表了石油的一个重要部分。石蜡通常是具有类似碳链长度的烷烃同系物的混合物，是饱和的直链、支链烷烃以及环烷烃的混合物，此外有些还含有烷基取代芳烃。一个典型的烷烃石蜡的化学组合物(包括碳氢化合物)的通式为C_nH_{2n+2}，如三十一烷$C_{31}H_{64}$。石蜡中烷烃的支链的分支程度对其性质有重要的影响。

习题 22-5　抹香鲸头部器官中产生的鲸蜡(spermaceti)的主要成分为棕榈酸鲸蜡酯，是由棕榈酸(palmitic acid)与鲸蜡醇(cetyl alcohol)形成的酯。画出棕榈酸鲸蜡酯的结构式，并给出其系统命名。

习题 22-6　绵羊油(lanolin)是羊的皮脂腺分泌的一种蜡。高品质的绵羊油主要是含脂肪酸长链酯(约占总重量的 97%)，以及羊毛醇、羊毛脂酸和羊毛脂的碳氢化合物。通过网络检索，画出这些化合物的可能结构式。

22.2.4　前列腺素

1930 年，U. von Euler 和 M. W. Goldblatt 分别独立发现人、猴、羊的精液中存在一种使平滑肌兴奋、血压降低的活性物质。当时设想该物质可能是由前列腺(prostate gland)所分泌，命名为前列腺素。但实际上并非如此。

　　前列腺素(prostaglandin，PG)是存在于动物和人体中的一类不饱和脂肪酸组成的、具有多种生理作用的活性物质。最早发现它存在于人的精液中。现已证明，精液中的前列腺素主要来自精囊，全身许多组织细胞都能产生前列腺素。由于其含量很低，因此一直没法确定其结构。直到 20 世纪 60 年代，才首次分离并确定了前列腺素 E_1(PGE_1)和 $F_{1\alpha}$($PGF_{1\alpha}$)的结构：

PGE_1　　　　　　　　　　　　　$PGF_{1\alpha}$

此后，很多前列腺素被分离并确定了其结构。实验结果表明，所有前列腺素均为含有 20 个碳原子的羧酸，其结构中含有一个五元脂肪环，环上带有两个侧链(上侧链 7 个碳原子，下侧链 8 个碳原子)，在 C11 和 C15 位有羟基取代。按其结构的不同特点，前列腺素分为 A、B、C、D、E、F、G、H、I 等类型。例如，前列腺素 F 系列中在 C9 位也为羟基取代，而在前列腺素 E 系列中此位置为羰基。

前列腺素在体内由花生四烯酸所合成。1969 年，E. J. Corey 首次完成了前列腺素 E_2 和 $F_{2\alpha}$ 的全合成工作。

　　在生命体中合成前列腺素的基本原料为花生四烯酸类不饱和脂肪酸。花生四烯酸在脂肪酸环氧化酶的作用下与氧气反应生成 PGG_2：

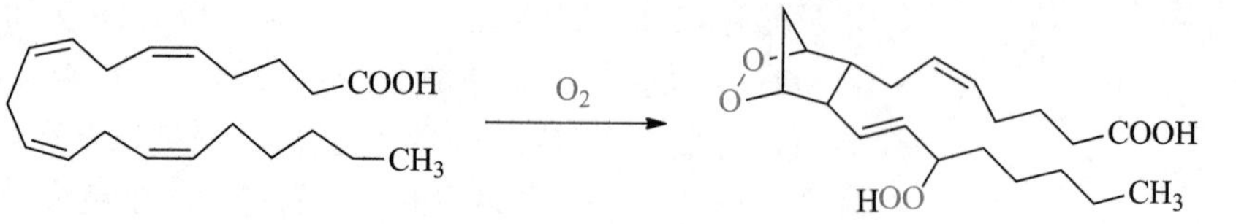

哺乳动物自身不能合成花生四烯酸。

前列腺素从结构上看应该属于与二十酸(icosanoic acid)相关的一大类化合物,因此,又被称为二十酸类化合物(icosanoids)。这类化合物还有血栓素(thromboxanes)、前列环素(prostacyclines)以及白三烯(leukotrienes)。血栓素是脂类,被列为类花生酸类物质的家族成员。两大血栓素是血栓素 A_2 和血栓素 B_2。血栓素的结构特点是含六元醚环。

尽管花生四烯酸是非手性的,但是在酶的专一性作用下,可以立体专一性得到 PGE_2。

血栓素是以其在血小板聚集、血液凝固,以及血栓形成中的作用命名的。
在血小板中发现的血栓素 A 合成酶可以将前列腺素 H_2 转化为血栓素。

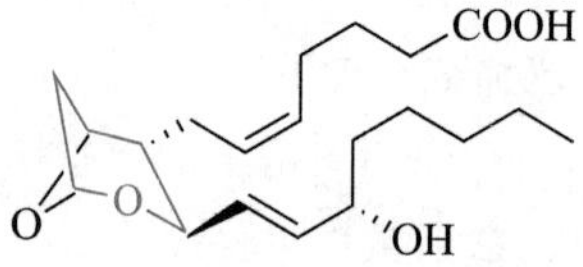

血栓素A_2 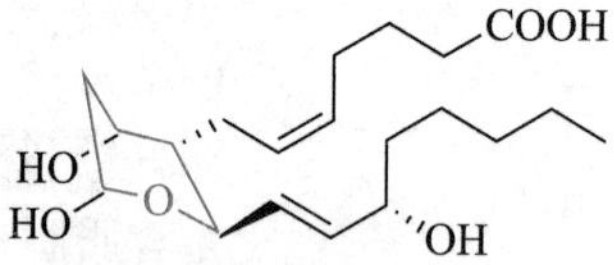   血栓素B_2

前列环素(又称前列腺素 I_2 或 PGI_2)是脂质分子家族成员的类花生酸的前列腺素。它能抑制血小板的活化,是一种有效的血管扩张剂。它也作为一种药物使用,被称为依前列醇:

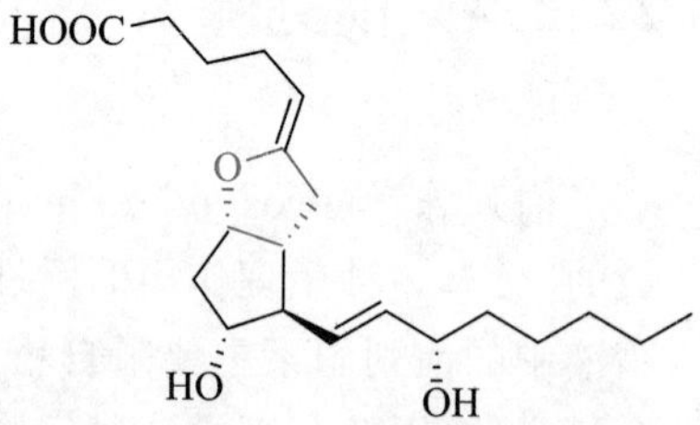

白三烯是指一大类花生四烯酸氧化的各种产物及其衍生物,例如

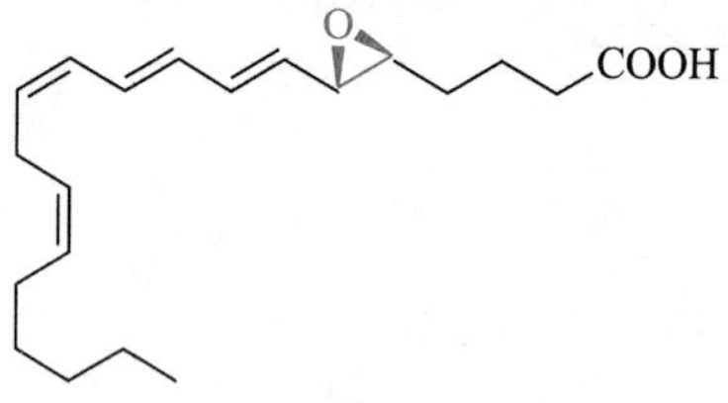

白三烯A_4 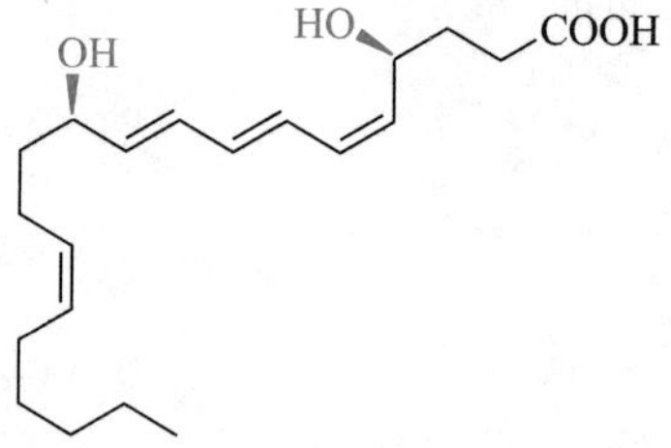   白三烯B_4

白三烯,1979 年由瑞典化学家 B. Samuelsson 命名,指的是白细胞(leukocyte)的共轭三烯。

顾名思义,白三烯是在白细胞中首次发现的,后来也在其他免疫细胞中发现。它们的一个角色(特别是白三烯 D_4)是可以引发支气管中的平滑肌收缩。白三烯的过量产生会导致哮喘和过敏性鼻炎。

PGG_2 在前列腺内被过氧化物合酶将—OOH 转化为—OH,得化合物 PGH_2。 PGH_2 是前列腺素及其类似物的前体化合物,其内过氧化物的氧氧键断裂后可以形成 PGE_2:

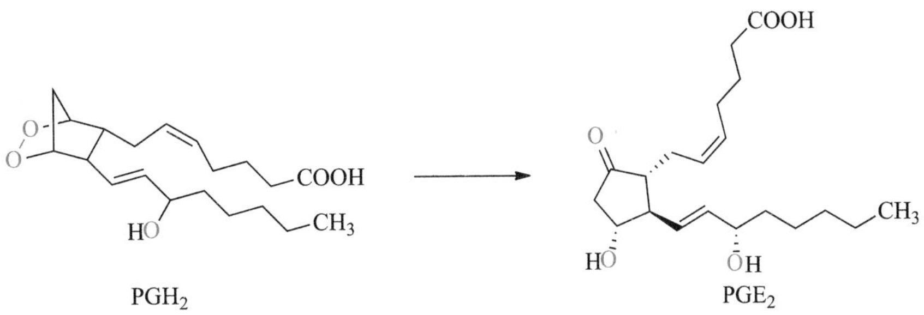

PGH₂ → PGE₂

不同类型的前列腺素具有不同的功能,如前列腺素 E 能舒张支气管平滑肌,降低通气阻力;而前列腺素 F 的作用则相反。前列腺素的半衰期极短(1~2 分钟),除前列腺素 I₂ 外,其他的前列腺素经肺和肝迅速降解,故前列腺素不像典型的激素那样,通过循环影响远距离靶向组织的活动,而是在局部产生和释放,对产生前列腺素的细胞本身或对邻近细胞的生理活动发挥调节作用。前列腺素对内分泌、生殖、消化、血液、呼吸、心血管、泌尿及神经系统均有作用。

习题 22-7 白三烯 C₄ 被报道参与其他一些疾病,如过敏性气道疾病、皮肤病、心血管疾病、肝损伤、动脉粥样硬化、结肠癌。在生物合成中可以认为是三肽中巯基对白三烯 A₄ 中环氧开环后的产物,你认为白三烯 A₄ 环氧环在酸性条件下哪个位点更容易被进攻? 白三烯 D₄ 和 E₄ 是白三烯 A₄ 分别与 Cys-Gly 与 Cys 反应的产物。请画出白三烯 D₄ 和 E₄ 的结构式。

习题 22-8 花生四烯酸在脂肪酸环氧化酶的作用下与氧气反应生成 PGG₂。为此转换过程提出合理的转换机理。

22.3 萜类化合物的结构、组成和分类

萜类化合物(terpenes)是广泛分布于植物、昆虫、微生物等体内的一类有机化合物。19 世纪末期,是萜类化学发展的早期,O. A. Wallach 通过细致的研究认识到,萜类化合物在结构上具有一个共同点,就是这些分子可以看做是两个或两个以上的异戊二烯分子,以头尾相连的方式结合起来的。例如,在对蓋烷分子中,是由一个异戊二烯分子中的 C1 位和另一个异戊二烯分子的 C4 位结合起来的:

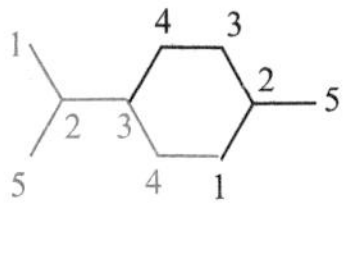

在 19 世纪末,很少有人能分离得到纯净的萜类化合物,更不可能鉴定其结构。最后通过熔点的比较以及混合物的成分分析成为当时确定萜类化合物结构的方法之一。O. A. Wallach 通过将萜类化合物衍生化的方法,如引入双键等,将其转化为结晶化合物并测定其熔点,从而确定了萜类化合物的结构。O. A. Wallach 系统研究了环状不饱和萜类化合物的重排反应,进一步获得了许多未知的萜类化合物及其结构。利用这些方法,他打开了对萜类化合物系统研究的路径。他命名了萜类及 α-蒎烯类化合物,并系统研究了蒎烯类化合物。1910 年,他获得了诺贝尔化学奖。

后来研究了更多的这类化合物,总结并发展成为异戊二烯规则(isoprene rule)。现在已知,绝大多数萜类分子中的碳原子数目是异戊二烯五个碳原子的倍数,仅发现个别的例外。因此,萜类化合物可以根据组成分子中异戊二烯单元的数目来分类:

	碳原子数	异戊二烯单元	代表性化合物
半萜 hemiterpenes	5	1	3-甲基-2-丁烯-1-醇
单萜 monoterpenes	10	2	月桂烯 myrcene
倍半萜 sesquiterpenes	15	3	蛇麻烯 humulene
二萜 diterpenes	20	4	松柏烯 A cembrene A
二倍半萜 sesterterpenes	25	5	香叶基法呢醇 geranyl farnesol
三萜 triterpenes	30	6	羊毛甾醇 lanosterol
多萜			

　　萜类化合物在自然界中广泛存在,高等植物、真菌、微生物、昆虫以及海洋生物中都有萜类成分的存在,其种类繁多,估计有 1 万种以上,是天然物质中最多的一类。

　　萜类化合物是中草药中一类比较重要的化合物,已经发现许多萜类化合物是中草药中的有效成分,有许多的生理活性,如祛痰、止咳、驱风、发汗、驱虫、镇痛。同时它们也是一类重要的天然香料,在化妆品和食品工业中有其独特的地位。天然精油原料中的萜烯和萜类化合物,可用精馏法、直接蒸汽蒸馏法、冻结法和萃取法分离之。在香料生产中,广泛使用含有萜烯及其衍生物的精油。一些化合物还是重要的工业原料,如多萜化合物橡胶是反式连接的异戊二烯长链化合物,广泛应用于汽车工业和飞机工业。

习题 22-9 画出月桂烯、蛇麻烯、松柏烯以及羊毛甾醇的结构式,并在其结构式中画出异戊二烯单元。

习题 22-10 将下列化合物划分为若干个异戊二烯单元,并指出它们分别属于哪一类(指单萜、倍半萜等):

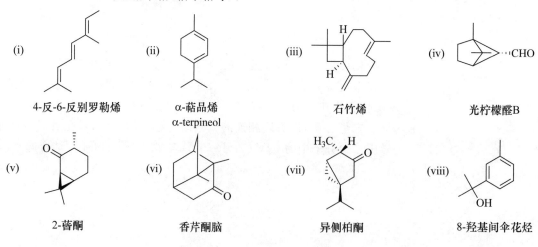

(i) 4-反-6-反别罗勒烯

(ii) α-萜品烯 α-terpineol

(iii) 石竹烯

(iv) 光柠檬醛B

(v) 2-蒈酮

(vi) 香芹酮脑

(vii) 异侧柏酮

(viii) 8-羟基间伞花烃

(ix) 贝壳松烷 kaurane	(x) 伊鲁烷 illdane	(xi) 沉香螺旋烷 agarospirane	(xii) Δ^{12}-齐墩果烷

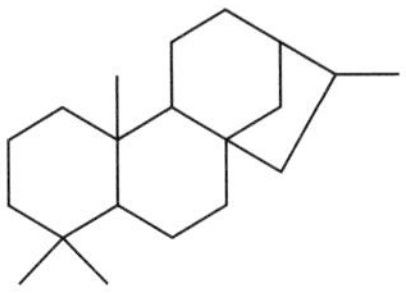

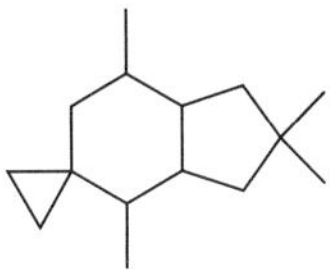

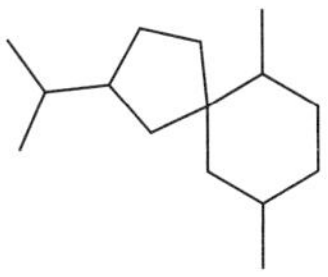

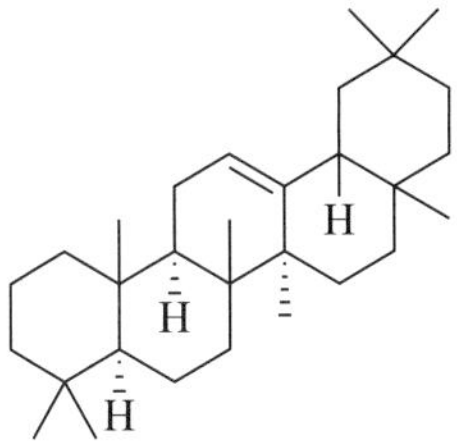

22.4　各种萜类化合物

22.4.1　单萜

单萜类化合物依据具有基本碳骨架是否成环的特征,分为非环状单萜和单环、双环、三环的环状单萜,其中含单环和双环的化合物较多,构成的碳环多数为六元环。

1. 非环状单萜

非环状单萜又称为开链单萜,它是由两个异戊二烯单元结合而成的非环状化合物。非环状单萜中有许多是珍贵的香料。例如,月桂烯最早是从月桂油中分离出来的,后来在啤酒花、松节油等多种精油中均有发现。月桂烯由于双键的位置不同可以分为 α-月桂烯和 β-月桂烯:

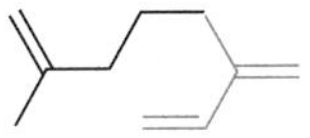

α-月桂烯 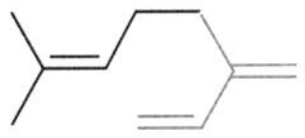　　　　　　　β-月桂烯

β-月桂烯用盐酸处理后再用碱处理,可以得到一种重要的香料芳樟醇(linalol):

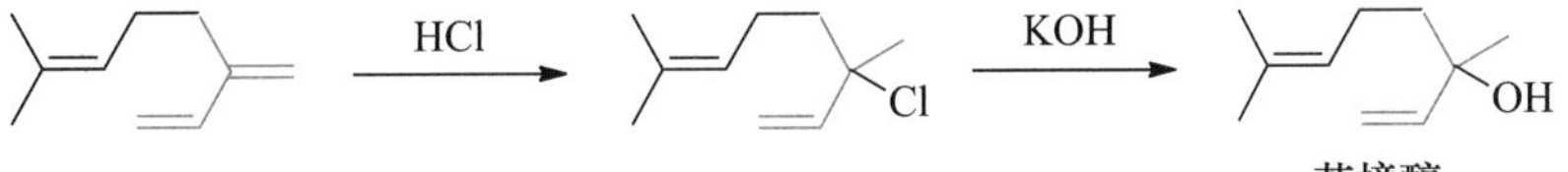

橙花醇(nerol)是存在于玫瑰油、橙花油和香茅油中的一种贵重香料,有玫瑰和橙花的香气,比香叶醇柔和而优美,用于配制玫瑰型和橙花型花香香精。它的同分异构体香叶醇(geraniol,又称为牻牛儿醇),存在于玫瑰油、香叶油、衣兰油等中。

橙花醇　　　　　　　香叶醇

从植物的花、叶、果皮、种子及树皮等中提取得到的具有芳香气味的易挥发的液体称为精油。精油用途十分广泛,可供药物和香料使用。单萜类化合物是精油的主要成分之一。

芳樟醇及其酯在香水等化妆品配方中占有重要的地位。

香叶醇主要用于配制皂用香精。

习惯将香叶醇中羟基去掉以后剩下的基团称为香叶基(geranyl)。

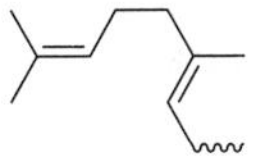

此基团在其他萜类生物合成中是很重要的。

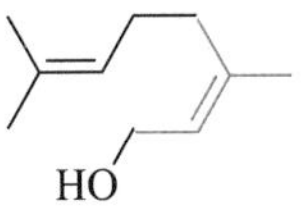

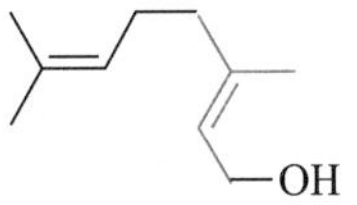

香叶醇是山梨酸的代谢副产物。如果葡萄酒中存在细菌,就可以使山梨酸代谢生成香叶醇,这是一个非常令人讨厌的葡萄酒污染物。

在酸性溶液中,香叶醇可以转化为环状单萜 α-松油醇:

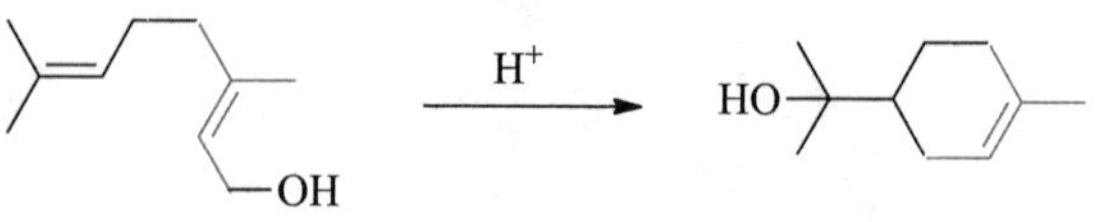

柠檬醛都具有柑橘类水果的清香。柠檬醛在食用香精中极重要,因为它不仅本身具有柠檬香味,而且对整个香精会起增香作用。但它们在化妆品香精中用量有限,因为它们的化学性质过于活泼,在化妆品和香皂中使用会造成很多困难。

柠檬醛(lemonal,citral)主要存在于柠檬草油、柠檬油和山苍子油中。由于结构中碳碳双键的顺反异构差别,又分为柠檬醛 a(又称香叶醛)和柠檬醛 b(又称为橙花醛):

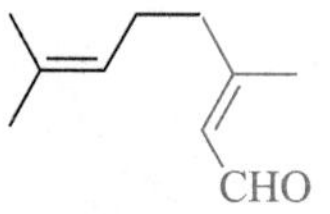

香叶醛 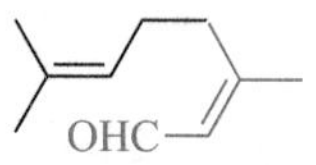　　　　　　　　橙花醛

习题 22-11 请指出下列各组化合物互为什么异构体?
(i) α-月桂烯,β-月桂烯　(ii) 橙花醇,香叶醇　(iii) 柠檬醛 a,柠檬醛 b
习题 22-12 请画出在酸性溶液中,香叶醇转化为环状单萜 α-松油醇的反应机理。

2. 单环单萜

单环单萜类化合物都含有一个六元碳环,它们都以稳定的椅式构象存在。例如,薄荷醇(menthol)又称为薄荷脑,分子中有 3 个手性碳,应有 8 个旋光异构体,可形成四对外消旋体,分别称为(±)-薄荷醇,(±)-新薄荷醇(neomenthol),(±)-异薄荷醇(isomenthol)和(±)-新异薄荷醇(neoisomenthol):

薄荷醇是一种透明或白色的蜡状、结晶的物质,熔点略高于室温。由天然薄荷油经冷却、结晶、分离所得的是 左旋薄荷醇,(−)-menthol,其三个手性中心的构型分别为 1R,2S 以及 5R。
薄荷醇具有芳香清凉气味,有杀菌、防腐及局部止痛等效用,广泛用于医药、日用化妆品、糖果和饮料中。薄荷脑具有局部麻醉和抗刺激的特性,它被广泛用于缓解喉咙发炎。薄荷也作为一个弱 kappa 类鸦片受体兴奋剂。

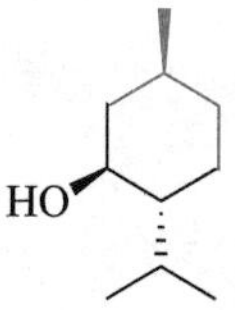

(+)-薄荷醇 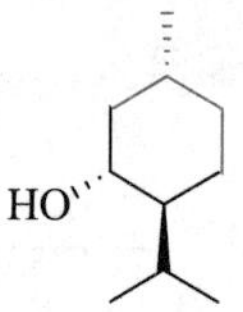　　　(−)-薄荷醇 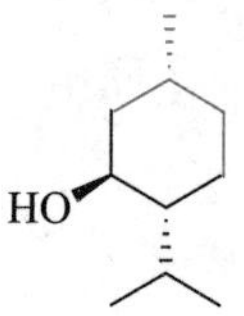　　　(+)-异薄荷醇 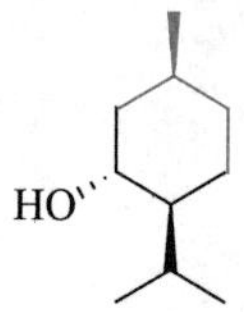　　　(−)-异薄荷醇

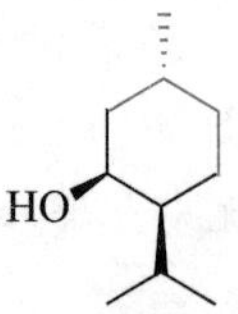

(+)-新薄荷醇 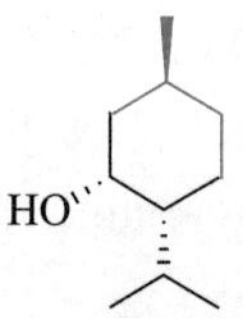　　　(−)-新薄荷醇 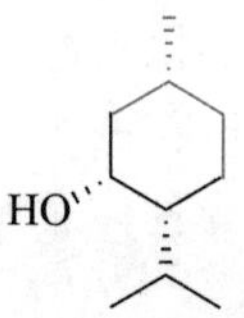　　　(+)-新异薄荷醇 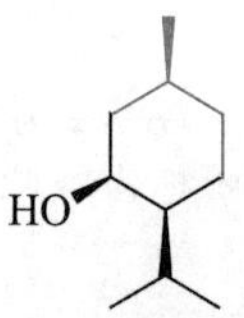　　　(−)-新异薄荷醇

在这些异构体中,(−)-和(＋)-薄荷醇是最稳定的,其中的三个取代基均在平伏键上。(−)-薄荷醇具有四种晶型,其中最稳定的是 α 形式,其结晶类似于针状。

柠檬烯(limonene)又称苎烯,其分子中有一个手性碳,因此有两个旋光异构体:

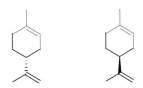

自然界中主要存在于柠檬油、橙皮油中的是(＋)-柠檬烯,具有较重的橙子味。它们形成的外消旋体存在于香茅油中。它们都具有柠檬的香味,可以用做香料、溶剂等。柠檬烯是化学合成香芹酮的前体,为可再生的清洁溶剂。

（＋)-柠檬烯中的手性碳原子为 R 构型。
（－)-柠檬烯存在于松针油、薄荷油中。

柠檬烯相对稳定,可蒸馏而不分解,但在高温下它裂解成异戊二烯。它在潮湿的空气中容易氧化生成香芹醇、香芹酮或柠檬烯氧化物。在硫的作用下,它可以脱氢转化为对伞花烃:

柠檬烯也可以与三氟乙酸反应生成三氟乙酸酯,水解后的产物为 α-松油醇。

松油醇主要存在于松油、里那油、玉树油、橙花油等中,具有甜甜的紫丁香气味,广泛用做香精。

松油醇又称为萜品醇(terpineol),由于其结构中碳碳双键和羟基的不同取代位置,主要分为四种化合物:

α-松油醇　　β-松油醇　　γ-松油醇　　δ-松油醇

自然界中的松油醇主要为混合物,含量最高的为 α-松油醇。在前面柠檬烯转化为松油醇的过程中,同样会有副产物 β-松油醇。

习题 22-13 画出薄荷醇的八个旋光异构体的优势构象式。哪一种薄荷醇在自然界中存在最多？分析说明原因。

习题 22-14 在温热的矿物酸作用下,柠檬烯可以异构化成共轭二烯。你认为异构化的主要产物是哪个? 如何用实验证明你的猜想?

3. 双环单萜

双环单萜的骨架是由一个六元环分别与三元环、或四元环、或五元环共用若干个原子构成的。根据碳的骨架不同,可分为侧柏烷系、蒈烷系、蒎烷系和莰烷系:

双环单萜属于桥环化合物,可按桥环化合物的命名原则命名。

| 侧柏烷系 | 蒈烷系 | 蒎烷系 | 莰烷系 |

侧柏烷系中的代表性化合物侧柏酮(thujone)是一个单萜类酮。天然的侧柏酮中含有两个非对映体(−)-α-侧柏酮和(+)-β-侧柏酮;此外,还有其他两个对映体,(+)-α-侧柏酮和(−)-β-侧柏酮:

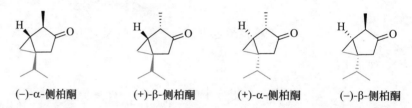

(−)-α-侧柏酮   (+)-β-侧柏酮   (+)-α-侧柏酮   (−)-β-侧柏酮

侧柏酮具有薄荷的气味。苦艾酒只含有少量的侧柏酮,即对神经有一定的刺激作用。许多国家允许在食物或饮料中加入少量的侧柏酮。

蒈烷系的代表性化合物为蒈烯(carene)。天然的蒈烯是一类双环单萜,主要包括3-蒈烯和2-蒈烯:

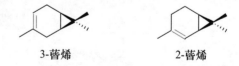

3-蒈烯   2-蒈烯

3-蒈烯具有刺激性气味,为松节油的组成部分。它不溶于水,但与脂肪和油混溶。

蒎烷系的代表性化合物为蒎烯(pinene)。天然的蒎烯主要有两种:α-蒎烯和β-蒎烯。蒎烯的二环体系的骨架可以看做是对蓋烷的异丙基C8位碳原子和与它相邻的第三个碳原子C2或C6位相连构成的:

α-和β-蒎烯最大差别在于双键位置的不同。α-蒎烯是松节油的最主要成分,β-蒎烯是松节油的次主要成分。

α-和β-蒎烯在工业生产上也十分重要,因为绝大多数的蒎烷衍生物和大部分合成香料产品都是以它们为原料生产的。

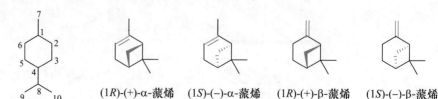

(1R)-(+)-α-蒎烯   (1S)-(−)-α-蒎烯   (1R)-(+)-β-蒎烯   (1S)-(−)-β-蒎烯

许多昆虫都使用了 α-和 β-蒎烯两种异构体作为其化学通信的传递介质。在化学工业中,利用一些催化剂选择性氧化将蒎烯转化为许多人工香料。例如,将 α-蒎烯选择性烯丙位氧化,可以得到一个重要的氧化产物,马鞭草烯酮(verbenone)。

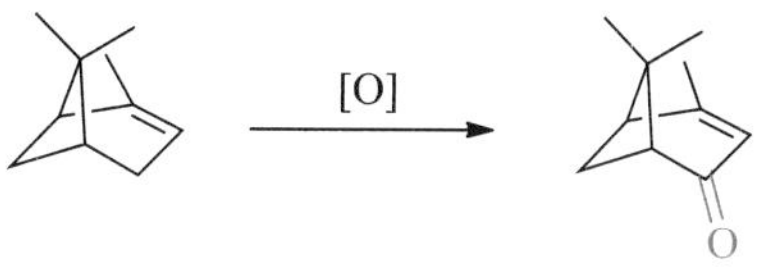

由于蒎烯中有一个不稳定的四元环,所以它们在酸性条件下很容易发生碳正离子型的重排,使碳架发生改变。这一重排反应代表了一大类重排反应,具有普遍的意义(参见第 24 章)。

莰烷系的代表性化合物樟脑(camphor)又称 2-莰酮(2-camphanone)。在这个船式六元环的桥环体系中,二甲基碳原子的桥只能以顺式的方式结合,因此,对位的两个碳原子为这个碳桥所固定。所以这个化合物只有一对对映体,结构式如下:

(R)-樟脑　　(S)-樟脑

合成樟脑是消旋体。在工业上,它是用松节油中所含大量的 α-或 β-蒎烯为原料来合成的。首先是将蒎烯在质子催化作用下重排为莰烯(camphene),然后在醋酸的作用下,变为莰醇醋酸酯,最后经水解、氧化,得到樟脑:

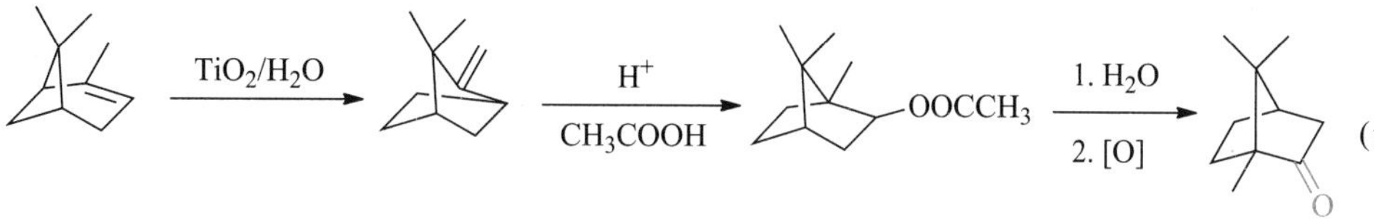

冰片(borneol)又称龙脑或 2-莰醇。随分子中羟基的取向不同有内型和外型两种。其内型异构体称为冰片,其外型异构体称为异冰片(isoborneol)。冰片和异冰片的结构式如下:

冰片　　　　异冰片

冰片可以氧化转化为樟脑。1842 年,法国化学家 C. F. Gerhardt 将冰片命名为 Borneo camphor(龙脑),也就说明了其来源。冰片存在于某些地区的樟脑树中,可以通过樟脑的还原来制备冰片。利用 Meerwein-Ponndorf-Verley 还原反应(可逆的)或利用 NaBH₄(快速且不可逆)可将天然右旋樟脑还原为异冰片,而用电化

马鞭草烯酮也是一种天然萜类化合物。它具有一种令人愉快的气味。

樟脑是我国丰产的一种原料,主要存在于樟脑树的各部分中,以树干中含量最高。樟脑是一种蜡质、易燃、白色或透明固体,有强烈的樟木气味和辛辣的味道,在医药上用于制强心药、清凉油、十滴水等;也可在国防工业中制无烟火药;此外,它还是很好的防蛀剂。

天然樟脑是右旋体,通常可从樟脑油或芳樟油中分出,再经升华精制后得到。

冰片具有樟脑的气味,广泛用于配制迷迭香、熏衣草等香精和日用化工品中,它还是宗教(印度教)用的薰香香精。冰片性微寒,味辛苦,有通窍、散郁、止痛等功能,故在中药中也常用。

学还原法得一对外消旋的冰片。工业上也可以蒎烯为原料来生产冰片,将干燥的 HCl 通入蒎烯中,得冰片基氯化物,将其干燥后溶入乙醚中,加入镁粉反应,接着通入氧气,再用硫酸分解,得到的生成物中含冰片 65%～85%、异冰片 5%～8%。

习题 22·15 写出以下转换的反应机理:

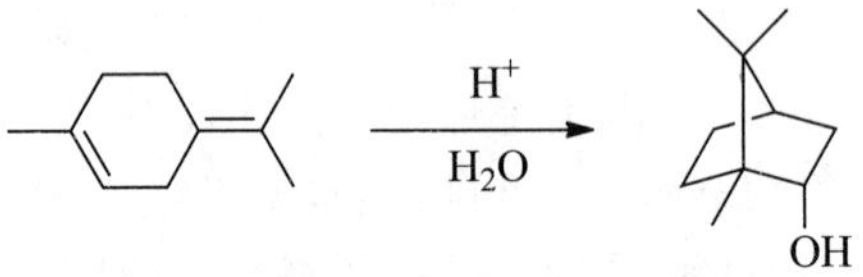

习题 22·16 为以下转换提供反应式:
(i) 蒎烯先经 HCl,再在 Mg 粉、氧气中反应,然后酸性水解转化为冰片;
(ii) 右旋樟脑被还原为异冰片。

22.4.2 倍半萜

含有三个异戊二烯单元的萜类化合物称为倍半萜,其代表性化合物为金合欢醇(farnesol),又称为法呢醇。商品金合欢醇必须含金合欢醇(异构体总量)96%以上,才可作为日用香料使用,因为含杂质过多的金合欢醇有致敏作用。金合欢醇因 C2～C3 位和 C6～C7 位间的双键存在顺反几何构型,因此有四种异构体:

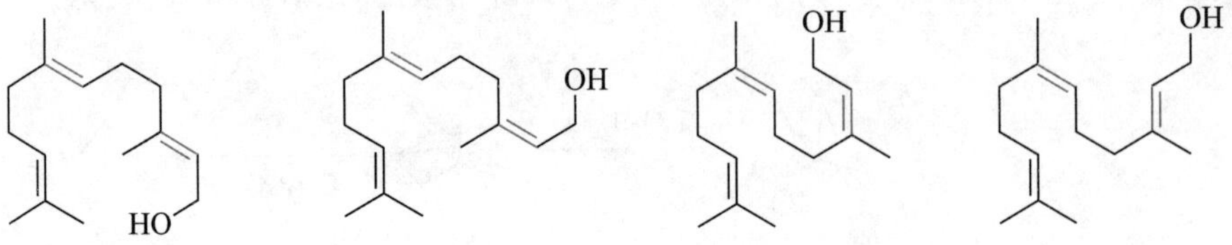

柏木醇(cedrol)又称雪松醇,是一种在松柏类植物精油(香柏油)中发现的倍半萜醇:

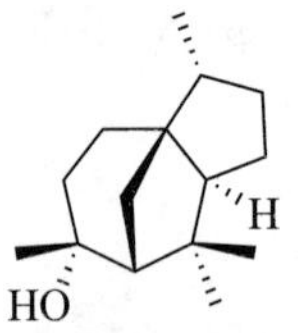

22.4.3 二萜、三萜和四萜

营养上必需的维生素(vitamin)A$_1$,也称为视黄醇(retinol),是一个二萜醇。它只存在于动物体内,但是植物中的 β-胡萝卜素(β-carotene),在人体肝脏中也可以转换成维生素 A$_1$。β-胡萝卜素分子正中间的双键被氧化,生成视黄醛(retinal,ret-

金合欢醇存在于多种精油,如金合欢、玫瑰油、茉莉花油及柠檬草油等中。金合欢醇是国际香精协会(IFRA)限制使用的日用香料之一。它有微弱的花香气,可用于配制紫丁香型等高级香精。

柏木醇存在于柏木油中,可由柏木油经分馏、冷冻和结晶而制得。柏木醇具有令人愉快而持久的柏木香气,广泛用于木香、辛香和东方型香精中,也可以大量用做消毒剂和卫生用品的增香剂。
柏木醇具有毒性,可能会致癌。2015 年,研究结果表明,柏木醇强烈地吸引着研究人员所喂养的受孕雌蚊。

维生素 A$_1$ 为一个油溶性的黄色晶体,在蛋黄及鱼肝油内都存有这个物质。
维生素 A$_1$ 中的碳链上碳碳双键均是反式的。

inaldehyde)，再经还原酶还原后，就转化为维生素 A₁：

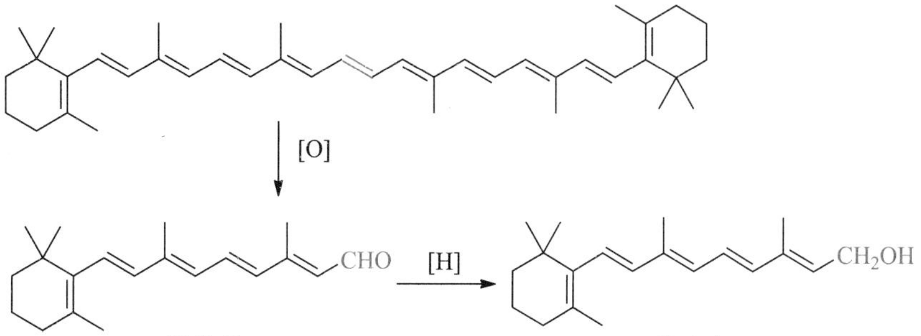

视黄醛　　　　　　　　　　　　维生素A₁

维生素 A 的生化反应和视觉很有关系。整个视觉反应的过程是一个酶催化的循环圈，也是光传导的前端。在这个循环过程中，11-*cis*-视黄醛（也称为新视黄醛）是一个不断产生再转化的关键中间体。在哺乳动物的视觉产生过程中，首先从维生素 A₁ 与脂肪酸的酯衍生物开始：

整个循环过程如下：

（1）维生素 A₁ 的酯衍生物在异构化水解酶 RPE65 的作用下水解并异构化为 11-*cis*-视黄醇；

（2）11-*cis*-视黄醇被脱氢酶氧化为 11-*cis*-视黄醛；

（3）醛与光敏色素视紫红质（rhodopsin）中的赖氨酸上氨基反应生成亚胺盐；

（4）在光的照射下，11-*cis* 的双键被转化为反式；

（5）全反式的亚胺盐很容易水解成为视黄醛，此时将光学信号传递给大脑的视觉神经；

（6）视黄醛再被还原为维生素 A₁；

（7）维生素 A₁ 在卵磷脂视黄醇酰基化酶（LRATs）的作用下与脂肪酸反应生成酯衍生物，完成整个循环过程。

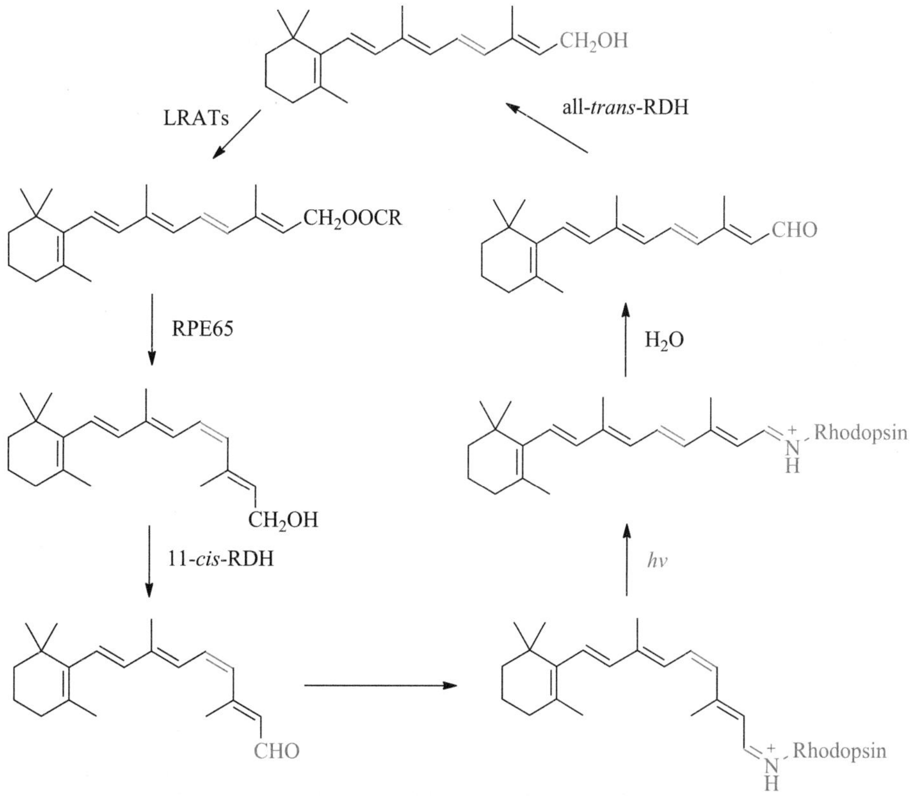

龙涎香（ambergris）是一种动物性香料，它是一种混合物。将其乙醇溶液加热蒸馏得到的液体经冷却后可以得到一种白色晶体，称为龙涎香醇（ambrein）。它是龙涎香的主要成分，为一种三环三萜类化合物：

龙涎香是抹香鲸肠胃的病状分泌物,由抹香鲸排出体外后,被海水带至海滩上。它是一种极名贵的定香剂,可用于配制高级化妆品香精。

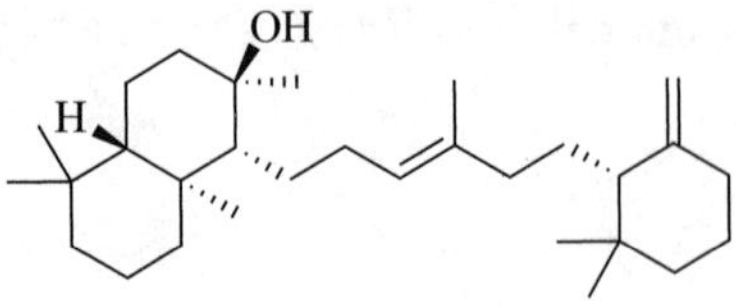

龙涎香醇本身没有香味,它主要是作为一些具有香味化合物的前体,经生物氧化后转化为龙涎呋喃(ambroxan)或龙涎醇(ambrinol)等化合物:

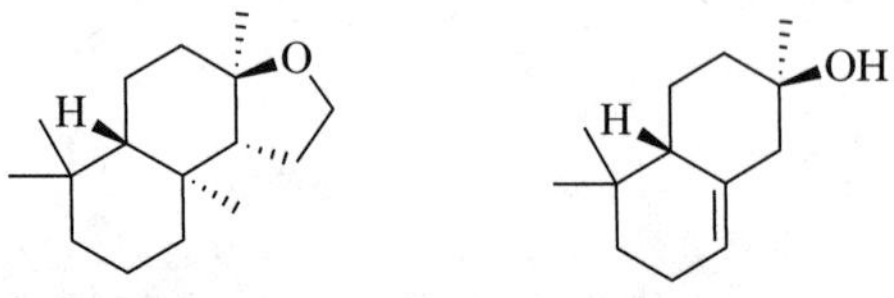

龙涎呋喃   龙涎醇

Carotene 或 carotin 来源于拉丁文 carota,意思为胡萝卜。

胡萝卜素类化合物(carotenes)广泛地存在于植物和动物的脂肪内,但是动物自身不能合成胡萝卜素。最早获得的胡萝卜素是一个红色的结晶,当时认为是一个纯的物质。很多年以后,R. Kuhn 将柱色谱法广泛地应用于有机化学的研究中,使结构近似、从前很难彼此分开的物质,能够被分离为纯的单体,这对有机天然产物的研究起了很大的推动作用。利用这个方法,胡萝卜素被分离成为四个组分,分别称为 α-、β-、γ-、δ-胡萝卜素,它们的结构颇为近似,都是由 8 个异戊二烯单元组成的,属于四萜类化合物。它们的分子中都含有 11～12 个双键,因此这类色素又称为多烯色素。它们的结构式如下:

到目前为止,至少已经有 600 种以上的天然类胡萝卜素(carotenoids)被发现了,而只有一小部分会在体内转换为维生素 A。

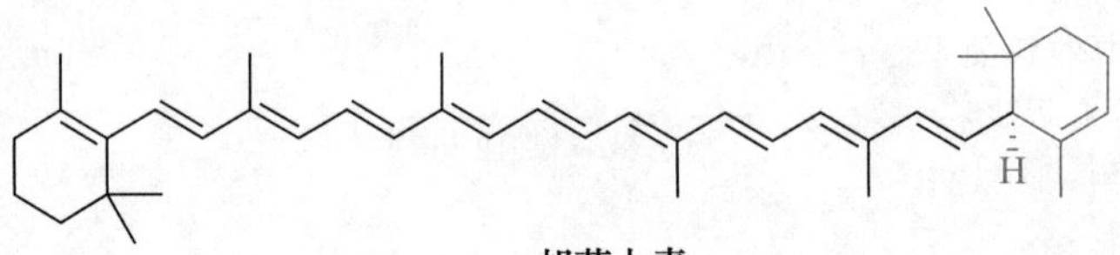

α-胡萝卜素

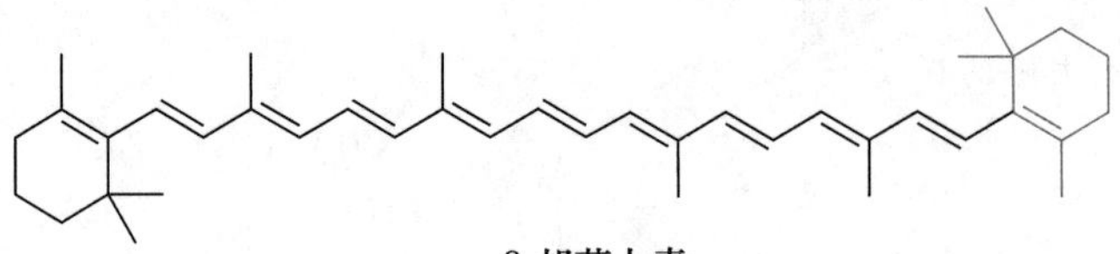

β-胡萝卜素

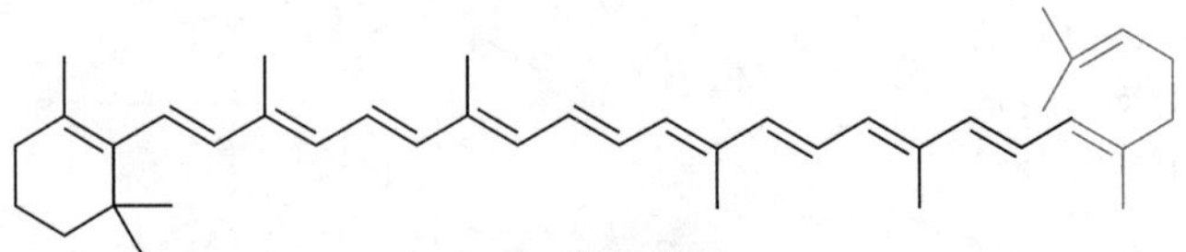

γ-胡萝卜素

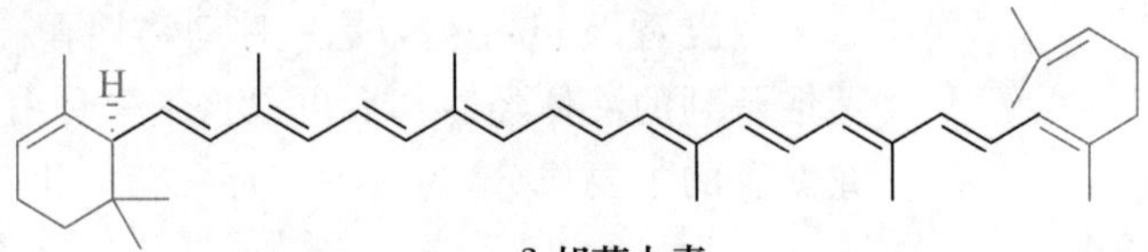

δ-胡萝卜素

这四个分子的结构极为近似，特别是 α-和 β-胡萝卜素之间，以及 γ-和 δ-胡萝卜素之间的区别都只在一个双键的位置上。

习题 22-17 松香酸可由左旋海松酸在酸的作用下转变而来：

(i) 请通过网络检索确认松香酸的结构，并按异戊二烯规则划分松香酸的结构单元；

(ii) 写出由左旋海松酸转变成松香酸的反应机理。

习题 22-18 画出固塔波胶和天然橡胶的结构式，分别确认它们单体的结构和名称，并用反应式表示生成固塔波胶和生成天然橡胶在立体化学上有什么不同。

22.5 甾族化合物的基本骨架和构象式

甾族化合物(steroids)是指环状骨架具有特殊排布的四环类化合物，其核心的四环稠合骨架含有 17 个碳原子，其中三个为六元环，另一个为五元环。从左到右，这些环分别为 A、B、C 以及 D 环，这个稠环体系就是全氢化菲并环戊环的基本骨架：

用甾族来命名此类化合物，是因为甾字是一个象形字，它暗含了这一类化合物的结构特征，甾下半部的“田”暗指结构中有四个环，甾上半部的“巛”暗指结构中有两个角甲基和一个烃基。

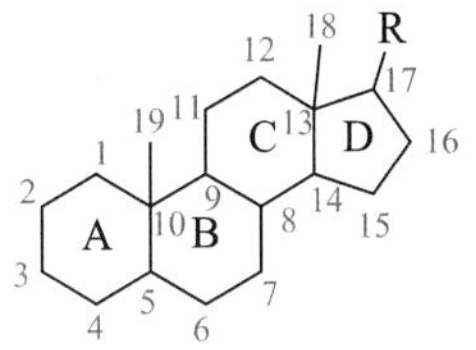

这类化合物通常都含有两个角甲基和一个烃基。碳原子按固定的顺序编号，编号的次序如上图所示。从理论上讲，甾族化合物的 A、B 环之间，B、C 环之间，C、D 环之间应该既能顺式相连，又能反式相连；实际上，天然甾族化合物的 B、C 环和 C、D 环都是反式相连的，只有 A 环和 B 环有顺式相连，也有反式相连的。所以甾族化合物的环架只有两种构象式：

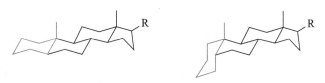

甾族化合物广泛存在于动植物体内，数目繁多，不能一一列举。下面仅介绍几个有代表性的甾族化合物，其中有些是我们熟悉的，有些是和我们生活有关的。

22.6 各种甾族化合物

22.6.1 胆固醇

胆固醇(cholesterol)是最早发现的一个甾族化合物,因此也称为胆甾醇。胆固醇的结构式为

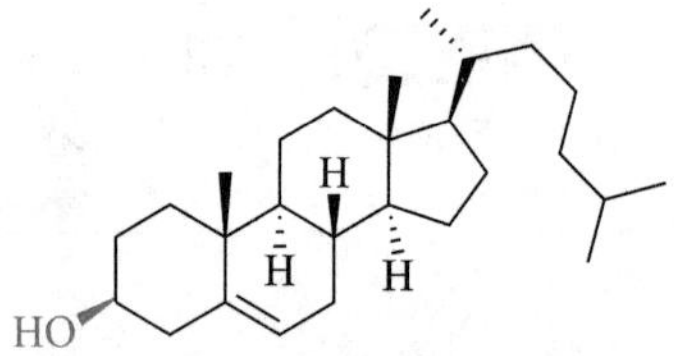

Cholesterol 来源于希腊语 chole(bile,胆汁)和 stereos(solid,固体),再加上后缀 ol(醇)。

胆固醇主要存在于人和动物的脂肪、血液、脑和脊髓中,因为在胆石内也发现了它的存在,并经鉴别它是一个结晶的醇,故称为胆固醇。

在此结构式中,用实楔形键和环系连接的原子或基团是伸在前面的,用虚楔形键和环系连接的原子或基团是伸在后面的。前者称为β-取向,后者称为α-取向。按此规则,此式中羟基、两个角甲基及烃基都是β-取向的。

甾族化合物中含 β-取向的羟基化合物具有一个非常特殊的性质,就是能与毛地黄皂苷(digitalis,一个甾族化合物的配糖体)形成一个不溶解的沉淀。利用这个性质,就可以把 β-异构体与 α-异构体分开,这在研究和分离甾族化合物中起着很重要的作用。例如,胆固醇还原后变为二氢胆固醇,在碱的催化作用下,部分的 α-异构体转变为 β-异构体。加入毛地黄皂苷后,就把 β-异构体全部沉淀下来,α-异构体留在溶液中,将沉淀的配合物溶在吡啶内,待分解完全后,加乙醚把毛地黄皂苷沉淀,从溶液中把纯的 β-二氢胆固醇回收。

所有的动物细胞都能制造胆固醇。约 20% 的胆固醇在肝脏内合成,其他可以在肠道、肾上腺和生殖器官等器官中合成。哈佛大学的 K. Bloch 和慕尼黑大学的 F. Lynen 首先研究了胆固醇的生物合成路线以及相关的重要中间体。一个最重要的中间体为三萜类化合物——角鲨烯(squalene)。角鲨烯是以乙酸为原料生物合成胆固醇的关键中间体。首先,角鲨烯在角鲨烯环氧化酶作用下环氧化,再酸性开环并经碳正离子关环重排后转化为羊毛甾醇(lanosterol):

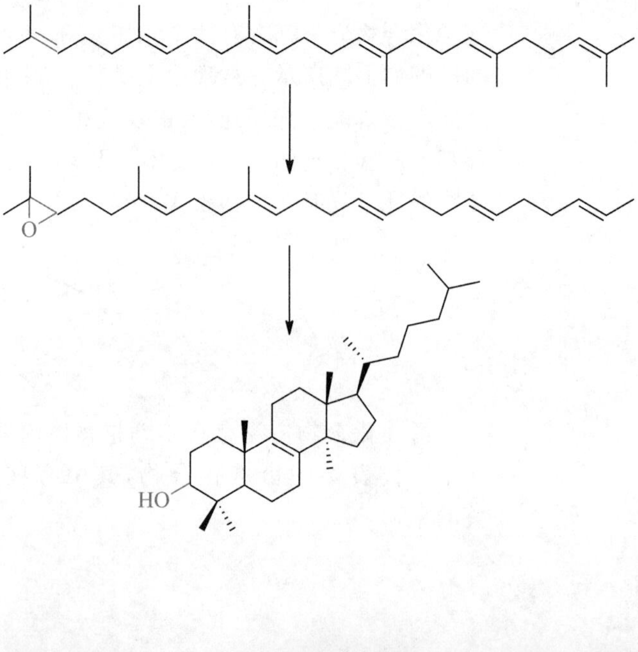

羊毛甾醇再经很多步反应后转化为胆固醇，这个过程更为复杂，在此不作叙述。

尽管至今还有很多争议，并且许多复杂的生物学问题尚待解决，K. Bloch 和 F. Lynen 仍由于在胆固醇和脂肪酸的代谢机理和方法等方面的杰出贡献获得了 1964 年的诺贝尔生理学或医学奖。

习题 22-19 画出 2,3-环氧角鲨烯在 Lewis 酸作用下转化为羊毛甾醇的反应机理。

习题 22-20 在胆固醇结构的确定过程中，以下步骤是非常重要的，写出以下转换的反应式：

(i) 胆固醇中的二级醇被 CrO_3 氧化；

(ii) 氧化后的产物被某种试剂氧化为二酸；

(iii) 此二酸在某种条件下可以转化为环戊酮。

22.6.2 麦角固醇及维生素 D

麦角固醇（ergosterol）和 7-脱氢胆固醇（7-dehydrocholesterol）是与胆固醇结构非常类似的两个化合物：

麦角固醇是一种重要的医药化学原料，是生产激素类药物的中间体，可用来生产可的松。麦角固醇是微生物细胞膜的重要组成部分，对确保细胞膜的完整性、膜结合酶的活性、膜的流动性、细胞活力以及细胞物质运输等起着重要作用。

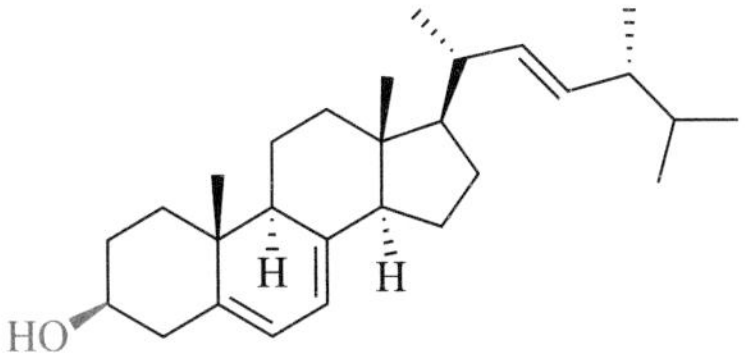

麦角固醇 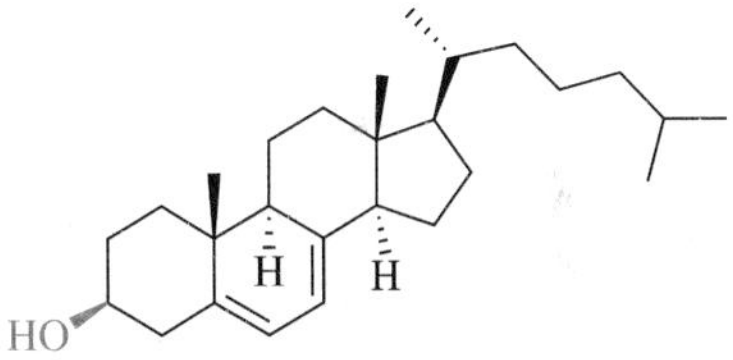　　　　　　　　　　7-脱氢胆固醇

麦角固醇的分子中含有三个双键，在 B 环有一个共轭双键，侧链上碳 C22～C23 处有一个双键；而 7-脱氢胆固醇的 B 环有一个共轭双键，这是胆固醇在酶的氧化下形成了共轭体系。这是两个非常有意思的分子，在紫外线的照射下，可产生一系列物质，产物非常复杂。其中一个重要的变化，就是 C9～C10 之间的键发生断裂，即环己二烯开环变为己三烯衍生物。两者的产物分别为维生素 D_2 和 D_3：

维生素 D_3 是人体吸收 Ca^{2+} 的关键化合物。如果人体内维生素 D_3 的水平低下，将会使骨骼生长缓慢，导致软骨病。

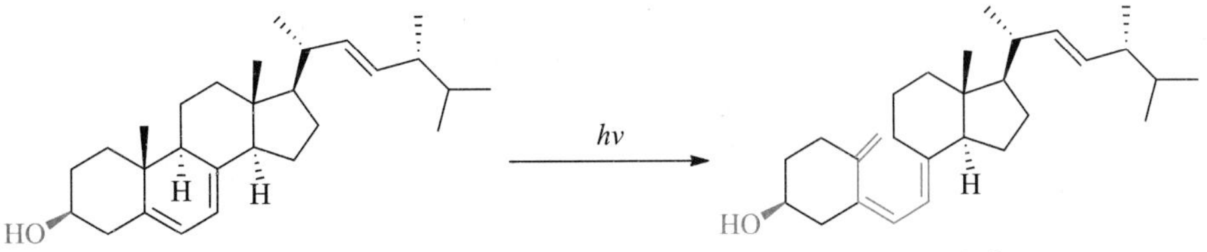

麦角固醇　　　　　　　　　　　维生素 D_2

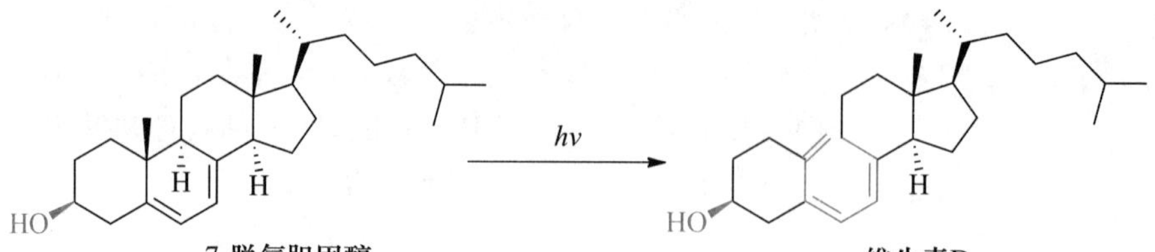

7-脱氢胆固醇 维生素D₃

维生素 D₂ 和 D₃ 的差别主要在侧链的 C22～C23 处，前者是碳碳双键，后者是饱和的。这二者都具有防止软骨病的效能。最后应当提到的一点是，维生素 D 实际上是 D₂ 和 D₃ 的统称，并没有所谓的维生素 D₁。

习题 22-21 在麦角固醇经光照转化为维生素 D₂ 的过程中，需要先转化为原维生素 D₂。通过网络检索，确认原维生素 D₂ 的结构式，画出麦角固醇经光照转化为维生素 D₂ 的反应机理，并确认原维生素 D₂ 转化为维生素 D₂ 的反应类型。

22.6.3 胆酸和糖皮质激素

胆酸也是一种甾醇，是人类四种主要胆汁酸（bile acids）中含量最丰富的一种。在肝脏中，胆固醇的侧链被氧化后形成胆酸。1912 年，德国化学家 H. O. Wieland 开始研究胆汁酸，他证明了胆酸、胆汁酸与胆固醇的关系。他和合作者多年探索着胆固醇分子中某个特定部位的氧化作用，终于得出胆酸和其他胆汁酸的部分正确结构。他因研究胆汁酸及其类似物质而获得 1927 年诺贝尔化学奖。人体中的胆汁酸是一类混合物，主要化合物如下：

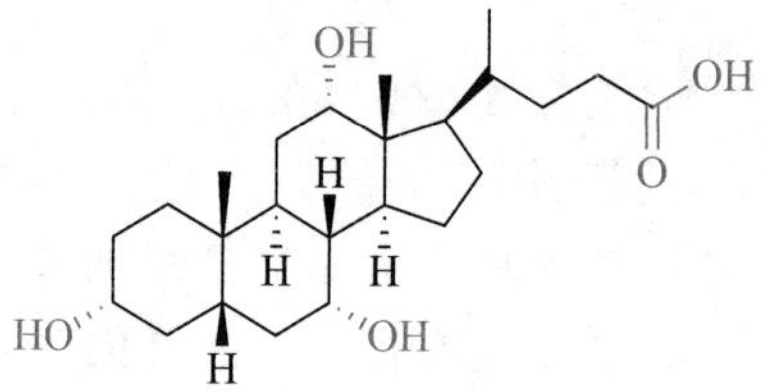

胆酸是由肝合成，随胆汁排入十二指肠内，它作为消化液的组成部分之一，能促进对脂类物质的消化和吸收。胆酸是引起胃黏膜损伤的因素之一。目前临床上常用的铝碳酸镁除了能中和胃酸外，还能与胆酸结合，从而减少对胃黏膜的损伤，有利于炎症的消除及溃疡的愈合。

胆酸
cholic acid

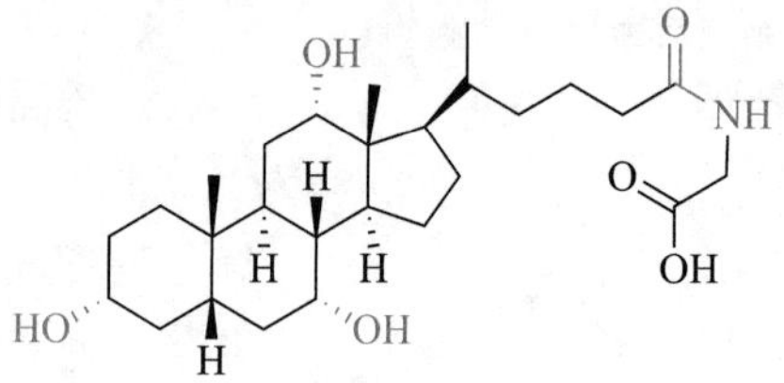

甘氨胆酸
glycocholic acid

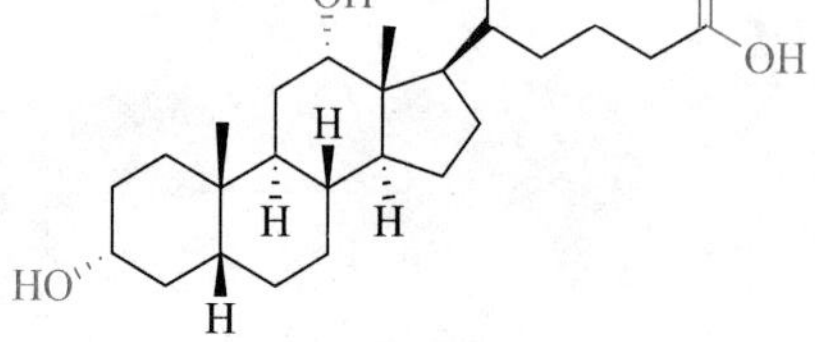

脱氧胆酸
deoxycholic acid

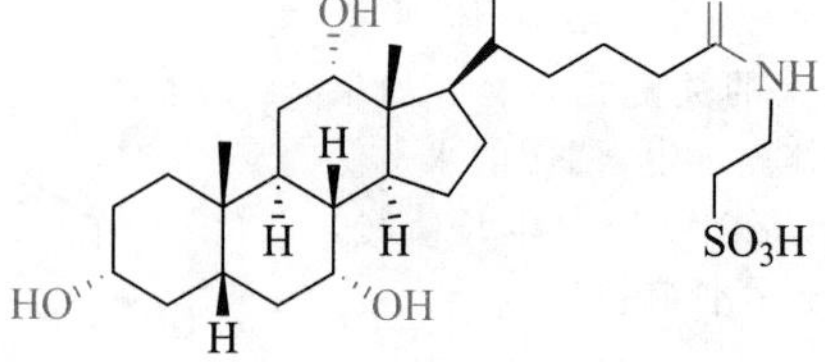

牛磺胆酸
taurocholic acid

胆汁酸还作为类固醇激素，由肝脏分泌，从肠道吸收并直接在体内代谢。

胆汁酸对细胞有潜在的毒性，因此它们在体内的浓度受到严格的调节。

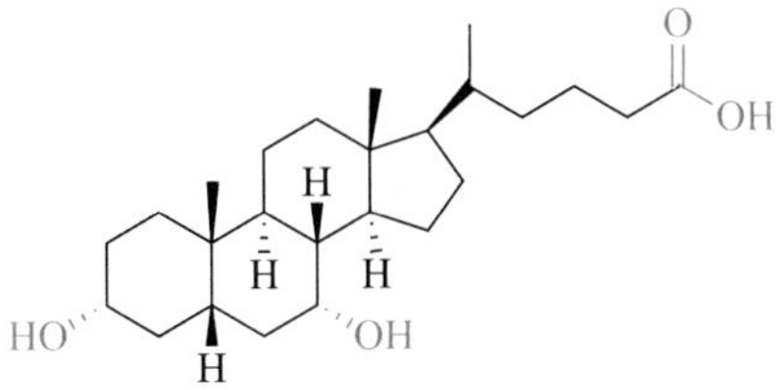

鹅脱氧胆酸
chenodeoxycholic acid

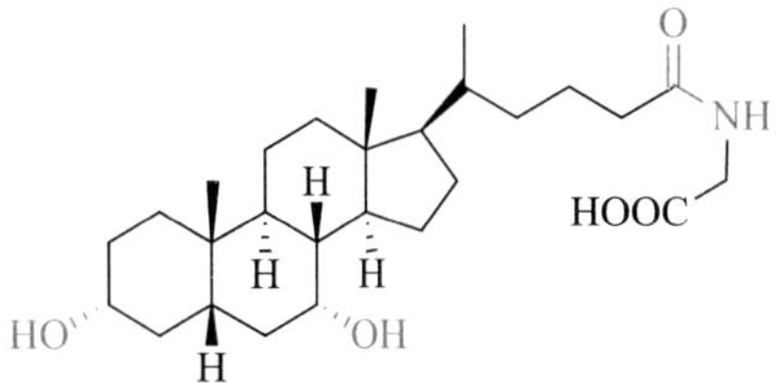

甘氨鹅脱氧胆酸
glycochenodeoxycholic acid

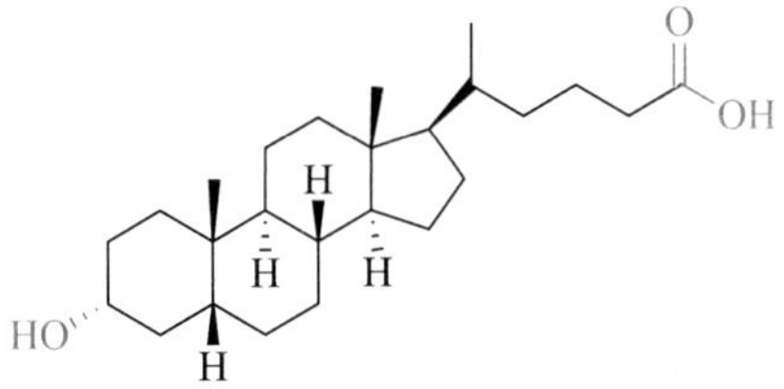

石胆酸
lithocholic acid

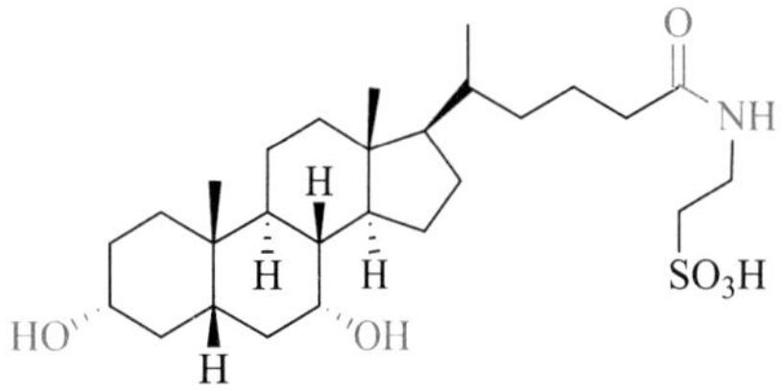

牛磺鹅脱氧胆酸
taurochenodeoxycholic acid

以上胆汁酸的钠盐构成一个大家族的分子。在这些结构中，可以发现 C3 位的羟基在 8 个结构中保持一致，这来源于胆固醇的结构，不同的是两者的立体化学正好相反。

糖皮质激素（glucocorticoids），又名"肾上腺皮质激素"，是由肾上腺皮质分泌的一类甾体激素，也可由化学方法人工合成。糖皮质激素的基本结构特征包括肾上腺皮质激素所具有的 C3 的羰基、Δ^4 和 17β 酮醇侧链以及糖皮质激素独有的 17α-OH 和 11β-OH。例如

糖皮质激素可用于一般的抗生素或消炎药所不及的病症，具有调节糖、脂肪和蛋白质的生物合成和代谢的作用，还具有抗炎作用。称其为"糖皮质激素"，是因为其调节糖类代谢的活性最早为人们所认识。

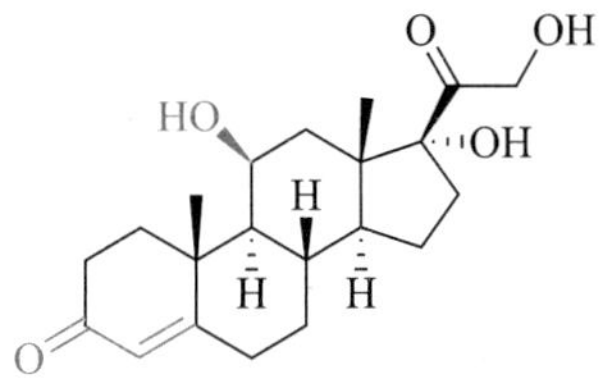

皮质甾醇(氢化可的松)
cortisol

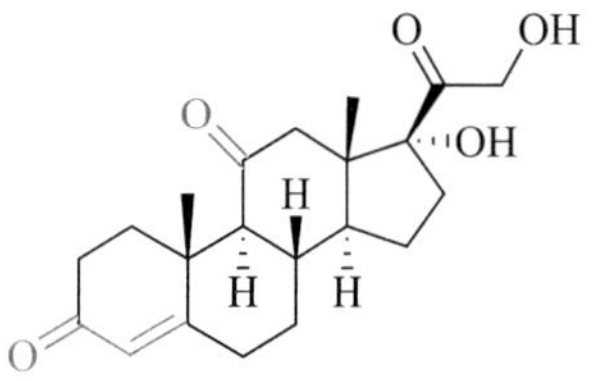

可的松
cortisone

目前糖皮质激素这个概念不仅包括具有上述特征和活性的内源性物质，还包括很多经过结构优化的具有类似结构和活性的人工合成药物，此类药物是临床应用较多的一类药物。可的松是肾上腺皮质激素类药，主要应用于肾上腺皮质功能减退症及垂体功能减退症的替代治疗，亦可用于过敏性和炎症性疾病，是医治关节炎的特效药。

习题 22-22　画出胆酸的立体结构，并分析其疏水区和亲水区，理解三个羟基均位于同一侧的生理作用。

22.6.4 甾族性激素

性激素主要有雌性激素（estrogenic hormone）、雄性激素（androgenic hormone）与妊娠激素（pregnancy hormone）三种。雄性激素及雌性激素是决定性征的物质。在植物内，也发现少量的雌酮激素。在猪卵巢内发现了一个比雌酮激素强九倍的雌二醇（estradiol）激素，大约由一吨半的猪卵巢可以得到 12 mg 的产物！此外，从男人的尿中，分离出雄性激素。现把几个最重要的有代表性的激素列举如下：

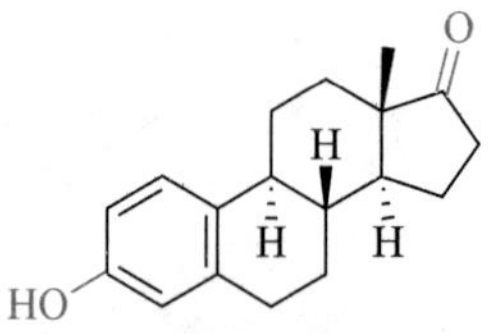

雌酮激素
estrogenic hormone

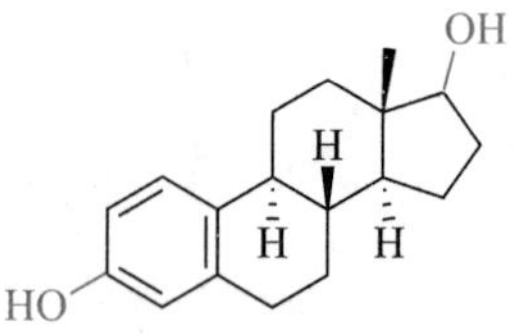

雌二醇激素
estradiol hormone

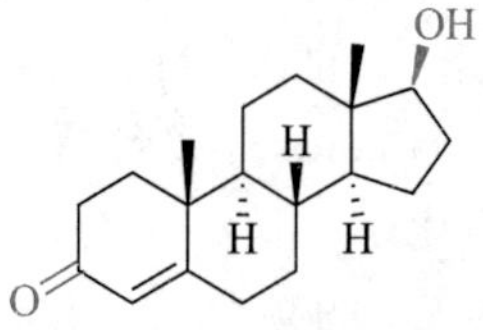

睾丸酮激素
testosterone hormone

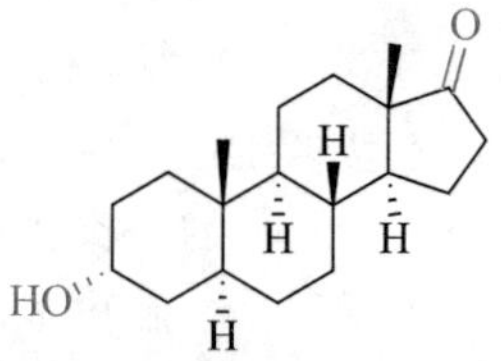

雄酮激素
androsterone hormone

从结构上讲，这些都是甾族化合物。特别有意思的是，雌性激素 A 环是芳环，是一个酚；而雄酮激素 A 环是饱和的，是一个二级醇，除此外，它还比雌性激素多一个角甲基。一个苯环和一个环己烷之差，决定了两性的第二性征的区别！

比较雄酮激素和二氢胆固醇二者的结构，差别仅在 C17 位上，前者是一个羰基，而后者是一个烷基侧链。胆固醇氧化产生一个甲基异己基酮，这个酮羰基的产生，显然是从另一碳原子侧链断裂后生成的，因此另一半产物上也应当有一个羰基，但当时没有注意到这一点。照结构上讲，由二氢胆固醇，经一步的侧链氧化，就能得到雄酮激素。但当用二氢胆固醇的乙酸酯进行铬酸氧化，并将得到的少量酮乙酸酯水解后得到酮醇，其元素分析结果虽和雄酮激素完全相同，但经证明并不是完全相同的化合物。这二者的关系很可能是空间异构体的关系，区别在于 C3 位上的羟基，胆固醇是 β 型的，而雄酮激素是 α 型的。由 C3 位的 β 型变为 α 型，在甾醇类化合物中有一个简便的方法，就是把羟基氧化成羰基，然后再用催化氢化法还原成醇。K. von Auwers 和 A. Skita 发现，在酸性溶液中还原，形成 α 型的；而在中性溶液中还原，形成 β 型的。根据这一方法，可把二氢胆固醇经下列步骤，转变为雄酮激素：

雄性及雌性激素在卵巢、胎盘、睾丸内含量极少，因此提纯这些物质是非常艰巨的工作。最初 E. Allen 及 E. A. Doisy 认识到，将无细胞的卵巢提取液注射给阉割的老鼠或鼷鼠，可以产生性的兴奋，显然提取液中必含有一种化学物质。当雌性动物在动情期内，阴道的细胞发生变化，从显微镜下检查阴道黏液的涂片可以看出，这样就可以测定引起阉割的老鼠产生性兴奋的雌性激素的最低需要量，这叫做一个鼠单位。一个制品的活性就可以用这个单位表示。小鼠的性周期只有 4～6 天，所以这个检定可以很快地进行。B. Zondek 根据这个生物检定法得到一个极其重要的发现，即证明孕妇的尿中含有大量的雌性激素。从那时起，就可以不再从难得的卵巢提取液内分离激素，而改从孕妇尿中提取，仅仅在两年之内，就首次取得一个晶体，叫做雌酮激素。尿内的雌酮激素平均含量大约为每升 1 mg，在提取时还要损失一部分。若没有这样一个可靠的检定方法，这项工作就不可能在短期内顺利地完成。在此以后，又发现孕马尿中含有很高量的雌酮激素，更有意思的是雄马尿及睾丸中也含雌性激素，而且比孕马尿中的含量更高。雄性动物排泄更高量的雌性激素这个奇特现象只在马这一族群中发现。

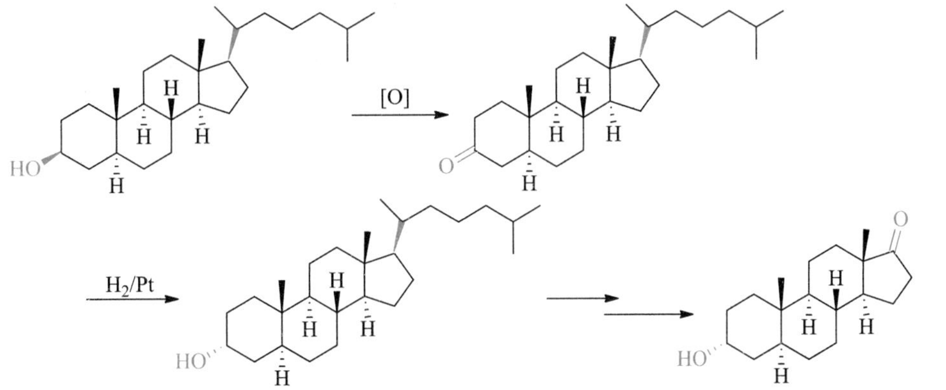

这一试验,把性激素和胆固醇在结构上联系起来,并可以从易得的胆固醇制备雄酮激素。

22.6.5 其他具有生理作用的甾族化合物

下面介绍几个代表性的有生理作用的甾族化合物:

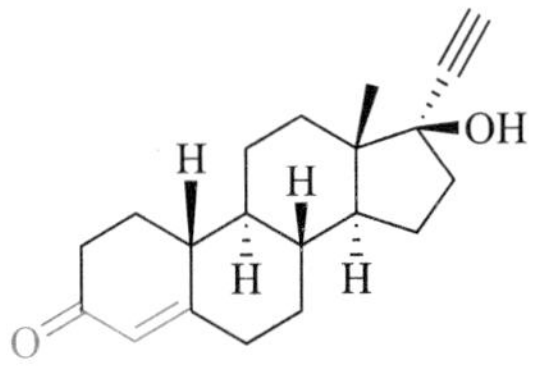

炔诺酮
norethisterone

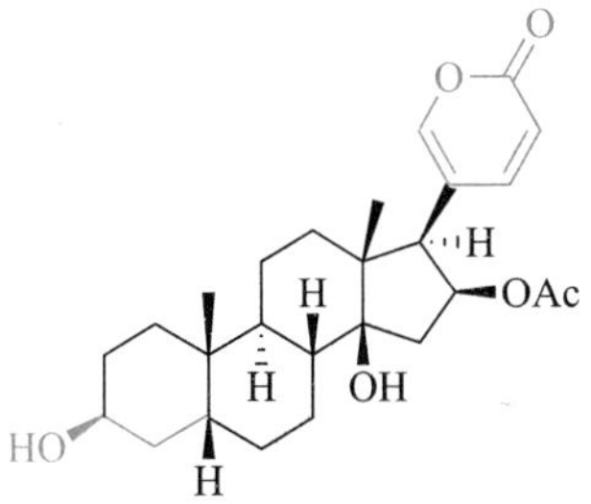

蟾蜍他灵
bufotaline

思考:了解这些化合物在结构上的基本特点和相同点,找出它们和胆固醇的结构区别。

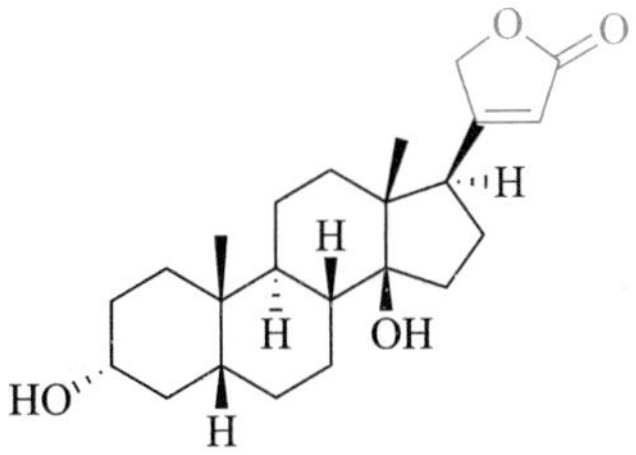

毛地黄毒苷配基
digitoxogenin

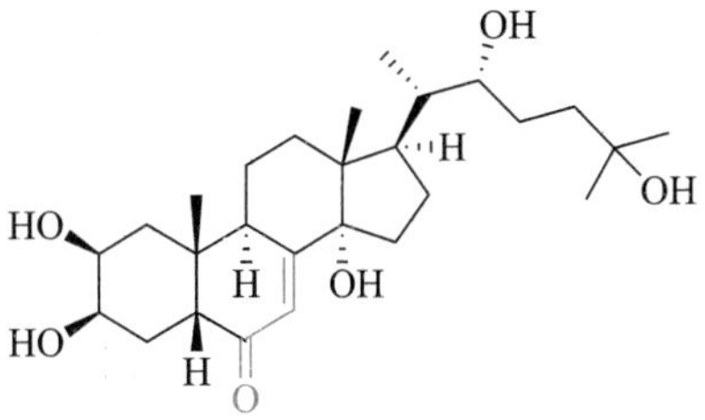

蜕皮激素
ecdysone

这四个化合物都是非常重要的物质。炔诺酮是一种最流行的避孕药剂;蟾蜍他灵是我国多年使用的药品,是从蟾蜍(癞蛤蟆)的分泌腺体内和分泌物中取得的,它具有强心的作用;毛地黄毒苷配基是由毛地黄植物内分离出来的毒素,具有调节心脏的功能;蜕皮激素是一种昆虫激素,是由蚕蛹内首次分离出来的。

习题 22-23 通过网络检索确定以下化合物的结构,画出下列化合物的立体构象式:
(i) 妊娠素 (ii) 抗炎松 (iii) 氯地孕甾酮 (iv)皮质醇

习题 22-24 胆甾烷有一对 C5 差向异构体,分别称为 5α-胆甾烷和 5β-胆甾烷(α表示基团在环平面下方,β 表示基团在环平面上方),它们的结构式如下:

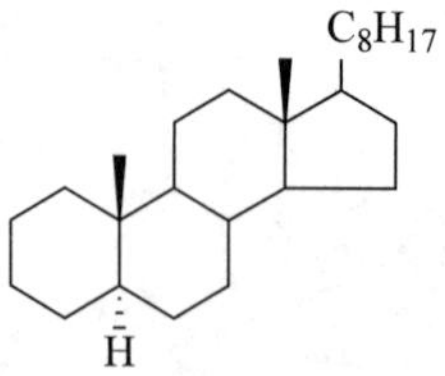

5α-胆甾烷 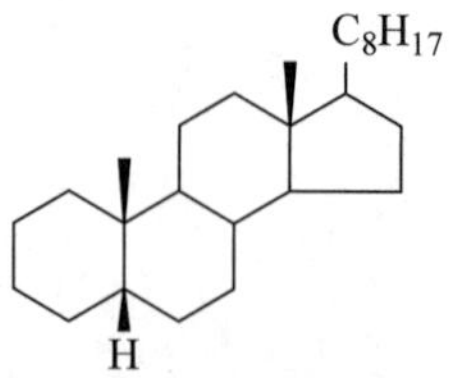   5β-胆甾烷

请根据胆甾烷的命名方式命名下列化合物。

(i) (ii) 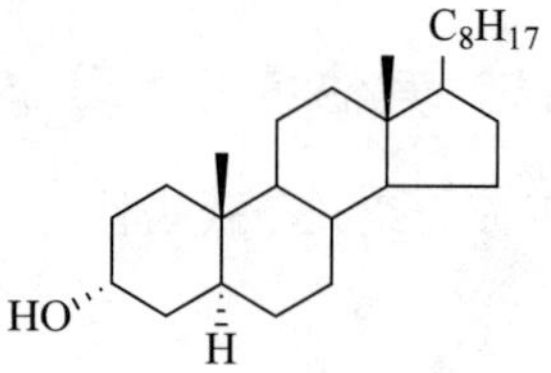 (iii)

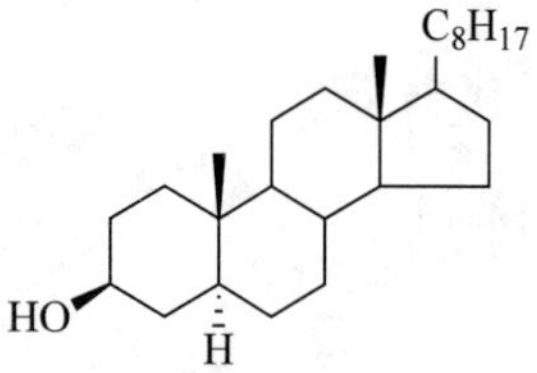

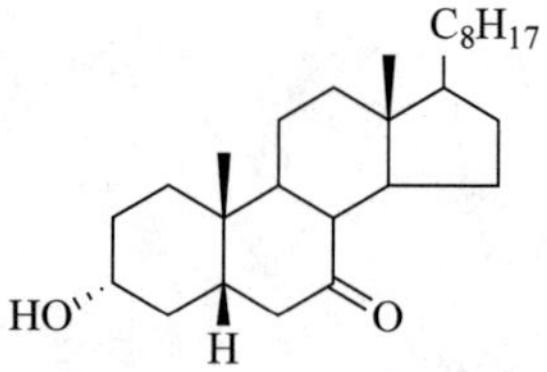

(iv) 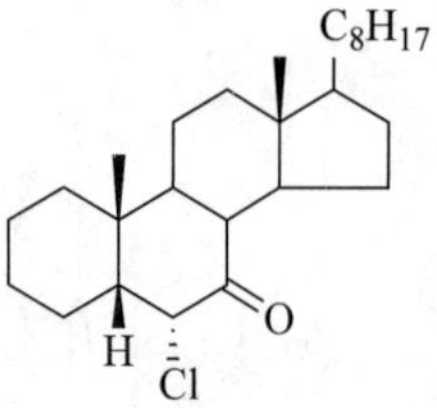 (v)

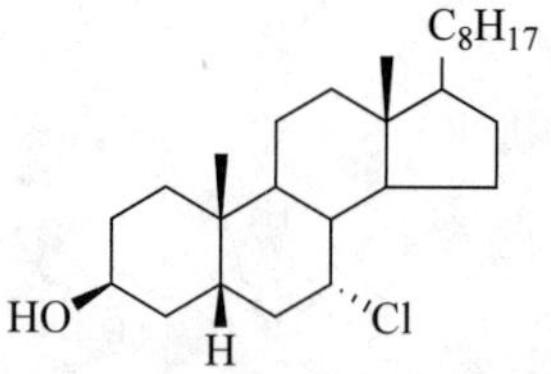

22.7 脂类、萜类以及甾族化合物的生物合成

辅酶 A:CoASH

乙酰基在天然化合物的生物合成中起着非常重要的作用。乙酰辅酶 A（acetyl-CoA）是辅酶 A 的乙酰化形式,可以看做是活化了的乙酸。乙酰基与辅酶 A 的半胱氨酸残基的—SH 基团相连,这其实是高能的硫酯键:

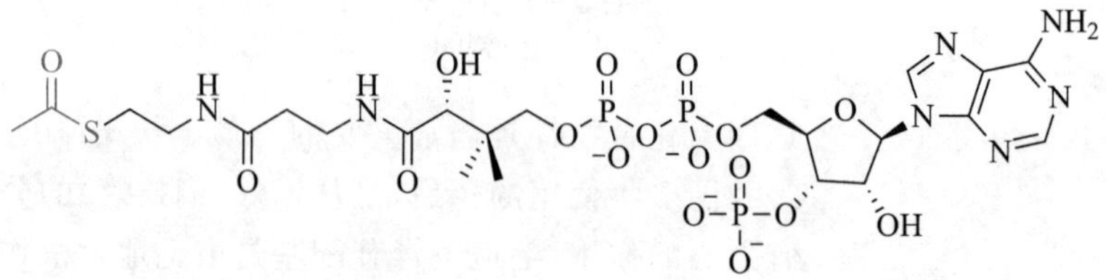

NAD⁺ 为烟酰胺腺嘌呤二核苷酸(NAD)的氧化态。

乙酰辅酶 A 是脂肪酸的 β-氧化及糖酵解后产生的丙酮酸(pyruvic acid)氧化脱羧的产物,在许多代谢过程中起着关键的作用:

葡萄糖代谢后的中间体为丙酮酸。

$$\underset{O}{CH_3COCOOH} + CoASH + NAD^+ \longrightarrow CH_3COSCoA + NADH + CO_2 + H^+$$

乙酰辅酶 A 中的硫酯键比一般的酯键活泼,很容易与亲核试剂进行反应,也很容易异构化成烯醇,再与亲电试剂进行反应:

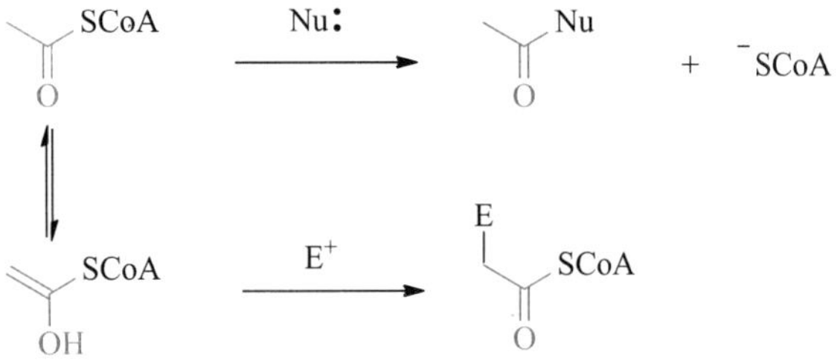

在生物体系中,乙酰辅酶 A 和二氧化碳结合转化为丙二酰辅酶 A(malonylcoenzyme A);丙二酰辅酶 A 再和一分子的乙酰辅酶 A 形成乙酰乙酰辅酶 A(acetoacetyl-CoA):

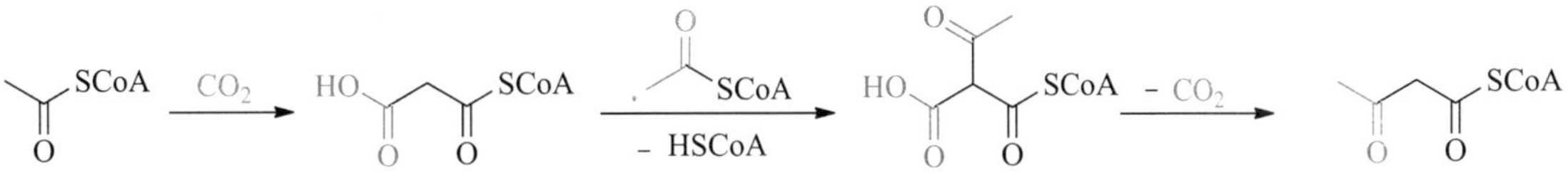

乙酰乙酰辅酶 A 在 NADPH/H⁺ 作用下,酮羰基被还原成醇,失水后形成碳碳双键,接着再在 NADPH/H⁺ 作用下被饱和:

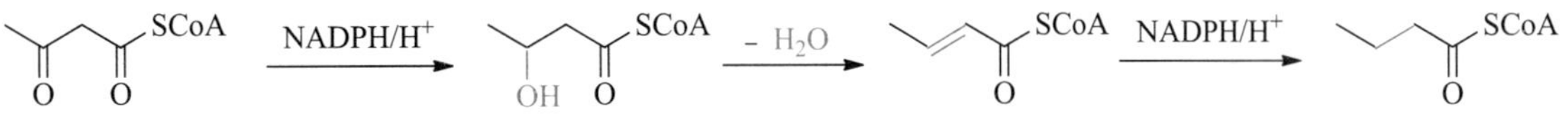

同位素¹⁴C 的标记法证实了 3-甲基-3,5-二羟基戊酸是生物合成的一个有效前体。用羧基碳原子标记的醋酸衍生物为原料,用生物合成法制备 3-甲基-3,5-二羟基戊酸,则在产物中,标记碳原子的位置为

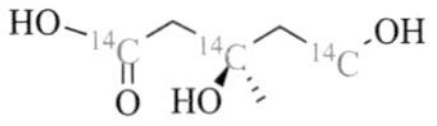

用甲基碳原子标记的醋酸衍生物为原料,其产物为

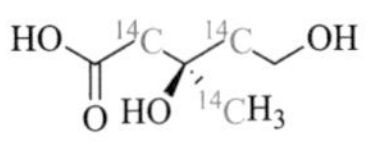

重复以上过程,可以继续延长碳链,每次增加两个,可以得到一系列长链饱和脂肪酸。

乙酰乙酰辅酶 A 也可以再和一分子乙酰辅酶 A 进行羟醛缩合反应,就得一个六碳中间体,然后还原水解,产生萜的生物合成前体,3-甲基-3,5-二羟基戊酸:

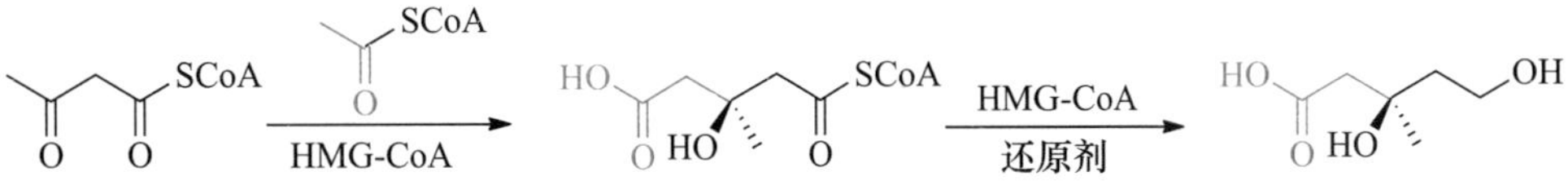

由 3-甲基-3,5-二羟基戊酸变为异戊二烯体系还需要失去一个碳原子。现在证明是经过腺苷三磷酸酯(ATP)的作用,两个羟基分步骤地进行磷酸化,然后失去磷酸,同时脱羧,形成焦磷酸异戊烯酯(isopentenyl pyrophosphate),还可以继续异构化为焦磷酸二甲基烯丙酯(dimethylallyl pyrophosphate):

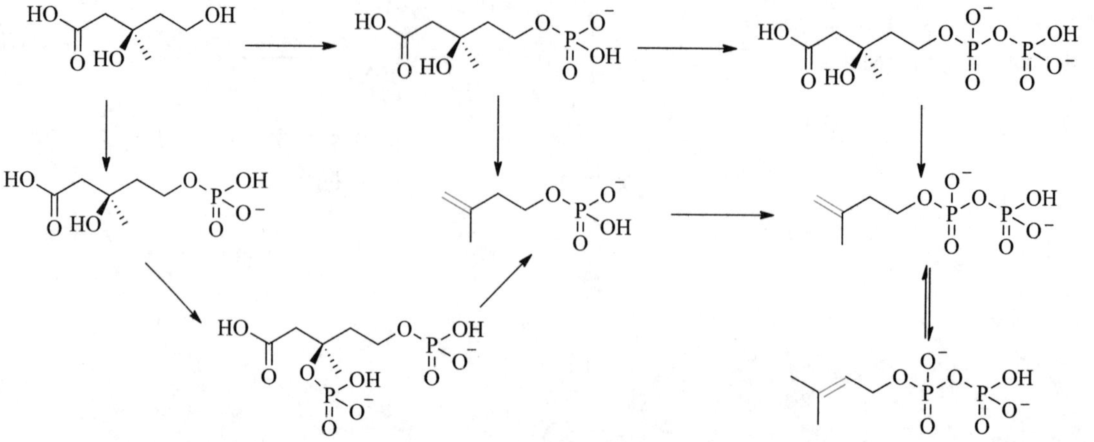

牻牛儿醇是一个香料。它是一个具有两个异戊二烯骨架的链形单萜,反应中的中间体再与另一分子的焦磷酸异戊烯酯结合,就得到一个由三个异戊二烯单元结合成的倍半萜,法呢醇(farnesol)。

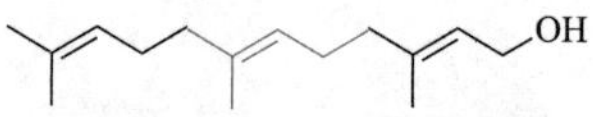

多种香精油内都含有这个香料。

由焦磷酸异戊烯酯和焦磷酸二甲基烯丙酯再进行结合,就可生成各种萜类化合物。例如牻牛儿醇的生成过程如下所示:

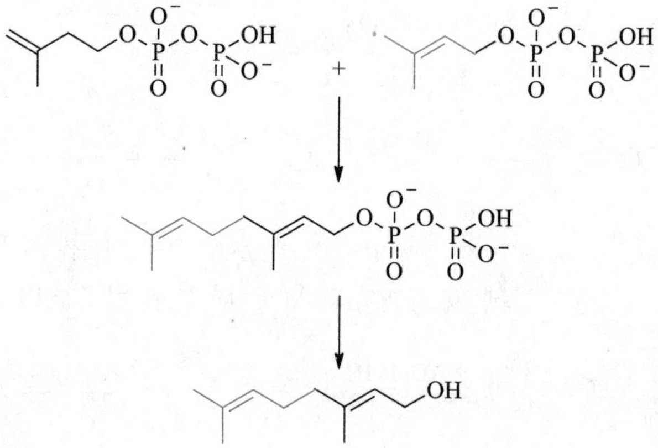

两分子的法呢醇焦磷酸酯,用头对头还原结合,就得到含 30 个碳原子的链形的角鲨烯(squalene):

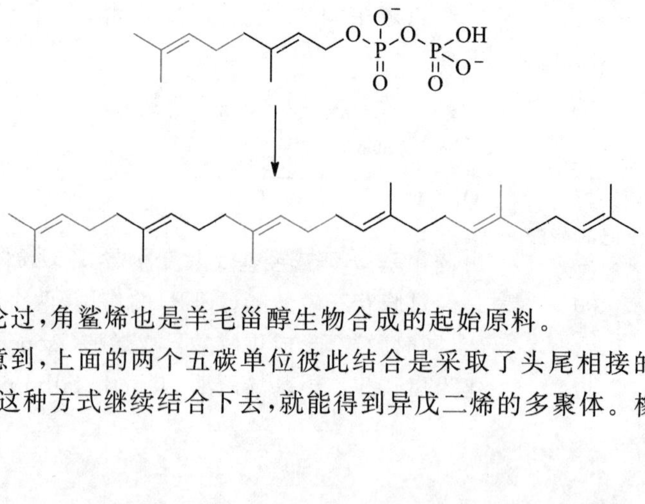

前面已经讨论过,角鲨烯也是羊毛甾醇生物合成的起始原料。

应当注意到,上面的两个五碳单位彼此结合是采取了头尾相接的方式。不难看出,假若用这种方式继续结合下去,就能得到异戊二烯的多聚体。橡胶就是属于这一类型的多异戊二烯聚合体。

古塔波胶   天然橡胶

从上述反应可以看到,醋酸在体内经过酶的作用,变为活化的醋酸,再经过聚合,可以变为高分子化合物,但也可以聚合到一定程度后,以头头相接的方式转变为另一类型的分子。有机体内的化合物,虽然种类繁多,但经过仔细研究后可以看出,自然界在长期的进化发展中,已探索出一些基本的合成途径并可以将它们归纳成为若干类型。

习题 22-25   (i) 画出生成古塔波胶和天然橡胶的单体的结构式;
(ii) 用反应式表示生成古塔波胶和生成天然橡胶在立体化学上有什么不同。

习题 22-26   牻牛儿醇在酸性条件下可以转化为对蓋烷。请画出此反应的转换机理。

习题 22-27   画出焦磷酸法呢酯的结构式,并画出由其转化为香叶基香叶醇的反应机理。

章 末 习 题

习题 22-28   画出下列三个化合物的结构式,对比它们结构中的最大差异,并通过网络检索了解反式脂肪酸的生理作用。

(i) elaidic acid   (ii) oleic acid   (iii) stearic acid

习题 22-29   根据以下陈述,写出化学反应式,并解释其原因。

无水氯化氢优先与柠檬烯中的二取代碳碳双键反应,而 mCPBA 的环氧化反应则发生在柠檬烯中的三取代碳碳双键上。

习题 22-30   画出以下转换合理的、分步的反应机理:

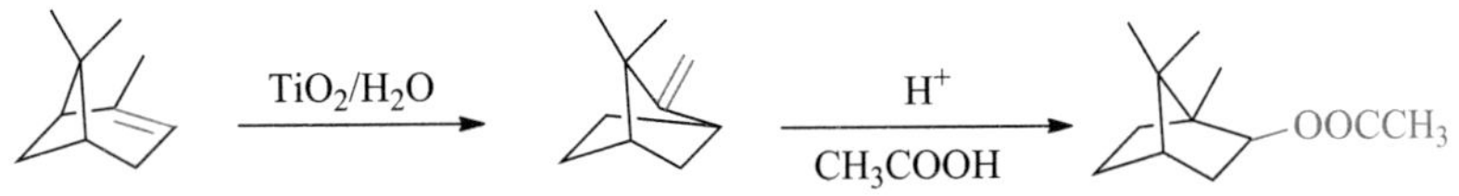

习题 22-31   画出由焦磷酸香叶酯分别转化为柠檬烯、α-松油醇、α-蒎烯、β-蒎烯以及冰片的反应机理。

习题 22-32   画出以下化合物的结构式,假设以 $^{14}CH_3COOH$ 为原料通过生物合成这些化合物,请在结构式中标出 ^{14}C 的位置。

(i) 棕榈酸   (ii) PGE$_2$ (iii) 柠檬烯   (iv) β-胡萝卜素

习题 22-33   完成以下反应式:

(i)　$n\text{-}C_8H_{17}-C\equiv C-CH_2CH_2CH_2CH_2CH_2CH_2COOH$ ⟶ $\dfrac{H_2}{\text{Lindlar Pd}}$

(ii)　$n\text{-}C_8H_{17}-C\equiv C-CH_2CH_2CH_2CH_2CH_2CH_2COOH$ ⟶ $\dfrac{1.\ \text{Li/NH}_3}{2.\ H_2O}$

(iii) 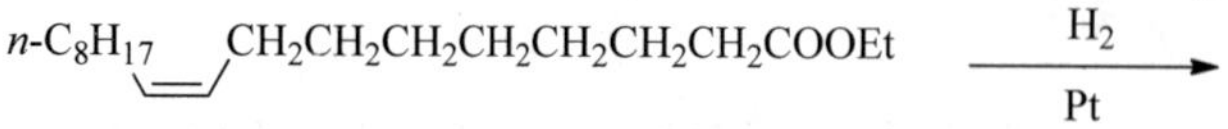　$n\text{-}C_8H_{17}\quad CH_2CH_2CH_2CH_2CH_2CH_2COOEt$ ⟶ $\dfrac{H_2}{\text{Pt}}$

(iv) 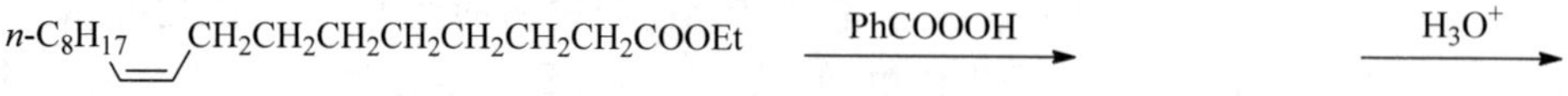　$n\text{-}C_8H_{17}\quad CH_2CH_2CH_2CH_2CH_2CH_2COOEt$ ⟶ PhCOOOH ⟶ H_3O^+

(v) 　 ⟶ B_2H_6 ⟶ H_2O_2/NaOH

(vi) 　 ⟶ B_2H_6 ⟶ H_2O_2/NaOH

习题 22-34　以下天然化合物均为萜类化合物,确定其属于哪一类萜类化合物,在其结构中标出异戊二烯的结构单元,并通过网络检索确定其中英文俗名。

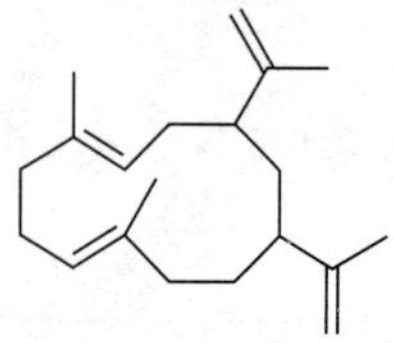

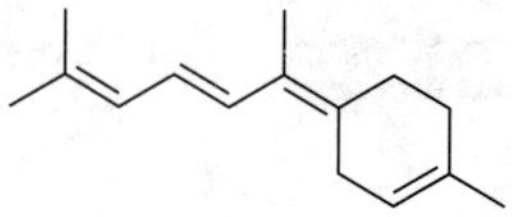

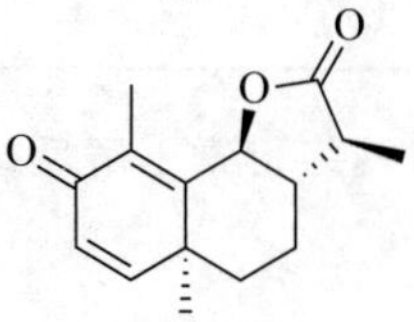

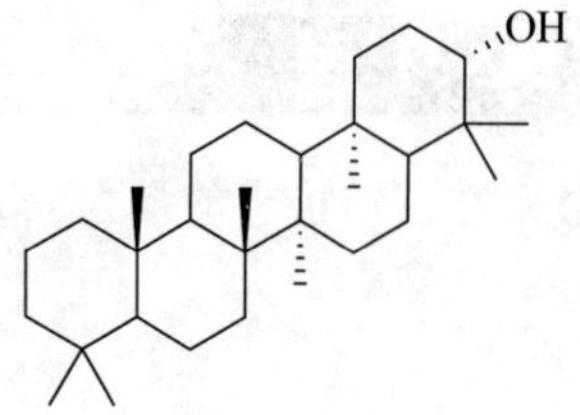

习题 22-35　以下异戊烯衍生物是红狐尿液中的臭味剂。以 3-甲基-3-丁烯-1-醇以及必要的无机、有机试剂为原料合成此化合物。

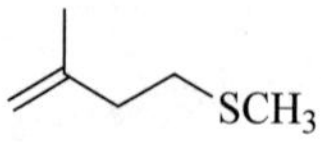

习题 22-36　为以下转换画出合理的、分步的反应机理:

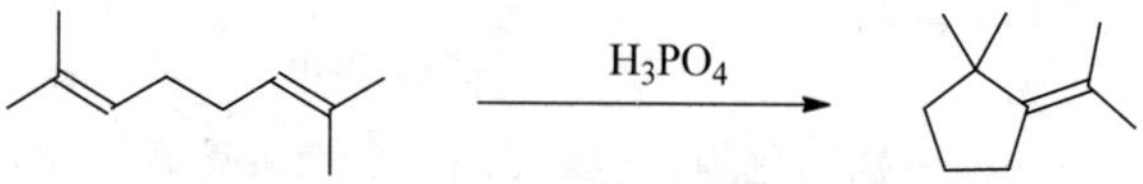

实验结果发现还存在以下两个产物,请问这两种化合物是如何形成的?

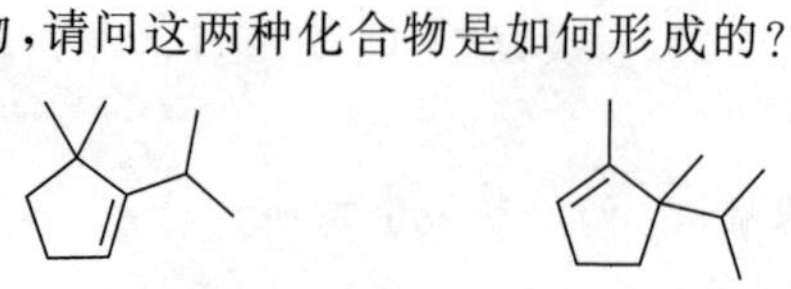

习题 22-37　紫罗酮是许多香水中的有效成分。假紫罗酮经硫酸处理会转化为 α-和 β-紫罗酮的混合物:

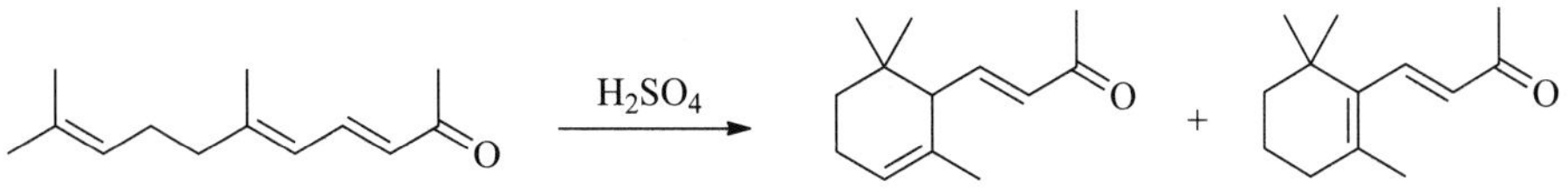

画出此转换的反应机理。

习题 22-38 β,γ-不饱和甾酮在酸性条件下可以转化为 α,β-不饱和甾酮。为此转换提供分步的、合理的反应机理：

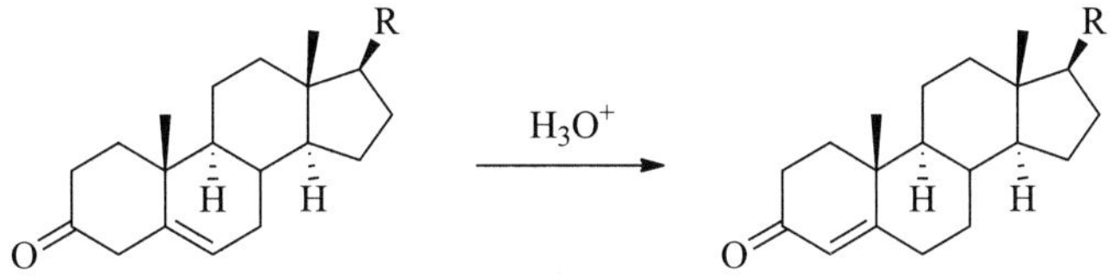

习题 22-39 为以下转换提供合理的、分步的反应机理：

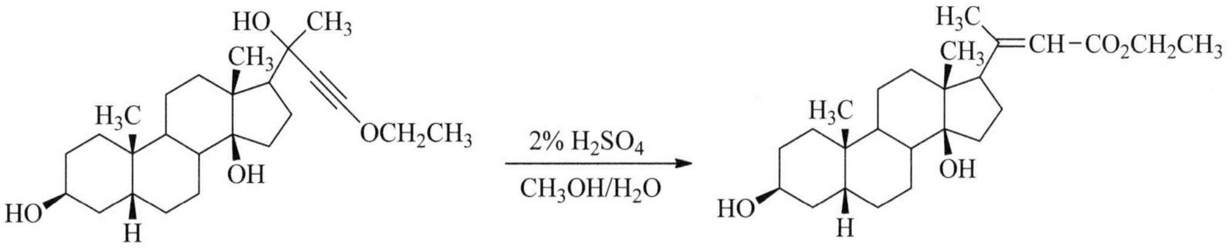

习题 22-40 为以下转换提供合理的反应试剂：

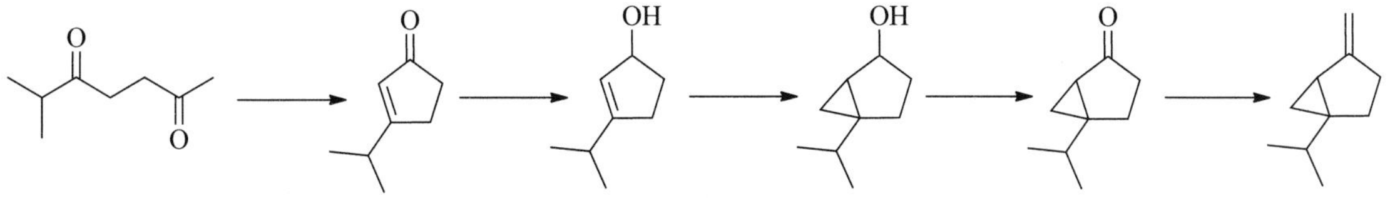

习题 22-41 画出焦磷酸香叶酯转化为 α-蒎烯的生化转化机理。

习题 22-42 画出焦磷酸法呢酯转化为以下倍半萜烯的生化转化机理。

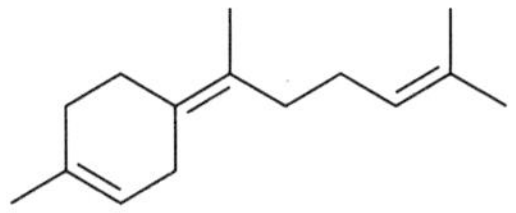

复习本章的指导提纲

基本概念和基本知识点

脂类化合物的定义；脂类化合物的分类；脂类化合物的实例。

萜类化合物的定义；萜类化合物的结构、组成和分类；异戊二烯规则；非环状单萜、单环单萜、双环单萜、倍半萜、二萜、三萜和四萜；萜类化合物的实例。

甾族化合物的定义；甾族化合物的基本骨架和构象式，α-取向和β-取向；甾族化合物的实例。

脂类、萜类以及甾族化合物的生物合成。

英汉对照词汇

acetoacetyl-CoA　乙酰乙酰辅酶 A

ambergris　龙涎香

ambrein　龙涎香醇

ambrinol　龙涎醇

ambroxan　龙涎呋喃

androgenic hormone　雄性激素

arachidicacid；eicosanoic acid　花生酸；二十酸

arachidonic acid；$(5Z,8Z,11Z,14Z)$-5,8,11, 14-eicosatetraenoic acid　花生四烯酸

bee waxes　蜂蜡

bile acids　胆酸

borneol　冰片

bufotaline　蟾蜍他灵

2-camphanone　2-莰酮

camphene　莰烯

camphor　樟脑

carene　蒈烯

carotene　胡萝卜素

cedrol　柏木醇；雪松醇

cembrene A　松柏烯 A

cetyl alcohol　鲸蜡醇

cetyl palmitate　棕榈酸鲸蜡酯

chenodeoxycholic acid　鹅脱氧胆酸

cholesterol　胆固醇；胆甾醇

cholic acid　胆酸

cortisol　皮质甾醇；氢化可的松

cortisone　可的松

7-dehydrocholesterol　7-脱氢胆固醇

deoxycholic acid　脱氧胆酸

dehydroepiandrosterone hormone　雄酮激素

digitalis　毛地黄皂苷

digitoxogenin　毛地黄毒苷配基

dimethylallyl pyrophosphate　焦磷酸二甲基烯丙酯

diterpenes　二萜

docosahexaenoic acid；$(4Z,7Z,10Z,13Z,16Z,$ $19Z)$-docosa-4,7,10,13,16,19-hexaenoic acid　二十二碳六烯酸

ecdysone　蜕皮激素

eicosapentaenoic acid；$(5Z,8Z,11Z,14Z,17Z)$- 5,8,11,14,17-eicosapentaenoic acid　二十五碳五烯酸

elaidic acid；$(9E)$-octadec-9-enoic acid　反油酸

ergosterol　麦角固醇

erucic acid；$(13Z)$-docos-13-enoic acid　芥子酸

essential fatty acids　必需脂肪酸

estrogenic hormone　雌酮激素

farnesol　金合欢醇；法呢醇

fatty acids　脂肪酸类

geranyl　香叶基

geranyl farnesol　香叶基法呢醇

geraniol　香叶醇；牻牛儿醇

glucocorticoid　糖皮质激素

glycerolipids　甘油酯类

glycerophospholipids　甘油磷酸酯类

glycocholic acid　甘氨胆酸

glycochenodeoxycholic acid　甘氨鹅脱氧胆酸

phosphoglycerides　甘油磷脂

hemiterpenes　半萜

humulene　蛇麻烯

isoborneol　异冰片

isopentenyl pyrophosphate　焦磷酸异戊烯酯

lanolin　绵羊油

lanosterol　羊毛甾醇

lauric acid；dodecanoic acid　月桂酸

lecithin　卵磷脂

lemonal；citral　柠檬醛

leukotrienes　白三烯

limonene　柠檬烯；苧烯

linalol　芳樟醇

linoelaidic acid；$(9E,12E)$-octadeca-9,12-dienoic acid　反式亚麻酸

α-linolenic acid；$(9Z,12Z,15Z)$-9,12,15-octadecatrienoic acid　α-亚麻酸

linoleic acid；$(9Z,12Z)$-9,12-octadecadienoic acid　亚油酸

lipids　脂类化合物

liposome　脂质体

lithocholic acid　石胆酸

malonylcoenzyme A　丙二酰辅酶 A

membranes　膜状体

menthol　薄荷醇

monoterpenes　单萜

myrcene　月桂烯

myristic acid;tetradecanoic acid　肉豆蔻酸

myristoleic acid;(Z)-tetradec-9-enoic acid　肉豆蔻脑酸

nerol　橙花醇

norethisterone　炔诺酮

oleic acid;($9E$)-octadec-9-enoic acid　油酸

2-oleyl-1,3-distearylglycerol　2-油酸-1,3-硬脂酸甘油酯

palmitic acid;hexadecanoic acid　棕榈酸

palmitoleic acid;(Z)-hexadec-9-enoic acid　棕榈油酸

palm wax;Carnauba　棕榈蜡

paraffin waxes　石蜡

phosphatidic acid　磷脂酸

phospholipids;phosphoglycerides　磷脂

pinene　蒎烯

phosphatidylcholine　脑磷脂

polyketides　天然多酮类化合物

pregnancy hormone　妊娠激素

prenol lipids　孕烯醇酮脂类

prostacyclines　前列环素

prostaglandin　前列腺素

pyruvic acid　丙酮酸

retinal;retinaldehyde　视黄醛

retinol　视黄醇

saccharolipids　糖脂类

sapienic acid;(Z)-6-hexadecenoic acid　十六碳烯酸

sesquiterpenes　倍半萜

sesterterpenes　二倍半萜

spermaceti　鲸蜡

sphingolipids　鞘脂类

sphingomyelins;phosphosphingolipids　鞘磷脂

squalene　角鲨烯

stearic acid;octadecanoic acid　硬脂酸

steroids　甾族化合物

sterol lipids　固醇脂类

taurochenodeoxycholic acid　牛磺鹅脱氧胆酸

taurocholic acid　牛磺胆酸

terpenes　萜类化合物

terpineol　萜品醇

testosterone　睾丸酮

thromboxanes　血栓素

thujone　侧柏酮

triacylglycerols;triglycerides　甘油三酯

tristearin　三硬脂酸甘油酯

triterpenes　三萜

vaccenic acid;($11E$)-octadec-11-enoic acid　异油酸

vitamin　维生素

第23章
氧 化 反 应

* * * * *

1980年，K. B. Sharpless 研究小组报道了具有实用化意义的烯烃不对称环氧化反应。这个不对称氧化体系为四异丙氧基钛、光活性的酒石酸二乙酯(DET)以及叔丁基过氧化氢，反应底物为烯丙醇衍生物。此反应产率高，并且有很好的对映选择性（对映体过量 e. e. 值大于 90%）。Sharpless 环氧化反应具有以下优点：① 可以将许多一级或者二级烯丙醇衍生物转化为二醇、氨基醇或者醚；② 产物通常具有超过 90% 的 e. e. 值；③ 通过 Sharpless 环氧化模型可以预测出产物的手性；④ Sharpless 环氧化的反应试剂都是商业化的且非常廉价易得。由于在不对称反应中的杰出贡献，K. B. Sharpless 共享了 2002 年诺贝尔化学奖。在 Sharpless 不对称环氧化反应过程中，形成了非常重要的环氧过渡态：

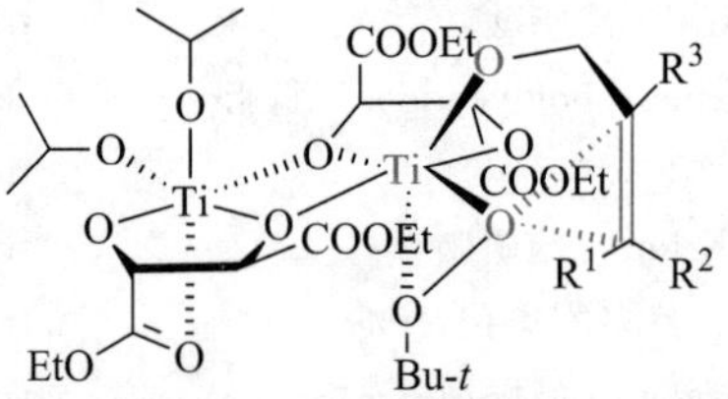

* * * * *

在有机化学的发展过程中，氧化反应具有特殊的意义。它最初是有机化合物反应活性的重要评价标准，也用于一些官能团的鉴定。在一个复杂分子的合成中，氧化和还原反应要占到总反应的 25% 以上。因此，在有机合成化学的发展过程中，开发了大量用于氧化还原反应的试剂和条件。在无机反应中，氧化反应是指一个原子或基团失去一个或多个电子的过程；而对有机反应而言，不能简单地以电子得失的过程来定义氧化反应。纵观有机化学中的氧化反应，它是将一个官能团转化为另一个具有更高氧化态的官能团。在传统的有机反应中，这些转换主要包括氢原子的脱除，例如，环己烷的芳构化；或者连接在碳原子上的氢原子被其他电负性更强的原子(如氧原子)所取代：

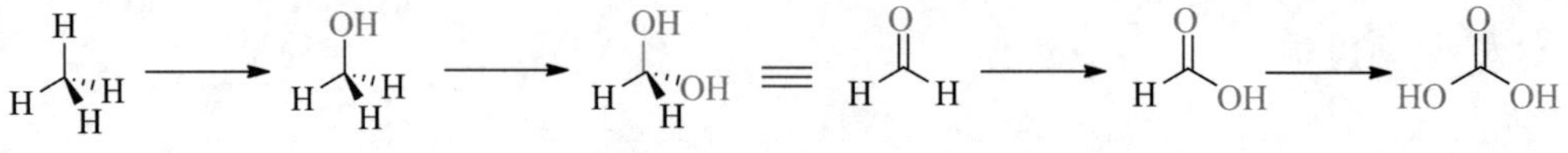

但是，随着有机化学的发展，有一类反应也归属于氧化反应中：在格氏试剂的

制备中,金属镁与碳卤键的反应生成 R—Mg—X,可以认为卤原子失去了一对电子(被碳原子得到了),而金属镁失去了一对电子(被卤原子得到了)。此过程称为氧化加成。实际上,氧化和还原反应是成对的,有原子或基团被氧化了,必有另一个原子或基团被还原了,这是密不可分的。

在前面章节中,已经讨论了不少的氧化反应。为了便于读者的学习和总结,本章将系统介绍一些重要的氧化反应,特别是一些重要的氧化剂的发展,更多的是从机理的分析中体现氧化反应的规律,希望归纳总结氧化反应的共性,使读者在学习过程中更能抓住重点和要点。

23.1　有机化合物的氧化态

氧化态也称为氧化数。在无机化学中,很容易理解元素的氧化态与其价态紧密相关。但在有机化合物中,碳的氧化态却有些复杂。这里所说的有机化合物的氧化态针对碳原子而言。

在有机化学中,判断一个有机化合物能否被氧化或在反应过程中是否被氧化,可以根据反应前后底物与产物氧化态的变化来确定。S. Soloveichik 和 H. Krakauer 对一个有机分子的氧化态的确定提出了以下定义:

（1）饱和烷烃类化合物中碳原子的氧化态为 0。

（2）当饱和烷烃中的一个氢原子或一根烷基链被具有更强吸电子能力的原子（O、N 以及 S 等）或基团（—NH_2、—SH、—OH 以及卤素等）取代时,其氧化态增加一级。

（3）当饱和烷烃中相邻两个碳原子上的两个氢原子均离去时（形成双键）,其氧化态也增加一级。

有机化合物中各种原子氧化态的简单定义:

H：+1；卤素：-1；O：-2；烷基：0。

因此,按照 S. Soloveichik 和 H. Krakauer 的定义,有机化合物的氧化态可以从零级到四级,即分为五级。例如,R_2CHNH_2 为一级,$R_2C=NH$ 为二级,$RCONH_2$ 为三级,H_2NCONH_2 为四级。

在有机化学中,原子之间的连接均为共价键,因此,不能像无机化学那样简单地通过电子的得失来判断其价态的变化,而是应该知道此化合物中发生反应位点的氧化态变化。为了便于学习和理解,J. B. Hendrickson、D. J. Cram、G. S. Hammond 以及 S. H. Pine 为有机化学中碳原子的价态作了简单的定义:每与一个氢原子相连接为 -1 价;每与一个与自身相同的原子相连接为 0 价;每与一个电负性比自身大的杂原子（如 N、O 以及卤素）相连接为 +1 价。

因此,根据化合物氧化态的变化,可以知道 1-丁醇被氧化为 1-丁醛时,将会失去两个电子;接着当 1-丁醛被氧化为 1-丁酸时,会再失去两个电子;同样,2-丁烯转化为环氧时,也会失去两个电子。

如果表 23-1 中的结构中氢原子被电负性小的元素（如金属原子、Si、B 等）所代替,碳原子的氧化态保持不变。

这使得判断一个化合物中碳原子的氧化态就变得相对容易了。但是,没有必要去判断一个分子中所有原子的氧化态,只需要去判断参与反应的那些原子,并对比这些原子在反应前后的氧化态的变化:

从表中还可以看到,如果官能团 X 保持不变,随着烷基 R 的增加,碳原子的氧化态从 -2 增加到 $+1$。

在有机化合物中,碳原子的最高氧化态为 $+4$,因此,只要分子中碳原子的氧化态没有达到 $+4$,此化合物就可以被氧化。每一次氧化,碳原子的氧化态增加 2 价。常见有机化合物中碳原子的氧化态列于表 23-1。

表 23-1　有机化合物中碳原子的氧化态

				氧化态				
-4	-3	-2	-1	0	$+1$	$+2$	$+3$	$+4$

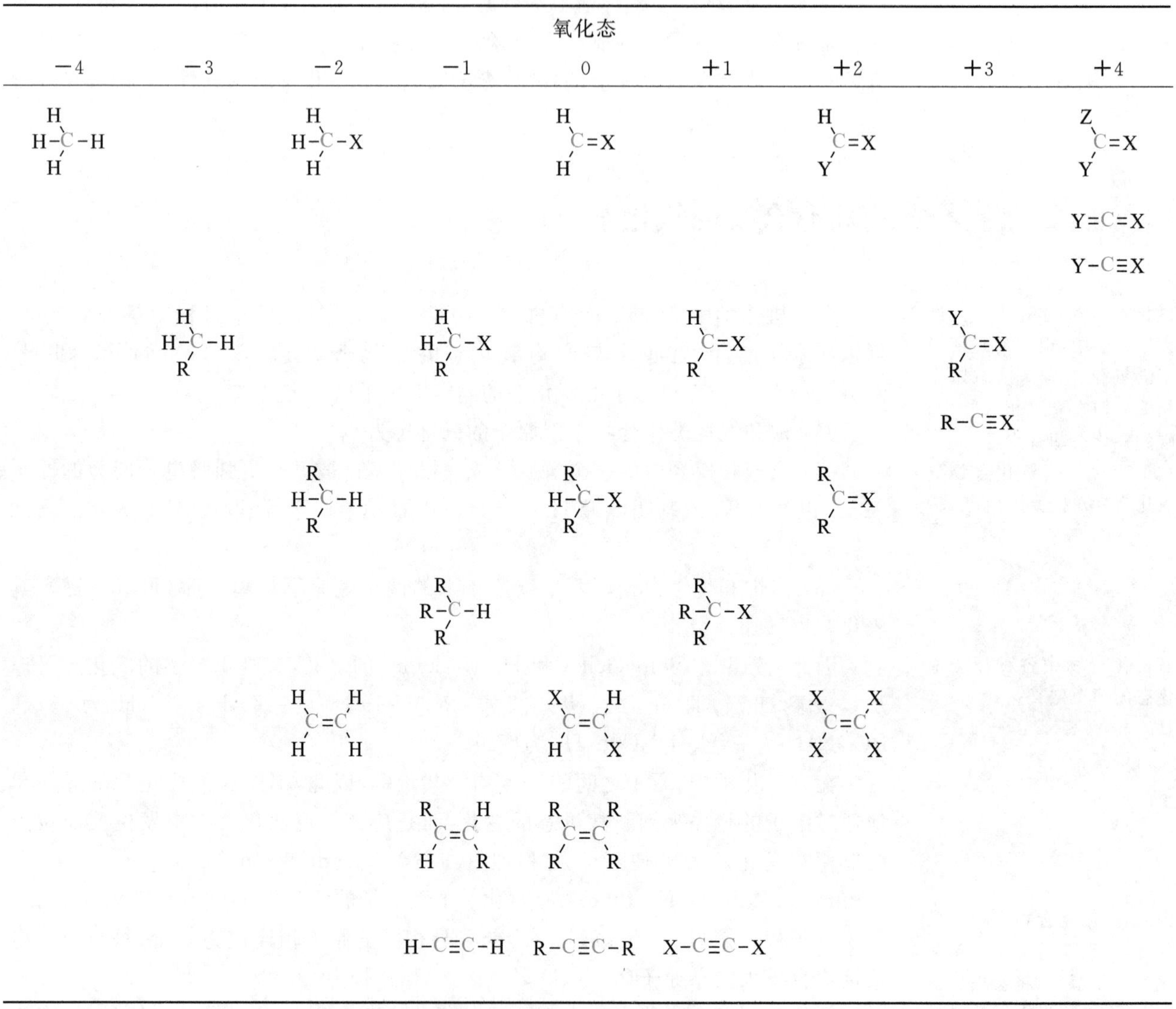

说明:表中 X、Y、Z 分别代表电负性大的元素,如 N、O、卤素、S 等;R 代表烷基。

23.2　有机化合物的氧化反应类型

金属有机化学中的金属的氧化加成反应在 25.5.2 中主题讨论。

在有机化合物的转化过程中,能被氧化的碳原子连接的键主要有 C—H、C=C 以及 C—C。针对这三类键,可以有以下转化形式:

(1) C—H 中氢原子被另一个电负性大的杂原子 X 所代替,转化为 C—X:

代表性的反应有烯丙位的氧化、羰基 α 位的氧化、苄位的氧化反应等。

（2）C—H 和 X—H 键均发生断裂，形成 C=X（如果 G 是一个吸电子基团，X 可以为碳原子）：

代表性的反应有醇的氧化、羰基化合物被氧化为 α,β-不饱和羰基化合物、芳构化等。

（3）C=C 被转化为两根与电负性比碳原子大的杂原子连接的 C—X：

代表性的反应有烯烃氧化成邻二醇和环氧化。

（4）C=C 被切断形成两根与电负性比碳原子大的杂原子连接的 C=X：

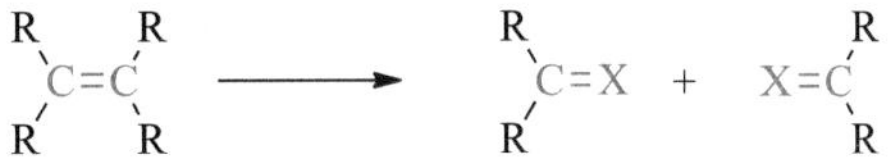

代表性的反应有烯烃的臭氧化反应。

（5）C—C 的 σ 键被切断形成两根新的 C—X σ 键：

代表性反应有 Baeyer-Villiger 氧化、Dakin 氧化以及邻二醇的氧化切断。

23.3 金属氧化剂

金属氧化剂是最早也是最广泛使用的氧化剂。在有机化学发展的初始阶段，都是利用金属氧化剂来检验有机化合物的反应活性，并进行各类转化反应。金属氧化剂常常是高价的金属盐，如 $KMnO_4$、OsO_4、RuO_4 以及 $K_2Cr_2O_7$ 等等。在这些金属氧化剂中，Cr(Ⅵ)类化合物是最重要的、也是至今还在被广泛使用的氧化剂。Cr(Ⅵ)类化合物主要有 CrO_3 和 $K_2Cr_2O_7$。这两种氧化剂的反应活性取决于反应的酸碱性、溶剂的极性和配位能力。因此，可以通过这些反应条件变化来调控 CrO_3 和 $K_2Cr_2O_7$ 的氧化反应的选择性。例如，在水溶液中，H_2CrO_4 的 $pK_1=0.74$，$pK_2=6.49$。在稀溶液中，其主要存在形式为 $HCrO_4^-$；而在浓溶液中，其主

旁注（左侧）：

G 代表各类取代基。

读者可以阅读完本章后，再思考这些反应类型。

在有机反应中，氧化剂种类繁多，常用的金属氧化剂有 CrO_3 和 OsO_4，非金属氧化剂有 HNO_3、HIO_4 等等。

许多高价金属氧化物中金属离子可以认为是亲电的，很容易被亲核基团或试剂进攻。例如，被水中的氧原子进攻，发生水合反应，其水合物可以认为是一种酸。

要存在形式为 $Cr_2O_7^{2-}$：

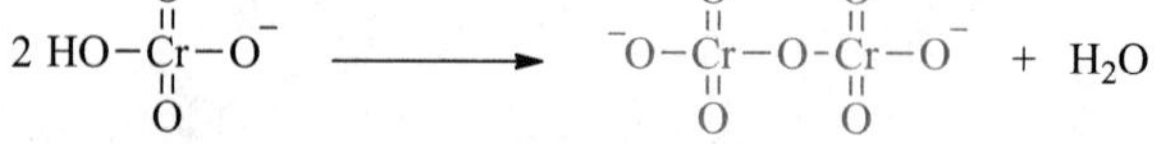

$$2\ HO-Cr-O^- \longrightarrow\ ^-O-Cr-O-Cr-O^- +\ H_2O$$

而在乙酸溶液中，CrO_3 可以与乙酸形成混合酸酐：

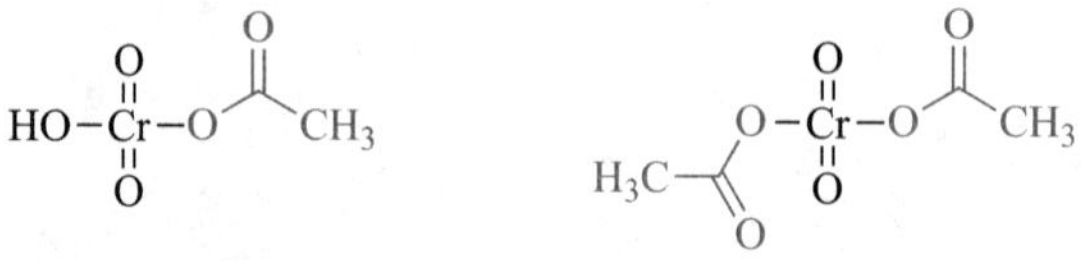

$$HO-Cr-O-CH_3 \qquad H_3C-C-O-Cr-O-C-CH_3$$

在吡啶溶液中，CrO_3 可以与吡啶形成配合物：

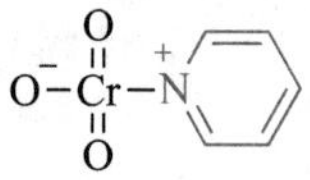

其他高价金属氧化剂在不同的溶剂中的基本反应过程与铬酸类似。

醇也可以与 $Cr(VI)$ 形成酯：

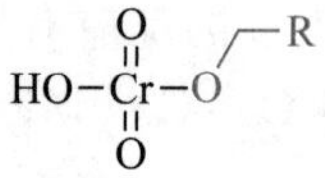

$$HO-Cr-O-CH_2-R$$

23.3.1 Cr(Ⅵ)氧化剂

1. Cr(Ⅵ)氧化剂对醇的氧化

醇的氧化反应是有机化学中研究得非常广泛和深入的反应。众所周知，一级醇可以被氧化成醛，进一步氧化可以生成羧酸；二级醇氧化生成酮；三级醇不能被氧化。由于一级醇在氧化过程中更大的概率是生成羧酸，而很难停留在只氧化为醛的反应阶段。因此，在一级醇的氧化反应研究中，大量的研究工作集中在如何选择合适的氧化剂和合适的条件将一级醇氧化成醛上。

叔丁醇是在氧化反应中常用的溶剂。
思考：为什么三级醇不能被氧化？

酮很难继续被氧化成羧酸，但可以被氧化成羧酸酯。

醇氧化反应的通式为

$$R-CH_2OH \xrightarrow{[O]} R-C(O)H \xrightarrow{[O]} R-C(O)OH$$

$$R^1-C(R^2)HOH \xrightarrow{[O]} R^1-C(O)-R^2 \qquad R^1-C(R^2)(R^3)OH \xrightarrow{[O]} \times$$

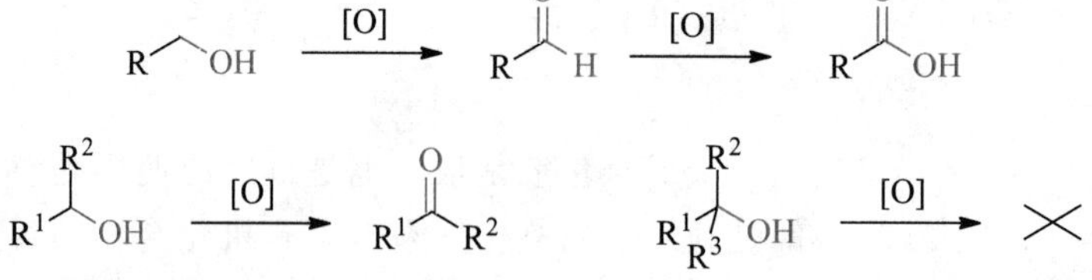

通常，金属氧化剂与醇形成酯，以铬酸酯为例，接下来的氧化过程就是醇的 α 位氢原子以质子方式离去：

铬酸氧化醇的机理由 F. Westheimei 在 1949 年提出。铬酸酯不稳定，很快发生 E2 消除（有些文献认为是 Ei 消除机理）。

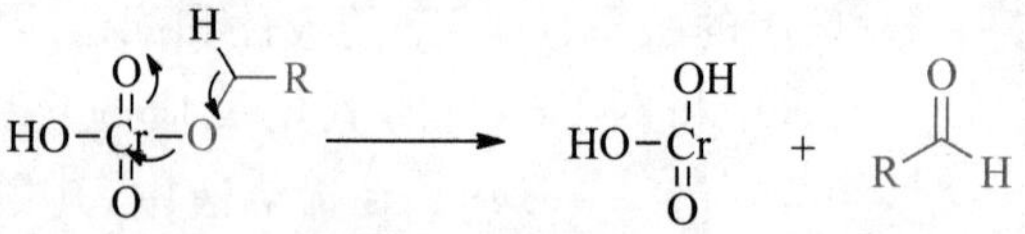

$$HO-Cr-O-CHR \longrightarrow HO-Cr + R-C(O)H$$

F. Westheimei 认为,Cr(Ⅳ)
接着与醇反应生成 Cr(Ⅲ)
和烷基自由基:

接着 Cr(Ⅵ)氧化此烷基自由
基成醛,自身转化为 Cr(Ⅴ);
Cr(Ⅴ)再与醇反应生成酯,
接着发生 E2 消除生成醛和
Cr(Ⅲ)。
他认为其中没有 Cr(Ⅱ)。

这一步反应中 C—H 的断裂为氧化反应的决速步。反应生成的 Cr(Ⅳ)不稳定,能进一步氧化醇,同时 Cr(Ⅳ)转化为 Cr(Ⅱ);Cr(Ⅱ)又可以被 Cr(Ⅵ)氧化为 Cr(Ⅴ),Cr(Ⅴ)与醇反应转化为 Cr(Ⅲ)。最终的结果为 Cr(Ⅲ)。这是一个化学计量比的反应:

$$
\begin{aligned}
RCH_2OH + Cr(VI) &\longrightarrow RCHO + Cr(IV) + 2H^+ \\
RCH_2OH + Cr(IV) &\longrightarrow RCHO + Cr(II) + 2H^+ \\
Cr(II) + Cr(VI) &\longrightarrow Cr(III) + Cr(V) \\
RCH_2OH + Cr(V) &\longrightarrow RCHO + Cr(III) + 2H^+ \\
\hline
3RCH_2OH + 2Cr(VI) &\longrightarrow 3RCHO + 2Cr(III) + 6H^+
\end{aligned}
$$

对醇与 Cr(Ⅵ)所形成的中间体研究结果表明,此氧化反应与溶液的酸碱性紧密相关。在这个过程中,Cr(Ⅵ)需要从 Cr—O 键断裂中得到一对电子,因此,在吡啶溶液中,由于吡啶中氮原子的孤对电子已经与 Cr(Ⅵ)配位,使得 Cr(Ⅵ)获得电子的能力下降;而在酸性溶液中,不仅 Cr=O 中氧原子的孤对电子可以被质子化,使得 Cr(Ⅵ)更趋向于得到电子,增加了其氧化能力,而且 Cr—OH 上羟基被质子化后,更容易以水的形式离去,也增加了 Cr(Ⅵ)的氧化能力。因此,Cr(Ⅵ)在酸性溶液中的氧化能力明显比在碱性溶液中强得多。由此,就可以理解铬酸、Jones'试剂、PCC、PDC 等试剂在氧化醇过程中的变化规律:

（1）铬酸(H_2CrO_4)水溶液:可以将一级醇氧化为醛,而且很容易过氧化。

为了防止过氧化,需要将产
物醛及时从反应体系中通
过蒸馏的方式收集。

（2）Jones'试剂:1949 年由 E. R. H. Jones 爵士发现,它是由三氧化铬、稀硫酸、水以及丙酮配成的溶液,常用于二级醇的氧化。通常采用的方式是将 Jones'试剂的水溶液滴加到二级醇的丙酮溶液中。此氧化过程很迅速,二级醇很少过氧化;但是,一级醇的产物醛则很容易过氧化:

Jones'试剂相对铬酸水溶
液的最大变化在于加入了
丙酮,增加了底物的溶解
度。但也正是因为底物的
溶解度变大,产物醛的溶解
度也变大,使其很容易被过
氧化。因此,此试剂只适用
于二级醇的氧化。

（3）Sarrett 试剂:1953 年,L. H. Sarrett 在研究肾上腺类固醇的合成时发展了 Sarrett 试剂。它是由两分子吡啶和一分子 CrO_3 形成的配合物,可以氧化一级醇和二级醇。此反应在吡啶中进行,因此,底物中一些对酸敏感的官能团不受影响;但是,Sarrett 试剂可以高产率地氧化二级醇成酮,而对一级醇的氧化产率很低;此外,产物的提纯也很困难。1968 年,J. C. Collins 将此反应在二氯甲烷中进行,可以高产率获得氧化产物醛,从而改进了此反应。此后,将 Sarrett 试剂在二氯甲烷中进行的氧化反应称为 Collins 改进法,Sarrett 试剂的二氯甲烷溶液称为 Collins 试剂:

Sarrett 试剂中加入吡啶的用途就在于控制氧化剂的氧化能力。而加入二氯甲烷是为了增加底物的溶解度。

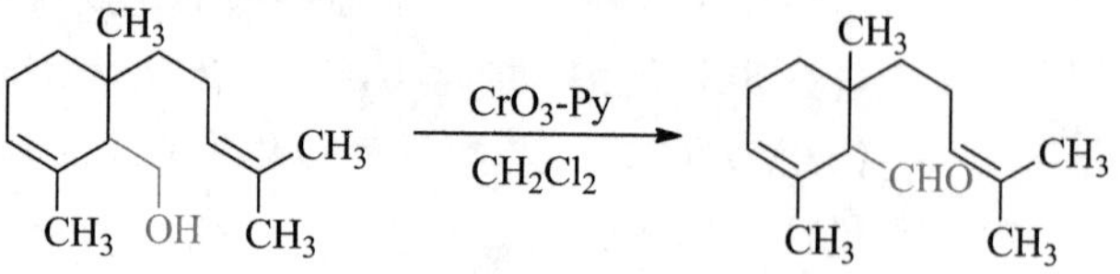

（4）PDC(pyridinium dichromate)：它的制备方法为将含有少量水的 CrO_3 加入到吡啶中形成固体（须在冰浴下进行），经过滤、洗涤、干燥后得橙色固体。它的具体结构式为

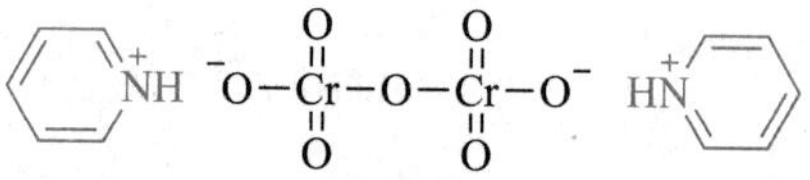

PDC 也叫 Cornforth 试剂，由 J. W. Cornforth 爵士在 1962 年发现。
吡啶做溶剂更能控制氧化剂的氧化能力。

PDC 可以在温和和中性的条件下高产率地将一级醇氧化为醛、二级醇氧化为酮。

PCC 是由 E. J. Corey 和他的学生 J. W. Suggs 发现的。

（5）PCC(pyridinium chlorochromate)：这是一个偶然发现的氧化剂，制备方法是将吡啶加入到 CrO_3 的浓 HCl 溶液中，所产生的固体即为 PCC。准确的结构式为

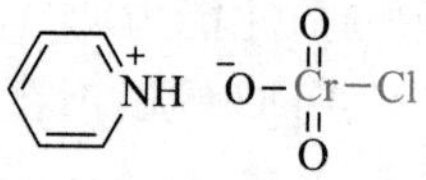

尽管这些 Cr(Ⅵ)氧化剂具有非常好的氧化效果，但是由于副产物 Cr(Ⅲ)的剧毒性，因此在大剂量的反应中，目前已经很少使用了。在实验室少量使用时，需要安全处理氧化后的 Cr(Ⅲ)副产物。

PCC 可以高产率地氧化一级醇和二级醇。PDC 和 PCC 对碳碳双键均具有很好的兼容性。

（6）其他 Cr(Ⅵ)氧化剂还有 PFC($PyHCrO_3F$，CrO_3 与吡啶氟化氢盐的混合体系)、BPCC($bPyHCrO_3Cl$，CrO_3 与连吡啶氯化氢盐的混合体系)，以及 TMSCC($Me_3SiOCrO_2Cl$)。

（7）CrO_2：这也是一类常用的商业化氧化剂，可以高产率地氧化烯丙基醇和苄醇。

2. Cr(Ⅵ)氧化剂对烯烃的氧化加成和切断

烯丙位的氧化反应是一类在 sp^3 杂化碳原子上引入官能团的重要反应，这些反应的结果是切断烯丙位的 C—H，也是一类 C—H 活化反应。然而，在这过程中，实际上包括了烯烃的氧化反应与烯丙位氧化反应的竞争过程，并不是所有氧化剂均可以进行此类氧化反应。

环状烯烃在 Cr(Ⅵ)氧化剂的作用下可以直接转化为链状二酸。实验结果表明，这个过程首先形成环氧化合物，接着在溶剂的作用下生成邻二醇，最后再在过量的 Cr(Ⅵ)的作用下发生碳碳键的断裂。但需要注意的是，如果反应在酸性条件下进行，环氧中间体可能会发生类似于 pinacol(频哪醇)重排：

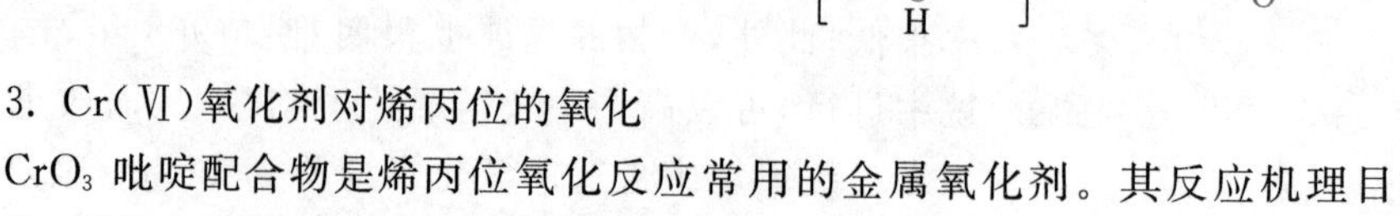

3. Cr(Ⅵ)氧化剂对烯丙位的氧化

近些年来，有机化学家们还发展了 Cu 类氧化剂。

CrO_3 吡啶配合物是烯丙位氧化反应常用的金属氧化剂。其反应机理目前并不清楚，可能包括烯丙基自由基或碳正离子两种中间体：

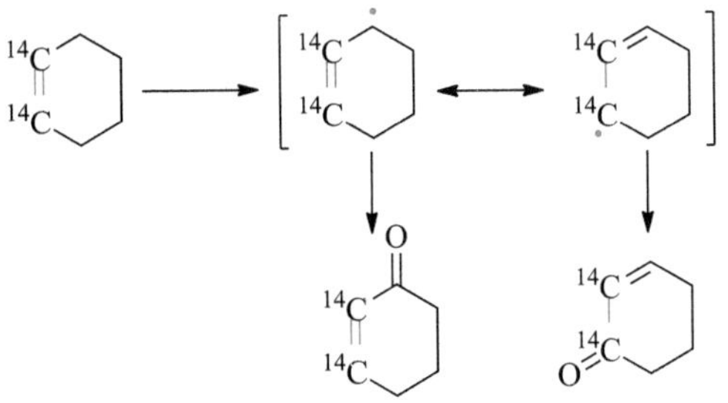

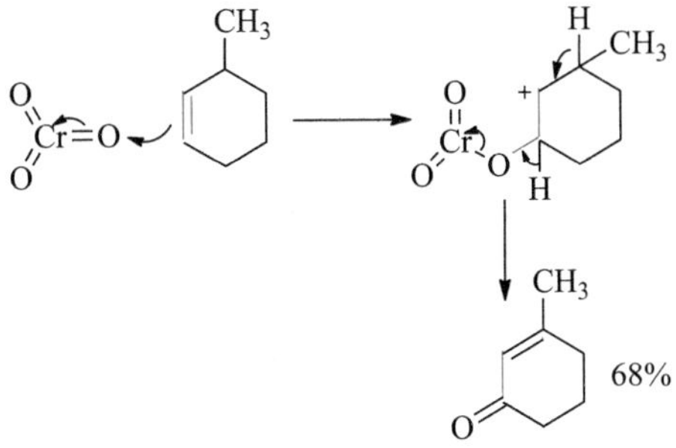

在 ^{14}C 标记的环己烯氧化中,会生成两种产物;而在许多烯丙位的氧化中,经常会生成碳碳双键移位的产物。

4. Cr(Ⅵ)氧化剂对非活化 sp^3 杂化碳氢键的氧化

碳氢化合物的氧化反应一直是有机化学的研究热点。对一些双环体系的碳氢化合物也可以进行选择性的氧化反应,在这些反应中,三级碳原子的 C—H 更易被氧化,甲基最难。

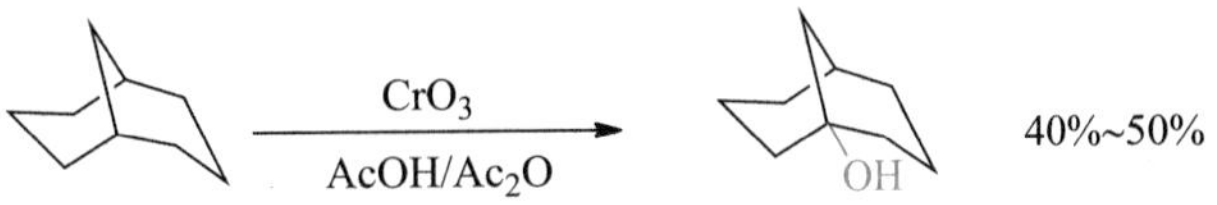

5. Cr(Ⅵ)氧化剂对羰基 α 位的氧化

可以利用氧化反应在羰基 α 位引入各种官能团。例如,可以通过氧化反应引入羟基等。羰基 α 位的氧化反应从本质上分析,首先转化为烯醇,接着烯醇再被氧化,在其过程中,Cr(Ⅵ)氧化剂是一类常用的试剂。苯基苄基酮可以被 Cr(Ⅵ)氧化转化为 α-羟基酮:

此反应可用氧化剂还有 Mn(Ⅶ)。
E. Vedejs 发展了利用五氧化钼 MoO₅/吡啶/HMPA (MoOPH)氧化体系在低温下将烯醇负离子或亚胺氧化成 α-羟基酮。

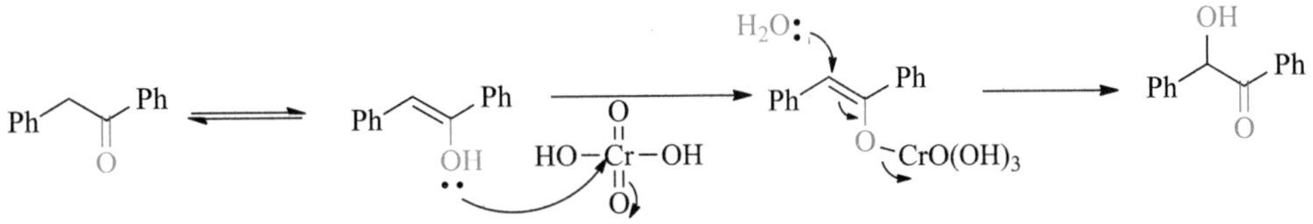

酮的 α 位氧化产率比较高。在过量氧化剂存在的条件下,α-羟基酮可以继续被氧化为邻二酮,或被氧化切断。

23.3.2 锰类氧化剂

锰类氧化剂主要有 Mn(Ⅶ)和 Mn(Ⅳ)。

另一类金属氧化剂为锰类化合物。锰类氧化剂可以氧化的官能团有羟基、碳碳双键以及烯丙位等。

1. 锰类氧化剂对醇的氧化

KMnO₄ 是最常见的氧化剂,其氧化反应很难控制。KMnO₄ 氧化醇的反应很难控制在醛,常常直接生成羧酸。而 MnO₂ 只能氧化烯丙位的羟基为羰基。

烯丙醇(含苄醇)可以在温和的条件下选择性被氧化成 α,β-不饱和醛或酮:

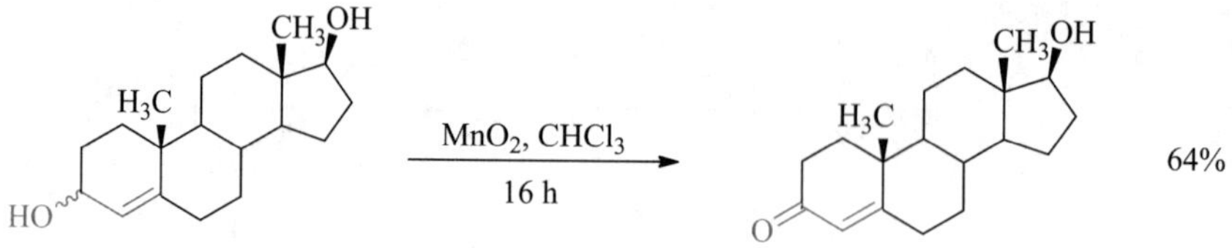

MnO$_2$ 的氧化效果完全取决于其制备方法和干燥程度。它可以将醇氧化为醛或酮,特别是对烯丙基醇的氧化效果非常好。

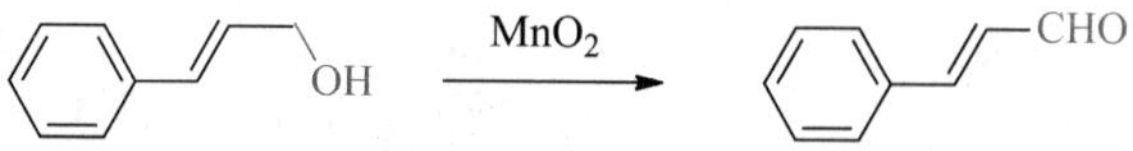

在 Mn(Ⅶ)的基础上,发展了一类具有选择性的氧化剂 BaMnO$_4$。它也可以氧化烯丙醇或苄醇,而且比 MnO$_2$ 更易制备和使用:

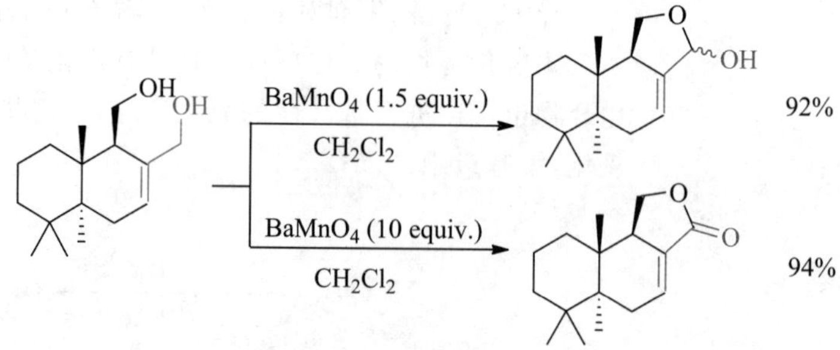

BaMnO$_4$ 的制备方法:将 MnO$_4^-$ 在 BaCl$_2$ 存在下与 I$^-$ 反应后的沉淀物。

2. 锰类氧化剂对碳碳双键的氧化加成

KMnO$_4$ 是非常有效的对碳碳双键氧化加成的试剂。在油酸中碳碳双键的氧化反应报道之后,1888 年,G. Wagner 报道了一系列在碱性条件下 KMnO$_4$ 对烯烃的可控氧化反应。

碳碳双键在有机化学中是一类非常重要的官能团,可以衍生化许多的化合物。在氧化反应中,碳碳双键的官能团化包括双羟基化、环氧化以及环氧化衍生化等。

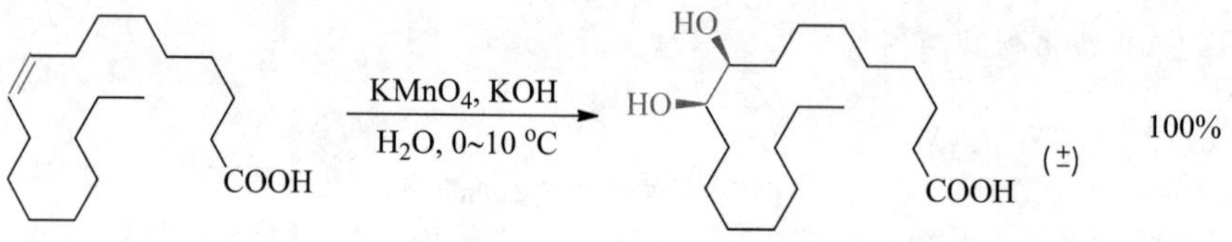

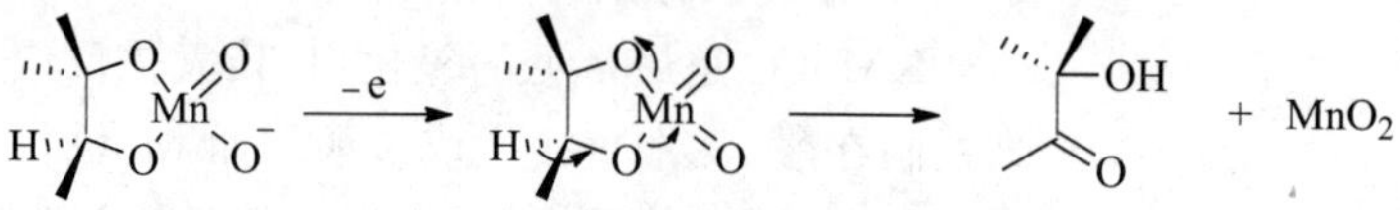

两个羟基在双键空阻小的一边形成。

加入相转移催化剂可以大大提高反应产率。

在中性或酸性条件下,邻二醇的碳碳键可以被 KMnO$_4$ 氧化切断,因此需要严格控制反应条件。

G. Wagner 认为,KMnO$_4$ 基本的反应方式是通过顺式加成形成五元环中间体,水解后生成顺式邻二醇:

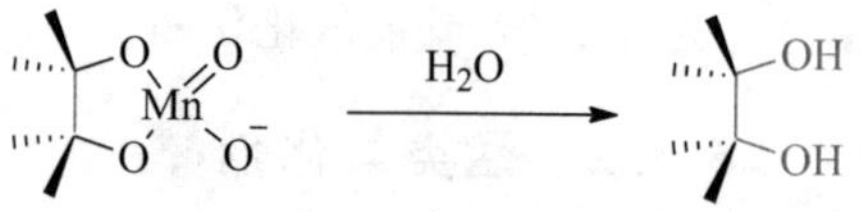

此反应必须在稀的、碱性 KMnO$_4$ 溶液中低温下反应。如果存在 α-H,五元环中间体可能会被继续氧化生成 α-羟基羰基化合物:

3. 锰类氧化剂对碳碳双键的氧化切断

在酸性条件下，$KMnO_4$ 和 CrO_3 均能切断碳碳双键。但是，由于存在很多的副反应且产率很低，在合成上没有实用价值，因此很少使用金属氧化剂直接将碳碳双键切断。通常利用金属氧化剂与另一类氧化剂共同作用，才能高产率地进行碳碳双键的切断反应，生成双羰基化合物。例如，过渡金属氧化剂与 $NaIO_4$ 共氧化体系，才能完成此转换。此时，由于 $NaIO_4$ 的氧化性可以将低价态的金属氧化到高价态，因此，在反应体系中可以使用催化量的 $KMnO_4$ 与共氧化剂，主要为 Lemieux-von Rudloff 试剂：催化量 $KMnO_4$ + $NaIO_4 / HIO_4$：

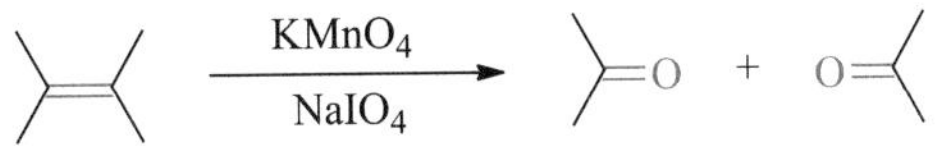

在一些特殊的条件下，也使用 MnO_4^- 直接氧化切断碳碳双键，实际上这也是先转化为邻二醇，接着再发生碳碳键的断裂。

在这过程中，首先金属氧化剂氧化碳碳双键成邻二醇。IO_4^- 有两种作用：一种是可以将前一步产生的低价态金属氧化为高价态，使之继续氧化碳碳双键；另一种作用就是切断邻二醇的碳碳键。

环状烯烃可以被氧化为 α,ω-二酮基化合物、酮羰基羧酸或二羧酸。此反应的机理具体为，烯烃被金属氧化剂氧化为邻二醇或环酯，接着邻二醇被 IO_4^- 氧化切断。在此氧化过程中，碳碳叁键更难以进行。

4. 锰类氧化剂对非活化 sp^3 杂化碳氢键的氧化

相对而言，正如在第 17 章中讨论的，芳环上取代的烷基由于苯环的吸电子效应，可以被氧化转化为甲酰基、酮羰基以及羧基。由于吡啶更强的吸电子效应，其 C2 位取代的甲基更易进行此类反应：

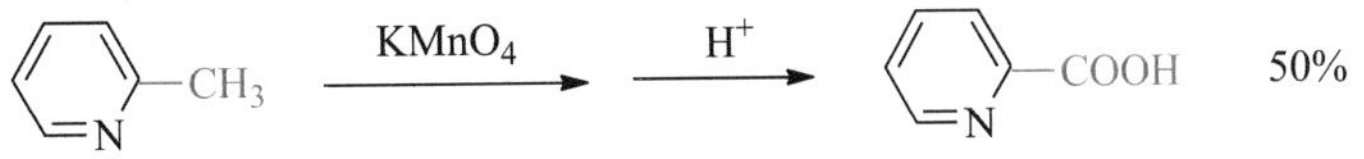

23.3.3 四氧化锇

1. 四氧化锇对碳碳双键的氧化加成

OsO_4 也是非常有效的对碳碳双键氧化加成的试剂。在烯烃的氧化加成反应中，最常用的氧化剂为 OsO_4。OsO_4 是具有高度选择性的烯烃双羟基化试剂。1852 年，A. M. L. Butlerov 报道了 OsO_4 对碳碳双键的氧化加成反应。在这个反应过程中，形成五元环锇酸酯中间体，因此，此反应对双键的加成为顺式加成：

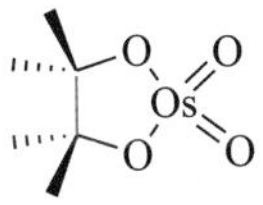

有文献研究表明，首先经过 [2＋2] 环加成反应形成四元环，再扩环成五元环。

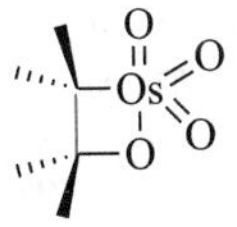

通常，五元环中间体是通过 [3＋2] 环加成反应形成的，OsO_4 加到了碳碳双键的空阻小的一边。

由于 OsO_4 剧毒且昂贵，在反应过程中通常加入共氧化剂，将 OsO_4 的用量减少到催化量。这些共氧化剂可以是类似于 NMO 的氮氧化物、过氧叔丁醇、氯酸钡、氯酸钠以及铁氰化钾等。

2. 四氧化锇对碳碳双键的氧化切断

与 $KMnO_4$ 一样,催化量的 OsO_4 与共氧化剂可以实现碳碳双键的氧化切断。此氧化体系为:催化量 $OsO_4 + NaIO_4$。

此反应也称为 Lemieux-Johnson 氧化反应。此氧化剂不能与芳环反应。

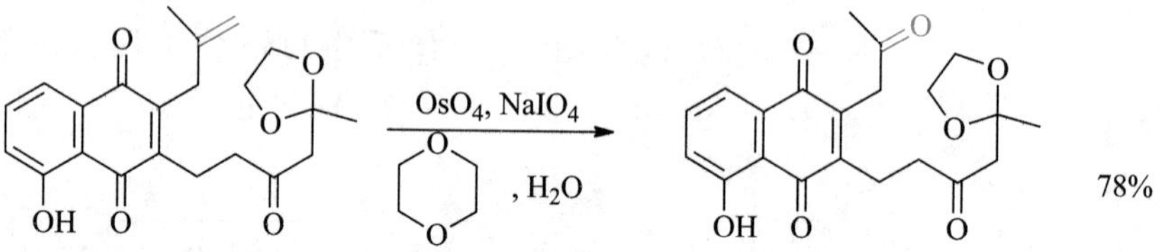

此反应会优先与富电子体系的碳碳双键反应。

23.3.4 金属钌氧化剂

RuO_4 也常用于烯烃的氧化加成,主产物为 α-羟基羰基化合物。反应采用的体系为 1 mol% $RuCl_3$ 和 5 倍量的 $KHSO_5$(Oxone®),反应溶剂为乙酸乙酯、乙腈、水的混合体系。

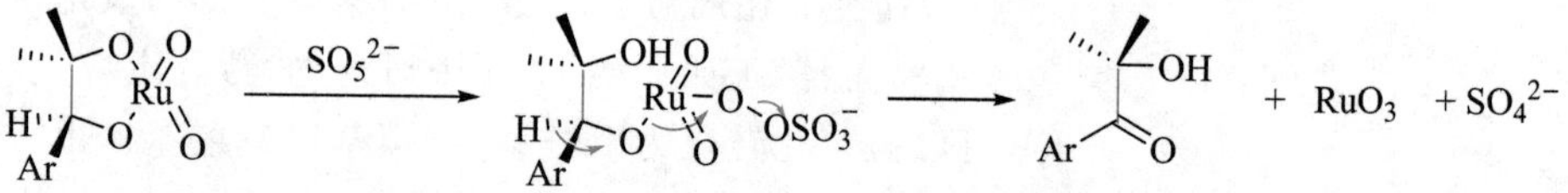

RuO_4 可以直接将醇氧化为羧酸。

催化量 $RuO_4 + NaIO_4$ 的氧化体系可以实现对碳碳双键的氧化切断:

此化合物不能被 Lemieux-Johnson 氧化体系氧化。

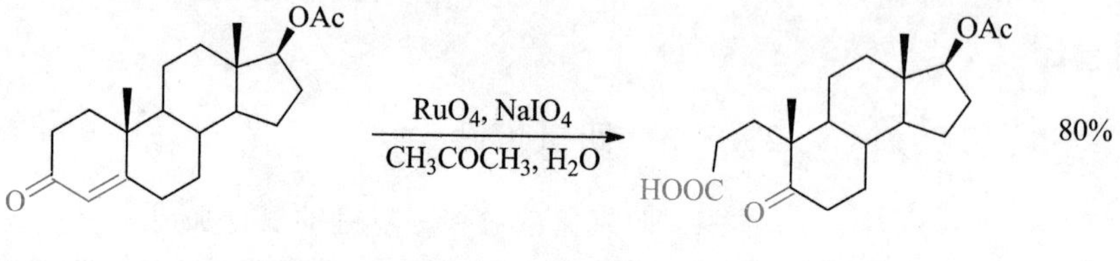

此氧化体系还可以氧化芳环成羧酸,氧化醚成酯,氧化胺成酰胺。

1987 年,S. V. Ley 发展了基于 Ru(Ⅷ) 的 Ley 试剂,四丙基铵高钌酸盐(tetrapropylammonium perruthenate,TPAP 或 TPAPR)。Ley 氧化反应对一级醇和二级醇均有非常高的产率。在反应体系中,通常 TPAP 的使用量为 5~10 mol%,而 NMO(N-甲基吗啉-N-氧化物)的使用量为 1.5 倍量以上。此氧化反应的机理与高碘酸盐作用下的烯烃氧化断裂类似,首先形成的中间体是酯,在这里是一个氧化态为 7 价的过钌酸酯,随后 β-消除生成醛和 5 价的钌酸。TPAP 很贵,可以加入化学计量的共氧化剂使其再生。这些共氧化剂为 NMO 或分子氧。氧化反应生成的水可以被分子筛吸收。

TPAP 是一个单电子转移的氧化剂。

如果氧化剂过量,以及体系中存在两倍量的水,或延长反应时间,产物醛会与水反应生成水合醛,接着再被氧化成酸。
由于反应在中性条件下进行,底物外消旋化的可能性相对于使用如铬(Ⅵ)等氧化剂要小一些。

反应的具体过程如下:

$$Ru(VII) + RCH_2OH \longrightarrow Ru(V) + RCHO + 2H^+$$

$$Ru(VII) + Ru(V) \longrightarrow 2Ru(VI)$$

$$Ru(VI) + RCH_2OH \longrightarrow Ru(IV) + RCHO + 2H^+$$

$$Ru(IV) + NMO \longrightarrow Ru(VI) + NMM$$

2008 年，T. Honda 在（＋）-upial 的全合成工作中使用了此氧化剂：

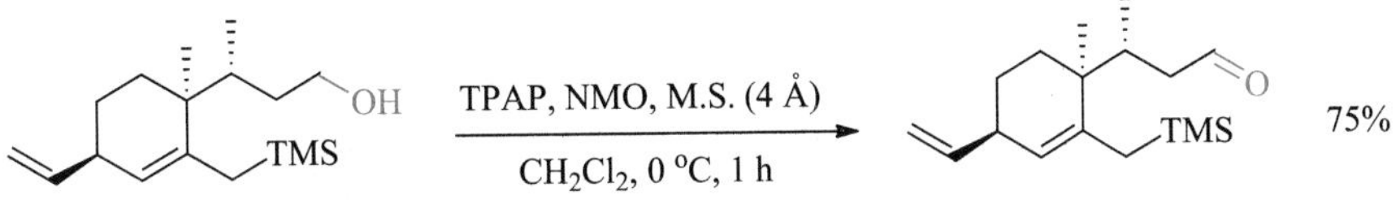

Ley 氧化反应在许多天然产物的合成中体现了非常高的效率，已经成为了一类重要的氧化反应。

23.3.5　四醋酸铅

在 Pb(OAc)$_4$ 的氧化作用下，邻二醇的碳碳键可以被氧化切断。Pb(OAc)$_4$ 适用于脂溶性好的邻二醇。此外，具有以下类似骨架体系的化合物也能进行此类反应：

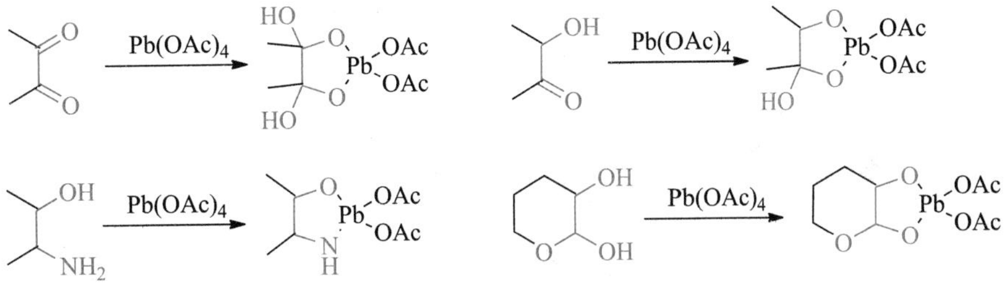

> 这与前面已经讨论过的碳碳双键的氧化切断具有一定的类似性。

在此氧化切断过程中，大多通过五元环中间体过程实现碳碳键的断裂。实验结果表明，在某些邻二醇体系中，Pb(OAc)$_4$ 则不一定需要经过五元环中间体，但反应速率要慢很多。

> 如果烷烃自由基被氧化成烷基正离子，可以失去氢正离子转换为烯烃，也可以与乙酸根负离子结合形成酯。如果体系中存在卤素负离子，还可以转化为卤代烷。

另一类碳碳键的氧化切断为在 Pb(OAc)$_4$ 作用下的氧化脱羧反应，其产物可能为烯烃、烷烃或乙酸酯。此反应主要通过自由基反应进行：

$$Pb(OAc)_4 + RCOOH \rightleftharpoons RCOOPb(OAc)_3 + CH_3COOH$$

$$RCOOPb(OAc)_3 \longrightarrow R\cdot + CO_2 + Pb(OAc)_3$$

$$R\cdot + Pb(OAc)_4 + CH_3COOH \longrightarrow R^+ + Pb(OAc)_3 + CH_3COO^-$$

> 不对称酮在四醋酸铅氧化下会生成两种 α-乙酰氧基酮。烯醇硅醚也可以在四醋酸铅氧化下生成 α-乙酰氧基酮。

烷烃自由基被氧化转化为烷基正离子前，可以快速从溶剂中攫取氢原子后形成烷烃，此转换速率更快。

四醋酸铅也是有效的羰基 α 位氧化剂，它的氧化产物为 α-乙酰氧基酮，但是产率不高。通常还需要 BF$_3$ 催化。其可能的反应过程如下：

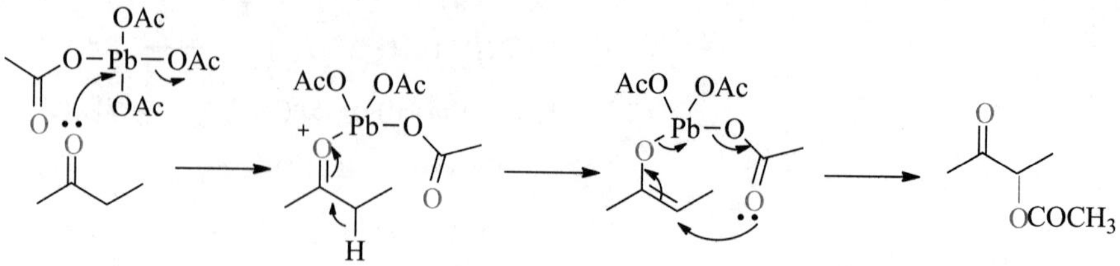

23.3.6 Ag(Ⅰ)氧化剂

此反应称为银镜反应,也称为 Tollens 试验。

  1882 年,B. Tollens 发现银氨溶液可以氧化醛生成羧酸。此反应条件温和,但是产率比较低。此外,氧化银也可以氧化醛生成羧酸。

  1968 年,M. Fétizon 发现负载在硅藻土上的碳酸银可以温和氧化醇或环状半缩醛的羟基转化为羰基。2008 年,T. Honda 在(+)-upial 的全合成工作中使用了此氧化剂,其产率很高。

此试剂很贵,但在小量反应中非常有效。

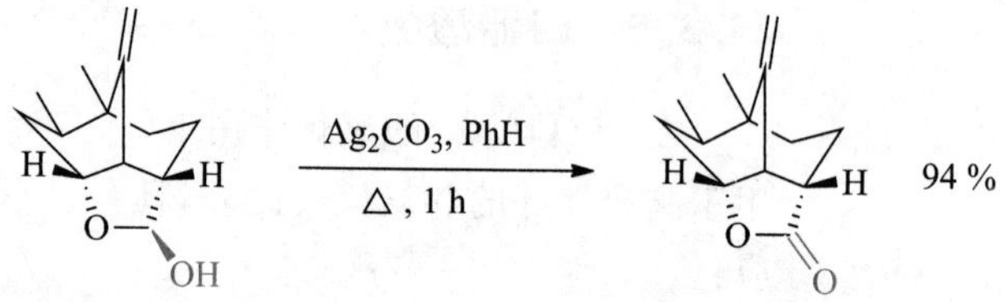

  1939 年,H. Hunsdiecker 报道了干燥的脂肪羧酸银盐与溴反应,可以生成少一个碳原子的溴代烷烃。后续的研究表明,不仅脂肪羧酸,α,β-不饱和羧酸以及某些芳基羧酸的银盐均可以发生脱羧反应,生成少一个碳原子的卤代烷。此转换称为 Hunsdiecker 反应。

Tl$^+$ 和 Hg$^+$ 的羧酸盐也能进行此反应;Cl$_2$ 和 I$_2$ 也能参与此反应,生成相应的氯代烷和碘代烷。

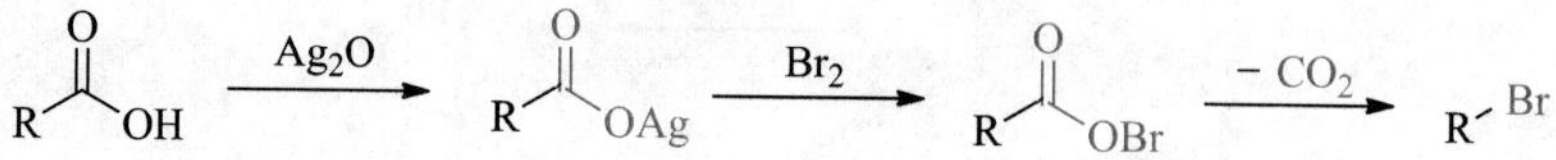

  过去的几十年来,为了进一步提高此反应的效率,对其作了很多改进,包括利用 PhI(OAc)$_2$ 等代替银离子。

23.3.7 Pd(Ⅱ)氧化剂

  1971 年,R. J. Theissen 发现酮在醋酸钯的作用下可以生成 α,β-不饱和酮,但是产率很低。8 年后,T. Saegusa 和 Y. Ito 发现 α,β-不饱和酮在与烷基铜锂发生1,4-共轭加成后,形成烯醇负离子,再与三甲基氯化硅反应生成烯醇硅醚。此烯醇硅醚在醋酸钯/对苯醌作用下在室温下可以形成新的 α,β-不饱和酮:

此反应使用的氧化体系为 50 mol% 的醋酸钯和 50 mol% 的对苯醌。若醋酸钯的用量低于 25 mol%,则不反应。若使用 100 mol% 的醋酸钯,则不需要对苯醌。

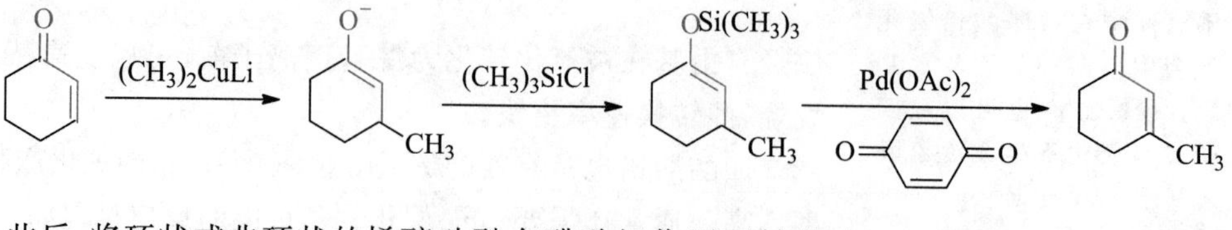

此后,将环状或非环状的烯醇硅醚在醋酸钯作用下转化为 α,β-不饱和酮的反应称

为 Saegusa-Ito 氧化反应。此外,此反应具有高度的立体选择性,在非环状体系中,无论烯醇硅醚的碳碳双键是反式还是顺式构型,新形成的双键通常为反式构型。

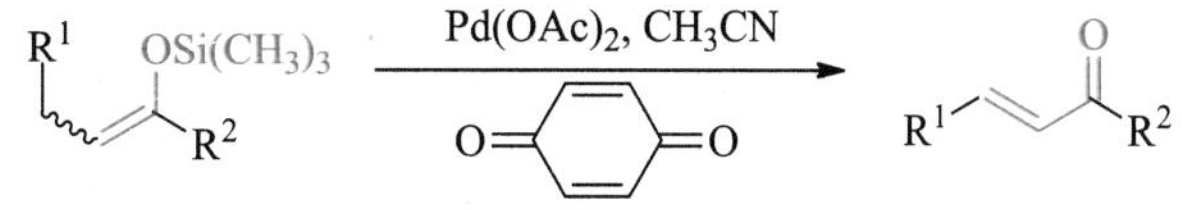

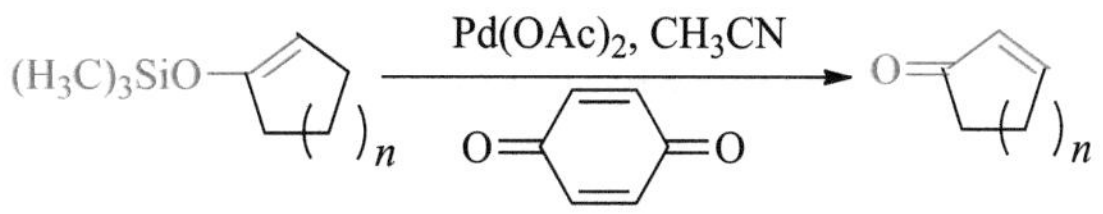

关于 Saegusa-Ito 氧化反应的机理存在很多种说法,其中最有可能的是以下两种形式:

注意这两个机理的最大不同之处在于金属钯 π 配合物和 σ 配合物的区别。

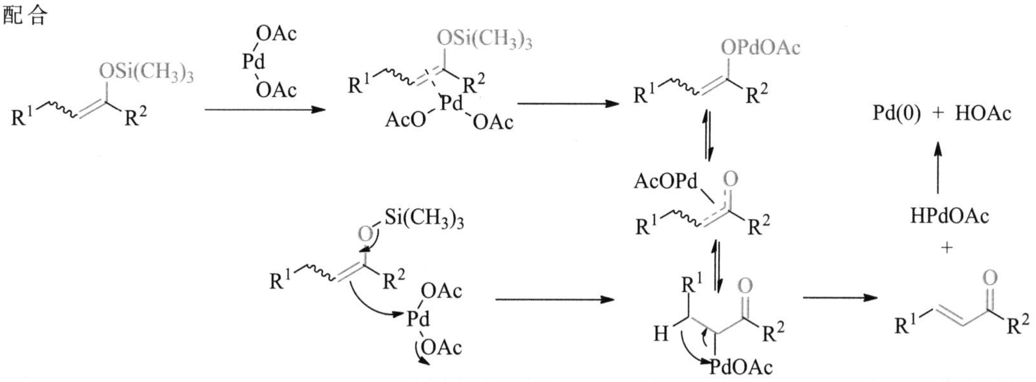

反应中生成的 Pd(0)不可被对苯醌氧化成 Pd(Ⅱ)继续参与氧化循环。这也成为了 Saegusa-Ito 氧化反应的最大弱点,需要大量使用醋酸钯。随后,发展了很多种方法减少醋酸钯的使用量。1995 年,R. C. Larock 发展了非常高效的方法,利用空气中的氧气在 DMSO 溶液中氧化反应中原位生成的 Pd(0),可以将醋酸钯的用量减少到 10 mol% 以下:

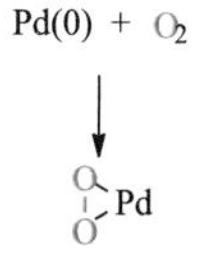

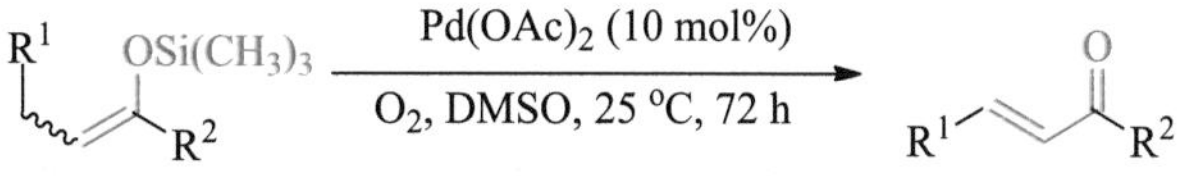

也可以利用碳酸酯代替烯醇硅醚:

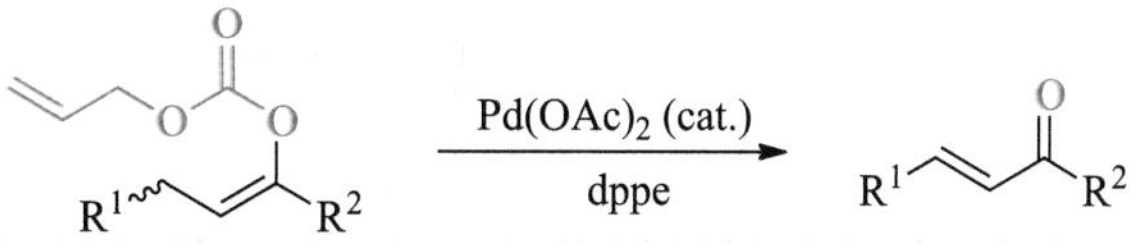

此外,烯醇硅醚也可以被 IBX 或 IBX 氮氧化物氧化,高产率地转化为 α,β-不饱和羰基化合物,此反应称为 Nicolaou 氧化。

醋酸钯还可以催化分子内的氧化杂环化反应:

此时,空气也可以充当氧化剂。一般需要碱攫取烯丙位的氢。

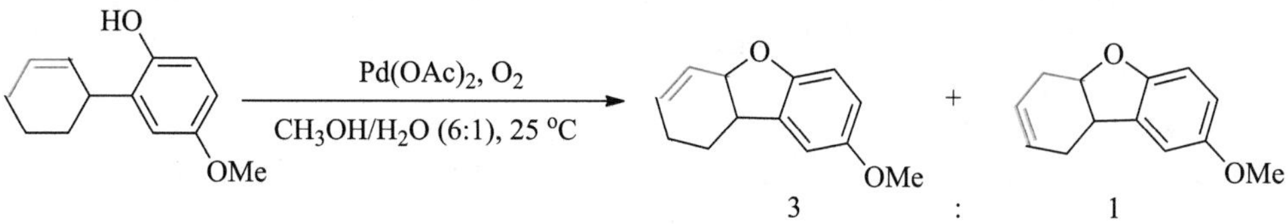

在此过程中,烯烃与 Pd(Ⅱ)形成烯丙基 π 配合物,接着亲核试剂或基团(主要有 O 和 N)亲核进攻,形成环系,最后发生 β-H 消除,再形成新的碳碳双键。

1894 年,F. C. Phillips 首次发现乙烯在化学计量的 PdCl$_2$ 作用下在水相中反应可以被氧化,体系中有金属 Pd 析出。1959 年,J. Smidt 经过研究发现,这新生成的 Pd(0)可以被 CuCl$_2$ 氧化成 PdCl$_2$。这个发现将此反应转化为一个工业化的过程,也为有机合成打开了应用的大门。将烯烃在催化量 Pd(Ⅱ)作用下一锅氧化成羰基化合物的反应称为 Wacker 氧化。

在工业上,将乙烯在 PdCl$_2$ 和 CuCl$_2$ 为共催化剂的作用下在氧气中转化为烯醇的反应称为 Wacker-Smidt 氧化过程。

Wacker-Smidt 氧化过程:

$$H_2C{=}CH_2 \ + \ PdCl_2 \ + \ H_2O \ \xrightarrow[\ O_2\ ]{CuCl_2/HCl} \ H_3C{-}CHO$$

Wacker 氧化:

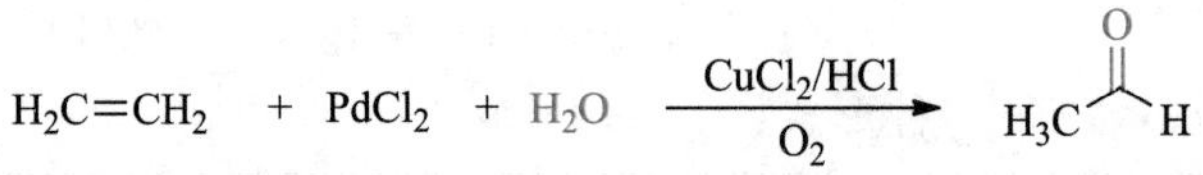

这个反应首先是 Pd(Ⅱ)对双键亲电加成,生成碳正离子;接着水与碳正离子反应,生成醇;最后发生 β-消除,生成烯醇,再互变异构后生成醛或酮。

$$\underset{R}{\overset{H}{>}}C{=}CH_2 \ \xrightarrow[\ H_2O,\ O_2\ ]{PdCl_2/CuCl_2/HCl} \ H_3C{-}CO{-}R$$

Wacker 类氧化反应:

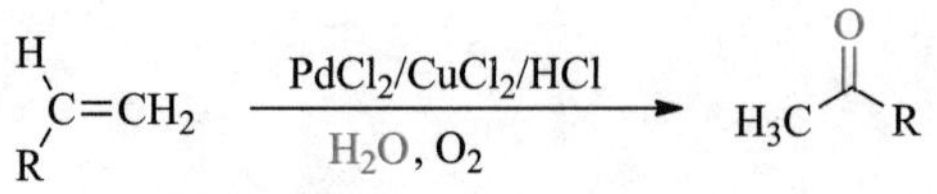

此反应常用于末端烯烃的氧化,生成甲基酮。在此反应体系中,Pd(Ⅱ)是活性催化物种,反应后形成的 Pd(0)被 CuCl$_2$ 氧化成 Pd(Ⅱ),自身转化为 Cu(Ⅰ),Cu(Ⅰ)再被氧气氧化为 Cu(Ⅱ)。

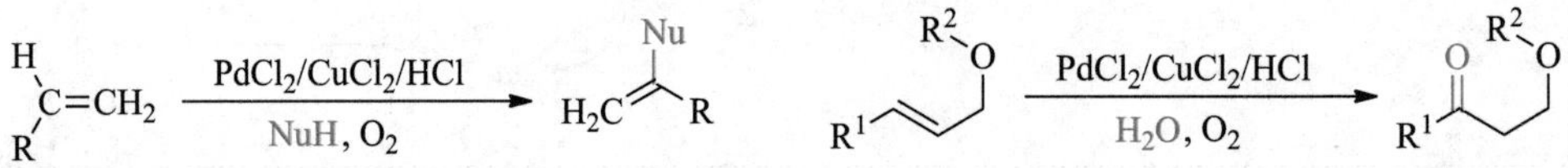

$$\underset{R}{\overset{H}{>}}C{=}CH_2 \ \xrightarrow[\ NuH,\ O_2\ ]{PdCl_2/CuCl_2/HCl} \ H_2C{=}\underset{Nu}{\overset{}{C}}{-}R \qquad R^1{-}CH{=}CH{-}OR^2 \ \xrightarrow[\ H_2O,\ O_2\ ]{PdCl_2/CuCl_2/HCl} \ R^1{-}CO{-}CH_2{-}OR^2$$

在这个氧化反应中,PdCl$_2$ 和 CuCl$_2$ 是催化量的,氧气是化学计量的。单取代烯烃的反应速率要比 1,1-二取代的烯烃快得多;分子内同时存在末端双键和其他双键时,末端双键优先反应。α,β-不饱和羰基化合物可以在改变氧化条件下转化为 β-双羰基化合物:

思考:Wacker 类氧化反应也是一个催化循环的过程。这个循环应该是怎样的?

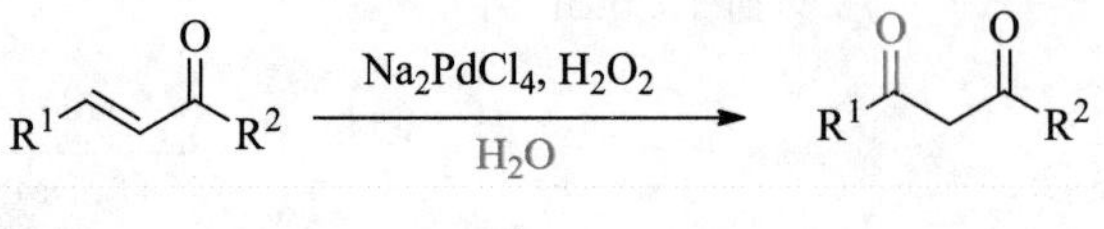

$$R^1{-}CH{=}CH{-}CO{-}R^2 \ \xrightarrow[\ H_2O\ ]{Na_2PdCl_4,\ H_2O_2} \ R^1{-}CO{-}CH_2{-}CO{-}R^2$$

Wacker 氧化通常在水相中反应,因此水作为了亲核试剂,产物相应的为烯醇。也可以使用其他亲核试剂代替水。

23.3.8 主族金属氧化剂

通过合适的方法将醛转化为酯再水解,也是将醛温和氧化的一类方法。1887 年,L. Claisen 报道了苯甲醛在醇钠作用下可以转化为苯甲酸苄酯。大约 30 年后,W. E. Tishchenko 发现不管是否可以烯醇化的醛在醇镁或醇铝的作用下均可以转化为酯:

此反应还可以进行不同醛之间的成酯反应。这本质上与 Cannizzaro 反应、Merwein-Ponndorf-Verley 反应以及 Oppenauer 氧化是一致的(氢负离子的转移)。

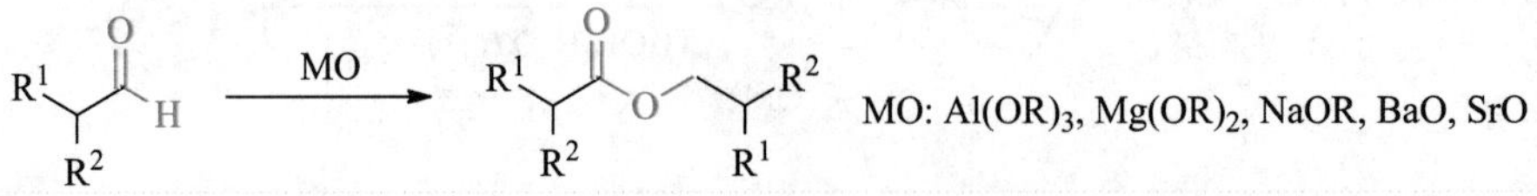

$$\underset{R^2}{\overset{R^1}{>}}CH{-}CHO \ \xrightarrow{\ MO\ } \ \underset{R^2}{\overset{R^1}{>}}CH{-}CO{-}O{-}CH_2{-}\underset{R^1}{\overset{R^2}{>}} \qquad MO:\ Al(OR)_3,\ Mg(OR)_2,\ NaOR,\ BaO,\ SrO$$

这个反应主要是甲酰基上的氢原子转移至另一个甲酰基,从而形成了酯:

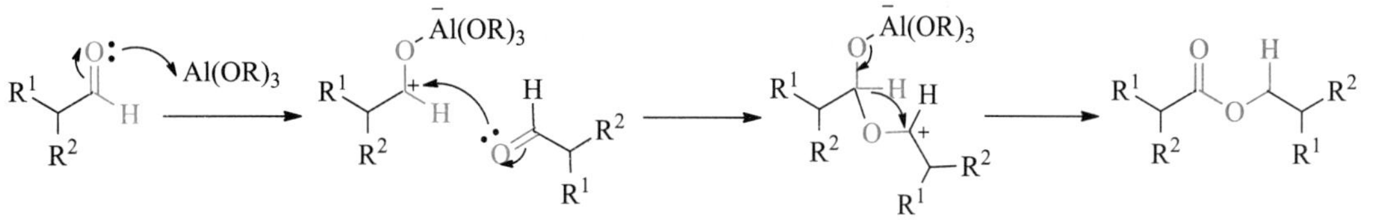

此反应称为 Tishchenko 反应。

在有机合成的发展过程中,还有许多金属氧化剂,由于篇幅的限制,就不作一一介绍,读者有兴趣的话,可以深入研究。

23.4 非金属氧化剂

金属氧化剂在有机化合物的氧化过程中已经体现出了其高效性和实用性。但是有些时候,特别是对于多官能团的有机化合物而言,金属氧化剂有时过于强大。作为高价金属氧化剂的替代物,一些非金属氧化剂已经被广泛深入地研究,如硝酸、硫酸、碘类氧化剂、氯类氧化剂、双氧水、臭氧以及分子氧等等。

23.4.1 碘类氧化剂

有机高价碘试剂是一种绿色的氧化剂。由于高价碘键的存在,使得中心碘原子带有部分正电荷,容易与富电子位点发生反应。

碘原子具有原子半径大、可极化程度高以及电负性小等特点,这些特点使其容易形成稳定的高价态、多配位的高价碘试剂。1886 年,德国化学家 C. Willgerodt 合成了第一个有机高价碘试剂二氯碘苯(PhICl$_2$)。在随后的几十年中,其他类型的高价碘试剂也陆续被化学家合成出来,如二醋酸亚碘酰苯(PIDA)等。

有机高价碘试剂,具有与汞 Hg(Ⅱ)、铊 Tl(Ⅲ)、铅 Pb(Ⅳ)等金属氧化剂相似的化学性质和反应性,但是却没有这些重金属所带来的环境问题和毒性问题。此外,有机高价碘试剂易于设计成可回收型氧化剂,反应完成后通过简单的后处理操作可以实现一价碘试剂的回收,并再利用。

1. 高碘酸钠

NaIO$_4$ 是最典型的对邻二醇中碳碳键氧化切断的氧化剂。通常,NaIO$_4$ 适用于水溶性好的邻二醇。此外,具有以下类似骨架体系的化合物也能进行此类反应:

可以与金属氧化剂共同参与碳碳双键的氧化切断。

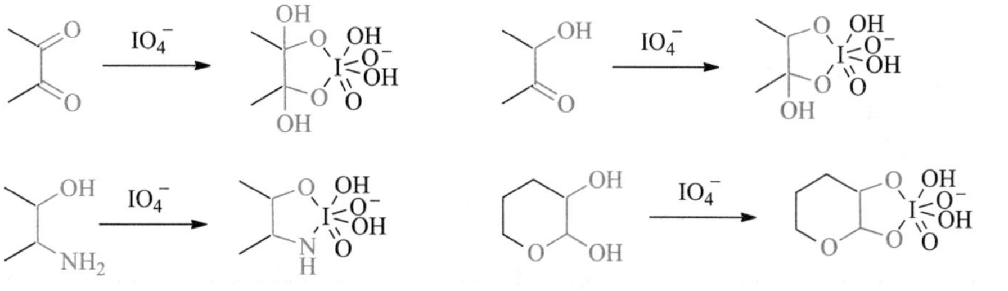

在此氧化切断过程中,大多通过五元环中间体过程实现碳碳键的断裂。实验结果表明,$NaIO_4$ 的氧化必须形成五元环中间体。

2. Dess-Martin 高价碘化物

1983 年,D. B. Dess 和 J. C. Martin 发展了一种高价碘试剂,称为 Dess-Martin periodinane (DMP)。DMP 可以将一级醇氧化为醛、二级醇氧化为酮。它具有比 Cr(Ⅵ) 和 DMSO 更为明显的氧化优势:反应条件温和(室温、中性)、反应时间短、产率高、后处理简便、高化学选择性、官能团兼容性好以及保存时间长。

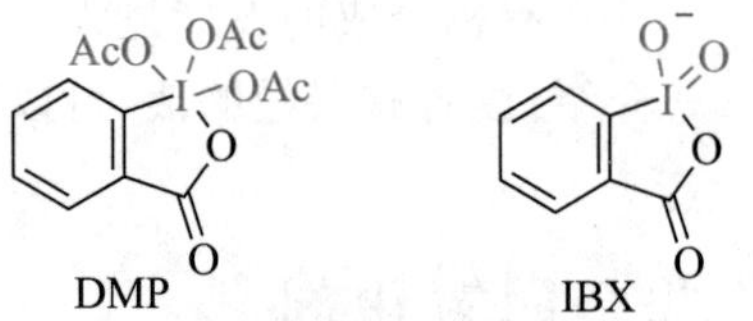

1893 年,C. Hartmann 和 V. Meyer 首次合成了 IBX。但是,IBX 由于溶解度差、易爆炸、难保存等弱点,一直没有被广泛使用。DMP 具有在有机溶剂中很高的溶解度、稳定性好等优点。

DMP　　　　　**IBX**

此反应若有少量水存在,反应速率会大大加快。

DMP 可以用于复杂体系、多官能团的醇的氧化。其具体的反应机理如下:

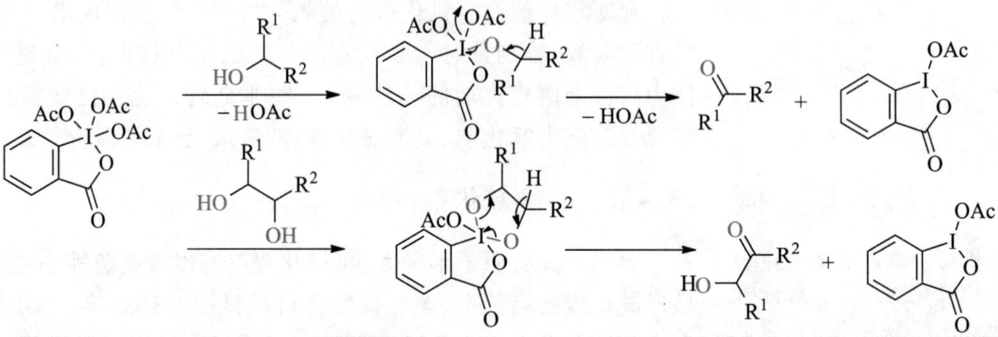

DMP 也可以选择性地将邻二醇中的一个羟基氧化为羰基。DMP 在天然产物的全合成中得到了广泛的应用,尤其适用于含有氨基、不饱和键、硫醚、硅醚等敏感官能团的底物。

2000 年,K. C. Nicolaou 发现 IBX 在加热条件下可以实现醛酮化合物的脱氢反应,生成 α,β-不饱和羰基化合物。

K. C. Nicolaou 认为,该反应是通过单电子转移历程进行的。

3. 亚碘酰苯及其衍生物

相比于有机五价碘试剂,有机三价碘试剂种类更为繁多,反应性也更为丰富。亚碘酰苯(PhIO)是一个三价的碘化物,具有很好的氧化性。PhIO 是一个非常好的氧转移试剂,常用在过渡金属催化的环氧化反应以及羟基化反应中作为氧的来源体。PhIO 还可以将一级胺氧化为亚胺。

PhIO 的活性偏低,通常需要加入 Lewis 酸或 Brønsted 酸活化来增强其活性。

PIDA 是一个商品化的高价碘试剂,系白色固体,稳定性较好,可以在避光条件下长期保存。也是目前研究最多、应用最广泛的三价碘试剂。

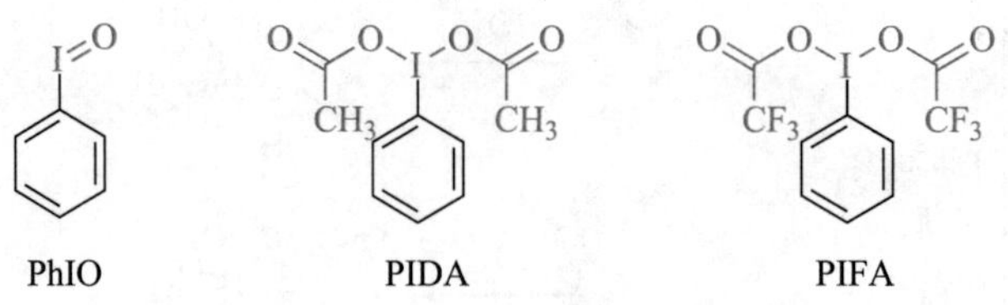

PhIO　　　　**PIDA**　　　　**PIFA**

二乙酰氧基碘苯(PIDA)对烯烃的官能团化具有很好的效果。例如,PIDA 可思考：PIDA 氧化与 DMP 类似，请按照 DMP 氧化反应机理画出 PIDA 与一级醇反应的机理。

基于亚碘酰苯的衍生物还有很多。

以促进苯乙烯类底物双键的双胺化反应：

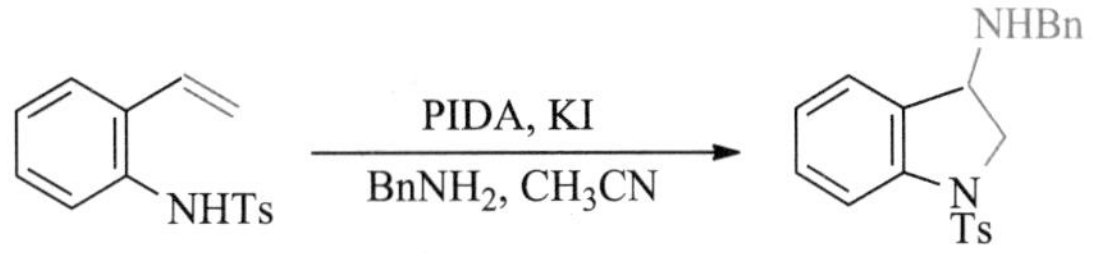

双三氟乙酰氧基碘苯（PIFA）是应用非常广泛的有机高价碘试剂之一。由于氟原子的强吸电子作用，PIFA 作为试剂通常比 PIDA 具有更强的反应活性。因此，与 PIDA 相比，PIFA 在有机合成中应用范围更广，产率也较高。

23.4.2　亚氯酸钠

1973 年，B. O. Lindgren 等人利用 $NaClO_2$ 为氧化剂在弱酸性（pH＝3～5）溶液中将香草醛氧化为香草酸。但是，在这个反应中，会产生 HOCl。由于 $HOCl/Cl^-$ 氧化还原电势比 $ClO_2^-/HOCl$ 更高，这意味着次氯酸盐不仅能消耗 ClO_2^-，还可以氧化碳碳双键。这会使此氧化反应变得非常复杂。因此，通常需要加入一些可被 HOCl 氧化的化合物清除 HOCl。这些物质也被称为"清道夫"。最早使用的清道夫主要是间苯二酚或氨基磺酸：

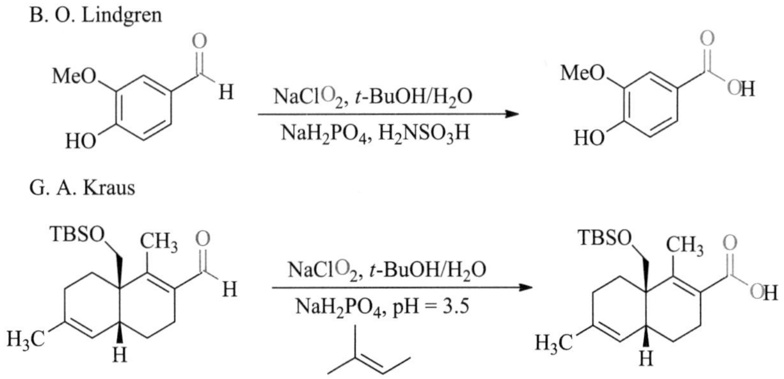

醛很容易被氧化成酸。由于醛本身非常活泼，因此，在实验室中很少会直接使用金属氧化剂进行氧化反应。此外，只有少量氧化醛的方法可以兼容各类官能团。

1980 年，G. A. Kraus 首次利用 2-甲基-2-丁烯作为清道夫，并在 NaH_2PO_4 的缓冲溶液中进行此反应，可以高产率地氧化脂肪醛和 α,β-不饱和醛。1981 年，H. W. Pinnick 证明此条件下可以兼容很多官能团，很快此条件成为一个具有普遍适用性的氧化方法，可以适用于具有敏感官能团底物的氧化，不仅对于 α,β-不饱和醛，也对于具有较大空阻的底物均有良好的反应效果。随后，此氧化反应被称为 Pinnick 氧化。其反应的具体转换过程如下：

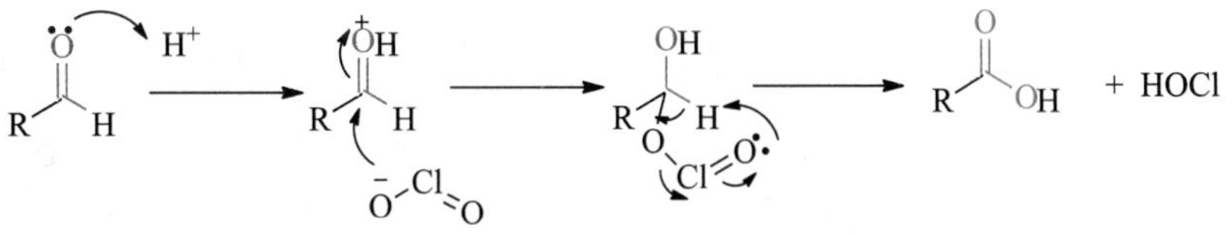

在缓冲溶液中，$NaClO_2$ 首先与 NaH_2PO_4 反应生成 $HClO_2$，接着 $HClO_2$ 对羰基进

行亲核加成,最后通过五元环过渡态实现了氧化过程,释放出另一个氧化剂 HOCl。G. A. Kraus 和 H. W. Pinnick 加入 2-甲基-2-丁烯,与 HOCl 进行亲电加成反应,从而从反应体系中除去 HOCl,这使得这个反应变得更为简便和廉价。但为了保证此反应高产率地得到羧酸,通常需要加入几倍量的 NaH_2PO_4 以严格控制反应体系的 pH;此外,2-甲基-2-丁烯也必须大大过量以保证及时除去 HOCl。

1986 年,E. Dalcanale 和 F. Montanari 利用 H_2O_2 作为清道夫进一步改进了此反应。在 HOCl 与 H_2O_2 反应时,会产生氧气。此时,就可以反应是否产生氧气作为标志。

Pinnick 氧化反应非常适合于多官能团的醛类化合物的氧化。β-芳基取代的 α,β-不饱和醛在这个体系中具有良好的反应结果。直接与碳碳叁键相连或者和双键共轭的醛都具有良好的反应结果。环氧化合物、羟基化合物、苄醚、卤代物(包括碘代物)甚至锡烷等官能团均能在这个体系被兼容。此外,在反应过程中,碳碳双键的构型不会发生异构化。但是,此反应在氧化一些脂肪族的 α,β-不饱和醛和其他脂肪醛时产率比较低。β 位带有吸电子基团的化合物可能会导致碳碳双键的氯化反应。由于氨基、巯基等基团容易被氧化,因此需要对这些基团进行保护。

23.4.3 二氧化硒

二氧化硒是一类非常高效的烯丙位和苄位的氧化剂。1932 年,H. L. Riley 首次报道了 SeO_2 将醛或者酮的 α 位氧化成羰基。随后,研究发现,SeO_2 可以氧化烯丙位的 C—H;在不同的反应条件下,产物可以分别为烯丙基醇、烯丙基酯或 α,β-不饱和羰基化合物。此反应称为 Riley 氧化反应。其反应机理主要分为以下三步:

(1) 烯烃对 SeO_2 的 ene 反应。

(2) [2,3]-σ 重排反应,碳碳双键回到原先的位置。

(3) 亚硒酸酯的水解。

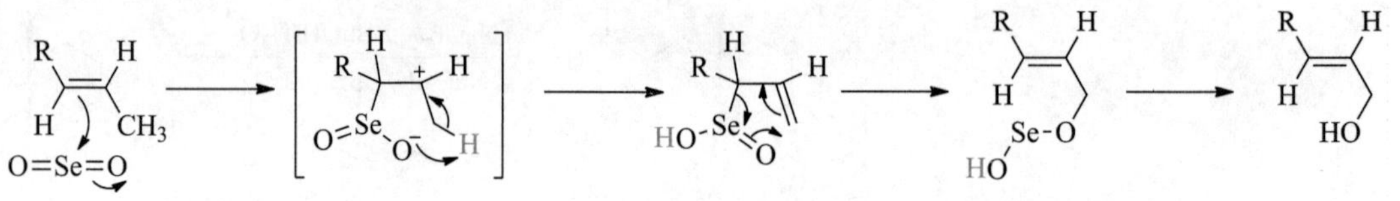

在此反应中,SeO_2 的用量为化学计量;为了防止烯丙基醇的过氧化,可以加入过氧叔丁醇作为共氧化剂,大大减少 SeO_2 的用量。

此反应具有一定的立体选择性。在三取代烯烃的反应中,SeO_2 从空阻最小、更亲核端进入,并且攫取与其在同一侧的烯丙位氢原子:

产物烯丙基醇可以继续被 SeO_2 氧化,转化为 α,β-不饱和羰基化合物。若在羧酸溶液中反应,产物为烯丙基酯,水解后可以得到烯丙基醇。

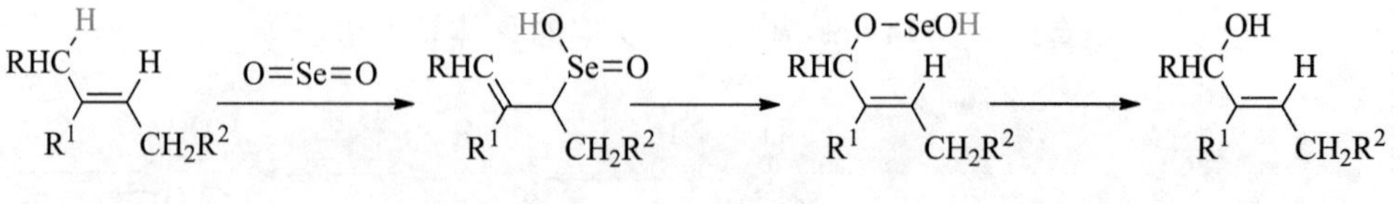

在这个过程中,[2,3]-σ 重排反应所形成的五元环过渡态至为重要。与 Se 相连的碳原子的两个取代基中最大的基团必须处在假平伏键的位置上,这就决定了新形成的双键的构型:

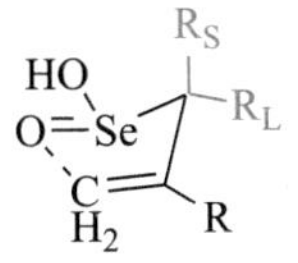

此反应的规律为：

（1）烯丙位的氧化速率与烯烃上的取代基紧密相关。

（2）对于 1,2-二取代的烯烃，烯丙位的反应速率 $CH>CH_2>CH_3$。

（3）对于在同一位点上取代基相同的烯烃，烯丙位的反应速率 $CH>CH_2>CH_3$。

（4）对于三取代的烯烃，氧化位点在双键取代基多的这一侧，反应速率 $CH_2>CH_3>CH$。

（5）末端烯烃，氧化产物为一级醇。

（6）非环状烯烃的氧化产物为 (E)-烯丙醇。

（7）环状烯烃的氧化必在环上，而不在取代基上进行。

（8）环状烯烃的碳碳双键如果没有其他取代基，反应速率 $CH_2>CH$。

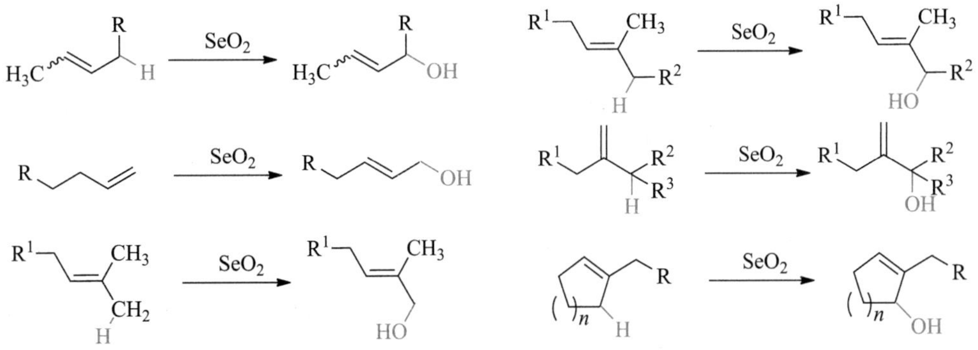

在反应中，利用烯烃与芳基硒类化合物的亲电加成，生成硒基醚，接着原位氧化硒基醚形成氧化硒，然后迅速进行重排反应：

这是利用原位氧化反应制备氧化硒的方法代替直接加入 SeO_2。

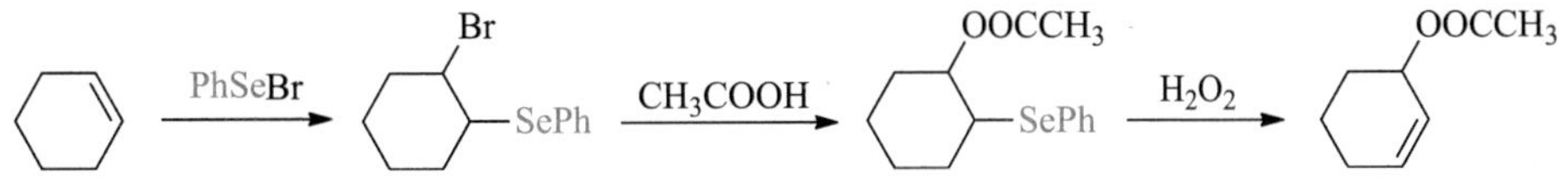

这个反应依赖于 β-溴代硒基醚在乙酸中的溶剂解反应以及后续的氧化消除反应。

SeO_2 可以将烯丙位氧化，并引入羟基；它也可以将羰基 α 位的甲基或亚甲基氧化成羰基：

具有类似氧化作用的体系还有很多，如卤仿反应，在此不作一一介绍。

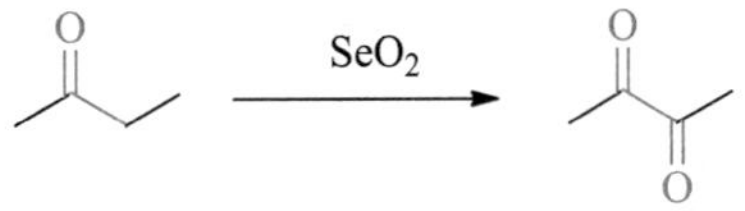

对此反应转换机理的解释有两种，目前还不是很清楚以哪一种为主。两种转换机理的中间体分别为

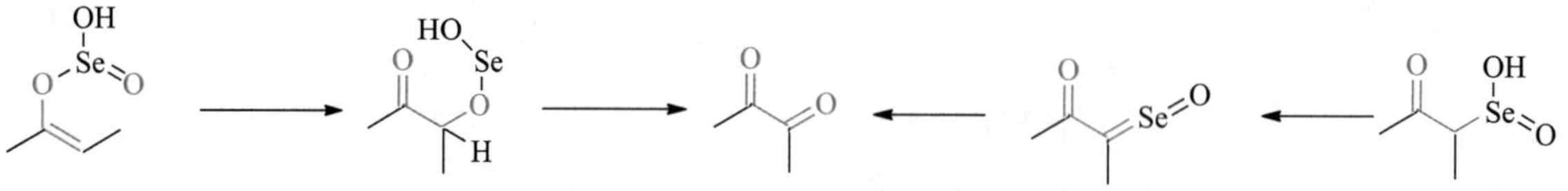

23.4.4　单线态 O_2

氧气也是常用的氧化剂，但是氧气 $^3O_2$ 不能直接氧化碳碳双键。最活泼的氧气氧化剂为单线态氧气 $^1O_2$。单线态氧气最简单的制备方法是利用光敏剂，如卟啉等，在光照下对三线态氧气直接活化；也可以利用化学的方法制备：

$$H_2O_2 + NaOCl \longrightarrow {}^1O_2 + H_2O + Cl^- \qquad (RO)_3P + O_3 \longrightarrow (RO)_3PO + {}^1O_2$$

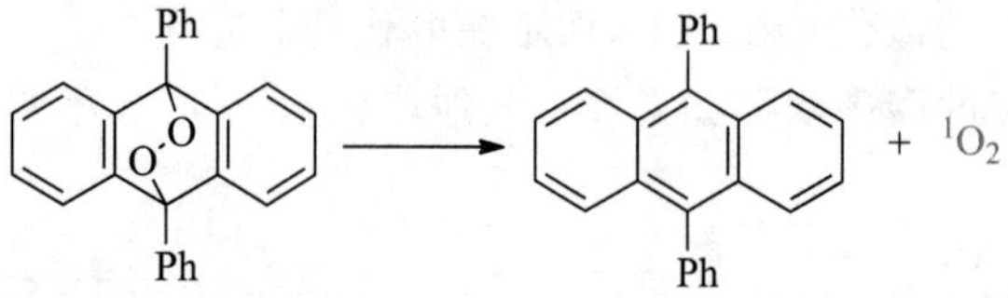

$$(H_5C_2)_3SiH + O_3 \longrightarrow (H_5C_2)_3SiOH + {}^1O_2$$

$^1O_2$ 非常活泼，很容易衰减转化成三线态氧气，其衰减的速率与反应溶剂紧密相关。在 CCl_4 中，测得 $^1O_2$ 的半衰期为 $700\ \mu s$；而在水中，则缩短为 $2\ \mu s$。

在双键氧化反应中，溶剂对氧化反应的结果起着非常关键的作用。$^1O_2$ 的寿命越长，氧化反应的效果越好。此外，$^1O_2$ 属于亲电试剂，因此越富电子的碳碳双键越容易反应。反应的实质类似于烯烃与缺电子体系双键的亲电加成反应，最终结果是生成烯丙基过氧醇（与 ene 反应基本相同），此过氧化合物经还原后转化为烯丙基醇。

从此反应机理可以发现，首先，立体效应将决定 $^1O_2$ 进入的方向，接着氢原子的攫取过程为分子内顺式。当烯烃上有几个不同的 α-H 原子时，就存在一定的立体选择性。

$^1O_2$ 对烯丙位氧化反应的机理存在两种可能：一种为协同机理；另一种则可能存在过氧环氧中间体。

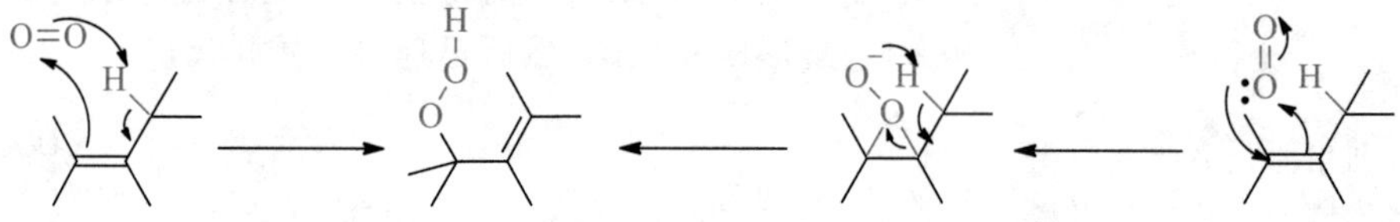

协同机理　　　　　　　　　　　　过氧环氧中间体

实验结果表明，双键中最拥挤一侧中的 α-H 原子最容易被攫取。

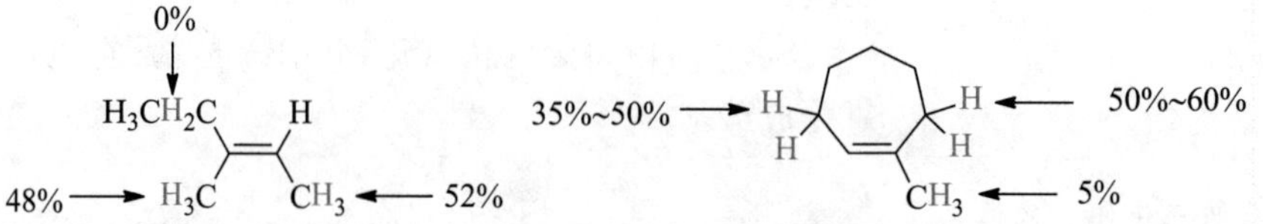

但是，由于没有 α-H 原子以及自身空阻大而可能影响到 $^1O_2$ 的进入等原因，叔丁基取代烯烃的氧化反应过程更多地从空阻小的方向进行 α-H 原子的攫取：

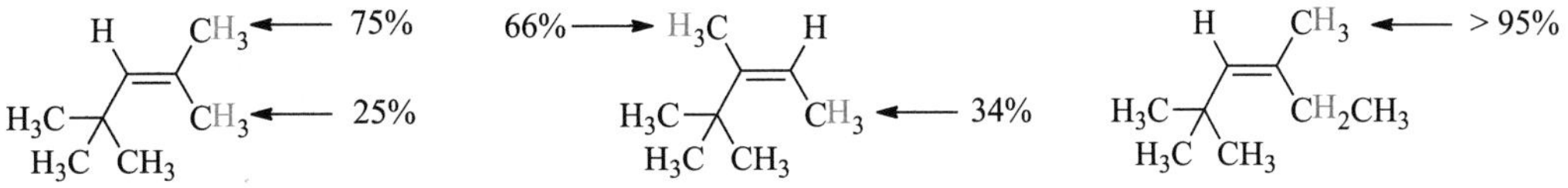

极性基团取代烯烃的氧化过程优先攫取与极性基团处在同一边的 α-H 原子：

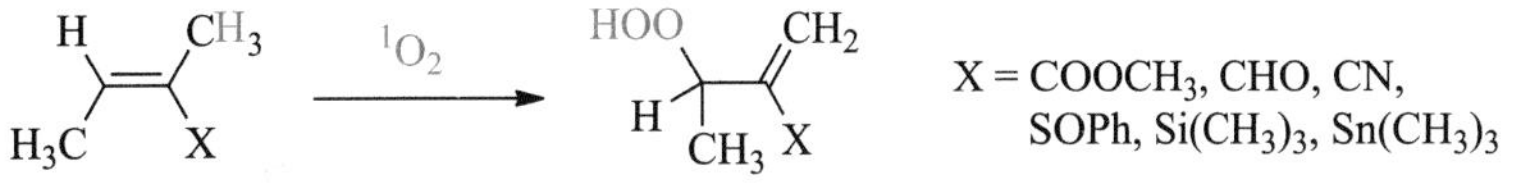

X = COOCH₃, CHO, CN,
    SOPh, Si(CH₃)₃, Sn(CH₃)₃

烷基取代的烯烃很少进行 [2＋2]反应。

在烯丙位的 ¹O₂ 氧化过程中，存在一个烯烃与氧气的[2＋2]竞争反应。只有烯丙基醚和强给电子基团取代的烯烃才会以[2＋2]反应为主，接着会再发生逆的[2＋2]反应切断碳碳双键，形成羰基化合物。

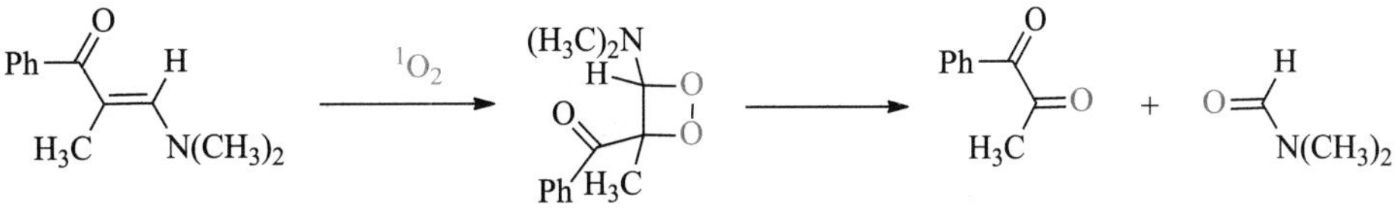

23.4.5 臭氧与碳碳双键的臭氧化反应

碳碳双键的构筑和切断一直是有机合成的重要研究方向之一。至今为止，已经有了非常多的碳碳双键的构筑方法；但是，相对于碳碳双键的构筑，碳碳双键的切断显得有些滞后。高效、实用、具有高度选择性的方法显得不是很多，主要还是集中在臭氧化反应和过渡金属氧化成邻二醇后的氧化切断。在这两种方法中，都包含了非常重要的五元环中间体。在这五元环中间体中，氧化剂的氧化能力决定了后续碳碳键的切断与否。

碳碳双键的臭氧化反应是少有的能同时切断碳碳 π 键和 σ 键，且不会发生任何碳骨架重排的反应。以前，常用此方法确定分子中碳碳双键的位置。在此反应中，臭氧为亲电试剂。从反应机理上分析，臭氧是一个1,3-偶极体，具有很强的亲电能力。从其共振式中可以发现，它会存在具有正电性的氧原子。R. Criegee 对此反应提出了可能的机理：首先臭氧与碳碳双键发生 1,3-偶极环加成反应，形成 1,2,3-三氧杂环戊烷中间体。由于此中间体中存在两根 O—O 键，因此非常不稳定，很容易分解。在这分解过程中，其中一根 O—O 键发生裂解。从而导致了五元环中唯一碳碳键的断裂，发生碎片化过程，生成一个新的1,3-偶极体和一根新的双键 C═O，这个过程相当于1,3-偶极环加成反应的逆反应。新 1,3-偶极体和新的 C═O 双键接着再发生另一次1,3-偶极环加成反应，形成稳定的1,2,4-三氧杂环戊烷中间体：

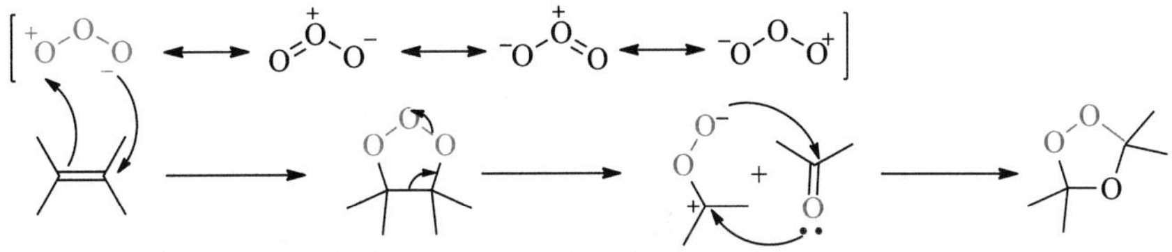

这些环加成、碎片化、再次环加成重组的过程是一个放热的过程。

通过新的1,3-偶极体的共振式，可以发现其可以是双自由基或羰基氧化物，这三者均可以形成臭氧化反应的副产物，二聚化形成环状双过氧化物；如果形成非环状过氧化物，则会直接分解为羰基化合物和氧气。

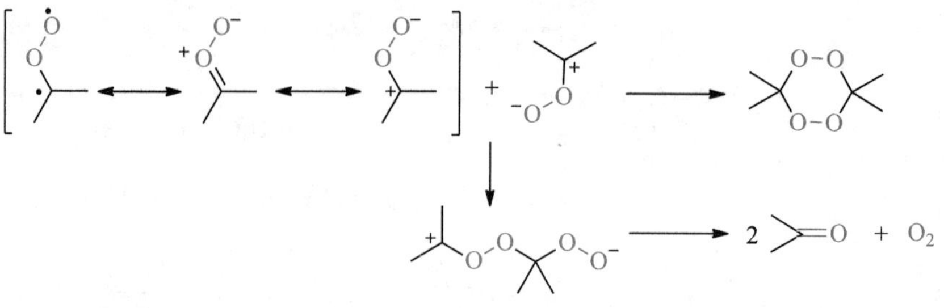

最终形成的五元环产物可以在合适的后处理条件下分离得到。具体的后处理条件包括：

（1）水处理：生成羰基化合物和双氧水。此时，双氧水可能会把羰基化合物继续氧化成羧酸。

（2）温和还原剂（如锌粉、二甲硫醚、三价膦化合物、Na_2SO_3 等）：形成羰基化合物。

（3）强的还原剂（如 $NaBH_4$）：形成醇。

（4）氧化剂（如过量的双氧水）：形成羧酸。

不对称烯烃在臭氧化过程中，由于在碎片化过程中可以形成两种不同的羰基化合物和两种不同的新 1,3-偶极体，因此可能会形成以下三种臭氧化物：

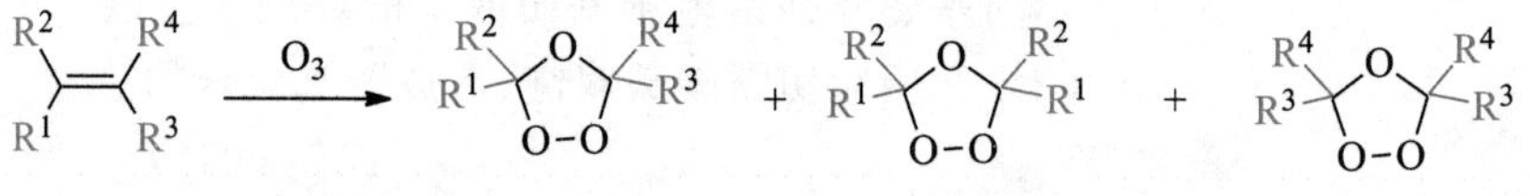

但是，实验结果表明，末端烯烃很少重组成交叉环化臭氧化物；而其他顺式和反式的烯烃大多均会重组成相同的 1,2,4-三氧杂环戊烷中间体。

如果在醇溶液中进行臭氧化反应，碎片化过程中形成的新 1,3-偶极体会与醇反应：

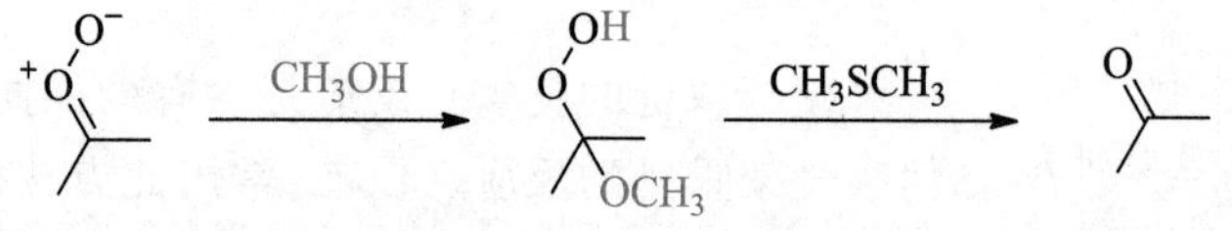

结果生成过氧化合物，使得后续的 1,3-偶极环加成反应无法继续进行。此过氧化合物经二甲硫醚处理后会高产率生成羰基化合物。

如果臭氧化反应在 NaOH 或 $NaOCH_3$ 的甲醇和二氯甲烷混合溶液中进行，酮基以及过氧化合物均与甲氧基负离子反应，接着再被臭氧氧化转化为酯类化合物：

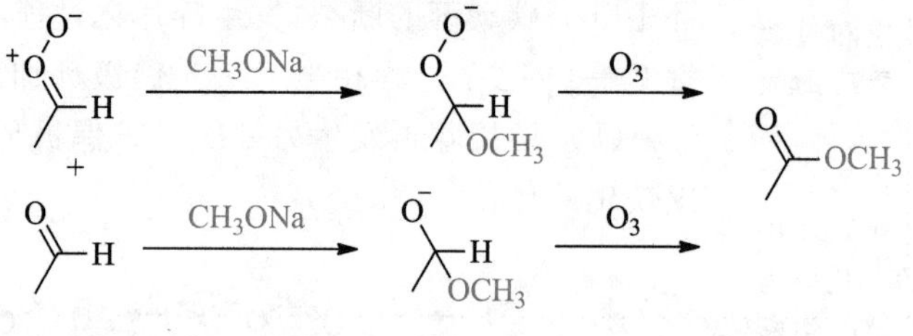

芳香化合物很难参与臭氧化反应；但在比较强烈的条件下，也会发生碳碳双键的断裂。正如在第 15 章中所描述的，苯的臭氧化反应生成 3 分子的 OHCCHO，邻二甲苯则会被切断成 OHCCHO/CH₃COCHO/CH₃COCOCH₃（3/2/1）。稠环芳烃的臭氧化反应则会更加复杂。

带有给电子基团烯烃的臭氧化反应的速率远比被吸电子基团取代的快得多，反式烯烃也比顺式烯烃的反应速率快。若化合物中含有多个碳碳双键，这些碳碳双键均能被臭氧化反应切断。但是，如果碳碳双键上取代基具有较大空阻，可能会形成环氧化合物，接着可能会发生重排反应。由于臭氧为亲电试剂，更容易与碳碳双键反应，因此，碳碳叁键的臭氧化不太容易进行；如可能，会生成 α,β-二羰基化合物或者转化为羧酸。

气相的臭氧化反应很少在实验室进行，但是它对我们人类生活非常重要，因为这是在大气层中真实存在的。实验结果表明,在气相中的臭氧化反应也是通过 Criegee 机理进行的,但是由于副反应更多,导致产物非常复杂。

23.5 有机氧化剂

在有机氧化剂中,DMSO 应该是最早使用的非金属有机氧化剂,但当时并不是用于醇类化合物的氧化。

自 20 世纪 50 年代起,由于有机氧化反应的需要,逐渐开始使用一些有机氧化剂。在这些氧化剂中,比较典型的、也是常用的有二甲亚砜(DMSO)、过氧酸、氮氧化物以及叶利德等。

23.5.1 二甲亚砜

对比这些化合物的结构,可以发现此反应的关键在于离去基团的离去能力及其所取代位置上连接的氢原子的酸性。最简单的解决方法就是将卤代烷转化为对甲苯磺酸酯,或在碱性条件下在热的 DMSO 溶液中反应。

1957 年,N. Kornblum 发现苄溴和 α-溴代酮溶于二甲亚砜(DMSO)后,在室温下就可以被氧化为苯甲醛和 α,β-二羰基化合物。

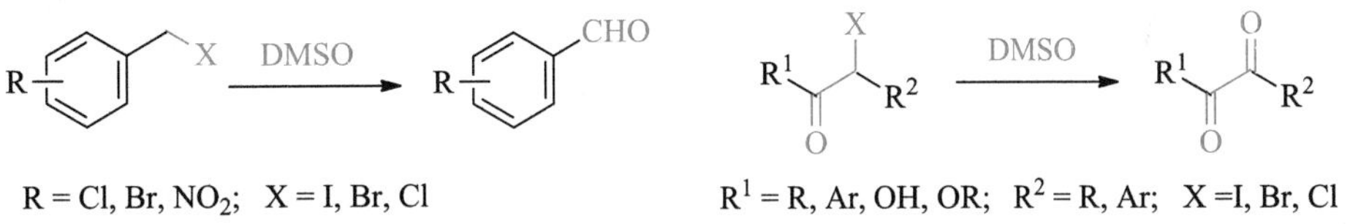

R = Cl, Br, NO₂; X = I, Br, Cl

R¹ = R, Ar, OH, OR; R² = R, Ar; X = I, Br, Cl

但是,他们发现苯基没有吸电子基团取代的苄溴衍生物的氧化产率很低;此外,卤代脂肪烷烃则不能被氧化。利用 DMSO 将卤代烷或磺酸酯氧化成醛或酮的反应称为 Kornblum 氧化反应。研究表明,此反应的关键中间体为

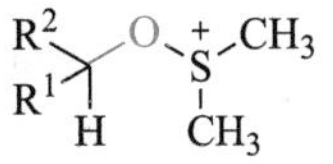

从这个转化过程中可以发现 DMSO 具有较强氧化能力,从以上中间体的结构也可以看出 DMSO 应该可以氧化醇。

1963 年,K. E. Pfitzner 和 J. G. Moffatt 报道了在 H₃PO₄ 催化下,DMSO 与二环己基碳二酰亚胺(DCC)共同作用,可以将一级醇氧化为醛、二级醇氧化为酮。在这反应过程中,DCC 将 DMSO 活化,增加了其亲电能力,便于醇的亲核进攻:

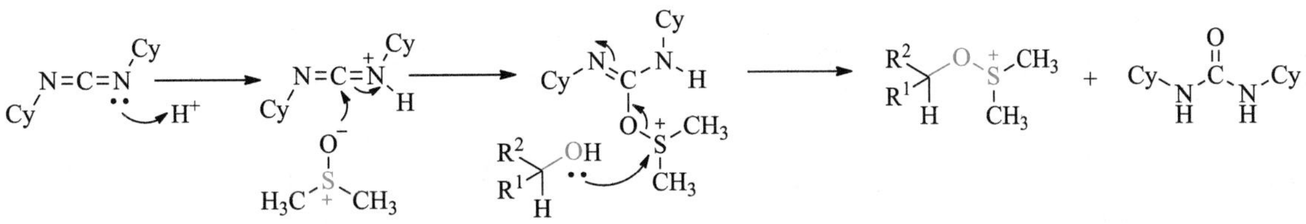

这个反应起到了代替 Cr(Ⅵ)氧化醇的作用,此方法称为 Pfitzner-Moffatt 氧化反应。

此后,有机化学家开始关注如何活化 DMSO。由于 DMSO 中氧原子孤对电子的亲核能力相对比较弱,因此需要引入更强的亲电位点。以乙酸酐为活化试剂的 Albright-Goldman 氧化(1965 年)和以 SO₃/Py 为活化试剂的 Parikh-Doering 氧化

（1967 年）相继出现。1976 年，D. Swern 尝试利用更强的亲电试剂三氟乙酸酐代替乙酸酐与 DMSO 在 −30 ℃ 下进行反应，加入醇后得到一中间体。此中间体经三乙胺处理后可以高产率转化为醛或酮。1978 年，D. Swern 采用了具有更强亲电能力的草酰氯代替了三氟乙酸酐，反应需要在更低的温度下进行，草酰氯最终转化为 CO 和 CO_2。这些氧化反应的中间体均是一样的。此中间体在三乙胺的作用下，攫取甲基上的氢原子，生成硫叶利德，经分子内攫氢过程转化为目标化合物醛或酮：

Swern 反应明显比 Pfitzner-Moffatt 氧化反应具有更多的优点，反应更为高效和干净。

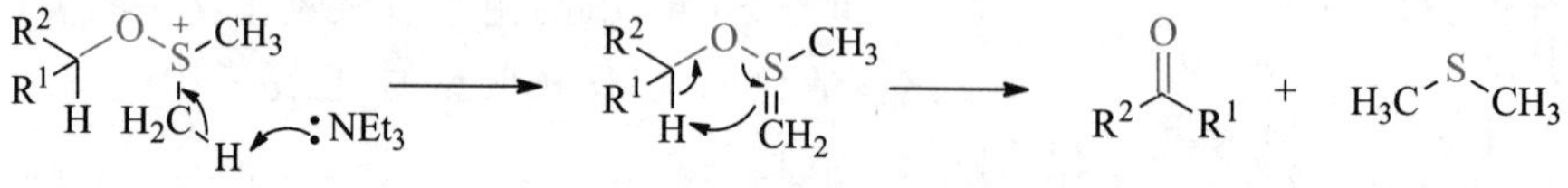

$$\underset{H}{\overset{R^2}{\underset{R^1}{\diagdown}}}C-\overset{+}{\underset{H_2C}{\overset{O}{S}}}-CH_3 \quad \overset{}{\underset{:NEt_3}{\curvearrowleft}} \longrightarrow \quad \underset{H}{\overset{R^2}{\underset{R^1}{\diagdown}}}C-\overset{O}{\underset{CH_2}{\overset{\diagup}{S}}}-CH_3 \longrightarrow \quad \underset{R^1}{\overset{R^2}{\diagup}}C=O \; + \; H_3C-S-CH_3$$

此后，将利用草酰氯活化 DMSO 氧化醇的反应称为 Swern 氧化。

思考：请画出草酰氯将 DMSO 活化的机理。

  1972 年，E. J. Corey 和他的学生 C. U. Kim 利用二甲硫醚作为亲核试剂与 N-氯代琥珀酰亚胺（NCS）反应，其生成的中间体也可以氧化醇。

此时，NCS 作为了氯正离子的提供体。

思考：结合前面的芳香亲电取代反应，总结卤素正离子的提供体究竟有哪些？

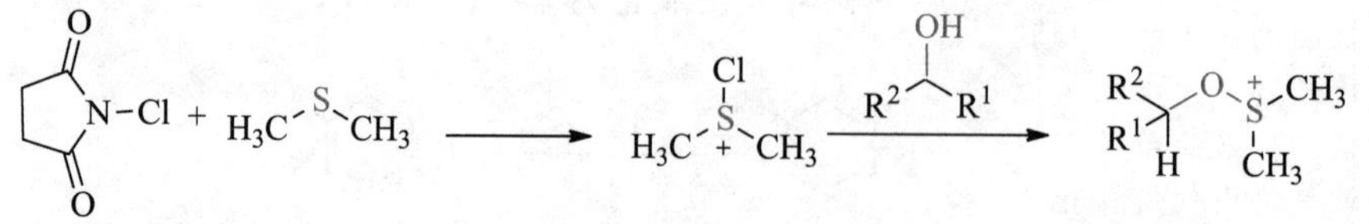

$$\underset{O}{\overset{O}{\diagdown}}N-Cl \; + \; H_3C-S-CH_3 \longrightarrow H_3C-\overset{Cl}{\underset{CH_3}{\overset{+}{S}}} \; \overset{R^2-\overset{OH}{\underset{R^1}{C}}H}{\longrightarrow} \; \underset{R^1}{\overset{R^2}{\diagdown}}CH-\overset{+}{\underset{CH_3}{\overset{O}{S}}}-CH_3$$

此反应称为 Corey-Kim 氧化反应。它具有比 Swern 氧化更易操作等优点；但是，它一直没有被广泛使用，其主要原因在于 NCS 可能会与醇发生取代反应。

23.5.2 氮氧化物

  在有机反应中，最常用的两个氮氧化物为 2,2,6,6-四甲基哌啶氮氧化物（tetramethylpiperidine nitroxide，TEMPO）和 N-甲基吗啉氮氧化物（N-methylmorpholine-N-oxide，NMO）。

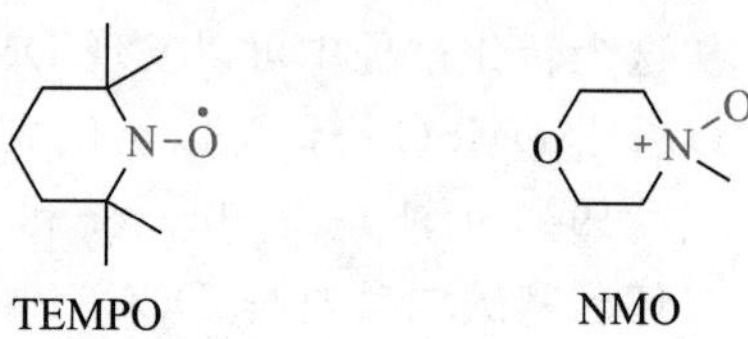

TEMPO   NMO

  TEMPO 是一类稳定的氮氧自由基氧化物，常与其他氧化剂一起共同参与各类有机化合物的氧化反应。在醇的氧化中，TEMPO 常与 NaOCl 或 NCS 等化合物一起参与反应，这可以大大减少 TEMPO 的用量。如

使用 NMO 做氧化剂与醇进行反应的代表就是前面介绍过的 Ley 氧化反应。实际上，在 Ley 氧化反应中，并不是由 NMO 直接氧化醇，真正的氧化剂为（n-Pr）$_4$NRuO$_4$（TPAP），NMO 是作为一个共氧化剂参与反应。

$$\underset{CH_2OH}{\overset{CO_2C(CH_3)_3}{\underset{N}{\diagup}}} \xrightarrow[\text{NaOCl}]{1\text{ mol\% TEMPO}} \underset{CHO}{\overset{CO_2C(CH_3)_3}{\underset{N}{\diagup}}}$$

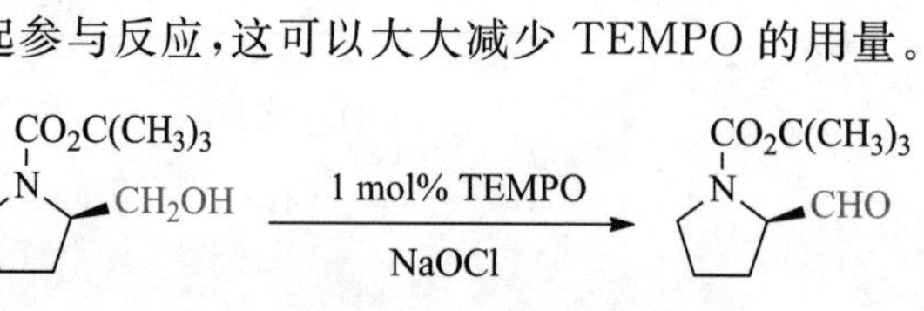

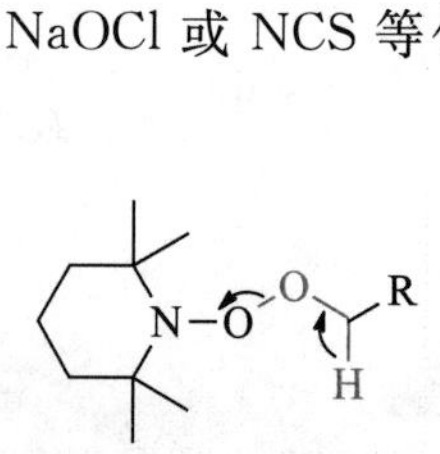

其反应中间体的形成可以认为是醇羟基对 TEMPO 的亲核反应。此反应对一级醇的氧化优于二级醇，因此，可以对多羟基取代的化合物进行选择性氧化。

  另一个重要的氧化剂为氧氮杂环丙烷衍生物。1956 年，由 W. D. Emmons 将

亚胺与过氧酸反应制备了氧氮杂环丙烷衍生物。在这个三元环体系中,氮和氧原子都是作为亲电的位点。这个反应性反转的主要原因在于三元环的高度的环张力以及弱的 N—O 键:

在此三元环体系中,氮原子和氧原子由于其强的电负性,在有机反应中常作为亲核位点进行反应。

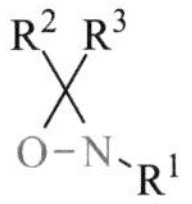

此试剂可用于烯醇负离子的 α 位羟基化、烯烃的环氧化等反应。但是,反应很难有效控制。直到 1977 年,F. A. Davis 发展了 N-磺酰基取代的氧氮杂环丙烷衍生物。实验结果表明,此试剂可以很好地与亲核试剂反应,而且被进攻的位点必定在氧原子上,反应的速率可以与过酸相当。此后,N-磺酰基取代的氧氮杂环丙烷衍生物被称为 Davis 试剂,其参与的羟基化反应被称为 Davis 氧化反应。

通常情况下,当 $R^1 = H$ 或 Me 时,亲核试剂或基团进攻氮原子;而当 R^1 为大空阻基团时,则进攻氧原子。

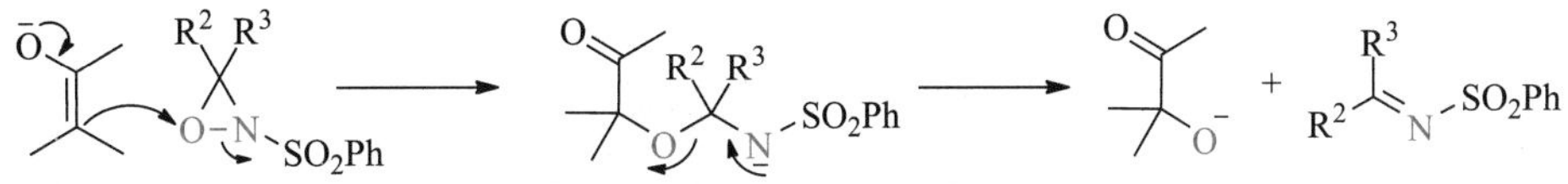

Davis 试剂是中性非质子氧化试剂,反应具有高度的化学选择性,还可以利用 Evans 手性助剂在 α 位高立体选择性地进行羟基化反应。

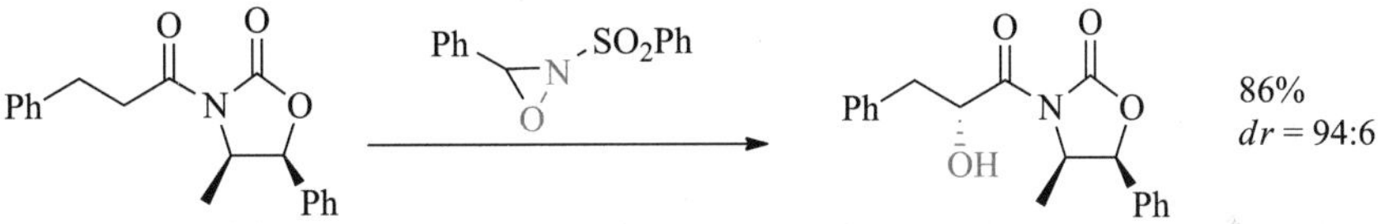

至今为止,已经根据三个 R 取代基团的不同发展了几十种氧氮杂环丙烷衍生物,并用于各类官能团化反应:

与此三元环相对应的另一个具有类似于氧氮杂环丙烷衍生物氧化作用的试剂为二甲基二氧杂环丙烷:

它也可以将烯醇负离子氧化为 α-羟基酮。

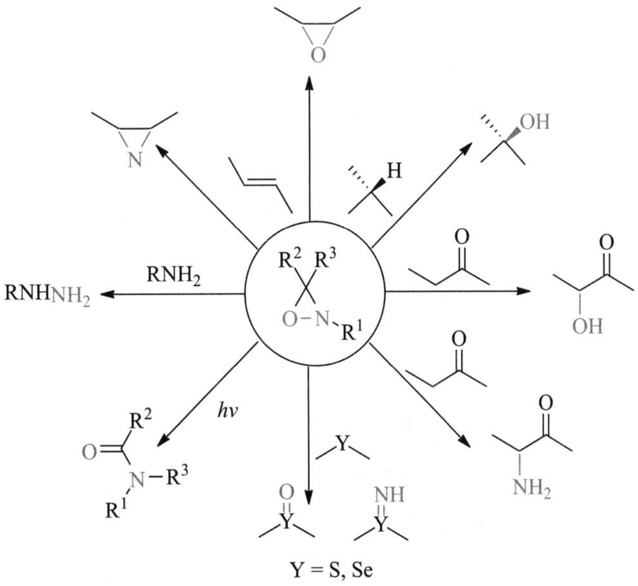

23.5.3 过氧化物

在烯烃的环氧化反应中,最常用的就是过氧酸。
过氧酸的反应性随着羧基上所连接基团的吸电子能力增加而加强。

过氧化物,如双氧水,历来是常规的氧化剂。间氯过氧苯甲酸(mCPBA)是其中的代表。其他还有 $KHSO_5$(Oxone)、过氧乙酸、过氧三氟乙酸、单过氧邻苯二甲酸镁、过氧叔丁醇等。实验结果表明,在过氧化物氧化烯烃时,不存在离子化中间体,溶剂的极性对反应速率也没有影响;反应是通过顺式加成进行的。因此,其可能的过渡态为

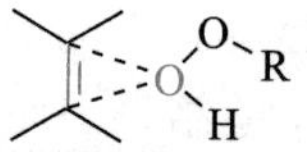

烯烃环氧化反应的速率随着碳碳双键上取代烷基或给电子基团的增加而加快;烯烃连接了强的吸电子基团如羰基等,会使其反应活性大幅度降低,需要很强的过氧酸,如过氧三氟乙酸参与才能使其环氧化。缺电子体系的烯烃可以使用双氧水或过氧叔丁醇的碱金属盐进行环氧化反应。

另一个很有效的环氧化试剂为二甲基二氧杂环丙烷(domethyldioxirane,DMDO),它是通过丙酮与 $KHSO_5$ 原位制备的。

注意:α,β-不饱和体系的环氧化机理可能不是通过三元环过渡态进行的,而是通过1,4-共轭加成接分子内亲核取代完成的。

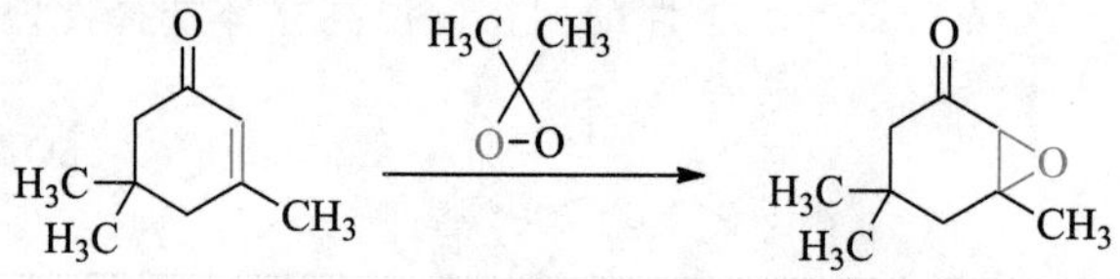

1974年,A. G. Brook 发现烯醇硅醚可以在过酸的作用下发生 1,4-硅基重排生成 α-硅氧基取代的酮。同年,G. M. Rubottom 和 A. Hassner 也分别发展了利用 mCPBA 将烯醇硅醚高效氧化为 α-羟基酮或醛的方法。现在,将利用过酸氧化烯醇硅醚从而生成 α-羟基酮基化合物的反应称为 Rubottom 氧化。

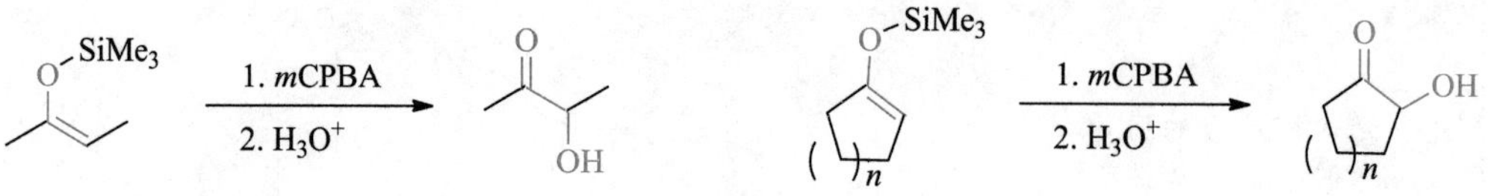

考虑到烯醇硅醚的稳定性,反应通常需要在非极性溶剂中进行。

在此反应中,过酸与烯醇硅醚中碳碳双键进行亲电加成反应,接着发生[1,4]-硅基迁移:

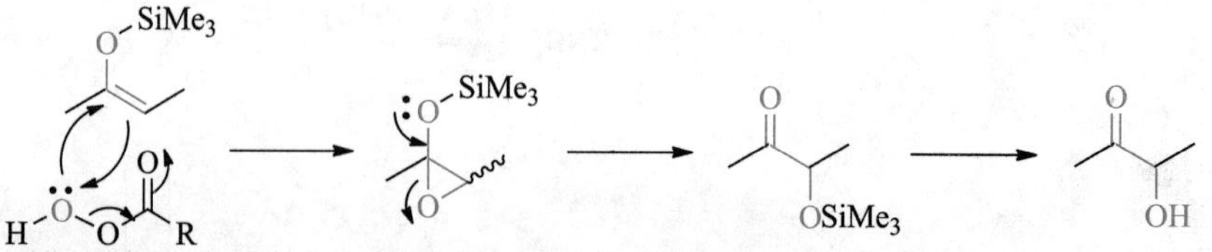

从反应机理可以发现,反应首先是双键与过酸的亲电加成,因此富电子体系的双键优先反应,特别在通过 α,β-不饱和酮所形成的烯醇硅醚体系中,反应的位点具有高度的区域选择性:

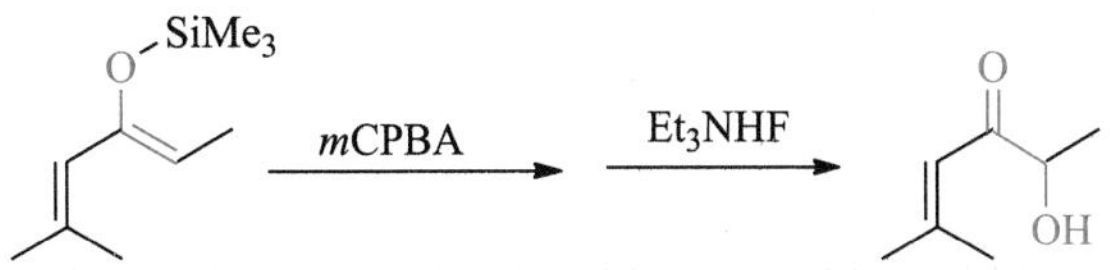

Dakin 反应是一类可以将芳香醛或酮氧化的方法,其具体的反应机理参见 17.6.2。尽管这是一个制备多元酚的高效方法,但是本质上也是芳香醛或酮在氧化剂的作用下转化为酯的反应。在形成 Criegee 中间体后,邻/对位带有给电子基团的芳环优先发生[1,2]-迁移:

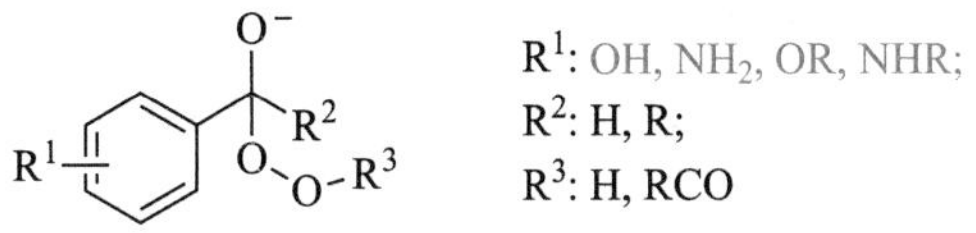

R^1: OH, NH$_2$, OR, NHR;
R^2: H, R;
R^3: H, RCO

如果芳环上带有吸电子基团或没有其他取代基,R^2 基团则会优先迁移。

1899 年,A. Baeyer 和 V. Villiger 在研究环酮的开环反应时,发现脂肪酮或环酮在过酸的作用下转化为酯或内酯。后来,此转换称为 Baeyer-Villiger 氧化反应。此反应也是通过典型的 Criegee 中间体的[1,2]-迁移反应,其过程与 Hofmann 重排、pinacol 重排等是类似的。此反应可以兼容很多官能团,如 α,β-不饱和酮,在此条件下,只会氧化酮,而不会使碳碳双键环氧化。由于在此[1,2]-迁移过程中,迁移基团必须承担更多的电荷,因此,迁移的顺序为三级烷基>二级烷基>芳基>一级烷基>甲基,并且迁移基团的构型保持不变。此外,过氧酸的酸性越强,此反应越容易进行。除了过酸外,H$_2$O$_2$ 和 t-BuOOH 也可以氧化酮。

Criegee 中间体:

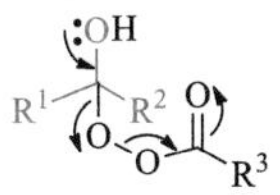

23.5.4 叶利德

叶利德也写做叶立德。

1961 年,A. W. Johnson 尝试利用 9-二甲基巯基芴与对硝基苯甲醛进行 Wittig 反应,结果并没有得到碳碳双键,而是得到了环氧化合物:

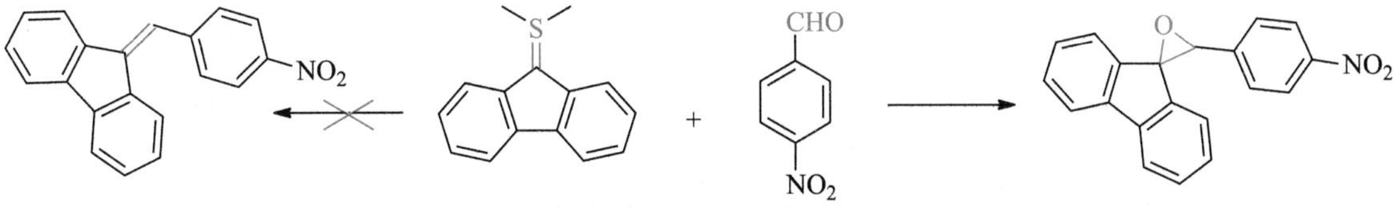

1962 年,E. J. Corey 和他的学生 M. Chaykovsky 在此反应的基础上研究了三甲基亚砜卤化盐在 NaH 作用下的去质子化反应,得到了一活性中间体,此中间体可以与醛或酮反应生成环氧化合物。

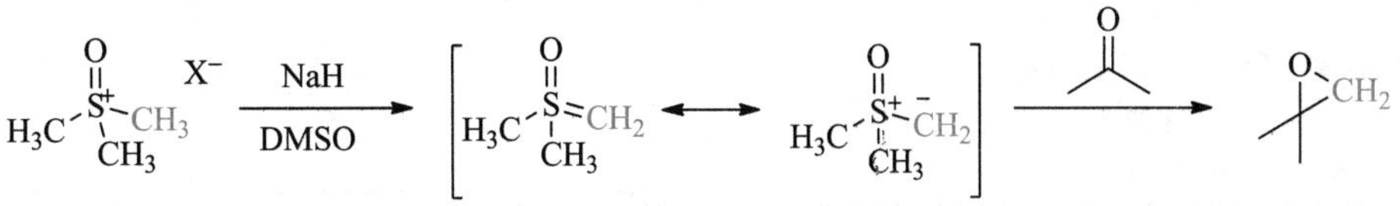

后续的实验证明,三甲基卤化锍在碱性条件下亦可以转化为二甲基巯基亚甲基叶

利德,接着可以与羰基反应生成环氧化合物:

$$H_3C-\overset{CH_3}{\underset{CH_3}{S}}{}^+ \quad X^- \xrightarrow[\text{DMSO}]{\text{NaH}} \left[H_3C=\overset{CH_2}{\underset{CH_3}{S}} \longleftrightarrow H_3C-\overset{CH_2^-}{\underset{CH_3}{S}}{}^+ \right] \xrightarrow{} $$

这两类硫叶利德还可以与 α,β-不饱和酮发生碳碳双键的环丙烷化。

此反应最大的弱点在于硫叶利德需要在强碱性条件下制备,因此容易发生烯醇化的醛或酮常常会有很多的副反应。

此后,将硫亚甲基叶利德与羰基或 α,β-不饱和酮进行环氧化或环丙烷化的反应称为 Johnson-Corey-Chaykovsky 反应。二甲基巯基亚甲基叶利德的反应活性比二甲基亚砜基亚甲基叶利德的高,也显得不稳定。取代的硫叶利德与醛反应,通常生成反式环氧乙烷。

其他的氧化反应,如 Oppenauer 氧化、Meerwein-Ponndorf-Verley 氧化等反应均已在前面的章节中作了具体的介绍,在这里就不再赘述了。

23.6 不对称氧化反应

23.6.1 烯烃的不对称双羟基化反应

烯烃的不对称双羟基化反应在有机合成中具有非常重要的作用。20 世纪 80 年代,K. B. Sharpless 在 OsO₄ 氧化烯烃的基础上首次发展了不对称双羟基化反应。在此反应中,可以在手性配体作用下高立体选择性地对烯烃进行氧化加成。铁氰化钾是常用的共氧化剂。以下是两个常用配体的结构简式,它们还可以加速此反应。

(DHQ)₂-PHAL   (DHQD)₂-DPPYR

在两个互为镜像的不对称配体 DHQ 和 DHQD 的基础上,形成了两种反应典型的体系:
(1) AD-mix α:(DHQ)₂PHAL +K₂OsO₂(OH)₄ +K₃Fe(CN)₆
(2) AD-mix β:(DHQD)₂PHAL +K₂OsO₂(OH)₄ +K₃Fe(CN)₆
实验结果表明,这两种反应体系给出了两个相反结果的实验数据,分别生成了两种互为镜像的邻二醇产物。

此不对称反应的模型可能为

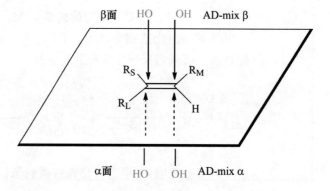

因此,在实验过程中,可以通过以上模型考虑需要得到何种构型的邻二醇来选择所需的反应体系;也可以通过所使用的反应体系预测所得到产物的构型。通常情况下,反式烯烃的邻二醇化的结果最佳。

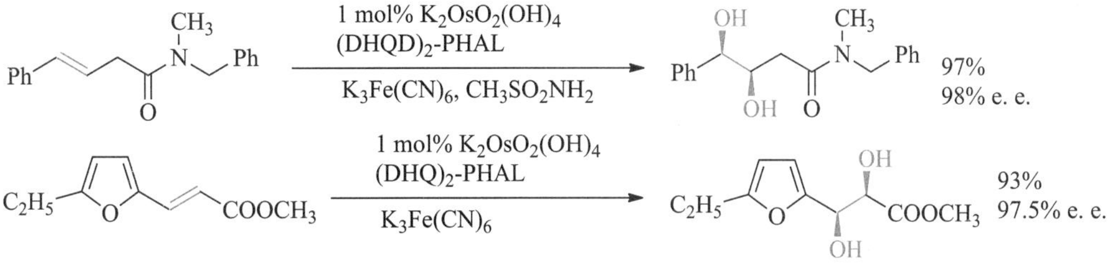

K. B. Sharpless 在烯烃不对称双羟基化的基础上,在 20 世纪 90 年代,进一步发展了烯烃的不对称胺羟基化反应。此反应体系基本与不对称双羟基化反应类似,它们使用了相同的手性配体,也具有差不多的反应立体选择性;不同点在于,在不对称胺羟基化反应中使用的共氧化剂为 BocNClNa 或 CbzNClNa 等,而不是铁氰化钾。在此过程中,其可能形成的中间体如下:

当然,在后续的发展过程中,还有很多的手性配体用于烯烃的不对称双羟基化反应,如手性邻二胺等。

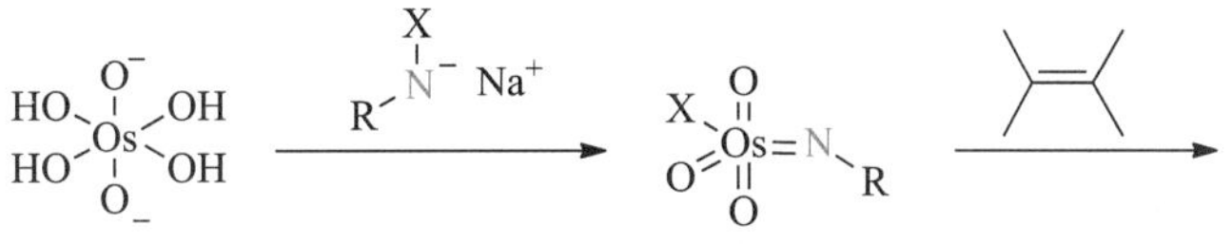

R = Boc, Cbz, Ms, Ts, Ns, Bus, Teoc; X = Cl, Br

由于其产物 β-氨基醇是非常重要的药效基团,在药物合成中具有重要的作用,因此,此反应成为了一类重要的有机反应。

23.6.2 烯烃的不对称环氧化反应

1980 年,K. B. Sharpless 报道了第一例烯烃的不对称环氧化反应。他们发现,在四异丙氧基钛、对映体纯的酒石酸乙酯以及过氧叔丁醇的混合体系中,烯丙基醇可以高产率、高立体选择性(>90% e. e.)发生环氧化反应。此后,将烯丙基醇在上述混合体系中发生的环氧化反应称为 Sharpless 不对称环氧化反应。

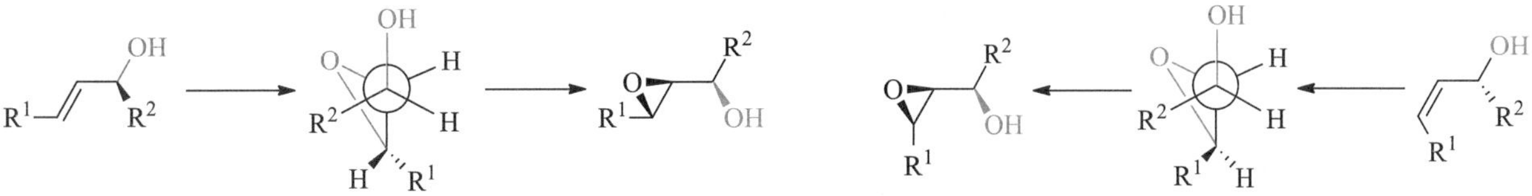

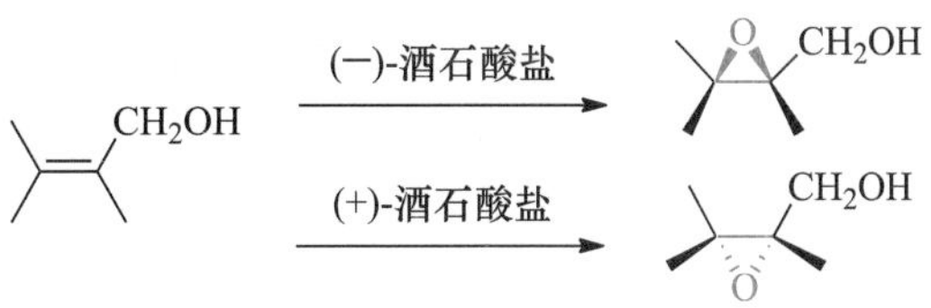

烯烃的不对称环氧化反应同样由于氧化剂的不同,可以分为过渡金属催化下的环氧化反应和过氧化物作用下的环氧化反应。

在此反应过程中,Ti(Ⅳ)、酒石酸乙酯和烯丙基醇形成了一个双核的过渡态:

在这个反应中,烯丙醇中的羟基起到了活化催化体系以及立体导向基团的作用,是必不可少的。如果底物为手性醇,生成的环氧基团一定会与羟基处在顺式的位置上。如果底物的羟基为一级醇,那么对映体纯的酒石酸乙酯在反应中决定了反应的立体选择性,可以根据酒石酸乙酯的立体构型判断最终环氧化产物的立体化学。

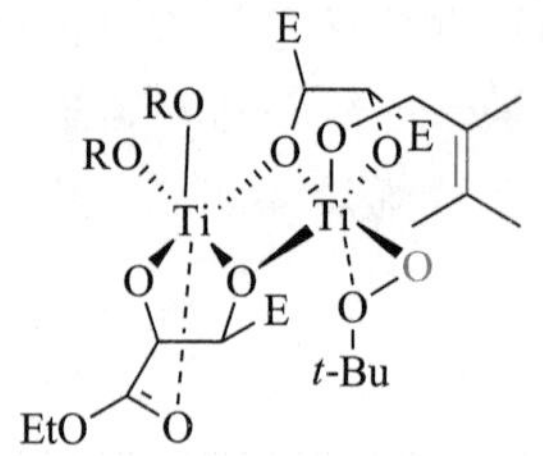

此双核过渡态最终决定了产物的立体化学。

在后续的发展中,还有很多的过渡金属以及手性配体被发掘出来。20 世纪 90 年代初,E. N. Jacobsen 和 T. Katsuki 分别独立报道了利用手性的锰配体可以高立体选择性将烷基或芳基取代的烯烃进行环氧化。

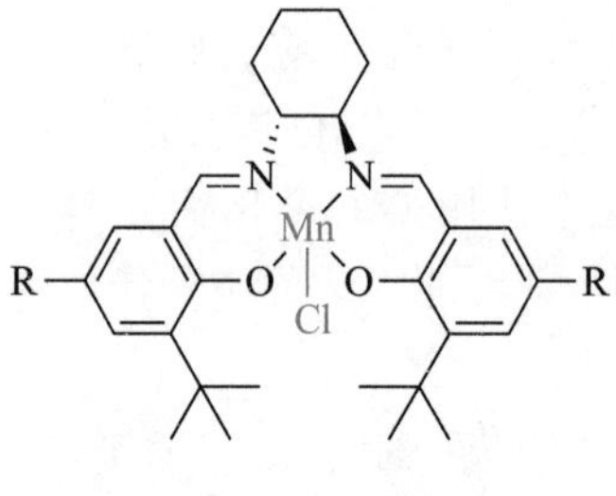

Jacobsen

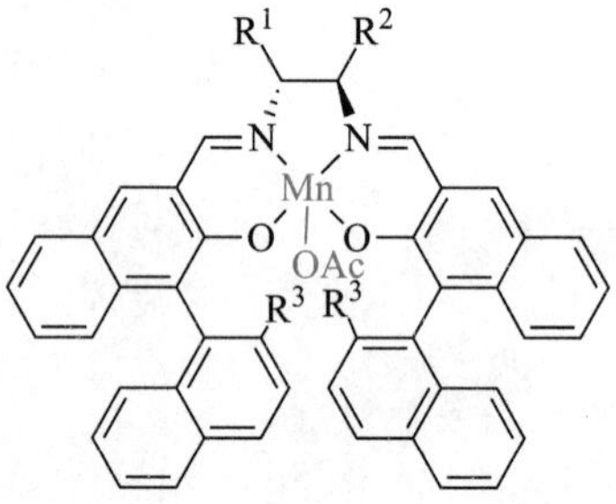

Katsuki

在这个氧化体系中,锰通常为 +3 价,需要有共氧化剂将其转化为 +5 价,这些共氧化剂有 PhIO、NaOCl 以及 mCPBA。由于下方卤原子和乙酸根的存在,烯烃从上方(E. N. Jacobsen 的体系)或侧面(T. Katsuki 体系)进入氧化体系。此环氧化反应在许多天然产物的合成中起到了非常重要的作用。在 PDE IV 抑制剂 CDP840 的合成中,就采用了 Jacobsen 环氧化体系构筑目标化合物的唯一一个手性中心:

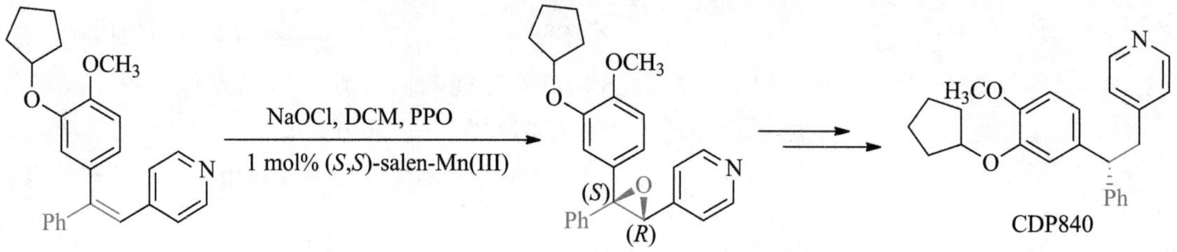

此反应机理并没有被研究清楚。究竟是通过[2+2]四元环,还是协同的三元环,还是单电子转移过程,至今还不清楚。

研究发现,很多含有酮羰基的化合物均可以通过原位与 KHSO₅ 制备类似的氧化剂。在这些氧化剂中,最为高效的就是史一安发展的利用糖类衍生物构筑手性氧化体系实现烯烃的不对称环氧化:

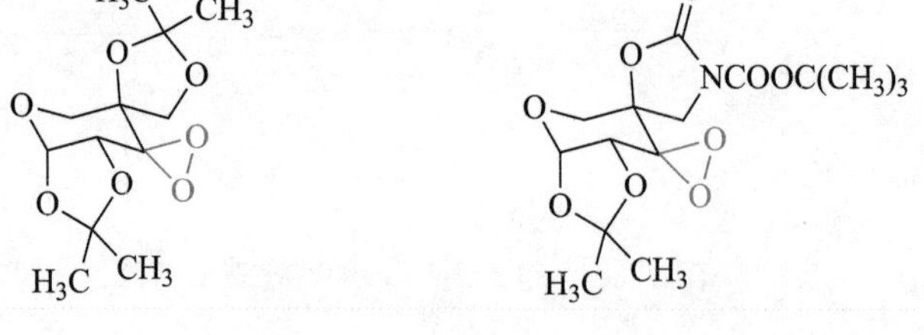

缩酮类的糖类手性化合物还对顺式烯烃以及末端烯烃具有很好的立体选择性。

在这些糖类手性化合物中,由于相邻氧原子的极化作用,它们对反式二取代或三取代烯烃具有很好的立体选择性。它们与烯烃反应所形成的过渡态构象为

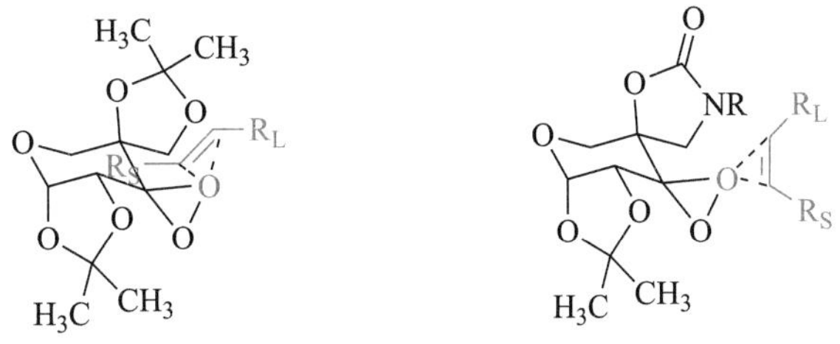

23.7 氮原子和硫原子参与的氧化反应

氮原子参与的氧化反应主要包括胺的氧化以及氢化偶氮化合物的氧化等。一级胺 RCH_2NH_2 可以被氧化脱氢转化为腈类衍生物 RCN。这些氧化剂包括 IBX、$NaOCl$、Me_3NO/OsO_4、I_2/NH_3 等等。在强氧化剂的作用下,一级胺还可以被氧化为硝基化合物。

二级胺可以被氧化为亚胺。这些氧化剂与上述的不同,通常为 PhIO、DMSO/$(COCl)_2$、$t\text{-}BuOOH$。

三级胺则可以被 H_2O_2 氧化为氮氧化物。

此外,胺还可以被亚硝酸氧化(参见 14.13 和 18.5)。

芳香氢化偶氮化合物可以在 $NaOBr$ 的作用下转化为偶氮化合物:

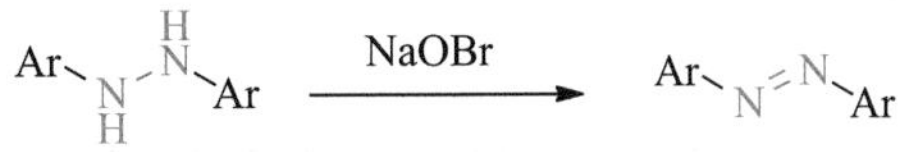

硫原子参与的氧化反应主要集中在硫醚的氧化,可以转化为亚砜和砜。这个氧化过程是分级的,首先生成亚砜,接着再氧化为砜。将硫醚转化为亚砜的氧化剂有 H_2O_2、$NaIO_4$ 等等。将亚砜氧化为砜的氧化剂有 $KMnO_4$、H_2O_2、$NaBO_3$ 等。

本章主要讨论了各种氧化剂对一些重要官能团的氧化反应。实际上,还有许多氧化反应没有在此涉及,读者可以在此基础上继续学习。读者可以通过各类氧化剂对有机化合物的氧化反应进行分析和梳理,并进行分类总结。

章末习题

习题 23-1 二级的烯丙基醇在 Swern 氧化条件下被氧化,通常会生成 α-卤代的 α,β-不饱和酮。请为以下转换画出分步的、合理的反应机理:

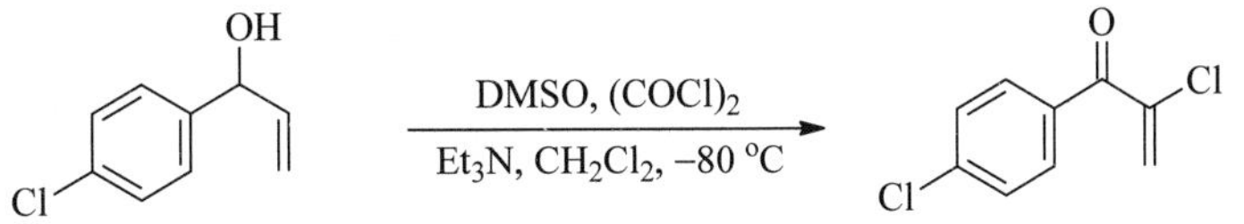

习题 23-2 请为以下转换画出分步的、合理的反应机理:

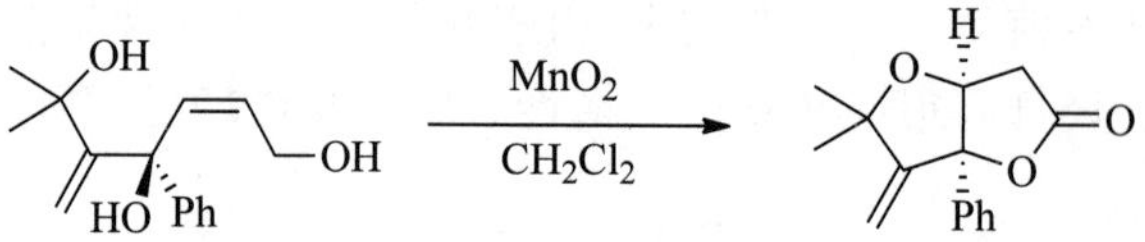

习题 23-3 请写出以下转换过程合理的、分步的反应机理：

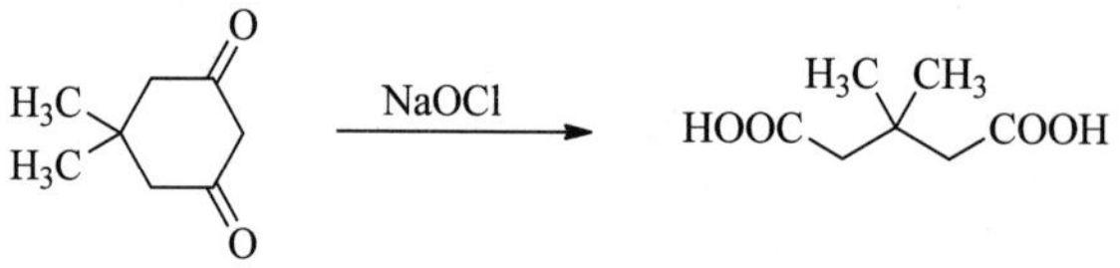

习题 23-4 请写出下列转换过程合理的、分步的反应机理：

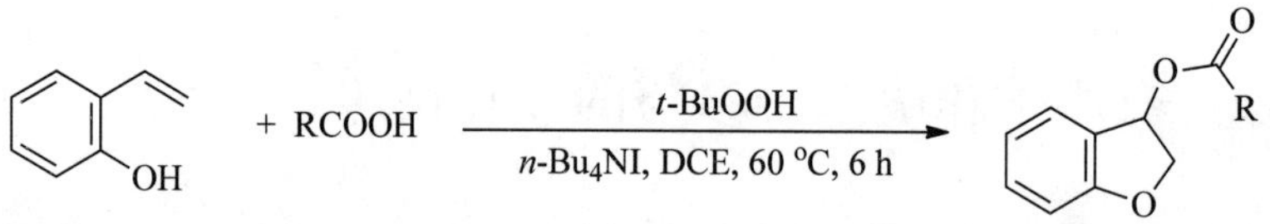

习题 23-5 不对称臭氧化反应的产物比较复杂，以下是 2-苯基-3-甲基-2-丁烯在甲醇溶液中臭氧化反应的结果：

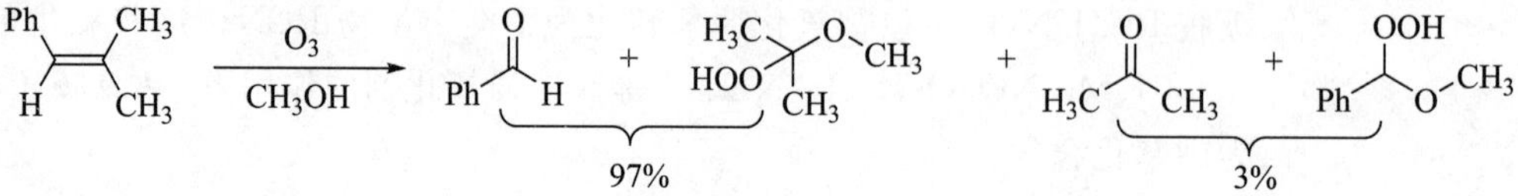

请解释实验结果。

习题 23-6 氧气在染料孟加拉玫瑰红与光的激发下转化为单线态氧气。单线态氧气在甲醇中与化合物 **A** 反应，主产物 **B** 的产率为 72%：

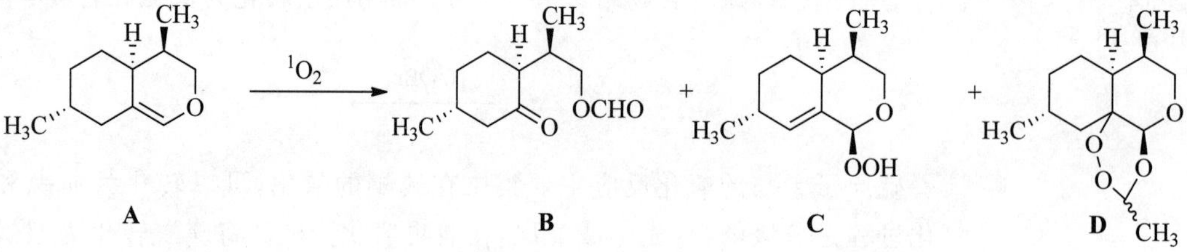

而当反应在乙醛为溶剂中进行时，化合物 **B** 的产率降低到 54%。另外两个产物 **C** 的产率为 19%，**D** 为 17%。请解释这些实验结果。

英汉对照词汇

Dess-Martin periodinane；DMP　戴斯-马丁高碘酸盐

N,N'-dicyclohexylcarbodiimide；DCC　二环己基碳二酰亚胺

diethyl tartrate；DET　酒石酸二乙酯

dimethyldioxirane；DMDO　二甲基二氧杂环丙烷

4-methylmorpholine N-oxide；NMO　N-甲基吗啉氮氧化物

Oxone　过硫酸氢钾复合盐

pyridinium chlorochromate；PCC　氯铬酸吡啶盐

pyridinium dichromate；PDC　重铬酸吡啶盐

tetramethylpiperidine nitroxide；TEMPO　2,2,6,6-四甲基哌啶氮氧化物

tetrapropylammonium perruthenate；TPAP　四丙基铵高钌酸盐

第24章
重排反应

CHAPTER

24

※ ※ ※ ※ ※

1902 年，P. Walden 发现三苯基氯甲烷溶于 DMSO 后，形成一个可以导电的溶液，从而提出了无机和有机化合物自解离理论、有机化合物的离子化概念，进而发展了有机化合物的溶剂解理论。碳正离子(carbocations)是有机化学中最重要的正离子，它的杂化形式为 sp² 杂化。大部分碳正离子为亲电的，正电荷位于中心碳正离子上，此中心碳正离子周边连接三根 σ 键。形成碳正离子的方式主要有两种：一种方式为碳杂原子键的断裂，杂原子所在的基团作为离去基团离去；另一种方式为 π 键的质子化。

1970 年，有科学家认为，碳正离子应该称为正碳离子(carbonium ions)。1971 年，诺贝尔化学奖获得者 G. A. Olah 则认为，正碳离子(carbonium ions)应该归属于像 CH₅⁺ 这类正离子专用。这是一种在中心碳原子上同时连接多于四根键的物种(在英文中，onium 必须是正的)。G. A. Olah 认为，carbonium ions 只用于讨论在 S_N1 反应和亲电加成反应中所形成的碳正离子；而 carbocations 指的是中心碳原子为正性的统称。尽管 IUPAC 接受了 G. A. Olah 的定义，但是有机化学界对此显得慢了一拍，至今依然将所有带正电的碳离子中间体称为 carbocations。

$$\left[R\text{—}\overset{R}{\underset{R}{C}} \right]^{+} \qquad \left[H\text{—}\overset{H\ H}{\underset{H}{C}}{\overset{H}{\,}} \right]^{+}$$

※ ※ ※ ※ ※

在有机化学中，重排反应是一类非常重要的反应，它涉及有机分子内骨架的重组、形成新的骨架体系的过程。在重排反应中，分子内的一个基团或原子(Y)从一个原子(B)迁移至另一个原子(A)上，从而使得原分子中的连接方式发生改变，形成新分子。因此，重排反应是一个分子骨架(结构)重组的过程。

$$Y\overset{B}{\underset{n}{\diagup}}A \longrightarrow \overset{B}{\underset{n}{\diagup}}A\text{—}Y$$

在有些文献中，认为重排反应可以分为分子内重排和分子间重排。

其中，B 为重排起点原子，A 为重排终点原子，Y 为重排基团或原子。A 和 B 可以是碳原子，也可以是 N、O 等杂原子；Y 可以是烷基，也可以是其他的基团或原子。分子内重排是迁移基团或原子 Y 的迁移过程完全在一个分子中进行，即 Y 从同一分子骨架中的原子 B 迁移到原子 A；而分子间重排则是在相同分子之间进行的。

为了严格定义重排反应,本章只讨论分子内的重排反应。

重排反应可以根据迁移基团或原子 Y 的移动位点 n 的不同来区分其反应的类型:

(1) 当 $n=1$ 时,为 1,2-重排,意味着 Y 在两个相邻原子之间重排。

(2) 当 $n=2$ 时,为 1,3-重排,意味着 Y 从其所连接的原子重排到了相邻的第 2 个原子上;以此类推。

也可以根据所断裂的键以及新形成的键中所包含的原子数进行分类:

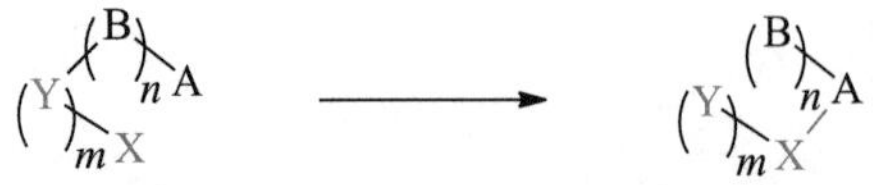

此时断裂的键为 B—Y,新形成的键为 A—X,在断裂的键与新形成的键之间,Y—X 所包含的原子数为 m,A—B 所包含的原子数为 n,此类重排定义为 m,n-重排。

此外,重排反应也可以根据在基团或原子 Y 迁移过程中,B—Y 键的断裂方式以及 A—X 的成键方式进行分类。B—Y 键的断裂方式存在三种可能:

(1) Y 可以带着一对电子迁移。

(2) Y 可以以正离子的方式迁移。

(3) Y 可以以自由基的方式迁移。

当然,还有些重排并不是通过带任何电荷的方式迁移,而是通过协同的环状过渡态的方式进行。因此,根据以上的方式又可以将重排反应重新分类:

(1) 亲核重排或负离子型重排:重排基团或原子 Y 具有亲核性。

(2) 亲电重排或正离子型重排:重排基团或原子 Y 具有亲电性。

(3) 自由基重排:重排基团或原子 Y 为自由基。

(4) 协同重排:通过环状过渡态形式进行。

从分子轨道上分析,在 B—Y 键断裂后,如果 A 为正离子,Y 则带着一对电子与 A 原子的空轨道重叠;如果 A 为自由基,Y 则带着一个电子与 A 自由基的轨道重叠;如果 A 为负离子,Y 则带着空轨道与 A 带着一对电子的轨道重叠。

在亲核重排中,只有两个电子参与反应;而在自由基重排和亲电重排中,分别有三个或四个电子参与反应。因此,相对而言,1,2-亲核重排最容易进行;只有芳基或其他能承担额外一个或两个电子的基团参与,才有可能会进行自由基重排或亲电重排。从反应过程中的过渡态或中间体考虑,常见的重排方式也为亲核重排。本章将重点讨论亲核重排和 σ 重排反应,这也是有机化学中两类非常重要的重排反应。

24.1 亲核重排的基本规律

这些缺电子体系的共同点是最外层为六隅体,与稳定的八隅体相比还缺两个电子,因此需要一对电子填充其空轨道。

从空间效应和电子效应上考虑,1,2-亲核重排反应比亲电重排和自由基重排更容易发生,底物的种类也更多。在 1,2-亲核重排反应中,通常包含三个过程:首先是亲电位点的产生;接着迁移基团或原子带一对电子迁移并产生一个新的亲电位点;最终新产生的亲电位点湮灭。在这三个过程中,最重要的是第二步的迁移过程：

F. C. Whitmore 从事研究烯烃与卤化氢的反应，认为碳正离子是卤化氢与烯烃加成反应的重要中间体。1932 年，他提出了分子内重排的碳正离子理论。当时，很多人不同意他的观点，认为碳正离子不稳定，不可能存在。1937 年，F. C. Whitmore 出版了第一本英文版的高等有机化学教材。

这个过程也称为 Whitmore 1,2-重排。在亲核重排中，基团或原子 A 必须是缺电子体系，这些缺电子体系可以为碳正离子、氮宾以及过氧键的异裂等。这三种体系的产生方式为：

（1）碳正离子的产生：产生碳正离子的方法有很多。最简单的方法为醇在酸性条件下的失水以及烯烃与质子的反应：

S_N1ca 反应：S_N1 conjugated acid reaction；这可以与 Hofmann 消除中的 S_N1cb 作相应的对比。

此后，碳正离子重排的驱动力在于形成更稳定的碳正离子。在有机反应中，S_N1ca 反应、E1 消除以及芳香亲电取代反应的正离子或亲电基团的形成过程也与以上过程基本一致。碳正离子的重排方向是从一级碳原子到二级碳原子再重排至三级碳原子，最终正离子迁移到与电负性比碳原子大的杂原子连接的碳原子上，或脱去质子形成烯烃为止。

（2）氮宾的产生：在 Hofmann 重排的过程中，酰基氮负离子在溴负离子离去后，就可以形成酰基氮宾。

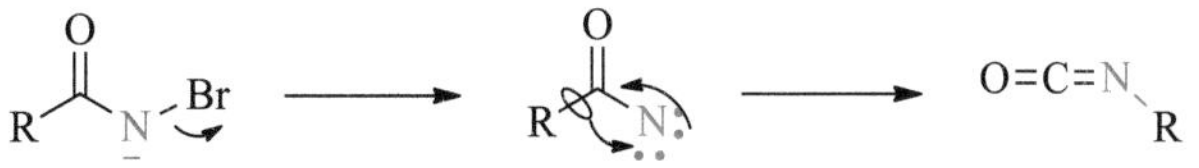

接着基团 R 带着一对电子迁移至氮原子上，此时重排起始位点的碳原子成为正离子，碳与氮原子的孤对电子结合形成碳氮双键。在这个过程中，迁移基团的迁移与新的亲电位点的湮灭是同步的。这个重排的驱动力在于产物的稳定性。

这三个过程也很好地解释了为何在 S_N1、E1 消除以及傅-克烷基化反应中均存在重排的反应。

碳正离子重排的驱动力在于形成更为稳定的中间体。这可以利用 Hückel 规则进行解释。一个环状碳正离子的过渡态由于其拥有 2 个电子，因此具有芳香性，从而使其稳定；而在负离子过渡态中，其拥有 4 个电子，因此是反芳香性的，不稳定。

（3）过氧键的异裂：在 Baeyer-Villiger 反应中，Criegee 中间体的过氧键断裂，羧酸根负离子作为离去基团离去，此时，留下的氧从形式上类似于正离子。

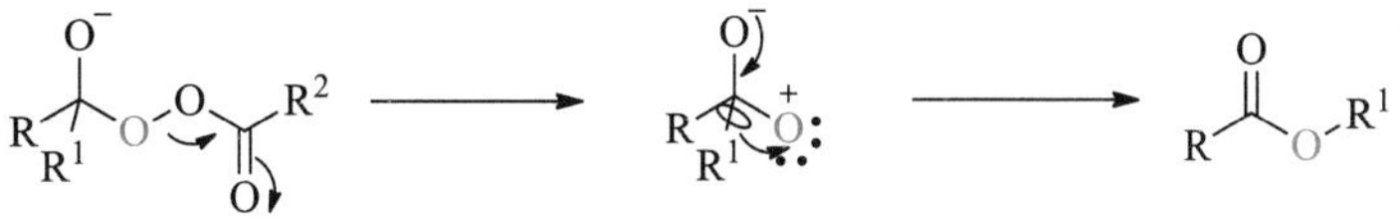

随之，基团 R^1 带着一对电子迁移至氧原子上，此时重排起始位点的碳原子成为正离子，碳与氧负离子的孤对电子结合形成碳氧双键。这个重排的驱动力在于产物的稳定性。需要说明的是，以上这些过程均以分步的模式进行介绍，目的是便于读者的理解。实际上，在氮宾的形成过程中，基团 R 可以是同步迁移的；同样，在过氧键的断裂过程中，羧酸根负离子的离去与基团 R^1 的迁移过程也是同步的。

在这些亲核重排中，迁移基团或原子 Y 均需带着一对电子。如果基团 Y 具有手性，迁移后的构型仍然会保持不变。这也说明，迁移基团或原子在迁移过程中并不是完全自由的,在某种程度上可以认为它还是与底物相连接的。如在 Beckmann 重排中,迁移基团必须位于离去基团的反位,这与 S_N2 反应以及反式共平面消除的模式存在一定的相似之处。这些结果也说明,在迁移的过程中可能存在着某种程度上的协同效应。但是,对于迁移终点 A 而言,并不一定是构型保持或翻转的,它可以存在以下两种形式:

(1) 最终重排的结果是 A 位点发生消旋化:

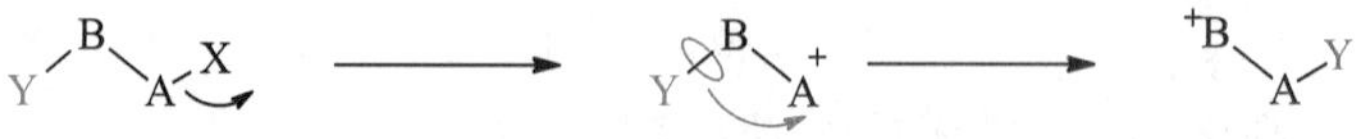

在这过程中,连接在原子 A 上的离去基团 X 优先离去,形成 A 正离子;接着迁移基团或原子 Y 迁移至 A 上,形成新的 B 正离子。这个过程类似于 S_N1 反应机理。

(2) 最终重排的结果是 A 位点的构型翻转:

在这过程中,迁移基团或原子 Y 带着一对电子进攻 A,此时,新键的形成与旧键的断裂处在一个协同的过程,不会形成一个碳正离子。这个过程类似于 S_N2 反应机理。此时可以认为,重排反应的前两个过程是一个协同的过程。离去基团离去后,可能存在类似的三元环正离子状态(可能是中间体,也可能是过渡态),最终转化为 B 正离子。在这个过程中,迁移基团或原子 Y 有助于 X 的离去,相当于邻基参与效应。与邻基参与不同的是,在正常的邻基参与中,参与基团不会发生从 B 到 A 的迁移。也正因为具有这样的作用,必定要求 Y 必须处在 X 的反位,即 Y 与 X 必须处在反式共平面中。

上述三元环正离子究竟是中间体还是过渡态,至今还是一个争论的话题。当迁移基团 Y 为芳基或烯基时,此三元环正离子可能为中间体;而当迁移基团 Y 为烷基时,此三元环正离子相当于一个被质子化的环丙烷。但是,如果底物中存在较大空阻时,此三元环很难形成。

在有些重排的过程中,如果在 B 原子上有不同的取代基,就可能存在不止一种的迁移可能性。因此,根据反应的实际情况,可以具体分为以下三种情况:

(1) 在分子构型被严格限定的情况下,迁移的基团取决于分子的几何构型,即迁移基团必须处在离去基团的反位,如 Beckmann 重排。

(2) 当许多分子构型并没有被严格限制的分子发生重排反应时,必须考虑重叠效应,即离去基团与迁移基团在一个平面上,此时决定基团优先迁移的因素将取决于此分子的最稳定构象。实际上,在分子最稳定的构象中,通常与离去基团处在反式共平面位置上的基团优先迁移。

(3) 在一些更为复杂的反应中,如 pinacol 重排,存在两个离去基团。在此情况下,需要先讨论哪个是优先离去基团,然后才能讨论哪个是优先迁移基团。

详细讨论见以下各类具体的反应。

本质上而言,当 A 为三级碳原子或有芳基取代时,重排过程基本上与 S_N1 反应机理一致。其他情况类似于 S_N2 反应机理。

24.2 自由基重排的基本规律

1911 年，H. O. Wieland 首次报道了自由基的 1,2-重排：

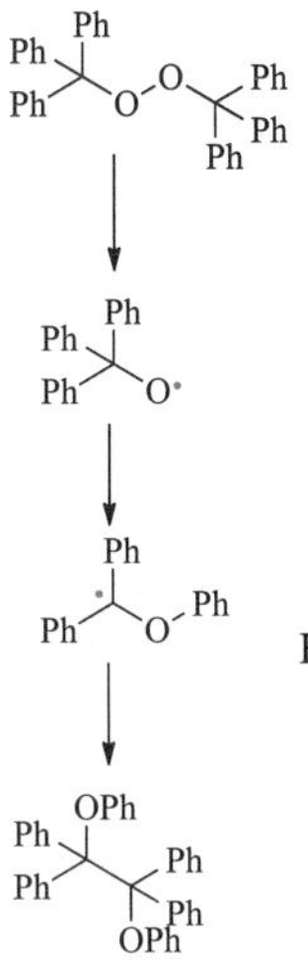

1,2-自由基重排反应远比亲核重排要少得多，但其基本过程与亲核重排类似。

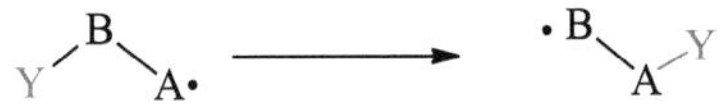

此过程也包含了三步：
(1) 自由基的产生；
(2) 自由基迁移；
(3) 最终新产生的自由基通过其他反应被湮灭。
因此，自由基的稳定性最终决定了其反应的过程。

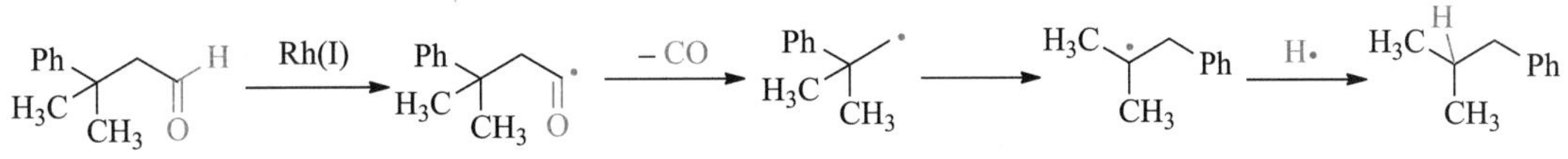

此类自由基重排完全取决于底物，若将苯基换为乙基，上述重排则不会发生。发生自由基重排需要满足两个要求：
(1) 首先是自由基的产生；
(2) 其次是重排后新形成的自由基更为稳定。

24.3 亲电重排和卡宾重排的基本规律

能发生亲电重排的底物更为稀少，因为在这过程中，首先生成负离子，接着一个基团或原子带着正电荷进行迁移，最终形成更为稳定的负离子。这是一个非常困难的过程，因此很少有原料能进行这样的重排反应。

卡宾则可以重排成烯烃。例如，卡宾的[1,2]-氢迁移就形成了新的烯烃。以下这些卡宾均可以通过[1,2]-氢迁移形成新的烯烃：

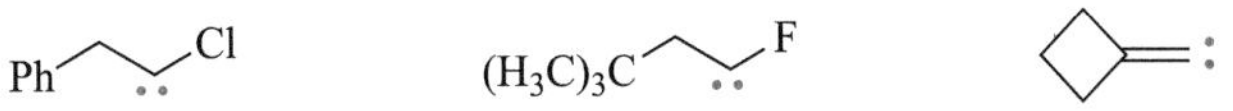

24.4 从碳原子到碳原子的 1,2-重排

24.4.1 Wagner-Meerwein 重排

1899 年，G. Wagner 和 W. Brickner 在研究双环萜烯时发现，在 HCl 的作用

下,双环萜烯中的四元环扩环成了五元环：

在 Wagner-Meerwein 重排中,迁移基团可以是氢、烷基、烯基以及芳基等。

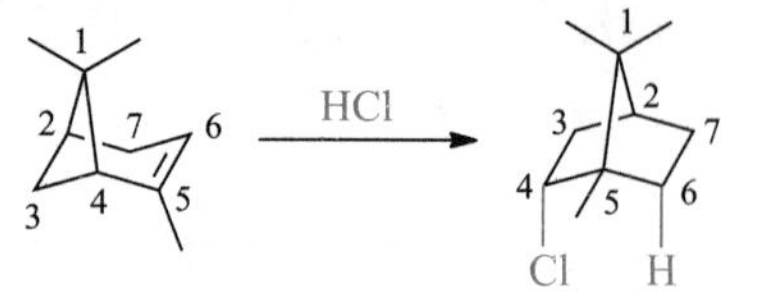

这个转换在当时是不可思议的,与当时认为有机反应中骨架保持恒定不变的经典结构理论完全不符。此后,有机化学家们开展了对此反应的研究,并都集中在类似的双环体系上,发现醇类化合物异冰片也可以发生类似的重排,转化为莰烯：

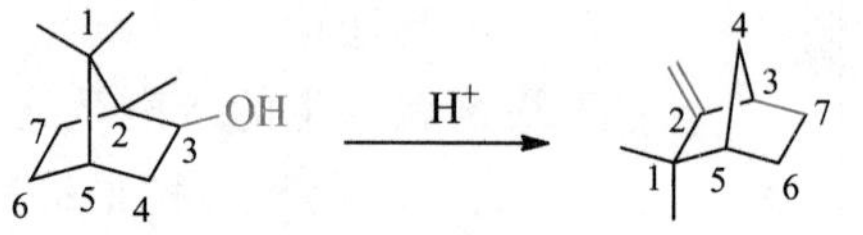

实际上,在当时,碳正离子消除 H$^+$ 生成碳碳双键以及与亲核试剂的结合都是常见的。1922 年,H. Meerwein 及其合作者认为,此重排的本质来源于反应中形成了正离子：

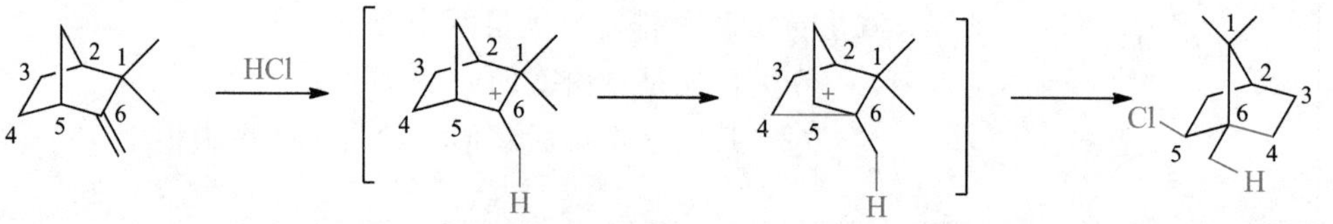

这是一个碳正离子的 1,2-重排。通常情况下,醇或卤代烃在酸催化下进行亲核取代或消除反应时以及烯烃进行亲电加成时都容易形成碳正离子,当碳正离子的 β 位碳原子有烷基或芳基取代时,更易发生 1,2-重排反应。随后,H. Meerwein 将这类二环化合物的重排称为 Wagner-Meerwein 重排。Wagner-Meerwein 重排是典型的亲核重排反应。后来,人们将碳正离子型的 1,2-重排统称为 Wagner-Meerwein 重排,反应的通式为

参阅 Nametkin 重排：萜烯类化合物在重排过程中,包含了甲基的迁移。

思考：如果 pinacol 重排存在逆反应,其过程是否与 Wagner-Meerwein 重排类似？

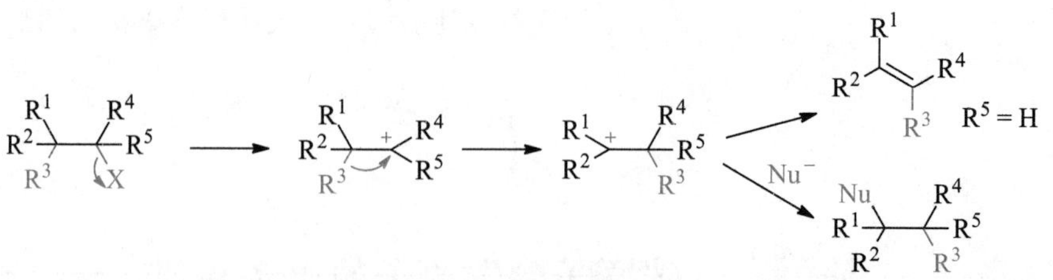

在此过程中,碳正离子的形成是由于该位点空阻较大,很难进行 S$_N$2 反应,只能通过 S$_N$1 反应形成碳正离子。因此,碳正离子的稳定性是整个重排的驱动力,稳定的碳正离子中间体可以通过失去质子的方式形成 Zaitsev 型烯烃,也可以与体系中大量存在的亲核基团或试剂结合形成新的产物。此重排的基本特点如下：

（1）这是碳正离子启动的反应。除了以上烯烃和醇在酸性条件下可以产生碳正离子外，其他产生碳正离子的方法还有：

参比 S_N1 反应中的溶剂解。

① 二级、三级卤代烷的溶剂解，或极性溶剂中的磺酸酯或卤素，用 Lewis 酸 $AlCl_3$ 或 Ag^+ 处理：

$$(H_3C)_3C-CH_2Cl \xrightarrow{Ag^+} (H_3C)_3C-\overset{+}{C}H_2 + AgCl\downarrow$$

参比 Tiffeneau-Demjanov 重排反应。

② 一级胺经亚硝酸处理后生成重氮盐，接着重氮盐发生分解反应：

$$(H_3C)_3C-CH_2NH_2 \xrightarrow[HCl]{NaNO_2} (H_3C)_3C-CH_2\overset{+}{N}\equiv N \xrightarrow{-N_2} (H_3C)_3C-\overset{+}{C}H_2$$

③ 环氧、环丙烷的质子化：

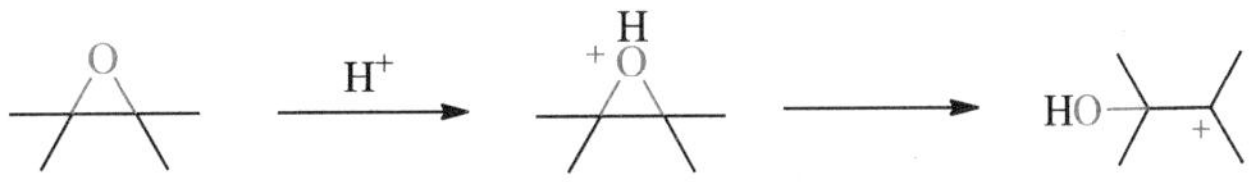

（2）形成热力学稳定的碳正离子为驱动力：氢、烷基、芳基的[1,2]-迁移，具有较大张力的小环扩环等等。

（3）可以发生连续的[1,2]-迁移（此即二烯酮-苯酚重排，参见 24.4.5）。

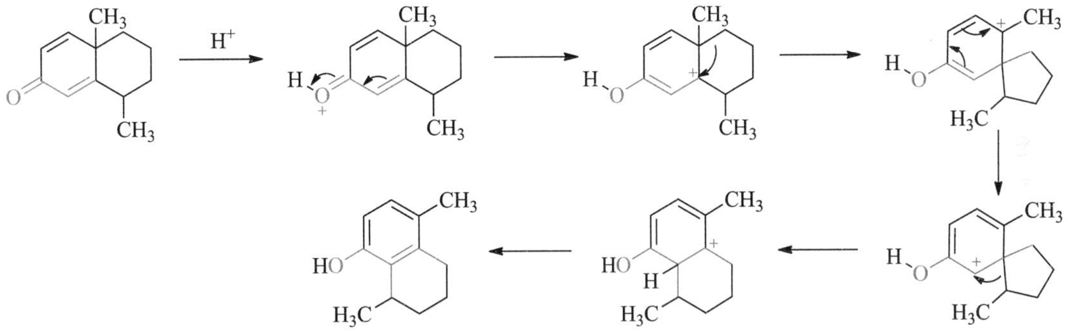

（4）最终可能生成烯烃或取代产物。

（5）迁移基团的立体结构保持不变；遵从 Woodward-Hoffmann 规则。

在 Wagner-Meerwein 重排反应中，能稳定携带电子对的基团明显在迁移过程中占优；同时很多基团具有邻基参与能力，这也提高了基团的迁移能力。一些基团的迁移速率排序如下：

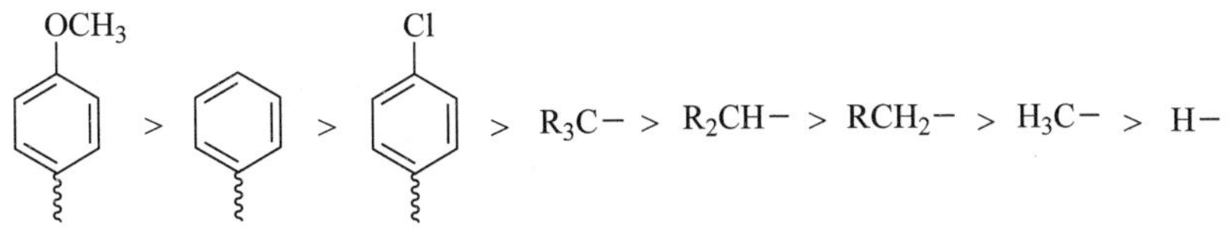

实验结果表明，在以下反应中苯的迁移速率约为甲基的 3000 倍：

芳基迁移速率快的原因在于,芳环可以采用芳香亲电取代反应的方式进行重排,正离子可以参与到芳环 π 共轭体系中,进一步稳定了此正离子。

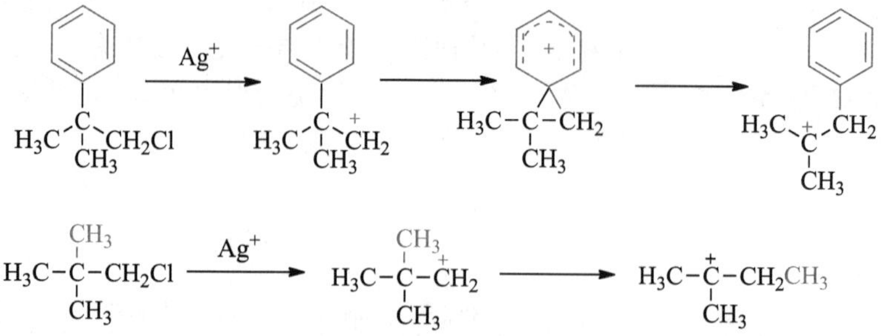

Wagner-Meerwein 重排反应在自然界中应该是广泛存在的。因此,许多天然产物的合成中均利用此反应进行各类底物的拓展。茴香酮(fenchone)是一类天然产物,也是许多天然产物合成的起始原料。A. G. Martinez 发展了利用 2-亚甲基-降冰片烯-1-醇在 mCPBA 氧化下经 Wagner-Meerwein 重排直接转化为(1R)-10-羟基莰酮的方法:

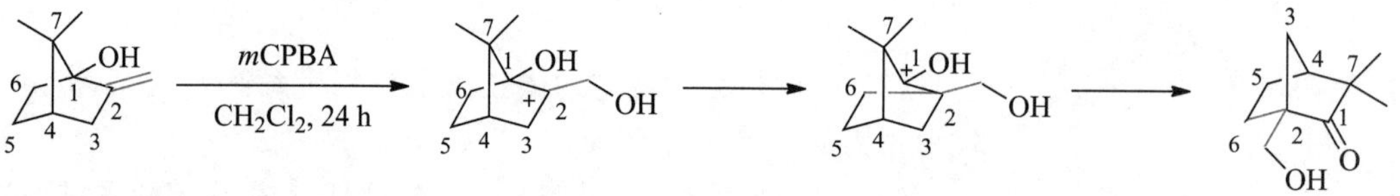

24.4.2 pinacol 重排

1860 年,R. Fitting 用硫酸处理 2,3-二甲基-2,3-二丁醇(频哪醇,pinacol),得到了 3,3-二甲基-2-丁酮(频哪酮):

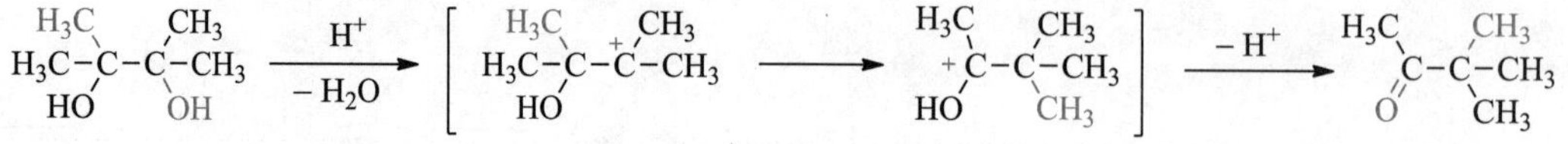

注意 Wagner-Meerwein 重排和 pinacol 重排的底物和产物的不同点。

氧鎓正离子的形成使得所有原子的外围价电子都是八隅体形式。

深入研究发现,此方法通用于环状或非环体系的邻二醇。因此,邻二醇在酸性条件下脱水转化为醛或酮的反应称为 pinacol(频哪醇)重排。前面讨论过的环状体系的 Wagner-Meerwein 重排反应的驱动力在于通过释放环张力形成稳定的碳正离子(通常为三级碳正离子)。而在 pinacol 重排反应中,非环状化合物无须释放环张力,而且在大多数情况下本身也是稳定的三级碳正离子,为何还会重排?通过结果分析可以肯定,还存在另一种稳定碳正离子的方式:氧原子上的孤对电子。正是由于氧原子上的孤对电子可以有效地稳定与其相邻原子的正电荷。此反应的基本特点为:

(1) 几乎所有的邻二醇(环状或非环体系)均在此条件下可以重排。

(2) 如果取代基是全同的,产物为唯一的;若取代基不一样,产物为混合物。

(3) 通过形成稳定的碳正离子形成最终产物。

(4) 反应具有高度的区域选择性和立体选择性(尤其在环状体系中)。

(5) 能稳定碳正离子的基团(电子给体)优先迁移。

Pinacol重排反应也存在一些弱点：如有些复杂邻二醇底物不容易制备；产物常为混合物；会发生β-消除，形成烯烃副产物（烯丙基醇）；碳正离子中间体会存在一个平衡；以及在环状体系中，常会有不同的构型和邻基参与效应使反应更为复杂，等等。

（6）迁移顺序：H＞芳基、烯基、炔基＞叔丁基≫环丙基＞二级烷基＞乙基；迁移基团如果是手性的，其手性保持不变。

（7）环状体系可以根据环的大小通过扩环或缩环的方式重排。

（8）酸性条件：25％硫酸水溶液、高氯酸、磷酸、Lewis 酸（BF_3、TMSOTf）。

在非对称体系的 pinacol 重排中，反应的第一步首先形成稳定的碳正离子，接着再进行重排：

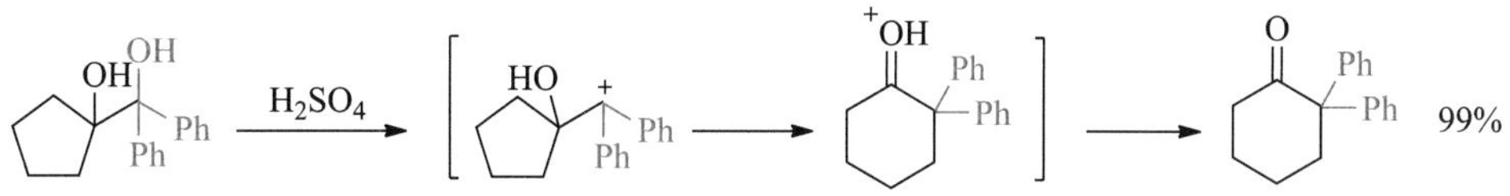

环状体系的 pinacol 重排需要考虑立体化学的问题：迁移基团必须处在离去—OH 的反位。这也表明可能存在一个协同的过程。

为了改进 pinacol 重排，进一步拓展此反应的应用，后续发展了可以在碱性或中性条件下的 semipinacol（半频哪醇）重排。所谓 semipinacol 重排，就是将邻二醇的其中一个羟基转化为一个好的离去基团，能区域选择性地形成一个碳正离子，接着发生重排。这使得反应可以不需要在强酸性条件下进行，反应条件相对比较温和，并可以用于复杂体系。

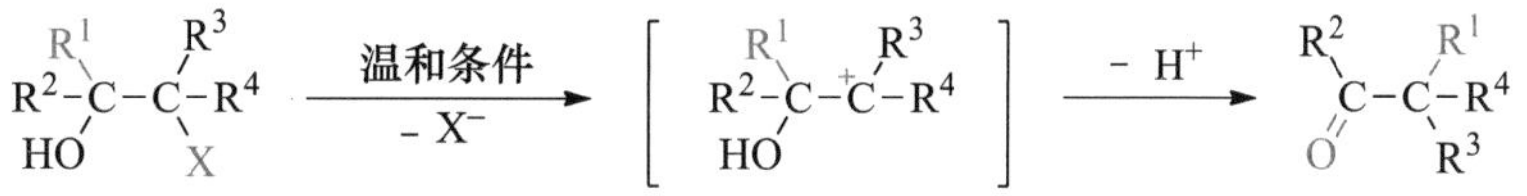

X = Cl, Br, I, SR, OTs, OMs, N_2^+;

反应条件：$LiClO_4$/THF/$CaCO_3$; Et_3Al/DCM; Et_2AlCl/DCM

当羟基的β位连有易离去的基团（比如—OTs、—OTf 等）时，在碱性条件下处理，同样可以得到和经典的 pinacol 重排一样的产物。

由于这个反应过程中没有碳正离子的出现，反应的选择性、可控性往往比酸性条件下的经典 pinacol 重排要好。

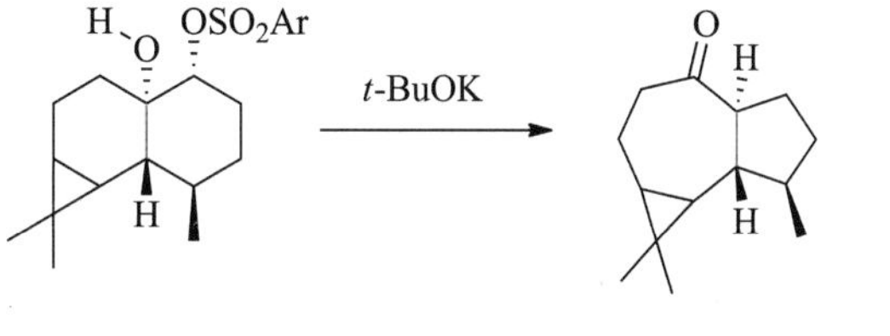

对比一下在不同实验条件下的 pinacol 重排：首先，在酸性条件下，三级醇更容易失水形成三级碳正离子，接着再发生重排反应。

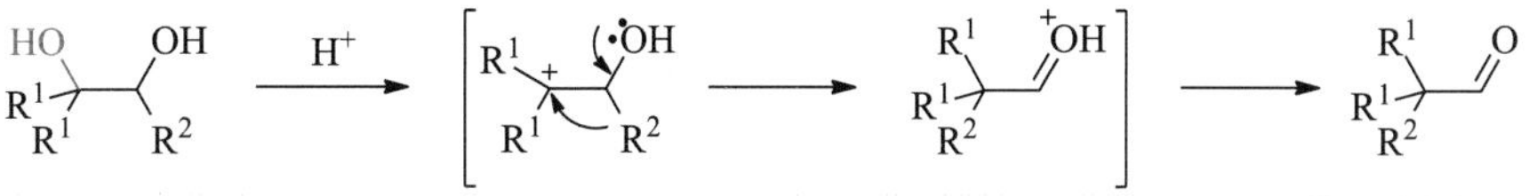

而在以下过程中，在碱性条件下对甲苯磺酰氯首先与空阻小的二级醇反应生成对甲苯磺酸酯，接着由于对甲苯磺酰负离子的易离去性，反应可以在碱性或中性条件下进行：

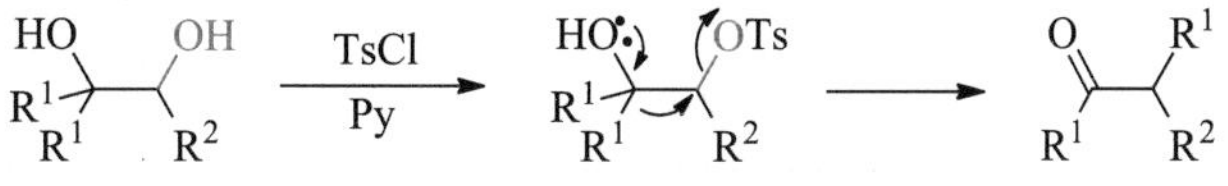

此外,可利用在 Lewis 酸作用下,环氧开环产生碳正离子后再进行 1,2-重排:

这也进一步说明了有机反应可以通过反应条件的改变达到改变其进程的目的。

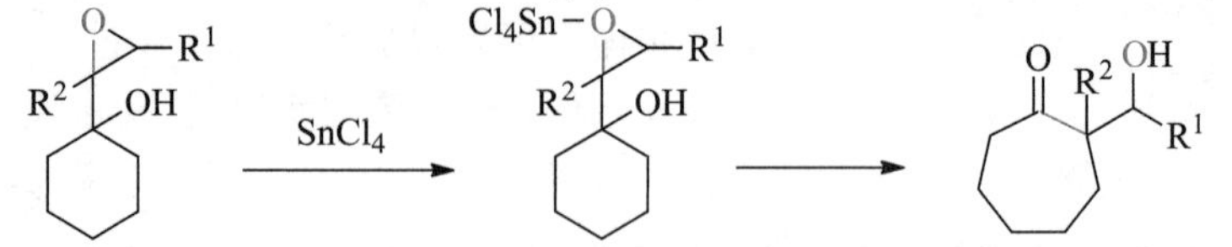

24.4.3 Prins-pinacol 重排

1969 年,G. Mousset 尝试将内消旋的邻二醇化合物与丙酮进行反应形成缩酮,但是回流反应之后,并没有得到目标产物缩酮,而是高产率地得到了多取代的四氢呋喃衍生物:

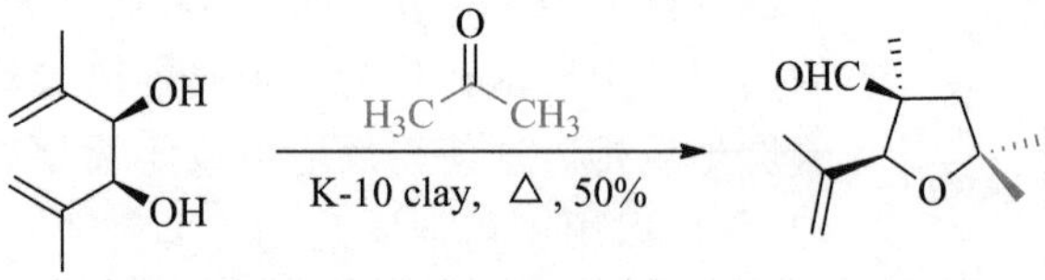

经过深入的研究后,表明此转换实际上是一个 Prins 环化与 pinacol 重排的串联反应,称为 Prins-pinacol 重排。G. Mousset 认为,这是丙酮与醇反应首先生成羰基正离子,接着羰基正离子经 Prins 环化反应转化为 β-羟基碳正离子,再经 1,2-pinacol 重排转化为四氢呋喃衍生物:

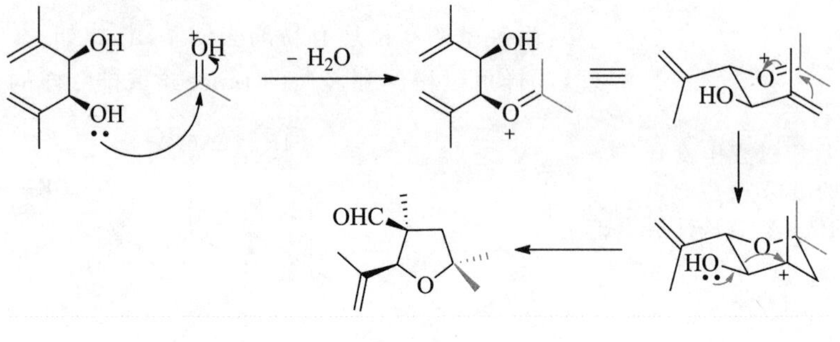

1987 年,L. E. Overman 在此研究结果的基础上,进一步研究了在 Lewis 酸催化下的 4-烯基-1,3-二氧杂环戊烷的重排:

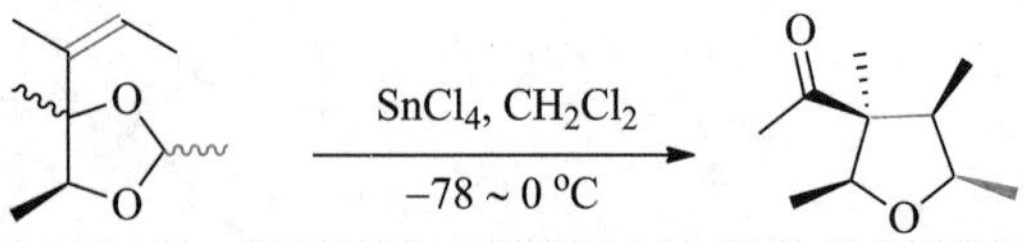

L. E. Overman 的后续研究表明,此类转换反应具有通用性以及普适性,可以得到各类四氢呋喃衍生物以及环酮类化合物。由于在 Prins 环化过程中,要求形成六元环过渡态,因此,反应具有很高的立体选择性,并形成了两个新的手性中心。

Prins 反应:

1899 年,O. Kriewitz 发现将 β-蒎烯与多聚甲醛在封管中加热反应,可以生成诺甫醇(nopol)。

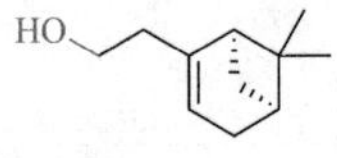

20 年后,H. J. Prins 对此反应进行了细致的研究。他发现在硫酸催化下,大多数烯烃均可以与甲醛反应。

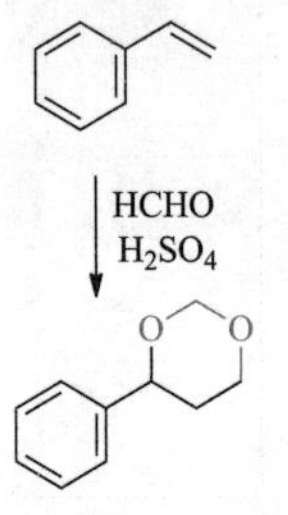

思考:读者可以尝试画出此转换的机理,并思考在烯烃与甲醛反应后,为何第二分子的甲醛没有参与反应?而加入了其他亲核试剂,会发生什么情况?

思考:如果 G. Mousset 使用反式邻二醇在酸性情况下与丙酮反应,结果是怎样的?

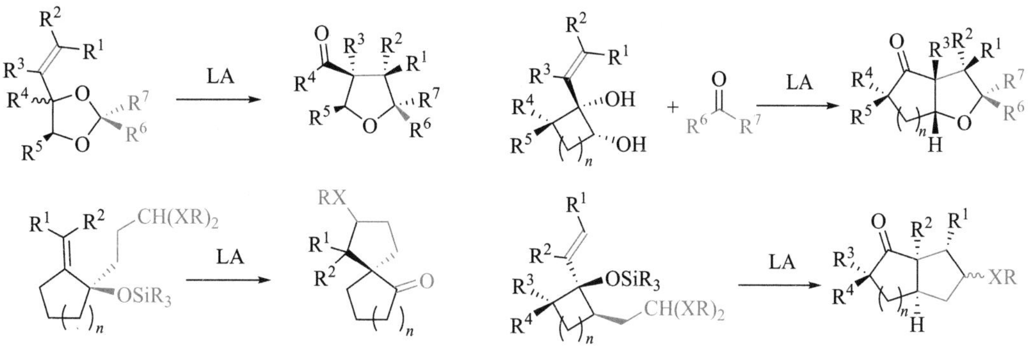

R$^{1\sim5}$ = H, alkyl, aryl;　R$^{6\sim7}$ = H, alkyl, aryl, alkenyl;　n = 1~3;　XR = SEt, OMe;　SiR$_3$ = TMS, TES, TBDMS;
LA = BCl$_3$, SnCl$_4$, BF$_3$

24.4.4　Demjanov 重排和 Tiffeneau-Demjanov 重排

这个反应通常只有一级胺才能进行。当氨甲基的碳原子上有取代时，Demjanov 反应很难进行，会有很多副产物醇的形成。但是，Tiffeneau-Demjanov 反应则没有这个问题。

20 世纪初，Demjanov 发现氨甲基取代的环烷烃在亚硝酸处理下会扩环形成相应的环状醇类似物。反应实际是将环外碳原子所连的氨基重氮化，N$_2$ 离去后生成的碳正离子进行重排得到比反应物更大的环。但是这个反应只能制备五、六、七元环，而更大的和更小的环的制备产率非常低。

1937 年，M. Tiffeneau 改进了 Demjanov 反应，给出了带有 β-氨基醇的环分子，反应条件与 Demjanov 反应没有区别。Tiffeneau-Demjanov 反应能制备四到八元环化合物，而且产率通常都会比 Demjanov 反应高。

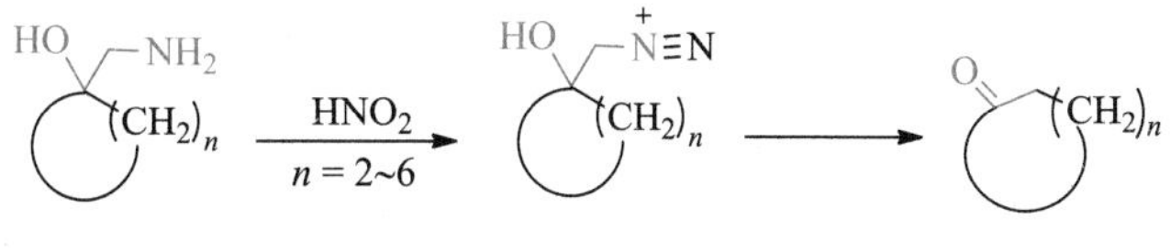

具体介绍请参见 14.13。

24.4.5　二烯酮-苯酚重排

早期，对这个反应的原料和产物的结构均不是很清楚。直到 1930 年，起始原料和产物才被确定其结构。

1893 年，A. Andreocci 报道了山道年在酸性条件下重排成山道年的异构体稳变山道年（desmotroposantonin）：

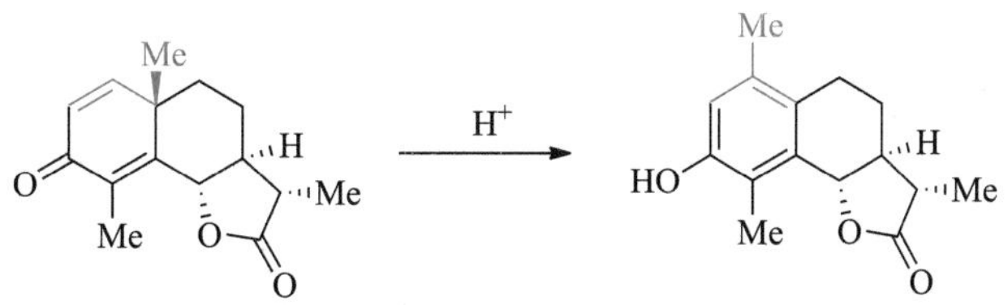

这个重排反应包括了一步烷基的[1,2]-迁移,驱动力是形成了一个芳香体系,使能量降低,体系在反应过程中大量放热。随后,深入研究发现,当环己二烯酮的对位或邻位有两个烷基取代基时,在酸性条件下可以发生重排,这个反应被称为二烯酮-苯酚重排:

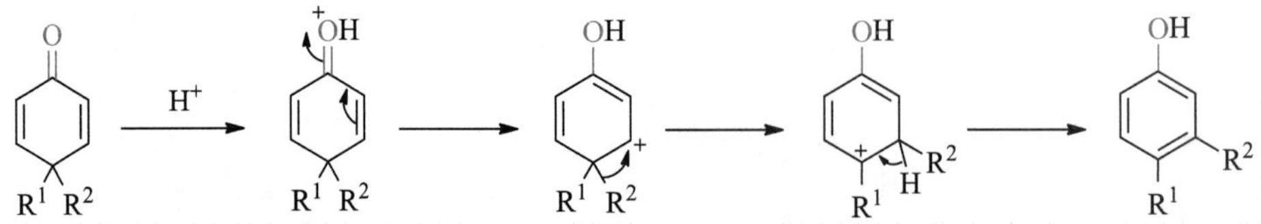

这个重排反应的过程相当于 pinacol 重排反应的逆反应。Pinacol 重排或 semipinacol 重排的驱动力在于形成稳定的羰基化合物,其重排后形成的正离子被相邻的氧原子所稳定,快速失去质子后形成羰基化合物;而在二烯酮-苯酚重排反应中,羰基化合物被质子化后,形成一个与羟基相连的正离子,接着重排后形成一个三级碳正离子,这个重排的驱动力在于形成一个更为稳定的芳香环系。

24.4.6 二苯基乙二酮-二苯乙醇酸型重排

二苯基乙二酮-二苯乙醇酸型重排:benzil-benzilic acid rearrangement
benzil:二苯基乙二酮
benzilic acid:二苯乙醇酸

此反应过程的关键中间体为亲核试剂加成后的四面体中间体。
很少使用易被氧化的烷氧基负离子做反应中的碱。

在碱的作用下,α-二酮可以重排成 α-羟基羧酸盐。烷基或芳基的 α-二酮或 α-二酮羰基醛均可以发生此反应。芳基的 α-二酮转化率高,而烷基取代的二酮由于易烯醇化,使得产率低(易发生羟醛缩合反应)。环状 α-二酮会发生缩环反应。在醇负离子或氨基负离子作用下可以得到酯或酰胺。

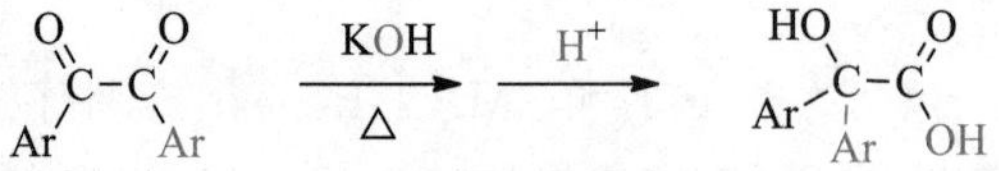

当使用无机碱时,产物为 α-羟基羧酸盐溶液;使用烷氧基负离子做碱时,产物为 α-羟基酯。芳基的迁移速率要比烷基的快,带更多吸电子基团的芳基更快。

24.4.7 Favorskii 重排

在这个反应中,使用的碱为 HO^-、RO^- 以及 H_2N^-。这个反应的底物还可以是 α-羟基酮和 α,β-环氧化酮类衍生物。

至少含有一个 α 氢的 α-卤代酮经碱处理后再与亲核试剂(醇、胺或水)反应,生成骨架重排的羧酸或羧酸衍生物,这类反应称为 Favorskii 重排。这是合成高度支化羧酸和羧酸衍生物的好方法。

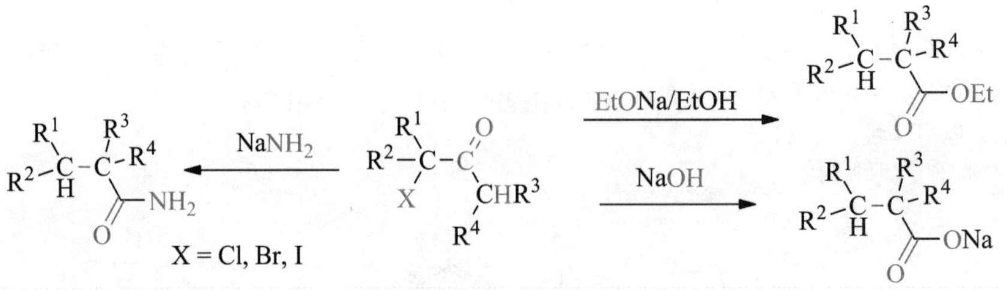

这个反应首先是羰基 α 位去质子化形成烯醇负离子,接着经过分子内的亲核取代

反应形成环丙酮三元环体系，三元环的酮羰基被亲核进攻区域选择性开环形成更稳定的碳负离子，最终形成产物。以 α-卤代环己酮为例：

在此三元环开环的过程中，断键的选择性为优先形成更为稳定的负离子体系。

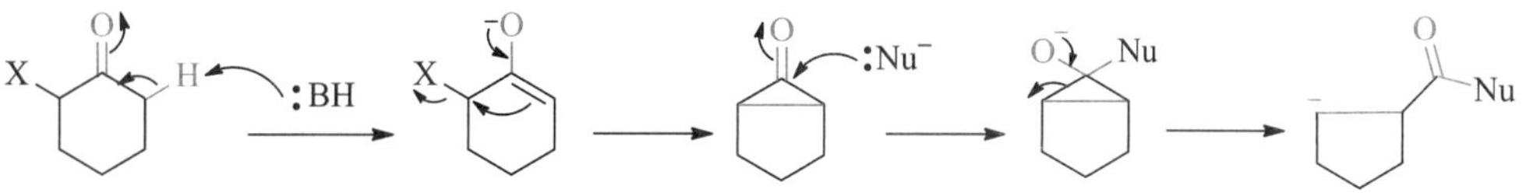

从以上的反应结果可以发现，最终的结果与[1,2]-迁移完全一致。这个反应具有很好的区域选择性和立体选择性。环丙酮三元环开环时的断裂具有很高的区域选择性，通常形成热力学稳定的碳负离子。除了 α-卤代酮外，α-羟基酮、α-磺酸酯基酮、α,β-环氧酮也可以发生 Favorskii 重排。α,α'-双卤代酮的重排产物为 α,β-不饱和羧酸衍生物。随着对此反应的研究深入，还发现类似于此反应的 homo-Favorskii 重排和 quasi-Favorskii 重排。

homo-Favorskii 重排：

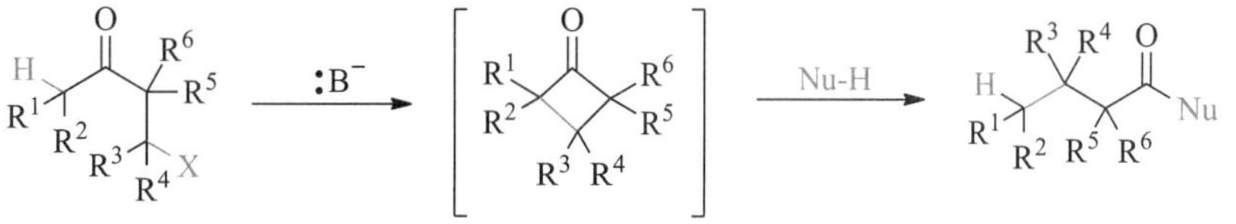

1939 年，B. Tchoubar 在醚溶液中用粉末状 NaOH 处理 α-卤代环己基苯基酮，结果得到了 1-苯基环己基羧酸：

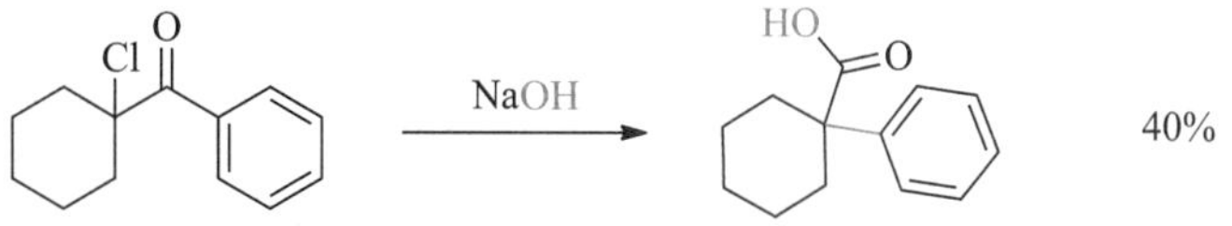

quasi-Favorskii 重排的机理类似于二苯基乙二酮-二苯乙醇酸型重排，称为 semibenzilic 机理。其结果使得 R^1 和 R^2 连接的碳原子构型翻转，而 R^3、R^4 和 R^5 连接的碳原子构型保持不变。

1952 年，C. L. Stevens 和 E. Farkas 发现在甲苯中回流反应，可以大幅度提高此反应的产率。他们预测在重排过程中，卤代的碳原子会发生构型翻转。随后发现，在特定的亲核试剂作用下，两个 α 位均没有氢原子的 α-卤代酮或其中一个 α 位有氢原子的双环 α-卤代酮均可以发生类似的重排反应，称为 quasi-Favorskii 重排。

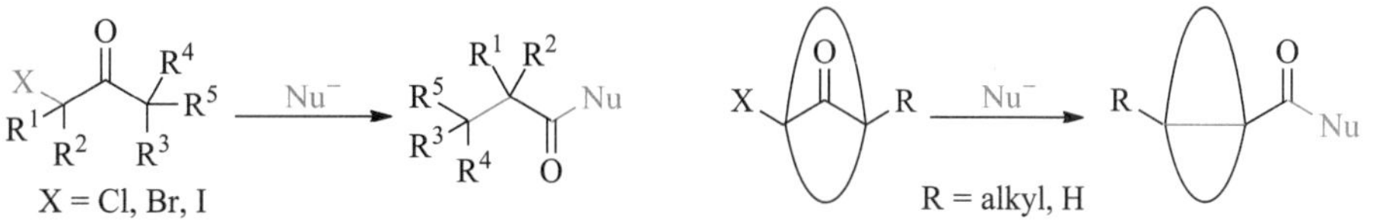

此反应的机理本质上是碱催化下的 pinacol 重排机理，包含两个过程：亲核试剂对羰基的亲核加成以及负离子中间体的[1,2]-烷基迁移。

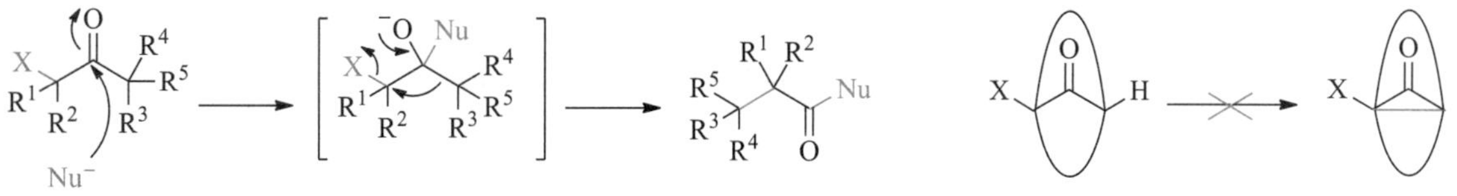

而迁移终点的碳构型翻转的事实也证明了机理的正确性。

24.4.8 基于酰基卡宾的重排反应——Wolff 重排和 Arndt-Eistert 重排

1902 年, L. Wolff 发现 α-重氮取代的苯乙酮在氧化银和水的作用下会转化为苯乙酸; 如果体系中含有氨水, 产物则为苯基乙酰胺。但是由于 α-重氮取代的酮类化合物难以制备, 此研究一直被搁置。

从以上的重排过程可以发现, 无论是在酸性还是在碱性条件下, C2 位存在离去基团是重排反应发生的前提条件。常见的离去基团通常为卤素、磺酸根负离子、羧酸根负离子或水。实际上, 重氮盐或叠氮基可以氮气的方式离去, 也是一类非常重要的离去基团。

α-重氮酮重排成乙烯酮衍生物, 随后在亲核试剂作用下生成各类衍生物的反应称为 Wolff 重排(参见 14.14)。其具体的反应转换过程如下:

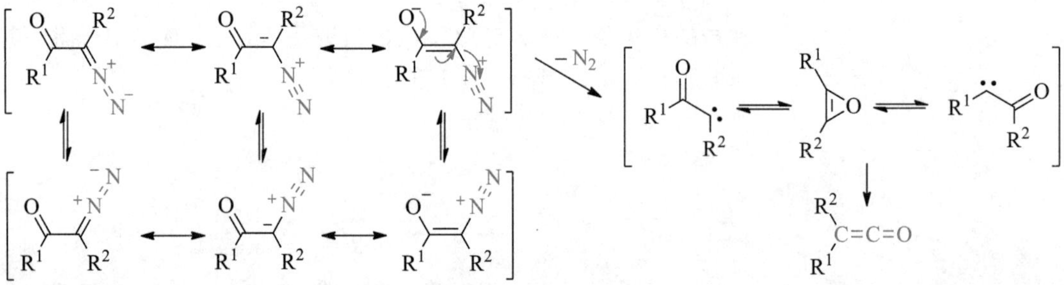

α-重氮取代的酮类化合物是非常活泼的, 因此此反应有很多副产物。

这是增加羧酸碳链的好方法。

α-重氮取代的酮类化合物实际上存在两种构型:

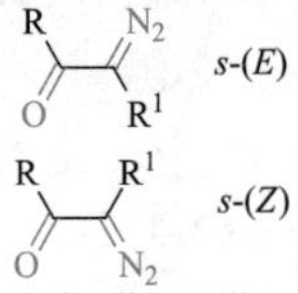

研究结果表明, Wolff 重排的底物更多采用的是 s-(Z) 构型。

反应的关键中间体为乙烯酮。机理研究发现: 加热的条件下, Wolff 重排是按照协同机理进行的, 反应过程中没有捕捉到酰基卡宾中间体的存在; 光照的条件下, Wolff 重排是按照酰基卡宾机理进行的。对于酰基卡宾中间体, 容易发生以环氧乙烯为中间体的"卡宾-卡宾"重排:

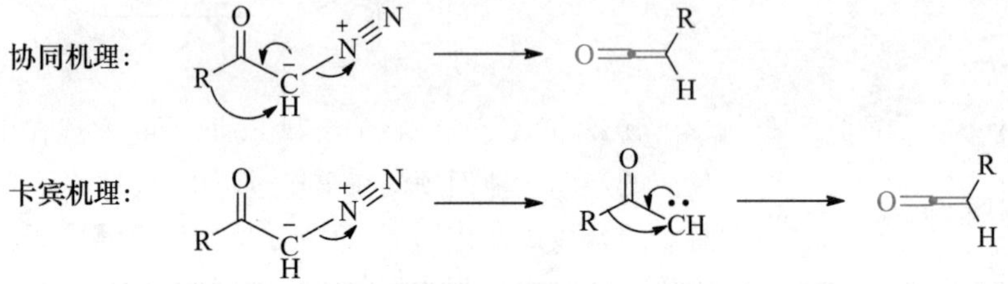

但是, 在当时的条件下, α-重氮酮很难制备, 常需要通过其他重排反应才能得到:

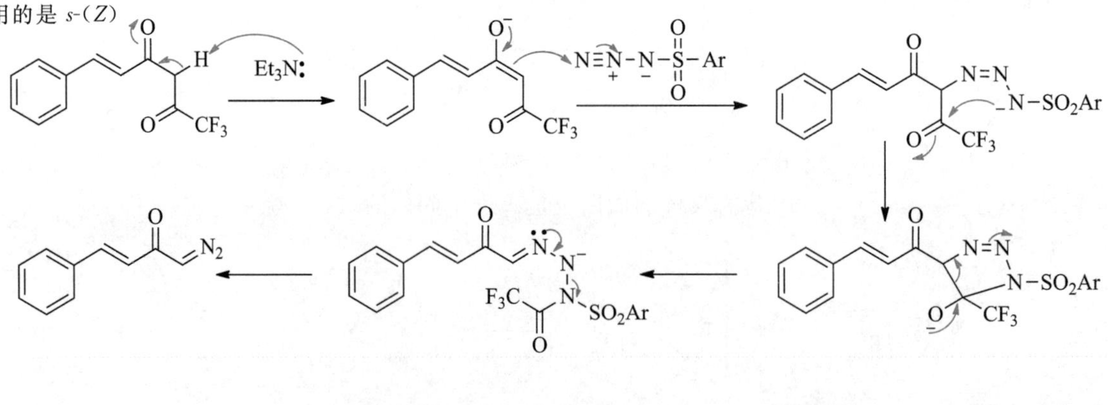

在此过程中，氢迁移的速率快于烷基。

吸电子基团取代的醛反应后，环氧化合物的产率会大幅度提高。吸电子基团取代的酮与重氮甲烷反应后，主产物为环氧化合物。随着碳链的延长，产物酮的含量也会降低。

1935 年，F. Arndt 和 B. Eistert 发展了制备 α-重氮酮的简捷方法（参见 14.14），这使得此重排反应得以快速推广，并在此基础上发展了亚甲基插入反应：

这个反应的转换过程主要还是烷基或氢的[1,2]-迁移：

24.5　从碳原子到氮原子的 1,2-重排

此类反应的特点：
(1) 迁移基团的构型保持不变；
(2) 反应为一级动力学反应；
(3) 为分子内的重排反应；
(4) 迁移基团自身不会发生重排反应。

在这一类反应中，亲核基团将通过[1,2]-迁移从碳原子重排至氮原子上，因此要求氮原子为六隅体，才能使此反应顺利进行。Hofmann 重排、Curtius 重排、Lossen 重排以及 Schmidt 重排等反应均属于此类反应（参见 14.15）。

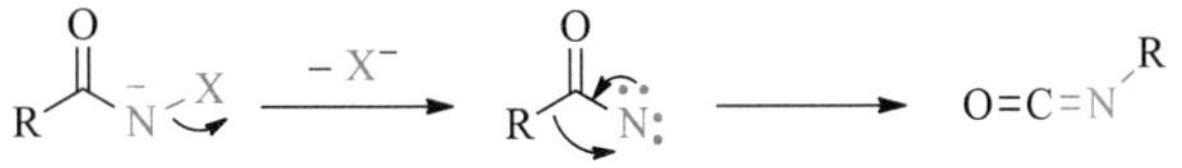

X = Br: Hofmann;　X = N₂: Curtius, Schmidt;　X = OCOR¹: Lossen

此外，还有 Beckmann 重排反应（参见 10.9.1）：

为了使羟基成为易离去基团，反应通常需要在强酸性条件下进行，如浓硫酸、甲酸、PCl₅ 或一些 Lewis 酸。迁移基团通常处于离去基团的反位，但是由于肟在强酸性条件下经常会发生异构化反应，因此有时处在与离去基团顺式位置的基团也可以迁移。

将肟的羟基转化为磺酸酯，可以使此反应在弱酸性或在碱性条件下进行：

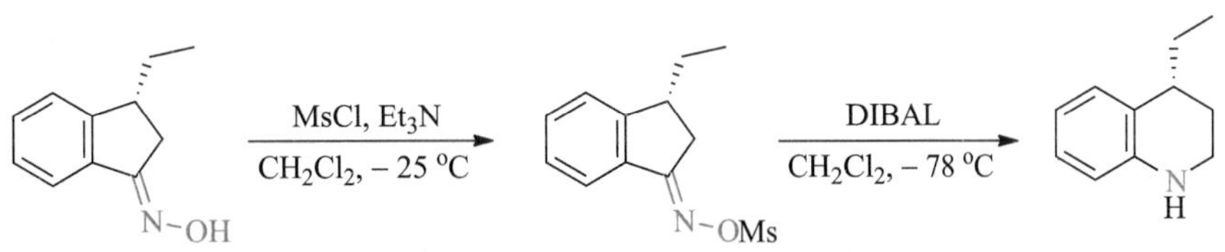

Stieglitz 重排的底物可以是 N-卤代三芳基甲胺和羟胺衍生物。

在某些氮杂的双环体系中，当氮原子带有一些离去基团的情况下，也可以发生[1,2]-迁移重排反应：

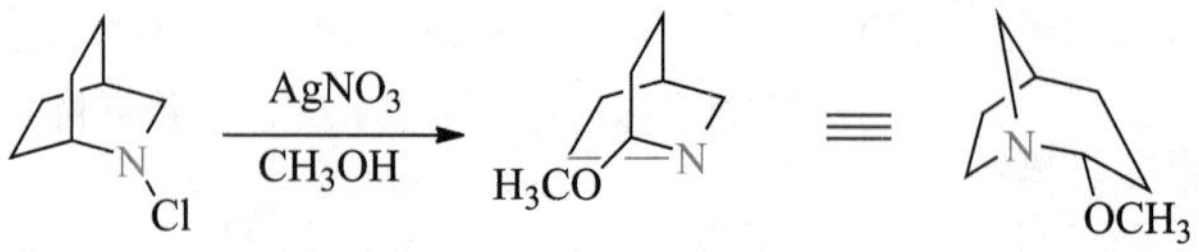

此过程基本上类似于 Wagner-Meerwein 重排，被称为 Stieglitz 重排。

24.6 从碳原子到氧原子的 1,2-重排

邻二醇在 $Pb(OAc)_4$ 作用下氧化断裂成羰基化合物的反应称为 Criegee 氧化。注意区分 Criegee 氧化和 Criegee 中间体的区别。

1948 年，R. Criegee 提出了氧化过程中的中间体结构，但直到 2013 年才完全确认此结构。

从碳原子到氧原子的 1,2-重排反应在前面的章节中已经讨论了很多，如 Baeyer-Villiger 氧化重排和 Dakin 反应等。在这些过程中，需要了解的是 Criegee 中间体：

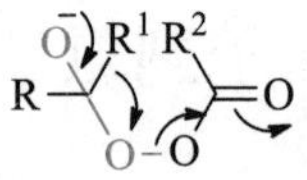

研究结果表明，Baeyer-Villiger 重排过程受一级和二级立体电子效应控制。首先，立体电子效应是指过氧基团中的 O—O 键必须与迁移基团处在反式共平面上，这种取向可以使迁移基团的 σ 成键轨道与过氧基团的 σ 反键轨道在最大限度上重叠。二级立体电子效应是指羟基上氧原子或氧负离子的孤对电子必须与迁移基团处在反式共平面上，这将使氧原子的非成键轨道与迁移基团的 σ 反键轨道可以在最大限度上重叠：

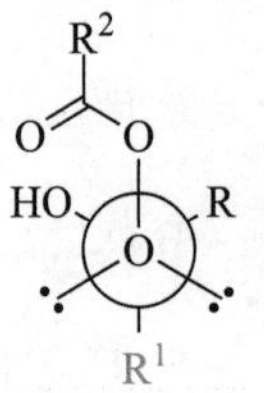

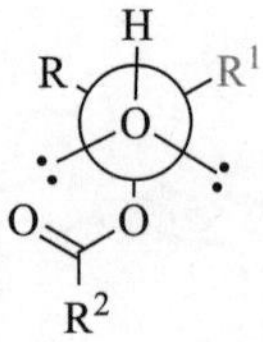

对于 Baeyer-Villiger 氧化反应中的迁移规律至今还没有完全确认，可以明确的是电子云密度和迁移基团的立体效应将严重影响迁移能力。

当迁移基团具有手性时，重排后其构型保持不变。对于不对称酮，羰基两旁的基团不同，两个基团均可以迁移，但有一定的选择性，迁移能力的顺序为

$R_3C—$ > $R_2HC—$, 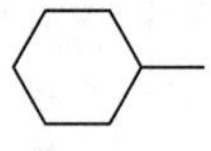 > $PhH_2C—$ > Ph— > $RH_2C—$ > $H_3C—$

烯丙基的迁移顺序与二级烷基一致。

关于 Dakin 反应参见 17.6.2。将各种氧化重排的特点总结于表 24-1 中。

表 24-1 氧化重排的总结

底物	试剂	产物	反应名称
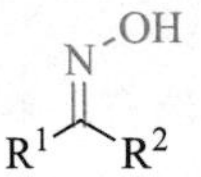	H_2SO_4；H_3PO_4 等	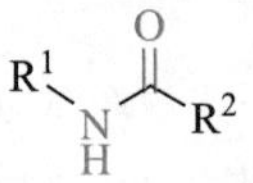	Beckmann 重排

续表

底物	试剂	产物	反应名称
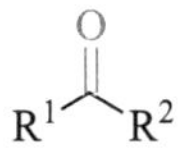 $R^1\overset{O}{\underset{}{C}}R^2$	HN₃ 等	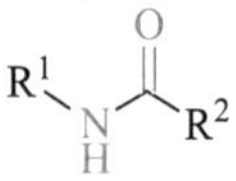 $R^1\overset{O}{\underset{H}{N}}\overset{O}{C}R^2$	Schmidt 重排
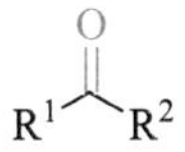 $R^1\overset{O}{\underset{}{C}}R^2$	RCO₃H；H₂O₂ 等	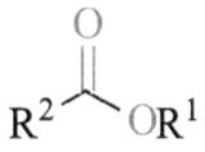 $R^2\overset{O}{\underset{}{C}}OR^1$	Baeyer-Villiger 氧化
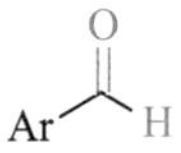 $Ar\overset{O}{\underset{}{C}}H$	RCO₃H；H₂O₂ 等	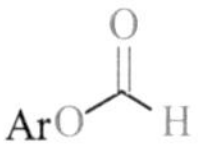 $ArO\overset{O}{\underset{}{C}}H$	Dakin 氧化
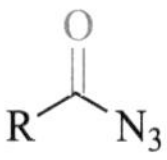 $R\overset{O}{\underset{}{C}}N_3$	△或 hν	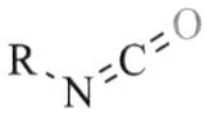 $R_{\diagdown}N\overset{}{=}C\overset{O}{=}$	Curtius 重排
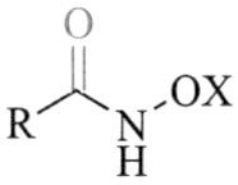 $R\overset{O}{\underset{}{C}}\overset{}{\underset{H}{N}}OX$	X＝H；H₂SO₄；TsCl 等	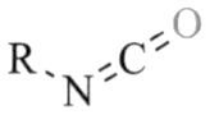 $R_{\diagdown}N\overset{}{=}C\overset{O}{=}$	Lossen 重排
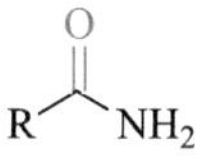 $R\overset{O}{\underset{}{C}}NH_2$	Br₂，NaOH	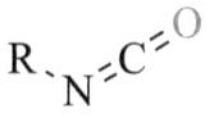 $R_{\diagdown}N\overset{}{=}C\overset{O}{=}$	Hofmann 重排

24.7 从杂原子到碳原子的重排

24.7.1 Baker-Venkataraman 重排

在这个重排过程中,关键是芳基酮的 α 位必须要有氢原子。常用的条件为:KOH、叔丁醇钾的 DMSO 溶液;Na/甲苯体系等。

  1933 年,W. Baker 报道了邻酰氧基苯乙酮在碱性条件下可以重排为 1,3-二羰基化合物:

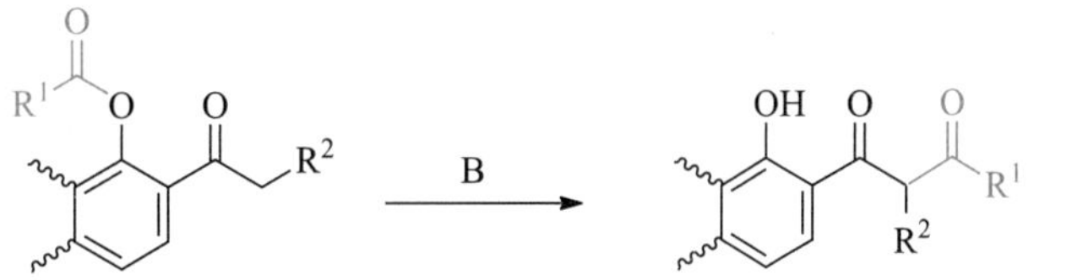

  1934 年,K. Venkataraman 也报道了类似的结果。此后,此类反应统称为 Baker-Venkataraman 重排。其具体转换的过程是,先在碱性条件下烯醇负离子对羰基亲核加成,接着发生分子内消除反应:

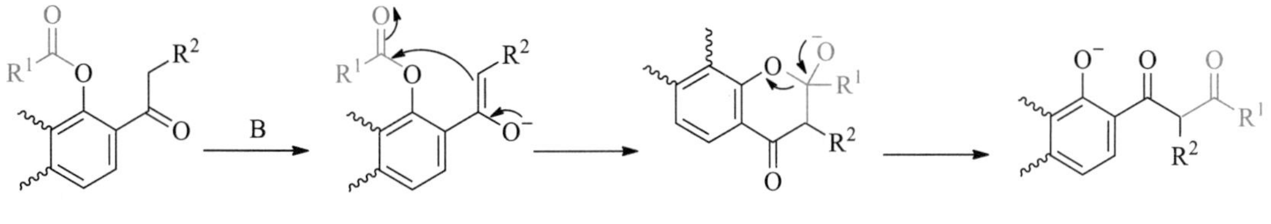

产物 2′-羟基芳基-β-二酮是合成色酮、黄酮、异黄酮以及香豆素等衍生物的重要原料。

24.7.2 Payne 重排

1935 年，E. P. Kohler 和 C. L. Bickel 阐述了某些羟甲基取代的环氧乙烷在催化量强碱作用下会异构成 2,3-环氧醇。1962 年，G. B. Payne 报道了在 0.5 mol · L^{-1} NaOH 水溶液中于室温下就可以发生此重排：

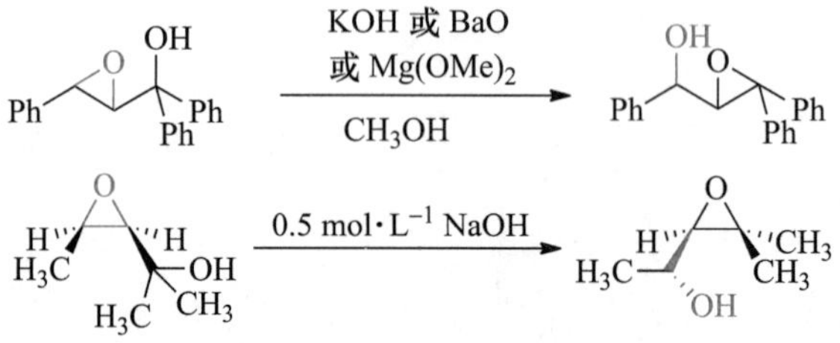

> 这个反应的结果使 C2 位的手性构型发生翻转；此外，由于产物可以同样的途径回到原料，会导致转化为一混合物。

由于对映体纯的 α 位羟基取代的环氧化合物可以通过 Sharpless 不对称环氧化制备，这使得此反应得以进一步推广，而且在后续的环氧开环过程中，可以实现 C2 位的构型翻转。

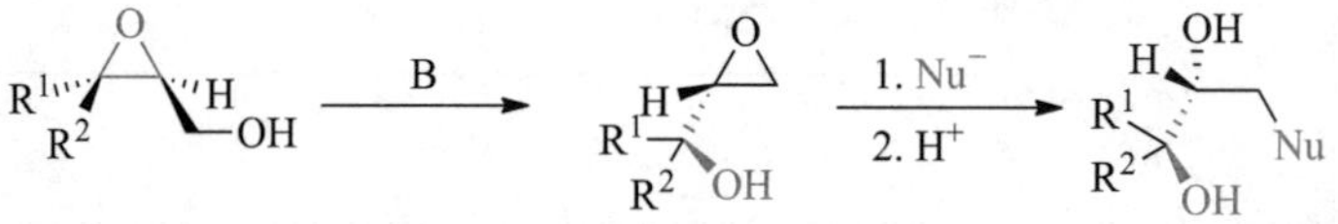

> 这个转换可以将更多的亲核试剂以及杂原子引入到体系中。

此外，将羟基转化为氨基或巯基，可以得到含氮或含硫的三元环体系，此类转化过程为氮杂或硫杂 Payne 重排：

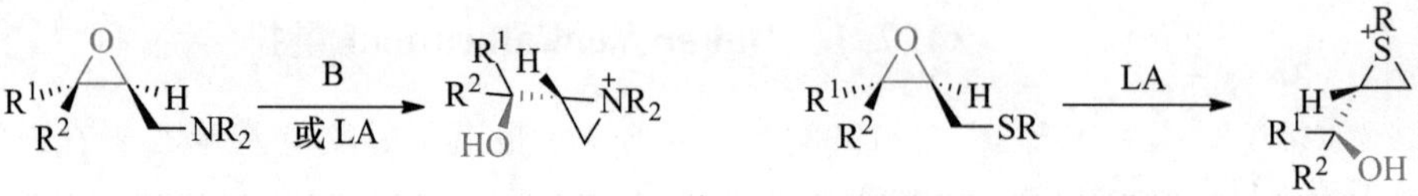

24.7.3 Smiles 重排

1894 年，H. Henriques 报道了双-(2-羟基-1-萘基)硫醚在碱性条件下可以异构化为 2-羟基-2′-巯基-双-(1-萘基)醚：

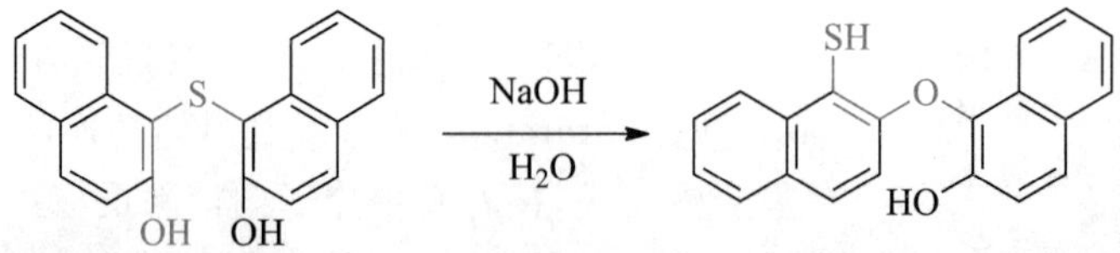

20 年后，O. Hinsberg 以亚砜为原料进行了类似的实验，但是一直没有能确定产物的具体结构。后来，S. Smiles 确定了此重排的产物，并认为这属于分子内芳香亲核取代反应。

在这个通式中,Y 为离去基团;X 为 SH、OH、NH₂ 以及 NHR 等的共轭碱。R¹ 和 R² 为活化基团,主要位于离去基团的邻/对位。由于立体效应,这些取代基位于离去基团的邻位,可以加快反应速率。例如,这些甲基、氯或溴位于被进攻苯环的 C6 位,其反应速率可以比处在 C4 位的快 10^5 倍。

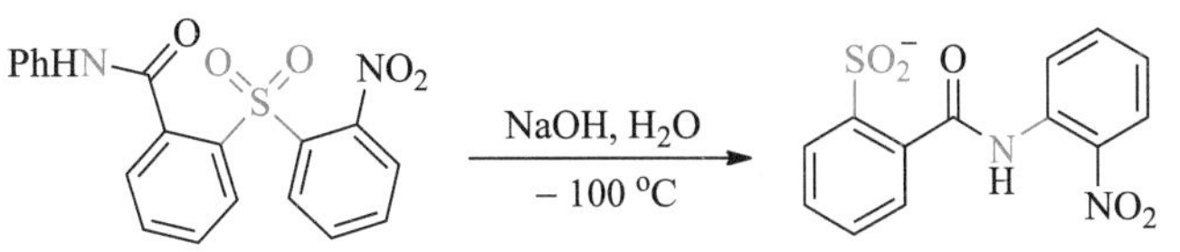

此后,此反应称为 Smiles 重排。此类反应的通式为

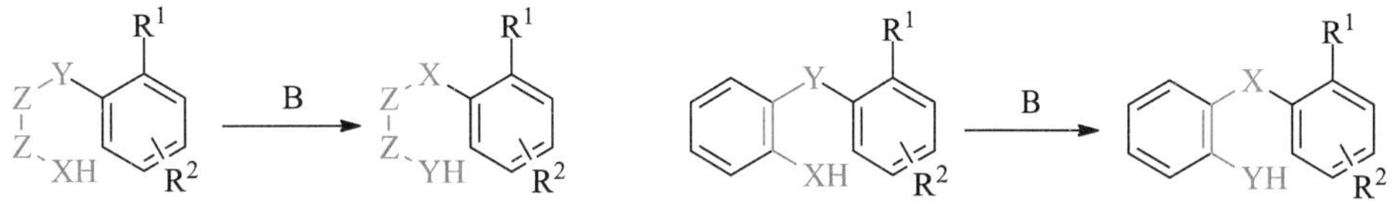

XH = NHCOR, CONH₂, SO₂NH₂, OH, NH₂, SH, SO₂H, CH₃;　Y = S, O, SO₂, SO, CO₂, SO₃, I⁺, P⁺;
Z = sp² 或 sp³ C, C=O, sp³ N;　R¹ = EWG = NO₂, SO₂R, Cl;　R² = alkyl, halogen, NO₂, acyl;
B = NaOH, KOH, RONa, RLi, K₂CO₃/DMSO

此反应的特点为:

(1) 芳香环必须在离去基团的邻位或对位有强的吸电子基团取代;吸电子基团越多,反应速率越快。在间位取代的吸电子基团不能活化此反应。

(2) 给电子基团将大大减慢此反应的速率,也可能使反应不能进行。

(3) 当 Y＝SO₂,XH＝CH₃ 时,即使没有活化基团,此反应也能进行。

(4) 在碱性条件下反应,离去基团 Y⁻ 的稳定性非常重要,此负离子越稳定,反应越容易进行。

在此反应的发展过程中,有了很多的改进和变化。如 Truce-Smiles 重排:

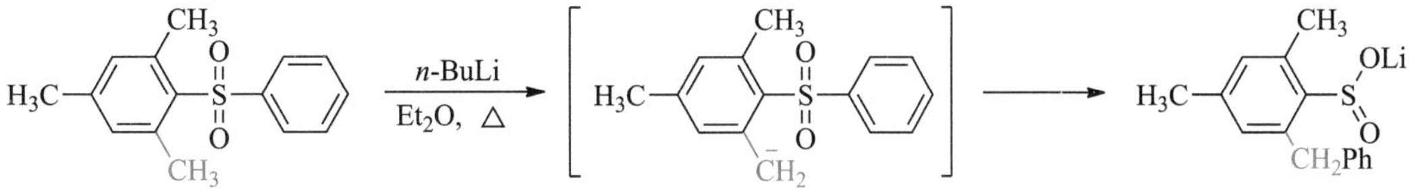

在此转换中,碳负离子代替了 SH、OH、NH₂ 以及 NHR 等的共轭碱。

Truce-Smiles 重排通常需要在强碱作用下反应。因此,在这个反应中,首先会生成一个稳定的苄基负离子。

在这个改进中,利用强碱攫取苄位的氢原子形成碳负离子;接着此碳负离子通过分子内的芳香亲核取代反应进攻砜基取代苯环的邻位(分子内六元环过渡态),转化为产物。此外,20 世纪 30 年代,M. Hayashi 发展了利用邻位芳甲酰基取代的苯甲酸在硫酸和 P₂O₅ 作用下发生分子内的重排:

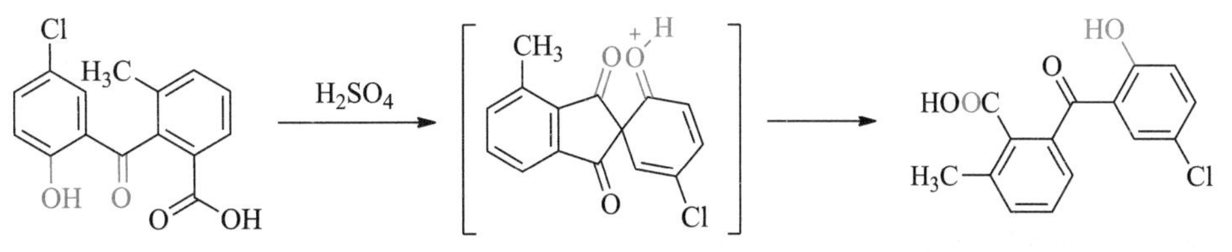

在反应过程中,通过烯醇对羧基的亲核加成-消除后形成了一个螺环的中间体。

1925 年,A. W. Chapman 报道了芳基取代肟芳基醚在加热下可以转化为酰胺:

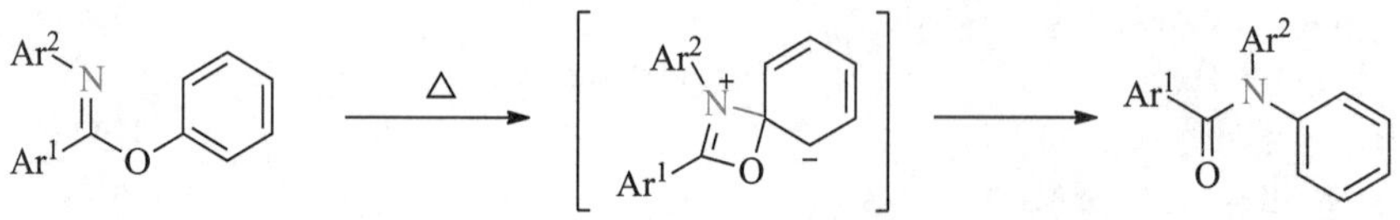

如有兴趣,读者可以去理解初期的 Julia 烯烃化反应,其中关键步骤包含了 Smiles 重排。

24.7.4 Stevens 重排

注意 Stevens 重排和 Sommelet-Hauser 重排的区别。

1928 年,T. S. Stevens 报道了 *N*-苄基-*N*,*N*-二甲基-2-氧代-2-苯基乙基-1-溴化铵在 NaOH 水溶液处理下,可以转化为 2-(二甲氨基)-1,3-二苯基-1-酮。几年后,他发现硫鎓盐也可以进行类似的转换:

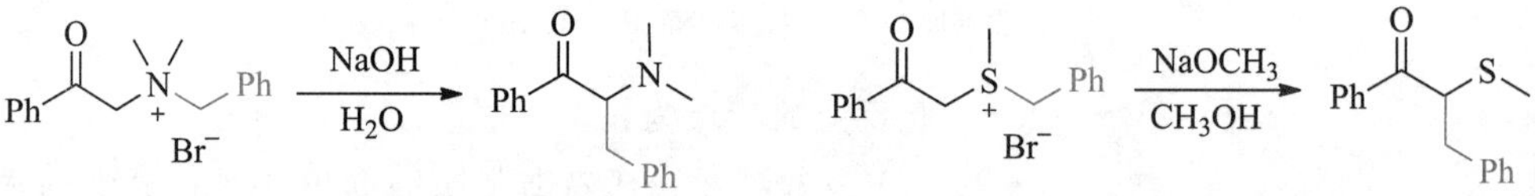

这个反应要求四级铵盐和锍盐的 α 位必须要有吸电子基团。

关于芳基的迁移报道得比较少。

此后,将 α 位上具有吸电子基团的季铵盐或硫鎓盐在强碱(醇钠或氨基钠)作用下,脱去一个 α 活泼氢生成叶利德,然后氮或硫原子上烃基进行分子内的[1,2]-迁移,生成叔胺或硫醚的反应,称为 Stevens 重排。α 位的吸电子基团可以是酰基、酯基、芳基、乙烯基或乙炔基等;但是,其 β 位不能有氢原子,否则会进行 Hofmann 消除。迁移基团可以是烯丙基、苯甲酰基、二苯甲基、3-苯基炔丙基、苯甲酰基甲基或甲基。其基本反应通式如下:

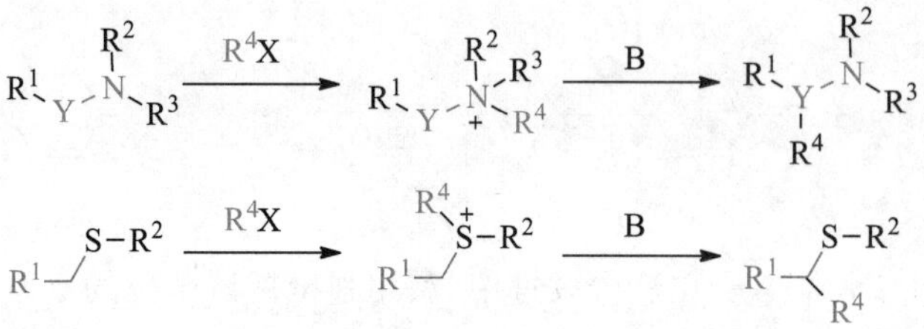

R^1 = EWG = Ar, COR, COOR, CN; R^2, R^3 = alkyl, aryl;
R^4 = CH$_3$, alkyl, allyl, benzyl, CH$_2$COAr; X = Cl, Br, I, OTs, OMs;
B = NaH, KH, RLi, ArLi, RONa, ROK

在此反应中,所用碱的强弱取决于 R^1 吸电子能力的大小。常用碱是 $^-$NH$_2$、$^-$OR、$^-$OH 等。常见的迁移基团(R^4)主要为烯丙基、苄基、烷基及吸电子取代的烷基(—CH$_2$Z)。例如

这个实例说明此反应比较适合扩环反应。

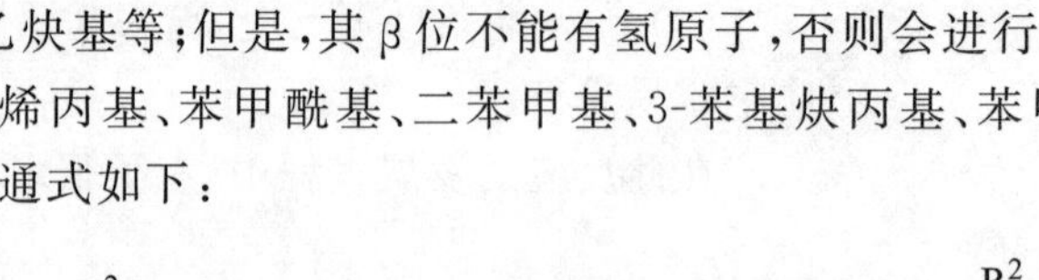

对于 Stevens 重排的反应机理研究有很多。研究表明,此反应是一个分子内的重排反应;但是,如果此反应是一个协同的过程,其应该是 Woodward-Hoffmann

规则中的对称禁阻过程。因此,可能会有以下两种机理:

（1）自由基对机理:

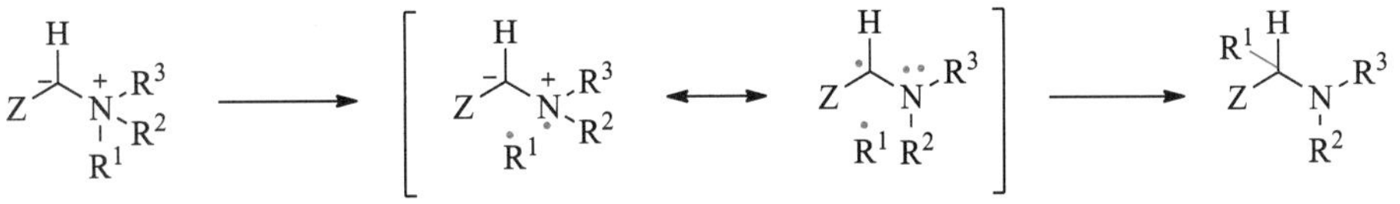

在这个过程中,可以认为是溶剂形成一个类似于笼状的体系,将两个自由基控制在一起,从而能快速地形成新的键,而且迁移基团 R^1 如果具有手性,不能发生消旋化。支持此机理的其中一个证据就是在反应过程中发现了少量的偶联产物 R^1—R^1。

但是,并不是所有实验结果都能支持此自由基对机理。可能会存在其他的可能性,因此提出了离子对机理。

（2）离子对机理:

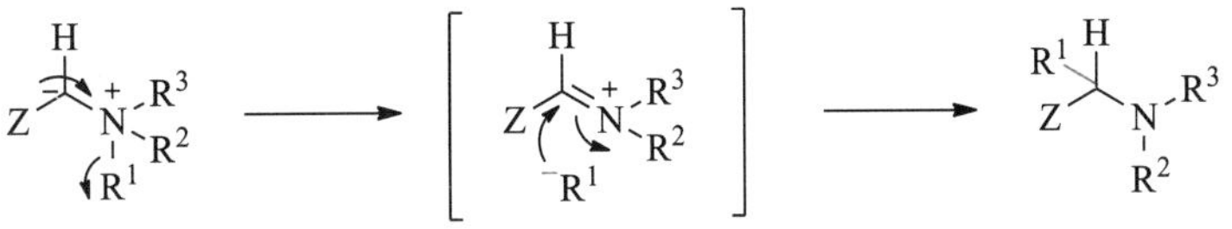

在这个过程中,也是溶剂形成的笼状体系将离子对控制在一起,接着负离子对亚胺正离子进行亲核加成,从而形成产物。

此种机理被认为是一个[1,2]-迁移的协同过程,需要轨道对称性的要求。

24.7.5　Sommelet-Hauser 重排

1937 年,M. Sommelet 发现保存在保干器中(内有 P_2O_5)的 N-二苯甲基三甲基氢氧化铵转化为邻苄基苄基二甲胺:

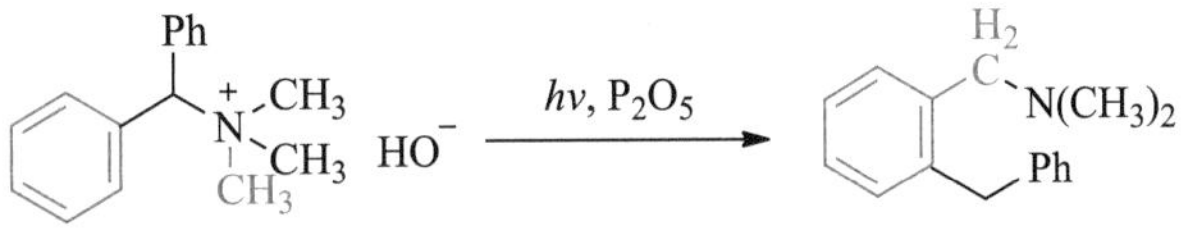

后来的研究发现,此反应与保干器中 P_2O_5 无关,N-二苯甲基三甲基氢氧化铵可以在加热到 145℃下就进行同样的转换。M. Sommelet 的发现是保存在保干器中的原料在阳光照射下发生了此转换,阳光的照射只是提供了转换所需的热量。在后续的几十年中,很多研究小组发现类似的四级铵盐都可以进行类似的转换,此反应的转换过程属于 Stevens 重排。1951 年,C. R. Hauser 在深入研究了此反应的基础上报道了三甲基苄基碘化铵在氨基钠的作用下在液氨溶液中可以高产率转化为单一产物,二甲基-(2-甲基苄基)胺:

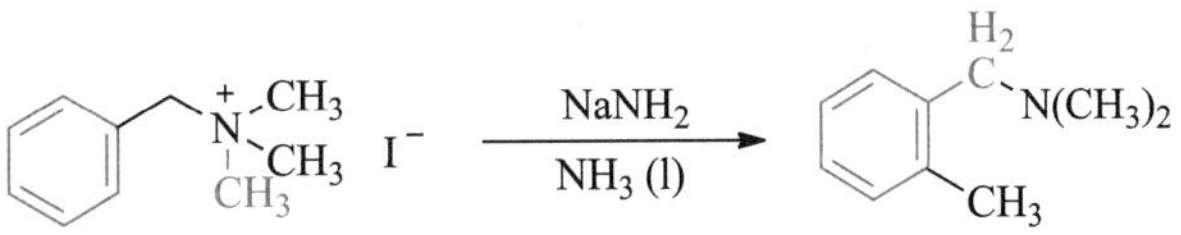

第一步反应首先是具有酸性的氢被攫取形成负离子,也就是叶利德。

这个反应的产物为苄基三级胺。此产物可以再次甲基化,接着进行此反应,直到邻位完全被占据后才会结束。

一般情况下,除了苄基外,其他氨基上取代基均为甲基。如果使用那些带有 β-H 的烷基,在碱性条件下,会发生 Hofmann 消除。

实验证明,产物再次甲基化后可以重复此反应,在苯环上再次引入甲基。此后,将苄基四级铵盐在强碱作用下的[2,3]-σ迁移重排称为Sommelet-Hauser重排。

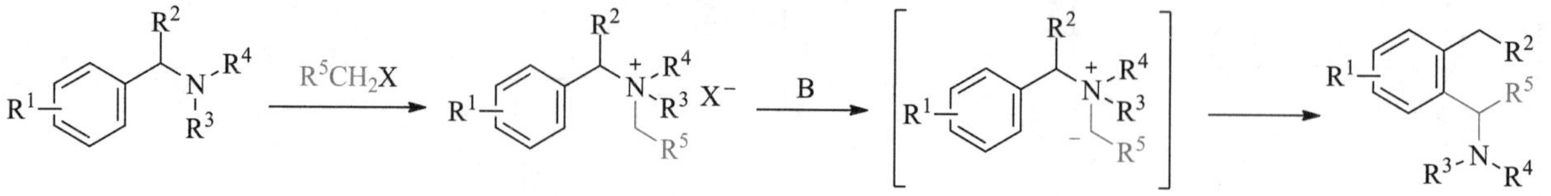

R^1 = H, alkyl, aryl, OR; R^2 = H, alkyl, aryl; R^3, R^4 = CH$_3$, alkyl, aryl; R^5 = H, 3° alkyl;
X = Cl, Br, I; B = NaNH$_2$, KNH$_2$, RLi

苄位的氢酸性最强,它会首先被攫取,生成苄基负离子。接着发生分子内攫氢反应,生成甲基负离子,尽管此负离子在体系中的含量很少,但是由于重排反应的进行,使平衡向产物的方向移动。此机理也称为[2,3]-σ迁移重排。实验结果表明,在此重排过程中不会发生甲基负离子所连接的碳氮键的断裂:

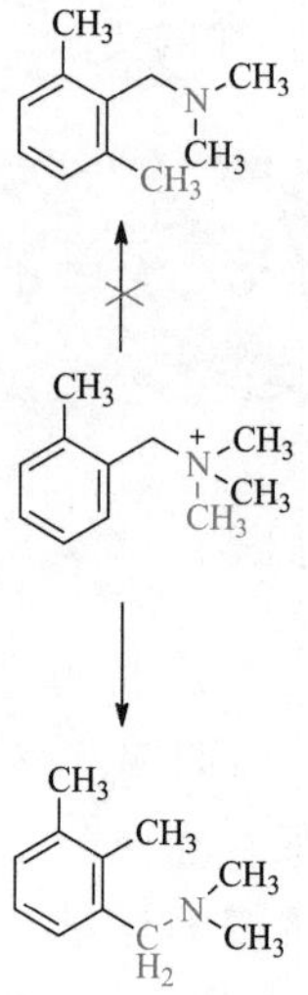

其具体的转换过程如下:

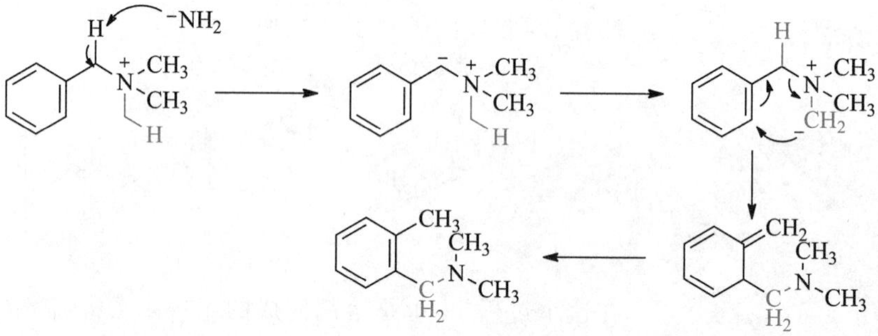

在去质子化的过程中,如果四级铵盐中存在多个位点,通常生成稳定性更好的负离子或叶利德。如果不能形成叶利德,就不能进行此重排反应。但是当铵盐中存在β氢原子时,反应以Hofmann消除为主。环状四级铵盐将以扩环为主。实验结果表明,四级铵盐既可以进行Stevens重排,也可以进行Sommelet-Hauser重排。在低温和极性溶剂中,反应以Sommelet-Hauser重排为主;而在高温和非极性溶剂中,以Stevens重排为主。后续的研究表明,将铵盐中的甲基转化为硅基取代的亚甲基,反应可以在中性条件下进行:

24.7.6 Pummerer重排

1909年,R. Pummerer发现在矿物酸中加热苯亚磺酰基乙酸,可以得到苯硫醇和乙醛酸:

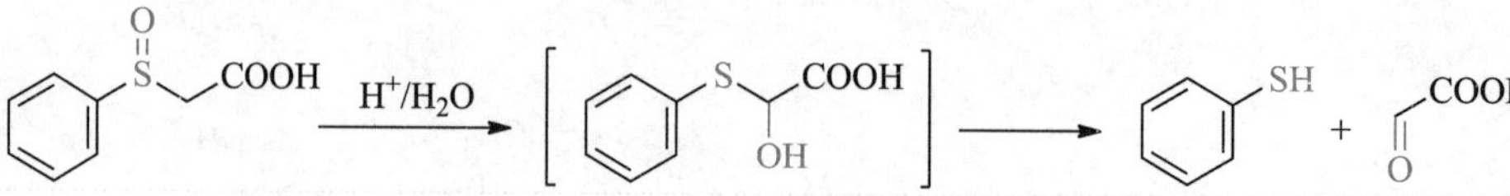

在这个转换中,亚砜被还原为硫醇,而亚甲基被氧化为甲酰基,产物可以水解转化

为醛。

　　随后,大家发现这种转换具有普适性。亚砜在酸酐的作用下均会发生类似的转换:

如果使用 HCl、SOCl₂、NBS 或 NCS,产物为 α-卤代硫醚。

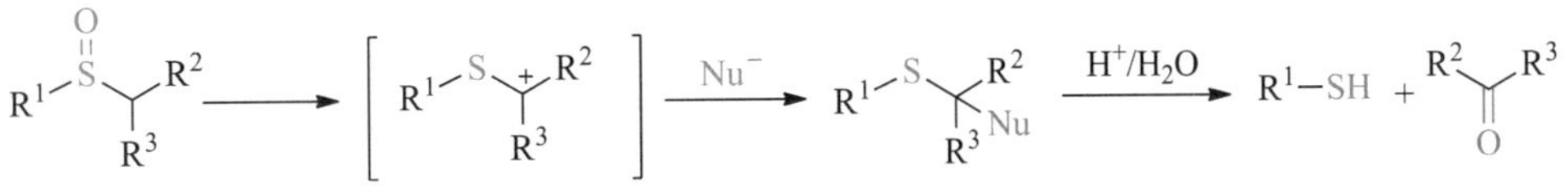

其反应首先在于酸酐对亚砜的活化,接着发生分子内的消除反应,生成硫代羰基正离子,最后亲核试剂或基团对其进行亲核加成,转化为硫醚:

从此机理可以发现,后续亲核试剂将会进行亲核加成。

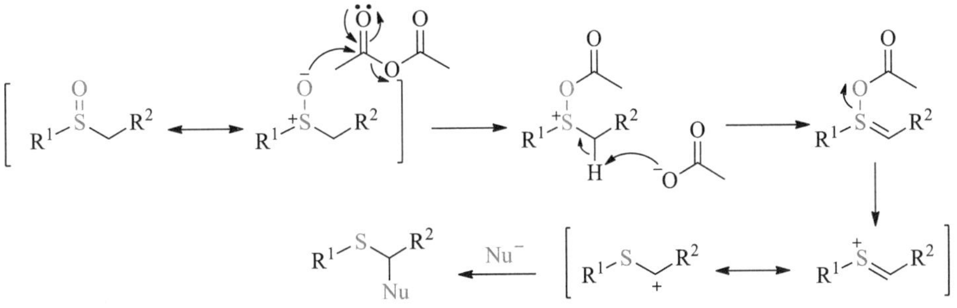

此化合物可以认为是硫醇取代的半缩醛或半缩酮,因此不稳定。

此硫醚由于 α 位被杂原子取代,因此很容易水解,转化为硫醇和醛或酮。反应中参与的亲核试剂或基团可以来自分子内:

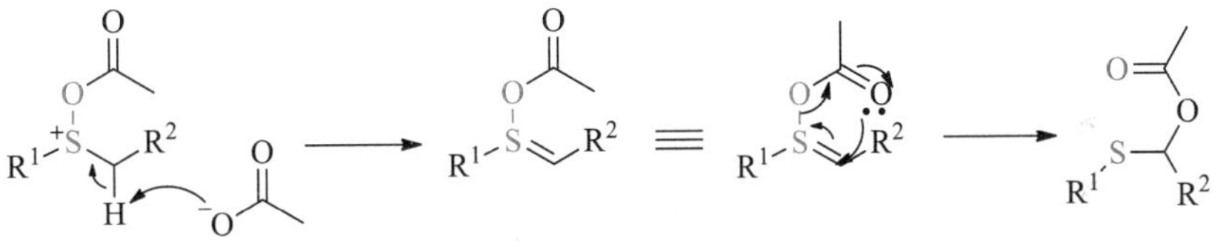

也可以来自分子间。这些亲核试剂或基团可以是卤素负离子或碳亲核试剂。

　　当 R² 或 R³ 为酰基时,反应可以在 Lewis 酸(TiCl₄ 和 SnCl₄)催化下进行,这是由于亚砜 α 位氢原子的酸性被大幅度提高,更易离去。如果 R³ 能形成非常稳定的碳正离子,那么它将比氢原子更容易离去,生成酯,这也称为 Pummerer 重排反应。

Pummerer 重排反应也是 Swern 氧化反应的一个副反应。当 Swern 氧化反应的温度偏高时,会发生 Pummerer 重排。

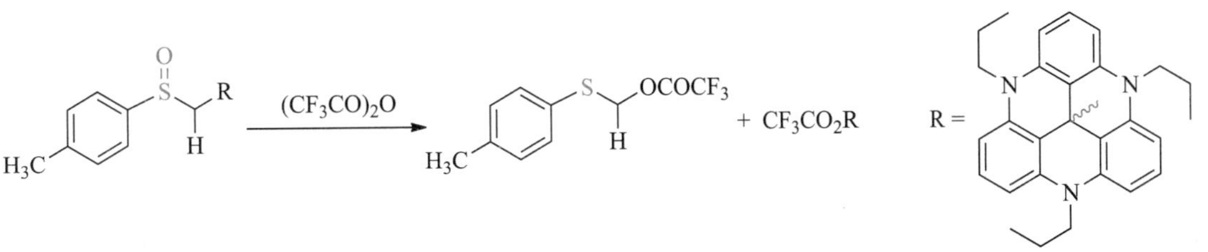

24.7.7　Meyer-Schuster 重排和 Rupe 重排

　　1922 年,K. H. Meyer 和 K. Schuster 报道了 1,1,3-三苯基-2-丙炔醇在浓硫

酸和乙醇中转化成 1,3,3-三苯基丙炔酮：

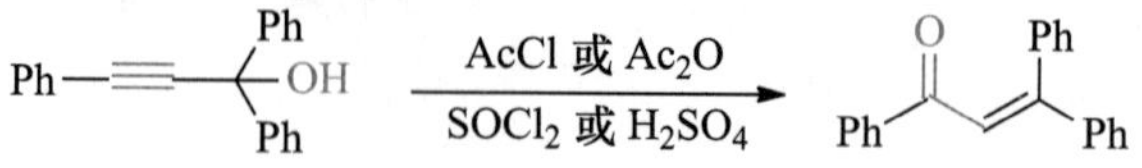

思考：按照这个反应的过程，如果是烯丙基醇在酸性条件下，会进行什么样的反应？

此反应称为 Meyer-Schuster 重排。此反应的启动点在于三级醇在酸性条件下失水形成碳正离子，接着碳正离子与炔烃离域转化为丙二烯正离子，最终再与亲核试剂水结合：

如果底物为端炔，产物应该为醛。

相当于羟基的[1,2]-迁移。

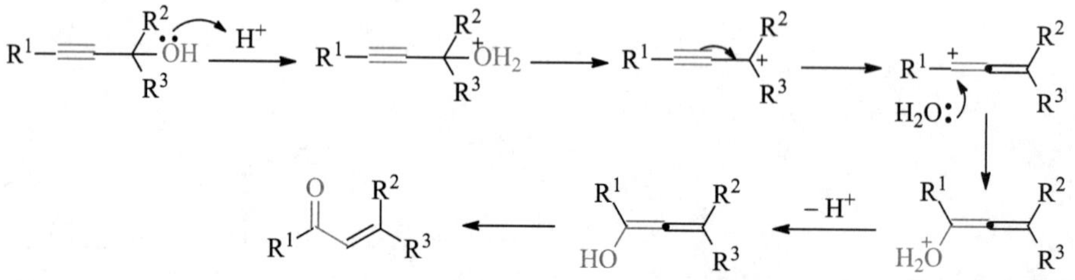

机理研究表明，在此反应过程中，羟基氧原子可以快速与质子结合，但是反应的决速步是质子化羟基的[1,3]-迁移，最终烯醇的互变异构也是非常快速的。而反应的驱动力在于通过碳正离子转化的 α,β-不饱和羰基化合物。

几年后，H. Rupe 发现，当三级醇的一个取代基为末端炔烃（即 $R^1 = H$）且另一个 β 位为 CH_2 时，其产物不是醛，而是甲基酮：

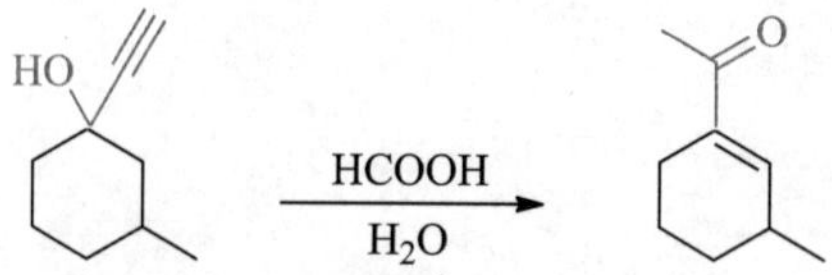

此反应称为 Rupe 重排。其可能的转化机理为

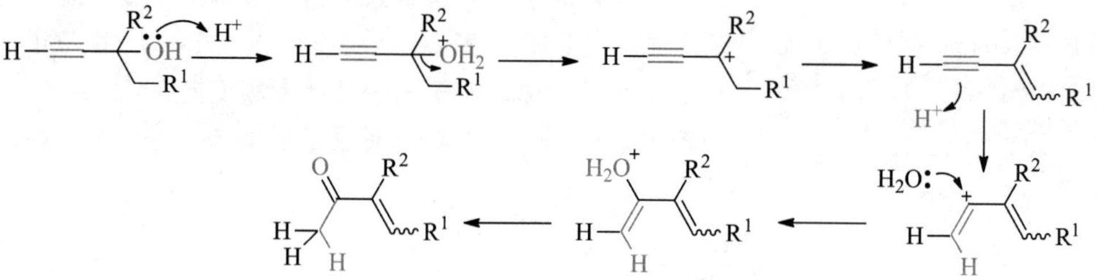

此反应的缺陷在于，有些底物会存在 Meyer-Schuster 重排和 Rupe 重排两种产物的混合物。重排的中间体炔丙基正离子可能会发生 Wagner-Meerwein 重排或 Nametkin 重排。

这个过程与 Meyer-Schuster 反应的区别在于，三级醇失水形成碳正离子后，β 位的 CH_2 快速发生 E_1 消除，生成与炔烃共轭的烯烃，接着是炔烃在酸性条件下和水反应生成甲基酮。

经典的 Meyer-Schuster 反应通常需在强酸性条件下进行，且很容易发生 Rupe 重排反应。后续研究表明，在 Lewis 酸作用下可以在温和条件下进行此反应。此外，在碱性条件下，此类底物将会进行类似于 Favorskii 重排的反应。

24.7.8 Fries 重排

参见 17.3.3。

24.8 从杂原子到杂原子的亲核重排——硼氢化氧化

烯烃硼氢化后的产物三烷基硼在双氧水和 NaOH 的作用下会发生氧化重排，这也是一个非常典型的亲核试剂从硼原子到氧原子的亲核[1,2]-迁移重排：

烷基硼与双氧水负离子形成盐后，烷基作为亲核基团迁移，HO⁻ 离去。这个过程基本上与 Baeyer-Villiger 反应一致，其迁移基团的迁移规律也基本相同。如果双氧水过量，可以连续发生三次的烷基迁移。

三烷基硼还可以与 CO 发生类似的反应：

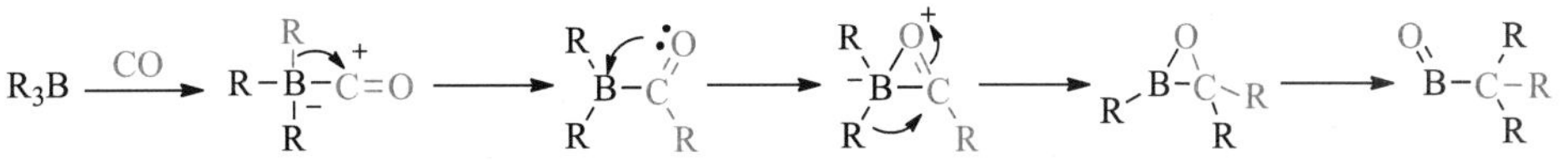

随后，在 $H_2O_2/NaOH$ 作用下生成 R_3COH。

左栏注释：

三烷基硼通常是烯烃与硼烷的氢化产物。

强碱的作用在于生成双氧水负离子，增加氧负离子的亲核能力。

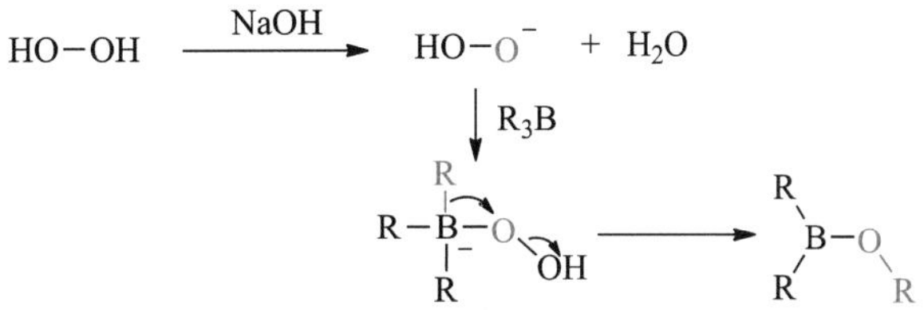

产物硼酸酯水解后生成醇。迁移基团的立体构型保持不变。

此反应可以高产率地制备大空阻的醇。

思考：如果三烷基硼与氰基负离子反应，再在三氟乙酸酐处理后与 $H_2O_2/NaOH$ 反应，其产物是什么？

24.9 σ 迁移重排

邻近一个或多个 π 体系的一个原子或基团的 σ 键迁移至新的位置，同时其 π 体系发生转移进行重组，这种分子内非催化的异构化协同反应称为 σ（迁移）重排。

左栏注释：

注意：σ重排与电环化反应的最大区别在于，σ重排过程中有两根 σ 键在参与反应，一根在形成，而另一根在断裂；而在电环化反应中，只有一根 σ 键参与反应，要么形成（关环），要么断裂（开环）。

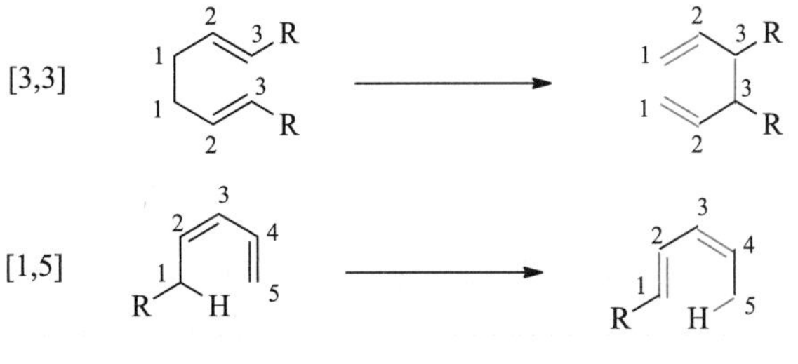

σ迁移重排的表达方式为方括号中用逗号区分的两个数字[i,j]。这两个数字 i 和 j 分别表示发生迁移从而断裂的 σ 键至新形成的 σ 键过程中参与反应的原子个数。

因此,断裂的 σ 键连接的两个原子均表示为数字 1。针对以上两个反应而言,在第一个反应中,断裂的 σ 键和新形成的 σ 键均是从 C1 到 C3,因此此反应称为[3,3]-σ 重排;而对第二个反应而言,氢原子从 C1 迁移至了 C5,因此称为[1,5]-氢迁移(重排)。

与环加成反应类似,σ 重排过程中的立体化学同样受分子轨道的对称性制约,具体可分为两类:同面(suprafacial)重排或异面(antarafacial)重排。

同面重排:断裂的键和形成的键在共轭体系的同一面。
异面重排:断裂的键和形成的键分别在共轭体系的两面。

同面重排　　　　　异面重排

因此,σ 重排反应的立体化学可以根据前线分子轨道理论进行预测。

24.9.1 [1,j]-氢 σ 迁移重排

在此类迁移重排中,[1,3]-和[1,5]-氢 σ 迁移(重排)最为常见。此类反应可以在加热或光照下进行。例如,烯丙基在光照情况下的[1,3]-氢 σ 迁移重排以及1,3-共轭双烯在加热下的[1,5]-氢 σ 迁移重排,而且这个重排无法控制,一直会循环往复。我们无法得到纯净的 C5 位单取代的环戊二烯,这是由于在环戊二烯中[1,5]-氢 σ 迁移重排是非常快速的:

[1,3]-和[1,5]-氢 σ 迁移(重排)也是 σ 重排中最简单的。

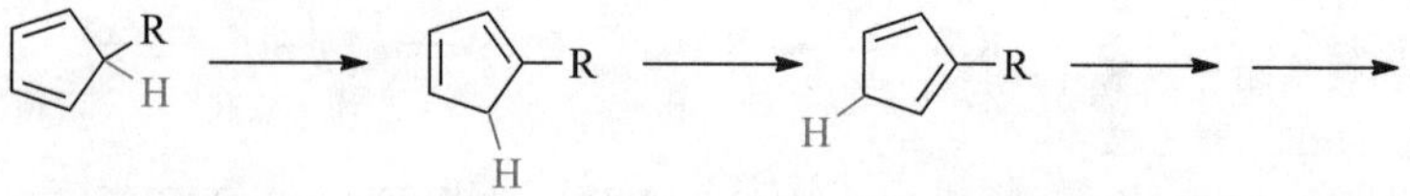

这个迁移重排也称为绕行(circumambulatory)重排。类似的方式还可以在吡咯、磷杂环戊二烯等五元环中进行。

在此氢迁移重排过程中,根据其立体化学的方式,可以将反应物分为两类:阳离子和阴离子。即认为反应利用了质子的 LUMO 轨道(1s)和共轭阴离子的 HOMO 轨道;反之,可以是利用了氢负离子的 HOMO 轨道(1s)和共轭阳离子的 LUMO 轨道。对[1,3]-氢迁移重排而言,其反应过程中可能的分子轨道如下:

在某些情况下,也可以认为是利用了氢自由基的 SOMO 轨道以及共轭自由基的 SOMO 轨道。

同面迁移,对称性禁阻　　　异面迁移,对称性允许

在这两个迁移过程中,同面迁移应该是协同的,而异面迁移很难保持协同的过程。分子立体构型限制了异面迁移的进行,因此,[1,3]-氢迁移重排应该不是一个协同的过程。

而对[1,5]-氢迁移重排而言,其反应过程中的分子轨道如下:

同面迁移，对称性允许　　　异面迁移，对称性禁阻

为了保证此重排反应的进行,对于[1,5]或更长链的体系而言,其分子必须调整成 *s-cis* 的双键形式。

在此过程中,同面迁移是对称性允许的,而异面迁移是对称性禁阻的;而同面迁移又是分子立体构型所允许的,因此,协同的[1,5]-氢迁移重排是非常容易进行的。

以此类推,对于同面[1,*j*]-氢迁移重排,当 $j+1=4n+2$ 时,是对称性允许的同面迁移;而当 $j+1=4n$ 时,其同面迁移是对称性禁阻的,则是异面迁移。

这些规则针对在基态反应的分子轨道而言。请思考:如果在光照下反应,将会是怎样的结果?

24.9.2 [1,*j*]-碳 σ 迁移重排

烷基或芳基的 σ 迁移重排与相应的氢 σ 迁移重排相比要少得多,也难得多,而且其进行的方式也与氢 σ 迁移重排有非常不同之处。在氢 σ 迁移重排中,氢原子中 1s 轨道上的电子只有一个波瓣,而碳的自由基中在一个 2p 轨道上的奇数个电子存在两个相位相反的波瓣。因此,从轨道对称性上而言,碳的迁移重排要难得多。如,[1,5]-碳同面 σ 迁移通常在加热条件下进行:

碳原子还可以使用其 sp³ 参与重排反应,其结果与以上分析的[1,*j*]-氢迁移重排的过程完全一致。而且在[1,5]-碳同面 σ 迁移过程中,迁移基团的中心碳原子构型保持不变。

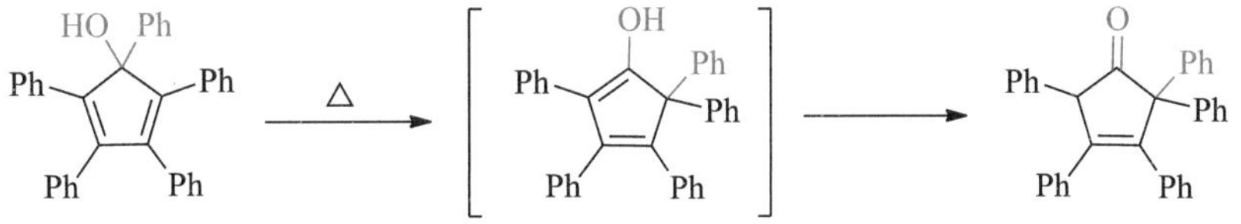

[1,3]-氢同面 σ 迁移在所有情况下均是对称性禁阻的;而[1,3]-碳 σ 迁移则是不同的。这是由于碳原子可以利用其 2p 轨道进行重排反应:

碳原子的 2p 轨道具有相同大小和形状的波瓣。

[1,3]-同面,对称性允许　　　[1,3]-异面,对称性禁阻

[1,3]-碳 σ 迁移常在光照下才能进行;如果在加热条件下要求进行同面迁移,迁移基团的构型必须发生翻转,而且反应温度将会变得很高:

这个过程的发生首先是迁移基团中心碳原子的构型必须翻转。这个反应的过渡态有些类似于 S_N2 反应。

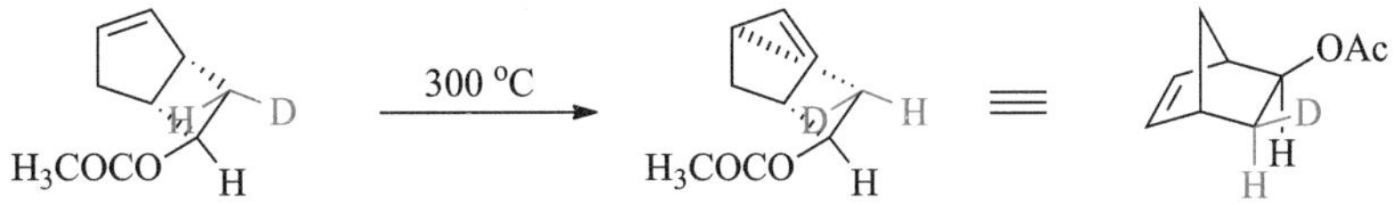

24.9.3 [3,3]-σ 迁移重排

[3,3]-σ 迁移重排主要有 Cope 重排、Claisen 重排、Fischer 吲哚合成以及金属原子参与的重排反应。Claisen 重排已经在 17.3.2 中讨论过。后来发现烯丙基烯

在烯丙基苯基醚类的 Claisen 重排中，如果芳基的邻位已经被取代，Claisen 重排反应会继续迁移到对位；如果邻位和对位都已经被取代，此底物将不会发生 Claisen 重排反应。此外，当间位有吸电子取代基（如 Br）时，重排基团将迁移至 C2 位，其含量占总产物的 71%；当间位为给电子基团（如甲氧基）时，重排基团将迁移至 C6 位，其含量占总产物的 69%。在没有催化剂作用下，此反应对底物醚而言为一级反应，而且不会有交叉反应产物。此外，此类底物在重排过程中，采用六元环椅式过渡态。

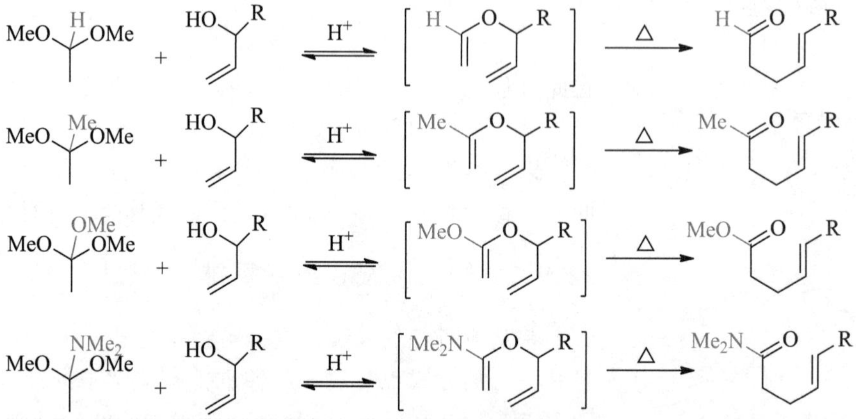

醇醚也能进行 Claisen 重排反应，与烯丙基苯基醚类化合物不同的是，其产物中羰基不会互变异构化为烯醇。后续的研究表明，此重排反应可以根据底物的种类通过一步或分步进行：

1940 年，A. C. Cope 发现 2-(1-甲基丙烯基)-2-烯丙基氰基乙酸酯在蒸馏时转化为 2-氰基-3,4-二甲基-戊-2,6-二烯酸酯：

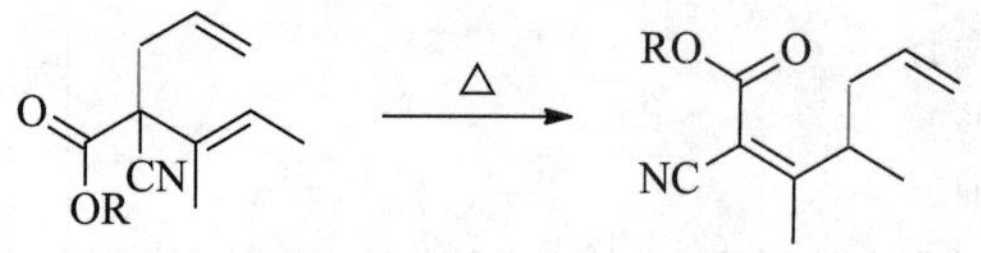

A. C. Cope 认识到，此重排反应类似于 Claisen 重排。此后，将 1,5-二烯经[3,3]-σ 重排异构化成 1,5-二烯的反应称为 Cope 重排。Cope 重排中的六元环过渡态全部由碳原子参与，其反应的结果为底物与产物的基本骨架是一样的，因此它看上去是可逆循环的：

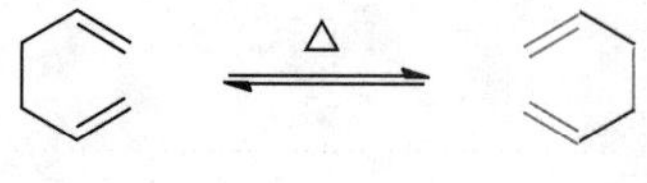

为了使此反应顺利地向正方向进行，最主要的方法就是打破产物中的1,5-二烯体系，使其不能再形成六元环的 6 电子体系：

（1）在原料的 α 位引入羟基：1964 年，J. B. Berson 报道了 C3 位氧原子取代的 1,5-二烯的[3,3]-σ 重排。

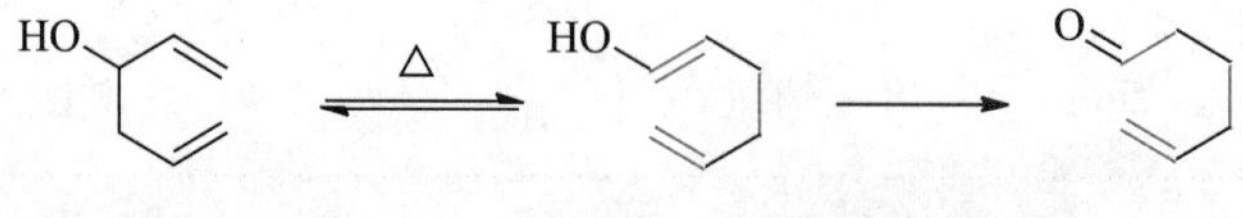

1975 年，发现在醇钾的作用下，此重排反应的速率加快了 $10^{10} \sim 10^{17}$ 倍，反应温度也大幅度降低。这是由于此底物在碱性条件下转化为氧负离子，不仅可以进一步加快反应速率，而且可以使反应的温度大幅度降低：

此底物经[3,3]-σ迁移重排
后形成烯醇式,在互变异构
后形成更为稳定的羰基化
合物,而此产物不能再发生
此重排反应。

（2）利用小环的张力：将中间的 σ 键转化为三元环或四元环体系,在重排过程中,此小环体系被打开。

利用小环的张力,此重排反
应更容易进行,产物中的
1,5-二烯体系如果再次发
生重排反应,需要再形成三
元环体系,这将大大增加反
应所需的能量,从而使反应
难以进行。

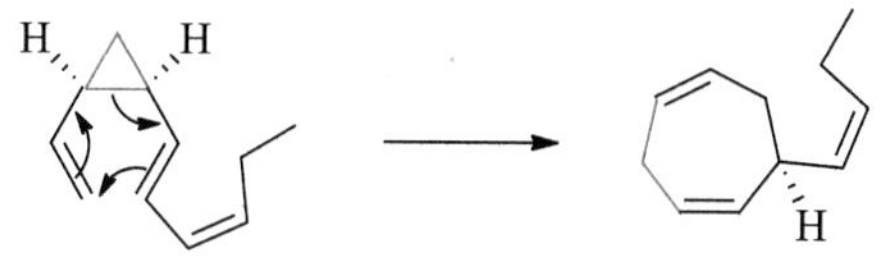

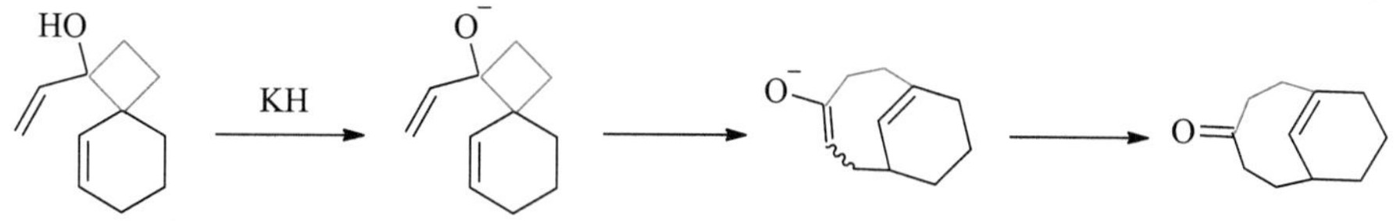

在这个反应中,也是利用了四元环的张力。

（3）利用其他反应的驱动力：1940 年,M. F. Carroll 发现 β-羰基烯丙基酯可以经[3,3]-σ重排转化为 γ,δ-不饱和酮。

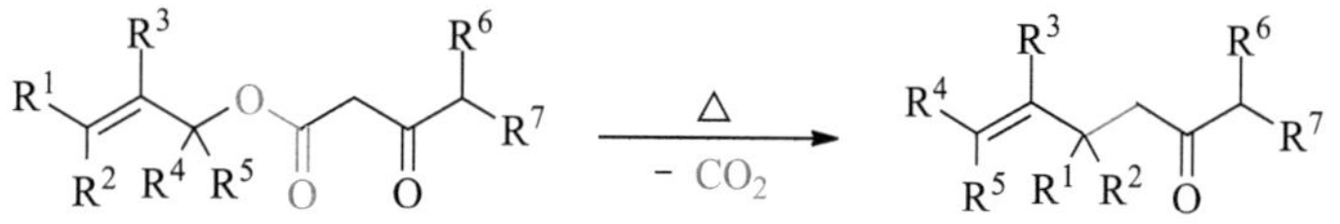

实际上,这个反应的过程包括了[3,3]-σ重排和 β-羰基羧酸的热脱羧两步反应：

由于[3,3]-σ重排和 β-羰基
羧酸的热脱羧均是热反应,
因此此反应条件太剧烈,限
制了其在合成中的应用。

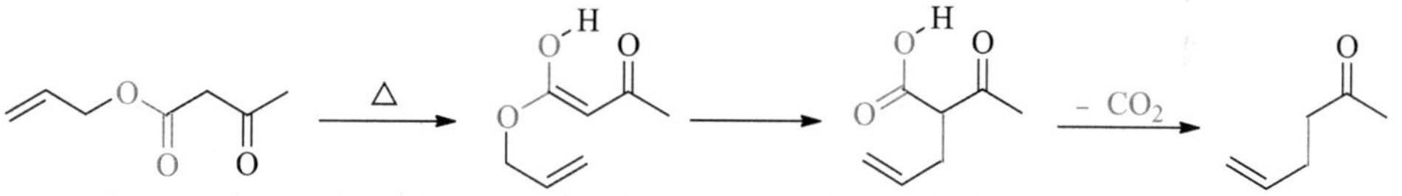

后来,此类反应称为 Carroll 重排。

1937 年,O. Mumm 和 F. Möller 在研究 Claisen 重排时发现,N-苯基苯基亚氨酸烯丙酯可以在加热下定量重排成 N-烯丙基-N-苯基苯甲酰胺：

亚氨酸酯很难制备,产率很
低。

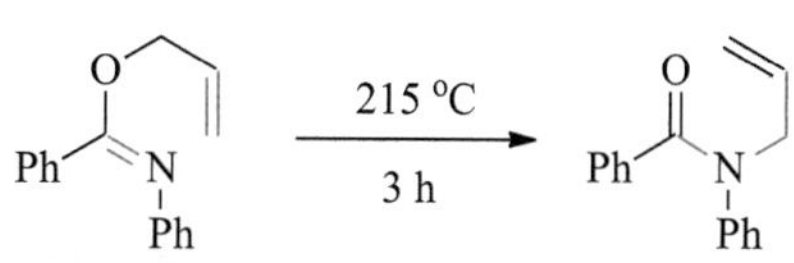

研究结果表明烯丙基发生了迁移,整个反应的结果属于[3,3]-σ重排。

1974 年,L. E. Overman 发展了一种简便的方法：

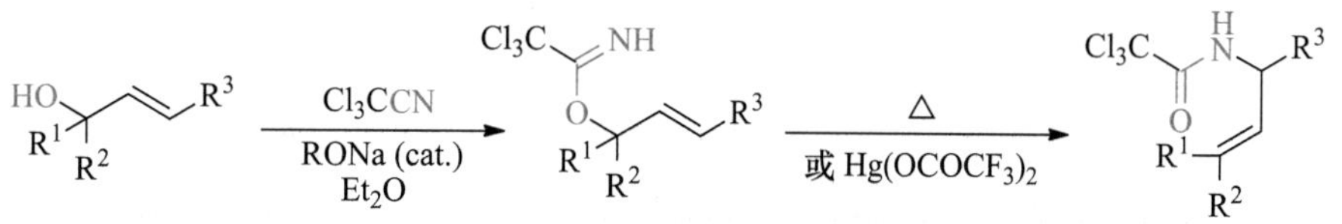

此反应分别可以在加热下以及在金属催化下进行。其过程分别是：
热重排的机理：

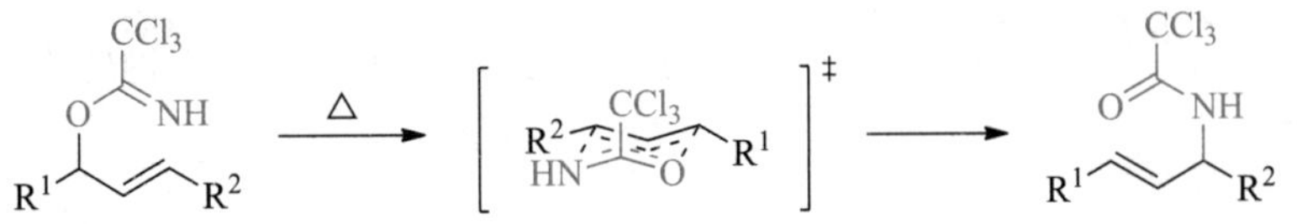

金属参与的机理：

金属参与过程中,使得碳碳双键更容易被加成,从而使得此反应更易进行。

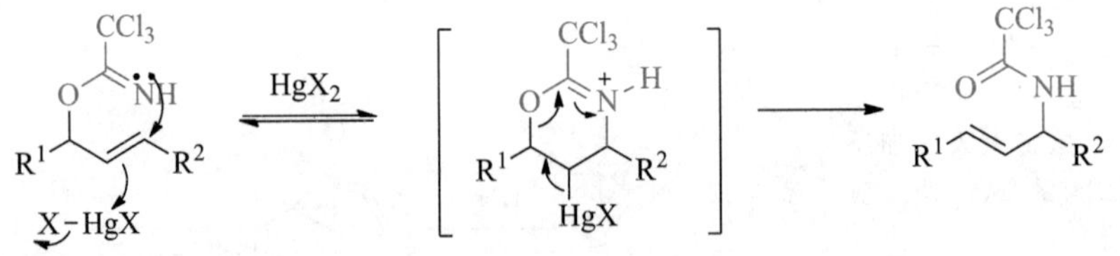

Fischer 吲哚合成法。

19.10.3 已经讨论了两个氮原子参与的[3,3]-σ迁移重排反应,它成为了合成吲哚的最重要方法。在此不再作详细讨论。

在烯丙醇被 CrO_3 氧化为 α,β-不饱和羰基化合物时,也是通过了[3,3]-σ迁移重排反应：

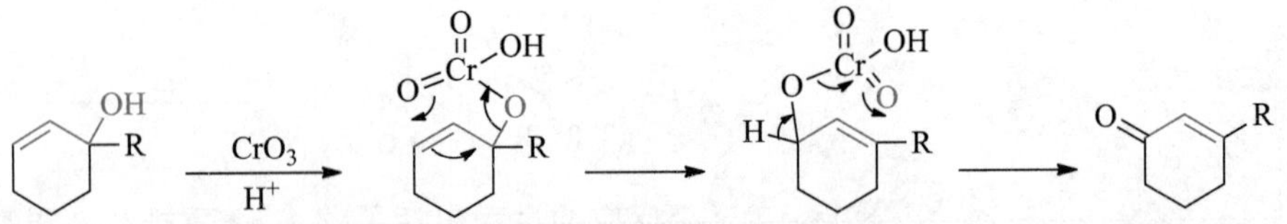

在此反应中,醇首先与 CrO_3 反应生成铬酸酯；由于醇羟基连接的碳原子上没有氢原子可以离去,就发生了[3,3]-σ迁移重排,再次形成另一个铬酸酯；此时有了可以离去的氢原子,就发生了氧化反应,生成 α,β-不饱和酮,以及橙色的 Cr(Ⅵ)转化为 Cr(Ⅳ),最终转化为绿色的 Cr(Ⅲ)。

总的来说,[3,3]-σ迁移重排可以非常简单地认为是烯丙基负离子和烯丙基正离子的反应,或者是两个异丙基自由基之间的反应(表 24-2)。这个反应的轨道对称性的要求应该是同面的,而且必须是六元环的过渡态。六元环的过渡态可以有椅式构象和船式构象两种：

它的分子轨道可以描述为

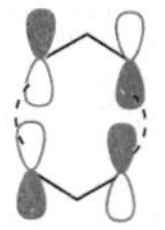

在这两种构象中,R^1 和 R^2 在具体椅式和船式构象中的位置取决于其自身双键的构型。

表 24-2　[3,3]-σ 迁移重排总结

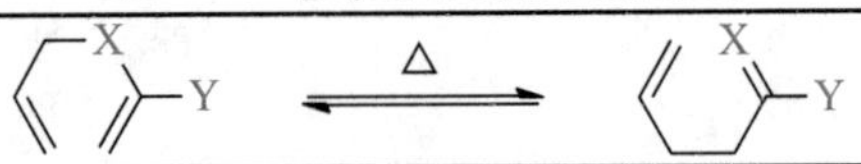

X	Y	反应名称
O	R	Claisen 重排
O	$OSiR_3$	Ireland-Claisen 重排
O	OR	Johnson-Claisen 重排
O	NMe_2	Eschenmoser-Claisen 重排
CR_2	R	Cope 重排
CRO^-	R	氧负离子 Cope 重排

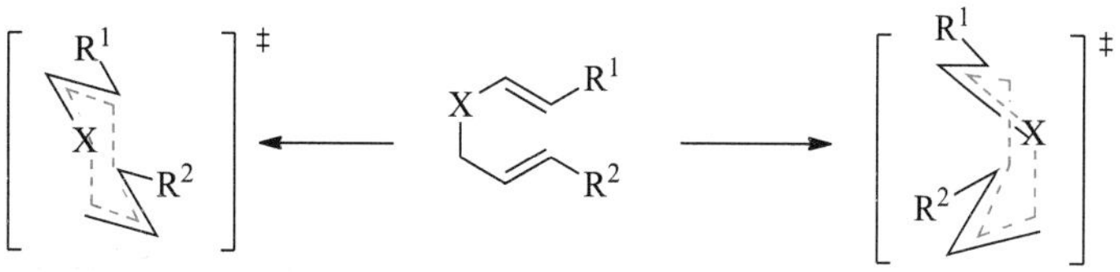

24.9.4 [2,3]-σ迁移重排和[1,2]-σ迁移重排

1942年,G. Wittig和L. Löhmann报道了苄基甲基醚经苯基锂攫取氢后,再经酸性条件下后处理生成了1-苯基乙醇。随后的深入研究表明,芳基烷基醚的α位氢被攫取后均会进行类似的重排生成烷氧基锂,其总的结果就是烷基进行了[1,2]-迁移:

这个过程也是一个协同的过程。

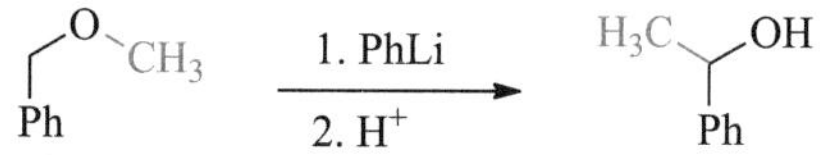

此后,将这类苄基烷基醚在强碱作用下转化为相应的二级或三级醇的反应称为[1,2]-Wittig重排。此反应的关键在于,当醚的α位氢被攫取形成碳负离子时,与碳负离子相连的基团必须能稳定此碳负离子(如苯基等):

形成氧负离子后,如果R、R^{1}或R^{2}中任何一个为易离去基团的话,可以形成酮。

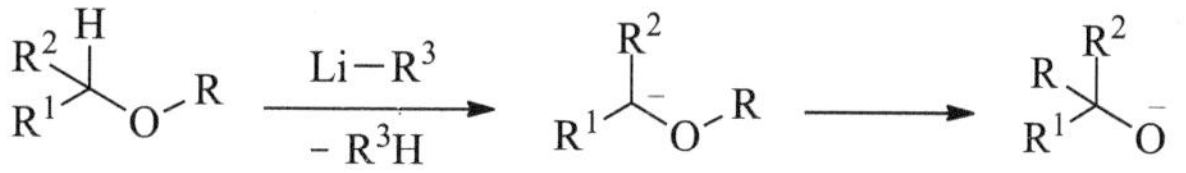

在此反应过程中,烷基迁移的规律可以根据其热力学稳定性排序:甲基<一级烷基<二级烷基<三级烷基。

在对此反应的机理研究过程中,G. Wittig和T. S. Stevens分别发现,在去质子化后,烯丙基醚可以进行[2,3]-σ迁移生成高烯丙基醇:

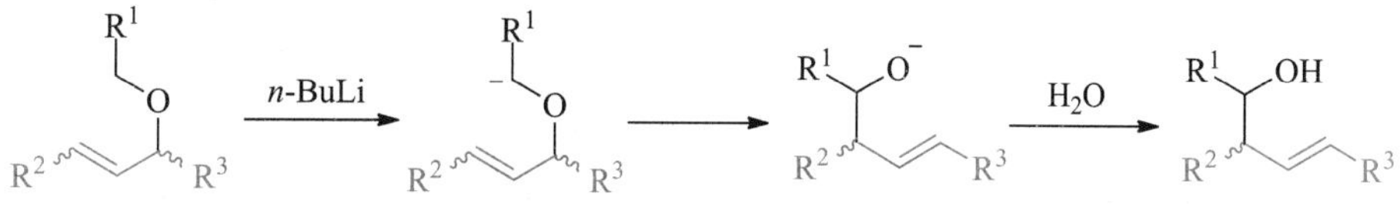

后续的研究表明,具有类似结构的硫叶利德和氮叶利德也可以进行此重排反应:

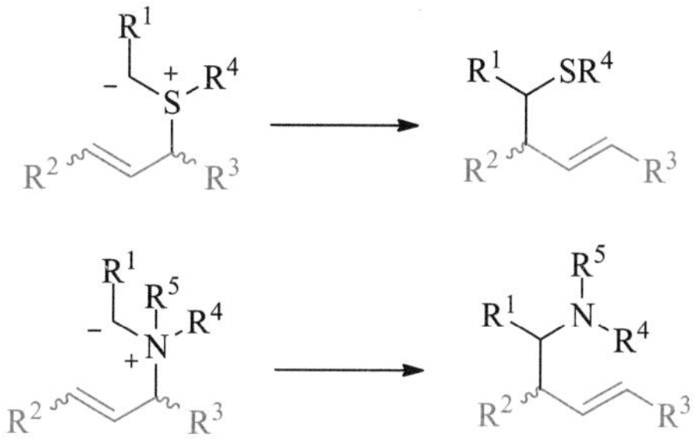

[2,3]-σ 迁移具有高度的原子经济性和立体选择性。

此碳负离子的形成方式有:其所连接的具有酸性的氢原子被烷基锂攫取、烷基锡试剂的转金属化,以及 O、S 缩醛和缩酮的还原锂化。

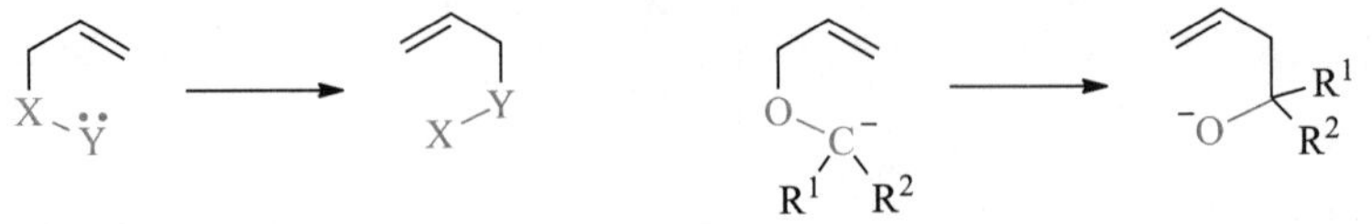

在这个构象中,碳负离子连接的基团 R^L 应该处于假平伏键位置上,这可以使其与氧原子相连接的另一个碳原子的取代基 R^3 避免了 1,3-双直立键的空阻。

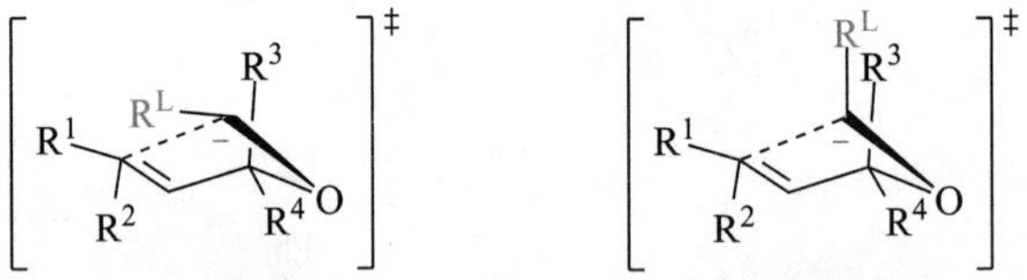

此反应进行的前提条件在于 α 位碳负离子的形成及其亲核能力。其反应通式可表示为

因此,在烯丙基迁移的过程中,通常会有两种可能:① 自由基对或离子对机理;② 协同的环状[2,3]-σ 重排。实验结果表明,此重排的机理采用了协同的信封状五元环过渡态:

优势构象　　　　　　　非优势构象

因此,在迁移过程中,底物中的立体化学会在产物中得以体现;新形成的碳碳双键的立体化学也可以根据底物的立体结构加以继承。

α-(N-烯丙基氨基)-酮在 NaH 作用下可以重排成 2-烯丙基-2-氨基酮:

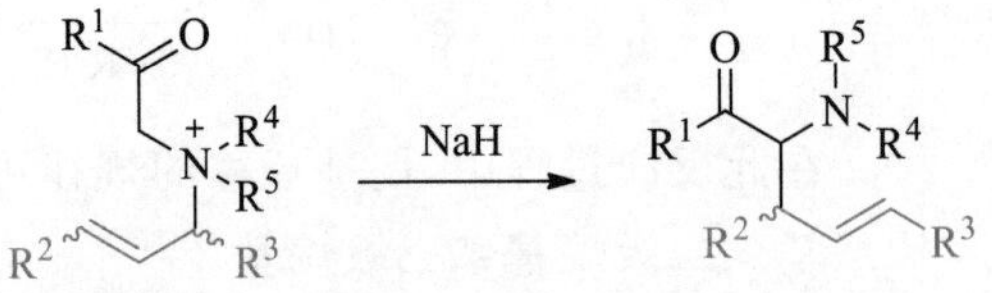

需要注意的是,在此重排反应中,从硫原子、氮原子以及氧原子上迁移的基团必须是烯丙基,这需要与 Stevens 重排加以区分。

[2,3]-Wittig 重排的产物可以是 1,5-二烯-3-醇,这是 Cope 重排的底物。

1968 年,K. Mislow 发现光活性的烯丙基亚砜经加热后会发生消旋现象。机理研究表明,这些转化是一个分子内的、可逆的[2,3]-σ 重排过程:

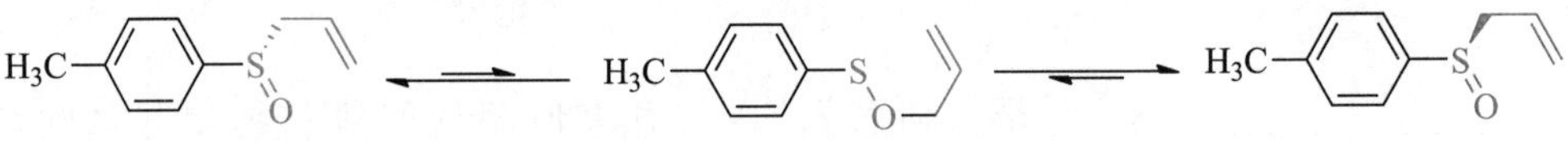

随后,D. A. Evans 认为,这个重排反应可以用于将烯丙基亚砜为原料合成烯丙醇衍生物,或在反应中捕捉烯丙基中间体:

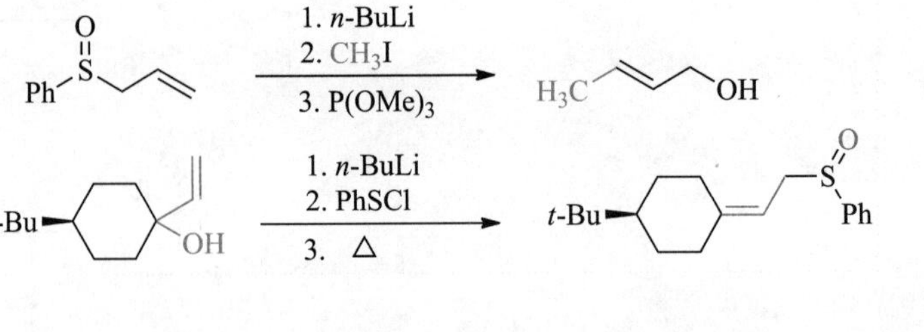

需要注意这个重排反应与 Stevens 重排以及 Somme-let-Hauser 重排反应的异同之处。

在这个过程中,迁移基团可以从硫原子迁移至氧原子,也可以从氧原子迁移至硫原子上,此可逆的转化反应称为 Mislow-Evans 重排。

　　本章主要总结了一些比较重要的亲核重排反应和 σ 重排反应,希望给读者提供一些相应的转换规律供大家在学习过程中参考。但是,由于篇幅的限制,自由基重排、亲核重排以及卡宾重排等没有进行具体的讨论,有兴趣的读者可以尝试自己进行总结。

章 末 习 题

习题 24-1 　请为以下反应的不同结果提供合理的解释:

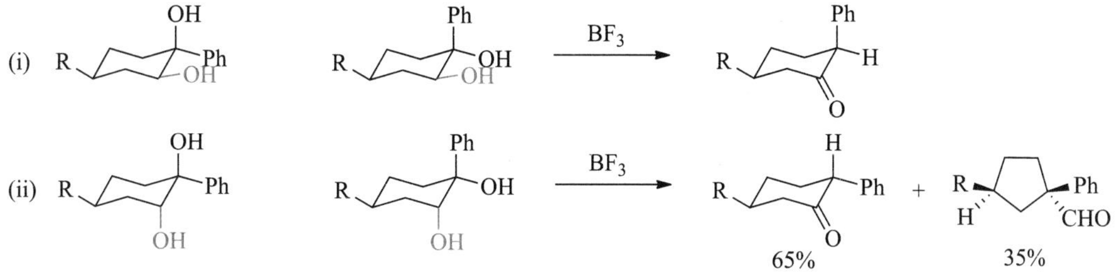

(i)

(ii)

65%　　　35%

习题 24-2 　为以下反应提供合理的、分步的反应机理:

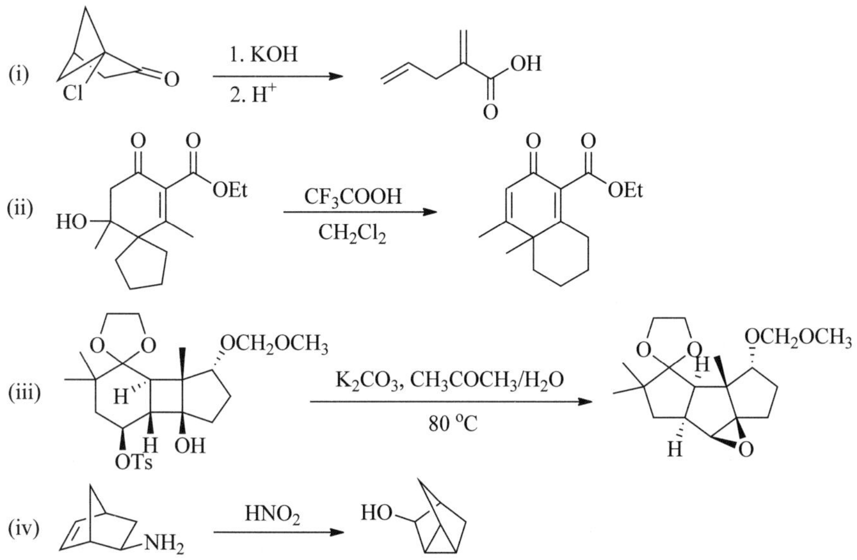

(i)

(ii)

(iii)

(iv)

习题 24-3 　为以下实验结果提供合理的解释:

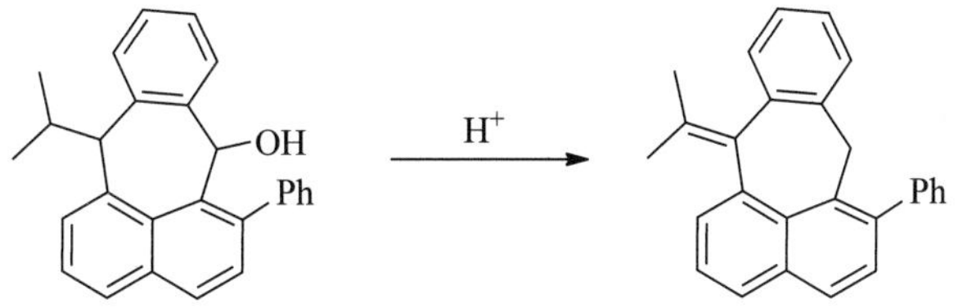

其产物不是羟基失水后形成的正离子与苯环发生傅-克反应形成的：

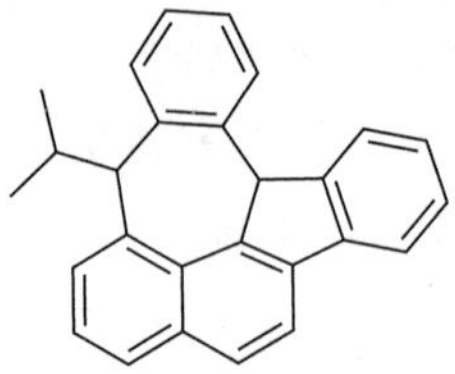

习题 24-4 化合物 A 在乙酸溶液中溶剂解，得到了一对消旋的产物；而化合物 B 在同样条件下其构型保持不变：

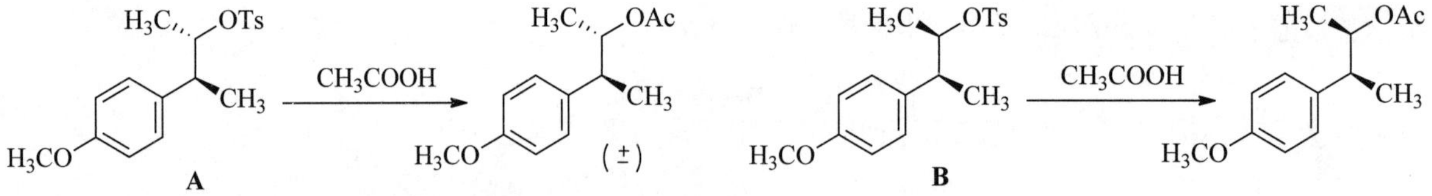

请利用反应机理对以上实验结果给出一个合理的解释。

习题 24-5 请利用反应机理分析以下实验结果，解释不能环化的原因。

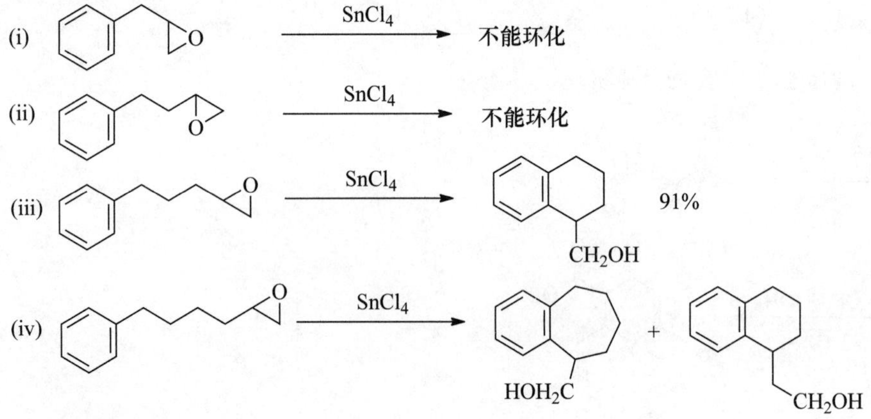

(i) 　　　$\xrightarrow{\text{SnCl}_4}$　　不能环化

(ii) 　　　$\xrightarrow{\text{SnCl}_4}$　　不能环化

(iii) 　　　$\xrightarrow{\text{SnCl}_4}$　　　91%

(iv) 　　　$\xrightarrow{\text{SnCl}_4}$

习题 24-6 请利用反应机理解释以下实验结果：

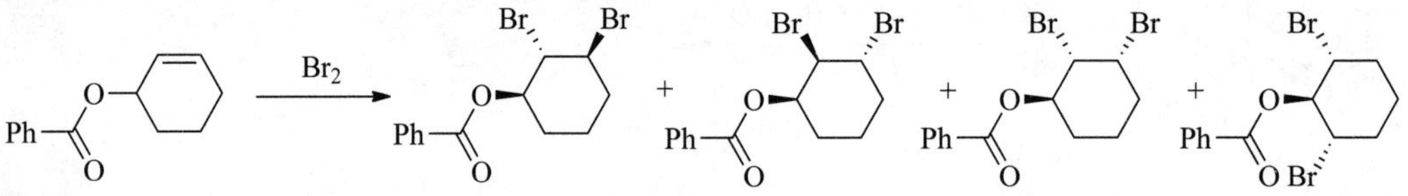

习题 24-7 在 1,3-丁二烯衍生物发生电环化反应形成取代的环丁烯时，其立体化学的控制性比较差，也就是说 1,3-丁二烯衍生物中双键的位置很容易变化。请解释其原因。

习题 24-8 请写出以下转换过程合理的、分步的反应机理：

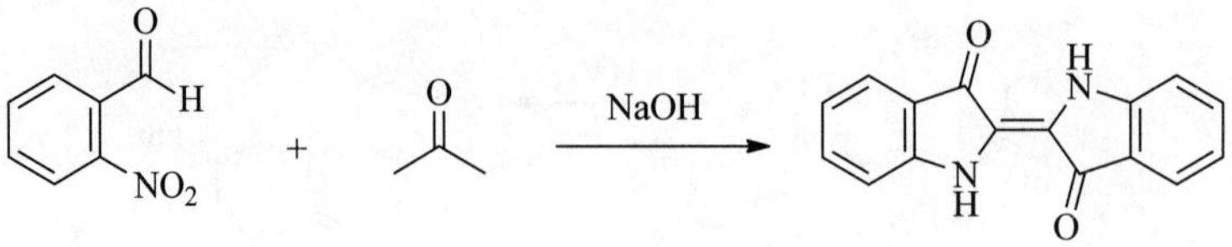

英汉对照词汇

antarafacial　异面

benzil　二苯基乙二酮

benzilic　二苯乙醇酸

carbocation　碳正离子

carbonium ions　正碳离子

circumambulatory　绕行

fenchone　茴香酮

nopol　诺甫醇

semipinacol　半频哪醇

S_N1 conjugated acid reaction　$S_N1$ca 反应

suprafacial　同面

第25章
过渡金属催化的有机反应

*   *   *   *   *

    二茂铁是一种具有芳香性质的过渡金属有机化合物,又称二环戊二烯合铁、环戊二烯基铁。其分子具有高度的热和化学稳定性,在工业、农业、医药、航天、节能、环保等行业具有广泛的应用。二茂铁的发现纯属偶然。1951 年,P. J. Pauson 和 T. J. Kealy 用环戊二烯基溴化镁处理氯化铁,试图得到二烯氧化偶联的产物富瓦烯(fulvalene),但却意外得到了一个很稳定的橙黄色固体。与此同时,S. A. Miller、J. A. Tebboth 以及 J. F. Tremaine 在将环戊二烯与氮气混合气通过一种还原铁催化剂时,也得到了该橙黄色固体。后来,R. B. Woodward、G. Wilkinson 以及 E. O. Fischer 分别独立发现了二茂铁的夹心结构。E. O. Fischer 还在此基础上开始合成二茂镍和二茂钴。NMR 波谱和 X 射线晶体学的结果也证实了二茂铁的夹心结构。研究表明,二茂铁中心铁原子的氧化态为 $+2$,每个茂环带有一个负电荷。因此每个环含有 6 个 π 电子,符合 Hückel 规则中 $4n+2$ 电子数的要求(n 为非负整数),每个环都有芳香性。每个环的 6 个电子乘以 2,再加上二价铁离子的 6 个 d 电子,正好等于 18 个电子,符合 18 电子规则,因此二茂铁非常稳定。二茂铁中两个茂环可以是重叠的,也可以是错位的,它们之间的能垒仅有 8～20 kJ·mol^{-1}。

    二茂铁的发现展开了环戊二烯基与过渡金属的众多 π 配合物的化学,也为金属有机化学掀开了新的帷幕。

*   *   *   *   *

    金属有机化合物的反应主要包括中心金属上的反应、配体上的反应以及金属-碳键之间发生的反应。鉴于金属原子、配体以及金属-碳键的多样性,金属有机化合物所发生的反应不仅多种多样,而且新颖独特,其中包括很多以前无法想象的反应(如 CO 和 H_2 直接反应生成 CH_3OH 等)。

    在有机化学的发展过程中,过渡金属越来越多地参与到有机反应中,因此,也产生了许多高效的过渡金属催化的新反应。2005 年的诺贝尔化学奖是关于过渡金属催化的烯烃复分解反应,2010 年的诺贝尔化学奖是关于过渡金属催化的偶联反应。本章将主要向读者介绍过渡金属催化反应在近些年的发展,希望从中能够反映出金属有机化学的重要性,不仅在于它对基础理论研究的科学意义,也在于它对推动我们人类社会、经济的发展以及日常生活所起到的积极作用。

25.1 金属有机化合物的发展历史

含砷的钴矿石与醋酸钾混合物加热后会生成具有恶臭的发烟液体,后被认定其可能含有四甲基二胂和四甲基氧化二胂。

1760 年,巴黎的一家军方药房合成的胂类有机化合物被认为是金属有机化合物和元素有机化合物的起源。1827 年,W. C. Zeise 合成了第一个金属烯烃配合物 Zeise 盐,这是标志着过渡金属有机化学发展起步的里程碑:

$$\left[\begin{array}{c} H\ H \\ \overset{|}{\underset{H\ \ H}{\parallel}}\cdots Pt\overset{Cl}{\underset{Cl}{-}}Cl \end{array}\right]^{-} \quad K^{+}$$

当时,科学家们都不认为 Zeise 盐会是一种气体与金属的配合物。

这是一个在空气中可以稳定存在的水合黄色配合物,可以在真空下加热脱水。1890 年,L. Mond 利用金属镍直接与 CO 反应,制备了第一个过渡金属羰基配合物——四羰基合镍。这个开拓性的工作标志着更多过渡金属羰基配合物的出现。在 19 世纪后期,此方法在工业上也被用于金属镍的纯化。

1899 年,被公认为现代金属有机化学之父的 P. A. F. Barbier 制备了金属有机镁试剂,并原位研究了其与酮类化合物的反应:

$$\underset{R^1}{\overset{O}{\underset{\parallel}{C}}}R^2 + R^3X + M \longrightarrow \underset{R^3}{\overset{OMX}{\underset{|}{C}}}R^2 \quad M = Mg, Al, Zn, In, Sn$$

随后,他的学生 F. A. V. Grignard 在此基础上发展了著名的 Grignard 反应。

Fischer-Tropsch(费-托)合成法在第二次世界大战期间投入大规模生产。但是,所得产品组成复杂,选择性差,轻质液体烃少,重质石蜡烃较多。近些年,对 Fischer-Tropsch 合成法中催化剂作了很多的改进,并取得了很好的效果。

1923 年,德国化学家 F. Fischer 和 H. Tropsch 开发了以钴为催化剂、以合成气(CO 和 H_2)为原料,在适当反应条件下合成以烷烃为主的液体燃料的费-托合成法。第二次世界大战后,金属有机化学得到了飞速的发展,二茂铁的发现以及 Ziegler-Natta 催化剂在烯烃聚合中的应用标志着金属有机化学理论上的突破以及金属有机化合物在工业生产中的巨大影响,并兴起了新一波金属有机化学的研究热。许多具有重大理论研究意义以及实际应用价值的金属有机化合物,如 Vaska 配合物、金属卡宾和卡拜化合物、Wilkinson 催化剂、双氮配合物以及 f 区金属夹心配合物等等,均被合成并进行了认真的研究。1961 年,D. C. Hodgkin 利用 X 射线衍射证明了维生素 B_{12} 辅酶中含有 Co—C 键,也属于金属有机化合物。

Vaska 配合物:

$$\underset{Ph_3P}{\overset{PPh_3}{Cl-Ir-C\equiv O}}$$

1972 年,R. F. Heck 发现了在过渡金属催化下的芳香或苄基卤代物与烯烃的偶联反应,为后续过渡金属催化的碳碳键偶联反应开辟了新的研究方向。随后,许多偶联反应,如 Sonogashira 偶联、Negishi 偶联、Stille 偶联、Suzuki 偶联等等,以及金属有机化学理论的后续发展不仅解决了金属有机化学所关注的一些重要科学问题,也证明了金属有机化学在生命科学、材料科学、环境科学等交叉领域的应用价值。

21 世纪以来,金属有机化学作为有机化学的重要组成部分,越来越体现出了其重要性。2001 年，W. S. Knowles、R. Noyori 以及 K. B. Sharpless 因他们在不对称催化领域的杰出成就而获得了诺贝尔化学奖；2005 年，Y. Chauvin、R. H. Grubbs 以及 R. R. Schrock 因在烯烃复分解反应方面的杰出贡献而获得了诺贝尔化学奖；2010 年，R. Heck、E. -i. Negishi 以及 A. Suzuki 因在偶联反应中的杰出贡献而获得了诺贝尔化学奖。这些杰出贡献均与金属有机化学紧密相关。

25.2 金属配合物、价键理论及 18 电子规则

游离的金属原子或离子处于高度的配位不饱和状态，容易与各种配体发生配位反应。在金属有机化合物中，配合物是指由中心金属（原子或离子）与配体（通常是带有孤对电子的分子、原子或离子）所形成的化合物。其中，中心金属可以是主族金属元素，也可以是过渡金属元素。

25.2.1 中心金属的氧化态及配位数

金属有机化合物中金属的氧化态是指金属与配体 L 所形成的键发生异裂（配体 L 以满壳层离去）时，中心金属所保留的价态。如

PhMgBr	MeLi	Me_2CuLi	$[Ir(PPh_3)_2CO]^+$	$[Mn(CO)_5]^-$
Mg：$+2$	Li：$+1$	Cu：$+1$；Li：$+1$	Ir：$+1$	Mn：-1

在任一氧化态下，过渡金属的 n 均等于其族数减去氧化态。当过渡金属的氧化态为 0 时，n 等于其族数。

金属有机化合物中，主族金属的氧化态与价层 s、p 轨道内的电子数紧密相关；而过渡金属的氧化态与价层 d 轨道的电子数相关。通常用 d^n 表示过渡金属在配合物中 d 轨道的电子数，d^n 又称为中心金属的价电子组态。

中心金属的配位数可以认为是金属原子与配体形成的配位键的数量。通常金属的配位数为 $1\sim6$，比如四三苯基膦钯 $Pd(PPh_3)_4$ 中金属钯的配位数为 4；烷基锂中金属锂的配位数为 1 等。但需要注意的是，有些情况下金属有机化合物容易发生多聚，例如 MeLi 无论在固态还是溶液中都以低聚态形式存在，最常见的是甲基锂的四聚体 Me_4Li_4，它属于 T_d 点群，可以看做是扭曲的立方烷结构，此时金属锂的配位数就不再是 1 了。当烷基锂试剂中烷基的体积增大时，原子簇间的相互作用被空间位阻效应削弱，很难以聚集态形式存在。

25.2.2 18 电子规则

主族金属的价层主要有四个轨道，1 个 ns 和 3 个 np，可以容纳 8 个电子，因此它们通常遵守八隅律。

在具有热力学稳定性的主族金属有机化合物中，中心金属的价电子数与配体所提供的电子数总和为 8 个，也就是满足八隅律。对于 IA、IIA、IIIA 主族的金属有机化合物，通常以与溶剂分子配位或分子间自配位的形式达到八隅律的要求。如格氏试剂苯基溴化镁可以与溶剂分子乙醚形成配合物；二甲基氯化铝可以通过自身的相互配位形成配合物：

18电子规则：又称为有效原子序数（effective atomic number）规则，或 EAN 规则。18电子规则是由实验总结出来的经验规则。

20 世纪 30 年代，人们在研究过渡金属的羰基化合物时发现，热力学稳定的过渡金属羰基化合物中每个金属原子的价电子数和它周围的配体提供的电子数加在一起等于 18，或等于最邻近的下一个稀有气体原子的价电子数，这种现象被称为 18 电子规则。满足 18 电子规则的金属有机化合物叫做配位饱和化合物，不满足的称为配位不饱和化合物。

18 电子规则实际上是中心金属与配体成键时倾向于尽可能完全使用它的 9 条价层轨道[1 个 ns、3 个 np 和 5 个 $(n-1)d$ 轨道]的表现。当这 9 条价层轨道都填满电子时，中心金属周围的电子总数就等于该金属所在周期中稀有气体原子的原子序数，使得过渡金属配合物能够稳定存在。表 25-1 列出了过渡金属的 d 轨道电子数。

表 25-1　常见过渡金属的 d 轨道电子数

族数	ⅣB	ⅤB	ⅥB	ⅦB	Ⅷ			ⅠB
价电子数	4	5	6	7	8	9	10	11
3d	Ti	V	Cr	Mn	**Fe**	**Co**	**Ni**	**Cu**
4d	Zr	Nb	**Mo**	Tc	**Ru**	**Rh**	Pd	Ag
5d	Hf	Ta	**W**	Re	Os	**Ir**	**Pt**	**Au**

表中黑体字标记的为在催化反应中有重要作用的过渡金属。

18 电子规则的计算方法可以分为两种：第一种将中心金属视为离子，配体作为阴离子配体或中性配体提供电子对；第二种是将中心金属视为中性原子，配体也视为中性，提供的是 1 个单电子。根据不同的方法，常见的配体提供的电子数有可能一样，也有可能不同（表 25-2）。

表 25-2　常见配体提供电子数的两种计算方法

配体	第一种方法提供的电子数	第二种方法提供的电子数
CO	2	2
PR$_3$	2	2
H	2	1
Cl	2	1
H$_2$	2	2
R	2	1
CH$_2$=CH$_2$	2	2
N$_2$	2	2
RCCR	2	2

有时配体生成反馈键的能力较弱，不能有效地将电子从中心金属转移到配体上，导致中心金属周围电子过多、负电荷累积。此时则更倾向于形成 16 电子配合物。

续表

配体	第一种方法提供的电子数	第二种方法提供的电子数
$CH_2{=}CH{-}CH{=}CH_2$	4	4
C_6H_6	6	6
C_5H_5	6	5
CH_2CHCH_2	4	3

Pd(PPh₃)₂Cl₂ 的构型是平面正方。在催化过程中,另一配体分子进行配位,生成了三角双锥构型的 18 电子中间体,再进行配体解离后又生成了 16 电子的平面正方形产物。

以二茂铁为例,以第一种方法计算时,Fe^{2+} 自身的价电子有 6 个,两个环戊二烯负离子 $C_5H_5^-$ 提供 12 个电子,一共 18 个电子;以第二种方法计算时,Fe 原子自身的价电子有 8 个,两个环戊二烯基 C_5H_5 提供 10 个电子,也是一共 18 个电子。两种方法是等价的。

在某些体系中,中心金属周围仅有 16 个电子也同样稳定,甚至稳定性更高,这些金属主要包括 Ti、Zr、Ni、Pd、Pt 等(前过渡金属和后过渡金属)。Pd(PPh₃)₂Cl₂ 即为稳定的 16 电子配合物的代表,它也是催化反应中常用的金属有机配合物。在这个 16 电子的配合物中存在一条能量较高的空轨道,为后续的催化反应提供了进一步配位的位点。因此,这类配合物相对比较稳定,但是具有一定的反应活性。

25.3 金属有机配合物中的配体

25.3.1 有机配体的齿合度

不同的配体具有不同的齿合度(hapto number),或称为齿数。齿数是指配体中与金属原子或离子形成配位键的碳原子或杂原子的数目。常见的单齿配体,如 PPh₃、R 等,通常只与一个金属进行配位,有时也可以与两个金属发生桥联。

一个配体可以同时以多个位点的方式与金属配位。

在由多个中心金属组成分子骨架的配位化合物中,一个配体同时和 n 个中心金属配位结合时,常在配体前加 μ_n-记号,如铁的羰基化合物 $Fe_3(CO)_{10}(\mu_2\text{-}CO)_2$,表示有 2 个 CO 分别同时和 2 个 Fe 原子结合成桥联结构,其余的 10 个 CO 都分别只与 1 个 Fe 原子结合。若一个配体有 n 个配位点与同一中心金属结合,则在配体前加 η^n-记号,如 $(\eta^1\text{-}C_5H_5)(\eta^5\text{-}C_5H_5)Be$,表示与 Be^{2+} 配位的有两种配体,其中一个环戊二烯负离子以一个碳负离子与 Be^{2+} 结合,另一个环戊二烯负离子以五个碳原子同时与 Be^{2+} 成键,其结构式为

η^n 中的 n 代表齿数。
在某些情况下,齿数 n 并没有提供合适的信息,因此常常被忽略。例如,格氏试剂中碳原子与金属镁相连的齿数为 η^1,但是在命名时常不用此方式表示。

重要的过渡金属有机化合物二茂铁的系统命名为双（η^5-环戊二烯基）铁，就表明在此配合物中配体环戊二烯基是以五个碳原子的形式与亚铁离子配位的。

当配体以不饱和键的形式参与配位时，就需要在 η 的前面表示出参与成键的配位原子在配体结构中的具体位置。如，双（1,2;5,6-η-环辛四烯）镍和三羰基[1,4-η-(1-苯基-6-对甲苯基-1,3,5-己三烯)]铁的结构式分别为

金属有机化合物的命名规则可以参见 IUPAC 所制定的命名法。

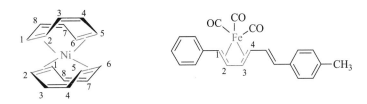

25.3.2　配体的类型与电子数

由于金属有机化合物在有机合成、催化等许多方面具有重要的应用，发展极其迅速，种类极其繁多，所以配体有很多分类方法。从配体与中心金属的成键特征角度分类，可以将配体分为以下三类：

（1）σ 配体：配体大都为有机基团的阴离子，如烷基负离子。主族金属元素大多与 σ 配体形成稳定的配合物，而过渡金属虽然也能形成简单的烷基或芳基化合物，但稳定性比主族金属形成的化合物要差。

（2）π 配体：配体为不饱和烃，如烯烃、炔烃等，或具有离域 π 电子体系的环状化合物（大多为芳香化合物），如苯、环戊二烯负离子等。

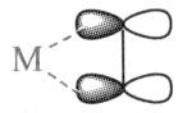

（3）π 酸配体（或 σ-π 配体）：此类配体既是 σ 电子给予体，又是 π 接受体。配体一般为中性分子，如 CO、RNC（异腈）等，与中心金属形成反馈 π 键。

M—R
σ 配合物

π 配合物

在金属有机化合物中，配体通常提供一定数量的电子到中心金属。根据配体所具有的这种可供配位的电子数的性质，就可以将配体分为"几"电子配体。以下为烯烃的两种配位方式：

第三个分子为烯丙位配位方式，包含了烯烃的 π 键。

2电子	2电子	4电子

炔烃可以是 2 电子配体，也可以是 4 电子配体：

硫醚也是 2 电子配体。

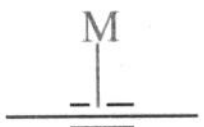

2电子	2电子	4电子

在金属有机化合物中，环戊二烯可以以多种形式与金属形成配合物，其配位数也完全不同，可以有以下几种：

环辛四烯以两根碳碳双键方式形成配位键时还存在两种方式,分别为 1,2;3,4 以及 1,2;5,6。对于茂环的 η^1 配位数的问题,目前存在争议。

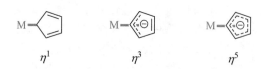

$$\eta^1 \qquad\qquad \eta^3 \qquad\qquad \eta^5$$

环辛四烯也存在多种配位方式。它可以以一根碳碳双键(η^2)、两根碳碳双键(η^4)、三根碳碳双键(η^6),以及四根碳碳双键(η^8)的方式形成配位。

表 25-3 和表 25-4 对常见的配体及其性质进行了总结。

表 25-3　常见的配体

配体	表观电荷	配体电子数
阴离子配体:Cl^-、Br^-、I^-、^-CN、^-OR、H^-、R^-	-1	2
中性 σ 配体:PR_3、NR_3、ROR、RSR、CO、RCN、RNC	0	2

表 25-4　常见配体的齿数、表观电荷以及配位数

配体	齿数	表观电荷	配位数
芳基、σ-丙烯基	η^1	-1	1
烯烃	η^2	0	1
π-烯丙基正离子	η^3	$+1$	1
π-烯丙基负离子	η^3	-1	2
1,3-二烯	η^4	0	2
1,3-二烯负离子、环戊二烯负离子	η^5	-1	3
芳烃、三烯	η^6	0	3
1,3,5-三烯负离子、环庚三烯负离子	η^7	-1	4
环辛四烯	η^8	0	4
卡宾、氮宾	η^1	0	1

金属有机化合物中的配位数是指配体与中心金属之间形式上存在的 σ 键数。这里把金属与配体之间的每一对电子认为是一根 σ 键数。因此,配合物中中心金属与配体之间共享的总电子数除以 2 即为配位数。如 PPh_3 的配位数为 1,茂环的配位数为 3。

25.4　金属与配体成键的基本性质

从以上的配体性质分析,σ 配体是以孤对电子与中心金属形成配合物,形成了二中心二电子(2c-2e)的 σ 键。此时,金属提供了空轨道。这个"dsp"空轨道应该是 d,s 以及 p 轨道杂化的结果:

这些孤对电子通常是以 sp^n 方式杂化的。这种配体增加了中心金属的电子云密度。

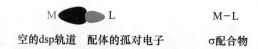

空的dsp轨道　配体的孤对电子　　　　σ配合物

对于 π 配体和 π 酸配体,也存在中心金属的 d 轨道电子和与其对称性基本一致的配体的空轨道形成配位键。这将使金属的电子云密度降低,也称为反馈键(back-bonding)。许多金属可以与 CO 形成羰基配合物(metal carbonyls),此时

此时,电子的流向是从配体到中心金属。

CO 提供碳原子上的孤对电子与中心金属的空轨道形成配位键。同时,中心金属也可以提供电子与 CO 的最低能量的反键 π^* 轨道形成配位键:

这两种配位方式的不同会直接反映在 CO 的红外拉伸振动频率的差别上。

思考:哪一类配合物的 CO 的红外拉伸振动频率会降低?

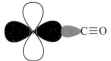

空的d轨道　CO的sp孤对电子　　　　d轨道的电子　CO的π*轨道

当不饱和键如双键与中心金属配位形成 π 配合物时,其作用的结果类似于形成一根 σ 键。配体中的 π 轨道的电子与金属空轨道形成配位键。与 CO 类似,金属中 d 轨道的电子也可以反馈到不饱和配体的 π^* 空轨道:

中心金属 d 轨道的电子反馈到烯烃 π^* 轨道,所形成的 π 配合物中的 M-烯烃键与碳碳双键垂直。这根键具有 σ 和 π 键双重性质。

空的d轨道　烯烃的π轨道　　　　d轨道的电子　烯烃的π*轨道

25.5 过渡金属有机化合物的基元反应

金属有机化合物的反应主要指中心金属参与的反应、配体参与的反应以及金属与碳原子之间键的形成和断裂的反应。这些反应是多种多样、非常独特的。而在这些反应中,又具有许多相似性和类同点,通常将这些具有共同特点的反应称为基元反应(elementary reaction)。这些基元反应主要包括配位和解离、氧化加成和还原消除、插入和去插入、配体的官能团化、转金属化等等。下面将详细介绍这些基元反应。

25.5.1　配位与解离

所谓配体的配位(coordination)反应,是指处于配位不饱和状态的中心金属与配体所发生的反应。那么反过来讲,配体从中心金属上离去的过程则称为配体的解离(dissociation)反应。

说明:为了表达简洁,在反应过程中,以 M 代表金属或含配体的金属。

此时,X 代表一种配体;L 可以是相同的配体,也可以是另一种配体或溶剂分子。

$$MX_n + L \rightleftharpoons MX_nL$$

在这个可逆反应中,当配位的反应平衡常数 K 很大时,配位化合物非常稳定,反应活性很低;反之,当 K 很小时,配合物又很不稳定,活性太高。因此,一个能稳定存在且能分离鉴定的过渡金属配合物往往是配位饱和即满足 18 电子规则的。当它参与反应时,首先应该是配体的解离,形成配位不饱和的过渡金属配合物,这才能使得另一个反应底物进入,与之发生配位反应后,才会有后续的反应。因此,

配位和解离两个基元反应互为逆反应。

配位与解离反应是金属有机化合物最基本的步骤,是金属有机化合物参与反应的起点。

平面四方形的过渡金属配合物在配体的解离和配位时通常存在两种机理:配体解离后再被另一个配体补充其空位并配位的 S_N1 反应,以及另一种配体先与中心金属配位接着原有配体再解离的 S_N2 反应。在过渡金属催化的偶联反应中,最常用的催化剂四(三苯基膦)钯就采用了 S_N1 反应机理:配体 PPh_3 先解离,接着另一分子配体或溶剂分子 S 填充到其空位中:

$$Ph_3P\underset{Ph_3P}{\overset{PPh_3}{Pd}}PPh_3 \xrightarrow{-PPh_3} Pd(PPh_3)_3 \xrightarrow{S} Ph_3P\underset{Ph_3P}{\overset{PPh_3}{Pd}}S$$

配合物取代反应的半衰期小于 30 s 的为活泼配合物;大于 30 s 的为惰性配合物。

配位不饱和的过渡金属配合物可以采用 S_N2 反应机理进行配体的配位与解离反应。如,一些中性铂配合物就遵循此过程:

$$X\underset{Ph_3P}{\overset{X}{Pt}}PPh_3 \xrightarrow{PPh_3} \left[X\underset{Ph_3P}{\overset{X}{Pt}-PPh_3}\underset{PPh_3}{} \right] \longrightarrow \left[X\underset{Ph_3P}{\overset{X}{Pt}}\underset{PPh_3}{PPh_3} \right]^+ X^-$$

在某些情况下,烯烃也可以作为配体参与配位与解离,其参与配位的方式就是在 25.4 中介绍的方式。配体的体积也会影响到其配位与解离。配体的体积越大,配体越容易解离。

25.5.2 氧化加成

氧化加成应该是化学计量比的反应。

氧化加成是指低价态金属与一根共价键(σ 键或 π 键)发生反应时,共价键发生断裂,其两边的原子同时与金属原子相连。最常见的氧化加成反应为两电子参与的反应,其结果使金属原子的氧化态升高了 2 价,通常也使其配位数增加。这类反应可以分为三类。第一类为低价金属或其配合物对 σ 键的氧化加成。其通式为

也可以生成:

$$A^- \ {}^+M{-}B$$

$$M + A{-}B \xrightleftharpoons{} \overset{A}{\underset{M-B}{\diagup}}$$

最经典的反应是我们最熟知的格氏试剂的制备:

$$Mg + R{-}X \longrightarrow R{-}Mg{-}X$$

这一类的 A—B 型分子有亲电性的 X_2、HY(Brønsted 酸)、$RSCl$、RSO_2Cl、RX、RCOX、RCN、$SnCl_4$、HgX_2、RSH、RCHO,以及非极性的 H_2、R_3SnH、R_3SiH、R_3GeH 和 ArH 等。

第二类氧化加成为低价金属或其配合物对 π 键的氧化加成:

$$M + A{=}B \longrightarrow \overset{M}{\underset{A-B}{\diagup\diagdown}}$$

类似于环丙烷与金属扩环形成金属杂环丁烷的反应也归于第二类。

这类反应主要有金属与烯烃的环金属化反应：

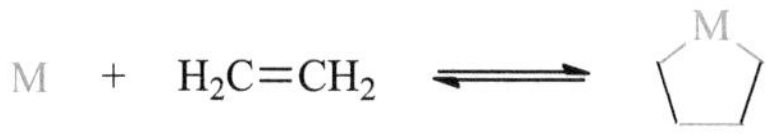

$$M \ + \ H_2C=CH_2 \ \rightleftharpoons \ \text{（环）} M$$

这一类分子主要有 O_2、烯烃、炔烃、CS_2、氮氮双键化合物、环丙烷等。

第三类反应为金属只"失去一个电子"的单电子氧化加成。在通常情况下，这类氧化加成还可以分为单核氧化加成和双核氧化加成。单核氧化加成的基本通式为

$$2M \ + \ A-B \ \rightleftharpoons \ M-A \ + \ M-B$$

1,2-二碘乙烷在二价 Co(Ⅱ)配合物作用下转化为乙烯的反应就采用了单核氧化加成模式：

$$I\diagup\diagdown I \ + \ [Co(CN)_5]^{3-} \ \longrightarrow \ = \ + \ 2\,[ICo(CN)_5]^{3-}$$

双核氧化加成的反应有

$$(OC)_4Co-Co(CO)_4 \ + \ H_2 \ \longrightarrow \ 2\,HCo(CO)_4$$

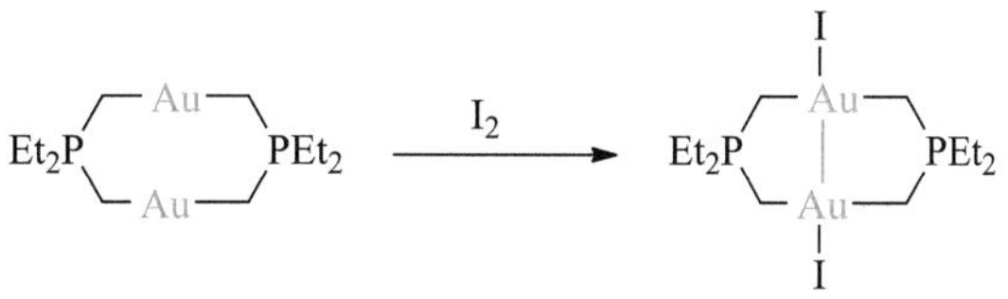

$$Et_2P\diagdown\diagup Au \diagdown\diagup PEt_2 \ \xrightarrow{\ I_2\ } \ Et_2P \text{（Au-I、Au-I 结构）} PEt_2$$

25.5.3　还原消除

从反应的本质而言，还原消除应该是氧化加成的逆反应。反应的结果使得金属的氧化态降低，也可能使金属的配位数减少。其反应的通式为

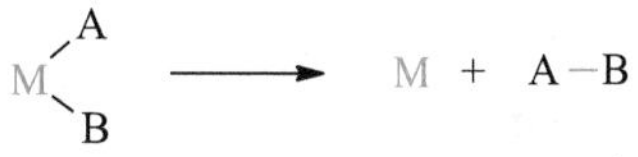

$$M{<}^A_B \ \longrightarrow \ M \ + \ A-B$$

从以上通式看，金属在离去过程中，应该是低价态、不饱和状态的，因此，加入一些缺电子的配体可以促使这个反应向正反应方向进行。这些缺电子体系的配体主要有缺电子的烯烃、CO 以及形成带正电荷的过渡金属配合物。缺电子烯烃的引入可与金属形成反馈键，使得 M—A 和 M—B 的电子云密度降低，从而活化了这两根键，使其还原消除反应的速率加快。CO 也是采用同样的方式接受金属 d 电子的反馈。

在某些情况下，加热也能促进还原消除反应。

在还原消除反应中，发生消除的这两个基团（如通式中 A 和 B）必须处于顺式，否者将无法进行。例如，在 DMSO 中加热以下两种钯配合物：

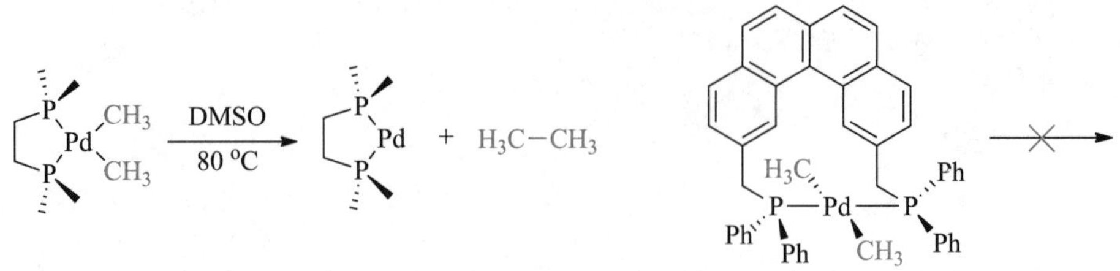

在前一个五元环体系中,两个甲基处在顺式的位置上,可以很快生成乙烷,Pd 从 2
价转化为 0 价;而在后一个钯配合物中,由于芳香稠环的影响,双齿膦配体只能处
在反式的位置,从而使得两个甲基也只能处在反式的位置上,这就无法进行还原消
除反应。

25.5.4 插入和去插入反应

插入反应是指不饱和键插入到 M—H 或 M—C 键中。其结果相当于两个配
体相互反应形成一个新的配合物,两个配体反应形成的物种继续与中心金属配位,
以便进行后续的反应。插入反应主要分为两类:一类是不饱和键连接的两个原子
A 和 B 经插入反应后分别与金属和配体相连;另一类是这两个原子只有一个原子
同时与金属及配体相连:

$$1. \quad A{=}B \ + \ M{-}R \longrightarrow M\overset{A}{\underset{B}{\diagup}}\diagdown R$$

$$2. \quad :A{\equiv}B \ + \ M{-}R \longrightarrow \overset{\overset{B}{\|}}{\underset{M \diagdown\diagup R}{A}}$$

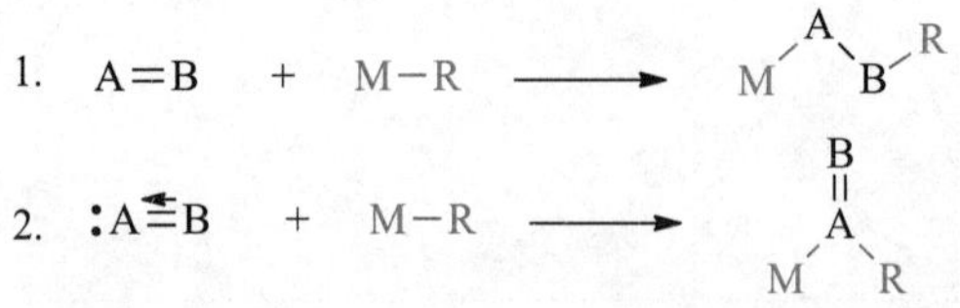

插入反应中的插入物种为了顺利与中心金属配位,通常带有不饱和键,如 CO、烯
烃以及炔烃等,从而形成金属-羰基化合物、金属-烷基化合物以及金属-烯烃化合物。

1. 加氢的插入反应

过渡金属催化的烯烃的加氢反应是一类非常典型的插入和去插入反应。以
Wilkinson 催化剂为例,它是一类均相催化剂,可溶于大多数的有机溶剂。首先,
Wilkinson 催化剂与 H_2 反应,两个氢原子处在顺式的位置:

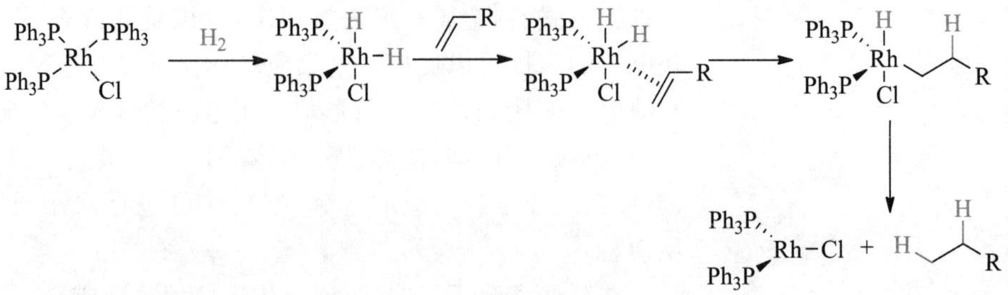

2. CO 的插入反应

CO 的插入反应是过渡金属催化最常见的一类反应。这个过程主要包括 CO
与金属的配位和 CO 的插入。首先,CO 作为 π 酸,可以接受金属的 d 电子向 CO

的 π* 键反馈,导致 M—R 削弱,同时 CO 中的 C=O 键也被削弱。研究结果表明,接下来 CO 的插入过程应该是与金属连接基团先向 CO 中碳原子的迁移:

$$M\overset{R}{\diagup} \quad \underset{:C\equiv O}{\xrightarrow{\hspace{2cm}}} \quad M\overset{R}{\diagup} \quad \longrightarrow \quad M\overset{R}{\underset{O}{\diagup}}$$

去插入的通式:

如果与金属相连的基团为烷基,此过程称为烷基迁移机理,而且在迁移过程中烷基的构型保持不变。在烷基的迁移过程中,给电子基团比吸电子基团更容易迁移;在同一族的过渡金属中,第一周期的过渡金属烷基化合物比第二周期的更容易发生迁移。

CO 插入反应的逆反应为脱羰反应。如果金属配合物中存在可供 CO 配位的空位,就容易发生脱羰反应。

3. 烯烃的插入反应

烯烃的插入反应首先是中心金属 d 轨道上的电子反馈到烯烃的 π* 轨道,使烯烃活化,并削弱了 M—R 键,通过四元环过渡态的方式形成新的 M—C 键:

这个过程可以类比于烯烃的硼氢化还原。

$$\begin{array}{c}\diagup\diagdown\\ \underset{M-R}{\boxed{}}\end{array} \rightleftharpoons \left[\begin{array}{c}\diagup\diagdown\\ \underset{M-R}{\boxed{}}\end{array}\right] \rightleftharpoons \begin{array}{c}\diagup\diagdown\\ \underset{M\quad R}{}\end{array}$$

烯烃的插入反应经过了一个金属杂环丁烷过渡态,因此这个插入反应应该是顺式共平面的,相当于烯烃的顺式加成。

如果是炔烃插入的话,应该是金属杂环丁烯过渡态。

烯烃插入反应的逆反应去插入反应也需要经过以上的四元环过渡态。当 R=H 时,此反应即为在过渡金属催化反应中最为常见的 β-氢消除。这也是乙基以及乙基以上烷基连接中心金属的配合物不稳定的最根本原因。β-氢消除过程中最重要的步骤是形成"抓氢(agostic)键"C—H→M,即一个分子内的 3c-2e 键,由中心金属的空轨道接受来自 C—H σ 成键轨道的电子对所形成。同时中心金属的 d 电子反馈给 C—H 键的 σ* 反键轨道,削弱了 C—H 键,使得 β-氢消除反应可以顺利进行。抓氢键的发现,也使得人们重新审视一些简单的烷基基团作为配体的意义,它不仅仅是一个惰性的、与反应无关的配体,而是在一个复杂的立体化学反应中起着重要的作用。

"Agostic"一词来自希腊文,意思是"紧握"、"拉向他自己"、"抓住紧靠其近旁"。

中心金属上的甲基取代基无法进行 β-氢消除。

在过渡金属催化反应中,还存在着其他分子的插入反应,如 N_2、CO_2、SO_2 以及异腈等等。

在某些特殊情况下,过渡金属配合物也会发生非氢原子消除的 β-消除反应。例如,在铂的配合物中存在氢与 β 位 OPh 基团的竞争消除:

$$\underset{Br}{\overset{Ph_3P}{\diagdown}}\underset{PPh_3}{\overset{CH_2CH\overset{H}{\underset{OPh}{}}}{Pt}} \quad \begin{array}{l}\longrightarrow \quad =\diagup OPh\\[1em] \longrightarrow \quad =\diagup H\end{array}$$

25.5.5 配体的官能团化

在一定的反应条件下,过渡金属配合物的配体可以与一些试剂进行反应,这种这种反应模式通常是亲核试剂从烯烃与金属配位的反面进攻。

反应称为配体的官能团化。Wacker 法就是利用钯配合物中乙烯配体的官能团化的典型反应：

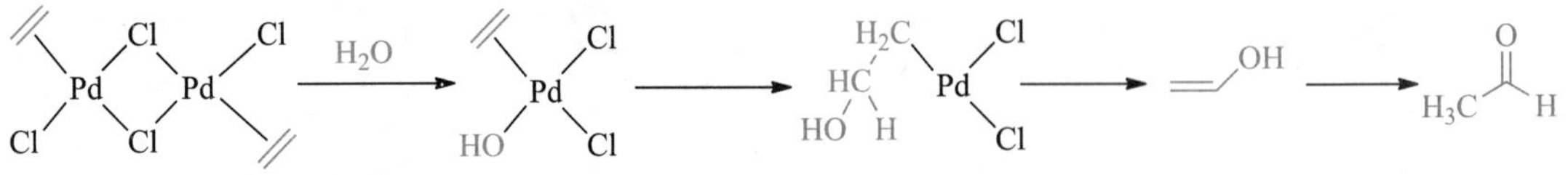

炔烃、苯环以及 CO 也能在反应过程中实现官能团化。

25.5.6　转金属化反应

转金属化可以认为是一种正电性较强的金属有机试剂向正电性较弱的转化。

转金属化反应是指有机配体从一种正电性较强的金属转移到另一种正电性较弱的金属的反应。转金属化反应主要分为主族金属间的转金属化以及主族金属与过渡金属间的转金属化。主族金属间的转金属化如烷基锂试剂可以与有机溴化镁进行反应转化为格氏试剂。主族金属与其他金属间的转金属化反应在金属催化反应中非常常见。如在 Stille 反应中，锡试剂的制备通常采用锂试剂与三烷基氯化锡进行转金属化反应：

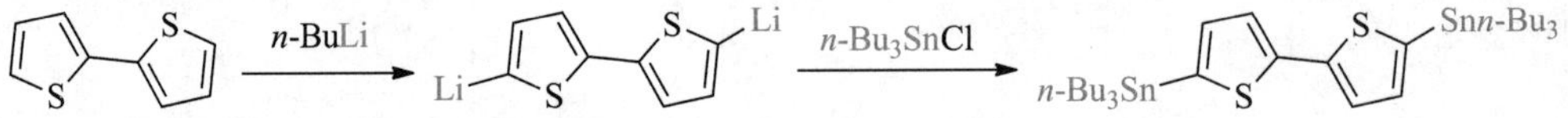

25.6　过渡金属催化的碳碳键偶联反应

碳碳键的偶联反应(coupling reaction)是在金属催化下形成新的碳碳键的反应。在这个反应过程中主要包括氧化加成、转金属化以及还原消除等基本的基元反应。

$$R-X \xrightarrow{M} R-M-X \xrightarrow{R^1-M^1} R-M-R^1 \longrightarrow R-R^1$$

目前，按照参与催化的金属的不同以及参与反应的两个偶联碳原子的杂化形式的不同，这些偶联反应可以分为 Kumada 偶联、Heck 偶联、Sonogashira 偶联、Negishi 偶联、Stille 偶联、Suzuki 偶联，等等。

25.6.1　Kumada 偶联反应

1960 年，B. L. Shaw 等人发现卤化镍配合物可以与格氏试剂进行转金属化反应，生成芳基镍衍生物：

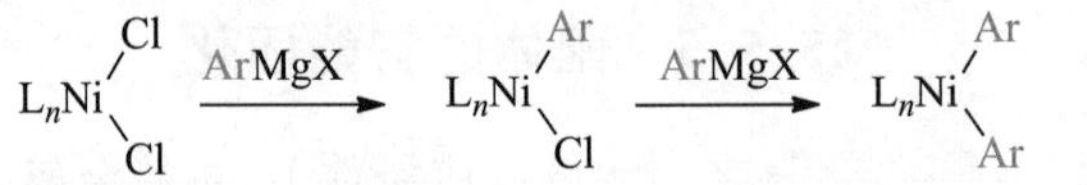

1970 年，S. Ikeda 等人发现二芳基镍可与卤化物反应得到芳基与卤化物偶联的产物，二芳基镍转化为单芳基镍：

$$L_nNi\overset{Ar}{\underset{Ar}{\diagdown}} \xrightarrow{\text{RX}} L_nNi\overset{Ar}{\underset{X}{\diagdown}} \quad + \quad Ar\text{-}R$$

1972 年，M. Kumada 和 R. J. P. Corriu 分别独立报道了芳基或烯基卤代物在催化量的 Ni 膦配合物作用下，可以与格氏试剂进行立体选择性的偶联反应。随后几年里，M. Kumada 进一步研究了这个反应的机理以及应用范围。因此，芳基或烯基卤代物与格氏试剂的偶联反应称为 Kumada 交叉偶联反应。Kumada 交叉偶联反应的通式为

$$\overset{R^1}{\underset{R^2}{\diagdown}}\!=\!\overset{R^3}{\underset{X}{\diagup}} \quad + \quad R^4MgX \xrightarrow{\text{L}_2\text{NiCl}_2} \overset{R^1}{\underset{R^2}{\diagdown}}\!=\!\overset{R^3}{\underset{R^4}{\diagup}}$$

其具体的催化机理为

镍催化剂只适用于格氏试剂，不适合有机锂试剂。

芳基氯代物也能很容易进行此偶联反应，氟苯也可以在 Ni 催化下进行偶联反应。

随后，深入研究发现，钯催化剂可以有效地催化有机锂试剂与芳基或烯基卤代物的偶联。

Pd 催化剂可以用于有机锂的偶联反应。
Pd 催化的 Kumada 偶联反应应用更广，有些能进行转金属化反应的碳负离子也能进行此反应。
Pd 催化反应对底物要求比较高，芳基氯代物基本不反应。

$$\overset{R^1}{\underset{R^2}{\diagdown}}\!=\!\overset{R^3}{\underset{X}{\diagup}} \quad + \quad R^4MgX \xrightarrow{\text{Pd(0)}} \overset{R^1}{\underset{R^2}{\diagdown}}\!=\!\overset{R^3}{\underset{R^4}{\diagup}}$$

$$\overset{R^1}{\underset{R^2}{\diagdown}}\!=\!\overset{R^3}{\underset{X}{\diagup}} \quad + \quad R^4Li \xrightarrow{\text{Pd(0)}} \overset{R^1}{\underset{R^2}{\diagdown}}\!=\!\overset{R^3}{\underset{R^4}{\diagup}}$$

Pd 催化的过程与 Ni 催化有所不同。其具体过程为

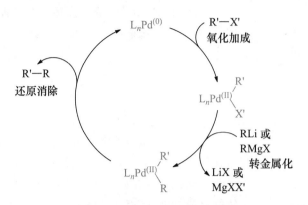

研究结果表明,镍配合物的催化活性与配体紧密相关。双齿膦配体的反应活性高于单齿配体。其基本的排序为

$$dppp > dmpf > dppe > dmpe > dppb > dppc > cis\text{-}dpen$$

在此反应过程中,即使格氏试剂中的烷基有 β-H,也不会发生消除反应。对二级烷基取代的格氏试剂而言,反应会比较复杂;二级烷基可以直接偶联得到目标产物,也可以发生 β-氢消除生成烯烃,还可以发生二级烷基的异构化成一级烷基的反应。

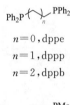

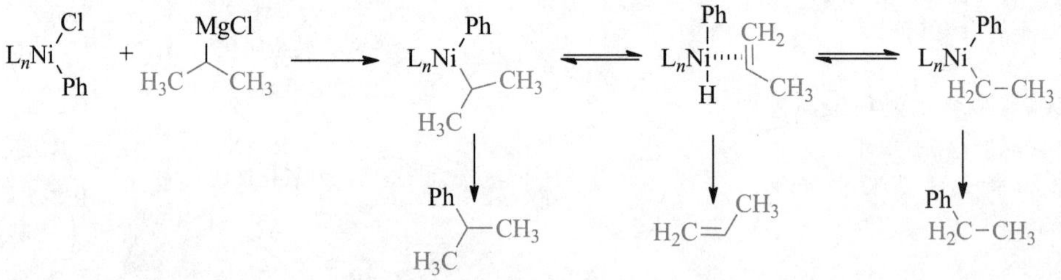

$n=0$,dppe
$n=1$,dppp
$n=2$,dppb

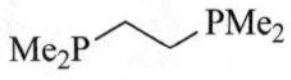

dmpe

$cis\text{-}dpen$

这种烷基的异构化反应也与膦配体的碱性以及一级芳基卤代物的反应活性有关。

此偶联反应具有一定的立体选择性,烯基卤代物的双键构型不发生变化。但是,如果烯基格氏试剂与芳基卤代物进行偶联反应,通常会形成 Z、E 两种异构体的混合物。

25.6.2 Heck 偶联反应

20 世纪 70 年代前后,T. Mizoroki 和 R. F. Heck 分别独立发现芳基卤代物、苄基卤代物以及苯乙烯基卤代物在有空阻的胺做碱以及钯催化下,可以与烯烃偶联生成芳基、苄基以及苯乙烯基取代的烯烃化合物:

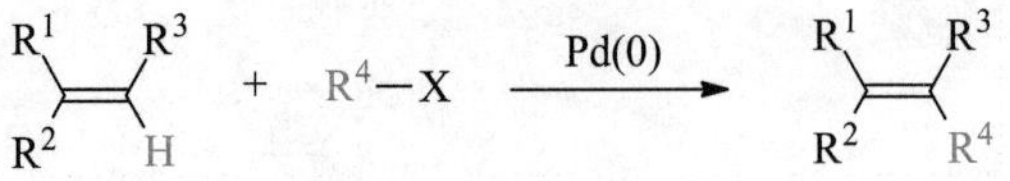

此后,将芳烃、烯烃与乙烯基化合物在过渡金属催化下形成碳碳键的偶联反应称为 Heck 偶联反应。Heck 反应的具体反应过程如下:

这个反应看上去与 Kumada 反应很类似。但是需要注意的是，Heck 反应无需另行再制备金属有机试剂。

碘代、溴代以及氯代芳烃或烯烃的活性随着碳卤键的键能增加而递减，而且一般不使用氟代芳烃或烯烃进行 Heck 反应。

此反应的决速步在第一步的氧化加成。

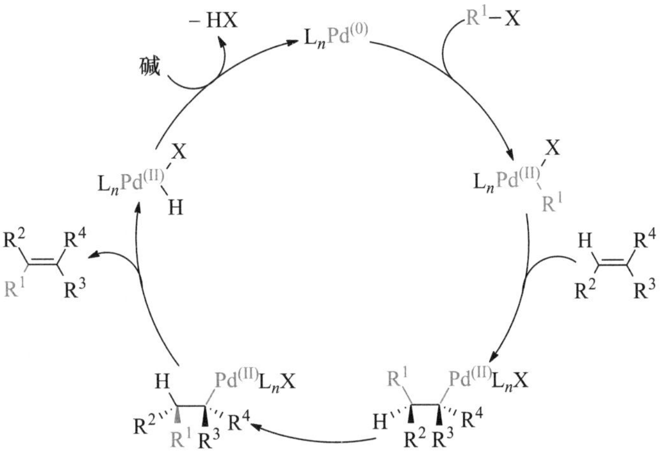

在 Heck 反应中，起催化作用的可能是二配位的零价钯活性中间体，但是由于此中间体很活泼，因此实验室常用易保存的、较为稳定的零价钯配合物 Pd(PPh$_3$)$_4$ 或 Pd(OAc)$_2$ 和三苯基膦的混合物。若使用 Pd(PPh$_3$)$_4$，催化剂前体为 18 电子结构的四配位钯配合物，在反应中经过转化即可生成具有催化活性的二配位零价钯。体系中具有催化活性的二配位零价钯的浓度很低，三苯基膦的投入量为钯的 2~3 倍。如果加入过量的膦配体，则容易发生催化剂的聚集，即生成无催化活性的钯黑（零价钯的聚集体）。

从基元反应分析，这个循环反应可分为四个阶段：首先是零价钯或二价钯的催化剂前体被活化，生成能直接催化反应的配位数少的零价钯。紧接着的阶段是卤代烃对新生成的零价钯进行氧化加成。这是一个协同过程，也是整个反应的决速步骤。碘代芳烃反应最快，产率也较高，而且反应条件温和，时间短。反应的第三阶段为烯烃的迁移插入，它决定了整个反应的区域选择性和立体选择性。一般来说，烯烃上取代基空间位阻越大，迁移插入的速率越慢。整个循环的最后一步就是还原消除反应，生成取代烯烃和钯氢配合物。后者在碱如三乙胺或碳酸钾等作用下重新生成二配位的零价钯，再次参与催化循环。

Heck 反应最重要的选择性和立体化学问题主要是底物中的碳碳双键究竟是哪个位点优先反应以及最终产物的双键构型是否与底物的一致。从反应机理上分析，在烯烃与 Pd(Ⅱ) 配位后，原先 R^4—X 中的 R^4 基团应该加到烯烃中取代基少的位置上，这个区域选择性与烯烃上的取代基电子效应基本上没有关系：

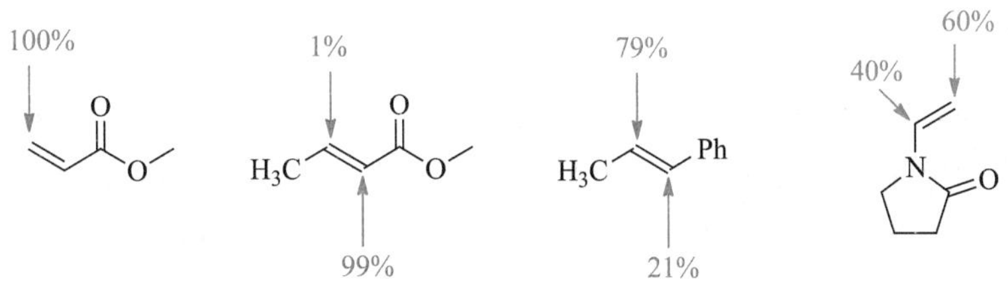

烯烃上取代的给电子基团或吸电子基团对后续基团的进入没有很强的控制力。由于反应中烯烃的取代基数目和位置会影响到后续基团 R^4 的进入，因此取代基少的烯烃反应速率快，多取代的烯烃则反应速率慢。此外，由于后续进入的基团 R^4 为富电子体系，因此，吸电子基团取代的烯烃的偶联产物通常产率会比较高。

产物中双键的构型取决于烯烃插入反应以及后续 β-H 的还原消除的立体化学。由于 β-H 的还原消除必须是顺式共平面的要求，因此，在烯烃插入后，必须进行 σ 键的旋转，才能使 β-H 与 Pd 处在共平面的位置上，这使得原先烯烃中处在反式的 R^2 和 R^3 两个基团在产物中将处在顺式的位置上：

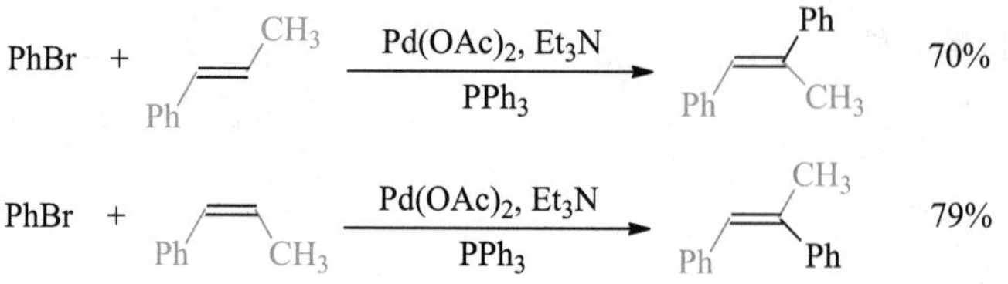

$$\text{PhBr} + \underset{\text{Ph}}{\overset{\text{CH}_3}{\diagup}} \xrightarrow[\text{PPh}_3]{\text{Pd(OAc)}_2, \text{Et}_3\text{N}} \underset{\text{Ph}}{\overset{\text{Ph}}{\diagdown}} \underset{\text{CH}_3}{} \quad 70\%$$

$$\text{PhBr} + \underset{\text{Ph}}{\overset{}{\diagup}} \underset{\text{CH}_3}{} \xrightarrow[\text{PPh}_3]{\text{Pd(OAc)}_2, \text{Et}_3\text{N}} \underset{\text{Ph}}{\overset{\text{CH}_3}{\diagdown}} \underset{\text{Ph}}{} \quad 79\%$$

Heck 反应对水不敏感,对溶剂不需要特殊处理。

对于单取代烯烃而言,产物的碳碳双键构型永远是反式的:

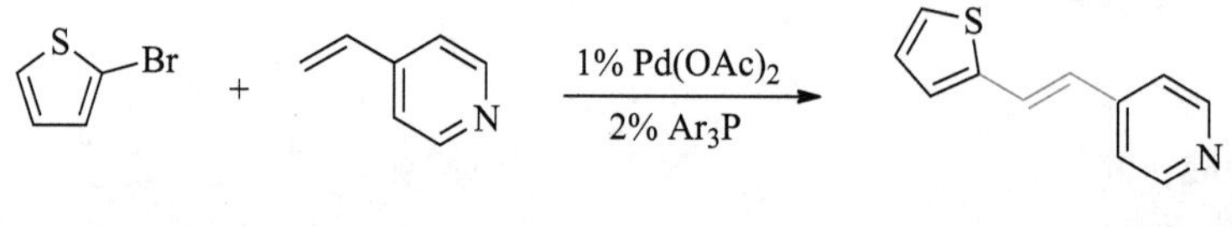

$$\underset{\text{Br}}{\overset{\text{S}}{\bigcirc}} + \diagup\diagdown \xrightarrow[\text{2\% Ar}_3\text{P}]{\text{1\% Pd(OAc)}_2} \underset{}{\overset{\text{S}}{\bigcirc}}\diagup\diagdown\underset{\text{N}}{\bigcirc}$$

当强给电子基团取代的烯烃,如乙氧基乙烯,参与 Heck 反应时,由于烯烃的 π 轨道与 Pd 的空的 d 轨道配位作用力很强,使得进入的基团与乙氧基处在同一侧。

由于反应的启动是在 Pd(0) 对 R⁴—X 的氧化加成,因此此反应的难易程度就决定了此反应的成功与否。其氧化加成的反应速率与 C—X 键紧密相关:碘代物 >溴代物≈三氟甲磺酸酯≫氯代物。氯代物在很多情况下不反应。对芳基卤代物而言,吸电子基团取代有利于反应的顺利进行。

很多情况下,Heck 反应是 Pd(0) 启动的反应,而通常使用 Pd(OAc)₂。这是由于体系中的膦配体、胺以及烯烃均可以将 Pd(OAc)₂ 还原为 Pd(0):

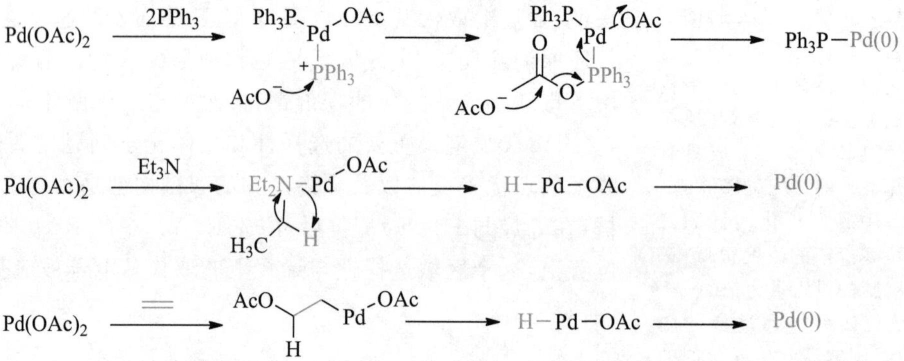

在 Heck 反应中,由于 β-H 消除是可逆的,因此如果存在其他位点的 β-H,则很容易发生 β-H 消除。

$$\text{Pd(OAc)}_2 \xrightarrow{\text{2PPh}_3} \cdots \xrightarrow{} \cdots \xrightarrow{} \text{Ph}_3\text{P}-\text{Pd(0)}$$

$$\text{Pd(OAc)}_2 \xrightarrow{\text{Et}_3\text{N}} \text{Et}_2\text{N}-\text{Pd}\overset{\text{OAc}}{} \xrightarrow{} \text{H}-\text{Pd}-\text{OAc} \xrightarrow{} \text{Pd(0)}$$

在某些情况下,很易发生双键异构化的反应。

$$\text{Pd(OAc)}_2 \xrightarrow{} \text{AcO}\diagdown\text{CH}_2\text{Pd}\overset{\text{OAc}}{} \xrightarrow{} \text{H}-\text{Pd}-\text{OAc} \xrightarrow{} \text{Pd(0)}$$

Heck 反应是合成带各种取代基的不饱和化合物最为有效的偶联方法之一。虽然发现至今只有不到 40 年的时间,但由于它具有适用底物广,对许多官能团如醛基、酯基、硝基等均有良好的兼容性,因此,被广泛应用于制药、染料以及有机发光材料等领域中。利用分子内的 Heck 反应还可构筑稠环体系,在天然产物全合成方面有很高的应用前景。如下面的反应就是一个很好的构筑稠环体系的经典反应:

实际上,到目前为止,对 Heck 反应的机理理解还不够准确,还需要深入研究。

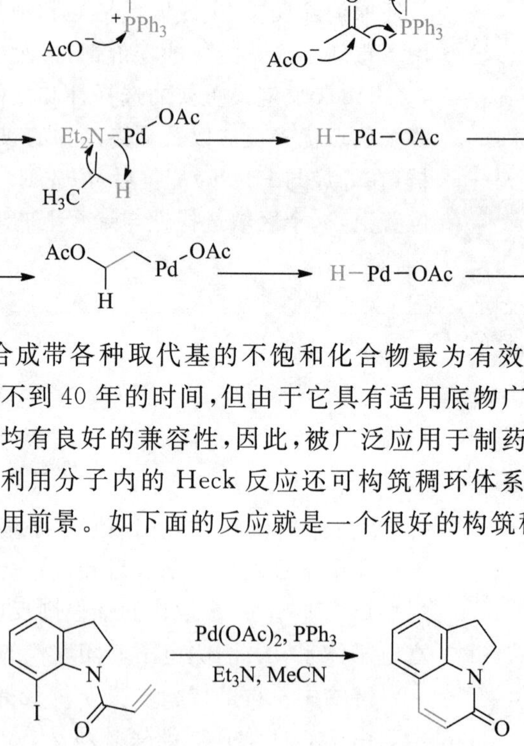

$$\underset{\text{I}}{\overset{}{\bigcirc}}\underset{\overset{||}{\text{O}}}{\overset{\text{N}}{}} \xrightarrow[\text{Et}_3\text{N, MeCN}]{\text{Pd(OAc)}_2, \text{PPh}_3} \underset{}{\overset{}{\bigcirc}}\underset{\overset{||}{\text{O}}}{\overset{\text{N}}{}}$$

在过去这些年来,科学家们在改善 Heck 反应的条件方面作出了很多努力,如将催化剂固载化,使用其他催化剂如无磷催化剂、铜催化剂,使用微波反应,水相的

Heck 反应,不以 β-H 消除为终止的还原性 Heck 反应,以及不对称的 Heck 反应等。随着人们对 Heck 反应研究的深入,Heck 反应必将取得更大的发展。

25.6.3 Sonogashira 偶联反应

1975 年,K. Sonogashira 等人首次报道了在温和的条件下利用催化量的 $PdCl_2(PPh_3)_2$ 和 CuI 做共同催化剂,可以使芳基碘代物或烯基溴代物与乙炔气反应生成双取代对称的炔烃衍生物。同年,R. F. Heck 和 L. Cassar 也分别独立报道了在钯催化下利用类似的反应步骤制备取代炔烃衍生物的方法。此后,将在 Pd/Cu 共催化下,芳基或烯基卤代物与端炔偶联生成炔烃衍生物的反应称为 Sonogashira 偶联反应:

$$R^1 \!\equiv\!\! \quad + \quad R^2\!-\!X \quad \xrightarrow{\text{Pd(0), Cu(I)}} \quad R^1\!\equiv\!\!-R^2$$

Sonogashira 反应实质上是 sp^2 杂化碳与 sp 杂化碳的连接反应。其基本的反应机理如下:

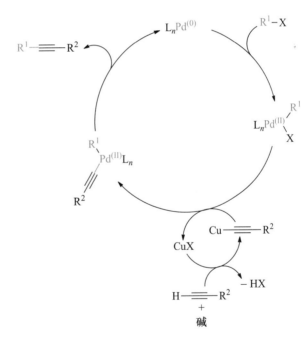

这个循环反应主要包括以下四个过程:

(1) 钯的活化:此过程中稳定的二价钯被端炔还原为不饱和的活性零价钯配合物,进入下一个反应循环。

(2) 氧化加成:在催化循环中活性的零价钯配合物和卤代烃发生氧化加成反应,钯催化剂将碳卤键活化。

(3) 转金属化:此活性中间体与炔的铜配合物发生转金属化作用,卤化亚铜离去,生成由钯原子连接 sp^2 碳与 sp 碳的中间体。此步反应被认为是整个反应的决

（左侧边注）

R. F. Heck 和 L. Cassar 并没有使用共催化剂 CuI。这使得其反应条件相对较剧烈。

在此反应中,炔烃可以是乙炔,以及烷基取代、芳基取代、三烷基硅基取代的炔烃。

卤代物可以是芳基(含杂芳环)、乙烯基卤代物。三氟甲磺酸酯也可以进行此反应。

Pd(Ⅱ) 也可催化此反应体系。

反应体系中需要碱,常用有机胺。

思考:对比 Sonogashira 反应的催化体系与 Castro-Stephens 偶联反应的异同点,总结哪一个催化体系更为合理?为什么?

如果溴代芳烃的邻、对位存在较强的吸电子基团,如羰基等,可以有效地降低碳溴键电子云密度,有利于钯插入,从而起到活化的作用。但是,当炔烃上有吸电子基团取代时,可能会发生Michael 加成反应。

稳定性好并且易制备的Pd(PPh₃)₂Cl₂ 是比较常用的催化剂。但对于不活泼的溴代物其效率却并不尽如人意,反应往往需要在80℃左右进行十几个小时,同时还有大量的炔炔偶联副产物生成,造成原料浪费和分离的困难。因此,加入一些电子云密度很高的膦配体如三叔丁基膦等代替三苯基膦提高零价钯活性,在很大程度上改善了反应的结果。

速步。当转金属化结束后,生成的亚铜再次与炔结合,并生成不溶的四级铵盐,体系随即变混浊,此时可以认为反应开始进行。

(4)还原消除:随后发生还原消除,生成产物,释放出的活性零价钯再次进入循环,催化反应。

活性的零价钯配合物对碳卤键的氧化加成的难易是反应条件温和与否和产率高低的决定因素。碳卤键的反应活性为:碘代或溴代烯烃＞碘代芳烃≈三氟甲磺酸酯＞氯代烯烃＞溴代芳烃≫氯代芳烃。多数碘代芳烃在室温和加入极少量催化剂(0.001～0.003 mol)的条件下,几乎大都能定量地与各种端炔反应。而溴代芳烃反应时,则往往要加入更多的催化剂(0.01～0.05 mol)和较高的温度。同时反应时间也有较大差异,后者往往需要比前者更长的时间。例如,1,4-二碘-2,5-二溴苯在室温下与三甲基硅基乙炔进行偶联反应时,其化学选择性为

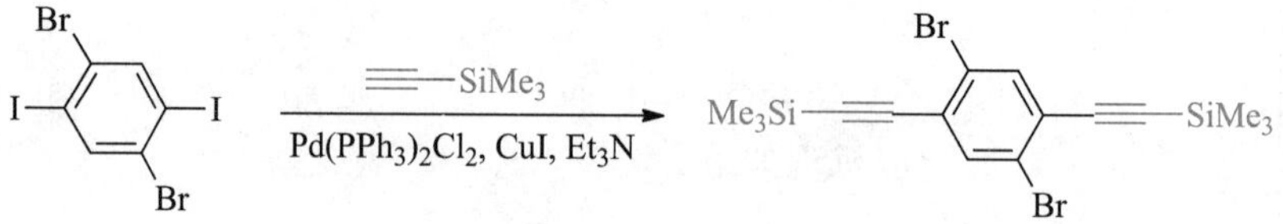

如果烯基卤代物参与反应,其双键的构型可以保持不变:

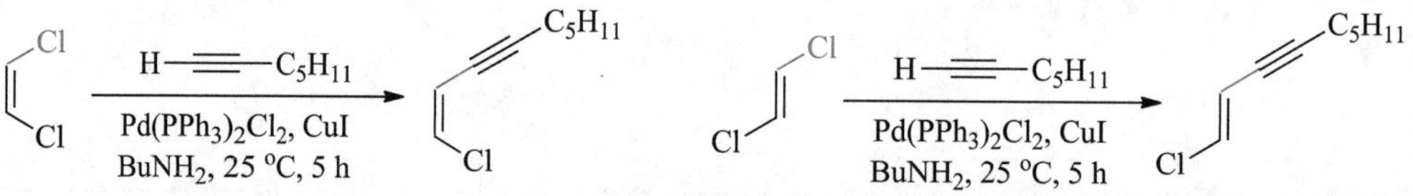

由于 Sonogashira 反应具有条件温和,适用范围广泛,基团兼容性强以及产率高等优点,使得此反应已经成为当代有机合成中进行芳-炔偶联最为常用的方法之一,在天然产物的合成、共轭有机分子的合成以及小分子中引入炔键等方面都有广泛的应用。

由于 Sonogashira 反应在各个合成领域均有十分重要的地位,因此对此反应的深入研究一直在不断进行当中,其主要的研究方向有改善反应条件,减少炔的自身偶联,发展新方法以提高反应对氯代物的效率等。通过不断深入研究和改进,此反应将会有更广阔的应用前景。

25.6.4 Negishi 偶联反应

随着 Heck、Kumada 以及 Sonogashira 偶联反应的发现,科学家们开始关心如何改进反应条件,使得大多数官能团都能被兼容。最早开始的是针对 Kumada 反应中的锂试剂和格氏试剂,希望能用一些正电性比较弱的金属代替锂和镁。1976年,E.-i. Negishi 等人报道了烯基铝试剂与烯基或芳基卤代物在镍催化下可以立体专一性进行偶联反应。随后,E.-i. Negishi 对此反应进行了深入的研究。其研究结果表明,在钯催化下,有机锌试剂在反应速率、产率以及立体选择性等方面均表现出了最佳的结果。因此,将有机锌试剂与炔基、烯基或芳基卤代物在 Pd 或 Ni

在此反应中,有机锌试剂中的 R^1 可以是芳基、烯基、烯丙基、苄基、高烯丙基、高炔丙基等;X 可以是 Cl、Br、I。卤代物中 R^2 可以是芳基、烯基、炔基或酰基;X 可以是 Cl、Br、I、OTf、OAc。

催化下的偶联反应称为 Negishi 偶联反应:

$$R^1-Zn-X \quad + \quad R^2-X \quad \xrightarrow{\ NiL_n\ (PdL_n)\ } \quad R^1-R^2$$

其催化机理可以根据催化剂的不同分为两种:

Ni 催化机理:

Ni 和 Pd 催化剂均能催化此反应。但是,Pd 催化剂可使产率更高、立体选择性更好、对官能团的兼容性也更好。

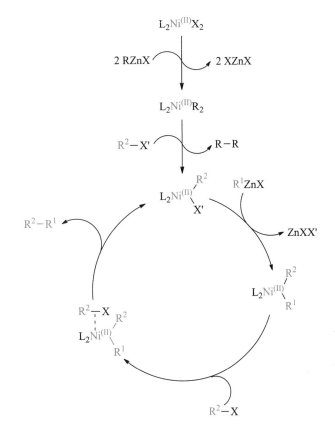

Pd 催化机理:

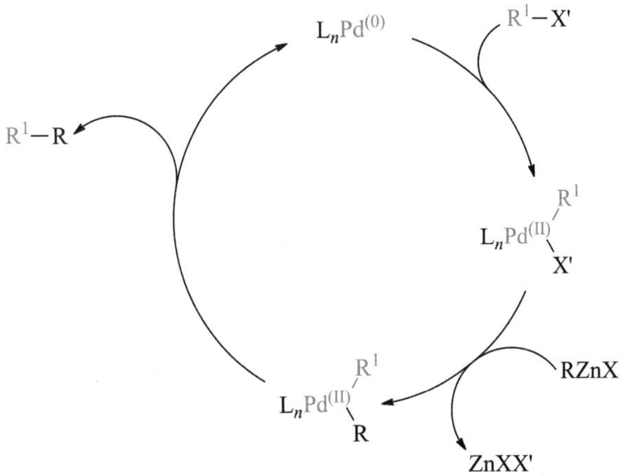

此反应体系中使用的有机锌试剂通常是原位制备的。常用两种方法：

（1）金属锌与活泼卤代物的氧化加成反应。

（2）通过转金属化反应制备。常用 $ZnCl_2$ 的四氢呋喃溶液与有机锂试剂、格氏试剂等进行转金属化反应。

由于使用了亲核性更软的有机锌试剂，使得 Negishi 反应对底物的官能团兼容性更好，反应也具有了更好的反应活性、更高的区域选择性和立体选择性。此外，在偶联过程中，烯基卤代物或烯基有机锌试剂中的碳碳双键构型可以保持不变。但是，此反应也存在一些弱点，如炔丙基锌试剂无法与卤代物偶联，而高炔丙基锌试剂却可以反应；二级或三级烷基锌试剂容易发生异构化反应。

25.6.5 Stille 偶联反应

1976 年，C. Eaborn 等人报道了首例芳基卤代物与有机锡化合物在钯催化下的偶联反应：

此反应的产率为 7% ～ 53%。

$$R\!-\!\!\langle \rangle\!\!-\!X \;+\; Bu_3SnSnBu_3 \xrightarrow[120\sim140\ ^\circ C]{Pd(PAr_3)_4} R\!-\!\!\langle \rangle\!\!-\!\!\langle \rangle\!\!-\!R$$

$$R = H, OMe, NO_2$$

一年后，M. Kosugi 和 T. Migita 报道了有机锡试剂与酰氯在过渡金属催化下的碳碳键偶联反应：

酮类化合物的产率为 53% ～87%。

有机锡试剂有非常好的官能团兼容性，对水和氧气均不太敏感。其制备的方式通常是通过有机锂试剂和格氏试剂与三烷基氯化锡的转金属化反应得到的，而且许多有机锡试剂可以通过柱色谱分离提纯。另一种制备方式是使用三烷基锡烷在自由基引发剂 AIBN 作用下与炔烃的加成反应。

$$\underset{R^1}{\overset{O}{\|}}\!\!\!-\!Cl \;+\; R_4Sn \xrightarrow[120\ ^\circ C]{Pd(PPh_3)_4} \underset{R^1}{\overset{O}{\|}}\!\!\!-\!R \qquad \begin{array}{l} R^1 = Me, Ph; \\ R = Me, Bu, Ph \end{array}$$

接着，T. Migita 报道了三烷基烯丙基锡试剂与芳基卤代物和酰氯的反应。实验结果表明，锡试剂上的烯丙基可以迁移至催化剂 Pd 上，并使反应可以在较低的温度下进行。

1978 年，在以上工作的基础上，J. K. Stille 发现烷基锡试剂可以在更为温和的条件下与酰氯反应，以更高的产率制备酮类衍生物。此后，J. K. Stille 对有机锡试剂的偶联反应进行了深入的研究。因此，将有机锡试剂与一个有机亲电试剂作用形成新的碳碳 σ 键的反应称为 Stille 偶联反应。

三甲基锡化合物的毒性远远高于三正丁基锡化合物，但是由于三甲基氯化锡可用水洗的方式处理，操作比较简便。

$$R^1\!-\!SnR_3 \;+\; R^2\!-\!X \xrightarrow{PdL_n} R^1\!-\!R^2 \;+\; R_3SnX$$

Stille 反应的机理基本上与 Negishi 反应的一致，也包括了以下这些过程：

（1）催化剂 Pd(0) 对 $R^1\!-\!X$ 的氧化加成。

（2）氧化加成物 $R^1\!-\!Pd\!-\!X$ 与 $R^2\!-\!SnR_3$ 进行转金属化反应，形成化合物 $R^1\!-\!Pd\!-\!R^2$。

（3）还原消除，转化为偶联产物。

在这个催化过程中，常使用 Pd(0) 催化剂，如 $Pd(PPh_3)_4$ 和 $Pd_2(dba)_3$。在某些情况下，也可以使用 $Pd(OAc)_2$、$PdCl_2(CH_3CN)_2$ 以及 $PdCl_2(PPh_3)_2$ 等。由于

锡上有四个取代基,为了保证高产率地合成目标产物,必须使这些取代基在接下来的转金属化过程中存在明显的迁移速率差别。研究结果表明,甲基和正丁基等一级烷基基本上不会发生迁移反应,而其他基团的迁移顺序为

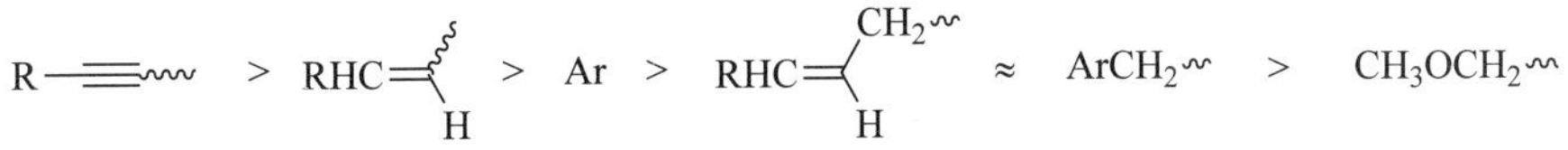

$$R-\!\!\!\equiv\!\!\!\sim > RHC\!\!=\!\!\overset{\displaystyle }{\underset{\displaystyle H}{C}}\!\!\sim > Ar\!\!\sim > RHC\!\!=\!\!\overset{\displaystyle CH_2\sim}{\underset{\displaystyle H}{C}} \approx ArCH_2\!\!\sim > CH_3OCH_2\!\!\sim$$

因此,只要选择三甲基或三正丁基锡试剂,另一个取代基可以高化学选择性转移至金属钯上。在此反应的条件下,非对称的烯丙基锡试剂大多会发生重排反应,苄基碳原子的手性则会发生翻转,而烯基锡试剂的双键构型保持不变:

$R^1\diagup\!\!\diagdown\!\!\diagup SnR_3$	$\underset{Ph}{\overset{R^1}{\diagdown}}\!\!C\!\!\diagup SnR_3$	$\underset{R^1}{\diagdown}\!\!=\!\!\diagup SnR_3$
重排为主	构型翻转	构型保持

虽然有机锡试剂与酰氯的偶联反应可以高产率制备酮类衍生物,但是酰氯的合成存在条件的限制并且很难兼容许多官能团。1984 年,J. K. Stille 报道了有机锡试剂、CO 以及一个有机亲电试剂在 Pd 催化下同时实现两根碳碳 σ 键的连接反应生成酮,此反应称为 Stille 羰基化偶联反应:

当体系中没有 CO 插入时,反应以直接偶联为主;当 CO 溶度过高时,会有副反应。

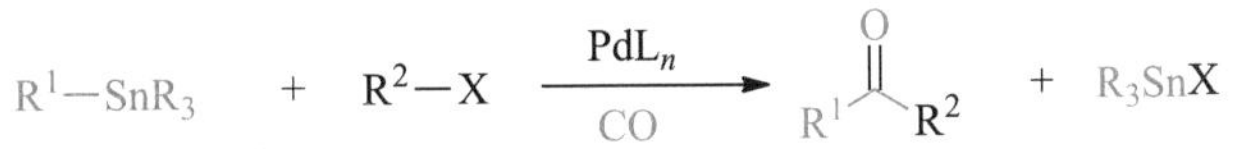

$$R^1\!-\!SnR_3 \;+\; R^2\!-\!X \xrightarrow[\text{CO}]{PdL_n} R^1\!\!\overset{O}{\underset{}{\|}}\!\!C\!\!-\!\!R^2 \;+\; R_3SnX$$

这个方法很好地解决了酰氯的制备,反应只需要以卤代物为原料即可。这个反应还具有很好的化学和区域选择性,也体现了很高的立体选择性,在迁移的过程中锡试剂上的烷基构型保持不变。

此反应对于五元环或六元环的构筑最为有利。

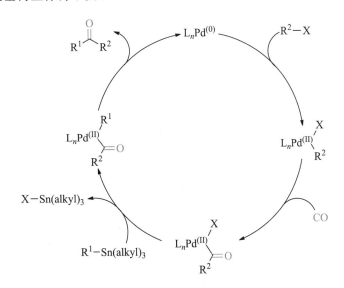

在 C. Eaborn 工作的基础上,1987 年,J. K. Stille 报道了三氟甲磺酸芳基酯

（ArOTf）在钯催化剂的作用下可以与 R_3SnSnR_3 反应生成 $ArSnR_3$。这是 Stille 偶联反应中非常重要的锡试剂。1990 年，T. R. Kelly 等人报道了在 Stille 反应条件下的分子内偶联反应：

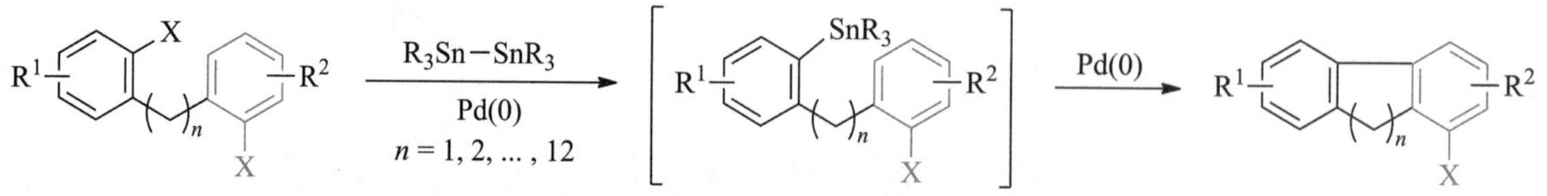

这种在钯催化下的芳基卤代物或三氟甲磺酸芳基酯与 R_3SnSnR_3 反应实现的分子内的偶联反应称为 Stille-Kelly 反应。其反应机理如下：

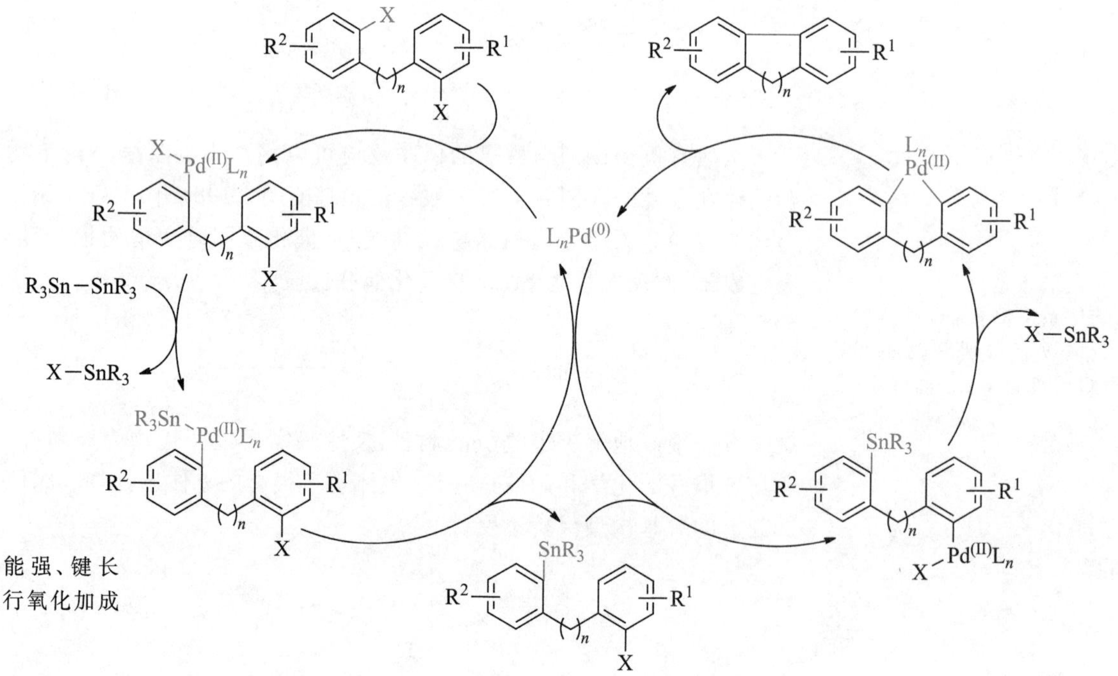

C—Cl 由于键能强、键长短，因此很难进行氧化加成反应。

氯代物由于反应性很差，不能进行此偶联反应。

25.6.6 Suzuki 偶联反应

1979 年，A. Suzuki 和 N. Miyaura 报道了 1-烯基硼烷在催化量的 Pd 催化下与芳基卤代物反应生成芳基取代的 (E)-烯烃：

$$R^1-BR_2 \quad + \quad R^2-X \quad \xrightarrow{\ PdL_n\ } \quad R^1-R^2 \quad + \quad R_2BX$$

R 可以是烷基、羟基或烷氧基；R^1 可以是烷基、烯丙基、烯基、炔基、芳基等；R^2 可以是烯基、芳基、烷基等；X 可以是 Cl、Br、I、OTf、OPO(OR)$_2$。此外，重氮盐、碘鎓盐或者芳基锍盐和芳基硼酸也可以进行此类反应。

此后，将在 Pd 催化剂的作用下芳基或烯基硼化合物或硼酸酯和卤代物或三氟甲磺酸酯的交叉偶联反应称为 Suzuki 偶联反应。通常大家都认为，这个反应的催化循环过程经历了氧化加成、芳基阴离子向金属中心迁移和还原消除三个阶段：

此反应需要碱的参与,常用的碱有 Na_2CO_3、$Ba(OH)_2$、K_3PO_4、Cs_2CO_3、TlOH、KF、NaOH 等。

对于碱的作用,通常有两种解释:

(1) 卤代芳烃与 Pd(0)氧化加成后的中间体,与碱生成有机钯氢氧化物中间物种,取代了键极性较弱的钯卤键,这种含有强极性的Pd—OH 的中间体具有非常强的亲电性;

(2) 碱与芳基硼酸生成四价硼酸盐中间物种,具有非常强的负电性,有利于向Pd 金属中心迁移。

Suzuki 反应中广泛使用的催化剂是 $Pd(PPh_3)_4$。其他的配体还有:$AsPh_3$、n-Bu_3P、$(MeO)_3P$,以及双齿配体 dppe 和 dppp 等。

实际上,此反应机理与前面讲过的 Heck 反应的机理近似,只是键的作用有所不同而已。由于采用了硼试剂,Suzuki 反应对于官能团的兼容性非常好,如一些比较活泼的基团—CHO、—$COCH_3$、—$COOC_2H_5$、—OCH_3、—CN、—NO_2、—F 等,均不受任何影响。此外,硼试剂也易合成、稳定性好,这使得此反应具有了更大的应用范围。Suzuki 反应中硼试剂的制备方法有很多种。最简单的可以是烯烃或炔烃的硼氢化反应:

还可以通过以锂试剂或格氏试剂为原料制备:

芳基硼酸在空气中比较稳定,对潮气不敏感,可以长期储存。

由于卤代物反应活性的差异,在多卤代物中 Suzuki 反应存在着明显的化学选择性:

此外,如果芳环上有多个位置同时被同种卤素原子取代,Suzuki 反应也有一定的区域选择性:

目前,Suzuki 反应的关键原料为各种芳基的硼酸,常见的芳基硼酸大多是商业化的产品。

研究发现,碱对于反应的催化活性一般为:$Cs_2CO_3 >$ $K_2CO_3 > Na_2CO_3 > Li_2CO_3$。同时由于氟离子($F^-$)对硼有很强的亲和性,与芳基硼酸形成芳基氟硼酸盐阴离子,易于实现阴离子向金属中心的迁移。因此,加入Bu_4NF、CsF 或 KF 可以加快反应速率,甚至可以代替反应中使用的碱。

制备芳基硼酸最简单的方法就是使用双硼试剂,可以在非常温和的条件下高产率地得到芳基硼酸。Suzuki 反应中碱的选择性也非常多,Na_2CO_3 是最常用的碱试剂。在无水的条件下也可以使用 Li_2CO_3 或者 K_3PO_4。

1993 年,N. Miyaura 等人发现炔烃在催化量 $Pt(PPh_3)_4$ 的作用下可以与双硼酸频哪酯反应,高效生成双硼酸酯化的烯烃:

$$C_3H_7\text{===}C_3H_7 + \text{(双硼酸频哪酯)} \xrightarrow[\substack{DMF, 80\ ^{\circ}C \\ 24\ h}]{Pt(PPh_3)_4} \text{(产物)} \quad 86\%$$

1995 年,N. Miyaura 发现芳基卤代物在催化剂 $PdCl_2dppf$ 的作用下与四烷氧基双硼试剂反应生成芳基硼酸酯:

$$\text{(苯基-Br)} + \text{(双硼试剂)} \xrightarrow[\substack{DMF, 80\ ^{\circ}C,\ 2\ h}]{PdCl_2dppf,\ KOAc} \text{(苯基硼酸酯)} \quad 98\%$$

这个产物是 Suzuki 偶联反应以及 Ullmann 芳基醚合成的重要原料。研究结果表明,在芳基卤代物硼酸酯化的过程中只有 Pd 催化剂可以有效地催化此反应,其他催化剂没有任何效果。此后,将芳基、杂芳环卤代物或三氟甲磺酸酯在 Pd 催化下与四烷氧基双硼试剂转化为芳基或杂芳环硼酸酯的反应称为 Miyaura 反应。这个反应可以在温和的条件下制备 Suzuki 反应的硼试剂,甚至可以进一步反应得到偶联的产物。其作用机理如下:

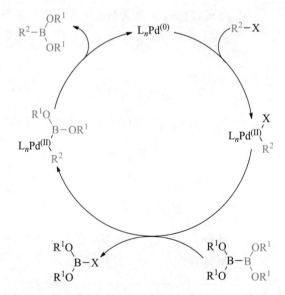

所以近些年来,Suzuki 反应的高产率、强的底物适应性和官能团容忍性使得它在有机天然产物全合成、有机材料、高分子材料方面有着非常广阔的应用。20 世纪 90 年代初期兴起的利用 Suzuki 反应在固相条件下进行组合化学的研究更加拓展了 Suzuki 反应的应用范围。

Suzuki 反应具有反应条件温和、可兼容的官能团多、产率高和芳基硼酸经济易得且易于保存等优点。Suzuki 反应不仅在科研方面有着广阔的研究潜力,在工业生产方面也有着巨大的发展前途，人们还在不停地探索更加温和、更加经济的工业化的 Suzuki 反应。

25.7　过渡金属催化的碳杂原子键偶联反应

前一节主要讨论了在过渡金属催化下的碳碳键的偶联反应。由于碳杂原子之间键的构筑也是有机合成化学重要的研究方向，因此，在以上碳碳键构筑的工作的基础上，许多科学家集中研究了碳杂原子键的偶联反应，并实现了此类反应的广泛应用。

25.7.1　Buchwald-Hartwig 偶联反应

1983 年，T. Migita 等人首次报道了在 $PdCl_2[P(o\text{-tolyl})_3]_2$ 催化下的芳基溴代物与 N,N-二乙基氨基三丁基锡的碳氮键偶联反应：

此反应的偶联产率达到了 84%。但是，尝试使用催化量的 Pd 催化剂，均没有实现理想的效果。

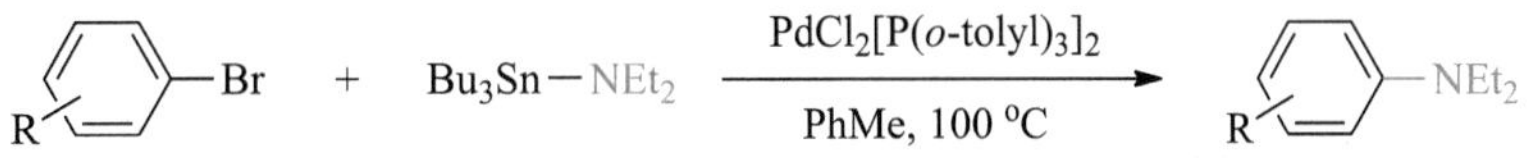

研究结果表明，此反应的产率很不稳定，最高可以达到 81%，而最低的只有 16%；而且只有分子极性比较小的、空阻小的底物才能达到高的转化率。

1984 年，D. L. Boger 等人报道了在合成 lavendamycin 的过程中采用化学计量的 $Pd(PPh_3)_4$ 实现了碳氮键的构筑：

J. F. Hartwig 认为，可能形成了 Pd(Ⅱ)四元环二聚体的催化活性物种：

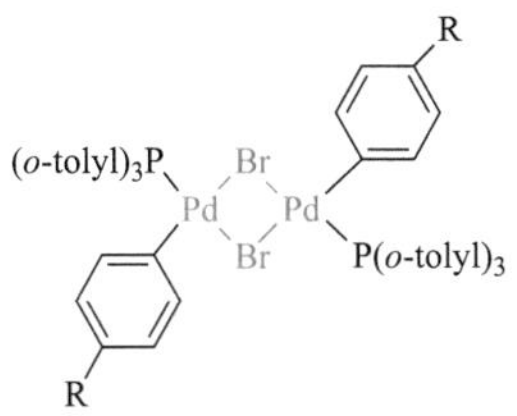

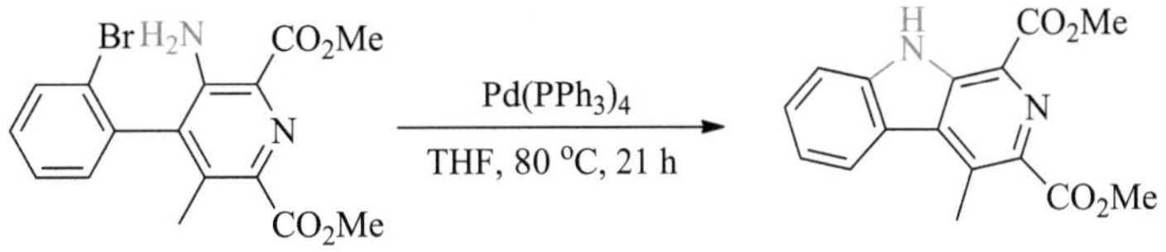

这些碳氮键构筑的研究结果一直没有受到科学家们的关注。1994 年，J. F. Hartwig 在 T. Migita 工作基础上，系统研究了不同 Pd 催化剂对反应的影响，提出只有 d^{10} 配合物 $Pd[P(o\text{-tolyl})_3]_2$ 才是活性催化物种。J. F. Hartwig 认为，这个反应是以 Pd(0)对芳基溴代物的氧化加成为整个循环过程的起始点。

同年，S. Buchwald 也在 T. Migita 工作基础上进行了两个重要的改进：首先，通过利用通入氩气的方式排出体系中易挥发的二乙胺，实现 Bu_3SnNEt_2 与环状或非环状的二级胺以及一级芳香胺的转氨化反应：

在 S. Buchwald 的反应体系中，碱为 NaOtBu；而在 J. F. Hartwig 的反应体系中，碱为 LiHMDS。

其次，通过增加催化剂的量、提高反应温度以及延长反应时间等方法，使富电子体系和缺电子体系的芳香化合物均能达到良好的产率。邻位取代的芳香化合物当时并没有报道。此后，大量的研究结果表明，胺类化合物在大空阻的强碱作用下，无需锡试剂的参与，也能实现碳氮键的构筑，但底物仅限于二级胺。这些反应结果被称为第一代的 Buchwald-Hartwig 催化体系。随后的改进主要集中于膦配体的改进，使得许多胺类化合物和芳基卤代物均能进行此反应。芳基碘代物、溴代物、氯代物以及三氟甲磺酸酯均能进行此反应，反应还可以在较弱的碱以及室温下进行。

在这些工作的基础上，对此反应的转换过程有了非常清晰的认识。其具体转换机理如下：

在单齿配体体系中，Pd(0)物种在氧化加成后会形成Pd(Ⅱ)四元环二聚体物种。这个四元环二聚体的稳定性随着 X＝I＞Br＞Cl 的顺序逐渐降低。因此，在第一代催化体系中，芳基碘代物的反应速率比较慢。

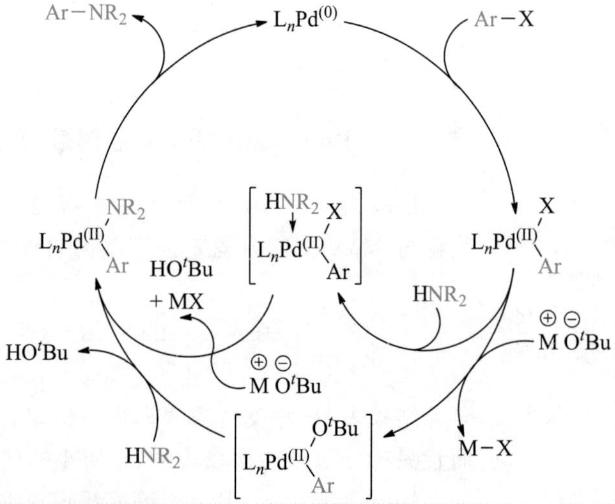

此反应机理与碳碳键偶联的反应机理基本一致：首先是 Pd(0)物种对 C—X 的氧化加成，接着是氨基对氧化加成中间体的配位，并在碱作用下去质子化，最后还原消除。其中的副反应应该是氨基上的 β-H 消除反应，生成去卤的芳香化合物和亚胺。

在类似的反应条件下，醇与芳基卤代物反应生成相应的芳基醚。其温和的反应条件和高的反应产率使得这个反应可以代替 Ullmann 缩合反应。

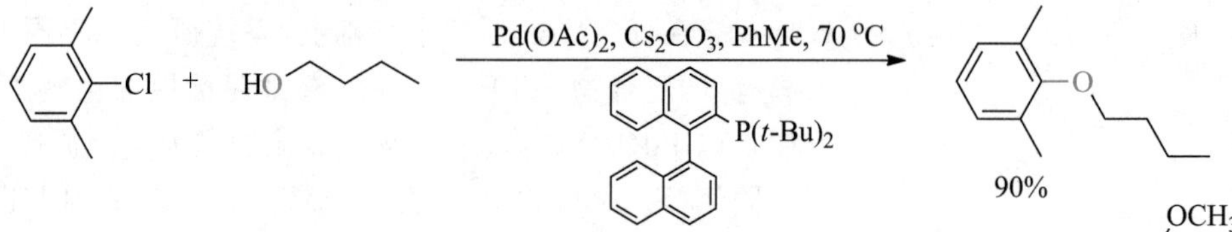

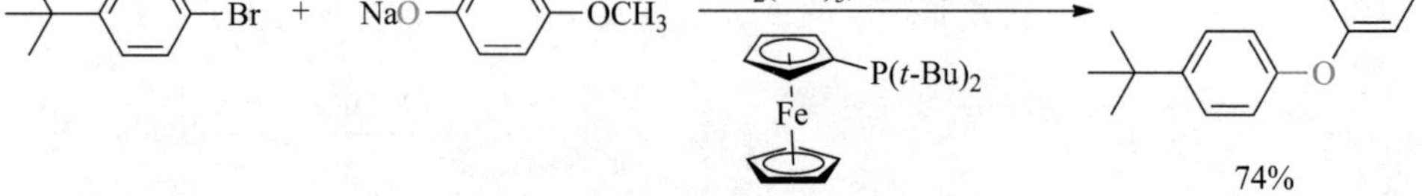

硫醇和苯硫酚也可以进行此类偶联反应构筑碳硫键。

25.7.2 Larock 吲哚合成

1991 年,R. C. Larock 等人首次报道了在 Pd 催化下 2-碘苯胺衍生物与双取代炔烃反应生成吲哚的方法:

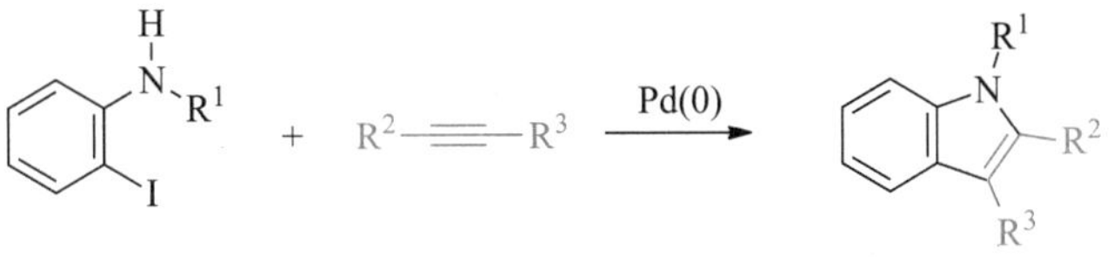

在随后的几年中,R. C. Larock 进一步改进了此反应,并拓展了此反应的应用:

Larock 吲哚合成法的反应机理主要包括以下过程:

(1) $Pd(OAc)_2$ 被还原为 Pd(0)物种。

(2) Cl^- 对 Pd(0)物种的配位。

(3) 2-碘苯胺衍生物中 C—I 键的氧化加成。

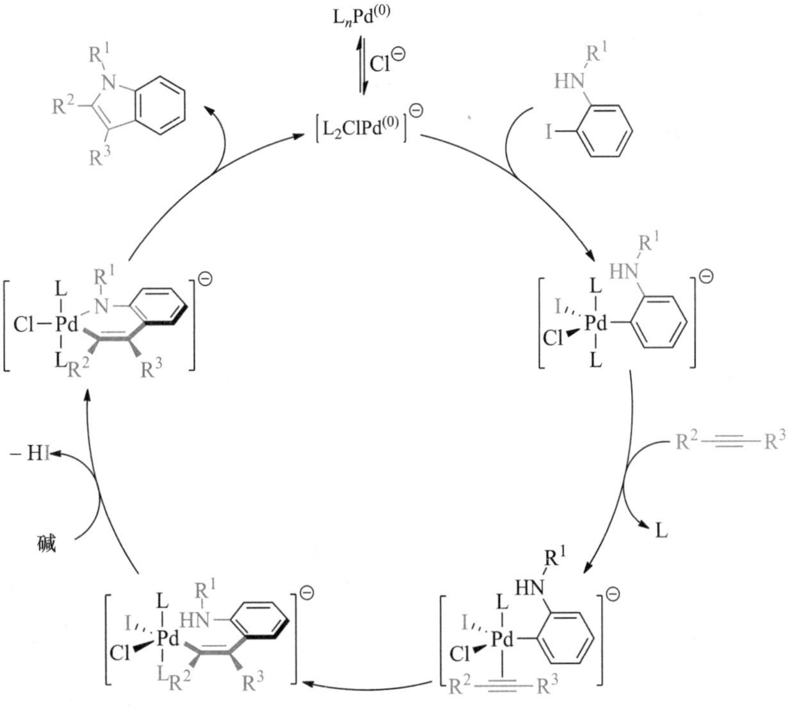

思考:对比 Fischer 吲哚合成法,思考 Larock 吲哚合成法的先进之处。

在此反应中,苯环还可以有各种取代基,双取代炔烃的取代基可以不同。

在此反应中,炔烃通常是过量的,烷基、芳基、炔基、羟基、硅基等取代的炔烃均能进行此反应。并根据具体的反应条件,还需要加 1 倍量的 LiCl 或 n-Bu$_4$NCl。在此反应中,LiCl 显得更为有效。除了 Na_2CO_3 和 K_2CO_3 外,KOAc/LiCl 体系也能给出很好的产率,但反应温度必须在 120℃。

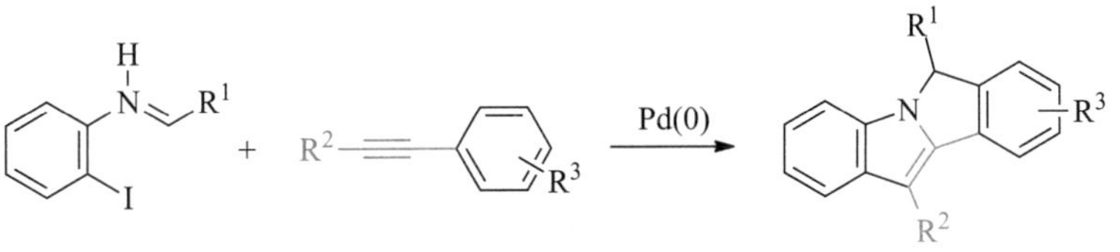

（4）炔烃与 Pd 配位后发生插入反应，此过程具有高的区域选择性。

（5）氮对 Pd 进行亲核取代反应，形成 Pd 杂六元环体系。

（6）还原消除形成吲哚衍生物和 Pd(0)物种。

吲哚环在生物体中是一个非常重要的杂环体系。因此，此合成方法一经发现，马上成为了合成吲哚环的重要方法。

25.8 钯催化偶联反应总结

还有一些是烷基金属试剂的 sp^3 杂化碳原子的偶联反应。在这些体系中，主要会存在 Pd 的 β-H 消除副反应，因此相对较少。

从以上的反应体系中可以发现，钯可以催化芳基或烯基卤代物、三氟甲磺酸酯与各类金属有机化合物偶联形成碳碳键的反应：

$$M-R^1 \ + \ R^2-X \ \xrightarrow{\ Pd(0)\ } \ R^1-R^2 \ + \ MX$$

在这其中，金属有机化合物可以是有机锂、有机镁、有机锌、有机铜、有机锡或有机硼试剂；而基团 X 可以是卤素、三氟甲磺酰氧基以及一些具有强离去能力的基团。总的来说，这是在钯催化下的 sp^2 与 sp 以及 sp^2 与 sp^2 杂化的碳原子之间的偶联，形成的产物为双芳基化合物、二烯、多烯以及炔烃类衍生物。其整个反应过程可以简单地总结为：

在这催化过程中，配体和阴离子对决定反应的速率以及在不同步骤中 Pd 的配位过程和方式都起到了非常关键的作用。

注意：尽管连接在 Pd 上的两个基团都是亲核的，但是为了区分这两个基团，将来自 R^2X 的基团称为亲电的，而来自 R^1M 则是亲核的。

氧化加成： $Pd(0) \ + \ R^2-X \ \longrightarrow \ R^2-Pd(II)-X$

转金属化反应： $R^2-Pd(II)-X \ + \ R^1-M \ \longrightarrow \ R^2-Pd(II)-R^1 \ + \ MX$

还原消除： $R^2-Pd(II)-R^1 \ \longrightarrow \ R^2-R^1 \ + \ Pd(0)$

首先，Pd(0)对 R^2-X 氧化加成。在接下来的转金属化过程中，亲核基团 R^1 从金属 M 转移至钯上，而对离子 X 则是反方向转移至金属 M 上。此时，钯原子上有两个亲核配体，经还原消除后形成新的碳碳键，Pd(II)被还原为 Pd(0)，继续参与催化循环。由于转金属化后，连接在 Pd 上的两个基团可以是不一致的，因此，这种偶联反应被称为交叉偶联反应（cross-coupling reaction）；此外，这两个基团分别来源于两种金属，因此进一步拓展了这类反应的应用范围。

由于 Pd(0)首先对 R^2-X 进行了氧化加成反应，因此为了避免 β-H 消除的副反应发生，R^2 基团不能存在 β-H；而对于 R^1M 而言，由于 M 不是 Pd，因此可以考虑 R^1 基团存在 β-H，这是由于转金属化后，R^1 基团连接到 Pd 上，还原消除的速度远远快于 β-H 消除。

总的来说，金属参与的偶联反应具有非常广泛的应用前景。1912 年，F. A. V. Grignard 因此获得了诺贝尔化学奖，E. O. Fischer 和 G. Wilkinson 因三明治型金属有机化合物而得诺贝尔化学奖，2010 年 R. F. Heck、E. -i. Negishi、A. Suzuki 因在金属催化的交叉偶联反应中的杰出贡献获得了诺贝尔化学奖。

25.9

金属卡宾和金属卡拜

金属卡宾的通式:

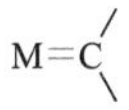

$$M=C\overset{\diagdown}{\diagup}$$

金属卡拜的通式:

$$M\equiv C-$$

从碳金属连接的方式上分析,金属卡宾可以认为是金属与卡宾配体以双键的方式相连接的化合物;而金属卡拜则是金属与卡拜配体以叁键的方式相连接的化合物。1964 年,E. O. Fischer 和 A. Maasböl 首次合成、分离并表征了第一个稳定的金属卡宾配合物:

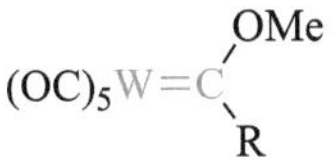

$$(OC)_5W=C\overset{OMe}{\underset{R}{\diagup}} \qquad R = Me, Ph$$

1973 年,E. O. Fischer 等人首次合成、分离并表征了金属卡拜化合物:

$$(OC)_4\overset{X}{M}\equiv C-R \qquad M = Cr, Mo, W; \ X = Cl, Br, I; \ R = Me, Ph$$

随着金属卡宾和金属卡拜化合物的发现,这些化合物的合成以及应用得到了科学家们广泛的重视,并且对它们的研究越来越深入。

25.9.1 金属卡宾化合物的基本性质和合成

这两类金属卡宾都是按发现者的名字命名的。

金属卡宾主要分为两类:Fischer 卡宾和 Schrock 卡宾。Fischer 卡宾属于单线态卡宾,其基本性质为亲电性的;Schrock 卡宾属于三线态卡宾,其基本性质为亲核性的。

1. Fischer 卡宾的基本性质和合成

Fischer 卡宾这类金属卡宾中的中心金属原子或离子一般为ⅥB 到Ⅷ族的金属元素,中心金属处于低价态,通常需要被一些电子受体类配体稳定。这类配合物中 sp^2 杂化的中心碳原子与其相连的 σ 键要比相应的单键短,这是由于存在以下的共振结构:

从这些共振式中可以判断,当 Fischer 卡宾中含有一个或两个杂原子(如氧或氮原子)与卡宾碳原子相连时,可以让 Fischer 卡宾更加稳定。

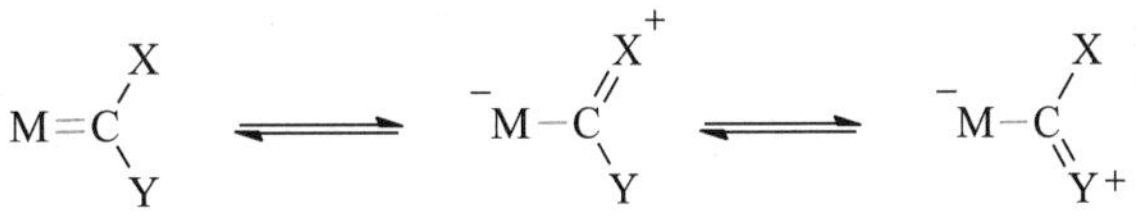

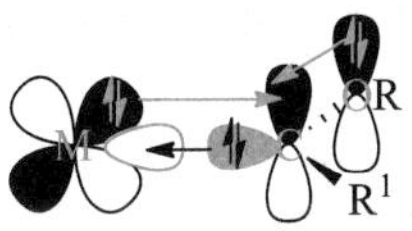

Fischer 卡宾中 M═C 的键长要比经典 M═C 长一些,而比 M—C 单键要短一些。卡宾碳原子连接的基团给电子能力越强,M═C 双键的性质越弱,此键旋转的能垒越低。

从以上共振式和轨道示意图中可以发现,中心碳原子将其 sp^2 杂化轨道上的电子提供给中心金属的 d 轨道,而中心金属以反馈键的形式将一对电子填充到碳原子的空 π 轨道中;杂原子的孤对电子也可以填充到此空轨道中,这两者存在竞争关系(看第二个共振式)。总的结果,中心金属为低价态的,而中心碳原子则是亲电的。

目前,文献报道了很多制备 Fischer 卡宾的方法。但是,常用的方法有以下五种:

(1) 金属羰基化合物(配体 CN 以及异氰等)与烃基锂反应,可以生成酰基羰基金属配合物:

$$W(CO)_6 \xrightarrow{PhLi} \left[(OC)_5W{=}\!\!\overset{O}{\underset{Ph}{\diagdown}} \longleftrightarrow (OC)_5W{-}\!\!\overset{O^-}{\underset{Ph}{\diagdown}} \right] \xrightarrow{(CH_3)_3O^+} (OC)_5W{=}\!\!\overset{OCH_3}{\underset{Ph}{\diagdown}}$$

依据其所带形式电荷的方式,Fischer 卡宾可分为中性卡宾和阳离子卡宾。

此类金属卡宾化合物属于中性卡宾。

(2) 中性酰基配合物的活化:

此类金属卡宾化合物属于阳离子卡宾。

(3) 配体的重排:末端炔烃配体的异构化将氢转移至 β 位,从而产生亚烯基。

(4) 乙炔配合物的亲电反应:乙炔配合物的 β 位很容易与亲电试剂反应,如质子化或烷基化。

这是 Grubbs 催化剂的早期制备金属卡宾的方法。

(5) 利用富电子的或张力很大的烯烃为原料制备:

此时,中心金属也是三线态的。
M═C 已被极化,电荷偏向于中心碳原子,因此此碳原子是亲核的。

2. Schrock 卡宾的基本性质和合成

Schrock 卡宾属于亲核性的卡宾,可以认为是三线态卡宾与中心金属的两个电子相互成对形成双键的结果。

给电子基团不能连在 Schrock 卡宾的中心碳原子上。
最大的相同点在于 M═C 都可以断裂以及中心金属上的配体可以替换。

Schrock 卡宾不含有 π 受体配体,因此,这些中心金属通常是前过渡金属,具有高氧化态,如 Ti(Ⅳ) 和 Ta(Ⅴ) 等。此外,配体通常为 π 电子给体,在中心碳原子上的取代基只有氢或烷基。

与炔烃一样,此叁键为一根 σ 键和两根 π 键。

X 衍射表征证明了此结构。

Schrock 卡宾在物理和化学性质上与 Fischer 卡宾有很多相似之处。但是由于它们中心碳原子以及金属的电荷分布不同,使得两者在反应上有些不同:

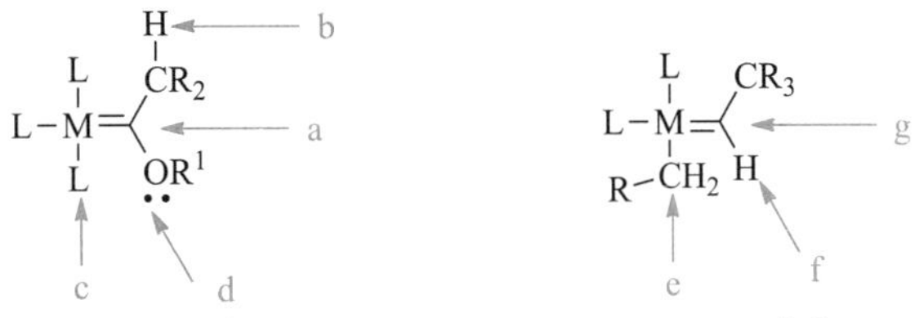

Fischer 卡宾　　　　　　　　Schrock 卡宾

a: 可以被亲核试剂进攻；b, e, f: 具有酸性的氢,可以被碱攫取；
c: 配体可以替换；d, g: 可以与亲电试剂反应

1973 年,合成了第一个 Fischer 卡拜:

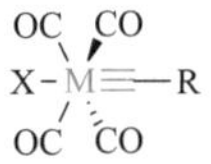

金属为 Cr、Mo、W；X 为卤素。

1978 年,合成了第一个 Schrock 卡拜:

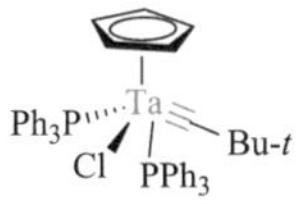

Fischer 卡拜的配体为双重态,而 Schrock 卡拜的配体为四重态。

25.9.2　金属卡拜化合物的基本性质

过渡金属卡拜配合物中心金属原子与配位碳原子以叁键的方式相连接。中心碳原子和金属均采取了 sp 杂化；卡拜配体的 HOMO 轨道与中心金属的 LUMO 形成 σ 键,中心金属的两个 HOMO 轨道反馈到卡拜的 LUMO 轨道形成两根 π 键。

过渡金属卡拜化合物的结构为直线形的,键角通常在 170°～180°之间；其中,M—C 的键长要比金属卡宾中的短一些。与 Fischer 和 Schrock 卡宾一样,过渡金属卡拜也分为 Fischer 卡拜和 Schrock 卡拜,其性质也与卡宾的基本一致。理论计算结果表明,卡拜配合物中心碳原子一般带有负电荷。

过渡金属卡拜化合物是一类对热、空气和水均十分敏感的化合物,具有丰富的反应活性。此外,卡拜配合物具有很强的反位效应,处于卡拜反位的配体很容易离去。

25.10　烯烃复分解反应

烯烃复分解反应既可以是分子内的,也可以是分子间的。

烯烃复分解反应是一个平衡反应。

烯烃在催化剂的作用下发生碳碳双键的断裂生成亚烷基,然后再进行重新组合生成新的烯烃的反应称为烯烃复分解反应(olefin metathesis):

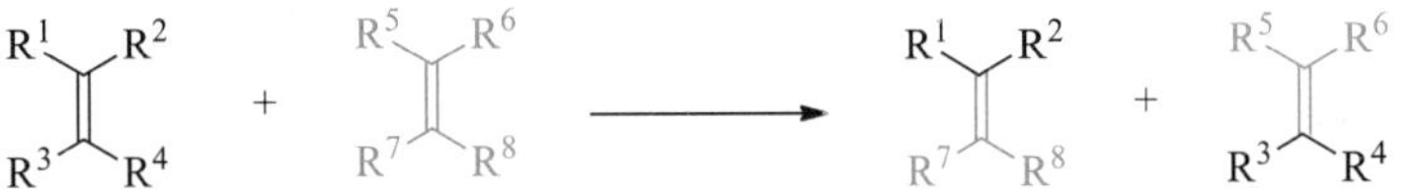

与其他合成烯烃的方法相比,烯烃复分解反应具有简便、快捷、高效、副产物少、废物少等特点,在有机合成和高分子合成领域占据了越来越重要的地位。由于在反应机理以及催化剂方面的研究,Y. Chauvin、R. H. Grubbs 以及 R. R. Schrock 获得了 2005 年诺贝尔化学奖。

按照反应底物的不同,烯烃复分解反应可以分为:

(1) 自复分解反应(self metathesis):

$$R^1 \diagdown R^2 \ + \ R^1 \diagdown R^2 \ \longrightarrow \ R^1 \diagup\diagdown R^2 \ + \ \parallel$$

（2）交叉复分解反应（cross metathesis）：

$$\underset{R^3}{\overset{R^1}{\diagdown}}\diagup\overset{R^2}{\underset{R^4}{\diagdown}} \ + \ \underset{R^7}{\overset{R^5}{\diagdown}}\diagup\overset{R^6}{\underset{R^8}{\diagdown}} \ \longrightarrow \ \underset{R^7}{\overset{R^1}{\diagdown}}\diagup\overset{R^2}{\underset{R^8}{\diagdown}} \ + \ \underset{R^3}{\overset{R^5}{\diagdown}}\diagup\overset{R^6}{\underset{R^4}{\diagdown}}$$

（3）关环复分解反应（ring-closing metathesis，RCM）：

（4）开环复分解反应（ring-opening metathesis，ROM）：

（5）开环复分解聚合反应（ring-opening metathesis polymerization，ROMP）：

（6）开环二烯复分解聚合反应（acyclic diene metathesis polymerization，ADMP）：

随后，对机理的系统性研究发现，比较被认可的机理有两种，分别是配体螯合型机理以及配体解离型机理。

M 可以是 Mo 或 W；Ar 和 R 为大空阻基团。

商业化的 Schrock 催化剂结构：

关于烯烃复分解的机理在 1970 年之前有过许多的争论，也提出了非常多的假设。1971 年，Y. Chauvin 提出了金属卡宾与烯烃进行[2+2]环加成形成金属杂环丁烷，接着金属杂环丁烷经[2+2]逆的环加成开环形成新的金属卡宾和烯烃的反应机理：

$$M\!=\!\!\underset{R^1}{\overset{R}{\diagdown}}\diagup R^2 \ \rightleftharpoons \ \underset{R^1}{\overset{R}{M\!\!-\!\!}}\diagdown R^2 \ \rightleftharpoons \ \underset{R^1}{\overset{R}{M}}\diagup\diagdown R^2$$

从此以后，科学家们才清楚应该去寻找合适的金属卡宾配合物作为此反应的催化剂。1981 年，R. R. Schrock 在其他配合物的基础上发展了 Schrock 催化剂。它的通式为

$$\underset{RO}{\overset{Ar\diagdown N}{\underset{OR}{\parallel}}}M\!=\!C\underset{Bu\text{-}t}{\overset{H}{\diagup}}$$

1989 年，R. H. Grubbs 重新研究将钌催化剂应用于 ROMP 反应时，发现水和三氯化钌是可以催化 ROMP 反应的，尤其是对于这种氧杂降冰片烯类的底物，由于高价钨的强 Lewis 酸性导致反应底物分解无法生成聚合产物，而位于Ⅷ族的三价钌和三价锇的化合物可以催化这类反应。同时他们还发现，在有机溶剂中反应的引发时间很长，一般为 20 小时甚至更长。起初他们认为造成这种情况的原因是体系中含水，于是他们做了更为严格的无水操作以减少引发时间，结果事与愿违，更为严格的无水操作使反应时间变得更长。出乎意料的是，在水溶液中进行这个反应，只需要 30 分钟就可以引发。

于是他们进一步筛选其他简单的钌催化剂后发现，使用 $Ru(H_2O)_6(tos)_2$ 作为催化剂，可以使反应的引发时间进一步缩短。而且，这一催化剂对羟基、羧基、烷氧基、酰氨基等取代基具有很好的耐受性，反应生成的产物具有更高的相对分子质量和更低的分散度。反应引发的机理还不清楚，R. H. Grubbs 认为反应的活性物种应该是钌卡宾配合物，由于当时还没有人报道有关钌卡宾配合物的合成，因此他们采用原位生成的办法，试图通过向体系中加入重氮乙酸乙酯，来验证他们的想法。结果他们发现，这样做产生的新的物种要比单独使用 $Ru(H_2O)_6(tos)_2$ 活性更高，这一点可以从这种张力很小的环状底物也可以发生 ROMP 反应看出来，而 $RuCl_3(H_2O)$ 和 $Ru(H_2O)_6(tos)_2$ 只对张力很大的环状底物有活性。于是，他们开始思考如何合成一种对任何底物均有活性的钌卡宾配合物：

与前面使用的高活性 Schrock 催化剂相比，此第一代 Grubbs 催化剂对许多不同的官能团有很好的兼容性，对空气的稳定性使其制备和操作都比较容易：

随后，在第一代 Grubbs 催化剂的基础上，R. H. Grubbs 又发展了新的卡宾作为配体的催化剂，即第二代 Grubbs 催化剂。它在低温下表现出更高的催化活性，且对空气和湿度都不敏感。潜在的活性可能来自于较高的 Lewis 碱性和其空阻的影响。在此基础上，发展了 Hoveyda-Grubbs 不对称催化剂：

tos：tosylate，对甲苯磺酸负离子。

思考：在 $[Ru(H_2O)_6]^{2+}$ 与 $N_2CH_2CO_2Et$ 的混合体系中，应该生成何种结构的催化活性物种？

在这两类催化剂的发展过程中，钛和钨的此类催化剂也有发展，但很少被使用。

第一代 Grubbs 催化剂：

第二代 Grubbs 催化剂：

Grubbs Ⅱ 在四取代环烯的合成中都得到了很好的结果。

与烯烃的复分解反应一样，炔烃之间也可以发生复分解反应。炔烃复分解反应的反应机理与烯烃复分解反应机理基本上是一致的。

此催化剂在一些不对称关环烯烃复分解反应中发挥了重要的作用：

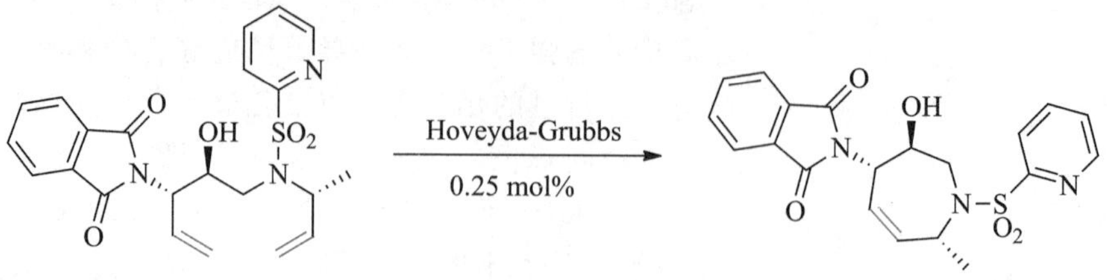

这是美国葛兰素史克(GlaxoSmithKline)公司发展的用于治疗骨质疏松症和骨关节炎的一种药物，其中含有一个 7 元杂环和两个手性中心。Hoveyda-Grubbs 催化剂在此合成中起到了非常重要的作用。

烯烃复分解反应在有机合成上特别是在关环反应中具有很高的应用价值。六元、七元、八元环以及更大的大环体系都能够通过此方法合成。反应过程中手性中心不受影响，并且对于很多含其他官能团的化合物，例如酯、胺、醇和环氧化合物也都有很好的兼容性。随着对烯烃复分解反应研究的深入，这类反应在高分子材料合成上也展现了很好的应用前景。

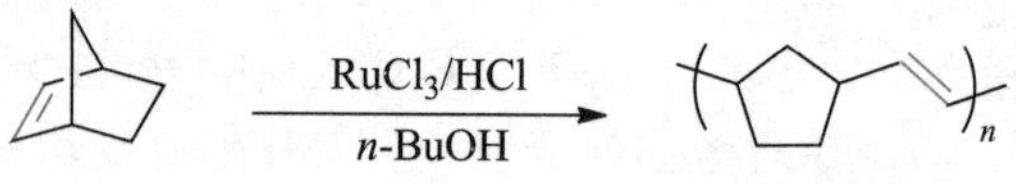

降菠烯橡胶

25.11 过渡金属催化反应的最新发展

在前面几节中，主要介绍了 Pd 催化的偶联反应以及金属卡宾催化的烯烃复分解反应。在过去 20 年中，由于毒性的问题，锡和汞金属配合物的研究相对比较少。近十年来，金、铜和铁催化反应的研究越来越多。例如下面的金催化反应：

用得比较多的金催化剂为 Au(Ⅰ)和 Au(Ⅲ)的氯化物或其配合物。

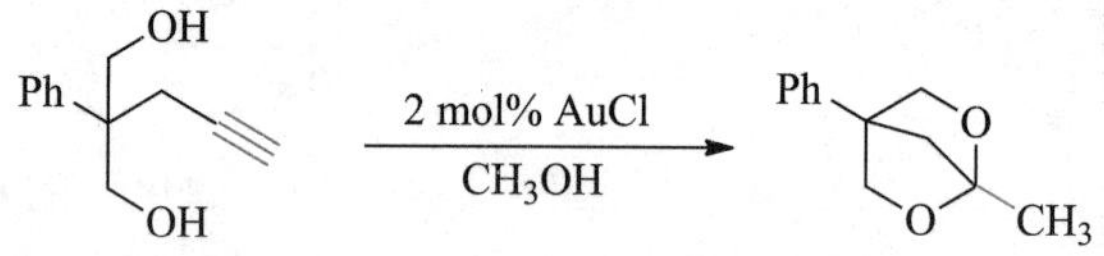

本章主要总结了金属有机化学的一些基本概念和近些年来过渡金属催化的有机合成的新方法和发展。但是，只用一章来总结金属催化有机合成的快速发展实在太难了。我们只能摘取一些重要的概念和过渡金属催化有机合成的理念介绍给各位读者，希望让大家基本了解这些发展，并从中能总结出过渡金属催化的未来发展趋势。

章末习题

习题 25-1 为以下反应提供合适的反应试剂和条件：

(i)

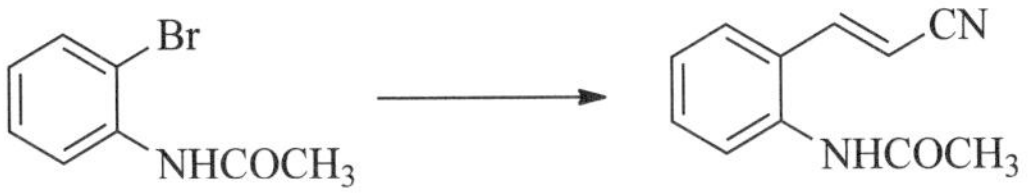

(ii)

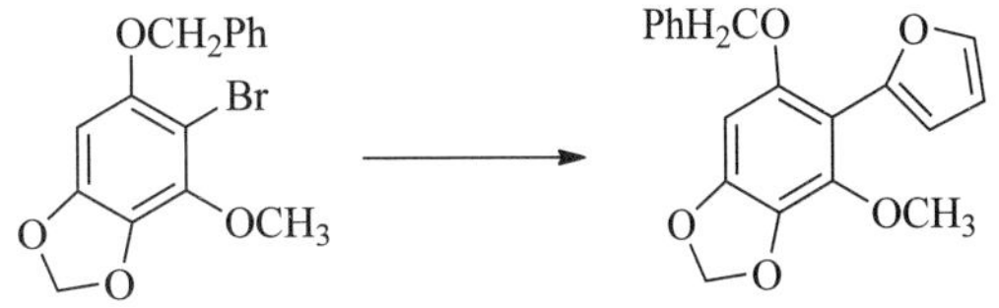

(iii)

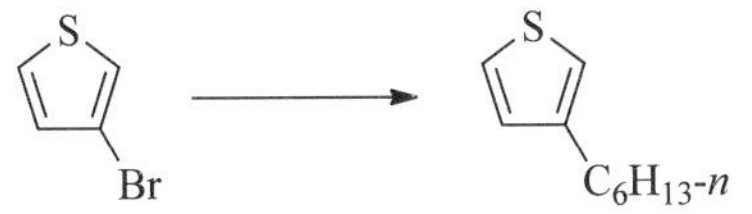

(iv)

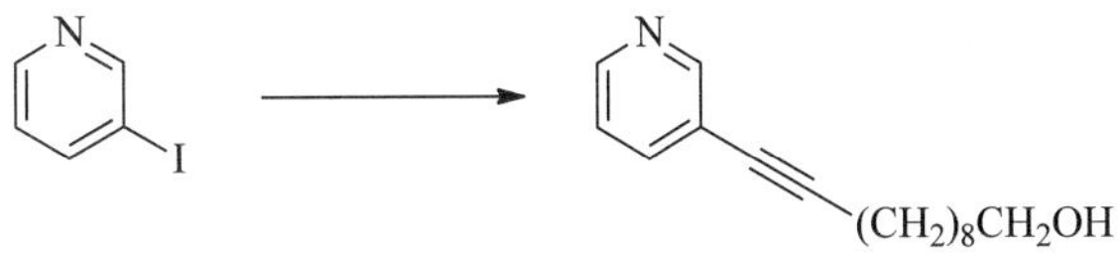

习题 25-2 为以下转换提供合理的、分步的反应机理：

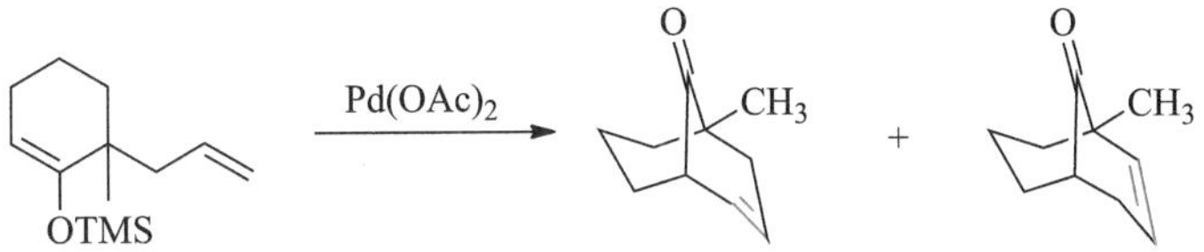

习题 25-3 请判断以下配合物中心金属的氧化态。并说明哪些是配位不饱和的，哪些是配位饱和的？

(i) 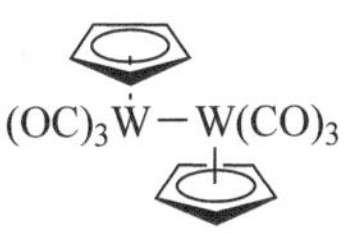 $(OC)_3W-W(CO)_3$

(ii) 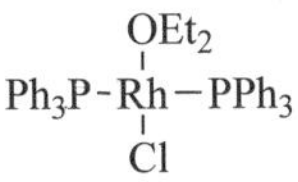 $Ph_3P-\underset{Cl}{\overset{OEt_2}{Rh}}-PPh_3$

(iii)

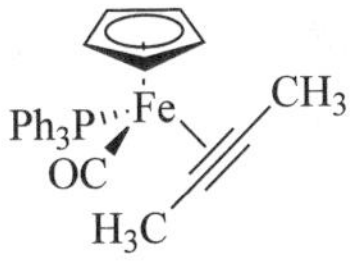

(iv)

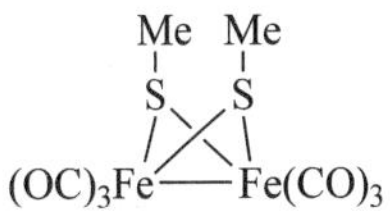

习题 25-4 2010 年，著名制药公司罗氏公司（Hofmann-LaRoche）申请了一项国际专利。专利内容是通过在金属催化下的偶联反应制备具有类似结构的衍生物。请完成以下反应式：

(i) 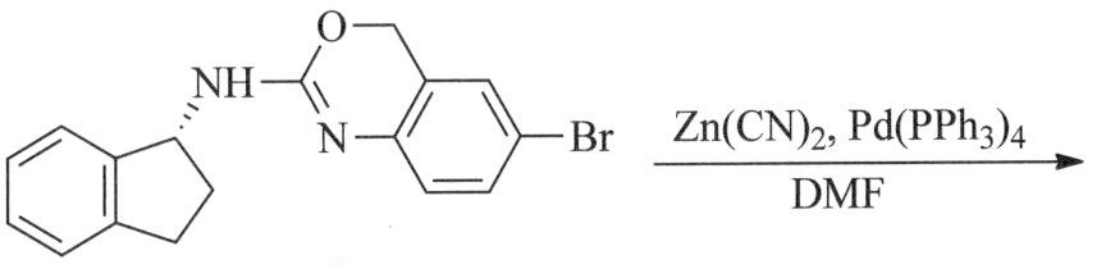 $\xrightarrow[\text{DMF}]{Zn(CN)_2, Pd(PPh_3)_4}$

(ii) 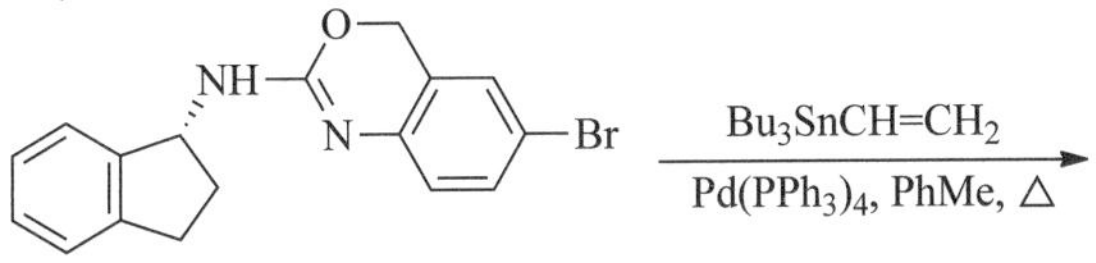 $\xrightarrow[Pd(PPh_3)_4, PhMe, \triangle]{Bu_3SnCH=CH_2}$

(iii) 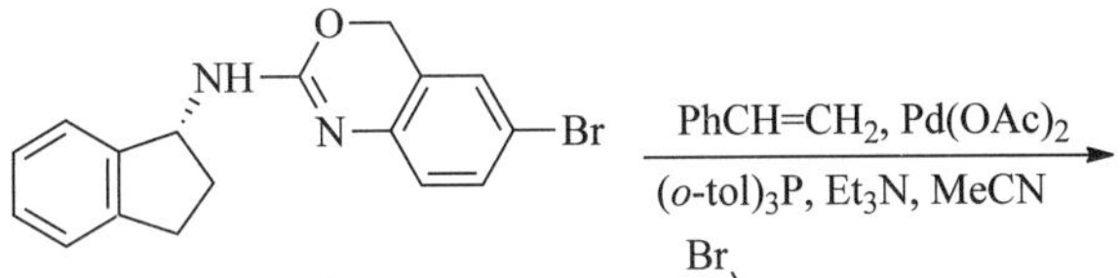 $\xrightarrow[(o\text{-tol})_3P, Et_3N, MeCN]{PhCH=CH_2, Pd(OAc)_2}$

(iv) 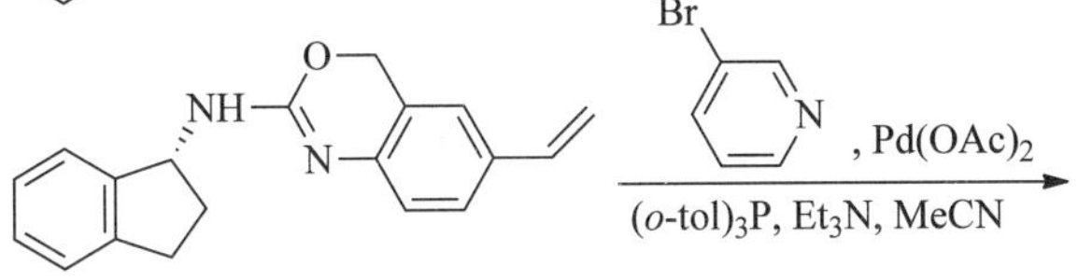 $\xrightarrow[(o\text{-tol})_3P, Et_3N, MeCN]{\text{, } Pd(OAc)_2}$

习题 25-5 完成以下反应机理：

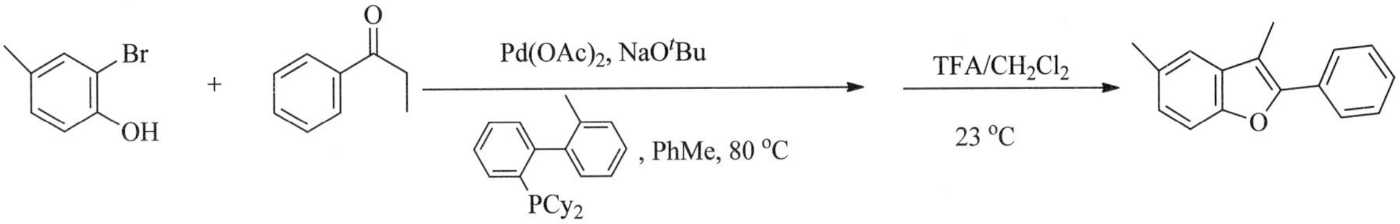

习题 25-6 请为下述转换提供分步、合理的反应机理：

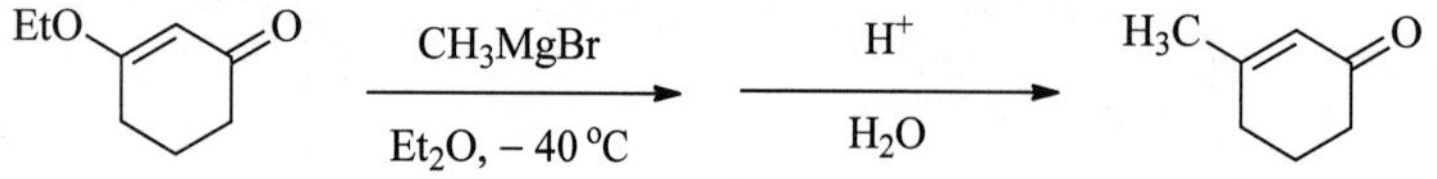

$$\text{EtO}\underset{O}{\bigcirc} \xrightarrow[\text{Et}_2\text{O},-40\,^\circ\text{C}]{\text{CH}_3\text{MgBr}} \xrightarrow[\text{H}_2\text{O}]{\text{H}^+} \text{H}_3\text{C}\underset{O}{\bigcirc}$$

习题 25-7 请问在以下反应中 CuCN 的主要作用是什么？（　　　）

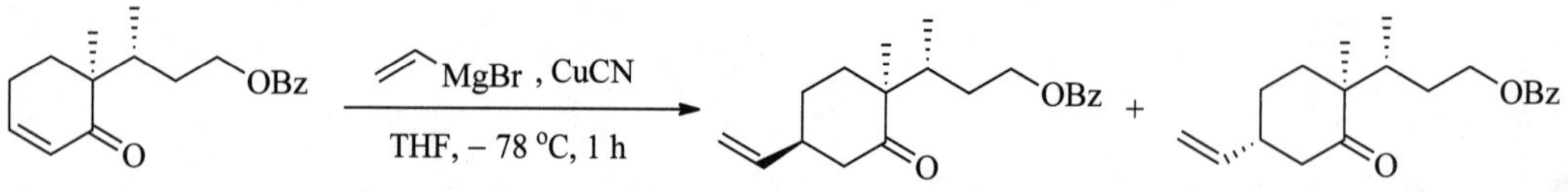

5 ： 1

A. 控制 1,4-、1,2-加成反应产物的比例　　　　B. 控制手性异构体比例

C. 氰根离子与镁配合增强格氏试剂的反应活性　　D. 亚铜离子与氧配合增强羰基的正电性

习题 25-8 请画出 Heck 反应催化循环图，并判断产物的立体选择性是由哪一步或哪几步机理控制的？

英汉对照词汇

acyclic diene metathesis polymerization；ADMP
　开环二烯复分解聚合反应

agostic　抓氢

back-bonding　反馈键

carbyne　卡拜

coordination　配位

coupling reaction　偶联反应

cross-coupling reaction　交叉偶联反应

cross metathesis　交叉复分解反应

dissociation　解离

elementary reaction　基元反应

fulvalene　富瓦烯

hapto number　齿合度

metal carbonyls　羰基配合物

olefin metathesis　烯烃复分解反应

ring-closing metathesis；RCM　关环复分解
　反应

ring-opening metathesis；ROM　开环复分解
　反应

ring-opening metathesis polymerization；ROMP
　开环复分解聚合反应

self metathesis　自复分解反应

第26章
有机合成与逆合成分析

20 世纪 60 年代,E. J. Corey 提出了逆合成分析理论。1969 年,E. J. Corey 完成了前列腺素 $F_{2\alpha}$ 和 E_2 的全合成研究工作。这是由 E. J. Corey 完成全合成研究工作的非常具有代表性的两个分子,在其全合成研究工作中,充分反映了 E. J. Corey 的逆合成分析的思想。

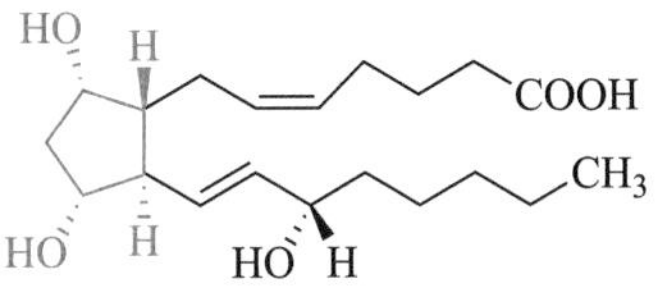

以前列腺素 $F_{2\alpha}$ 为例,E. J. Corey 提出了合成前列腺素的关键的中间体 Corey 内酯,并由此内酯推出了在前列腺素类化合物合成中通用的起始原料双环庚烷衍生物。

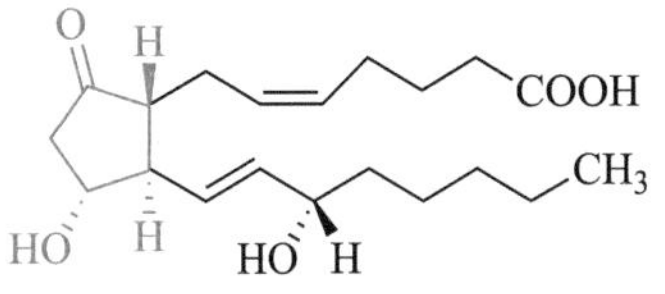

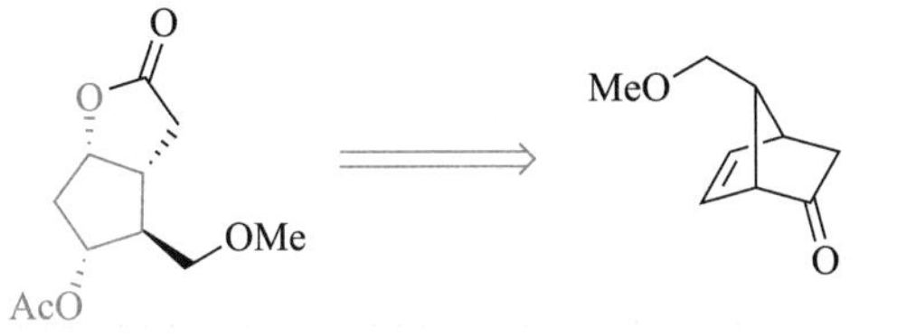

此后,多取代的双环[2.2.1]庚烷衍生物成为了制备多取代环戊烷的重要原料。

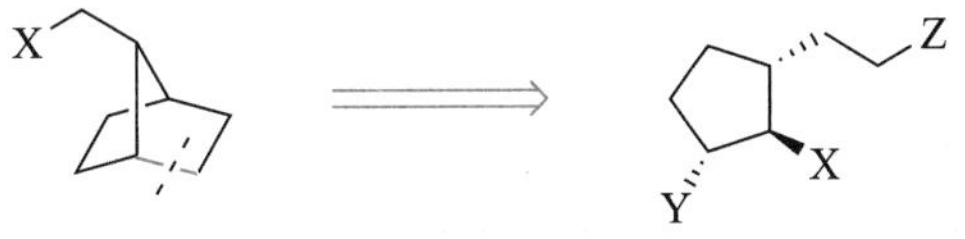

1828 年,德国科学家 F. Wöhler 首次人工合成了尿素。此后,有机合成研究成为了一个十分活跃的研究领域。除了少量可以从植物或海洋生物中分离得到外,大量的药物是化学家们在实验室合成的;除了少量从植物提取外,大量更为有效、更能持久着色的染料是化学家们在实验室合成的;人类日常生活使用的更多的材料,如合成高分子材料正在深刻地影响着我们的生活,而这些材料也都是化学家们在实验室中首先合成的。迄今为止,有机化学家已经合成了几千万种有机化合物,并使得有机合成成为了医药、生物和材料等研究领域的基石。

　　有机合成研究是一门实验科学,但是对许多有机合成工作者来说,在开展有机合成工作之前,首先应该对有机化学和各种有机反应有一个深入的了解;其次对要合成的目标分子有一个整体结构认知,只有这样才能设计出一个完整和合理的合成计划。因此也就产生了有机合成设计。

　　随着生命科学和材料科学的发展,生命科学家对许多生命过程和各种生命功能本质的认识已经深入到了分子的水平;而材料学家在构筑分子水平的各种器件和合成具有特定功能的有机材料过程中也提出了更多的设想。这使得科学家们对有机合成提出了更高的要求。在过去这些年中,有机合成在复杂分子的合成和材料科学的发展中都取得了辉煌的成果。像红霉素 A 这类复杂的化合物,它含有 18 个手性中心,也就是说它是 262 144 个可能的旋光异构体中的一个,因此合成与天然产物构型完全一致的化合物,在几十年前绝对是有机合成的一个奇迹。20 世纪 50 年代,R. B. Woodward 曾经断言,由于红霉素存在过多的不对称手性中心且结构十分复杂,几乎不可能进行全合成研究工作。而在 20 多年后,也正是 R. B. Woodward 完成了红霉素的全合成研究。

红霉素A的立体结构简式

　　20 世纪 70 年代,R. B. Woodward 关于维生素 B_{12} 的全合成工作以及 90 年代 K. C. Nicolaou 关于紫杉醇(taxol)的全合成工作被认为是有机合成发展的两个时期的代表作,标志着人类对大自然的模仿和好奇达到了一个新的高度。本章将主要针对有机合成的发展,以逆合成分析理论为基础具体介绍有机合成设计的基础知识、相关结构的逆合成分析的思路和方法,为读者提供更为开阔的有机合成思想。

26.1　逆合成分析

逆合成分析法又称切断法(the disconnection approach),是有机合成路线设计的最基本、最常用的方法。逆合成分析法是一种可逆向的逻辑思维方法。

　　在基础有机化学的学习过程中,一直关心的是反应以及反应机理;也就是为什么需要加入这种物质,才能生成另一种物质? 或化合物 **A** 是如何与化合物 **B** 反应生成化合物 **C** 的? 但是,对于我们日常研究工作而言,我们需要做的事情是如何得到某一个目标化合物。因此,我们首先看到的是产物,而不是原料;我们需要从产物回过头去看原料到底是什么,或者我们如何选择合适的原料来合成我们所需

E. J. Corey 的逆合成分析
学说被称为哈佛(Harvard)
学派的代表,并与剑桥
(Cambridge)学派的生源合
成学说一起成为现代有机
合成设计思想的基石。

到目前为止,读者已经见到
了六种箭头:
反应式中的箭头:
——→,表示从原料到产物;
共振式表达的箭头:
←——,表示箭头两边具有
相同结构的不同电子离域
的表达式;
反应平衡时的箭头:
⇌,表示箭头两边的化
合物可以相互转换;
逆合成分析的箭头:
⟹,表示此化合物可以
利用箭头右边的化合物为
原料来转换;
电子转移的箭头:
⁀:表示一对电子转移
的方向;
⁀:表示一个电子转移
的方向。

要的目标化合物。20 世纪 60 年代,E. J. Corey 提出了逆合成分析理论(retrosynthetic analysis)。他从剖析目标化合物的分子结构入手,根据分子中各原子间连接方式(化学键)的特征,采用"切断一根化学键"分析法,综合运用有机化学反应方法和反应机理的知识,选择合适的化学键进行切断(disconnection),将目标分子逐渐转化成一些较小的中间体;再以这些中间体作为新的目标分子,将其切断成更小的中间体;以此类推,直到找到可以方便购得的起始原料为止。这是一种从合成产物的分子结构入手,采用"切断一根化学键"分析法,来得到所需合成原料(合成子)的合成化学的逻辑思考方法。简单地说就是,将目标化合物倒退一步寻找上一步反应的中间体,该中间体同其他辅助原料一起反应,可以得到目标化合物。例如,以下化合物可以通过 Michael 加成反应进行切断,得到两个最简单的原料:

1991 年,E. J. Corey 因其提出的逆合成分析理论而获得诺贝尔化学奖。逆合成分析理论是当今有机合成中最被普遍接受的合成设计方法论。E. J. Corey 的逆合成分析理论推动了 20 世纪 70 年代以来整个有机合成领域的飞速发展。此后,有机合成的快速发展使得有机化学与其他学科进一步交叉渗透,所取得的研究成果促使有机合成研究所关注的目标分子不仅仅局限于它们的结构,而且还涉及目标分子的功能或活性。

26.2 有机合成的基本要求和驱动力

26.2.1 有机合成的基本要求

有机合成的基本要求包括:合成的反应步骤越少越好,每步反应的产率越高越好,以及原料越便宜越易得越好。因此,有机合成的目的是尽可能地选择最便宜最易得的原料,通过各种有机反应将原料化合物经"拼接"和"剪裁"最终转化成复杂的目标分子结构。有机反应的作用是使原来分子中的某一根或几根化学键断裂并形成一根或几根新的化学键,从而完成由原料分子到目标分子的转换。原子利用率(或原子经济性)、反应条件温和以及绿色化学是现代有机合成的最高目标。

对一个初学者而言,可能不理解上述三条要求对有机合成是多么的重要,但正是这三项要求促进了有机合成以及相关的有机合成方法学的发展。这从下面的推算数据中可以清楚看出。在多步有机合成中,如果每步反应的产率为 90%,那么经过 5 步反应后,其总产率为 59%;但是如果在这 5 步反应中,有一步的反应产率为 50%,其总产率降为 33%;如果每一步反应的产率都为 50%,其总产率只有 3%。由此可见,合成反应的步骤和每一步反应的产率对一个复杂的合成过程来说是多么重要。因此,考虑到反应产率对目标化合物的合成起着决定性的作用,减少实验步骤可以使反应的效率得以提高。在这些理念的基础上,就可以理解对一个复杂化合物的合成路线设计而言,汇聚式合成(convergent synthesis)要比线性合成(linear synthesis)在合成产率上优越得多。

因此,可以设想如果一条合成路线中的步骤超过 10 步,汇聚式合成将会表现出巨大的优势。

线性合成路线:

$$A \xrightarrow{\ B\ } C \longrightarrow D \longrightarrow E \longrightarrow F \longrightarrow G \longrightarrow H$$

如果每步产率为 90%,6 步反应后总产率为 53%。

汇聚式合成路线:

$$
\begin{array}{c}
A \xrightarrow{\ B\ } C \longrightarrow D \\
E \longrightarrow F \longrightarrow G
\end{array}
\longrightarrow H
$$

如果每步产率为 90%,两步的总产率为 81%;再汇聚合成后的产率为 73%。与线性合成相比,汇聚式合成不仅反应步骤要少一步,而且产率提高了很多。

26.2.2 有机合成的驱动力

本质上,有机合成的驱动力在于人类的好奇心和兴趣。

有机合成的驱动力主要有以下三种:

(1) 发展各种新的、高效的有机反应方法,并将其应用于有理论研究或实用意义分子的合成中。

(2) 利用天然的或未被充分利用的原料合成各种具有应用价值的物质。

(3) 合成一些适合特定需求的特殊有机分子。

以下我们逐点讨论有机合成的驱动力。

1. 发展各种新的、高效的有机反应方法,并将其应用于有理论研究或实用意义分子的合成中

2005 年获得诺贝尔化学奖的烯烃复分解反应已在多个研究领域体现了很高的应用价值。

20 世纪 70 年代以来,有机化学家们发展了许多新的反应。将这些新的有机反应应用到各种复杂分子的合成中,促进了有机反应方法学的飞速发展。2000 年,在倍半萜烯(+)-asteriscanolide 的全合成研究工作中,L. A. Paquette 成功地利用烯烃复分解反应构筑了一个八元环系:

(+)-asteriscanolide

大环内酰胺 fluvirucin B₁ 和 B₂ 具有很好的生物活性,已经被用做抗真菌剂以及抗流行性感冒 A 病毒的药物。

大环内酰胺 fluvirucin B₁ 和 B₂ 由于其独特的生理活性成为了有机合成化学家十分感兴趣的合成目标。合成这类化合物的挑战之一就是在构造立体中心时需要很高的选择性。此外,为了达到测试生理活性的目的,合成方法应该尽可能灵活,以利于选择性地制备各种相似物(当然,包括一些在自然界中没有的化合物)。在多数情况下,过渡金属催化的反应都能实现上述要求。基于这个原因,A. H. Hoveyda 充分利用烯烃复分解反应的优点来实现了 fluvirucin B₁-糖苷的全合成工作:

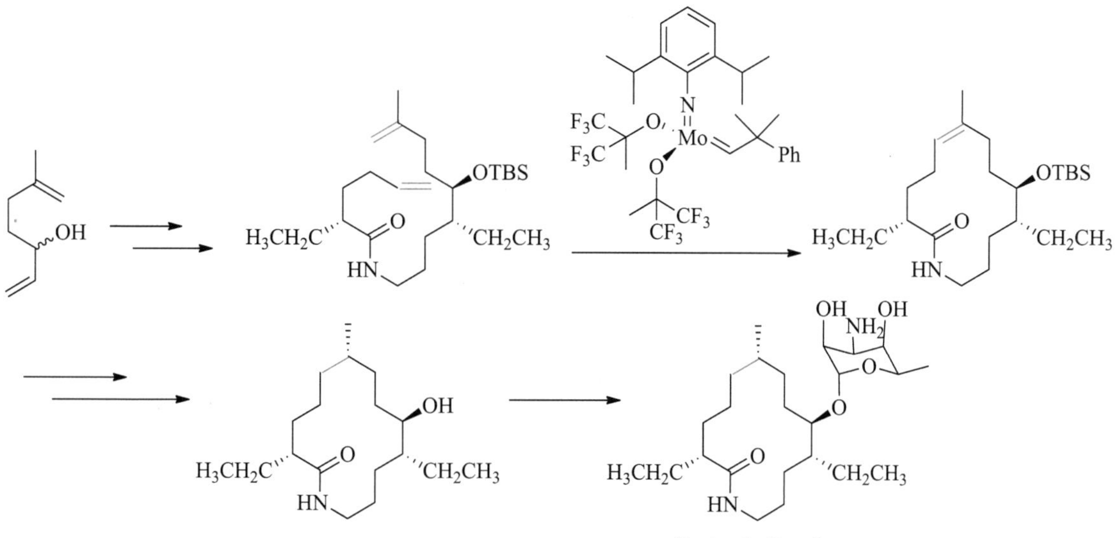

烯烃复分解反应还是高分子材料合成的有效方法之一。

fluvirucin B₁-aglycone

合成 erythromycin 衍生物的重要目的通常是证明某一独特方法的优点或其高效性。

高效抗生素 erythromycin A 和 B 的全合成贯穿于整个现代有机合成化学的历史中。1991 年,R. W. Hoffmann 等人报道了通过他自己发展的巴豆基化反应(crotylation,烯丙基硼烷与醛反应生成烯丙基醇的反应)合成了 erythronolid A,充分表明了巴豆基化反应的高效性和实用性:

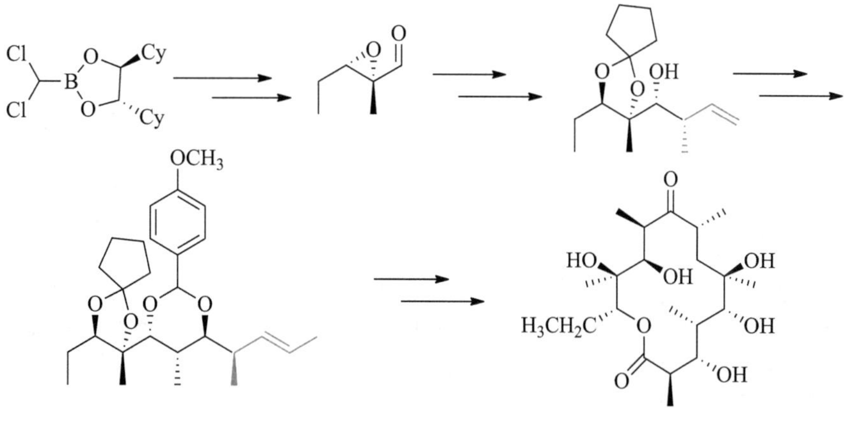

erythronolid A

2000 年获得诺贝尔化学奖的 Sharpless 不对称环氧化和不对称双羟基化反应是 20 世纪最著名的有机反应之一,在这类反应发现之后就被应用于许多光活性天然产物的全合成中。

1995 年,T. R. Hoye 在构筑具有很强细胞毒性的分子 asimicin 时,成功地利用 Sharpless 不对称双羟基化反应,在分子中引入了所需的手性中心:

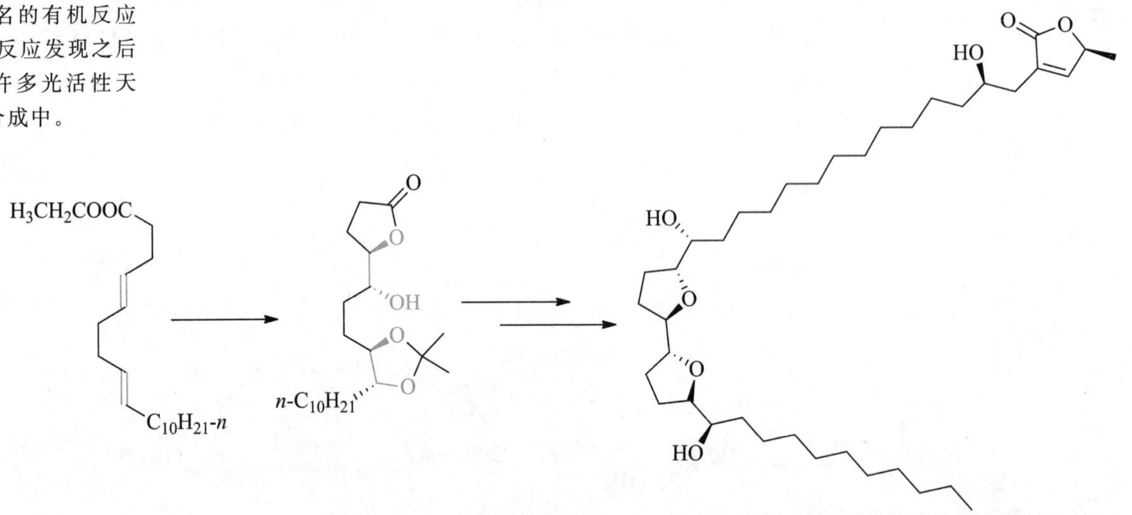

1999 年,A. Gosh 及其合作者报道了利用高立体选择性汇聚式全合成方法合成一类重要的肽基核苷多氧菌素,(+)-polyoxin J。在其合成工作中,A. Gosh 多次采用了 Sharpless 不对称环氧化反应:

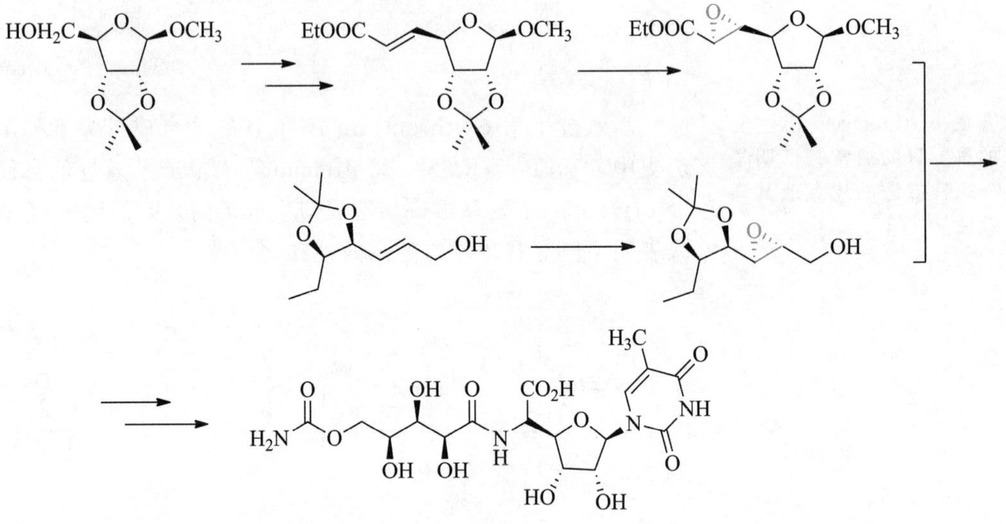

(+)-polyoxin J

Efavirenz(DMP 266)是一种有效的非核苷类艾滋病病毒(HIV)逆转录酶的抑制剂,1998 年,通过了美国食品与药品监督管理局(FDA)的鉴定,注册用于治疗艾滋病(AIDS)。

2. 利用简单的天然原料和化工原料合成各种有机化合物

利用自然界中许多丰富的手性或者非手性原料以及各种工业化工原料合成一些复杂的有机分子一直是有机合成化学家的研究课题。默克(Merck)公司和杜邦(DuPont)公司的科研人员利用对氯苯胺为原料通过 5 步反应以 75% 的总产率合成了对映体纯的 Efavirenz:

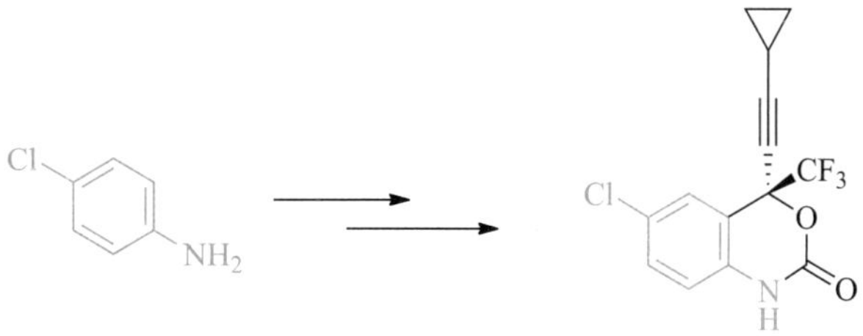

Efavirenz

1997 年,W. Oppolzer 以(R)-乳酸为原料首次完成了具有独特的双环[3.1.0]己烷碳骨架的对映体纯天然产物(−)-α-thujone 的全合成工作:

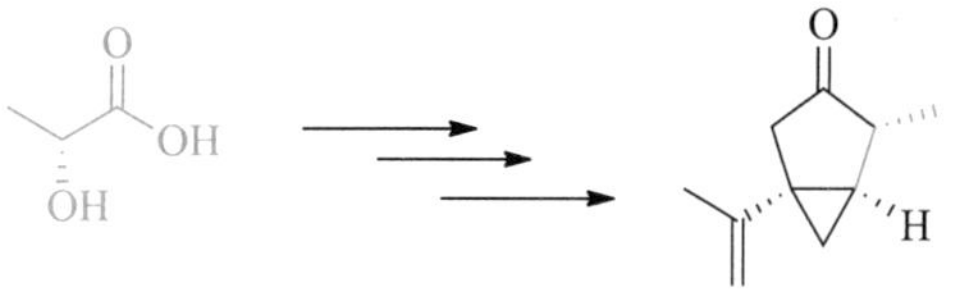

(−)-α-thujone

1995 年,M. Mori 报道了以(R)-脯氨酸为原料首次完成对映体纯的(−)-cephalotaxin 的全合成:

在这之前所有的全合成得到的 cephalotaxin 都是外消旋化合物。

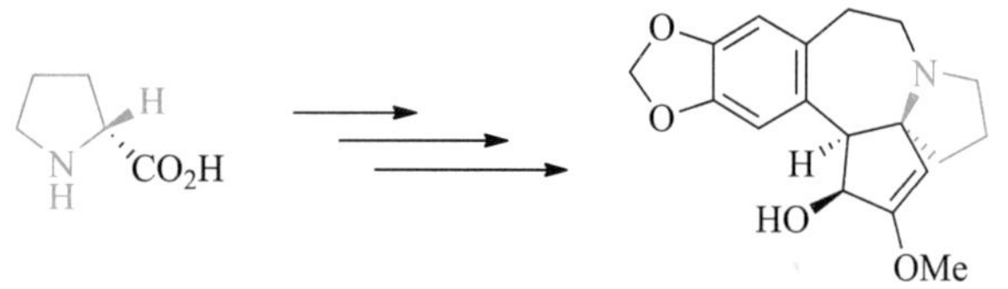

(−)-cephalotaxin

当然,还有许多原料可以利用,如我国大量生产的 α-蒎烯、松香,以及各种天然资源如葡萄糖、各种氨基酸等。因此,以廉价的原料为出发点设计合成路线,充分利用原料的结构特征以及反应特性已经成为有机合成研究的一个方向。

3. 特定目标分子的合成

在有机合成过程中,经常需要我们合成一些特定的目标分子,以了解分子的性能以及结构与性能的关系等等,这就需要我们对特定分子加以具体分析,选择最佳的合成路线。例如,在有机半导体 n-材料的基本骨架 **BDOPV** 的合成中,就采用了简便的羟醛缩合反应:

这是本书作者发展的具有高电子迁移率的有机半导体材料。**BDOPV** 的含义是北大(**Bei**da)的寡聚苯乙烯(**OPV**)类衍生物。

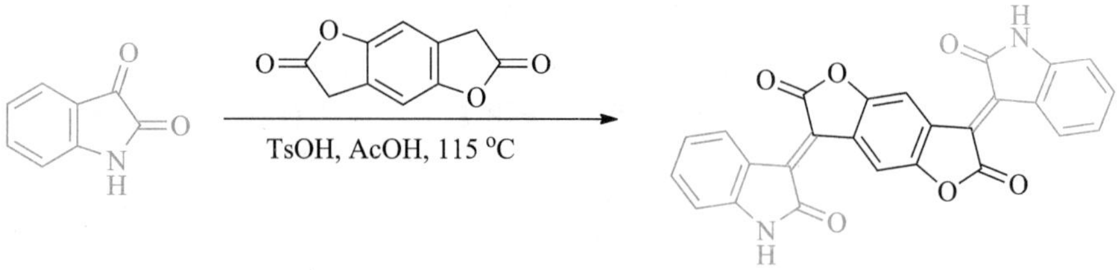

TsOH, AcOH, 115 °C

BDOPV

26. 3 有机合成设计的基本概念

自从 E. J. Corey 提出逆合成分析理论后,许多目标化合物的合成通常会采用逆合成分析理论尝试得到合适的起始原料以及合理的合成路线。为了很好地应用逆合成分析理论,首先需要了解一些相关的基本概念和术语。

26.3.1 逆合成分析、起始原料和目标分子

逆合成分析用双线箭头"⟹"表示(可以用具体的方式,如转换、切断、连接、重排等方式)。

试剂也是合成子的合成等价物。
计划合成的分子称为目标分子,通常用 TM 表示。

逆合成分析是一种逻辑推理的分析过程。它将目标分子(target molecule, TM)按一定的规律通过切断或转换推导出目标分子的合成子(synthon)或与合成子相对应的试剂(reagent)。其一般式可表达为:

目标分子 ⟹ 合成子以及相对应的具体试剂或原料

通过完整的逆合成分析过程可以得出最简单的化合物,即整个合成利用的第一个化合物,称为起始原料(starting material,SM)。起始原料通常是一些商业化的产品,是在自然界中大量存在或工业界大量生产的化合物。此外,在合成过程中,还需要各种试剂,它们是在所设计的合成路线中起反应的化合物。通过试剂和起始原料或中间体反应,可以生成各种新的中间体或目标分子。

因此,逆合成分析的基本思路是从分析目标分子的结构出发合理地利用各种反应来进行逆向推理,即利用实际化学反应的逆过程来实现各种官能团的转换、产生或消去,或是实现键的断裂或形成,从而得出目标化合物的前体——一个或几个新的化合物结构。这项工作需要反复进行,一直到推出的化合物是指定原料或易得的化工原料或天然原料为止。

一个目标分子的合成路线不是唯一的,因此需要进行合理的分析和认真的推敲。也许,对于一个比较简单的目标分子,能选择出最优化的合成路线;而对于一个比较复杂的目标分子,特别是一些天然产物,往往有多条较好的合成路线,这就是天然产物全合成的魅力所在。选择最合理的合成路线并高产率地获得目标产物,同时减少对环境的污染,一直是合成化学家们追求的目标。例如,马钱子碱(strychnine)是第一个被人们以纯品形式分离得到的生物碱。20 世纪 50 年代,R. B. Woodward 第一次经过 28 步反应以总产率 0.00006% 成功地合成了此化合物,在以后的 40 年中无人能突破此工作。1992 年,P. Magnus 及其合作者经过 27 步反应以总产率 0.03% 合成了此化合物。1993 年,L. E. Overman 及其合作者经过 25 步反应以总产率 3% 也合成了此化合物。1994 年,V. H. Rawal 及其合作者经过 15 步反应以总产率 10% 合成了此化合物。

近些年来,采用更为高效的合成方法,简便、高产率地合成经典的天然产物或药物成为了有机合成相当热门的研究方向。

strychnine

26.3.2 切断、合成子、反合成子以及合成等价物

切断(或称分拆)是指通过合理的方法断裂分子中的某一根键,从而得到两个

在前面的学习中,我们通常只学习化合物 **A** 和化合物 **B** 会生成什么化合物(产物),或者如何反应生成化合物 **C**(反应和机理)。

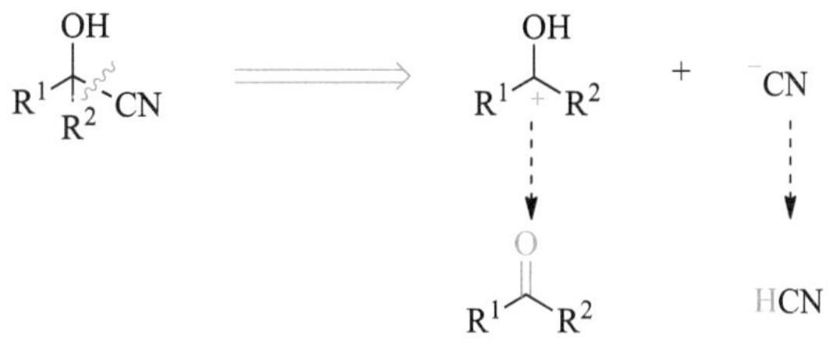

合成子。它是一个有机反应的逆过程,通常用一条波纹线 ～～ 穿过被切断的键来加以表示。切断法是从目标化合物的骨架结构出发,探寻如何找到合适的原料,并最终合成目标化合物。因此,需要对反应进行可逆的观察。切断一根键的前提条件首先应该知道这根键是如何形成的,也就是必须先了解这个反应。例如,通过前面的学习,已经知道酮和氢氰酸反应可以生成 α-氰基醇,那么,目标化合物 α-氰基醇的切断方式应该是酮和氢氰酸反应形成的那一根键:

在了解更多的反应之后,才能熟练地对相应的键进行切断,找出原料,完成目标化合物的合成工作。

因此,切断一根键与形成一根键正好是一个反过程。键的断裂方式可以分为:异裂切断、均裂切断和电环化切断。

异裂切断是在一根键切断的过程中,其成键的一对电子完全归属于其中一个合成子。因此,通过异裂切断,可以得到带正电荷和带负电荷的两种合成子。例如

从带正电荷和带负电荷的两种合成子再找出相应的原料。

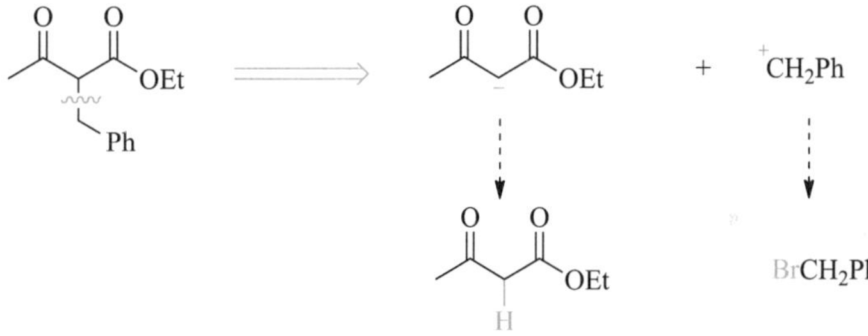

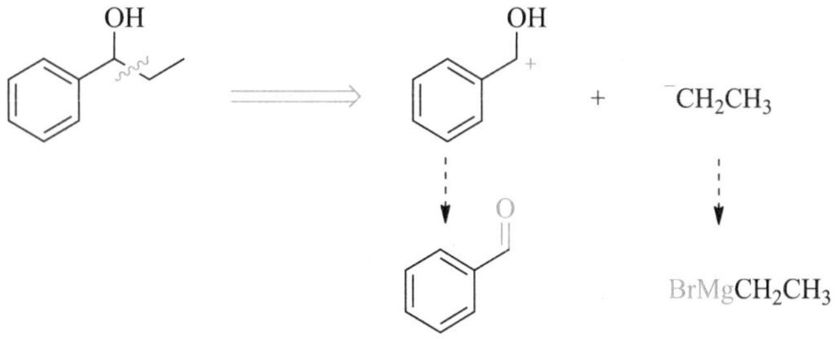

均裂切断是指在一根键切断的过程中,其成键的一对电子平均分配于相应的两个合成子。因此,通过均裂切断,可以得到两个电中性的自由基合成子。例如

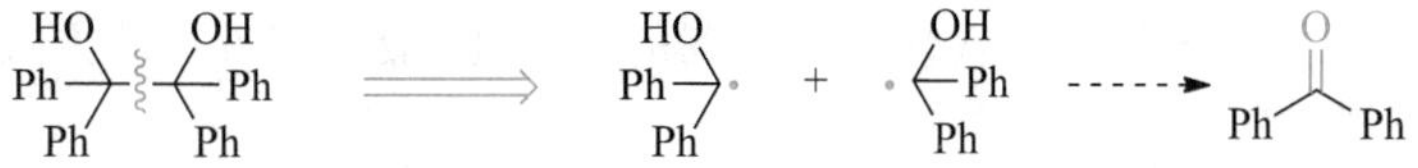

电环化切断通常是指在一个环状化合物的切断过程中,需要通过电子转移的方式切断相应的键,由此产生的合成子不可能带有电荷或为自由基。因此,通过电

环化切断,可以得到两个电中性的合成子。例如

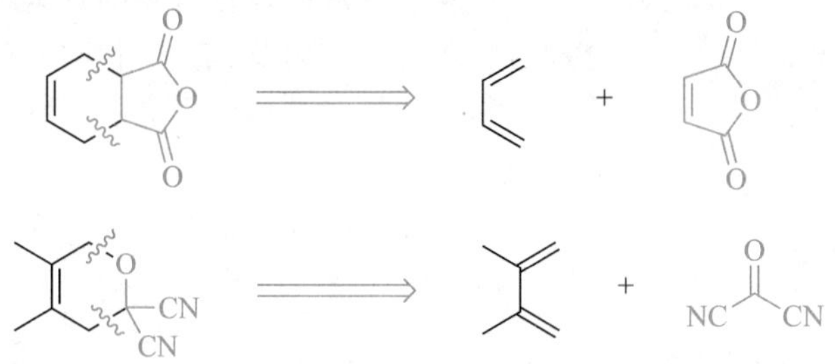

合理的逆合成分析应该既能给出合适的、简单的原料,又能得出合理、可行、简捷的合成路线。

切断必须以已知的、切实可行的反应为基础。例如,对于酰胺键的形成最常见的合成方法为酰氯与氨基的反应,因此,可以将以下的目标产物中的碳氮键切断得到两个起始原料:二甲胺和酰氯。

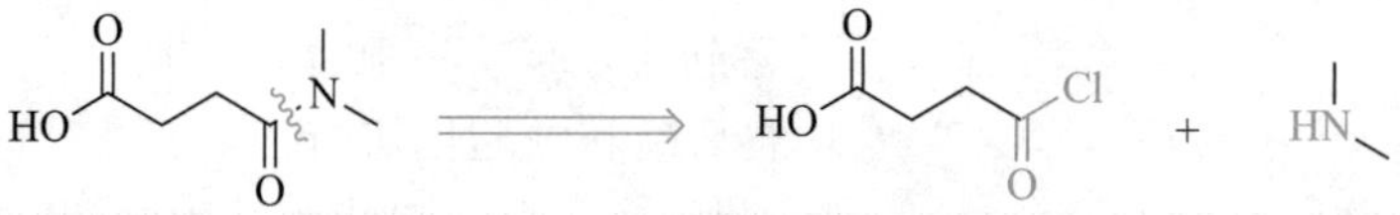

然而,很快发现此酰氯化合物由于分子中含有另一个羧基,使得此化合物不可能存在,它很快会转化为一个环状酸酐。因此,以上的切断方式虽然提供了一个已知的反应,但并没有提供一个切实可行的反应。正确的方式应该是通过此切断方式得到两个更为合理的原料:丁二酸酐和二甲胺。

每一个通过拟合成分析所得出的合成子必须是合理的,存在相应的化合物。

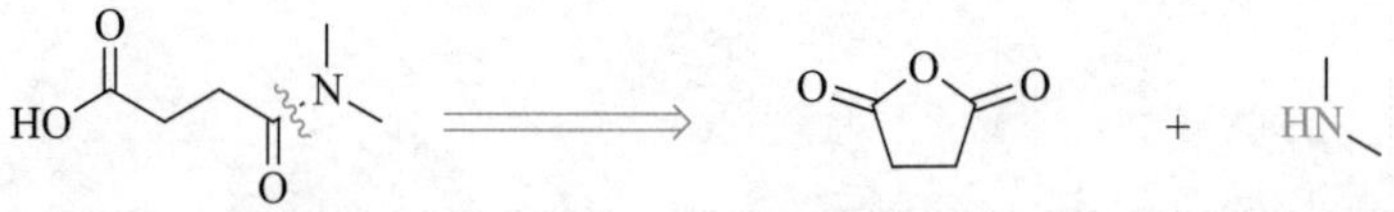

正离子称为受体合成子(acceptor synthon,简写为a),负离子称为供体合成子(donor synthon,简写为d),电中性的合成子简写为e,其中的中性自由基(radical)简写为r。

对分子中的化学键进行切断时,所产生的分子碎片称为合成子。合成子可以是正、负离子,也可以是电中性的。通常,在异裂切断过程中,会产生带正电荷的合成子和带负电荷的合成子。例如,在下面切断中产生的两个片段均为合成子,通常带负电荷的合成子在合成过程中为电子的给体,因此称为供体合成子;反之,带正电荷的合成子在合成过程中为电子的受体,因此称为受体合成子。

此时,应该考虑的是‾COOH不是一个合理的合成子,羧基上的碳原子通常应该是正性的。因此,这个合理的合成子应该是‾CN。

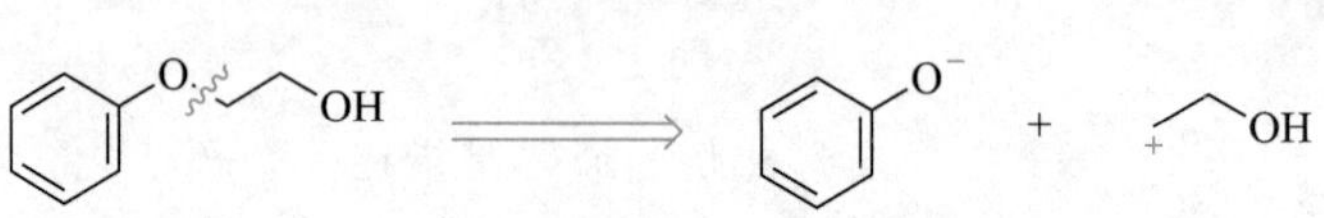

合成子是分子在切断时产生的片段,它们往往是活性中间体或实际上并不存在的结构片段。在 2-苯氧基乙醇的逆合成分析中,醚的合成是通过醇的负离子和卤代烷反应得到的。因此,最切实可行的方式是切断醚键,可以得到两个合成子:

接着,开始考虑如何得到这些合成子。在合成时,真正使用的是与合成子相对应的试剂,称为合成等价物(synthetic equivalents)。那么,苯酚负离子的合成等价物为苯酚:

接着,开始考虑如何得到这些合成子。在合成时,真正使用的是与合成子相对应的试剂,称为合成等价物(synthetic equivalents)。那么,苯酚负离子的合成等价物为苯酚:

另一个正离子合成子的合成等价物为

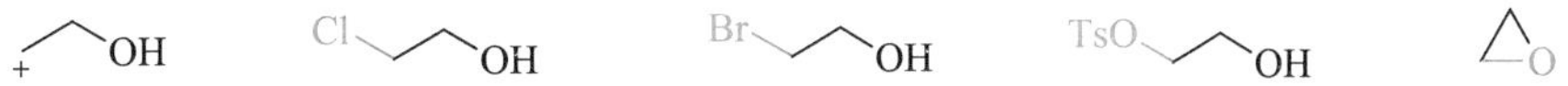

在上述切断中,对于任何一个合成子而言,其合成等价物不是唯一的。考虑到环氧乙烷为气体,而醚化反应是在加热条件下进行的,因此,环氧乙烷不是一个合适的原料。根据以上推理过程,可以设计出以下的合成路线:

这时可以考虑将苯酚负离子作为亲核基团,而另一个合成子的被进攻位点上连接一个易离去基团。

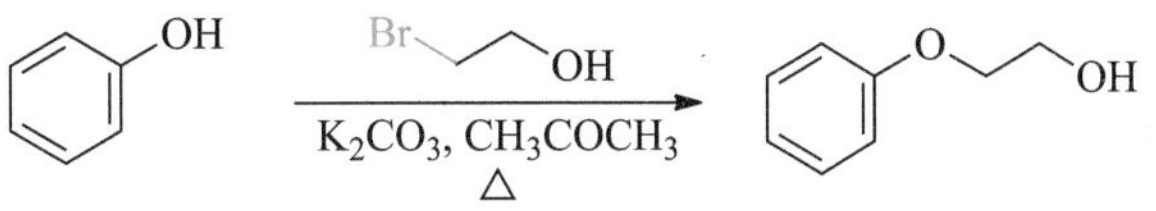

因此,反合成子最终还是要转化为合成子,只是通过分析在目标化合物中找出与合成子相对应的结构单元。

反合成子(retron):为了避免与合成子或合成中间体互相混淆,E. J. Corey 在逆合成分析中使用了反合成子这个术语。反合成子是指进行某一种转化所必需包含的结构单元或化合物。如下列化合物 **1**、**2**、**3** 以及 **4** 中用蓝色表示的结构单元分别为 Diels-Alder 反应、Claisen 重排、Robinson 增环和 Mannich 反应的基本反合成子:

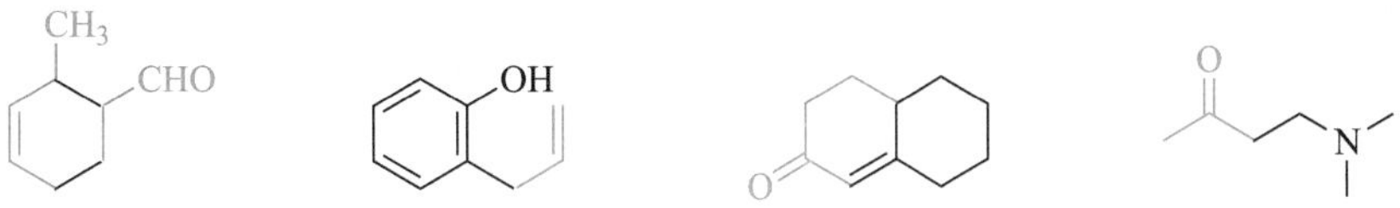

1   **2**   **3**   **4**

26.3.3 切断的基本方式和基本原则

对于一个复杂分子而言,其逆合成分析中切断的位置或键并不是唯一的。例如,芳香酮可以有以下两种切断方式:
方式 1:

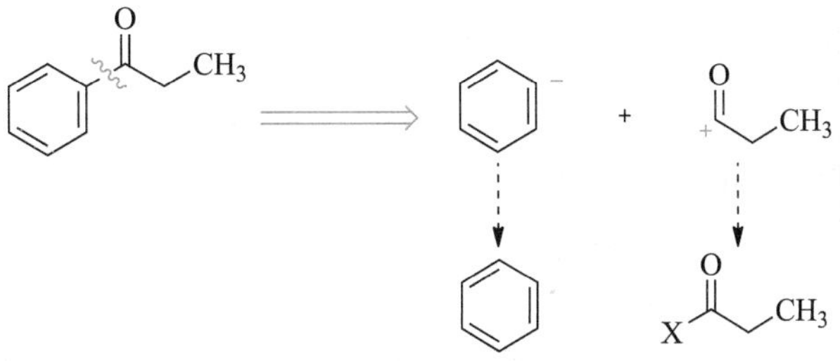

在基础有机化学的学习范围内,容易得到的化工原料有:含五个碳原子以下的单官能团化合物,含双数碳原子的直链羧酸或含六个碳原子的直链二酸以及它们的单酯或双酯衍生物、环己酮、环己烯、苯、甲苯、二甲苯以及萘或其他简单的一取代苯等。

方式 2：

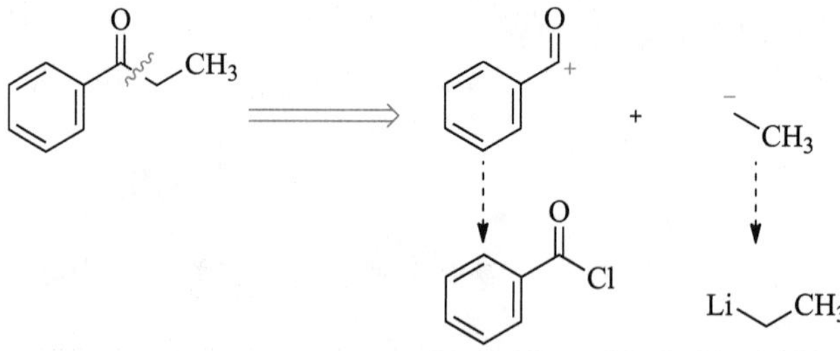

当 X 为卤素时，此合成等价
物应该是酰卤；而当 X 为酰
氧基时，此合成等价物应该
是酸酐。而此反应应该是
苯的傅-克酰基化反应。

方式 1 将酮羰基与苯环相连的那根 σ 键切断，得到两个合成子，即苯环负离子和酰基正离子。苯环负离子的合成等价物可以为苯；酰基正离子的合成等价物应该是在带正电荷的碳原子上连接一个离去基团 X，这个 X 可以是卤素，也可以是酰氧基。

方式 2 将酮羰基与乙基相连的那根 σ 键切断，同样得到两个合成子，即苯甲酰基正离子和乙基负离子。苯甲酰基正离子的合成等价物可以由相应的酰卤或酸酐得到，乙基负离子的合成等价物可以来自乙基锂或乙基铜锂。但是，方式 2 的切断所对应的反应显然没有方式 1 的切断所对应的反应容易实施。

逆合成分析中的切断方式可以分为五种：

1. 极性键的切断方式

切断应该遵循的第一个原
则是：必须基于合理的反
应机理，以已知的、可靠的、
简捷的合成方法为基础。

在有机化合物中，含量最多的杂原子通常为氧原子和氮原子。在有机反应中，氧原子和氮原子由于带有孤对电子，常常是作为亲核基团参与有机反应，而且它们参与的反应类型有很多。这些化合物有醚、酯、酰胺、胺、酸酐、缩醛、缩酮、硫化物等。例如，阿司匹林是常用的药物，在寻找阿司匹林的合成子时，首先考虑切断碳氧键：

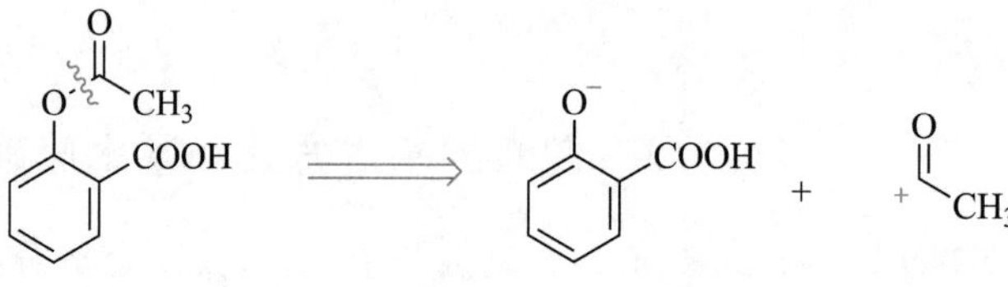

切断应该遵循的第二个原
则是：杂原子连接的键优
先考虑被切断。此切断属
于异裂切断，通常杂原子带
负电荷，为给体合成子。

通过此异裂切断可以得到两个合理的合成子。其相应合成等价物分别为邻羟基苯甲酸以及乙酸酐（或乙酰氯），这两个试剂在碱性条件下反应，即可以生成目标化合物。

在碳杂原子键的切断过程
中，要考虑合成子的合理性
和反应的可行性。

2. 通过官能团转换、官能团引入和官能团消除的方式进行切断

在有些情况下，目标化合物中的有些官能团在反应过程中发生了转化。因此，为了顺利地实现对特定键的切断，在不改变碳骨架的基础上，需要将一个官能团转换成另一个官能团，称为官能团转换（functional group interconversion，简写为 FGI）。例如

切断应该遵循的第三个原则是：在多根键切断的过程中，要避免产生化学选择性的问题。易反应的官能团所连接的键优先切断。

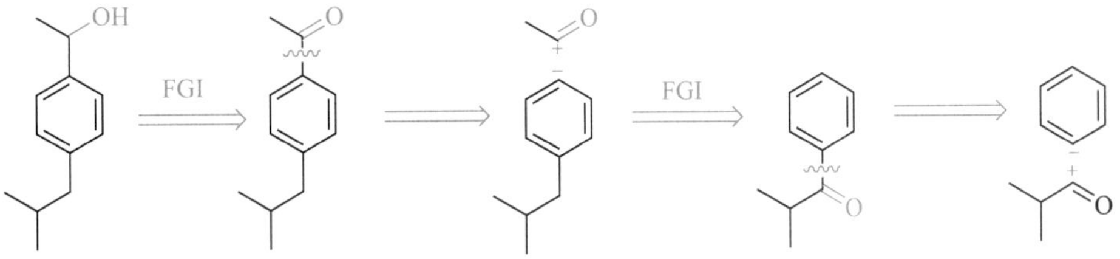

因此，这个目标化合物的合成路线为

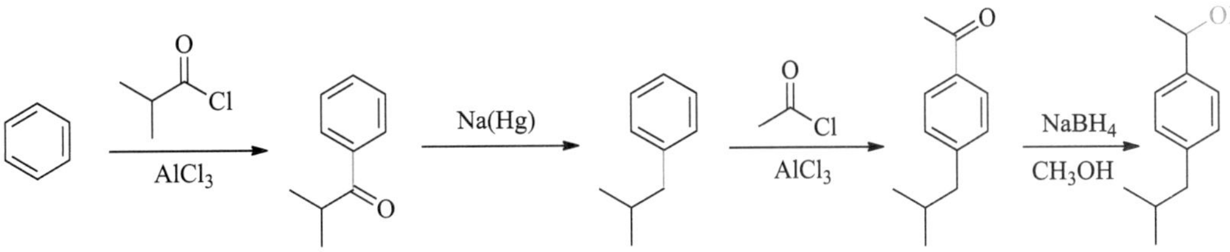

在有些情况下，目标化合物中的有些官能团在反应过程中消失了。因此，为了顺利地实现对特定键的切断，在不改变碳骨架的基础上，需要在分子中添加一个官能团，称为官能团引入（functional group addition，简写为 FGA）。例如，抗心律失常和钠通道阻滞剂的生物碱鹰爪豆碱（sparteine）的逆合成路线：

1960 年，E. E. van Tamelen 和 R. L. Foltz 以丙酮、甲醛和哌啶为原料在乙酸中经 Mannich 反应得到了氨甲基化产物，此化合物经醋酸汞氧化成亚胺正离子，很快原位羟醛缩合反应得到 sparteine。

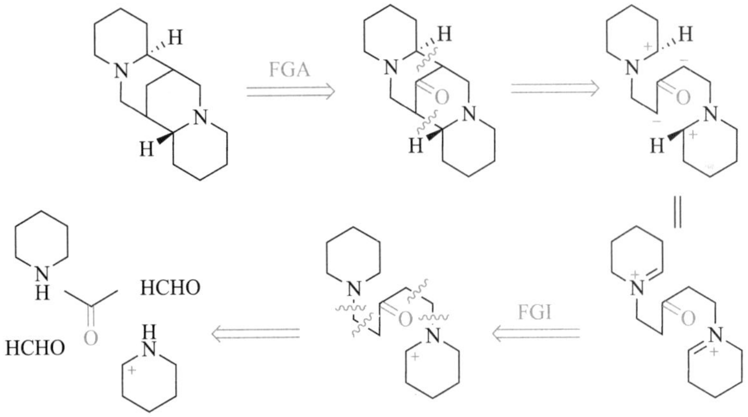

在某些情况下，目标化合物中的有些官能团是在反应过程中首次产生的。因此，为了顺利地实现对特定键的切断，在不改变碳骨架的基础上，需要将一个官能团从分子中除去，称为官能团消除（functional group removal，简写为 FGR）。例如

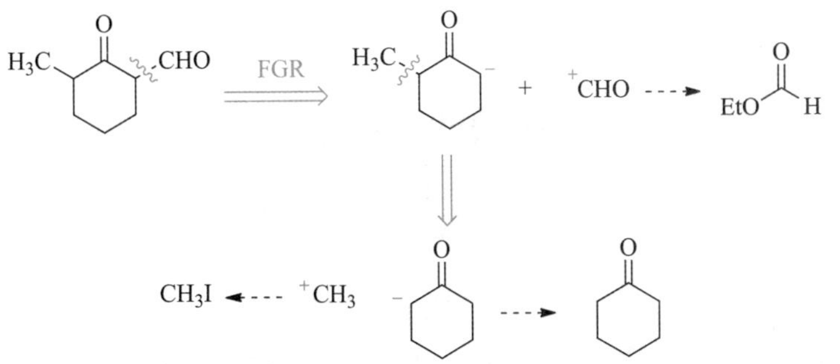

3. 切断转换：碳碳键构筑的反应

碳碳键的构筑是有机合成中最常见的反应。因此，在逆合成分析中，常常需要通过合理的碳碳键切断方法寻找合适的合成子。例如，醇分子中的碳碳键切断可以按逆的格氏反应进行碳碳键的切断。这种在目标分子骨架上进行碳碳键切断并转换的方式称为键的切断转换（bond disconnection transforms，简写为DIS）。

此切断过程的逆合成分析依据羰基化合物的格氏反应。

$$\underset{R^1}{\overset{OH}{\underset{\ \ }{\diagdown}}}R^2 \quad \overset{DIS}{\Longrightarrow} \quad \underset{R^1}{\overset{O}{\diagdown}}^+ \quad + \quad ^-R^2$$

$$\underset{R^1}{\overset{O}{\diagdown}}H \quad + \quad BrMg-R^2$$

4. 连接：碳碳键切断的反应

在有些有机反应中，通常会发生碳碳键切断的反应，例如臭氧化反应或邻二醇的氧化切断。因此，在逆合成分析中，为了寻找合适的起始原料，可通过将这些断裂的键再次连接的方式（bond reconnection transforms，简写为 REC）实现。为了表明连接的逆过程，需要在符号 $\Longrightarrow$ 上标明转换的类型和可能的反应种类。在逆向分析中，将目标分子中的两部分连接起来的过程称为连接（connection，简写为 con）。例如在下面的反应中，连接的逆向过程可表示如下：

此连接过程的逆合成分析依据碳碳双键的臭氧化反应。

$$\underset{CHO}{\overset{CHO}{\diagup}} \quad \overset{con}{\Longrightarrow} \quad \bigcirc$$

5. 重排：碳碳键重组的反应

有时目标分子是由前体分子经碳架重组后形成的，其逆向过程需将目标分子的碳架结构转变为前体分子的碳架结构，这种逆向过程称为重排（rearrangement，简写为 rearr）。为了表明重排的逆过程，需要在符号上标明转换的类型和可能的反应种类。例如在下面的反应中，重排的逆向过程可表示如下：

此重排过程的逆合成分析依据邻二醇的 pinacol 重排。

$$\underset{Ph}{\overset{O}{\diagdown}}\underset{Ph}{\overset{Ph}{\diagup}} \quad \overset{rearr}{\Longrightarrow} \quad \underset{Ph}{\overset{Ph\ OH}{\diagdown}}\underset{Ph}{\overset{Ph}{\diagup}} \quad \dashrightarrow \quad \underset{Ph}{\overset{Ph\ OH}{\diagdown}}\underset{OH}{\overset{Ph}{\diagup}}Ph$$

26.4 C—X 键的切断

碳原子与各种杂原子 X 连接的 C—X 极性键是有机化合物体现各种性能的重要基团，因此，这类键的构建成为有机合成化学的重要研究对象。

26.4.1　单官能团化合物中 C—X 键的 1,1-切断

在许多有机合成中,常常会涉及醇、胺、酯等化合物的合成,而其中的杂原子通常是亲核性的杂原子。因此,经过这种 C—X 切断的方式,将会得到一个带碳正离子的亲电合成子以及一个杂原子带负电荷的亲核合成子:

此时,合成子为 R⁺,其相应的原料应该是一个易离去基团,如 I⁻、TsO⁻ 等,与 R⁺ 相连的化合物。

$$R\text{-}X \Longrightarrow R^+ + X^- \qquad X = OH, N, SH$$

敌稗是酰胺类高选择性的触杀型除草剂。

在稻田除草剂敌稗(丙氯苯胺,propanil)的切断过程中,连续使用了 C—X 的 1,1-切断:

在 1,2-二氯苯的硝化过程中,由于邻位的空阻作用,对位硝化的产物为主产物。

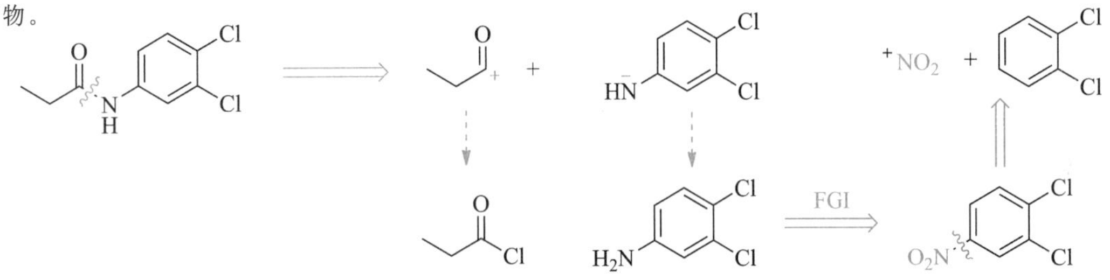

26.4.2　双官能团化合物中 C—X 键的 1,1-切断

Methyldopa:系统名称为(S)-2-amino-3-(3,4-dihydroxyphenyl)-2-methylpropanoic acid,是 dopa(多巴)的类似物。

在前面单官能团的 C—X 的 1,1-切断基础上可以获知,如果有两个官能团同时连接在同一个碳原子上,也可以进行类似的 C—X 的 1,1-切断。如治疗 Parkinson 病的药物 methyldopa(甲基多巴)就可以进行类似的切断:

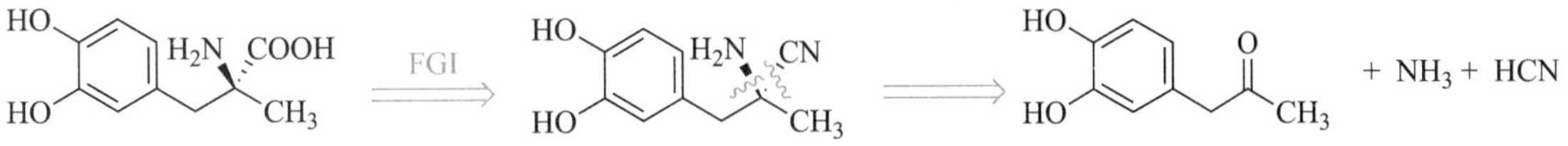

如果这两个官能团均是两个杂原子连接在相邻的两个碳原子上,其中方法之一可以将其中一种官能团转化为羟基,然后进行下一步的切断:

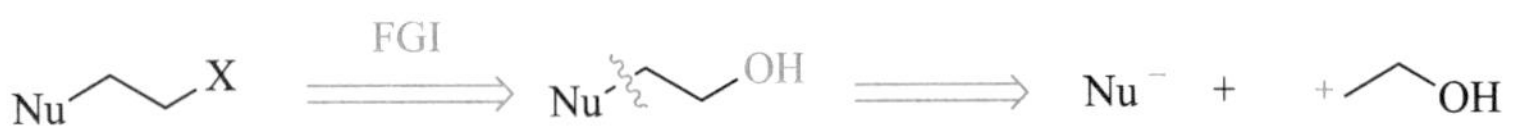

所得到的正电荷合成子的相应原料为环氧乙烷。

另一类 1,2-二官能团化合物的其中一个官能团为羰基时,同样可以将杂原子与碳原子连接的键进行切断,得到两个合成子:

这个带正电荷的合成子为反常的合成子,是个不稳定的合成子。

由于杂原子 Y 的电负性大于碳原子,这使得与杂原子 Y 相连的碳原子常呈现 δ+。

1,2-二官能团化合物中最常见的是邻二醇,其合成方法为烯烃的氧化。

将此羰基还原后,也可以得到羟基取代的 1,2-二取代化合物。

26.5 C—C 键的切断

在有机化合物中,更多需要进行的是碳碳键的切断。这些需要进行碳碳键切断的化合物可以分为单官能团、双官能团以及多官能团化合物。

26.5.1 单官能团化合物中 C—C 键的切断

单官能团化合物包括醇、胺、醛、酮、卤代物以及羧酸等,这些化合物的合成方式在前面的章节中已经作了具体的分析,可以根据现有的合适反应通过各种方式进行切断获得其合成子,在这里不再作具体分析。

26.5.2 部分典型双官能团化合物中 C—C 键的切断

由于羰基化合物经还原后很容易进行后续的转换,因此,本节将重点讨论这些羰基化合物的合成。

1. 1,2-二官能团化合物的切断方式

从前面的切断方式可以获知,1,2-二官能团化合物中 C1 和 C2 位的碳碳键的切断会得到两个异常的合成子:

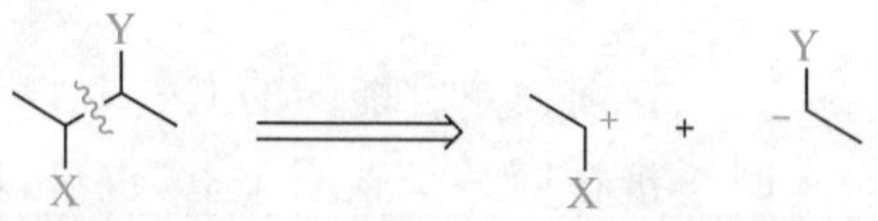

这使得目前没有一种统一的策略进行 1,2-二官能团化合物的切断,需要针对具体的目标化合物进行分析。

(1) α-取代的羰基化合物的切断策略:

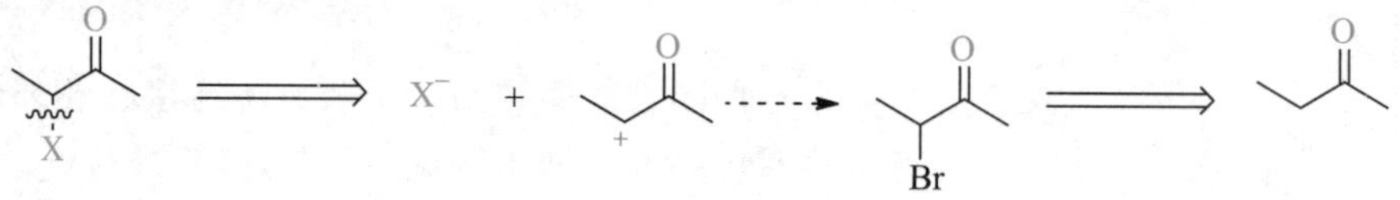

在这种切断过程中,首先可以通过 C—X 的 1,1-切断,得到亲核性的 X^- 和亲电性的 C^+ 合成子,后者可以为 α-溴代的羰基化合物,而 α-溴代的羰基化合物可以通过羰基化合物的 α 位卤代反应转化得到。

(2) 1,2-二杂原子取代化合物的切断策略:

X^- 可以是氧、氮、卤素等基团,也可以是炔烃负离子、氰基负离子或有机金属试剂。

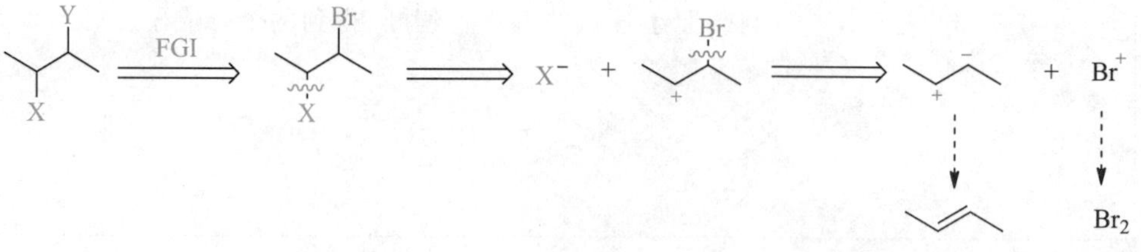

在此策略中,首先将其中一个官能团转化为卤代物,接下来的切断就可以得到起始原料烯烃。通过此切断方式的学习可以进一步联想到,将烯烃环氧化后再进行环氧环的开环,也可以得到1,2-二杂原子取代化合物。

2. 1,3-二官能团化合物的切断方式

最常见的1,3-二官能团化合物是羟醛缩合反应后的β-羟基羰基化合物:

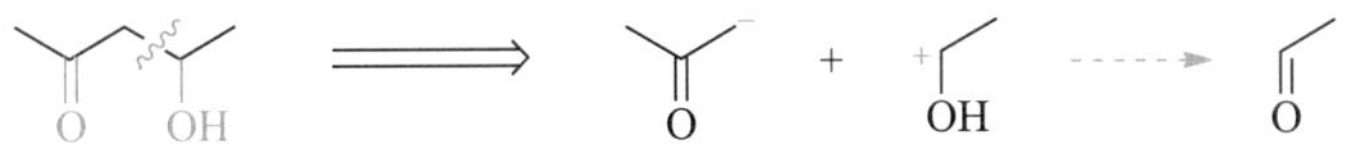

羰基α位负离子是一个正常的合成子,其类似物种为烯醇、烯醇负离子、烯胺或烯醇硅醚。

在这个切断策略中,可以得到两个正常的合成子,一个是α位具有亲核性的羰基化合物,另一个则可以转化为羰基。

β-羟基羰基化合物可以转化为1,3-二羰基化合物以及α,β-不饱和羰基化合物,因此后两类化合物的切断均可以采用此策略。

另一类1,3-二官能团化合物为1,3-二羰基化合物,通过类似上述的切断方式也可以得到两个合成子:

由此,可以将亲电的合成子转化为简单原料:酯(酮酯缩合反应)、酰氯或酸酐(酮的α位酰基化反应)。

此外,还可以通过α,β-不饱和羰基化合物的Michael加成反应,在其β位引入各种杂原子和相应的亲核性取代基。

还可以将此双键进行环氧化反应,进一步通过环氧环的开环反应引入更多的亲核性官能团。

3. 1,4-二官能团化合物的切断方式

与1,2-二羰基化合物不一样,1,4-二羰基化合物的对称性切断策略会得到反常的合成子:

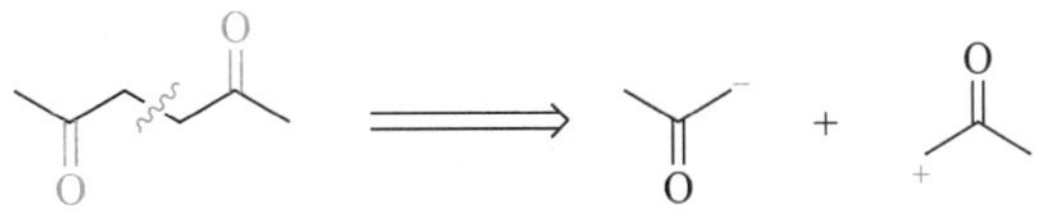

对于这个反常的合成子,可以通过在其亲电位点连接易离去基团的方式实现。这些易离去基团包括卤素和磺酸酯等。

呋喃环开环后也可以转化为1,4-二羰基化合物。
环戊内酯(或内酰胺)开环后也能转化为1,4-二羰基化合物。

另一种1,4-二羰基化合物的切断策略为非对称性的:

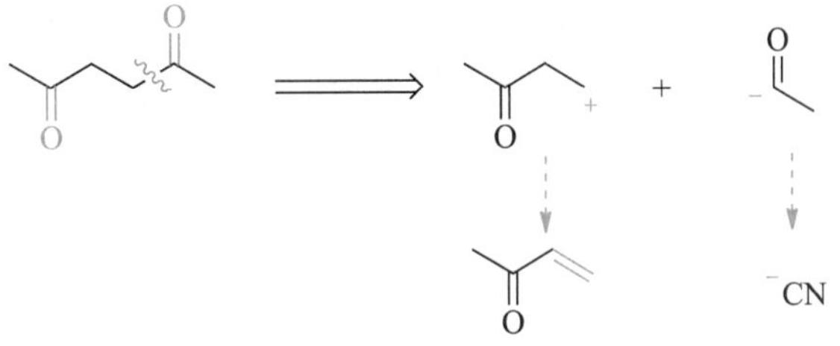

所得到的正常亲电性合成子可以转化为原料:α,β-不饱和羰基化合物;而另一个为非正常合成子⁻COOH,其替代物则为⁻CN。

4. 1,5-二官能团化合物的切断方式

羰基化合物与α,β-不饱和羰基化合物的Michael加成反应是合成1,5-二羰基

化合物最直接的方法。因此,对于 1,5-二羰基化合物的切断策略为 Michael 加成反应的逆反应:

这个酯基可以通过水解后经 β-羰基羧酸的脱羧反应除去。

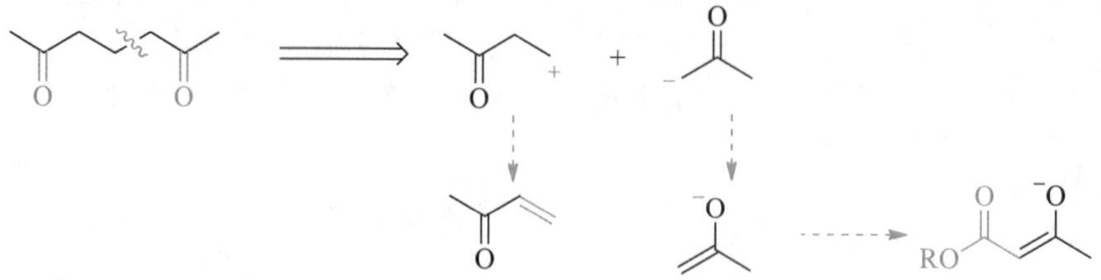

为了增加此亲核合成子的亲核能力,还可以在其亲核位点引入酯基。

对于环状的 1,3-环己二酮类化合物的切断策略,首先可以通过 1,3-二羰基化合物的切断(酮酯缩合反应),得到 1,5-二羰基合成子,然后进行类似的切断策略:

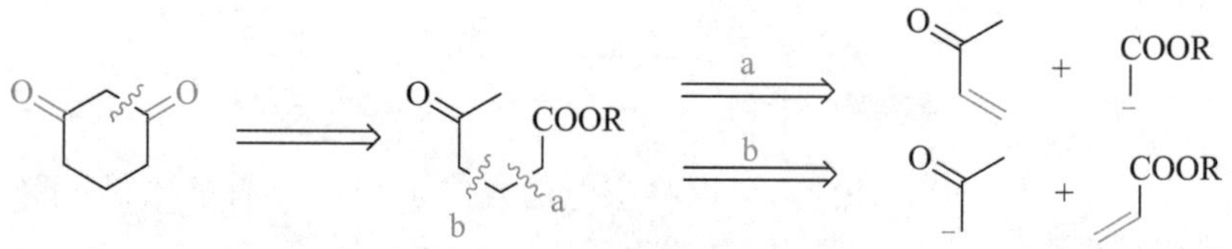

5. 1,6-二官能团化合物的切断方式

通过连接法将 C1 和 C6 位两个官能团连接,就可以得到此类目标化合物的关键合成子环己烯,而环己烯则是 Diels-Alder 反应的产物:

环己烯的臭氧化反应的产物为 1,6-二羰基化合物。

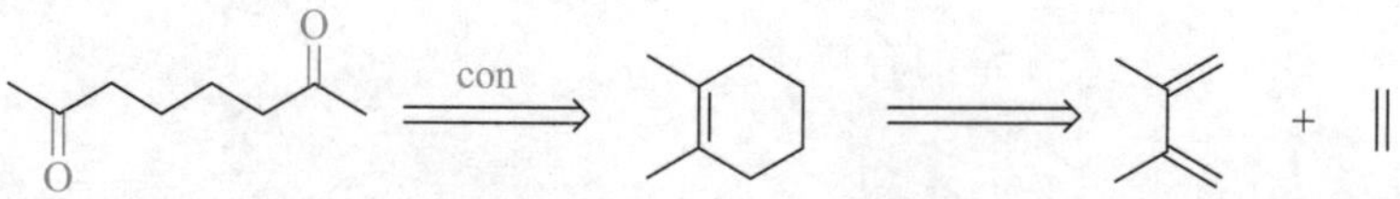

利用环己酮的 Baeyer-Villiger 反应是合成 C6 位羟基取代的羰基化合物的重要方法。

26.6　有机合成中的保护基

在进行有机合成时,若一个有机试剂与分子中的其他基团或部位也能同时进行反应,就应该将需要保留的基团先用一个试剂保护起来,等反应完成后,再将保护基团去掉,还原为原来的官能团。这种起保护作用的基团称为保护基。例如,在下面的反应中,由于醇羟基对金属有机化合物十分敏感,因此在格氏试剂与酯反应前需要对醇羟基先进行保护,待反应结束后,再去除保护基:

思考:请尝试画出此保护基保护和去保护的反应机理。

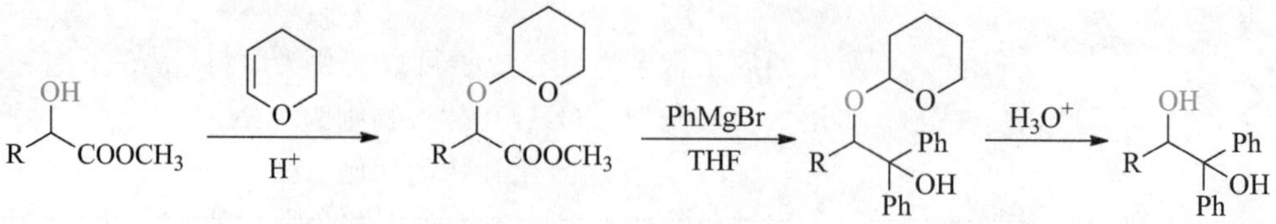

保护基的特点是：与需保护的基团很容易进行反应，并且在一定的条件下也很容易进行去保护基反应，同时还要求这两类反应的产率相对比较高。

选择保护基时须考虑以下几个因素：

（1）保护基的来源以及经济性；

（2）保护基必须能很容易和高产率地进行保护反应，也能被选择性和高效率地除去；

（3）保护基的引入对化合物的结构表征不能产生更多的复杂性；

（4）保护基在随后的反应和后处理中具有较高的容忍性；

（5）去保护过程中的副产物能很容易地和产物分离。

26.6.1　羟基保护基

在有机合成中，醇羟基的保护是十分重要的。形成缩醛或缩酮也是保护羟基的一种方法。二氢吡喃（DHP）是一个常用的羟基保护基。它与羟基反应在弱酸性的环境中形成缩醛类衍生物，因此这个缩醛衍生物可以在中等酸性的环境中很容易进行脱保护反应：

将羟基转化为酯基也是保护羟基的一种方法。

DHP 与羟基反应后缩写为 THP（四氢吡喃基）。

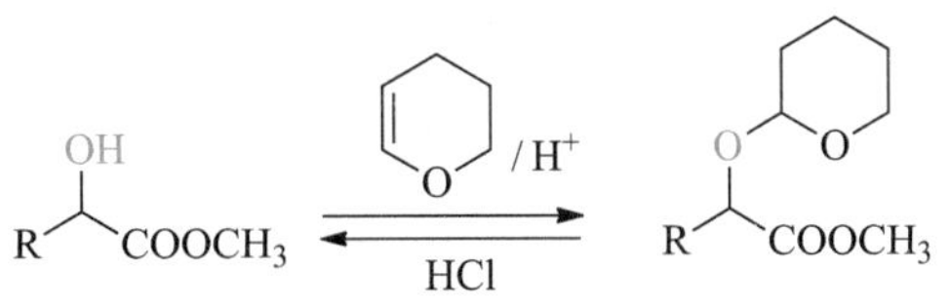

另一类通过形成缩醛或缩酮方式保护羟基的基团为甲氧基甲基（MOM）和 2-甲氧基乙氧基甲基（MEM）：

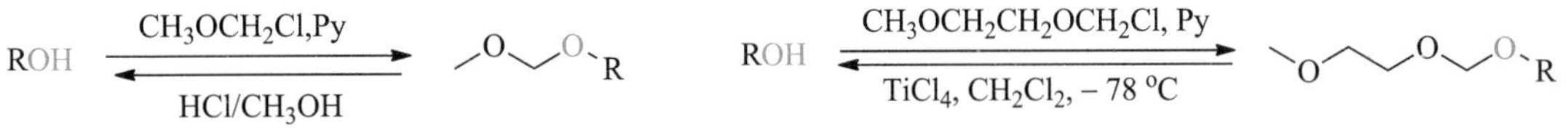

最简单的切断烷基醚键的试剂为 BBr_3/CH_2Cl_2。

MOM 和 MEM 保护基可以在酸性条件下或在 Lewis 酸催化下进行脱除。

脱除苄基保护基为还原脱除；而脱除 PMB 保护基则为氧化脱除。需要注意的是，无法利用氧化反应脱除苄基保护基。

将醇羟基转化为醚也是常见的保护羟基的方法。但是，由于醚类化合物在一般的反应条件下比较稳定，因此需要引入一些特殊的基团使醚在合适的反应条件下容易转化回醇。这些基团通常为苄基类保护基，也是羟基的重要保护基团，主要有苄基（Bn）和对甲氧基苄基（PMB）。通过醇与相应的苄基溴反应，就可以将醇转化为苄基醚。

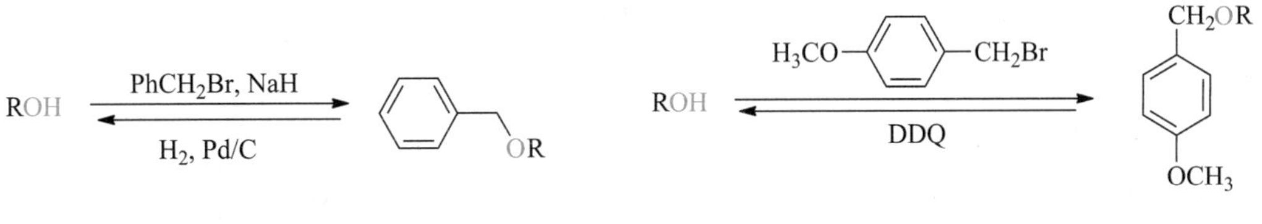

另一个氧化剂为硝酸铈铵（CAN）。

这两类苄基的脱除方法是不同的：无其他取代基的苄基常常在催化氢化的条件下就可以脱除；而对于 PMB 保护基而言，需要在氧化条件下进行脱除反应。

硅保护基（R_3Si-）是另一类十分重要的保护基家族，目前已经发展了许多种硅保护基。硅保护基的特点之一在于随着硅上取代基的增加，其稳定性随之增加，在对醇羟基的保护中,不同的硅保护基对一级醇、二级醇和三级醇有一定的选择性。优先反应的是一级醇。

常用的氟离子实际有四丁基氟化铵(TBAF)和 HF/吡啶。

因此,三甲基硅基保护基是最不稳定的保护基。此外,不同的硅保护基有不同的去保护反应条件。目前常用的硅保护基有:三甲基硅基(TMS),三乙基硅基(TES),三异丙基硅基(TIPS),叔丁基二甲基硅基(TBS 或 TBDMS),叔丁基二苯基硅基(TBDPS),三异丁基硅基(TIBS)等等。

醇羟基在碱性条件下与三烷基氯化硅或三烷基三氟甲基磺酸硅酯反应形成三烷基硅基醚。这些三烷基硅基保护基可以在酸性条件下或氟离子作用下进行脱除反应。

26.6.2　羰基保护基

在有机合成中,羰基是常见的官能团,可利用许多有机反应将羰基转化为其他官能团。因此,在有机合成的发展过程中,对于羰基的保护也是重要的研究对象。羰基的保护方法主要有将羰基转化为缩醛或缩酮,或将羧酸转化为酯。

将羰基转化为缩醛或缩酮的常用试剂为醇或二醇类化合物。这些反应通常在酸性条件下进行,也在酸性条件下脱除:

反过来理解,将羰基转化为缩醛或缩酮也是保护羟基的一种方法,特别是保护1,2-二羟基以及 1,3-二羟基类化合物。

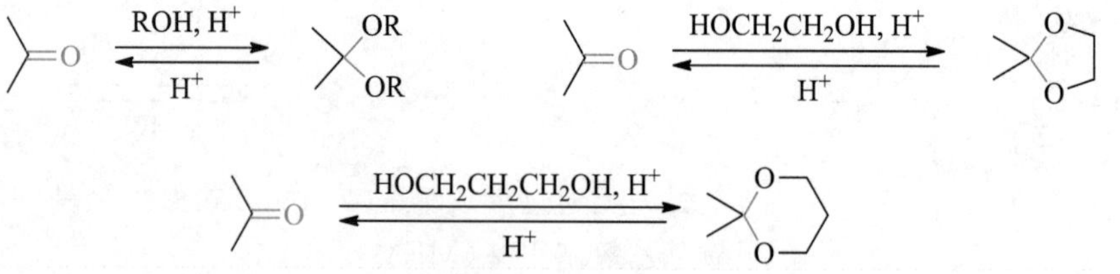

思考:为何不能使用 1,2-丙二硫醇?
如果醛被保护为缩硫醛后,其碳原子连接的氢原子可以被强碱攫取,此碳原子将具有亲核能力。

另一种可以进行类似反应的试剂为 1,3-丙二硫醇:

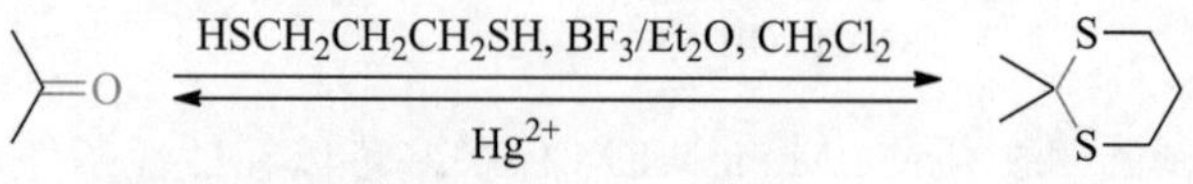

除了可用汞离子去除此保护基外,还可以在碱性条件下使用碘脱除。如果利用 Raney 镍还原,可以将此位点转化为亚甲基。

26.6.3　氨基保护基

氨基是一个亲核基团,因此保护氨基的最简单方式就是降低其亲核能力。
酰胺衍生物的水解速率排序:$CH_3CONHR <$
$ClCH_2CONHR <$
$Cl_2CHCONHR <$
$Cl_3CCONHR <$
$F_3CCONHR$。

在多肽化学的发展过程中,发展了一些氨基的保护基。最常用的保护氨基的方法是将其转化为酰胺。例如,氨基通过与氯甲酸酯反应,转化为烷氧基取代的酰胺:

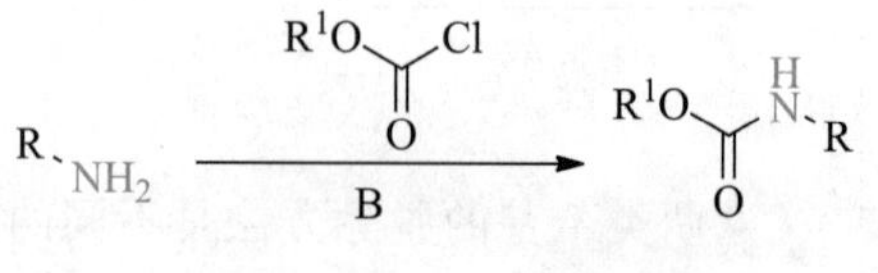

表 26-1 总结了一些重要的氨基保护基的结构简式、缩写、保护以及去保护反应的条件。

表 26-1　一些重要的氨基保护基

缩写	结构简式	保护反应条件	去保护反应条件
Boc	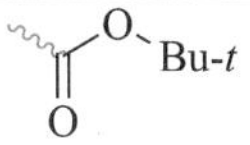 （结构式：O—Bu-t 酯）	(Boc)₂O，NaOH，H₂O，25℃	3 mol·L⁻¹ HCl，EtOAc；其他酸性条件
Cbz 或 Z	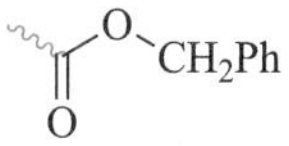 （结构式：O—CH₂Ph 酯）	CbzCl，Na₂CO₃，H₂O	H₂，Pd/C
Fmoc	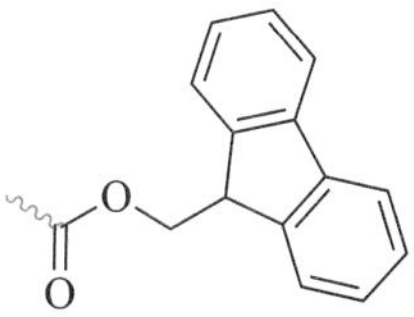 （结构式：芴甲氧羰基）	FmocCl，NaHCO₃，二氧六环/H₂O	哌啶，DMF；其他碱性条件
Troc	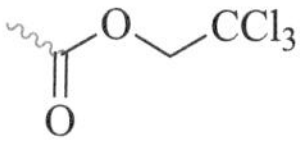 （结构式：O—CCl₃ 酯）	TrocCl，Py	Zn，THF，H₂O(pH=4.2)
Teoc	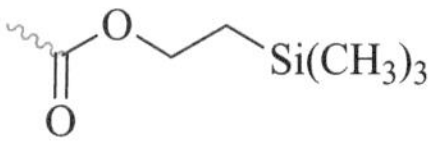 （结构式：O—Si(CH₃)₃ 酯）	TeocCl，THF	TBAF，KF，CH₃CN
Aloc	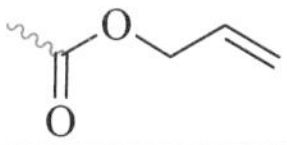 （结构式：烯丙氧羰基）	CH₂CHCH₂OCOCl，Py	Pd(PPh₃)₃，5,5-二甲基-1,3-环己二酮，THF

26.7　简单有机化合物的合成实例分析

设计一个化合物的合成路线，首先要分析目标分子的结构。有机分子的碳架结构是分子的支柱，有机分子的官能团是分子的活化中心，这都是分析结构时必须予以关注的地方。

实例一　以苯和三个碳以下的有机试剂以及必要的无机试剂为原料合成：

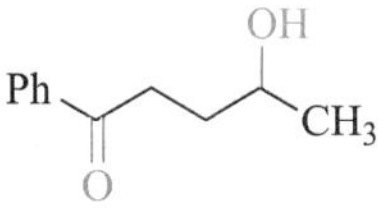

逆合成分析：此目标化合物是一个典型的 γ-羟基羰基化合物。对于 γ-羟基羰基化合物，通常在 C2 和 C3 位相连的碳键上切断，得到一个受体合成子和一个供体合成子：

类似的思路也可以应用在 1,4-二羰基化合物的逆合成分析中：

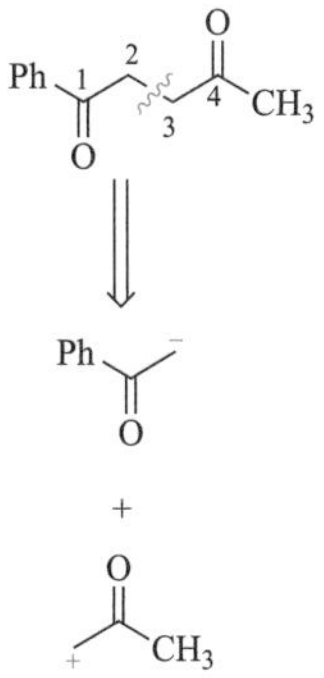

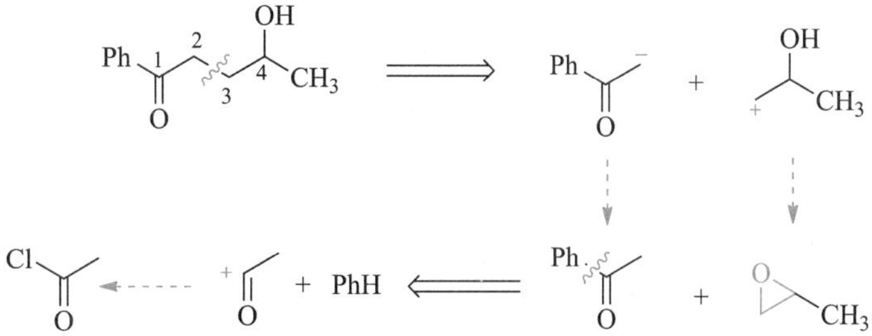

当 1,4-二羰基化合物在 C2 和 C3 位碳键上切断后,同样会得到一个受体合成子和一个供体合成子。所不同的是,这里的受体合成子的合成等价物是 α-卤代羰基化合物。而 α-卤代羰基化合物很容易通过羰基化合物的卤化反应来制备。

这个受体合成子的合成等价物是环氧化合物,而供体合成子的合成等价物为苯乙酮。一个羰基化合物与环氧化合物在碱性条件下反应,正是生成 γ-羟基羰基化合物合理的制备方法。进一步对苯乙酮进行切断,可以得到两个合成子:具有亲核性的苯基和亲电性的乙酰基正离子;它们对应的合成等价物为苯和乙酰氯。

因此其合成路线为

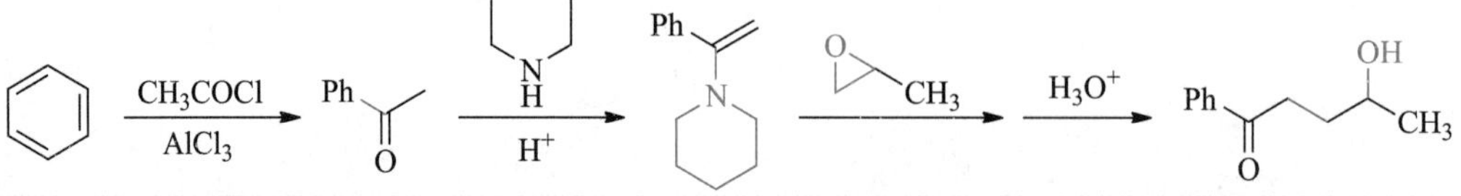

实例二 以苯酚、甲醛和必要的无机试剂为原料合成:

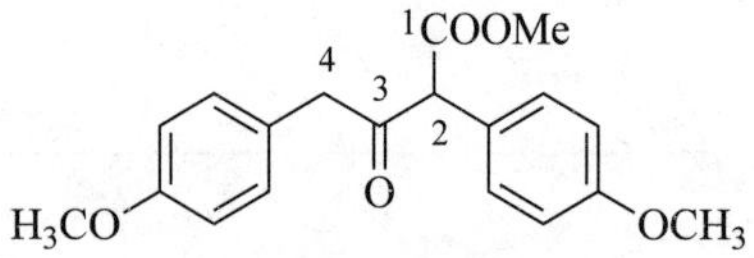

对甲氧基苯乙酸甲酯的逆合成推理为

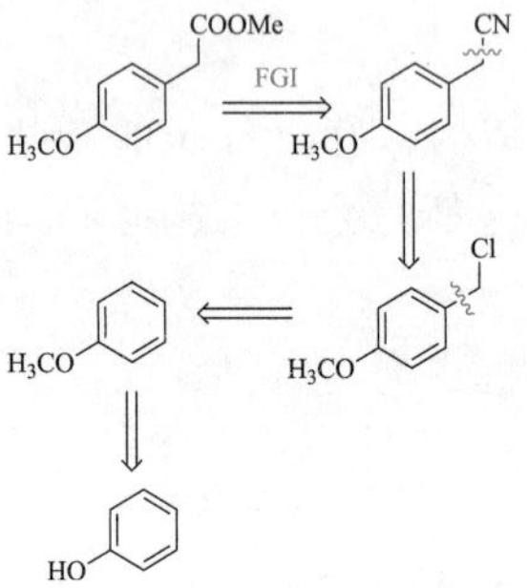

逆合成分析:此目标化合物是 β-羰基酯。β-羰基酯可以通过酯缩合反应来合成。根据酯缩合反应的机理可以判断,切断应在两个羰基之间的键上进行,有两种切断方式。一种是在 C2 和 C3 位切断,另一种是在 C1 和 C2 位切断。在 C2 和 C3 位切断,可以得到两个相同的合成等价物:对甲氧基苯乙酸甲酯。这在合成上是有利的,所以采取这种切断方式。

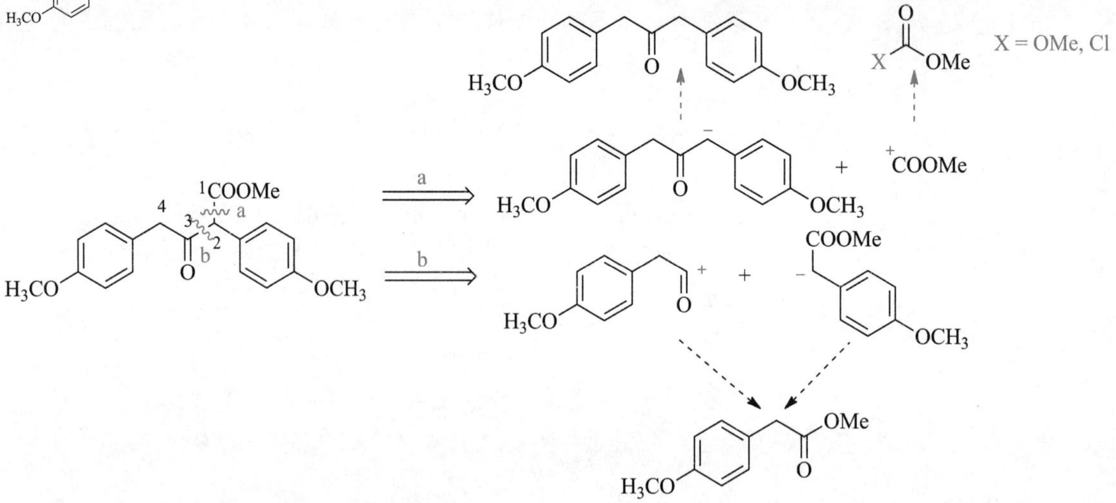

因此,此合成路线为

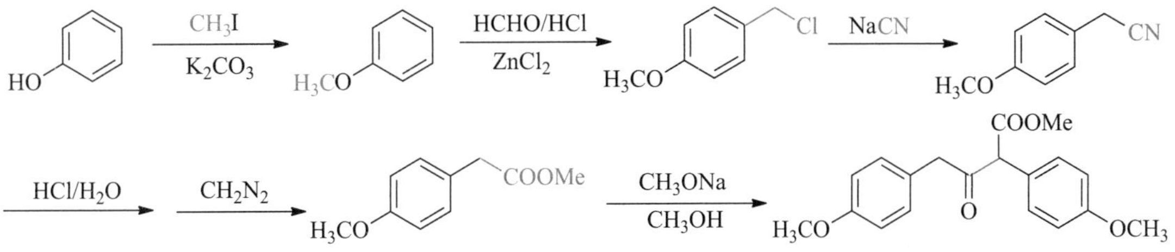

实例三 以 1,3-丁二烯和顺丁烯二酸酐为原料合成：

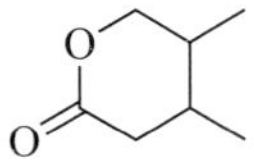

逆合成分析：此目标化合物是一个六元环的内酯。起始原料是 1,3-丁二烯和顺丁烯二酸酐。环状内酯可以通过环状酮的 Baeyer-Villiger 氧化重排进行转换：

其合成的关键是要找到一个能联系原料和目标产物的关键中间体：3,4-二甲基己二酸。

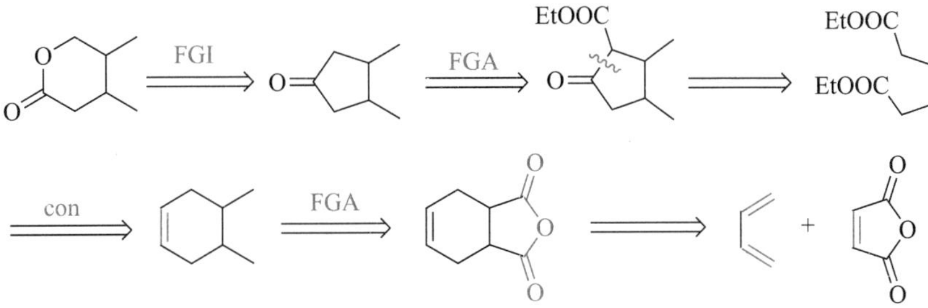

此环状酮为 3,4-二甲基环戊酮；通过添加官能团（FGA）的方式在酮基的 α 位加上一个酯基，而此化合物为 3,4-二甲基己二酸乙酯的酯缩合产物。3,4-二甲基己二酸可用相应的环己烯衍生物经臭氧化反应等一系列反应制备，而 1,3-丁二烯和顺丁烯二酸酐的 Diels-Alder 反应是制备环己烯衍生物的常用方法。

合成路线：

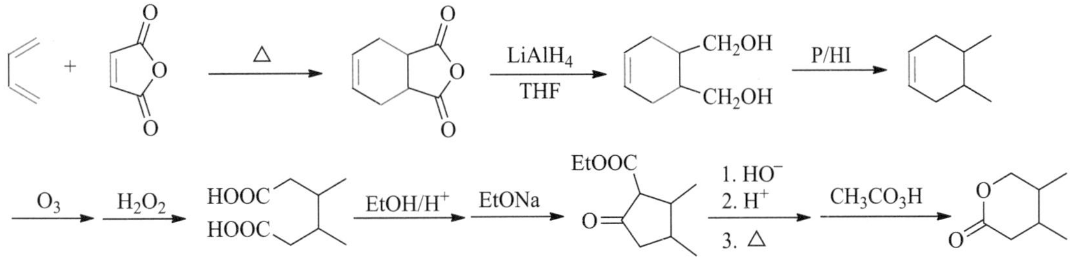

实例四 以苯、乙炔和少于三个碳的有机试剂以及必要的无机试剂合成：

逆合成分析：此目标化合物是一个含三元环的羧酸，环上两个取代基处于环的同侧。此化合物的逆合成推理途径可以是

采用烯烃与卡宾的反应可同时满足构筑三元环骨架和目标化合物立体结构的要求。

烯烃与卡宾的加成反应是顺式加成。

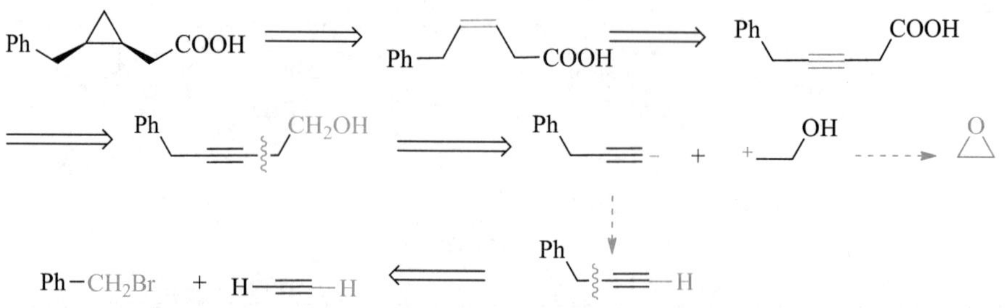

在合成过程中,用不饱和醇代替不饱和酸与卡宾反应,其目的是消除羧基对烯烃与卡宾反应时的干扰。

环丙烷的常用合成方法为烯烃与卡宾的加成反应。由此,可以逆推出合成子为顺式烯烃;而顺式烯烃是炔烃在 Lindlar 催化剂下催化氢化的产物。接下来的关键是取代 Z 型烯烃的合成。这可以通过炔烃的催化加氢来实现。乙炔与卤代烷或环氧乙烷的反应是制备取代炔烃的常见方法。

合成路线:

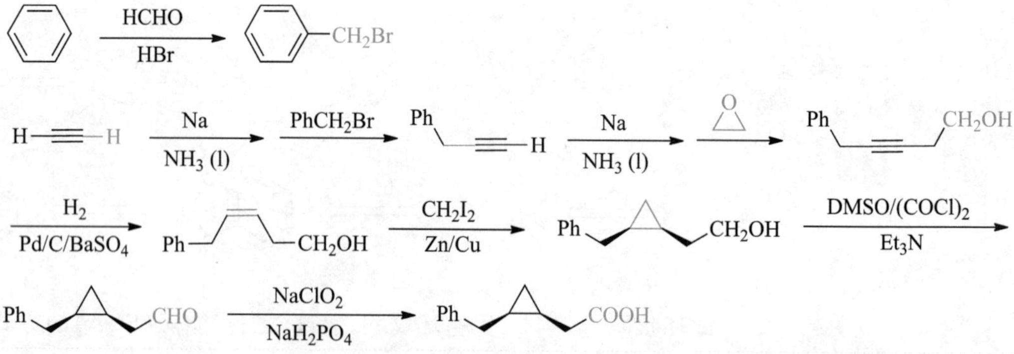

实例五　以正丁醛和少于四个碳的有机试剂以及必要的无机试剂为原料合成:

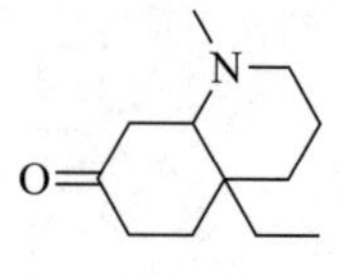

逆合成分析:目标化合物是 β-氨基酮类化合物。β-氨基酮类化合物可以考虑通过胺与 α,β-不饱和酮类化合物的 Michael 加成反应来制备:

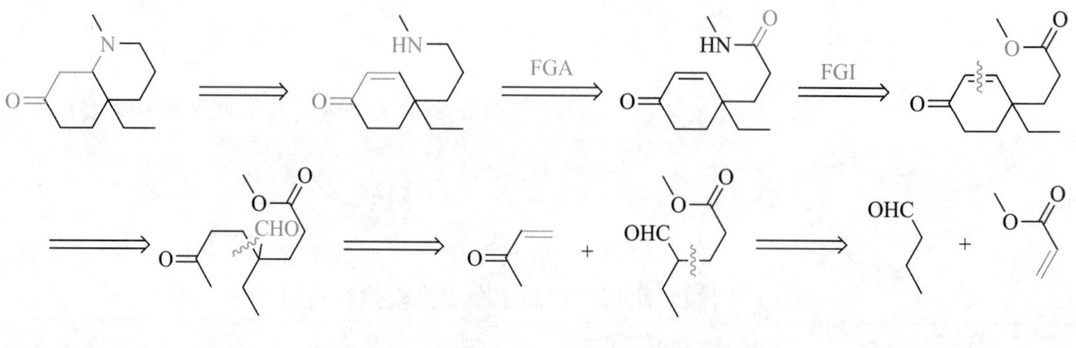

通过逆 Michael 加成反应分析,可以得到含有氨基的合成子;而常用胺类化合物常见合成方法为酰胺的还原反应。α,β-不饱和酮的经典切断方式为逆的羟醛缩合反应;此后可以得到一个 1,5-二羰基合成子,对于 1,5-二羰基合成子的切断方式前面已经讨论过。

合成路线:

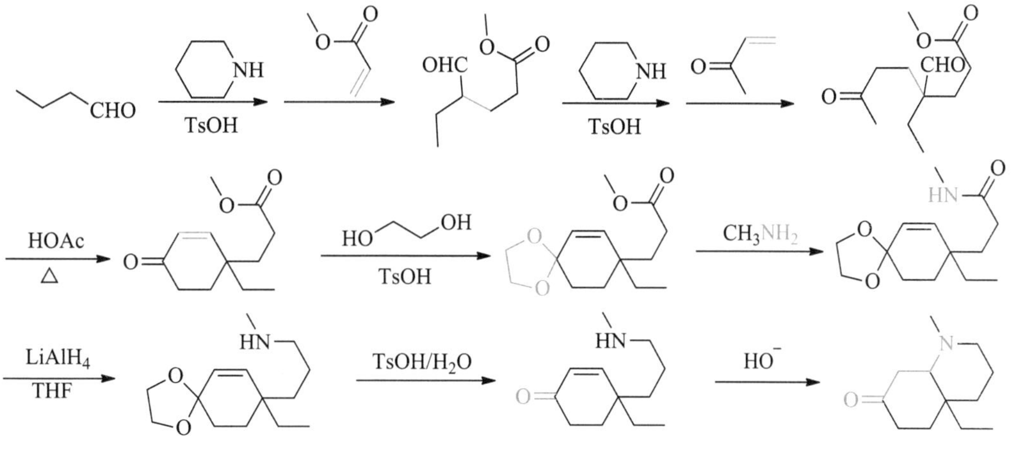

26.8 天然产物全合成的实例分析

26.8.1 青霉素 V 的全合成分析

自从 1928 年 A. Fleming 爵士发现青霉素(penicillin,又称盘尼西林)以后,β-内酰胺类抗生素就开始了其辉煌的历史。对于此类化合物的结构确定和全合成研究,一直是有机化学家们的兴趣所在。在第二次世界大战期间,青霉素主要来源于从微生物培养液中提取后,再经分离和提纯。1945 年,牛津大学教授 D. C. Hodgkin 用 X 射线衍射法测出了青霉素 G 的分子结构:

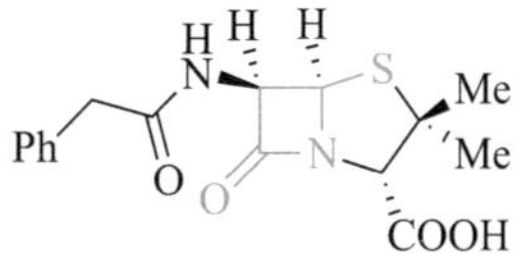

当时,对于青霉素类化合物的合成上的最大挑战就是 β-内酰胺类四元环的构筑。这个具有高度环张力的四元环结构导致了青霉素的不稳定性,而且是其主要生理活性的根源。对于酰胺而言,由于酰胺中氮原子的孤对电子可以与羰基形成共轭效应,这使得酰胺非常稳定,并且酰胺连接周边的三个基团均处在一个平面上:

实验结果表明,四元单环 β-内酰胺类相对比较稳定,不易水解;而青霉素中的 β-内酰胺四元环在酸性或碱性介质中均易被打开。

20 世纪 40 年代，R. B. Woodward 细致研究了青霉素类化合物 β-内酰胺类四元环结构。他认为，青霉素中 β-内酰胺类四元环与另一个五元环稠合后，氮原子上孤对电子不能与羰基的 π 电子形成共轭体系。因此，这个四元环的不稳定性大大阻碍了青霉素全合成工作的进度。

1957 年，麻省理工学院（MIT）教授 J. C. Sheehan 首次报道了青霉素 V 的全合成研究工作：

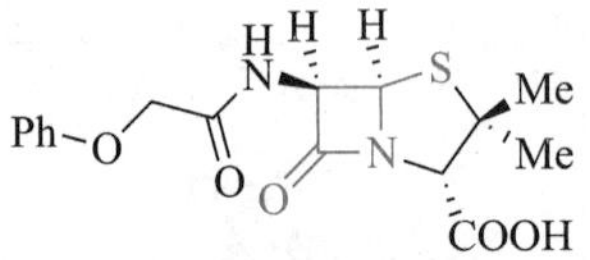

J. C. Sheehan 的全合成研究开始于 1948 年。

对于青霉素 V 的逆合成分析，首次开始于其结构中最不稳定的那根酰胺键。

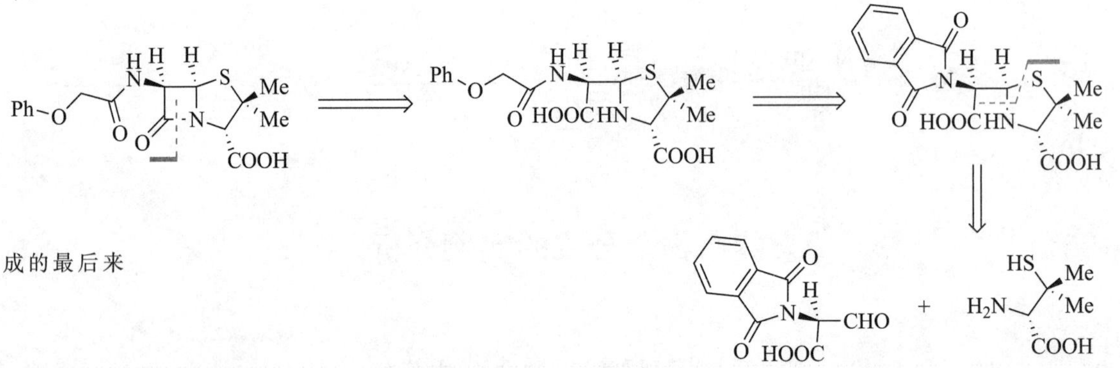

应该是在全合成的最后来构筑这根键。

打开内酰胺环后，可以得到一个盘尼西林酸，将此盘尼西林酸中另一个酰胺键转化为邻苯二甲酰亚胺；而此酸中的五元杂环相当于缩醛的结构，将这两根键切断后可以得到两个中间体。对于邻苯二甲酰亚胺衍生物而言，可以进行以下的切断：

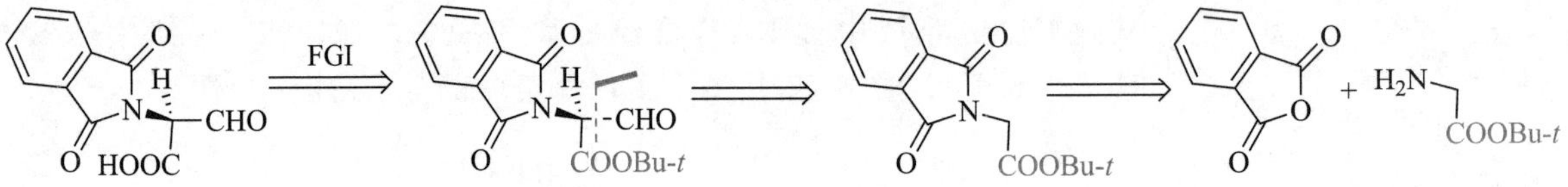

邻苯二甲酰亚胺是 Gabriel 一级胺合成法中的重要中间体。

经官能团转化将羧基转化为酯基，而 α 位取代的甲酰基可以通过与甲酸酯的酯缩合反应引入，进一步切断酰亚胺键，可以得到两个最简单的原料：邻苯二甲酸酐和甘氨酸。

对于另一个关键中间体的逆合成分析，从结构上分析，其分子结构中含有缬氨酸的基本结构单元，应该考虑的问题是如何在其 β 位引入巯基。在羰基的 β 位引入一个亲核基团的最有效合成方法为 Michael 加成。

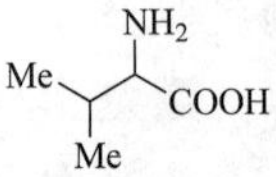

缬氨酸

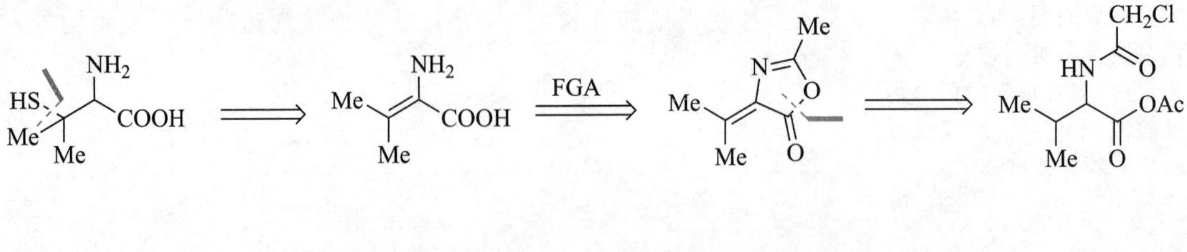

以消旋的缬氨酸为原料与 α-氯代乙酰氯反应,形成酰胺后,再经乙酸酐处理即可以得到噁唑酮环系,此化合物为下一步 Michael 加成的前体。

思考:有兴趣的读者可以尝试画出此转换过程的反应机理。

而此 Michael 加成的受体为一级胺的烯胺,此烯胺不稳定,因此需要通过添加官能团(FGA)的方式将其转化为噁唑酮衍生物,而打开此噁唑酮环后,得到的原料为 α-氨基被酰胺化的缬氨酸。因此,通过以上的逆合成分析,可以得到两个简单的起始原料:甘氨酸和缬氨酸。

以下为青霉素 V 的全合成路线:

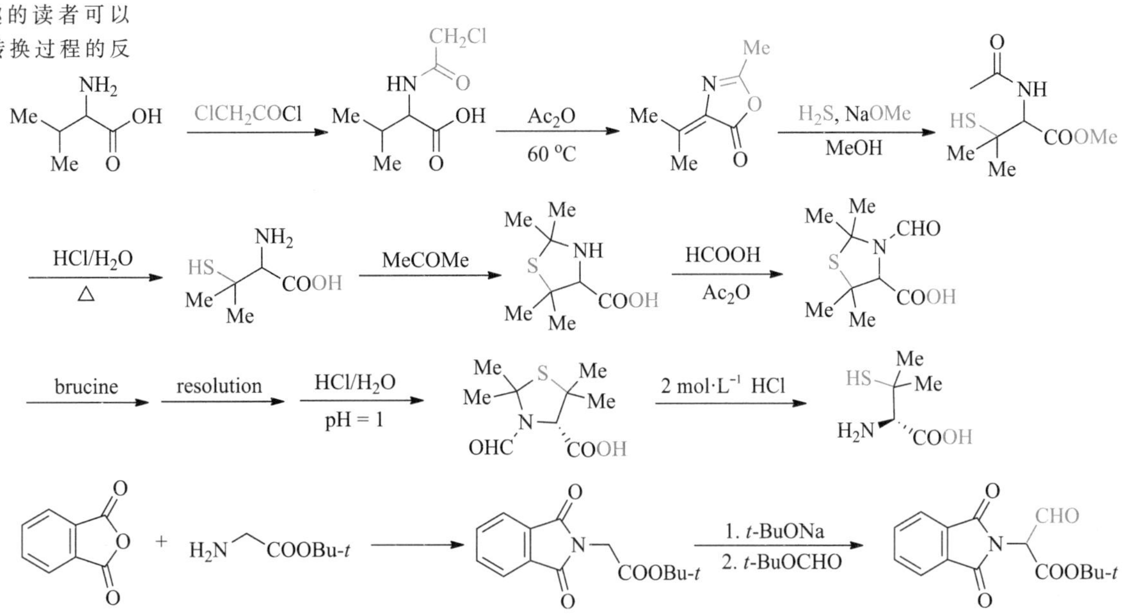

噁唑酮衍生物在强碱性条件下与 H₂S 进行 Michael 加成,随之打开噁唑环系,经酸化处理后,即为消旋的关键中间体。再经与番木鳖碱拆分后,得到对映体纯的关键中间体。

这就是酯缩合反应,得到的化合物是消旋的。

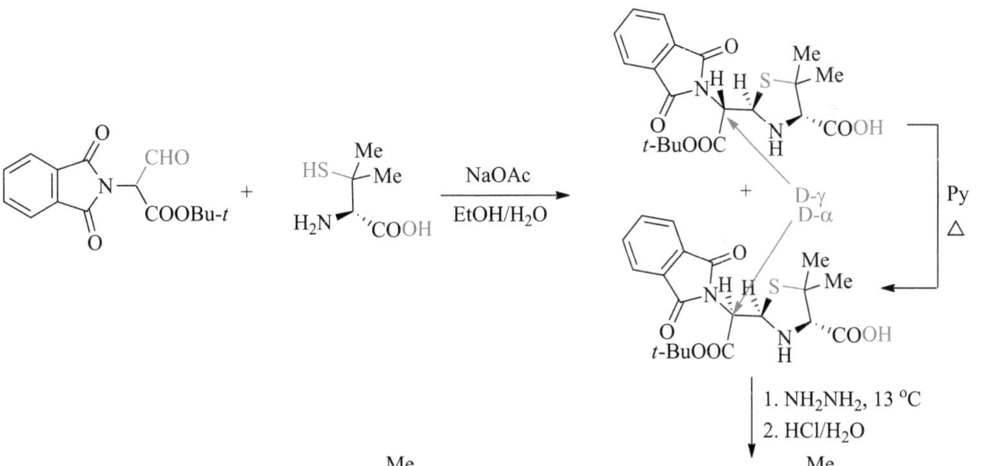

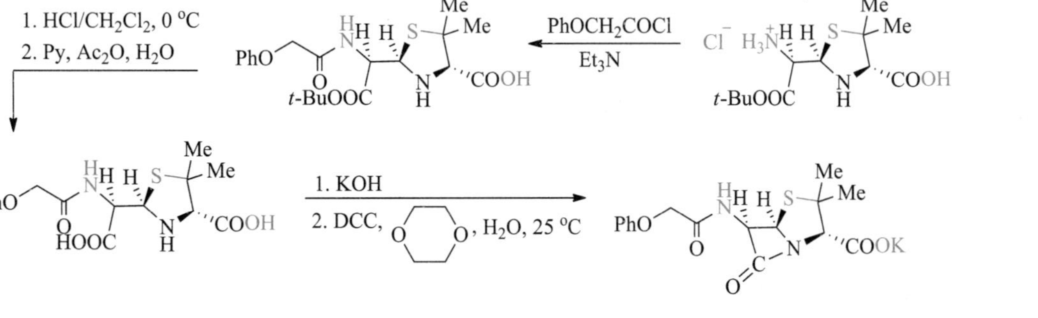

在这一步反应中,只得到两个差向异构体,D-α 和 D-γ,比例为 1/1。异构体 D-γ 在吡啶溶液中加热,会部分转化为 D-α 异构体。冷却后,D-α 会形成结晶,而 D-γ 会留在母液中。过滤后,母液可以继续加热转化。

以前,酯的水解是在 LiOH/THF/H₂O 的体系中进行,而 J. C. Sheehan 首次发展了青霉素体系中叔丁酯在 Brønsted 酸的作用下水解。J. C. Sheehan 还发展了在 DCC 作用下水相中脂肪酸与胺形成酰胺的反应。

尽管青霉素的相对分子质量不大,例如,青霉素 V 的相对分子质量只有 350 左右,但是从被发现到人工完成其全合成大约经过了近 30 年的时间。第二次世界大战的需要也促进了合成青霉素的迅速发展,但是当时,大家认为其人工合成是一件不可能完成的任务。1957 年,J. C. Sheehan 完成了此项重要的工作,并发展了邻苯二甲酰亚胺的脱除反应、叔丁酯基保护基以及利用脂肪基取代的碳二酰亚胺作用下酰胺键的形成,从而实现了 β-内酰胺的关环反应等一系列非常杰出的合成方法。青霉素 V 的全合成研究是有机化学合成史上的一项里程碑性的工作。

26.8.2 利血平的全合成分析

利血平(reserpine)是一种生物碱,对中枢神经系统有持久的安定作用,是一种很好的镇静药,还可以控制高血压和缓解精神症状。直到 1955 年,才确定了 reserpine 的绝对立体构型。1958 年,R. B. Woodward 首次报道了 reserpine 的全合成研究工作。

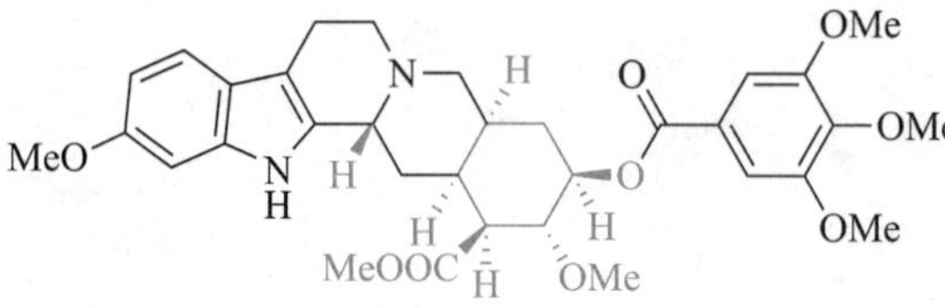

这个分子一共有 6 个手性中心,其中 5 个碳原子是连续的,因此这 5 个手性中心所在的环系是一个多官能团化的六元环。此环的构筑方法应该是这个合成路线中非常精彩的部分。以下是对 R. B. Woodward 的 reserpine 全合成研究工作的逆合成分析:

1952 年,E. Schlittler 等人从印度蛇根草的提取液中分离提纯某化合物,并取名为 reserpine。印度蛇根草是印度人用于治疗精神病、发热以及毒蛇咬伤等的草药。现代印度国父 M. K. Gandhi 将其作为镇静剂。

从整个分子的构架考虑,首先应该切断的是没食子酸与骨架连接的碳氧键。此分子中包含一个吲哚环并六氢吡啶的环系,此类环系的构筑可以通过芳香亲电取代反应实现,切断这根碳碳键转化为一亲电基团亚胺正离子。

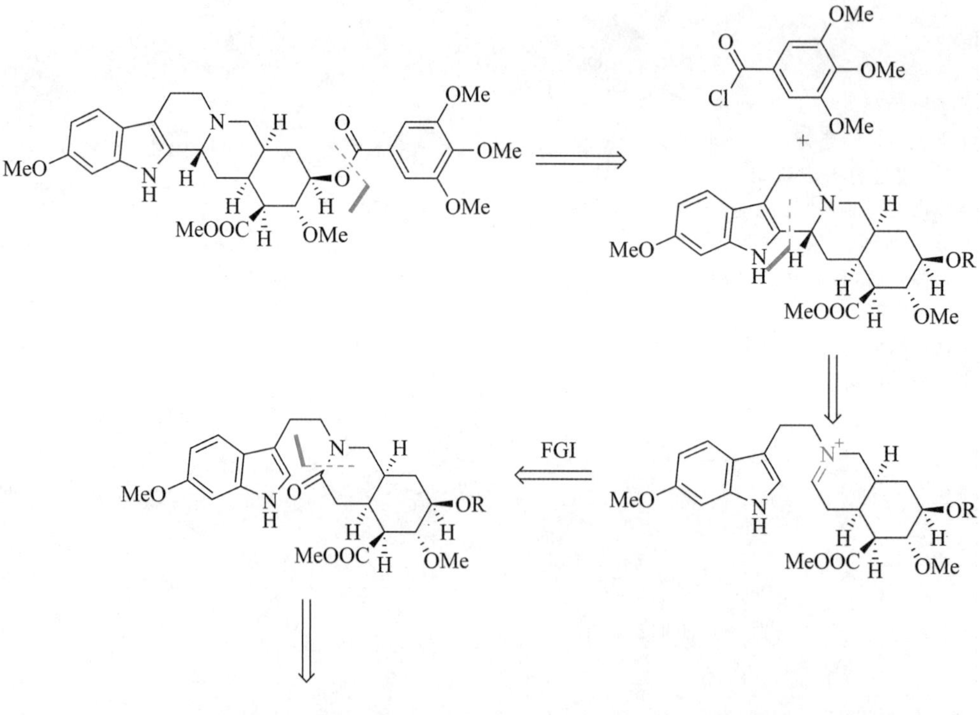

此亚胺正离子可以通过酰胺转化，参照 Vilsmeier 试剂的合成。

切断此酰胺键，可以得到一个酯基和一个二级胺部分。

二级胺可以通过亚胺的还原反应实现。
醛和胺即可转化为亚胺。
经过这一系列切断，得到了一个五取代且带有 5 个手性中心的六元环。

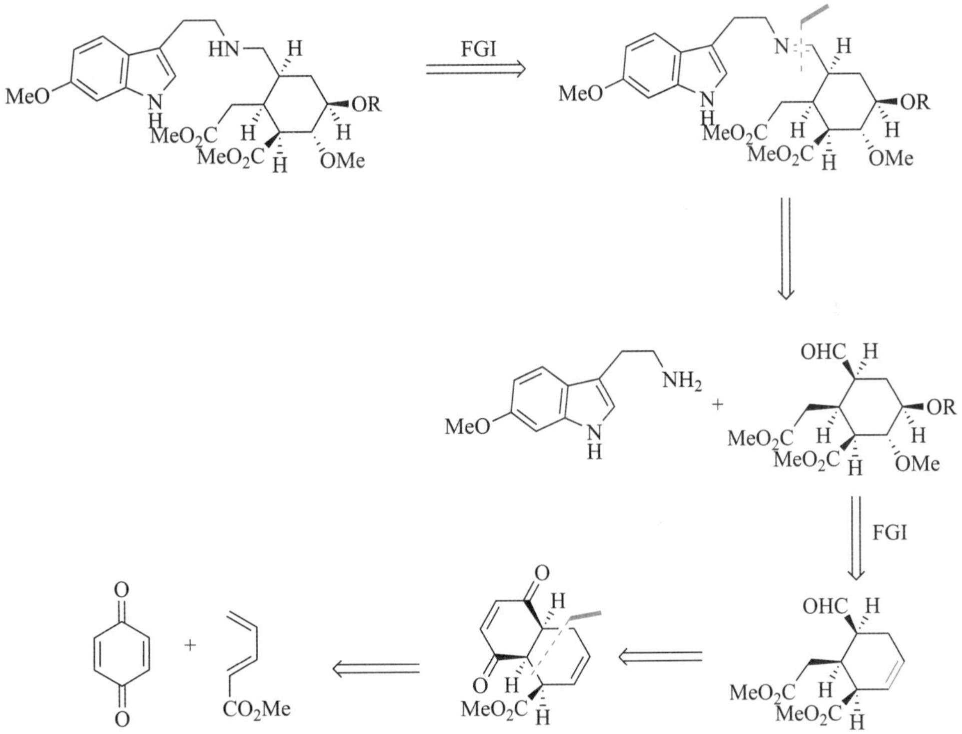

在这个逆合成分析中，可以发现含五个手性中心的六元环构筑是这个全合成工作的关键。Diels-Alder 反应是构筑多取代六元环的最佳合成方法之一，可以将六元环中的两根反式羟基转化为六元环中的双键。因此，按照 Diels-Alder 反应的要求，可以得到两个基本原料：对苯醌和乙烯基丙烯酸甲酯。

Reserpine 的全合成路线从 Diels-Alder 反应开始：

此双键正好是 Diels-Alder 反应后所形成的六元环中的双键。

在对苯醌与乙烯基丙烯酸甲酯的 Diels-Alder 反应中，采用以下 *endo* 的过渡态：

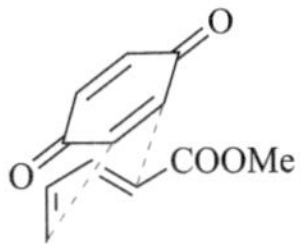

另一个过渡态是双烯体位于对苯醌的上方。这个结果使得双烯体上的酯基与亲双烯体的两个羰基处在顺式的位置上。三个氢原子也都处在顺式的位置上。

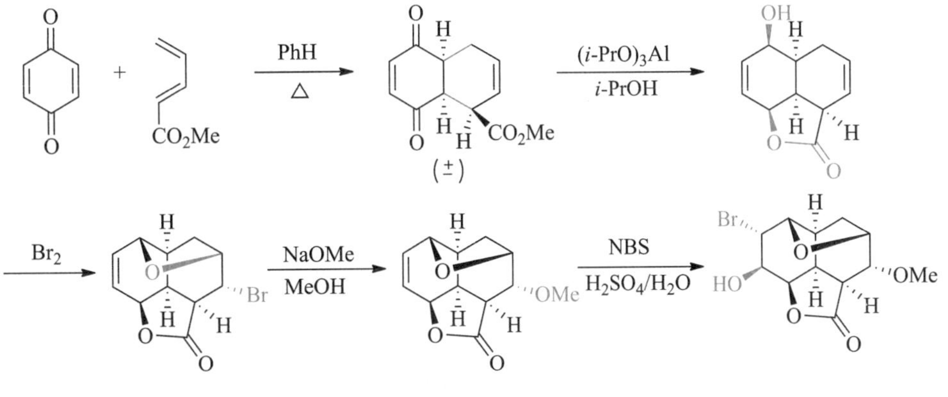

在顺式的饱和并双环的体系中，通常会形成两个面，即凸面(convex)和凹面(concave)：

酮羰基经 Meerwein-Pondorff-Verley 还原得到二级醇。由于两个六元环处在顺式，使得下方的空阻较小，加成的过程从环的下方进行，生成的羟基与酯基成顺式，就形成了内酯。

思考：在甲醇钠处理溴代物时，最后形成的甲氧基与离去的溴处在同侧，请问这个反应过程是怎么样的？

在 NBS/H$_2$SO$_4$ 体系中，NBS 作为 Br$^+$ 提供源。

思考：请考虑在 Zn/AcOH 体系中的转换机理。

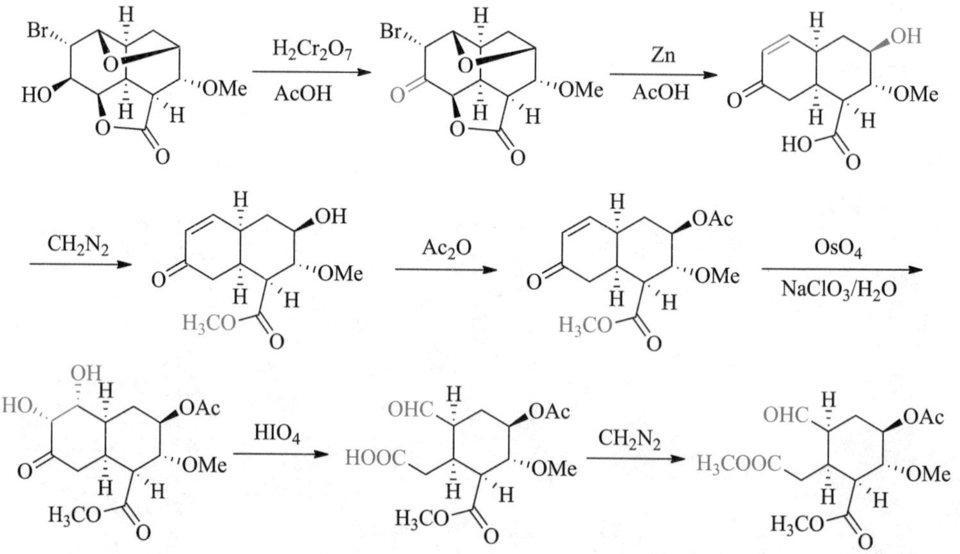

当桥头上取代基为两个氢原子时，凸面和凹面存在着明显的空阻区别。与氢原子在同侧的凸面的空阻明显小于凹面，因此，在以上的羰基还原反应、双键的 Br$_2$ 加成反应以及 NBS 对双键的加成反应中，均是从与桥头氢原子同侧的方向进行反应。

至此，R. B. Woodward 通过 Diles-Alder 反应构筑了环己烯骨架，并在随后的反应中，建立了含五个手性中心的环己烷骨架。在这个骨架体系中，乙酰氧基、甲氧基、甲氧甲酰基以及甲酰基均处在椅式构象的平伏键位置上为最稳定构象。

醛与一级胺生成的 Schiff 碱在甲醇溶液中被 NaBH$_4$ 还原，可以迅速转化为内酰胺。

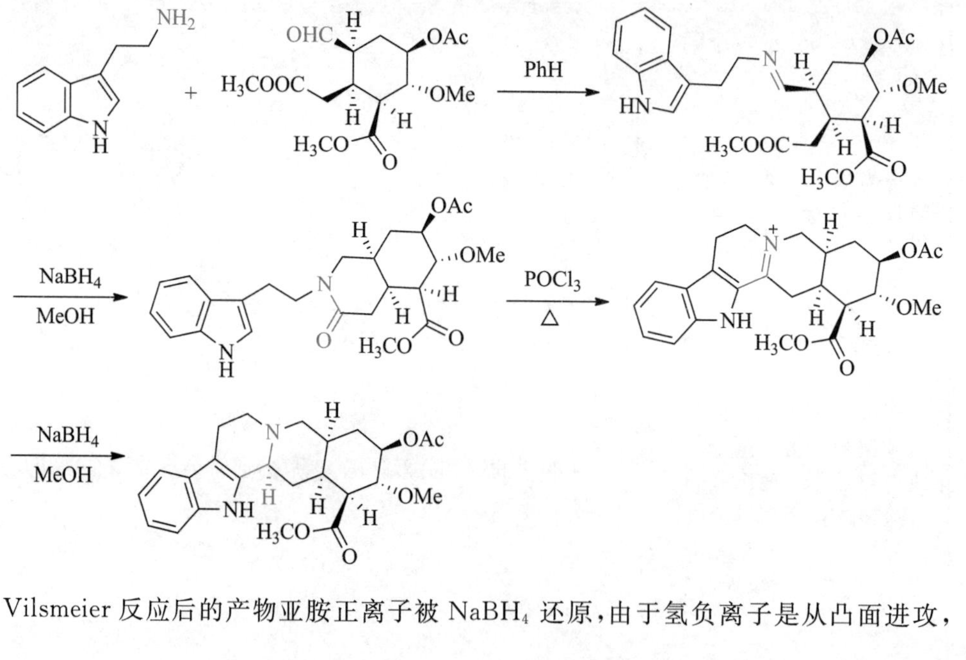

Vilsmeier 反应后的产物亚胺正离子被 NaBH$_4$ 还原，由于氢负离子是从凸面进攻，

得到的立体构型与其他氢原子处在顺式,而目标化合物 reserpine 中的此位点手性正好相反,需要进行调整。

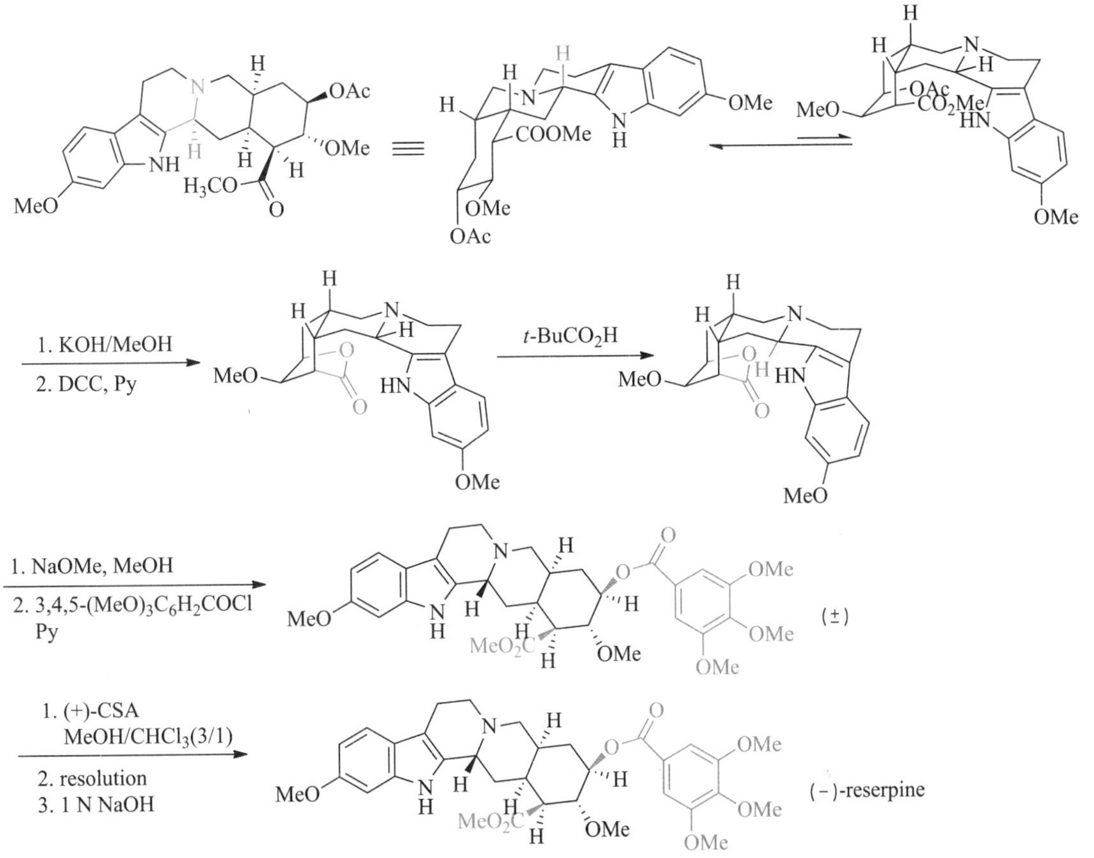

右边异构体的不稳定性在于取代基 COOMe 和 OAc 处在 1,3-直立键的位置上。因此,如果此两直立键能被稳定,就可以实现所需位点构型的转换。R. B. Woodward 通过形成内酯的方式稳定此构象。接着,在特戊酸的甲苯体系中回流,可以定量转换。

在甲醇钠/甲醇体系中进行酯交换解开此内酯环后,接着二级醇与 3,4,5-三甲氧基苯甲酰氯反应得到消旋的 reserpine。再经(＋)-樟脑磺酸拆分,得到对映体纯的(－)-reserpine。

（－）-reserpine 的全合成工作体现了 R. B. Woodward 最精彩的研究工作之一,在当时非常具有代表性。在这项研究工作中,Diels-Alder 反应在构筑高度官能团化的环己烷骨架中体现了巨大的力量。此后,科学家们对 Diels-Alder 反应进行了更为深入的研究,使得 Diels-Alder 反应成为了具有重要影响力的合成方法。此外,在最后的构型调整中,也反映了 R. B. Woodward 对有机分子的精准的掌控力。因此,(－)-reserpine 的全合成工作是有机合成化学中具有里程碑性的成果。

26.8.3 紫杉醇的全合成分析

美国西部一些部落很早就发现,可以用太平洋紫杉(Pacific yew,又名短叶红豆杉,*Taxus brevifolia*)的树皮治疗皮肤癌。1962 年,植物学家 A. Barclay 研究紫杉树皮样品,结果表明其提取物具有细胞毒性。1964 年,美国三角研究所(the Research Triangle Institute,RTI)的 M. Wani 与 M. Wall 利用同样的样品,经过三年的研究成功从中分离得到 0.02％的该活性成分,命名为紫杉醇(taxol)。1971 年,人们终于通过部分化学降解,结合单晶衍射技术和核磁共振技术确定了其结人类科学技术的发展从来都服务于人类的生存本身。肿瘤及癌症因日渐成为威胁人类健康的重要疾病，自然而然地引起了人们的重视。从 1960 年开始，美国国家癌症研究所（the National Cancer Institute, NCI）与美国农业部（the U. S. Department of Agriculture, USDA）开始了一项从植物中筛选抗癌成分的研究计划。正是在此计划的引导下，幸运地分离得到了具有良好抗癌活性的紫杉醇，紫杉醇也成为 20 世纪最受公众瞩目的植物来源药物。

构：

taxol

此后，科学家们也从其他红豆杉属植物中分离得到了一些类似物，如 cephalomannine 和 10-deacetylbaccatin Ⅲ：

cephalomannine

10-deacetylbaccatin III

在初步筛选中，紫杉醇因其抗癌效果并不突出、难以获得以及水溶性差等弱点被埋没。1979 年，爱因斯坦医学院（Albert Einstein College of Medicine）的 S. B. Howitz 通过研究发现，紫杉醇的抗癌机制与当时已知的其他抗癌药物（如长春碱、美登素等）都不同。1982 年，科学家们基本完成了紫杉醇的制剂研究和毒理学研究；1990 年，紫杉醇进入临床三期研究；1992 年，美国食品与药品监督管理局（U. S. Food and Drug Administration, FDA）批准百时美施贵宝公司（Bristol-Myers Squibb, BMS）的紫杉醇成药上市，用于治疗卵巢癌。该公司将 Taxol 注册为紫杉醇的药用商品名，另取了 paclitaxel 作为其化学通用名。后来，FDA 又逐渐批准紫杉醇用于其他肿瘤或癌症的治疗，紫杉醇成为最畅销的抗癌药。

由微管蛋白动态聚合解聚形成的微管是细胞骨架的重要部分，起到支撑、附着、牵引等作用。而紫杉醇则可以扰乱该动态过程，诱导微管蛋白聚合成胞质微管并抑制其解聚，从而抑制其从中心体开始组装形成有丝分裂过程中必需的纺锤体微管，使细胞分裂停止在 G_2 期，对活动旺盛、分裂频繁的癌细胞起到抑制作用。这一重要发现重新引起人们对紫杉醇的研究兴趣。

与其成功成药并商业化相伴而来的则是巨大的需求量与来源有限之间的矛盾。估算表明，取一棵百年树龄的太平洋紫杉的全部树皮，可以提取出一针剂量的紫杉醇。巨大供求不平衡一方面使紫杉醇价格惊人，另一方面带来的是严重的生态破坏。为解决这一问题，早在 1984 年，P. Potier 课题组通过对欧洲红豆杉（Taxus baccata）的全面提取研究发现，其树叶部分可提取出 0.1% 的 10-deacetylbaccatin Ⅲ。相比于树皮，从树叶提取的优势之一就是其可再生性。由于 10-deacetylbaccatin Ⅲ 相对易得，且与紫杉醇核心结构高度相似，1988 年，人们即开发出以 10-deacetylbaccatin Ⅲ 为原料，半合成紫杉醇的方法。随后，佛罗里达州立大学（Florida State University）的 R. A. Holton 课题组开发出以 10-deacetylbaccatin Ⅲ 的衍生物为原料的半合成方法，并被 BMS 公司工业化。

其他获取紫杉醇的办法还有细胞培养提取，但存在产量低、稳定性差的问题，且仍需要与植物提取相同的分离纯化流程，成本上并不占优势。而真菌发酵法还处于实验室研究阶段。

10-deacetylbaccatin III (3)

1. Et$_3$SiCl, Py, 23 ℃, 20 h
2. AcCl, Py, 0 ℃, 48 h

(2-PyO)$_2$CO, 4-Me$_2$NPy
PhMe, 73 ℃, 100 h, 80%

0.5% HCl/EtOH
0 ℃, 30 h, 89%

taxol

总的来说，由于天然紫杉醇来源受限，半合成紫杉醇则深度结构修饰困难，这给其生物活性机制研究、构效关系研究乃至工业化都带来很大限制。为此，全世界范围内近 30 个有机合成课题组都参与到其全合成研究中来。最早开始合成研究的是 R. A. Holton 课题组，随后 K. C. Nicolaou 也开始独立合成研究。1994 年 1 月，两个课题组几乎同时在《美国化学会志》(*Journal of the American Chemical Society*)和《自然》(*Nature*)上分别发表了合成路线。

S. J. Danishefsky（1996年），P. A. Wender（1997年），I. Kuwajima（1998年），T. Mukaiyama（1998年），T. Takahashi（2006年）先后完成全合成，2015年，又有 T. Sato 与 N. Chida 两个课题组合作，及 M. Nakata 单独分别报道了 T. Takahashi 所发展的合成路线中间体的合成步骤，完成形式全合成。

这些研究结果表明，热门的合成研究与有限的全合成路线对比悬殊，反映了紫杉醇分子的合成难度。从其三维结构分析，其难点在于：① 6-8-6 全碳桥环骨架，带有一个桥头双键和一个偕二甲基桥，具有很大张力；② 四元环醚结构也具有较大环张力；③ 分子骨架高度氧化，各种含氧官能团组合成具有复杂反应性的结构，使分子在很多条件下并不稳定。

ketone-enol
isomerization

migration of ⁻Ac
H$^+$ shift

ketone-enol
isomerization

侧链可以通过后期的烯丙位氧化和酯化引入,得前体 **A**,母核中的四元环醚需要分子内 S_N2 取代反应来构建,这样逆推至 6-8-6 三环骨架 **B**,考虑其较大的环张力,可预见需要相对强烈的反应条件来克服能垒,故选用会形成高活性的自由基中间体的 McMurry 偶联反应来形成环系上最后一根碳碳键。打开八元环得 **C** 及其前体 **D**,从连接处将两个六元环分开得到合成子 **E** 与片段 **F**,均采用 Diels-Alder 反应予以构建。

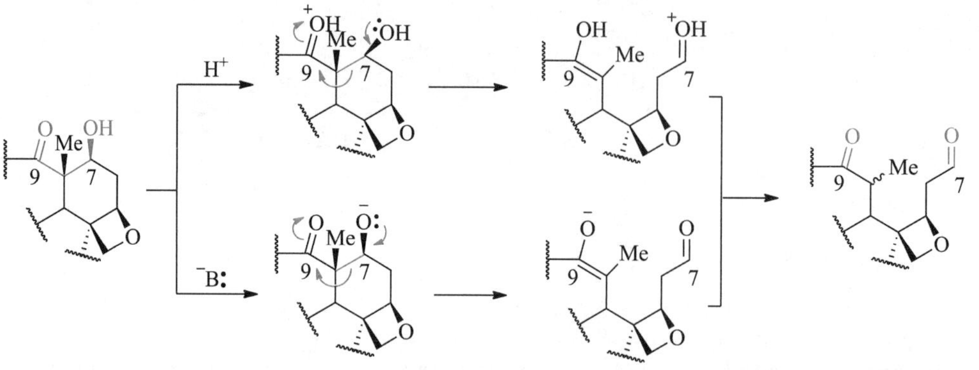

K. C. Nicolaou 团队对此分子进行了逆合成分析:

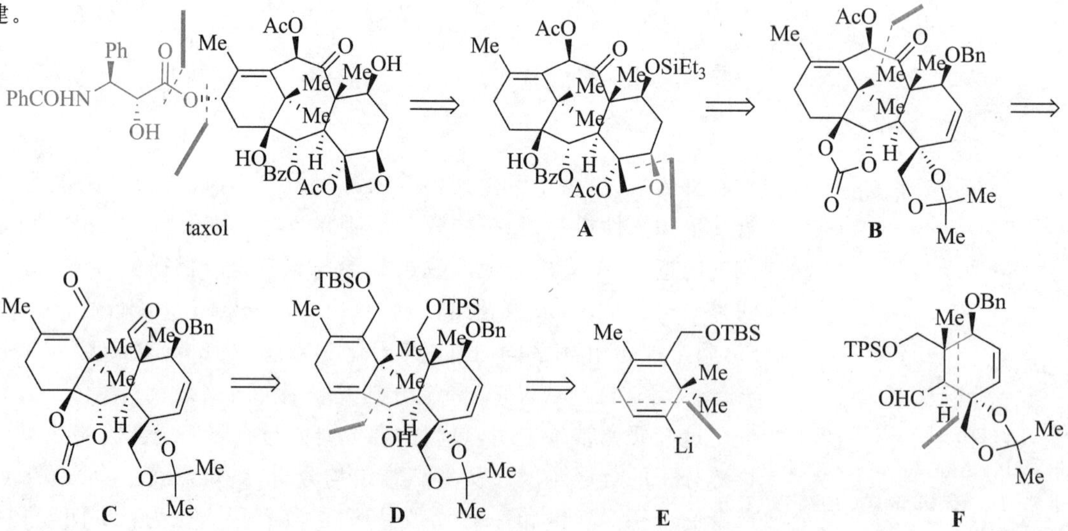

taxol　　　　　　A　　　　　　B

C　　　　　D　　　　　E　　　　　F

读者可以考虑第二步水解反应的机理(提示:四级碳原子很难发生分子间的 S_N2 反应)。

具体合成路线简述如下:对于合成子 **E**,采用乙烯酮的稳定等价物 2-氯丙烯腈作为亲双烯体参与 Diels-Alder 反应,随后水解得到 3-环己烯酮,缩合成腙,得到 **E** 的前体化合物。另一方面,采用 2-吡喃酮为双烯体,不饱和酯为亲双烯体,加入苯硼酸与二者分别原位缩合,使反应实质上成为分子内过程,更容易进行。Diels-Alder 反应后加入 1,3-二醇,发生硼酸酯的分子间酯交换,并原位再次发生分子内酯交换,一步即得到 5-6 并环中间体。进一步简单的官能团转化可得 **F**。

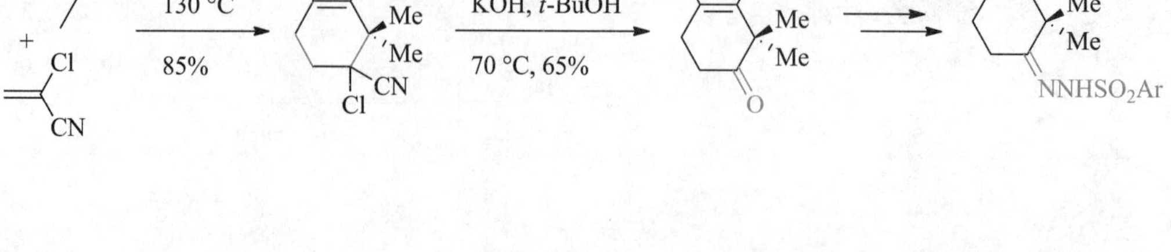

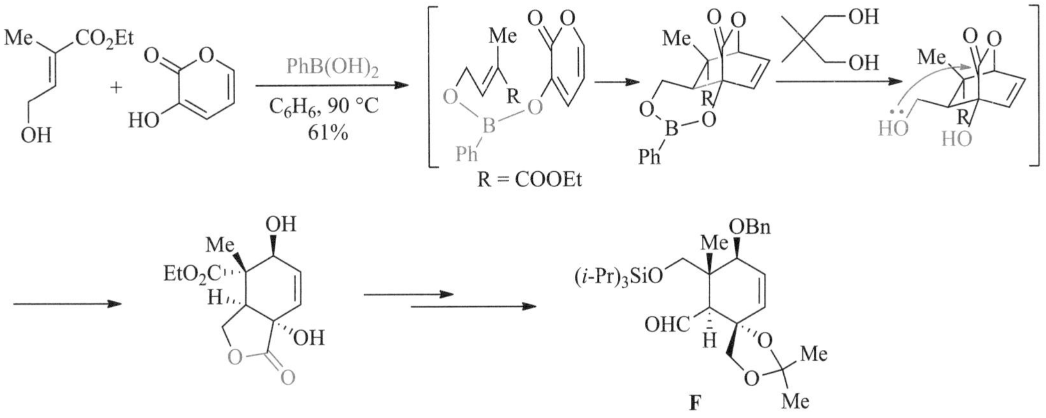

E 的前体在两倍量丁基锂作用下两次去质子化，消除亚磺酸锂，离去一分子氮气得烯基锂，对 F 加成，完成两个片段的对接。其中锂离子的螯合作用固定了醛基的构象，结合 F 自身的构型，使得烯基锂片段从醛基碳的 Re 面进攻，控制了新生成的手性中心构型。随后官能团转化得到二醛，在原位还原产生的低价钛作用下，两次单电子还原得双自由基，并在钛表面偶联。随后在小空阻的双键上发生硼氢化氧化，所得羟基转化为好的离去基团后发生 S_N2 反应，构建了四元环醚。

这里钛既是还原剂，又通过与氧的结合起到拉近两个自由基的作用，促进偶联发生。即便如此，仍仅有 23% 的收率，这足以说明该环系的合成难度。

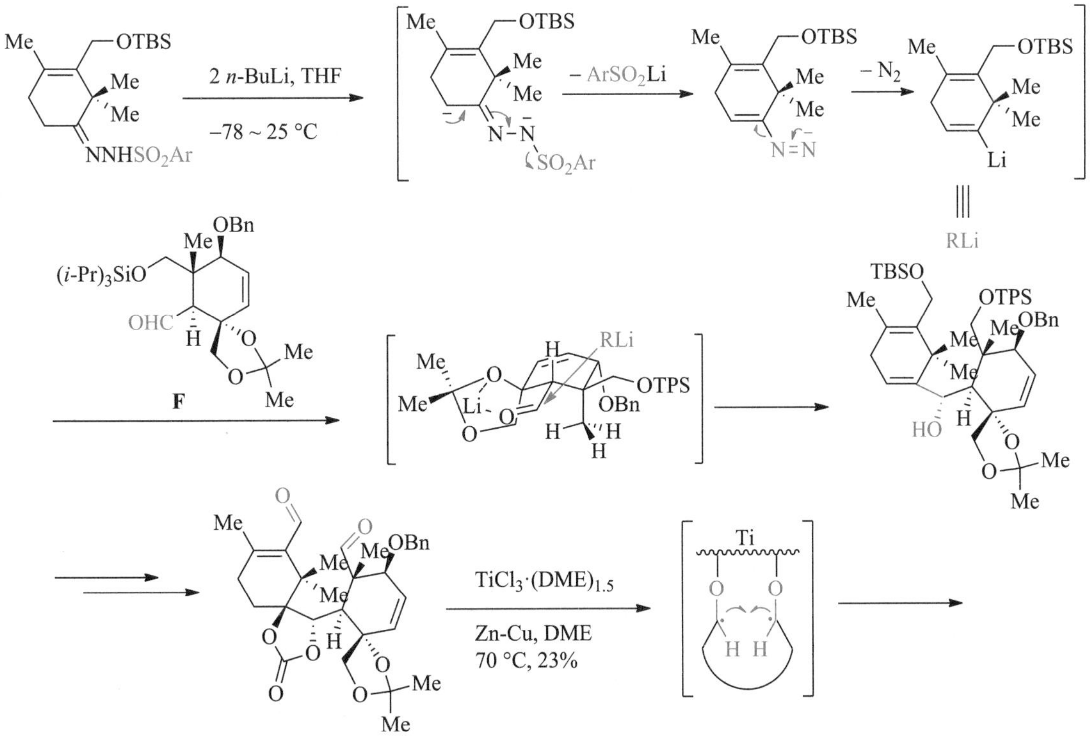

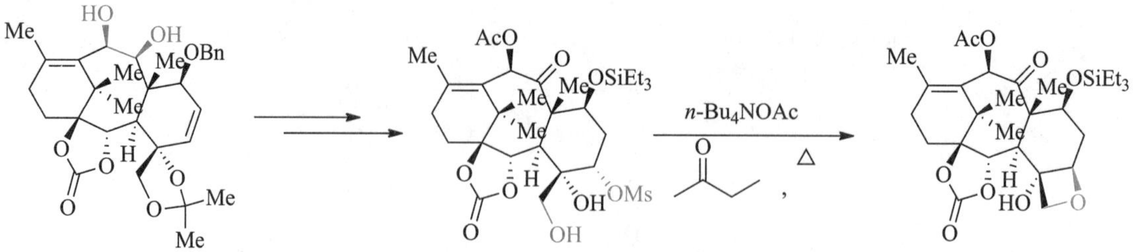

至此,分子右侧骨架全部完成,最后经 PCC 在环内烯丙位发生氧化,还原得羟基,在大空阻碱(Me₃Si)₂NNa 作用下去质子化,使具有环张力的四元环内酰胺发生醇解一步引入侧链,随后脱除保护基即完成整个全合成。

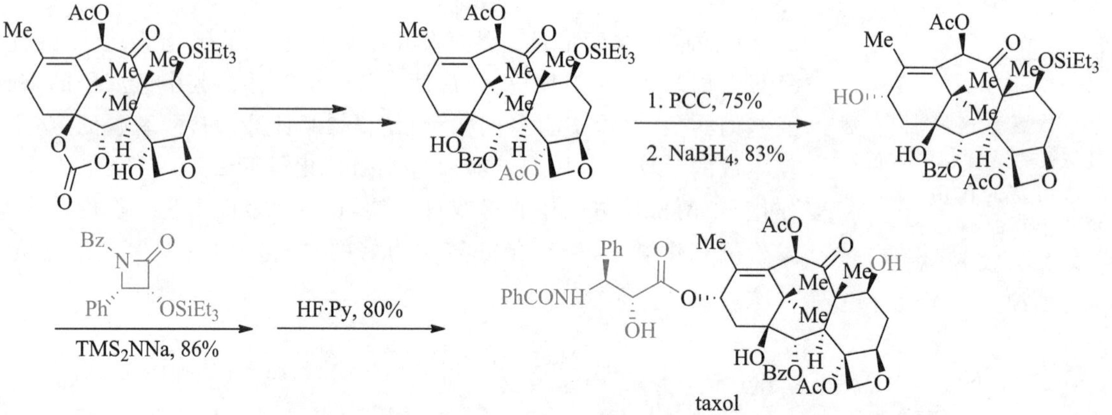

该路线采用汇聚式策略,将具有母核的中间体拆分为两个复杂度近似相等的片段,对缩短整体路线、扩大规模制备很有帮助。对关键的 McMurry 关环反应的探究则揭示了该反应的反应性及在复杂体系中的适用性,同时也体现出紫杉醇分子骨架的独特化学。

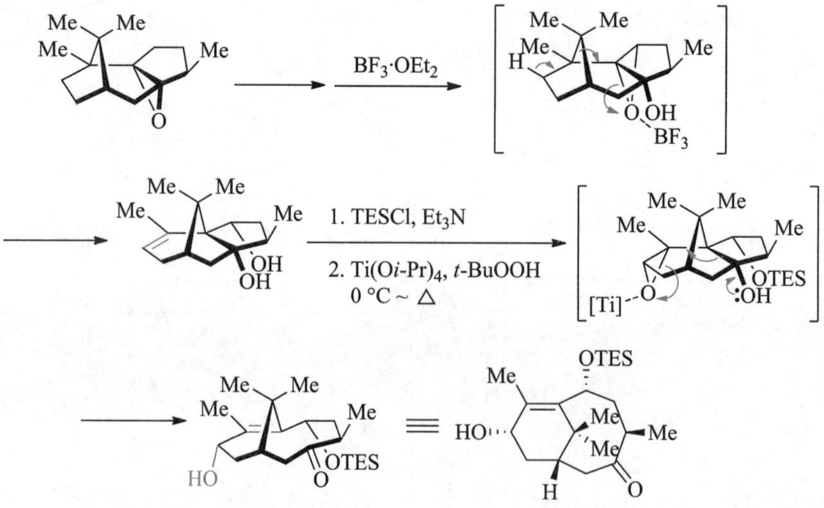

而 R. A. Holton 团队则选取本身就具有桥环骨架的 β-patchoulene oxide 为原料,转化为合适前体后,在 Lewis 酸作用下打开环氧,形成的碳正离子引发 Wagner-Meerwein 重排,随后再次形成环氧并用 Lewis 酸打开,形成的碳正离子引发骨架碎裂化,将 5-5 并环打开成八元环,得到 8-6 桥环体系。

在此基础上,通过羟醛缩合反应引入右侧六元环所需碳原子,经官能团调整后,在碱的作用下发生类似酯缩合反应重排缩环。利用 SmI₂ 两次单电子还原除去双羰基 α 位的羟基。转化端烯为甲酯后,利用分子内 Dieckmann 缩合构建了六元环系。随后的四元环醚的构建及侧链的引入与前述路线类似。

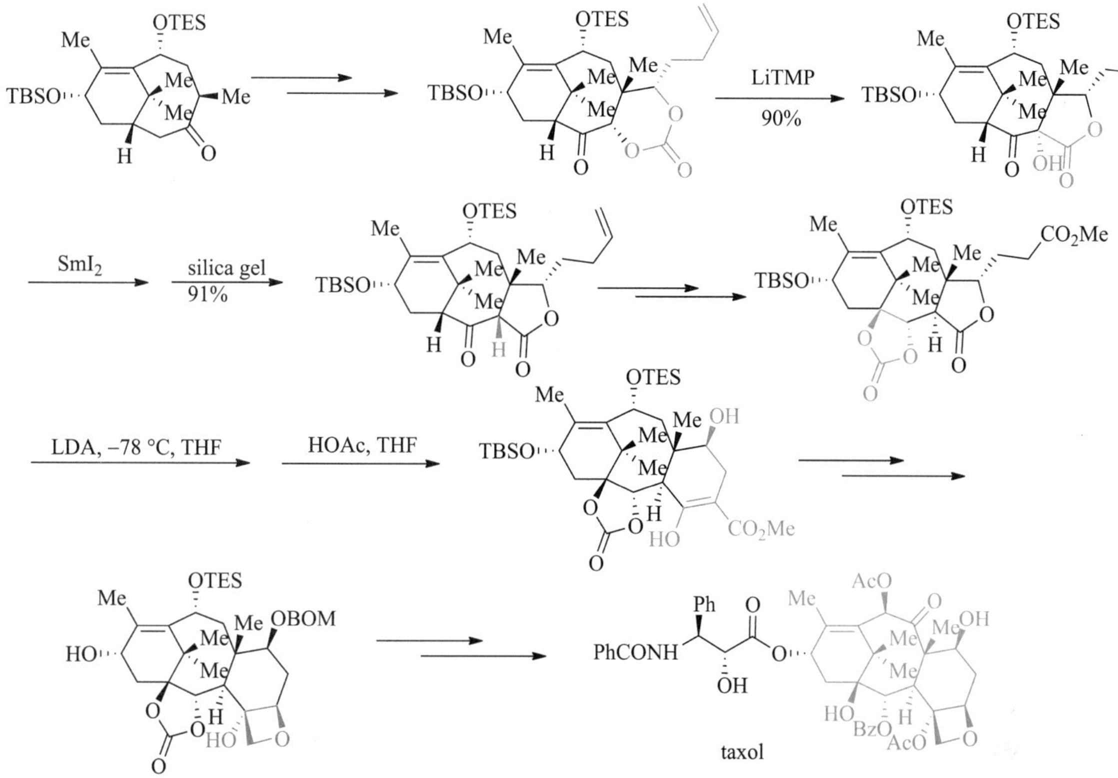

该策略通过巧妙选取手性原料,避免了从零开始构建 8-6 环系,高效实现了 8-6 桥环体系的不对称构建。

随着抗癌药物与方法的深入研究发展,越来越多有潜力的抗癌手段被发现,但获得巨大成功的紫杉醇会牢牢占据抗癌药物经典的一席之地。而其富于挑战和美感的分子结构时至今日仍吸引着合成化学家的兴趣,成为一试身手的优良平台。挽救了无数病人,成就了一群科学家和药企,一份树皮样品引出的多彩故事还在继续。

本章简单总结了有机合成化学的意义、逆合成分析的基本概念以及一些实例分析,通过这些介绍让读者了解有机合成的重要性。但是,一个复杂有机分子的合成路线从来是不能预测的,也不是唯一的。逆合成分析理论也只是为我们提供了一条逻辑分析的途径,具体的路线还需要我们在实验室进行系统的研究才能得以实现。

有机合成不仅为我们人类生活提供了有效的药物、食物以及各种材料,更为重要的是为我们发挥想象力和满足好奇心提供了空间。这是充满挑战性的、也值得去奋斗的科学世界。

章 末 习 题

习题 26-1 在不影响碳碳键的基础上,如何实现以下官能团的转换:

(i)

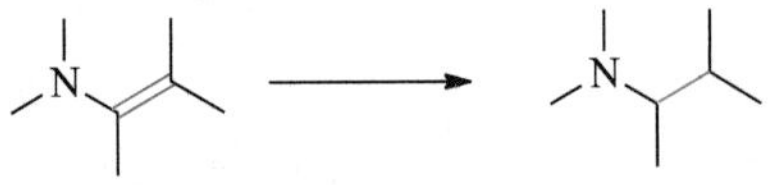

(ii)

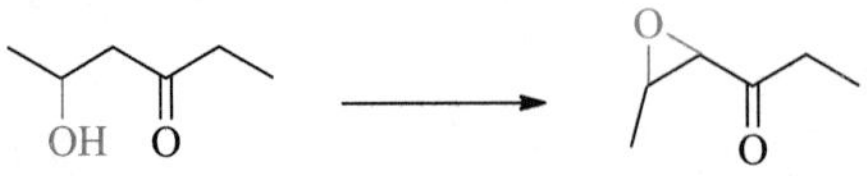

(iii)

(iv)

习题 26-2 以苯酚、邻甲氧基苯酚、少于四个碳的有机试剂和必要的无机试剂为原料合成:

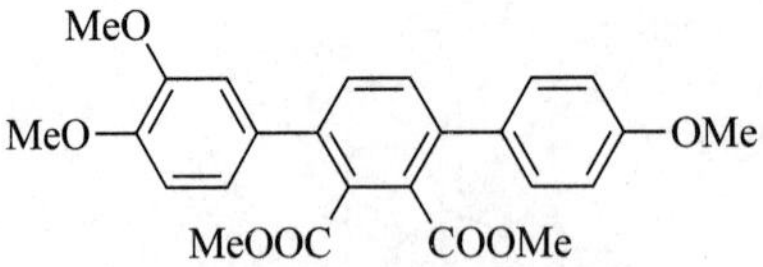

习题 26-3 以丙二酸二乙酯、必要的有机试剂和无机试剂为原料合成:

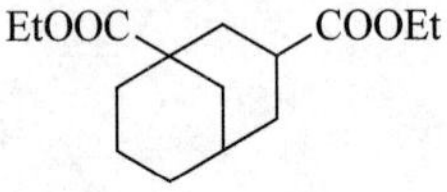

习题 26-4 以 1,6-萘二酚、少于五个碳的有机试剂和必要的无机试剂为原料合成:

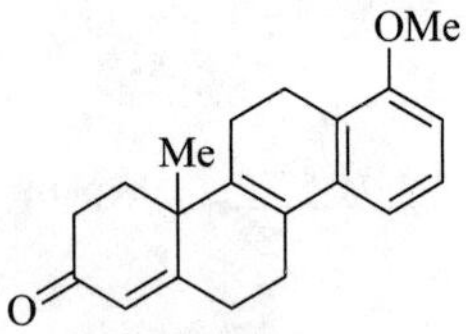

习题 26-5 以甲苯、丁二酸酐以及必要的有机试剂和无机试剂为原料合成:

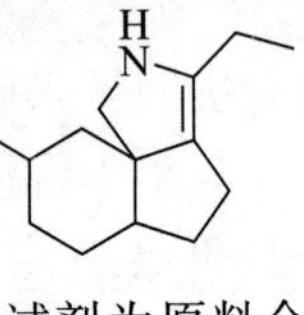

习题 26-6 以苯以及必要的有机试剂和无机试剂为原料合成:

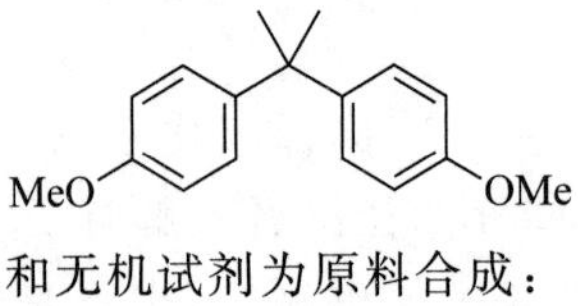

习题 26-7 以苯以及必要的有机试剂和无机试剂为原料合成:

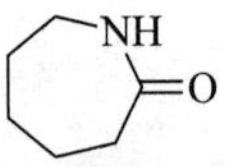

习题 26-8 以苯、环戊二烯以及必要的有机试剂和无机试剂为原料合成:

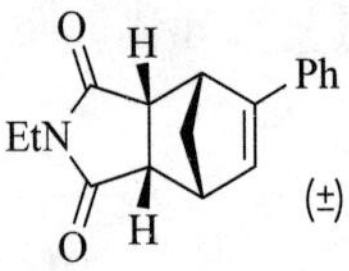

英汉对照词汇

bond disconnection transforms　键切断转换

bond reconnection transforms　键再连接转换

concave　凹面

connection　连接

convergent synthesis　汇聚式合成

convex　凸面

crotylation　巴豆基化反应

disconnection　切断

functional group addition;FGA　官能团引入

functional group interconversion;FGI　官能团转换

functional group removal;FGR　官能团消除

linear synthesis　线性合成

methyldopa　甲基多巴

penicillin　青霉素;盘尼西林

propanil　敌稗;丙氯苯胺

reagent　试剂

rearrangement　重排

reserpine　利血平

retron　反合成子

retrosynthetic analysis　逆合成分析理论

sparteine　鹰爪豆碱

starting material;SM　起始原料

strychnine　马钱子碱

synthetic equivalents　合成等价物

synthon　合成子

target molecule;TM　目标分子

taxol　紫杉醇

the disconnection approach　切断法

27

第27章

化学文献与网络检索

* * * * *

　　化学文献主要包括期刊、专利、书籍、文献索引刊物以及网络上的各种文献等。随着科学的发展,相关文献的数量和种类越来越多,如何查阅文献已经成了进行化学研究的必备技能。

* * * * *

　　对于每一个从事化学工作的人来说,在工作中除了药品和仪器,使用最多的就是各类化学文献(literature)。化学文献是人类化学知识的集合,是前人对化学贡献的结晶,也是后人研究的基石。在开展一项科学研究之前,文献的查阅是必须进行的,只有这样才能对课题的背景、内容、发展现状等信息有所了解,避免或少走弯路。

　　科学文献的总数是巨大的,而科研工作者信息检索(information retrieval)能力的高低,决定了其能否从浩如烟海的文献中快速、准确地查找到自己想要的信息。20世纪70年代以来,互联网与信息技术的长足发展,使得科研文献大量、全面、系统地电子化、网络化。同时,SciFinder、Web of Science®、Reaxys®等网络数据库及检索引擎的出现与完善,使得文献的网络检索方法成为主流。本章中,我们将首先介绍与有机化学相关的常见期刊、专利与数据库,再简要展示 SciFinder、Web of Science®、Reaxys®等检索引擎的使用方法。

27.1 一次文献、二次文献、三次文献

　　科学文献的分类标准很多,根据其来源、原创性与可靠性的不同,可以将科学文献划分为一次文献、二次文献及三次文献这三个不同的类别。

　　一次文献(primary sources)又称原始文献或一级来源,是科研工作中原始成果的载体。在日常学术交流中使用的"论文"一词,大多指一次文献。一次文献直接记录科研成果,报道新理论、新技术或新发明,是科研文献的主体。一次文献的主要来源有两个:期刊和专利(其他来源有会议文献、手稿、学位论文等)。相比其

为了凸显文章的核心内容，现代化学论文通常将结果与讨论部分前置，而将实验细节放在文章末尾，即正文顺序变为：背景—结果与讨论—总结—实验部分—致谢，方便读者直接得到结论。

他文献，一次文献大多篇幅不长（不到 20 页），且有着鲜明的结构特征。如图 27-1 所示，一次文献通常包含题目（作者、单位）、摘要、正文、参考文献四大基本部分。其中，摘要（abstract）又称文摘或提要，是对文章内容的精炼，能使读者在短时间内了解文献大意，激发阅读兴趣；正文（body）是论文的主体，描述完整的研究过程并给出结果，正文又通常由背景（introduction）、实验方法（experimental methods）、结果与讨论（results and discussion）、总结（conclusion）、致谢（acknowledgments）等小节组成；参考文献（references）用于列出文章写作过程中参考过的资料，通常以尾注形式在正文与结尾处给出，所引用的每条文献均需列出作者、期刊名称、年、卷以及页码等信息。

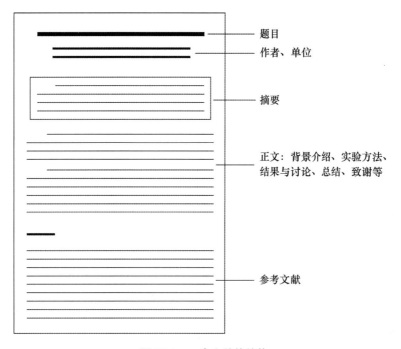

图 27-1　一次文献的结构

一次文献以实验事实为基础，因此其报道结果永远具有科研价值，不会过时（这与报道结果的正确性、有效性、影响力无关）；而二、三次文献的效力可能会随时间的推移与学科的发展逐渐降低，乃至被更新的文章所取代。

二次文献（secondary sources）是对一次文献的记述、总结、分析和评估。二次文献的主要形式有摘要、新闻、评论和综述等。三次文献（tertiary sources）是对一次与二次文献的再加工，通常是对一般知识或专业知识的总观介绍，是科学事实的高度浓缩。三次文献的主要形式有专著、索引、手册、辞典与百科全书等。随着互联网的普及，越来越多包含化学信息的数据库被开发出来，为科研工作者进行信息检索提供了非常大的帮助，这些数据库或搜索引擎也属于三次文献的范畴。二次文献与三次文献间并没有绝对界限，在不同的学科分支、选题角度和分类方法下，它们的界定标准常常会发生变化，无需对它们严格区分。

27.2　期　　刊

27.2.1　期刊概述

期刊(journal)又称杂志,是由多位作者共同编写,定期发行的连续出版物。目前全世界出版的化学化工期刊约有 5 万多种[1],而且每年都在增加;其中重点期刊有 600 余种[2],大部分都以英文编写。如前所述,目前大部分化学期刊都已经网络化,可以直接以 PDF 或 html 格式获取(检索方法见 27.6)。

在互联网时代的大背景下,化学期刊也朝着多元化的方向发展,不同种类期刊间的边界也越来越模糊。

按照所刊载文献的性质不同,可以将期刊分为如下几个类别:

(1) 原始性期刊:主要刊载一次文献,在各类期刊中所占比例最高。如《美国化学会志》(*Journal of the American Chemical Society*)和《德国应用化学》(*Angewandte Chemie*)等;

(2) 综述性期刊:刊载各类文献综述。如《化学综述》(*Chemical Reviews*);

(3) 新闻动态期刊:报道科研实事。如《化学与工程新闻》(*Chemical & Engineering News*);

(4) 文献索引期刊:如《化学文摘》(*Chemical Abstracts*),详见 27.5.1。

当然也有包含多种内容的综合性期刊,如《自然》(*Nature*)。等等。

期刊所刊载的论文,按篇幅、时效性可划分为论著、通讯/快报、研究实录、评论与综述等多种形式。

实验细节是科学研究的支柱。它既可以包含在文章的主体内容之中,又可以作为补充信息(supporting information,SI)附于文章之后。以美国化学会(ACS)出版的论文为例,每篇文章的补充信息通常以独立的 PDF 文件提供,其中含有实验细节、谱学数据、晶体结构数据等内容。

(1) 论著(article,full paper):是最正统的一次文献形式,是研究者对于研究成果的全局性详细阐述,文章结构完整、描述详细,且含有完备的实验细节。化学论著的篇幅通常在 5~20 页之间。

(2) 通讯(communication)与快报(letter):主要用于在第一时间内报道领域内的新发现、新成果。内容简明扼要,篇幅通常在 4 页之内,且不刻意划分成小节。通讯具有很强的时效性,受到杂志社的高度重视。

(3) 研究实录(note):在篇幅和结构上与通讯相似,但重要度不及通讯。

(4) 综述(review):是对某一领域的课题进行大量资料搜集,通过分析、整理、提炼给出综合性介绍的一种学术论文,属于二次文献。根据领域的不同,综述篇幅可长可短,通常多于 10 页,有些甚至达到 100 页以上。综述结构严谨、内容精炼、覆盖面广,是了解某一学科领域概况与进展的重要途径。

(5) 评论(comment):通常篇幅不超过 1 页,是对本杂志(或其他杂志)已发表论文的点评,属于二次文献。评论是许多外国期刊青睐的文章类型。通过同行间的互相碰撞、辩论,可以将课题的全貌更加清晰地展现在读者面前,同时也更加引人入胜。

27.2.2　原始性期刊

国内外出版的与有机化学有关的原始性期刊众多,参见表 27-1,下面选择性地加以介绍。

《中国科学》(*Science China*)：由中国科学院主办，1950 年创刊，月刊。反映中国自然科学各学科中的最新科研成果，促进国内外的学术交流。其 B 辑《中国科学：化学》(*Science China*：*Chemistry*)创刊于 1982 年，主要报道化学基础研究及应用研究方面具重要意义的创新性研究成果。收录论著、综述、亮点等多种形式的文章。2015 年影响因子(IF，详见 27.5.2)为 2.429。[2]

《中国化学快报》(*Chinese Chemical Letters*)：由中国化学会主办，中国医学科学院药物研究所承办，Elsevier 出版公司发行，1990 年创刊，英文月刊。文献类型为原创性论著。IF(2015)：1.947。

《中国化学》(*Chinese Journal of Chemistry*)：由中国化学会、中国科学院上海有机化学研究所主办，John Wiley 公司(简称 Wiley 公司)出版发行，1983 年创刊，英文月刊。刊载化学各领域基础研究和应用基础研究的原始性成果。收录论著、通讯、综述等多种形式的文章。IF(2015)：1.872。

《化学学报》(*Acta Chimica Sinica*)：由中国化学会、中国科学院上海有机化学研究所主办，1933 年创刊，半月刊。原名《中国化学会会志》，是我国最早的化学期刊。1952 年更名为《化学学报》，并改为中文版，面向国内外发行。是中国自然科学核心期刊，也是中国第一个被《科学引文索引》(见 27.5.2)收录的化学期刊。收录论著、通讯、综述、评论等多种形式的文章。IF(2015)：1.843。

《有机化学》(*Chinese Journal of Organic Chemistry*)：由中国化学会、中国科学院上海有机化学研究所共同主办，1980 年创刊，月刊。刊载有机化学基础研究和应用基础研究的原始性成果。文章类型包括论著、通讯、综述等。IF(2015)：1.309。

《高等学校化学研究》(*Chemical Research in Chinese Universities*)：由吉林大学主办，1984 年创刊，英文双月刊。收录论著、通讯、综述、简报等多种形式的文章。IF(2015)：1.086。

《高等学校化学学报》(*Chemical Journal of Chinese Universities*)：由吉林大学和南开大学主办，1980 年创刊，月刊。文章类型包括论著、通讯、综述等。

《美国化学会志》(*Journal of the American Chemical Society*，JACS)：由美国化学会主办，创刊于 1879 年，周刊。是化学期刊中最富权威的杂志之一。其报道范围涵盖化学领域的各个方面。包括论著、通讯、展望性综述(perspectives)等多种形式的文章。IF(2015)：13.038。

《有机化学快报》(*Organic Letters*，OL)：由美国化学会主办，1999 年创刊，双周刊。主要报道有机化学方面的最新研究进展。文章类型为快报，短小精悍。IF(2015)：6.732，总引用量为有机化学类期刊第二。

《有机化学杂志》(*Journal of Organic Chemistry*，JOC)：由美国化学会主办，1936 年创刊，双周刊。主要报道有机化学和生物有机化学方面的内容。收录论著、通讯和研究实录三种形式的文章。1999 年，*J. Org. Chem.* 停止发表通讯，相应的内容以快报的形式发表在 *Org. Lett.* 上。IF(2015)：4.785，总引用量位居有机

中国化学会(Chinese Chemical Society, CCS)：化学与相关专业的学术性团体，是中国科学技术协会的组成部分。1932 年在南京成立，目前有会员 5 万多人，团体会员 100 余个，是国际纯粹与应用化学联合会(IUPAC)、亚洲化学学会联合会(FACS)等 5 个国际组织的成员。主页：http://www. chemsoc. org. cn/。

美国化学会(American Chemical Society, ACS)：成立于 1876 年，现有 157 000 位来自化学界各个分支的会员。美国化学会出版 51 种期刊，内容涵盖生物化学、药物化学、有机化学、高分子化学、物理化学、分析化学、无机化学与原子能化学等。主页：http://www. acs. org/，期刊网址：http://pubs. acs. org/。

化学类期刊之首。

《材料化学》(*Chemistry of Materials*,CM):由美国化学会主办,1989年创刊,双周刊。主要报道材料化学和物理方面的内容。收录论著和研究实录两种形式的文章。IF(2015):9.407。

《大分子》(*Macromolecules*):由美国化学会主办,1968年创刊,双周刊。主要报道有机高分子材料方面的内容。收录论著、通讯、展望性综述等多种形式的文章。IF(2015):5.554。

《金属有机化学》(*Organometallics*):由美国化学会主办,1982年创刊,双周刊。主要报道金属有机及类金属有机化合物的结构、性质、制备、反应机理以及应用等方面的内容。文章类型包括论著、通讯、小综述(mini-reviews)和研究实录等。IF(2015):4.186,有机化学类期刊中总引用量第五。

John Wiley 国际出版公司(John Wiley & Sons, Inc.,Wiley):出版电子期刊达1500多种,其学科范围以科学、技术与医学为主。主页:http://www. wiley. com/,期刊网址:http:// onlinelibrary. wiley. com/。

《德国应用化学》(*Angewandte Chemie*,Angew):由 Wiley 公司出版,前身为1887年出版的 *Zeitschrift für die Chemische Industrie*(*Journal for the Chemical Industry*),1962年出版英文版本 *Angewandte Chemie International Edition*(ACIE),周刊。主要发表化学领域所取得的研究成果,历史悠久,在化学期刊中具有很高的重要性。文章包括通讯、综述、亮点(highlights,类似于小综述)、新闻等几种类型。IF(2015):11.709。

《欧洲化学》(*Chemistry:A European Journal*):由 Wiley 公司出版,1995年创刊,周刊。主要报道与化学相关的研究成果。包括论著、综述、理念(concepts)等多种形式的文章。IF(2015):5.771。

《欧洲有机化学》(*European Journal of Organic Chemistry*,EJOC):由 Wiley 公司出版,1998年创刊,融合了包括 *Liebigs Annalen/Recueil* 在内的八部期刊,每月三期。主要报道有机化学方面的研究成果。包括论著、通讯、小综述等多种形式的文章。IF(2015):3.068。

《先进材料》(*Advanced Materials*,AM):由 Wiley 公司出版,1989年创刊,周刊。主要报道材料科学领域取得的最新研究成果,汇集了化学、物理、纳米技术等多学科成果,在材料科学类期刊中具有相当的高度。包括通讯、综述、报告(report)等多种形式的文章。IF(2015):18.960,总引用量位居材料科学类期刊之首。

《先进功能材料》(*Advanced Functional Materials*,AFM):由 Wiley 公司出版,2001年创刊,每月两期,*Adv. Mater.* 的子刊。主要报道在材料领域取得的研究成果,涵盖有机电子学、光伏技术、碳材料、液晶、磁性材料与生物材料等材料学科的前沿领域。文章以论著为主。IF(2015):11.382。

《四面体》(*Tetrahedron*):由 Elsevier 出版公司出版,1958年创刊,周刊。是迅速发表有机化学方面深刻评论与原始研究通讯的国际性杂志,主要刊登有机化学各方面的最新实验与理论研究论文。IF(2015):2.645,有机化学类期刊中总引用量第四。

《四面体通讯》(*Tetrahedron Letters*,TL):由 Elsevier 出版公司出版,*Tetrahedron* 的姊妹篇;1959年创刊,周刊。主要刊登与有机化学相关的通讯、先进概念、技术、结构、方法等文章。IF(2015)：2.347，有机化学类期刊中总引用量第三。

《四面体不对称》(*Tetrahedron：Asymmetry*)：由 Elsevier 出版公司出版，*Tetrahedron* 的姊妹篇，1990 年创刊，双周刊。主要刊登与不对称有机合成方法学相关的通讯、先进概念、技术、结构、方法等文章。IF(2015)：2.108。

《化学通讯》(*Chemical Communications，Chem. Commun.*)：由英国皇家化学会出版，每年刊发 100 期，被认为是化学领域新成果的最快发表期刊，以通讯文章为主。IF(2015)：6.567。

《有机与分子生物化学》(*Organic and Biomolecular Chemistry*)：由英国皇家化学会出版，创刊于 2003 年，前身为著名的 *Perkin Transactions*，双周刊。主要报道包括化学生物学、药物化学、天然产物、高分子化学、理论化学与催化等有机化学领域相关的文献。IF(2015)：3.559。

《自然》(*Nature*)：隶属于 **MacMillan** 出版公司(MacMillan Publishers Ltd)，1869 年创刊，周刊。刊登原始科研成果的极具权威性的期刊，内容偏重于生命科学，主要刊载生物学、化学、天文、物理、无线电电子学、医学与心理学等方面的原始科研成果的综述和简讯，并刊有国际学术会议上提出的报告简讯和新书介绍。IF(2015)：38.138。

《自然化学》(*Nature Chemistry*)：隶属于 MacMillan 出版公司，*Nature* 著名子刊，2009 年创刊，月刊。其内容涵盖化学各个子学科，文章类型多种多样，在化学领域具有很高的影响力。IF(2015)：27.893，位居化学综合性期刊之首。

《科学》(*Science*)：由美国科学促进会(American Association for the Advancement of Science，AAAS)出版，1883 年创刊，周刊。报道自然科学各学科原始性研究论文的第一流权威性期刊，引文率极高。IF(2015)：34.661。

表 27-1　常见的中、英文有机化学原始性期刊[3]

英文名称(创刊年份)	文献类型	更新频率
Acta Chimica Sinica (1933)	A，C	半月刊
Angewandte Chemie (1887)	C，R	周刊
Angewandte Chemie International Edition (1962)	C，R	周刊
Australian Journal of Chemistry (1948)	A	月刊
Bioorganic Chemistry (1971)	A	季刊
Bioorganic ＆ Medicinal Chemistry Letters (1991)	C	月刊
Bulletin of the Chemical Society of Japan (1926)	A	月刊
Canadian Journal of Chemistry (1929)	A，C	月刊
Carbohydrate Research (1965)	A，C	双周刊
Chemistry：A European Journal (1995)	A	周刊
Chemistry：An Asian Journal (2006)	A	双周刊
Chemistry and Industry (London) (1923)	C	双周刊
Chemistry Letters (1972)	C	月刊
Chinese Chemical Letters (1990)	A	月刊

Elsevier 出版公司 (Elsevier)：世界上最大的科学与医学文献出版社之一，其前身可追溯自 16 世纪。Elsevier 出版有 2500 多种学术期刊，每年发表论文 40 万篇。著名的生命科学杂志《细胞》(*Cell*)与医学杂志《柳叶刀》(*The Lancet*)便来自 Elsevier 旗下。1997 年，Elsevier 推出学术论文与电子书平台 **ScienceDirect**，供科研工作者进行论文检索，其官方网址为：http://www.sciencedirect.com/。

英国皇家化学会 (Royal Society of Chemistry, RSC)：由化学科研工作者组成的全球性学术团体，其旗下出版社的官方网址为：http://pubs.rsc.org/。

续表

英文名称（创刊年份）	文献类型	更新频率
Chinese Journal of Chemistry (1983)	A,C,R	月刊
Chinese Journal of Organic Chemistry (1980)	A,C,R	月刊
Chemical Research in Chinese Universities (1984)	A,C,R	双月刊
Chimia (1947)	A	月刊
ChemPlusChem (2012)	A,C	月刊
Doklady Chemistry (1922)	C	月刊
European Journal of Organic Chemistry (1998)	A	月刊
Helvetica Chimica Acta (1918)	A	月刊
Heteroatom Chemistry (1990)	A	双月刊
Heterocycles (1973)	A	月刊
Indian Journal of Chemistry (*Section B*)	A	月刊
International Journal of Chemical Kinetics (1969)	A	月刊
Israel Journal of Chemistry (1963)	A	季刊
Journal of the American Chemical Society (1879)	A,C	周刊
Journal of Carbohydrate Chemistry (1981)	A,C	双月刊
Journal of Chemical Research, Synopses (1977)	A	月刊
Chemical Communications (1965)	C	双周刊
Journal of Combinatorial Chemistry (2000)	A,C	双月刊
Journal of Computational Chemistry (1979)	A	月刊
Journal of Fluorine Chemistry (1971)	A,C	月刊
Journal of Heterocyclic Chemistry (1964)	A,C	月刊
Journal of the Indian Chemical Society (1924)	A	月刊
Journal of Lipid Research (1959)	A	月刊
Journal of Medicinal Chemistry (1958)	A,C	月刊
Journal of Molecular Structure (1967)	A,C	月刊
Journal of Organometallic Chemistry (1963)	A,C	周刊
Journal of Organic Chemistry (1936)	A,C	双周刊
Journal of Photochemistry and Photobiology, A: Chemistry (1972)	A	月刊
Journal of Physical Organic Chemistry (1988)	A	双周刊
Journal of Polymer Science Part A (1962)	A	半月刊
Journal für Praktische Chemie (1834)	A	双周刊
Macromolecules (1968)	A,C	半月刊
Liebigs Annalen der Chemie (1832)	A	月刊
Mendeleev Communications (1991)	C	月刊
Monatshefte für Chemie (1870)	A	月刊
New Journal of Chemistry (1977)	A	月刊
Organometallics (1982)	A,C	双周刊
Organic and Biomolecular Chemistry (2003)	A	双周刊
Organic Letters (1999)	C	双周刊

续表

英文名称（创刊年份）	文献类型	更新频率
Organic Mass Spectrometry（1968）	A，C	月刊
Organic Preparations and Procedures International（1969）	A	双月刊
Organic Process Research & Development（1997）	A	双月刊
Photochemistry and Photobiology（1962）	A	月刊
Polish Journal of Chemistry（1921）	A，C	月刊
Pure and Applied Chemistry（1960）	IUPAC 会议文件	月刊
Research on Chemical Intermediates（1973）	A	双月刊
Russian Journal of Organic Chemistry（1984）	A，C	月刊
Science China：Chemistry（1982）	A，R	月刊
Sulfur Letters（1982）	C	双月刊
Synlett（1989）	C	月刊
Synthetic Communications（1971）	C	双周刊
Synthesis（1969）	A	月刊
Tetrahedron（1958）	A	周刊
Tetrahedron：Asymmetry（1990）	A，C	双周刊
Tetrahedron Letters（1959）	C	周刊

文献类型：A＝Article（论著），C＝Communication（通讯），R＝Review（综述）。

值得注意的是，虽然绝大部分的现代化学文献都以英语撰写，200 年以前的重要文献却大多以德语、法语为主，甚至直到 1920 年，仍然有一半以上的化学论文以这两种语言（尤其是德语）为主，在做检索时要加以注意。

27.2.3　综述性期刊、新闻动态期刊

《化学综述》（*Chemical Reviews*，CR）：由美国化学会主办，1924 年创刊，月刊。专门刊载化学各领域重要进展的综述文章，在化学期刊中地位很高。IF（2015）：37.369。

《化学学会综述》（*Chemical Society Review*，Chem. Soc. Rev.）：由英国皇家化学会主办，1971 年创刊，双周刊。刊载化学各热门领域进展的综述文章。文章类型分为 tutorial review 与 critical review 两种，前者给出某一领域的总括性介绍，后者则提供更加深入的讨论。IF（2015）：34.09。

《化学科研记述》（*Accounts of Chemical Research*，Acc. Chem. Res.）：由美国化学会主办，1968 年创刊，月刊。刊载化学与生物化学各领域课题的基础性介绍。内容简洁明快，文字通俗易懂。2008 年起，Acc. Chem. Res. 将文章内传统的摘要替换为篇幅更长、信息更丰富的概要（conspectus），方便读者进一步浏览文章信息。IF（2015）：22.003。

《有机合成》（*Organic Syntheses*）：由 Wiley 公司出版，1921 创刊，年刊。提供各种有关有机合成的资料。其发表过程独特，发表之前草稿中的所有试验程序都需送至其他实验机构反复审查，所推荐的合成方法均经专家试验证实，可信度很

高。IF(2015)：1.607。

《化学与工程新闻》(*Chemical & Engineering News*,C&EN)：由美国化学会主办,1923年创刊,周刊。关注化学世界的最新事件,报道化学与化学工程各领域内的科研、工业、教育等各方面动态。内容涵盖科研新闻、工业新闻、政策新规、招聘启事等各种行业信息。IF(2015)：0.330。

27.3 专 利

虽然专利对化学工作者极为重要,但专利的可信度往往低于论文。这主要是由于两个原因：其一,专利持有人为了使专利利益最大化,通常会尽力拓宽专利的声明范围,甚至包含了未实际操作过的类似反应,当研究者使用这样的专利时,预期的转化可能根本无法发生;其二,为了避免陷入侵权纠纷,持有者在书写专利时会小心措辞,故意缩减或遗漏掉一些看似平凡却十分重要的细节,使得仅靠专利文件无法复制结果,或产率低下。幸运的是,上述现象只出现在小部分的专利中。

全世界每年科技出版物中约有1/4为专利(patents),有35%的专利与化学或化学物质相关。90%以上的发明曾以专利形式发表,但其中80%的专利不再以任何形式发表,因此查询专利信息就显得尤为重要。专利文献有内容新颖、报道迅速、内容广泛、实用性强、分类及格式统一以及重复报道量大等特点。专利文献的内容有题录部分、正文以及附图。题录部分包括发明名称、申请人名称、地址、申请日期、申请号、分类号、专利号、文摘等;每项著录前面都用INID代码表示;说明书正文为内容的详细介绍、附图解释和原理。

中文专利网站有中国国家知识产权局网站(www.sipo.gov.cn)、中国专利信息网站(www.patent.com.cn)以及中国知识产权网(www.cnipr.com)等。表27-2对比了这三家网站的一些基本情况。

表 27-2　中文专利网站的基本情况

	收录范围	更新频率
中国国家知识产权局网站	1985年以来全部专利全文	每周三
中国专利信息网	1985年以来全部专利全文	每三个月更新一次
中国知识产权网	1985年以来全部专利全文	每周三

目前使用的国际专利网站有欧洲专利局、美国专利局、日本专利数据库、世界知识产权组织数字图书馆(IPDL)以及Derwent专利索引数据库。

欧洲专利局(http://ep.espacenet.com)：由欧洲专利局、欧洲专利委员会及欧洲委员会于1998年夏季共同建立。网站主要为满足一般公众检索需求而设计,使用户更容易地获取免费的专利信息资源,提高整个国际社会获取专利信息的意识。网站提供自1920年以来世界上50多个国家公开的专利题录数据以及20多个国家的专利说明书。对于1970年以后公开的专利文献,数据库中每个专利都包括一可检索的英文发明名称和文摘的专利文献。从1998年年中开始,此专利网站用户能检索欧洲专利组织任何成员国、欧洲专利局和世界知识产权组织(WIPO)近两年公开的全部专利的题录数据。此专利网站的收录范围包括EPO成员国数据库(通过任何欧洲专利组织成员国进esp@cenet的网站,可检索到该国近两年所有的专利申请)、EP数据库(可检索近两年欧洲专利局公开的专利文献)以及WO数据库(可检索近两年WIPO公开的WO专利文献)等。

美国专利局（http://www.uspto.gov）：是美国专利商标局建立的政府性官方网站。其收录范围包括授权数据库和公开专利申请两个数据库，可提供 1975 年至今的专利文献全文。提供 TIFF 格式的专利全文扫描图像。检索方式为 Quick Search，Advanced Search，Patent Number Search，Classification Search。下载某篇专利的扫描图像只有一个入口，即只能在显示了该篇专利的文本全文后才能进一步浏览扫描图像，每次只能下载一页图像。

日本专利数据库：提供 1976 年 10 月以来公开的日本专利英文文摘及题录数据，以及 1980 年以来公开的日本专利的扉页。数据库按月更新。由于专利申请翻译需要一定时间，因此英文数据在专利申请公开 6 个月后才能获得。

世界知识产权组织数字图书馆（IPDL）（http://ipdl.wipo.int）：由 WIPO 国际局于 1998 年组织建立。收录了 1997 年 1 月 1 日至今的 PCT 专利申请公开的扉页信息，包括题录、文摘附图，并通过超文本链接的方式，利用欧洲专利局的 esp@cenet 网站提供专利说明书全文的扫描图形。PCT 专利数据库每周更新一次。数据库范围主要有 PCT 国际专利公报数据库、马德里商标快报数据库和 JOPAL 专利审查最低文献量科技期刊数据库。

Derwent 专利索引（Derwent Innovations Index，简称 DII 数据库）（http://dii.derwent.com）：该数据库将原来的 Derwent 世界专利索引（Derwent World Patents Indes，WPI）与专利引文索引（Patents Citation Index，PCI）加以整合，是世界上国际专利信息收录最全面的数据库之一。数据库收录起始于 1963 年，到目前为止，数据库中共收录 1 千万个基本发明、2 千万项专利，使读者可以总览全球化学、工程及电子方面的专利概况。每周有 40 多个国家、地区和专利组织发布的 25 000 条专利文献和来自 6 个重要专利版权组织的 45 000 条专利引用信息被收录到数据库中。除在 Dialog 数据库中可以联机检索外，目前在美国科技信息所（ISI）的 Web of Knowledge 系统中也能检索到。Derwent 将专利数据库分为化学、电子和电气以及工程等三个子数据库。在打开数据库检索前要首先选择要检索的分数据库，如果不选择，系统缺省全选。然后根据需要选择要检索的时间或年代，并确定做一般检索还是专利引用检索。如果以前保存过检索策略，在数据库选择页面可以进行编辑或直接调用。

27.4　书　　籍

书籍指手册、辞典、百科全书、丛书、专著和教科书等。

27.4.1　手册

最为全面的有机化学手册当属《Beilstein 有机化学手册》，其详细介绍参见 27.5.3。除 Beilstein 外，也有许多十分实用的化学手册。它们往往侧重于某方面信息（如物化数据、光谱、商业信息等）的记载。使用它们进行数据快查十分方便。

《CRC 化学与物理手册》(*CRC Handbook of Chemistry and Physics*)：定期再版。是实验工作必备的手册，有无机、有机、金属有机化合物的物理常数表，非常有用，表中的有机化合物按 IUPAC 规定命名，以母体化合物字序编排，再按取代基字序编排。如 $C_6H_5CH_2CH_2COCH_3$，IUPAC 命名为 4-phenyl-2-butanone，查此化合物时，应先查 2-butanone，再在其下查 4-phenyl，即可得其物理常数，还提供 Beilstein 的参考卷页（见 27.5.3）。此外，该手册还收集了许多实验室常用的数据与方法，如共沸混合物、溶度积、蒸气压、指示剂的配制、单位的换算等。卷末有索引。

《Sadtler 图谱集》(*Sadtler Spectra*)：是目前收集最多最广并连续出版的图谱集。它包括三大部分：标准图谱集、商业图谱集和生化图谱集。图谱有红外（棱镜）光谱、红外（光栅）光谱、紫外光谱、^1H 和 ^{13}C NMR 谱图、Raman 光谱、荧光光谱等。

《Aldrich 化合物目录》(*Aldrich Catalog of Chemical Compounds*)：每年有新版，现有 16 000 个化合物的物理常数，有参考 Beilstein 的卷与页码，有 NMR 与 IR 的参考文献，有 IUPAC 及 CA 的命名与俗名。

《Merck 索引：化学试剂与药物百科全书》(*Merck Index—An Encyclopedia of Chemicals and Drugs*)：Merck 公司的产品目录，内容集中在药用有机化合物与简单有机化合物，除有物理常数外，还有合成方法、生理性质、医药用途及作为药品的商业名称。所推荐的合成方法都是经过验证了的。

27.4.2 辞典与百科全书

辞典为读者提供化合物的一般数据与资料。百科全书一般比辞典内容更加广泛、深入，且易读易懂，可以作为某领域的入门读物。这方面的图书有：

《有机化合物字典》(Heilbron et al, *Dictionary of Organic Compounds*, 5th ed.)：1982—，共五卷，另加第一补篇（1983）、第二补篇（1985）及两本索引（一本为化合物名称索引，另一本为分子式索引、杂原子索引与美国《化学文摘》注册号索引）。现有 5 万个化合物条目，条目中还包括官能团衍生物，所以共有约 15 万个化合物。条目内容除有物理性能外，还有合成、质谱、碳谱、氢谱、危险性与毒性的文献。

《中国大百科全书》：它是一部包括哲学、社会科学、文学艺术、文化教育、自然科学、工程技术各个学科的百科全书。化学是其中一卷，有两册，1989 年出版。它是将内容分成许多条目叙述的，条目的标题在目录中按学科分门编排，在卷后还有标题的英文索引，按字序编排。

《化学工艺大全》(Kirk-Othmer, *Encyclopedia of Chemical Technology*, 3rd ed.)：1978—1984，25 卷，第 25 卷为索引。内容着重化学产品及有关生产工艺的介绍，其中相当多的是有机产品。

《有机化合物化学》(Rodd, *Chemistry of Organic Compounds*, 2nd ed.)：1946— ，有 5 卷 30 本，是有机化学的大型参考书。

《综合有机化学》(Barton, Ollis, *Comprehensive Organic Chemistry*)：1979— ，6

卷,第 6 卷为索引,大型参考书。

27.4.3　丛书

Springer 科学＋商业媒体（Springer Science＋Business Media,Springer）:世界上最大的科技出版社之一,有着 170 多年发展历史,以出版学术性出版物而闻名于世,旗下共发布期刊 2900 种、专著 20 万册,Springer 也是最早将纸本期刊做成电子版发行的出版商之一。

丛书是某主编或某出版社出版的某一学科的一系列书籍,反映某一学科的新发展,相互间不一定有紧密的关系。每册书通常由多篇综论文章组成,如《有机化学进展》(*Progress in Organic Chemistry*)、《立体化学进展》(*Progress in Stereochemistry*)、《物理有机化学进展》(*Progress in Physical Organic Chemistry*)、《碳水化合物进展》(*Advances in Carbohydrate Chemistry*)、《自由基化学进展》(*Advances in Free Radical Chemistry*)、《光化学进展》(*Advances in Photochemistry*)等。

《当代化学课题》(*Topics in Current Chemistry*,TCC):创始于 1949 年,由 Springer 出版公司出版,提供当下化学最热门课题的全面综述,其内容涵盖无机化学、有机化学、物理化学、分析化学、材料化学、环境化学、放射化学、生物化学、制药学等各领域。

《有机反应》(*Organic Reactions*):第一卷出版于 1942 年,每隔一两年出一卷。每卷讨论几个反应,对有关反应机理、反应条件、使用范围及反应实例等均作了详细的讨论,在每卷末有累积主题索引与累积作者索引。是对有机化学工作者特别重要的参考书。

《有机化合物的合成方法》(Theilheimer, *Synthetic Methods of Organic Chemistry*):1946 年开始出版,每年出一卷,报道有机化合物新的合成方法、已知合成方法的改进等。有卷索引与五年累积索引,也有主题索引与反应符号索引。

《Fieser 与 Fieser 有机合成试剂》(*Fieser and Fieser's Reagents for Organic Synthesis*):1967 年开始出版,介绍试剂的制备、纯化与应用范围,后续卷除介绍新试剂外,还不断对已介绍过的试剂补充新内容。每卷有索引。

27.4.4　教科书

本节列出了一些值得推荐的有机化学教科书。优秀的有机化学教材数目众多,我们仅选出了很小的一部分。它们大多来自 2000 年后,有的为本书内容作出了很好的补充,有些则是更高等的有机化学书目。它们不仅仅是课本,也是很有用的化学工作参考书、案头书。

王积涛,王永梅,张宝申,胡青眉,庞美丽.**有机化学**,第 3 版.天津:南开大学出版社,**2009**.

胡宏纹.**有机化学**,第 4 版.北京:高等教育出版社,**2013**.

Clayden,J.；Greeves,N.；Warren,S. *Organic Chemistry*,2nd ed. Oxford University Press,**2012**.

Vollhardt,K. P. C.；Schore,N. E. *Organic Chemistry*:*Structure and Function*,7th ed. W. H. Freeman,**2014**.

Klein,D. R. *Organic Chemistry*,2nd ed. Wiley,**2015**.

Klein,D. R. *Organic Chemistry as a Second Language*,3rd ed. Wiley,**2011**.

Solomons, T. W. G.; Fryhle, C. B.; Snyder, S. A. *Organic Chemistry*, 11th ed. Wiley, **2014**.

裴坚. **中级有机化学**. 北京：北京大学出版社, **2009**.

Fleming, I. *Molecular Orbitals and Organic Chemical Reactions*. Wiley, **2010**.

I. Fleming **著**, 陈如栋译, 万惠霖校. **前线轨道与有机化学反应**. 北京：科学出版社, **1988**.

Carey, F. A.; Sundberg, R. J. *Advanced Organic Chemistry*, 5th ed. Springer, **2007**.

Smith, M. B. *March's Advanced Organic Chemistry：Reactions, Mechanisms, and Structure*, 7th ed. Wiley, **2013**.

Smith, M. B.; March, J. March **高等有机化学：反应、机理与结构**, 原著第 5 版. 北京：化学工业出版社, **2010**.

Miller, B. *Advanced Organic Chemistry*, 2nd ed. Prentice Hall, **2005**.

B. Miller **著**, 吴范宏译, 荣国斌校. **高等有机化学：反应和机理**, 原著第 2 版. 上海：华东理工大学出版社, **2005**.

Anslyn, E. V.; Dougherty, D. A. *Modern Physical Organic Chemistry*. University Science, **2005**.

Carroll, F. A. *Perspectives on Structure and Mechanism in Organic Chemistry*, 2nd ed. Wiley, **2010**.

Warren, S.; Wyatt, P. *Organic Synthesis：The Disconnection Approach*, 2nd ed. Wiley, **2008**.

S. Warren; P. Wyatt. **有机合成：切断法**, 原著第 2 版. 北京：科学出版社, **2010**.

Wyatt, P.; Warren, S. *Organic Synthesis：Strategy and Control*. Wiley, **2007**.

P. Wyatt, S. Warren **著**, 张艳, 王剑波等译. **有机合成：策略与控制**. 北京：科学出版社, **2009**.

Nicolaou, K. C.; Sorensen, E. J. *Classics in Total Synthesis：Targets, Strategies, Methods*. Wiley, **1996**.

Nicolaou, K. C.; Snyder, S. A. *Classics in Total Synthesis Ⅱ：More Targets, Strategies, Methods*. Wiley, **2003**.

Nicolaou, K. C.; Chen, J. S. *Classics in Total Synthesis Ⅲ*. Wiley, **2011**.

Gewert, J.-A.; Görlitzer, J.; Götze, S. *et al*. *Organic Synthesis Workbook*. Wiley, **2000**.

J.-A. Gewert; J. Görlitzer; S. Götze **等著**, 裴坚译. **有机合成进阶：第 1 册**. 北京：化学工业出版社, **2005**.

Bittner, C.; Busemann, A. S.; Griesbach, U.; *et al*. *Organic Synthesis Workbook Ⅱ*. Wiley, **2001**.

C. Bittner；A. S. Busemann；U. Griesbach 等著，裴坚译. 有机合成进阶：第 **2** 册. 北京：化学工业出版社，**2005**.

Kinzel, T. ；Major, F. ；Raith, C. ；*et al*. *Organic Synthesis Workbook* Ⅲ. Wiley，**2007**.

Joule J. A. ；Mills, K. *Heterocyclic Chemistry*，5th ed. Wiley，**2010**.

Spessard, G. O. ；Miessler, G. L. *Organometallic Chemistry*，3rd ed. Oxford University Press，**2015**.

有机合成化学协会. **演習で学ぶ有機反応機構—大学院入試から最先端まで**. 東京：化学同人，**2005**.

Grossman, R. B. **有机反应机理的书写艺术**，原著第 2 版. 北京：科学出版社，**2012**.

Savin, K. A. *Writing Reaction Mechanisms in Organic Chemistry*，3rd ed. Academic Press，**2014**.

Bruckner, R. *Organic Mechanisms*：*Reactions, Stereochemistry and Synthesis*. Springer，**2010**.

Gallego, M. G. ；Sierra, M. A. *Organic Reaction Mechanisms*：40 *Solved Cases*. Springer，**2004**.

27.5　文献检索引擎：**SciFinder, Web of Science® 与 Reaxys®**

27.5.1　《化学文摘》与 SciFinder

化学文献的总量是庞大的，在互联网与计算机普及之前，为了方便科研工作者查阅文献，人们发明了各种快查手段，如文章标题列表、文献索引期刊、化合物索引等，其中文献索引期刊发展最为成熟。文献索引期刊（见 27.2.1）将各类化学文献摘要收录成册，定期出版，并配以完善的索引系统方便查阅。这种编录方式以其显著的全面性与便利性，成为了早期化学文献检索的支柱。

文献索引期刊很多，其中最著名的当属美国《化学文摘》。美国《化学文摘》（*Chemical Abstracts*，CA）创刊于 1907 年，由美国化学会《化学文摘》编辑部编，是涉及学科领域最广、收集文献类型最全、提供检索途径最多、部卷也最为庞大的一部世界性检索工具。它摘录全世界 150 多个国家、56 种文字出版的 16 000 余种科技期刊、科技报告、会议论文、学位论文、资料汇编、技术报告、新书及视听资料等，还报道 30 个国家和 2 个国际组织的专利文献。CA 收录的文献占世界化学化工文献总量的 98%，文献量达 50 万条/年，号称是"开启世界化学化工文献宝库的钥匙"。

随着网络技术的发展，《化学文摘》编辑部于 1995 年推出了 **SciFinder** 联机检索数据库。自推出以来，SciFinder 数据库整合了 Medline 医学数据库、全球 200 多个国家和地区的 60 多种语言的 1 万多份期刊、62 家专利机构的专利、评论、会议

早期，CA 的编写完全依靠义务文摘员。直到 1994 年才完全停止使用义务文摘员。1969 年，CA 兼并了同属世界三大化学文摘的、拥有 140 年历史的《德国化学文摘》（*Chemisches Zentralblatt*）。目前，CAS 本部拥有 800 多位博士参与 CA 的编辑工作。

录、论文、技术报告和图书中的各种化学研究成果。内容不仅涵盖了 CA 从 1907 至今的所有内容,更整合了包括生物医学、化学物质、反应等在内的其他 5 个数据库,能通过主题、分子式、结构式和反应式等多种方式进行检索。其官方网址为:http://scifinder.cas.org/。SciFinder 的使用方法将在 27.6.2 介绍。

表 27-3 CAS 数据库收录内容

收录数据库	数据年限	数据库内容	更新频率
CASRegistry 物质数据库	19 世纪初至今	1.16 亿种无机与有机化合物	每天
CAplus 文献数据库	19 世纪初至今	4000 万篇化学及相关学科的期刊论文、专利文献等	每天
CASREACT 反应数据库	1840 年至今的单步和多步化学反应	7770 万种	每天
CHEMLIST 物质数据库	1778 年至今	31.2 万种储备或管制化学物质信息	每周
CHEMCATS 物质数据库	最新	全球 870 多家供应商,980 多本化学物质目录的 9900 万种化学品供应信息	每周 CIN
化学工业札记	1974 年至今	170 万个化工数据	每周 MARPAT
Markush 结构	1961 年至今	106.4 万个有机与金属有机化合物的 Markush 结构,43.9 万条专利记录	每天

27.5.2 《科学引文索引》与 Web of Science®

国际六大著名检索系统:美国《科学引文索引》(*Science Citation Index*,SCI)、美国《工程索引》(*The Engineering Index*,EI)、美国《化学文摘》(*Chemical Abstracts*,CA)、英国《科学文摘》(*Science Abstracts*,SA)、俄罗斯《文摘杂志》(*Abstract Journals*,AJ)、日本《科学技术文献速报》(*Corrent Bulletin on Science Technology*,CBST)。

1955 年,Eugene Garfield 博士在 *Science* 上发表论文:"Citation Indexes for Science: A New Dimension in Documentation through Association of Ideas"[4],标志着《科学引文索引》(*Science Citation Index*,SCI)的诞生。1960 年,E. Garfield 博士创立了美国科技情报研究所(Institute for Scientific Information,ISI),并于 1963 年正式开始出版纸质版《科学引文索引》。SCI 历来被公认为世界范围最权威的科学技术文献的索引工具,位列国际六大著名检索系统之首,能够提供科学技术领域最重要的研究成果。SCI 的引文检索体系独一无二,不仅可以从文献引证的角度评估文章的学术价值,还可以迅速组建研究课题的参考文献网络。发表的学术论文被 SCI 收录或引用的数量,已被世界上许多大学作为评价学术水平的一个重要标准。

ISI 每年发布期刊引用情况报告(Journal Citation Report),其中一个非常重要的指标就是影响因子(impact factor,IF)。IF 反映了某期刊近期发表论文的年均引用量,IF 较高的期刊也往往被认为重要性更高,其计算公式为

$$影响因子\ IF = \frac{两年内发表论文总引用次数}{两年内发表论文总数}$$

1997 年,ISI 推出了 SCI 扩展版(SCI Expanded™,并发布网络版 Web of Science® 检索系统。SCI Expanded™ 为跨 150 个自然科学学科的 6650 多种主要期刊编制了全面索引,信息资料更加翔实,收录期刊更多。Web of Science® 利用其强大的网络搜索功能,检索更快,更新更加及时。Web of Science® 检索系统的官方网址为:http://www.webofknowledge.com/,其使用方法将在 27.6.3 介绍。

27.5.3 《Beilstein 有机化学手册》与 Reaxys®

《Beilstein 有机化学手册》(*Beilstein's Handbuch der Organischen Chemie*)是世界上最大的有机化学数值与事实数据库,它从各个途径收集有机化合物的结构、物理化学性质、反应数据、药理学、毒理学信息,经过审阅、汇编而成。1881 年,留学德国的俄国化学家 Friedrich Konrad Beilstein 创立了《有机化学手册》,由此演生出后来的《Beilstein 有机化学手册》。其后几次再版,现在使用的是 1918 年开始发行的第四版,称 正篇(das Hauptwerk,H),正篇收集 1881—1909 年间发布的有机化合物资料,并将其系统、严格地整理为 27 卷。对于每个化合物,均收录如下信息:全部名称、分子式、结构式、物理性质、化学性质、全部制备方法、存在与分离、分析手段等等。所有资料都经过严格审查,并附有文献出处。后续各个 补篇(Ergänzungwerk,E)的编排方式均与正篇保持一致。第一补篇收录 1910—1919 年间的化合物数据,第二补篇覆盖 1920—1929 年,第三补篇 1930—1949 年,第四补篇 1950—1959 年,第五补篇 1960—1979 年。Beilstein 编排严格,资料收集齐全,文字简洁,德文的化合物名称与英文类似,借助德文字典很容易看懂,具体使用方法可参考有关手册[5]。

1997 年,Elsevier 收购了 MDL Information Systems Inc.,并开始使用 MDL Crossfire 技术应用于 Beilstein 和 Gmelin 手册的数字化。2009 年 1 月,Elsevier 发布了 **Reaxys®**,Reaxys® 是一个专为帮助化学家更有效地设计化合物合成路线而设计的新型工具,为 CrossFire Beilstein/Gmelin 的升级产品。其官方网址为:http://www.reaxys.com/。Reaxys® 的使用方法将在 27.6.4 介绍。

*《Gmelin 无机化学手册》(Gmelin's Handbuch der Anorganischen Chemie):*是无机化学和金属有机化学领域收录数据最广泛的数据库,收录了 1772 年以来文献记录中的 160 万个化合物、130 万个结构和 130 万个反应,以及 90 万篇 1995 年以来包括标题和文摘的文献引文。数据库可以用结构、亚结构和反应式检索,数据来源于 62 种期刊,记录包含了 800 多种化学和物理数据字段的内容,包括电、磁、热、晶体以及生理学数据。

27.6 网络检索

27.6.1 文献的直接访问

目前,绝大多数的文献都可以方便地从期刊主页上以电子文档(如 html,PDF 等)的形式直接访问。一般说来,文献的摘要部分对公众免费开放,而全文仅订阅用户可以访问。目前主流的化学杂志出版机构有:美国化学会(ACS)、John Wiley 出版公司和 Elsevier 出版公司等。下面以美国化学会(ACS)下属期刊 *Acc. Chem. Res.* 为例,介绍如何通过期刊网站访问文献。假设我们要查询如下文献:

Ting Lei,Jie-Yu Wang,and Jian Pei,*Acc. Chem. Res*,**2014**,47,1117-1126.

访问 ACS 期刊主页 http://pubs.acs.org/。搜索面板位于页面右上方,提供四种搜索方式：Search、Citation、Subject 与 Advanced Search。Search 界面与一般搜索引擎相同，在文本框中输入关键词，点击 Search 按钮即可开始检索；Citation 界面允许用户根据文献来源进行定位。由于我们查找的文献位于 *Acc. Chem. Res.* 杂志第 47 卷 1117—1126 页，因此使用 Citation 选项卡最为方便。点击 Citation 选项卡，在下拉菜单内选择 *Acc. Chem. Res.*，Volume 文本框中输入 47，Page 文本框中输入 1117，如图 27-2 所示。

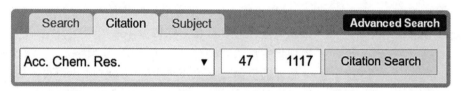

图 27-2　检索界面

点击 Citation Search 或者按 Enter 键，将自动跳转到文献所在页面，如图 27-3 所示。我们可以浏览文章的作者、单位、接收日期、发表日期、摘要、被引用情况等基本信息。点击页面右侧的 Full Text HTML 可以在线阅读全文，点击 PDF 或 PDF w/Links 可以进行下载。

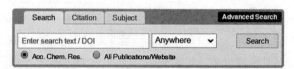

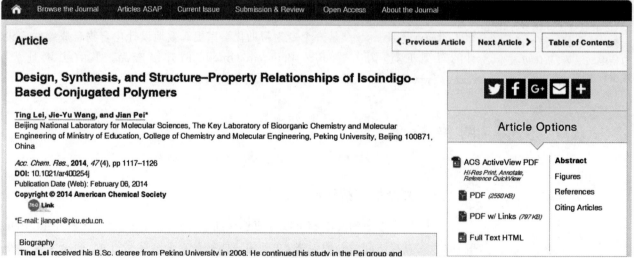

图 27-3　文献界面

27. 6. 2　SciFinder

作为全球最大、最权威的化学文献、物质资料与反应信息平台，SciFinder 可以为科研工作者提供全面而深入的检索结果。SciFinder 界面简洁直观，功能强大且用户友好,是化学信息检索的利器。

1. 关键词检索

在实际的科研工作中,通常要对一类具有相同关键词的文献进行全面检索,此时一般的商业搜索引擎无法满足科研工作者的需要。这时,我们就需要使用专业的学术索引进行检索。SciFinder 的关键词检索功能允许我们使用一个或几个关键词对期刊、专利进行全面搜索。假设需要调查的课题为碳碳键活化(C-C bond activation)。首先进入 SciFinder 主页:http://scifinder.cas.org/,在登录界面上输入用户名与密码,登录后即进入 SciFinder 主界面(图 27-4)。SciFinder 主界面分为三个部分:左边为检索方式列表,提供不同的检索方法;中部为操作面板,输入关键词进行检索,使用方法与一般的商业搜索引擎类似;右侧为历史记录列表,记录用户保存的检索记录。

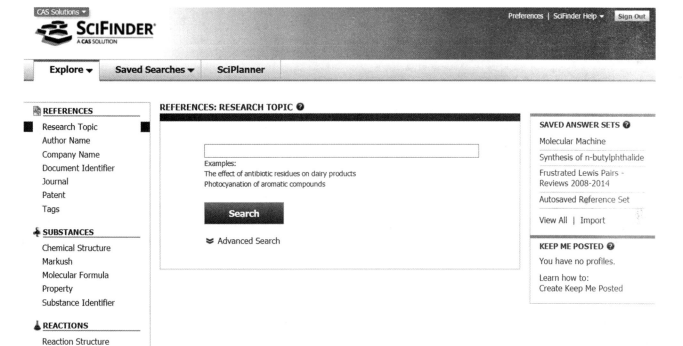

图 27-4 SciFinder 操作界面

输入 C-C bond activation,单击 Search。SciFinder 会自动分析输入内容,将关键字进行拆分检索,并返回相应的结果。C-C bond activation 被 SciFinder 拆分成了两个子概念:C-C 与 bond activation,根据这两个概念在文章中的出现情况与联系紧密程度,SciFinder 返回了四个待选项,如图 27-5 所示。

选择第一条"462 references were found containing 'C-C bond activation' as entered.",单击 Get References,进入结果界面,如图 27-6 所示。搜索到的文献默认按照收录号(accession number)进行排序,新收录的文章靠上。当然,也可以使用作者姓名、被引用情况、出版年和标题等方式排序文献。结果列表中的每条文献都显示了标题、作者、期刊、语言、摘要、被引用数目等基本信息,有些条目同时附有摘要图片,一目了然。

1 of 4 Research Topic Candidates Selected-**References**

☐ 462 references were found containing **"C-C bond activation"** as entered. -462

☐ 51386 references were found containing both of the concepts **"C C"** and **"bond activation"**. -51386

☐ 6301601 references were found containing the concept **"C C"**. -6301601

☐ 683222 references were found containing the concept "bond activation". -683222

Get References -

图 27-5　SciFinder 候选答案组

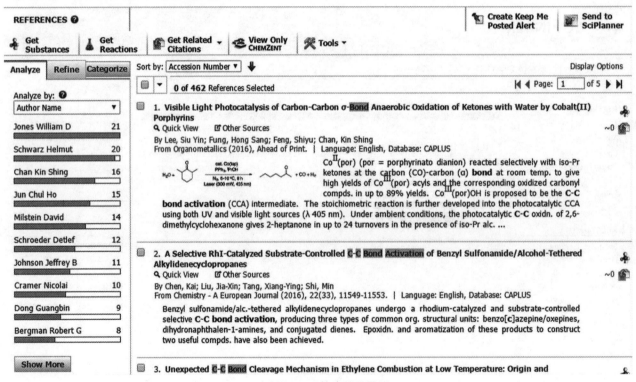

图 27-6　搜索结果界面

单击文章标题,进入文献详情界面,如图 27-7 所示。在文献详情界面上,可以浏览文章摘要、著录信息、概念、支持信息、参考文献等资料。点击 Get Full Text,可以转到对应的期刊网站,下载文献。

化学文献的总量是巨大的,即使在限定主题的情况下,我们仍然有可能得到极多的搜索结果——本例中"C-C bond activation"的返回结果就多达 350 条。此时,需要对结果进行进一步筛选。在搜索结果界面(图 27-6)左侧的分析(Analyze)面板中,SciFinder 已经按照作者对文章进行了自动分类,如图 27-8 所示。我们也可以通过下拉菜单,按照文献类型、出版年、语言等进行分类。点击相应作者的姓名,结果列表中就会筛选出该作者的文章。我们也可以使用优化(Refine)面板,添加关键词进行精炼(图 27-8)。

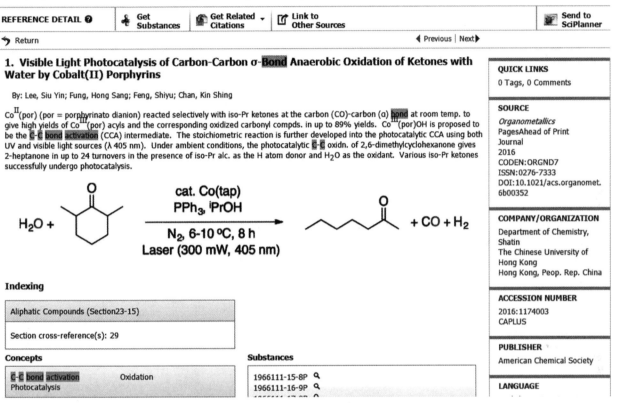

图 27-7　文献详情界面

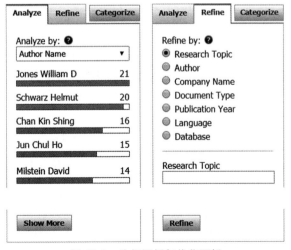

图 27-8　分析面板与优化面板

第三种对文章进行筛选的方法就是使用类别（Categorize）面板。如图 27-8 所示，点击 Categorize 按钮，弹出类别面板。类别标题（Category Heading）列中收集了所有与搜索结果有关的索引标题，在相应的标题下，可以选择不同的类别，并进一步对具体的索引项（Index Terms）进行勾选，勾选成功后结果将会显示在 Selected Terms 列表中，如图 27-9 所示。我们可以一次选择一个或多个类别下的不同索引项，再点击 OK 按钮就可以返回筛选结果。

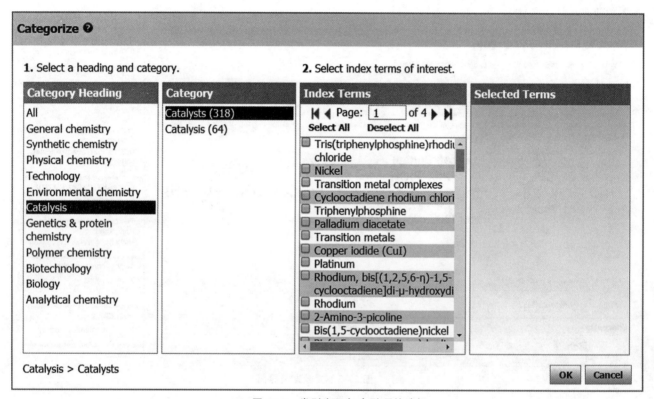

图 27-9　类别窗口与索引项的选择

2. 结构式检索

除关键词检索之外，SciFinder 强大的结构式检索功能也同样受到化学工作者的青睐。下面以 11-*cis*-视黄醛为例，简要介绍 SciFinder 的结构式检索功能。

11-*cis*-视黄醛

进入 SciFinder 检索界面，点击界面左侧的 Chemical Structure 按钮，进入结构式检索界面，如图 27-10 所示。SciFinder 提供两种结构编辑器：Java 与非 Java 版本，功能大体相同。

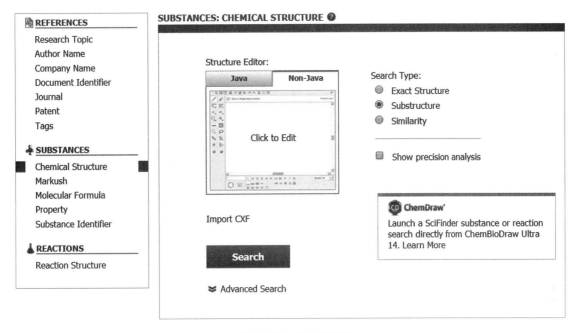

图 27-10 结构式检索

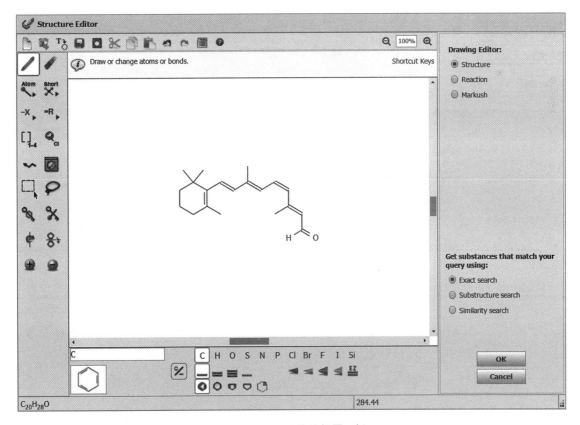

图 27-11 结构编辑器面板

单击 Click to Edit，弹出结构编辑器面板，如图 27-11 所示。在结构编辑器中，我们可以使用单键、双键、脂环、芳环等工具对分子进行绘制。

在面板右下角搜索选项中选择 Exact search，点击 OK 按钮，进入搜索结果页面，如图 27-12 所示。由于我们并没有强制限定碳碳双键的构型，因此 SciFinder 返回了多种搜索结果。其中第 4 条结果即为所检索的 11-*cis*-视黄醛的结构。

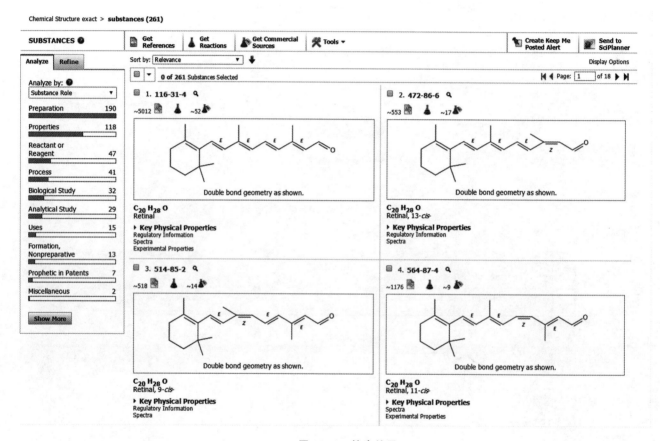

图 27-12　搜索结果

点击第 4 条结果，进入物质信息界面，如图 27-13 所示。在物质信息界面中，我们可以直接读出化合物的结构、CAS 号、化学式、命名、分子量、熔沸点、密度等基本信息，也可以展开下方相应的面板查询物质的性质、光谱、管制信息、生物活性等详细信息（图 27-14）。还可以点击屏幕上方的 Get References、Get Reactions 和 Get Commercial Sources 按钮，来获取该物质的文献信息、反应信息与商业信息。

Chemical Structure exact > substances (261) > **564-87-4**

SUBSTANCE DETAIL ❷	Get References	Get Reactions	Get Commercial Sources	Send to SciPlanner

↩ Return

CAS Registry Number 564-87-4

~1,176  ~9

C₂₀ H₂₈ O
Retinal, 11-*cis*-

Molecular Weight
284.44

Boiling Point (Predicted)
Value: 421.4±14.0 °C | Condition: Press: 760 Torr

Density (Experimental)
Value: 1.07 g/cm3

Other Names
11-*cis*-Retinal
(11*Z*)-Retinal
11-*cis*-Retinaldehyde
11-*cis*-Vitamin A aldehyde
Neoretinene b

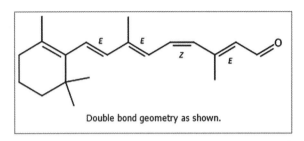

Double bond geometry as shown.

Expand All | Collapse All

▸ EXPERIMENTAL PROPERTIES

▸ EXPERIMENTAL SPECTRA

▸ PREDICTED PROPERTIES

▸ PREDICTED SPECTRA

图 27-13　物质信息界面

3. 反应式检索

除关键词检索与结构式检索外，SciFinder 更提供了反应式检索的功能。在 SciFinder 上绘制反应式的方法与结构式大同小异，这里不再赘述。值得关注的是 SciFinder 与 ChemDraw® 软件连用功能。利用 ChemDraw® 中新增的 SciFinder 检索按钮（版本 14.0 或更高），我们可以方便地对已画好的结构一键搜索。由于 ChemDraw® 软件常常与 Microsoft Office® 等软件联用，这一功能极大地提高了工作效率。例如，对下列转化进行检索：

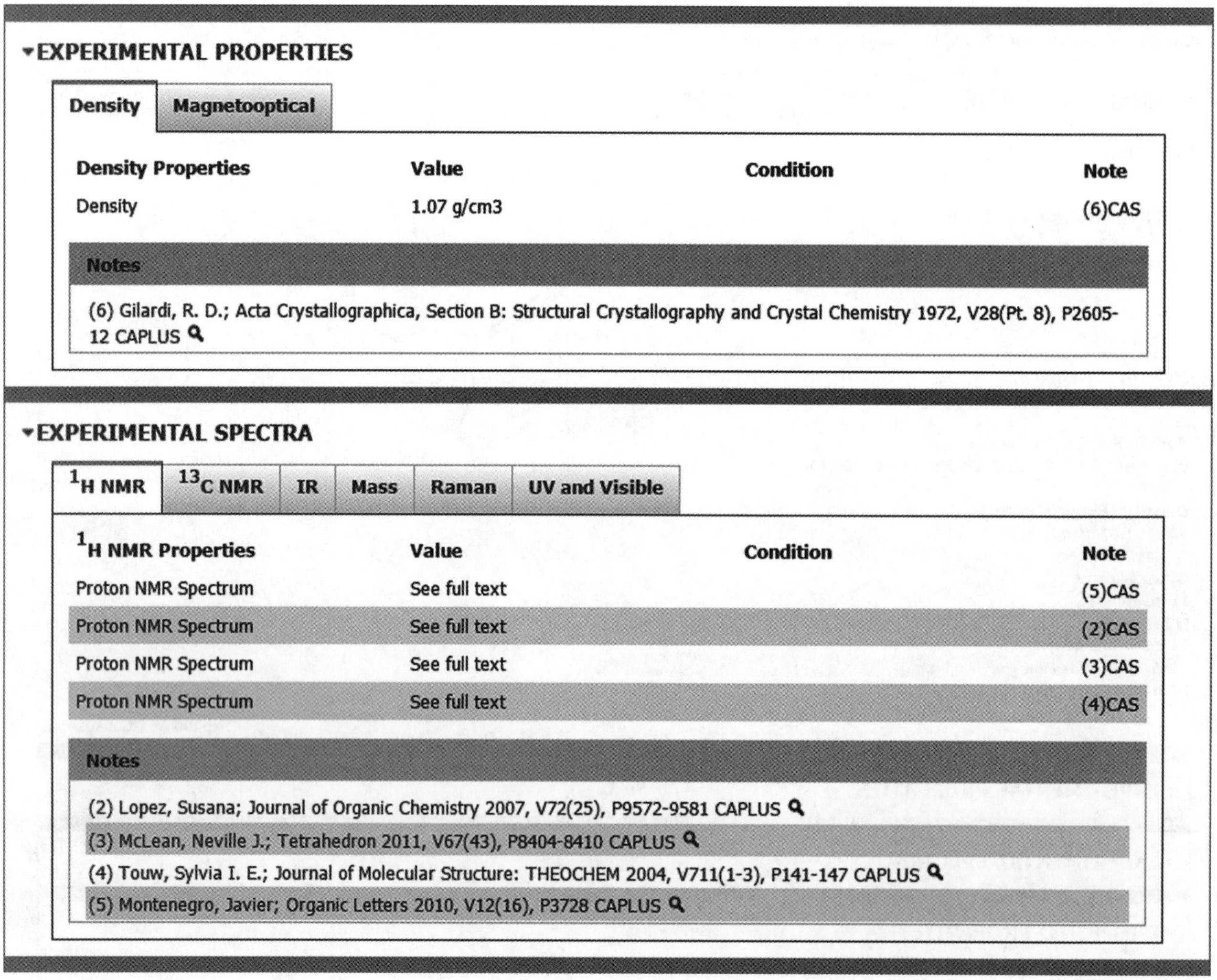

▼EXPERIMENTAL PROPERTIES

Density	Magnetooptical

Density Properties	Value	Condition	Note
Density	1.07 g/cm3		(6)CAS

Notes

(6) Gilardi, R. D.; Acta Crystallographica, Section B: Structural Crystallography and Crystal Chemistry 1972, V28(Pt. 8), P2605-12 CAPLUS 🔍

▼EXPERIMENTAL SPECTRA

¹H NMR	¹³C NMR	IR	Mass	Raman	UV and Visible

¹H NMR Properties	Value	Condition	Note
Proton NMR Spectrum	See full text		(5)CAS
Proton NMR Spectrum	See full text		(2)CAS
Proton NMR Spectrum	See full text		(3)CAS
Proton NMR Spectrum	See full text		(4)CAS

Notes

(2) Lopez, Susana; Journal of Organic Chemistry 2007, V72(25), P9572-9581 CAPLUS 🔍

(3) McLean, Neville J.; Tetrahedron 2011, V67(43), P8404-8410 CAPLUS 🔍

(4) Touw, Sylvia I. E.; Journal of Molecular Structure: THEOCHEM 2004, V711(1-3), P141-147 CAPLUS 🔍

(5) Montenegro, Javier; Organic Letters 2010, V12(16), P3728 CAPLUS 🔍

图 27-14　详细信息面板

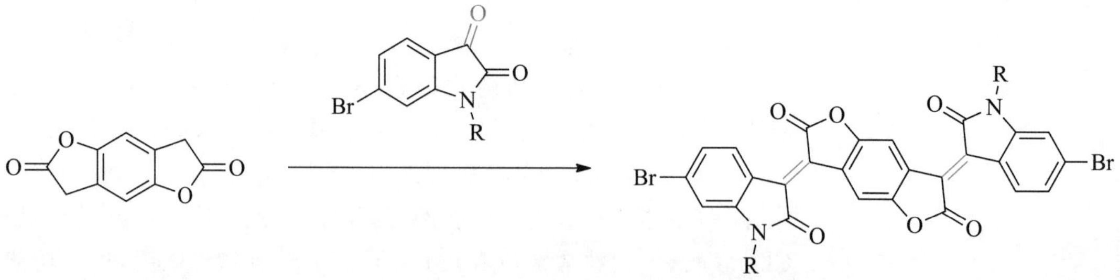

在 ChemDraw® 中绘制反应式并选中，单击菜单项 Search→Search SciFinder（或使用工具栏上的 Search SciFinder 图标◇），弹出 ChemDraw® Search SciFinder 对话框（图 27-15）。

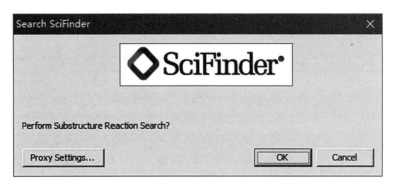

图 27-15 ChemDraw® Search SciFinder 对话框

单击 OK 按钮,会自动跳转到 SciFinder 网页版,执行数据库检索,并返回检索结果,如图 27-16 所示。每条反应都对操作步骤、溶剂、温度的选择等信息进行了简要介绍,并附有备注与文献来源。点击 View Reaction Detail,可以获得反应的详细信息。

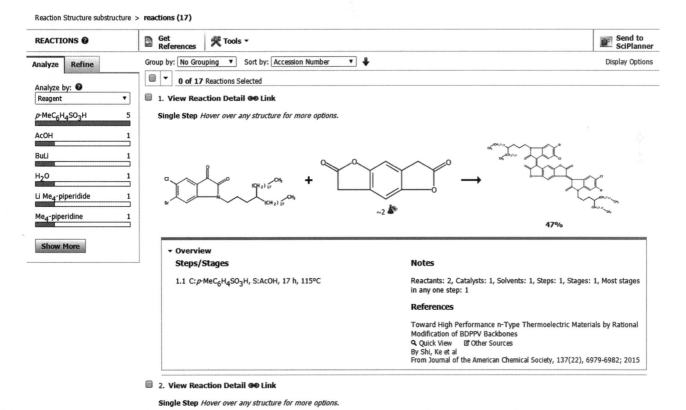

图 27-16 反应检索结果

27.6.3　Web of Science®

ISI Web of Science®数据库是全球最大、覆盖学科最多的综合性学术信息资源数据库,收录了自然科学、工程技术、生物医学等各个研究领域最具影响力的超过 8700 多种核心学术期刊。利用 Web of Science® 丰富而强大的检索功能——关键词检索与引用检索,可以方便快速地把握某一学科、课题的最新信息。虽然在化学领域,Web of Science® 数据库在收录广度上窄于 SciFinder,但 Web of Science® 原创的引文索引功能以及对跨学科检索的强大支持更胜 SciFinder 一筹。此外,不同于 SciFinder,Web of Science® 没有并发用户数的限制,使用更加便利。

下面以对受阻 Lewis 酸碱对(Frustrated Lewis Pairs,FLPs)课题的检索为例,简要介绍 Web of Science® 数据库的使用方法。进入 Web of Science® 数据库:http://www.webofknowledge.com/(图 27-17)。

图 27-17　Web of Science® 主页

可以看到,Web of Science® 的检索面板与 SciFinder 相似。输入 Frustrated

Lewis Pairs,选择作者 Stephan,年份 2007—2016,点击搜索。Web of Science® 转入结果列表页面。对于每一篇结果,我们都可以点击标题查看其详细信息,或者点击"出版商处的全文"来直接访问该文献,也可以点击"查看摘要"按钮对文章的摘要进行浏览。这些界面与 SciFinder 相似,故不赘述。

Web of Science® 最突出的功能在于其能够便捷地查询某一课题或论文的引用情况。以引文报告(citation report)为例:点击检索结果界面右上角"创建引文报告"链接,Web of Science® 自动生成引文报告,如图 27-18 所示。在引文报告界面上,我们可以通过直观的条形统计图追踪课题的活跃趋势,对学科内论文的引用情况进行逐年分析。此外,还可以对单篇文献生成引证关系图(Citation Map),直观获取引用信息(图 27-19)。

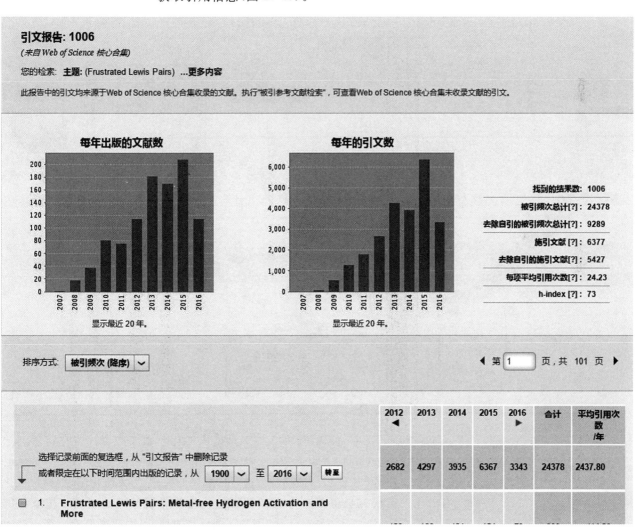

图 27-18 引文报告界面

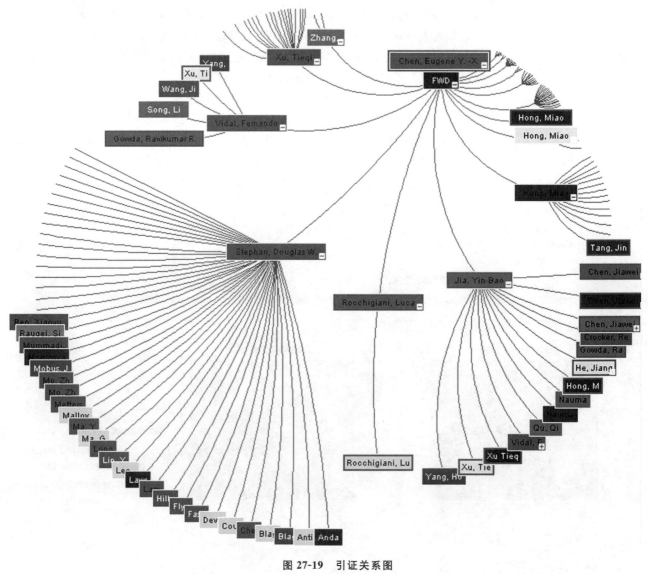

图 27-19　引证关系图

27.6.4　Reaxys®

Reaxys®是 Elsevier 公司于 2009 年 1 月推出的化学事实数据库。它将著名的 CrossFire Beilstein/Gmelin, Patent Chemistry 数据库整合在一个平台上, 无论是界面还是功能均针对化学工作者的使用习惯进行了全新的设计, 为无机化学、金属有机化学和有机化学的研究提供了一个有效地设计化合物合成路线的工具。与原有的 CrossFire 事实数据库相比, Reaxys®使用和管理更加方便, 不需要另外安装客户端软件, 只需登录数据库网页就可进行在线查询。与 Web of Science®相同, Reaxys®也没有对并发数作限制。

虽然 Reaxys®在文献的收集广度与更新速度上不及 SciFinder, 但其对反应的收录却更加全面、系统,例如物质的熔沸点、折射率、反应性与合成路线等,Reaxys® 数据库中的记载往往比 SciFinder 更加详细。因此 Reaxys® 的查询结果是 SciFinder 的有力补充。利用 Reaxys® 数据库,可以方便地查询化合物的物化信息及合成信息(底物、产物、催化剂等)。下面以(+)-desogestrel 为例,简要介绍 Reaxys® 的使用方法。

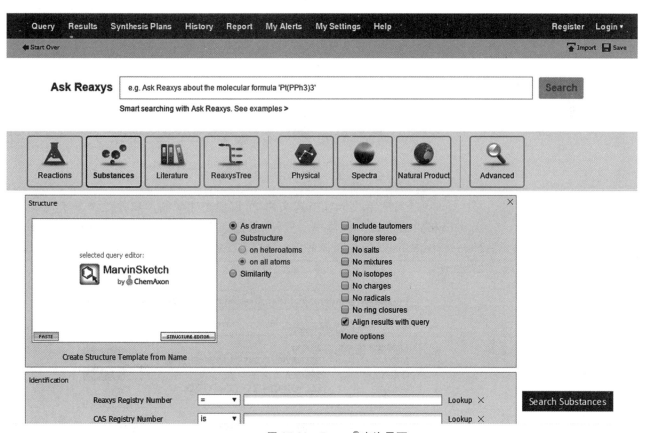

(+)-desogestrel

进入 Reaxys® 主页:http://www.reaxys.com/。点击界面上的 Substances,Names,Formulas 按钮,跳转至查询界面(Query)(图 27-20)。在查询界面上,除了一般地针对反应、物质、文献三大类别进行查询之外,还可以直接按照物理常数、光谱等特性进行检索。

图 27-20 Reaxys® 查询界面

　　单击图 27-20 左侧的 Structure Editor 面板，弹出结构编辑器（图 27-21）。Reaxys® 提供了 3 种结构编辑器：GGA Ketcher，Dotmatics Elemental 和 ChemAxon MarvinSketch，3 种编辑器界面相似，其中 ChemAxon MarvinSketch 功能相对较多，但需要在本地安装 Java Runtime 程序。

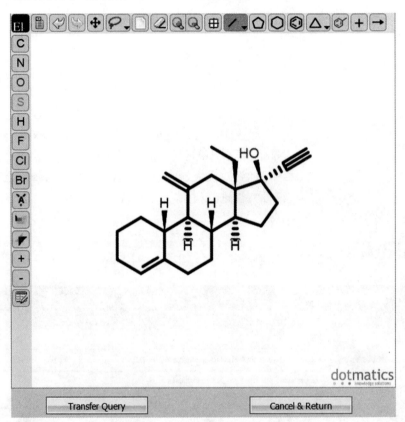

图 27-21　Dotmatics Elemental 结构编辑器

　　Reaxys® 支持导入 .mol 格式文件，可以使用化学制图软件绘制分子式，转存成 .mol 格式粘贴到编辑器中。另外，通过点击 Create Structure Template from Name（Structure Editor 面板下方），可以直接输入化合物俗名转化为结构式，如图 27-22 所示。

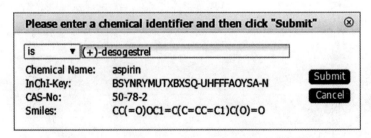

图 27-22　Create Structure Template from Name 面板

发起搜索之前,可以在图 27-20 右侧面板中进行特殊设定,如子结构查询、忽略手性、排除盐类等,然后点击 Search Substances 进行检索,并返回搜索结果,如图 27-23 所示。

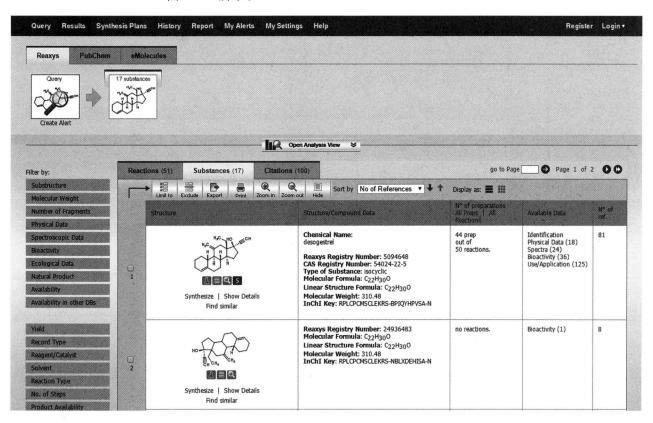

图 27-23　物质搜索结果界面

在物质结果界面中,可以直接浏览化合物的结构数据、制备方法、物理性质、光谱数据以及参考文献等许多信息,通过点击相应链接,可以访问该化合物的详细信息。若要对(+)-desogestrel 的合成进行检索,我们可以在首页上点击 Reactions 按钮进入反应查询界面,然后按相似的步骤输入分子的结构信息进行查询。也可以点击图 27-23 界面中部的 Reactions 选项卡,直接跳转至(+)-desogestrel 的反应列表(图 27-24)。在反应列表中,可以查询到(+)-desogestrel 的各种制备反应的详细信息(如操作步骤、反应条件、产率等);可以点击相应链接,访问反应原始文献;可以通过点击页面左侧 Filter by 列表中相应的按钮,对物质或反应进行分类筛选;还可以使用 Analysis View 视图对反应进行柱状图统计。

除物质与反应查询外,Reaxys® 还提供合成方案分析服务:在导航栏中点击 Synthesis Plans,按照页面提示输入想要合成的化合物,Reaxys® 会检索其数据库并提供一条/几条合成路线,如图 27-25 所示。

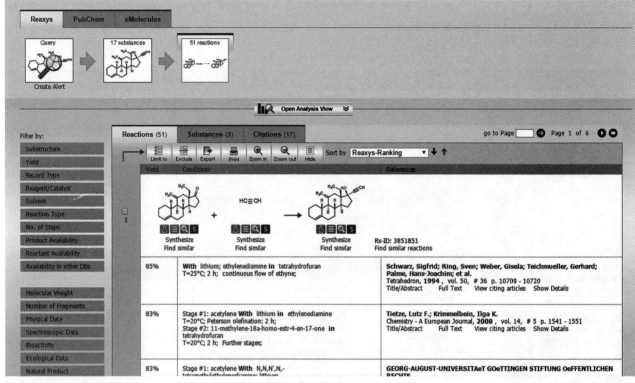

图 27-24　反应搜索结果界面

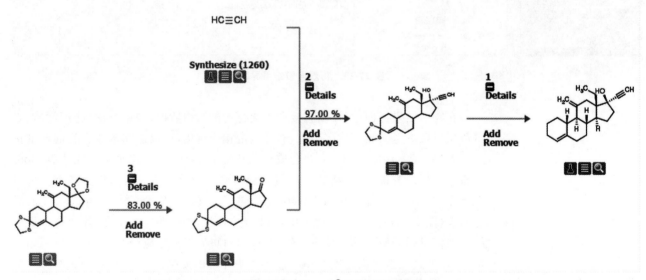

图 27-25　Reaxys® 生成的合成路线

　　本章主要介绍了常见的科研文献类型与主流的科研期刊、书籍、索引，并简要展示了几种主流网络检索工具的使用方法。文献检索的技巧性较强，我们无法在短短的一章内讲清文献检索的各种细节与策略。感兴趣的读者可以参考以下书籍

或网址,进一步学习文献检索的相关技巧:

李晓霞,郭力. Internet 上的化学化工资源. 北京:科学出版社,**2000**.

俞庆森,商志才,饧敏. Internet 上的化学化工信息资源. 北京:化学工业出版社,**2000**.

袁中直,肖信,陈学艺. 化学化工信息资源检索和利用. 南京:江苏科学技术出版社,**2001**.

李欣,齐晶瑶,韩喜江. 基础化学信息学. 哈尔滨:哈尔滨工业大学出版社,**2003**.

邵学广,蔡文生. 化学信息学. 北京:科学出版社,**2001**.

荣民. 化学化工信息及网络资源的检索与利用. 北京:化学工业出版社,**2003**.

缪强. 化学信息学导论. 北京:高等教育出版社,**2001**.

Wolman,Y. *Chemical Information*,2nd ed. New York:Wiley,**1988**.

Maizell,R. E. *How to Find Chemical Information*,3rd ed. New York:Wiley,**1998**.

Mellon,M. G. *Chemical Publications*,5th ed. New York:McGraw-Hill,**1982**.

一次文献、二次文献与三次文献:http://guides.library.yale.edu/c.php? g=295913&p=1975839

SciFinder 帮助文件:https://scifinder.cas.org/help/scifinder/R32/index.htm

Web of Science® 帮助文件:http://images.webofknowledge.com/WOKRS5161B5/help/zh_CN/WOK/hp_search.html

Web of Science® 产品培训:http://ip-science.thomsonreuters.com.cn/productraining/

Reaxys® 帮助文件:http://help.elsevier.com/app/answers/list/p/9459/

章末习题

习题 27-1 访问 Thieme 药物出版社主页(www.thieme.com),了解《合成》(*Synthesis*)、《合成快报》(*Synlett*)期刊。

习题 27-2 比较、总结三大检索引擎——SciFinder、Web of Science® 和 Reaxys® 的内容与功能,它们各自的适用情境是什么? 如何最大限度地覆盖所有结果? 如何最高效地得到重要的信息?

习题 27-3 查询下列化合物的中英文名称、分子式、结构式、相对分子质量、熔沸点、密度、溶解性、反应性等信息,总结成表。你能想到几种检索方式? 哪些效率最高?

正戊烷、正己烷、环己烷;二氯甲烷、三氯甲烷、四氯化碳、四溴化碳;甲醇、乙醇、正丁醇;乙醚、四氢呋喃;甲醛、丙酮、乙酰丙酮;乙酸、丁酸、特戊酸、三氟乙酸;乙酰氯;乙酸酐;乙酸乙酯;N,N-二甲基甲酰胺;乙腈;二甲胺、三乙胺、DABCO;二甲亚砜、二氯亚砜、对甲氧基苯磺酸;苯、甲苯、二甲苯;氯苯、二氯苯;苯甲醛;苯甲酸;苯胺、对甲苯胺;吡啶、吡咯、噻吩、呋喃;氢化铝锂、硼氢化钠、DIBAL;PCC、PDC、Jones 试剂;醋酸钯、四(三苯基膦)钯、$Pd_2(dba)_3$、三苯基膦;水、硫酸、盐酸、硝酸、氢氧化钠、氢氧化钾、氯化钠、硫酸钠、碳酸钾、碳酸铯、硫代硫酸钠、液溴、碘。

习题 27-4 访问 **Google 学术**（http://scholar.google.com/），按照 27.6 的方法熟悉其使用方式。相比于传统的科研检索引擎，Google 学术有何优缺点？

习题 27-5 什么是 ACS **Articles ASAP**？美国化学会通过引入 Articles ASAP，对文献的发行、传播有何影响？

习题 27-6 什么是 ISI **引文桂冠得主**？引文桂冠得主都有哪些？比较诺贝尔奖获得者名单与 ISI 引文桂冠得主名单，这体现了 SCI 引擎的什么特点？

习题 27-7 近年来，对 SCI 影响因子的批评声音愈演愈烈[6]。诺贝尔生理学或医学奖得主 R. W. Schekman 曾愤愤地说道："影响因子的高低对知识含金量并没有任何意义。实际上，影响因子是数十年前图书管理员为了决定其所在机构应该订阅哪些期刊而设立的，其目的从来不是为了衡量知识价值。"[7] 2016 年 7 月 11 日，美国微生物学会（American Society for Microbiology，ASM）宣布，决定以后将不再在其期刊网站上公布影响因子。ASM 希望通过这一举动远离影响因子系统，同时也希望其他期刊能够效仿自己的做法[8]。

(i) SCI 影响因子在学术界处于一个怎样的地位？其优势与不足是什么？

(ii) SCI 影响因子是否被滥用？原因是什么？造成了怎样的影响？

(iii) 可以怎样修正 SCI 影响因子，使其能更好地反映学术工作的实际影响力？

(iv) 是否存在比 SCI 影响因子更好的评价体系？从学科、期刊、科研工作者等多种角度进行思考。

习题 27-8 什么是 **Nature 因子**（Nature Index）？Nature 因子是怎么得到的？相比 SCI 影响因子，Nature 因子有何优劣？

习题 27-9 什么是 h 因子（h-index）？h 因子是怎么得到的？文献类型的不同（论著、快报、综述等）是否会对 h 因子造成很大的影响？访问 Google 学术主页，检索不同期刊的 Google $h5$ 因子，并与它们的 SCI 影响因子对比，你能得到什么结论？

 参考文献

[1] American Chemical Society. *References-CAplus*. http://www.cas.org/content/references. Aug. 1, **2016**.

[2] Thomson Reuters. *Incites Journal Citation Reports*. https://jcr.incites.thomsonreuters.com. Aug. 1, **2016**.

[3] Smith, M. B. *March's Advanced Organic Chemistry*：*Reactions, Mechanisms, and Structure*, 7th ed. New York：John Wiley & Sons, Inc., **2013**, p. 1572. 有改动.

[4] Garfield, E. Citation Indexes for Science：A New Dimension in Documentation through Association of Ideas. *Science*, **1955**, 122 (3159), 108-111.

[5] (a) Beilstein Institute for Organic Chemistry. *How to Use Beilstein*. Frankfurt：Springer, **1979**.

(b) Weissbach, O. A.；Hoffmann, H. M. R. *The Beilstein Guide*：*A Manual for the Use of Beilstein's Handbuch der Organischen Chemie*. New York：Springer, **1976**.

[6] Bohannon, J. *Hate journal impact factors? New study gives you one more reason*. http://www.sciencemag.org/news/2016/07/hate-journal-impact-factors-new-study-gives-you-one-more-reason. Jul. 6, **2016**.

[7] Chant, I. *A Broken System*：*Nobel Winner Randy Schekman Talks Impact Factor and How to Fix Publishing*. http://lj.libraryjournal.com/2013/12/publishing/a-broken-system-nobel-winner-randy-schekman-talks-impact-factor-and-how-to-fix-publishing/. Dec. 24, **2013**.

[8] American Society for Microbiology. *ASM Media Advisory*. *ASM No Longer Supports Impact Factors for its Journals*. https://www.asm.org/index.php/asm-newsroom2/press-releases/94299-asm-media-advisory-asm-no-longer-supports-impact-factors-for-its-journals. Jul. 11, **2016**.

英汉对照词汇

abstract　摘要

Accounts of Chemical Research　《化学科研记述》

acknowledgments　致谢

Acta Chimica Sinica　《化学学报》

Advanced Functional Materials；AFM　《先进功能材料》

Advanced Materials；AM　《先进材料》

Aldrich Catalog of Chemical Compounds　《Aldrich 化合物目录》

American Association for the Advancement of Science；AAAS　美国科学促进会

Angewadte Chemie　《德国应用化学》

article；full paper　论著

Beilstein's Handbuch der Organischen Chemie　《Beilstein 有机化学手册》

body　正文

Chemical Abstracts　《化学文摘》

Chemical Communications；ChemComm　《化学通讯》

Chemical & Engineering News；C&EN　《化学与工程新闻》

Chemical Journal of Chinese Universities　《高等学校化学学报》

Chemical Research in Chinese Universities　《高等学校化学研究》

Chemical Reviews　《化学综述》

Chemical Society Review；Chem. Soc. Rev.　《化学学会综述》

Chemistry：A European Journal　《欧洲化学》

Chemistry of Materials；CM　《材料化学》

Chemistry of Organic Compounds　《有机化合物化学》

Chinese Chemical Letters　《中国化学快报》

Chinese Journal of Chemistry　《中国化学》

Chinese Journal of Organic Chemistry　《有机化学》

communication　通讯

comment　评论

Comprehensive Organic Chemistry　《综合有机化学》

conclusion　总结

CRC Handbook of Chemistry and Physics　《CRC 化学与物理手册》

Derwent Innovations Index　Derwent 专利索引

Dictionary of Organic Compounds　《有机化合物字典》

Encyclopedia of Chemical Technology　《化学工艺大全》

European Journal of Organic Chemistry；EJOC　《欧洲有机化学》

experimental methods　实验方法

impact factor；IF　影响因子

information retrieval　信息检索

introduction　背景

journal　期刊

Journal Citation Report　期刊引用情况报告

Journal of the American Chemical Society；JACS　《美国化学会志》

Journal of Organic Chemistry；JOC　《有机化学杂志》

letter　快报

literature　文献

Macromolecules　《大分子》

Merck Index—An Encyclopedia of Chemicals and Drugs　《Merck 索引：化学试剂与药物百科全书》

mini-reviews　小综述

Nature　《自然》

Nature Chemistry　《自然化学》

note　研究实录

Organic and Biomolecular Chemistry　《有机与分子生物化学》

Organic Letters；OL　《有机化学快报》

Organic Syntheses　《有机合成》

Organometallics　《金属有机化学》

patents　专利

primary source 一次文献

references 参考文献

results and discussion 结果与讨论

review 综述

Sadtler Spectra 《Sadtler 图谱集》

Science 《科学》

Science China 《中国科学》

Science Citation Index;SCI 科学引文索引

secondary sources 二次文献

supporting information;SI 补充信息

tertiary sources 三次文献

Tetrahedron 《四面体》

Tetrahedron:*Asymmetry* 《四面体不对称》

Tetrahedron Letters;TL 《四面体通讯》

英文人名索引①

---

① 按英文人名的姓排序。

关键词索引

参 考 书 籍

1. Carey F A, Sundberg R J. *Advanced Organic Chemistry*, 5th ed. Springer, 2007.
2. Smith M B. *March's Advanced Organic Chemistry：Reactions，Mechanisms，and Structure*, 7th ed. Wiley, 2013.
3. Clayden J，Greeves N，Warren S. *Organic Chemistry*，2nd ed. Oxford University Press，2012.
4. Vollhardt K P C, Schore N E. *Organic Chemistry：Structure and Function*，7th ed. W H Freeman，2014.
5. Warren S，Wyatt P. *Organic Synthesis：The Disconnection Approach*，2nd ed. Wiley，2008.
6. Kürti L, Czakó B. *Strategic Applications of Named Reactions in Organic Synthesis Background and Detailed Mechanisms*. Elsevier，2005.
7. Lewis D E. *Advanced Organic Chemistry*. Oxford University Press，2016.
8. Bruice P Y. *Organic Chemistry*，7th ed. Pearson Education Limited，2014.
9. Carey F A，Giuliano R M. *Organic Chemistry*，8th ed. McGraw-Hill International，2011.
10. McMurry J E. *Organic Chemistry*，8th ed. Cengage Learning，2010.
11. Smith M B. *Compendium of Organic Synthetic Methods*，Volume 10. John Wiley Interscience & Sons Inc，2002.
12. Nicolaou K C，Synder S A. *Classics in Total Synthesis Ⅱ：More Targets，Strategies，Methods*. Wiley-VCH Weinheim，2002.
13. Greene T W，Wuts P G M. *Protective Groups in Organic Synthesis*，3rd ed. John Wiley & Sons Inc，1999.

后　记

　　终于完成了《基础有机化学》下册的撰写工作，今天，当索引中文关键词的审定完成后，长舒一口气，如释重负。

　　从开始计划撰写《基础有机化学》第4版起，已经过去了整整三年了。三年里，每当我静下心来开始写书的时候，总会想起邢其毅先生当年的嘱托：写一本跟得上时代的书。我自己认为，科学的意义在于其进步性，在于其无止境。科学阐述的不一定是真理，更不是教条；科学从来不相信权威，科学面前人人平等。后学者在学习和研究过程中，总会不断发现前人论述有所欠缺之处，甚至推翻某些"定论"。如果不是如此，我们发表那么多论文又是做什么呢？既然科学每天都在进步，学科知识每天都在更新，"新版教材"也必须跟进更新。一本好的教材必须反映该学科在最近一个时段的重大进展，更新、更正那些过时的知识，以及不正确、不完善的解释，甚至要适当反映科学家们对一些前沿问题的争论。这样的教材不好写，写了也未必讨好。然而，不这么做，我们的教学就不能真正与科研接轨，我们千挑万选来的学生就可能输在了专业的起跑线上。所以，即使是一条无人喝彩的道路，也只能寂寞地往前走。

　　三年来，为了写这本书，我集中购买了十几本国内外的有机化学教材，对照来读，常常冷汗直流。目前国内教材建设确实还比较落后，而比内容陈旧更可怕的是墨守陈规的思维惯性。这让我更一次一次地体味到"写一本跟得上时代的书"的重要性。我怕辜负了邢先生的嘱托，又怕自己担不起这个责任。因此，三年前，一直怀着忐忑不安的心情上路，停停写写，写写停停，一直到今天。

　　在这三年里，我指导研究生的时间少了，更多的时间花在和本科生的交流以及对有机化学基础知识的讨论上；在这三年里，我也错过了不少最新论文，却基本没错过什么新版的有机化学教材；在这三年里，我少写了一些项目申请书，多写了一些对有机反应的新的理解；在这三年里，我少了许多应酬，多了一些"宅"在家里写书的时间。三年过去了，突然发现自己的有机化学知识（不敢说学问）终于有所长进，对有机化学也有了一些自己的认识和见解，顿时感觉人生还是很幸福的。当然，在这三年里，也多了许多与家人在一起的时光。晚饭后，我便与儿子在一张桌子上共同学习：他写作业，一本一本地做各种中考真题，我这边也一章一节地向前推进。一步一步地，陪伴着他走完了艰难的中考历程，又走过了高一、高二。伴随儿子成长的每一寸光阴，让寂寞的写作时光充满了沉甸甸的幸福感。我在心里常常对自己说，我们编的教材，一定要对得起这些孩子们，对得起他们的家长。在这三年里，随着自己两鬓渐渐斑白，也自觉比以前成熟了些、稳重了些，尽管有时还不免仍是毛躁、激进。

　　感谢在课堂上听课的同学们，是他们的好学好问和大胆质疑逼迫我时时努力去提高自己的水平，不敢松懈，也希望这本书不会让他们失望；感谢我实验室的研究生、本科生们，这几年写书，晚上很少去陪他们做实验了，是他们的努力和自律让我有了更多的时间去完成这本书。这些孩子们非常可爱，祝愿他们前途似锦！感谢陆作雨、柳晗宇两位同学，他们一直帮我认真阅读每一个章节，指出其中的错误。这两位目前正读大学的同学是本书最早的试用者，他们的严格乃至严厉让本书减少了不少错误。和他们一起探讨，深感后生可畏，而这对于老师是最高兴的事情。感谢郑月娥编辑，是她的执着和认真使这本书能顺利出版。感谢裴伟伟老师，很高兴与她一起完成整本书的撰写，她的认真一直督促着我努力向前奋进。

感谢我的太太和儿子，在撰写过程中，那些相伴的夜晚，那些温暖，都成为了这本书的底色。

本书杀青之际，恰赶上父亲病危。在他昏睡时，才发现自己这些年来并没有和他说过什么，以前也很少能有这么长时间陪伴着父亲。万幸的是，从小在海上搏命、曾经四次大难不死的父亲，再次死里逃生。这一次，我能成为父母精神上的支柱，感到很欣慰。感谢我精神和体魄都很强健的父母，这本书献给你们！

还有，谢谢帮助过我的每一个人。谢谢你们！

裴坚

写于北京大学化学新楼 B518 室

2017 年 1 月 8 日